公共建筑给水排水设计手册

(上 册)

周建昌 编著

中国建筑工业出版社

图书在版编目（CIP）数据

公共建筑给水排水设计手册. 上册 / 周建昌编著.
北京：中国建筑工业出版社，2025.5. -- ISBN 978-7
-112-31116-3

Ⅰ.TU82-62

中国国家版本馆 CIP 数据核字第 2025AF7247 号

责任编辑：于 莉 李鹏达
责任校对：赵 力

公共建筑给水排水设计手册
周建昌 编著

*

中国建筑工业出版社出版、发行（北京海淀三里河路9号）
各地新华书店、建筑书店经销
北京红光制版公司制版
北京君升印刷有限公司印刷

*

开本：787毫米×1092毫米 1/16 印张：110¼ 字数：2749千字
2025年5月第一版 2025年5月第一次印刷
定价：**398.00**元（上、下册）
ISBN 978-7-112-31116-3
（43922）

版权所有 翻印必究
如有内容及印装质量问题，请与本社读者服务中心联系
电话：(010) 58337283 QQ：2885381756
（地址：北京海淀三里河路9号中国建筑工业出版社604室 邮政编码：100037）

序

周建昌副总工程师一直在生产一线从事建筑给水排水设计与科研工作，作为山东省建筑设计研究院有限公司给排水专业的学术带头人，在完成大量工程设计工作的同时，特别注重对完成的工程项目进行总结，为行业提供可借鉴的项目经验。2020年周建昌副总工程师在中国建筑工业出版社出版了其第一本专著：《医院建筑给水排水系统设计》，2024年又计划出版其第二本专著：《公共建筑给水排水设计手册》。在几年的时间内出版两本专著，说明周建昌副总工程师在工程设计中积累了丰富的实践经验，专业理论功底深厚，同时也说明周建昌副总工程师是非常勤奋的，在设计工作已是非常繁重的状况下，还能挤出时间进行写作，出版高水平的著作，值得学习。

本书聚焦的公共建筑，功能复杂，体量巨大，建筑种类也繁多，包括医院、旅馆、科研楼、办公楼、学校、托儿所、幼儿园、商业、体育场馆、展览馆、影剧院、高铁站、机场、疗养院、老年人照料设施、广播电影电视楼、电力调度楼、通信楼、邮政楼、财贸金融楼等多种类型。公共建筑的建筑给水排水系统也是多样的，在同一建筑中同时有生活给水系统（包括市政直接供水系统和二次加压给水系统）、管道直饮水系统、集中生活热水系统、生活排水系统、屋面雨水系统、建筑中水系统、雨水回用系统、消防给水系统（消火栓给水系统、自动喷水灭火系统）、气体灭火系统等，公共建筑同时还涉及不同的水处理工程，包括给水深度处理、游泳池水处理、污水处理、雨水处理等，对给水排水专业设计要求高，技术难点多。本书详细地介绍了公共建筑给水排水系统的设计过程、设计方法及设计心得体会，对一些给水排水系统提出了新的设计思路，具有较高的参考价值，可在实际工程中推广应用。

本书按公共建筑类别独立成章，每章包含建筑给水排水专业涉及的各个系统。从设计依据、设计方法、设计计算、设备选型等方面系统论述了公共建筑给水排水各系统的设计流程；依据多年的设计实践，提炼总结出给水排水系统近1700个经验表格，包括系统数据、设计参数等，便于设计人员直接选择使用，可提高工作效率；结合国家"双碳"目标、高质量发展的要求，给出了给水排水专业应开展的工作；本书还提供了多个实际工程给水排水设计及施工说明、多个给水排水系统原理图，具有很强的实用性。

通过本书，工程师可熟悉公共建筑给水排水各个系统的技术要求及设计方法，对提高工程质量、设计效率具有较高的参考价值。

全国工程勘察设计大师
中国建设科技集团有限公司首席专家
中国建筑设计研究院有限公司总工程师

前　言

本书为一本关于公共建筑给水排水系统设计的专业书籍。

公共建筑是供人们进行各种公共活动的建筑，包括医院建筑、旅馆建筑、办公建筑、商店建筑等多种类型，基于其功能复杂、系统多样等特点，公共建筑对给水排水专业设计要求很高。目前我国国内关于公共建筑设计的规范、标准虽有一些，但是规定较为原则化，不能涵盖所有公共建筑，缺少具体的技术措施，影响了给水排水专业设计人员的水平。期待通过本书出版为我国公共建筑给水排水设计发展进步做出一定贡献。

本书多年前开始构思，并逐渐进行总结、积累和完善。2020年11月，由笔者编著的《医院建筑给水排水系统设计》在全国出版发行，取得了读者的广泛好评和良好的社会效益。医院建筑是最复杂的公共建筑，笔者在医院建筑给水排水设计框架的基础上，最大限度地将其他类型公共建筑给水排水设计方面的技术资料、方法进行总结、深化，以大量实用性表格、配图的形式尽可能完备地呈现给各位读者。

近十年来，多部建筑给水排水专业相关规范标准发布并实施，如《建筑给水排水设计标准》GB 50015—2019、《建筑给水排水与节水通用规范》GB 55020—2021、《建筑节能与可再生能源利用通用规范》GB 55015—2021、《建筑防火通用规范》GB 55037—2022、《消防设施通用规范》GB 55036—2022、《室外给水设计标准》GB 50013—2018、《室外排水设计标准》GB 50014—2021、《建筑设计防火规范》GB 50016—2014（2018年版）、《消防给水及消火栓系统技术规范》GB 50974—2014、《自动喷水灭火系统设计规范》GB 50084—2017、《建筑机电工程抗震设计规范》GB 50981—2014、《公共建筑节能设计标准》GB 50189—2015、《绿色建筑评价标准》GB/T 50378—2019等。上述规范标准均是公共建筑给水排水专业最主要的设计依据，对建筑给水排水设计人员提出了更高要求。在本书写作过程中，笔者在加强对规范标准准确理解并应用的基础上，不断调整充实完善本书内容的深度、广度。

近年来，公共建筑给水排水专业内容有了较大拓展。生活给水由单纯市政供水、恒压供水拓展增加了管网叠压供水、智慧供水等；生活热水由锅炉供水拓展增加了太阳能、空气能热泵供水等；排水拓展增加了分质排水、分质处理等；雨水拓展增加了海绵城市、雨水集蓄回用等；消防系统由消火栓系统、自动喷水灭火系统拓展增加了气体灭火系统、高压细水雾灭火系统、自动跟踪定位射流灭火系统等；拓展增加了中水系统、管道直饮水系统。绿色建筑设计、抗震设计、物联网设计等成为给水排水专业新的普遍要求。因此，建筑给水排水专业发展需要对公共建筑给水排水设计技术总结和提高。

近年来，给水排水学科得到了快速发展，其在建筑各专业中的地位日渐提升。给水排水学科的发展需要公共建筑给水排水快速发展的支撑，新理念、新工艺、新材料、新设备、新方法、新系统在公共建筑给水排水中的正确、快速、优良、稳定应用直接推动了给水排水学科的进步。因此，给水排水学科的发展需要对公共建筑给水排水设计技术总结和提高。

近年来，给水排水行业迎来了飞速发展。人民群众对于物质生活、精神生活的更高要求促进了公共建筑的大发展。给水排水行业的高质量发展，对于公共建筑供水、消防、绿建、环保等方面提出了新的更高要求，安全、可靠、低碳、经济、绿色、节能、环保成了建筑给水排水行业发展的优先理念。因此，给水排水行业的发展同样需要对公共建筑给水排水设计技术总结和提高。

2020年9月，我国明确提出2030年"碳达峰"与2060年"碳中和"目标。"双碳"战略目标的实现要求公共建筑给水排水设计在绿色、节能等方面有创新和提高。近来，"好房子"的概念提出，不但适用于居住建筑，而且适用于公共建筑。绿色、低碳、智能、安全的公共建筑同样属于"好房子"，这同样需要从事公共建筑给水排水设计人员做出更多工作。

作为在国内公共建筑设计领域具有重要地位的山东省建筑设计研究院有限公司，自1953年成立以来在国内外先后承接公共建筑项目数千个，尤其在医院建筑设计方面形成了独特的专业技术优势。笔者自1995年大学毕业后进入山东省建筑设计研究院有限公司，一直从事各种公共建筑给水排水设计工作，参与的公共建筑项目超过几百个，项目遍布国内二十多个省、市、自治区，积累了丰富实践经验。作为山东省建筑给水排水专业的学术带头人，笔者在本书中对公共建筑给水排水设计进行系统总结，并提出设计新思路、新技术、新方法、新趋势，以期填补我国公共建筑给水排水设计著述的不足，为我国建筑给水排水发展做出自己的贡献。

本书理念创新，架构独特，各种公共建筑类型均独立成章；内容丰富，囊括了医院、旅馆、宿舍、学校、托儿所、幼儿园、商店、办公楼、展览馆、影剧院、体育场馆、汽车站、火车站、机场、科研楼、疗养院、老年人照料设施、广播电影电视楼、电力调度楼、通信楼、邮政楼、财贸金融楼、看守所、殡仪馆、综合楼、超高层建筑等几乎所有的公共建筑类型。其中，涉及公共建筑给水排水专业设计的所有系统，涵盖设计依据、设计数据、设计方法、设计心得总结等；本书与时俱进，针对许多系统提出了新的设计方法、设计思路；本书结构合理，贴合最新国家规范标准；本书具有一定前瞻性，提出了未来一段时间内公共建筑给水排水的许多创新性论述。本书对公共建筑给水排水设计进行系统总结，提出设计新思路、新方法，不断技术创新提高，填补我国公共建筑给水排水设计著述的不足和空白。因此，本书具有很高的学术水平。

本书可作为建筑行业相关专业人员的学习教材、参考资料、工具书。对于国内各级政府部门及公共建筑用户，可通过本书熟悉公共建筑给水排水系统的设计重点、关键点，提高决策水平，促进各行业更加进步；对于国内近百所开设给水排水科学与工程专业的本科生、研究生，可通过本书系统详细了解公共建筑给水排水各系统的设计依据、设计过程和设计方法；对于国内数千家建筑设计单位给水排水工程师，可通过本书巩固公共建筑给水排水设计依据，学习各系统设计思路、设计方法，利用书中1659个表格、工具简化工作，提高工作效率，拓展设计思路，提高设计水平；对于国内近十万家建筑施工企业施工安装人员，可通过本书理解给水排水设计文件，指导给水排水系统安装，通过竣工验收，提高安装效率，满足使用要求；对于国内近万家建筑监理企业给水排水监理人员，可通过本书熟悉给水排水设计要点、重点部位，从造价、工期、质量、安全等方面监督管理公共建筑工程；对于国内数百万家公共建筑业主方、技术管理人员，可通过本书熟悉公共建筑给水排水各个系统技术要求，提高建筑安全性、实用性、绿色性。本书同样对于建筑其他相关专业从业人员具有很好的启发和帮助。因此，本书具有很高的应用价值。

鉴于公共建筑设计的复杂性、特殊性，国内关于公共建筑给水排水设计的专业著作较为缺乏。与同类书比较，本书具有以下特点：

1. 全面性。本书包括公共建筑几乎所有类型；每种公共建筑类型均独立成章，每章均包含建筑给水排水设计的所有系统，包括生活给水系统、生活热水系统、排水系统、雨水系统、消火栓系统、自动喷水灭火系统、灭火器系统、气体灭火系统、高压细水雾灭火系统、自动跟踪定位射流灭火系统、中水系统、管道直饮水系统等，还包括医用气体系统、医疗用水系统、实验室气体系统等特殊系统；本书还涵盖绿色建筑设计、抗震设计等内容。

2. 系统性。本书从设计依据、设计方法、设计计算、设备选型等方面系统详细论述了公共建筑各个给水排水系统的设计流程。

3. 实用性。本书根据笔者多年设计实践，提炼总结出各个系统的1659个经验表格、数据、参数等，便于设计人员直接选择使用，提高工作效率。本书提供了工程给水排水设计施工设计说明，提供多个系统的原理图，具有很高的实用指导意义。

4. 指向性。本书明确了公共建筑各个给水排水系统的设计方法，避免了给水排水从业人员的概念不清、理解分歧。

5. 创新性。本书针对多个给水排水系统设计提出了新的设计方法、设计思路，许多填补了国内公共建筑给水排水设计的空白。

6. 前瞻性。本书针对多个给水排水系统提出了超前的思路，与国外先进给水排水设计理念对接，可有效拓宽视野。

7. 与时俱进性。本书详细介绍了与当前双碳战略、高质量发展有关给水排水专业设计内容。

本书作为山东省建筑设计研究院有限公司七十多年来在公共建筑工程设计技术总结提炼的重要成果，始终得到了公司各级领导、同事的肯定、支持和帮助，在此向他们表达敬意！

在本书写作的过程中，欧文托普（中国）暖通空调系统技术有限公司李继来、文婉华、张铭菊、刘智提供了宝贵支持，在此表示衷心感谢！

公共建筑给水排水工程设计与本行业产品、设备、技术密不可分，本书的出版得到了本行业众多卓越企业的大力支持，为本书笔者提供了许多有针对性的技术资料，在此一并表示感谢！这些企业有：山东祥生新材料科技股份有限公司、山东天诚建材有限公司、浙江共和实业有限公司、济南科瑞德环境设备有限公司、青岛三利中德美水设备有限公司、江苏铭星供水设备有限公司、徐州同乐管业有限公司、欧文托普（中国）暖通空调系统技术有限公司、上海凯泉泵业（集团）有限公司、杭州聚川环保科技股份有限公司、浙江康帕斯流体技术有限公司、江苏众信绿色管业科技有限公司、天津市瑞克来电气股份有限公司、宁波铭扬不锈钢管业有限公司、太阳雨集团有限公司、江苏沛尔膜业股份有限公司、北京华夏源洁水务科技有限公司、北京索乐阳光能源科技有限公司、上海逸通科技股份有限公司、上海同泰火安科技有限公司、湖北大洋塑胶有限公司。

限于作者水平和实践经验的局限性，本书难免有不完善和疏漏，恳请广大同行和读者批评指正，提出宝贵意见，不胜感激。

目 录

上 册

第1章 医院建筑给水排水设计 ······ 1
- 1.1 生活给水系统 ······ 5
- 1.2 生活热水系统 ······ 30
- 1.3 排水系统 ······ 51
- 1.4 雨水系统 ······ 88
- 1.5 消火栓系统 ······ 106
- 1.6 自动喷水灭火系统 ······ 137
- 1.7 灭火器系统 ······ 153
- 1.8 气体灭火系统 ······ 157
- 1.9 高压细水雾灭火系统 ······ 164
- 1.10 自动跟踪定位射流灭火系统 ······ 167
- 1.11 医用气体系统 ······ 170
- 1.12 管道直饮水系统 ······ 184
- 1.13 给水排水抗震设计 ······ 192
- 1.14 给水排水专业绿色建筑设计 ······ 193

第2章 旅馆建筑给水排水设计 ······ 198
- 2.1 生活给水系统 ······ 199
- 2.2 生活热水系统 ······ 217
- 2.3 排水系统 ······ 237
- 2.4 雨水系统 ······ 250
- 2.5 消火栓系统 ······ 253
- 2.6 自动喷水灭火系统 ······ 264
- 2.7 灭火器系统 ······ 270
- 2.8 气体灭火系统 ······ 272
- 2.9 高压细水雾灭火系统 ······ 274
- 2.10 自动跟踪定位射流灭火系统 ······ 275
- 2.11 中水系统 ······ 276
- 2.12 管道直饮水系统 ······ 284
- 2.13 给水排水抗震设计 ······ 285
- 2.14 给水排水专业绿色建筑设计 ······ 286

第3章　宿舍建筑给水排水设计 287

3.1　生活给水系统 288
3.2　生活热水系统 299
3.3　排水系统 315
3.4　雨水系统 327
3.5　消火栓系统 330
3.6　自动喷水灭火系统 340
3.7　灭火器系统 346
3.8　气体灭火系统 348
3.9　高压细水雾灭火系统 349
3.10　自动跟踪定位射流灭火系统 350
3.11　中水系统 350
3.12　管道直饮水系统 353
3.13　给水排水抗震设计 355
3.14　给水排水专业绿色建筑设计 355

第4章　学校建筑给水排水设计 356

4.1　生活给水系统 357
4.2　生活热水系统 368
4.3　排水系统 378
4.4　雨水系统 390
4.5　消火栓系统 393
4.6　自动喷水灭火系统 404
4.7　灭火器系统 410
4.8　气体灭火系统 411
4.9　高压细水雾灭火系统 413
4.10　自动跟踪定位射流灭火系统 413
4.11　中水系统 414
4.12　管道直饮水系统 418
4.13　给水排水抗震设计 419
4.14　给水排水专业绿色建筑设计 420

第5章　托幼建筑给水排水设计 421

5.1　生活给水系统 421
5.2　生活热水系统 428
5.3　排水系统 437
5.4　雨水系统 445
5.5　消火栓系统 448

5.6　自动喷水灭火系统 …… 456
5.7　灭火器系统 …… 459
5.8　气体灭火系统 …… 461
5.9　高压细水雾灭火系统 …… 462
5.10　自动跟踪定位射流灭火系统 …… 462
5.11　给水排水抗震设计 …… 462
5.12　给水排水专业绿色建筑设计 …… 462

第6章　办公建筑给水排水设计 …… 463
6.1　生活给水系统 …… 464
6.2　生活热水系统 …… 473
6.3　排水系统 …… 484
6.4　雨水系统 …… 493
6.5　消火栓系统 …… 496
6.6　自动喷水灭火系统 …… 504
6.7　灭火器系统 …… 508
6.8　气体灭火系统 …… 510
6.9　高压细水雾灭火系统 …… 511
6.10　自动跟踪定位射流灭火系统 …… 511
6.11　中水系统 …… 512
6.12　管道直饮水系统 …… 515
6.13　给水排水抗震设计 …… 517
6.14　给水排水专业绿色建筑设计 …… 517

第7章　商店建筑给水排水设计 …… 518
7.1　生活给水系统 …… 519
7.2　生活热水系统 …… 528
7.3　排水系统 …… 536
7.4　雨水系统 …… 545
7.5　消火栓系统 …… 548
7.6　自动喷水灭火系统 …… 557
7.7　灭火器系统 …… 561
7.8　气体灭火系统 …… 563
7.9　高压细水雾灭火系统 …… 565
7.10　自动跟踪定位射流灭火系统 …… 565
7.11　中水系统 …… 565
7.12　给水排水抗震设计 …… 568
7.13　给水排水专业绿色建筑设计 …… 568

第8章 展览建筑给水排水设计 ... 569
- 8.1 生活给水系统 ... 572
- 8.2 生活热水系统 ... 581
- 8.3 排水系统 ... 590
- 8.4 雨水系统 ... 600
- 8.5 消火栓系统 ... 604
- 8.6 自动喷水灭火系统 ... 616
- 8.7 灭火器系统 ... 622
- 8.8 气体灭火系统 ... 624
- 8.9 高压细水雾灭火系统 ... 625
- 8.10 自动跟踪定位射流灭火系统 ... 626
- 8.11 中水系统 ... 626
- 8.12 管道直饮水系统 ... 629
- 8.13 给水排水抗震设计 ... 631
- 8.14 给水排水专业绿色建筑设计 ... 632

第9章 剧场建筑、电影院建筑给水排水设计 ... 633
- 9.1 生活给水系统 ... 634
- 9.2 生活热水系统 ... 642
- 9.3 排水系统 ... 648
- 9.4 雨水系统 ... 655
- 9.5 消火栓系统 ... 659
- 9.6 自动喷水灭火系统 ... 669
- 9.7 灭火器系统 ... 675
- 9.8 气体灭火系统 ... 677
- 9.9 高压细水雾灭火系统 ... 678
- 9.10 自动跟踪定位射流灭火系统 ... 679
- 9.11 中水系统 ... 679
- 9.12 给水排水抗震设计 ... 682
- 9.13 给水排水专业绿色建筑设计 ... 682

第10章 体育建筑给水排水设计 ... 683
- 10.1 生活给水系统 ... 684
- 10.2 生活热水系统 ... 690
- 10.3 排水系统 ... 695
- 10.4 雨水系统 ... 702
- 10.5 消火栓系统 ... 705
- 10.6 自动喷水灭火系统 ... 714

10.7　灭火器系统 ······ 717
10.8　气体灭火系统 ······ 719
10.9　高压细水雾灭火系统 ······ 720
10.10　自动跟踪定位射流灭火系统 ······ 721
10.11　固定消防炮灭火系统 ······ 722
10.12　中水系统 ······ 725
10.13　管道直饮水系统 ······ 728
10.14　给水排水抗震设计 ······ 730
10.15　给水排水专业绿色建筑设计 ······ 730

第11章　交通客运站建筑给水排水设计 ······ 731

11.1　生活给水系统 ······ 732
11.2　生活热水系统 ······ 738
11.3　排水系统 ······ 743
11.4　雨水系统 ······ 749
11.5　消火栓系统 ······ 753
11.6　自动喷水灭火系统 ······ 761
11.7　灭火器系统 ······ 764
11.8　气体灭火系统 ······ 766
11.9　高压细水雾灭火系统 ······ 767
11.10　自动跟踪定位射流灭火系统 ······ 767
11.11　中水系统 ······ 768
11.12　管道直饮水系统 ······ 771
11.13　给水排水抗震设计 ······ 773
11.14　给水排水专业绿色建筑设计 ······ 773

第12章　铁路旅客车站建筑给水排水设计 ······ 774

12.1　生活给水系统 ······ 775
12.2　生活热水系统 ······ 781
12.3　排水系统 ······ 786
12.4　雨水系统 ······ 793
12.5　消火栓系统 ······ 796
12.6　自动喷水灭火系统 ······ 805
12.7　灭火器系统 ······ 809
12.8　气体灭火系统 ······ 811
12.9　高压细水雾灭火系统 ······ 812
12.10　自动跟踪定位射流灭火系统 ······ 813
12.11　中水系统 ······ 813
12.12　管道直饮水系统 ······ 815

12.13　给水排水抗震设计 ·· 817
　　12.14　给水排水专业绿色建筑设计 ··· 817

第13章　机场旅客航站楼给水排水设计 ··· 818
　　13.1　生活给水系统 ··· 819
　　13.2　生活热水系统 ··· 824
　　13.3　排水系统 ··· 829
　　13.4　雨水系统 ··· 836
　　13.5　消火栓系统 ·· 839
　　13.6　自动喷水灭火系统 ·· 847
　　13.7　灭火器系统 ·· 850
　　13.8　气体灭火系统 ··· 852
　　13.9　高压细水雾灭火系统 ··· 853
　　13.10　自动跟踪定位射流灭火系统 ·· 853
　　13.11　中水系统 ·· 853
　　13.12　管道直饮水系统 ·· 856
　　13.13　给水排水抗震设计 ·· 858
　　13.14　给水排水专业绿色建筑设计 ··· 858

下　　册

第14章　科研建筑给水排水设计 ·· 859
　　14.1　生活给水系统 ··· 859
　　14.2　生活热水系统 ··· 865
　　14.3　排水系统 ··· 868
　　14.4　雨水系统 ··· 875
　　14.5　消火栓系统 ·· 878
　　14.6　自动喷水灭火系统 ·· 886
　　14.7　灭火器系统 ·· 889
　　14.8　气体灭火系统 ··· 890
　　14.9　高压细水雾灭火系统 ··· 892
　　14.10　自动跟踪定位射流灭火系统 ·· 892
　　14.11　实验室气体系统 ·· 892
　　14.12　中水系统 ·· 895
　　14.13　管道直饮水系统 ·· 898
　　14.14　给水排水抗震设计 ·· 900
　　14.15　给水排水专业绿色建筑设计 ··· 900

第15章　饮食建筑给水排水设计 ……901
15.1　生活给水系统 ……902
15.2　生活热水系统 ……907
15.3　排水系统 ……912
15.4　雨水系统 ……918
15.5　消火栓系统 ……921
15.6　自动喷水灭火系统 ……928
15.7　灭火器系统 ……932
15.8　气体灭火系统 ……933
15.9　高压细水雾灭火系统 ……934
15.10　自动跟踪定位射流灭火系统 ……934
15.11　给水排水抗震设计 ……935
15.12　给水排水专业绿色建筑设计 ……935

第16章　疗养院建筑给水排水设计 ……936
16.1　生活给水系统 ……937
16.2　生活热水系统 ……945
16.3　排水系统 ……955
16.4　雨水系统 ……963
16.5　消火栓系统 ……966
16.6　自动喷水灭火系统 ……974
16.7　灭火器系统 ……978
16.8　气体灭火系统 ……980
16.9　高压细水雾灭火系统 ……981
16.10　自动跟踪定位射流灭火系统 ……981
16.11　中水系统 ……982
16.12　管道直饮水系统 ……985
16.13　给水排水抗震设计 ……986
16.14　给水排水专业绿色建筑设计 ……987

第17章　老年人照料设施建筑给水排水设计 ……988
17.1　生活给水系统 ……989
17.2　生活热水系统 ……996
17.3　排水系统 ……1007
17.4　雨水系统 ……1015
17.5　消火栓系统 ……1018
17.6　自动喷水灭火系统 ……1027
17.7　灭火器系统 ……1030

17.8 气体灭火系统 ··· 1032
17.9 高压细水雾灭火系统 ··· 1033
17.10 自动跟踪定位射流灭火系统 ··· 1033
17.11 中水系统 ··· 1033
17.12 管道直饮水系统 ··· 1037
17.13 给水排水抗震设计 ··· 1038
17.14 给水排水专业绿色建筑设计 ··· 1039

第 18 章 广播电影电视建筑给水排水设计 ··· 1040

18.1 生活给水系统 ··· 1041
18.2 生活热水系统 ··· 1049
18.3 排水系统 ··· 1057
18.4 雨水系统 ··· 1066
18.5 消火栓系统 ··· 1069
18.6 自动喷水灭火系统 ··· 1079
18.7 灭火器系统 ··· 1084
18.8 气体灭火系统 ··· 1086
18.9 高压细水雾灭火系统 ··· 1088
18.10 自动跟踪定位射流灭火系统 ··· 1088
18.11 中水系统 ··· 1088
18.12 管道直饮水系统 ··· 1091
18.13 给水排水抗震设计 ··· 1093
18.14 给水排水专业绿色建筑设计 ··· 1093

第 19 章 电力调度建筑给水排水设计 ··· 1094

19.1 生活给水系统 ··· 1094
19.2 生活热水系统 ··· 1100
19.3 排水系统 ··· 1107
19.4 雨水系统 ··· 1115
19.5 消火栓系统 ··· 1118
19.6 自动喷水灭火系统 ··· 1127
19.7 灭火器系统 ··· 1131
19.8 气体灭火系统 ··· 1133
19.9 高压细水雾灭火系统 ··· 1134
19.10 自动跟踪定位射流灭火系统 ··· 1134
19.11 中水系统 ··· 1135
19.12 管道直饮水系统 ··· 1138
19.13 给水排水抗震设计 ··· 1139
19.14 给水排水专业绿色建筑设计 ··· 1140

第 20 章 通信建筑给水排水设计 ... 1141

- 20.1 生活给水系统 ... 1142
- 20.2 生活热水系统 ... 1148
- 20.3 排水系统 ... 1152
- 20.4 雨水系统 ... 1158
- 20.5 消火栓系统 ... 1162
- 20.6 自动喷水灭火系统 ... 1170
- 20.7 灭火器系统 ... 1174
- 20.8 气体灭火系统 ... 1176
- 20.9 高压细水雾灭火系统 ... 1178
- 20.10 自动跟踪定位射流灭火系统 ... 1178
- 20.11 中水系统 ... 1178
- 20.12 管道直饮水系统 ... 1181
- 20.13 给水排水抗震设计 ... 1183
- 20.14 给水排水专业绿色建筑设计 ... 1183

第 21 章 邮政建筑给水排水设计 ... 1184

- 21.1 生活给水系统 ... 1185
- 21.2 生活热水系统 ... 1190
- 21.3 排水系统 ... 1194
- 21.4 雨水系统 ... 1199
- 21.5 消火栓系统 ... 1202
- 21.6 自动喷水灭火系统 ... 1210
- 21.7 灭火器系统 ... 1213
- 21.8 气体灭火系统 ... 1215
- 21.9 高压细水雾灭火系统 ... 1216
- 21.10 自动跟踪定位射流灭火系统 ... 1217
- 21.11 中水系统 ... 1217
- 21.12 管道直饮水系统 ... 1220
- 21.13 给水排水抗震设计 ... 1222
- 21.14 给水排水专业绿色建筑设计 ... 1222

第 22 章 财贸金融建筑给水排水设计 ... 1223

- 22.1 生活给水系统 ... 1224
- 22.2 生活热水系统 ... 1229
- 22.3 排水系统 ... 1234
- 22.4 雨水系统 ... 1239
- 22.5 消火栓系统 ... 1242

22.6 自动喷水灭火系统 · 1251
22.7 灭火器系统 · 1254
22.8 气体灭火系统 · 1256
22.9 高压细水雾灭火系统 · 1258
22.10 自动跟踪定位射流灭火系统 · 1258
22.11 中水系统 · 1258
22.12 管道直饮水系统 · 1261
22.13 给水排水抗震设计 · 1263
22.14 给水排水专业绿色建筑设计 · 1263

第 23 章 看守所建筑给水排水设计 · 1264

23.1 生活给水系统 · 1264
23.2 生活热水系统 · 1272
23.3 排水系统 · 1283
23.4 雨水系统 · 1290
23.5 消火栓系统 · 1294
23.6 自动喷水灭火系统 · 1302
23.7 灭火器系统 · 1305
23.8 气体灭火系统 · 1307
23.9 中水系统 · 1308
23.10 管道直饮水系统 · 1311
23.11 给水排水抗震设计 · 1311
23.12 给水排水专业绿色建筑设计 · 1312

第 24 章 殡仪馆建筑给水排水设计 · 1313

24.1 生活给水系统 · 1313
24.2 生活热水系统 · 1319
24.3 排水系统 · 1327
24.4 雨水系统 · 1334
24.5 消火栓系统 · 1336
24.6 自动喷水灭火系统 · 1343
24.7 灭火器系统 · 1347
24.8 气体灭火系统 · 1348
24.9 中水系统 · 1349
24.10 管道直饮水系统 · 1352
24.11 给水排水抗震设计 · 1352
24.12 给水排水专业绿色建筑设计 · 1353

第 25 章　综合建筑给水排水设计 ········· 1354
25.1　生活给水系统 ········· 1354
25.2　生活热水系统 ········· 1361
25.3　排水系统 ········· 1369
25.4　雨水系统 ········· 1375
25.5　消火栓系统 ········· 1378
25.6　自动喷水灭火系统 ········· 1386
25.7　灭火器系统 ········· 1389
25.8　气体灭火系统 ········· 1390
25.9　高压细水雾灭火系统 ········· 1392
25.10　自动跟踪定位射流灭火系统 ········· 1392
25.11　中水系统 ········· 1392
25.12　管道直饮水系统 ········· 1395
25.13　给水排水抗震设计 ········· 1397
25.14　给水排水专业绿色建筑设计 ········· 1397

第 26 章　超高层公共建筑给水排水设计 ········· 1398
26.1　生活给水系统 ········· 1398
26.2　生活热水系统 ········· 1406
26.3　排水系统 ········· 1413
26.4　雨水系统 ········· 1420
26.5　消火栓系统 ········· 1426
26.6　自动喷水灭火系统 ········· 1439
26.7　灭火器系统 ········· 1443
26.8　气体灭火系统 ········· 1445
26.9　高压细水雾灭火系统 ········· 1446
26.10　自动跟踪定位射流灭火系统 ········· 1446
26.11　中水系统 ········· 1446
26.12　管道直饮水系统 ········· 1450
26.13　给水排水抗震设计 ········· 1452
26.14　给水排水专业绿色建筑设计 ········· 1452

第 27 章　公共建筑给水排水新技术应用 ········· 1453
27.1　分布式生活热水系统 ········· 1453
27.2　异程式生活热水循环系统 ········· 1460
27.3　高压细水雾灭火系统 ········· 1468
27.4　真空排水技术 ········· 1471
27.5　医院建筑医疗污水处理膜工艺 ········· 1483

27.6 同层排水系统 1486
27.7 大平板太阳能热水系统 1488
27.8 空气能级联承压热水系统 1490
27.9 无动力太阳能热水系统 1495
27.10 梯级升温空气源热泵系统 1496
27.11 物联网消防给水系统 1497
27.12 公共建筑给水排水节能设计 1504

第28章 公共建筑给水排水设备材料应用 1507

28.1 装配式玻璃钢检查井 1507
28.2 高品质直饮水系统 1515
28.3 消防给水系统管道 1520
28.4 玻纤增强聚丙烯（FRPP）排水管 1522
28.5 PVC-C 管道 1524
28.6 环卡密封式连接不锈钢管道 1528
28.7 真空排水系统设备设施 1533
28.8 e-PSP 钢塑复合压力管 1537
28.9 建筑排水用改性丙烯酸共聚聚氯乙烯（AGR+）管 1538
28.10 薄壁不锈钢管 1538
28.11 智慧型装配式箱泵一体化给水泵站 1540
28.12 模块式智能换热机组 Regumaq 1545
28.13 管道排水装置 1553
28.14 增强不锈钢管（内衬不锈钢复合钢管） 1555
28.15 空气源热泵热水机组 1560
28.16 生活给水设备 1564
28.17 消防给水设备 1578
28.18 ZYG 直饮水分质给水设备 1581
28.19 医疗废水处理设备 1584

附录 A 给水排水消防施工图设计说明（示例） 1586

附录 B 装配式箱泵一体化给水泵站 1611

附录 C 生活给水设备技术资料 1618

附录 D 消防给水设备技术资料 1704

参考文献 1730

第1章 医院建筑给水排水设计

医院建筑是指具有一定数量的病床，分设内科、外科、妇科、儿科、眼科、耳鼻喉科等各种科室及药剂、检验、放射等医技部门，拥有相应人员、设备的医院内建设的供医疗、护理病人使用的公共建筑。

医院建筑分类，见表1-1。

医院建筑分类表　　　　　　　　　　　　　　　　　　表1-1

序号	类别	名称
1	综合医院建筑	包括综合性西医院建筑、中医院建筑等
2	专科医院建筑	包括精神病医院建筑、肺结核防治医院建筑、传染病医院建筑、儿童医院建筑、妇幼保健医院建筑、肿瘤医院建筑、口腔医院建筑、骨科医院建筑、烧伤科医院建筑、眼科医院建筑、胸外科医院建筑、颅脑医院建筑和整形外科医院建筑等

综合医院建筑医疗功能单元划分，见表1-2。

综合医院建筑医疗功能单元划分表　　　　　　　　　　表1-2

序号	分类	各功能单元
1	门诊、急诊	分诊、挂号、收费、各诊室、急诊、急救、输液、留院观察等
2	预防、保健管理	儿童保健、妇女保健等
3	临床科室	内科、外科、眼科、耳鼻喉科、儿科、妇产科、手术部、麻醉科、重症监护科（ICU和CCU等）、介入治疗、放射治疗、理疗科等
4	医技科室	药剂科、检验科、医学影像科（放射科、核医学科、超声科）、病理科、中心供应、输血科等
5	医疗管理	病案管理、统计管理、住院管理、门诊管理、感染控制管理等

综合医院建筑组成，见表1-3。

综合医院建筑组成表　　　　　　　　　　　　　　　　表1-3

序号	组成		说明
1	门诊部用房	门诊用房	包括门厅、挂号、问讯、病历、预检分诊、记账、收费、药房、候诊室、采血室、检验室、输液室、注射室、门诊办公室、卫生间等，各科诊查室、治疗室、护士站、污洗室等，换药室、处置室、清创室、X线检查室、功能检查室、值班更衣室、杂物贮藏室、卫生间等
		候诊用房	
		诊查用房	包括双人诊查室、单人诊查室等
		妇科、产科和计划生育用房	妇科还包括隔离诊室、妇科检查室及专用卫生间、手术室、休息室，产科和计划生育还包括休息室及专用卫生间，产科还包括人流手术室、咨询室

续表

序号	组成		说明
1	门诊部用房	儿科用房	还包括预检室、候诊室、儿科专用卫生间、隔离诊查室和隔离卫生间、挂号、药房、注射室、检验室和输液室等
		耳鼻喉科用房	还包括内镜检查室（包括食道镜等）、治疗室、手术室、测听室、前庭功能室、内镜检查室（包括气管镜、食道镜等）等
		眼科用房	还包括初检室（视力、眼压、屈光）、诊查室、治疗室、检查室、暗室、专用手术室等
		口腔科用房	还包括X线检查室、镶复室、消毒洗涤室、矫形室、资料室等
		门诊手术用房	包括手术室、准备室、更衣室、术后休息室和污物室等
		门诊卫生间	
		预防保健用房	包括宣教室、档案室、儿童保健室、妇女保健室、免疫接种室、更衣室、办公室、心理咨询室等
2	急诊部用房		包括接诊分诊、护士站、输液室、观察室、污洗室、杂物贮藏室、值班更衣室、卫生间、抢救室、抢救监护室、诊查室、治疗室、清创室、换药室、挂号、收费、病历、药房、检验室、X线检查室、功能检查室、手术室、重症监护室、输液室（包括治疗间和输液间）等
3	感染疾病门诊用房		包括消化道、呼吸道分诊、接诊、挂号、收费、药房、检验室、诊查室、隔离观察室、治疗室、医护人员更衣室、缓冲区、专用卫生间等
4	住院部用房	出入院用房	包括登记、结算、探望患者管理用房等
		护理单元用房	包括病房、抢救室、患者卫生间、医护人员卫生间、盥洗室、浴室、护士站、医生办公室、处置室、治疗室、更衣室、值班室、配餐室、库房、污洗室、患者就餐室、活动室、换药室、患者家属谈话室、探视室、示教室等
		监护用房	包括监护病房、治疗室、处置室、仪器室、护士站、污洗室等
		儿科病房用房	还包括配奶室、奶具消毒室、隔离病房和专用卫生间、监护病房、新生儿病房、儿童活动室等
		妇产科病房用房	妇科还包括检查室和治疗室，产科还包括产前检查室、待产室、分娩室、隔离待产室、隔离分娩室、产期监护室、产休室、手术室等，婴儿间、配奶室、奶具消毒室、隔离婴儿室、护士室等
		烧伤病房用房	还包括换药室、浸浴室、单人隔离病房、重点护理病房及专用卫生间、护士室、洗涤消毒室、消毒品贮藏室、专用处置室、洁净病房、医护人员卫生通过通道（包括换鞋、更衣、卫生间和淋浴室）等
		血液病房用房	还包括洁净病房、准备间、患者浴室和卫生间、护士室、洗涤消毒用房、净化设备机房、医护人员卫生通道（包括换鞋、更衣、卫生间和淋浴室）等
		血液透析室用房	包括患者换鞋与更衣室、透析厅（室）、隔离透析治疗室、治疗室、复洗室、污物处理室、配药室、水处理设备机房、医护人员卫生通过通道等
5	生殖医学中心用房		包括诊查室、B超室、取精室、取卵室、体外授精室、胚胎移植室、检查室、妇科内分泌测定和精子库、影像学检查室、遗传学检查室等

续表

序号	组成	说明
6	手术部用房	包括手术室、刷手、术后苏醒室、换床、护士室、麻醉师办公室、换鞋、男女更衣室、男女淋浴室和卫生间、无菌物品存放室、清洗室、消毒室、污物室和库房、洁净手术室、手术准备室、石膏室、冰冻切片室、敷料制作室、麻醉器械贮藏室、教学室、医护休息室、男女值班室和家属等候室等
7	放射科用房	包括放射设备机房（CT扫描室、透视室、摄片室）、控制室、暗室、观片室、登记存片室、诊室、办公室、患者更衣室和候诊等
8	磁共振检查室用房	包括扫描室、控制室、附属机房（计算机、配电、空调机）、诊室、办公室和患者更衣室等
9	放射治疗科用房	包括治疗机房（后装机、钴60、直线加速器、γ刀、深部X线治疗等）、控制室、治疗计划室、模拟定位室、物理计划室、模具间、候诊、护理室、诊室、医生办公室、会诊室、值班室、卫生间、更衣室、污洗室和固体废弃物存放间等
10	核医学科用房	包括候诊、诊室、医生办公室和卫生间等非限制区用房，扫描室、功能测定室和运动负荷试验室、专用等候区和卫生间等监督区用房，计量室、服药室、注射室、试剂配制室、卫生通过通道、储源间、分装间、标记和洗涤室等控制区用房
11	介入治疗用房	包括心血管造影机房、控制室、机械间、洗手准备、无菌物品室、治疗室、更衣室和卫生间、办公室、会诊室、值班室、护理室和资料室等
12	检验科用房	包括临床检验室、生化检验室、微生物检验室、血液实验室、细胞检查室、血清免疫室、洗涤间、试剂和材料库、更衣室、值班室和办公室等
13	病理科用房	包括病理解剖室、取材室、标本处理室（脱水、染色、蜡包埋、切片）、制片室、镜检室、洗涤消毒室、卫生通过通道、病理解剖和标本库等
14	功能检查科用房	包括检查室（肺功能、脑电图、肌电图、脑血流图、心电图、超声等）、处置室、医生办公室、治疗室、患者、医护人员更衣室和卫生间等
15	内窥镜科用房	包括内窥镜（上消化道内窥镜、下消化道内窥镜、支气管镜、胆道镜等）检查室、准备室、处置室、等候室、休息室、观察室、卫生间、灌肠室、患者和医护人员更衣室等
16	理疗科用房	
17	输血科（血库）用房	包括配血室、贮血室、发血室、清洗间、消毒室、更衣室、卫生间等
18	药剂科用房	包括发药室、调剂室、药库、办公室、值班室和更衣室等门诊药房用房，摆药室、药库、发药室、办公室、值班室和更衣室等住院药房用房，中成药库、中草药库和煎药室等中药房用房，一级药品库、办公室、值班室和卫生间等
19	中心（消毒）供应室用房	包括收件、分类、清洗、消毒和推车清洗中心（消毒）等污染区用房，敷料制备、器械制备、灭菌、质检、一次性用品库、卫生材料库和器械库等清洁区用房，无菌物品储存间等无菌区用房，办公室、值班室、更衣室和浴室、卫生间等
20	营养厨房	包括主食制作间、副食制作间、主食蒸煮间、副食洗切间、冷荤熟食间、回民灶、库房、配餐间、餐车存放间、办公室和更衣室等

续表

序号	组成	说明
21	洗衣房	包括收件、分类、浸泡消毒、洗衣、烘干、烫平、缝纫、贮存、分发和更衣等
22	太平间	包括停尸间、告别室、解剖室、标本室、值班室、更衣室、卫生间、器械室、洗涤室和消毒室等

传染病医院建筑组成，见表1-4。

传染病医院建筑组成表　　　　　　　表1-4

序号	组成		说明
1	门诊部		包括门厅、挂号处、问讯处、病历室、划价收费处、中西药房、候诊处、采血室、检验室、输液室、注射室、门诊办公室、卫生间等，肠道、肝炎、呼吸道等各科室诊查室、治疗室、护士站、值班更衣室、污洗室、杂物贮藏室、卫生间等，换药室、处置室、清创室、X线检查室和功能检查室等
2	急诊部		包括接诊分诊台、诊室、抢救室、抢救监护室、医护人员办公室、更衣室、缓冲室、卫生间、污洗室、杂物贮藏室等，挂号、收费、病案、药房、检验及医学影像检查用房等
3	医技科室	医学影像科	包括各类检查机房、X线透视室、照相室、CT室、控制室、等候室、登记存片室、观片室、暗室、PACS机房、医生办公室、技师办公室等功能用房和卫生间等
		功能检查室	包括各类功能检查室、医护办公室和卫生间等
		血库	包括贮血间、配血间、发血间、清洗间、灭菌消毒间、工作人员更衣室、卫生间等
		中心（消毒灭菌）供应室	包括收件、分类清洗、敷料制作、组装打包、灭菌、质检、无菌储存、一次性用品存放、器械存放、办公、发放等功能用房和卫生间等
		手术部	包括污染手术室（负压手术室）、换床间、无菌手术室、刷手处（池）、麻醉准备间、术后苏醒间、男女卫生通过室（更衣、淋浴、卫生间）、无菌敷料室、器械仪器室、家属等候室、谈话室、冰冻切片室、标本传送间、污物暂存间和示教室等
		药剂科	包括发药处、调剂处、配剂处、静脉输液配药室、中成药库、中草药库、西药库、贵重及控制药品库、办公室、值班室、更衣室等功能用房和卫生间等
		检验科	包括临床检验、生化免疫、微生物、细胞、细菌、病毒、血液实验、洗涤消毒、试剂室、材料库、值班、化验、LIS办、检查标本暂存、废弃物暂存等功能用房
		病理科	包括收件、取材、冷冻切片、脱水染色、脱蜡包埋、镜检、洗涤消毒、办公等功能用房
4	住院部		包括入院厅、入院登记办理处、出院厅、交费结账处、医疗保险办公室、病人住院接诊处、病人入院更衣室、财务会计室、病人卫生间、医务人员更衣室和卫生间、示教室。每个病区包括带卫生间病房、重症监护室、医生办公室、护士办公室、护士站、处置室、治疗室、值班室、被服库、备餐兼开水间、病人活动室等
5	重症监护病区		包括缓冲间、重症监护病区（含多床大开间和单床小隔间）、护士站、处置室、仪器间、药品间、值班室、更衣室、卫生间、污洗间、家属等候室等

精神专科医院建筑组成，见表 1-5。

精神专科医院建筑组成表 表 1-5

序号	组成		说明
1	门诊部	门诊部用房	包括门厅、导诊、挂号、收费、药房、诊区、门诊办公室、卫生间等，各科诊区候诊、诊室、治疗室、护士站、污洗室、换药室、处置室等
		儿科门诊用房	还包括儿科专用候诊、儿童活动场所
		心理咨询用房	包括专用候诊、心理咨询诊室等
		司法鉴定用房	包括受检等候室与鉴定室等
2	急诊部	急诊用房	包括接诊分诊台、挂号、收费、药房、检验、功能检查、监护室、护士站、抢救室、诊室、观察输液室、污洗室、值班更衣室、卫生间等
		抢救用房	包括抢救室、应急治疗室、清创室、洗胃室、灌肠室、器械室、药品间等
		观察用房	包括普通观察室、隔离观察室等
3	医技部		包括放射科用房（常规放射检查机房、控制室等）、功能检查科用房（心电图检查室、脑电图检查室、肌电图检查室等）、检验科用房（常规临床化验室等）、药剂科（发药室、一般药库、控制药品库或备用库）、中心供应室用房、病理科用房、电抽搐治疗用房和光疗室等
4	住院部		包括出入院厅、登记办理、交费结账、病人住院接诊、财务会计室、病人卫生间、医务人员更衣室和卫生间等，病房、病人公用男女卫生间、浴室、隔离室、病人活动室、病人餐厅、护士办公室、医生办公室、护士站、处置室、治疗室、值班室、被服库、备餐开水间、污洗室、污物暂存间等病区用房
5	康复治疗科		包括作业疗法、音乐疗法、职业疗法等治疗用房及附属器材存放、管理用房

医院建筑给水排水设计应符合现行国家标准《城市给水工程项目规范》GB 55026、《城乡排水工程项目规范》GB 55027、《建筑给水排水设计标准》GB 50015、《建筑防火通用规范》GB 55037、《消防设施通用规范》GB 55036、《建筑设计防火规范》GB 50016 和《消防给水及消火栓系统技术规范》GB 50974（以下简称《消水规》）等的规定。根据医院建筑的功能设置，其给水排水设计涉及的现行国家标准为《综合医院建筑设计标准》GB 51039、《传染病医院建筑设计规范》GB 50849、《精神专科医院建筑设计规范》GB 51058、《传染病医院建筑施工及验收规范》GB 50686 等。医院建筑若设置管道直饮水系统，其设计涉及的现行行业标准为《建筑与小区管道直饮水系统技术规程》CJJ/T 110。

1.1 生活给水系统

1.1.1 用水量标准

1. 生活用水量标准

《建筑给水排水设计标准》GB 50015—2019（以下简称《水标》）中医院建筑相关功能场所生活用水定额，见表 1-6。

医院建筑生活用水定额表　　　　　表1-6

序号	建筑物名称		单位	生活用水定额（L）		使用时数（h）	最高日小时变化系数 K_h
				最高日	平均日		
1	医院住院部	设公用卫生间、盥洗室	每床位每日	100～200	90～160	24	2.5～2.0
		设公用卫生间、盥洗室、淋浴室		150～250	130～200		
		设单独卫生间		250～400	220～320		
		医务人员	每人每班	150～250	130～200	8	2.0～1.5
	门诊部、诊疗所	病人	每病人每次	10～15	6～12	8～12	1.5～1.2
		医务人员	每人每班	80～100	60～80	8	2.5～2.0
2	洗衣房		每千克干衣	40～80	40～80	8	1.5～1.2
3	餐饮业	中餐酒楼	每顾客每次	40～60	35～50	10～12	1.5～1.2
		快餐店、职工食堂		20～25	15～20	12～16	
4	办公	坐班制办公	每人每班	30～50	25～40	8～10	1.5～1.2
5	科研楼	生物	每工作人员每日	310	250	8～10	2.0～1.5
		药剂调制					
6	会议厅		每座位每次	6～8	6～8	4	1.5～1.2
7	停车库地面冲洗水		每平方米每次	2～3	2～3	6～8	1.0
8	宿舍	居室内设卫生间	每人每日	150～200	130～160	24	3.0～2.5
		设公用盥洗卫生间		100～150	90～120		6.0～3.0

注：1. 医疗建筑用水中已含医疗用水；
　　2. 生活用水定额应根据建筑物卫生器具完善程度、地区等影响用水定额的因素确定；
　　3. 表中用水量标准为生活用水，包括生活用热水用水量和直饮水用量，也包括正常漏水量和间接用水量，如清洁用水在内，但不包括空调、供暖、水景绿化、场地和道路浇洒等用水；
　　4. 生活用水定额包括主要用水对象（医院病人等）用水外，还包括工作人员（医院医务人员等）用水。工作人员用水折算在按用水对象为单位的用水定额内；
　　5. 计算医院建筑最高日最大时用水量时，某一类型生活用水定额、最高日小时变化系数（K_h）均为一个范围值时，生活用水定额取定额的最低值应对应选择最高日小时变化系数（K_h）的最大值；生活用水定额取定额的最高值应对应选择最高日小时变化系数（K_h）的最小值；生活用水定额取定额的中间值应对应选择最高日小时变化系数（K_h）的中间值（按内插法确定）。

门诊部和诊疗所的就诊人数由甲方或建筑专业提供，按照公式（1-1）估算：

$$n_m = (n_g \cdot m_g)/300 \tag{1-1}$$

式中　n_m——每日门诊人数；
　　　n_g——门诊部、诊疗所服务居民数；
　　　m_g——每一位居民一年平均门诊次数，城镇按7～10次计，农村按3～5次计；
　　　300——每年工作日数。

洗衣房的每日洗衣量按公式（1-2）计算：

$$G = (\sum m_i \cdot G_i)/D \tag{1-2}$$

式中　G——每日洗衣总量，kg/d；
　　　m_i——医院的计算单位数，床；

G_i——每一计算单位每月水洗衣服的质量，kg/(床·月)，由医院提供，当不提供时，见表1-7；

D——洗衣房每月的工作日数。

医院水洗织品的质量表 表1-7

序号	类别	计算单位	干织品质量（kg）
1	100个病床以下的综合医院	每一病床每月	50.0
2	内科和神经科	每一病床每月	40.0
3	外科、妇科和儿科	每一病床每月	60.0
4	妇产科	每一病床每月	80.0

注：1. 表中干织品质量为综合指标，包括各类工作人员和公共设施的衣服在内；
    2. 大中型综合医院可按分科数量累加计算。

每种干衣服单件质量，见表1-8。

每种干衣服单件质量表 表1-8

序号	织品名称	规格（mm×mm）	单位	干织品质量（kg）	备注
1	床单	2000×2350	条	0.8～1.0	
2	床单	1670×2000	条	0.75	
3	床单	1330×2000	条	0.50	
4	被套	2000×2350	件	0.9～1.2	
5	罩单	2150×3000	件	2.0～2.15	
6	枕套	800×500	只	0.14	
7	枕巾	850×550	条	0.30	
8	枕巾	600×450	条	0.25	
9	毛巾	550×350	条	0.08～0.1	
10	擦手巾		条	0.23	
11	面巾		条	0.03～0.04	
12	浴巾	1600×800	条	0.2～0.3	
13	地巾		条	0.3～0.6	
14	毛巾被	2000×2350	条	1.5	
15	毛巾被	1330×2000	条	0.9～1.0	
16	线毯	1330×2000	条	0.9～1.4	
17	桌布	1350×1350	件	0.3～0.45	
18	桌布	1650×1650	件	0.5～0.65	
19	桌布	1850×1850	件	0.7～0.85	
20	桌布	2300×2300	件	0.9～1.4	
21	餐巾	500×500	件	0.05～0.06	
22	餐巾	560×560	件	0.07～0.08	
23	小方巾	280×280	件	0.02	
24	家具套		件	0.5～1.2	平均值
25	擦布		条	0.02～0.08	平均值
26	男上衣		件	0.2～0.4	
27	男下衣		件	0.2～0.3	
28	工作服		套	0.5～0.6	
29	女罩衣		件	0.2～0.4	
30	睡衣		套	0.3～0.6	
31	裙子		条	0.3～0.5	
32	汗衫		件	0.2～0.4	
33	衬衣		件	0.25～0.3	

续表

序号	织品名称	规格（mm×mm）	单位	干织品质量（kg）	备注
34	衬裤		件	0.1~0.3	
35	绒衣、绒裤		件	0.75~0.85	
36	短裤		件	0.1~0.3	
37	围裙		条	0.1~0.2	
38	针织外衣裤		件	0.3~0.6	

初步设计时医院生活综合用水量标准，见表1-9。

医院生活综合用水量及小时变化系数表　　表1-9

序号	类别	单位	生活用水量标准（最高日）	小时变化系数 K_h	备注
1	100病床及以下	L/（病床·d）	500~800	2.0	1. 包括除消防用水及空调冷冻设备补充水外的其他部分综合用水量； 2. 不包括水疗、泥疗等设备用水
2	101~500病床	L/（病床·d）	1000~1500	2.0~1.5	
3	500病床以上	L/（病床·d）	1500~2000	1.8~1.5	

《民用建筑节水设计标准》GB 50555—2010（以下简称《节水标》）中医院建筑相关功能场所平均日生活用水节水用水定额，见表1-10。

医院建筑平均日生活用水节水用水定额表　　表1-10

序号	建筑物名称		单位	节水用水定额
1	医院住院部	设公用厕所、盥洗室	L/(床位·d)	90~160
		设公用厕所、盥洗室、淋浴室		130~200
		病房设单独卫生间		220~320
		医务人员	L/(人·班)	130~200
		门诊部、诊疗所	L/(人·次)	6~12
2		洗衣房	L/kg 干衣	40~80
3	餐饮业	中餐酒楼	L/(人·次)	25~50
		快餐店、职工食堂		15~20
4		办公楼	L/(人·班)	25~40
5		会议厅	L/(座位·次)	6~8
6		停车库地面冲洗用水	L/(m²·次)	2~3
7	宿舍	Ⅰ类、Ⅱ类	L/(人·d)	130~160
		Ⅲ类、Ⅳ类		90~120

注：1. 表中不含食堂用水；
    2. 除注明外均不含员工用水，员工用水定额每人每班30~45L；
    3. 医疗建筑用水中不含医疗用水；
    4. 表中用水量包括热水用量在内，空调用水应另计；
    5. 选择用水定额时，可依据当地气候条件、水资源状况等确定，缺水地区应选择低值；
    6. 用水人数或单位数应以年平均值计算；
    7. 每年用水天数应根据使用情况确定。

《综合医院建筑设计标准》GB 51039—2014 中医院生活用水量定额，见表 1-11。

医院生活用水量定额表 表 1-11

项目	设施标准	单位	最高用水量	小时变化系数 K_h
每病床	公共卫生间、盥洗间	L/(床·d)	100～200	2.5～2.0
	公共浴室、卫生间、盥洗间	L/(床·d)	150～250	2.5～2.0
	公共浴室、病房设卫生间、盥洗间	L/(床·d)	200～250	2.5～2.0
	病房设浴室、卫生间、盥洗间	L/(床·d)	250～400	2.0
	贵宾病房间	L/(床·d)	400～600	2.0
	门、急诊患者	L/(人·次)	10～15	2.5
	医务人员	L/(人·班)	150～250	2.5～2.0
	医院后勤职工	L/(人·班)	80～100	2.5～2.0
	食堂	L/(人·次)	20～25	2.5～1.5
	洗衣	L/kg	60～80	1.5～1.0

注：1. 医务人员的用水量包括手术室、中心供应等医院常规医疗用水；
2. 道路和绿化用水应根据当地气候条件确定。

传染病医院生活用水定额，见表 1-12。

传染病医院生活用水定额表 表 1-12

序号	设施标准	单位	最高用水量	小时变化系数 K_h
1	设集中卫生间、盥洗间	L/(床·d)	100～200	2.5～2.0
2	设集中浴室、卫生间、盥洗间	L/(床·d)	150～250	2.5～2.0
3	设集中浴室、病房设卫生间、盥洗间	L/(床·d)	250～300	2.5～2.0
4	病房设浴室、卫生间、盥洗间	L/(床·d)	250～400	2.0
5	贵宾病房	L/(床·d)	400～600	2.0
6	门诊（急）病人	L/(人·次)	25～50	2.5
7	医护人员	L/(人·班)	150～300	2.0～1.5
8	医院后勤职工	L/(人·班)	30～50	2.5～2.0
9	职工浴室	L/(人·次)	80～150	1.0
10	食堂	L/(人·次)	25～50	2.5～1.5
11	洗衣	L/kg	80～150	1.5～1.0

注：1. 医护人员的用水量包括手术室、中心供应等医院常规医疗用水；
2. 道路和绿化用水应根据当地气候条件确定。

2. 绿化浇灌用水量标准

医院院区绿化浇灌最高日用水定额按浇灌面积 1.0～3.0L/(m²·d) 计算，通常取 2.0L/(m²·d)，干旱地区可酌情增加。

3. 浇洒道路用水量标准

医院院区道路、广场浇洒最高日用水定额按浇洒面积 2.0～3.0L/(m²·d) 计算，亦可参见表 1-13。

浇洒道路和绿化用水量表 表1-13

路面性质	用水量标准 [L/(m²·次)]
碎石路面	0.40～0.70
土路面	1.00～1.50
水泥及沥青路面	0.20～0.50
绿化及草地	1.50～2.00

注：浇洒次数一般按每日上午、下午各一次计算。

4. 空调循环冷却水补水用水量标准

医院建筑空调循环冷却水补充水量，按公式（1-3）计算，亦可由暖通空调专业提供：

$$q_{bc} = q_z \cdot N_n/(N_n - 1) \tag{1-3}$$

式中 q_{bc}——冷却塔补充水量，建筑物空调、冷冻设备的补充水量应按冷却水循环水量的1%～2%确定，m³/h；

q_z——冷却塔蒸发损失水量，m³/h；

N_n——浓缩倍数，设计浓缩倍数不宜小于3.0。

5. 汽车冲洗用水量标准

汽车冲洗用水量标准按10.0～15.0L/(辆·次)考虑。

6. 供暖锅炉补充水量

供暖锅炉补充水量由暖通空调、热能动力专业提供。

7. 给水管网漏失水量和未预见水量

这两项水量之和按上述6项用水量（第1项至第6项）之和的8%～12%计算，通常按10%计。

最高日用水量（Q_d）应为上述7项水量（第1项至第7项）之和。

最大时用水量（Q_{hmax}）按公式（1-4）计算：

$$Q_{hmax} = K_h \cdot Q_d/24 \tag{1-4}$$

式中 Q_{hmax}——最大时用水量，m³/h；

K_h——小时变化系数，生活用水量定额表中用水定额、小时变化系数取值均为范围值时，用水定额取最低值对应小时变化系数最高值，用水定额取最高值对应小时变化系数最低值，用水定额取中间数值按内插法确定对应小时变化系数值；

Q_d——最高日用水量，m³/d。

1.1.2 水质标准和防水质污染

1. 水质标准

医院建筑生活饮用水的水质应符合现行国家标准《生活饮用水卫生标准》GB 5749的要求。

2. 防水质污染

《建筑给水排水与节水通用规范》GB 55020—2021（以下简称《水通规》）对于防水质污染做了2条强制性条文规定。

3.1.4 自建供水设施的供水管道严禁与城镇供水管道直接连接。生活饮用水管道严禁与建筑中水、回用雨水等非生活饮用水管道连接。

3.1.5 生活饮用水给水系统不得因管道、设施产生回流而受污染，应根据回流性质、回流污染危害程度，采取可靠的防回流措施。

医院建筑防止水质污染通常采用空气间隙、倒流防止器、真空破坏器3种具体措施。

（1）空气间隙

《水通规》对于空气间隙措施防水质污染做了如下强制性条文规定：

3.2.7 生活饮用水管道配水至卫生器具、用水设备等应符合下列规定：

1 配水件出水口不得被任何液体或杂质淹没；

2 配水件出水口高出承接用水容器溢流边缘的最小空气间隙，不得小于出水口直径的**2.5**倍；

3 严禁采用非专用冲洗阀与大便器（槽）、小便斗（槽）直接连接。

3.2.8 从生活饮用水管网向消防、中水和雨水回用等其他非生活饮用水贮水池（箱）充水或补水时，补水管应从水池（箱）上部或顶部接入，其出水口最低点高出溢流边缘的空气间隙不应小于**150mm**，中水和雨水回用水池且不得小于进水管管径的**2.5**倍，补水管严禁采用淹没式浮球阀补水。

医院建筑内生活水箱溢流水位与进水管口最低点之间标高差通常控制为150mm。

《医院洁净手术部建筑技术规范》GB 50333—2013 第10.2.4条规定了医院洁净手术部防止水质污染措施：给水管与卫生器具及设备的连接应有空气隔断或倒流防止器，不应直接连接。

（2）倒流防止器

医院建筑生活给水系统通常采用低阻力倒流防止器，水头损失小于$3mH_2O$。

《水通规》对于倒流防止器设置做了如下强制性条文规定：

3.2.9 生活饮用水给水系统应在用水管道和设备的下列部位设置倒流防止器：

1 从城镇给水管网不同管段接出两路及两路以上至小区或建筑物，且与城镇给水管网形成连通管网的引入管上；

2 从城镇给水管网直接抽水的生活供水加压设备进水管上；

3 利用城镇给水管网水压直接供水且小区引入管无防倒流设施时，向热水锅炉、热水机组、水加热器、气压水罐等有压容器或密闭容器注水的进水管上；

4 从小区或建筑物内生活饮用水管道系统上单独接出消防用水管道（不含接驳室外消火栓的给水短支管）时，在消防用水管道的起端；

5 从生活饮用水与消防用水合用贮水池（箱）中抽水的消防水泵出水管上。

3.2.10 生活饮用水管道供水至下列含有对健康有危害物质等有害有毒场所或设备时，应设置防止回流设施：

1 接贮存池（罐）、装置、设备等设施的连接管上；

2 化工剂罐区、化工车间、三级及三级以上的生物安全实验室除按本条第1款设置外，还应在引入管上设置有空气间隙的水箱，设置位置应在防护区外。

在市政给水管网给水引入管上设置倒流防止器可有效防止水流倒流污染市政给水管网，建筑内其他用水场所无需重复设置倒流防止器。

(3) 真空破坏器

《水通规》对于真空破坏器设置做了如下强制性条文规定：

3.2.11 生活饮用水管道直接接至下列用水管道或设施时，应在用水管道上如下位置设置真空破坏器等防止回流污染措施：

1 当游泳池、水上游乐池、按摩池、水景池、循环冷却水集水池等的充水或补水管道出口与溢流水位之间设有空气间隙但空气间隙小于出口管径 2.5 倍时，在充（补）水管上；

2 不含有化学药剂的绿地喷灌系统，当喷头采用地下式或自动升降式时，在管道起端；

3 消防（软管）卷盘、轻便消防水龙给水管道的连接处；

4 出口接软管的冲洗水嘴（阀）、补水水嘴与给水管道的连接处。

医院建筑集中空调系统设有冷却塔时，冷却塔集水池的补水管道出口与溢流水位之间的空气间隙，当小于出口管径 2.5 倍时，应在补水管上设置真空破坏器。

(4) 其他措施

《水通规》对于防水质污染做了如下强制性条文规定：

3.2.5 给水管道严禁穿过毒物污染区。通过腐蚀区域的给水管道应采取安全保护措施。

3.2.6 建筑室内生活饮用水管道的布置应符合下列规定：

1 不应布置在遇水会引起燃烧、爆炸的原料、产品和设备的上面；

2 管道的布置不得受到污染，不得影响结构安全和建筑物的正常使用。

(5) 生活饮用水水池（箱）

《水通规》对于生活饮用水水池（箱）设置做了如下强制性条文规定：

3.3.1 生活饮用水水池（箱）、水塔的设置应防止污废水、雨水等非饮用水渗入和污染，应采取保证储水不变质、不冻结的措施，且应符合下列规定：

1 建筑物内的生活饮用水水池（箱）、水塔应采用独立结构形式，不得利用建筑物本体结构作为水池（箱）的壁板、底板及顶盖。与消防用水水池（箱）并列设置时，应有各自独立的池（箱）壁。

2 埋地式生活饮用水贮水池周围 10m 内，不得有化粪池、污水处理构筑物、渗水井、垃圾堆放点等污染源。生活饮用水水池（箱）周围 2m 内不得有污水管和污染物。

3 排水管道不得布置在生活饮用水水池（箱）的上方。

4 生活饮用水水池（箱）、水塔人孔应密闭并设锁具，通气管、溢流管应有防止生物进入水池（箱）的措施。

5 生活饮用水水池（箱）、水塔应设置消毒设施。

医院建筑生活储水设施首选不锈钢生活水箱，避免采用生活水池，箱体独立设置在生活水泵房内，生活水箱上方应禁止污水排水管敷设，即其上方不应有卫生间、浴室、盥洗室、厨房、污水处理间等场所，不宜有设洗手盆的诊室、办公室等场所。

1.1.3 给水系统和给水方式

1. 医院建筑生活给水系统

典型的医院建筑生活给水系统原理图如图 1-1 所示。

1.1 生活给水系统

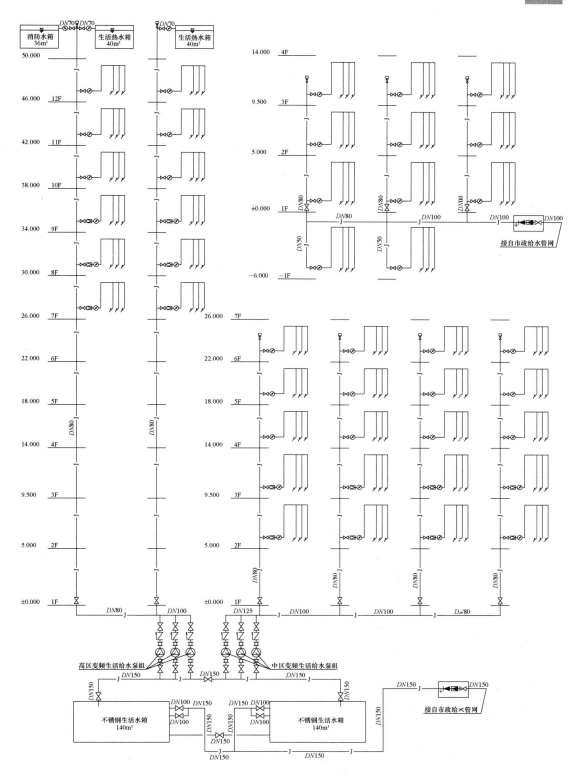

图 1-1 医院建筑生活给水系统原理图

2. 医院建筑生活给水供水方式

医院建筑生活给水供水方式，见表1-14。

医院建筑生活给水供水方式表 表1-14

序号	供水方式	适用范围	备注
1	生活水箱加变频生活给水泵组联合供水	市政给水管网直供区之外的其他竖向分区，即加压区	推荐采用
2	市政给水管网直接供水	市政给水管网压力满足的最低竖向分区	
3	管网叠加供水	—	不宜采用

传染病医院建筑生活给水供水方式，见表1-15。

传染病医院建筑生活给水供水方式对照表 表1-15

序号	供水方式	适用范围	备注
1	断流水箱加给水泵组供水	新建、改建传染病医院建筑	首选、最佳
2	市政给水管网（引入管防回流阀门）供水	改建传染病医院建筑；建筑内部分区域改造后传染病区域	备选、采取严格防回流污染措施

注：建筑内部分区域改造为传染病区域时，传染病区域生活供水设施宜独立设置。

3. 医院建筑生活给水系统竖向分区

医院建筑生活给水系统竖向分区应符合下面2条原则：

《水标》第3.4.3条：当生活给水系统分区供水时，各分区的静水压力不宜大于0.45MPa；当设有集中热水系统时，分区静水压力不宜大于0.55MPa。

《水标》第3.4.4条：生活给水系统用水点处供水压力不宜大于0.20MPa，并应满足卫生器具工作压力的要求。

医院建筑生活给水系统竖向分区确定程序，见表1-16。

生活给水系统竖向分区确定程序表 表1-16

序号	竖向分区确定程序	备注
1	根据医院院区接入市政给水管网的最小工作压力确定由市政给水管网直接供水的楼层	
2	根据市政给水直供楼层以上楼层的竖向建筑高度合理确定分区的个数及分区范围	高层医院建筑（主要是高层病房楼）生活给水竖向分区楼层数宜为6~8层（竖向高度30m左右），不宜多于10层
3	根据需要加压供水的总楼层数，合理调整需要加压的各竖向分区，使其高度基本一致	各竖向分区涉及楼层数宜基本相同

4. 医院建筑生活给水系统形式

医院建筑生活给水系统通常采用下行上给式，设备管道设置方法见表1-17。

生活给水系统设备管道设置方法表　　　　　　　　　　　　　表 1-17

序号	设备管道名称	设备管道设置方法
1	生活水箱及各分区供水泵组	设置在建筑地下室或院区生活水泵房
2	各分区给水干管	自各分区给水泵组接出，沿下部楼层吊顶内或顶板下横向敷设接至各区域水管井
3	各分区给水立管	设置在水管井内，自各分区给水干管接出，向上敷设至各分区所在楼层
4	各楼层给水横干管	自本分区给水立管接出，沿本层公共区域、走道吊顶内或顶板下横向敷设至该楼层给水用水点。楼层横干管在水管井内沿水流方向依次设置阀门、减压阀（若需要的话）、冷水表。病房楼每个病房护理单元病房区卫生间给水横干管宜与医护人员区洗浴给水横干管分开敷设
5	给水支管	自本层给水横干管接出，横向部分在本层吊顶内敷设并设置阀门，竖向部分沿给水用水点墙体就近暗设至用水卫生器具；病房卫生间、公共卫生间设置1根给水支管接入，沿卫生间吊顶内敷设至各用水卫生器具

病房卫生间给水支管管径确定，见表1-18。

病房卫生间给水支管管径确定表　　　　　　　　　　　　　表 1-18

序号	病房卫生间卫生器具配置	给水支管管径（mm）
1	1个洗脸盆、1个坐便器、1个淋浴器	DN20
2	1个洗脸盆、1个蹲便器、1个淋浴器	DN25

公共卫生间给水支管管径确定，见表1-19。

公共卫生间给水支管管径确定表　　　　　　　　　　　　　表 1-19

序号	公共卫生间蹲便器数量	给水支管管径（mm）
1	1个	DN25
2	2个	DN40
3	≥3个	DN50

医院建筑内需要预留给水支管的场所：水处理间、洗衣房、新风机房、净化机房、洗婴室、水中分娩室、洗澡抚触室、污物处置间、医疗废物存放间、纯水制作间等。

1.1.4　管材及附件

1. 生活给水系统管材

《水通规》对于给水系统管材做了以下强制性条文规定：

3.4.2　给水系统应使用耐腐蚀、耐久性能好的管材、管件和阀门等，减少管道系统的漏损。

医院建筑生活给水系统给水管道应选用耐腐蚀、安装连接方便可靠、符合国家现行有关产品标准要求及饮用水卫生要求的管材，常用管材包括薄壁不锈钢管、PVC-C（氯化聚氯乙烯）冷水用管、钢塑复合管、内衬不锈钢复合钢管、铝塑复合管、薄壁铜管等。

2. 生活给水系统阀门

医院建筑生活给水系统设置阀门的部位，见表1-20。

生活给水系统设置阀门部位表　　　　　　　　　表1-20

序号	设置阀门部位
1	院区接自市政给水管网的引入管段上
2	院区室外环状给水管网的节点处
3	自院区室外环状给水管网给水干管上接出的支管起端
4	建筑入户管、水表前
5	建筑室内生活给水各分支干管起端、各分支立管起端（通常位于立管底部）
6	建筑室内生活给水立管向各楼层、各区域、各护理单元等接出的配水管起端、水表前
7	建筑室内生活给水管道向公共卫生间、病房卫生间、浴室、预留给水管道场所等接出的配水管起端
8	水箱、生活水泵房、电热水器、电开水器、汽水（水水）换热器、减压阀、倒流防止器等进水管处

3. 生活给水系统止回阀

医院建筑生活给水系统设置止回阀的部位，见表1-21。

生活给水系统设置止回阀部位表　　　　　　　　表1-21

序号	设置止回阀部位
1	直接从市政给水管网接入建筑物的引入管上
2	接至水箱（包括生活冷水箱、生活热水箱、消防水箱）间、生活热水机房（内设各区域生活热水汽水换热器或水水换热器）、冷热源机房、空气源热泵热水设备、水处理间等场所的给水管起端
3	每台生活给水泵组出水管上

4. 生活给水系统减压阀

《水通规》对于给水系统减压阀做了以下强制性条文规定：

3.4.4　用水点处水压大于0.2MPa的配水支管应采取减压措施，并应满足用水器具工作压力的要求。

医院建筑配水横管静水压大于0.2MPa的楼层或区域配水横管起端应设置减压阀，减压阀位置在阀门和水表之间。

5. 生活给水系统水表

《水通规》对于供水用水计量做了以下强制性条文规定：

3.4.1　供水、用水应按照使用用途、付费或管理单元，分项、分级安装满足使用需求和经计量检定合格的计量装置。

医院建筑生活给水系统按下列原则设置水表：病房区分科室、分护理单元计量；其他区域分楼层、分区域计量。医院建筑生活给水系统设置水表的部位，见表1-22。

生活给水系统设置水表部位表　　　　　　　　　表1-22

序号	设置水表部位
1	直接从市政给水管网接入建筑物的引入管上
2	院区各建筑自院区环状给水管网接入的入户管上
3	门诊医技楼各楼层、各区域给水干管上
4	病房楼各楼层、各护理单元给水干管上

续表

序号	设置水表部位
5	接至生活冷水箱、生活热水箱、消防水箱、消防水池、空调补水进水管上
6	室外绿化用（补）水给水管上
7	地下车库冲洗用水给水管上
8	有特殊计量要求场所的给水进水管上

注：1. 水表设置在给水阀门井内或水管道井内；
  2. 水表阻力损失要求不大于0.0245MPa；
  3. 水表宜采用远传水表或IC卡水表等智能化水表；
  4. 给水管管径≥DN50时，水表管径比给水管管径小2号；给水管管径＜DN50时，水表管径比给水管管径小1号。

6. 生活给水系统其他附件

医院建筑生活给水系统给水立管顶端应设置自动排气阀。

生活水箱的生活给水进水管上应设自动水位控制阀。

医院建筑生活给水系统设置过滤器的部位，见表1-23。

生活给水系统设置过滤器部位表   表1-23

序号	设置过滤器部位	备注
1	生活给水阀件（减压阀、持压泄压阀、倒流防止器、自动水位控制阀、温度调节阀等）前	
2	水加热器（电热水器、电开水器等）的进水管上	
3	换热装置的循环冷却水进水管上	
4	生活水泵的吸水管上	亦可不设置

《水通规》对于洗手盆水嘴做了以下强制性条文规定：

3.4.5 公共场所的洗手盆水嘴应采用非接触式或延时自闭式水嘴。

《综合医院建筑设计标准》GB 51039—2014对于医院建筑卫生器具开关做了以下强制性条文规定：

6.2.5 下列场所的用水点应采用非手动开关，并应采取防止污水外溅的措施：公共卫生间的洗手盆、小便斗、大便器；护士站、治疗室、中心（消毒）供应室、监护病房等房间的洗手盆；产房、手术刷手池、无菌室、血液病房和烧伤病房等房间的洗手盆；诊室、检验科等房间的洗手盆；有无菌要求或防止院内感染场所的卫生器具。

用水点非手动开关的型式，见表1-24。

用水点非手动开关型式表   表1-24

序号	用水点场所	卫生器具类型	非手动开关型式
1	公共卫生间	洗手盆	感应自动水龙头
2		小便斗	感应式自动冲洗阀
3		蹲式大便器	脚踏式自闭冲洗阀或感应式冲洗阀

续表

序号	用水点场所	卫生器具类型	非手动开关型式
4	护士站、治疗室、洁净室和消毒供应中心、监护病房和烧伤病房等	洗手盆	感应自动、膝动或肘动开关水龙头
5	产房、手术刷手池、洁净无菌室、血液病房和烧伤病房等		感应自动水龙头
6	有无菌要求或防止院内感染场所	卫生器具	参照上述要求

精神专科医院供患者使用的水龙头宜采用自动感应龙头。

精神专科医院淋浴喷头应采用与墙或吊顶平齐的安装方式。

1.1.5 给水管道布置及敷设

1. 室外生活给水系统布置与敷设

医院院区的室外生活给水管网应布置成环状管网，管径宜为 $DN150$。环状给水管网与市政给水管网的连接管不宜少于 2 条，引入管管径宜为 $DN150$、不宜小于 $DN100$。

医院院区室外生活给水管道应沿院区内道路敷设，宜平行于建筑物敷设于人行道、慢车道或草地下；管道外壁距建筑物外墙的净距不宜小于 1m，且不得影响建筑物的基础。院区室外生活给水管道与其他地下管线及乔木之间的最小净距，应符合表 1-25 规定。

医院院区地下管线（构筑物）间最小净距一览表　　　　表 1-25

种类	给水管		污水管		雨水管	
	水平净距（m）	垂直净距（m）	水平净距（m）	垂直净距（m）	水平净距（m）	垂直净距（m）
给水管	0.5~1.0	0.10~0.15	0.8~1.5	0.10~0.15	0.8~1.5	0.10~0.15
污水管	0.8~1.5	0.10~0.15	0.8~1.5	0.10~0.15	0.8~1.5	0.10~0.15
雨水管	0.8~1.5	0.10~0.15	0.8~1.5	0.10~0.15	0.8~1.5	0.10~0.15
低压燃气管	0.5~1.0	0.10~0.15	1.0	0.10~0.15	1.0	0.10~0.15
直埋式热水管	1.0	0.10~0.15	1.0	0.10~0.15	1.0	0.10~0.15
热力管沟	0.5~1.0	—	1.0	—	1.0	—
乔木中心	1.0	—	1.5		1.5	
电力电缆	1.0	直埋 0.50 穿管 0.25	1.0	直埋 0.50 穿管 0.25	1.0	直埋 0.50 穿管 0.25
通信电缆	1.0	直埋 0.50 穿管 0.15	1.0	直埋 0.50 穿管 0.15	1.0	直埋 0.50 穿管 0.15
通信及照明电缆	0.5	—	1.0	—	1.0	—

注：1. 净距指管外壁距离，管道交叉设套管时指套管外壁距离，直埋式热力管指保温管壳外壁距离；
　　2. 电力电缆在道路的东侧（南北方向的路）或南侧（东西方向的路）；通信电缆在道路的西侧或北侧；均应在人行道下。

医院院区室外管线交叉处理应遵循的原则，见表1-26。

室外管线交叉处理原则表 表1-26

序号	处理原则	序号	处理原则
1	压力管道让重力管道	4	可弯曲管道让不可弯曲管道
2	小管径管道让大管径管道	5	新设管道让已建管道
3	支线管道让干线管道	6	临时性管道让永久性管道

室外给水管道管顶最小覆土深度不得小于土壤冰冻线以下0.15m，行车道下的管线覆土深度不宜小于0.70m。

室外给水管道应根据管道负责供水区域、管道长度等因素在管道上设置一定数量的阀门。

2. 室内生活给水系统布置与敷设

医院建筑室内生活给水管道通常布置成支状管网，单向供水。

供给洁净手术部生活用水应有两路进口，由处于连续正压状态下的管道系统供给。

医院建筑室内生活给水管道宜沿室内公共区域敷设。医院建筑生活给水管道不应布置的场所，见表1-27。

生活给水管道不应布置的场所表 表1-27

序号	不应布置场所
1	电气机房包括高压配电室、低压配电室（包括其值班室）、柴油发电机房（包括储油间）、智能化系统机房（计算机房、网络中心机房、弱电机房）、UPS机房、消防控制室等
2	影像功能机房包括影像中心机房（MR、数字胃肠、CT、DR、乳腺机等）、介入中心机房（DSA等）、核医学科机房（直线加速器、ECT、PET/CT、模拟定位机等）
3	手术室、药库、药房、病案室、档案室等
4	生活水泵房、消防水泵房等场所配电柜上方
5	电梯机房、烟道、风道、电梯井内、排水沟等
6	橱窗、壁柜等
7	伸缩缝、沉降缝、变形缝等

注：生活给水管道在穿越防火卷帘时宜绕行。

传染病医院建筑生活给水管道敷设技术措施，见表1-28。

传染病医院建筑生活给水管道敷设技术措施表 表1-28

序号	技术措施
1	不应穿越无菌室；当必须穿越时，应采取防漏措施
2	清洁区、半污染区、污染区配水干管应分别设置，管道上应设置检修阀门，阀门宜设在清洁区内
3	接至负压隔离病房区域的生活给水干管上应设置倒流防止器；区域外生活给水管确需穿越该区域时，管道应采用焊接连接或不带接头的法兰、丝扣连接
4	污染区、半污染区卫生器具必须采用非接触式（感应式阀门等）或非手动开关（脚踏阀门等）；清洁区卫生器具宜采用非接触式或非手动开关

精神专科医院生活给水系统的管道,应在管道井、吊顶和墙内隐蔽安装。

3. 室内给水管道防护

室内生活给水横干管、立管超过50m时,宜设伸缩补偿装置。

与人防工程功能无关的室内生活给水管道应避免穿越人防地下室,确需穿越人防围护结构应在人防侧设置防护阀门,管道穿越处应设防护套管。

生活给水管道设置防水套管的部位,见表1-29。

防水套管设置部位表   表1-29

序号	防水套管设置部位	防水套管类型	防水套管管径
1	穿越地下室或地下构筑物外墙处	刚性防水套管或柔性防水套管	管道管径≤$DN100$ 的防水套管管径宜比管道管径大 2 号;管道管径≥$DN125$ 防水套管管径宜比管道管径大 1 号
2	穿越屋面处		
3	穿越钢筋混凝土水池(箱)的壁板或底板处	柔性防水套管	

4. 生活给水管道保温

敷设在有可能结冻的房间、地下室及管井、管沟等处的给水管道应有防冻措施。

屋顶水箱间内生活给水管道均需做保温,所有给水横管及管井内的给水立管均做防结露保温。室内满足防冻要求的管道可不做防结露保温。

给水管道保温材料绝热厚度确定,见表1-30、表1-31。

室内生活给水管经济绝热厚度(使用期105d)   表1-30

离心玻璃棉		柔性泡沫橡塑	
公称直径(mm)	厚度(mm)	公称直径(mm)	厚度(mm)
≤$DN25$	40	≤$DN40$	32
$DN32\sim DN80$	50	$DN50\sim DN80$	36
$DN100\sim DN350$	60	$DN100\sim DN150$	40
≥$DN400$	70	≥$DN200$	45

室内生活给水管经济绝热厚度(使用期150d)   表1-31

离心玻璃棉		柔性泡沫橡塑	
公称直径(mm)	厚度(mm)	公称直径(mm)	厚度(mm)
≤$DN40$	50	≤$DN50$	40
$DN50\sim DN100$	60	$DN70\sim DN125$	45
$DN125\sim DN300$	70	$DN150\sim DN300$	50
≥$DN350$	80	≥$DN350$	55

需要防结露的给水管道保温厚度:采用柔性泡沫橡塑保温材料时为20mm,采用离心玻璃棉保温材料时为30mm。

当生活给水管道采用薄壁不锈钢管时,保温材料不应直接采用柔性泡沫橡塑保温材料,宜采用离心玻璃棉管壳保温材料或管道外表面覆塑后再采用橡塑保温材料。

1.1.6 生活给水系统给水管网计算

1. 医院院区室外生活给水管网

室外生活给水管网设计流量应按医院院区生活给水最大时用水量确定。院区给水引入管的设计流量应按最大时用水量确定；当引入管为 2 条时，应保证当其中一条发生故障时，其余的引入管可以提供不小于 70% 的流量。

医院院区室外生活给水管网管径：中小型医院宜采用 $DN150$，中大型医院宜采用 $DN200$。

2. 医院建筑室内生活给水管网

采用市政给水管网直接供水时，给水引入管设计流量（Q_1）应按直供区生活给水设计秒流量计；采用生活水箱+变频给水泵组供水时，给水引入管设计流量（Q_2）应按加压区生活水箱设计补水量计，设计补水量不得小于高区最高日平均时用水量，不宜大于最高日最大时用水量。

医院建筑内生活给水设计秒流量应按公式（1-5）计算：

$$q_g = 0.2 \cdot \alpha \cdot (N_g)^{1/2} \tag{1-5}$$

式中　q_g——计算管段的给水设计秒流量，L/s；

　　　N_g——计算管段的卫生器具给水当量总数；

　　　α——根据医院建筑用途而定的系数，门诊部、诊疗所取 1.4，医院住院部取 2.0。

注：如计算值小于该管段上一个最大卫生器具给水额定流量时，应采用一个最大的卫生器具给水额定流量作为设计秒流量；如计算值大于该管段上按卫生器具给水额定流量累加所得流量值时，应按卫生器具给水额定流量累加所得流量值采用；有大便器延时自闭冲洗阀的给水管段，大便器延时自闭冲洗阀的给水当量均以 0.5 计，计算得到的 q_g 附加 1.20L/s 的流量后，为该管段的给水设计秒流量。

门诊部、诊疗所生活给水设计秒流量计算公式为：

$$q_g = 0.28 \cdot (N_g)^{1/2} \tag{1-6}$$

医院住院部生活给水设计秒流量计算公式为：

$$q_g = 0.4 \cdot (N_g)^{1/2} \tag{1-7}$$

医院综合楼生活给水设计秒流量计算公式为：

$$q_g = 0.34 \cdot (N_g)^{1/2} \tag{1-8}$$

医院建筑生活给水设计秒流量计算，参照表 1-32。

医院建筑生活给水设计秒流量计算表（L/s）　　表 1-32

卫生器具给水当量总数 N_g	门诊部、诊疗所 $\alpha=1.4$	医院住院部 $\alpha=2.0$	卫生器具给水当量总数 N_g	门诊部、诊疗所 $\alpha=1.4$	医院住院部 $\alpha=2.0$	卫生器具给水当量总数 N_g	门诊部、诊疗所 $\alpha=1.4$	医院住院部 $\alpha=2.0$
1	0.20	0.20	6	0.69	0.98	11	0.93	1.33
2	0.40	0.40	7	0.74	1.06	12	0.97	1.39
3	0.48	0.60	8	0.79	1.13	13	1.01	1.44
4	0.56	0.80	9	0.84	1.20	14	1.05	1.50
5	0.63	0.89	10	0.89	1.26	15	1.08	1.55

续表

卫生器具给水当量总数 N_g	门诊部、诊疗所 $\alpha=1.4$	医院住院部 $\alpha=2.0$	卫生器具给水当量总数 N_g	门诊部、诊疗所 $\alpha=1.4$	医院住院部 $\alpha=2.0$	卫生器具给水当量总数 N_g	门诊部、诊疗所 $\alpha=1.4$	医院住院部 $\alpha=2.0$
16	1.12	1.60	82	2.54	3.62	230	4.25	6.07
17	1.15	1.65	84	2.57	3.67	235	4.29	6.13
18	1.19	1.70	86	2.60	3.71	240	4.34	6.20
19	1.22	1.74	88	2.63	3.75	245	4.38	6.26
20	1.25	1.79	90	2.66	3.79	250	4.43	6.32
22	1.31	1.88	92	2.69	3.84	255	4.47	6.39
24	1.37	1.96	94	2.71	3.88	260	4.51	6.45
26	1.43	2.04	96	2.74	3.92	265	4.56	6.51
28	1.48	2.12	98	2.77	3.96	270	4.60	6.57
30	1.53	2.19	100	2.80	4.00	275	4.64	6.63
32	1.58	2.26	105	2.87	4.10	280	4.69	6.69
34	1.63	2.33	110	2.94	4.20	285	4.73	6.75
36	1.68	2.40	115	3.00	4.29	290	4.77	6.81
38	1.73	2.47	120	3.07	4.38	295	4.81	6.87
40	1.77	2.53	125	3.13	4.47	300	4.85	6.93
42	1.81	2.59	130	3.19	4.56	305	4.89	6.99
44	1.86	2.65	135	3.25	4.65	310	4.93	7.04
46	1.90	2.71	140	3.31	4.74	315	4.97	7.10
48	1.94	2.77	145	3.37	4.82	320	5.01	7.16
50	1.98	2.83	150	3.43	4.90	325	5.05	7.21
52	2.02	2.88	155	3.49	4.98	330	5.09	7.27
54	2.06	2.94	160	3.54	5.06	335	5.12	7.32
56	2.10	2.99	165	3.60	5.14	340	5.16	7.38
58	2.13	3.05	170	3.65	5.22	345	5.20	7.43
60	2.17	3.10	175	3.70	5.29	350	5.24	7.48
62	2.20	3.15	180	3.75	5.37	355	5.28	7.54
64	2.24	3.20	185	3.81	5.44	360	5.31	7.59
66	2.27	3.25	190	3.86	5.51	365	5.35	7.64
68	2.31	3.30	195	3.91	5.59	370	5.39	7.69
70	2.34	3.35	200	3.96	5.66	375	5.42	7.75
72	2.38	3.39	205	4.01	5.73	380	5.46	7.80
74	2.41	3.44	210	4.06	5.80	385	5.49	7.85
76	2.44	3.49	215	4.11	5.87	390	5.53	7.90
78	2.47	3.54	220	4.15	5.93	395	5.56	7.95
80	2.50	3.58	225	4.20	6.00	400	5.60	8.00

续表

卫生器具给水当量总数 N_g	门诊部、诊疗所 $\alpha=1.4$	医院住院部 $\alpha=2.0$	卫生器具给水当量总数 N_g	门诊部、诊疗所 $\alpha=1.4$	医院住院部 $\alpha=2.0$	卫生器具给水当量总数 N_g	门诊部、诊疗所 $\alpha=1.4$	医院住院部 $\alpha=2.0$
405	5.63	8.05	490	6.20	8.85	1250	9.90	14.14
410	5.67	8.10	495	6.23	8.90	1300	10.10	14.42
415	5.70	8.15	500	6.26	8.94	1350	10.29	14.70
420	5.74	8.20	550	6.57	9.38	1400	10.48	14.97
425	5.77	8.25	600	6.86	9.80	1450	10.66	15.23
430	5.81	8.29	650	7.14	10.20	1500	10.84	15.49
435	5.84	8.34	700	7.41	10.58	1550	11.02	15.75
440	5.87	8.39	750	7.67	10.95	1600	11.20	16.00
445	5.91	8.44	800	7.92	11.31	1650	11.37	16.25
450	5.94	8.49	850	8.16	11.66	1700	11.54	16.49
455	5.97	8.53	900	8.40	12.00	1750	11.71	16.73
460	6.01	8.58	950	8.63	12.33	1800	11.88	16.97
465	6.04	8.63	1000	8.85	12.65	1850	12.04	17.20
470	6.07	8.67	1050	9.07	12.96	1900	12.20	17.44
475	6.10	8.72	1100	9.29	13.27	1950	12.36	17.66
480	6.13	8.76	1150	9.50	13.56	2000	12.52	17.89
485	6.17	8.81	1200	9.70	13.86	2050	12.68	18.11

医院建筑有自闭式冲洗阀时生活给水设计秒流量计算，参照表1-33。

医院建筑有自闭式冲洗阀时生活给水设计秒流量计算表 表1-33

卫生器具给水当量总数 N_g	给水设计秒流量 q_g (L/s)	卫生器具给水当量总数 N_g	给水设计秒流量 q_g (L/s)	卫生器具给水当量总数 N_g	给水设计秒流量 q_g (L/s)	卫生器具给水当量总数 N_g	给水设计秒流量 q_g (L/s)
6	1.69	78	2.97	150	3.65	222	4.18
12	1.89	84	3.03	156	3.70	228	4.22
18	2.05	90	3.10	162	3.75	234	4.26
24	2.18	96	3.16	168	3.79	240	4.30
30	2.30	102	3.22	174	3.84	246	4.34
36	2.40	108	3.28	180	3.88	252	4.37
42	2.50	114	3.34	186	3.93	258	4.41
48	2.59	120	3.39	192	3.97	264	4.45
54	2.67	126	3.44	198	4.01	270	4.49
60	2.75	132	3.50	204	4.06	276	4.52
66	2.82	138	3.55	210	4.10	282	4.56
72	2.90	144	3.60	216	4.14	288	4.59

续表

卫生器具给水当量总数 N_g	给水设计秒流量 q_g (L/s)	卫生器具给水当量总数 N_g	给水设计秒流量 q_g (L/s)	卫生器具给水当量总数 N_g	给水设计秒流量 q_g (L/s)	卫生器具给水当量总数 N_g	给水设计秒流量 q_g (L/s)
294	4.63	396	5.18	498	5.66	1272	8.33
300	4.66	402	5.21	504	5.69	1320	8.47
306	4.70	408	5.24	552	5.90	1368	8.60
312	4.73	414	5.27	600	6.10	1416	8.73
318	4.77	420	5.30	648	6.29	1464	8.85
324	4.80	426	5.33	696	6.48	1512	8.98
330	4.83	432	5.36	744	6.66	1560	9.10
336	4.87	438	5.39	792	6.83	1608	9.22
342	4.90	444	5.41	840	7.00	1656	9.34
348	4.93	450	5.44	888	7.16	1704	9.46
354	4.96	456	5.47	936	7.32	1752	9.57
360	4.99	462	5.50	984	7.47	1800	9.69
366	5.03	468	5.53	1032	7.62	1848	9.80
372	5.06	474	5.55	1080	7.77	1896	9.91
378	5.09	480	5.58	1128	7.92	1944	10.02
384	5.12	486	5.61	1176	8.06	1992	10.13
390	5.15	492	5.64	1224	8.20	2040	10.23

医院公共浴室、职工（病人）食堂或营业餐厅的厨房、科研教学实验室等建筑生活给水管道的设计秒流量应按公式（1-9）计算：

$$q_g = \sum q_{g0} \cdot n_0 \cdot b_g \tag{1-9}$$

式中 q_g——医院建筑计算管段的给水设计秒流量，L/s；

q_{g0}——医院建筑同类型的一个卫生器具给水额定流量，L/s，可按表1-37采用；

n_0——医院建筑同类型卫生器具数；

b_g——医院建筑卫生器具的同时给水使用百分数：医院公共浴室内的淋浴器和洗脸盆同时使用百分数按表1-34选用，职工（病人）食堂或营业餐厅的厨房设备同时使用百分数按表1-35选用，科研教学实验室的化验水嘴同时使用百分数按表1-36选用。

医院公共浴室卫生器具同时使用百分数表　　　　表1-34

序号	卫生器具名称	卫生器具同时使用百分数（%）
1	有间隔淋浴器	60～80
2	无间隔淋浴器	100
3	洗脸盆、盥洗槽水嘴	60～100

医院职工（病人）食堂或营业餐厅厨房设备同时使用百分数表　　　　表 1-35

序号	厨房设备名称	厨房设备同时使用百分数（%）
1	洗涤盆（池）	70
2	煮锅	60
3	生产性洗涤机	40
4	器皿洗涤机	90
5	开水器	50
6	蒸汽发生器	100
7	灶台水嘴	30

注：职工或学生饭堂的洗碗台水嘴，按 100% 同时给水，但不与厨房用水叠加。

医院实验室化验水嘴同时使用百分数表　　　　表 1-36

序号	化验水嘴名称	卫生器具同时使用百分数（%）
1	单联化验水嘴	20
2	双联或三联化验水嘴	30

3. 医院建筑内卫生器具给水当量

医院建筑常见卫生器具的给水额定流量、给水当量、连接给水管管径和最低工作压力，按表 1-37 确定。

常见卫生器具给水额定流量、给水当量、连接给水管管径和最低工作压力表　　　表 1-37

序号	卫生器具名称	给水额定流量（L/s）	给水当量	连接给水管管径（mm）	最低工作压力（MPa）
1	洗涤盆	0.15～0.20	0.75～1.00	15	0.100
2	拖布池	0.15～0.20	0.75～1.00	15	0.100
3	盥洗槽	0.15～0.20	0.75～1.00	15	0.100
4	洗脸盆（冷水供应）	0.15	0.75	15	0.100
5	洗脸盆（冷水、热水供应）	0.10	0.50	15	0.100
6	洗手盆（冷水供应）	0.10	0.50	15	0.100
7	洗手盆（冷水、热水供应）	0.10	0.50	15	0.100
8	浴盆（冷水供应）	0.20	1.00	15	0.100
9	浴盆（冷水、热水供应）	0.20	1.00	15	0.100
10	淋浴器（冷水、热水供应）	0.10	0.50	15	0.100～0.200
11	大便器（冲洗水箱浮球阀）	0.10	0.50	15	0.050
12	大便器（延时自闭式冲洗阀）	1.20	6.00	25	0.100～0.150
13	小便器（手动或自动自闭式冲洗阀）	0.10	0.50	15	0.050
14	医院倒便器	0.20	1.00	15	0.100
15	实验室化验水嘴（鹅颈）（单联）	0.07	0.35	15	0.020
16	实验室化验水嘴（鹅颈）（双联）	0.15	0.75	15	0.020
17	实验室化验水嘴（鹅颈）（三联）	0.20	1.00	15	0.020

4. 医院建筑内给水管管径

医院建筑内给水供水管的管径，应根据该给水供水管段的设计秒流量、允许给水流速等查相关计算表格确定。生活给水管道内的给水流速，宜按表1-38确定。

生活给水管道内给水流速表　　　　　　　表1-38

公称直径 DN（mm）	15~20	25~40	50~70	≥80
水流速度 v（m/s）	≤1.0	≤1.2	≤1.5	≤1.8

设坐便器病房卫生间个数与对应供给相应数量给水供水干管管径的对照表，见表1-39。

设坐便器病房卫生间个数与给水供水干管管径对照表　　　表1-39

病房卫生间个数（个）	1~2	3~6	7~10	11~18	19~30
给水供水干管公称直径 DN（mm）	25	32	40	50	70

设蹲便器病房卫生间个数与对应供给相应数量给水供水干管管径的对照表，见表1-40。

设蹲便器病房卫生间个数与给水供水干管管径对照表　　　表1-40

病房卫生间个数（个）	1~2	3~8	9~22	23~30
给水供水干管公称直径 DN（mm）	40	50	70	80

整个生活给水系统生活给水立管、干管均按照其服务的给水设计秒流量确定其管段管径。

1.1.7 生活水泵和生活水泵房

1. 生活水泵

《水通规》对于生活水泵做了以下强制性条文规定：

3.3.2 生活给水系统水泵机组应设备用泵，备用泵供水能力不应小于最大一台运行水泵的供水能力。

《水标》第3.9.1条规定选择生活给水系统的加压水泵，应遵守下列规定：水泵的Q~H特性曲线应是随流量增大，扬程逐渐下降的曲线；应根据管网水力计算进行选泵，水泵应在其高效区内运行；生活加压给水系统的水泵机组应设备用泵，备用泵的供水能力不应小于最大一台运行水泵的供水能力；水泵宜自动切换交替运行。

医院建筑生活给水加压水泵宜采用3台（2用1备）配置模式，亦可采用2台（1用1备）或4台（3用1备）配置模式。

医院建筑生活给水加压通常采用变频调速给水泵组，其设计流量应按其负责给水系统的最大设计秒流量确定，即$Q=q_g$。设计时应统计该系统内各用水点卫生器具的生活给水当量数，经公式（1-6）~公式（1-9）计算或查表1-32、表1-33得出设计流量值。

生活给水加压水泵的设计工作压力可按公式（1-10）计算：

$$H = h_1 + h_2 + \Sigma h \tag{1-10}$$

式中 H——生活给水加压水泵设计工作压力，mH_2O；
　　h_1——最不利生活给水用水点处与生活给水加压给水泵组吸水管处的高差，mH_2O；
　　h_2——最不利生活给水用水点处最小压力水头，mH_2O；
　　$\sum h$——最不利处生活给水用水点与生活给水加压给水泵组之间的水头损失，mH_2O。

生活水泵房内给水泵组自水箱吸水方式，见表1-41。

给水泵组自水箱吸水方式表　　　表1-41

序号	生活水箱数量	给水泵组自水箱吸水方式
1	1个	各分区生活给水泵组自水箱吸水，每组泵组设置1根吸水管
2	2个（格）	各分区生活给水泵组自水箱吸水，每组泵组设置1根吸水管，吸水管两端分别接自2个（格）水箱
3		各个分区生活给水泵组共用吸水总管，每个分区给水泵直接从吸水总管上吸水，吸水总管两端分别接自2个（格）水箱

注：吸水总管宜布置成环状管网。

生活给水泵吸水管、出水管管径确定，见表1-42。

生活给水泵吸水管、出水管管径确定表　　　表1-42

序号	管道种类	管径确定方法
1	吸水管	按照水泵流量和吸水管水控制流速（1.0m/s～1.2m/s）确定
2	吸水总管	按照其负责吸水的各水泵流量之和及吸水总管水控制流速（<1.2m/s）确定
3	出水管	按照水泵流量和出水管水控制流速（1.2m/s～2.0m/s）确定

2. 生活水泵房

《水通规》对于生活水泵房做了以下强制性条文规定：

3.3.3 对可能发生水锤的给水泵房管路应采取消除水锤危害的措施。

3.3.4 设置储水或增压设施的水箱间、给水泵房应满足设备安装、运行、维护和检修要求，应具备可靠的防淹和排水设施。

3.3.5 生活饮用水水箱间、给水泵房应设置入侵报警系统等技防、物防安全防范和监控措施。

3.3.6 给水加压、循环冷却等设备不得设置在卧室、客房及病房的上层、下层或毗邻上述用房，不得影响居住环境。

医院生活水泵房的设置位置应根据其所供水服务的范围确定，见表1-43。

医院生活水泵房位置确定及要求表　　　表1-43

序号	水泵房位置	适用情况	设置要求
1	院区室外集中设置	院区室外有空间；常见于新建医院院区	宜与消防水泵房、消防水池、暖通冷热源机房、锅炉房等集中设置，宜靠近用水量较大的医院建筑，如高层病房楼等

续表

序号	水泵房位置	适用情况	设置要求
2	建筑地下室楼层设置	院区室外无空间；涉及建筑单体较少；所在建筑用水量较大	宜设在地下一层或地下二层，不宜设在最低地下楼层；水泵房地面宜高出室外地面200～300mm；不应毗邻病房、诊室、手术室、影像科室、办公室、会议室等场所或在其上层或下层；宜采取减振防噪措施
3	分期独立设置	医院院区采取分期建设	
4	分区域独立设置	医院院区面积较大，甚至院区跨越市政道路	

生活给水泵组之间及与墙体间应有一定距离，间距要求见表1-44。

生活给水泵组之间及与墙体间间距要求表 表1-44

生活给水泵组电动机额定功率(kW)	生活给水泵组外轮廓面与墙面之间最小间距(m)	相邻生活给水泵组外轮廓面之间最小距离(m)
$N \leqslant 22$	0.8	0.4
$22 < N < 55$	1.0	0.8

注：生活水泵侧面有管道时，外轮廓面计至管道外壁面；给水泵组是指水泵与电动机的联合体，或已安装在金属座架上的多台生活水泵组合体。

各分区的生活给水泵组宜集中布置；生活水泵房内每套生活给水泵组宜设置在一个基础上；基础通常采用素混凝土基础，宜高出地面高度100～200mm，常采用200mm。

传染病医院生活水泵房位置确定及要求，见表1-45。

传染病医院生活水泵房位置确定及要求表 表1-45

序号	传染病医院类型	水泵房位置	水泵房要求
1	新建传染病医院建筑	应设置在清洁区内，严禁设置在污染区	
2	改建传染病医院建筑	宜设置在清洁区内；当设置在清洁区确有困难时，可设置在半清洁区内	应采取严格安全防护措施，如机房严禁无关人员入内、机房采取正压通风系统、防止污染生活给水设施等
3	医院建筑内部分区域改造后传染病区域	应设置在非传染病区域内，且不应毗邻传染病区域，应保证足够安全距离，不宜小于50m	

1.1.8 生活贮水箱（池）

1. 贮水容积

医院建筑生活用水贮水箱（池）的有效容积计算时，其生活用水调节量应按进水量与用水量变化曲线经计算确定，当资料不足时，宜按最高日用水量的20%～25%确定，最大不得大于48h的用水量。有条件时可适当增加生活贮水箱（池）有效容积。

医院建筑生活用水贮水设备宜采用贮水箱。

2. 生活水箱

生活水箱设计要求，见表1-46。

生活水箱设计要求表 表1-46

序号	项目	设计要求
1	数量	生活水箱有效储水容积超过50m³时，宜设置为相同容积的2个（格）水箱
2	材质	采用不锈钢板，宜采用装配式制作
3	尺寸	长度、宽度、高度尺寸宜为1.0m的倍数，特殊情况下可为0.5m的倍数
4	周边尺寸	水箱侧面距墙面不应小于0.7m，不宜小于1.0m；水箱顶面距泵房梁下不宜小于0.5m
5	基础	底部沿水箱短边方向每隔1.0m设置素混凝土或枕木基础，基础尺寸宜为250mm×600mm（h），高度宜大于400mm

3. 生活水箱相关管道、装置设置要求

《水通规》对于生活水箱装置做了以下强制性条文规定：

3.4.6　生活给水水池（箱）应设置水位控制和溢流报警装置。

《水通规》对于水箱（池）泄水、溢流管道做了以下强制性条文规定：

4.1.3　生活饮用水箱（池）、中水箱（池）、雨水清水池的泄水管道、溢流管道应采用间接排水，严禁与污水管道直接连接。

生活水箱相关管道设施要求，见表1-47。

生活水箱相关管道设施要求表 表1-47

序号	管道设施名称	设置要求
1	进水管	与出水管宜沿水箱相对侧或不同侧设置；管径宜为DN100；进水管可以自水箱上部侧面接入，亦可自水箱顶面向下接入，进水管管底高于溢流水位不小于150mm；管上设置阀门；设置自动水位控制阀
2	出水管	自水箱下部侧面接出（出水管底部贴水箱底）或自水箱底面向下接出；管径与生活水泵吸水（总）管管径相同，标高不低于吸水（总）管；管上设置阀门
3	溢流管	管径宜比进水管管径大一级，常采用DN150；宜采用水平喇叭口集水，喇叭口下部垂直管段不宜小于4倍溢流管管径，以溢流管管径DN150计，喇叭口下的垂直管段不小于600mm；接管位置宜避开进水管、出水管一定距离。通常与泄水管汇集接至水泵房内排水沟或集水坑，汇集管管径为DN150
4	泄水管	管径宜与水箱进水管管径相同，常采用DN100；与水箱接口处应位于水箱最底部（宜位于水箱底板）；接管位置宜避开进水管、出水管一定距离；管上应设置阀门
5	通气管	管径为DN100，通气管不得进入其他房间
6	水位显示装置	设在水箱侧面
7	检修口	位置在水箱顶部进水管处、靠近箱体侧边缘；尺寸不小于600mm×600mm；检修口处水箱侧面设置爬梯

生活水箱各水位指标确定方法及取值经验值,见表 1-48。

生活水箱各水位指标确定方法及取值经验值表　　　　　表 1-48

序号	名称	确定方法	取值范围	常规取值
1	生活水箱最低有效水位 $H_{最低}$	根据出水管侧面出流的淹没深度确定	$H_{箱底}+(100\sim200)mm$	$H_{箱底}+200mm$
		根据出水管底面出流的淹没深度确定	$H_{箱底}+(50\sim100)mm$	$H_{箱底}+100mm$
2	生活水箱最低报警水位 $H_{最低报警}$	根据其与生活水箱最低有效水位标高关系	$H_{最高}-(50\sim100)mm$	$H_{最高}-100mm$
3	生活水箱最高有效水位 $H_{最高}$	根据其与最低有效水位间的水体容积不小于生活水箱有效贮水容积确定	—	—
4	生活水箱最高报警水位 $H_{最高报警}$	根据其与生活水箱最高有效水位标高关系	$H_{最高}+(50\sim100)mm$	$H_{最高}+50mm$
5	生活水箱溢流水位 $H_{溢流}$	根据其与生活水箱最高有效水位标高关系	$H_{最高}+(100\sim200)mm$	$H_{最高}+100mm$
6	生活水箱进水管中标高 $H_{进水管}$	根据其与生活水箱溢流水位标高关系	$H_{溢流}+(\geqslant150mm)$	$H_{溢流}+200mm$

1.2 生活热水系统

1.2.1 热水系统类别

医院建筑生活热水系统分类,见表 1-49。

生活热水系统分类表　　　　　表 1-49

序号	分类标准	热水系统类别	医院建筑应用情况	应用程度
1	供应范围	集中生活热水系统	病房楼、病房卫生间、病人洗浴及医护人员洗浴生活热水系统;传染病医院建筑生活热水系统	最常用
2		局部(分散)生活热水系统	门诊医技楼医护人员洗浴、手术部医护人员洗浴生活热水系统;改建传染病医院建筑确有困难时的生活热水系统	较常用
3		区域生活热水系统	整个医院院区生活热水系统	不常用
4		分布式生活热水系统	病房楼、门诊医技楼洗浴生活热水系统	越来越常用
5	热水管网循环方式	热水干管立管支管循环生活热水系统	VIP 病房病人洗浴生活热水系统	不常用

续表

序号	分类标准	热水系统类别	医院建筑应用情况	应用程度
6	热水管网循环方式	热水干管立管循环生活热水系统	除VIP病房以外病房病人洗浴生活热水系统	最常用
7		热水干管循环生活热水系统	厨房生活热水系统	不常用
8		不循环生活热水系统	各局部（分散）生活热水系统	较常用
9	热水管网循环水泵运行方式	全日循环生活热水系统	病房区、门诊医技区、手术部等区域医护人员洗浴生活热水系统；VIP病房病人洗浴生活热水系统；对热水要求较高的医院生活热水系统；传染病医院建筑生活热水系统	较常用
10		定时循环生活热水系统	普通病房病人洗浴生活热水系统。通常每天定时供应2个时段：中午、晚上时段各2~3h	最常用
11	热水管网循环动力方式	强制循环生活热水系统		最常用
12		自然循环生活热水系统		极少用
13	是否敞开形式	闭式生活热水系统		最常用
14		开式生活热水系统		极少用
15	热水管网布置型式	下供下回式生活热水系统	热源位于建筑底部，即由锅炉房提供热媒（高温蒸汽或高温热水），经汽水或水水换热器提供热水热源等的生活热水系统	较常用
16		上供上回式生活热水系统	热源位于建筑顶部，即由屋顶太阳能热水设备及（或）空气能热泵热水设备提供热水热源等的生活热水系统	较常用
17		上供下回式生活热水系统		较少用
18		分层上供上回式生活热水系统	针对医院建筑病房楼某一楼层来设置的生活热水系统。生活热水系统根据楼层、护理单元、区域分别设置，不同区域、不同楼层、每个楼层不同护理单元的热水系统各自为独立管网系统	最常用
19	热水管路距离	同程式生活热水系统		目前最常用
20		异程式生活热水系统		越来越常用
21	热水系统分区方式	加热器集中设置生活热水系统	医院内各个建筑生活热水系统距离较近、规模相差不大或为同一建筑内不同竖向分区系统时的生活热水系统	最常用

续表

序号	分类标准	热水系统类别	医院建筑应用情况	应用程度
22	热水系统分区方式	加热器分散设置生活热水系统	医院内各个建筑生活热水系统距离较远、规模相差较大时的生活热水系统	较常用
23		加热器分布设置生活热水系统	不受医院建筑距离、规模限制时的生活热水系统	较少用

典型的医院建筑生活热水系统原理图，如图1-2、图1-3所示。

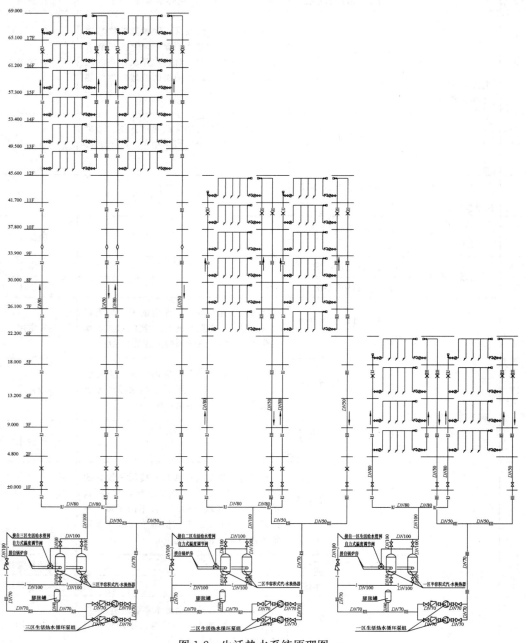

图1-2 生活热水系统原理图一

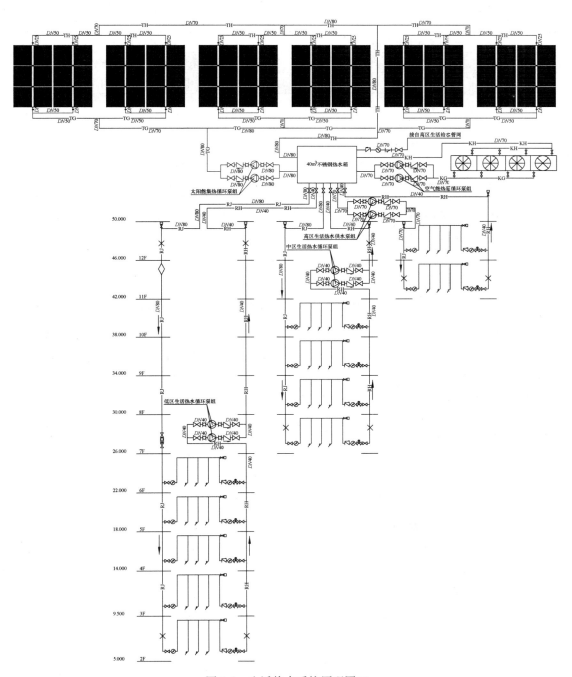

图 1-3 生活热水系统原理图二

1.2.2 生活热水系统热源

医院建筑集中生活热水供应系统的热源,见表 1-50。

集中生活热水供应系统热源表　　　　　　　　　　表 1-50

序号	热源类型	采用程度
1	工业余热、废热	极少采用
2	地源热能	较少采用，仅能作为辅助热源
3	太阳能	最常采用，通常作为辅助热源，亦可作为主要热源
4	空气源热能	常采用，尤其在夏热冬暖地区普遍采用
5	水源热能	较少采用，仅能作为辅助热源
6	市政热力管网	较少采用
7	锅炉房蒸汽或高温热水	最常采用，尤其在严寒地区、寒冷地区普遍采用
8	燃油（气）热水机组或电蓄热设备热水	较少采用

医院建筑生活热水系统主要包括病房楼病人洗浴和医护人员洗浴，热水用水量大、集中、可靠性要求高，其热源选用见表 1-51。

医院集中生活热水系统热源选用表　　　　　　　　表 1-51

主要选择热源	辅助选择热源
锅炉房蒸汽或高温热水；太阳能；空气源热能等	水源热能；地源热能；燃油（气）热水机组或电蓄热设备热水等

传染病医院建筑生活热水系统应有稳定安全可靠的热源，其热源应结合医院所在地地理条件、能源环境、自身条件等综合确定。当医院建筑内部分区域改造为传染病区域时，该区域生活热水系统热源宜独立设置，热源宜由燃气热水炉或电热水炉提供。

医院建筑生活热水系统常见热源组合形式，见表 1-52。

生活热水系统常见热源组合形式表　　　　　　　　表 1-52

序号	热源组合形式名称	主要热源	辅助热源	适用范围
1	热水锅炉＋太阳能组合	医院院区内设置燃气（油）锅炉房，锅炉房内高温热水锅炉提供热媒（通常为80℃/60℃高温热水），经建筑内（通常设置在地下室）热水机房（换热机房）内的各区域（竖向分区）水水换热器换热后为系统提供60℃/50℃低温热水	医院建筑屋顶设置太阳能热水机房（房间内设置储热水箱或储热罐、生活热水供水泵组、生活热水循环泵组、太阳能集热循环泵组等），屋顶布置太阳能集热板及太阳能供水、回水管道，太阳能热水供水设备为系统提供60℃/50℃高温热水	该组合方式为主要推荐形式，适用于我国北方、西北等寒冷或严寒地区医院建筑生活热水系统
2	太阳能＋空气源热能组合	医院建筑屋顶设置热水机房（设置储热水箱或储热罐、生活热水供水泵组、生活热水循环泵组、太阳能集热循环泵组、空气能热泵循环泵组等），屋顶布置太阳能集热板及太阳能供水、回水管道。太阳能供水设备为系统提供60℃/50℃高温热水	医院建筑屋顶设置热水机房，屋顶布置空气能热泵热水机组及空气能供水、回水管道。空气源热泵热水机组为系统提供60℃/50℃高温热水	该组合方式为另一种主要推荐形式，适用于我国南部或中部地区医院建筑生活热水系统

医院建筑屋顶设置太阳能光伏发电系统时，系统产生的电能可用于屋顶热水箱内热水的加热，保证生活热水系统供水温度。

1.2.3 热水系统设计参数

1. 医院建筑热水用水定额

《水标》中医院建筑相关功能场所热水用水定额，见表1-53。

医院建筑热水用水定额表　　表1-53

序号	建筑物名称		单位	热水用水定额（二）		使用时数（h）
				最高日	平均日	
1	医院住院部	设公用盥洗室	每床位每日	60～100	40～70	24
		设公用盥洗室、淋浴室		70～130	65～90	
		设单独卫生间		110～200	110～140	
		医务人员	每人每班	70～130	65～90	8
	门诊部、诊疗所	病人	每病人每次	7～13	3～5	8～12
		医务人员	每人每班	40～60	30～50	8
2	洗衣房		每千克干衣	15～30	15～30	8
3	餐饮业	中餐酒楼	每顾客每次	15～20	8～12	10～12
		快餐店、职工及学生食堂		10～12	7～10	12～16
4	办公	坐班制办公	每人每班	5～10	4～8	8～10
5	会议厅		每座位每次	2～3	2	4
6	宿舍	居室内设卫生间	每人每日	70～100	40～55	24或定时供应
		设公用盥洗卫生间		40～80	35～45	

注：1. 表中所列用水定额均已包括在表1-6中；
　　2. 本表以60℃热水水温为计算温度，卫生器具的使用水温见表1-56、表1-57；
　　3. 宿舍使用IC卡计费用热水时，可按每人每日最高日用水定额25～30L，平均日用水定额20～25L；
　　4. 表中平均日用水定额仅用于计算太阳能热水系统集热器面积和计算节水用水量；
　　5. 若医院允许陪住，则每一陪住者应按一个病床计算，一般康复医院、儿童医院、外科医院、急诊病房等可考虑陪住，陪住人员比例应与医院院方商定。

《节水标》中医院建筑相关功能场所热水平均日节水用水定额，见表1-54。

医院建筑热水平均日节水用水定额表　　表1-54

序号	建筑物名称		单位	节水用水定额
1	医院住院部	设公用厕所、盥洗室	L/(床位·d)	45～70
		设公用厕所、盥洗室、淋浴室		65～90
		病房设单独卫生间		110～140
		医务人员	L/(人·班)	65～90
	门诊部、诊疗所		L/(人·次)	3～5
2	洗衣房		L/kg干衣	15～30

续表

序号	建筑物名称		单位	节水用水定额
3	餐饮业	中餐酒楼	L/(人·次)	15～25
		快餐店、职工食堂		7～10
4	办公楼		L/(人·班)	5～10
5	会议厅		L/(座位·次)	2
6	宿舍	Ⅰ类、Ⅱ类	L/(人·d)	40～55
		Ⅲ类、Ⅳ类		35～45

注：热水温度按60℃计。

医院建筑所在地为较大城市、标准要求较高的，医院建筑热水用水定额可以适当选用较高值；反之可选用较低值。

传染病医院热水用水定额，见表1-55。

传染病医院热水用水定额表　　　　　表1-55

序号	设施标准	单位	最高日用水量（L）	小时变化系数 K_h
1	设集中卫生间、病房设卫生间、盥洗间	每床位每日	60～100	2.5～2.0
2	设集中浴室、病房设卫生间、盥洗间	每床位每日	70～130	2.5～2.0
3	病房设浴室、卫生间、盥洗间	每床位每日	130～200	2.0
4	贵宾病房	每床位每日	150～300	2.0
5	门诊（急）病人	每人每次	10～15	2.5
6	医护人员	每人每班	60～100	2.5～2.0
7	医院后勤职工	每人每班	10～15	2.5～2.0
8	职工浴室	每人每次	40～60	1.0
9	食堂	每人每次	7～10	2.5～1.5
10	洗衣	每千克干衣	20～35	1.5～1.0

注：1. 生活热水加热设备出水温度不应低于60℃；
　　2. 手术室等处的盥洗池水龙头应采用恒温供水，供水温度宜为30℃。

2. 医院建筑卫生器具用水定额及水温

医院建筑卫生器具的一次热水用水量、小时热水用水量和水温，应按表1-56确定。

医院建筑卫生器具一次热水用水量、小时热水用水量和水温表　　　　　表1-56

序号	卫生器具名称	一次热水用水量（L）	小时热水用水量（L）	水温（℃）
1	医院、疗养院、休养所洗手盆	—	15～25	35
2	医院、疗养院、休养所洗涤盆（池）	—	300	50
3	医院、疗养院、休养所淋浴器	—	200～300	37～40
4	医院、疗养院、休养所浴盆	125～150	250～300	40

注：表中用水量均为使用水温时的用水量；一次热水用水量指使用一次的用水量，并非卫生器具开关一次的用水量，有些卫生器具使用一次可能需要开关几次。

医院建筑附设功能场所卫生器具的一次热水用水量、小时热水用水量和水温，应按表1-57确定。

医院建筑附设功能场所卫生器具一次热水用水量、小时热水用水量和水温表 表1-57

序号	卫生器具名称	一次热水用水量（L）	小时热水用水量（L）	水温（℃）
1	办公楼洗手盆	—	50~100	35
2	实验室洗脸盆	—	60	50
3	实验室洗手盆	—	15~25	30
4	餐饮业洗涤盆（池）	—	250	50
5	餐饮业洗脸盆（工作人员用）	3	60	30
6	餐饮业洗脸盆（顾客用）	—	120	30
7	餐饮业淋浴器	40	400	37~40
8	宿舍淋浴器（有淋浴小间）	70~100	210~300	37~40
9	宿舍淋浴器（无淋浴小间）	—	450	37~40
10	宿舍盥洗槽水嘴	3~5	50~80	30

注：宿舍等建筑的淋浴间，当使用IC卡计费用热水时，其一次用水量和小时用水量可按表中数值的25%~40%取值。

3. 医院建筑冷水计算温度

冷水的计算温度应以当地最冷月平均水温资料确定。当无水温资料时，按表1-58采用。

冷水计算温度表 表1-58

区域	省、市、自治区、行政区		地面水（℃）	地下水（℃）	区域	省、市、自治区、行政区		地面水（℃）	地下水（℃）
东北	黑龙江		4	6~10	西北	青海	偏东	4	10~15
	吉林					宁夏	偏东		6~10
	辽宁	大部					南部		10~15
		南部		10~15		新疆	北疆	5	10~11
华北	北京		4	10~15			南疆	—	12
	天津						乌鲁木齐	8	
	河北	北部		6~10	东南	山东		4	10~15
		大部		10~15		上海		5	15~20
	山西	北部		6~10		浙江		5	15~20
		大部		10~15		江苏	偏北	4	10~15
	内蒙古			6~10			大部	5	15~20
西北	陕西	偏北	4	6~10		江西	大部		
		大部		10~15		安徽			
		秦岭以南	7	15~20		福建	北部		
	甘肃	南部	4	10~15			南部	10~15	20
		秦岭以南	7	15~20		台湾			

续表

区域	省、市、自治区、行政区		地面水（℃）	地下水（℃）	区域	省、市、自治区、行政区		地面水（℃）	地下水（℃）
中南	河南	北部	4	10～15	西南	重庆		7	15～20
		南部	5			贵州			
	湖北	东部	5	15～20		四川	大部		
		西部	7			云南	大部		
	湖南	东部	5				南部	10～15	20
		西部	7			广西	大部		
	广东、港澳		10～15	20			偏北	7	15～20
	海南		15～20	17～22		西藏		—	5

医院建筑冷水计算温度宜按医院当地地面水温度确定，水温有取值范围时宜取低值。

4. 医院建筑水加热设备供水温度

医院建筑集中热水供应系统的水加热设备（包括热水锅炉、热水机组或水加热器等）的出水温度应根据原水水质、使用要求、系统大小及消毒设施灭菌效果等确定，按表1-59采用。

水加热设备出水温度和配水点水温表　　　　　　　表1-59

水加热设备进水冷水总硬度（以碳酸钙计）（mg/L）	系统灭菌消毒设施设置情况	水加热设备出水温度（℃）	配水点水温（℃）
<120	无	60～65	≥45
	有	55～60	
≥120	无	60	
	有	55～60	

医院建筑集中生活热水系统水加热设备的供水温度宜为60～65℃，通常按60℃计。

5. 医院建筑生活热水水质

医院建筑生活热水的水质指标，应符合现行国家标准《生活饮用水卫生标准》GB 5749的要求。

1.2.4 热水系统设计指标

1. 医院建筑热水设计小时耗热量

（1）全日供应热水设计小时耗热量

当医院建筑住院部生活热水系统采用全日供应热水的集中生活热水系统时，其设计小时耗热量，按公式（1-11）计算：

$$Q_h = K_h \cdot m \cdot q_r \cdot C \cdot (t_{rl} - t_l) \cdot \rho_r \cdot C_\gamma / T \tag{1-11}$$

式中　Q_h——医院建筑生活热水设计小时耗热量，kJ/h；
　　　K_h——医院建筑生活热水小时变化系数，可按表1-60经内插法计算采用；

医院建筑生活热水小时变化系数表　　　　表 1-60

建筑类别	热水用水定额 [L/(床·d)]	使用床位数 m（床）	热水小时变化系数 K_h
医院住院部（设公用盥洗室）	60～100	50≤m≤1000	3.63～2.56
医院住院部（设公用盥洗室、淋浴室）	70～130		
医院住院部（设单独卫生间）	110～200		

注：K_h 应根据热水用水定额高低、使用床位数多少取值，当热水用水定额高、使用床位数多时取低值，反之取高值。使用床位数小于下限值（50 床）时，K_h 取上限值（3.63）；使用床位数大于上限值（1000 床）时，K_h 取下限值（2.56）；使用床位数位于下限值与上限值之间（50～1000 床）时，K_h 值在上限值与下限值之间（3.63～2.56），采用内插法计算求得。

m——医院建筑设计床位数，床；

q_r——医院建筑生活热水用水定额，L/(床·d)，按医院建筑热水最高日用水定额表（表 1-53）选用；

C——水的比热容，kJ/(kg·℃)，$C=4.187$ kJ/(kg·℃)；

t_{r1}——热水计算温度，℃，计算时 t_{r1} 宜取 65℃；

t_l——冷水计算温度，℃，计算时通常按表 1-58 选用；

ρ_r——热水密度，kg/L，通常取 1.0 kg/L；

C_γ——热水供应系统的热损失系数，$C_\gamma=1.10\sim1.15$；

T——医院建筑每日使用时间，h，取 24h。

将 C、t_{r1}、ρ_r、C_γ、T 等参数代入后得公式（1-12）：

$$Q_h = 0.201 \cdot K_h \cdot m \cdot q_r \cdot (65 - t_l) \qquad (1-12)$$

（2）定时供应热水设计小时耗热量

当医院建筑住院部生活热水系统采用定时供应热水的集中生活热水系统时，其设计小时耗热量，按公式（1-13）计算：

$$Q_h = \Sigma q_h \cdot C \cdot (t_{r2} - t_l) \cdot \rho_r \cdot n_0 \cdot b_g \cdot C_\gamma \qquad (1-13)$$

式中　Q_h——医院建筑生活热水设计小时耗热量，kJ/h；

q_h——医院建筑卫生器具生活热水的小时用水定额，L/h，可按表 1-61 采用，计算时通常取小时热水用水量的上限值；

医院建筑卫生器具生活热水小时用水定额表　　　　表 1-61

序号	卫生器具名称	热水小时用水定额（L/h）	序号	卫生器具名称	热水小时用水定额（L/h）
1	洗手盆	15～25	3	淋浴器	200～300
2	洗涤盆（池）	300	4	浴盆	250～300

C——水的比热容，kJ/(kg·℃)，$C=4.187$ kJ/(kg·℃)；

t_{r2}——热水计算温度，℃，计算时按表 1-62 选用，淋浴器使用水温通常取 40℃；

热水计算温度表　　　　表 1-62

序号	卫生器具名称	使用水温（℃）	序号	卫生器具名称	使用水温（℃）
1	洗手盆	35	3	淋浴器	37～40
2	洗涤盆（池）	50	4	浴盆	40

t_1——冷水计算温度,℃,按全日生活热水系统 t_1 取值表 1-58 选用;

ρ_r——热水密度,kg/L,通常取 1.0kg/L;

n_0——医院建筑同类型卫生器具数;

b_g——医院建筑卫生器具的同时使用百分数:医院病房卫生间内浴盆或淋浴器可按 70%～100%计,通常按 100%计,其他卫生器具不计,但定时连续热水供水时间应大于或等于 2h;

C_γ——热水供应系统的热损失系数,$C_\gamma=1.10\sim1.15$。

医院建筑住院部病房卫生间内绝大多数情况下采用淋浴器洗浴,仅在少数 VIP 病房卫生间内采用浴盆洗浴。计算时淋浴器、浴盆热水小时用水定额均取 300L/h,热水计算温度均取 40℃,同时使用百分数均取 100%。在此情况下,设计小时耗热量按公式(1-14)计算:

$$Q_h = 1444.5 \cdot (40 - t_1) \cdot n_0 \tag{1-14}$$

计算时,t_1 通常取地面水温度的下限值,我国各地地面水温度可取 4℃、5℃、7℃、8℃、10℃、15℃、20℃,依公式(1-14)计算得简便计算公式,见表 1-63。

不同冷水计算温度生活热水系统采用定时供应热水 Q_h 计算公式对照表　表 1-63

冷水计算温度(℃)	医院建筑生活热水系统采用定时供应热水 Q_h 计算公式(kJ/h)
4	$52002.5n_0$
5	$50558.0n_0$
7	$47669.0n_0$
8	$46224.5n_0$
10	$43335.5n_0$
15	$36112.9n_0$
20	$28890.3n_0$

医院建筑同类型卫生器具数 n_0 即为生活热水系统涉及的淋浴器和浴盆数量之和。

(3)不同使用要求用水部门热水设计小时耗热量

具有多个不同使用热水部门或具有多种热水使用形式的医院建筑,当其热水由同一热水供应系统供应时,设计小时耗热量可按同一时间内出现用水高峰的主要用水部门的设计小时耗热量加其他用水部门的平均小时耗热量计算。

2. 医院建筑设计小时热水量

医院建筑设计小时热水量,按公式(1-15)计算:

$$q_{rh} = Q_h / [(t_{r3} - t_1) \cdot C \cdot \rho_r \cdot C_\gamma] \tag{1-15}$$

式中　q_{rh}——医院建筑生活热水设计小时热水量,L/h;

Q_h——医院建筑生活热水设计小时耗热量,kJ/h;

t_{r3}——设计热水温度,℃,计算时 t_{r3} 取值与 t_{r1} 一致即可;

t_1——冷水计算温度,℃;

C——水的比热容,kJ/(kg·℃),$C=4.187$kJ/(kg·℃);

ρ_r——热水密度,kg/L,通常取 1.0kg/L;

C_γ——热水供应系统的热损失系数,$C_\gamma=1.10\sim1.15$。

当医院建筑生活热水系统采用全日供应热水时，引入设计小时耗热量计算公式，设计小时热水量，按公式（1-16）计算：

$$q_{rh} = K_h \cdot m \cdot q_r / T \tag{1-16}$$

当医院建筑生活热水系统采用定时供应热水时，引入设计小时耗热量计算公式，设计小时热水量，按公式（1-17）计算：

$$q_{rh} = 1256.1 \cdot (40 - t_1) \cdot n_0 / (65 - t_1) \tag{1-17}$$

3. 医院建筑加热设备供热量

医院建筑全日集中生活热水系统中，锅炉、水加热设备的设计小时供热量应根据日热水用量小时变化曲线、加热方式及锅炉、水加热设备的工作制度经积分曲线计算确定。

（1）容积式水加热器或贮热容积与其相当的水加热器、燃油（气）热水机组供热量

医院建筑生活热水系统采用的容积式水加热器均应为导流型容积式水加热器，其设计小时供热量，按公式（1-18）计算：

$$Q_g = Q_h - (\eta \cdot V_r / T_1) \cdot (t_{r3} - t_1) \cdot C \cdot \rho_r \tag{1-18}$$

式中　Q_g——医院建筑导流型容积式水加热器的设计小时供热量，kJ/h；
　　　Q_h——医院建筑设计小时耗热量，kJ/h；
　　　η——导流型容积式水加热器有效贮热容积系数，取 0.8～0.9；
　　　V_r——导流型容积式水加热器总贮热容积，L；
　　　T_1——医院建筑设计小时耗热量持续时间，h，全日集中热水供应系统 T_1 取 2～4h；定时集中热水供应系统 T_1 等于定时供水的时间；当 Q_g 计算值小于平均小时耗热量时，Q_g 应取平均小时耗热量；
　　　t_{r3}——设计热水温度，℃，按导流型容积式水加热器出水温度或贮水温度计算，通常取 65℃；
　　　t_1——冷水温度，℃；
　　　C——水的比热容，kJ/(kg·℃)，$C = 4.187$ kJ/(kg·℃)；
　　　ρ_r——热水密度，kg/L，通常取 1.0kg/L。

在设计计算中应采取下述步骤：根据 Q_h 及确定的水加热器台数选择导流型容积式水加热器型号，进而确定 V_r 值，代入公式（1-18）后计算 Q_g，再根据 Q_g 及确定的水加热器台数复核导流型容积式水加热器型号，若相差较大应重新试算选型。

在医院建筑生活热水系统设计小时供热量计算时，通常取 $Q_g = Q_h$。

（2）半容积式水加热器或贮热容积与其相当的水加热器、燃油（气）热水机组供热量

医院建筑生活热水系统亦常采用半容积式水加热器，此时半容积式水加热器设计小时供热量按设计小时耗热量计算，即取 $Q_g = Q_h$。

（3）半即热式、快速式水加热器及其他无贮热容积水加热设备供热量

医院建筑分散生活热水系统常采用上述半即热式、快速式热水器，其设计小时供热量按设计秒流量所需耗热量计算，按公式（1-19）计算：

$$Q_g = 3600 \cdot q_g \cdot (t_r - t_1) \cdot C \cdot \rho_r \tag{1-19}$$

式中　Q_g——医院建筑半即热式、快速式水加热器的设计小时供热量，kJ/h；
　　　q_g——医院建筑热水供应系统供水总干管的设计秒流量，L/s。

1.2.5 生活热水系统热水管网计算

1. 生活热水管网设计流量

（1）医院建筑生活热水引入管设计流量

医院建筑生活热水引入管设计流量应按该医院建筑相应生活热水供水系统总供水干管的设计秒流量确定。

（2）医院建筑内生活热水设计秒流量

医院建筑内生活热水设计秒流量，按公式（1-20）计算：

$$q_g = 0.2 \cdot \alpha \cdot (N_g)^{1/2} \tag{1-20}$$

式中 q_g——计算管段的热水设计秒流量，L/s；

N_g——计算管段的卫生器具热水当量总数；

α——根据医院建筑用途而定的系数，门诊部、诊疗所取1.4，医院住院部取2.0。

注：如计算值小于该管段上一个最大卫生器具热水额定流量时，应采用一个最大的卫生器具热水额定流量作为设计秒流量；如计算值大于该管段上按卫生器具热水额定流量累加所得流量值时，应按卫生器具热水额定流量累加所得流量值采用。

门诊部、诊疗所生活热水设计秒流量计算公式：

$$q_g = 0.28 \cdot (N_g)^{1/2} \tag{1-21}$$

医院住院部生活热水设计秒流量计算公式：

$$q_g = 0.4 \cdot (N_g)^{1/2} \tag{1-22}$$

医院综合楼生活热水设计秒流量计算公式：

$$q_g = 0.34 \cdot (N_g)^{1/2} \tag{1-23}$$

医院建筑生活热水设计秒流量计算，参照表1-64。

医院建筑生活热水设计秒流量计算表（L/s） 表1-64

卫生器具热水当量数 N_g	门诊部、诊疗所 $\alpha=1.4$	医院住院部 $\alpha=2.0$	卫生器具热水当量数 N_g	门诊部、诊疗所 $\alpha=1.4$	医院住院部 $\alpha=2.0$	卫生器具热水当量数 N_g	门诊部、诊疗所 $\alpha=1.4$	医院住院部 $\alpha=2.0$
1	0.20	0.20	13	1.01	1.44	30	1.53	2.19
2	0.40	0.40	14	1.05	1.50	32	1.58	2.26
3	0.48	0.60	15	1.08	1.55	34	1.63	2.33
4	0.56	0.80	16	1.12	1.60	36	1.68	2.40
5	0.63	0.89	17	1.15	1.65	38	1.73	2.47
6	0.69	0.98	18	1.19	1.70	40	1.77	2.53
7	0.74	1.06	19	1.22	1.74	42	1.81	2.59
8	0.79	1.13	20	1.25	1.79	44	1.86	2.65
9	0.84	1.20	22	1.31	1.88	46	1.90	2.71
10	0.89	1.26	24	1.37	1.96	48	1.94	2.77
11	0.93	1.33	26	1.43	2.04	50	1.98	2.83
12	0.97	1.39	28	1.48	2.12	52	2.02	2.88

续表

卫生器具热水当量数 N_g	门诊部、诊疗所 $\alpha=1.4$	医院住院部 $\alpha=2.0$	卫生器具热水当量数 N_g	门诊部、诊疗所 $\alpha=1.4$	医院住院部 $\alpha=2.0$	卫生器具热水当量数 N_g	门诊部、诊疗所 $\alpha=1.4$	医院住院部 $\alpha=2.0$
54	2.06	2.94	155	3.49	4.98	325	5.05	7.21
56	2.10	2.99	160	3.54	5.06	330	5.09	7.27
58	2.13	3.05	165	3.60	5.14	335	5.12	7.32
60	2.17	3.10	170	3.65	5.22	340	5.16	7.38
62	2.20	3.15	175	3.70	5.29	345	5.20	7.43
64	2.24	3.20	180	3.75	5.37	350	5.24	7.48
66	2.27	3.25	185	3.81	5.44	355	5.28	7.54
68	2.31	3.30	190	3.86	5.51	360	5.31	7.59
70	2.34	3.35	195	3.91	5.59	365	5.35	7.64
72	2.38	3.39	200	3.96	5.66	370	5.39	7.69
74	2.41	3.44	205	4.01	5.73	375	5.42	7.75
76	2.44	3.49	210	4.06	5.80	380	5.46	7.80
78	2.47	3.54	215	4.11	5.87	385	5.49	7.85
80	2.50	3.58	220	4.15	5.93	390	5.53	7.90
82	2.54	3.62	225	4.20	6.00	395	5.56	7.95
84	2.57	3.67	230	4.25	6.07	400	5.60	8.00
86	2.60	3.71	235	4.29	6.13	405	5.63	8.05
88	2.63	3.75	240	4.34	6.20	410	5.67	8.10
90	2.66	3.79	245	4.38	6.26	415	5.70	8.15
92	2.69	3.84	250	4.43	6.32	420	5.74	8.20
94	2.71	3.88	255	4.47	6.39	425	5.77	8.25
96	2.74	3.92	260	4.51	6.45	430	5.81	8.29
98	2.77	3.96	265	4.56	6.51	435	5.84	8.34
100	2.80	4.00	270	4.60	6.57	440	5.87	8.39
105	2.87	4.10	275	4.64	6.63	445	5.91	8.44
110	2.94	4.20	280	4.69	6.69	450	5.94	8.49
115	3.00	4.29	285	4.73	6.75	455	5.97	8.53
120	3.07	4.38	290	4.77	6.81	460	6.01	8.58
125	3.13	4.47	295	4.81	6.87	465	6.04	8.63
130	3.19	4.56	300	4.85	6.93	470	6.07	8.67
135	3.25	4.65	305	4.89	6.99	475	6.10	8.72
140	3.31	4.74	310	4.93	7.04	480	6.13	8.76
145	3.37	4.82	315	4.97	7.10	485	6.17	8.81
150	3.43	4.90	320	5.01	7.16	490	6.20	8.85

续表

卫生器具热水当量数 N_g	门诊部、诊疗所 $\alpha=1.4$	医院住院部 $\alpha=2.0$	卫生器具热水当量数 N_g	门诊部、诊疗所 $\alpha=1.4$	医院住院部 $\alpha=2.0$	卫生器具热水当量数 N_g	门诊部、诊疗所 $\alpha=1.4$	医院住院部 $\alpha=2.0$
495	6.23	8.90	1000	8.85	12.65	1550	11.02	15.75
500	6.26	8.94	1050	9.07	12.96	1600	11.20	16.00
550	6.57	9.38	1100	9.29	13.27	1650	11.37	16.25
600	6.86	9.80	1150	9.50	13.56	1700	11.54	16.49
650	7.14	10.20	1200	9.70	13.86	1750	11.71	16.73
700	7.41	10.58	1250	9.90	14.14	1800	11.88	16.97
750	7.67	10.95	1300	10.10	14.42	1850	12.04	17.20
800	7.92	11.31	1350	10.29	14.70	1900	12.20	17.44
850	8.16	11.66	1400	10.48	14.97	1950	12.36	17.66
900	8.40	12.00	1450	10.66	15.23	2000	12.52	17.89
950	8.63	12.33	1500	10.84	15.49			

2. 医院建筑内卫生器具热水当量

医院建筑卫生器具的热水额定流量、热水当量、连接热水管公称管径和最低工作压力按表 1-65 确定。

卫生器具热水额定流量、热水当量、连接热水管公称管径和最低工作压力表　　表 1-65

序号	热水配件名称	热水额定流量 (L/s)	热水当量	连接热水管公称管径 (mm)	最低工作压力 (MPa)
1	洗脸盆（单阀水嘴）	0.15	0.75	15	0.050
2	洗脸盆（混合水嘴）	0.15（0.10）	0.75（0.50）	15	0.050
3	洗手盆（感应水嘴）	0.10	0.50	15	0.050
4	洗手盆（混合水嘴）	0.15（0.10）	0.75（0.50）	15	0.050
5	浴盆（单阀水嘴）	0.20	1.00	15	0.050
6	浴盆（混合水嘴，含带淋浴转换器）	0.24（0.20）	1.20（1.00）	15	0.050～0.070
7	淋浴器（混合阀）	0.15（0.10）	0.75（0.50）	15	0.050～0.100
8	净身盆冲洗水嘴	0.10（0.07）	0.50（0.35）	15	0.050

3. 医院建筑内热水管管径

医院建筑内热水供水管的管径，应根据该热水供水管段的设计秒流量、允许热水流速等查相关计算表格确定。生活热水管道内的热水流速，按表 1-66 控制。

生活热水管道热水流速表　　表 1-66

公称直径 DN（mm）	15～20	25～40	50～70	≥80
热水流速 v（m/s）	≤0.8	≤1.0	≤1.2	≤1.5

每个病房卫生间的生活热水供水支管采用 DN20。

医院建筑病房楼每层病房卫生间个数与对应供给相应数量热水供水干管管径的对照参

考表，见表 1-67。

每层病房卫生间个数与热水供水干管管径对照表　　　表 1-67

病房卫生间个数（个）	1～2	3～6	7～10	11～18	19～30
热水供水干管公称直径 DN（mm）	25	32	40	50	70

医院建筑病房楼病房卫生间个数与对应供给相应数量热水供水立管、干管管径的对照参考表，见表 1-68。

病房卫生间个数与热水供水立管、干管管径对照表　　　表 1-68

病房卫生间个数（个）	19～50	51～157	158～488	489～1128
热水供水立管、干管公称直径 DN（mm）	70	80	100	125

本区域热水回水干管管径根据该区域热水供水干管最大管径确定。热水回水管管径与热水供水管管径的对照参考表，见表 1-69。

热水回水干管管径与热水供水干管管径对照表　　　表 1-69

热水供水管管径 DN（mm）	20～25	32	40	50	70	80	100	125	150	200
热水回水管管径 DN（mm）	20	20	25	32	40	40	50	70	80	100

整个生活热水系统的生活热水供水立管、干管均按照其服务的热水设计秒流量确定其管段管径；生活热水回水立管、干管先按照其服务的热水设计秒流量确定出供水管管径值，再根据表 1-69 确定其管段回水管管径值。

1.2.6 生活热水机房（换热机房、换热站）

医院生活热水机房（换热机房、换热站）位置确定，见表 1-70。

医院生活热水机房（换热机房、换热站）位置确定表　　　表 1-70

序号	生活热水机房（换热机房、换热站）位置	生活热水系统热源情况	生活热水机房（换热机房、换热站）内设施	适用范围
1	院区室外独立设置	院区锅炉房热水（蒸汽）锅炉提供热媒，经换热后提供第 1 热源；院区动力中心提供其他热媒或热源；太阳能设备或空气能热泵设备提供第 2 热源	常用设施：水（汽）水换热器（加热器）、热水循环泵组；少用设施：热水箱、热水供水泵组	新建医院院区；新建、改建医院建筑；没有锅炉房或动力中心
2	单体建筑室内地下室	院区锅炉房（动力中心）提供热媒，经换热后提供第 1 热源；太阳能设备或空气能热泵设备提供第 2 热源		新建医院院区；新建医院建筑；设有锅炉房或动力中心
3	单体建筑屋顶	太阳能设备或（和）空气能热泵设备提供热源；必要情况下燃气热水设备提供第 2 热源	热水箱、热水循环泵组、集热循环泵组、空气能热泵循环泵组；采用双热水箱时，设置水箱循环泵组	新建、改建医院建筑；屋顶设有热源热水设备

传染病医院生活热水机房（换热机房、换热站）位置确定及要求，见表1-71。

传染病医院生活热水机房（换热机房、换热站）位置确定及要求表　　　　表1-71

序号	传染病医院类型	生活热水机房（换热机房、换热站）位置	生活热水机房（换热机房、换热站）要求
1	新建传染病医院建筑	应设置在清洁区内，严禁设置在污染区	
2	改建传染病医院建筑	宜设置在清洁区内；当设置在清洁区确有困难时，可设置在半清洁区内	应采取严格安全防护措施，如机房严禁无关人员入内、机房采取正压通风系统、防止污染生活热水设施等
3	医院建筑内部分区域改造后传染病区域	应设置在非传染病区域内，且不应毗邻传染病区域，应保证足够安全距离，不宜小于50m	

1.2.7 生活热水箱

生活热水箱设计要求，见表1-72。

生活热水箱设计要求表　　　　表1-72

序号	项目	设计要求
1	容积	根据设计实践，按照储存热水系统0.5~1.5h设计小时热水量为宜，通常按照1h确定生活热水箱有效储水容积
2	材质	宜采用不锈钢板，通常采用装配式制作
3	尺寸	长度、宽度、高度尺寸宜为1.0m的倍数，特殊情况下可为0.5m的倍数
4	周边尺寸	水箱箱体外侧距墙体不小于0.7m，接管侧距墙体不小于1.0m，箱体上方宜留出不小于1.0m的空间
5	基础	热水箱箱体下方设置600mm高（最低400mm）的素混凝土基础，宽度宜为200mm或250mm

生活热水箱相关管道设施要求，见表1-73。

生活热水箱相关管道设施要求表　　　　表1-73

序号	管道设施名称	设置要求
1	冷水进水管	水箱冷水进水管管径宜为DN50或DN70，上设水表（宜采用远传水表），在水箱上部接入，进水管管口最低点标高宜低于水箱顶部标高200mm，且高于溢流水位不小于150mm（通常按200mm）
2	溢流管	管径宜比进水管管径大一级，常采用DN150；宜采用水平喇叭口集水，喇叭口下部垂直管段不宜小于4倍溢流管管径，以溢流管管径DN150计，喇叭口下的垂直管段不小于600mm；接管位置宜避开进水管、出水管一定距离。通常与泄水管汇集接至水泵房内排水沟或集水坑，汇集管管径为DN150
3	泄水管	管径宜与水箱进水管管径相同，常采用DN100；与水箱接口处应位于水箱最底部（宜位于水箱底板）；接管位置宜避开进水管、出水管一定距离；管上应设置阀门

续表

序号	管道设施名称	设置要求
4	太阳能设备供水管	宜自水箱底部接入，且应与管内温度相对高的管道相距一定距离，宜沿水箱相对两侧布置；与水箱冷水进水管保持一定距离，宜在两侧布置
5	太阳能设备回水管	宜自水箱上部接入，管中标高宜为水箱最高水位或下方100mm；与水箱冷水进水管保持一定距离，宜在两侧布置
6	热水系统供水管	宜自水箱上部接入，管中标高宜为水箱最高水位或下方100mm；与水箱冷水进水管保持一定距离，宜在两侧布置
7	热水系统回水管	宜自水箱底部接入，且应与管内温度相对高的管道相距一定距离，宜沿水箱相对两侧布置；与水箱冷水进水管保持一定距离，宜在两侧布置
8	通气管	管径为DN100，通气管宜接至热水箱间外
9	水位显示装置	设在水箱侧面
10	检修口	位置在水箱顶部冷水进水管处、靠近箱体侧边缘；尺寸不小于600mm×600mm；检修口处水箱侧面设置爬梯

生活热水箱各种水位，按表1-74确定。

生活热水箱各种水位表 表1-74

名称	确定方法
最低水位	水箱箱体底部标高上方100mm
最低报警水位	最高水位下方100mm
最高水位	最低水位加上水箱有效高度
最高报警水位	最高水位上方100mm
溢流水位	最高报警水位上方100mm，且低于水箱冷水进水管管口下方不小于150mm（宜按200mm）

生活热水箱应采取保温措施，保温材料采用橡塑保温板，厚度为40~50mm。

1.2.8 生活热水循环泵

1. 生活热水循环泵设置位置

当系统热源由高温热媒经院区热水机房（换热机房）内的各分区换热设备后向各分区供给热水时，各分区生活热水循环泵通常设在热水机房（换热机房）内。当系统热源由屋顶太阳能供水设备向各分区供给热水时，各分区生活热水循环泵通常设在本分区最低楼层或下面一层热水循环泵房内。

2. 生活热水循环泵设计流量

生活热水循环水泵的出水量，按公式（1-24）计算：

$$q_{xh} = K_x \cdot q_x \tag{1-24}$$

式中 q_{xh}——医院建筑热水循环水泵流量，L/h；

K_x——医院建筑相应循环措施的附加系数，可取1.5~2.5；

q_x——医院建筑全日供应热水的循环流量，L/h。

当医院建筑热水系统采用定时供水时，热水循环流量可按循环管网总水容积的2~4

倍计算。

当医院建筑热水系统采用全日集中供水时，热水循环流量按公式（1-25）计算：

$$q_x = Q_s / (C \cdot \rho_r \cdot \Delta t_s) \tag{1-25}$$

式中　q_x——医院建筑全日供应热水的循环流量，L/h；
　　　Q_s——医院建筑热水配水管道的热损失，kJ/h，经计算确定，建议按设计小时耗热量 Q_h 的3%～5%确定；
　　　C——水的比热容，kJ/(kg·℃)，C=4.187kJ/(kg·℃)；
　　　ρ_r——热水密度，kg/L；
　　　Δt_s——医院建筑热水配水管道的热水温度差，℃，按热水系统大小确定，可按5～10℃。

设计中，生活热水循环泵的流量可按照所服务热水系统设计小时流量的25%～30%确定。

3. 生活热水循环泵设计扬程

生活热水循环泵的扬程按公式（1-26）计算：

$$H_b = h_p + h_x \tag{1-26}$$

式中　H_b——医院建筑热水循环泵的扬程，mH$_2$O；
　　　h_p——医院建筑热水循环水量通过热水配水管网的水头损失，mH$_2$O；
　　　h_x——医院建筑热水循环水量通过热水回水管网的水头损失，mH$_2$O。

设计中为了计算简便，生活热水循环泵扬程按公式（1-27）计算：

$$H_b \approx 1.1 \cdot R \cdot (L_1 + L_2) \tag{1-27}$$

式中　H_b——医院建筑热水循环泵的扬程，mH$_2$O；
　　　R——热水管网单位长度的水头损失，mH$_2$O/m，可按 0.010～0.015mH$_2$O/m 计算；
　　　L_1——自水加热器至热水管网最不利点的供水管管长，m；
　　　L_2——自热水管网最不利点至水加热器的回水管管长，m。

医院建筑热水循环泵组通常每套设置2台，1用1备，交替运行。热水循环水泵基础宜采用素混凝土基础，尺寸宜为 1000mm×500mm×100mm（h）。

4. 太阳能集热循环泵

太阳能集热循环泵通常设置在屋顶生活热水箱内，宜设置在太阳能设备供水管即从生活热水箱接出的管道上。

集热循环泵流量按公式（1-28）计算：

$$q_x = q_{gz} \cdot A_j \tag{1-28}$$

式中　q_x——集热循环泵流量，L/s；
　　　q_{gz}——单位集热采光面积集热器对应的工质流量，L/(s·m^2)，应按集热器产品实测数据确定，缺乏数据情况下可取经验值 0.015～0.020 L/(s·m^2)；
　　　A_j——集热板总集热采光面积，m^2。

集热循环泵扬程的确定分为两种情况：第一种是开式太阳能热水系统，循环泵扬程按公式（1-29）计算：

$$H_x = h_{jx} + h_j + h_z + h_f \tag{1-29}$$

式中　H_x——集热循环泵的扬程，mH_2O；

　　　h_{jx}——集热循环管道沿程与局部阻力损失，mH_2O；

　　　h_j——循环流量流经集热器的阻力损失，mH_2O；

　　　h_z——集热器与生活热水箱（贮热水箱）之间的几何高差，mH_2O；

　　　h_f——为保证换热效果附加压力，mH_2O，取 $2\sim5mH_2O$。

第二种是闭式太阳能热水系统，循环泵扬程按公式（1-30）计算：

$$H_x = h_{jx} + h_j + h_e + h_f \tag{1-30}$$

式中　H_x——集热循环泵的扬程，mH_2O；

　　　h_{jx}——集热循环管道沿程与局部阻力损失，mH_2O；

　　　h_j——循环流量流经集热器的阻力损失，mH_2O；

　　　h_e——集热器间接换热设备（板式换热器）的阻力损失，mH_2O，取 $10\sim15mH_2O$；

　　　h_f——为保证换热效果附加压力，mH_2O，取 $2\sim5mH_2O$。

医院建筑集热循环泵组通常每套设置 2 台，1 用 1 备，交替运行；集热循环水泵基础宜采用素混凝土基础，尺寸宜为 1000mm×500mm×100mm（h）。

1.2.9　热水系统管材、附件和管道敷设

1. 生活热水系统管材

医院建筑生活热水系统热水管道常用的管材包括薄壁不锈钢管、PVC-C 热水用（氯化聚氯乙烯）管、钢塑复合管（如 PSP 管）、铝塑复合管等，也可采用薄壁铜管，较少采用普通塑料热水管。

2. 生活热水系统阀门

医院建筑生活热水系统设置阀门的部位，见表 1-75。

生活热水系统设置阀门部位表　　　表 1-75

序号	设置阀门部位
1	与热水配水、回水干管连接的分干管上
2	热水配水立管和回水立管上
3	从热水立管接出的热水支管上
4	室内热水管道向淋浴间、公共卫生间等接出的热水配水支管的起端
5	水加热设备、水处理设备的进、出水管及系统用于温度、流量、压力等控制阀件连接处的管段上按其安装要求配置阀门

3. 生活热水系统止回阀

医院建筑生活热水系统设置止回阀的部位，见表 1-76。

生活热水系统设置止回阀部位表　　　　　　　　　　　　　　　　表 1-76

序号	设置止回阀部位	序号	设置止回阀部位
1	水加热器或贮热水器（罐）的冷水供水管上	5	恒温混合阀等的冷、热水供水管上
2	机械循环的第二循环系统热水回水管上	6	有背压的疏水器后面的管道上
3	加热水箱与冷水补充水箱的连接管上	7	热水循环水泵的出水管上
4	冷热水混水器的冷、热水供水管上（此情况较少）	8	接至热水回水立管的热水回水横干管上，与立管连接处

4. 生活热水系统水表

医院建筑生活热水系统按下列原则设置热水表：病房区分科室、分护理单元计量；其他区域分楼层、分区域计量。此类热水表通常设置在水管道井内。

热水表宜采用远传智能水表，规格：热水管道管径≥$DN50$ 时，比管径小 2 号；热水管道管径<$DN50$ 时，比管径小 1 号。

5. 热水系统排气装置、泄水装置

对于上行下给式热水系统，系统热水配水干管最高处及向上抬高管段应设置 $DN25$ 自动排气阀、检修阀门；对于下行上给式热水系统，可利用最高热水配水点放气。

热水管道系统的最低处及向下凹的管段应设置泄水装置或利用最低热水配水点泄水。

6. 温度计、压力表

医院建筑生活热水系统设置温度计的部位，见表 1-77。

生活热水系统设置温度计部位表　　　　　　　　　　　　　　　　表 1-77

序号	设置温度计部位	序号	设置温度计部位
1	水加热设备的上部	4	水加热间的热水供水、回水干管上
2	热媒进出口管道上	5	热水循环泵的进水管上
3	贮热水罐和冷热水混合器的本体或连接管上	6	热水箱

医院建筑生活热水系统设置压力表的部位，见表 1-78。

生活热水系统设置压力表部位表　　　　　　　　　　　　　　　　表 1-78

序号	设置压力表部位	序号	设置压力表部位
1	水加热设备的上部	4	密闭系统中的贮水器、锅炉、分汽缸、分水器、集水器、压力容器设备
2	热媒进出口管道上		
3	贮热水罐和冷热水混合器的本体或连接管上	5	热水供水泵、热水循环泵的出水管上

7. 安全阀

压力容器设备应设置安全阀：开启压力，一般取生活热水系统工作压力的 1.1 倍，但不得大于压力容器设备本体设计压力（通常包括 0.6MPa、1.0MPa、1.6MPa 三种规格）；安全阀前后不得设阀门，其泄水管应引至安全处。

8. 管道补偿装置

生活热水管道包括热水供水、回水横干管及立管上均应设置补偿热水管道热胀冷缩的装置。长度超过 50m 的热水横干管或立管均应设置波纹伸缩节，通常设置在该根管道上管径较小的管段处，靠近一端的管道固定支吊架。

9. 保温

生活热水系统中的热水锅炉、燃油（气）热水机组、水加热设备、贮热水箱（罐）、分（集）水器、热水输（配）水干（立）管、热水循环回水干（立）管均应做保温。

热水管道保温材料厚度确定，见表1-79、表1-80。

室内生活热水管经济绝热厚度（使用期105d）　　　表1-79

离心玻璃棉		柔性泡沫橡塑	
公称直径（mm）	厚度（mm）	公称直径（mm）	厚度（mm）
≤DN25	40	≤DN40	32
DN32～DN80	50	DN50～DN80	36
DN100～DN350	60	DN100～DN150	40
≥DN400	70	≥DN200	45

室内生活热水管经济绝热厚度（使用期150d）　　　表1-80

离心玻璃棉		柔性泡沫橡塑	
公称直径（mm）	厚度（mm）	公称直径（mm）	厚度（mm）
≤DN40	50	≤DN50	40
DN50～DN100	60	DN70～DN125	45
DN125～DN300	70	DN150～DN300	50
≥DN350	80	≥DN350	55

需要防结露的热水管道保温厚度：采用柔性泡沫橡塑保温材料时为20mm，采用离心玻璃棉保温材料时为30mm。

当生活热水供水、回水管道采用薄壁不锈钢管时，保温材料不应直接采用柔性泡沫橡塑保温材料，宜采用离心玻璃棉管壳保温材料或管道外表面覆塑后再采用橡塑保温材料。

10. 安全与敷设

精神专科医院生活热水宜采取供水温度恒定和防烫伤的技术措施。

精神专科医院生活热水系统的管道，应在管道井、吊顶和墙内隐蔽安装。

1.3 排水系统

《水通规》对于排水系统做了以下强制性条文规定：

4.3.2 室内生活排水系统不得向室内散发浊气或臭气等有害气体。

4.3.3 生活排水系统应具有足够的排水能力，并应迅速及时地排除各卫生器具及地漏的污水和废水。

4.3.5 设有淋浴器和洗衣机的部位应设置地面排水设施。

1.3.1 排水系统类别

医院建筑排水系统分类，见表1-81。

排水系统分类表 表 1-81

序号	分类标准	排水系统类别	医院建筑应用情况	应用程度
1	建筑内场所使用功能	生活污水排水	医院建筑内病房卫生间、医护人员卫生间、门诊公共卫生间污水排水	常用
2		生活废水排水	医院建筑内病房治疗室、处置室、医护人员办公室、淋浴间；门诊诊室、办公室、集中淋浴间等废水排水	
3		厨房废水排水	医院建筑内附设厨房、营养食堂、餐厅污水排水	
4		设备机房废水排水	医院建筑内附设水泵房（包括生活水泵房、消防水泵房）、空调机房、制冷机房、换热机房、锅炉房、热水机房、直饮水机房等机房废水排水	
5		医疗专用房间废水排水	医院建筑内附设洗衣房、中心供应室、真空吸引机房等场所废水排水	
6		医疗特殊场所废水排水	医院建筑内核医学科内放射性元素超过排放标准的污水排水；实验室、检验科内有毒、有害废水、酸性废水、碱性废水排水；传染病房内含有大量致病菌污水排水等	
7		车库废水排水	医院建筑内附设车库内地面冲洗废水排水	
8		消防废水排水	医院建筑内消防电梯井排水、自动喷水灭火系统试验排水、消火栓系统试验排水、消防水泵试验排水等废水排水	
9		绿化废水排水	医院建筑室外绿化废水排水	
10	建筑内污废水排水方式	重力排水方式	医院建筑地上污废水排水	最常用
11		压力排水方式	医院建筑地下室污废水排水	常用
12		真空排水方式	医院建筑个别特殊场所排水	少用
13	污废水排水体制	污废合流排水系统		最常用
14		污废分流排水系统		少用
15	排水系统通气方式	设有通气管系排水系统	伸顶通气排水系统通常应用在门诊部、病房部非病房区域排水，专用通气立管排水系统通常应用在病房部病房区域排水。环形通气排水系统、器具通气排水系统通常应用在个别区域公共卫生间排水	最常用
16		特殊单立管排水系统	可用在病房部病房区域排水	少用
17		不通气排水系统	医院建筑排水应避免采用	极少用

传染病医院建筑污染区（隔离区）病房卫生间排水形式确定，见表 1-82。

污染区（隔离区）病房卫生间排水形式确定表 表 1-82

序号	建筑类型	楼层数 n	病房卫生间排水形式
1	单层或少数多层病房	$2 \leq n \leq 3$	伸顶通气排水
2	多层病房	$4 \leq n \leq 6$	伸顶通气排水或专用通气排水
3	高层病房	$n \geq 7$	专用通气排水

医院建筑室内污废水排水体制选择，见表1-83。

室内污废水排水体制选择表　　　　　　　表1-83

序号	室内污废水排水体制	适用情形
1	合流制	医院建筑污废水经污水处理达标后通过市政排水管网排至污水处理厂
2	分流制	医院建筑要求利用清洁废水

医院建筑中的医疗污水、放射性废水、生物污染废水、重金属及其他有毒有害物质超标的排水，不得作为建筑中水原水。医院建筑不应设置中水系统。

典型的医院建筑排水系统原理图，如图1-4所示。

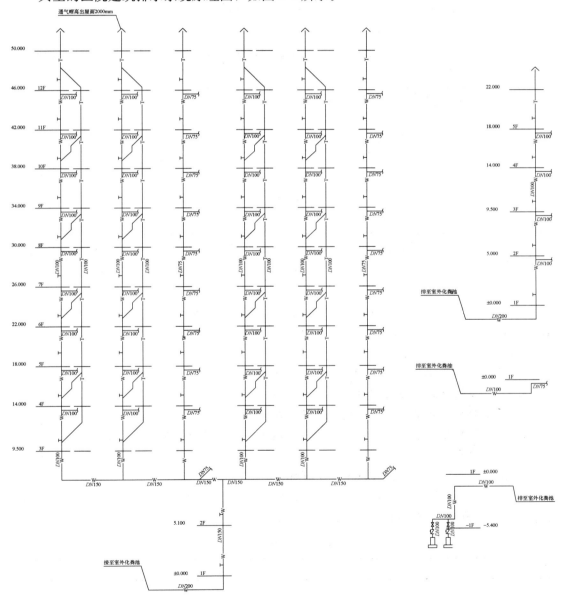

图1-4　排水系统原理图

传染病医院建筑排水系统设计，应遵循表 1-84 原则。

传染病医院建筑排水系统设计原则表　　　　　　　　　　表 1-84

序号	排水系统设计原则
1	污染区排水系统与清洁区排水系统应严格分开设置
2	污染区不同类型传染病病区排水系统应严格分开设置
3	排水管（包括排水干管、排水立管、排水支管）、卫生器具、地漏等均应分开设置

《水通规》对于生活排水做了以下强制性条文规定：

4.1.2　生活排水应排入市政污水管网或处理后达标排放。

需经过医院污水处理站处理的污废水，见表 1-85。

需经过医院污水处理站处理的污废水表　　　　　　　　　　表 1-85

序号	污废水种类	预处理措施
1	医院建筑中的生活污水、生活废水、设备机房废水、医疗专用房间废水	
2	厨房废水	经隔油池（器）隔油处理
3	医疗特殊场所废水	特殊处理
4	放射性元素超标污废水	经衰变池衰减处理
5	有毒、有害废水	经无毒害化处理
6	酸性、碱性废水	经中和处理
7	含有大量致病菌污水	经消毒处理
8	车库废水	经隔油池隔油处理

注：传染病医院和综合医院的传染病门诊、病房的污水、废水（含义同污废水）应单独收集，污水应先排入化粪池，灭活消毒后应与废水一同进入医院污水处理站；对于严重传染病尤其是严重呼吸道发热传染病医院病区污水、废水，污水处理应在化粪池前设置预消毒工艺。

医院建筑中的生活污水、医疗专用房间废水、医疗特殊场所废水、厨房废水等均应经化粪池处理；生活废水、设备机房废水、消防废水、绿化废水等不需经过化粪池处理。

医院建筑污废水与建筑雨水应雨污分流。

《水通规》对于单独排水做了以下强制性条文规定：

4.3.1　下列建筑排水应单独设置排水系统：

1　职工食堂、营业餐厅的厨房含油脂废水；

2　含有致病菌、放射性元素超过排放标准的医疗、科研机构的污废水；

3　实验室有毒有害废水；

4　应急防疫隔离区及医疗保健站的排水。

病房卫生间、门诊公共卫生间等生活粪便污水、生活废水；病房、门诊医护人员洗浴废水等可合流排放。应单独管道排放的污废水，见表 1-86。

应单独管道排放污废水表　　　　　　　　　　表 1-86

序号	单独管道排放污废水种类
1	食堂、厨房等餐饮废水
2	放射性元素超过排放标准的污废水

续表

序号	单独管道排放污废水种类
3	有毒、有害废水、酸性废水、碱性废水等
4	含有大量致病菌污水
5	排水温度超过40℃的锅炉、水加热器、中心供应消毒器等设备的排污水
6	真空排水

注：重力排水（污废水）与压力排水（污废水）应分开管道排放。

1.3.2 卫生器具

1. 医院建筑内卫生器具种类及设置场所

医院建筑内卫生器具种类及设置场所，见表1-87。

医院建筑内卫生器具种类及设置场所表　　　　表1-87

序号	卫生器具名称	主要设置场所
1	坐便器	病房区卫生间；门诊区残疾人卫生间
2	蹲便器	病房区医护人员卫生间；门诊区公共卫生间
3	淋浴器	病房区卫生间、医护人员淋浴间；门诊区医护人员淋浴间
4	洗脸盆	病房区医护人员办公室；门诊区诊室、办公室
5	台板洗脸盆	病房区卫生间；门诊区公共卫生间
6	小便器	门诊区公共卫生间
7	污洗池	污洗间
8	洗泡手	手术部
9	拖布池	门诊区公共卫生间
10	盥洗池	门诊区公共卫生间
11	化验盆	检验科
12	洗涤盆	检验科
13	洗菜池	营养食堂、厨房
14	厨房洗涤槽	营养食堂、厨房；病房区厨房
15	洗片池	检验科
16	石膏池	骨科
17	洗婴池	产科
18	清洗池	检验科

2. 医院建筑内卫生器具设置标准

医院建筑中主要卫生器具使用人数，见表1-88。

医院建筑中主要卫生器具使用人数表（人）　　　　表1-88

| 序号 | 建筑类型 | 大便器 | | 小便器 | 洗脸盆 | 盥洗龙头 | 淋浴器 |
		男	女				
1	医院	15	12	15	6~8	由设计决定	10~20
2	门诊部	75	50	50			

3. 医院建筑内卫生器具安装高度（表 1-89）

医院建筑卫生器具安装高度表　　　　　表 1-89

序号	卫生器具名称	卫生器具边缘离地高度（mm）	
		医院建筑（除儿科）	儿科
1	架空式污水盆（池）（至上边缘）	800	800
2	落地式污水盆（池）（至上边缘）	500	500
3	洗涤盆（池）（至上边缘）	800	800
4	洗手盆（至上边缘）	800	500
5	洗脸盆（至上边缘）	800	500
	残障人用洗脸盆（至上边缘）	800	—
6	盥洗槽（至上边缘）	800	500
7	浴盆（至上边缘）	480	—
	残障人用浴盆（至上边缘）	450	—
	按摩浴盆（至上边缘）	450	—
	淋浴盆（至上边缘）	100	—
8	蹲、坐式大便器（从台阶面至高水箱底）	1800	1800
9	蹲式大便器（从台阶面至低水箱底）	900	900
10	坐式大便器（至低水箱底）		
	外露排出管式	510	—
	虹吸喷射式	470	—
	冲落式	510	270
	旋涡连体式	250	—
11	坐式大便器（至上边缘）		
	外露排出管式	400	—
	旋涡连体式	360	—
	残障人用	450	—
12	蹲便器（至上边缘）		
	2 踏步	320	—
	1 踏步	200～270	—
13	大便槽（从台阶面至冲洗水箱底）	≥2000	—
14	立式小便器（至受水部分上边缘）	100	—
15	挂式小便器（至受水部分上边缘）	600	450
16	小便槽（至台阶面）	200	150
17	化验盆（至上边缘）	800	—
18	净身器（至上边缘）	360	—
19	饮水器（至上边缘）	1000	—

注：无障碍设施的小便器下口距地面不应大于 500mm，坐便器、浴盆、淋浴座椅的高度应为 450mm。

4. 医院建筑内卫生器具选用（表1-90）

医院建筑卫生器具选用表　　表1-90

序号	卫生器具种类	卫生器具使用场所	卫生器具选型
1	大便器	建筑标准要求较高的VIP病房或套房卫生间或对噪声有特殊要求的卫生间	旋涡虹吸式连体型大便器
2		医院建筑公共卫生间	脚踏式自闭式冲洗阀冲洗的坐式或蹲式大便器
3		儿科诊室或病房卫生间	儿童型大便器
4	小便器	医院建筑公共卫生间	红外感应自动冲洗小便器
5	洗手盆		龙头应采用非手动型

5. 病房卫生间排水设计要点

病房卫生间排水立管及通气立管通常敷设于专用管道井内。排水立管与通气立管采用结合管连接，常见的连接方式有H管连接和共轭管连接2种方式。管道井中排水立管与通气立管中心距最小值，见表1-91。

管道井中排水立管与通气立管中心距最小值表（mm）　　表1-91

连接方式	铸铁管（排水/通气立管）						PVC-U（排水/通气立管）		
	75/50	75/75	100/75	100/100	150/100	150/150	75/75	100/100	100/150
H管连接	160	190	230	260	320	350	190	260	320
共轭连接	210	275	305	375	460	505	250	350	430
管井深度	220	220	270	270	350	350	180	220	270

注：表中数据为最小值，设计时根据厂家产品尺寸可适当放大；管井深度为单排立管中最大管径立管安装维修所需要的操作宽度。

6. 医院建筑内卫生器具排水配件穿越楼板留孔位置及尺寸

常见卫生器具排水配件穿越楼板留孔位置及尺寸，见表1-92。

卫生器具排水配件穿越楼板留孔位置及尺寸表　　表1-92

卫生器具名称	浴盆（带溢流）留孔中心距离墙面（mm）	留孔中心离地高度（mm）	留洞尺寸（mm）
洗脸盆	170	450	ϕ100
坐便器	305	180	ϕ200
低水箱蹲便器	680	—	ϕ200
高水箱蹲便器	640	—	ϕ200
挂式小便器	100	480	ϕ100
落地式小便器	150	—	ϕ100
浴盆（不带溢流）	50～250	—	ϕ100
浴盆（带溢流）	≤250		250×300

注：留孔中心距离墙面距离指存水弯为S弯排水管距离墙面尺寸，离地高度指存水弯为P弯排水管穿墙或在墙内设置排水立管接口尺寸；实际留洞尺寸应以选用产品的实际尺寸为准，设计时亦可参照国家标准图集《医疗卫生设备安装》09S303、《卫生设备安装》09S304。

7. 地漏

医院建筑病房卫生间、医护人员洗浴间、污洗间、餐洗间、开水间、空调机房、新风机房、公共卫生间、中心供应室清洗间、检验科、盥洗室等场所内应设置地漏。医护人员办公室、诊室等设置洗手盆的房间不需设置地漏。

手术部污物走廊每隔一定距离应设置 1 个排水地漏；手术部洁净区域洗泡手处若设置排水地漏，则其排水立管应独立设置。

《水通规》对于地漏做了以下强制性条文规定：

4.2.2　水封装置的水封深度不得小于 50mm，卫生器具排水管段上不得重复设置水封。

4.2.3　严禁采用钟罩式结构地漏及采用活动机械活瓣替代水封。

医院建筑地漏及其他水封高度要求，见表 1-93。

地漏及其他水封高度要求表　　　　　　　　　表 1-93

序号	医院建筑类型	地漏及其他水封高度要求
1	非传染病医院建筑	不得小于 50mm，且不得大于 100mm
2	传染病医院建筑	不得小于 50mm，且不得大于 75mm

医院建筑地漏类型选用，见表 1-94。

地漏类型选用表　　　　　　　　　　　　表 1-94

序号	设置场所	地漏类型
1	空调机房；人防地下室洗消入口；手术室、ICU、急诊抢救；负压隔离病房等卫生标准要求高等医疗用房等	可开启式密闭型地漏
2	厨房、医护人员集中洗浴间等	网框式地漏
3	污染区、半污染区	带过滤网密封地漏
4	其他	无水封直通型地漏或有水封地漏

注：1. 地漏宜采用无水封地漏加存水弯保证水封的方式；
　　2. 宜采用洗手盆排水给地漏水封补水。

医院建筑地漏规格选用，见表 1-95。

医院建筑地漏规格选用表　　　　　　　　表 1-95

序号	设置场所		地漏规格
1	卫生间		DN50
2	空调机房、厨房、车库等		DN75
3	医护人员集中洗浴间	采用排水沟排水	8 个淋浴器可设置一个 DN100 地漏
4		不采用排水沟排水	1～2 个淋浴器设置一个 DN50 地漏，3 个淋浴器设置一个 DN75 地漏，4～5 个淋浴器设置一个 DN100 地漏
5	报警阀间、消防水泵房、生活水泵房等		DN100

8. 水封装置

《水通规》对于存水弯做了以下强制性条文规定：

4.2.1 当构造内无存水弯的卫生器具、无水封地漏、设备或排水沟的排水口与生活排水管道连接时，必须在排水口以下设存水弯。

医院建筑内门诊、病房、化验室、试验室等不在同一房间内的卫生器具不得共用存水弯，化学实验室和有净化要求的场所的卫生器具不得共用存水弯。有净化要求的场所包括手术部、ICU、静配中心等。

对于卫生要求较高的场所，宜采用水封较深的存水弯，如洗脸盆采用70mm水封或采用防虹吸存水弯。医院建筑中有净化要求的场所内宜按照此措施执行。

卫生器具、有工艺要求的受水器的存水弯不便于安装时，应在排水直管上设置水封井（水封深度不得小于100mm）或水封盒（水封深度不得小于50mm）。

《水通规》对于水封装置做了以下强制性条文规定：

4.2.4 室内生活废水排水沟与室外生活污水管道连接处应设水封装置。

医院建筑中采用排水沟排水的场所包括厨房、车库、泵房、设备机房、公共浴室等。当排水沟内废水直接排至室外时，沟与排水排出管之间应设置水封装置。卫生器具排水管段上不得重复设置水封装置。

1.3.3 排水系统水力计算

1. 医院建筑最高日和最大时生活排水量

医院建筑生活排水量宜按该建筑生活给水量的85%～95%计算，通常按90%。

2. 医院建筑卫生器具排水技术参数

医院建筑卫生器具的排水流量、排水当量、排水支管管径、排水坡度等基本参数的选定，见表1-96。

卫生器具排水流量、排水当量、排水支管管径、排水坡度表　　　表1-96

序号	卫生器具名称	排水流量（L/s）	排水当量	排水管管径（mm）	排水管最小坡度
1	洗涤盆、污水盆（池）	0.33	1.00	50	0.025
2	餐厅、厨房洗菜盆（池）				
	单格洗涤盆（池）	0.67	2.00	50	0.025
	双格洗涤盆（池）	1.00	3.00	50	0.025
3	盥洗槽（每个水嘴）	0.33	1.00	50～75	0.025
4	洗手盆、洗脸盆（无塞）	0.10	0.30	32～50	0.020
5	洗脸盆（有塞）	0.25	0.75	32～50	0.020
6	浴盆	1.00	3.00	50	0.020
7	淋浴器	0.15	0.45	50	0.020
8	大便器				
	高水箱	1.50	4.50	100	0.012
	低水箱（冲落式）	1.50	4.50	100	0.012
	低水箱（虹吸式）	2.00	6.00	100	0.012
	自闭式冲洗阀	1.50	4.50	100	0.012

续表

序号	卫生器具名称	排水流量(L/s)	排水当量	排水管管径(mm)	排水管最小坡度
9	医用倒便器	1.50	4.50	100	0.012
10	小便器				
	手动冲洗阀	0.05	0.15	40~50	0.020
	自闭式冲洗阀	0.10	0.30	40~50	0.020
	自动冲洗水箱	0.17	0.50	40~50	0.020
11	大便槽				
	≤4个蹲位	2.50	7.50	100	0.012
	>4个蹲位	3.00	9.00	100	0.012
12	小便槽（每米长）				
	手动冲洗阀	0.05	0.15	—	—
	自动冲洗水箱	0.17	0.50	—	—
13	化验盆（无塞）	0.20	0.60	40~50	0.025
14	净身器	0.10	0.30	40~50	0.020
15	饮水器	0.05	0.15	25~50	0.010~0.020

注：设计时有确定的器具排水流量，则应按实际计算。

3. 医院建筑排水设计秒流量

医院建筑的生活排水管道设计秒流量，按公式（1-31）计算：

$$q_u = 0.18(N_p)^{1/2} + q_{max} \tag{1-31}$$

式中　q_u——计算管段排水设计秒流量，L/s；

　　　N_p——计算管段的卫生器具排水当量总数；

　　　q_{max}——计算管段上最大一个卫生器具的排水流量，L/s。

计算时，如计算所得流量值大于该管段上按卫生器具排水流量累加值时，应按卫生器具排水流量累加值计。

医院建筑中，计算管段上最大一个卫生器具通常为大便器，经常使用的大便器为自闭式冲洗阀蹲便器（排水流量为1.50L/s）、低水箱冲落式坐便器（排水流量为1.50L/s）、低水箱虹吸式坐便器（排水流量为2.00L/s）。

医院建筑 q_{max}=1.50L/s 和 q_{max}=2.00L/s 时排水设计秒流量计算数据，见表1-97。

医院建筑排水设计秒流量计算表　　　表1-97

排水当量总数 N_p	排水设计秒流量 q_u(L/s)		排水当量总数 N_p	排水设计秒流量 q_u(L/s)		排水当量总数 N_p	排水设计秒流量 q_u(L/s)	
	q_{max}=1.50	q_{max}=2.00		q_{max}=1.50	q_{max}=2.00		q_{max}=1.50	q_{max}=2.00
5	1.90	2.40	10	2.07	2.57	15	2.20	2.70
6	1.94	2.44	11	2.10	2.60	16	2.22	2.72
7	1.98	2.48	12	2.12	2.62	17	2.24	2.74
8	2.01	2.51	13	2.15	2.65	18	2.26	2.76
9	2.04	2.54	14	2.17	2.67	19	2.28	2.78

续表

排水当量总数 N_p	排水设计秒流量 q_u(L/s) $q_{max}=1.50$	排水设计秒流量 q_u(L/s) $q_{max}=2.00$	排水当量总数 N_p	排水设计秒流量 q_u(L/s) $q_{max}=1.50$	排水设计秒流量 q_u(L/s) $q_{max}=2.00$	排水当量总数 N_p	排水设计秒流量 q_u(L/s) $q_{max}=1.50$	排水设计秒流量 q_u(L/s) $q_{max}=2.00$
20	2.30	2.80	95	3.25	3.75	460	5.36	5.86
22	2.34	2.84	100	3.30	3.80	480	5.44	5.94
24	2.38	2.88	110	3.39	3.89	500	5.52	6.02
26	2.42	2.92	120	3.47	3.97	550	5.72	6.22
28	2.45	2.95	130	3.55	4.05	600	5.91	6.41
30	2.49	2.99	140	3.63	4.13	650	6.09	6.59
32	2.52	3.02	150	3.70	4.20	700	6.26	6.76
34	2.55	3.05	160	3.78	4.28	750	6.43	6.93
36	2.58	3.08	170	3.85	4.35	800	6.59	7.09
38	2.61	3.11	180	3.91	4.41	850	6.75	7.25
40	2.64	3.14	190	3.98	4.48	900	6.90	7.40
42	2.67	3.17	200	4.05	4.55	950	7.05	7.55
44	2.69	3.19	220	4.17	4.67	1000	7.19	7.69
46	2.72	3.22	240	4.29	4.79	1100	7.47	7.97
48	2.75	3.25	260	4.40	4.90	1200	7.74	8.24
50	2.77	3.27	280	4.51	5.01	1300	7.99	8.49
55	2.83	3.33	300	4.62	5.12	1400	8.23	8.73
60	2.89	3.39	320	4.72	5.22	1500	8.47	8.97
65	2.95	3.45	340	4.82	5.32	1600	8.70	9.20
70	3.01	3.51	360	4.92	5.42	1700	8.92	9.42
75	3.06	3.56	380	5.01	5.51	1800	9.14	9.64
80	3.11	3.61	400	5.10	5.60	1900	9.35	9.85
85	3.16	3.66	420	5.19	5.69	2000	9.55	10.05
90	3.21	3.71	440	5.28	5.78	2100	9.75	10.25

4. 医院建筑排水管道管径确定

（1）排水管道水力计算三要素

排水铸铁管道最小坡度，按表1-98确定。

排水铸铁管道最小坡度表　　　　表1-98

排水铸铁管管径（mm）	通用坡度	最小坡度	排水铸铁管管径（mm）	通用坡度	最小坡度
50	0.035	0.025	125	0.015	0.010
75	0.025	0.015	150	0.010	0.007
100	0.020	0.012	200	0.008	0.005

建筑内排水铸铁管应按标准坡度敷设；在现场安装条件不满足的情况下，敷设坡度可小于标准坡度，但不能小于最小坡度。

胶圈密封连接排水塑料横管的坡度,按表 1-99 确定。

排水塑料管道坡度表　　　　　　　　　　　表 1-99

排水塑料横管外径（mm）	通用坡度	最小坡度	排水塑料横管外径（mm）	通用坡度	最小坡度
50	0.025	0.0120	160	0.007	0.0030
75	0.015	0.0070	200	0.005	0.0030
110	0.012	0.0040	250	0.005	0.0030
125	0.010	0.0035	315	0.005	0.0030

注：粘接、熔接连接的排水横支管的标准坡度应为 0.026。

医院建筑内排水管道最大设计充满度，见表 1-100。

排水管道最大设计充满度表　　　　　　　　表 1-100

序号	排水管道管径（mm）	排水管道最大设计充满度
1	DN50、DN75、DN100、DN125	0.5
2	DN150、DN200、DN250、DN300	0.6

注：建筑内的排水沟，其最大设计充满度按计算断面深度的 0.8 计。

排水管道自清流速，见表 1-101。

排水管道自清流速表　　　　　　　　　　　表 1-101

排水管道类别	生活污水排水管			明渠（沟）	合流制排水管
	DN100	DN125	DN150		
自清流速（m/s）	0.70	0.65	0.60	0.40	0.75

（2）排水横管管径确定

排水横管水力计算公式为：

$$q_\mathrm{p} = A \cdot v \tag{1-32}$$

$$v = R^{2/3} I^{1/2} / n \tag{1-33}$$

式中　A——管道在设计充满度的过水断面，m^2；

　　　v——速度，m/s；

　　　R——水力半径，m；

　　　I——水力坡度，采用排水管的坡度；

　　　n——粗糙系数，铸铁管取 0.013，塑料管取 0.009。

排水铸铁管水力计算，见表 1-102。

排水铸铁管水力计算表　　　　　　　　　　表 1-102

坡度	$h/D=0.5$								$h/D=0.6$			
	DN50		DN75		DN100		DN125		DN150		DN200	
	Q	v	Q	v	Q	v	Q	v	Q	v	Q	v
0.005									15.35	0.80		
0.006									16.90	0.88		

续表

坡度	h/D=0.5								h/D=0.6			
	DN50		DN75		DN100		DN125		DN150		DN200	
	Q	v	Q	v	Q	v	Q	v	Q	v	Q	v
0.007									8.46	0.78	18.20	0.95
0.008									9.04	0.83	19.40	1.07
0.009									9.56	0.89	20.60	1.10
0.010							4.97	0.81	10.10	0.94	21.70	1.13
0.012					2.90	0.72	5.44	0.89	11.10	1.02	23.80	1.24
0.015			1.48	0.67	3.23	0.81	6.08	0.99	12.40	1.14	26.60	1.39
0.020			1.70	0.77	3.72	0.93	7.02	1.15	14.30	1.32	30.70	1.60
0.025	0.65	0.66	1.90	0.86	4.17	1.05	7.85	1.28	16.00	1.47	35.30	1.79
0.026	0.66	0.67	1.94	0.88	4.25	1.07	8.03	1.31	16.33	1.50	36.09	1.83
0.030	0.71	0.72	2.08	0.94	4.55	1.14	8.60	1.39	17.50	1.62	37.70	1.96
0.035	0.77	0.78	2.26	1.02	4.94	1.24	9.29	1.51	18.90	1.75	40.60	2.12
0.040	0.81	0.83	2.40	1.09	5.26	1.32	9.93	1.62	20.20	1.87	43.50	2.27
0.045	0.87	0.89	2.56	1.16	5.60	1.40	10.52	1.71	21.50	1.98	46.10	2.40
0.050	0.91	0.93	2.60	1.23	5.88	1.48	11.10	1.89	22.60	2.09	48.50	2.53
0.060	1.00	1.02	2.94	1.33	6.45	1.62	12.14	1.98	24.80	2.29	53.20	2.77
0.070	1.08	1.10	3.18	1.42	6.97	1.75	13.15	2.14	26.80	2.47	57.50	3.00
0.080	1.18	1.16	3.35	1.52	7.50	1.87	14.05	2.28	30.40	2.73	65.40	3.32

注：h/D——最大设计充满度；DN——公称直径（mm）；Q——排水流量（L/s）；v——流速（m/s）。

排水塑料管水力计算，见表1-103。

排水塑料管水力计算表　　　　　　表1-103

坡度	h/D=0.5										h/D=0.6	
	De50		De75		De90		De110		De125		De160	
	Q	v	Q	v	Q	v	Q	v	Q	v	Q	v
0.001											4.84	0.43
0.0015											5.93	0.52
0.002									2.63	0.48	6.85	0.60
0.0025							2.05	0.49	2.94	0.53	7.65	0.67
0.003					1.27	0.46	2.25	0.53	3.22	0.58	8.39	0.74
0.0035					1.37	0.50	2.43	0.58	3.48	0.63	9.06	0.80
0.004					1.46	0.53	2.59	0.61	3.72	0.67	9.68	0.85
0.0045					1.55	0.56	2.75	0.65	3.94	0.71	10.27	0.90
0.005			1.03	0.53	1.64	0.60	2.90	0.69	4.16	0.75	10.82	0.95
0.006			1.13	0.58	1.79	0.65	3.18	0.75	4.55	0.82	11.86	1.04
0.007	0.39	0.47	1.22	0.63	1.94	0.71	3.43	0.81	4.92	0.89	12.81	1.13

续表

坡度	h/D=0.5										h/D=0.6	
	De50		De75		De90		De110		De125		De160	
	Q	v	Q	v	Q	v	Q	v	Q	v	Q	v
0.008	0.42	0.51	1.31	0.67	2.07	0.75	3.67	0.87	5.26	0.95	13.69	1.20
0.009	0.45	0.54	1.39	0.71	2.19	0.80	3.89	0.92	5.58	1.01	14.52	1.28
0.010	0.47	0.57	1.46	0.75	2.31	0.84	4.10	0.97	5.88	1.06	15.31	1.35
0.012	0.52	0.63	1.60	0.82	2.53	0.92	4.49	1.07	6.44	1.17	16.77	1.48
0.015	0.58	0.70	1.79	0.92	2.83	1.03	5.02	1.19	7.20	1.30	18.75	1.65
0.020	0.67	0.81	2.07	1.06	3.27	1.19	5.80	1.38	8.31	1.50	21.65	1.90
0.025	0.74	0.89	2.31	1.19	3.66	1.33	6.48	1.54	9.30	1.68	24.21	2.13
0.026	0.76	0.91	2.35	1.21	3.74	1.36	5.56	1.56	9.47	1.71	24.66	2.17
0.030	0.81	0.97	2.53	1.30	4.01	1.46	7.10	1.68	10.18	1.84	26.52	2.33
0.035	0.88	1.06	2.74	1.41	4.33	1.59	7.67	1.82	11.00	1.99	28.64	2.52
0.040	0.94	1.13	2.93	1.51	4.63	1.69	8.20	1.95	11.76	2.13	30.62	2.69
0.045	1.00	1.20	3.10	1.59	4.91	1.79	8.70	2.06	12.47	2.26	32.47	2.86
0.050	1.05	1.26	3.27	1.68	5.17	1.88	9.17	2.18	13.15	2.38	34.23	3.01
0.060	1.15	1.38	3.58	1.84	5.67	2.07	10.04	2.38	14.40	2.61	37.50	3.30

注：h/D——最大设计充满度；De——公称外径（mm）；Q—排水流量（L/s）；v——流速（m/s）。

根据公式 (1-31)，可推算得出不同管径允许最大卫生器具排水当量值 N_p，按公式 (1-34) 计算：

$$N_p = [(q_u - q_{max})/0.18]^2 \tag{1-34}$$

不同管径允许最大卫生器具排水当量值 N_p 计算结果，见表1-104。其中，q_u 可取 Q_p 值，q_{max} 分别取 0.33L/s（DN50）、1.00L/s（DN75）、1.50L/s（DN100）、2.00L/s（DN150）。

不同管径排水横管允许流量及最大卫生器具排水当量值对照表　　表1-104

管材	排水铸铁管					排水塑料管			
管径	DN50	DN75	DN100	DN125	DN150	De50	De75	De110	De160
Q_p（L/s）	0.65	1.48	2.90	8.46	15.35	0.58	1.46	2.90	8.39
N_p	≤3.16	≤7.10	≤60.5	≤1288	≤5500	≤0.58	≤6.53	≤60.5	≤1260

医院建筑排水系统中排水横干管常见管径为 DN100、DN150。表1-105 为 DN100 排水横干管对应排水当量最大限值表，表1-106 为 DN150 排水横干管对应排水当量最大限值表。

DN100排水横干管对应排水当量最大限值表　　表1-105

坡度 i	流量 Q（L/s）	流速 v（m/s）	N_p最大限值（$q_{max}=1.5$L/s）	N_p最大限值（$q_{max}=2.0$L/s）
0.0025	2.05	0.49	9.3	6.2

续表

坡度 i	流量 Q (L/s)	流速 v (m/s)	N_p最大限值（q_{max}=1.5 L/s）	N_p最大限值（q_{max}=2.0 L/s）
0.003	2.25	0.53	17.4	6.8
0.0035	2.43	0.58	26.7	7.4
0.004	2.59	0.61	36.7	10.7
0.0045	2.75	0.65	48.2	17.4
0.005	2.90	0.69	60.5	25.0
0.006	3.18	0.75	87.1	43.0
0.007	3.43	0.81	115	63.1
0.008	3.67	0.87	145	86.1
0.009	3.89	0.92	176	110
0.010	4.10	0.97	209	136
0.012	4.49	1.07	276	191
0.015	5.02	1.19	382	281
0.020	5.80	1.38	571	446
0.025	6.48	1.54	765	619
0.030	7.10	1.68	968	803
0.035	7.67	1.82	1175	992
0.040	8.20	1.95	1385	1186
0.045	8.70	2.06	1600	1385
0.050	9.17	2.18	1816	1587
0.060	10.04	2.38	2251	1995

DN150排水横干管对应排水当量最大限值表　　表1-106

坡度 i	流量 Q (L/s)	流速 v (m/s)	N_p最大限值（q_{max}=1.5L/s）	N_p最大限值（q_{max}=2.0L/s）
0.001	4.84	0.43	344	249
0.0015	5.93	0.52	606	477
0.002	6.85	0.60	883	726
0.0025	7.65	0.67	1167	985
0.003	8.39	0.74	1465	1260
0.0035	9.06	0.80	1764	1538
0.004	9.68	0.85	2065	1820
0.0045	10.27	0.90	2374	2111
0.005	10.82	0.95	2681	2401
0.006	11.86	1.04	3313	3001
0.007	12.81	1.13	3948	3607
0.008	13.69	1.20	4586	4218
0.009	14.52	1.28	5232	4838
0.010	15.31	1.35	5886	5468

续表

坡度 i	流量 Q (L/s)	流速 v (m/s)	N_p最大限值（$q_{max}=1.5L/s$）	N_p最大限值（$q_{max}=2.0L/s$）
0.012	16.77	1.48	7197	6733
0.015	18.75	1.65	9184	8659
0.020	21.65	1.90	12532	11917
0.025	24.21	2.13	15918	15225
0.030	26.25	2.33	19321	18556
0.035	28.64	2.52	22734	21904
0.040	30.62	2.69	26172	25281

（3）排水立管管径确定

确定排水立管管径大小的主要影响因素是通气方式（表1-107～表1-109）。

伸顶通气方式排水立管最大设计排水能力表（L/s）　　表1-107

DN (mm)	50	75	90	100	125	150
塑料管	1.2	3.0	3.8	5.4	7.5	12.0
铸铁管	1.0	2.5	—	4.5	7.0	10.0

专用通气方式排水立管最大设计排水能力表（L/s）　　表1-108

DN (mm)	75	90	100	125	150
塑料管	—	—	10.0	16.0	28.0
铸铁管	5.0	—	9.0	14.0	25.0

不通气方式排水立管最大设计排水能力表（L/s）　　表1-109

立管工作高度 (m)	立管管径（mm）				
	50	75	100	125	150
≤2	1.00	1.70	3.80	5.00	7.00
3	0.64	1.35	2.40	3.40	5.00
4	0.50	0.92	1.76	2.70	3.50
5	0.40	0.70	1.36	1.90	2.80
6	0.40	0.50	1.00	1.50	2.20
7	0.40	0.50	0.76	1.20	2.00
≥8	0.40	0.50	0.64	1.00	1.40

传染病医院建筑高层排水立管的最大设计排水能力取值不应大于《水标》规定值的0.7倍。

（4）排水管管径其他要求

各种排水管的推荐管径，见表1-110，排水管管径其他规定见表1-111。

各种排水管推荐管径表　　　　　　　　　　　　　　　表 1-110

序号	排水管种类	排水管配置	建筑类型	排水管推荐管径（mm）
1	排水横支管	管上未带大便器	多层、高层建筑	DN75
2		管上带大便器		DN100
3	排水横支管	管上未带大便器		DN100
4		管上带大便器		DN150
5	排水立管	管上未带大便器	多层建筑	DN75
6			高层建筑	DN100
7		管上带大便器	多层建筑	DN100
8			高层建筑	DN150
9	排水排出管	管上未带大便器	多层建筑	DN75
10			高层建筑	DN100
11		管上带大便器	多层建筑	DN100
12			高层建筑	DN150
13	汇集排水横干管	管上未带大便器	多层、高层建筑	DN100
14		管上带大便器	多层、高层建筑	DN150
15	汇集排水横干管后所接排水立管	—	多层、高层建筑	同汇集排水横干管管径
16	汇集排水横干管后排水立管所接排水排出管	—	多层、高层建筑	同连接的排水立管管径或大一号

排水管管径其他规定表　　　　　　　　　　　　　　　表 1-111

序号	排水管管径规定
1	排水立管管径不得小于所连接的排水横支管管径
2	大便器排水管最小管径不得小于100mm
3	建筑物内排水排出管最小管径不得小于50mm
4	厨房污水采用管道排除时，其管径应比计算管径大一级，但干管管径不得小于100mm，支管管径不得小于75mm
5	医院污物洗涤盆（池）和污水盆（池）的排水管管径，不得小于75mm
6	小便槽或连接3个及3个以上的小便器，其污水支管管径不宜小于75mm
7	医院医护人员集中洗浴间洗浴废水排水横干管管径：淋浴器数量1～3个，DN75；淋浴器数量>3个，DN100
8	医院建筑内中心（消毒）供应室、中药加工室、口腔科等场所的排水管道的管径，应大于计算管径1～2级，且不得小于100mm，支管管径不得小于75mm

1.3.4 排水系统管材、附件和检查井

1. 医院建筑排水管管材

《水通规》对于排水管道做了以下强制性条文规定：

4.1.1 排水管道及管件的材质应耐腐蚀,应具有承受不低于 **40℃** 排水温度且连续排水的耐温能力。接口安装连接应可靠、安全。

医院建筑室外排水管可采用埋地排水塑料管,包括硬聚氯乙烯管、聚乙烯管和玻璃纤维增强塑料夹砂管等。常用的室外排水管还有双壁加筋波纹排水管、双平壁钢塑复合缠绕排水管等。

医院建筑室内排水管类型,见表1-112。

室内排水管类型表　　　　　　　　　　　　　　　　　表 1-112

序号	排水管类型	排水管设置要求
1	玻纤增强聚丙烯（FRPP）排水管	在多层、高层医院建筑中均可应用
2	柔性接口机制铸铁排水管	高层医院建筑排水管宜采用柔性接口机制排水铸铁管,连接方式有法兰压盖式承插柔性连接和无承口卡箍式连接
3	硬聚氯乙烯（PVC-U）排水管	采用胶水（胶粘剂）粘接连接,可在多层医院建筑中采用,不宜在高层医院建筑中采用
4	医院建筑压力排水管	可采用焊接钢管、钢塑复合管、镀锌钢管
5	医院建筑含放射性污水排水管	采用机制含铅的铸铁管道;采用焊接钢管或无缝钢管,管道外加铅板防护
6	医院建筑高温污水排水管	采用机制铸铁排水管或焊接钢管
7	医院建筑含酸、碱废水排水管	采用塑料排水管时应注意废水的酸碱性、化学成分对塑料管材质和接口材料的侵蚀

2. 医院建筑排水管附件

排水立管上检查口的设置位置,见表1-113。

排水立管上检查口设置位置表　　　　　　　　　　　　表 1-113

序号	检查口设置位置
1	对于铸铁排水立管,检查口之间的距离不宜大于10m
2	对于塑料排水立管,宜每6层设置1个检查口
3	在建筑物最低层和设有卫生器具的2层以上建筑物的最高层
4	当立管水平拐弯或有乙字管时,在该层立管拐弯处和乙字管的上部
5	通气立管汇合后下一楼层

排水横管直线管段超过一定距离时应在其管段中部设置检查口,检查口之间的最大距离,见表1-114。

检查口之间最大距离表　　　　　　　　　　　　　　　表 1-114

排水管道管径 DN（mm）	生活废水	生活污水
50～75	15m	12m
100～150	20m	15m
200	25m	20m

医院建筑中当采用污废水合流排放时，此距离可按生活污水性质考虑。

检查口设置要求，见表1-115。

检查口设置要求表　　　　　　　　　　　　　　　　表1-115

序号	检查口设置要求
1	排水立管上设置检查口，应在地（楼）面以上1.00m，并应高于该层卫生器具上边缘0.15m
2	埋地排水横管上检查口应设在砖砌的井内
3	地下室排水立管上检查口应设置在立管底部之上
4	排水立管上检查口检查盖应面向便于检查清扫的方位，排水横干管上的检查口应垂直向上

清扫口的设置位置，见表1-116。

清扫口设置位置表　　　　　　　　　　　　　　　　表1-116

序号	清扫口设置位置
1	连接2个及2个以上的大便器或3个及3个以上卫生器具的铸铁排水横管上
2	连接4个及4个以上的大便器的塑料排水横管上
3	水流偏转角大于45°的排水横管上
4	当排水立管底部或排出管上的清扫口至室外检查井中心的最大长度大于表1-117数值时的排出管上

清扫口至室外检查井中心的最大长度，见表1-117。

清扫口至室外检查井中心最大长度表　　　　　　　　表1-117

排水管管径DN（mm）	50	75	100	100以上
最大长度（m）	10	12	15	20

排水横管直线管段上清扫口之间的最大距离，不应超过表1-118的规定。

排水横管直线管段上清扫口之间最大距离表　　　　　表1-118

排水管道管径DN（mm）	生活废水	生活污水
50～75	10m	8m
100～150	15m	10m

塑料排水管道支吊架间距规定，见表1-119。

塑料排水管道支吊架间距表　　　　　　　　　　　　表1-119

管径DN（mm）	40	50	75	90	110	125	160
立管（m）	—	1.20	1.50	2.00	2.00	2.00	2.00
横管（m）	0.40	0.50	0.75	0.90	1.10	1.25	1.60

注：金属排水管道上固定件间距一般为：横管不大于2m；立管不大于3m。楼层高度小于或等于4m，立管可安装一个固定件。立管底部弯管处应设支墩或承重支吊架。

3. 医院建筑排水管道布置敷设

《水通规》对于限制排水管道穿越场所做了以下强制性条文规定：

4.3.6　排水管道不得穿越下列场所：

1 卧室、客房、病房和宿舍等人员居住的房间；
2 生活饮用水池（箱）上方；
3 食堂厨房和饮食业厨房的主副食操作、烹调、备餐、主副食库房的上方；
4 遇水会引起燃烧、爆炸的原料、产品和设备的上方。

医院建筑排水管道不应布置场所，见表1-120。

排水管道不应布置场所表 表1-120

序号	排水管道不应布置场所	具体要求
1	病房	生活排水管道不得穿越病房，并不宜靠近与病房相邻的内墙
2	直饮水机房、生活水泵房等设备机房	排水横管和立管均不得在医院建筑直饮水机房内敷设；排水横管禁止在医院建筑生活水箱箱体正上方敷设，生活水泵房其他区域不宜敷设排水管道；设在室内的消防水池（箱）、设在消防水泵房内的高压细水雾水箱等处均应按此要求处理
3	厨房	医院建筑中附设食堂、厨房时，厨房内的主副食操作间、烹调间、备餐间、加工间、粗加工、冷菜间、面点蒸煮间、主食库、副食库等房间的上方均不应敷设排水管道，排水立管不宜穿过上述房间；医院建筑中的餐厅、售餐间；病房区配餐间、就餐间等场所同样禁止其上方敷设排水管道；医院建筑中的厨房排水应独立设置，排水横管和立管均不得与卫生间污水排水管道连通；医院建筑中病房区当设有VIP病房且内设独立厨房时，其排水横管和立管均须独立设置，不得与邻近病房卫生间合用排水管道
4	电气机房	医院建筑中的电气机房包括高压配电室、低压配电室（包括其值班室）、柴油发电机房（包括储油间）、网络机房、弱电机房、UPS机房、消防控制室等，排水管道不得敷设在此类电气机房内
5	医技机房	医院建筑中的电气机房包括影像中心机房（MR、数字胃肠、CT、DR、乳腺机等）、介入中心机房（DSA等）、核医学科机房（直线加速器、ECT、PET/CT、模拟定位机等），排水管道不得敷设在此类医技机房内
6	净化区域	医院建筑的净化区域包括手术部（包括手术室、麻醉间及其他附属净化房间）、ICU、CCU、NICU、静配中心、中心实验室等，其内不得敷设排水管道；洁净手术部内的排水设备，应在排水口的下部设置高度大于50mm的水封装置；洁净手术部洁净区内不应设置地漏，洁净手术部内其他地方的地漏，应采用设有防污染措施的专用密封地漏，且不得采用钟罩式地漏；洁净手术部应采用不易积存污物又易于清扫的卫生器具、管材、管架及附件；洁净手术部的卫生器具和装置的污水透气系统应独立设置；洁净手术室的排水横管直径应比设计值大一级
7	药库、药房	应避免排水管道在药库、药房内敷设
8	病案室、档案室	不宜敷设排水管道
9	结构变形缝、结构风道	原则上排水管道不得穿过结构变形缝；若条件限制必须穿越沉降缝时，则应预留沉降量并设置不锈钢软管柔性连接，必须穿越伸缩缝时，则应安装伸缩器
10	电梯机房、通风小室	—
11	人防区域	与人防工程功能无关的排水管道不应穿越人防区域；人防区域与上部非人防区域通常设置不小于600mm垫层用于敷设上部排水的排水横干管；人防区域压力排水管在穿越人防围护结构、防爆单元隔墙时应采取防护措施

医院建筑排水系统管道设计遵循原则，见表1-121。

排水系统管道设计遵循原则表 表1-121

序号	排水系统管道设计原则	具体要求
1	直接性原则	排水管道管线短、拐弯少：自卫生器具至排水排出管的距离应最短，管道转弯应最少；排水立管宜竖直敷设，尽量不横向拐弯；排水立管应就近靠近柱子、墙体等处布置；排水立管应布置在房间内，房间宜为次要房间或辅助房间，立管敷设位置宜在房间角落处；排水立管不宜敷设在门诊大厅、病房大厅等大空间场所，宜在大空间场所吊顶内横向转至邻近房间内；排水立管接纳卫生器具数量不宜过多；排水立管连接的排水支管不宜过长
2	排水负荷中心原则	设置在排水量最大、靠近最脏、杂质最多的排水点处
3	排水管暗设原则	排水管道宜暗设敷设：排水横管应在吊顶内暗设；排水立管可在管道井中暗设；同层排水区域排水横管应在垫层内暗设

排水立管最低排水横支管与立管连接处距排水立管管底垂直距离，不得小于表1-122中的规定值。

排水立管最低排水横支管与立管连接处距排水立管管底垂直距离表 表1-122

立管连接卫生器具的层数	垂直距离（m）	
	仅设伸顶通气	设通气立管
≤4	0.45	按配件最小安装尺寸确定
5~6	0.75	
7~12	1.20	
13~19	底层单独排出	0.75
≥20		1.20

注：单根排水立管的排出管宜与排水立管相同管径。

高层病房卫生间各排水立管汇集后的排水横干管敷设于最低病房层下面一层顶板下或吊顶内。当最低病房层下一层吊顶内空间高度无法满足时，可采取表1-123中的方法处理。

最低病房层排水管与汇集后排水横干管连接处理方法表 表1-123

处理方法编号	具体要求
1	将最低病房层各排水点污废水单独汇集至独立排水横干管排放，即最底层和其他楼层排水分别排放
2	将最低病房层各排水点污废水由各自排水横支管分别接至汇集排水横干管上，接入点的位置应遵循排水横支管与排水横干管连接距离要求

医院建筑的最底层污废水宜单独排放。

医院建筑排水横支管连接在排水排出管或排水横干管上时，连接点距排水立管底部下游水平距离不宜小于3.0m，且不得小于1.5m。

4. 间接排水

《水通规》对于间接排水做了以下强制性条文规定：

4.1.2 生活排水应排入市政污水管网或处理后达标排放。
4.4.4 下列构筑物和设备的排水管与生活排水管道系统应采取间接排水的方式：
1 生活饮用水贮水箱（池）的泄水管和溢流管；
2 开水器、热水器排水；
3 非传染病医疗灭菌消毒设备的排水；
4 传染病医疗消毒设备的排水应单独收集、处理；
5 蒸发式冷却器、空调设备冷凝水的排水；
6 贮存食品或饮料的冷藏库房的地面排水和冷风机溶霜水盘的排水。

医院建筑中的间接排水，见表1-124。

间接排水一览表　　　　　　　　　　　　　表1-124

序号	间接排水情况
1	医院建筑生活水箱、直饮水水箱、高压细水雾水箱等的泄水管和溢流管通常就近排入水箱所在水泵房、机房的排水地沟
2	消防水箱等的泄水管和溢流管通常就近排入消防水箱间地漏或直接排至室外建筑屋面
3	病房区、门诊区开水器、热水器排水通常就近排至本房间内地漏
4	医疗灭菌消毒设备的排水通常排入排水容器
5	蒸发式冷却器、空调设备冷凝水的排水通常就近排至本房间内地漏

设备间接排水宜排入邻近的洗涤盆、地漏、排水明沟、排水漏斗或排水容器。间接排水口最小空气间隙，宜按表1-125确定。

间接排水口最小空气间隙表　　　　　　　　表1-125

间接排水管管径（mm）	排水口最小空气间隙（mm）
≤25	50
32～50	100
>50	150
饮料用贮水箱排水口	≥150

医院建筑未设置地下室时，排水排出管穿越有沉降可能的承重墙或基础时应预留洞口，且管顶上部净空不得小于建筑物的沉降量，一般不小于150mm。预留洞口的尺寸应根据排水管道管径确定，见表1-126。

预留洞口尺寸与排水管道管径对照表　　　　表1-126

排水管道管径（mm）	预留洞口尺寸：宽（mm）×高（mm）
DN75、DN100	300×400
DN150	350×450
DN200	400×500

医院建筑设置地下室时，排水排出管穿越地下室外墙时应预留防水套管，宜采用柔性防水套管。防水套管的管径通常比排水管的管径大1～2号，见表1-127。

防水套管管径与排水管管径对照表　　　　　　　表1-127

排水管道管径（mm）	防水套管管径（mm）
DN75	DN150
DN100	DN200
DN150	DN250
DN200	DN250

精神专科医院排水系统的管道，应在管道井、吊顶和墙内隐蔽安装。

1.3.5 通气管系统

《水通规》对于通气管做了以下强制性条文规定：

4.3.4 通气管道不得接纳器具污水、废水，不得与风道和烟道连接。

医院建筑通气管设置要求，见表1-128。

医院建筑通气管设置要求表　　　　　　　表1-128

序号	通气管名称	设置位置	设置要求	管径确定
1	伸顶通气管	设置场所涉及门诊、病房等所有区域；门诊区、医技区排水系统宜采用伸顶通气管，公共卫生间排水立管应采用伸顶通气方式；病房区域内非承担卫生间卫生器具排水的排水立管应采用伸顶通气方式	高出非上人屋面不得小于300mm，但必须大于最大积雪厚度，常采用800～1000mm；高出上人屋面不得小于2000mm，常采用2000mm。顶端应装设风帽或网罩；在冬季室外温度高于-15℃的地区，顶端可装网形铅丝球；低于-15℃的地区，顶端应装伞形通气帽	应与排水立管管径相同。但在最冷月平均气温低于-13℃的地区，应在室内平顶或吊顶以下0.3m处将管径放大一级，若采用塑料管材时其最小管径不宜小于110mm
2	专用通气管	高层医院建筑病房卫生间、医护人员卫生间排水应采用专用通气方式；多层医院建筑病房卫生间、医护人员卫生间排水宜采用专用通气方式	1个或2个病房卫生间的排水立管和专用通气立管并排设置在卫生间附设管道井内；未设管道井时，该2种立管并列设置，并宜后期装修包敷暗装，专用通气立管宜靠内侧敷设、排水立管宜靠外侧敷设	通常与其排水立管管径相同
3	汇合通气管	医院建筑中多根通气立管或多根排水立管顶端通气部分上方楼层存在特殊区域（如手术室、医技机房、电气机房等）不允许每根立管穿越向上接至屋顶时，需将这些通气立管或排水立管顶端通气部分在本层顶板下或吊顶内汇集，避开特殊区域后向上接至屋顶		汇合通气管的断面积应为最大一根通气管的断面积加其余通气管断面之和的0.25倍

续表

序号	通气管名称	设置位置	设置要求	管径确定
4	主（副）通气立管	通常设置在门诊区、医技区或病房区内的公共卫生间		通常与其排水立管管径相同
5	结合通气管			通常与其连接的通气立管管径相同
6	环形通气管	连接4个及4个以上卫生器具（包括大便器）且横支管的长度大于12m的排水横支管；连接6个及6个以上大便器的污水横支管；设有器具通气管；特殊单立管偏置	和排水横支管、主（副）通气立管连接的要求：在排水横支管上设环形通气管时，应在其最始端的两个卫生器具之间接出，并应在排水支管中心线以上与排水支管呈垂直或45°连接；环形通气管应在卫生器具上边缘以上不小于0.15m处按不小于0.01的上升坡度与通气立管相连	常用管径为DN40（对应DN75排水管）、DN50（对应DN100排水管）。见表1-131
7	器具通气管	在医院建筑中应用较少，仅在VIP病房卫生间内应用		见表1-132

传染病医院建筑通气管系统设计应采取的技术措施，见表1-129。

传染病医院建筑通气管系统设计技术措施表　　　　表1-129

序号	通气管系统设计技术措施
1	污染区、半污染区、清洁区各区域排水通气系统必须严格独立设置，严禁共用通气系统
2	污染区不同类型传染病病区通气管系统应严格分开设置
3	污染区内负压隔离病房区排水通气系统必须独立设置
4	严重传染病区宜将通气管中废气集中收集，统一进行消毒处理

医院建筑通气管可采用柔性接口机制排水铸铁管或塑料排水管，管径≤DN40可采用塑钢管，一般采用与医院建筑排水管相同管材。在最冷月平均气温低于−13℃的地区，伸出屋面部分通气立管应采用柔性接口机制排水铸铁管。

通气立管（包括专用通气立管、主通气立管、副通气立管）的最小管径，见表1-130。

通气立管最小管径表　　　　表1-130

通气管名称	排水管管径（mm）				
	50	75	100（110）	125	150（160）
通气立管	40	50	75	100	100

注：通气立管长度在50m以上时，其管径（包括伸顶通气部分）应与排水立管管径相同；通气立管长度小于或等于50m且两根及两根以上排水立管同时与一根通气立管相连，应以最大一根排水立管按上表确定通气立管管径，且其管径不宜小于其余任何一根排水立管管径。

环形通气管的最小管径，见表 1-131。

环形通气管最小管径表 表 1-131

通气管名称	排水管管径（mm）				
	50	75	90	100（110）	125
环形通气管	32	40	40	50	50

器具通气管的最小管径，见表 1-132。

器具通气管最小管径表 表 1-132

通气管名称	排水管管径（mm）				
	32	40	50	100（110）	125
器具通气管	32	32	32	50	50

1.3.6 特殊排水系统

1. 特殊单立管排水系统

医院建筑中的高层病房（10 层及 10 层以上）卫生间排水系统可采用特殊单立管排水系统。医院建筑中的其他场所尤其是多厕位公共卫生间排水系统不宜采用特殊单立管排水系统。

特殊单立管排水系统排水立管最大排水能力，见表 1-133。

特殊单立管排水系统排水立管最大排水能力表 表 1-133

排水立管管径（mm）	排水立管最大排水能力（L/s）					
	17 层	20 层	25 层	30 层	35 层	40 层
90	5.5	5.4	5.3	5.2	5.1	5.0
110	7.5	7.4	7.2	7.1	7.0	6.9
125						15.0

医院建筑特殊单立管排水系统排水立管管径采用 $DN100$（$De110$）。

特殊单立管排水系统设计要点，见表 1-134。

特殊单立管排水系统设计要点表 表 1-134

序号	设计要点
1	排入排水立管的排水横支管管径不得大于排水立管管径
2	排水立管顶端应设伸顶通气管
3	采用下部特制配件的排水系统，底层排水管宜单独排出
4	特殊接头的单立管排水系统排水立管管径不宜小于 100mm
5	排水立管、排水横干管（或排出管）、排水横支管宜采用柔性接口机制铸铁排水管、硬聚氯乙烯（PVC-U）塑料排水管或高密度聚乙烯（HDPE）塑料排水管等管材

2. 同层排水系统

医院建筑病房、直饮水机房、生活水泵房、厨房、电气机房、医技机房、净化区域

（手术室、ICU 等）、中心实验室、药库（房）、病案室、档案室等场所的上方楼层不应有排水横支管明设管道等。若有必要在上述某些场所上方设置排水点且无法采取其他躲避措施时，该部位的排水应采用同层排水方式。当病房标准护理单元楼层正下方是 ICU 区域时，该楼层病房卫生间排水应采用同层排水。

医院建筑同层排水最常采用的是降板或局部降板法：土建结构在需要同层排水敷设排水横支管处区域将楼板相应降低 250～350mm，待排水管道、管件等安装完毕后，再用泡沫混凝土等轻质材料填实，再做找平防水层。

1.3.7 特殊场所排水

1. 医院建筑化粪池

《水通规》对于化粪池位置做了以下强制性条文规定：

4.4.7 化粪池与地下取水构筑物的净距不得小于 30m。

化粪池宜设置在接户管的下游端，且宜靠近医院院区污水处理站；传染病医院或传染病建筑的化粪池还应在预消毒池（接触消毒池）之前；化粪池的位置宜选在院区最低处附近；化粪池外壁距建筑物外墙不宜小于 5m；化粪池宜选用钢筋混凝土化粪池。

化粪池有效容积应为污水部分和污泥部分容积之和，并宜按公式（1-35）～公式（1-37）计算：

$$V = V_w + V_n \tag{1-35}$$

$$V_w = m \cdot b_f \cdot q_w \cdot t_w / (24 \times 1000) \tag{1-36}$$

$$V_n = m \cdot b_f \cdot q_n \cdot t_n \cdot (1 - b_x) \cdot M_s \times 1.2 / [(1 - b_n) \times 1000] \tag{1-37}$$

式中　V_w——化粪池污水部分容积，m^3；

　　　V_n——化粪池污泥部分容积，m^3；

　　　q_w——每人每日计算污水量，L/(人·d)，同每人最高日用水量；

　　　t_w——污水在池中停留时间，h，应根据污水量确定，宜采用 24～36h；

　　　q_n——每人每日计算污泥量，L/(人·d)，合流系统时取 0.7L/(人·d)，分流系统时取 0.4L/(人·d)；

　　　t_n——污泥清掏周期，应根据污水温度和当地气候条件确定，宜采用 6～12 个月；

　　　b_x——新鲜污泥含水量，可按 95% 计算；

　　　b_n——发酵浓缩后的污泥含水量，可按 90% 计算；

　　　M_s——污泥发酵后体积缩减系数，宜取 0.8；

　　　1.2——清掏后遗留 20% 的容积系数；

　　　m——化粪池服务总人数，人；

　　　b_f——化粪池实际使用人数占总人数的百分比，取 100%。

据此得出医院建筑化粪池的有效容积，按公式（1-38）计算：

$$V = 4.17 \times 10^{-5} \cdot m \cdot q_w \cdot t_w + 4.80 \times 10^{-4} \cdot m \cdot q_n \cdot t_n \tag{1-38}$$

大型医院建筑可集中并联设置或根据院区布局分散并联布置 2 个或 3 个化粪池，多个化粪池的型号宜一致。

《水通规》对于化粪池通气做了以下强制性条文规定:

4.4.3 化粪池应设通气管,通气管排出口设置位置应满足安全、环保要求。

2. 医院污水处理站

医院污水处理站处理规模不得小于医院污水最大日排水量,并宜根据医院院区的远期发展留有一定的富余量。

医院的最大日排水量确定,见表 1-135。

医院最大日污水量表　　　　　　　　　　　　　　　　表 1-135

医院类型	平均日污水量 [L/(床·d)]	日变化系数 K
设备比较齐全的大型综合性医院	650~800	2.0~2.2
一般设备的中型医院	500~600	2.2~2.5
小型医院	350~400	2.5

注:污水变化系数 K 值与污水量大小有关,污水量小,取上限值;污水量大,取下限值。平均日污水量上限值为带有病原体污水和普通生活污水量;下限值为带有病原体污水量。

医院污水污染物指标,见表 1-136。

医院污水污染物指标表　　　　　　　　　　　　　　　　表 1-136

医院污水污染物名称	污染物排出量 [g/(床·d)]
BOD_5	60
COD	100~150
悬浮物 SS	40~50

医院污水处理通常采用物化+生化方法处理,目前主要采用的工艺,见表 1-137。

污水处理采用工艺表　　　　　　　　　　　　　　　　表 1-137

序号	污水处理采用工艺	适用情形	备注
1	加强处理效果的一级处理	医院污水排入终端已有正常运行的二级污水处理厂的城市下水道	最常见
2	二级处理	医院污水直接或间接排入地表水体或海域	少见
3	简易生化处理		极少见

图 1-5、图 1-6 为医院污水重力自排式一级处理工艺流程图示。

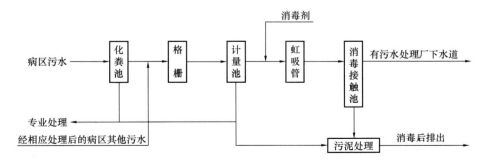

图 1-5　重力自排式一级处理工艺流程图一

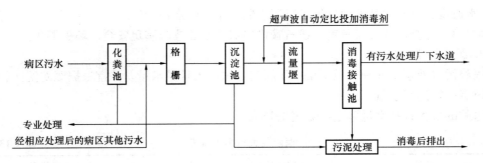

图 1-6 重力自排式一级处理工艺流程图二

图 1-7、图 1-8 为医院污水提升式一级处理工艺流程图示。

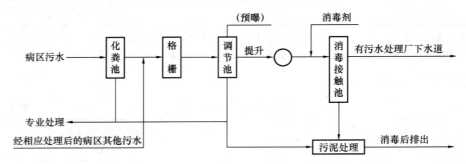

图 1-7 提升式一级处理工艺流程图一

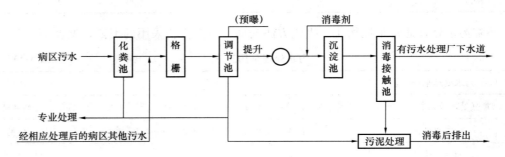

图 1-8 提升式一级处理工艺流程图二

图 1-9 为医院污水二级处理工艺流程图示。

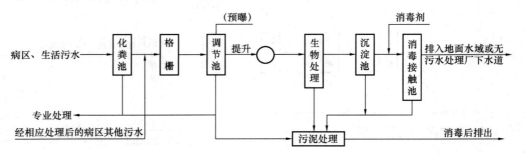

图 1-9 二级处理工艺流程图

图 1-10 为医院污水深度处理工艺流程图示。

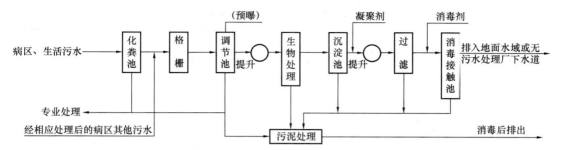

图 1-10　深度处理工艺流程图

医院污水处理构筑物设计参数，见表 1-138。

医院污水处理构筑物设计参数表　　　　　　　　　　　　表 1-138

构筑物	设计参数
化粪池	化粪池应按最高日排水量设计，停留时间为 24～36h，清掏周期为 180～360d
调节池	连续运行时，其有效容积按日处理水量的 30%～40% 计算；间隙式运行时，其有效容积按工艺运行周期计算
竖流沉淀池	沉淀时间按 1.5～2.5h；表面负荷按 1.0～2.0m³/(m²·h)
水解池	设计水力停留时间按 2.5～3.0h
生物接触氧化池	碳氧化/硝化容积负荷宜为 0.2～2kgBOD$_5$/(m³·d)；气水比宜为 (15～20)∶1；HRT 为 1.5～3.0h
曝气生物滤池	水力负荷按 1.0～3.0m³/(m²·h)；容积负荷按 1～2kgBOD$_5$/(m³·d)；滤速按 6～8m/h；工作周期按 24～48h；气水比按 (4～6)∶1；反冲洗强度：水洗按 6L/(m²·s)，气洗按 15 L/(m²·s)
CASS 池	污泥负荷按 0.1～0.2kgBOD$_5$/(kgMLSS·d)；水力停留时间按 12h；污泥龄按 15～30d；气水比宜按 9∶1；工作周期按 4～6h，其中曝气 2～4h，沉淀 1h，滗水 0.5～1h
混凝沉淀池	网格反应时间按 30min；斜管沉淀池表面负荷按 1.0～2.0m³/(m²·h)；斜管沉淀池沉淀时间按 1.5～2.5h
消毒接触池	综合性医院污水处理接触时间≥1h，传染病医院污水处理接触时间≥1.5h；按 Q_{max} 计算；水流槽 $B/H>1∶1.2$；$L/B≥20∶1$

医院污水必须进行消毒处理。医院污水消毒宜采用性价比较高的氯消毒方式。

医院污水处理站的选址要求，见表 1-139。

医院污水处理站选址要求表　　　　　　　　　　　　表 1-139

序号	污水处理站选址要求
1	宜靠近接入市政排水管网的排放点
2	应与病房区、居民区等建筑物保持一定距离，并应设置隔离带
3	宜设置在院区绿地、停车坪及室外空地的地下
4	与给水泵房及清水池水平距离不得小于 10m

3. 医院建筑特殊废水处理（表1-140）

医院建筑特殊废水处理方法表　　　　　　　　　　　表1-140

序号	特殊废水名称	特殊废水来源	处理方法
1	医院酸性废水	检验室、化验室、洗衣房、放射科及消毒剂的使用等	收集管道应耐腐蚀，一般采用不锈钢管道或塑料管道。预处理通常采用中和处理法
2	医院碱性废水	检验室、化验室、洗衣房、放射科及消毒剂的使用等	收集管道应耐腐蚀，一般采用不锈钢管道或塑料管道。预处理通常采用中和处理法
3	医院含氰废水	检验室、化验室等化学检查分析中使用氰化物而产生的废水	预处理通常采用化学氧化法、活性炭吸附法和生物处理法等
4	医院含汞废水	口腔科含汞废水以及计测仪器损坏汞泄漏、分析检测和诊断使用含汞试剂的排放等	预处理通常采用铁屑还原法、化学沉淀法、活性炭吸附法和离子交换法等
5	医院含铬废水	检验室、化验室等场所工作中使用的化学品等	预处理采用化学还原沉淀法
6	医院洗印废水	放射科室照片洗印，此外还有来自于定影剂中的银	洗相室废液应回收银，并对废液进行处理，采用电解提银法和化学沉淀法。低浓度时，可采用离子交换法和活性炭吸附法处理

注：1. 特殊废水均应单独收集，在排放前应进行预处理；
  2. 特殊废水由于水量较小，通常不列入医院污水处理站处理范畴。

4. 医院食堂、餐厅含油废水处理

《水通规》对于含油废水做了以下强制性条文规定：

4.4.6 公共餐饮厨房含有油脂的废水应单独排至隔油设施，室内的隔油设施应设置通气管道。

医院建筑含油废水宜采用三级隔油处理流程，见表1-141。

含油废水三级隔油处理流程表　　　　　　　　　　表1-141

序号	处理措施	备注
第一级	在灶间刷锅池、洗菜池、洗碗池等产生含油废水的器具处设置器具隔油器	
第二级	在厨房灶间等集中产生含油废水区域设置隔油排水沟，用以收集含油废水，器具含油废水就近通过排水横管接至隔油排水沟	隔油排水沟因条件限制无法设置时，需要通过排水管收集含油废水集中排放，此时排水管管径应比计算管径大一级
第三级	设置室外隔油池（当含油废水可以重力排至室外时）或一体化隔油污水提升装置（当含油废水需要加压提升排至室外时）	

根据食堂用餐人数确定隔油设施处理水量，按公式（1-39）计算：

$$Q_{h1} = N \cdot q_0 \cdot K_h \cdot K_s \cdot \gamma / (1000t) \qquad (1-39)$$

式中　Q_{h1}——隔油设施处理水量，m³/h；

N——食堂、餐厅用餐人数,人;
q_0——食堂、餐厅最高日生活用水定额,L/(人·餐),可取20~25 L/(人·餐);
K_h——小时变化系数,可取1.5~1.2;
K_s——秒时变化系数,可取1.5~1.1;
γ——用水量南北地区差异系数,可取1.0~1.2;
t——用餐历时,h,可取4h。

根据食堂餐厅面积确定隔油设施处理水量,按公式(1-40)计算:

$$Q_{h2} = S \cdot q_0 \cdot K_h \cdot K_s \cdot \gamma / (S_s \cdot 1000t) \tag{1-40}$$

式中 Q_{h2}——隔油设施处理水量,m³/h;
S——食堂、餐厅使用面积,m²;
q_0——食堂、餐厅最高日生活用水定额,L/(人·餐);
K_h——小时变化系数;
K_s——秒时变化系数;
γ——用水量南北地区差异系数;
S_s——食堂、餐厅每个座位使用面积,m²/座,一类食堂餐厅取1.10m²/座,二类食堂餐厅取0.85m²/座;
t——用餐历时,h。

隔油池有效容积,按公式(1-41)计算:

$$V = Q \times 60t \tag{1-41}$$

式中 V——隔油池有效容积,m³;
Q——设计秒流量,m³/s,即该隔油池所接纳的食堂、餐厅内厨房及备餐间洗涤盆等器具的含有食用油污水排水秒流量;
t——含油污水在池中的停留时间,min。

隔油池的类型,见表1-142。

隔油池的类型表　　　　　　　　　　　　　　表1-142

隔油池	1型	2型	3型	4型
设计秒流量(L/s)	1.00	1.60	3.20	4.80
有效容积(m³)	0.90(1.05)	1.50	3.00	4.50

隔油提升一体化设备选型的主要技术参数为其所接纳的食堂、餐厅内厨房等器具含油污水排水流量。

5. 医院车库汽车洗车污水处理

汽车冲洗水量,见表1-143。

汽车冲洗水量表　　　　　　　　　　　　　　表1-143

冲洗方式	软管冲洗	高压水枪冲洗
汽车冲洗水量[L/(辆·次)]	200~300	40~60
含油污水设计流量(L/s)	0.33~0.50	0.067~0.100

注:冲洗时间按10min/(辆·次)。

隔油沉淀池有效容积，按公式（1-42）计算：

$$V = Q \times 60t/1000 = 0.6Q \tag{1-42}$$

式中　V——隔油沉淀池有效容积，m³；
　　　Q——设计秒流量，L/s，按表 1-142 数据乘以同时冲洗车辆数量；
　　　t——含油污水在池中的停留时间，min，取 10min。

隔油沉淀池类型，见表 1-144。

隔油沉淀池类型表　　　　　　　　　　　　　表 1-144

型号		1 型	2 型
有效容积（m³）		5.4	9.6
过水断面（m²）		1.8	2.4
同时冲洗车辆数量（辆）	软管冲洗	1	2
	高压水枪冲洗	4	8

6. 医院高温污水处理

医院建筑锅炉房蒸汽锅炉或热水锅炉排水；中心供应室清洗机、灭菌器、蒸汽发生器等排水为高温污水，应单独排放至室外降温池，排水管材宜选用无缝钢管。

降温池的有效容积，按公式（1-43）计算。

$$V = q_w + K \cdot q_w \cdot (t_w - t_y)/(t_y - t_1) \tag{1-43}$$

式中　V——降温池所需要的有效容积，m³；
　　　K——混合不均匀系数，取 1.5；
　　　q_w——每班每次定期排污量，m³；
　　　t_w——所排高温污水的温度，℃；对于锅炉排污水，按 100℃ 计；
　　　t_y——允许降温池排出的水温，℃；对于锅炉排污水，按 40℃ 计；
　　　t_1——加入池内的冷却水温度，℃；一般可利用生产废水，按 30℃ 计；若利用生活饮用水，则为地下水、地表水水温；冷却水采用多空管布水洒入池中。

锅炉排污降温池类型，见表 1-145。

锅炉排污降温池类型表　　　　　　　　　　　　　表 1-145

锅炉排污降温池	1 型	2 型	3 型	4 型	5 型	6 型
锅炉小时总蒸发量（t/h）	2	4	6	10	15	20
锅炉定期排污量（m³/班）	0.13	0.26	0.39	0.65	0.98	1.30
有效容积（m³）	1.84	2.63	4.86	7.20	10.80	13.50

7. 医院洗衣房排水

医院洗衣房排水设施要求，见表 1-146。

| 洗衣房排水设施要求表 | | 表 1-146 |

项目	设施要求
洗衣房	宜采用 300mm 厚垫层
排水沟	在洗衣房主要排水设备附近布置，应布置在设备操作面的相反方向；宜带格栅；有效断面尺寸应满足洗衣机泄水不溢出地面；大型医院，应按同时两台湿洗机秒流量设计，尺寸不宜小于 300mm×300mm，坡度不宜小于 0.005；应直接就近接至集水坑
排水设备	根据洗衣房工艺及业主要求确定流量

8. 医院建筑设备机房排水

医院建筑地下设备机房排水设施要求，见表 1-147。

| 地下设备机房排水设施要求表 | | | 表 1-147 |

排水设施	生活水泵房	消防水泵房	热水机房
排水沟	宜沿生活水箱、生活给水泵组基础附近布置，并汇集接至生活水泵房专用集水坑	宜沿消防给水泵组基础、水力报警阀附近布置，并汇集接至集水坑	宜沿换热机组（换热器）、生活热水供水泵组或循环泵组基础附近布置，并汇集接至生活热水机房内集水坑
集水坑	设在生活水泵房内，亦可设在生活水泵房邻近辅助房间内	可在消防水泵房内单独设置，亦可与其他集水坑共用	可在热水机房内单独设置，亦可与其他集水坑共用
地漏	采用不小于 $DN75$ 地漏且不宜少于 2 个，排水管管径不宜小于 $DN100$	采用不小于 $DN100$ 地漏且不应少于 2 个，排水管管径不宜小于 $DN150$	采用不小于 $DN75$ 地漏且不宜少于 2 个，排水管管径不宜小于 $DN100$

9. 医院建筑口腔科排水

医院建筑口腔科诊室内各牙床操作台宜通过设置在地面排水暗沟内的排水管排水；排水暗沟断面尺寸宜为 500mm×200mm（h）；排水横管管径不宜小于 $DN75$。

10. 医院建筑人防区域排水

医院建筑非人防区域与人防地下室之间应设置垫层，厚度通常不小于 600mm。建筑上部非人防区域排水系统排水排出管应在此垫层内敷设，禁止穿越人防围护结构进入人防区域后排至室外。排水排出管在垫层内敷设接至室外时，若其下方仍为人防区域，则排出管应先排至室外出人防区域范围以外后向下至室外地坪下敷设。

《水通规》对于穿越人防围护结构的给水排水管道做了以下强制性条文规定：

2.0.14 穿越人民防空地下室围护结构的给水排水管道应采取防护密闭措施。

医院建筑非人防区域排水管禁止进入人防区域，包括地下室非人防区域的排水管。地下室非人防区域排水应独立设置，系统排水管包括排水沟均应独立于人防区域。

11. 手术部排水

洁净手术部内洁净手术室内不应敷设排水横管、排水立管、排水通气管。洁净手术部内排水宜单独设置排水系统（包括独立的排水横支管、排水立管、排水排出管等），不与其他楼层排水系统合用。洁净手术室排水横管直径应比设计值大一级。

洁净手术部内的排水设备应在排水口下部设置高度大于 50mm 的水封装置。洁净区内不应设置地漏；其他场所应采用设有防污染措施的专用密封地漏，且不得采用钟罩式地漏；污物廊宜设置排水地漏。

12. 放射性废水排水

核医学科内产生含有放射性物质污水、废水的场所包括核医学科病房卫生间、PET/CT 专厕、SPECT 专厕等。放射性废水排水防护措施，见表 1-148。

放射性废水排水防护措施表 表 1-148

序号	放射性废水排水防护措施
1	含有放射性物质的污水、废水应单独排至室外衰变池，经衰变处理达标后排至院区污水处理站
2	排放含有放射性物质的污水管宜采用含铅机制铸铁排水管、不锈钢管、塑料管，常用含铅机制铸铁排水管（柔性连接）
3	排放含有放射性物质的污水、废水的地漏、清扫口等均应按相关要求做防护处理
4	核医学科设置在地下楼层时，含有放射性物质的污水、废水排水管应接至地下室集水坑内污水提升设备提升后排至室外；集水坑盖板、污水提升设备、通气管等均应按相关要求做防护处理

衰变池宜设置在医院建筑室外地下，靠近核医学科放射性污废水排水区域；室外无空间时，可设置在建筑内。

衰变池应根据核医学科病人床位计算确定排水量，废水量宜按 100~200L/(床·d) 确定（床位多时取低值，床位少时取高值）。衰变池有效容积宜按最长半衰期同位素的 10 个半衰期计算，或按同位素衰变公式计算。当污水中含有几种不同放射性物质时，污水在衰变池中停留时间应根据不同放射性物质分别计算确定，取其中最大停留时间，并应考虑一定安全系数。

衰变池有效容积计算，见表 1-149。

衰变池有效容积计算参照表 表 1-149

放射性废水产生场所	废水排水用水量定额[L/(人·d)]	衰变池有效容积(m³/人)
$^{99m}T_c$（核医学科显像诊疗）	13.0	0.018~0.050
$^{131}I_{甲亢}$（核医学科甲亢治疗）	6.3	0.264~0.788
$^{131}I_{甲癌}$（核医学科甲癌治疗）	100.0	3.530~11.860

13. 地下车库排水

医院建筑地下车库应设置排水设施（排水沟和集水坑）。车库内排水沟设置要求，见表 1-150。

车库排水沟设置要求表 表 1-150

序号	排水沟设置要求
1	宜沿车库公共区域（非停车区域）布置，避开停车区域停车位
2	宜沿车库内均匀布置
3	不应穿越防火分区；若受条件限制确需穿越，应在穿越处采取防止火灾蔓延至相邻防火分区的技术措施
4	两层或多层地下车库应在最底层车库设置
5	宽度通常为 300mm，起点最小深度不应小于 200mm，排水沟坡度宜采用 0.005
6	对于人防地下车库，应按人防护单元布置

人防地下车库每个人防防护单元内宜设置不少于2个集水坑，集水坑宜独立设置；集水坑处压力排水管排至室外穿越人防围护结构时，应在穿越处人防侧压力排水管上设置防护阀门。

1.3.8 压力排水

《水通规》对于压力排水做了以下强制性条文规定：

4.3.7 地下室、半地下室中的卫生器具和地漏不得与上部排水管道连接，应采用压力流排水系统，并应保证污水、废水安全可靠的排出。

4.4.1 当建筑物室内地面低于室外地面时，应设置排水集水池、排水泵或成品排水提升装置排除生活排水，应保证污水、废水安全可靠的排出。

1. 医院建筑集水坑设置

医院建筑地下室应设置集水坑。集水坑的设置要求，见表1-151。

集水坑设置要求表　　　　　　　　　表 1-151

序号	集水坑服务场所	集水坑设置要求	集水坑尺寸
1	医院建筑地下室卫生间	宜设在地下室最底层靠近卫生间的附属区域（如库房等）或公共空间，禁止设在医院功能房间、办公等有人员经常活动的场所；宜集中收纳附近多个卫生间的污水	应根据污水提升装置的规格要求确定
2	医院建筑地下室食堂、餐厅等	应设置在食堂、餐厅、厨房邻近位置，不宜设在细加工间和烹炒间等房间内	应根据污水隔油提升一体化装置的规格要求确定
3	医院建筑地下室医护人员淋浴间、值班人员淋浴间、诊室、办公室等场所	宜根据建筑平面布局按区域集中设置1个或多个	应根据污水提升装置的规格要求确定
4	医院建筑消防电梯井	应设在消防电梯邻近处，通常在电梯前室内或靠近电梯的公共走道、附属房间内。坑底比电梯井底低不应小于0.50m，不宜小于0.70m	容量不应小于2m³，通常平面尺寸不小于2000mm×2000mm或根据所在场所布局确定（保证平面面积不小于4.0m²）
5	医院建筑地下车库区域	应便于排水管、排水沟较短距离到达；地下车库每个防火分区宜设置不少于2个集水坑；宜靠车库外墙附近设置；宜布置在车行道下面底板下，不宜布置在停车位下面底板下	1500mm×1500mm×1500mm
6	医院建筑地下车库出入口坡道处	应尽量靠近汽车坡道最低尽头处	2500mm×2000mm×1500mm
7	医院建筑地下生活水泵房、消防水泵房、热水机房		1500mm×1500mm×1500mm

《水通规》对于集水池做了以下强制性条文规定：

4.4.2 当生活污水集水池设置在室内地下室时，池盖应密封，且应设通气管。
通气管管径宜与排水管管径相同，可接至室外或向上接至建筑地上部分通气管系统。

2. 污水泵、污水提升装置选型

医院建筑排水泵的流量方法确定，见表1-152。

排水泵流量确定方法表 表1-152

序号	排水泵服务场所	排水泵流量确定方法
1	医院建筑地下室卫生间	统计场所内卫生器具的排水当量总数或卫生器具的额定流量，按设计排水秒流量公式计算确定
2	食堂、餐厅、厨房等	
3	医护人员淋浴间等	
4	生活水泵房	宜按生活水箱进水管流量确定
5	消防水泵房	可参照最大消防水泵流量
6	消防电梯井	排水量不应小于10L/s
7	平时无排水的机房	可按设备检修放水量估算

排水泵的扬程，按公式(1-44)计算：

$$H = 1.1 \times (H_1 + H_2 + H_3) \quad (1-44)$$

式中 H_1——集水池(坑)底至出水管排出口的几何高差，m；
　　　H_2——排水泵吸水管与出水管的管路损失，m；
　　　H_3——排水自由水头，m，取2~3m。

排水泵吸水管和出水管内污废水流速不应小于0.7m/s，且不宜大于2.0m/s。

《水通规》对于排水泵配置做了以下强制性条文规定：

4.4.5 生活排水泵应设置备用泵，每台水泵出水管道上应采取防倒流措施。

污水提升装置、隔油提升一体化装置的流量、扬程确定参照排水泵。

1.3.9 室外排水系统

1. 医院建筑室外排水管道布置

医院建筑室外排水管道布置方法，见表1-153。

室外排水管道布置方法表 表1-153

序号	室外排水管道布置方法
1	应沿医院建筑周围或院区道路布置，管线宜平行于建筑外墙或道路中心线
2	排水线路越短、越直、越少弯越好，尽量减少与其他管线的交叉
3	宜尽量避免穿越院区道路，但必须穿越时，管线应尽量垂直于道路中心线
4	宜尽量布置在院区道路外侧的人行道或绿地下方；条件不允许时，排水管道可在车行道下敷设
5	宜靠近主要排水医院建筑，并宜布置在连接排水支管较多的一侧
6	宜根据与院区污水处理站的位置距离等合理确定排水管道的起点、布置路径等
7	与医院建筑外墙的距离原则上不应小于3.0m
8	应尽量远离室外生活饮用水给水管道
9	应尽量避开建筑物地下室等障碍

医院建筑室外排水管道与其他地下管线（构筑物）最小间距，见表1-154。

室外排水管道与其他地下管线（构筑物）最小间距表　　　　表1-154

名称		水平净距(m)	垂直净距(m)
建筑物		管道埋深浅于建筑物基础时，不宜小于2.5m；管道埋深深于建筑物基础时，按计算确定，但不应小于3.0m	
给水管	$d \leqslant 200$mm	1.0	0.1~0.15
	$d > 200$mm	1.5	0.1~0.15
污水管		0.8~1.5	0.1~0.15
雨水管		0.8~1.5	0.1~0.15
再生水管		0.5	0.4
低压燃气管	$P \leqslant 0.05$MPa	1.0	0.15
中压燃气管	0.05MPa$< P \leqslant 0.4$MPa	1.2	0.15
高压燃气管	0.4MPa$< P \leqslant 0.8$MPa	1.5	0.15
	0.8MPa$< P \leqslant 1.6$MPa	2.0	0.15
热力管沟		1.5	
热力管线		1.5	0.1~0.15
电力管线		0.5	0.5
电信管线		1.0	直埋0.5 穿管0.15
乔木		1.5	
围墙		1.5	
地上柱杆	通信照明<10kV	0.5	
	高压铁塔基础边	1.5	
道路侧石边缘		1.5	
架空管道基础		2.0	
油管		1.5	0.25
压缩空气管		1.5	0.15
氧气管		1.5	0.25

注：表列数字除注明者外，水平净距均指外壁净距，垂直净距系指下面管道的外顶与上面管道基础底间净距；采取充分措施（如结构措施）后，表列数字可以减小。

医院建筑室外排水管道最小覆土深度不宜小于0.5m；对于严寒地区、寒冷地区医院，室外排水管道最小覆土深度应超过当地冻土层深度。

2. 医院建筑室外排水管道敷设

医院建筑室外排水管道与生活给水管道交叉时，应敷设在生活给水管道下面。室外排水管道敷设发生冲突时，应遵循表1-26原则处理。

3. 医院建筑室外排水管道水力计算

室外排水管道水力计算为：

$$q_\mathrm{p} = A \cdot v \quad (1-45)$$

$$v = R^{2/3} I^{1/2}/n \quad (1-46)$$

式中　A——管道在设计充满度的过水断面，m²；

　　　v——速度，m/s；

　　　R——水力半径，m；

　　　I——水力坡度，采用排水管的坡度；

n——粗糙系数，铸铁管取 0.013；钢管取 0.012；塑料管取 0.009。

医院建筑室外排水管道的最小管径、最小设计坡度、最大设计充满度，见表 1-155。

室外排水管道最小管径、最小设计坡度、最大设计充满度表　　　　表 1-155

排水管道类别	排水管管材	最小管径(mm)	最小设计坡度	最大设计充满度
接户排水管	埋地塑料管	160	0.005	0.50
	混凝土管	150	0.007	0.50
室外排水支管	埋地塑料管	160	0.005	0.50
	混凝土管	200	0.004	0.55
室外排水干管	埋地塑料管	200	0.004	0.50
	埋地塑料管	300	0.002	0.55
	混凝土管	300	0.003	0.55

注：接户排水管管径不应小于建筑物排水排出管管径。

4. 医院建筑室外排水管道管材

医院建筑室外排水管道宜优先采用埋地塑料排水管，弹性橡胶圈密封柔性接口，小于 $DN200$ 直壁管，可采用承插式粘接；可采用埋地铸铁排水管，橡胶圈柔性接口或水泥砂浆接口。

5. 医院建筑室外排水检查井

医院建筑室外排水检查井设置位置，见表 1-156。

室外排水检查井设置位置表　　　　表 1-156

序号	排水检查井设置位置	序号	排水检查井设置位置
1	室外排水管道的交汇处	4	室外排水管道的坡度改变处
2	室外排水管道的转弯处	5	室外排水管道的连接排水支管处
3	室外排水管道的管径改变处	6	室外排水管道的直线排水管段上每隔一定距离处

医院建筑室外排水检查井宜优先选用玻璃钢排水检查井，其次是混凝土排水检查井，禁止采用砖砌排水检查井。

《水通规》对于室外检查井做了以下强制性条文规定：

2.0.13 室外检查井井盖应有防盗、防坠落措施，检查井、阀门井井盖上应具有属性标识。位于车行道的检查井、阀门井，应采用具有足够承载力和稳定性良好的井盖与井座。

医院建筑室外排水管在排水检查井连接处应采用管顶平接。

1.4 雨水系统

《水通规》对于雨水系统做了以下强制性条文规定：

4.5.1 屋面雨水应有组织排放。

4.5.2 屋面雨水排除、溢流设施的设置和排水能力不得影响屋面结构、墙体及人员安全，且应符合下列规定：

1 屋面雨水排水系统应保证及时排除设计重现期的雨水量，且在超过设计重现期雨水状况时溢流设施应能安全可靠运行；

2 屋面雨水排水系统的设计重现期应根据建筑物的重要程度、系统要求以及出现水患可能造成的财产损失或建筑损害的严重级别来确定。

4.5.3 屋面雨水收集或排水系统应独立设置，严禁与建筑生活污水、废水排水连接。严禁在民用建筑室内设置敞开式检查口或检查井。

4.5.4 阳台雨水不应与屋面雨水共用排水立管。当阳台雨水和阳台生活排水设施共用排水立管时，不得排入室外雨水管道。

1.4.1 雨水系统分类

医院建筑雨水系统分类，见表1-157。

雨水系统分类表　　　　　　表1-157

序号	分类标准	雨水系统类别	医院建筑应用情况	应用程度
1	屋面雨水设计流态	半有压流屋面雨水系统	医院建筑中一般采用的是87型雨水斗系统	最常用
2		压力流屋面雨水系统（虹吸式雨水系统）	医院建筑的屋面（通常为裙楼屋面）面积较大时，可考虑采用	少用
3		重力流屋面雨水系统		极少用
4	雨水管道设置位置	内排水雨水系统	高层医院建筑主楼和裙楼雨水系统应采用；多层医院建筑主楼和裙楼雨水系统宜采用	最常用
5		外排水雨水系统	多层医院建筑如果面积不大、医疗功能要求不高、建筑专业立面允许，可以采用	少用
6		混合式雨水系统		极少用
7	雨水出户横管室内部分是否存在自由水面	封闭系统		最常用
8		敞开系统		极少用
9	建筑屋面排水条件	天沟雨水排水系统		最常用
10		檐沟雨水排水系统		极少用
11		无沟雨水排水系统		极少用
12		压力提升雨水排水系统	医院建筑地下车库出入口、下沉式广场、下沉式庭院等处，雨水汇集就近排至集水坑时采用	常用

1.4.2 雨水量

1. 设计雨水流量

医院建筑设计雨水流量，应按公式（1-47）计算：

$$q_y = q_j \cdot \Psi \cdot F_w / 10000 \tag{1-47}$$

式中　q_y——建筑设计雨水流量，L/s；

　　　q_j——当地设计暴雨强度，L/(s·hm²)；

　　　Ψ——径流系数；

　　　F_w——汇水面积，m²。

注：当采用天沟集水且沟槽溢水会流入室内时，设计暴雨强度应乘以1.5的系数。

2. 设计暴雨强度

设计暴雨强度应按医院所在地或相邻地区暴雨强度公式计算确定，见公式（1-48）。

$$q_j = 1.67 \cdot A \cdot (1 + c \cdot \lg P)/(t+b)^n \tag{1-48}$$

式中　q_j——建筑当地设计暴雨强度，L/(s·hm²)；

　　　P——设计重现期，年；

　　　t——降雨历时，min；

　　　A、b、c、n——当地降雨参数。

我国部分城镇 5min 设计暴雨强度 q_5[L/(s·hm^2)]、小时降雨厚度 H(mm/h)，见表 1-158（设计重现期 $P=10$ 年）。

5min 设计暴雨强度 q_5[L/(s·hm^2)]、小时降雨厚度 H(mm/h) 一览表（设计重现期 $P=10$ 年） 表 1-158

区域名称		q_5	H	区域名称		q_5	H	区域名称		q_5	H
	北京	5.85	211		北安	4.28	154		潍坊	5.13	185
	上海	5.85	211		齐齐哈尔	4.43	160		莱州	6.12	220
	天津	5.12	184		大庆	4.25	153		龙口	4.47	161
河北	石家庄	5.24	189	黑龙江	佳木斯	4.88	176	山东	长岛	4.77	172
河北	承德	4.75	171	黑龙江	同江	4.69	169	山东	烟台	4.78	172
河北	秦皇岛	4.68	168	黑龙江	抚远	4.36	157	山东	莱阳	5.11	184
河北	唐山	6.66	240	黑龙江	虎林	4.56	164	山东	海阳	6.38	230
河北	廊坊	4.94	178	黑龙江	鸡西	4.16	150	山东	枣庄	5.73	206
河北	沧州	6.61	238	黑龙江	牡丹江	3.95	142	山东	青岛	3.57	129
河北	保定	4.31	155		长春	5.73	206	山东	济宁	6.68	240
河北	邢台	5.00	180		白城	4.28	154		南京	4.88	176
河北	邯郸	5.52	199		前郭尔罗斯蒙古族自治县	4.45	160		徐州	4.22	152
河北	衡水	4.67	168						连云港	3.94	142
山西	太原	4.32	155	吉林	四平	6.07	218	江苏	淮阴	5.02	181
山西	大同	3.22	116	吉林	吉林	4.61	166	江苏	盐城	4.91	177
山西	朔县	3.62	130	吉林	海龙	4.54	163	江苏	扬州	3.62	130
山西	原平	4.55	164	吉林	通化	7.47	269	江苏	南通	3.81	137
山西	阳泉	3.44	124	吉林	浑江	4.85	175	江苏	镇江	5.10	183
山西	榆次	4.03	145	吉林	延吉	4.31	155	江苏	常州	4.49	162
山西	离石	3.19	115		沈阳	5.19	187	江苏	无锡	3.91	141
山西	长治	4.83	174		本溪	4.84	174	江苏	苏州	3.97	143
山西	临汾	4.07	147		丹东	4.53	163		合肥	5.34	192
山西	侯马	4.67	168		大连	4.05	146		蚌埠	5.04	181
山西	运城	3.44	124		营口	4.71	169	安徽	淮南	6.22	224
内蒙古	包头	4.51	162	辽宁	鞍山	4.81	173	安徽	芜湖	5.67	204
内蒙古	乌兰察布	3.88	140	辽宁	辽阳	4.78	172	安徽	安庆	5.90	213
内蒙古	赤峰	4.31	155	辽宁	黑山	4.86	175		杭州	3.36	121
内蒙古	海拉尔	3.69	133	辽宁	锦州	5.13	185		诸暨	7.49	270
黑龙江	哈尔滨	4.88	176	辽宁	锦西	5.84	210	浙江	宁波	5.82	209
黑龙江	漠河	3.74	135	辽宁	绥中	4.90	176	浙江	温州	3.45	124
黑龙江	呼玛	3.71	133		济南	5.19	187		衢州	4.84	174
黑龙江	黑河	4.24	153	山东	德州	4.91	177		余姚	5.43	195
黑龙江	嫩江	4.27	154		淄博	5.26	189		浒山	4.44	160

续表

区域名称		q_5	H	区域名称		q_5	H	区域名称		q_5	H
浙江	镇海	5.14	185	福建	莆田	5.70	205	湖北	黄石	6.46	232
	溪口	4.86	175		仙游	5.46	197	湖南	长沙	4.61	166
	绍兴	3.50	126		三明	5.33	192		常德	5.71	205
	湖州	3.37	121		永安	5.19	187		益阳	6.72	242
	嘉兴	3.30	119		沙县	5.37	193		株洲	7.93	285
	台州	3.14	113		南平	5.47	197		衡阳	5.95	214
	舟山	2.89	104		邵武	6.03	217	广东	广州	5.83	210
	丽水	3.13	113		建瓯	5.46	196		韶关	6.51	234
	金华	3.71	133		建阳	6.03	217		汕头	7.41	267
江西	南昌	7.14	257		武夷山	5.34	192		深圳	5.83	210
	庐山	5.25	189		浦城	5.56	200		佛山	5.34	192
	修水	6.30	227		龙岩	5.03	181	海南	海口	5.89	212
	鄱阳	4.94	178		漳平	6.02	217	广西	南宁	5.66	204
	宜春	5.52	199		连城	5.28	190		河池	6.35	228
	贵溪	4.94	178		长汀	5.39	194		融水	6.43	231
	吉安	6.14	221		宁德	5.65	204		桂林	5.10	184
	赣州	5.83	210		福安	5.42	195		柳州	5.70	205
福建	福州	6.00	216		福鼎	6.12	220		百色	5.88	212
	福清	4.97	179		霞浦	5.62	202		宁明	6.19	223
	长乐	5.56	200	河南	郑州	4.91	177		东兴	6.46	233
	连江	6.28	226		安阳	6.59	237		钦州	6.92	249
	闽侯	5.21	187		新乡	5.06	182		北海	9.33	336
	罗源	5.04	181		济源	3.84	138		玉林	6.38	230
	厦门	5.43	195		洛阳	4.35	157		梧州	5.07	183
	漳州	6.45	232		开封	4.89	176	陕西	西安	3.18	114
	龙海	6.24	225		商丘	6.62	238		榆林	4.03	145
	漳浦	4.78	172		许昌	4.20	151		子长	4.58	165
	云霄	5.03	181		平顶山	6.49	234		延安	3.51	126
	诏安	5.18	187		南阳	5.20	187		宜川	5.17	186
	东山	6.64	239		信阳	6.69	241		彬县	3.34	120
	泉州	4.90	176	湖北	汉口	4.74	171		铜川	4.49	161
	晋江	5.55	200		老河口	4.65	167		宝鸡	2.54	92
	南安	5.50	198		随州	7.33	264		商县	3.11	112
	惠安	5.30	191		恩施	7.00	252		汉中	2.84	102
	德化	5.18	187		荆州	5.16	186		安康	3.15	113
	永春	6.62	238		沙市	5.44	196	宁夏	银川	2.06	74

续表

区域名称		q_5	H	区域名称		q_5	H	区域名称		q_5	H
甘肃	兰州	2.45	88	四川	内江	5.42	195	云南	昆明	4.30	155
	张掖	1.78	64		自贡	5.37	193		丽江	3.01	108
	临夏	3.28	118		泸州	3.81	137		下关	3.99	144
	靖远	2.96	107		宜宾	3.95	142		腾冲	4.05	146
	平凉	3.86	139		乐山	3.87	139		普洱	4.89	176
	天水	3.32	120		雅安	5.25	189		昭通	3.44	124
青海	西宁	2.21	80		渡口	3.82	138		沾益	3.71	134
新疆	乌鲁木齐	0.71	26	贵州	贵阳	4.90	176		开远	8.41	303
	塔城	4.01	144		桐梓	4.52	163		广南	6.41	231
	乌苏	4.83	174		毕节	3.95	142	西藏	拉萨	5.14	186
	石河子	8.26	298		水城	4.38	158		日喀则	5.36	192
	奇台	5.20	187		安顺	5.10	184		昌都	5.40	194
重庆		5.02	181		罗甸	3.80	137				
四川	成都	4.05	146		榕江	4.75	171				

3. 设计重现期

医院建筑屋面雨水设计重现期：对于半有压流屋面雨水系统，通常取 10 年；对于压力流屋面雨水系统，通常取 50 年；医院建筑附设的下沉式广场、下沉式庭院，其雨水设计重现期宜取较大值。

4. 设计降雨历时

医院建筑屋面雨水排水管道设计降雨历时按照 5min 确定。

医院院区雨水排水管道设计降雨历时，按公式（1-49）计算：

$$t = t_1 + M \cdot t_2 \tag{1-49}$$

式中　t——降雨历时，min；

　　　t_1——地面集水时间，min，根据距离长短、地形坡度、地面铺盖情况而定，可取 5～10min；

　　　M——折减系数：建筑物排水管道、室外接户排水管或排水支管取 1.0，室外排水干管取 2.0，陡坡院区排水干管取 1.2～2.0，院区内明渠取 1.2；

　　　t_2——雨水排水管内雨水流行时间，min，建筑物排水管道可取 0。

5. 径流系数

医院建筑屋面及院区地面的径流系数，见表 1-159。

建筑屋面及院区地面径流系数表　　　　表 1-159

地（屋）面种类	径流系数	地（屋）面种类	径流系数
硬屋面、未铺石子平屋面、沥青屋面	0.9～1.0	混凝土和沥青路面	0.9
铺石子平屋面	0.8	块石等铺砌路面	0.6～0.7
绿化屋面（设计重现期不超过 10 年）	0.4～0.5	级配碎石路面	0.45

续表

地（屋）面种类	径流系数	地（屋）面种类	径流系数
干砌砖、石及碎石路面	0.4~0.5	水面	1.0
非铺砌的土路面	0.3~0.4	地下建筑覆土绿地（覆土厚度≥500mm）	0.25
绿地	0.15~0.25	地下建筑覆土绿地（覆土厚度<500mm）	0.4

注：1. 医院院区存在各种地面种类时，各种汇水面积的综合径流系数应加权平均计算确定；
　　2. 如资料不足，院区综合径流系数可根据院区内建筑稠密程度在0.5~0.8范围内选用；对于北方干旱地区的院区径流系数一般在0.3~0.6范围内选用；
　　3. 院区内建筑密度大时取高值，密度小时取低值。

6. 汇水面积

医院建筑的雨水汇水面积计算原则，见表1-160。

雨水汇水面积计算原则表　　　　　　　　　　表1-160

序号	部位		计算原则
1	屋面	一般坡度	按屋面水平投影面积
2		坡度大，且屋面竖向投影面积大于水平投影面积的10%	按竖向投影面积的50%
3		斜度较大	按屋面的水平投影面积与竖向投影面积的一半之和
4		按分水线的排水坡度划分为不同排水区	分别计算
5	高出汇水面的侧墙	一面侧墙	按侧墙面积的50%
6		两面相邻侧墙	按两面侧墙面积平方和的平方根的50%
7		两面相对等高墙	不计
8		两面相对不同高度的侧墙	按高出低墙上面面积的50%
9	窗井、贴近建筑外墙的地下汽车库出入口坡道和高层建筑裙房屋面		按附加其高出部分侧墙面积的50%

注：地下汽车库出入口坡道上方的侧墙雨水应截流，排到室外地面或雨水管网。

1.4.3 雨水系统

1. 雨水系统设计常规要求

医院建筑雨水系统设置要求，见表1-161。

雨水系统设置要求表　　　　　　　　　　表1-161

序号	雨水系统类型	雨水系统设置要求
1	半有压流屋面雨水系统	可将不同高度的多个雨水斗接入同一雨水排水立管，但最低雨水斗距雨水排水立管底端的高度应大于立管高度的2/3；高层医院建筑主楼（高层部分）雨水系统应与裙楼（多层部分或高层部分）雨水系统分开独立设置
2	压力流屋面雨水系统（虹吸式屋面雨水系统）	雨水斗宜在同一水平面上；系统各雨水排水立管宜单独排出室外；当受建筑布局条件限制，1根以上的雨水排水立管必须接入同一根雨水排出横管时，各排水立管之间宜设置过渡段，其下游与雨水排出横管连接

注：1. 雨水斗及溢流口不能避免设计标准以外的超量雨水进入雨水系统时，系统设计必须考虑压力作用，不可按无压流态设计；
　　2. 寒冷地区建筑雨水系统的雨水斗和天沟可考虑采用电热丝融雪化冰措施。

医院建筑雨水排水管道不应穿越的场所，见表 1-162。

雨水排水管道不应穿越的场所表　　　　表 1-162

序号	不应穿越的场所名称	具体房间名称
1		病房等对安静有较高要求的房间
2	电气机房	高压配电室、低压配电室及值班室、柴油发电机房及储油间、网络机房、弱电机房、UPS 机房、消防控制室等
3	医技机房	影像中心机房 MR、数字胃肠、CT、DR、乳腺机等；介入中心机房 DSA 等；核医学科机房直线加速器、ECT、PET/CT、模拟定位机等
4	净化区域	手术部手术室、麻醉间及其他附属净化房间；ICU、CCU、NICU、静配中心、中心实验室等
5		药库、药房
6		病案室、档案室

注：医院建筑雨水排水横管宜沿建筑内公共区域（内走道、医疗街等）吊顶内敷设；雨水排水立管宜沿建筑内公共场所或辅助次要场所敷设。

2. 雨水斗设计

《水通规》对于雨水斗做了以下强制性条文规定：

4.5.5 雨水斗与天沟、檐沟连接处应采取防水措施。

医院建筑半有压流屋面雨水系统通常采用 87 型雨水斗或 79 型雨水斗，规格常用 $DN100$；压力流屋面雨水系统通常采用有压流（虹吸式）雨水斗，规格常用 $DN50$、$DN75$（80），平屋面宜采用 $DN50$ 规格，天沟、檐沟宜采用 $DN50$ 或 $DN75$（80）规格。

雨水斗设计排水负荷，见表 1-163。

雨水斗设计排水负荷表　　　　表 1-163

雨水斗规格（mm）		50	75	100	125	150
重力流雨水排水系统	重力流雨水斗泄流（L/s）	—	5.6	10.0	—	23.0
	87 型雨水斗泄流量（L/s）	—	8.0	12.0	—	26.0
满管压力流雨水排水系统	有压流（虹吸式）雨水斗泄流量（L/s）	6.0～18.0	12.0～32.0	25.0～70.0	60.0～120.0	100.0～140.0

注：满管压力流雨水斗应根据不同型号的具体产品确定其最大泄流量。

雨水斗下方区域宜为建筑顶层公共区域（如内走道）或辅助次要场所（如公共卫生间、库房、污洗间等），不应为病房等需要安静的场所，不宜为诊室、办公等主要医护人员房间。

半有压流（87 型）屋面雨水系统雨水斗可设于天沟内或屋面上；虹吸式雨水系统雨水斗应设于天沟内，但 $DN50$ 带集水斗的雨水斗可直接埋设于屋面。

雨水斗宜对雨水排水立管做对称布置；接有多斗悬吊管的立管顶端不得设置雨水斗；一个屋面上应设置不少于 2 个雨水斗。

3. 天沟、溢流设施、连接管、悬吊管、立管、埋地管、排出管设计（表 1-164）

天沟、溢流设施、连接管、悬吊管、立管、埋地管、排出管设置要求表　　表 1-164

序号	雨水管道设施名称	设置要求
1	天沟	屋面单斗天沟流水长度一般不超过 50m；87 型雨水斗要求的天沟最小净宽度为 300mm（DN100 雨水斗）
2	溢流设施	建筑屋面雨水排水工程与溢流设施的总排水能力不应小于 50 年设计重现期的雨水量；屋面女儿墙应设置溢流口，溢流口设置高度应根据建筑屋面允许的最高溢流水位（应低于建筑屋面允许最大积水深度）确定
3	雨水连接管	应在结构梁等承重结构上牢固固定；连接变形缝两侧雨水斗的雨水连接管如合并接入一根雨水立管或雨水悬吊管时，应在穿缝处设置伸缩器或金属软管
4	雨水悬吊管	半有压流（87 型）屋面雨水系统：接入同一雨水悬吊管的雨水斗应在同一标高层屋面上；管径不得小于雨水斗连接管的管径；宜对称于雨水立管布置；1 根雨水悬吊管连接的雨水斗数量，不应超过 4 个。压力流（虹吸式）屋面雨水系统：接入同一雨水悬吊管的雨水斗应在同一标高层屋面上；雨水悬吊管宜对称于雨水立管布置
5	雨水立管	半有压流（87 型）屋面雨水系统雨水立管管径不应小于雨水悬吊管管径；压力流（虹吸式）屋面雨水系统雨水立管管径由计算确定。建筑每个独立屋面雨水立管设置不应少于 2 根。雨水立管通常在管井、暗槽、楼梯间、公共卫生间、库房、内走道等场所敷设；不在管井中敷设的雨水立管应靠墙、柱边敷设。雨水立管下端与雨水排水横管连接处、立管上均应设检查口或横管上设水平检查口。作为压力流（虹吸式）雨水系统的出口，系统需设的过渡段宜设在雨水立管上，位置应高于室外地坪，其下游管道应按重力流系统设计
6	雨水埋地管	建筑内不宜设置；若受条件限制需设置雨水埋地管，应满足以下要求：管上不得设置检查井；不得穿越设备基础及其他地下构筑物；室内覆土深度不得小于 0.15m
7	雨水排出管	应就近排至室外雨水检查井；不得有其他排水管道接入；穿越基础（建筑未设地下室）时，应预留洞口，且管顶上部净空一般不小于 150mm，预留洞口尺寸见表 1-165；穿越地下室外墙时，应预留防水套管，防水套管管径见表 1-166

预留洞口尺寸与雨水排出管管径对照表　　表 1-165

雨水排水管管径（mm）	预留洞口尺寸宽（mm）×高（mm）
DN100	300×400
DN150	350×450
DN200	400×500

防水套管管径与雨水排出管管径对照表　　表 1-166

雨水排水管管径（mm）	预留防水套管管径（mm）
DN100	DN200
DN150	DN250
DN200	DN250

4. 室内水泵提升雨水排水系统设计

地下室露天窗井内应设平算式雨水口、无水封地漏作为雨水口，经雨水收集管（管径不宜小于 DN100）接入集水池；地下车库出入口汽车坡道上应设雨水截水沟，经直埋雨水收集管（宜采用 DN150）接入集水池。

雨水集水池应单独设置在靠近雨水排水点的地下室最底层；池深度通常按 1.5～2.0m；有效容积应大于最大一台雨水提升泵的 5min 出水量。

雨水提升泵通常采用潜水泵，宜采用 3 台，2 用 1 备。

5. 雨水管管材

《水通规》对于雨水管道等做了以下强制性条文规定：

4.5.6 屋面雨水排水系统的管道、附配件以及连接接口应能耐受屋面灌水高度产生的正压。雨水斗标高高于 **250m** 的屋面雨水系统，管道、附配件以及连接接口承压能力不应小于 **2.5MPa**。

4.5.7 建筑高度超过 **100m** 的建筑的屋面雨水管道接入室外检查井时，检查井壁应有足够强度耐受雨水冲刷，井盖应能溢流雨水。

4.5.8 虹吸式雨水斗屋面雨水系统、87 型雨水斗屋面雨水系统和有超标雨水汇入的屋面雨水系统，其管道、附配件以及连接接口应能耐受系统在运行期间产生的负压。

医院建筑雨水排水管管材，见表 1-167。

医院建筑雨水排水管管材表　　　　　　　　　表 1-167

序号	系统形式		雨水排水管管材
1	半有压流（87 型）屋面雨水系统	高层建筑	玻纤增强聚丙烯（FRPP）排水管、机制铸铁排水管（承插式柔性连接）、HDPE 塑料排水管（沟槽式柔性连接）、钢塑复合管（螺纹连接）等
2		多层建筑	玻纤增强聚丙烯（FRPP）排水管、机制铸铁排水管（承插式柔性连接）、PVC-U 塑料排水管（粘接）等
3	压力流（虹吸式）屋面雨水系统		玻纤增强聚丙烯（FRPP）排水管、HDPE 塑料排水管（沟槽式柔性连接）
4	水泵提升压力排水雨水系统		焊接钢管（焊接连接）、钢塑复合管（螺纹连接）、机制铸铁排水管（承插式柔性连接）等

1.4.4 雨水系统水力计算

1. 半有压流（87 型）屋面雨水系统水力计算

（1）雨水斗（87 型）

雨水斗设计流量，应按公式（1-50）计算：

$$q_d = q_j \cdot \Psi \cdot F_d / 10000 \tag{1-50}$$

式中　q_d——雨水斗设计流量，L/s；

　　　q_j——医院当地设计暴雨强度，L/(s·hm²)；

　　　Ψ——屋面径流系数，硬屋面、未铺石子平屋面、沥青屋面取 0.9～1.0；铺石子平屋面取 0.8，绿化屋面取 0.4～0.5；

F_d——雨水斗负责汇水面积，m^2，当两面相对的等高侧墙分别划分在不同的汇水分区时，每个汇水分区均应附加其汇水面积。

对于单斗雨水系统雨水斗设计流量不应超过表1-168数值。

单斗雨水系统雨水斗设计流量表 表1-168

口径 DN（mm）	75	100	150	200
设计流量（L/s）	8.0	16.0	36.0	56.0

对于多斗雨水系统雨水斗设计流量应根据表1-169取值，最远端雨水斗设计流量不得超过表1-169数值。

多斗雨水系统雨水斗设计流量表 表1-169

口径 DN（mm）	75	100	150	200
设计流量（L/s）	8.0	12.0	26.0	40.0

由公式（1-50）推导出公式（1-51）用以计算一个雨水斗允许最大汇水面积。

$$F_d = 10000 \cdot q_d / (q_j \cdot \Psi) \tag{1-51}$$

式中 F_d——单个雨水斗允许最大汇水面积，m^2；

q_d——单个雨水斗设计流量，L/s；

q_j——医院当地设计暴雨强度，L/(s·hm^2)；

Ψ——屋面径流系数，硬屋面、未铺石子平屋面、沥青屋面取0.9～1.0；铺石子平屋面取0.8，绿化屋面取0.4～0.5。

医院建筑87型雨水斗口径常采用DN100，其次是DN75、DN150。

（2）雨水连接管

医院建筑雨水连接管管径通常与雨水斗出水口直径相同，常采用DN100，其次是DN150。

（3）雨水悬吊管

单斗雨水系统雨水悬吊管管径与雨水斗出水口直径相同，常采用DN100，其次是DN150；多斗雨水系统雨水悬吊管管径应根据其收集接纳的雨水流量确定。

雨水悬吊管排水能力，按公式（1-52）计算。

$$Q = \{n^{-1} \cdot R^{2/3} \cdot [(h+\Delta h)/L]^{1/2}\} \cdot A \tag{1-52}$$

式中 Q——雨水悬吊管排水能力，m^3/s；

A——悬吊管内水流断面积，m^2；

n——管道粗糙系数，铸铁管取0.014，塑料管取0.010；

R——水力半径，m；

h——雨水悬吊管末端的最大负压，mH_2O，取0.5mH_2O；

Δh——雨水斗与悬吊管末端间的几何高差，m；

L——雨水悬吊管长度，m。

铸铁多斗悬吊管设计排水能力，见表1-170（设计充满度h/D=0.8）。

铸铁多斗悬吊管设计排水能力表   表 1-170

水力坡度	排水能力（m³/s）					
	DN75	DN100	DN150	DN200	DN250	DN300
$I=0.02$	3.1	6.6	19.6	42.1	76.3	124.1
$I=0.03$	3.8	8.1	23.9	51.6	93.5	152.0
$I=0.04$	4.4	9.4	27.7	59.5	108.0	175.5
$I=0.05$	4.9	10.5	30.9	66.6	120.2	196.3
$I=0.06$	5.3	11.5	33.9	72.9	132.2	215.0
$I=0.07$	5.7	12.4	36.6	78.8	142.8	215.0
$I=0.08$	6.1	13.3	39.1	84.2	142.8	215.0
$I=0.09$	6.5	14.1	41.5	84.2	142.8	215.0
$I\geqslant 0.10$	6.9	14.8	41.5	84.2	142.8	215.0

塑料多斗悬吊管设计排水能力，见表 1-171（设计充满度 $h/D=0.8$）。

塑料多斗悬吊管设计排水能力表   表 1-171

水力坡度	排水能力（m³/s）					
	$De90\times 3.2$	$De110\times 3.2$	$De125\times 3.7$	$De160\times 4.7$	$De200\times 5.9$	$De250\times 7.3$
$I=0.02$	5.76	10.20	14.30	27.66	50.12	91.02
$I=0.03$	7.05	12.49	17.51	33.88	61.38	111.48
$I=0.04$	8.14	14.42	20.22	39.12	70.87	128.72
$I=0.05$	9.10	16.13	22.61	43.73	79.24	143.92
$I=0.06$	9.97	17.67	24.77	47.91	86.80	157.65
$I=0.07$	10.77	19.08	26.75	51.75	93.76	170.29
$I=0.08$	11.51	20.40	28.60	55.32	100.23	182.04
$I=0.09$	12.21	21.64	30.34	58.68	106.31	193.09
$I\geqslant 0.10$	12.87	22.81	31.98	61.85	112.06	203.53

医院建筑雨水悬吊管管径，见表 1-172。

不同口径多斗雨水悬吊管管径选定参照表   表 1-172

悬吊管管径（mm）	2斗雨水悬吊管	3斗雨水悬吊管	4斗雨水悬吊管
DN75 雨水斗	DN150（铸铁管） $De110\times 3.2$（塑料管）	DN150（铸铁管） $De160\times 4.7$（塑料管）	DN150（铸铁管） $De160\times 4.7$（塑料管）
DN100 雨水斗	DN150（铸铁管） $De160\times 4.7$（塑料管）	DN150（铸铁管） $De160\times 4.7$（塑料管）	DN200（铸铁管） $De160\times 4.7$（塑料管）
DN150 雨水斗	DN200（铸铁管） $De160\times 4.7$（塑料管）	DN200（铸铁管） $De200\times 5.9$（塑料管）	DN200（铸铁管） $De200\times 5.9$（塑料管）

（4）雨水立管

单斗雨水系统雨水立管管径与雨水斗出水口直径相同，常采用 DN100，其次是 DN150；多斗雨水系统雨水立管管径应根据其收集接纳的雨水流量确定。连接 2 根及以上雨水悬吊管的雨水立管管径，按表 1-173 确定。

不同管径雨水立管设计排水能力对照表 表 1-173

公称直径（mm）	DN75	DN100	DN150	DN200	DN250	DN300
立管设计排水能力（L/s）	10～12	19～25	42～55	75～90	135～155	220～240

注：医院建筑的建筑高度≤12m时不应超过表中下限值，高层医院建筑不应超过表中上限值。

(5) 雨水排出管

雨水排出管管径应根据其收集接纳的雨水流量确定。雨水排出管排水能力，按公式 (1-53) 计算。

$$Q = \{n^{-1} \cdot R^{2/3} \cdot [(h+\Delta h)/L]^{1/2}\} \cdot A \tag{1-53}$$

式中　Q——雨水排出管排水能力，m^3/s；

A——排出管内水流断面积，m^2；

n——管道粗糙系数，铸铁管取 0.014，塑料管取 0.010；

R——水力半径，m；

h——雨水排出管起端压力，mH_2O，取 $1.0mH_2O$；

Δh——雨水排出管起端和末端间的高差，m；

L——雨水排出管长度，m。

铸铁雨水排出管设计排水能力，见表 1-174（设计充满度 $h/D=0.8$）。

铸铁雨水排出管设计排水能力对照表 表 1-174

水力坡度	排水能力（m^3/s）					
	DN75	DN100	DN150	DN200	DN250	DN300
$I=0.02$	3.1	6.6	19.6	42.1	76.3	124.1
$I=0.03$	3.8	8.1	23.9	51.6	93.5	152.0
$I=0.04$	4.4	9.4	27.7	59.5	108.0	175.5
$I=0.05$	4.9	10.5	30.9	66.6	120.2	196.3
$I=0.06$	5.3	11.5	33.9	72.9	132.2	215.0
$I=0.07$	5.7	12.4	36.6	78.8	142.8	215.0
$I=0.08$	6.1	13.3	39.1	84.2	142.8	215.0
$I=0.09$	6.5	14.1	41.5	84.2	142.8	215.0
$I\geqslant 0.10$	6.9	14.8	41.5	84.2	142.8	215.0

塑料雨水排出管设计排水能力，见表 1-175（设计充满度 $h/D=0.8$）。

塑料雨水排出管设计排水能力对照表 表 1-175

水力坡度	排水能力（m^3/s）					
	$De90\times 3.2$	$De110\times 3.2$	$De125\times 3.7$	$De160\times 4.7$	$De200\times 5.9$	$De250\times 7.3$
$I=0.02$	5.76	10.20	14.30	27.66	50.12	91.02
$I=0.03$	7.05	12.49	17.51	33.88	61.38	111.48
$I=0.04$	8.14	14.42	20.22	39.12	70.87	128.72
$I=0.05$	9.10	16.13	22.61	43.73	79.24	143.92

续表

水力坡度	排水能力（m³/s）					
	$De90\times3.2$	$De110\times3.2$	$De125\times3.7$	$De160\times4.7$	$De200\times5.9$	$De250\times7.3$
$I=0.06$	9.97	17.67	24.77	47.91	86.80	157.65
$I=0.07$	10.77	19.08	26.75	51.75	93.76	170.29
$I=0.08$	11.51	20.40	28.60	55.32	100.23	182.04
$I=0.09$	12.21	21.64	30.34	58.68	106.31	193.09
$I\geqslant0.10$	12.87	22.81	31.98	61.85	112.06	203.53

医院建筑雨水排出管管径与雨水立管管径，见表1-176。

医院建筑雨水排出管管径与雨水立管管径对照表一　　表1-176

雨水立管管径（mm）	DN75	DN100	DN150	DN200
雨水排出管管径（mm）	DN100	DN150	DN200	DN250

医院建筑雨水排出管连接2根雨水立管时，其管径见表1-177（括号外为铸铁管数据，括号内为塑料管数据）。

医院建筑雨水排出管管径与雨水立管管径对照表二　　表1-177

排水立管管径（mm）	DN75 ($De90\times3.2$)	DN100 ($De110\times3.2$)	DN150 ($De160\times4.7$)	DN200 ($De200\times5.9$)
DN75 ($De90\times3.2$)	DN150 ($De110\times3.2$)	DN150 ($De110\times3.2$)	DN200 ($De160\times4.7$)	DN250 ($De200\times5.9$)
DN100 ($De110\times3.2$)	DN150 ($De110\times3.2$)	DN150 ($De160\times4.7$)	DN200 ($De200\times5.9$)	DN250 ($De200\times5.9$)
DN150 ($De160\times4.7$)	DN200 ($De160\times4.7$)	DN200 ($De200\times5.9$)	DN250 ($De200\times5.9$)	DN250 ($De200\times5.9$)
DN200 ($De200\times5.9$)	DN250 ($De200\times5.9$)	DN250 ($De200\times5.9$)	DN250 ($De200\times5.9$)	DN300 ($De250\times7.3$)

（6）雨水管道最小管径

医院建筑雨水管道最小设计管径及雨水排水横管最小设计坡度，见表1-178。

医院建筑雨水管道最小设计管径及雨水排水横管最小设计坡度表　　表1-178

雨水管道名称	雨水管道最小管径 （mm）	雨水排水横管最小设计坡度	
		铸铁管	塑料管
建筑外墙面落水管	DN75（De75）	—	—
雨水排水立管	DN100（De110）	—	—
半有压流雨水悬吊管	DN100（De110）	0.01	0.0050
压力流雨水悬吊管	DN50（De50）	0.00	0.0000
院区建筑物周围雨水接户管	DN200（De225）	—	0.0030
院区道路下雨水干管、支管	DN300（De315）	—	0.0015

2. 压力流（虹吸式）屋面雨水系统水力计算

压力流（虹吸式）屋面雨水系统水力计算时，需进行压力平差计算，宜采用专业程序计算。

(1) 雨水斗

虹吸式雨水斗的公称口径通常有三种：$D50$、$D75$、$D100$。常用虹吸式雨水斗排水能力为：$6.0L/s$（$D50$）、$12.0L/s$（$D75$）、$25.0L/s$（$D100$）。

根据每个虹吸式雨水斗负责的屋面汇水面积，利用公式（1-51）计算各雨水斗的设计流量。

(2) 雨水连接管

雨水连接管管径应根据连接管雨水流量 Q（L/s）、流速 v（m/s）计算确定，连接管雨水流量同其相连的雨水斗雨水流量，管内雨水设计流速不宜小于 $1.0m/s$，不宜大于 $6.0m/s$，不应大于 $10.0m/s$。根据 $A=Q/(1000 \cdot v)$（m^2）计算得出雨水连接管断面面积，进而确定雨水连接管管径。

(3) 雨水悬吊管

雨水悬吊管的雨水设计流量计算方法同半有压流雨水系统雨水悬吊管计算。

雨水悬吊管管径应根据其收集接纳的雨水流量（即其所连接的上游雨水斗设计流量之和）确定。

雨水悬吊管排水能力可按公式 $Q = [n^{-1} \cdot R^{2/3} \cdot (H/L)^{1/2}] \cdot A$ 计算；雨水悬吊管内雨水设计流速不宜小于 $1.0m/s$，不宜大于 $6.0m/s$，不应大于 $10.0m/s$。

确定雨水悬吊管管径还应同时满足下列条件：整个压力流雨水系统的总水头损失（自最远雨水斗至雨水过渡段出口）与排水出口处的速度水头之和（mH_2O），不得大于雨水斗到雨水过渡段的几何高差 H，同时不得大于雨水斗到室外地面的几何高差。整个压力流雨水系统中各个雨水斗至雨水过渡段的总水头损失之间的差值不大于 $10kPa$；同时各节点压力差值≤$10kPa$（管径≤$DN75$）或≤$5kPa$（管径≥$DN100$），否则应调整管径重新计算。整个压力流雨水系统中的最大负压绝对值：对于金属管应＜$80kPa$；对于塑料管应≤$70kPa$。雨水悬吊管水力计算中负压值超出此规定时，应放大雨水悬吊管管径重新计算。

雨水悬吊管最小管径不应小于 $DN40$。

(4) 雨水立管

雨水立管管径应根据其收集接纳的雨水流量（即其所连接的各雨水悬吊管设计流量之和）确定；雨水立管内雨水设计流速不宜小于 $2.2m/s$，不宜大于 $6.0m/s$，不应大于 $10.0m/s$。

确定雨水立管管径还应同时满足下列条件：整个压力流雨水系统的总水头损失（自最远雨水斗至雨水过渡段出口）与排水出口处的速度水头之和（mH_2O），不得大于雨水斗到雨水过渡段的几何高差 H，同时不得大于雨水斗到室外地面的几何高差。整个压力流雨水系统中各个雨水斗至雨水过渡段的总水头损失之间的差值不大于 $10kPa$；同时各节点压力差值≤$10kPa$（管径≤$DN75$）或≤$5kPa$（管径≥$DN100$），否则应调整管径重新计算。整个压力流雨水系统中的最大负压绝对值：对于金属管应＜$80kPa$；对于塑料管应≤$70kPa$。雨水立管水力计算中负压值超出此规定时，应缩小雨水立管管径重新计算。

整个压力流雨水系统高度（雨水斗至雨水过渡段的几何高差）即雨水立管高度 H 和

立管管径的关系应满足：$H \geqslant 3m$（管径 $\leqslant DN75$）或 $H \geqslant 5m$（管径 $\leqslant DN100$）。如不满足，应增加雨水立管数量，减少雨水立管管径。雨水立管高度 H 不应大于雨水斗至室外地面的几何高差。

雨水立管最小管径不应小于 $DN40$。

(5) 雨水管过渡段

过渡段应设置在压力流雨水系统末端，具体位置应经计算确定，宜设置在雨水排水管上，并应充分利用系统动能。

(6) 雨水系统出口及下游管道

压力流雨水系统出口处下游管道管径及敷设坡度等应按重力流管道设计计算，其管径应放大，管内雨水流速不应大于 $1.8m/s$。

当只有 1 根雨水立管或有多根雨水立管但雨水斗设置在同一高度时，系统出口处可设置在外墙处；当 2 根及 2 根以上的雨水立管接入同一根雨水排出管且雨水斗设置高度不同时，各雨水立管的出口应分别设置在与排出管连接处上游，采取先放大管径再汇合的方法。

(7) 天沟设计

屋面宜设置天沟，天沟应设置溢流设施。天沟设计参见半有压流雨水系统天沟设计。

(8) 溢流设施

溢流口排水能力应不小于 50 年设计重现期的雨水排水量。溢流水量应为降雨径流量减去屋面雨水斗淹没溢流排水量（即雨水斗设计排水能力）。

3. 雨水提升系统水力计算

《水通规》对于下沉地面、下沉广场、下沉庭院及地下车库出入口坡道雨水排放做了以下强制性条文规定：

4.5.16 连接建筑出入口的下沉地面、下沉广场、下沉庭院及地下车库出入口坡道雨水排放，应设置水泵提升装置排水。

4.5.17 连接建筑出入口的下沉地面、下沉广场、下沉庭院及地下车库出入口坡道，整体下沉的建筑小区，应采取土建措施禁止防洪水位以下的客水进入这些下沉区域。

医院建筑附设的下沉式广场、下沉式庭院雨水设计重现期不宜小于 10 年；当下沉地面与室内地面相通且与室内地面高差小于 $0.15m$ 时，设计重现期不宜小于 50 年。医院建筑地下室车库坡道、窗井雨水设计重现期不宜小于 50 年；当室内积水危害较小时，设计重现期不宜小于 10 年。

医院建筑附设的下沉式广场、下沉式庭院雨水汇水面积除包括广场、庭院整个建筑平面面积外，其周围侧墙的面积应根据屋面侧墙折算方法计入汇水面积。医院建筑地下室车库坡道、窗井除包括坡道、窗井整个建筑平面面积外，其上方侧墙的面积应按照 1/2 侧墙面积计入汇水面积。

设计雨水流量，按公式 (1-54) 计算：

$$q_w = q_j \cdot \Psi_w \cdot F_w \tag{1-54}$$

式中　q_w——设计雨水流量，L/s；

　　　q_j——设计暴雨强度，$L/(s \cdot hm^2)$；

　　　Ψ_w——径流系数；

F_w——汇水面积，hm^2。

设计径流雨水总量，按公式（1-55）计算：
$$W = 0.06 \cdot q_w \cdot t \tag{1-55}$$

式中 W——设计径流雨水总量，m^3；

q_w——设计雨水流量，L/s；

t——设计降雨历时，min；

0.06——单位换算系数。

雨水集水池有效容积三种确定方法，见表1-179。

雨水集水池有效容积确定方法表 表 1-179

序号	雨水集水池有效容积确定方法
1	雨水提升泵设计流量取 5min 降雨历时流量，雨水集水池有效容积取不小于最大一台雨水提升泵 5min 雨水提升泵出水量（大泵小水池）
2	雨水集水池有效容积取 120min 降雨历时径流总雨量，雨水提升泵设计流量取 120min 降雨历时流量（小泵大水池）
3	雨水集水池有效容积取降雨历时 t 时径流总雨量，雨水提升泵设计流量取降雨历时 t 时流量

1.4.5 院区室外雨水系统设计

医院院区雨水系统宜采用管道排水形式，与污水系统应分流排放。

1. 雨水口

《水通规》对于室外雨水口做了以下强制性条文规定：

4.5.10 室外雨水口应设置在雨水控制利用设施末端，以溢流形式排放；超过雨水径流控制要求的降雨溢流排入市政雨水管渠。

雨水口选型，见表1-180。

雨水口选型表 表 1-180

序号	设置场所	雨水口类型	备注
1	无道牙的院区道路路面、广场、停车场等处	平算式雨水口	最常采用
2	有道牙的院区道路路面等处	偏沟式或立算式雨水口	
3	有道牙的院区道路路面低洼处且算隙易被树叶等堵塞	联合式雨水口	

雨水口设置位置，见表1-181。

雨水口设置位置表 表 1-181

序号	雨水口设置位置
1	院区道路上的汇水点和低洼处
2	无分水点人行横道的上游处
3	直行道路的起端、末端，道路中间根据间距要求均匀设置
4	道路的交汇处和侧向支路上能截流雨水径流处
5	道路拐弯处或者两条道路相交处

续表

序号	雨水口设置位置
6	院区内广场、停车场等的适当位置处及低洼处
7	建筑地下车道的出入口处
8	建筑主要出入口附近
9	建筑雨落管地面排水点附近、前后空地、绿地低洼处

注：1. 院区内道路宽度较大时，雨水口应在道路两侧设置，宽度较小时可在道路低侧设置；
  2. 医院院区雨水口的布置间距宜控制在 25～35m，通常按 30m；
  3. 雨水口深度不宜大于 1.0m；
  4. 雨水口宜采用预制混凝土装配式雨水口。

各类型雨水口的泄水流量（最大排水能力），见表 1-182。

各类型雨水口泄水流量（最大排水能力）表　　　表 1-182

雨水口形式（箅子尺寸：750mm×450mm）	雨水口泄水流量（L/s）
平箅式雨水口单箅	15～20
平箅式雨水口双箅	35
平箅式雨水口三箅	45～50
偏沟式雨水口单箅	20
偏沟式雨水口双箅	35
联合式雨水口单箅	30
联合式雨水口双箅	50

雨水口设计流量，按公式（1-56）计算：

$$q_y = q_j \cdot \Psi \cdot F_w / 10000 \tag{1-56}$$

式中　q_y——雨水口设计雨水流量，L/s；
　　　q_j——医院当地设计暴雨强度，L/(s·hm²)，按 5～10min 降雨历时；
　　　Ψ——医院院区地面径流系数；
　　　F_w——雨水口汇水面积，m²，一般不考虑附加建筑侧墙汇水面积。

2. 雨水口连接管

雨水口连接管设计流量，按公式（1-57）计算：

$$Q = [n^{-1} \cdot R^{2/3} \cdot I^{1/2}] \cdot A \tag{1-57}$$

式中　Q——雨水口连接管排水流量，m³/s；
　　　A——雨水口连接管水流断面积，m²，按满流计算；
　　　n——雨水口连接管管道粗糙系数；
　　　R——雨水口连接管水力半径，m，按满流计算；
　　　I——雨水口连接管管道敷设坡度，塑料雨水管最小坡度取 0.3，非塑料雨水管最小坡度取 0.5（$DN200$）、0.4（$DN250$）。

单箅雨水口连接管管径通常采用 $DN250$。

3. 雨水检查井

雨水检查井设置位置：雨水管道（包括雨水出户管）的交接处、转弯处、管径或坡度的改变处、跌水处、直线雨水管道上每隔一定距离处。当2根或3根雨水出户管并排接出且相距很近时，可共用一个雨水检查井。

院区内直线雨水管道上雨水检查井设置最大间距，见表1-183。

雨水检查井设置最大间距表 表1-183

雨水管道管径（mm）	DN200～DN300	DN400	≥DN500
医院院区雨水检查井最大间距（m）	30	35	50

医院院区雨水检查井规格通常采用DN1000；一般采用圆形；常采用玻璃钢雨水检查井或钢筋混凝土雨水检查井；位于车行道时，应采用具有足够承载力和稳定性良好的井盖与井座。

4. 室外雨水管道布置

医院建筑室外雨水管道布置方法，见表1-184。

室外雨水管道布置方法表 表1-184

序号	室外雨水管道布置方法
1	应沿医院建筑周围或院区道路布置，管线宜平行于建筑外墙或道路中心线
2	排水线路越短、越直、越少弯越好，尽量减少与其他管线的交叉
3	宜尽量布置在院区道路外侧的人行道或绿地下方，不应布置在乔木的下面
4	宜靠近主要雨水排水医院建筑，并宜布置在连接雨水支管较多的一侧
5	宜根据与市政雨水管网对接点的位置距离等合理确定雨水管道的起点、布置路径等
6	与医院建筑外墙的距离原则上不应小于3.0m
7	应尽量远离室外生活饮用水给水管道
8	与给水管道、污水废水管道并列布置时，宜布置在给水管道、污水废水管道之间
9	应尽量避开建筑物地下室等障碍

医院建筑室外雨水管道最小覆土深度：不宜小于0.6m；在严寒地区、寒冷地区，应超过当地冻土层深度；在车行道下不宜小于1.0m。

室外雨水管道与生活给水管道交叉时，应敷设在生活给水管道下面。室外雨水管道敷设发生冲突时，应遵循表1-26的原则进行处理。

医院建筑室外雨水管道宜采用双波纹塑料排水管、加筋塑料排水管（优先采用橡胶圈接口，亦可采用水泥砂浆接口或水泥砂浆抹带接口）或铸铁排水管（橡胶圈接口）。

1.4.6 院区室外雨水利用

《水通规》对于雨水控制利用等做了以下强制性条文规定：

4.5.11 建筑与小区应遵循源头减排原则，建设雨水控制与利用设施，减少对水生态环境的影响。降雨的年径流总量和外排径流峰值的控制应符合下列要求：

1 新建的建筑与小区应达到建设开发前的水平；

2 改建的建筑与小区应符合当地海绵城市建设专项规划要求。

4.5.12 大于 $10hm^2$ 的场地应进行雨水控制及利用专项设计，雨水控制及利用应采用土壤入渗系统、收集回用系统、调蓄排放系统。

4.5.13 常年降雨条件下，屋面、硬化地面径流应进行控制与利用。

4.5.14 雨水控制利用设施的建设应充分利用周边区域的天然湖塘洼地、沼泽地、湿地等自然水体。

4.5.15 雨水入渗不应引起地质灾害及损害建筑物和道路基础。下列场所不得采用雨水入渗系统：

1 可能造成坍塌、滑坡灾害的场所；

2 对居住环境以及自然环境造成危害的场所；

3 自重湿陷性黄土、膨胀土、高含盐土和黏土等特殊土壤地质场所。

《水通规》对于雨水回用做了以下强制性条文规定：

7.3.1 传染病医院的雨水、含有重金属污染和化学污染等地表污染严重的场地雨水不得回用。

7.3.2 根据雨水收集回用的用途，当有细菌学指标要求时，必须消毒后再利用。

7.3.3 当采用生活饮用水向室外雨水蓄水池补水时，补水管口在室外地面暴雨积水条件下不得被淹没。

传染病医院的雨水不得采用雨水收集回用系统。

雨水收集回用应进行水量平衡计算。在进行雨水控制后，可回收雨水总量大于各需要雨水回用用水点用水总量时，且经技术经济比较合理后方可实施雨水收集回用。

医院院区雨水通常可用于景观用水、院区绿化用水、路面和地面冲洗用水、汽车冲洗用水，不宜用于冲厕用水。

《水通规》对于非传统水源利用做了以下强制性条文规定：

7.1.1 民用建筑采用非传统水源时，处理系统出水必须保障用水终端的日常供水水质安全可靠，严禁对人体健康和室内卫生环境产生负面影响。

7.1.2 非传统水源供水系统必须独立设置。

7.1.3 非传统水源管道应采取下列防止误接、误用、误饮的措施：

1 管网中所有组件和附属设施的显著位置应设置非传统水源的耐久标识，埋地、暗敷管道应设置连续耐久标识；

2 管道取水接口处应设置"禁止饮用"的耐久标识；

3 公共场所及绿化用水的取水口应设置采用专用工具才能打开的装置。

1.5 消火栓系统

1.5.1 消火栓系统设置场所

《建筑防火通用规范》GB 55037—2022（以下简称《防火通规》）对于医院建筑消火栓系统的设置场所做了以下强制性条文规定：

8.1.7 除不适合用水保护或灭火的场所、远离城镇且无人值守的独立建筑、散装粮食仓库、金库可不设置室内消火栓系统外，下列建筑应设置室内消火栓系统：

3 高层公共建筑，建筑高度大于 **21m** 的住宅建筑；

5 建筑体积大于 **5000m³** 的下列单、多层建筑：车站、码头、机场的候车（船、机）建筑，展览、商店、旅馆和医疗建筑，老年人照料设施，档案馆，图书馆。

第 3 款规定了高层医院建筑均应设置室内消火栓系统。

第 5 款规定了单、多层医院建筑满足建筑体积大于 5000m³ 均应设置室内消火栓系统。

综合医疗综合楼为一个整体建筑，其室内消火栓系统的设置应按照高层医疗建筑考虑，不论裙楼部分是单层还是多层，即使裙楼体积不大于 5000m³，整个建筑均应设置室内消火栓系统。

1.5.2 消火栓系统设计参数

1. 医院建筑室外消火栓设计流量

医院建筑室外消火栓设计流量，不应小于表 1-185 的规定。

医院建筑室外消火栓设计流量表（L/s） 表 1-185

耐火等级	建筑物名称及类别		建筑体积（m³）			
			$V \leqslant 5000$	$5000 < V \leqslant 20000$	$20000 < V \leqslant 50000$	$V > 50000$
一、二级	医院建筑	单层及多层	15	25	30	40
		高层	—	25	30	40
	地下建筑（包括地铁）、平战结合的人防工程		15	20	25	30

注：1. 建筑体积指本建筑占据的空间数量，包括该建筑的地上空间体积数和地下空间体积数；
  2. 地下建筑指独立的地下建筑，不包括地面建筑下面连为一体的地下部分；
  3. 地下车库室外消火栓系统设计流量小于建筑主体室外消火栓系统设计流量，医院建筑室外消火栓系统设计流量按建筑主体室外消火栓系统设计流量确定；
  4. 地下人防工程室外消火栓系统设计流量小于建筑主体室外消火栓系统设计流量，医院建筑室外消火栓系统设计流量按建筑主体室外消火栓系统设计流量确定。

2. 医院建筑室内消火栓设计流量

医院建筑室内消火栓设计流量，不应小于表 1-186 的规定。

医院建筑室内消火栓设计流量表 表 1-186

建筑物名称			高度 h（m）、体积 V（m³）、火灾危险性	消火栓设计流量（L/s）	同时使用消防水枪数（支）	每根竖管最小流量（L/s）
民用建筑	单层及多层	病房楼、门诊楼等医院建筑	$5000 < V \leqslant 25000$	10	2	10
			$V > 25000$	15	3	10
	高层	医院建筑	$h \leqslant 50$	30	6	15
			$h > 50$	40	8	15

续表

建筑物名称		高度 h (m)、体积 V (m³)、火灾危险性	消火栓设计流量 (L/s)	同时使用消防水枪数（支）	每根竖管最小流量 (L/s)
人防工程	商场、餐厅、旅馆、医院等	$V \leqslant 5000$	5	1	5
		$5000 < V \leqslant 10000$	10	2	10
		$10000 < V \leqslant 25000$	15	3	10
		$V > 25000$	20	4	10
	丙、丁、戊类物品库房、图书资料档案库	$V \leqslant 3000$	5	1	5
		$V > 3000$	10	2	10

注：1. 消防软管卷盘、轻便消防水龙，其消火栓设计流量可不计入室内消防给水设计流量；当一座多层建筑有多种使用功能时，室内消火栓设计流量应分别按本表中不同功能计算，且应取最大值；
2. 高层医院建筑属于一类高层公共建筑；
3. 地下车库室内消火栓系统设计流量小于建筑主体室内消火栓系统设计流量，医院建筑室内消火栓系统设计流量按建筑主体室内消火栓系统设计流量确定；
4. 地下人防工程室内消火栓系统设计流量小于建筑主体室内消火栓系统设计流量，医院建筑室内消火栓系统设计流量按建筑主体室内消火栓系统设计流量确定。

3. 火灾延续时间

医院建筑消火栓系统的火灾延续时间，见表1-187。

医院建筑消火栓系统火灾延续时间表　　　　表 1-187

建筑		场所与火灾危险性	火灾延续时间（h）
建筑物	公共建筑	集门诊、医技、病房、办公、科研、商业、餐饮等两种及两种以上功能为一体的高层医院建筑	3.0
		多层医疗建筑、单一功能的高层医院建筑	2.0
	人防工程	建筑面积小于3000m²	1.0
		建筑面积大于或等于3000m²	2.0

注：医院建筑消火栓系统火灾延续时间同时针对室内、室外消火栓系统。

建筑物室内自动灭火系统的火灾延续时间，见表1-188。

建筑物室内自动灭火系统火灾延续时间　　　　表 1-188

自动灭火系统类型	建筑类型、应用场所、火灾类型		火灾延续时间（h）
自动喷水灭火系统	民用建筑	全面系统	≥1.0
		局部系统	≥0.5
		汽车库、修车库和停车场	1.0
		最大净空高度超过8m的超级市场（采用湿式系统）	按《自动喷水灭火系统设计规范》GB 50084—2017 第5.0.4条和第5.0.5条执行
	仓库及类似场所建筑		按《自动喷水灭火系统设计规范》GB 50084—2017 确定

续表

自动灭火系统类型	建筑类型、应用场所、火灾类型	火灾延续时间（h）
自动跟踪定位射流灭火系统		≥1.0
水喷雾灭火系统	固体火灾	≥1.0
	液体火灾	≥0.5
	电气火灾	≥0.4
细水雾灭火系统	开式系统用于保护电子信息系统机房、数据中心主机房、配电室等电子、电气设备间、图书库、资料库、档案库、文物库、电缆隧道和电缆夹层等场所时，系统的设计持续喷雾时间不应小于30min；用于保护油浸变压器室、涡轮机房、柴油发电机房、液压站、润滑油站、燃油锅炉房等含有可燃液体的机械设备间或局部保护对象时，系统的设计持续喷雾时间不应小于20min；用于扑救厨房内烹饪设备及其排烟罩和排烟管道部位的火灾时，系统的设计持续喷雾时间不应小于15s，设计冷却时间不应小于15min；对于瓶组系统，系统的设计持续喷雾时间可按其实体火灾模拟试验灭火时间的2倍确定，且不宜小于10min。	
泡沫灭火系统		≥0.5

4. 消防用水量

《消水规》第3.6.1条 消防给水一起火灾灭火用水量应按需要同时作用的室内外消防给水用水量之和计算，两座及以上建筑合用时，应取最大者。

一座医院建筑的消防用水量按室外消火栓系统用水量、室内消火栓系统用水量、室内自动喷水灭火系统用水量三者之和计算即可。

表1-189为某医院建筑消防用水量表。

消防用水量表　　　表1-189

消防范围	消防系统	设计用水量（L/s）	消防历时（h）	一次消防用水量（m³）
室内	消火栓系统	40	3	432
	自动喷水灭火系统	40	1	144
	自动跟踪定位射流灭火系统	20	1	72
室外	消火栓系统	40	3	432

注：本建筑消防一次用水量为1008m³（1008m³＝432m³＋144m³＋432m³）。

1.5.3 消防水源

《消防设施通用规范》GB 55036—2022（以下简称《消设通规》）对消防水源做了以下强制性条文规定：

3.0.7 消防水源应符合下列规定：

1 水质应满足水基消防设施的功能要求；

2 水量应满足水基消防设施在设计持续供水时间内的最大用水量要求；

3 供消防车取水的消防水池和用作消防水源的天然水体、水井或人工水池、水塔等，应采取保障消防车安全取水与通行的技术措施，消防车取水的最大吸水高度应满足消防车可靠吸水的要求。

1. 市政给水

当市政给水管网连续供水能力满足生活和消防时的水量及水压要求且市政给水主管部门同意时，可采用市政给水作为消防水源直接供水。当前国内城市市政给水管网能够满足医院建筑直接消防供水条件的较少。

用作两路消防供水的市政给水管网应同时符合下列规定：市政给水厂至少有两条输水干管向市政给水管网输水；市政给水管网为环状管网；至少有两条不同的市政给水干管上不少于两条引入管向消防给水系统供水。

医院建筑室外消防给水管网管径，按表 1-190 确定。

医院建筑室外消防给水管网管径表　　表 1-190

序号	室外消火栓设计流量（L/s）	室外消防给水管网管径
1	10～20	DN100
2	25～30	DN150
3	40	DN200

医院建筑室外消防给水管网宜与室外生活给水管网分开敷设，且应布置成环状管网。

2. 消防水池

《消设通规》对于消防水池做了以下强制性条文规定：

3.0.8　消防水池应符合下列规定：

1　消防水池的有效贮水容积应满足设计持续供水时间内的消防用水量要求，当消防水池采用两路消防供水且在火灾中连续补水能满足消防用水量要求时，在仅设置室内消火栓系统的情况下，消防水池有效贮水容积应大于或等于 $50m^3$，其他情况下应大于或等于 $100m^3$；

2　消防用水与其他用水共用的水池，应采取保证水池中的消防用水量不作他用的技术措施；

3　消防水池的出水管应保证消防水池有效贮水容积内的水能被全部利用，水池的最低有效水位或消防水泵吸水口的淹没深度应满足消防水泵在最低水位运行安全和实现设计出水量的要求；

4　消防水池的水位应能就地和在消防控制室显示，消防水池应设置高低水位报警装置；

5　消防水池应设置溢流水管和排水设施，并应采用间接排水。

《消水规》第 4.3.1 条 符合下列规定之一时，应设置消防水池：当生产、生活给水量达到最大时，市政给水管网或入户引入管不能满足室内、室外消防给水设计流量；当采用一路消防供水或只有一条入户引入管，且室外消火栓设计流量大于 20 L/s 或建筑高度大于 50m；市政消防给水设计流量小于建筑室内外消防给水设计流量。

（1）医院建筑消防水池有效贮水容积

表 1-191 给出了常用典型医院建筑消防水池有效储水容积的对照表。

1.5 消火栓系统

医院建筑火灾延续时间内消防水池储存消防用水量表 表1-191

单层及多层医院建筑体积V（m³）	5000<V≤20000	20000<V≤25000	25000<V≤50000	V>50000
室外消火栓设计流量（L/s）	25	30	30	40
火灾延续时间（h）	2.0	2.0	2.0	2.0
火灾延续时间内室外消防用水量（m³）	180.0	216.0	216.0	288.0
室内消火栓设计流量（L/s）	10	10	15	15
火灾延续时间（h）	2.0	2.0	2.0	2.0
火灾延续时间内室内消防用水量（m³）	72.0	72.0	108.0	108.0
火灾延续时间内室内外消防用水量（m³）	252.0	288.0	324.0	396.0
消防水池贮存室内外消火栓用水容积V_1（m³）	252.0	288.0	324.0	396.0

高层医院建筑体积V（m³）	5000<V≤20000	20000<V≤50000	V>50000	5000<V≤20000	20000<V≤50000	V>50000
高层医院建筑高度h（m）	h≤50	h≤50	h≤50	h>50	h>50	h>50
室外消火栓设计流量（L/s）	25	30	40	25	30	40
火灾延续时间（h）	3.0	3.0	3.0	3.0	3.0	3.0
火灾延续时间内室外消防用水量（m³）	270.0	324.0	432.0	270.0	324.0	432.0
室内消火栓设计流量（L/s）	30	30	30	40	40	40
火灾延续时间（h）	3.0	3.0	3.0	3.0	3.0	3.0
火灾延续时间内室内消防用水量（m³）	324.0	324.0	324.0	432.0	432.0	432.0
火灾延续时间内室内外消防用水量（m³）	594.0	648.0	756.0	702.0	756.0	864.0
消防水池贮存室内外消火栓用水容积V_2（m³）	594.0	648.0	756.0	702.0	756.0	864.0
医院建筑自动喷水灭火系统设计流量（L/s）	25	30	35	40		
火灾延续时间（h）	1.0	1.0	1.0	1.0		
火灾延续时间内自动喷水灭火用水量（m³）	90.0	108.0	126.0	144.0		
消防水池贮存自动喷水灭火用水容积V_3（m³）	90.0	108.0	126.0	144.0		

如上表所示，通常医院建筑消防水池有效储水容积在342~1008m³。

（2）医院建筑消防水池位置

医院建筑消防水池位置确定原则，见表1-192。

消防水池位置确定原则表 表1-192

序号	消防水池位置确定原则
1	消防水池应毗邻或靠近消防水泵房
2	消防水池与消防水泵房的标高关系满足消防水泵自灌吸水要求

续表

序号	消防水池位置确定原则
3	应结合医院院区建筑布局条件
4	消防水池应满足与消防车间的距离关系
5	消防水池应满足与建筑物围护结构的位置关系

通常控制消防水池距消防水泵房间距不宜超过15m。医院建筑消防水池、消防水泵房与医院院区空间关系，见表1-193。

消防水池、消防水泵房与医院院区空间关系表　　　　表1-193

序号	医院院区室外空间情况	消防水池位置	消防水泵房位置	备注
1	有充足空间	室外院区内	建筑地下室	常见于新建医院项目
2	充足空间且有多座建筑需要消防供水	室外院区内	室外院区内	
3	室外空间狭小或不合适	建筑地下室	建筑地下室	常见于改建、扩建医院项目

《消设通规》对于消防水泵吸水做了以下强制性条文规定：
3.0.11　消防水泵应符合下列规定：
4　消防水泵应采取自灌式吸水。

消防水池的最低有效水位应高于消防水池吸水喇叭口不小于600mm，且应高于消防水泵的吸水管管顶。应根据消防水泵的型式（立式泵或卧式泵）反向确定消防水池的设置位置、有效贮水容积等。消防水泵型式的选择与消防水池有一定的对应关系，见表1-194。

消防水泵型式与消防水池对应关系表　　　　表1-194

序号	消防水池位置	消防水泵型式	备注
1	消防水池设置在室内地下室，毗邻消防水泵房	卧式泵	通常在同一地下楼层
2	消防水池设置在室外地下，消防水泵房设在地下二层	立式泵	
3	消防水池设置在室外地下，消防水泵房设在地下一层	卧式泵	消防水池的高度可根据位置关系调整

医院建筑贮存室外消防用水或供消防车取水的消防水池应设置在建筑物室外地下；贮存室外消防用水量的消防水池最低有效水位与室外地坪标高之间高差不应超过6.0m。

医院建筑贮存室内外消防用水的消防水池与消防水泵房的位置关系，见表1-195。

消防水池与消防水泵房的位置关系表　　　　表1-195

序号	贮存室外消防用水量消防水池位置	贮存室内消防用水量消防水池位置	室外消防给水泵组位置	室内消防给水泵组位置
方案1	室外（合用）		室外消防水泵房内	
方案2	室外（合用）			
方案3	室外	室内	室内消防水泵房内	
方案4	室内（合用）			

注：方案2和方案4采用的情况更多。

室内地下消防水池距离地下室外墙应间隔一定距离。医院建筑消防水池格（座）数与有效贮水容积的对照关系，见表1-196。

1.5 消火栓系统

消防水池格（座）数与有效贮水容积对照表　　　　表 1-196

序号	消防水池有效贮水容积 V（m³）	消防水池格（座）数
1	＜500	1 座
2	500≤V≤1000	1 座（2 格）
3	＞1000	2 座

注：2 格（座）水池容积宜相同，且均能独立使用。

(3) 医院建筑消防水池附件（表 1-197）

消防水池附件表　　　　表 1-197

序号	附件名称	设置要求
1	吸水池（井）	有效容积不得小于同时工作消防水泵 3min 的出水量；对于小泵，容积可适当放大，宜按水泵出水量 5～10min 计算。室内地下消防水池池底与同层地下室底板一个标高时，可不单独设置；当水池内设置时，通常尺寸为：深度 500mm，吸水管纵向方向 1000mm，吸水管横向方向同池宽或比各消防吸水管横向两侧分别多 500mm
2	进水管	一般接自市政给水管网；宜设置 2 个进水口，管径一致；分格（座）的消防水池每格或每座池体均应有一个独立的进水口
3	溢流管	管径通常比进水管大一级；管上不得设置阀门；其排水应采用间接排水：在室内地下时，宜就近接至消防水泵房集水沟；在室外时，通常接至附近泄水井（或隔离井）后由潜污泵提升就近排至室外雨水检查井
4	泄水管	自消防水池池壁接出；管上应设置阀门；其排水应采用间接排水，具体措施同溢流管
5	连通管	当消防水池分成两格或两座时，格（座）与格（座）之间应设置；管径等于各消防水泵总吸水管管径；管上应设置阀门

表 1-198 为消防水池各水位指标确定方法及取值经验值。

消防水池各水位指标确定方法及取值经验值表　　　　表 1-198

序号	名称	确定方法	取值范围	常规取值
1	消防水池最低有效水位 $H_{最低}$	根据其与消防水泵间的自灌条件关系确定	—	—
2	消防水池最低报警水位 $H_{最低报警}$	根据其与消防水池最低有效水位标高关系	$H_{最高}-50\sim100$mm	$H_{最高}-100$mm
3	消防水池低报警水位 $H_{低报警}$	根据其与消防水池最低报警水位标高关系	$H_{最低报警}+50\sim100$mm	$H_{最低报警}+100$mm
4	消防水池最高有效水位 $H_{最高}$	根据其与最低有效水位间的水体容积不小于消防水池有效贮水容积确定	—	—
5	消防水池最高报警水位 $H_{最高报警}$	根据其与消防水池最高有效水位标高关系	$H_{最高}+50\sim100$mm	$H_{最高}+100$mm

续表

序号	名称	确定方法	取值范围	常规取值
6	消防水池溢流水位 $H_{溢流}$	根据其与消防水池最高有效水位标高关系	$H_{最高}+100\sim 200\text{mm}$	$H_{最高}+200\text{mm}$
7	消防水池进水管中标高 $H_{进水管}$	根据其与消防水池溢流水位标高关系	$H_{溢流}+250\sim 300\text{mm}$	$H_{溢流}+300\text{mm}$

3. 天然水源及其他水源

医院建筑消防水源不宜采用天然水源。

1.5.4 消防水泵房

《防火通规》对于消防水泵房做了以下强制性条文规定：

4.1.7 消防水泵房的布置和防火分隔应符合下列规定：

1 单独建造的消防水泵房，耐火等级不应低于二级；

2 附设在建筑内的消防水泵房应采用防火门、防火窗、耐火极限不低于 **2.00h** 的防火隔墙和耐火极限不低于 **1.50h** 的楼板与其他部位分隔；

3 除地铁工程、水利水电工程和其他特殊工程中的地下消防水泵房可根据工程要求确定其设置楼层外，其他建筑中的消防水泵房不应设置在建筑的地下三层及以下楼层；

4 消防水泵房的疏散门应直通室外或安全出口；

5 消防水泵房的室内环境温度不应低于 **5℃**；

6 消防水泵房应采取防水淹等的措施。

《消设通规》对于消防水泵做了以下强制性条文规定：

3.0.11 消防水泵应符合下列规定：

1 消防水泵应确保在火灾时能及时启动；停泵应由人工控制，不应自动停泵。

2 消防水泵的性能应满足消防给水系统所需流量和压力的要求。

3 消防水泵所配驱动器的功率应满足所选水泵流量扬程性能曲线上任何一点运行所需功率的要求。

4 消防水泵应采取自灌式吸水。从市政给水管网直接吸水的消防水泵，在其出水管上应设置有空气隔断的倒流防止器。

5 柴油机消防水泵应具备连续工作的性能，其应急电源应满足消防水泵随时自动启泵和在设计连续供水时间内持续运行的要求。

3.0.12 消防水泵控制柜应位于消防水泵控制室或消防水泵房内，其性能应符合下列规定：

1 消防水泵控制柜位于消防水泵控制室内时，其防护等级不应低于 **IP30**；位于消防水泵房内时，其防护等级不应低于 **IP55**。

2 消防水泵控制柜在平时应使消防水泵处于自动启泵状态。

3 消防水泵控制柜应具有机械应急启泵功能，且机械应急启泵时，消防水泵应能在接受火警后 **5min** 内进入正常运行状态。

1. 消防水泵房选址

新建医院院区消防水泵房设置通常采取以下 2 个方案，见表 1-199。

1.5 消火栓系统

新建医院院区消防水泵房设置方案对比表　　　　表1-199

方案编号	消防水泵房位置	优点	缺点	适用条件
方案1	院区内室外	设备集中，控制便利，对医疗用房环境影响小；消防水泵集中设置，距离消防水池很近，泵组吸水管线很短等	距院区内各建筑较远，管线较长；对于消防水泵房来说，泵房位置往往不是设置在院区中心，消防供水管线较长甚至很长，水头损失较大，消防水箱距泵房位置较远等	适用于医院院区内单体建筑较多、室外空间较大的情形。宜与生活水泵房、锅炉房、供氧吸引机房、变配电室集中设置。在新建医院院区中，应优先采用此方案
方案2	院区内某个单体建筑地下室内	设备较为集中，控制较为便利，距离各建筑消防水系统距离较近，消防水箱距泵房位置较近等	占用医院建筑空间，对医疗用房环境有影响，消防水池的位置可能较远，泵组吸水管线较长等	适用于医院院区内单体建筑较少、室外空间较小的情形。宜在院区最不利建筑内设置。在新建医院院区中，可替代方案1

注：新建医院院区采取分区、分期建设时，若一期消防水泵房满足本期消防要求，可预留部分消防水泵房的面积或者按后期要求复核修改消防给水泵组的技术参数，以同时满足后期建筑消防的要求。

改建、扩建医院院区内通常已设有消防水泵房和消防水池，消防水泵房设置通常采取以下方案，见表1-200。

改建、扩建院区消防水泵房设置方案对比表　　　　表1-200

方案编号	现有消防水泵房条件	消防水泵房内消防给水泵组种类	消防水泵房内消防给水泵组性能	方案技术措施
1	有多余空间	齐全	满足新建建筑各消防水系统要求	利用原有消防水泵房、消防水池，利用原有消防给水泵组
2	有多余空间	齐全	不满足新建建筑各消防水系统要求	利用原有消防水泵房，更换原有消防系统给水泵组，扩建或增加消防水池
3	有多余空间	不齐全	部分消防水系统未设置泵组	利用原有消防水泵房，利用原有消防给水泵组，增加新消防系统给水泵组，扩建或增加消防水池
4	无多余空间	齐全	满足新建建筑各消防水系统要求	利用原有消防水泵房、消防水池，利用原有消防给水泵组
5	无多余空间	齐全	不满足新建建筑各消防水系统要求	利用原有消防水泵房，更换原有消防系统给水泵组，扩建或增加消防水池；亦可在改建、扩建建筑内设置消防水泵房，新建增加消防水系统给水泵组，新设消防水池
6	无多余空间	不齐全	部分消防水系统未设置泵组	原有消防水泵房保留，用于原有建筑消防要求；在改建、扩建建筑内设置消防水泵房，增加消防水系统给水泵组，新设消防水池

注：院区已有消防水泵房、消防水池应尽量直接利用或改造利用；条件不具备时，在新建建筑设置消防水泵房、消防水池。

2. 建筑内部消防水泵房位置

医院建筑消防水泵房若设置在建筑物内，通常在地下一层或地下二层。消防水泵房不应布置在有安静要求的房间（如病房、诊室、会议室、办公室等）上方、下方或毗邻位置；否则应采取水泵减振隔振和消声技术措施。

3. 消防水泵机组的布置要求

相邻两个机组及机组至泵房墙壁间的净距要求，见表1-201。

相邻两个机组及机组至泵房墙壁间的净距要求表　　　　表1-201

序号	消防水泵电机容量（kW）	相邻两个消防水泵机组及机组至泵房墙壁间的最小净距（m）
1	$N \leqslant 55$	0.8
2	$55 < N \leqslant 255$	1.2
3	$255 < N$	1.5

注：1. 柴油机消防水泵净距比表中值增加0.20m，且不小于1.20m；
　　2. 集成装配式消防设备中的相邻两台泵间的净距应符合相关产品标准要求。

4. 消防水泵房采暖、排水等要求

严寒、寒冷地区消防水泵房，应要求暖通专业在泵房内设置散热器、制热空调等供暖设施。

消防水泵房的泵房排水设施：在泵房内设置排水沟；地下消防水泵房内或邻近场所设集水坑，坑内设潜污泵；若泵房不在最底一层，至少设一根DN150排水立管接至最底层集水坑。

消防水泵房防淹技术措施：将消防水泵房地坪抬高200～300mm，高于泵房外地坪；若无法抬高地坪，则在泵房入口处设置挡水门槛，高度宜为200～300mm。

5. 消防水泵房管道设计

一组消防水泵，吸水管不应少于2条，当其中1条损坏或检修时，其余吸水管应仍能通过全部消防给水设计流量。消防水泵配置数量与消防水系统设计流量的关系，见表1-202。

消防水泵配置数量与消防水系统设计流量对照表　　　　表1-202

序号	消防系统设计流量（L/s）	消防水泵配置数量（台）	消防水泵备用情况
1	<60	2	1用1备
2	≥60	3	2用1备

一组消防水泵应设不少于2条的输水干管与消防给水环状管网连接，当其中1条输水管检修时，其余输水管应仍能供应全部消防给水设计流量。每组消防水泵2根或3根出水管接至本消防给水系统环状供水管网时，接入点之间应设置阀门；对于室内消火栓系统，接入管网处之间宜隔2根室内消火栓立管。

消防水泵吸水管、出水管管径应根据消防水泵设计流量，结合管道内水流速确定。医院建筑消防水泵吸水管、出水管管径，见表1-203。

消防水泵吸水管、出水管管径对照表 表 1-203

消防水泵流量（L/s）	10	15	20	25	30	40	60
消防水泵吸水管管径（mm）	DN100	DN150(DN125)	DN150	DN200(DN175)	DN200(DN175)	DN200(DN225)	DN250
消防水泵出水管管径（mm）	DN100	DN100	DN125	DN150	DN150	DN150(DN175)	DN200(DN225)

注：推荐采用括号外管径，亦可采用括号内管径。

常见的消防水泵自消防水池吸水方式有2种，见表1-204。

消防水泵自消防水池吸水方式表 表 1-204

序号	吸水方式	适用情况	具体要求
1	消防水泵吸水管分别设置	消防水泵靠近消防水池	消防水泵每台泵吸水管分别接自消防水池的不同座（格）；每种消防水泵在水泵房内分散布置
2	消防水泵吸水管合并设置（吸水总管）	消防水泵距离消防水池较远或消防水池设在室外地下、消防水泵房设在室内地下	2根消防吸水总管分别接自消防水池的不同座（格），2根总管在消防水泵房内连成环状，总管间设置阀门，各消防水泵吸水管分别接自消防吸水总管；每种消防水泵在水泵房内可分散布置，亦可紧邻布置

消防吸水总管管径应根据其连通服务的各种消防水泵设计流量之累加值进行确定，结合吸水管内水流速确定，见表1-205。

消防吸水总管管径与总设计流量对照表 表 1-205

序号	消防水系统总设计流量（L/s）	消防吸水总管管径（mm）
1	40～65	DN250
2	70～105	DN300
3	110～150	DN350

消防水泵吸水管布置应避免形成气囊。具体措施：消防水泵吸水管管顶标高应不低于吸水干管管顶标高；不同管径消防水管应采用偏心异径管件管顶平接方式；若设置过滤器应避免采用Y型过滤器；吸水管管程应尽量缩短，减少拐弯等。

消防水泵吸水口的淹没深度应满足消防水泵在最低水位运行安全的要求，吸水管喇叭口在消防水池最低有效水位下的淹没深度应根据吸水管喇叭口的水流速度和水力条件确定。消防水池吸水井深度为500～1000mm时，吸水管喇叭口的淹没深度满足要求；消防水池设置在室内地下室时，吸水管喇叭口应低于消防水池最低有效水位不应少于600mm，当需要降低水池最低有效水位时，采用旋流防止器，淹没深度不应小于200mm。

消防水泵吸水管、出水管上附件配置及要求，见表1-206。

消防水泵吸水管、出水管上附件配置及要求一览表　　　　表 1-206

序号	消防管道位置	附件配置	附件要求	备注
1	消防水泵吸水管（按水流方向）	阀门	明杆闸阀或带自锁装置的蝶阀，暗杆闸阀时应设有开启刻度和标志	常采用明杆闸阀，设计应明确阀门类型
2		压力表		
3		过滤器	管道过滤器过水面积应大于管道过水面积4倍，孔径不小于3mm	可不设置；过滤器的设置方向应正确
4		软接头	橡胶材质	
5		异径接头		
6	消防水泵出水管（按水流方向）	软接头	橡胶材质	
7		止回阀		常采用水锤消除止回阀
8		流量测试装置	自出水管接出，装置前设置阀门，接出管管径宜为DN70	
9		泄压阀	开启压力宜设置为该消防水泵服务消防系统的系统工作压力+0.05MPa	设计中应注明开启压力值
10		泄水管	自出水管接出，其上设置阀门，接出管管径宜为DN150	
11		阀门	明杆闸阀或带自锁装置的蝶阀，暗杆闸阀时应设有开启刻度和标志	常采用明杆闸阀，当采用蝶阀时应带有自锁装置
12		水锤消除器		
13	消防水泵出水管连通的消防出水总管	压力开关		设计中应明示
14	室内消火栓水泵出水管	减压阀	宜采用可调式减压阀，应设置备用减压阀，减压阀组宜设置在消防水泵房内	室内消火栓系统竖向分区且采用1组室内消火栓水泵时，低区采用

注：1. 消防水泵吸水管穿越消防水池时，应采用柔性防水套管；
　　2. 消防水泵出水管采用弹性支吊架；
　　3. 消防水泵的吸水管、出水管穿越地下室外墙时，应采用防水套管，宜采用柔性防水套管，吸水管防水套管管径宜比吸水管管径大1号，出水管防水套管管径宜比吸水管管径大2号；当穿越墙体时，应根据管道直径确定预留洞口尺寸；
　　4. 消防水泵的吸水管自消防水池吸水，其管径、标高、定位尺寸及防水套管、标高均应在消防水池大样图中注明。

消防给水泵组应设置试水装置、泄水装置。消防水泵试水、泄水如图1-11所示。

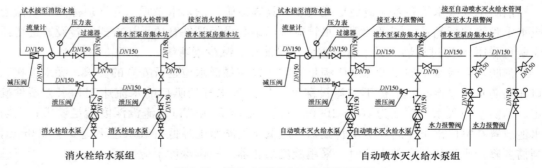

图 1-11　消防水泵试水、泄水示意图

1.5 消火栓系统

6. 消防水泵自动启动控制

《消水规》第 11.0.4 条 消防水泵应由消防水泵出水干管上设置的压力开关、高位消防水箱出水管上的流量开关，或报警阀压力开关等开关信号应能直接自动启动消防水泵。消防水泵房内的压力开关宜引入消防水泵控制柜内，具体要求见表 1-207。

消防水泵自动启动要求表 表 1-207

序号	消防水泵类型	消防水泵自动启动要求
1	消火栓给水泵	由消火栓给水泵出水干管上设置的压力开关、屋顶消防水箱间消防水箱消火栓系统出水管上流量开关、消防值班室启泵按钮直接启动
2	自动喷水灭火给水泵	由自动喷水灭火给水泵出水干管上设置的压力开关、屋顶消防水箱间消防水箱自动喷水灭火系统出水管上流量开关、报警阀压力开关和消防控制中心自动启动

消防水泵自动启动方式，见表 1-208。

消防水泵自动启动方式表 表 1-208

序号	消防系统名称	流量开关（高位消防水箱出水管上设置）作用	压力开关（消防水泵出水干管上设置）作用	压力开关（水力报警阀上设置）作用
1	无稳压泵消火栓系统	自动启动	自动启动	—
2	有稳压泵消火栓系统	报警信号	自动启动	—
3	自动喷水灭火系统	—	自动启动	自动启动

流量开关性能、设置位置等，见表 1-209。

流量开关性能要求表 表 1-209

序号	消防系统类型	流量开关性能要求	自动启动流量（L/s）	流量开关设置位置
1	消火栓系统	动作后延迟 30s 再启动消防水泵；流量不超过系统的设计泄漏补水量时，不应动作；消火栓出水后应动作	1.0～3.5	高位消防水箱出水管与消火栓稳压装置出水管的汇流管上
2	自动喷水灭火系统		1.0	高位消防水箱出水管与自动喷水稳压装置出水管的汇流管上

当消防稳压泵设置于高位消防水箱间内时，消防水泵启泵压力（P），按公式（1-58）确定：

$$P = P_1 + 0.01 \times H_1 + 0.01 \times H - 0.07 \quad (1-58)$$

式中 P——消防水泵启泵压力，MPa；

P_1——消防稳压泵启泵压力，MPa；

H_1——高位消防水箱最低有效水位与消防系统最不利点处消防设施（最高层室内消火栓或自动喷水灭火系统喷头）的高差，m；对于消火栓系统，H_1 通常取 3.5～4.5m；对于自动喷水灭火系统，H_1 通常取 2.0～3.0m；

H——消防系统最不利点处消防设施（最高层室内消火栓或自动喷水灭火系统喷头）与消防水泵出水口处的高差，m。

当消防稳压泵设置于低位消防水泵房内时，消防水泵启泵压力（P），按公式（1-59）

确定：
$$P = P_1 - (0.07 \sim 0.10) \tag{1-59}$$

式中　P——消防水泵启泵压力，MPa；
　　　P_1——消防稳压泵启泵压力，MPa。

1.5.5　消防水箱

《消设通规》对于消防水箱做了以下强制性条文规定：

3.0.9　高层民用建筑、3层及以上单体总建筑面积大于10000m² 的其他公共建筑，当室内采用临时高压消防给水系统时，应设置高位消防水箱。

3.0.10　高位消防水箱应符合下列规定：

1　室内临时高压消防给水系统的高位消防水箱有效容积和压力应能保证初期灭火所需水量；

2　屋顶露天高位消防水箱的人孔和进出水管的阀门等应采取防止被随意关闭的保护措施；

3　设置高位水箱间时，水箱间内的环境温度或水温不应低于5℃；

4　高位消防水箱的最低有效水位应能防止出水管进气。

医院建筑消防给水系统绝大多数属于临时高压系统，绝大多数医院建筑应设置高位消防水箱。

1. 消防水箱有效储水容积

医院建筑高位消防水箱有效贮水容积，见表1-210。

医院建筑高位消防水箱有效贮水容积表　　　　表1-210

序号	建筑类别	消防水箱有效贮水容积
1	高层医院建筑	不应小于36m³，可按36m³
2	多层医院建筑	不应小于18m³，可按18m³

2. 消防水箱设置位置

医院建筑消防水箱设置位置应满足以下要求，见表1-211。

消防水箱设置位置要求表　　　　表1-211

序号	消防水箱设置位置要求	备注
1	位于所在建筑的最高处	通常设在屋顶机房层消防水箱间内
2	应该独立设置	不与其他设备机房，如屋顶太阳能热水机房、热水箱间等合用
3	应避免对下方楼层房间的影响	其下方不应是病房、门诊、办公等主要功能房间，可以是库房、污洗间、卫生间等附属辅助房间或公共区域
4	应高于设置室内消火栓系统、自动喷水灭火系统等系统的楼层	机房层设有活动室、库房等需要设置消防给水系统的场所，可采用其他非水基灭火系统，亦可将消防水箱间置于更高一层
5	不宜超出机房层高度过多、影响建筑效果	消防水箱间内配置消防稳压装置

1.5 消火栓系统

3. 高位消防水箱尺寸

消防水箱宜为装配式方形水箱，其尺寸宜为 1.0m 或 0.5m 的倍数。可根据水箱间的平面大小确定消防水箱尺寸，推荐尺寸见表 1-212。

消防水箱推荐尺寸表　　　　　　　　　　　　　　　　表 1-212

序号	消防水箱有效储水容积（m³）	消防水箱推荐尺寸：长度（m）×宽度（m）×高度（m）
1	36	8.0×3.0×2.0；6.0×4.0×2.0；5.0×5.0×2.0
2	18	4.0×3.0×2.0；6.0×2.0×2.0

注：消防水箱基础采用素混凝土基础或枕木基础，宜按照水箱宽度方向采用条状设置，每个条状基础宽度为 200mm，高度为 400~600mm，长度为水箱宽度方向边缘各多出 100mm。

4. 高位消防水箱材质

常用材质为不锈钢板、热浸锌镀锌钢板、玻璃钢板、钢筋混凝土等，不锈钢板最常见。

5. 高位消防水箱配管

高位消防水箱配管及管径确定，见表 1-213。

高位消防水箱配管及管径一览表　　　　　　　　　　　　表 1-213

序号	配管类别	配管管径确定原则	配管推荐关键（mm）
1	进水管	应满足水箱 8h 充满水的要求	36m³ 消防水箱：DN70 或 DN80；18m³ 消防水箱：DN50 或 DN70
2	出水管	应满足消防给水设计流量的出水要求，且不应小于 DN100	DN100
3	溢流管		DN150
4	泄水管		DN100

6. 消防水箱水位

消防水箱水位高度值设计时应在消防水箱剖面图中表示，水位高度值宜以 50mm 的整数倍表示。表 1-214 为消防水箱各水位指标确定方法及取值经验值。

消防水箱各水位指标确定方法及取值经验值表　　　　　　　表 1-214

序号	名称	确定方法	取值范围	常规取值
1	消防水箱最低有效水位 $H_{最低}$	根据出水管喇叭口的淹没深度确定	$H_{箱底}+700\sim800mm$	$H_{箱底}+700mm$
		根据防止旋流器的淹没深度确定	$H_{箱底}+250\sim300mm$	$H_{箱底}+250mm$
2	消防水箱最低报警水位 $H_{最低报警}$	根据其与消防水箱最高有效水位标高关系	$H_{最高}-50\sim100mm$	$H_{最高}-100mm$
3	消防水箱最高有效水位 $H_{最高}$	根据其与最低有效水位间的水体容积不小于消防水箱有效储水容积确定	—	—

续表

序号	名称	确定方法	取值范围	常规取值
4	消防水箱最高报警水位 $H_{最高报警}$	根据其与消防水箱最高有效水位标高关系	$H_{最高}+50\sim100mm$	$H_{最高}+50mm$
5	消防水箱溢流水位 $H_{溢流}$	根据其与消防水箱最高有效水位标高关系	$H_{最高}+100\sim200mm$	$H_{最高}+100mm$
6	消防水箱进水管中标高 $H_{进水管}$	根据其与消防水箱溢流水位标高关系	$H_{溢流}+200\sim250mm$	$H_{溢流}+200mm$

7. 高位消防水箱布置

高位消防水箱四周均应预留一定空间，净距要求见表1-215。

高位消防水箱四周净距要求表 表1-215

序号	项目		净距（m）
1	水箱外壁与建筑本体结构墙面之间	无管道的侧面	≥0.7
		安装有管道的侧面	≥1.0
2	管道外壁与建筑本体墙面之间的通道		≥0.6
3	设有人孔的水箱顶，其顶面与其上面的建筑物本体板底之间		≥0.8

8. 消防水箱防冻

严寒、寒冷等冬季结冰地区医院建筑高位消防水箱间内应设置散热器或其他供暖设备。消防水箱及相应管道均应采取保温措施，保温材料及厚度见表1-216。

消防水箱及相应管道保温材料及厚度表 表1-216

序号	保温对象	采用加筋铝箔离心玻璃棉保温的厚度（mm）	采用橡塑海绵保温的厚度（mm）
1	消防水箱	50	50
2	消防水箱连接管道	50	20

注：消防水箱采用不锈钢材质时，其与橡塑海绵保温材料间应覆塑处理。

1.5.6 消防稳压装置

《消设通规》对于稳压泵做了以下强制性条文规定：

3.0.13 稳压泵的公称流量不应小于消防给水系统管网的正常泄漏量，且应小于系统自动启动流量，公称压力应满足系统自动启动和管网充满水的要求。

1. 消防稳压泵

（1）设计流量

对于消火栓系统，不同消防给水设计流量对应的消防稳压泵设计流量，见表1-217。

消火栓稳压泵设计流量表 表1-217

序号	消防给水设计流量（L/s）	消火栓稳压泵最小设计流量（L/s）	消火栓稳压泵最大设计流量（L/s）	消火栓稳压泵常规设计流量（L/s）
1	15	0.15	0.45	1.00
2	20	0.20	0.60	1.00

续表

序号	消防给水设计流量（L/s）	消火栓稳压泵最小设计流量（L/s）	消火栓稳压泵最大设计流量（L/s）	消火栓稳压泵常规设计流量（L/s）
3	30	0.30	0.90	1.00
4	40	0.40	1.20	1.20

对于自动喷水灭火系统，不同自动喷水灭火给水设计流量对应的自动喷水灭火稳压泵设计流量，见表 1-218。

自动喷水灭火稳压泵设计流量表　　　　　　　　　　表 1-218

序号	自动喷水灭火给水设计流量（L/s）	自动喷水灭火稳压泵最小设计流量（L/s）	自动喷水灭火稳压泵最大设计流量（L/s）	自动喷水灭火稳压泵常规设计流量（L/s）
1	25	0.25	0.75	1.00
2	30	0.30	0.90	1.00
3	35	0.35	1.05	1.05
4	40	0.40	1.20	1.20

自动喷水灭火给水系统所采用报警阀压力开关等的自动启动流量通常按一只标准喷头的流量，即 1.33L/s；结合表 1-218，自动喷水灭火稳压泵常规设计流量取 1.33L/s。

当消防稳压装置采用合用消防稳压装置时，其设计流量应为消火栓稳压泵设计流量与自动喷水灭火稳压泵设计流量之和。

（2）设计压力

当消防稳压泵设置于高位消防水箱间内时，稳压泵的启泵压力（P_1），按公式（1-60）确定：

$$P_1 > 0.15 - 0.01 \times H_1，且 P_1 > 0.01 \times H_2 + (0.07 \sim 0.10) \tag{1-60}$$

式中　P_1——消防稳压泵启泵压力，MPa；

　　　H_1——高位消防水箱最低有效水位与消防系统最不利点处消防设施（最高层室内消火栓或自动喷水灭火系统喷头）的高差，m；对于消火栓系统，H_1 通常取 3.5～4.5m；对于自动喷水灭火系统，H_1 通常取 2.0～3.0m；

　　　H_2——高位消防水箱有效水深，即最高有效水位与最低有效水位的高差，m，H_2 通常取 2.0～3.0m。

据此，上式变为：$P_1 > 0.12 \sim 0.13$MPa，且 $P_1 > 0.09 \sim 0.13$MPa。因此 P_1 应大于 0.13MPa，为安全起见，P_1 可取 0.15～0.20MPa。

稳压泵的停泵压力（P_2），按公式（1-61）确定：

$$P_2 = P_1 / \alpha_b \tag{1-61}$$

式中　P_2——消防稳压泵停泵压力，MPa；

　　　P_1——消防稳压泵启泵压力，MPa；

　　　α_b——气压水罐工作压力比，根据消防稳压装置气压水罐型号规格确定，通常可取 0.76～0.85，可按 0.80 计。

据此，P_2 可取 0.20～0.25MPa。

当消防稳压泵设置于低位消防水泵房内时，稳压泵的启泵压力（P_1），按公式（1-62）确定：

$$P_1 > 0.01 \times H + 0.15，且 P_1 > 0.01 \times H_1 + (0.07 \sim 0.1) \tag{1-62}$$

式中　P_1——消防稳压泵启泵压力，MPa；
　　　H——消防系统最不利点处消防设施（最高层室内消火栓或自动喷水灭火系统喷头）与消防水泵出水口处的高差，m。
　　　H_1——高位消防水箱最低有效水位与消防系统最不利点处消防设施（最高层室内消火栓或自动喷水灭火系统喷头）的高差，m；对于消火栓系统，H_1通常取 3.5～4.5m，对于自动喷水灭火系统，H_1通常取 2.0～3.0m。

稳压泵的停泵压力（P_2），按公式（1-63）确定：

$$P_2 = P_1/\alpha_b \tag{1-63}$$

式中　P_2——消防稳压泵停泵压力，MPa；
　　　P_1——消防稳压泵启泵压力，MPa；
　　　α_b——气压水罐工作压力比，根据消防稳压装置气压水罐型号规格确定，通常可取 0.76～0.85，可按 0.80 计。

（3）消防稳压泵选型

消火栓稳压泵设计流量为 1.00～1.20L/s；自动喷水灭火稳压泵设计流量为 1.33L/s；消火栓与自动喷水灭火合用稳压泵设计流量为 2.33～2.53L/s，上述值作为稳压泵流量确定依据。

消防稳压泵设计压力应根据消防稳压泵停泵压力（P_2）值，附加 0.03～0.05MPa 后作为稳压泵扬程确定依据。

2. 气压水罐

设置稳压泵的临时高压消防给水系统气压水罐有效储水容积不宜小于 150L。消火栓稳压装置、自动喷水灭火稳压装置均采用 150L 有效储水容积气压水罐；合用消防稳压装置采用 300L 有效储水容积气压水罐。

3. 管道、阀门、附件等

消防稳压泵吸水管管径、出水管管径，见表 1-219。

消防稳压泵吸水管管径、出水管管径对照表　　　　表 1-219

序号	消防稳压装置名称	稳压泵吸水管管径（mm）	稳压泵出水管管径（mm）
1	消火栓稳压装置	DN50	DN40
2	自动喷水灭火稳压装置	DN50	DN40
3	合用消防稳压装置	DN70	DN50

消防稳压泵应设置备用泵，每套消防稳压泵通常为 2 台，1 用 1 备。

1.5.7　消防水泵接合器

1. 设置范围

《防火通规》对于消防水泵接合器做了以下强制性条文规定：

8.1.12　下列建筑应设置与室内消火栓等水灭火系统供水管网直接连接的消防水泵接合器，且消防水泵接合器应位于室外便于消防车向室内消防给水管网安全供水的位置：

1　设置自动喷水、水喷雾、泡沫或固定消防炮灭火系统的建筑；

2　6 层及以上并设置室内消火栓系统的民用建筑；

3　5 层及以上并设置室内消火栓系统的厂房；

4　5层及以上并设置室内消火栓系统的仓库；

5　室内消火栓设计流量大于10L/s且平时使用的人民防空工程；

6　地铁工程中设置室内消火栓系统的建筑或场所；

7　设置室内消火栓系统的交通隧道；

8　设置室内消火栓系统的地下、半地下汽车库和5层及以上的汽车库；

9　设置室内消火栓系统，建筑面积大于10000m^2或3层及以上的其他地下、半地下建筑（室）。

对于室内消火栓系统，6层及以上的医院建筑应设置消防水泵接合器；若医院人防工程室内消火栓系统设计流量大于10L/s且平时使用，应设置消防水泵接合器。

医院建筑消火栓系统消防水泵接合器配置，见表1-220。

医院建筑消火栓系统消防水泵接合器配置表　　　　表1-220

序号	建筑类型		消防水泵接合器配置	消防水泵接合器与管网连接方式
1	单个建筑	竖向不分区	1套	接入点位于系统底端消火栓给水状干管
2		竖向分为高区、低区	每个分区1套	低区接入点位于低区系统底端消火栓给水环状干管；高区接入点位于高区系统底端消火栓给水环状干管

注：1. 对于院区内的不同建筑来说，每个建筑均应按表中要求设置消防水泵接合器；
　　2. 建筑附设的地下室、平战结合人防工程室内消火栓给水系统无需单独设置消防水泵接合器。

医院建筑自动水灭火系统通常包括自动喷水灭火系统、水喷雾灭火系统、高压细水雾灭火系统、自动跟踪定位射流灭火系统等，上述系统应分别设置消防水泵接合器。自动喷水灭火系统消防水泵接合器通过管道连接到水力报警阀组前的自动喷水灭火给水管网上。

2. 技术参数

消防水泵接合器的给水流量宜按每个10～15 L/s计算。医院建筑消防水泵接合器数量，见表1-221。

医院建筑消防水泵接合器数量参照表　　　　表1-221

序号	消防给水系统设计流量（L/s）	消防水泵接合器出口通径	消防水泵接合器数量（个）	备注
1	10	DN100	1	
2		DN150	1	
3	15	DN100	2	
4		DN150	2	
5	20	DN100	3	
6		DN150	2	
7	25	DN100	3	
8		DN150	2	DN100对应的给水流量按10L/s计，DN150对应的给水流量按15L/s计
9	30	DN100	4	
10		DN150	3	
11	40	DN100	5	
12		DN150	3	
13	50	DN100	6	
14		DN150	4	
15	60	DN100	7	
16		DN150	5	

注：设计时推荐选用DN150出口通径的水泵接合器。

3. 安装形式

医院建筑消防水泵接合器安装形式选择，见表1-222。

消防水泵接合器安装形式选择表　　　　　　　　　　　　　表 1-222

序号	所处区域气候类型	消防水泵接合器安装形式
1	严寒地区	地下式
2	寒冷地区	地下式或地上式，宜采用地上式
3	其他地区	地上式

注：例如，山东地区消防水泵接合器通常采用地上式。

4. 设置位置

同种水泵接合器不宜集中布置，不同种类、分区、功能的水泵接合器宜成组布置，且应设在室外便于消防车使用和接近的地方，且距室外消火栓或消防水池的距离不宜小于15m，并不宜大于40m，距人防工程出入口不宜小于5m。水泵接合器宜在室外沿消防车道在单体建筑附近布置，应控制其与室外消火栓或消防水池的距离。

1.5.8 消火栓系统给水形式

1. 室外消火栓给水系统

《消设通规》对于室外消火栓系统做了以下强制性条文规定：

3.0.3 设置市政消火栓的市政给水管网，平时运行工作压力应大于或等于 **0.14MPa**，应保证市政消火栓用于消防救援时的出水流量大于或等于 **15L/s**，供水压力（从地面算起）大于或等于 **0.10MPa**。

3.0.4 室外消火栓系统应符合下列规定：

1 室外消火栓的设置间距、室外消火栓与建（构）筑物外墙、外边缘和道路路沿的距离，应满足消防车在消防救援时安全、方便取水和供水的要求；

2 当室外消火栓系统的室外消防给水引入管设置倒流防止器时，应在该倒流防止器前增设1个室外消火栓；

3 室外消火栓的流量应满足相应建（构）筑物在火灾延续时间内灭火、控火、冷却和防火分隔的要求；

4 当室外消火栓直接用于灭火且室外消防给水设计流量大于 **30L/s** 时，应采用高压或临时高压消防给水系统。

当医院院区市政给水管网满足两路消防供水的条件，以及流量压力满足要求时，可采用室外低压消防给水系统。

如果医院建筑项目存在周边没有市政给水管网，有市政给水管网但管网流量不大、管径较小，压力低于0.25MPa或不稳定，市政给水管网接入口只有1处等情况时，应采用室外临时高压消防给水系统。医院建筑室外临时高压消防给水系统通常独立设置，即独立设置室外消火栓给水泵组、室外消火栓稳压装置等，一般设置在消防水泵房内。

医院建筑室外消火栓给水泵组一般设置2台，1用1备，泵组设计流量为本建筑室外消防设计流量（15L/s、25L/s、30L/s、40L/s），设计扬程应保证室外消火栓处的栓口压力（0.20~0.30MPa）。泵组吸水管接自消防水池，泵组出水管及吸水管管径，见表1-223。

泵组出水管及吸水管管径对照表　　　　　　　　　　　　　　　表 1-223

室外消火栓给水泵组设计流量（L/s）	15	25	30	40
泵组出水管管径（mm）	DN125	DN150	DN150	DN200
泵组吸水管管径（mm）	DN150	DN200	DN200	DN250

室外消火栓给水管网管径，见表 1-224。

室外消火栓给水管网管径对照表　　　　　　　　　　　　　　　表 1-224

室外消火栓设计流量（L/s）	15	25	30	40
室外消火栓给水管网管径（mm）	DN150	DN150	DN150	DN200

室外消火栓给水管网应环状布置，单独成环，宜与院区内已有室外消火栓给水管网连接。

2. 室内消火栓给水系统

医院建筑室内消火栓给水系统最常采用临时高压消火栓给水系统。

3. 室内消火栓系统分区供水

《消水规》第 6.2.1 条 符合下列条件时，消防给水系统应分区供水：1 系统工作压力大于 2.40MPa；2 消火栓栓口处静压大于 1.0MPa。

采用临时高压系统且高层医院建筑高度大于 70m 时，室内消火栓系统应分区供水。竖向分区通常分为高区、低区 2 个区。常用做法：设有裙房高层医院建筑，裙楼高度以上的楼层消火栓系统为高区，裙楼高度以下的楼层和裙楼消火栓系统为低区；根据高层医院建筑功能位置，通常高层病房区域消火栓系统为高区，门诊、医技区域消火栓系统为低区。

高层医院建筑室内消火栓系统分区供水常采用消火栓给水泵组并行、减压阀减压 2 种形式，见表 1-225。

消火栓给水泵组并行、减压阀减压对照表　　　　　　　　　　　　表 1-225

序号	分区供水形式	分区特征	消火栓给水泵组	优缺点
1	消火栓给水泵组并行	高区、低区消火栓给水泵组分别配置一套；2 个区的消火栓泵组单独从消防水池吸水，单独向本区消火栓给水管网供水	高区、低区消火栓泵组的流量相同，扬程不同	高区、低区完全独立，可靠性高；缺点是造价较高，占空间较大
2	减压阀减压	高区、低区消火栓给水泵组共同配置一套。消火栓泵组从消防水池吸水，向高区、低区消火栓给水管网供水，接往低区给水管网的 2 条供水干管设置减压阀	消火栓泵的扬程应根据高区确定	经济合理，节省空间，可靠性较高

在医院建筑工程设计中，减压阀减压分区形式应用得更多。

高区、低区消火栓给水管网均应在横向、竖向上连成环状。高区、低区消火栓供水横干管宜分别沿本区最高层和最底层顶板下敷设。

典型医院建筑室内消火栓系统原理图，见图 1-12。

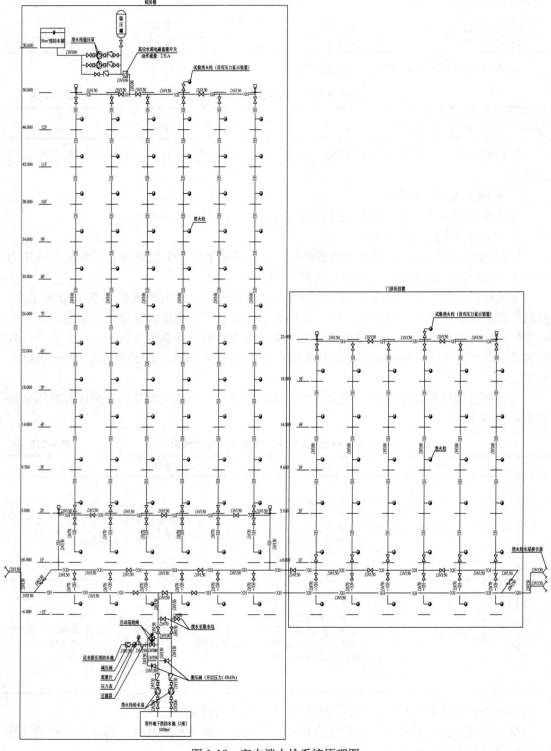

图 1-12　室内消火栓系统原理图

1.5.9 消火栓系统类型

《消设通规》对于室内消火栓系统做了以下强制性条文规定：

3.0.5 室内消火栓系统应符合下列规定：

1 室内消火栓的流量和压力应满足相应建（构）筑物在火灾延续时间内灭火、控火的要求；

2 环状消防给水管道应至少有2条进水管与室外供水管网连接，当其中一条进水管关闭时，其余进水管应仍能保证全部室内消防用水量；

3 在设置室内消火栓的场所内，包括设备层在内的各层均应设置消火栓；

4 室内消火栓的设置应方便使用和维护。

《消设通规》对于室内消防给水系统做了以下强制性条文规定：

3.0.6 室内消防给水系统由生活、生产给水系统管网直接供水时，应在引入管处采取防止倒流的措施。当采用有空气隔断的倒流防止器时，该倒流防止器应设置在清洁卫生的场所，其排水口应采取防止被水淹没的措施。

1. 系统分类

医院建筑室外消火栓系统采用湿式消火栓系统。

《消水规》第7.1.2条 室内环境温度不低于4℃，且不高于70℃的场所，应采用湿式消火栓系统。我国夏热冬冷、夏热冬暖及温和地区医院建筑，其室内消火栓系统采用湿式消火栓系统；在我国严寒、寒冷等冬季结冰地区医院建筑，其病房、诊室、办公等场所室内消火栓系统采用湿式消火栓系统，且地下车库、库房、机房等场所可采用干式消火栓系统。

2. 室外消火栓

严寒、寒冷等冬季结冰地区医院建筑室外消火栓应采用干式消火栓；其他地区可采用地上式或地下式消火栓，宜采用地上式。

建筑室外消火栓的数量应根据室外消火栓设计流量和保护半径经计算确定，保护半径不应大于150.0m，间距不应大于120.0m，每个室外消火栓的出流量宜按10~15L/s计算。通常根据建筑物平面布局在建筑物四个角附近绿地设置室外消火栓，邻近两个消火栓之间距离如果超过120m，则应在其中间增设1个消火栓。

3. 室内消火栓

医院建筑的各楼层，包括病房层、门诊层、手术层、地下车库层、地下机房层、手术室设备层等，均应布置室内消火栓予以保护；医院建筑中不能采用自动喷水灭火系统保护的高低压配电室、柴油发电机房、网络机房、医技影像机房（CT、MR、DSA等）、消防控制室等场所亦应由室内消火栓保护；屋顶设有直升机停机坪的医院建筑，应在停机坪出入口或非电器设备机房处设置消火栓，且距停机坪机位边缘的距离不应小于5.0m；消防电梯前室应设置室内消火栓，并应计入消火栓使用数量。

室内消火栓的布置应满足同一平面有2支消防水枪的2股充实水柱同时达到任何部位。

表1-226给出了医院建筑室内消火栓布置方法。

栓口压力大于0.50MPa的消火栓采用减压稳压消火栓，不同类型消火栓设置的楼层数，参见表1-227。

医院建筑室内消火栓布置方法表　　　　　　　　　　　　表 1-226

序号	室内消火栓布置方法	注意事项
1	布置在楼梯间、前室等位置	楼梯间、前室的消火栓宜明设，暗设时应采取措施；箱体及立管不应影响楼梯门、电梯门开启使用
2	布置在公共走道两侧，箱体开门朝向公共走道	宜暗设或半暗设；优先沿附属房间（库房、淋浴间、卫生间、污洗间等）的墙体安装
3	布置在集中区域内部公共空间内	可布置在敞开公共空间内沿柱子外皮明设，亦可在朝向公共空间房间的外墙上暗设；应避免消火栓消防水带穿过多个房间门到达保护点
4	特殊区域如手术部、车库、门诊病房大厅、设备层、手术室机房等场所，应根据其平面布局布置	手术室墙体不应设置消火栓，手术室墙体附近布置消火栓的，应在该墙体外明设；车库内消火栓宜沿车行道布置，沿柱子明设；大厅处消火栓宜沿高大空间周边房间外墙明设或暗设

注：1. 室内消火栓不应跨防火分区布置；
　　2. 室内消火栓应按其实际行走距离计算其布置间距，医院建筑室内消火栓布置间距宜为 20.0～25.0m，不应小于 5.0m。

不同类型消火栓设置楼层数表　　　　　　　　　　　　表 1-227

序号	建筑类别		普通消火栓楼层	减压稳压消火栓楼层
1	高层建筑	竖向不分区	最上面 4 层	其他楼层
2		竖向分为高区、低区	高区最上面 4 层；低区最上面 3～4 层	
3	多层建筑		最上面 6 层	

精神专科医院室内消火栓等灭火设施应设置于便于医护人员监管的区域，当所在位置不便于医护人员监管时，应采取安全防护措施。

1.5.10 消火栓给水管网

1. 室外消火栓给水管网

医院建筑室外消火栓给水管网应采用环状给水管网。向室外消火栓给水管网供水的输水干管不应少于 2 条。

2. 室内消火栓给水管网

医院建筑室内消火栓给水管网应采用环状给水管网，有 2 种主要管网型式，见表 1-228。室内消火栓给水管网在横向、竖向均宜连成环状。

室内消火栓给水管网主要管网型式表　　　　　　　　　　　　表 1-228

序号	管网型式特点	适用情形	具体部位	备注
型式1	消防供水干管沿建筑最高处、最低处横向水平敷设，配水干管沿竖向垂直敷设，配水干管上连有消火栓	病房区；各楼层竖直上下层消火栓位置基本一致和横向连接管长度较小的门诊医技区	病房楼：病房护理单元包括病区、医护人员区、治疗区、连通走道等；ICU、NICU、产科病房、儿科病房、妇科病房、烧伤病房等场所有微调；门诊楼：模块化门诊单元包括诊室、办公、检查、治疗等房间和公共走道等	主要型式

续表

序号	管网型式特点	适用情形	具体部位	备注
型式 2	消防供水干管沿建筑竖向垂直敷设，配水干管沿每一层顶板下或吊顶内横向水平敷设，配水干管上连有消火栓	各楼层竖直上下层消火栓位置差别较大或横向连接管长度较大的门诊医技区；地下车库	门诊楼：非模块化门诊单元包括诊室、办公、检查、治疗等房间和公共走道等；医技楼：检验科、中心供应室、影像中心、配液中心、输液中心、实验室等科室场所；车库；机房等	辅助型式

注：1. 具有病房、门诊、医技等综合功能的区域，可结合上述两种管网型式设置，两种环状室内消火栓给水管网通过至少 2 根 DN150 消火栓给水干管连通；
2. 不能敷设消火栓给水管道的场所包括：影像中心的 CT、MR、DSA 等机房；核医学科的 PET-CT、直线加速器等机房；高低压配电室、柴油发电机房、网络机房、消防控制室；手术室等；
3. 手术室内不能敷设消火栓给水管网，手术部消火栓给水横干管一般沿手术部内走道（包括洁净走廊、污物廊）顶板下或吊顶内敷设；
4. 人防区域内消火栓系统宜自成一个系统，消火栓给水横干管宜做成环状，设置 2 根绎水干管与非人防区域消火栓系统相连，给水干管穿越人防围护结构时在人防侧设置防护阀门。

图 1-13 为型式 1 原理图，图 1-14 为型式 2 原理图。

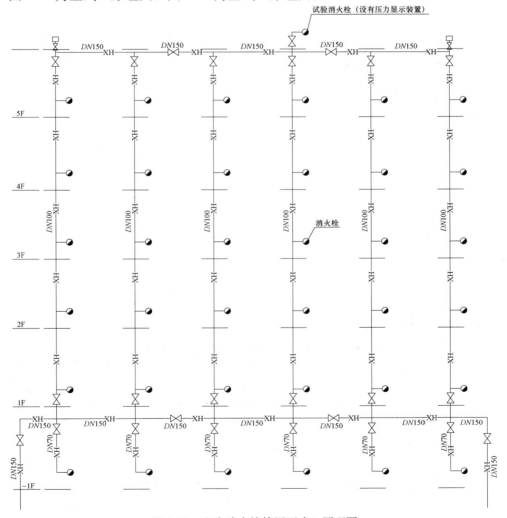

图 1-13 室内消火栓管网型式 1 原理图

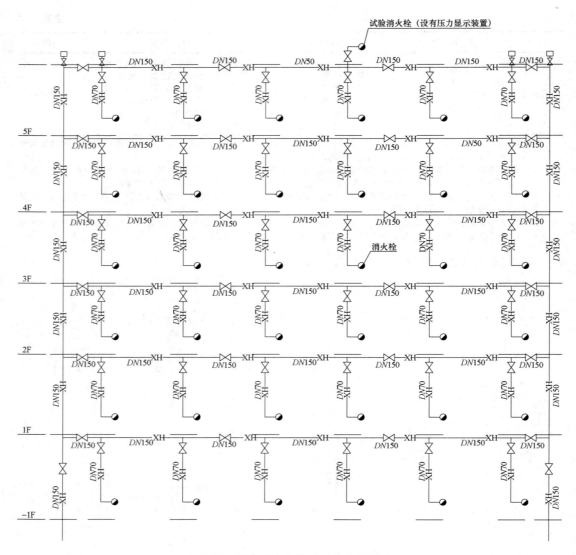

图 1-14 室内消火栓管网型式 2 原理图

医院建筑室内消火栓给水管网的环状干管管径,见表 1-229。

室内消火栓给水管网环状干管管径对照表　　　　表 1-229

室内消火栓设计流量（L/s）	10	15	20	30	40
室内消火栓给水管网管径（mm）	DN100	DN100	DN100 或 DN150	DN150	DN150

注：消火栓给水管道的设计流速不宜大于 2.5m/s。

医院建筑室内消火栓竖管管径可按 DN100。

传染病医院建筑室内消防管道敷设应采取下列措施：穿越污染区、半污染区墙和楼板时应做套管，套管与墙和楼板、管道之间应采用不燃密封材料密封；非负压隔离病房区消防管道应避开负压隔离病房区，不能避开时应采取防护措施，非负压隔离病房区消防管道阀门不应设置在负压隔离病房区。

精神专科医院消防给水系统的管道,应在管道井、吊顶和墙内隐蔽安装。

3. 系统阀门

室内消火栓系统阀门设置,见表1-230。

室内消火栓系统阀门表 表1-230

序号	规范规定	措施做法
1	室内消火栓竖管应保证检修管道时关闭停用的竖管不超过1根,当竖管超过4根时,可关闭不相邻的2根;每根竖管与供水横干管相接处应设置阀门	每根消火栓给水立管的上下两端与横干管连接处应各设1个阀门
2		在消火栓环状供水横干管上每隔一根立管设置1个阀门

埋地管道的阀门宜采用带启闭刻度的球墨铸铁暗杆闸阀。室内架空管道的阀门宜采用蝶阀、明杆闸阀或带启闭刻度的暗杆闸阀等。

4. 系统给水管网管材

医院建筑室外消火栓给水管绝大多数采用直埋敷设方式。埋地消火栓给水管道宜采用球墨铸铁管或钢丝网骨架塑料复合管给水管道。

医院建筑室内消火栓给水管通常采用架空敷设方式,管材与系统工作压力有关,见表1-231。

医院建筑室内消火栓给水管管材与系统工作压力对照表 表1-231

序号	系统工作压力 $P_{系统}$(MPa)	管道管材	连接方式
1	$P_{系统} \leqslant 1.20$	热浸锌镀锌钢管	沟槽连接件(卡箍)连接、法兰连接,安装空间较小时沟槽连接件连接
2	$1.20 < P_{系统} \leqslant 1.60$	热浸锌镀锌加厚钢管或热浸镀锌无缝钢管	
3	$P_{系统} > 1.60$	热浸镀锌无缝钢管	

薄壁不锈钢管(S11163)、镀锌镍碳钢管等新型优质管道,在医院建筑室内消火栓系统中均得到更多的应用,未来会逐步替代传统钢管。

1.5.11 消火栓系统计算

1. 消火栓水泵选型计算

室内消火栓水泵流量与室内消火栓设计流量一致,包含10L/s、15L/s、30L/s、40L/s。

医院建筑消火栓水泵扬程,按公式(1-64)计算:

$$P = k_2 \cdot (SP_i + SP_p) + 0.01H + P_0 \quad (1-64)$$

式中 P——消火栓水泵所需要的扬程,MPa;

k_2——安全系数,可取1.20~1.40,常取1.30;宜根据消火栓管道的复杂程度和不可预见发生的管道变更所带来的不确定性取值;

SP_i——消火栓管道沿程水头损失之和,MPa;

$$SP_i = iL$$

其中:i 为单位长度消火栓管道沿程水头损失,MPa/m;消火栓给水管道采用钢管时，管道内水的平均流速按 2.5m/s 计，$DN100$ 管道 i 值为 $1.25×10^{-3}$ MPa/m，$DN150$ 管道 i 值为 $0.81×10^{-3}$ MPa/m。L 为消火栓给水泵至最不利消火栓栓口间最不利供水管路管道的长度，m；消火栓水泵至最不利消火栓栓口间管路管道，见表 1-232。

消火栓水泵至最不利消火栓栓口间管路管道表　　表 1-232

序号	管路管道	管径（mm）
1	消火栓给水泵至最不利消火栓立管间的供水管道	$DN100$ 或 $DN150$
2	最不利消火栓立管的配水管道	$DN100$
3	最不利消火栓立管至最不利消火栓栓口间的供水管道	$DN100$ 或 $DN150$

SP_p——消火栓管件和阀门等局部水头损失之和，MPa，消防给水干管和室内消火栓可按管道沿程水头损失的 10%～20% 计，常取 20%；

H——当消火栓水泵从消防水池吸水时，H 为水池最低有效水位至最不利消火栓栓口的几何高差，m；

P_0——最不利消火栓栓口所需的设计压力，MPa；高层医院建筑消火栓栓口动压：高层按 0.35MPa；多层按 0.25MPa。

根据消火栓水泵流量和扬程选择消火栓水泵。

2. 消火栓计算

室内消火栓的保护半径，按公式（1-65）计算：

$$R_0 = k_3 L_d + L_s \quad (1-65)$$

式中　R_0——消火栓保护半径，m；

　　　k_3——消防水带弯曲折减系数，宜根据消防水带转弯数量取 0.8～0.9；

　　　L_d——消防水带长度，m；

　　　L_s——水枪充实水柱长度在平面上的投影长度，按水枪倾角为 45°时计算，取 $0.71 S_k$，m。

其中，S_k 为水枪充实水柱长度，m，高层医院建筑消防水枪充实水柱应按 13m 计算；多层医院建筑消防水枪充实水柱应按 10m 计算。

消火栓栓口处所需水压，按公式（1-66）计算：

$$H_{xh} = H_d + H_q = A_d L_d q_{xh}^2 + q_{xh}^2/B \quad (1-66)$$

式中　H_{xh}——消火栓栓口处所需水压，mH$_2$O；

　　　H_d——消防水带的水头损失，mH$_2$O；

　　　H_q——水枪喷嘴造成一定长度充实水柱所需水压，mH$_2$O，见表 1-233；

　　　q_{xh}——消火栓射流出水量，L/s，见表 1-233；

充实水柱与水枪水压、消火栓射流出水量对照表　　表 1-233

充实水柱（m）	不同直流水枪喷嘴口径的压力和流量					
	13mm		16mm		19mm	
	压力（mH$_2$O）	流量（L/s）	压力（mH$_2$O）	流量（L/s）	压力（mH$_2$O）	流量（L/s）
6	8.1	1.7	8	2.5	7.5	3.5
7	9.6	1.8	9.2	2.7	9.0	3.8

续表

充实水柱（m）	不同直流水枪喷嘴口径的压力和流量					
	13mm		16mm		19mm	
	压力（mH₂O）	流量（L/s）	压力（mH₂O）	流量（L/s）	压力（mH₂O）	流量（L/s）
8	11.2	2.0	10.5	2.9	10.5	4.1
9	13	2.1	12.5	3.1	12	4.3
10	15	2.3	14	3.3	13.5	4.6
11	17	2.4	16	3.5	15	4.9
12	19	2.6	17.5	3.8	17	5.2
12.5	21.5	2.7	19.5	4.0	18.5	5.4
13	24	2.9	22	4.2	20.5	5.7
13.5	26.5	3.0	24	4.4	22.5	6.0
14	29.6	3.2	26.5	4.6	24.5	6.2
15	33	3.4	29	4.8	27	6.5
15.5	37	3.6	32	5.1	29.5	6.8
16	41.5	3.8	35.5	5.3	32.5	7.1
17	47	4.0	39.5	5.6	33.5	7.5

A_d——消防水带比阻，按表1-234选用；

消防水带比阻对照表　　　　　　　　　　　　　　　　　　　　表1-234

水带口径（mm）	比阻 A_d	
	帆布水带或麻织水带	衬胶水带
50	0.01501	0.00677
65	0.00430	0.00172

L_d——消防水带的长度，m；
B——水流特性系数，按表1-235选用。

水流特性系数表　　　　　　　　　　　　　　　　　　　　　　表1-235

水枪喷嘴直径（mm）	13	16	19
B值	0.346	0.793	1.577

高层医院建筑消火栓栓口动压不应小于0.35MPa；多层医院建筑消火栓栓口动压不应小于0.25MPa。

3. 消火栓系统压力计算

消火栓系统的设计工作压力为满足最不利点室内消火栓消防水枪充实水柱所需的压力，按公式（1-67）计算：

$$H_{设计} = H_1 + H_2 + \Sigma h \tag{1-67}$$

式中　$H_{设计}$——消火栓系统的设计工作压力，mH₂O；
　　　H_1——根据最不利点室内消火栓消防水枪充实水柱值计算出该室内消火栓栓口压力值，mH₂O；

H_2——最不利点室内消火栓栓口与消火栓水泵出水口之间竖向高差，mH_2O；

$\sum h$——最不利点室内消火栓栓口与消火栓水泵出水口之间最不利供水管路水头损失，包括沿程水头损失和局部水头损失，mH_2O。

消火栓水泵扬程不应小于消火栓系统的设计工作压力值，通常设计工作压力确定消火栓水泵扬程。

消火栓系统的系统工作压力为保证整个消火栓系统正常运行工作的压力值，是选择消火栓给水系统管材、管件、阀门等的基准指标，亦是确定消火栓给水系统压力管道试验压力（$H_{试验}$）的基准指标，见表1-236。

消火栓系统试验压力确定表 表1-236

消火栓给水管材类型	消火栓系统工作压力 $H_{系统}$（MPa）	试验压力 $H_{试验}$（MPa）
钢管	≤1.0	$1.5 \cdot H_{系统}$，且不应小于1.4
	>1.0	$H_{系统}+0.4$

注：消火栓系统试验压力不得小于消火栓水泵零流量时系统的压力（$H_{零流量}$）。

1.5.12 人防区域消火栓系统设计

医院建筑人防工程室内消火栓设计流量确定，见表1-237。

医院建筑人防工程室内消火栓设计流量表 表1-237

工程类别	体积 V（m³）	同时使用水枪数（支）	每支水枪最小流量（L/s）	消火栓设计流量（L/s）
医院建筑	$V≤5000$	1	5	5
	$5000<V≤10000$	2	5	10
	$10000<V≤25000$	3	5	15
	$V>25000$	4	5	20

注：消防软管卷盘的用水量可不计算入消防设计流量中。

人防区域内室内消火栓系统宜形成环状管网，通过2根或以上DN150消火栓给水横干管与非人防区域室内消火栓系统环状管网相连。消火栓给水干管穿越人防区域时，应采取的防护措施，见表1-238。

消火栓给水干管穿越人防区域时防护措施表 表1-238

序号	干管类型	穿越人防区域情况	防护措施
1	给水横干管	穿越人防围护结构	在人防侧设置防护阀门，在管道穿越处设置防护套管
2		穿越防护单元之间的防护密闭隔墙	在隔墙两侧分别设置防护阀门，在穿越隔墙处设置防护套管
3	给水竖干管	人防区域为2层，连接上下两层室内消火栓系统环状管网的竖干管穿越层间楼板	在楼板两侧分别设置防护阀门，在穿越楼板处设置防护套管

1.6 自动喷水灭火系统

1.6.1 自动喷水灭火系统设置

《防火通规》对于医院建筑相关场所自动喷水灭火系统做了以下强制性条文规定：

8.1.9 除建筑内的游泳池、浴池、溜冰场可不设置自动灭火系统外，下列民用建筑、场所和平时使用的人民防空工程应设置自动灭火系统：

1 一类高层公共建筑及其地下、半地下室；

6 中型和大型幼儿园，老年人照料设施，任一层建筑面积大于1500m² 或总建筑面积大于3000m² 的单、多层病房楼、门诊楼和手术部；

11 建筑面积大于1000m² 且平时使用的人民防空工程。

8.1.10 除敞开式汽车库可不设置自动灭火设施外，Ⅰ、Ⅱ、Ⅲ类地上汽车库，停车数大于10辆的地下或半地下汽车库，机械式汽车库，采用汽车专用升降机作汽车疏散出口的汽车库，Ⅰ类的机动车修车库均应设自动灭火系统。

自动灭火系统包括自动喷水灭火系统、气体灭火系统、高压细水雾灭火系统、水喷雾灭火系统等，除了不宜用水保护或灭火的场所外，通常均采用自动喷水灭火系统。

高层医院建筑及其裙房，除了不宜用水扑救的部位外的所有场所；单层、多层医院建筑，不论是病房楼、门诊楼，还是医疗综合楼，只要满足任一楼层建筑面积大于1500m² 或者其总建筑面积大于3000m² 的所有场所；医院建筑附设平时使用的人防工程（平时用作车库的人员掩蔽所、物资库等，不包括战时医院）、地下车库等，均应设置自动喷水灭火系统。

综合医院建筑若根据规范规定设置自动喷水灭火系统，其设置的具体场所见表1-239。

综合医院建筑设置自动喷水灭火系统的具体场所表　　　　表1-239

序号	设置自动喷水灭火系统的区域		具体场所
1	门诊部用房	门诊用房	非高大空间门厅、挂号、问讯、病历、预检分诊、记账、收费、药房、候诊室、采血室、检验室、输液室、注射室、门诊办公室、卫生间等用房，各科诊查室、治疗室、护士站、污洗室等，换药室、处置室、清创室、功能检查室、值班更衣室、杂物贮藏室、卫生间等
		候诊用房	
		诊查用房	双人诊查室、单人诊查室等
		妇科、产科和计划生育用房	妇科隔离诊查室、妇科检查室及专用卫生间、休息室，产科和计划生育休息室及专用卫生间，产科咨询室
		儿科用房	预检室、候诊室、儿科专用卫生间、隔离诊查室和隔离卫生间、挂号、药房、注射室、检验室和输液室等
		耳鼻喉科用房	内镜检查室（包括食道镜等）、治疗室、测听室、前庭功能室、内镜检查室（包括气管镜、食道镜等）等
		眼科用房	初检室（视力、眼压、屈光）、诊查室、治疗室、检查室、暗室等

续表

序号	设置自动喷水灭火系统的区域		具体场所
1	门诊部用房	口腔科用房	镶复室、消毒洗涤室、矫形室、资料室等
		门诊手术用房	准备室、更衣室、术后休息室和污物室等
		门诊卫生间	
		预防保健用房	宣教室、档案室、儿童保健室、妇女保健室、免疫接种室、更衣室、办公室、心理咨询室等
2	急诊部用房		接诊分诊、护士站、输液室、观察室、污洗室、杂物贮藏室、值班更衣室、卫生间、抢救室、抢救监护室、诊查室、治疗室、清创室、换药室、挂号、收费、病历、药房、检验室、功能检查室、重症监护室、输液室（包括治疗间和输液间）等
3	感染疾病门诊用房		消化道、呼吸道分诊、接诊、挂号、收费、药房、检验室、诊查室、隔离观察室、治疗室、医护人员更衣室、缓冲区、专用卫生间等
4	住院部用房	出入院用房	登记、结算、探望患者管理用房等
		护理单元用房	病房、抢救室、患者卫生间、医护人员卫生间、盥洗室、浴室、护士站、医生办公室、处置室、治疗室、更衣室、值班室、配餐室、库房、污洗室、患者就餐室、活动室、换药室、患者家属谈话室、探视室、示教室等
		监护用房	监护病房、治疗室、处置室、仪器室、护士站、污洗室等
		儿科病房用房	配奶室、奶具消毒室、隔离病房和专用卫生间、监护病房、新生儿病房、儿童活动室等
		妇产科病房用房	妇科检查室和治疗室，产科产前检查室、待产室、分娩室、隔离待产室、隔离分娩室、产期监护室、产休室等，婴儿间、配奶室、奶具消毒室、隔离婴儿室、护士室等
		烧伤病房用房	护士室、洗涤消毒室、消毒品贮藏室、专用处置室、医护人员卫生通过通道（包括换鞋、更衣、卫生间和淋浴室）等
		血液病房用房	护士室、洗涤消毒用房、净化设备机房、医护人员卫生通道（包括换鞋、更衣、卫生间和淋浴室）等
		血液透析室用房	患者换鞋与更衣室、透析厅（室）、隔离透析治疗室、治疗室、复洗室、污物处理室、配药室、水处理设备机房、医护人员卫生通过通道等
5	生殖医学中心用房		诊查室、B超室、取精室、取卵室、检查室、妇科内分泌测定和精子库、遗传学检查室等
6	手术部用房		刷手室、术后苏醒室、换床室、护士室、麻醉师办公室、换鞋室、男女更衣室、男女浴室和卫生间、无菌物品存放室、清洗室、消毒室、污物室和库房，手术准备室、石膏室、冰冻切片室、敷料制作室、麻醉器械贮藏室、教学室、医护休息室、男女值班室和家属等候室等
7	放射科用房		控制室、暗室、观片室、登记存片室、诊室、办公室、患者更衣室和候诊等
8	磁共振检查室用房		控制室、附属机房（空调机）、诊室、办公室和患者更衣室等

续表

序号	设置自动喷水灭火系统的区域	具体场所
9	放射治疗科用房	控制室、治疗计划室、物理计划室、模具间、候诊、护理室、诊室、医生办公室、会诊室、值班室、卫生间、更衣室、污洗室和固体废弃物存放间等
10	核医学科用房	候诊、诊室、医生办公室和卫生间等，功能测定和运动负荷试验室、专用等候区和卫生间等；计量室、服药室、注射室、试剂配制室、卫生通过通道、储源间、分装间、标记和洗涤室等
11	介入治疗用房	控制室、机械间、洗手准备、无菌物品室、治疗室、更衣室和卫生间、办公室、会诊室、值班室、护理室和资料室等
12	检验科用房	临床检验室、生化检验室、微生物检验室、血液实验室、细胞检查室、血清免疫室、洗涤间、试剂和材料库、更衣室、值班室和办公室等
13	病理科用房	病理解剖室、取材室、标本处理室（脱水、染色、蜡包埋、切片）、制片室、镜检室、洗涤消毒室、卫生通过通道、病理解剖和标本库等
14	功能检查科用房	检查室（肺功能、脑电图、肌电图、脑血流图、心电图、超声等）、处置室、医生办公室、治疗室、患者、医护人员更衣室和卫生间等
15	内窥镜科用房	内窥镜（上消化道内窥镜、下消化道内窥镜、支气管镜、胆道镜等）检查室、准备室、处置室、等候室、休息室、观察室、卫生间、灌肠室、患者和医护人员更衣等
16	理疗科用房	
17	输血科（血库）用房	配血室、贮血室、发血室、清洗间、消毒室、更衣室、卫生间等
18	药剂科用房	门诊药房发药室、调剂室、药库、办公室、值班室和更衣室等，住院药房摆药室、药库、发药室、办公室、值班室和更衣室等，中药房中成库、中草药库和煎药室等，一级药品库、办公室、值班室和卫生间等
19	中心（消毒）供应室用房	污染区收件、分类、清洗、消毒和推车清洗中心（消毒）等，清洁区敷料制备、器械制备、灭菌、质检、一次性用品库、卫生材料库和器械库等，无菌区无菌物品储存间等，办公室、值班室、更衣室和浴室、卫生间等
20	营养厨房	主食制作间、副食制作间、主食蒸煮间、副食洗切间、冷荤熟食间、回民灶、库房、配餐间、餐车存放间、办公室和更衣室等
21	洗衣房	收件、分类、浸泡消毒、洗衣、烘干、烫平、缝纫、贮存、分发和更衣等
22	太平间	停尸间、告别室、解剖室、标本室、值班室、更衣室、卫生间、器械室、洗涤室和消毒室等

传染病医院建筑若根据规范规定设置自动喷水灭火系统，其设置的具体场所见表1-240。

传染病医院建筑设置自动喷水灭火系统的具体场所表　　　　　表1-240

序号	设置自动喷水灭火系统的区域	具体场所
1	门诊部	非高大空间门厅、挂号处、问讯处、病历室、划价收费处、中西药房、候诊处、采血室、检验室、输液室、注射室、门诊办公室、卫生间等，肠道、肝炎、呼吸道等各科室诊查室、治疗室、护士站、值班更衣室、污洗室、杂物贮藏室、卫生间等，换药室、处置室、清创室和功能检查室等

续表

序号	设置自动喷水灭火系统的区域		具体场所
2	急诊部		接诊分诊台、诊室、抢救室、抢救监护室、医护人员办公室、更衣室、缓冲室、卫生间、污洗室、杂物贮藏室等，挂号、收费、病案、药房、检验用房等
3	医技科室	医学影像科	控制室、等候室、登记存片室、观片室、暗室、PACS机房、医生办公室、技师办公室和卫生间等
		功能检查室	各类功能检查室、医护办公室和卫生间等
		血库	贮血间、配血间、发血间、清洗间、灭菌消毒间、工作人员更衣室、卫生间等
		中心（消毒灭菌）供应室	收件、分类清洗、敷料制作、组装打包、灭菌、质检、无菌储存、一次性用品存放、器械存放、办公、发放等用房和卫生间
		手术部	换床间、刷手处（池）、麻醉准备间、术后苏醒间、男女卫生通过室（更衣、淋浴、卫生间）、无菌敷料室、器械仪器室、家属等候室、谈话室、冰冻切片间、标本传送间、污物暂存间和示教室等
		药剂科	发药处、调剂处、配剂处、静脉输液配药室、中成药库、中草药库、西药库、贵重及控制药品库、办公室、值班室、更衣室和卫生间等
		检验科	临床检验、生化免疫、微生物、细胞、细菌、病毒、血液实验、洗涤消毒、试剂室、材料库、值班、化验、LIS办公、检查标本暂存、废弃物暂存等用房
		病理科	收件、取材、冷冻切片、脱水染色、脱蜡包埋、镜检、洗涤消毒、办公等用房
4	住院部		入院厅、入院登记办理处、出院厅、交费结账处、医疗保险办公室、病人住院接诊处、病人入院更衣室、财务会计室、病人卫生间、医务人员更衣室和卫生间、示教室。每个病区带卫生间病房、重症监护室、医生办公室、护士办公室、护士站、处置室、治疗室、值班室、被服库、备餐兼开水间、病人活动室等
5	重症监护病区		缓冲间、重症监护病区（含多床大开间和单床小隔间）、护士站、处置室、仪器间、药品间、值班室、更衣室、卫生间、污洗间、家属等候室等

精神专科医院建筑若根据规范规定设置自动喷水灭火系统，其设置的具体场所见表1-241。

精神专科医院建筑设置自动喷水灭火系统的具体场所表　　　　表 1-241

序号	设置自动喷水灭火系统的区域		具体场所
1	门诊部	门诊部用房	非高大空间门厅、导诊、挂号、收费、药房、诊区、门诊办公室、卫生间等，各科诊区候诊、诊室、治疗室、护士站、污洗室、换药室、处置室等
		儿科门诊用房	儿科专用候诊、儿童活动场所
		心理咨询用房	专用候诊、心理咨询诊室等
		司法鉴定用房	受检等候室与鉴定室等
2	急诊部	急诊用房	接诊分诊台、挂号、收费、药房、检验、功能检查、监察室、护士站、抢救室、诊室、观察输液室、污洗室、值班更衣室、卫生间等
		抢救用房	抢救室、应急治疗室、清创室、洗胃室、灌肠室、器械室、药品间等
		观察用房	普通观察室、隔离观察室等

续表

序号	设置自动喷水灭火系统的区域	具体场所
3	医技部	放射科用房控制室、功能检查科用房（心电图检查室、脑电图检查室、肌电图检查室等）、检验科用房（常规临床化验室等）、药剂科（发药室、一般药库、控制药品库或备用库）、中心供应室用房、病理科用房、电抽搐治疗用房和光疗室等
4	住院部	出入院厅、登记办理、交费结账、病人住院接诊、财务会计室、病人卫生间、医务人员更衣室和卫生间等，病房、病人公用男女卫生间、浴室、隔离室、病人活动室、病人餐厅、护士办公室、医生办公室、护士站、处置室、治疗室、值班室、被服库、备餐开水间、污洗室、污物暂存间等
5	康复治疗科	作业疗法、音乐疗法、职业疗法等治疗用房及附属器材存放、管理用房

表 1-242 为综合医院建筑内不宜用水扑救的场所。

综合医院建筑不宜用水扑救的场所一览表　　　　　　表 1-242

序号	不宜用水扑救的场所	自动灭火措施
1	电气类房间：高压配电室（间）、低压配电室（间）、网络机房（网络中心、信息中心）、进线间等	高压细水雾灭火系统或气体灭火系统
2	电气类房间：消防控制室	不设置
3	影像中心机房：门诊 X 线检查室，口腔科 X 线检查室，急诊部 X 线检查室，放射科 CT 室、DR 室、X 光室、数字肠胃室、钼钯室、乳腺室等，核医学科机房 SPECT 机房、ECT 机房、PET/CT 机房等，放射治疗机房：模拟机房等	高压细水雾灭火系统或气体灭火系统
4	影像中心机房：放射科 MR 室	不设置
5	介入中心治疗机房：DSA 室	与手术室联合使用时，不设置
6	放射治疗科机房：后装机、钴 60、直线加速器、γ 刀、深部 X 线治疗机房，模拟定位室	高压细水雾灭火系统或不设置；设置气体灭火时可不设置泄压口
7	门诊部妇科手术室、产科人流手术室、耳鼻喉科手术室、眼科专用手术室、门诊手术室，急诊部手术室，住院部产科手术室，手术部手术室	不设置
8	血液病房洁净病房、准备间、患者浴室和卫生间，烧伤病房换药室、浸浴室、单人隔离病房、重点护理病房及专用卫生间	不设置
9	生殖医学中心体外授精室、胚胎移植室	不设置
10	超过自动喷水灭火系统保护高度的高大空间门诊大厅、病房大厅、中庭等场所	自动跟踪定位射流灭火系统

表 1-243 为传染病医院建筑内不宜用水扑救的场所。

传染病医院建筑不宜用水扑救的场所一览表　　　　表 1-243

序号	不宜用水扑救的场所	自动灭火措施
1	电气类房间：高压配电室（间）、低压配电室（间）、网络机房（网络中心、信息中心）、进线间等	高压细水雾灭火系统或气体灭火系统
2	电气类房间：消防控制室	不设置
3	影像中心机房；门诊部 X 线检查室；急诊部医学影像检查用房；医学影像科各类检查机房、X 线透视室、照相室、CT 室	高压细水雾灭火系统或气体灭火系统
4	手术部污染手术室（负压手术室）、无菌手术室	不设置
5	住院部负压隔离病房	不设置
6	超过自动喷水灭火系统保护高度的高大空间门诊大厅、病房大厅、中庭等场所	自动跟踪定位射流灭火系统

表 1-244 为精神专科医院建筑内不宜用水扑救的场所。

精神专科医院建筑不宜用水扑救的场所一览表　　　　表 1-244

序号	不宜用水扑救的场所	自动灭火措施
1	电气类房间：高压配电室（间）、低压配电室（间）、网络机房（网络中心、信息中心）、进线间等	高压细水雾灭火系统或气体灭火系统
2	电气类房间：消防控制室	不设置
3	医技部放射科常规放射检查机房	高压细水雾灭火系统或气体灭火系统
4	超过自动喷水灭火系统保护高度的高大空间门诊大厅、病房大厅、中庭等场所	自动跟踪定位射流灭火系统

根据湿式系统和预作用系统的特点，在医院建筑自动喷水灭火系统设计时首先应确定建筑的各个部位适用何种系统。医院建筑自动喷水灭火系统类型选择，见表 1-245。

自动喷水灭火系统类型选择表　　　　表 1-245

序号	气候分区		自动喷水灭火系统类型
1	夏热冬暖地区		湿式
2	夏热冬冷地区、寒冷地区、严寒地区	地下车库	预作用或湿式（需采取技术措施）
3		除车库外其他场所	湿式

注：预作用自动喷水灭火系统在夏热冬冷地区可根据要求选用。

典型医院建筑自动喷水灭火系统原理图，如图 1-15 所示。

医院建筑中的地下车库火灾危险等级按中危险级Ⅱ级确定；其他场所火灾危险等级均按中危险级Ⅰ级确定。

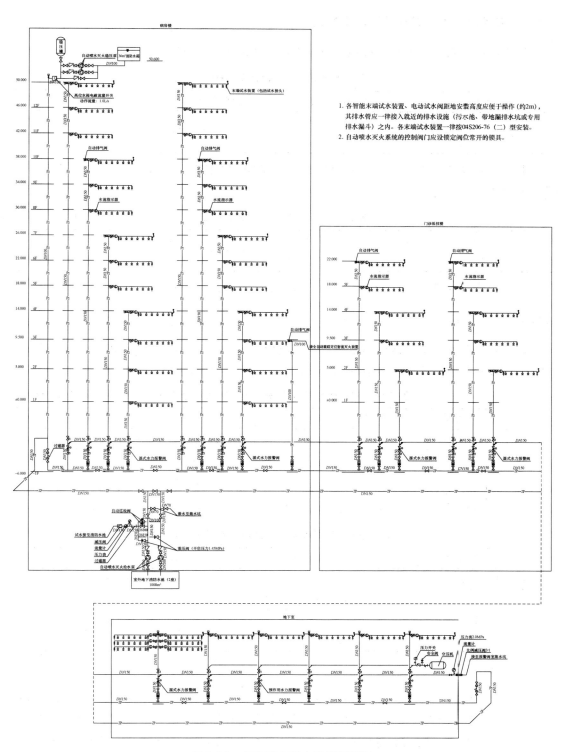

图 1-15 自动喷水灭火系统原理图

1.6.2 自动喷水灭火系统设计基本参数

通常医院建筑自动喷水灭火系统设计参数，按表1-246规定。

自动喷水灭火系统设计参数表一　　　　　　　　表1-246

火灾危险等级		净空高度（m）	喷水强度[L/(min·m²)]	作用面积（m²）
中危险级	Ⅰ级	≤8	6	160
	Ⅱ级		8	

若医院建筑地下室中附属的库房认定为堆垛储物仓库，其自动喷水灭火系统设计参数，按表1-247规定。

自动喷水灭火系统设计参数表二　　　　　　　　表1-247

火灾危险等级	储物高度（m）	喷水强度[L/(min·m²)]	作用面积（m²）	持续喷水时间（h）
仓库危险级Ⅰ级	3.0～3.5	8	160	1.0

自动喷水灭火系统的持续喷水时间，应按火灾延续时间不小于1h确定。

1.6.3 洒水喷头

设置自动喷水灭火系统的医院建筑内各场所的最大净空高度通常不大于8m。

医院建筑自动喷水灭火系统喷头公称动作温度宜相比环境温度高30℃，见表1-248。

医院建筑自动喷水灭火系统喷头公称动作温度表　　　　　　　表1-248

序号	喷头公称动作温度（℃）	应用场所
1	93	中心供应室蒸汽消毒间、厨房灶间等
2	79	换热机房或热水机房
3	68	除上述场所以外的场所

医院建筑自动喷水灭火系统喷头种类选择，见表1-249。

医院建筑自动喷水灭火系统喷头种类选择表　　　　　　　表1-249

序号	火灾危险等级	设置场所	喷头种类
1	中危险级Ⅱ级	地下车库	直立型普通喷头
2	中危险级Ⅰ级	病房、诊室、办公室等设有吊顶场所	吊顶型或下垂型快速响应喷头
3		手术室	隐蔽型喷头
4		库房、设备层等无吊顶场所	直立型普通或快速响应喷头

注：1. 基于医院建筑火灾特点和重要性，中危险级Ⅰ级对应场所自动喷水灭火系统洒水喷头宜全部采用快速响应喷头；
　　2. 传染病医院建筑自动喷水灭火系统宜采用湿式系统，喷头应采用快速响应洒水喷头，宜采用隐蔽型喷头；
　　3. 当在精神专科医院病房或医护人员监管不便的场所设置自动喷水灭火系统喷头时，宜采用隐蔽型喷头。

每种型号的备用喷头数量按此种型号喷头数量总数的1%计算，并不得少于10只。

医院建筑中自动喷水灭火系统通常为中危险级Ⅰ级和中危险级Ⅱ级，其直立型、下垂型喷头的布置，包括同一根配水支管上喷头的间距及相邻配水支管的间距，应根据系统的喷水强度、喷头的流量系数和工作压力确定,并不应大于表 1-250 的规定,且不宜小于 2.4m。

喷头布置间距表 表 1-250

喷水强度 [L/(min·m²)]	正方形布置的边长 (m)	矩形或平行四边形布置的长边边长 (m)	一只喷头的最大保护面积 (m²)	喷头与端墙的最大距离 (m)
6	3.6	4.0	12.5	1.8
8	3.4	3.6	11.5	1.7

注:1. 喷头与端墙的距离不宜小于 0.6m;
   2. 喷头间距应标注尺寸,单位为 mm,标注数字应为整数,宜为 50mm 或 100mm 的整数倍数;
   3. 喷头布置宜均匀布置,避免喷头间距差距过大,避免喷头距墙过近、过远;
   4. 喷头布置应注意与灯具、风口间的位置关系等。

开间 3.9m 的病房较为常见,其喷头布置有 2 种方案,见表 1-251。

病房喷头布置方案表 表 1-251

序号	喷头布置方案	优缺点	备注
方案一	布置 2 列喷头,喷头间距为 2.4m,房间进深方向喷头间距可以按不大于 3.6m 确定	优点是布置均匀,灵活性高,能躲开风口、灯具,缺点是喷头数量较多	推荐
方案二	布置 1 列喷头,喷头居中布置,距墙边净距 1.84m 或 1.85m,房间进深方向喷头间距必须小于 3.6m,通常按 3.4m 或 3.5m	优点是节省喷头数量,缺点是可能与风口、灯具位置有冲突,若调整喷头位置,可能与某一侧墙体间距过大	可采用

医院建筑常用普通玻璃球闭式喷头规格型号,见表 1-252。

普通玻璃球闭式喷头规格型号表 表 1-252

种类	型号	口径或公称通径 (mm)	K 值 [L·(MPa)$^{-1/2}$/min]	RTI 值 [(m·s)$^{1/2}$]	动作温度 (℃)	工作压力 (MPa)
下垂型	ZSTX15/68	15	80±4	80	68	0.1~0.5
	ZSTX15/79	15	80±4	80	79	0.1~0.5
	ZSTX15/93	15	80±4	80	93	0.1~0.5
直立型	ZSTZ15/68	15	80±4	80	68	0.1~0.5
	ZSTZ15/79	15	80±4	80	79	0.1~0.5
	ZSTZ15/93	15	80±4	80	93	0.1~0.5
水平边墙型	ZSTBS15/68	15	80±4	80	68	0.1~0.5
	ZSTBS15/79	15	80±4	80	79	0.1~0.5
	ZSTBS15/93	15	80±4	80	93	0.1~0.5

医院建筑常用特殊玻璃球闭式喷头规格型号，见表1-253。

特殊玻璃球闭式喷头规格型号表　　　　表1-253

种类	型号	口径或公称通径（mm）	K值 $[L \cdot (MPa)^{-1/2}/min]$	RTI值 $[(m \cdot s)^{1/2}]$	动作温度（℃）	工作压力（MPa）
隐蔽型	ZSTDY15/68	15	80±4	80	68	0.1~0.5
	ZSTDY15/79	15	80±4	80	79	0.1~0.5
	ZSTDY15/93	15	80±4	80	93	0.1~0.5
快速响应直立型	K-ZSTZ15/68	15	80±4	50	68	0.1~0.5
	K-ZSTZ15/79	15	80±4	50	79	0.1~0.5
	K-ZSTZ15/93	15	80±4	50	93	0.1~0.5
快速响应下垂型	K-ZSTX15/68	15	80±4	50	68	0.1~0.5
	K-ZSTX15/79	15	80±4	50	79	0.1~0.5
	K-ZSTX15/93	15	80±4	50	93	0.1~0.5
快速响应水平边墙型	K-ZSTBS15/68	15	80±4	50	68	0.1~0.5
	K-ZSTBS15/79	15	80±4	50	79	0.1~0.5
	K-ZSTBS15/93	15	80±4	50	93	0.1~0.5

装设网格、栅板类通透性吊顶的场所，喷水强度应增加30%。装设网格、栅板类通透性吊顶的场所，当通透面积占吊顶总面积的比例大于70%且通透性吊顶开口部位的净宽度不应小于10mm，开口部位的厚度不应大于开口的最小宽度时，喷头应设置在吊顶上方；当通透面积小于70%时在网格、格栅吊顶的上、下方均布置喷头。大于1.2m的风管或排管，其下方应增设下垂型喷头。

1.6.4 自动喷水灭火系统管道

1. 管材

医院建筑自动喷水灭火系统给水管通常采用架空敷设方式，管材与系统工作压力有关，见表1-254。

自动喷水灭火系统给水管管材与系统工作压力对照表　　　　表1-254

序号	系统工作压力 $P_{系统}$（MPa）	管道管材	连接方式
1	$P_{系统} \leq 1.20$	热浸锌镀锌钢管	沟槽连接件（卡箍）连接、法兰连接，安装空间较小时沟槽连接件连接
2	$1.20 < P_{系统} \leq 1.60$	热浸锌镀锌加厚钢管或热浸锌镀锌无缝钢管	
3	$P_{系统} > 1.60$	热浸锌镀锌无缝钢管	

近年来，薄壁不锈钢管（S11163）、氯化聚氯乙烯（PVC-C）管、镀锌镍碳钢管等新型优质管道，在医院建筑自动喷水灭火系统中均得到更多的应用，未来会逐步替代传统钢管。

医院建筑中，除车库外其他中危险级Ⅰ级对应场所自动喷水灭火系统公称直径≤$DN80$的配水管（支管）均可采用氯化聚氯乙烯（PVC-C）管材及管件。

2. 管径

医院建筑自动喷水灭火系统的配水管道，不论干管、支管，其管径应经水力计算确定。

设计中可根据表1-255中数据确定自动喷水灭火系统配水管道的管径。

配水管控制标准喷头数及各管径所对应标准喷头数表　　　表1-255

公称管径（mm）	中危险级场所中配水管控制的标准喷头数（只）	中危险级场所中配水管每种管径对应的标准喷头数（只）
25	1	1
32	3	2～3
40	4	4
50	8	5～8
65	12	9～12
80	32	13～32
100	64	33～64
150	>64	>64

注：中危险级场所配水管两侧每根配水支管设置的喷头数不应超过8只，同时在吊顶上下安装喷头的喷水支管，上下侧均不应超过8只。

3. 管网敷设

医院建筑自动喷水灭火系统配水干管宜沿病房、门诊、医技等区域公共走廊敷设，走廊两侧房间内的配水支管就近连接到配水干管上。走廊内布置的喷头就近接至排水支管后再接至配水干管。单个喷头不应直接接至管径大于或等于$DN100$的配水干管。

医院建筑自动喷水灭火系统配水管网布置步骤，见表1-256。

自动喷水灭火系统配水管网布置步骤表　　　表1-256

序号	配水管网布置步骤
步骤1	根据医院建筑的防火性能确定自动喷水灭火系统配水管网的布置范围
步骤2	在每个防火分区内应确定该区域自动喷水灭火系统配水主干管或主立管的位置或方向
步骤3	自接入点接入后，可确定主要配水管的敷设位置和方向
步骤4	自末端房间内的自动喷水灭火系统配水支管就近向配水管连接
步骤5	每个楼层每个防火分区内配水管网布置均按步骤1～步骤4进行

自动喷水灭火系统每个喷头与配水支管连接的短立管管径通常采用25mm；末端试水装置或试水阀的连接管管径通常采用25mm；预作用系统配水管道充水时间不宜大于2min，其供气管道管径不宜小于15mm（采用钢管）或不宜小于10mm（采用铜管）。

精神专科医院自动喷水灭火系统的管道，应在管道井、吊顶和墙内隐蔽安装。

1.6.5 水流指示器

《喷规》规定：除报警阀组控制的喷头只保护不超过防火分区面积的同层场所外，每个防火分区、每个楼层均应设水流指示器。当整个场所需要设置的喷头数不超过1个报警阀组控制的喷头数时，可不设置水流指示器。每个防火分区应设置一个水流指示器，位置可设在本防火分区系统配水管网的起始端，亦可集中设置于各个防火分区配水干管分叉处。

水流指示器上游端应设置信号阀，常采用信号蝶阀，其型号规格，见表1-257。

信号阀型号规格表　　　　　　　　　　　表1-257

型号	ZSXF50D	ZSXF65D	ZSXF80D	ZSXF100D	ZSXF150D	ZSXF200D
通径（mm）	50	65	80	100	150	200
额定工作压力（MPa）	1.60	1.60	1.60	1.60	1.60	1.60

水流指示器与所在配水干管同管径，其型号规格，见表1-258。

水流指示器型号规格表　　　　　　　　　　　表1-258

水流指示器参数名称	水流指示器主要技术参数
型号	2SJ2
规格	DN80、DN100、DN150（常用）；DN50、DN70、DN125、DN200（不常用）
额定工作压力	1.20MPa
动作流量	15.0～37.5L/min
水头损失	流速4.5m/s时，≤0.02MPa
密封试验压力	2.40MPa水压，历时5min，不变形、不渗漏

1.6.6 报警阀组

医院建筑消防系统报警阀组主要采用湿式水力报警阀组，一定条件下采用预作用报警阀组。

医院建筑自动喷水灭火系统报警阀组的数量取决于：整个建筑中设置喷头的总数量；每个防火分区内设置喷头的数量；每个报警阀组控制的喷头数。一个报警阀组控制的喷头数不宜超过800只，设计中一个报警阀组控制的喷头数可以适当超过800只。

设计中，根据每个防火分区内的喷头数，均衡组合，使相近若干楼层或相近若干防火分区的喷头数之和控制不超过800。均衡组合遵循的原则，见表1-259。

喷头均衡组合遵循的原则表　　　　　　　　　　　表1-259

序号	组合原则
1	相近的防火分区组合
2	相近的楼层组合
3	控制每个报警阀组供水的最高与最低位置喷头高程差不大于50m
4	相近楼层和相近防火分区组合
5	每个报警阀组控制喷头数基本一致

医院建筑自动喷水灭火系统报警阀组通常设置在消防水泵房或专用报警阀室。

医院建筑自动喷水灭火系统报警阀组设置位置通常有2种方案，见表1-260。

1.6 自动喷水灭火系统

报警阀组设置位置表 表1-260

序号	设置位置	优缺点	适用情况
1	消防水泵房	布置紧凑，靠近自动喷水灭火给水泵组，系统控制集中方便	用于消防水泵房设置在本建筑物地下室的情况
2	专用报警阀室	布置分散灵活，通常远离自动喷水灭火给水泵组，系统控制较为不便	用于消防水泵房设置在院区内或者其他建筑物内的情况
3	消防水泵房和专用报警阀室	布置灵活，控制较为便利	用于消防水泵房设置在本建筑物内，但由于建筑物过高、建筑平面过大、距离过大，需要另外设置专用报警阀室的情况

报警阀组宜设在安全及易于操作的地点，报警阀距地面的高度宜为1.2m；宜沿墙体集中布置，相邻报警阀组的间距不宜小于1.5m，不应小于1.2m。

报警阀组处应设有排水设施，排水管管径不应小于$DN100$。

表1-261为常用湿式报警阀装置型号规格。

湿式报警阀装置型号规格表 表1-261

型号	公称通径（mm）	最大工作压力（MPa）	报警阀门高度（mm）	法兰外径（mm）	装置外形尺寸：长（mm）×宽（mm）×高（mm）
ZSFZ100	100	1.2、1.6	247	215	980×310×455
ZSFZ150	150	1.2、1.6	270	280	1030×340×480
ZSFZ200	200	1.2、1.6	410	335	1085×360×540

注：湿式报警阀进出口的控制阀应采用信号阀或应设锁定阀位的锁具，通常采用信号阀。

表1-262为常见预作用报警阀装置型号规格。

预作用报警阀装置型号规格表 表1-262

型号	公称通径（mm）	工作压力（MPa）	阀体高度H_1（mm）	阀体轴心至左端L_1（mm）	阀体轴心至右端L_2（mm）	阀体轴心至后端L_3（mm）	阀体轴心至前端L_4（mm）	系统总高H_2（mm）
ZSFU100	100	0.14～1.2	840	420	340	400	250	860
ZSFU150	150	0.14～1.2	915	450	340	410	300	950
ZSFU200	200	0.14～1.2	1210	460	340	420	380	1250

报警阀组压力开关主要技术参数，见表1-263。

压力开关主要技术参数表 表1-263

参数名称	型号	额定工作压力	工作压力	密封试验压力
技术参数	ZSJY	1.20MPa	0.035～0.5MPa	2.4MPa水压，5min不渗漏、变形

报警阀组前后管道设置，见表1-264。

报警阀组前后管道设置表　　　　　　　　　　　　　　　　表 1-264

序号	报警阀组前后管道类型	管道连接方式	管道管径（mm）
1	报警阀组后管道	与自动喷水灭火系统给水管网连接	与该报警阀组控制的给水管网配水干管管径相同，$DN150$、$DN100$
2	报警阀组前管道	与报警阀组前供水管道连接	同报警阀组后管道管径
3	报警阀组前供水管道	自动喷水灭火系统给水泵组出水管道连接。当设有 2 个及以上报警阀组时，报警阀组前的供水管网应布置成环状	报警阀组前供水管道连成环网，每个报警阀组均从此环状管网上接出管道；同时自此环状管网上接出 2 根管道与自动喷水灭火系统给水泵组出水管连接	通常为 $DN150$
4			报警阀组前供水管道直接与自动喷水灭火系统给水泵组出水管道连成环状管网	

注：报警阀组前的供水环状管网上宜每隔 2 个报警阀组设置 1 个检修阀门。

医院建筑自动喷水灭火系统减压阀设置方式主要有以下 2 种，见表 1-265。

自动喷水灭火系统减压阀设置方式表　　　　　　　　　　　表 1-265

序号	减压阀设置方式	优缺点	适用情形	备注
1	每个需要减压的报警阀组前均设置减压阀。该报警阀后管网超压需在超压配水干管上设置减压孔板	优点：报警阀组布置方便；缺点：减压阀设置数量较多、占用空间较大、减压阀前后压力差较大	报警阀组数量较少、各报警阀组控制区域设计压力相差较大	常见
2	各个需要减压的报警阀组分组，报警阀组控制区域设计压力值，相差不大的报警阀分成一组。在各组报警阀组前分别设置减压阀。减压阀阀后压力值以本组控制区域设计压力值的最低报警阀数值为准，该组报警阀后管网超压仅需在各区域配水干管上设置减压孔板	优点：明显减少减压阀设置数量、占用空间较小；缺点：增加报警阀后管网数量	报警阀组数量较多、各报警阀组控制区域设计压力相差不大易于分组	最佳

减压孔板作为一种减压部件，可辅助减压阀使用，设置在自动喷水灭火系统配水干管上信号阀与水流指示器之间，使其后配水管压力小于 0.40MPa。减压孔板减压能力有限，

不能完全替代减压阀。

1.6.7 自动喷水灭火系统水泵接合器

自动喷水灭火系统管网上应设置水泵接合器，医院建筑自动喷水灭火系统消防水泵接合器数量，见表1-266。

自动喷水灭火系统消防水泵接合器数量参照表　　　　　表 1-266

序号	消防给水系统设计流量（L/s）	消防水泵接合器出口通径	消防水泵接合器数（个）	备注
1	30	DN100	4	DN100 对应的给水流量按 10L/s 计，DN150 对应的给水流量按 15L/s 计
2		DN150	3	
3	40	DN100	5	
4		DN150	3	
5	50	DN100	6	
6		DN150	4	
7	60	DN100	7	
8		DN150	5	

注：设计时推荐选用 DN150 出口通径的水泵接合器。

自动喷水灭火系统水泵接合器宜设置在靠近消防水泵房的室外；常规做法是将 3 个 DN150 水泵接合器并联起来，由 1 根 DN150 供水管道接至系统供水泵组出水干管上，连接位置位于报警阀组前。

1.6.8 消防水箱设计

高位消防水箱、自动喷水灭火稳压装置设计参见消火栓系统相关内容。

消防水箱接至自动喷水灭火系统的出水管，常称为"自动喷水灭火系统稳压管"，其与系统连接的位置在自动喷水灭火系统报警阀组入口前，即接至自动喷水灭火给水泵组的出水管或报警阀组前的供水管。该出水管管径宜按 DN100。

1.6.9 自动喷水灭火系统压力计算

自动喷水灭火系统的设计工作压力为满足自动喷水灭火系统最不利点喷头所需的压力，可按公式（1-68）计算：

$$H_{设计} = H_1 + H_2 + \sum h \qquad (1-68)$$

式中　$H_{设计}$——自动喷水灭火系统的设计工作压力，mH_2O；

　　　H_1——最不利点喷头所需的压力值，mH_2O；

　　　H_2——最不利点喷头与自动喷水灭火水泵出水口之间竖向高差，mH_2O；

　　　$\sum h$——最不利点喷头与自动喷水灭火水泵出水口之间最不利供水管路水头损失，包括沿程水头损失和局部水头损失，mH_2O。

自动喷水灭火给水泵扬程不应小于自动喷水灭火系统的设计工作压力值，通常按此压力值确定自动喷水灭火给水泵扬程。

自动喷水灭火系统的系统工作压力为保证整个自动喷水灭火系统正常运行工作的压力值，是选择自动喷水灭火系统管材、管件、阀门等的基准指标，亦是确定自动喷水灭火给水系统压力管道水压强度试验的试验压力（$H_{试验}$）的基准指标，见表1-267。

自动喷水灭火系统试验压力确定表　　　　　　　　　　表1-267

自动喷水灭火给水管材类型	自动喷水灭火系统工作压力 $H_{系统}$（MPa）	试验压力 $H_{试验}$（MPa）
钢管	≤1.0	$1.5 \cdot H_{系统}$，且不应小于1.4
	>1.0	$H_{系统}+0.4$

注：自动喷水灭火系统试验压力不得小于自动喷水灭火水泵零流量时系统的压力（$H_{零流量}$）。

1.6.10　人防区域自动喷水灭火系统设计

医院建筑附设人防区域功能为战时医院或医疗救护站时，人防区域不设置自动喷水灭火系统；功能为人员掩蔽所、物资库时，人防区域设置自动喷水灭火系统。

自动喷水灭火系统给水干管穿越人防区域时，采取措施见表1-268。

给水干管穿越人防区域采取措施表　　　　　　　　　　表1-268

序号	消防水泵房位置	报警阀室位置	措施要求
1	非人防区域	未设置	给水干管自消防水泵房接至人防区域，穿越人防围护结构时在人防侧设置防护阀门
2		设置，在非人防区域	给水干管自报警阀室接至人防区域，穿越人防围护结构时在人防侧设置防护阀门
3		设置，在人防区域	给水干管在人防区域内，未穿越人防围护结构
4			给水干管穿越人防防护单元时，在防护密闭隔墙两侧分别设置防护阀门

注：防护阀门宜采用同管径信号阀，给水干管在穿越人防围护结构、防护密闭隔墙处应设置防护套管。

人防区域内与人防有关场所设置自动喷水灭火系统情况，见表1-269。

与人防有关场所设置自动喷水灭火系统情况表　　　　　　表1-269

序号	设置自动喷水灭火系统情况	人防区域口部	人防区域其他场所
1	设置	淋浴间、密闭通道、防毒通道、洗消间、穿衣检查间等	防化器材库、构件库、掩蔽所、物资库、平时车库等
2	不设置	滤毒室、集气室、扩散室、防尘室等	防化值班室兼配电室等

人防区域口部人防侧密闭通道、防毒通道、洗消间等；非人防侧楼梯前室、电梯前室或合用前室等场所设置自动喷水灭火系统，系统给水横支管穿越人防围护结构，防护阀门设置方法，见表1-270。

自动喷水灭火系统给水横支管穿越人防围护结构防护阀门设置方法表　　表 1-270

序号	人防措施设置情况	防护阀门设置方法
1	人防口部前室、楼梯间前室与密闭通道相连处设置人防隔墙，墙上设置防护密闭门	在密闭通道侧（人防侧）设置防护阀门
2	密闭通道（防毒通道）与人防区域内部场所相连处设置人防隔墙，墙上设置密闭门	在人防区域内部场所侧设置防护阀门

防护套管管径确定，见表 1-271。

防护套管管径确定表　　表 1-271

序号	消防管道管径（mm）	防护套管管径
1	≤DN100	比管道管径大 2 号
2	>DN100	比管道管径大 1 号

若人防区域整体设置自动喷水灭火系统，人防地下室柴油发电机房、储油间宜采用自动喷水灭火系统灭火；否则，可采用气体灭火系统等灭火。

1.7 灭火器系统

1.7.1 灭火器配置场所火灾种类

医院建筑灭火器配置场所的火灾种类通常涉及以下 3 类火灾，见表 1-272。

灭火器配置场所的火灾种类表　　表 1-272

序号	火灾种类	灭火器配置场所
1	A 类火灾（固体物质火灾）	医院建筑内绝大多数场所，如手术室、理疗室、透视室、心电图室、药房、住院部、门诊部、病历室等
2	B 类火灾（液体火灾或可熔化固体物质火灾）	医院建筑内附设车库
3	E 类火灾（物体带电燃烧火灾）	医院建筑内附设电气间房，如发电机房、变压器室、高压配电间、低压配电间、网络机房、电子计算机房、弱电机房等

1.7.2 灭火器配置场所危险等级

医院建筑灭火器配置场所的危险等级分为严重危险级、中危险级和轻危险级 3 级，危险等级举例，见表 1-273。

灭火器配置场所的危险等级举例　　表 1-273

危险等级	举例
严重危险级	住院床位在 50 张及以上的医院的手术室、理疗室、透视室、心电图室、药房、住院部、门诊部、病历室
	方舱医院、临时隔离集中收治点设施

续表

危险等级	举例
严重危险级	设备贵重或可燃物多的实验室
	专用电子计算机房
	住宿床位在 100 张及以上的集体宿舍
	配建充电基础设施（充电桩）的车库区域
中危险级	住院床位在 50 张以下的医院的手术室、理疗室、透视室、心电图室、药房、住院部、门诊部、病历室
	一般的实验室
	设有集中空调、电子计算机、复印机等设备的办公室
	住宿床位在 100 张以下的集体宿舍
	民用燃油、燃气锅炉房
	民用的油浸变压器室和高、低压配电室
	配建充电基础设施（充电桩）以外的车库区域
轻危险级	未设集中空调、电子计算机、复印机等设备的普通办公室

注：医院建筑室内强电间、弱电间；屋顶排烟机房内每个房间均应设置 2 具手提式磷酸铵盐干粉灭火器。

1.7.3 灭火器选择

《消设通规》对于灭火器配置类型做了以下强制性条文规定：

10.0.1 灭火器的配置类型应与配置场所的火灾种类和危险等级相适应，并应符合下列规定：

1 A 类火灾场所应选择同时适用于 A 类、E 类火灾的灭火器。

2 B 类火灾场所应选择适用于 B 类火灾的灭火器。B 类火灾场所存在水溶性可燃液体（极性溶剂）且选择水基型灭火器时，应选用抗溶性的灭火器。

3 C 类火灾场所应选择适用于 C 类火灾的灭火器。

4 D 类火灾场所应根据金属的种类、物态及其特性选择适用于特定金属的专用灭火器。

5 E 类火灾场所应选择适用于 E 类火灾的灭火器。带电设备电压超过 1kV 且灭火时不能断电的场所不应使用灭火器带电扑救。

6 F 类火灾场所应选择适用于 E 类、F 类火灾的灭火器。

7 当配置场所存在多种火灾时，应选用能同时适用扑救该场所所有种类火灾的灭火器。

医院建筑灭火器配置场所的火灾种类通常涉及 A 类、B 类、E 类火灾，通常配置灭火器时选择磷酸铵盐干粉灭火器。

洁净手术部、消防控制室、计算机房、配电室等部位配置灭火器宜采用气体灭火器，通常采用二氧化碳灭火器。

《消设通规》对于灭火器重新配置做了以下强制性条文规定：

10.0.6 当灭火器配置场所的火灾种类、危险等级和建（构）筑物总平面布局或平面布置等发生变化时,应校核或重新配置灭火器。

1.7.4 灭火器设置

《消设通规》对于灭火器设置做了以下强制性条文规定：

10.0.4 灭火器应设置在位置明显和便于取用的地点,且不应影响人员安全疏散。当确需设置在有视线障碍的设置点时,应设置指示灭火器位置的醒目标志。

医院建筑中设置的手提式灭火器,通常和室内消火栓同位置设置,放置于室内消火栓箱体下部。独立设置的手提式或推车式灭火器通常放置于所保护区域的公共走道、门口或房间内靠近公共通道出入口处。灭火器设置点应均衡布置。

《消设通规》对于灭火器性能保障做了以下强制性条文规定：

10.0.5 灭火器不应设置在可能超出其使用温度范围的场所,并应采取与设置场所环境条件相适应的防护措施。

《消设通规》对于灭火器设置点做了以下强制性条文规定：

10.0.2 灭火器设置点的位置和数量应根据被保护对象的情况和灭火器的最大保护距离确定,并应保证最不利点至少在 **1** 具灭火器的保护范围内。灭火器的最大保护距离和最低配置基准应与配置场所的火灾危险等级相适应。

设置在 A 类火灾场所的灭火器,其最大保护距离应符合表 1-274 的规定。

A 类火灾场所灭火器最大保护距离表　　　　　　　　　表 1-274

危险等级	手提式灭火器	推车式灭火器
严重危险级	15m	30m
中危险级	20m	40m
轻危险级	25m	50m

灭火器最大保护距离为灭火器与起火点之间最大的行走距离,行走路线应力求简短、直接,减少转弯。医院建筑中的地下车库区域、建筑中大间套小间区域、房间中间隔着走道区域等场所,常需要增加灭火器配置点。地下车库区域增设的灭火器宜靠近相邻 2 个室内消火栓中间的位置,并宜沿车库墙体或柱子布置。

设置在 B 类火灾场所的灭火器,其最大保护距离应符合表 1-275 的规定。

B 类火灾场所灭火器最大保护距离表　　　　　　　　　表 1-275

危险等级	手提式灭火器	推车式灭火器
严重危险级	9m	18m
中危险级	12m	24m

医院建筑中 E 类火灾场所中的发电机房、高低压配电间、网络机房等场所,灭火器配置宜按 B 类火灾场所灭火器最大保护距离要求进行。面积较大的医院建筑变配电室,需要在变配电室内增设灭火器。

精神专科医院灭火器应设置于便于医护人员监管的区域,当所在位置不便于医护人员监管时,应采取安全防护措施。

1.7.5 灭火器配置

A 类火灾场所灭火器的最低配置基准,应符合表 1-276 的规定。

A 类火灾场所灭火器最低配置基准表 表 1-276

危险等级	严重危险级	中危险级	轻危险级
单具灭火器最小配置灭火级别	3A	2A	1A
单位灭火级别最大保护面积（m²/A）	50	75	100
单具灭火器最大保护面积（m²）	150	150	100

医院建筑灭火器 A 类火灾场所配置基准可按照灭火器最低配置基准，即：严重危险级按照 3A；中危险级按照 2A；轻危险级按照 1A。

B 类火灾场所灭火器的最低配置基准，应符合表 1-277 的规定。

B 类火灾场所灭火器最低配置基准表 表 1-277

危险等级	严重危险级	中危险级
单具灭火器最小配置灭火级别	89B	55B
单位灭火级别最大保护面积（m²/B）	0.5	1.0
单具灭火器最大保护面积（m²）	44.5	55.0

医院建筑灭火器 B 类火灾场所配置基准可按照灭火器最低配置基准，即：严重危险级按照 89B；中危险级按照 55B。

E 类火灾场所的灭火器最低配置基准不应低于该场所内 A 类（或 B 类）火灾的规定。

洁净手术部每处各设 2 具手提式二氧化碳灭火器，单具最小配置级别为 55B。

1.7.6 灭火器配置设计计算

《消设通规》对于灭火器配置数量做了以下强制性条文规定：

10.0.3 灭火器配置场所应按计算单元计算与配置灭火器，并应符合下列规定：

1 计算单元中每个灭火器设置点的灭火器配置数量应根据配置场所内的可燃物分布情况确定。所有设置点配置的灭火器灭火级别之和不应小于该计算单元的保护面积与单位灭火级别最大保护面积的比值。

2 一个计算单元内配置的灭火器数量应经计算确定且不应少于 2 具。

医院建筑内每个灭火器设置点灭火器数量通常以 2～4 具为宜。

灭火器计算单元最小需配灭火级别，按公式（1-69）计算：

$$Q = K \cdot S/U \tag{1-69}$$

式中 Q——计算单元的最小需配灭火级别，A 或 B；

K——修正系数，按照表 1-278 取值，通常取 0.5；

修正系数（K）表 表 1-278

计算单元	K
未设有室内消火栓系统和自动灭火系统	1.0
仅设有室内消火栓系统	0.9
仅设有自动灭火系统	0.7
设有室内消火栓系统和自动灭火系统	0.5

S——计算单元的保护面积，m^2，按保护区域建筑面积确定；
U——A 类或 B 类火灾场所单位灭火级别最大保护面积，m^2/A 或 m^2/B。

灭火器计算单元中每个灭火器设置点最小需配灭火级别，按公式（1-70）计算：

$$Q_e = Q/N = K \cdot S/(U \cdot N) \tag{1-70}$$

式中　Q_e——计算单元中每个灭火器设置点最小需配灭火级别，A 或 B；
　　　N——计算单元中的灭火器设置点数量。

1.7.7　灭火器类型及规格

医院建筑灭火器配置设计中常用的灭火器类型及规格，见表 1-279。

灭火器类型及规格表　　　　　　　　　　表 1-279

灭火器类型	灭火剂充装量（规格）(kg)	灭火器类型规格代码（型号）	灭火级别 A 类	灭火级别 B 类
手提式磷酸铵盐干粉灭火器	1	MF/ABC1	1A	21B
	2	MF/ABC2	1A	21B
	3	MF/ABC3	2A	34B
	4	MF/ABC4	2A	55B
	5	MF/ABC5	3A	89B
	6	MF/ABC6	3A	89B
	8	MF/ABC8	4A	144B
	10	MF/ABC10	6A	144B
推车式磷酸铵盐干粉灭火器	20	MFT/ABC20	6A	183B
	50	MFT/ABC50	8A	297B
	100	MFT/ABC100	10A	297B
	125	MFT/ABC125	10A	297B

1.8　气体灭火系统

《消设通规》对于气体灭火系统做了以下强制性条文规定：

8.0.1　全淹没二氧化碳灭火系统不应用于经常有人停留的场所。

8.0.2　全淹没气体灭火系统的防护区应符合下列规定：

1　防护区围护结构的耐超压性能，应满足在灭火剂释放和设计浸渍时间内保持围护结构完整的要求；

2　防护区围护结构的密闭性能，应满足在灭火剂设计浸渍时间内保持防护区内灭火剂浓度不低于设计灭火浓度或设计惰化浓度的要求；

3　防护区的门应向疏散方向开启，并应具有自行关闭的功能。

8.0.6　用于保护同一防护区的多套气体灭火系统应能在灭火时同时启动，相互间的动作响应时差应小于或等于 2s。

8.0.7 全淹没气体灭火系统的喷头布置应满足灭火剂在防护区内均匀分布的要求，其射流方向不应直接朝向可燃液体的表面。局部应用气体灭火系统的喷头布置应能保证保护对象全部处于灭火剂的淹没范围内。

8.0.8 用于扑救可燃、助燃气体火灾的气体灭火系统，在其启动前应能联动和手动切断可燃、助燃气体的气源。

8.0.9 气体灭火系统的管道和组件、灭火剂的储存容器及其他组件的公称压力，不应小于系统运行时需承受的最大工作压力。灭火剂的储存容器或容器阀应具有安全泄压和压力显示的功能，管网系统中的封闭管段上应具有安全泄压装置。安全泄压装置应能在设定压力下正常工作，泄压方向不应朝向操作面或人员疏散通道。低压二氧化碳灭火系统的安全泄压装置应通过专用泄压管将泄压气体直接排至室外。高压二氧化碳储存容器应设置二氧化碳泄漏监测装置。

8.0.10 管网式气体灭火系统应具有自动控制、手动控制和机械应急操作的启动方式。预制式气体灭火系统应具有自动控制和手动控制的启动方式。

1.8.1 气体灭火系统应用场所

《建规》第8.3.9条 下列场所应设置自动灭火系统，并宜采用气体灭火系统：其他特殊贵重设备室。《综合医院建筑设计标准》GB 51039—2014 第6.7.3条 医院的贵重设备机房、病案室和信息中心（网络）机房，应设置气体灭火装置。《气体灭火系统设计规范》GB 50370—2005 第3.2.1条 气体灭火系统适用于扑救下列火灾：电气火灾；固体表面火灾；液体火灾；灭火前能切断气源的气体火灾。

医院建筑中适合采用气体灭火系统的场所，见表1-280。

适合采用气体灭火系统的场所表 表1-280

序号	场所类型	具体场所
1	电气设备房间	高压配电室（间）、低压配电室（间）、网络机房、网络中心、信息中心、灾备机房、应急响应中心、BA控制室、电子计算机房、UPS间等房间
2	影像中心机房	CT室、DR室、X光室、数字肠胃室、钼靶室、乳腺室等房间
3	介入中心机房	DSA室等房间
4	核医学科机房	SPECT机房、ECT机房、PET/CT机房等房间
5	放射治疗机房	直线加速器机房、模拟机房、后装机房等房间
6	病案室	

注：1. MR室不宜设置气体灭火系统；
　　2. 直线加速器机房不设置泄压口；
　　3. 上述场所亦可采用高压细水雾灭火系统灭火。

目前医院建筑中最常用七氟丙烷（HFC-227ea）气体灭火系统和IG541混合气体灭火系统。

1.8.2 气体灭火系统设计参数

七氟丙烷灭火剂主要技术性能参数，见表1-281。

七氟丙烷灭火剂参数表   表1-281

灭火剂名称	七氟丙烷
化学名称	HFC-227ea
商品名称	FM200
灭火原理	化学抑制
灭火浓度（A类表面火）（%V/V）	5.8
最小设计浓度（A类表面火）（%V/V）	7.5
一次灭火剂量（kg/m³）	0.63
设计上限浓度（%V/V）	9.5
破坏臭氧层潜能值 ODP	0
温室效应潜能值 GWP	2050
无毒性反应的最高浓度 NOAEL（%V/V）	9
有毒性反应的最低浓度 LOAEL（%V/V）	10.5
近似致死浓度 LC50（%V/V）	＞80
大气中存活寿命 ALT（年）	31～42
容器贮存压力（20℃时，MPa）	2.5
喷放时间（s）	≤10
贮存状态	高压液化贮存

无管网七氟丙烷气体自动灭火装置技术参数、规格等，见表1-282～表1-284。

无管网七氟丙烷气体自动灭火装置主要技术参数表   表1-282

型号	贮瓶组数	形式	工作压力（MPa）	环境温度（℃）	启动延时（s）	灭火系统喷射时间（s）
GQQ-1	1	固定式	2.5（20℃）	0～50	0～30	≤10
GQQ-2	2					

无管网七氟丙烷气体自动灭火装置规格及尺寸表   表1-283

型号	贮瓶规格（L）	贮瓶数量	喷射时间（s）	喷射后灭火剂余量（kg）	外形尺寸：长（mm）×宽（mm）×高（mm）
GQQ40/2.5	40	1	≤10	≤3	500×380×900
GQQ70/2.5	70	1	≤10	≤3	625×565×1815
GQQ90/2.5	90	1	≤10	≤3	625×565×1815
GQQ120/2.5	120	1	≤10	≤3	625×565×2105
GQQ70×2/2.5	70	2	≤10	≤3×2	1105×565×1815
GQQ90×2/2.5	90	2	≤10	≤3×2	1105×565×1815
GQQ120×2/2.5	120	2	≤10	≤3×2	1105×565×2105

无管网七氟丙烷气体自动灭火装置箱体喷头性能参数表   表1-284

贮瓶规格	40	70	90	120
箱体喷头喷孔直径（mm）	Φ4.8	Φ5.4	Φ6.2	Φ7.1

《消设通规》对于气体灭火系统设计浓度做了以下强制性条文规定：

8.0.3 全淹没气体灭火系统的设计灭火浓度或设计惰化浓度应符合下列规定：

1 对于二氧化碳灭火系统，设计灭火浓度应大于或等于灭火浓度的1.7倍，且应大于或等于34%（体积百分比浓度）；

2 对于其他气体灭火系统，设计灭火浓度应大于或等于灭火浓度的1.3倍，设计惰化浓度应大于或等于惰化浓度的1.1倍；

3 在经常有人停留的防护区，灭火剂释放后形成的浓度应低于人体的有毒性反应浓度。

医院建筑中采用七氟丙烷气体灭火保护时，各防护区设计灭火浓度，见表1-285。

防护区设计灭火浓度表　　　　　　　　　　　　表1-285

序号	防护区	设计灭火浓度
1	病案室、档案室等	10%
2	油浸变压器室、配电室、自备发电机房等	9%
3	通信机房、电子计算机房、智能化机房（信息机房）等	8%

注：防护区实际应用的浓度不应大于灭火设计浓度的1.1倍。

《消设通规》对于灭火剂喷放时间等做了以下强制性条文规定：

8.0.5 灭火剂的喷放时间和浸渍时间应满足有效灭火或惰化的要求。

1.8.3 气体灭火设计用量计算

《消设通规》对于灭火剂储存量做了以下强制性条文规定：

8.0.4 一个组合分配气体灭火系统中的灭火剂储存量，应大于或等于该系统所保护的全部防护区中需要灭火剂储存量的最大者。

七氟丙烷气体灭火设置场所设计用量，按公式（1-71）计算：

$$W = K \cdot V/S = K \cdot V/(0.1269 + 0.000513 \cdot T) \quad (1-71)$$

式中　W——七氟丙烷灭火设计用量，kg；

　　　V——七氟丙烷气体防护区净容积，m^3；

　　　S——七氟丙烷灭火剂过热蒸气在101kPa大气压和防护区最低环境温度下的质量体积，m^3/kg；

　　　T——七氟丙烷气体防护区最低环境温度，℃；

　　　K——海拔高度修正系数，可按表1-286采用内插法确定。

海拔高度修正系数表　　　　　　　　　　　　表1-286

海拔高度（m）	修正系数	海拔高度（m）	修正系数
−1000	1.130	2500	0.735
0	1.000	3000	0.690
1000	0.885	3500	0.650
1500	0.830	4000	0.610
2000	0.785	4500	0.565

七氟丙烷设计用量可根据经验，按公式（1-72）计算：
$$W = K_1 \cdot V \tag{1-72}$$
式中　W——七氟丙烷灭火设计用量，kg；
　　　V——七氟丙烷气体防护区净容积，m³；
　　　K_1——经验系数，kg/m³，对于变配电室等场所，取 0.7205kg/m³；对于影像机房、智能化机房等场所，取 0.6335kg/m³。

在常规情况下，七氟丙烷设计容积根据经验，按公式（1-73）计算：
$$V_0 = K_2 \cdot V \tag{1-73}$$
式中　V_0——七氟丙烷灭火设计容积，L；
　　　V——七氟丙烷气体防护区净容积，m³；
　　　K_2——经验系数，L/m³，对于变配电室等场所，取 0.6265L/m³；对于影像机房、智能化机房等场所，取 0.5509L/m³。

每个防护区内无管网七氟丙烷气体灭火装置的布置应做到均匀。

IG541 混合气体灭火防护区灭火设计用量或惰化设计用量，按公式（1-74）计算：
$$W = K \cdot V/S \cdot \ln[100/(100-C_1)] \tag{1-74}$$
式中　W——IG541 混合气体灭火设计用量或惰化设计用量，kg；
　　　C_1——灭火设计浓度或惰化设计浓度，%；
　　　V——IG541 混合气体防护区净容积，m³；
　　　S——IG541 灭火剂气体在 101kPa 大气压和防护区最低环境温度下的质量体积，m³/kg；
　　　K——海拔高度修正系数，可按表 1-286 采用内插法确定。

IG541 灭火剂气体在 101kPa 大气压和防护区最低环境温度下的质量体积，按公式（1-75）计算：
$$S = 0.6575 + 0.0024 \cdot T \tag{1-75}$$
式中　T——IG541 混合气体防护区最低环境温度，℃。

IG541 混合气体灭火系统灭火剂储存量，应为防护区灭火设计用量及系统灭火剂剩余量之和，系统灭火剂剩余量按公式（1-76）计算：
$$W_s \geqslant 2.7 \cdot V_0 + 2.0 \cdot V_p \tag{1-76}$$
式中　W_s——IG541 混合气体灭火系统灭火剂剩余量，kg；
　　　V_0——IG541 混合气体灭火系统全部储存容器的总容积，m³；
　　　V_p——管网的管道内容积，m³。

1.8.4　IG541 混合气体灭火系统管网计算

IG541 混合气体灭火系统管道流量宜采用平均设计流量。
系统主干管、支管的平均设计流量，按公式（1-77）、公式（1-78）计算：
$$Q_w = 0.95 \cdot W/t \tag{1-77}$$
$$Q_g = \sum_{1}^{N_g} Q_c \tag{1-78}$$
式中　Q_w——主干管平均设计流量，kg/s；

t——IG541 灭火剂设计喷放时间，s；

Q_g——支管平均设计流量，kg/s；

N_g——安装在计算支管下游的喷头数量，个；

Q_c——单个喷头的设计流量，kg/s。

管道内径按公式（1-79）计算：

$$D = (24 \sim 36) \cdot Q^{1/2} \tag{1-79}$$

式中　D——管道内径，mm；

　　　Q——管道设计流量，kg/s。

灭火剂释放时，管网应进行减压。减压装置宜采用减压孔板，宜设在系统的源头或干管入口处。

减压孔板前的压力，按公式（1-80）计算：

$$P_1 = P_0 \cdot [0.525 \cdot V_0 / (V_0 + V_1 + 0.4 \cdot V_2)]^{1.45} \tag{1-80}$$

式中　P_1——减压孔板前的压力（绝对压力），MPa；

　　　P_0——灭火剂储存容器充压压力（绝对压力），MPa；

　　　V_0——系统全部储存容器的总容积，m³；

　　　V_1——减压孔板前管网管道容积，m³；

　　　V_2——减压孔板后管网管道容积，m³。

减压孔板后的压力，按公式（1-81）计算：

$$P_2 = \delta \cdot P_1 \tag{1-81}$$

式中　P_2——减压孔板后的压力（绝对压力），MPa；

　　　δ——落压比（临界落压比：$\delta = 0.52$），一级充压（15.0MPa）的系统，可在 $\delta = 0.52 \sim 0.60$ 中选用；二级充压（20.0MPa）的系统，可在 $\delta = 0.52 \sim 0.55$ 中选用。

减压孔板孔口面积，按公式（1-82）计算：

$$F_k = Q_k / [0.95 \cdot \mu_k \cdot P_1 \cdot (\delta^{1.38} - \delta^{1.69})^{1/2}] \tag{1-82}$$

式中　F_k——减压孔板孔板面积，cm²；

　　　Q_k——减压孔板设计流量，kg/s；

　　　μ_k——减压孔板流量系数。

系统的阻力损失宜从减压孔板后算起，并按公式（1-83）计算：

$$Y_2 = Y_1 + L \cdot Q^2 / [0.242 \times 10^{-8} \cdot D^{5.25}] + 1.653 \times 10^7 / D^4 \cdot (Z_2 - Z_1) \cdot Q^2 \tag{1-83}$$

式中　Q——管道设计流量，kg/s；

　　　L——管道计算长度，m；

　　　D——管道内径，mm；

　　　Y_1——计算管段始端压力系数，10^{-1}MPa·kg/m³；

　　　Y_2——计算管段末端压力系数，10^{-1}MPa·kg/m³；

　　　Z_1——计算管段始端密度系数；

　　　Z_2——计算管段末端密度系数。

IG541 混合气体灭火系统的喷头工作压力的计算结果，应符合：一级充压

(15.0MPa）系统，$P_c \geqslant 2.0$MPa（绝对压力）；二级充压（20.0MPa）系统，$P_c \geqslant 2.1$MPa（绝对压力）。

喷头等效孔口面积，按公式（1-84）计算：

$$F_c = Q_c/q_c \tag{1-84}$$

式中　F_c——喷头等效孔口面积，cm^2；
　　　q_c——等效孔口单位面积喷射率，$kg/(s \cdot cm^2)$。

1.8.5　防护区泄压口

气体灭火系统防护区应设置泄压口。

七氟丙烷气体灭火系统防护区泄压口面积按系统设计规定计算，按公式（1-85）计算：

$$F_x = 0.15Q_x/(P_f)^{1/2} \tag{1-85}$$

式中　F_x——防护区泄压口面积，m^2；
　　　Q_x——七氟丙烷灭火剂在防护区内的平均喷放速率，kg/s；
　　　P_f——防护区围护结构承受内压允许压强，Pa。

IG541混合气体灭火系统防护区泄压口面积按系统设计规定计算，宜按公式（1-86）计算：

$$F_x = 1.1Q_x/(P_f)^{1/2} \tag{1-86}$$

式中　F_x——防护区泄压口面积，m^2；
　　　Q_x——IG541混合气体灭火剂在防护区内的平均喷放速率，kg/s；
　　　P_f——防护区围护结构承受内压允许压强，Pa。

七氟丙烷气体灭火系统的泄压口应位于防护区净高的2/3以上。对于设置吊顶场所，泄压口通常设置在吊顶（梁）下，泄压口顶面紧贴吊顶（梁）或吊顶（梁）下100mm。

医院建筑泄压口安装形式，见表1-287。

泄压口安装形式表　　表1-287

序号	场所	防护区条件	泄压口安装形式
1	变配电室、智能化机房等	墙体为普通砖墙或水泥砌块墙体，无屏蔽防护要求	采用矩形泄压口，泄压口面与墙体垂直（90°）
2	影像机房等	墙体为混凝土墙体，有屏蔽防护要求	采用矩形泄压口，泄压口面与墙体在平面上有一定倾斜角度（30°或45°，通常采用45°）；或采用泄压口面与墙体垂直（90°），泄压口内采用倾斜角度金属网格栅

表1-288为不同规格无管网七氟丙烷气体灭火装置与泄压口尺寸的参考对照表。

不同规格无管网七氟丙烷气体灭火装置与泄压口尺寸对照表　　表1-288

型号	泄压口尺寸：宽（mm）×高（mm）	型号	泄压口尺寸：宽（mm）×高（mm）
GQQ40/2.5	150×100	GQQ70×2/2.5	400×100
GQQ70/2.5	200×100	GQQ90×2/2.5	300×200
GQQ90/2.5	300×100	GQQ120×2/2.5	400×100
GQQ120/2.5	400×100		

防护区设置的泄压口，宜设在外墙上，无外墙时应设置在朝向公共建筑公共区域（走道）的内墙上。每个防护区根据需要可设置1个或多个泄压口。

1.8.6 直线加速器机房消防

直线加速器机房消防系统设置，见表1-289。

直线加速器机房消防系统设置表　　　　　　　　　表1-289

序号	消防系统类型	系统设置
1	室内消火栓系统	不应设置，机房外的2股室内消火栓充实水柱应能保护
2	自动喷水灭火系统	不应设置
3	气体灭火系统	可设置，不设置泄压口
4	高压细水雾灭火系统	可设置，需预留给水管道套管并做好防护

注：气体灭火系统与高压细水雾灭火系统不同时设置，应根据建筑其他不宜用水扑救场所采用的自动灭火形式确定。

1.9　高压细水雾灭火系统

《消设通规》对于细水雾灭火系统做了以下强制性条文规定：

6.0.1　水喷雾灭火系统和细水雾灭火系统的工作压力、供给强度、持续供给时间和响应时间，应满足系统有效灭火、控火、防护冷却或防火分隔的要求。

6.0.2　水喷雾灭火系统和细水雾灭火系统水源的水量与水质，应满足系统灭火、控火、防护冷却或防火分隔以及可靠运行和持续喷雾的要求。

6.0.8　细水雾灭火系统中过滤器的材质应为不锈钢、铜合金，或其他耐腐蚀性能不低于不锈钢、铜合金的金属材料。过滤器的网孔孔径与喷头最小喷孔孔径的比值应小于或等于0.8。

1.9.1 高压细水雾灭火系统适用场所

医院建筑中不宜用水扑救的部位（即采用水扑救后会引起爆炸或重大财产损失的场所）可以采用高压细水雾灭火系统灭火。

医院建筑中适合采用高压细水雾灭火系统的场所，见表1-290。

适合采用高压细水雾灭火系统的场所表　　　　　　表1-290

序号	场所类型	具体场所
1	电气设备房间	高压配电室（间）、低压配电室（间）、网络机房、网络中心、信息中心、灾备机房、应急响应中心、BA控制室、电子计算机房、UPS间等房间
2	影像中心机房	CT室、DR室、X光室、数字肠胃室、钼靶室、乳腺室等房间
3	介入中心机房	DSA室等房间
4	核医学科机房	SPECT机房、ECT机房、PET/CT机房等房间
5	放射治疗机房	直线加速器机房、模拟机房、后装机房等房间
6	病案室	

注：MR室不宜设置高压细水雾灭火系统。

1.9.2 高压细水雾灭火系统分类和选择

高压细水雾灭火系统分类，见表1-291。

高压细水雾灭火系统分类表 表1-291

系统名称	系统特征	系统应用范围
开式系统	平时系统管网内没有水，火灾发生时，火灾探测器发出火灾信号并反馈至消防控制中心，经确认后自动启动高压泵组及相应分区阀组开始喷雾灭火	适用于常规建筑空间、大面积或高大空间场所、局部场所等；尤其适用于特殊的低温、高温场所及火灾危险等级较高、要求快速灭火的场所
闭式湿式系统	平时系统管网内始终充满低压力（一般小于0.60MPa）的水，整个管网封闭，火灾发生时，闭式喷头玻璃球受热爆裂，高压泵组自动启动，转换形成高压开始喷雾。着火区域内喷头喷雾，其他区域不喷雾	适用于火灾水平蔓延速度慢、危险等级较低的场所
闭式预作用系统	预作用阀后管网内平时充气体或无气，发生火灾时，火灾探测器自动开启预作用阀和排气阀使管道内迅速充满水，待着火分区喷头玻璃球爆裂后，启动高压泵组，转换形成高压，系统喷雾灭火	适用于环境温度低于4℃或高于70℃等的场所；适用于有防止误喷要求的场所

医院建筑中不同高压细水雾灭火系统形式的选择，见表1-292。

不同高压细水雾灭火系统形式选择表 表1-292

序号	场所	灭火要求	系统形式
1	柴油发电机房等	可燃液体类火灾，火灾蔓延快，需灭火系统响应快速、灭火高效	开式系统
2	医技机房等	需要减少水渍和烟气损失且能高效灭火	
3	高、低压配电室（间）等	火灾发生时产生大量烟气、有毒腐蚀性气体，极易在电气柜中蔓延，腐蚀电缆、电气开关、电路板等，造成二次损害；要求在日常状态下室内管道为空管，严禁渗漏与误喷	闭式预作用系统

1.9.3 高压细水雾灭火系统设计

《消设通规》对于细水雾灭火系统持续喷雾时间做了以下强制性条文规定：

6.0.7 细水雾灭火系统的持续喷雾时间应符合下列规定：

1 对于电子信息系统机房、配电室等电子、电气设备间，图书库、资料库、档案库、文物库、电缆隧道和电缆夹层等场所，应大于或等于**30min**；

2 对于油浸变压器室、涡轮机房、柴油发电机房、液压站、润滑油站、燃油锅炉房等含有可燃液体的机械设备间，应大于或等于**20min**；

3 对于厨房内烹饪设备及其排烟罩和排烟管道部位，应大于或等于**15s**，且冷却水持续喷放时间应大于或等于**15min**。

高压细水雾灭火系统主要应用场所设计参数，见表1-293。

高压细水雾灭火系统设计参数一览表　　　　　　　　表1-293

应用场所	最小喷雾强度 [L/(min·m²)]	喷雾时间 (min)	喷头最大安装高度 (m)	喷头最低工作压力 (MPa)	喷头最小布置间距 (m)	喷头最大布置间距 (m)	系统作用面积 (m²)
变配电室	1.8	30	4.8	10	2	3	140
柴油发电机房	1.0	20	4.8	10	1.5	3	*
医技机房	0.5	30	4.8	10	1.5	3	*
网络机房	0.5	30	4.2	10	1.5	3	*

注：*表示按同时喷放的喷头数计算。

《消设通规》对于细水雾喷头做了以下强制性条文规定：

6.0.6 细水雾灭火系统的细水雾喷头应符合下列规定：

1 应保证细水雾喷放均匀并完全覆盖保护区域；

2 与遮挡物的距离应能保证遮挡物不影响喷头正常喷放细水雾，不能保证时应采取补偿措施；

3 对于使用环境可能使喷头堵塞的场所，喷头应采取相应的防护措施。

根据保护对象的火灾危险性及空间尺寸选用高压细水雾喷头，闭式系统选择快速响应喷头。不同场所喷头选型，见表1-294。

不同场所喷头选型表　　　　　　　　表1-294

序号	场所	喷头类型	喷头参数	喷头布置
1	高、低压配电室（间）等	闭式喷头	$K=1.25$，$q=12.5$L/min	喷头的安装间距不大于3.0m，不小于2.0m，距墙不大于1.5m
2	柴油发电机房	开式喷头	$K=0.95$，$q=9.5$L/min	喷头的安装间距不大于3.0m，不小于1.5m，距墙不大于1.5m
3	其他		$K=0.45$，$q=4.5$L/min	

注：每处场所的喷头宜布置均衡，当面积较大时宜分成面积相当的数个区域布置喷头。

高压细水雾给水泵组设计流量确定，见表1-295。

泵组设计流量确定表　　　　　　　　表1-295

序号	原则	最大计算流量 Q_1	系统设计流量 Q_2
1	选择最大流量防护区，通常选择面积最大的防护区，经计算后确定	开式系统流量按照防护区内同时动作喷头数的流量之和进行计算	$1.1 \times Q_1$
2		预作用系统按照作用面积140m²内同时动作最大喷头数流量之和计算	

高压细水雾给水泵组扬程为系统设计工作压力，根据最不利点喷头最低工作压力为10MPa计算确定，采用Darcy-Weisbach（达西-魏斯巴赫）公式：

$$H_f = \lambda(l/d)(v^2/2g) \tag{1-87}$$

式中　H_f——高压细水雾灭火系统设计工作压力，m；

λ——沿程阻力系数，无量纲，与流体的黏度、雷诺数 Re 和管道壁面相对粗糙度有关；

l——管道的长度，m；

d——管道的直径，m；

v——管道有效截面上的平均流速，m/s；

g——重力加速度，m/s^2。

高压细水雾给水泵组配置 1 套，主泵常采用 4 台（3 用 1 备），稳压泵常采用 2 台（1 用 1 备）。

《消设通规》对于细水雾灭火系统启动方式做了以下强制性条文规定：

6.0.4 自动控制的水喷雾灭火系统和细水雾灭火系统应具有自动控制、手动控制和机械应急操作的启动方式。

《消设通规》对于细水雾灭火系统管道材质做了以下强制性条文规定：

6.0.3 水喷雾灭火系统和细水雾灭火系统的管道应为具有相应耐腐蚀性能的金属管道。

高压细水雾灭火系统采用满足系统工作压力要求的无缝不锈钢管 316L，管道采用氩弧焊焊接连接或卡套连接。

1.10　自动跟踪定位射流灭火系统

《消设通规》对于自动跟踪定位射流灭火系统做了以下强制性条文规定：

7.0.1 固定消防炮、自动跟踪定位射流灭火系统的类型和灭火剂应满足扑灭和控制保护对象火灾的要求，水炮灭火系统、泡沫炮灭火系统和自动跟踪定位射流灭火系统不应用于扑救遇水发生化学反应会引起燃烧或爆炸等物质的火灾。

7.0.11 自动跟踪定位射流灭火系统应符合下列规定：

1 自动消防炮灭火系统中单台炮的流量，对于民用建筑，不应小于 **20L/s**；对于工业建筑，不应小于 **30L/s**。

2 持续喷水时间不应小于 **1.0h**。

3 系统应具有自动控制、消防控制室手动控制和现场手动控制的启动方式。消防控制室手动控制和现场手动控制相对于自动控制应具有优先权。

4 自动消防炮灭火系统和喷射型自动射流灭火系统在自动控制状态下，当探测到火源后，应至少有 **2** 台灭火装置对火源扫描定位和至少 **1** 台且最多 **2** 台灭火装置自动开启射流，且射流应能到达火源。

5 喷洒型自动射流灭火系统在自动控制状态下，当探测到火源后，对应火源探测装置的灭火装置应自动开启射流，且其中应至少有一组灭火装置的射流能到达火源。

1.10.1　自动跟踪定位射流灭火系统适用场所

自动跟踪定位射流灭火系统可用于扑救民用建筑中，火灾类别为 A 类的下列场所：净空高度大于 12m 的高大空间场所；净空高度大于 8m 且不大于 12m，难以设置自动喷水灭火系统的高大空间场所。

医院建筑门诊大厅、病房大厅（住院大厅）、门诊中庭等场所很多情况下为高大空间，可根据表1-296确定系统形式。

高大空间自动水灭火系统形式选择表 表1-296

序号	最大净空高度 h（m）	约束条件	适用自动水灭火系统形式	备注
1	h>18		自动跟踪定位射流灭火系统	
2	12<h≤18	空间顶部设有吊顶；空间顶部未设吊顶，但可以或适合敷设管道、喷头	自动喷水灭火系统	喷水强度15L/(min·m²)；作用面积160m²；喷头间距1.8m≤S≤3.0m；喷头应采用非仓库型特殊应用喷头
3		空间顶部未设吊顶且不适合敷设管道、喷头	自动跟踪定位射流灭火系统	
4	8<h≤12	空间顶部设有吊顶；空间顶部未设吊顶，但可以或适合敷设管道、喷头	自动喷水灭火系统	喷水强度12L/(min·m²)；作用面积160m²；喷头间距1.8m≤S≤3.0m
5		空间顶部未设吊顶且不适合敷设管道、喷头	自动跟踪定位射流灭火系统	

注：1. 上述高大空间场所宜首选自动喷水灭火系统，只有在受条件所限难以设置自动喷水灭火系统时，才采用自动跟踪定位射流灭火系统；
2. 难以设置自动喷水灭火系统的典型场所主要有：建筑顶棚采用膜结构或玻璃等采光材料的部位、闭式洒水喷头无法有效感知温度和无法有效喷水灭火的部位、喷头固定困难喷水有遮挡的部位、受系统水量制约的改造部位等。除医院建筑外，其他公共建筑亦应按照此要求执行。

1.10.2 自动跟踪定位射流灭火系统选型

医院建筑门诊大厅、病房大厅（住院大厅）、门诊中庭等场所火灾危险等级为中危险级Ⅰ级，其自动跟踪定位射流灭火系统宜选用喷射型或喷洒型自动射流灭火系统，通常采用喷射型自动射流灭火系统。

1.10.3 自动跟踪定位射流灭火系统设计

医院建筑自动跟踪定位射流灭火系统设计，主要依据国家标准《自动跟踪定位射流灭火系统技术标准》GB 51427—2021。

医院建筑高大空间场所采用喷射型自动射流灭火系统时，应保证至少2台灭火装置的射流能到达被保护区域的任一部位，同时开启的数量应按2台确定；单台喷射型灭火装置的流量不应小于10L/s，通常选择流量为10L/s的灭火装置。医院建筑喷射型自动跟踪定位射流灭火系统设计流量为设计同时开启的灭火装置流量之和，通常按20L/s确定；设计持续喷水时间按1h确定。

喷射型灭火装置的性能参数，见表1-297。

喷射型灭火装置性能参数表 表1-297

额定流量（L/s）	额定工作压力上限（MPa）	额定工作压力时最大保护半径（m）	定位时间（s）	安装高度 h（m）
10	0.8	28	≤30	8≤h≤25

喷射型灭火装置的最大保护半径按产品在额定工作压力时的指标值确定；灭火装置设计工作压力与产品额定工作压力不同时，在产品规定的工作压力范围内选用；喷射型灭火装置的保护半径按公式（1-88）计算；灭火装置与端墙之间的距离不宜超过灭火装置同向布置间距的一半。

$$D = D_0 \times (P_e/P_0)^{1/2} \tag{1-88}$$

式中　　D——灭火装置的设计最大保护半径，m；

　　　　D_0——灭火装置在额定工作压力时的最大保护半径，m；

　　　　P_e——灭火装置的设计工作压力，MPa；

　　　　P_0——灭火装置的额定工作压力，MPa。

医院建筑高大空间场所采用喷洒型自动射流灭火系统时，喷洒型灭火装置布置应能使射流完全覆盖被保护场所及被保护物，灭火装置同时开启台数（N）按照作用面积来确定，系统的设计参数不应小于表 1-298 的规定。单台喷洒型灭火装置的流量可选用 5L/s 或 10L/s。医院建筑喷洒型自动跟踪定位射流灭火系统设计流量为设计同时开启的灭火装置流量之和；设计持续喷水时间按 1h 确定。

喷洒型灭火系统设计参数表　　　　　　　　　　表 1-298

保护场所的火灾危险等级	保护场所的净空高度（m）	喷水强度 [L/(min·m²)]	作用面积（m²）	灭火装置流量 Q（L/s）	
				5	10
中危险级Ⅰ级	≤25	6	300	6≤Q≤9	3≤Q≤5

喷洒型灭火装置的性能参数，见表 1-299。

喷洒型灭火装置性能参数表　　　　　　　　　　表 1-299

额定流量（L/s）	额定工作压力上限（MPa）	额定工作压力时最大保护半径（m）	定位时间（s）	安装高度 h（m）
5	0.6	6	≤30	8≤h≤25
10		7		

喷洒型灭火装置的最大保护半径按产品在额定工作压力时的指标值确定；灭火装置设计工作压力与产品额定工作压力不同时，应按产品性能确定；灭火装置与端墙之间的距离不宜超过灭火装置同向布置间距的一半。

喷射型自动射流灭火系统每台装置、喷洒型自动射流系统每组灭火装置之前的供水管路应布置成环状管网。喷射型自动射流灭火系统环状管网的管道管径采用 $DN100$。喷洒型自动射流灭火系统环状管网的管道管径：设计流量为 30~35L/s 时，采用 $DN100$；设计流量为 40~50L/s 时，采用 $DN150$。

每台喷射型自动射流灭火装置、每组喷洒型自动射流灭火装置的供水支管上均设置水流指示器，位置安装在手动控制阀、信号阀出口之后。

喷射型或喷洒型自动射流灭火系统每个保护区的管网最不利处设置模拟末端试水装置，采用 $DN75$ 排水漏斗，接入 $DN75$ 排水立管。

喷射型自动射流灭火系统供水管道管材，应根据其系统设计压力确定，宜与同一系统设计压力范围的同建筑自动喷水灭火系统管道管材一致。

喷射型、喷洒型自动射流灭火系统宜设置独立的消防水泵和供水管网。在医院建筑设计中，喷射型、喷洒型自动射流灭火系统常不单独设置自动射流灭火系统给水泵组，而是与本建筑自动喷水灭火系统给水泵组合用。这种情况下，系统设计水量、水压及一次灭火用水量应满足较大一个系统使用的要求；两个系统需要在报警阀前分开。

喷射型、喷洒型自动射流灭火系统单独设置消防水泵时，消防水泵流量按照自动射流灭火系统设计流量，水泵扬程或系统设计工作压力可按公式（1-89）计算。

$$P = 0.01H + \Sigma h + P_e - h_c \tag{1-89}$$

式中　P——消防水泵扬程或系统所需要的设计工作压力，MPa；

　　　H——最不利点处灭火装置出口与消防水池最低水位或系统供水入口管水平中心线之间的高程差，m；

　　　Σh——水泵出口至最不利点处灭火装置进口管道水头总损失，MPa；

　　　P_e——灭火装置的设计工作压力，MPa；

　　　h_c——消防水泵从市政给水管网直接抽水时市政管网的最低水压，MPa。

医院建筑自动跟踪定位射流灭火系统可设置高位消防水箱，亦可与自动喷水灭火系统合用高位消防水箱。单独设置消防水箱时，消防水箱、消防稳压装置、稳压管等的配置可参照自动喷水灭火系统。单独设置消防水泵时，消防水箱应接出 1 根 $DN80$ 稳压管接至消防水泵出水管处、自动射流灭火系统环状供水管网前。

1.11　医用气体系统

医院建筑医用气体系统分类，见表 1-300。

医用气体系统分类表　　　　　　　　　　　　　　　　　表 1-300

序号	医用气体系统名称	应用范围
1	医用氧气（O_2）系统	病房、手术室、ICU 等
2	医用真空吸引系统	
3	医用压缩空气系统	
4	医用氮气（N_2）系统	手术部
5	医用笑气（N_2O）系统	
6	医用二氧化碳（CO_2）系统	手术部、中心供应等

医用气体的终端供气压力范围，应符合表 1-301 的规定。

医用气体的终端供气压力表　　　　　　　　　　　　　　表 1-301

医用气体	供气压力（MPa）	医用气体	供气压力（MPa）
氧气（O_2）	0.40～0.45	氮气（N_2）	0.80～1.10
一氧化二氮(也称氧化亚氮、笑气)（N_2O）	0.35～0.40	氩气（Ar）	0.35～0.40
医用真空	−0.03～−0.07	二氧化碳（CO_2）	0.35～0.40
压缩空气	0.45～0.95		

医用气体终端组件处的设计参数，见表1-302。

医用气体终端组件处参数表　　　　　　　　　表1-302

医用气体种类	使用场所	额定压力（kPa）	典型使用流量（L/min）	设计流量（L/min）
医疗空气	手术室	400	20	40
	重症病房、新生儿、高护病房	400	60	80
	其他病房床位	400	10	20
器械空气、医用氮气	骨科、神经外科手术室	800	350	350
医用真空吸引	大手术	40（真空压力）	15～80	80
	小手术、所有病房床位	40（真空压力）	15～40	40
医用氧气	手术室和用氧化亚氮进项麻醉的用点	400	6～10	100
	所有其他病房床位	400	6	10
医用氧化亚氮	手术、产科、所有病房用点	400	6～10	15
医用氧化亚氮/氧气混合气	待产、分娩、恢复、产后、家庭化产房（LDRP）用点	400（350）	10～275	275
	所有其他需要的病房床位	400（350）	6～15	20
医用二氧化碳	手术室、造影室、腹腔检查用点	400	6	20
医用二氧化碳/氧气混合气	重症病房、所有其他需要的床位	400（350）	6～15	20
医用氦气/氧气混合气	重症病房	400（350）	40	100
麻醉或呼吸废气排放	手术室、麻醉室、重症监护室（ICU）用点	15（真空压力）	50～80	50～80

注：1. 350kPa气体的压力允许最大偏差范围为310～400kPa，400kPa气体的压力允许最大偏差范围为320～500kPa，800kPa气体的压力允许最大偏差范围为640～1000kPa；在医用气体使用处与医用氧气混合形成医用混合气体时，配比的医用气体压力应低于该处医用氧气压力50～80kPa，相应的额定压力亦应减小为350kPa；
2. 严重呼吸发热传染病病区病房内每个床位的医用氧气终端宜设置2个以保证连续供氧，医用真空终端、医用空气终端不宜少于1个，其他医用气体根据医疗需要设置。

1.11.1 医用氧气（O_2）系统

1. 医用氧气供应源

医用氧气供应源分类，见表1-303。

医用氧气供应源分类表　　　　　　　　　表1-303

序号	氧气供应源名称	作用	备注
1	医用液氧贮罐供应源	主要氧气供应源	氧气质量高，最常用，适用于普通区域和生命支持区域供氧
2	医用分子筛制氧机组供应源	次要氧气供应源	氧气质量一般，不常用，宜用于普通区域供氧

续表

序号	氧气供应源名称	作用	备注
3	医用氧焊接绝热气瓶汇流排供应源	应急氧气供应源	不常用，适用于生命支持区域供氧
4	医用氧气钢瓶汇流排供应源	应急氧气供应源	最常用，适用于生命支持区域供氧

注：医用氧气供应源不应设置在医院建筑的地下空间或半地下空间。

医用液氧贮罐应设置在医院院区室外。医用液氧贮罐与医院内部建筑物、构筑物之间的防火间距，不应小于表 1-304 的规定。医用液氧贮罐不宜少于 2 个，并应能切换使用。

医用液氧贮罐与医院内部建筑物、构筑物之间的防火间距表　　　　表 1-304

建筑物、构筑物	防火间距
医院内道路	3.0m
一、二级建筑物墙壁或突出部分	10.0m
三、四级建筑物墙壁或突出部分	15.0m
医院变电站	12.0m
独立车库、地下车库出入口、排水沟	15.0m
公共集会场所、生命支持区域	15.0m
燃煤锅炉房	30.0m
一般架空电力线	≥1.5 倍电杆高度

注：当面向液氧贮罐的建筑外墙为防火墙时，液氧贮罐与一、二级建筑物墙壁或突出部分的防火间距不应小于 5.0m，与三、四级建筑物墙壁或突出部分的防火间距不应小于 7.5m。

医用分子筛制氧机房宜设置在医院院区建筑室外，受条件所限时可设置在医院建筑屋顶，应避开诊室、病房等医疗功能区域。制氧机组应设置备用机组；分子筛制氧机组还应配置高压氧气汇流排。

医用氧焊接绝热气瓶汇流排供应源、医用氧气钢瓶汇流排供应源的气瓶均宜设置为数量相同的两组，并应能自动切换使用。

医用氧气气源设置或储备用氧量，见表 1-305。

医用氧气气源设置或储备用氧量表　　　　表 1-305

序号	医用氧气气源种类	设置或储备用氧量
1	主气源	一周及以上用氧量，应至少不低于 3d 用氧量
2	备用气源	24h 以上用氧量
3	应急气源	保证生命支持区域 4h 以上的用氧量

医用氧气供应源、医用分子筛制氧机组供应源，必须设置应急备用电源。

洁净手术部、监护病房、急救、抢救室等生命支持场所医用氧气应从中心供给站（液氧贮罐、制氧机房、氧气站）单独接入。

传染病医院建筑医用氧气机房不应设在污染区（隔离区）内，宜在医院院区内独立设置。

医用氧气管道进入污染区（隔离区）前，应在供气总管上设置防回流装置。

精神专科医院医疗氧气源站房的设计应纳入精神专科医院总体发展建设规划，可根据需要设置中心供氧站。

精神专科医院的医用氧气源，应按日用量要求贮备备用量，不宜少于3d贮存量。

精神专科医院中心供氧站宜设置安全防护措施，并宜设置监视设备，在中心控制室宜设监视设备。电抽搐治疗室、监护室、抢救室、观察室应设置氧气装置。病房内的医用气体终端应采取如上锁等安全防护措施。

2. 医用氧气流量计算

医用氧气系统的计算流量，按照公式（1-90）计算：

$$Q = \Sigma[Q_a + Q_b(n-1)\eta] \tag{1-90}$$

式中　Q——医用氧气计算流量，L/min；

Q_a——医用氧气终端处额定流量，L/min，取值可按医用氧气流量计算参数表，见表1-306；

Q_b——医用氧气终端处计算平均流量，L/min，取值可按医用氧气流量计算参数表，见表1-306；

n——各医用氧气使用场所氧气终端的数量，医院建筑各部门各使用场所氧气终端组件的设置数量由医院业主提供，无法提供时可按氧气终端组件设置要求表确定；

η——同时使用率，取值可按表1-306。

医用氧气流量计算参数表　　　　表1-306

使用场所		医用氧气（L/min）		η
		Q_a	Q_b	
手术室	麻醉诱导	100	6	25%
	重大手术室、整形、神经外科	100	10	75%
	小手术室	100	10	50%
	术后恢复、苏醒	10	6	100%
重症监护	ICU、CCU	10	6	100%
	新生儿NICU	10	4	100%
妇产科	分娩	10	10	25%
	待产或（家化）产房	10	6	25%
	产后恢复	10	6	25%
	新生儿	10	3	50%
其他	急诊、抢救室	100	6	15%
	普通病房	10	6	15%
	CPAP呼吸机	75	75	75%
	门诊	10	6	15%

注：1. 氧气不作呼吸机动力气体；
　　2. 严重呼吸发热传染病病区医用氧气设计流量计算宜按手术部救治要求确定，即按床位数同时使用率100%计算。

3. 医用氧气管道管径确定

医院建筑生命支持区域（包括手术部、监护病房、急救、抢救室等）医用氧气管道应与非生命支持区域（包括普通病房、门诊等）医用氧气管道分开设置。生命支持区域供氧管道管径确定，见表 1-307、表 1-308；非生命支持区域供氧管道管径确定，见表 1-309；不同用气量供氧管道管径确定，见表 1-310。

生命支持区域供氧管道计算表（手术室） 表 1-307

数量（张）	用气量（L/min）	管道公称直径（mm）	数量（张）	用气量（L/min）	管道公称直径（mm）	数量（张）	用气量（L/min）	管道公称直径（mm）
4	123	DN20	18	228	DN25	50	468	DN25
6	138		20	243		55	505	DN32
8	153		25	280		60	543	
10	168		30	318		65	580	
12	183		35	355		70	618	
14	198	DN25	40	393		75	655	
16	213		45	430		80	693	

生命支持区域供氧管道计算表（ICU、抢救室） 表 1-308

数量（张）	用气量（L/min）	管道公称直径（mm）	数量（张）	用气量（L/min）	管道公称直径（mm）	数量（张）	用气量（L/min）	管道公称直径（mm）
10	64	DN15	80	484	DN32	150	904	DN40
20	124	DN20	90	544		160	964	
30	184		100	604		170	1024	
40	244	DN25	110	664		180	1084	
50	304		120	724		190	1144	
60	364		130	784	DN40	200	1204	
70	424		140	844		210	1264	

非生命支持区域供氧管道计算表（病房） 表 1-309

数量（张）	用气量（L/min）	管道公称直径（mm）	数量（张）	用气量（L/min）	管道公称直径（mm）	数量（张）	用气量（L/min）	管道公称直径（mm）
10	18	DN10	100	99	DN20	190	180	DN20
20	27		110	108		200	190	
30	36	DN15	120	117		300	280	DN25
40	45		130	126		400	370	
50	54		140	135		500	460	
60	63	DN20	150	144		600	550	
70	72		160	153		700	640	DN32
80	81		170	162		800	730	
90	90		180	171		900	820	

续表

数量（张）	用气量（L/min）	管道公称直径（mm）	数量（张）	用气量（L/min）	管道公称直径（mm）	数量（张）	用气量（L/min）	管道公称直径（mm）
1000	910	DN32	1800	1630	DN50	2600	2350	DN50
1200	1090	DN40	2000	1810		2800	2530	
1400	1270		2200	1990		3000	2710	
1600	1450		2400	2170		3200	1890	

氧气用气量对应管道管径表　　　表 1-310

用气量（L/min）	管道公称直径（mm）	用气量（L/min）	管道公称直径（mm）	用气量（L/min）	管道公称直径（mm）	用气量（L/min）	管道公称直径（mm）
2800	DN50	3800	DN65	4800	DN65	5800	DN65
3000		4000		5000		6000	
3200	DN65	4200		5200		6200	
3400		4400		5400		6400	
3600		4600		5600		6600	

1.11.2 医用真空吸引系统

1. 医用真空汇

医用真空汇不得用于三级、四级生物安全实验室及放射性沾染场所；医用真空汇在单一故障状态时，应能连续工作。

医用真空汇真空泵应设置备用泵。牙科专用真空汇应独立设置。传染病医院建筑医用真空泵宜采用安全可靠性高的油润滑旋片式真空泵。

服务院区内多座建筑的真空吸引机房宜设置在医院院区室外，或设置于某座建筑地下室；服务单座建筑的真空吸引机房宜设置于本建筑的建筑地下室。传染病医院建筑医用真空泵房应设置在污染区（隔离区）内，并应加强安全防护。

洁净手术部、监护病房、急救、抢救室等生命支持场所医用真空吸引应从真空吸引机房单独接入。

医用真空汇排放气体应经消毒处理后方可排入大气，排放口应远离空调通风系统进风口（间距不应小于20m）和人群聚集区域。废液应集中收集并经消毒后处置。

精神专科医院医疗气体气源站房的设计应纳入精神专科医院总体发展建设规划，可根据需要设置负压吸引泵站。

精神专科医院的医用真空汇，应按日用量要求贮备备用量，不宜少于3d贮存量。

精神专科医院负压吸引泵站，宜设置安全防护措施，并宜设置监视设备，在中心控制室宜设监视。电抽搐治疗室、监护室、抢救室、观察室应设负压吸引装置。

2. 医用真空吸引流量计算

医用真空吸引系统的计算流量，按照公式（1-91）计算：

$$Q = \Sigma[Q_a + Q_b(n-1)\eta] \tag{1-91}$$

式中　Q——医用真空吸引计算流量，L/min；

Q_a——医用真空吸引终端处额定流量，L/min，取值可按医用真空吸引流量计算参数表，见表1-311；

Q_b——医用真空吸引终端处计算平均流量，L/min，取值可按医用真空吸引流量计算参数表，见表1-311；

n——各医用真空吸引使用场所真空吸引终端的数量，医院建筑各部门各使用场所真空吸引终端组件的设置数量由医院业主提供，无法提供时可按真空吸引终端组件设置要求表确定；

η——同时使用率，取值可按表1-311。

医用真空流量计算参数表   表1-311

使用场所		医用真空（L/min）		η
		Q_a	Q_b	
手术室	麻醉诱导	40	30	25%
	重大手术室、整形、神经外科	80	40	100%
	小手术室	80	40	50%
	术后恢复、苏醒	40	30	25%
重症监护	ICU、CCU	40	40	75%
	新生儿NICU	40	20	25%
妇产科	分娩	40	40	50%
	待产或（家化）产房	40	40	50%
	产后恢复	40	40	25%
	新生儿	40	40	25%
其他	急诊、抢救室	40	40	50%
	普通病房	40	20	10%
	呼吸治疗室	40	40	25%
	创伤室	60	60	100%
	实验室	40	40	25%

注：严重呼吸发热传染病病区医用真空设计流量计算宜按手术部救治要求确定，即按床位数同时使用率100%计算。

3. 医用真空吸引管道管径

医院建筑生命支持区域与非生命支持区域医用真空吸引管道应分开设置。生命支持区域真空吸引管道管径确定，见表1-312、表1-313；非生命支持区域真空吸引管道管径确定，见表1-314；不同用气量真空吸引管道管径确定，见表1-315。

生命支持区域真空吸引管道计算表（手术室）   表1-312

数量（张）	用气量（L/min）	管道公称直径（mm）	数量（张）	用气量（L/min）	管道公称直径（mm）	数量（张）	用气量（L/min）	管道公称直径（mm）
4	200	DN40	8	360	DN50	12	520	DN80
6	280	DN50	10	440	DN80	14	600	

续表

数量（张）	用气量（L/min）	管道公称直径（mm）	数量（张）	用气量（L/min）	管道公称直径（mm）	数量（张）	用气量（L/min）	管道公称直径（mm）
16	680	DN80	35	1440	DN100	60	2440	DN125
18	760	DN80	40	1640	DN100	65	2640	DN125
20	840	DN80	45	1840	DN125	70	2840	DN150
25	1040	DN80	50	2040	DN125	75	3040	DN150
30	1240	DN100	55	2240	DN125	80	3240	DN150

生命支持区域真空吸引管道计算表（ICU、抢救室） 表1-313

数量（张）	用气量（L/min）	管道公称直径（mm）	数量（张）	用气量（L/min）	管道公称直径（mm）	数量（张）	用气量（L/min）	管道公称直径（mm）
10	310	DN50	80	2410	DN125	150	4510	DN200
20	610	DN65	90	2710	DN125	160	4810	DN200
30	910	DN80	100	3010	DN150	170	5110	DN200
40	1210	DN100	110	3310	DN150	180	5410	DN200
50	1510	DN100	120	3610	DN150	190	5710	DN200
60	1810	DN125	130	3910	DN200	200	6010	DN200
70	2110	DN125	140	4210	DN200	210	6310	DN200

非生命支持区域真空吸引管道计算表（病房） 表1-314

数量（张）	用气量（L/min）	管道公称直径（mm）	数量（张）	用气量（L/min）	管道公称直径（mm）	数量（张）	用气量（L/min）	管道公称直径（mm）
10	58	DN25	140	318	DN50	900	1838	DN125
20	78	DN32	150	338	DN50	1000	2038	DN125
30	98	DN32	160	358	DN50	1200	2438	DN125
40	118	DN32	170	378	DN50	1400	2838	DN125
50	138	DN32	180	398	DN50	1600	3238	DN150
60	158	DN32	190	418	DN50	1800	3638	DN150
70	178	DN40	200	438	DN50	2000	4038	DN150
80	198	DN40	300	638	DN65	2200	4438	DN150
90	218	DN40	400	838	DN80	2400	4838	DN200
100	238	DN40	500	1038	DN80	2600	5238	DN200
110	258	DN50	600	1238	DN100	2800	5638	DN200
120	278	DN50	700	1438	DN100	3000	6038	DN200
130	298	DN50	800	1638	DN125	3200	6438	DN200

真空吸引用气量对应管道管径表 表 1-315

用气量 (L/min)	管道公称直径 (mm)	用气量 (L/min)	管道公称直径 (mm)	用气量 (L/min)	管道公称直径 (mm)	用气量 (L/min)	管道公称直径 (mm)
6200	DN200	7200	DN200	8200	DN250	9200	DN250
6400		7400		8400		9400	
6600		7600		8600		9600	
6800		7800	DN250	8800		9800	
7000		8000		9000		10000	

1.11.3 其他医用气体系统

1. 供应源

医疗空气严禁用于非医用用途。医疗空气通常由空气压缩机组供应。医疗空气供应源在单一故障状态时，应能连续供气；医疗空气供应源应设置备用压缩机；医疗空气供应源应设置应急备用电源。牙科空气供应源应设置为独立系统，且不得与医疗空气供应源共用空气压缩机。空气压缩机宜采用无油空气压缩机。

医用氮气、医用二氧化碳、医用氧化亚氮、医用混合气体供应源宜设置满足一周及以上，且不低于 3d 的用气或储备量；汇流排容量应根据服务区域最大用气量及操作人员班次确定；气体汇流排供应源的医用气瓶宜设置为数量相同的两组，并应能自动切换使用。

麻醉或呼吸废气排放系统应保证每个末端的设计流量以及终端组件应用端允许的真空压力损失。

传染病医院建筑医用压缩空气机房可在院区独立设置，亦可在建筑物内设置，但不应设在污染区（隔离区）内；医用压缩空气供气管道进入污染区（隔离区）前，应在供气总管上设置防回流装置。

传染病医院建筑其他医用气体（医用氮气、医用氧化亚氮、医用二氧化碳）机房（汇流排间）宜设置在建筑物内部，靠近手术部等使用区域，但不应设在污染区（隔离区）内；其他医用气体的供气管道进入污染区（隔离区）前，应在供气总管上设置防回流装置。

2. 流量计算

其他各种医用气体系统的计算流量，按照公式（1-92）计算：

$$Q = \Sigma[Q_a + Q_b(n-1)\eta] \tag{1-92}$$

式中 Q——医用气体计算流量，L/min；

Q_a——医用气体终端处额定流量，L/min，取值可按医用气体流量计算参数表，见表 1-316～表 1-322；

Q_b——医用气体终端处计算平均流量，L/min，取值可按医用气体流量计算参数表，见表 1-316～表 1-322；

n——各医用气体使用场所气体终端的数量，医院建筑各部门各使用场所气体终端组件的设置数量由医院业主提供，无法提供时可按医用气体终端组件设置要求表确定；

η——同时使用率，取值可依据表 1-316～表 1-322。

医用空气流量计算参数表　　　　　　　　　　　　　　　　　表 1-316

使用场所		医用空气（L/min）		η
		Q_a	Q_b	
手术室	麻醉诱导	40	40	10%
	重大手术室、整形、神经外科	40	20	100%
	小手术室	60	20	75%
	术后恢复、苏醒	60	25	50%
重症监护	ICU、CCU	60	30	75%
	新生儿NICU	40	40	75%
妇产科	分娩	20	15	100%
	待产或（家化）产房	40	25	50%
	产后恢复	20	15	25%
	新生儿	20	15	50%
其他	急诊、抢救室	60	20	20%
	普通病房	60	15	5%
	呼吸治疗室	40	25	50%
	创伤室	20	15	25%
	实验室	40	40	25%
	增加的呼吸机	80	40	75%
	门诊	20	15	10%

注：1. 表中普通病房、创伤科病房的医疗空气流量系按病人所吸氧气与医疗空气按比例混合并参照医疗空气终端时的流量；增加的呼吸机医疗空气流量应以实际数据为准；
2. 严重呼吸发热传染病病区医用压缩空气设计流量计算宜按手术部救治要求确定，即按床位数同时使用率100%计算。

牙科空气与真空计算参数表　　　　　　　　　　　　　　　　　表 1-317

气体种类	Q_a（L/min）	Q_b（L/min）	η	η
牙科空气	50	50	80%（<10张牙椅的部分）	60%（≥10张牙椅的部分）
牙科专用真空	300	300		

氮气或器械空气流量计算参数表　　　　　　　　　　　　　　　　　表 1-318

使用场所	Q_a（L/min）	Q_b（L/min）	η
手术室	350	350	50%（<4间的部分）
			25%（≥4间的部分）
石膏室、其他科室	350	—	—
引射式麻醉废气排放（共用）	20	20	见麻醉或呼吸废气排放流量计算参数表
气动门等非医用场所	按实际用量另计		

医用二氧化碳气体流量计算参数表　　　　　　　　　　表 1-319

使用场所	Q_a (L/min)	Q_b (L/min)	η
终端使用设备	20	6	100%
其他专用设备	另计		

医用氧化亚氮气体流量计算参数表　　　　　　　　　　表 1-320

使用场所	Q_a (L/min)	Q_b (L/min)	η
抢救室	10	6	25%
手术室	15	6	100%
妇产科	15	6	100%
放射诊断（麻醉室）	10	6	25%
重症监护	10	6	25%
口腔、骨科诊疗室	10	6	25%
其他部门	10	—	—

医用氧化亚氮与医用氧混合气体流量计算参数表　　　　　　　　　　表 1-321

使用场所	Q_a (L/min)	Q_b (L/min)	η
待产/分娩/恢复/产后（<12 间）	275	6	50%
待产/分娩/恢复/产后（≥12 间）	550	6	50%
其他区域	10	6	25%

麻醉或呼吸废气排放流量计算参数表　　　　　　　　　　表 1-322

使用场所	η	Q_a 与 Q_b (L/min)	
抢救室	25%	80（高流量排放方式） 50（低流量排放方式）	
手术室	100%		
妇产科	100%		
放射诊断（麻醉室）	25%		
口腔、骨科诊疗室	25%		
其他麻醉科室	15%		
接口或终端组件的数量	1	1	1（视需求）	1（视需求）

严重呼吸发热传染病病区其他医用气体设计流量计算宜按手术部救治要求确定，即按床位数同时使用率 100% 计算。

3. 管道管径

医院建筑生命支持区域与非生命支持区域医用压缩空气管道应分开设置。生命支持区域压缩空气管道管径确定，见表 1-323、表 1-324；非生命支持区域压缩空气管道管径确定，见表 1-325；不同用气量压缩空气管道管径确定，见表 1-326。

1.11 医用气体系统

生命支持区域压缩空气管道计算表（手术室）   表 1-323

数量（张）	用气量（L/min）	管道公称直径（mm）	数量（张）	用气量（L/min）	管道公称直径（mm）	数量（张）	用气量（L/min）	管道公称直径（mm）
4	100	DN20	18	380	DN25	50	1020	DN40
6	140	DN20	20	420	DN25	55	1120	DN40
8	180	DN20	25	520	DN32	60	1220	DN40
10	220	DN25	30	620	DN32	65	1320	DN40
12	260	DN25	35	720	DN32	70	1420	DN40
14	300	DN25	40	820	DN32	75	1520	DN40
16	340	DN25	45	920	DN40	80	1620	DN40

生命支持区域压缩空气管道计算表（ICU、抢救室）   表 1-324

数量（张）	用气量（L/min）	管道公称直径（mm）	数量（张）	用气量（L/min）	管道公称直径（mm）	数量（张）	用气量（L/min）	管道公称直径（mm）
10	263	DN25	80	1838	DN50	150	3413	DN65
20	488	DN25	90	2063	DN50	160	3638	DN65
30	713	DN32	100	2288	DN50	170	3863	DN65
40	938	DN32	110	2513	DN50	180	4088	DN65
50	1163	DN32	120	2738	DN50	190	4313	DN65
60	1388	DN40	130	2963	DN50	200	4538	DN65
70	1613	DN40	140	3188	DN65	210	4763	DN65

非生命支持区域压缩空气管道计算表（病房）   表 1-325

数量（张）	用气量（L/min）	管道公称直径（mm）	数量（张）	用气量（L/min）	管道公称直径（mm）	数量（张）	用气量（L/min）	管道公称直径（mm）
10	67	DN15	140	164	DN20	900	734	DN32
20	74	DN15	150	172	DN20	1000	809	DN32
30	82	DN20	160	179	DN25	1200	959	DN40
40	89	DN20	170	187	DN25	1400	1109	DN40
50	97	DN20	180	194	DN25	1600	1259	DN40
60	104	DN20	190	202	DN25	1800	1409	DN40
70	112	DN20	200	209	DN25	2000	1559	DN40
80	119	DN20	300	284	DN25	2200	1709	DN40
90	127	DN20	400	359	DN32	2400	1859	DN40
100	134	DN20	500	434	DN32	2600	2009	DN50
110	142	DN20	600	509	DN32	2800	2159	DN50
120	149	DN20	700	584	DN32	3000	2309	DN50
130	157	DN20	800	659	DN32	3200	2459	DN50

压缩空气用气量对应管道管径表　　　　　　　　　　　　表 1-326

用气量 (L/min)	管道公称直径 (mm)	用气量 (L/min)	管道公称直径 (mm)	用气量 (L/min)	管道公称直径 (mm)	用气量 (L/min)	管道公称直径 (mm)
4400	DN65	6400	DN65	8400	DN80	10400	DN80
4800		6800		8800		10800	
5200		7200		9200		11200	
5600		7600		9600		11600	
6000		8000		10000		12000	

手术室氮气管道管径确定，见表 1-327；手术室二氧化碳气体管道管径确定，见表 1-328；手术室氧化亚氮气体（笑气）管道管径确定，见表 1-329；手术室氩气管道管径确定，见表 1-330；手术室麻醉废气管道管径确定，见表 1-331。

手术室氮气体管道计算表　　　　　　　　　　　　　　　表 1-327

手术台数量 (台)	用气量 (L/min)	管道公称直径 (mm)	手术台数量 (台)	用气量 (L/min)	管道公称直径 (mm)	手术台数量 (台)	用气量 (L/min)	管道公称直径 (mm)
4	613	DN20	18	1838	DN32	50	4638	DN40
6	788	DN25	20	2013		55	5075	DN50
8	963		25	2450	DN50	60	5513	
10	1138		30	2888		65	5950	
12	1313		35	3325		70	6388	
14	1488		40	3763		75	6825	
16	1663	DN32	45	4200		80	7263	

手术室二氧化碳气体管道计算表　　　　　　　　　　　　表 1-328

手术台数量 (台)	用气量 (L/min)	管道公称直径 (mm)	手术台数量 (台)	用气量 (L/min)	管道公称直径 (mm)	手术台数量 (台)	用气量 (L/min)	管道公称直径 (mm)
4	38	DN10	18	122	DN20	50	314	DN25
6	50		20	134		55	344	
8	62	DN15	25	164		60	374	
10	74		30	194		65	404	
12	86		35	224		70	434	
14	98		40	254		75	464	
16	110	DN20	45	284		80	494	

手术室氧化亚氮气体（笑气）管道计算表　　　　　　　　表 1-329

手术台数量 (台)	用气量 (L/min)	管道公称直径 (mm)	手术台数量 (台)	用气量 (L/min)	管道公称直径 (mm)	手术台数量 (台)	用气量 (L/min)	管道公称直径 (mm)
4	33	DN10	18	117	DN20	50	309	DN20
6	45		20	129		55	339	
8	57		25	159		60	369	
10	69	DN15	30	189		65	399	DN25
12	81		35	219		70	429	
14	93		40	249		75	459	
16	105		45	279		80	489	

手术室氩气管道计算表　　　　　　　　　　　　　　　　　　　　　　　表 1-330

手术台数量（台）	用气量（L/min）	管道公称直径（mm）	手术台数量（台）	用气量（L/min）	管道公称直径（mm）	手术台数量（台）	用气量（L/min）	管道公称直径（mm）
4	56	DN15	18	224	DN20	50	608	DN25
6	80	DN15	20	248	DN20	55	668	DN25
8	104		25	308		60	728	
10	128		30	368		65	788	DN32
12	152	DN20	35	428	DN25	70	848	DN32
14	176		40	488		75	908	
16	200		45	548		80	968	

手术室麻醉废气管道计算表　　　　　　　　　　　　　　　　　　　　　表 1-331

手术台数量（台）	用气量（L/min）	管道公称直径（mm）	手术台数量（台）	用气量（L/min）	管道公称直径（mm）	手术台数量（台）	用气量（L/min）	管道公称直径（mm）
4	230	DN32	18	930	DN50	50	2530	DN80
6	330	DN32	20	1030	DN50	55	2780	DN80
8	430		25	1280		60	3030	
10	530	DN40	30	1530	DN65	65	3280	DN100
12	630		35	1780		70	3530	
14	730	DN50	40	2030	DN80	75	3780	
16	830	DN50	45	2280	DN80	80	4030	

1.11.4　医用气体管道

1. 管道敷设

医用气体管道与其他管道间的最小净距，见表 1-332。

医用气体管道与其他管道间最小净距表（m）　　　　　　　　　表 1-332

管线名称	与氧气管道净距		与其他医用气体管道净距	
	并行	交叉	并行	交叉
给水管、排水管、不燃气体管	0.25	0.10	0.15	0.10
保温热力管	0.25	0.10	0.15	0.10
燃气管、燃油管	0.50	0.30	0.15	0.10
裸导线	1.50	1.00	1.50	1.00
绝缘导线或电缆	0.50	0.30	0.50	0.30
穿有导线的电缆管	0.50	0.10	0.50	0.10

室外埋地敷设的医用气体（主要是医用氧气、医用真空吸引）管道敷设深度不应小于当地冻土层厚度。

2. 管道管材

除设计真空压力低于 27kPa 的真空管道外，医用气体的管材均应采月无缝铜管或无缝不锈钢管。设计真空压力低于 27kPa 的真空管道可采用不锈钢管或镀锌钢管。手术室废气排放输送管的管材可采用镀锌钢管或 PVC 管。

所有压缩医用气体管材及附件均应严格进行脱脂。

1.12 管道直饮水系统

1.12.1 水量、水压和水质

1. 用水量标准

医院建筑管道直饮水最高日直饮水定额（q_d），可按 2.0～3.0L/(床·d) 采用，亦可根据用户要求确定。

直饮水专用水嘴额定流量宜为 0.04～0.06L/s。

2. 水压

医院建筑直饮水专用水嘴最低工作压力不宜小于 0.03MPa。

3. 水质

医院建筑管道直饮水系统用户端的水质应符合现行行业标准《饮用净水水质标准》CJ/T 94 的规定。

1.12.2 水处理

医院建筑管道直饮水系统应对原水进行深度净化处理。

水处理工艺流程的选择应依据原水水质，经技术经济比较确定。处理后的出水应符合现行行业标准《饮用净水水质标准》CJ/T 94 的规定。

深度净化处理应根据处理后的水质标准和原水水质进行选择，宜采用膜处理技术，见表 1-333。

膜处理技术一览表 表 1-333

序号	名称	特性	使用要求
1	超滤（UF）	超滤介于微滤与纳滤之间。超滤膜的截留分子量在 500D～1000000D，而相应的孔径在 0.01～0.1μm	超滤膜操作压力（一般为 0.2～0.4MPa）较小，超滤主要用于截留去除水中的悬浮物、胶体、微粒、细菌和病毒等大分子物质。超滤过程除了物理筛分作用外，还应考虑这些物质与膜材料之间的相互作用所产生的物化影响
2	纳滤（NF）	介于反渗透与超滤之间；孔径在 1nm 左右，一般为 1～2nm；截留分子量在 200D～1000D；膜材料可采用多种材质；一般膜表面带负电；对氯化钠的截留率小于 90%	

续表

序号	名称		特性	使用要求
3	反渗透（RO）	高压反渗透（5.6~10.5MPa）	反渗透膜孔径小于 1nm，具有高脱盐率（对 NaCl 去除率达 95%~99.9%）和对低分子量有机物的较高去除率，使出水 A—mes 致突活性试验呈阴性	用于海水淡化	用作饮用水净化的缺点是将水中有益于健康的无机离子全部去除，工作压力高（能耗大），水的回收率较低。因此一般不推荐用于饮水净化。另外反渗透膜出水 pH 呈弱酸性，不宜使用铜质管材，应优先选用不锈钢等耐腐蚀材料管材
		低压反渗透（1.4~4.2MPa）		用于苦咸水的脱盐	
		超低压反渗透（0.5~1.4MPa）		用于自来水脱盐	

注：其他的水处理技术如电吸附（EST）处理、卡提斯（CAR-TIS）水处理设备（核心技术为碳化银）以及活性炭分子筛等，其应用应视原水水质情况，在满足饮用净水水质标准，经技术经济分析后，合理选择优化组合工艺。

不同的膜处理应相应配套预处理、后处理、膜的清洗和水处理消毒灭菌设施，见表 1-334。

膜处理配套设施一览表　　　　　　　　　　　　表 1-334

序号	名称	设计要求
1	预处理设施	可采用多介质过滤器、活性炭过滤器、精密过滤器、钠离子交换器、微滤、KDF 处理、化学处理或膜过滤等
2	后处理设施	可采用消毒灭菌或水质调整处理
3	膜的清洗设施	可采用物理清洗或化学清洗，可根据不同的膜组件及膜污染类型进行系统配套设计
4	水处理消毒灭菌设施	可采用紫外线、臭氧、氯、二氧化氯、光催化氧化技术等；选用紫外线消毒时，紫外线有效剂量不应低于 $40mJ/cm^2$；紫外线消毒设备应符合现行国家标准《城镇给排水紫外线消毒设备》GB/T 19837 的规定；采用臭氧消毒时，管网末梢水中臭氧残留浓度不应小于 $0.01mg/L$；采用二氧化氯消毒时，管网末梢水中二氧化氯残留浓度不应小于 $0.01mg/L$；采用氯消毒时，管网末梢水中氯残留浓度不应小于 $0.01mg/L$；采用光催化氧化技术时，应能产生羟基自由基；消毒方法可组合使用。消毒灭菌设备应安全可靠，投加量精准，并应有报警功能

深度净化处理系统排出的浓水宜回收利用。

1.12.3 系统设计

1. 设计原则

医院建筑管道直饮水系统必须独立设置，不得与市政或建筑供水系统直接相连。

医院建筑内部和外部管道直饮水供回水系统的形式应根据其建筑性质、规模、高度及系统维护管理和安全运行等条件确定。医院建筑管道直饮水系统宜采取集中供水系统，一座建筑中宜设置一个供水系统。

2. 供水方式

医院建筑常见的管道直饮水系统供水方式，见表 1-335。

管道直饮水系统供水方式表 表 1-335

序号	供水方式名称	要点	典型构成	适用情况
1	变频调速供水泵系统	处理设备设置于建筑下部（通常为地下室）净水机房，采用变频调速泵供水；调速泵设置于净水机房，兼作循环泵	市政给水管网→倒流防止器→预处理设施→水泵→膜过滤设施→净水箱（消毒）→系统供水管网→系统回水管网→原水水箱或净水水箱	最常用，宜优先采用
2	屋顶水箱重力供水系统	处理设备设置于建筑屋顶净水机房，采用水箱重力式供水；系统应设置循环泵，各竖向分区的循环泵设置于其服务分区的最下部楼层或下一楼层	最高区生活给水管网→原水水箱→水泵→预处理设施→水泵→膜过滤设施→净水箱（消毒）→系统供水管网→系统回水管网→原水水箱或净水水箱	常用

3. 竖向分区

多层医院建筑管道直饮水供水竖向不分区；高层医院建筑管道直饮水供水应竖向分区，分区原则见表 1-336。

管道直饮水供水竖向分区原则表 表 1-336

序号	竖向分区原则
1	建筑管道直饮水系统的竖向分区压力宜小于其生活给水系统的取值
2	各竖向分区最低饮水嘴处的静水压力不宜大于 0.40MPa
3	各竖向分区最不利饮水嘴的水压，应满足用水水压的要求

4. 系统类型

医院建筑管道直饮水系统类型，见表 1-337。

管道直饮水系统类型表 表 1-337

序号	供水方式	竖向是否分区	各竖向配水管网是否分开设置	系统形式	减压方式	减压阀位置	适用情况	应用程度
1	变频调速供水泵系统	否	—	上供下回	—	—	适用于多层公共建筑	最常见
2			—	下供下回	—	—		常见
3		是	否	上供下回	供水立管减压	需减压的竖向分区各供水立管上部	适用于建筑高度<50m、立管数较少的高层公共建筑	常见
4					供水支管减压	需减压的竖向分区各供水支管起端		少见
5					供水干管减压	需减压的竖向分区总供水干管起端	适用于建筑高度>50m、立管数较多的高层公共建筑	最常见
6				下供下回	供水立管减压	需减压的竖向分区各供水立管上部	适用于建筑高度<50m、立管数较少的高层公共建筑	常见
7					供水支管减压	需减压的竖向分区各供水支管起端		少见
8					供水干管减压	需减压的竖向分区总供水干管起端	适用于建筑高度>50m、立管数较多的高层公共建筑	最常见
9			是	上供下回	—	—	适用于高层公共建筑	最常见
10				下供下回	—	—		常见

续表

序号	供水方式	竖向是否分区	各竖向配水管网是否分开设置	系统形式	减压方式	减压阀位置	适用情况	应用程度
11	屋顶水箱重力供水系统	否	—	上供下回	—	—	适用于多层公共建筑	最常见
12			—	上供上回	—	—		常见
13		是	否	上供下回	供水立管减压	需减压的竖向分区各供水立管上部	适用于建筑高度<50m、立管数较少的高层公共建筑	常见
14					供水支管减压	需减压的竖向分区各供水支管起端		少见
15					供水干管减压	需减压的竖向分区总供水干管起端	适用于建筑高度>50m、立管数较多的高层公共建筑	最常见
16				上供上回	供水立管减压	需减压的竖向分区各供水立管上部	适用于建筑高度<50m、立管数较少的高层公共建筑	常见
17					供水支管减压	需减压的竖向分区各供水支管起端		少见
18					供水干管减压	需减压的竖向分区总供水干管起端	适用于建筑高度>50m、立管数较多的高层公共建筑	最常见
19			是	上供下回	—	—	适用于高层公共建筑	最常见
20				上供上回	—	—		常见

注：1. 变频调速供水泵系统，相对于屋顶水箱重力供水系统，更为常用；
2. 对于需要竖向分区的供水系统，各竖向分区的配水管网合并设置供水干管、回水干管的情形，相对于分别设置供水干管、回水干管的情形，更为常用；
3. 对于变频调速供水泵系统，当各竖向分区分别设置供水干管、回水干管时，各竖向分区应分别设置变频调速供水泵；
4. 每套变频调速供水泵组宜配置2台同类型水泵，1用1备；每套循环泵组宜配置2台同类型水泵，1用1备；
5. 对于变频调速供水泵系统，上供下回形式，相对于下供下回形式，更为常用；对于屋顶水箱重力供水系统，上供下回形式，相对于上供上回形式，更为常用；
6. 当公共建筑院区内设置多座建筑且需要设置管道直饮水系统时，系统类型的设置可参照本表。

医院建筑管道直饮水系统设计应设循环管道，供回水管网应设计为同程式。

医院建筑管道直饮水系统通常采用全日循环，亦可采用定时循环，供配水系统中的直饮水停留时间不应超过12h。

医院建筑管道直饮水系统回水宜回流至净水箱或原水水箱。回流到净水箱时，应在消毒设施前接入。

管道直饮水系统不循环的支管长度不宜大于6m。

5. 管道敷设

医院建筑管道直饮水系统管道敷设要求，见表1-338。

管道直饮水系统管道敷设要求表　　　　表1-338

序号	管道敷设要求
1	不应靠近热源敷设
2	除敷设在建筑垫层内的管道外，架空敷设管道均应做隔热保温处理；寒冷地区室外明露管道应进行防冻保温
3	管道采用不锈钢管、保温材料采用橡塑海绵时，管道与保温材料之间应做覆塑处理

6. 管道管材及附件

医院建筑管道直饮水系统管材及附件设置要求，见表1-339。

管道直饮水系统管材及附件设置要求表　　　　　表 1-339

序号	名称	设计要求
1	管材	应选用不锈钢管、铜管等符合食品级要求的优质管材；管件及附配件宜与管道同种材质
2	水表	宜采用 IC 卡式、远传式等类型的直饮水水表
3	水嘴	应采用直饮水专用水嘴
4	阀门	配水管网循环立管供水端应设置截止阀，回水端应设置调节阀；回水干管接至净水箱处应设置控制阀；处理装置接至净水箱进水管上应设置控制阀
5	电磁阀	接至净水箱或原水水箱的各竖向分区回水干管上应设置电磁阀，位置在可调式减压阀和流量调节阀（限流阀）之前（上游）
6	流量调节阀（限流阀）	接至净水箱或原水水箱的各竖向分区回水干管上应设置流量调节阀（限流阀），位置在电磁阀和可调式减压阀之后（下游）；院区内多座建筑集中管道直饮水供水系统中，每座建筑的循环回水管接至室外回水管之前宜安装流量调节阀，位置在流量平衡阀之前（上游）
7	减压阀	公共建筑物内各竖向分区供水管网的回水管连接至同一循环回水干管时，除最低分区外的上面各分区的回水管上均应设置减压稳压阀，并应保证各区管网的循环；系统竖向分区时，除最上面分区外的其他分区供水干管上应设置减压阀，亦可在供水支管上设置支管减压阀（供水干管上不再设置）；处理设备、原水水箱和净水箱设置在建筑底部（通常为地下室）时，各竖向分区回水干管上应设置减压阀，位置在电磁阀和流量调节阀（限流阀）之间。减压阀通常采用可调式减压阀
8	流量平衡阀	院区内多座建筑集中管道直饮水供水系统中，每座建筑的循环回水管接至室外回水管之前宜安装流量平衡阀，位置在流量调节阀之后（下游）
9	排水阀	在管网最低端应设排水阀；排水阀设置处不得有死水存留现象，排水口应有防污染措施
10	排气阀	管道最高处应设排气阀；排气阀处应有滤菌、防尘装置；排气阀设置处不得有死水存留现象

注：管道直饮水系统供水末端为 3 个及以上水嘴串联供水时，宜采用局部环状管路双向供水或采用专用循环管配件。

1.12.4　系统计算与设备选择

1. 系统计算

医院建筑管道直饮水系统最高日直饮水量，应按公式（1-93）计算：

$$Q_d = N \cdot q_d \tag{1-93}$$

式中　Q_d——医院建筑管道直饮水系统最高日饮水量，L/d；

　　　N——医院建筑管道直饮水系统服务的床位数，床；

　　　q_d——医院建筑最高日直饮水定额，L/(床·d)，取 2.0~3.0L/(床·d)。

医院建筑瞬时高峰用水量，应按公式（1-94）计算：

$$q_s = m \cdot q_0 \tag{1-94}$$

式中　q_s——管道直饮水系统瞬时高峰用水量，L/s；

m——管道直饮水系统瞬时高峰用水时水嘴使用数量；

q_0——水嘴额定流量，L/s。

医院建筑瞬时高峰用水时水嘴使用数量，应按公式（1-95）计算：

$$P_n = \sum_{k=0}^{n} \binom{k}{n} p^k (1-p)^{n-k} \geqslant 0.99 \qquad (1-95)$$

式中　P_n——不多于 m 个水嘴同时用水的概率；

　　　p——水嘴使用概率；

　　　k——中间变量；

　　　n——水嘴数量。

瞬时高峰用水时水嘴使用数量 m 的确定，应按表1-340（当水嘴数量 $n \leqslant 12$ 个时）、表1-341（当水嘴数量 $n > 12$ 个时）选取。

水嘴数量不大于12个时瞬时高峰用水水嘴使用数量表　　　表1-340

水嘴数量 n（个）	1	2	3~8	9~12
使用数量 m（个）	1	2	3	4

水嘴数量大于12个时瞬时高峰用水水嘴使用数量表（个）　　　表1-341

n	m								
	$p=0.010$	$p=0.015$	$p=0.020$	$p=0.025$	$p=0.030$	$p=0.035$	$p=0.040$	$p=0.045$	$p=0.050$
25	—	—	—	—	—	4	4	4	4
50	—	—	4	4	5	5	6	6	7
75	—	4	5	6	6	7	8	8	9
100	4	5	6	7	8	8	9	10	11
125	4	6	7	8	9	10	11	12	13
150	5	6	8	9	10	11	12	13	14
175	5	7	8	10	11	12	14	15	16
200	6	8	9	11	12	14	15	16	18
225	6	8	10	12	13	15	17	18	19
250	7	9	11	13	14	16	18	19	21
275	7	9	12	14	15	17	19	21	23
300	8	10	12	14	16	18	21	22	24
325	8	11	13	15	18	20	22	24	26
350	8	11	14	16	19	21	23	25	28
375	9	12	14	17	20	22	24	27	29
400	9	12	15	18	21	23	26	28	31
425	10	13	16	19	22	24	27	30	32
450	10	13	17	20	23	25	28	31	34
475	10	14	17	20	24	27	30	33	35
500	11	14	18	21	25	28	31	34	37

续表

n	m									
	$p=0.055$	$p=0.060$	$p=0.065$	$p=0.070$	$p=0.075$	$p=0.080$	$p=0.085$	$p=0.090$	$p=0.095$	$p=0.10$
25	5	5	5	5	5	6	6	6	6	6
50	7	7	8	8	9	9	9	10	10	10
75	9	10	10	11	11	12	13	13	14	14
100	11	12	13	13	14	15	16	16	17	18
125	13	14	15	16	17	18	18	19	20	21
150	15	16	17	18	19	20	21	22	23	24
175	17	18	20	21	22	23	24	25	26	27
200	19	20	22	23	24	25	27	28	29	30
225	21	22	24	25	27	28	29	31	32	34
250	23	24	26	27	29	31	32	34	35	37
275	25	26	28	30	31	33	35	36	38	40
300	25	28	30	32	34	36	37	39	41	43
325	28	30	32	34	36	38	40	42	44	46
350	30	32	34	36	38	40	42	45	47	49
375	32	34	36	38	41	43	45	47	49	52
400	33	36	38	40	43	45	48	50	52	55
425	35	37	40	43	45	48	50	53	55	57
450	37	39	42	45	47	50	53	55	58	60
475	38	41	44	47	50	52	55	58	61	63
500	40	43	46	49	52	55	58	60	63	66

注：用插值法求得 m。

当 $np \geqslant 5$ 并且满足 $n(1-p) \geqslant 5$ 时，可按公式（1-96）简化计算：

$$m = np + 2.33\sqrt{np(1-p)} \tag{1-96}$$

水嘴使用概率应按公式（1-97）计算：

$$p = \alpha \cdot Q_d/(1800 \cdot n \cdot q_0) = 0.15 \cdot Q_d/(1800 \cdot n \cdot q_0) \tag{1-97}$$

式中　α——经验系数，一般取 0.15。

定时循环时，循环流量可按公式（1-98）计算：

$$Q_x = V/T_1 \tag{1-98}$$

式中　Q_x——循环流量，L/h；
　　　V——循环系统的总容积，L，包括供回水管网和净水水箱容积；
　　　T_1——循环时间，h，不宜超过 4h。

管道直饮水供回水管道内水流速度宜符合表 1-342 的规定。

供回水管道内水流速度表 表 1-342

管道公称直径	水流速度（m/s）
≥DN32	1.0～1.5
<DN32	0.6～1.0

注：循环回水管道内的流速宜取高限。

流出节点的管道有 2 个及以上水嘴且使用概率不一致时，可按其中的一个概率值计算，其他概率值不同的管道，其负担的水嘴数量需经过折算再计入节点上游管段负担的水嘴数量之和。折算数量应按公式（1-99）计算：

$$n_e = n \cdot p/p_e \tag{1-99}$$

式中 n_e——水嘴折算数量；
p_e——新的计算概率值。

2. 设备选择

净水设备产水量可按公式（1-100）计算：

$$Q_j = 1.2 \cdot Q_d/T_2 \tag{1-100}$$

式中 Q_j——净水设备产水量，L/h；
T_2——最高日设计净水设备累计工作时间，h，可取 10～16h。

变频调速供水系统水泵设计流量应按公式（1-101）计算：

$$Q_b = q_s \tag{1-101}$$

式中 Q_b——水泵设计流量，L/s。

变频调速供水系统水泵设计扬程应按公式（1-102）计算：

$$H_b = h_0 + Z + \Sigma h \tag{1-102}$$

式中 H_b——水泵设计扬程，m；
h_0——最低工作压力，m；
Z——最不利水嘴与净水箱（槽）最低水位的几何高差，m；
Σh——最不利水嘴到净水箱（槽）的管路总水头损失，m。

净水箱（槽）有效容积可按公式（1-103）计算：

$$V_j = k_j \cdot Q_d \tag{1-103}$$

式中 V_j——净水箱（槽）有效容积，L；
k_j——容积经验系数，一般取 0.3～0.4。

原水调节水箱（槽）容积可按公式（1-104）计算：

$$V_y = 0.2 \cdot Q_d \tag{1-104}$$

式中 V_y——原水调节水箱（槽）容积，L。

原水水箱（槽）的进水管管径宜按净水设备产水量设计，并应根据反洗要求确定水量。当进水管的供水能力满足预处理的流量和压力要求时，原水水箱（槽）可不设置。

1.12.5 净水机房

净水机房设计要求,见表1-343。

净水机房设计要求表 表1-343

序号	设计要求
1	管道直饮水系统净水机房应单独设置,宜设置于建筑物地下室内且宜靠近集中用水点
2	净水设备宜按工艺流程进行布置,同类设备应相对集中布置
3	净水机房上方不应设置卫生间、浴室、盥洗室、厨房、污水处理间等
4	除生活饮用水以外的其他管道不得进入净水机房
5	净水箱(罐)不应设置溢流管,应设置空气呼吸阀
6	净水处理设备的启停应由水箱中的水位自动控制
7	净水机房内消毒设备采用臭氧消毒时,应设置臭氧尾气处理装置

1.12.6 管道敷设与设备安装

管道直饮水管道敷设与设备安装设计要求,见表1-344。

管道敷设与设备安装设计要求表 表1-344

序号	设计要求
1	室外埋地管道的覆土深度,应根据各地区土壤冰冻深度、车辆荷载、管道材质及管道交叉等因素确定。管道最小覆土深度不得小于土壤冰冻线以下0.15m,行车道下的管道覆土深度不宜小于0.7m
2	埋地金属管道应做防腐处理
3	建筑物内埋地敷设的直饮水管道与排水管之间平行埋设时净距不应小于1m;交叉埋设时净距不应小于0.15m,且直饮水管应在排水管的上方
4	建筑物内埋地敷设的直饮水管道埋深不宜小于300mm
5	架空管道绝热保温应采用橡塑泡棉、离心玻璃棉、硬聚氨酯、复合硅酸镁等材料
6	室内直饮水管道与热水管上下平行敷设时应在热水管下方
7	直饮水管道不得敷设在烟道、风道、电梯井、排水沟、卫生间内。直饮水管道不宜穿越橱窗、壁柜
8	设备排水应采取间接排水方式,不应与排水管道直接连接,出口处应设防护网罩

1.13 给水排水抗震设计

《建筑与市政工程抗震通用规范》GB 55002—2021 第1.0.2条 抗震设防烈度6度及以上地区的各类新建、扩建、改建建筑与市政工程必须进行抗震设防,工程项目的勘察、设计、施工、使用维护等必须执行本规范。

医院建筑给水排水管道抗震设计，见表 1-345。

给水排水管道抗震设计表 表 1-345

序号	管道种类	管道抗震设计措施
1	生活给水管、生活热水管	管材采用薄壁不锈钢管、钢塑复合管、PVC-C 管等；生活给水入户管阀门之后设置软接头
2	消防给水管	管材采用热浸锌镀锌钢管、加厚钢管、无缝钢管；PVC-C 消防管等
3	污废水排水管	采用机制排水铸铁管或 HDPE 排水管等

医院建筑给水、热水管道直线长度大于 50m 时，采取波纹伸缩节等附件；管径大于或等于 $DN65$ 的生活给水、热水、消防系统管道支吊架采用抗震支吊架。

医院建筑室内给水排水设备、构筑物、设施选型、布置与固定抗震技术措施，见表 1-346。

室内给水排水设备、构筑物、设施选型、布置与固定抗震技术措施表 表 1-346

序号	抗震技术措施
1	生活冷水箱、生活热水箱、消防水箱采用不锈钢材质，均设置为方形水箱
2	生活水箱设置在地下生活水泵房内；消防水池设置在地下室，靠近消防水泵房；生活热水机房设置在地下室
3	高位消防水箱设置在屋顶消防水箱间，箱体边缘距墙体不小于 0.7m；高位生活热水箱设置在屋顶水箱间，箱体边缘距墙体不小于 0.7m；生活水泵房、消防水泵房、生活热水机房均设置于靠近建筑物内侧
4	生活水箱、水水换热器、太阳能集热板、电开水器等均与主体结构牢固连接，与其连接的管道均采用薄壁不锈钢管、金属复合管、PVC-C 管等；生活水箱、消防水箱、消防水池的配水管均设置橡胶软接头，生活给水泵组、生活热水供水（循环）泵组、消防给水泵组、消防稳压泵组吸水管上设置橡胶软接头
5	生活给水泵组、生活热水供水（循环）泵组、消防给水泵组、消防稳压泵组等均设置防震基础，泵组与基础间设置橡胶减振垫，基础四周设置限位器

1.14 给水排水专业绿色建筑设计

医院建筑应按照绿色建筑二星级或以上星级标准设计。医院建筑二星级绿色建筑设计专篇，见表 1-347（以山东省为例）。

一、设计依据
1. 《山东省绿色建筑促进办法》（山东省人民政府令第 323 号）
2. 国家标准《绿色建筑评价标准》GB/T 50378—2019
3. 山东省《绿色建筑评价标准》DB37/T 5097—2021
4. 山东省《绿色建筑设计标准》DB37/T 5043—2021
5. 山东省《公共建筑节能设计标准》DB37/T 5155—2019
6. 国家标准《公共建筑节能设计标准》GB 50189—2015
7. 《山东省绿色建筑施工图设计审查技术要点》

二、项目概况

工程名称：

工程地点：

建设单位：　　　　　　　　　　　　　　　设计单位：

层数：地下　　层，地上　　层　　　　　　建筑高度：　　　m

建筑类型：　　　　　　　　　　　　　　　结构形式：

建筑面积：　　　　　m²　　　　　　　　　地上建筑面积：　　　　　m²

计划开工日期：　　　　　　　　　　　　　计划竣工日期：

绿色建筑等级：本项目设计目标为二星级。

绿色建筑二星级施工图设计审查自评表　　　　　　　　　　　　　　　表1-347

指标	条文	技术要求	自评分值	得分依据	主要技术措施
基本规定	3.2.8	节水器具用水效率等级：一星级达到3级；二星级和三星级达到2级	达标	给水排水设计说明	本项目采用用水效率等级为2级节水器具
安全耐久	4.2.6	采取提升建筑适变性的措施，评价总分值为18分	7	给水排水设计说明 给水排水平面图	采用管线分离措施
		2 建筑结构与建筑设备管线分离，得7分	7		
		3 采用与建筑功能和空间变化相适应的设备设施布置方式或控制方式，得4分	0		
	4.2.7	采取提升建筑部品部件耐久性的措施，评价总分值为10分	2	给水排水设计说明 给水排水材料表	采用耐腐蚀、抗老化、耐久等综合性能好的不锈钢管道
		1 室内给水系统采用耐腐蚀、抗老化、耐久等综合性能好的铜管、不锈钢管、塑料管道等，得2分	2		
		3 活动配件选用长寿命产品，并考虑部品组合的同寿命性；不同使用寿命的部品组合时，采用便于分别拆换、更新和升级的构造，得5分	0		
健康舒适	5.2.3	生活用水的水质符合国家现行相关标准的规定，评价总分值为8分	8	给水排水设计说明	
		1 直饮水、集中生活热水、游泳池水、供暖空调系统用水的水质符合国家现行相关标准的规定，得6分			

续表

指标	条文	技术要求	自评分值	得分依据	主要技术措施
健康舒适	5.2.3	2 在满足第1款要求的基础上,景观水体、非传统水源的水质符合国家现行相关标准的规定,得8分	8	给水排水设计说明	生活用水的水质均符合国家现行相关标准的规定
	5.2.4	生活饮用水水池、水箱等储水设施采取措施满足卫生要求,评价总分值为9分	9	给水排水设计说明 储水设施详图 给水排水材料表	
		1 使用符合国家现行有关标准要求的成品水箱,得4分	4		生活水箱采用不锈钢水箱
		2 采取保证储水不变质的措施,得5分	5		设置水箱自洁消毒器
	5.2.5	给水排水管道、设备、设施设置明确、清晰的永久性标识,评价总分值为8分	8	给水排水设计说明	
		1 非传统水源、消防管道和设备设置明确、清晰的永久性标识,得5分	5		
		2 所有给水排水管道、设备、设施设置明确、清晰的永久性标识,得8分	8		所有给水排水管道、设备、设施均设置明确、清晰的永久性标识
生活便利	6.2.8	设置用水远传计量系统、水质在线监测系统,评价总分值为7分	7	给水排水设计说明 给水排水平面图 给水排水设备表	本项目均设置用水远传计量系统、水质在线监测系统
		1 设置用水量远传计量系统,能分类、分级记录、统计分析各种用水情况,得3分	3		
		2 利用计量数据进行管网漏损自动检测、分析与整改,管道漏损率低于5%,得2分	2		
		3 设置水质在线监测系统,监测生活饮用水、管道直饮水、游泳池水、非传统水源、空调冷却水的水质指标,记录并保存水质监测结果,且能随时供用户查询,得2分	2		

续表

指标	条文	技术要求	自评分值	得分依据	主要技术措施
资源节约	7.2.10	使用较高用水效率等级的卫生器具，评价总分值为15分	8	给水排水设计说明	
		1 全部卫生器具的用水效率等级达到2级，得8分	8		本项目采用用水效率等级为2级节水器具
		2 50%以上卫生器具的用水效率等级达到1级且其他达到2级，得12分			
		3 全部卫生器具的用水效率等级达到1级，得15分			
	7.2.11	绿化灌溉及空调冷却水系统采用节水设备或技术，评价总分值为12分	6	给水排水设计说明 暖通设计说明 景观给水排水设计说明 景观给水排水平面图 景观设备表	
		1 绿化灌溉采用节水设备或技术，并按下列规则评分： 1) 采用节水灌溉系统，得3分	3		本项目采用节水灌溉系统
		2) 在采用节水灌溉系统的基础上，设置土壤湿度感应器、雨天自动关闭装置等节水控制措施，或种植无须永久灌溉植物，得5分			
		2 空调冷却水系统采用节水设备或技术，并按下列规则评分： 1) 循环冷却水系统采取设置水处理措施、加大集水盘、设置平衡管或平衡水箱等方式，避免冷却水泵停泵时冷却水溢出，得3分	3		本项目设置水处理措施、加大集水盘措施
		2) 采用无蒸发耗水量的冷却技术，得5分			
		3 设有空调冷凝水收集系统和装置，并对其加以有效利用，得2分			

续表

指标	条文	技术要求	自评分值	得分依据	主要技术措施
资源节约	7.2.12	结合雨水综合利用设施营造室外景观水体，室外景观水体利用雨水的补水量大于水体蒸发量的60%，且采用保障水体水质的生态水处理技术，评价总分值为8分	8	景观总平面图 室内外给水排水设计图	本项目无景观水体
		1 对进入室外景观水体的雨水，利用生态设施削减径流污染，得4分	4		
		2 利用水生动、植物保障室外景观水体水质，得4分	4		
	7.2.13	使用非传统水源，评价总分值为15分	3	给水排水设计说明 景观给水排水设计说明	本项目绿化灌溉、车库及道路冲洗、洗车用水采用非传统水源的用水量占其总用水量的比例为45%
		1 绿化灌溉、车库及道路冲洗、洗车用水采用非传统水源的用水量占其总用水量的比例不低于40%，得3分；不低于50%，得4分；不低于60%，得5分	3		
		2 冲厕采用非传统水源的用水量占其总用水量的比例不低于30%，得3分；不低于40%，得4分；不低于50%，得5分			
		3 冷却水补水采用非传统水源的用水量占其总用水量的比例不低于20%，得3分；不低于30%，得4分；不低于40%，得5分			
环境宜居	8.2.2	规划场地地表和屋面雨水径流，对场地雨水实施外排总量控制，评价总分值为10分。场地年径流总量控制率达到60%，得3分；达到70%，得7分；达到75%，得10分	10	给水排水设计说明 景观设计图 海绵城市设计图	本项目场地年径流总量控制率达到75%
提高与创新	9.2.10	采取节约资源、保护生态环境、保障安全健康、智慧友好运行、传承历史文化等其他创新、性能提升以及适合山东省地方特色的技术，并有明显效益，评价总分值为40分。每采取一项，得10分，最高得40分	0	给水排水设计说明 给水排水施工图	

第 2 章 旅馆建筑给水排水设计

旅馆建筑是以间（套）为单位出租客房，以住宿服务为主，并提供商务、会议、休闲、度假等相应服务的住宿设施，按不同习惯可被称为宾馆、酒店、旅馆、旅社、宾舍、度假村、俱乐部、大厦、中心等。

《宿舍、旅馆建筑项目规范》GB 55025—2022（以下简称《宿舍旅馆规范》）规定：旅馆项目的建设规模应根据配套需求或市场需求，以及投资条件等确定；旅馆类项目建设规模划分为：小型旅馆项目，客房数量＜300 间；中型旅馆项目，客房数量 300~600 间；大型旅馆项目，客房数量＞600 间。旅馆建筑等级按由低到高的顺序可划分为一级、二级、三级、四级和五级。旅馆建筑的规模及定位，见表 2-1。

旅馆建筑规模及定位表　　　　　　　　　表 2-1

序号	旅馆建筑房间数（间）	旅馆建筑定位	匹配设施	适宜建设地点
1	＜30	民宿、招待所、旅馆；单房面积大于 60m² ，可做精品酒店、主题式酒店等		
2	30~80	小型经济型酒店；单房面积大于 60m² ，可做精品酒店、主题式酒店等		
3	80~150	连锁经济型酒店	小餐厅、茶餐厅等	
4	150~250	中档规模商务酒店或旅游度假型酒店	餐饮、康体设施等	
5	250~350	中高档商务型酒店或旅游度假型酒店	餐饮、康体设施、婚宴厅、多功能厅、会议室等	
6	350~500	高档品牌酒店	多种餐厅、包括游泳池在内的康体中心、商业设施等	一、二线城市中心区、重要的旅游区或度假区
7	500~800	高档品牌酒店	各类设施；承接大型会议或同时接待多批大型旅游团队等	国内的一线城市或度假休闲胜地
8	＞800	大型的综合性商务高档酒店或博彩类酒店	各类设施；承接大型会议或同时接待多批大型旅游团队等	国际大都市或具备充分客源市场旅游度假区

旅馆建筑功能用房分类，见表 2-2。

旅馆建筑功能用房分类表 表 2-2

序号	功能区域	功能用房
1	客房区	客房、会客厅、客房附设的卫生间；公寓式旅馆建筑客房中的卧室、厨房或操作间；不附设卫生间的客房，集中设置的公共卫生间和浴室；度假旅馆建筑客房设置的阳台；客房层服务用房，包括服务人员工作间、储藏间或开水间、工作消毒间、服务人员卫生间等
2	公共区	门厅、大堂、电梯厅；中餐厅、外国餐厅、自助餐厅（咖啡厅）、酒吧、特色餐厅等；宴会厅、多功能厅，包括分门厅、前厅、专用的厨房或备餐间、卫生间、贮藏间等；会议室，包括休息空间、卫生间等；商务、商业设施，如商务中心、商店或精品店等；健身、娱乐设施，如健身房、水疗室、游泳池；公共区域卫生间等
3	辅助区	出入口；厨房，如加工间、制作间、备餐间、洗碗间、冷荤间及二次更衣区域、厨工服务用房、库房（主食库、副食库、冷藏库、保鲜库和酒库等）、食品化验室等；洗衣房或急件洗涤间；备品库房，包括家具、器皿、纺织品、日用品、消耗品及易燃易爆物等库房；垃圾间；设备用房，如给水排水、空调、冷冻、锅炉、热力、燃气、备用发电、变配电、网络、电话、消防控制室及安全防范中心；职工用房，如管理办公室、职工食堂、更衣室、浴室、卫生间、职工自行车存放间、职工理发室、医务室、休息室、娱乐室和培训室等用房；机动车、非机动车停车场、停车库等

注：旅馆建筑内公共区许多情况下设置歌舞娱乐放映艺场所。歌舞娱乐放映游艺所是指歌厅、舞厅、录像厅、夜总会、卡拉OK厅和具有卡拉OK功能的餐厅或包房、各类游艺厅、桑拿浴室的休息室和具有桑拿服务功能的客房、网吧等场所，不包括电影院和剧场的观众厅。

旅馆建筑给水排水设计应符合现行国家标准《城市给水工程项目规范》GB 55026、《城乡排水工程项目规范》GB 55027、《建筑给水排水设计标准》GB 50015、《建筑防火通用规范》GB 55037、《消防设施通用规范》GB 55036、《建筑设计防火规范》GB 50016 和《消防给水及消火栓系统技术规范》GB 50974 等的规定。根据旅馆建筑的功能设置，其给水排水设计涉及的现行国家标准和现行行业标准为《宿舍、旅馆建筑项目规范》GB 55025、《旅馆建筑设计规范》JGJ 62 等。旅馆建筑若设置中水系统，其设计涉及的现行国家标准为《建筑中水设计标准》GB 50336。旅馆建筑若设置管道直饮水系统，其设计涉及的现行行业标准为《建筑与小区管道直饮水系统技术规程》CJJ/T 110。

2.1 生活给水系统

2.1.1 用水量标准

1. 生活用水量标准

《水标》中旅馆建筑相关功能场所生活用水定额，见表 2-3。

旅馆建筑生活用水定额表 表 2-3

序号	建筑物名称		单位	生活用水定额（L）		使用时数（h）	最高日小时变化系数 K_h
				最高日	平均日		
1	招待所、培训中心、普通旅馆	设公用卫生间、盥洗室	每人每日	50~100	40~80	24	3.0~2.5
		设公用卫生间、盥洗室、淋浴室		80~130	70~100		

续表

序号	建筑物名称		单位	生活用水定额（L）		使用时数（h）	最高日小时变化系数 K_h
				最高日	平均日		
1	招待所、培训中心、普通旅馆	设公用卫生间、盥洗室、淋浴室、洗衣室	每人每日	100～150	90～120	24	3.0～2.5
		设单独卫生间、公用洗衣室		120～200	110～160		
2	宾馆客房	旅客	每床位每日	250～400	220～320	24	2.5～2.0
		员工	每人每日	80～100	70～80	8～10	2.5～2.0
3	酒店式公寓		每人每日	200～300	180～240	24	2.5～2.0
4	餐饮业	中餐酒楼	每顾客每次	40～60	35～50	10～12	1.5～1.2
		快餐店、职工食堂		20～25	15～20	12～16	
		酒吧、咖啡馆、茶座、卡拉OK房		5～15	5～10	8～18	
5	商场	员工及顾客	每平方米营业厅面积每日	5～8	4～6	12	1.5～1.2
6	洗衣房		每千克干衣	40～80	40～80	8	1.5～1.2
7	洗浴中心	淋浴	每顾客每次	100	70～90	12	2.0～1.5
		浴盆、淋浴		120～150	120～150		
		桑拿浴（淋浴、按摩池）		150～200	130～160		
8	理发室、美容院		每顾客每次	40～100	35～80	12	2.0～1.5
9	停车库地面冲洗水		每平方米每次	2～3	2～3	6～8	1.0

注：1. 除注明外，均不含员工生活用水，员工最高日用水定额为每人每班40～60L，平均日用水定额为每人每班30～45L；
2. 生活用水定额应根据建筑物卫生器具完善程度、地区等影响用水定额的因素确定；
3. 表中用水量标准为生活用水量，包括生活用热水用水量和直饮水用水量，也包括正常漏水量和间接用水量，如清洁用水在内；但不包括空调、供暖、水景绿化、场地和道路浇洒等用水；
4. 计算旅馆建筑最高日最大时用水量时，某一类型生活用水定额、最高日小时变化系数（K_h）均为一个范围值时，生活用水定额取定额的最低值应对应选择最高日小时变化系数（K_h）的最大值；生活用水定额取定额的最高值应对应选择最高日小时变化系数（K_h）的最小值；生活用水定额取定额的中间值应对应选择最高日小时变化系数（K_h）的中间值（按内插法确定）。

《节水标》中旅馆建筑相关功能场所平均日生活用水节水用水定额，见表2-4。

旅馆建筑平均日生活用水节水用水定额表　　　　表2-4

序号	建筑物名称		单位	节水用水定额
1	招待所、培训中心、普通旅馆	设公用卫生间、盥洗室	L/（人·d）	40～80
		设公用卫生间、盥洗室、淋浴室		70～100
		设公用卫生间、盥洗室、淋浴室、洗衣室		90～120
		设单独卫生间、公用洗衣室		110～160

续表

序号	建筑物名称		单位	节水用水定额
2	宾馆客房	旅客	L/(床位·d)	220～320
		员工	L/(人·d)	70～80
3	酒店式公寓		L/(人·d)	180～240
4	餐饮业	中餐酒楼	L/(人·次)	35～50
		快餐店、职工食堂		15～20
		酒吧、咖啡馆、茶座、卡拉OK房		5～10
5	商场	员工及顾客	L/(m²营业厅面积·d)	4～6
6	洗衣房		L/kg 干衣	40～80
7	洗浴中心	淋浴	L/(人·次)	70～90
		浴盆、淋浴		120～150
		桑拿浴（淋浴、按摩池）		130～160
8	理发室、美容院		L/(人·次)	35～80
9	停车库地面冲洗水		L/(m²·次)	2～3

注：1. 表中不含食堂用水；
2. 除注明外均不含员工用水，员工用水定额每人每班30～45L；
3. 表中用水量包括热水用量在内，空调用水应另计；
4. 选择用水定额时，可依据当地气候条件、水资源状况等确定，缺水地区应选择低值；
5. 用水人数或单位数应以年平均值计算；
6. 每年用水天数应根据使用情况确定。

《旅馆建筑设计规范》JGJ 62—2014（以下简称《旅规》）中旅馆建筑生活用水定额，见表2-5。

最高日生活用水定额表　　　　　表 2-5

旅馆建筑等级	用水量定额[L/(d·床)]	小时变化系数	使用时间（h）	备注
一级	80～130	3.0～2.5	24	楼层设公共卫生间
二级	120～200			不少于50%客房附设卫生间
三级	200～300	2.5～2.0		全部客房附设卫生间
四级、五级	250～400			

注：1. 一级旅馆建筑用水含公共淋浴间、洗衣间及公共卫生间用水；二级旅馆建筑用水量除一级旅馆建筑用水量外，还含客房卫生间用水；
2. 三级至五级旅馆建筑用水量含公共部分的公共卫生间用水；
3. 表中数值不包括职工用水；
4. 二级旅馆建筑客房卫生间可取上限值，缺水地区宜取下限值。

旅馆建筑内设置游泳池或水上游乐池时，其补充水量根据游泳池的类型和特征计算确定，每日补充水量占池水容积的比例，见表2-6。

游泳池和水上游乐池的补充水量　　　　　　　表 2-6

序号	池的类型和特征		每日补充水量占池水容积的百分数（%）
1	比赛池、训练池、跳水池	室内	3～5
		室外	5～10
2	公共游泳池、水上游乐池	室内	5～10
		室外	10～15
3	儿童游泳池、幼儿戏水池	室内	≥15
		室外	≥20
4	家庭游泳池	室内	3
		室外	5

注：游泳池和水上游乐池的最小补充水量应保证一个月内池水全部更新一次。

不同等级旅馆建筑给水排水专业相关配置要求，见表 2-7。

不同等级旅馆建筑给水排水专业相关配置要求表　　　　　表 2-7

序号	旅馆建筑等级	给水排水专业相关配置要求
1	一级	24h 供应冷水；每日固定时段供应热水，并有明确提示；客房内提供热饮用水
2	二级	24h 供应冷水；至少 12h 供应热水；客房内提供热饮用水
3	三级	24h 供应冷水；24h 供应热水；客房内 24h 提供热饮用水
4	四级	24h 供应冷水；24h 供应热水，水龙头冷热标识清晰；客房内 24h 提供热饮用水；卫生间有抽水马桶、面盆、浴缸或淋浴间
5	五级	24h 供应冷水；24h 供应热水，水龙头冷热标识清晰；客房内 24h 提供热饮用水；卫生间有抽水马桶、面盆、浴缸并带淋浴喷头（另有单独淋浴间的可以不带淋浴喷头）

旅馆建筑的房间数、床位数等由甲方或建筑专业提供。

2. 绿化浇灌用水量标准

旅馆院区绿化浇灌最高日用水定额按浇灌面积 $1.0～3.0L/(m^2 \cdot d)$ 计算，通常取 $2.0L/(m^2 \cdot d)$，干旱地区可酌情增加。

3. 浇洒道路用水量标准

旅馆院区道路、广场浇洒最高日用水定额按浇洒面积 $2.0～3.0L/(m^2 \cdot d)$ 计算，亦可参见表 2-8。

浇洒道路和绿化用水量表　　　　　　　　　　表 2-8

路面性质	用水量标准 [$L/(m^2 \cdot 次)$]
碎石路面	0.40～0.70
土路面	1.00～1.50
水泥及沥青路面	0.20～0.50
绿化及草地	1.50～2.00

注：浇洒次数一般按每日上午、下午各一次计算。

4. 空调循环冷却水补水用水量标准

旅馆建筑空调循环冷却水补充水量，按公式（1-3）计算，亦可由暖通空调专业提供。

5. 汽车冲洗用水量标准

汽车冲洗用水量标准按 10.0~15.0L/(辆·次) 考虑。

6. 供暖锅炉补充水量

供暖锅炉补充水量由暖通空调、热能动力专业提供。

7. 给水管网漏失水量和未预见水量

这两项水量之和按上述 6 项用水量（第 1 项至第 6 项）之和的 8%~12% 计算，通常按 10% 计。

最高日用水量（Q_d）应为上述 7 项用水量（第 1 项至第 7 项）之和。

最大时用水量（Q_{hmax}）可按公式（1-4）计算。

2.1.2 水质标准和防水质污染

1. 水质标准

生活饮用水的水质应符合现行国家标准《生活饮用水卫生标准》GB 5749 的要求。四级和五级旅馆建筑的用水水质还应符合下列规定：

1) 当对生活饮用水供水水源总硬度（以碳酸钙计）有要求时，应根据水源总硬度（以碳酸钙计）情况进行整个室内给水系统的水质软化；

2) 经软化后的水硬度不满足厨房洗碗机、玻璃器皿洗涤机、制冰块机、洗衣房洗衣设备对给水的总硬度（以碳酸钙计）的要求时，应进行二次软化。

2. 防水质污染

旅馆建筑防止水质污染常见的具体措施，见表 2-9。

防止水质污染具体措施表　　　　　　　　　　表 2-9

序号	措施种类	具体措施
1	空气间隙	生活水箱溢流水位与进水管口最低点之间标高差通常控制为 150mm
2	倒流防止器	生活给水系统通常采用低阻力倒流防止器，水头损失小于 3mH₂O；在市政给水管网给水引入管上设置倒流防止器可有效防止水流倒流污染市政给水管网，建筑内其他用水场所无需重复设置倒流防止器
3	真空破坏器	集中空调系统设有冷却塔时，冷却塔集水池的补水管道出口与溢流水位之间的空气间隙，当小于出口管径 2.5 倍时，应在补水管上设置真空破坏器
4	生活饮用水水箱（池）布置	生活储水设施首选不锈钢生活水箱，避免采用生活水池，箱体独立设置在生活水泵房内，生活水箱上方应禁止污水排水管敷设，即其上方不应有卫生间、浴室、盥洗室、厨房等场所，不宜有设洗手盆的房间等场所

2.1.3 给水系统和给水方式

1. 旅馆建筑生活给水系统

典型的旅馆建筑生活给水系统原理图，见图 2-1、图 2-2。

2. 旅馆建筑生活给水供水方式

旅馆建筑生活给水供水方式，见表 2-10。

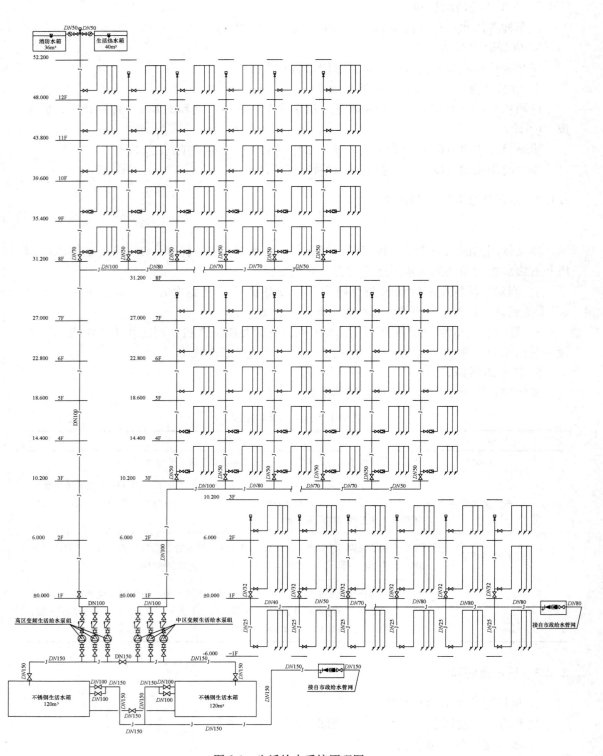

图 2-1 生活给水系统原理图一

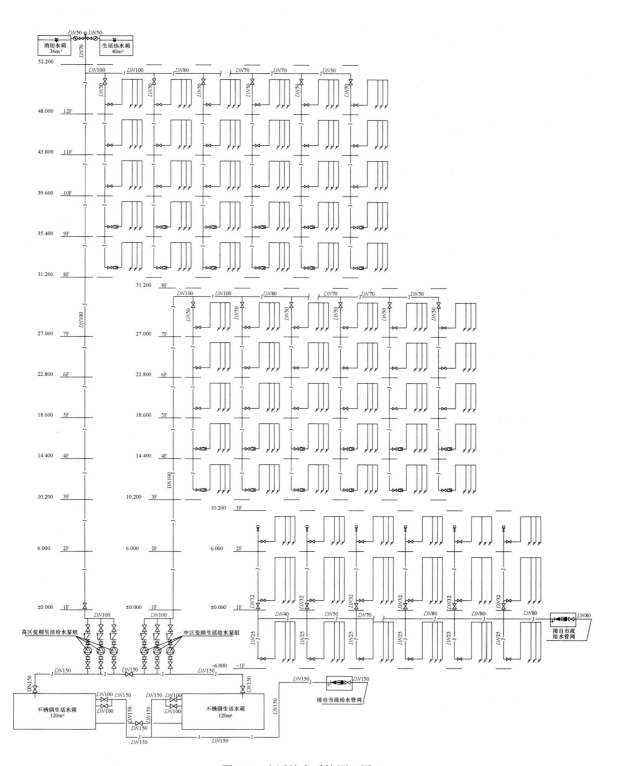

图 2-2 生活给水系统原理图二

旅馆建筑生活给水供水方式表　　　　表 2-10

序号	供水方式	适用范围	备注
1	生活水箱加变频生活给水泵组联合供水	市政给水管网直供区之外的其他竖向分区，即加压区	推荐采用
2	市政给水管网直接供水	市政给水管网压力满足的最低竖向分区	
3	管网叠加供水		可以采用

3. 旅馆建筑生活给水系统竖向分区

旅馆建筑应根据建筑内功能的划分和当地供水部门的水量计费分类等因素，设置相应的生活给水系统，并应利用城镇给水管网的水压。

旅馆建筑生活给水系统竖向分区应根据的原则，见表 2-11。

旅馆建筑生活给水系统竖向分区原则表　　　　表 2-11

序号	生活给水系统竖向分区原则
1	当生活给水系统分区供水时，各分区的静水压力不宜大于 0.45MPa；当设有集中热水系统时，分区静水压力不宜大于 0.55MPa
2	生活给水系统用水点处供水压力不宜大于 0.20MPa，并应满足卫生器具工作压力的要求
3	一级至三级旅馆建筑客房卫生间用水器具配水点处的静水压，不宜超过 0.15MPa；四级和五级旅馆建筑卫生间选用特殊卫生器具时，其配水点静水压不宜低于 0.2MPa

旅馆建筑生活给水系统竖向分区确定程序，见表 2-12。

生活给水系统竖向分区确定程序表　　　　表 2-12

序号	竖向分区确定程序	备注
1	根据旅馆院区接入市政给水管网的最小工作压力确定由市政给水管网直接供水的楼层	
2	根据市政给水直供楼层以上楼层的竖向建筑高度合理确定分区的个数及分区范围	高层旅馆建筑生活给水竖向分区楼层数宜为 6～8 层（竖向高度 30m 左右），不宜多于 10 层
3	根据需要加压供水的总楼层数，合理调整需要加压的各竖向分区，使其高度基本一致	各竖向分区涉及楼层数宜基本相同

4. 旅馆建筑生活给水系统形式

旅馆建筑生活给水系统通常采用下行上给式，设备管道设置方法见表 2-13。

生活给水系统设备管道设置方法表　　　　表 2-13

序号	设备管道名称	设备管道设置方法
1	生活水箱及各分区供水泵组	设置在建筑地下室或院区生活水泵房
2	各分区给水总干管	自各分区给水泵组接出，沿下部楼层吊顶内或顶板下横向敷设接至各区域水管井
3	各分区给水总立管	设置在各区域水管井内，自各分区给水总干管接出，竖向敷设至各区域最下部楼层

续表

序号	设备管道名称	设备管道设置方法
4	各分区给水横干管	设置在各区域最下部楼层吊顶内或顶板下，自各分区给水总立管接出，横向敷设接至本区域各用水场所（客房卫生间等）水管井
5	分区内给水立管	分别自本区域给水横干管接出，沿水管井向上敷设，每个竖向水管井设置1根给水立管
6	给水支管	自分区内各个水管井内给水立管接出，接至每层各用水场所用水点，通常1个卫生间等用水场所设置1根给水支管；给水支管在水管井内沿水流方向依次设置阀门、减压阀（若需要的话）、冷水表（适用于需要单独计量的酒店式公寓等）；客房区客房卫生间水管井负责2个相邻卫生间时，宜每个卫生间设置1根给水支管，水管井空间较小时亦可合用1根给水支管；水管井内给水支管宜设置在距地1.0～1.2m的高度，向上接至卫生间吊顶内敷设至该卫生间各用水卫生器具

客房卫生间给水支管管径确定，见表2-14。

客房卫生间给水支管管径确定表　　　　表2-14

序号	客房卫生间卫生器具配置	给水支管管径（mm）
1	1个洗脸盆；1个坐便器；1个淋浴器或1个浴盆或1个带淋浴器的浴盆	$DN20$
2	1个洗脸盆；1个蹲便器；1个淋浴器或1个浴盆或1个带淋浴器的浴盆	$DN25$

酒店式公寓内厨房给水支管（管径$DN15$）宜自本户公寓水管井内接出，与本户卫生间共用给水支管，沿本户吊顶内或垫层内接至用水点。共用给水支管管径为$DN20$（卫生间采用坐便器）或$DN25$（卫生间采用蹲便器）。

公共卫生间给水支管管径确定，见表2-15。

公共卫生间给水支管管径确定表　　　　表2-15

序号	公共卫生间蹲便器数量	给水支管管径（mm）
1	1个	$DN25$
2	2个	$DN40$
3	≥3个	$DN50$

旅馆建筑内需要预留给水支管的有洗衣房、新风机房等场所。

2.1.4 管材及附件

1. 生活给水系统管材

旅馆建筑生活给水系统给水管道应选用耐腐蚀、安装连接方便可靠、符合国家现行有关产品标准要求及饮用水卫生要求的管材，常用管材包括薄壁不锈钢管、薄壁铜管、PVC-C冷水用（氯化聚氯乙烯）管、钢塑复合管、内衬不锈钢复合钢管、铝塑复合管等。

2. 生活给水系统阀门

医院建筑生活给水系统设置阀门的部位，见表2-16。

生活给水系统设置阀门部位表 表2-16

序号	设置阀门部位
1	院区接自市政给水管网的引入管段上
2	院区室外环状给水管网的节点处
3	自院区室外环状给水管网给水干管上接出的支管起端
4	建筑入户管、水表前
5	建筑各分区给水总干管起端、分区内各给水立管起端（通常位于立管底部）
6	建筑室内生活给水管道向公共卫生间、客房卫生间、浴室、预留给水管道场所等接出的给水支管起端
7	水箱、生活水泵房、电热水器、电开水器、汽水（水水）换热器、减压阀、倒流防止器等进水管处

3. 生活给水系统止回阀

旅馆建筑生活给水系统设置止回阀的部位，见表2-17。

生活给水系统设置止回阀部位表 表2-17

序号	设置止回阀部位
1	直接从市政给水管网接入建筑物的引入管上
2	接至水箱（包括生活冷水箱、生活热水箱、消防水箱）间、生活热水机房（内设备区域生活热水汽水换热器或水水换热器）、冷热源机房、空气源热泵热水设备等场所的给水管起端
3	每台生活给水泵组出水管上

4. 生活给水系统减压阀

旅馆建筑配水横管静水压大于0.20MPa的楼层各分区内给水支管起端应设置减压阀，减压阀位置在阀门之后。

5. 生活给水系统水表

旅馆建筑生活给水系统按分区域计量原则设置水表，生活给水系统设置水表的部位，见表2-18。

生活给水系统设置水表部位表 表2-18

序号	设置水表部位
1	直接从市政给水管网接入建筑物的引入管上
2	院区各建筑自院区环状给水管网接入的入户管上
3	各区域给水干管上
4	接至生活冷水箱、生活热水箱、消防水箱、消防水池、空调补水进水管上
5	室外绿化用（补）水给水管上
6	地下车库冲洗用水给水管上

续表

序号	设置水表部位
7	有特殊计量要求场所的给水进水管上
8	酒店式公寓宜在各公寓分户给水支管上设置

注：1. 水表设置在给水阀门井内或水管道井内；
2. 水表阻力损失要求不大于 0.0245MPa；
3. 水表宜采用远传水表或 IC 卡水表等智能化水表；
4. 给水管管径≥DN50 时，水表管径比给水管管径小 2 号；给水管管径＜DN50 时，水表管径比给水管管径小 1 号。

6. 生活给水系统其他附件

生活水箱的生活给水进水管上应设自动水位控制阀。

旅馆建筑生活给水系统设置过滤器的部位，见表 2-19。

生活给水系统设置过滤器部位表　　　　表 2-19

序号	设置过滤器部位	备注
1	生活给水阀件（减压阀、持压泄压阀、倒流防止器、自动水位控制阀、温度调节阀等）前	
2	水加热器（电热水器、电开水器等）的进水管上	
3	换热装置的循环冷却水进水管上	
4	生活水泵的吸水管上	可不设置

旅馆建筑公共部分、辅助部分等公共区域内的洗手盆水嘴应采用非接触式或延时自闭式水嘴，通常采用感应式水嘴；小便斗、大便器应采用非手动开关。用水点非手动开关的型式，见表 2-20。

用水点非手动开关型式表　　　　表 2-20

序号	用水点场所	卫生器具类型	非手动开关型式
1	公共卫生间	洗手盆	感应自动水龙头
2		小便斗	感应式自动冲洗阀
3		蹲式大便器	脚踏式自闭冲洗阀或感应立式冲洗阀

2.1.5 给水管道布置及敷设

1. 室外生活给水系统布置与敷设

旅馆院区的室外生活给水管网应布置成环状管网，管径宜为 DN150。环状给水管网与市政给水管网的连接管不宜少于 2 条，引入管管径宜为 DN150、不宜小于 DN100。

旅馆院区室外生活给水管道与其他地下管线及乔木之间的最小净距，参照表 1-25 的规定。

2. 室内生活给水系统布置与敷设

旅馆建筑室内生活给水管道通常布置成支状管网，单向供水，宜沿室内公共区域敷设。旅馆建筑生活给水管道不应布置的场所，见表 2-21。

生活给水管道不应布置场所表　　　　　　　　表 2-21

序号	不应布置场所
1	电气机房包括高压配电室、低压配电室（包括其值班室）、柴油发电机房（包括储油间）、智能化系统机房（计算机房、网络中心机房、弱电机房）、UPS机房、消防控制室等
2	生活水泵房、消防水泵房等场所配电柜上方
3	电梯机房、烟道、风道、电梯井内、排水沟等
4	橱窗、壁柜等
5	伸缩缝、沉降缝、变形缝等

注：生活给水管道在穿越防火卷帘时宜绕行。

3. 室内给水管道防护

室内生活给水横干管、立管超过 50m 时，宜设伸缩补偿装置。

与人防工程功能无关的室内生活给水管道应避免穿越人防地下室，确需穿越时应在人防侧设置防护阀门，管道穿越处应设防护套管。

4. 生活给水管道保温

敷设在有可能结冻的房间、地下室及管井、管沟等处的给水管道应有防冻措施。

屋顶水箱间内生活给水管道均需做保温，所有给水横管及管井内的给水立管均做防结露保温。室内满足防冻要求的管道可不做防结露保温。

给水管道保温材料厚度确定，参见表 1-30、表 1-31。

2.1.6 生活给水系统给水管网计算

1. 旅馆院区室外生活给水管网

室外生活给水管网设计流量应按旅馆院区生活给水最大时用水量确定。院区给水引入管的设计流量应按最大时用水量确定；当引入管为 2 条时，应保证当其中一条发生故障时，其余的引入管可以提供不小于 70% 的流量。

旅馆院区室外生活给水管网管径宜采用 $DN150$。

2. 旅馆建筑室内生活给水管网

采用市政给水管网直接供水时，给水引入管设计流量（Q_1）应按直供区生活给水设计秒流量计；采用生活水箱+变频给水泵组供水时，给水引入管设计流量（Q_2）应按加压区生活水箱设计补水量计，设计补水量不得小于高区最高日平均时用水量，不宜大于最高日最大时用水量。

旅馆建筑内生活给水设计秒流量应按公式（2-1）计算：

$$q_g = 0.2 \cdot \alpha \cdot (N_g)^{1/2} \tag{2-1}$$

式中　q_g——计算管段的给水设计秒流量，L/s；

　　　N_g——计算管段的卫生器具给水当量总数；

　　　α——根据旅馆建筑用途而定的系数，酒店式公寓取 2.2，旅馆、招待所、宾馆取 2.5。

注：如计算值小于该管段上一个最大卫生器具给水额定流量时，应采用一个最大的卫生器具给水额定流量作为设计秒流量；如计算值大于该管段上按卫生器具给水额定流量累加所得流量值时，应按卫生器具给水额定流量累加所得流量值采用；有大便器延时自闭冲洗阀的给水管段，大便器延时自闭冲洗阀

的给水当量均以 0.5 计,计算得到的 q_g 附加 1.20L/s 的流量后,为该管段的给水设计秒流量。

酒店式公寓生活给水设计秒流量计算公式为:

$$q_g = 0.44 \cdot (N_g)^{1/2} \tag{2-2}$$

旅馆、招待所、宾馆生活给水设计秒流量计算公式为:

$$q_g = 0.5 \cdot (N_g)^{1/2} \tag{2-3}$$

旅馆建筑生活给水设计秒流量计算,可参照表 2-22。

旅馆建筑生活给水设计秒流量计算表 (L/s) 表 2-22

卫生器具给水当量数 N_g	酒店式公寓 $\alpha=2.2$	旅馆、招待所、宾馆 $\alpha=2.5$	卫生器具给水当量数 N_g	酒店式公寓 $\alpha=2.2$	旅馆、招待所、宾馆 $\alpha=2.5$	卫生器具给水当量数 N_g	酒店式公寓 $\alpha=2.2$	旅馆、招待所、宾馆 $\alpha=2.5$
1	0.44	0.50	38	2.71	3.08	94	4.27	4.85
2	0.62	0.71	40	2.78	3.16	96	4.31	4.90
3	0.76	0.87	42	2.85	3.24	98	4.36	4.95
4	0.88	1.00	44	2.92	3.32	100	4.40	5.00
5	0.98	1.12	46	2.98	3.39	105	4.51	5.12
6	1.08	1.22	48	3.05	3.46	110	4.61	5.24
7	1.16	1.32	50	3.11	3.54	115	4.72	5.36
8	1.24	1.41	52	3.17	3.61	120	4.82	5.48
9	1.32	1.50	54	3.23	3.67	125	4.92	5.59
10	1.39	1.58	56	3.29	3.74	130	5.02	5.70
11	1.46	1.66	58	3.35	3.81	135	5.11	5.81
12	1.52	1.73	60	3.41	3.87	140	5.21	5.92
13	1.59	1.80	62	3.46	3.94	145	5.30	6.02
14	1.65	1.87	64	3.52	4.00	150	5.39	6.12
15	1.70	1.94	66	3.57	4.06	155	5.48	6.22
16	1.76	2.00	68	3.63	4.12	160	5.57	6.32
17	1.81	2.06	70	3.68	4.18	165	5.65	6.42
18	1.87	2.12	72	3.73	4.24	170	5.74	6.52
19	1.92	2.18	74	3.79	4.30	175	5.82	6.61
20	1.97	2.24	76	3.84	4.36	180	5.90	6.71
22	2.06	2.35	78	3.89	4.42	185	5.98	6.80
24	2.16	2.45	80	3.94	4.47	190	6.06	6.89
26	2.24	2.55	82	3.98	4.53	195	6.14	6.98
28	2.33	2.65	84	4.03	4.58	200	6.22	7.07
30	2.41	2.74	86	4.08	4.64	205	6.30	7.16
32	2.49	2.83	88	4.13	4.69	210	6.38	7.25
34	2.57	2.92	90	4.17	4.74	215	6.45	7.33
36	2.64	3.00	92	4.22	4.80	220	6.53	7.42

续表

卫生器具给水当量数 N_g	酒店式公寓 $\alpha=2.2$	旅馆、招待所、宾馆 $\alpha=2.5$	卫生器具给水当量数 N_g	酒店式公寓 $\alpha=2.2$	旅馆、招待所、宾馆 $\alpha=2.5$	卫生器具给水当量数 N_g	酒店式公寓 $\alpha=2.2$	旅馆、招待所、宾馆 $\alpha=2.5$
225	6.60	7.50	370	8.46	9.62	650	11.22	12.75
230	6.67	7.58	375	8.52	9.68	700	11.64	13.23
235	6.75	7.66	380	8.58	9.75	750	12.05	13.69
240	6.82	7.75	385	8.63	9.81	800	12.45	14.14
245	6.89	7.83	390	8.69	9.87	850	12.83	14.58
250	6.96	7.91	395	8.74	9.94	900	13.20	15.00
255	7.03	7.98	400	8.80	10.00	950	13.56	15.41
260	7.09	8.06	405	8.85	10.06	1000	13.91	15.81
265	7.16	8.14	410	8.91	10.12	1050	14.26	16.20
270	7.23	8.22	415	8.96	10.19	1100	14.59	16.58
275	7.30	8.29	420	9.02	10.25	1150	14.92	16.96
280	7.36	8.37	425	9.07	10.31	1200	15.24	17.32
285	7.43	8.44	430	9.12	10.37	1250	15.56	17.68
290	7.49	8.51	435	9.18	10.43	1300	15.86	18.03
295	7.56	8.59	440	9.23	10.49	1350	16.17	18.37
300	7.62	8.66	445	9.28	10.55	1400	16.46	18.71
305	7.68	8.73	450	9.33	10.61	1450	16.75	19.04
310	7.75	8.80	455	9.39	10.67	1500	17.04	19.36
315	7.81	8.87	460	9.44	10.72	1550	17.32	19.69
320	7.87	8.94	465	9.49	10.78	1600	17.60	20.00
325	7.93	9.01	470	9.54	10.84	1650	17.87	20.31
330	7.99	9.08	475	9.59	10.90	1700	18.14	20.62
335	8.05	9.15	480	9.64	10.95	1750	18.41	20.92
340	8.11	9.22	485	9.69	11.01	1800	18.67	21.21
345	8.17	9.29	490	9.74	11.07	1850	18.93	21.51
350	8.23	9.35	495	9.79	11.12	1900	19.18	21.79
355	8.29	9.42	500	9.84	11.18	1950	19.43	22.08
360	8.35	9.49	550	10.32	11.73	2000	19.68	22.36
365	8.41	9.55	600	10.78	12.25	2050	19.92	22.64

旅馆建筑有自闭式冲洗阀时生活给水设计秒流量计算，可参照表 1-33。

旅馆公共浴室、职工食堂或营业餐厅的厨房等建筑生活给水管道的设计秒流量应按公式（2-4）计算：

$$q_g = \Sigma q_{g0} \cdot n_0 \cdot b_g \tag{2-4}$$

式中 q_g——旅馆建筑计算管段的给水设计秒流量，L/s；

q_{g0}——旅馆建筑同类型的一个卫生器具给水额定流量,L/s,可按表 2-25 采用;

n_0——旅馆建筑同类型卫生器具数;

b_g——旅馆建筑卫生器具的同时给水使用百分数:旅馆公共浴室内的卫生器具同时使用百分数按表 2-23 选用,旅馆职工食堂或营业餐厅的厨房设备同时使用百分数按表 2-24 选用。

旅馆公共浴室卫生器具同时使用百分数表 表 2-23

序号	卫生器具名称	卫生器具同时使用百分数(%)
1	有间隔淋浴器	60~80
2	无间隔淋浴器	100
3	洗脸盆、盥洗槽水嘴	60~100

旅馆职工食堂或营业餐厅厨房设备同时使用百分数表 表 2-24

序号	厨房设备名称	厨房设备同时使用百分数(%)
1	洗涤盆(池)	70
2	煮锅	60
3	生产性洗涤机	40
4	器皿洗涤机	90
5	开水器	50
6	蒸汽发生器	100
7	灶台水嘴	30

注:职工饭堂的洗碗台水嘴,按100%同时给水,但不与厨房用水叠加。

3. 旅馆建筑内卫生器具给水当量

旅馆建筑常见卫生器具的给水额定流量、给水当量、连接给水管管径和最低工作压力按表 2-25 确定。

常见卫生器具给水额定流量、给水当量、连接给水管管径和最低工作压力表 表 2-25

序号	卫生器具名称	给水额定流量(L/s)	给水当量	连接给水管管径(mm)	最低工作压力(MPa)
1	拖布池	0.15~0.20	0.75~1.00	15	0.100
2	盥洗槽	0.15~0.20	0.75~1.00	15	0.100
3	洗脸盆(冷水供应)	0.15	0.75	15	0.100
4	洗脸盆(冷水、热水供应)	0.10	0.50	15	0.100
5	洗手盆(冷水供应)	0.10	0.50	15	0.100
6	洗手盆(冷水、热水供应)	0.10	0.50	15	0.100
7	浴盆(冷水供应)	0.20	1.00	15	0.100
8	浴盆(冷水、热水供应)	0.20	1.00	15	0.100
9	淋浴器(冷水、热水供应)	0.10	0.50	15	0.100~0.200
10	大便器(冲洗水箱浮球阀)	0.10	0.50	15	0.050
11	大便器(延时自闭式冲洗阀)	1.20	6.00	25	0.100~0.150
12	小便器(手动或自动自闭式冲洗阀)	0.10	0.50	15	0.050

4. 旅馆建筑内给水管管径

旅馆建筑内给水供水管的管径,应根据该给水供水管段的设计秒流量、允许给水流速等查相关计算表格确定。生活给水管道内的给水流速,宜参照表 1-38。

酒店式公寓设坐便器公寓卫生间个数与给水供水管管径的对照表,见表 2-26。

酒店式公寓设坐便器公寓卫生间个数与给水供水管管径对照表 表 2-26

卫生间类型 1（配置坐便器、洗脸盆、淋浴器各 1 个）									
公寓卫生间数量（个）	1～2	3	4～6	7～23	24～64	65～181	182～387	388～918	≥919
给水供水管管径 DN（mm）	25	32	40	50	70	80	100	125	150
卫生间类型 2（配置坐便器、洗脸盆、浴盆各 1 个）									
公寓卫生间数量（个）	1～2	3	4～5	6～21	22～58	59～163	164～348	349～826	≥827
给水供水管管径 DN（mm）	25	32	40	50	70	80	100	125	150
卫生间类型 3（配置坐便器、洗脸盆、带淋浴器浴盆各 1 个）									
公寓卫生间数量（个）	1	2	3～4	5～16	17～44	45～125	126～268	269～635	≥636
给水供水管管径 DN（mm）	25	32	40	50	70	80	100	125	150

注：生活给水供水管管径不宜大于 DN150；卫生间数量较多时,每个竖向分区可根据区域、组团配置 2 根或 2 根以上供水管。

酒店式公寓公寓房间个数与给水供水管管径的对照表,见表 2-27。

酒店式公寓公寓房间个数与给水供水管管径对照表 表 2-27

房间类型 1（卫生间配置坐便器、洗脸盆、淋浴器各 1 个,房间配盥洗槽 1 个）									
公寓房间数量（个）	1	2	3	4～16	17～44	45～125	126～268	269～635	≥636
给水供水管管径 DN（mm）	25	32	40	50	70	80	100	125	150
房间类型 2（卫生间配置坐便器、洗脸盆、浴盆各 1 个,房间配盥洗槽 1 个）									
公寓房间数量（个）	1	2	3	4～15	26～41	42～116	117～249	250～590	≥591
给水供水管管径 DN（mm）	25	32	40	50	70	80	100	125	150
房间类型 3（卫生间配置坐便器、洗脸盆、带淋浴器浴盆各 1 个,房间配盥洗槽 1 个）									
公寓房间数量（个）	1	2	3	4～12	13～34	35～96	97～205	206～486	≥487
给水供水管管径 DN（mm）	25	32	40	50	70	80	100	125	150

注：生活给水供水管管径不宜大于 DN150；卫生间数量较多时,每个竖向分区可根据区域、组团配置 2 根或 2 根以上供水管。

旅馆、招待所、宾馆设坐便器客房卫生间个数与给水供水管管径的对照表,见表 2-28。

旅馆、招待所、宾馆设坐便器客房卫生间个数与给水供水管管径对照表 表 2-28

卫生间类型 1（配置坐便器、洗脸盆、淋浴器各 1 个）									
客房卫生间数量（个）	1	2	3～5	6～18	19～49	50～140	141～300	301～711	≥712
给水供水管管径 DN（mm）	25	32	40	50	70	80	100	125	150

续表

卫生间类型2（配置坐便器、洗脸盆、浴盆各1个）									
客房卫生间数量（个）	1	2	3～5	6～16	17～44	45～126	127～270	271～640	≥641
给水供水管管径 DN（mm）	25	32	40	50	70	80	100	125	150
卫生间类型3（配置坐便器、洗脸盆、带淋浴器浴盆各1个）									
客房卫生间数量（个）	1	2	3～4	5～12	13～34	35～97	98～208	209～492	≥493
给水供水管管径 DN（mm）	25	32	40	50	70	80	100	125	150

注：生活给水供水管管径不宜大于 DN150；客房卫生间数量较多时，每个竖向分区可根据区域、组团配置2根或2根以上供水管。

酒店式公寓设蹲便器公寓卫生间个数与给水供水管管径的对照表，见表2-29。

酒店式公寓设蹲便器公寓卫生间个数与给水供水管管径对照表 表2-29

卫生间类型1（配置蹲便器、洗脸盆、淋浴器各1个）									
公寓卫生间数量（个）	1	2	3～9	10～38	39～136	137～319	320～810	≥811	
给水供水管管径 DN（mm）	32	40	50	70	80	100	125	150	
卫生间类型2（配置蹲便器、洗脸盆、浴盆各1个）									
公寓卫生间数量（个）	1	2	3～8	9～34	35～122	123～287	288～729	≥730	
给水供水管管径 DN（mm）	32	40	50	70	80	100	125	150	
卫生间类型3（配置蹲便器、洗脸盆、带淋浴器浴盆各1个）									
公寓卫生间数量（个）	1	2	3～6	7～26	27～94	95～220	221～560	≥561	
给水供水管管径 DN（mm）	32	40	50	70	80	100	125	150	

注：生活给水供水管管径不宜大于 DN150；卫生间数量较多时，每个竖向分区可根据区域、组团配置2根或2根以上供水管。

酒店式公寓公寓房间个数与给水供水管管径的对照表，见表2-30。

酒店式公寓公寓房间个数与给水供水管管径对照表 表2-30

房间类型1（卫生间配置蹲便器、洗脸盆、淋浴器各1个，房间配盥洗槽1个）									
公寓房间数量（个）	1	2	3～6	7～26	27～94	95～220	221～560	≥561	
给水供水管管径 DN（mm）	32	40	50	70	80	100	125	150	
房间类型2（卫生间配置蹲便器、洗脸盆、浴盆各1个，房间配盥洗槽1个）									
公寓房间数量（个）	1	2	3～5	6～24	25～87	88～205	206～520	≥521	
给水供水管管径 DN（mm）	32	40	50	70	80	100	125	150	
房间类型3（卫生间配置蹲便器、洗脸盆、带淋浴器浴盆各1个，房间配盥洗槽1个）									
公寓房间数量（个）	1	2	3～4	5～20	21～72	73～168	169～428	≥429	
给水供水管管径 DN（mm）	32	40	50	70	80	100	125	150	

注：生活给水供水管管径不宜大于 DN150；卫生间数量较多时，每个竖向分区可根据区域、组团配置2根或2根以上供水管。

旅馆、招待所、宾馆设蹲便器客房卫生间个数与给水供水管管径的对照表，见表2-31。

旅馆、招待所、宾馆设蹲便器客房卫生间个数与给水供水管管径对照表　　表 2-31

卫生间类型 1（配置蹲便器、洗脸盆、淋浴器各 1 个）								
客房卫生间数量（个）	1	2	3～7	8～29	30～105	106～247	248～628	≥629
给水供水管管径 DN（mm）	32	40	50	70	80	100	125	150
卫生间类型 2（配置蹲便器、洗脸盆、浴盆各 1 个）								
客房卫生间数量（个）	1	2	3～6	7～26	27～95	96～222	223～565	≥566
给水供水管管径 DN（mm）	32	40	50	70	80	100	125	150
卫生间类型 3（配置蹲便器、洗脸盆、带淋浴器浴盆各 1 个）								
客房卫生间数量（个）	1	2	3～5	6～20	21～73	74～171	172～434	≥435
给水供水管管径 DN（mm）	32	40	50	70	80	100	125	150

注：生活给水供水管管径不宜大于 $DN150$；客房卫生间数量较多时，每个竖向分区可根据区域、组团配置 2 根或 2 根以上供水管。

整个生活给水系统生活给水立管、干管均按照其服务的给水设计秒流量确定其管段管径。

2.1.7　生活水泵和生活水泵房

旅馆建筑给水设计应有可靠的水源和供水管道系统，当仅有一路城市引入管或供水不满足设计秒流量或压力要求时，应设置加压供水设备。

1. 生活水泵

旅馆建筑生活给水加压水泵宜采用 3 台（2 用 1 备）配置模式，亦可采用 2 台（1 用 1 备）或 4 台（3 用 1 备）配置模式。

旅馆建筑生活给水加压通常采用变频调速给水泵组，其设计流量应按其负责给水系统的最大设计秒流量确定，即 $Q=q_g$。设计时应统计该系统内各用水点卫生器具的生活给水当量数，经公式（2-2）～公式（2-4）计算或查表 2-22 得出设计流量值。

生活给水加压水泵的设计工作压力，按公式（1-10）计算。

2. 生活水泵房

旅馆建筑二次加压给水的水泵房应为独立的房间，并应环境良好、便于维修和管理，不应与客房和需要安静的房间毗邻；水泵房及设备应采取消声和减振措施；高层建筑的加压给水泵出水管应采取消除水锤措施。

旅馆建筑生活水泵房的设置位置应根据其所供水服务的范围确定，见表 2-32。

旅馆建筑生活水泵房位置确定及要求表　　表 2-32

序号	水泵房位置	适用情况	设置要求
1	院区室外集中设置	院区室外有空间；常见于新建旅馆院区，且设有多座建筑	宜与消防水泵房、消防水池、暖通冷热源机房、锅炉房等集中设置，宜靠近用水量较大、客房较多的旅馆建筑
2	建筑地下室楼层设置	院区室外无空间；涉及建筑单体较少；所在建筑用水量较大	宜设在地下一层或地下二层，不宜设在最低地下楼层；水泵房地面宜高出室外地面 200～300mm；不应毗邻客房、办公室、会议室等场所或在其上层或下层；宜采取减振降噪措施

续表

序号	水泵房位置	适用情况	设置要求
3	分期独立设置	旅馆所在院区采取分期建设	
4	分区域独立设置	旅馆所在院区面积较大，甚至院区跨越市政道路	

各分区的生活给水泵组宜集中布置；生活水泵房内每套生活给水泵组宜设置在一个基础上。

2.1.8 生活贮水箱（池）

旅馆建筑给水设计应有可靠的水源和供水管道系统，当仅有一路城市引入管或供水不满足设计秒流量或压力要求时，应设置生活贮水箱（池）。

旅馆建筑水箱间应为独立的房间，并应环境良好、便于维修和管理，不应与客房和需要安静的房间毗邻。

1. 贮水容积

旅馆建筑生活用水贮水箱（池）的有效容积计算时，其生活用水调节量应按进水量与用水量变化曲线经计算确定，当资料不足时，宜按最高日用水量的20%～25%确定，最大不得大于48h的用水量。有条件时可适当增加生活贮水箱（池）有效容积。

旅馆建筑生活用水贮水设备宜采用贮水箱。

2. 生活水箱

旅馆建筑生活水箱设计要求，参见表1-46。

3. 生活水箱相关管道、装置设置要求

旅馆建筑生活水箱相关管道设施要求，参见表1-47。

生活水箱各水位指标确定方法及取值经验值，参见表1-48。

2.2 生活热水系统

2.2.1 热水系统类别

旅馆建筑生活热水系统分类，见表2-33。

生活热水系统分类表 表2-33

序号	分类标准	热水系统类别	旅馆建筑应用情况	应用程度
1	供应范围	集中生活热水系统	客房区客房卫生间旅客洗浴生活热水系统；洗浴中心旅客洗浴生活热水系统；厨房生活热水系统	最常用
2		局部（分散）生活热水系统	公共区、辅助区工作人员洗浴生活热水系统	较常用
3		区域生活热水系统	整个旅馆院区生活热水系统	不常用
4		分布式生活热水系统	客房区客房卫生间旅客洗浴生活热水系统	越来越常用

续表

序号	分类标准	热水系统类别	旅馆建筑应用情况	应用程度
5	热水管网循环方式	热水干管立管支管循环生活热水系统	中高档旅馆建筑（三级～五级）客房区客房卫生间旅客洗浴生活热水系统	最常用
6		热水干管立管循环生活热水系统	中低档旅馆建筑（一级～二级）客房区客房卫生间旅客洗浴生活热水系统	常用
7		热水干管循环生活热水系统	厨房生活热水系统	不常用
8		不循环生活热水系统	各局部（分散）生活热水系统	较常用
9	热水管网循环水泵运行方式	全日循环生活热水系统	客房区客房卫生间旅客洗浴生活热水系统	最常用
10		定时循环生活热水系统	公共区、辅助区工作人员洗浴生活热水系统；洗浴中心旅客洗浴生活热水系统；厨房生活热水系统	常用
11	热水管网循环动力方式	强制循环生活热水系统		最常用
12		自然循环生活热水系统		极少用
13	是否敞开形式	闭式生活热水系统		最常用
14		开式生活热水系统		极少用
15	热水管网布置型式	下供下回式生活热水系统	热源位于建筑底部，即由锅炉房提供热媒（高温蒸汽或高温热水），经汽水或水水换热器提供热水热源等的生活热水系统	最常用
16		上供上回式生活热水系统	热源位于建筑顶部，即由屋顶太阳能热水设备及（或）空气能热泵热水设备提供热水热源等的生活热水系统	常用
17		上供下回式生活热水系统		较少用
18		分层上供上回式生活热水系统		较少用
19	热水管路距离	同程式生活热水系统		目前最常用
20		异程式生活热水系统		越来越常用
21	热水系统分区方式	加热器集中设置生活热水系统	旅馆院区内各个建筑生活热水系统距离较近、规模相差不大或为同一建筑内不同竖向分区系统时的生活热水系统	最常用
22		加热器分散设置生活热水系统	旅馆院区各个建筑生活热水系统距离较远、规模相差较大时的生活热水系统	较常用
23		加热器分布设置生活热水系统	不受旅馆院区建筑距离、规模限制时的生活热水系统	较少用

典型的旅馆建筑生活热水系统原理图，如图 2-3～图 2-6 所示。

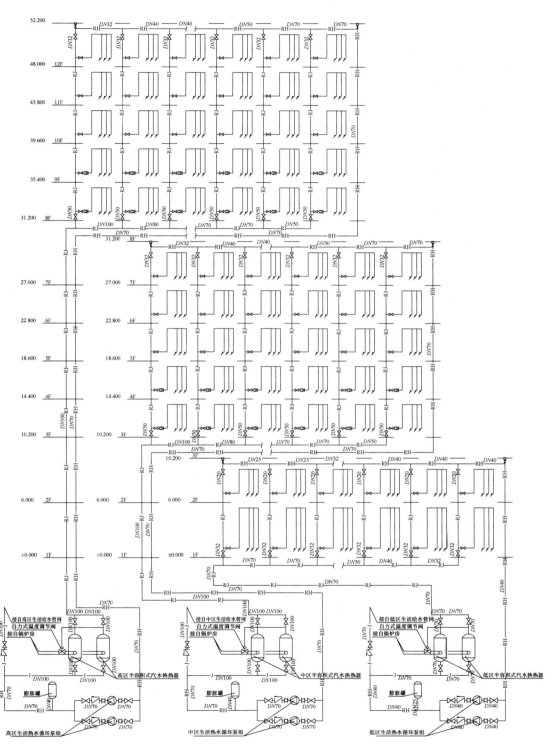

图 2-3 生活热水系统原理图一

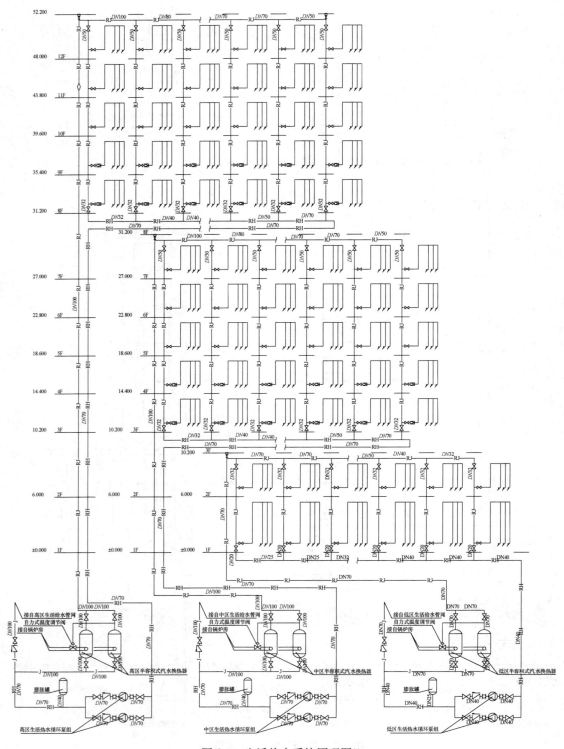

图 2-4　生活热水系统原理图二

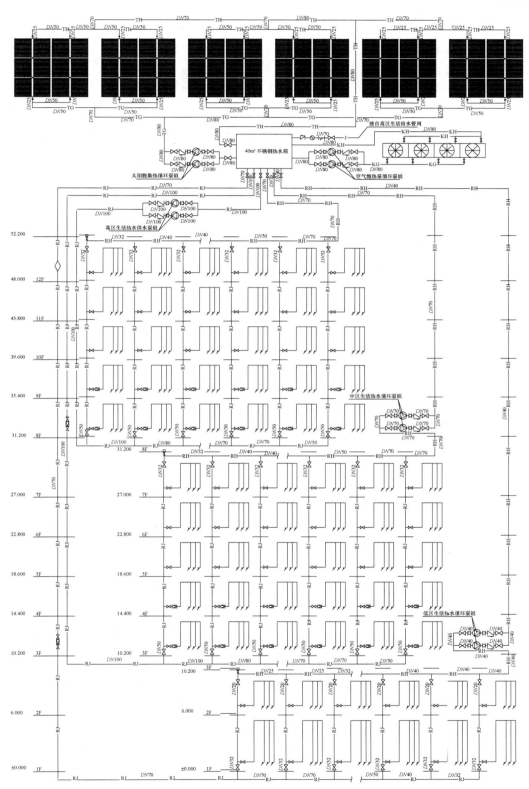

图 2-5 生活热水系统原理图三

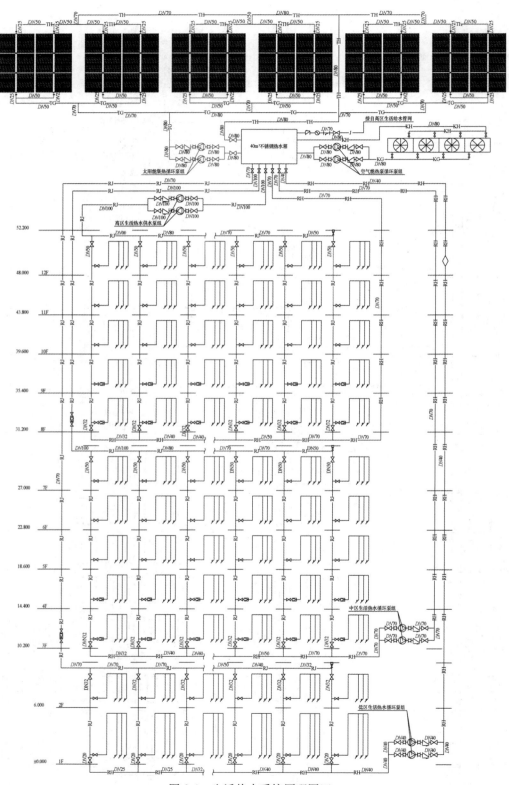

图 2-6 生活热水系统原理图四

2.2.2 生活热水系统热源

旅馆建筑集中生活热水供应系统的热源，见表2-34。

集中生活热水供应系统热源表 表2-34

序号	热源类型	采用程度
1	工业余热、废热	极少采用
2	地源热能	较少采用，仅能作为辅助热源
3	太阳能	最常采用，通常作为辅助热源，亦可作为主要热源
4	空气源热能	常采用，尤其在夏热冬暖地区普遍采用
5	水源热能	较少采用，仅能作为辅助热源
6	市政热力管网	较少采用
7	锅炉房蒸汽或高温热水	最常采用，尤其在严寒地区、寒冷地区普遍采用
8	燃油（气）热水机组或电蓄热设备热水	较少采用

旅馆建筑生活热水系统主要包括客房区旅客洗浴、厨房、洗浴中心等功能区热水，热水用水量大、集中、可靠性要求高，其热源选用见表2-35。

旅馆集中生活热水系统热源选用表 表2-35

主要选择热源	辅助选择热源
锅炉房蒸汽或高温热水；太阳能；空气源热能等	水源热能；地源热能；燃油（气）热水机组或电蓄热设备热水等

旅馆建筑生活热水系统常见热源组合形式，见表2-36。

生活热水系统常见热源组合形式表 表2-36

序号	热源组合形式名称	主要热源	辅助热源	适用范围
1	热水锅炉+太阳能组合	旅馆院区内设置燃气（油）锅炉房，锅炉房内高温热水锅炉提供热媒（通常为80℃/60℃高温热水），经建筑内（通常设置在地下室）热水机房（换热机房）内的各区域（竖向分区）水水换热器换热后为系统提供60℃/50℃低温热水	旅馆建筑屋顶设置太阳能热水机房（房间内设置储热水箱或储热罐、生活热水供水泵组、生活热水循环泵组、太阳能集热循环泵组等），屋顶布置太阳能集热板及太阳能供水、回水管道，太阳能热水供水设备为系统提供60℃/50℃高温热水	该组合方式为主要推荐形式，适用于我国北方、西北等寒冷或严寒地区旅馆建筑生活热水系统
2	太阳能+空气源热能组合	旅馆建筑屋顶设置热水机房（设置储热水箱或储热罐、生活热水供水泵组、生活热水循环泵组、太阳能集热循环泵组、空气能热泵循环泵组等），屋顶布置太阳能集热板及太阳能供水、回水管道。太阳能供水设备为系统提供60℃/50℃高温热水	旅馆建筑屋顶设置热水机房，屋顶布置空气能热泵热水机组及空气能供水、回水管道。空气源泵热水机组为系统提供60℃/50℃高温热水	该组合方式为另一种主要推荐形式，适用于我国南部或中部地区旅馆建筑生活热水系统

旅馆建筑屋顶设置太阳能光伏发电系统时，系统产生的电能可用于屋顶热水箱内热水的加热，保证生活热水系统供水温度。

2.2.3 热水系统设计参数

1. 旅馆建筑热水用水定额

按照《水标》，旅馆建筑相关功能场所热水用水定额，见表2-37。

旅馆建筑热水用水定额表 表2-37

序号	建筑物名称		单位	用水定额（L）		使用时数（h）	最高日小时变化系数 K_h
				最高日	平均日		
1	招待所、培训中心、普通旅馆	设公用卫生间、盥洗室	每人每日	25~40	20~30	24或定时供应	3.0~2.5
		设公用卫生间、盥洗室、淋浴室		40~60	35~45		
		设公用卫生间、盥洗室、淋浴室、洗衣室		50~80	45~55		
		设单独卫生间、公共洗衣室		60~100	50~70		
2	宾馆客房	旅客	每床位每日	120~160	110~140	24	2.5~2.0
		员工	每人每日	40~50	35~40	8~10	2.5~2.0
3	酒店式公寓		每人每日	80~100	65~80	24	2.5~2.0
4	餐饮业	中餐酒楼	每顾客每次	15~20	8~12	10~12	1.5~1.2
		快餐店、职工食堂		10~12	7~10	12~16	
		酒吧、咖啡馆、茶座、卡拉OK房		3~8	3~5	8~18	
5	洗衣房		每千克干衣	15~30	15~30	8	1.5~1.2
6	洗浴中心	淋浴	每顾客每次	40~60	35~40	12	2.0~1.5
		浴盆、淋浴		60~80	55~70		
		桑拿浴（淋浴、按摩池）		70~100	60~70		
7	理发室、美容院		每顾客每次	20~45	20~35	12	2.0~1.5

注：1. 表中所列用水定额均已包括在表2-3中；
2. 本表以60℃热水水温为计算温度，卫生器具的使用水温见表2-40；
3. 表中平均日用水定额仅用于计算太阳能热水系统集热器面积和计算节水用水量。

《节水标》中旅馆建筑相关功能场所热水平均日节水用水定额，见表2-38。

旅馆建筑热水平均日节水用水定额表　　　　　　　　　表 2-38

序号	建筑物名称		单位	节水用水定额
1	招待所、培训中心、普通旅馆	设公用卫生间、盥洗室	L/(人·d)	20~30
		设公用卫生间、盥洗室、淋浴室		35~45
		设公用卫生间、盥洗室、淋浴室、洗衣室		45~55
		设单独卫生间、公用洗衣室		50~70
2	宾馆客房	旅客	L/(床位·d)	110~140
		员工	L/(人·d)	35~40
3	酒店式公寓		L/(人·d)	65~80
4	餐饮业	中餐酒楼	L/(人·次)	15~25
		快餐店、职工食堂		7~10
		酒吧、咖啡馆、茶座、卡拉OK房		3~5
5	洗衣房		L/kg 干衣	40~80
6	洗浴中心	淋浴	L/(人·次)	35~40
		浴盆、淋浴		55~70
		桑拿浴（淋浴、按摩池）		60~70
7	理发室、美容院		L/(人·次)	20~35

注：热水温度按 60℃ 计。

旅馆建筑所在地为较大城市、标准要求较高的，旅馆建筑热水用水定额可以适当选用较高值；反之可选用较低值。

《旅规》中旅馆建筑应设生活热水供应系统，客房最高日生活热水（60℃）用水量，见表 2-39。

客房最高日生活热水（60℃）用水量　　　　　　　　　表 2-39

旅馆建筑等级	用水量定额 [L/(d·床)]	小时变化系数	使用时间（h）	备注
一级	40~60	3.0~2.5	8~10	楼层设公共卫生间
二级	60~100		12~16	不少于 50% 客房附设卫生间
三级	100~120	2.5~2.0	24	全部客房附设卫生间
四级、五级	120~160			

注：厨房、洗衣房、理发室、洗浴中心和职工等热水用水定额按现行国家标准《建筑给水排水设计标准》GB 50015 的规定确定。

2. 旅馆建筑卫生器具用水定额及水温

旅馆建筑相关功能场所卫生器具的一次热水用水量、小时热水用水量和水温，应按表 2-40 确定。

旅馆建筑卫生器具一次热水用水量、小时热水用水量和水温表　　　　　　　　　表 2-40

序号	卫生器具名称		一次热水用水量（L）	小时热水用水量（L）	水温（℃）
1	旅馆、宾馆、酒店式公寓	带有淋浴器的浴盆	150	300	40
		无淋浴器的浴盆	125	250	

续表

序号	卫生器具名称		一次热水用水量（L）	小时热水用水量（L）	水温（℃）
1	旅馆、宾馆、酒店式公寓	淋浴器	70~100	140~200	37~40
		洗脸盆、盥洗槽水嘴	3	30	30
		洗涤盆（池）	—	180	50
2	餐饮业	洗涤盆（池）		250	50
		洗脸盆 工作人员用	3	60	30
		洗脸盆 顾客用	—	120	
		淋浴器	40	400	37~40
3	洗浴中心	浴盆	125	250	40
		淋浴器 有淋浴小间	100~150	200~300	37~40
		淋浴器 无淋浴小间	—	450~540	
		洗脸盆	5	50~80	35
4	理发室、美容院	洗脸盆	—	35	35

注：表中用水量均为使用水温时的用水量；一次热水用水量指使用一次的用水量，并非卫生器具开关一次的用水量，有些卫生器具使用一次可能需要开关几次。

3. 旅馆建筑冷水计算温度

冷水的计算温度应以当地最冷月平均水温资料确定。当无水温资料时，按表 1-58 采用。

旅馆建筑冷水计算温度宜按旅馆建筑当地地面水温度确定，水温有取值范围时宜取低值。

4. 旅馆建筑水加热设备供水温度

旅馆建筑集中热水供应系统的水加热设备（包括热水锅炉、热水机组或水加热器等）的出水温度，按表 1-59 采用。旅馆建筑集中生活热水系统水加热设备的供水温度宜为 60~65℃，通常按 60℃计。

5. 旅馆建筑生活热水水质

旅馆建筑生活热水的水质指标，应符合现行国家标准《生活饮用水卫生标准》GB 5749 的要求。

2.2.4 热水系统设计指标

1. 旅馆建筑热水设计小时耗热量

（1）全日供应热水设计小时耗热量

当旅馆建筑生活热水系统采用全日供应热水的集中生活热水系统时，其设计小时耗热量应按公式（2-5）计算：

$$Q_h = K_h \cdot m \cdot q_r \cdot C \cdot (t_{rl} - t_l) \cdot \rho_r \cdot C_\gamma / T \tag{2-5}$$

式中　Q_h——旅馆建筑生活热水设计小时耗热量，kJ/h；

　　　K_h——旅馆建筑生活热水小时变化系数，可按表 2-41 经内插法计算采用；

旅馆建筑生活热水小时变化系数表 表 2-41

建筑类别	热水用水定额 q_r {L/[人(床)·d]}	使用人（床）数 m	热水小时变化系数 K_h
普通旅馆	25～40	150≤m≤1200	3.84～3.00
	40～60		
	50～80		
	60～100		
酒店式公寓	80～100		4.00～2.58
宾馆	60～100		3.33～2.60

注：K_h 应根据热水用水定额高低、使用人（床）数多少取值，当热水用水定额高、使用人（床）数多时取低值，反之取高值。使用人（床）数小于下限值［150人（床）］时，K_h 取上限值；使用人（床）数大于上限值［1200人（床）］时，K_h 取下限值；使用人（床）数位于下限值与上限值之间［150～1200人（床）］时，K_h 取值在上限值与下限值之间，采用内插法计算求得。

m——旅馆建筑设计床位数，床；

q_r——旅馆建筑生活热水用水定额，L/(床·d)，按旅馆建筑热水最高日用水定额表（表 2-37）选用；

C——水的比热容，kJ/(kg·℃)，C=4.187kJ/(kg·℃)；

t_{r1}——热水计算温度，℃，计算时 t_{r1} 宜取 65℃；

t_l——冷水计算温度，℃，计算时通常按表 1-58 选用；

ρ_r——热水密度，kg/L，通常取 1.0kg/L；

C_γ——热水供应系统的热损失系数，C_γ=1.10～1.15；

T——旅馆建筑每日使用时间，h，取 24h。

将 C、t_{r1}、ρ_r、C_γ、T 等参数代入后为：

$$Q_h = 0.201 \cdot K_h \cdot m \cdot q_r \cdot (65 - t_l) \tag{2-6}$$

（2）定时供应热水设计小时耗热量

当旅馆建筑生活热水系统采用定时供应热水的集中生活热水系统时，其设计小时耗热量应按公式（2-7）计算：

$$Q_h = \sum q_h \cdot C \cdot (t_{r2} - t_l) \cdot \rho_r \cdot n_0 \cdot b_g \cdot C_\gamma \tag{2-7}$$

式中 Q_h——旅馆建筑生活热水设计小时耗热量，kJ/h；

q_h——旅馆建筑卫生器具生活热水的小时用水定额，L/h，可按表 2-40 采用，计算时通常取小时热水用水量的上限值；

C——水的比热，kJ/(kg·℃)，C=4.187kJ/(kg·℃)；

t_{r2}——热水计算温度，℃，计算时按表 2-40 选用，淋浴器使用水温通常取 40℃；

t_l——冷水计算温度，℃，按全日生活热水系统 t_l 取值表 1-58 选用；

ρ_r——热水密度，kg/L，通常取 1.0kg/L；

n_0——旅馆建筑同类型卫生器具数；

b_g——旅馆建筑卫生器具的同时使用百分数：旅馆卫生间内浴盆或淋浴器可按 70%～100%计，通常按 100%计，其他卫生器具不计，但定时连续热水供水时间应大于或等于 2h；

C_γ——热水供应系统的热损失系数，C_γ=1.10～1.15。

旅馆建筑卫生间内采用带有淋浴器的浴盆洗浴时,浴盆热水小时用水定额取 300L/h,热水计算温度取 40℃,同时使用百分数取 100%。在此情况下,设计小时耗热量按公式(2-8)计算:

$$Q_h = 1203.8 \cdot (40 - t_1) \cdot n_0 \tag{2-8}$$

计算时,t_1 通常取地面水温度的下限值,我国各地地面水温度可取 4℃、5℃、7℃、8℃、10℃、15℃、20℃,据公式(2-8)计算得简便计算公式,见表 2-42。

不同冷水计算温度生活热水系统采用定时供应热水 Q_h 计算公式对照表　　表 2-42

冷水计算温度(℃)	旅馆建筑生活热水系统采用定时供应热水 Q_h 计算公式(kJ/h)		
	带有淋浴器的浴盆	无淋浴器的浴盆	淋浴器
4	$52002.0 \cdot n_0$	$43336.8 \cdot n_0$	$34668.0 \cdot n_0$
5	$50557.5 \cdot n_0$	$42133.0 \cdot n_0$	$33705.0 \cdot n_0$
7	$47668.5 \cdot n_0$	$39725.4 \cdot n_0$	$31779.0 \cdot n_0$
8	$46224.0 \cdot n_0$	$38521.6 \cdot n_0$	$30816.0 \cdot n_0$
10	$43335.0 \cdot n_0$	$36114.0 \cdot n_0$	$28890.0 \cdot n_0$
15	$36112.5 \cdot n_0$	$30095.0 \cdot n_0$	$24075.0 \cdot n_0$
20	$28890.0 \cdot n_0$	$24076.0 \cdot n_0$	$19260.0 \cdot n_0$

旅馆建筑同类型卫生器具数 n_0 即为生活热水系统涉及的浴盆或淋浴器数量之和。

(3) 不同使用要求用水部门热水设计小时耗热量

具有多个不同使用热水部门或具有多种热水使用形式的旅馆建筑,当其热水由同一热水供应系统供应时,设计小时耗热量,可按同一时间内出现用水高峰的主要用水部门的设计小时耗热量加其他用水部门的平均小时耗热量计算。

2. 旅馆建筑设计小时热水量

旅馆建筑设计小时热水量,按公式(2-9)计算:

$$q_{rh} = Q_h / [(t_{r3} - t_1) \cdot C \cdot \rho_r \cdot C_\gamma] \tag{2-9}$$

式中　q_{rh} ——旅馆建筑生活热水设计小时热水量,L/h;

　　　Q_h ——旅馆建筑生活热水设计小时耗热量,kJ/h;

　　　t_{r3} ——设计热水温度,℃,计算时 t_{r3} 取值与 t_{r1} 一致即可;

　　　t_1 ——冷水计算温度,℃;

　　　C ——水的比热,kJ/(kg·℃),$C=4.187$kJ/(kg·℃);

　　　ρ_r ——热水密度,kg/L,通常取 1.0kg/L;

　　　C_γ ——热水供应系统的热损失系数,$C_\gamma=1.10\sim1.15$。

当旅馆建筑生活热水系统采用全日供应热水时,引入设计小时耗热量计算公式,设计小时热水量,按公式(2-10)计算:

$$q_{rh} = K_h \cdot m \cdot q_r / T \tag{2-10}$$

当旅馆建筑生活热水系统采用定时供应热水的集中生活热水系统时,引入设计小时耗热量计算公式,当卫生间采用有淋浴器的浴盆时,设计小时热水量,按公式(2-11)计算:

$$q_{rh} = 1444.5 \cdot (40 - t_1) \cdot n_0 / (65 - t_1) \tag{2-11}$$

当卫生间采用无淋浴器的浴盆时,设计小时热水量,按公式(2-12)计算:
$$q_{rh} = 1203.8 \cdot (40-t_1) \cdot n_0/(65-t_1) \quad (2-12)$$
当卫生间采用淋浴器时,设计小时热水量,按公式(2-13)计算:
$$q_{rh} = 963.0 \cdot (40-t_1) \cdot n_0/(65-t_1) \quad (2-13)$$

3. 旅馆建筑加热设备供热量

旅馆建筑全日集中生活热水系统中,锅炉、水加热设备的设计小时供热量应根据日热水用量小时变化曲线、加热方式及锅炉、水加热设备的工作制度经积分曲线计算确定。

(1)容积式水加热器或贮热容积与其相当的水加热器、燃油(气)热水机组供热量

旅馆建筑生活热水系统采用的容积式水加热器均应为导流型容积式水加热器,其设计小时供热量可按公式(2-14)计算:

$$Q_g = Q_h - (\eta \cdot V_r/T_1) \cdot (t_{r3}-t_1) \cdot C \cdot \rho_r \quad (2-14)$$

式中 Q_g——旅馆建筑导流型容积式水加热器的设计小时供热量,kJ/h;
    Q_h——旅馆建筑设计小时耗热量,kJ/h;
    η——导流型容积式水加热器有效贮热容积系数,取 0.8~0.9;
    V_r——导流型容积式水加热器总贮热容积,L;
    T_1——旅馆建筑设计小时耗热量持续时间,h,全日集中热水供应系统 T_1 取 2~4h;定时集中热水供应系统 T_1 等于定时供水的时间;当 Q_g 计算值小于平均小时耗热量时,Q_g 应取平均小时耗热量;
    t_{r3}——设计热水温度,℃,按导流型容积式水加热器出水温度或贮水温度计算,通常取 65℃;
    t_1——冷水温度,℃;
    C——水的比热,kJ/(kg·℃),C=4.187kJ/(kg·℃);
    ρ_r——热水密度,kg/L,通常取 1.0kg/L。

在旅馆建筑生活热水系统设计小时供热量计算时,通常取 $Q_g = Q_h$。

(2)半容积式水加热器或贮热容积与其相当的水加热器、燃油(气)热水机组供热量

旅馆建筑生活热水系统亦常采用半容积式水加热器,此时半容积式水加热器设计小时供热量按设计小时耗热量计算,即取 $Q_g = Q_h$。

(3)半即热式、快速式水加热器及其他无贮热容积水加热设备供热量

旅馆建筑分散生活热水系统常采用上述半即热式、快速式热水器,其设计小时供热量按设计秒流量所需耗热量计算,可按公式(2-15)计算:

$$Q_g = 3600 \cdot q_g \cdot (t_r - t_1) \cdot C \cdot \rho_r \quad (2-15)$$

式中 Q_g——旅馆建筑半即热式、快速式水加热器的设计小时供热量,kJ/h;
    q_g——旅馆建筑热水供应系统供水总干管的设计秒流量,L/s。

2.2.5 生活热水系统热水管网计算

1. 生活热水管网设计流量

(1)旅馆建筑生活热水引入管设计流量

旅馆建筑生活热水引入管设计流量应按该建筑相应生活热水供水系统总供水干管的设计秒流量确定。

(2) 旅馆建筑内生活热水设计秒流量

旅馆建筑内生活热水设计秒流量应按公式（2-16）计算：

$$q_g = 0.2 \cdot \alpha \cdot (N_g)^{1/2} \tag{2-16}$$

式中　q_g——计算管段的热水设计秒流量，L/s；

　　　N_g——计算管段的卫生器具热水当量总数；

　　　α——根据旅馆建筑用途而定的系数，酒店式公寓取 2.2，旅馆、招待所、宾馆取 2.5。

注：如计算值小于该管段上一个最大卫生器具热水额定流量时，应采用一个最大的卫生器具热水额定流量作为设计秒流量；如计算值大于该管段上按卫生器具热水额定流量累加所得流量值时，应按卫生器具热水额定流量累加所得流量值采用。

酒店式公寓生活热水设计秒流量计算公式为：

$$q_g = 0.44 \cdot (N_g)^{1/2} \tag{2-17}$$

旅馆、招待所、宾馆生活热水设计秒流量计算公式为：

$$q_g = 0.5 \cdot (N_g)^{1/2} \tag{2-18}$$

旅馆建筑生活热水设计秒流量计算，可参照表 2-43。

旅馆建筑生活热水设计秒流量计算表（L/s）　　　表 2-43

卫生器具热水当量数 N_g	酒店式公寓 $\alpha=2.2$	旅馆、招待所、宾馆 $\alpha=2.5$	卫生器具热水当量数 N_g	酒店式公寓 $\alpha=2.2$	旅馆、招待所、宾馆 $\alpha=2.5$	卫生器具热水当量数 N_g	酒店式公寓 $\alpha=2.2$	旅馆、招待所、宾馆 $\alpha=2.5$
1	0.44	0.50	22	2.06	2.35	62	3.46	3.94
2	0.62	0.71	24	2.16	2.45	64	3.52	4.00
3	0.76	0.87	26	2.24	2.55	66	3.57	4.06
4	0.88	1.00	28	2.33	2.65	68	3.63	4.12
5	0.98	1.12	30	2.41	2.74	70	3.68	4.18
6	1.08	1.22	32	2.49	2.83	72	3.73	4.24
7	1.16	1.32	34	2.57	2.92	74	3.79	4.30
8	1.24	1.41	36	2.64	3.00	76	3.84	4.36
9	1.32	1.50	38	2.71	3.08	78	3.89	4.42
10	1.39	1.58	40	2.78	3.16	80	3.94	4.47
11	1.46	1.66	42	2.85	3.24	82	3.98	4.53
12	1.52	1.73	44	2.92	3.32	84	4.03	4.58
13	1.59	1.80	46	2.98	3.39	86	4.08	4.64
14	1.65	1.87	48	3.05	3.46	88	4.13	4.69
15	1.70	1.94	50	3.11	3.54	90	4.17	4.74
16	1.76	2.00	52	3.17	3.61	92	4.22	4.80
17	1.81	2.06	54	3.23	3.67	94	4.27	4.85
18	1.87	2.12	56	3.29	3.74	96	4.31	4.90
19	1.92	2.18	58	3.35	3.81	98	4.36	4.95
20	1.97	2.24	60	3.41	3.87	100	4.40	5.00

续表

卫生器具热水当量数 N_g	酒店式公寓 $\alpha=2.2$	旅馆、招待所、宾馆 $\alpha=2.5$	卫生器具热水当量数 N_g	酒店式公寓 $\alpha=2.2$	旅馆、招待所、宾馆 $\alpha=2.5$	卫生器具热水当量数 N_g	酒店式公寓 $\alpha=2.2$	旅馆、招待所、宾馆 $\alpha=2.5$
105	4.51	5.12	275	7.30	8.29	445	9.28	10.55
110	4.61	5.24	280	7.36	8.37	450	9.33	10.61
115	4.72	5.36	285	7.43	8.44	455	9.39	10.67
120	4.82	5.48	290	7.49	8.51	460	9.44	10.72
125	4.92	5.59	295	7.56	8.59	465	9.49	10.78
130	5.02	5.70	300	7.62	8.66	470	9.54	10.84
135	5.11	5.81	305	7.68	8.73	475	9.59	10.90
140	5.21	5.92	310	7.75	8.80	480	9.64	10.95
145	5.30	6.02	315	7.81	8.87	485	9.69	11.01
150	5.39	6.12	320	7.87	8.94	490	9.74	11.07
155	5.48	6.22	325	7.93	9.01	495	9.79	11.12
160	5.57	6.32	330	7.99	9.08	500	9.84	11.18
165	5.65	6.42	335	8.05	9.15	550	10.32	11.73
170	5.74	6.52	340	8.11	9.22	600	10.78	12.25
175	5.82	6.61	345	8.17	9.29	650	11.22	12.75
180	5.90	6.71	350	8.23	9.35	700	11.64	13.23
185	5.98	6.80	355	8.29	9.42	750	12.05	13.69
190	6.06	6.89	360	8.35	9.49	800	12.45	14.14
195	6.14	6.98	365	8.41	9.55	850	12.83	14.58
200	6.22	7.07	370	8.46	9.62	900	13.20	15.00
205	6.30	7.16	375	8.52	9.68	950	13.56	15.41
210	6.38	7.25	380	8.58	9.75	1000	13.91	15.81
215	6.45	7.33	385	8.63	9.81	1050	14.26	16.20
220	6.53	7.42	390	8.69	9.87	1100	14.59	16.58
225	6.60	7.50	395	8.74	9.94	1150	14.92	16.96
230	6.67	7.58	400	8.80	10.00	1200	15.24	17.32
235	6.75	7.66	405	8.85	10.06	1250	15.56	17.68
240	6.82	7.75	410	8.91	10.12	1300	15.86	18.03
245	6.89	7.83	415	8.96	10.19	1350	16.17	18.37
250	6.96	7.91	420	9.02	10.25	1400	16.46	18.71
255	7.03	7.98	425	9.07	10.31	1450	16.75	19.04
260	7.09	8.06	430	9.12	10.37	1500	17.04	19.36
265	7.16	8.14	435	9.18	10.43	1550	17.32	19.69
270	7.23	8.22	440	9.23	10.49	1600	17.60	20.00

续表

卫生器具热水当量数 N_g	酒店式公寓 $\alpha=2.2$	旅馆、招待所、宾馆 $\alpha=2.5$	卫生器具热水当量数 N_g	酒店式公寓 $\alpha=2.2$	旅馆、招待所、宾馆 $\alpha=2.5$	卫生器具热水当量数 N_g	酒店式公寓 $\alpha=2.2$	旅馆、招待所、宾馆 $\alpha=2.5$
1650	17.87	20.31	1800	18.67	21.21	1950	19.43	22.08
1700	18.14	20.62	1850	18.93	21.51	2000	19.68	22.36
1750	18.41	20.92	1900	19.18	21.79	2050	19.92	22.64

2. 旅馆建筑内卫生器具热水当量

旅馆建筑卫生器具的热水额定流量、热水当量、连接热水管管径和最低工作压力按表2-44确定。

卫生器具热水额定流量、热水当量、连接热水管管径和最低工作压力表　　表 2-44

序号	热水配件名称	热水额定流量（L/s）	热水当量	连接热水管公称管径（mm）	最低工作压力（MPa）
1	洗脸盆（单阀水嘴）	0.15	0.75	15	0.050
2	洗脸盆（混合水嘴）	0.15（0.10）	0.75（0.50）	15	0.050
3	洗手盆（感应水嘴）	0.10	0.50	15	0.050
4	洗手盆（混合水嘴）	0.15（0.10）	0.75（0.50）	15	0.050
5	浴盆（单阀水嘴）	0.20	1.00	15	0.050
6	浴盆（混合水嘴，含带淋浴转换器）	0.24（0.20）	1.20（1.00）	15	0.050～0.070
7	淋浴器（混合阀）	0.15（0.10）	0.75（0.50）	15	0.050～0.100

3. 旅馆建筑内热水管管径

旅馆建筑内热水供水管的管径，应根据该热水供水管段的设计秒流量、允许热水流速等查相关计算表格确定。生活热水管道内的热水流速，宜按表1-66控制。

酒店式公寓卫生间个数与热水供水管管径的对照表，见表2-45。

酒店式公寓卫生间个数与热水供水管管径对照表　　表 2-45

卫生间类型1（配置坐便器、洗脸盆、淋浴器各1个）									
公寓卫生间数量（个）	1	2	3～5	6～16	17～47	48～148	149～460	461～1493	≥1494
热水供水管管径 DN（mm）	25	32	40	50	70	80	100	125	150
卫生间类型2（配置坐便器、洗脸盆、浴盆各1个）									
公寓卫生间数量（个）	1	2	3～4	5～14	15～41	42～130	131～403	404～1307	≥1308
热水供水管管径 DN（mm）	25	32	40	50	70	80	100	125	150
卫生间类型3（配置坐便器、洗脸盆、带淋浴器浴盆各1个）									
公寓卫生间数量（个）	1	2	3～4	5～10	11～30	31～94	95～293	294～950	≥951
热水供水管管径 DN（mm）	25	32	40	50	70	80	100	125	150

注：生活热水供水管管径不宜大于DN150；客房卫生间数量较多时，每个竖向分区可根据区域、组团配置2根或2根以上供水管。

酒店式公寓公寓房间个数与热水供水管管径的对照表，见表2-46。

酒店式公寓公寓房间个数与热水供水管管径对照表 表2-46

房间类型1（卫生间配置坐便器、洗脸盆、淋浴器各1个，房间配盥洗槽1个）									
公寓房间数量（个）	1	2	3~4	5~10	11~30	31~94	95~293	294~950	≥951
热水供水管管径DN（mm）	25	32	40	50	70	80	100	125	150
房间类型2（卫生间配置坐便器、洗脸盆、浴盆各1个，房间配盥洗槽1个）									
公寓房间数量（个）	1	2	3	4~9	10~27	28~86	87~268	269~871	≥872
热水供水管管径DN（mm）	25	32	40	50	70	80	100	125	150
房间类型3（卫生间配置坐便器、洗脸盆、带淋浴器浴盆各1个，房间配盥洗槽1个）									
公寓房间数量（个）	1	2	3	4~7	8~22	23~69	70~214	215~697	≥698
热水供水管管径DN（mm）	25	32	40	50	70	80	100	125	150

注：生活热水供水管管径不宜大于DN150；客房卫生间数量较多时，每个竖向分区可根据区域、组团配置2根或2根以上供水管。

旅馆、招待所、宾馆客房卫生间个数与热水供水管管径的对照表，见表2-47。

旅馆、招待所、宾馆客房卫生间个数与热水供水管管径对照表 表2-47

卫生间类型1（配置坐便器、洗脸盆、淋浴器各1个）									
客房卫生间数量（个）	1	2	3~4	5~12	13~36	37~114	115~357	358~1157	≥1158
热水供水管管径DN（mm）	25	32	40	50	70	80	100	125	150
卫生间类型2（配置坐便器、洗脸盆、浴盆各1个）									
客房卫生间数量（个）	1	2	3~4	5~10	11~32	33~100	101~312	313~1012	≥1013
热水供水管管径DN（mm）	25	32	40	50	70	80	100	125	150
卫生间类型3（配置坐便器、洗脸盆、带淋浴器浴盆各1个）									
客房卫生间数量（个）	1	2	3	4~8	9~23	24~73	74~227	228~736	≥737
热水供水管管径DN（mm）	25	32	40	50	70	80	100	125	150

注：生活热水供水管管径不宜大于DN150；客房卫生间数量较多时，每个竖向分区可根据区域、组团配置2根或2根以上供水管。

每个卫生间的生活热水供水支管采用DN20。

本区域热水回水干管管径根据该区域热水供水干管最大管径确定。热水回水管管径与热水供水管管径的对照，见表2-48。

热水回水管管径与热水供水管管径对照表 表2-48

热水供水管管径DN（mm）	20~25	32	40	50	70	80	100	125	150	200
热水回水管管径DN（mm）	20	20	25	32	40	40	50	70	80	100

整个生活热水系统的生活热水供水立管、干管均按照其服务的热水设计秒流量确定其管段管径；生活热水回水立管、干管先按照其服务的热水设计秒流量确定出一个供水管管径值，再根据表2-48确定其管段回水管管径值。

2.2.6 生活热水机房（换热机房、换热站）

旅馆建筑生活热水机房（换热机房、换热站）位置确定，见表2-49。

旅馆生活热水机房（换热机房、换热站）位置确定表　　　表 2-49

序号	生活热水机房（换热机房、换热站）位置	生活热水系统热源情况	生活热水机房（换热机房、换热站）内设施	适用范围
1	院区室外独立设置	院区锅炉房热水（蒸汽）锅炉提供热媒，经换热后提供第 1 热源；院区动力中心提供其他热媒或热源；太阳能设备或空气能热泵设备提供第 2 热源	常用设施：水（汽）水换热器（加热器）、热水循环泵组；少用设施：热水箱、热水供水泵组	新建旅馆院区；新建、改建旅馆建筑；设有锅炉房或动力中心
2	单体建筑室内地下室	院区锅炉房（动力中心）提供热媒，经换热后提供第 1 热源；太阳能设备或空气能热泵设备提供第 2 热源		新建旅馆院区；新建旅馆建筑；设有锅炉房或动力中心
3	单体建筑屋顶	太阳能设备或（和）空气能热泵设备提供热源；必要情况下燃气热水设备提供第 2 热源	热水箱、热水循环泵组、集热循环泵组、空气能热泵循环泵组；采用双热水箱时，设置水箱循环泵组	新建、改建旅馆建筑；屋顶设有热源热水设备

2.2.7 生活热水箱

旅馆建筑生活热水箱设计要求，参见表 1-72。

生活热水箱各种水位，按表 1-74 确定。

2.2.8 生活热水循环泵

1. 生活热水循环泵设置位置

当系统热源由高温热媒经院区热水机房（换热机房）内的各分区换热设备后向各分区供给热水时，各分区生活热水循环泵通常设在热水机房（换热机房）内。当系统热源由屋顶太阳能供水设备向各分区供给热水时，各分区生活热水循环泵通常设在本分区最低楼层或下面一层热水循环泵房内。

2. 生活热水循环泵设计流量

生活热水循环水泵的出水量，按公式（2-19）计算：

$$q_{xh} = K_x \cdot q_x \tag{2-19}$$

式中　q_{xh}——旅馆建筑热水循环水泵流量，L/h；

　　　K_x——旅馆建筑相应循环措施的附加系数，可取 1.5～2.5；

　　　q_x——旅馆建筑全日供应热水的循环流量，L/h。

当旅馆建筑热水系统采用定时供水时，热水循环流量可按循环管网总水容积的 2～4 倍计算。

当旅馆建筑热水系统采用全日集中供水时，热水循环流量，按公式（2-20）计算：

$$q_x = Q_s/(C \cdot \rho_r \cdot \Delta t_s) \tag{2-20}$$

式中 q_x ——旅馆建筑全日供应热水的循环流量，L/h；

Q_s ——旅馆建筑热水配水管道的热损失，kJ/h，经计算确定，建议按设计小时耗热量 Q_h 的 3%～5%确定；

C ——水的比热，kJ/(kg·℃)，$C=4.187$kJ/(kg·℃)；

ρ_r ——热水密度，kg/L；

Δt_s ——旅馆建筑热水配水管道的热水温度差，℃，按热水系统大小确定，可按 5～10℃。

设计中，生活热水循环泵的流量可按照所服务热水系统设计小时流量的 25%～30%确定。

3. 生活热水循环泵设计扬程

生活热水循环泵的扬程，按公式（2-21）计算：

$$H_b = h_p + h_x \tag{2-21}$$

式中 H_b ——旅馆建筑热水循环泵的扬程，mH$_2$O；

h_p ——旅馆建筑热水循环水量通过热水配水管网的水头损失，mH$_2$O；

h_x ——旅馆建筑热水循环水量通过热水回水管网的水头损失，mH$_2$O。

生活热水循环泵的扬程，简便计算按公式（2-22）计算：

$$H_b \approx 1.1 \cdot R \cdot (L_1 + L_2) \tag{2-22}$$

式中 H_b ——旅馆建筑热水循环泵的扬程，mH$_2$O；

R ——热水管网单位长度的水头损失，mH$_2$O/m，可按 0.010～0.015mH$_2$O/m；

L_1 ——自水加热器至热水管网最不利点的供水管管长，m；

L_2 ——自热水管网最不利点至水加热器的回水管管长，m。

旅馆建筑热水循环泵组通常每套设置 2 台，1 用 1 备，交替运行。

4. 太阳能集热循环泵

太阳能集热循环泵通常设置在屋顶生活热水箱间内，宜设置在太阳能设备供水管即从生活热水箱接出的管道上。集热循环泵流量，按公式（1-28）计算；集热循环泵扬程，按公式（1-29）、公式（1-30）计算。

旅馆建筑集热循环泵组通常每套设置 2 台，1 用 1 备，交替运行。

2.2.9 热水系统管材、附件和管道敷设

1. 生活热水系统管材

旅馆建筑生活热水系统热水管道常用的管材包括薄壁不锈钢管、PVC-C 热水用（氯化聚氯乙烯）管、薄壁铜管、钢塑复合管（如 PSP 管）、铝塑复合管等，较少采用普通塑料热水管。

2. 生活热水系统阀门

旅馆建筑生活热水系统设置阀门的部位，见表 2-50。

生活热水系统设置阀门部位表　　　　　　　表 2-50

序号	设置阀门部位
1	与热水供水、回水总干管连接的分干管上
2	与热水供水、回水干管连接的热水供水立管、回水立管的起端
3	室内热水管道向淋浴间、公共卫生间等接出的热水配水支管的起端
4	水加热设备、水处理设备的进水出水管及系统用于温度、流量、压力等控制阀件连接处的管段上按其安装要求配置阀门

3. 生活热水系统止回阀

旅馆建筑生活热水系统设置止回阀的部位，见表 2-51。

生活热水系统设置止回阀部位表　　　　　　　表 2-51

序号	设置止回阀部位
1	水加热器或贮热水器（罐）的冷水供水管上
2	机械循环的第二循环系统热水回水管上
3	加热水箱与冷水补充水箱的连接管上
4	冷热水混水器的冷、热水供水管上（此情况较少）
5	恒温混合阀等的冷、热水供水管上
6	有背压的疏水器后面的管道上
7	热水循环水泵的出水管上

4. 生活热水系统水表

旅馆建筑生活热水系统按分区域原则设置热水表，热水表宜采用远传智能水表。

5. 热水系统排气装置、泄水装置

对于上行下给式热水系统，系统热水配水干管最高处及向上抬高管段应设置 $DN25$ 自动排气阀、检修阀门；对于下行上给式热水系统，可利用最高热水配水点放气。

热水管道系统的最低处及向下凹的管段应设置泄水装置或利用最低热水配水点泄水。

6. 温度计、压力表

旅馆建筑生活热水系统设置温度计的部位，参见表 1-77；设置压力表的部位，参见表 1-78。

7. 管道补偿装置

长度超过 50m 的热水横干管或立管均应设置波纹伸缩节，通常设置在该根管道上管径较小的管段处，靠近一端的管道固定支吊架。

8. 保温

生活热水系统中的热水锅炉、燃油（气）热水机组、水加热设备、贮热水箱（罐）、分（集）水器、热水输（配）水干（立）管、热水循环回水干（立）管均应做保温。

热水管道保温材料厚度确定，参见表 1-79、表 1-80。

2.3 排水系统

2.3.1 排水系统类别

旅馆建筑排水系统分类，见表2-52。

排水系统分类表 表2-52

序号	分类标准	排水系统类别	旅馆建筑应用情况	应用程度
1	建筑内场所使用功能	生活污水排水	旅馆建筑内客房区客房卫生间；公共区、辅助区工作人员卫生间、公共卫生间污水排水	常用
2		生活废水排水	旅馆建筑内工作人员办公室、淋浴间；洗浴中心洗浴等废水排水	
3		厨房废水排水	旅馆建筑内附设厨房、食堂、餐厅污水排水	
4		设备机房废水排水	旅馆建筑内附设水泵房（包括生活水泵房、消防水泵房）、空调机房、制冷机房、换热机房、锅炉房、热水机房、直饮水机房等机房废水排水	
5		专用房间废水排水	旅馆建筑内附设洗衣房等场所废水排水	
6		车库废水排水	旅馆建筑内附设车库内地面冲洗废水排水	
7		消防废水排水	旅馆建筑内消防电梯井排水、自动喷水灭火系统试验排水、消火栓系统试验排水、消防水泵试验排水等废水排水	
8		绿化废水排水	旅馆建筑室外绿化废水排水	
9	建筑内污、废水排水方式	重力排水方式	旅馆建筑地上污废水排水	最常用
10		压力排水方式	旅馆建筑地下室污废水排水	常用
11	污废水排水体制	污废合流排水系统		最常用
12		污废分流排水系统		少用
13	排水系统通气方式	设有通气管系排水系统	伸顶通气排水系统通常应用在公共区、辅助区排水，专用通气立管排水系统通常应用在客房区排水。环形通气排水系统、器具通气排水系统通常应用在个别区域公共卫生间排水	最常用
14		特殊单立管排水系统	可用在客房区排水	少用

旅馆建筑室内污废水排水体制采用合流制。

典型的旅馆建筑排水系统原理图，污水、废水合流排放时，如图2-7所示；污水、废水分流排放时，如图2-8所示。

旅馆建筑中的生活污水、专用房间废水、厨房废水等均应经化粪池处理；生活废水、设备机房废水、消防废水、绿化废水等不需经过化粪池处理。

旅馆建筑污废水与建筑雨水应雨污分流。

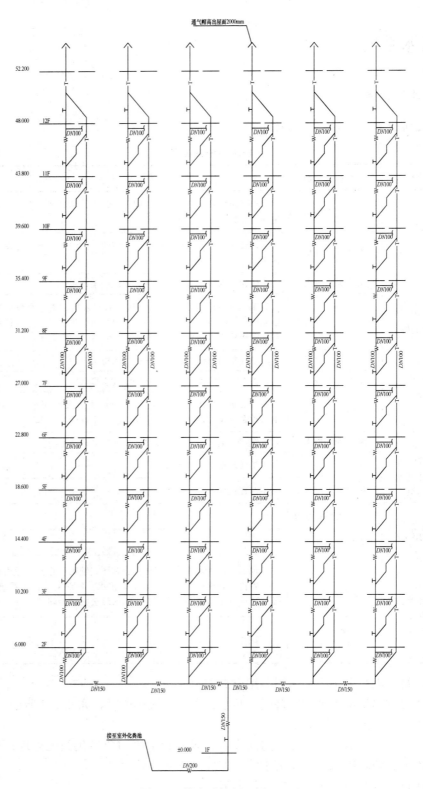

图 2-7 排水系统原理图一

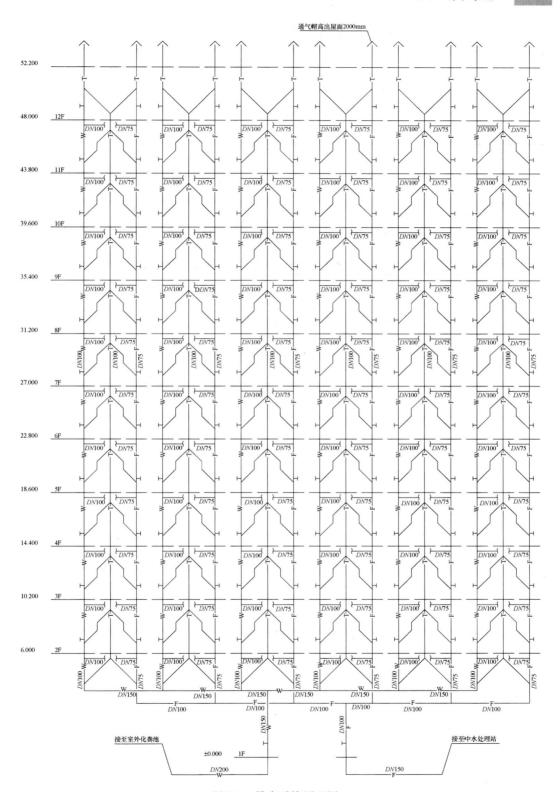

图 2-8 排水系统原理图二

客房卫生间、公共区及辅助区公共卫生间等生活粪便污水、生活废水等可合流排放。应单独管道排放的污废水，见表2-53。

应单独管道排放污废水表 表 2-53

序号	单独管道排放污废水种类
1	旅馆建筑厨房、餐厅等餐饮废水
2	排水温度超过40℃的锅炉等设备的排污水

注：重力排水（污废水）与压力排水（污废水）应分开管道排放。

2.3.2 卫生器具

1. 旅馆建筑内卫生器具种类及设置场所

旅馆建筑内卫生器具种类及设置场所，见表2-54。

旅馆建筑内卫生器具种类及设置场所表 表 2-54

序号	卫生器具名称	主要设置场所
1	坐便器	客房区卫生间；公共区残疾人卫生间
2	蹲便器	客房区、公共区、辅助区公共卫生间
3	淋浴器	客房区卫生间；公共区、辅助区工作人员淋浴间
4	洗脸盆	客房区卫生间；公共区、辅助区公共卫生间
5	台板洗脸盆	客房区卫生间；公共区、辅助区公共卫生间
6	小便器	公共区公共卫生间
7	拖布池	公共区公共卫生间
8	盥洗池	客房区、公共区公共卫生间
9	洗菜池	食堂、厨房
10	厨房洗涤槽	旅馆建筑厨房；酒店式公寓内厨房

客房附设卫生间的卫生器具配置要求，见表2-55。

客房附设卫生间卫生器具配置要求表 表 2-55

旅馆建筑等级	一级	二级	三级	四级	五级
卫生器具配置	大便器、洗面盆		大便器、洗面盆或淋浴间（开放式卫生间除外）		

2. 旅馆建筑内卫生器具安装高度

旅馆建筑卫生器具安装高度，参见表1-89。

3. 旅馆建筑内卫生器具选用（表2-56）

旅馆建筑卫生器具选用表 表 2-56

序号	卫生器具种类	卫生器具使用场所	卫生器具选型
1	大便器	中高端旅馆建筑客房或套房卫生间或对噪声有特殊要求的卫生间	旋涡虹吸式连体型大便器
2		旅馆建筑公共卫生间	脚踏式自闭式冲洗阀冲洗的坐式或蹲式大便器
3	小便器		红外感应自动冲洗小便器
4	洗手盆		龙头应采用非手动型

4. 客房卫生间排水设计要点

客房卫生间排水立管及通气立管通常敷设于专用管道井内，排水立管与通气立管采用结合管连接。管道井中排水立管与通气立管中心距最小值，参见表 1-91。

5. 旅馆建筑内卫生器具排水配件穿越楼板留孔位置及尺寸

常见卫生器具排水配件穿越楼板留孔位置及尺寸，参见表 1-92。

6. 地漏

旅馆建筑客房卫生间、工作人员洗浴间、开水间、空调机房、新风机房、公共卫生间、盥洗室等场所内应设置地漏。

旅馆建筑地漏及其他水封高度要求不得小于 50mm，且不得大于 100mm。

旅馆建筑地漏类型选用，见表 2-57。

地漏类型选用表 表 2-57

序号	设置场所	地漏类型
1	空调机房；人防地下室洗消入口等	可开启式密闭型地漏
2	厨房、工作人员集中洗浴间等	网框式地漏
3	其他	无水封直通型地漏或有水封地漏

注：1. 地漏宜采用无水封地漏加存水弯保证水封的方式；
2. 宜采用洗手盆排水给地漏水封补水。

旅馆建筑地漏规格选用，见表 2-58。

地漏规格选用表 表 2-58

序号	设置场所		地漏规格
1	卫生间		DN50
2	空调机房、厨房、车库等		DN75
3	工作人员集中洗浴间	采用排水沟排水	8 个淋浴器可设置一个 DN100 地漏
4		不采用排水沟排水	1～2 个淋浴器设置一个 DN50 地漏，3 个淋浴器设置一个 DN75 地漏，4～5 个淋浴器设置一个 DN100 地漏
5	报警阀间、消防水泵房、生活水泵房等		DN100

7. 水封装置

旅馆建筑中采用排水沟排水的场所包括厨房、车库、泵房、设备机房、公共浴室等。当排水沟内废水直接排至室外时，沟与排水排出管之间应设置水封装置。卫生器具排水管段上不得重复设置水封装置。

2.3.3 排水系统水力计算

1. 旅馆建筑最高日和最大时生活排水量

旅馆建筑生活排水量宜按该建筑生活给水量的 85%～95% 计算，通常按 90%。

2. 旅馆建筑卫生器具排水技术参数

旅馆建筑卫生器具的排水流量、排水当量、排水支管管径、排水坡度等基本参数的选定，见表 2-59。

卫生器具排水流量、排水当量、排水支管管径、排水坡度表 表 2-59

序号	卫生器具名称	排水流量（L/s）	排水当量	排水管管径（mm）	排水管最小坡度
1	洗涤盆、污水盆（池）	0.33	1.00	50	0.025
2	餐厅、厨房洗菜盆（池）				
	单格洗涤盆（池）	0.67	2.00	50	0.025
	双格洗涤盆（池）	1.00	3.00	50	0.025
3	盥洗槽（每个水嘴）	0.33	1.00	50～75	0.025
4	洗手盆、洗脸盆（无塞）	0.10	0.30	32～50	0.020
5	洗脸盆（有塞）	0.25	0.75	32～50	0.020
6	浴盆	1.00	3.00	50	0.020
7	淋浴器	0.15	0.45	50	0.020
8	大便器				
	高水箱	1.50	4.50	100	0.012
	低水箱（冲落式）	1.50	4.50	100	0.012
	低水箱（虹吸式）	2.00	6.00	100	0.012
	自闭式冲洗阀	1.50	4.50	100	0.012
9	小便器				
	手动冲洗阀	0.05	0.15	40～50	0.020
	自闭式冲洗阀	0.10	0.30	40～50	0.020
	自动冲洗水箱	0.17	0.50	40～50	0.020
10	大便槽				
	≤4 个蹲位	2.50	7.50	100	0.012
	＞4 个蹲位	3.00	9.00	100	0.012
11	小便槽（每米长）				
	手动冲洗阀	0.05	0.15	—	—
	自动冲洗水箱	0.17	0.50	—	—
12	饮水器	0.05	0.15	25～50	0.010～0.020

注：设计时有确定的器具排水流量，则应按实际计算。

3. 旅馆建筑排水设计秒流量

旅馆建筑的生活排水管道设计秒流量，按公式（2-23）计算：

$$q_u = 0.18(N_p)^{1/2} + q_{max} \tag{2-23}$$

式中　q_u——计算管段排水设计秒流量，L/s；

　　　N_p——计算管段的卫生器具排水当量总数；

　　　q_{max}——计算管段上最大一个卫生器具的排水流量，L/s。

计算时，如计算所得流量值大于该管段上按卫生器具排水流量累加值时，应按卫生器具排水流量累加值计。

旅馆建筑 q_{max}=1.50L/s 和 q_{max}=2.00L/s 时排水设计秒流量计算数据，参见表 1-97。

4. 旅馆建筑排水管道管径确定

旅馆建筑排水铸铁管道最小坡度，按表 1-98 确定；胶圈密封连接排水塑料横管的坡度，按表 1-99 确定；建筑内排水管道最大设计充满度，参见表 1-100；排水管道自清流速，参见表 1-101。

排水横管水力计算按照公式（1-32）、公式（1-33）；排水铸铁管水力计算，参见表 1-102；排水塑料管水力计算，参见表 1-103。

不同管径下排水横管允许流量 Q_p，参见表 1-104。

旅馆建筑排水系统中排水横干管常见管径为 $DN100$、$DN150$。$DN100$ 排水横干管对应排水当量最大限值，参见表 1-105，$DN150$ 排水横干管对应排水当量最大限值，参见表 1-106。

不同通气方式的排水立管最大设计排水能力，参见表 1-107～表 1-109。

旅馆建筑各种排水管的推荐管径，见表 2-60。

排水管管径其他规定表 表 2-60

序号	排水管管径规定
1	排水立管管径不得小于所连接的排水横支管管径
2	大便器排水管最小管径不得小于 100mm
3	建筑物内排水排出管最小管径不得小于 50mm
4	厨房污水采用管道排除时，其管径应比计算管径大一级，但干管管径不得小于 100mm，支管管径不得小于 75mm
5	污物洗涤盆（池）和污水盆（池）的排水管管径，不得小于 75mm
6	小便槽或连接 3 个及 3 个以上的小便器，其污水支管管径不宜小于 75mm
7	工作人员集中洗浴间洗浴废水排水横干管管径：淋浴器数量 1～3 个，$DN75$；淋浴器数量＞3 个，$DN100$

2.3.4 排水系统管材、附件和检查井

1. 旅馆建筑排水管管材

旅馆建筑室外排水管可采用埋地排水塑料管，包括硬聚氯乙烯管、聚乙烯管和玻璃纤维增强塑料夹砂管等。常用的室外排水管还有双壁加筋波纹排水管、双平壁钢塑复合缠绕排水管等。

旅馆建筑室内排水管类型，见表 2-61。

室内排水管类型表 表 2-61

序号	排水管类型	排水管设置要求
1	玻纤增强聚丙烯（FRPP）排水管	在多层、高层旅馆建筑中均可应用
2	柔性接口机制铸铁排水管	高层旅馆建筑排水管宜采用柔性接口机制排水铸铁管，连接方式有法兰压盖式承插柔性连接和无承口卡箍式连接
3	硬聚氯乙烯（PVC-U）排水管	采用胶水（胶粘剂）粘接连接，可在多层旅馆建筑中采用，不宜在高层旅馆建筑中采用
4	旅馆建筑压力排水管	可采用焊接钢管、钢塑复合管、镀锌钢管
5	旅馆建筑高温污水排水管	采用机制铸铁排水管或焊接钢管

2. 旅馆建筑排水管附件

排水立管上检查口的设置位置,参见表1-113;检查口之间的最大距离,参见表1-114;检查口设置要求,参见表1-115。

清扫口的设置位置,参见表1-116;清扫口至室外检查井中心最大长度,参见表1-117;排水横管直线管段上清扫口之间的最大距离,参见表1-118。

塑料排水管道支吊架间距规定,参见表1-119。

3. 旅馆建筑排水管道布置敷设

旅馆建筑排水管道不应布置场所,见表2-62。

排水管道不应布置场所表 表2-62

序号	排水管道不应布置场所	具体要求
1	客房	生活排水管道不得穿越客房,并不宜靠近与客房相邻的内墙
2	直饮水机房、生活水泵房等设备机房	排水横管和立管均不得在旅馆建筑直饮水机房内敷设;排水横管禁止在旅馆建筑生活水箱箱体正上方敷设,生活水泵房其他区域不宜敷设排水管道;设在室内的消防水池(箱)、设在消防水泵房内的高压细水雾水箱等处均应按此要求处理
3	厨房、餐厅	旅馆建筑中厨房内的主副食操作间、烹调间、备餐间、加工间、粗加工、冷菜间、面点蒸煮间、食品储藏库(主食库、副食库)等房间的上方均不应敷设排水管道,排水立管不宜穿过上述房间;旅馆建筑中的各类餐厅、售餐间;旅馆建筑中的厨房排水应独立设置,排水横管和立管均不得与卫生间污水排水管道连通;酒店式公寓中厨房区域排水横管和立管均须独立设置,不得与邻近公寓内卫生间合用排水管道。上述场所上方排水管不宜采用同层排水方式
4	电气机房	旅馆建筑中的电气机房包括高压配电室、低压配电室(包括其值班室)、柴油发电机房(包括储油间)、网络机房、弱电机房、UPS机房、消防控制室等,排水管道不得敷设在此类电气机房内
5	结构变形缝、结构风道	原则上排水管道不得穿过结构变形缝;若条件限制必须穿越沉降缝时,则应预留沉降量并设置不锈钢软管柔性连接,必须穿越伸缩缝时,则应安装伸缩器
6	电梯机房、通风小室	
7	人防区域	与人防工程功能无关的排水管道不应穿越人防区域;人防区域与上部非人防区域通常设置不小于600mm垫层用于敷设上部排水的排水横干管;人防区域压力排水管在穿越人防围护结构、防爆单元隔墙时应采取防护措施

旅馆建筑排水系统管道设计遵循原则,见表2-63。

排水系统管道设计遵循原则表 表2-63

序号	排水系统管道设计原则	具体要求
1	直接性原则	排水管道管线短、拐弯少:自卫生器具至排水排出管的距离应最短,管道转弯应最少;排水立管宜竖直敷设,尽量不横向拐弯;排水立管应就近靠近柱子、墙体等处布置;排水立管应布置在房间内,房间宜为次要房间或辅助房间,立管敷设位置宜在房间角落处;排水立管不宜敷设在旅馆酒店大堂、大厅等大空间场所,宜在大空间场所吊顶内横向转至邻近房间内;排水立管接纳卫生器具数量不宜过多;排水立管连接的排水支管不宜过长
2	排水负荷中心原则	设置在排水量最大、靠近最脏、杂质最多的排水点处
3	排水管暗设原则	排水管道宜暗设敷设:排水横管应在吊顶内暗设;排水立管可在管道井中暗设;同层排水区域排水横管应在垫层内暗设

高层旅馆建筑客房区域卫生间各排水立管汇集后的排水横干管敷设于最低客房层下面一层顶板下或吊顶内。当最低客房层下一层吊顶内空间高度无法满足时，可采取表2-64方法处理。

最低客房层排水管与汇集后排水横干管连接处理方法表 表2-64

处理方法编号	具体要求
1	将最低客房层各排水点污废水单独汇集至独立排水横干管排放，即最底层和其他楼层排水分别排放
2	将最低客房层各排水点污废水由各自排水支管分别接至汇集排水横干管上，接入点的位置应遵循排水横支管与排水横干管连接距离要求

旅馆建筑的最底层污废水宜单独排放。

4. 旅馆建筑间接排水

旅馆建筑中的间接排水，见表2-65。

间接排水一览表 表2-65

序号	间接排水情况
1	旅馆建筑生活水箱、直饮水水箱、高压细水雾水箱等的泄水管和溢流管通常就近排入水箱所在水泵房、机房的排水地沟
2	消防水箱等的泄水管和溢流管通常就近排入消防水箱间地漏或直接排至室外建筑屋面
3	客房区开水器、热水器排水通常就近排至本房间内地漏
4	蒸发式冷却器、空调设备冷凝水的排水通常就近排至本房间内地漏

旅馆建筑未设置地下室时，排水排出管穿越有沉降可能的承重墙或基础时应预留洞口；设置地下室时，排水排出管穿越地下室外墙时应预留防水套管，宜采用柔性防水套管。

2.3.5 通气管系统

旅馆建筑通气管设置要求，见表2-66。

旅馆建筑通气管设置要求表 表2-66

序号	通气管名称	设置位置	设置要求	管径确定
1	伸顶通气管	设置场所涉及客房区、公共区、辅助区等所有区域；公共区、辅助区排水系统宜采用伸顶通气管，公共卫生间排水立管应采用伸顶通气方式；客房区内非承担卫生间卫生器具排水的排水立管应采用伸顶通气方式	高出非上人屋面不得小于300mm，但必须大于最大积雪厚度，常采用800～1000mm；高出上人屋面不得小于2000mm，常采用2000mm。顶端应装设风帽或网罩；在冬季室外温度高于－15℃的地区，顶端可装网形铅丝球；低于－15℃的地区，顶端应装伞形通气帽	应与排水立管管径相同。但在最冷月平均气温低于－13℃的地区，应在室内平顶或吊顶以下0.3m处将管径放大一级，若采用塑料管材时其最小管径不宜小于110mm

续表

序号	通气管名称	设置位置	设置要求	管径确定
2	专用通气管	高层旅馆建筑客房区卫生间排水应采用专用通气方式；多层旅馆建筑客房区卫生间排水宜采用专用通气方式	1个或2个客房卫生间的排水立管和专用通气立管并排设置在卫生间附设管道井内；未设管道井时，该2种管并列设置，并宜后期装修包敷暗设，专用通气立管宜靠内侧敷设、排水立管宜靠外侧敷设	通常与其排水立管管径相同
3	汇合通气管	旅馆建筑中多根通气立管或多根排水立管顶端通气部分上方楼层存在特殊区域（如厨房、餐厅、电气机房等）不允许每根立管穿越向上接至屋顶时，需在本层顶板下或吊顶内汇集后接至屋顶		汇合通气管的断面积应为最大一根通气管的断面积加其余通气管断面之和的0.25倍
4	主（副）通气立管	通常设置在旅馆建筑内的公共卫生间		通常与其排水立管管径相同
5	结合通气管			通常与其连接的通气立管管径相同
6	环形通气管	连接4个及4个以上卫生器具（包括大便器）且横支管的长度大于12m的排水横支管；连接6个及6个以上大便器的污水横支管；设有器具通气管；特殊单立管偏置	和排水横支管、主（副）通气立管连接的要求：在排水横支管上设环形通气管时，应在其最始端的两个卫生器具之间接出，并应在排水支管中心线以上与排水支管呈垂直或45°连接；环形通气管应在卫生器具上边缘以上不小于0.15m处按不小于0.01的上升坡度与通气立管相连	常用管径为 DN40（对应 DN75 排水管）、DN50（对应 DN100 排水管）
7	器具通气管	在高档高星级酒店客房卫生间内应用		

旅馆建筑通气管可采用柔性接口机制排水铸铁管或塑料排水管，一般采用与旅馆建筑排水管相同管材。在最冷月平均气温低于-13℃的地区，伸出屋面部分通气立管应采用柔性接口机制排水铸铁管。

通气立管的最小管径，参见表1-130。

2.3.6 特殊排水系统

1. 特殊单立管排水系统

旅馆建筑中的高层客房（10层及10层以上）卫生间排水系统可采用特殊单立管排水系统。旅馆建筑中的其他场所尤其是多厕位公共卫生间排水系统不宜采用该排水系统。

特殊单立管排水系统排水立管最大排水能力，参见表1-133。

旅馆建筑特殊单立管排水系统排水立管管径采用$DN100$。

2. 同层排水系统

旅馆建筑客房、直饮水机房、生活水泵房、厨房、电气机房等场所的上方楼层不应有排水横支管明设管道等。若有必要在上述某些场所上方设置排水点且无法采取其他躲避措施时，该部位的排水应采用同层排水方式。

旅馆建筑同层排水最常采用的是降板或局部降板法。

2.3.7 特殊场所排水

1. 旅馆建筑化粪池

化粪池宜设置在接户管的下游端；位置宜选在院区最低处附近；外壁距建筑物外墙不宜小于5m；宜选用钢筋混凝土化粪池。

化粪池有效容积，按公式（2-24）～公式（2-26）计算：

$$V = V_w + V_n \tag{2-24}$$

$$V_w = m \cdot b_f \cdot q_w \cdot t_w / (24 \times 1000) \tag{2-25}$$

$$V_n = m \cdot b_f \cdot q_n \cdot t_n \cdot (1 - b_x) \cdot M_s \times 1.2 / [(1 - b_n) \times 1000] \tag{2-26}$$

式中　V_w——化粪池污水部分容积，m^3；

V_n——化粪池污泥部分容积，m^3；

q_w——每人每日计算污水量，L/(人·d)，同每人最大日用水量；

t_w——污水在池中停留时间，h，应根据污水量确定，宜采用24～36h；

q_n——每人每日计算污泥量，L/(人·d)，合流系统时取0.7L/(人·d)，分流系统时取0.4L/(人·d)；

t_n——污泥清掏周期，应根据污水温度和当地气候条件确定，宜采用6～12个月；

b_x——新鲜污泥含水量，可按95%计算；

b_n——发酵浓缩后的污泥含水量，可按90%计算；

M_s——污泥发酵后体积缩减系数，宜取0.8；

1.2——清掏后遗留20%的容积系数；

m——化粪池服务总人数；

b_f——化粪池实际使用人数占总人数的百分比，取70%。

据此得出旅馆建筑化粪池的有效容积，按公式（2-27）计算：

$$V = 2.92 \times 10^{-5} \cdot m \cdot q_w \cdot t_w + 3.36 \times 10^{-4} \cdot m \cdot q_n \cdot t_n \tag{2-27}$$

大型旅馆建筑可集中并联设置或根据院区布局分散并联布置2个或3个化粪池，多个化粪池的型号宜一致。

2. 旅馆建筑食堂、餐厅含油废水处理

旅馆建筑含油废水宜采用三级隔油处理流程，参见表1-141。

根据食堂用餐人数确定隔油设施处理水量，按公式（1-39）计算；根据食堂餐厅面积确定隔油设施处理水量，按公式（1-40）计算。

隔油池有效容积，按公式（1-41）计算。隔油池的类型，参见表1-142。

隔油提升一体化设备选型的主要技术参数为其所接纳的食堂、餐厅内厨房等器具含油污水排水流量。

3. 旅馆车库汽车洗车污水处理

汽车冲洗水量，参见表1-143。

隔油沉淀池有效容积，按公式（1-42）计算。隔油沉淀池类型，参见表1-144。

4. 旅馆洗衣房排水

旅馆洗衣房排水设施要求，参见表1-146。

5. 旅馆建筑设备机房排水

旅馆建筑地下设备机房排水设施要求，参见表1-147。

6. 旅馆建筑人防区域排水

旅馆建筑非人防区域与人防地下室之间应设置垫层，厚度通常不小于600mm。建筑上部非人防区域排水系统排水排出管应在此垫层内敷设，禁止穿越人防围护结构进入人防区域后排至室外。

旅馆建筑非人防区域排水管禁止进入人防区域，包括地下室非人防区域的排水管。地下室非人防区域排水应独立设置，系统排水管包括排水沟均应独立于人防区域。

7. 地下车库排水

旅馆建筑地下车库应设置排水设施（排水沟和集水坑）。车库内排水沟设置要求，参见表1-150。

人防地下车库每个人防防护单元内宜设置不少于2个集水坑，集水坑宜独立设置；集水坑处压力排水管排至室外穿越人防围护结构时，应在穿越处人防侧压力排水管上设置防护阀门。

2.3.8 压力排水

1. 旅馆建筑集水坑设置

旅馆建筑地下室应设置集水坑。集水坑的设置要求，见表2-67。

集水坑设置要求表　　　　　　　　　　　　　　　　　表2-67

序号	集水坑服务场所	集水坑设置要求	集水坑尺寸
1	旅馆建筑地下室卫生间	宜设在地下室最底层靠近卫生间的附属区域（如库房等）或公共空间，禁止设在旅馆功能房间、办公等有人员经常活动的场所；宜集中收纳附近多个卫生间的污水	应根据污水提升装置的规格要求确定
2	旅馆建筑地下室食堂、餐厅等	应设置在食堂、餐厅、厨房邻近位置，不宜设在粗加工间和烹炒间等房间内	应根据污水隔油提升一体化装置的规格要求确定
3	旅馆建筑地下室工作人员淋浴间等场所	宜根据建筑平面布局按区域集中设置1个或多个	应根据污水提升装置的规格要求确定
4	旅馆建筑消防电梯井	应设在消防电梯邻近处，通常在电梯前室内或挨近电梯的公共走道、附属房间内。坑底比电梯井底低不应小于0.50m，不宜小于0.70m	容量不应小于$2m^3$，通常平面尺寸不小于2000mm×2000mm或根据所在场所布局确定（保证平面面积不小于$4.0m^2$）

续表

序号	集水坑服务场所	集水坑设置要求	集水坑尺寸
5	旅馆建筑地下车库区域	应便于排水管、排水沟较短距离到达;地下车库每个防火分区宜设置不少于2个集水坑;宜靠车库外墙附近设置;宜布置在车行道下面底板下,不宜布置在停车位下面底板下	1500mm×1500mm×1500mm
6	旅馆建筑地下车库出入口坡道处	应尽量靠近汽车坡道最低尽头处	2500mm×2000mm×1500mm
7	旅馆建筑地下生活水泵房、消防水泵房、热水机房		1500mm×1500mm×1500mm

通气管管径宜与排水管管径相同,可接至室外或向上接至建筑地上部分通气管系统。

2. 污水泵、污水提升装置选型

旅馆建筑排水泵的流量方法确定,见表2-68。

排水泵流量确定方法表 表2-68

序号	排水泵服务场所	排水泵流量确定方法
1	建筑地下室卫生间	统计场所内卫生器具的排水当量总数或卫生器具的额定流量,按设计排水秒流量公式计算确定
2	食堂、餐厅、厨房等	
3	工作人员淋浴间等	
4	生活水泵房	宜按生活水箱进水管流量确定
5	消防水泵房	可参照最大消防水泵流量
6	消防电梯井	排水量不应小于10L/s
7	平时无排水的机房	可按设备检修放水量估算

排水泵的扬程,按公式(1-44)计算。

2.3.9 室外排水系统

1. 旅馆建筑室外排水管道布置

旅馆建筑室外排水管道布置方法,见表2-69。

室外排水管道布置方法表 表2-69

序号	室外排水管道布置方法
1	应沿建筑周围或院区道路布置,管线宜平行于建筑外墙或道路中心线
2	排水线路越短、越直、越少弯越好,尽量减少与其他管线的交叉
3	宜尽量避免穿越院区道路,但必须穿越时,管线应尽量垂直于道路中心线
4	宜尽量布置在院区道路外侧的人行道或绿地下方;条件不允许时,排水管道可在车行道下敷设
5	宜靠近主要排水建筑,并宜布置在连接排水支管较多的一侧
6	宜根据与市政排水管网接驳点的位置距离等合理确定排水管道的起点、布置路径等
7	与建筑外墙的距离原则上不应小于3.0m
8	应尽量远离室外生活饮用水给水管道
9	应尽量避开建筑物地下室等障碍

旅馆建筑室外排水管道与其他地下管线（构筑物）最小间距，参见表1-154。

旅馆建筑室外排水管道最小覆土深度不宜小于0.5m；对于严寒地区、寒冷地区旅馆建筑，室外排水管道最小覆土深度应超过当地冻土层深度。

2. 旅馆建筑室外排水管道敷设

旅馆建筑室外排水管道与生活给水管道交叉时，应敷设在生活给水管道下面。室外排水管道敷设发生冲突时，应遵循表1-26原则处理。

3. 旅馆建筑室外排水管道水力计算

室外排水管道水力计算，按公式（1-45）、公式（1-46）。

旅馆建筑室外排水管道的最小管径、最小设计坡度、最大设计充满度，参见表1-155。

4. 旅馆建筑室外排水管道管材

旅馆建筑室外排水管道宜优先采用埋地塑料排水管，弹性橡胶圈密封柔性接口，小于$DN200$直壁管，可采用承插式粘接；可采用埋地铸铁排水管，橡胶圈柔性接口或水泥砂浆接口。

5. 旅馆室外排水检查井

旅馆建筑室外排水检查井设置位置，参见表1-156。

旅馆建筑室外排水检查井宜优先选用玻璃钢排水检查井，其次是混凝土排水检查井，禁止采用砖砌排水检查井。室外排水管在排水检查井连接应采用管顶平接。

2.4 雨水系统

2.4.1 雨水系统分类

旅馆建筑雨水系统分类，见表2-70。

雨水系统分类表　　　　　　　　　表2-70

序号	分类标准	雨水系统类别	旅馆建筑应用情况	应用程度
1	屋面雨水设计流态	半有压流屋面雨水系统	旅馆建筑中一般采用的是87型雨水斗系统	最常用
2		压力流屋面雨水系统（虹吸式雨水系统）	旅馆建筑的屋面（通常为裙楼屋面）面积较大时，可考虑采用	少用
3		重力流屋面雨水系统		极少用
4	雨水管道设置位置	内排水雨水系统	高层旅馆建筑主楼和裙楼雨水系统应采用；多层旅馆建筑主楼和裙楼雨水系统宜采用	最常用
5		外排水雨水系统	多层旅馆建筑如果面积不大、建筑专业立面允许，可以采用	少用
6		混合式雨水系统		极少用
7	雨水出户横管室内部分是否存在自由水面	封闭系统		最常用
8		敞开系统		极少用

续表

序号	分类标准	雨水系统类别	旅馆建筑应用情况	应用程度
9	建筑屋面排水条件	天沟雨水排水系统		最常用
10		檐沟雨水排水系统		极少用
11		无沟雨水排水系统		极少用
12		压力提升雨水排水系统	旅馆建筑地下车库出入口、下沉式广场、下沉式庭院等处，雨水汇集就近排至集水坑时采用	常用

2.4.2 雨水量

1. 设计雨水流量

旅馆建筑设计雨水流量，应按公式（1-47）计算。

2. 设计暴雨强度

设计暴雨强度应按旅馆建筑所在地或相邻地区暴雨强度公式计算确定，见公式（1-48）。我国部分城镇 5min 设计暴雨强度、小时降雨厚度，参见表 1-158（设计重现期 $P=10$ 年）。

3. 设计重现期

旅馆建筑屋面雨水设计重现期：对于半有压流屋面雨水系统，通常取 10 年；对于压力流屋面雨水系统，通常取 50 年；旅馆建筑附设的下沉式广场、下沉式庭院，其雨水设计重现期宜取较大值。

4. 设计降雨历时

旅馆建筑屋面雨水排水管道设计降雨历时按照 5min 确定。

旅馆建筑院区雨水排水管道设计降雨历时，按公式（1-49）计算。

5. 径流系数

旅馆建筑屋面及院区地面的径流系数，参见表 1-159。

6. 汇水面积

旅馆建筑的雨水汇水面积计算原则，参见表 1-160。

2.4.3 雨水系统

1. 雨水系统设计常规要求

旅馆建筑雨水系统设置要求，参见表 1-161。

旅馆建筑雨水排水管道不应穿越的场所，见表 2-71。

雨水排水管道不应穿越的场所表　　　　　表 2-71

序号	不应穿越的场所名称	具体房间名称
1		客房等对安静有较高要求的房间
2	电气机房	高压配电室、低压配电室及值班室、柴油发电机房及储油间、网络机房、弱电机房、UPS 机房、消防控制室等

注：旅馆建筑雨水排水横管宜沿建筑内公共区域（内走道等）吊顶内敷设；雨水排水立管宜沿建筑内公共场所或辅助次要场所敷设。

2. 雨水斗设计

旅馆建筑半有压流屋面雨水系统通常采用 87 型雨水斗或 79 型雨水斗，规格常用 $DN100$；压力流屋面雨水系统通常采用有压流（虹吸式）雨水斗，规格常用 $DN50$、$DN75$（80）。

雨水斗设计排水负荷，参见表 1-163。

雨水斗下方区域宜为建筑顶层公共区域（如内走道）或辅助次要场所（如公共卫生间、库房、污洗间等），不应为客房等需要安静的场所，不宜为办公等主要工作人员房间。

雨水斗宜对雨水排水立管做对称布置；接有多斗悬吊管的立管顶端不得设置雨水斗；一个屋面上应设置不少于 2 个雨水斗。

3. 天沟、溢流设施、连接管、悬吊管、立管、埋地管、排出管设计

旅馆建筑天沟、溢流设施、连接管、悬吊管、立管、埋地管、排出管设置要求，参见表 1-164。

4. 室内水泵提升雨水排水系统设计

地下室露天窗井内应设平箅式雨水口、无水封地漏作为雨水口，经雨水收集管接入集水池；地下车库出入口汽车坡道上应设雨水截水沟，经直埋雨水收集管接入集水池。

雨水提升泵通常采用潜水泵，宜采用 3 台，2 用 1 备。

5. 雨水管管材

旅馆建筑雨水排水管管材，参见表 1-167。

2.4.4 雨水系统水力计算

1. 半有压流（87 型）屋面雨水系统水力计算

（1）雨水斗（87 型）

雨水斗设计流量，应按公式（1-50）计算。

对于单斗雨水系统，雨水斗设计流量不应超过表 1-168 数值；对于多斗雨水系统，雨水斗设计流量应根据表 1-169 取值，最远端雨水斗设计流量不得超过表 1-169 数值。

旅馆建筑 87 型雨水斗口径常采用 $DN100$，其次是 $DN75$、$DN150$。

（2）雨水连接管

旅馆建筑雨水连接管管径通常与雨水斗出水口直径相同，常采用 $DN100$，其次是 $DN150$。

（3）雨水悬吊管

旅馆建筑雨水悬吊管管径，参见表 1-172。

（4）雨水立管

连接 2 根及以上雨水悬吊管的雨水立管管径，按表 1-173 确定。

（5）雨水排出管

旅馆建筑雨水排出管管径确定，参见表 1-174～表 1-177。

（6）雨水管道最小管径

旅馆建筑雨水系统最小设计管径及雨水排水横管最小设计坡度，参见表 1-178。

2. 压力流（虹吸式）屋面雨水系统水力计算

旅馆建筑压力流（虹吸式）屋面雨水系统水力计算方法，参见 1.4.4 节。

3. 雨水提升系统水力计算

旅馆建筑附设的下沉式广场、下沉式庭院；地下室车库坡道、窗井等场所设计雨水流量，按公式（1-54）计算；设计径流雨水总量，按公式（1-55）计算。

2.4.5 院区室外雨水系统设计

旅馆建筑院区雨水系统宜采用管道排水形式，与污水系统应分流排放。

1. 雨水口

雨水口选型，参见表 1-180；雨水口设置位置，参见表 1-181；各类型雨水口的泄水流量，参见表 1-182。

雨水口设计流量，按公式（1-56）计算。

2. 雨水口连接管

单算雨水口连接管管径通常采用 $DN250$。

3. 雨水检查井

院区内直线雨水管道上雨水检查井设置最大间距，参见表 1-183。

院区雨水检查井常见规格通常采用 $DN1000$ 圆形玻璃钢或钢筋混凝土雨水检查井。

4. 室外雨水管道布置

旅馆建筑室外雨水管道布置方法，参见表 1-184。

2.4.6 院区室外雨水利用

雨水收集回用应进行水量平衡计算。旅馆建筑院区雨水通常可用于景观用水、院区绿化用水、路面和地面冲洗用水、汽车冲洗用水、冲厕用水等。

2.5 消火栓系统

建筑高度大于 50m 的高层旅馆建筑或建筑高度小于或等于 50m 的高层高级宾馆建筑属于一类高层民用建筑；建筑高度小于或等于 50m 的高层普通旅馆建筑属于二类高层民用建筑。

旅馆建筑内附设的歌舞娱乐放映游艺场所属于公共娱乐场所和人员密集场所。

2.5.1 消火栓系统设置场所

高层旅馆建筑；建筑体积大于 $5000m^3$ 的单、多层旅馆建筑均应设置室内消火栓系统。

2.5.2 消火栓系统设计参数

1. 旅馆建筑室外消火栓设计流量

旅馆建筑室外消火栓设计流量，不应小于表 2-72 的规定。

旅馆建筑室外消火栓设计流量表（L/s）　　　　　　表 2-72

耐火等级	建筑物名称及类别		建筑体积（m³）			
			$V \leqslant 5000$	$5000 < V \leqslant 20000$	$20000 < V \leqslant 50000$	$V > 50000$
一、二级	旅馆建筑	单层及多层	15	25	30	40
		高层	—	25	30	40
	地下建筑（包括地铁）、平战结合的人防工程		15	20	25	30

注：1. 建筑体积指本建筑占据的空间数量，包括该建筑的地上空间体积数和地下空间体积数；
　　2. 地下建筑指独立的地下建筑，不包括地面建筑下面连为一体的地下部分；
　　3. 地下车库室外消火栓系统设计流量小于建筑主体室外消火栓系统设计流量，旅馆建筑室外消火栓系统设计流量按建筑主体室外消火栓系统设计流量确定；
　　4. 地下人防工程室外消火栓系统设计流量小于建筑主体室外消火栓系统设计流量，旅馆建筑室外消火栓系统设计流量按建筑主体室外消火栓系统设计流量确定。

2. 旅馆建筑室内消火栓设计流量

旅馆建筑室内消火栓设计流量，不应小于表 2-73 的规定。

旅馆建筑室内消火栓设计流量表　　　　　　表 2-73

建筑物名称			高度 h（m）、体积 V（m³）、火灾危险性	消火栓设计流量（L/s）	同时使用消防水枪数（支）	每根竖管最小流量（L/s）
民用建筑	单层及多层	旅馆建筑	$5000 < V \leqslant 10000$	10	2	10
			$10000 < V \leqslant 25000$	15	3	10
			$V > 25000$	20	4	15
	二类高层旅馆建筑（建筑高度小于或等于50m的高层普通旅馆建筑）		$h \leqslant 50$	20	4	10
	一类高层旅馆建筑（建筑高度大于50m的高层旅馆建筑或建筑高度小于或等于50m的高层高级宾馆建筑）		$h \leqslant 50$	30	6	15
			$h > 50$	40	8	15
人防工程	旅馆		$V \leqslant 5000$	5	1	5
			$5000 < V \leqslant 10000$	10	2	10
			$10000 < V \leqslant 25000$	15	3	10
			$V > 25000$	20	4	10

注：1. 消防软管卷盘、轻便消防水龙，其消火栓设计流量可不计入室内消防给水设计流量；
　　2. 地下车库室内消火栓系统设计流量小于建筑主体室内消火栓系统设计流量，旅馆建筑室内消火栓系统设计流量按建筑主体室内消火栓系统设计流量确定；
　　3. 人地下人防工程室内消火栓系统设计流量小于建筑主体室内消火栓系统设计流量，旅馆建筑室内消火栓系统设计流量按建筑主体室内消火栓系统设计流量确定。

3. 火灾延续时间

旅馆建筑消火栓系统的火灾延续时间，见表 2-74。

2.5 消火栓系统

旅馆建筑消火栓系统火灾延续时间表 表 2-74

建筑		场所与火灾危险性	火灾延续时间（h）
建筑物	公共建筑	建筑高度大于 50m 的高级宾馆	3.0
		建筑高度小于或等于 50m 的高级宾馆；普通旅馆建筑	2.0
	人防工程	建筑面积小于 3000m²	1.0
		建筑面积大于或等于 3000m²	2.0

旅馆建筑室内自动灭火系统的火灾延续时间，参见表 1-188。

4. 消防用水量

一座旅馆建筑的消防用水量按室外消火栓系统用水量、室内消火栓系统用水量、室内自动喷水灭火系统用水量三者之和计算。

2.5.3 消防水源

1. 市政给水

当前国内城市市政给水管网能够满足旅馆建筑直接消防供水条件的较少。

旅馆建筑室外消防给水管网管径，按表 2-75 确定。

旅馆建筑室外消防给水管网管径表 表 2-75

序号	室外消火栓设计流量（L/s）	室外消防给水管网管径
1	15	DN100
2	25～30	DN150
3	40	DN200

旅馆建筑室外消防给水管网宜与室外生活给水管网分开敷设，且应布置成环状管网。

2. 消防水池

（1）旅馆建筑消防水池有效储水容积

表 2-76 给出了常用典型旅馆建筑消防水池有效储水容积的对照表。

旅馆建筑火灾延续时间内消防水池储存消防用水量表 表 2-76

单、多层普通旅馆、高级宾馆建筑体积 V（m³）	$V \leqslant 5000$	$5000 < V \leqslant 10000$	$10000 < V \leqslant 20000$	$20000 < V \leqslant 25000$	$25000 < V \leqslant 50000$	$V > 50000$
室外消火栓设计流量（L/s）	15	25	25	30	30	40
火灾延续时间（h）	2.0					
火灾延续时间内室外消防用水量（m³）	108.0	180.0	180.0	216.0	216.0	288.0
室内消火栓设计流量（L/s）	—	10	15	15	20	20
火灾延续时间（h）	2.0					
火灾延续时间内室内消防用水量（m³）	—	72.0	108.0	108.0	144.0	144.0
火灾延续时间内室内外消防用水量（m³）	108.0	252.0	288.0	324.0	360.0	432.0
消防水池储存室内外消火栓用水容积 V_1（m³）	108.0	252.0	288.0	324.0	360.0	432.0

续表

高层普通旅馆建筑体积 V（m³）	$5000<V\leq20000$	$20000<V\leq50000$	$V>50000$	$5000<V\leq20000$	$20000<V\leq50000$	$V>50000$
高层普通旅馆建筑高度 h（m）	$h\leq50$			$h>50$		
室外消火栓设计流量（L/s）	25	30	40	25	30	40
火灾延续时间（h）	2.0					
火灾延续时间内室外消防用水量（m³）	180.0	216.0	288.0	180.0	216.0	288.0
室内消火栓设计流量（L/s）	20			40		
火灾延续时间（h）	2.0					
火灾延续时间内室内消防用水量（m³）	144.0			288.0		
火灾延续时间内室内外消防用水量（m³）	324.0	360.0	432.0	468.0	504.0	576.0
消防水池储存室内外消火栓用水容积 V_2（m³）	324.0	360.0	432.0	468.0	504.0	576.0
高层高级宾馆建筑体积 V（m³）	$5000<V\leq20000$	$20000<V\leq50000$	$V>50000$	$5000<V\leq20000$	$20000<V\leq50000$	$V>50000$
高层高级宾馆建筑高度 h（m）	$h\leq50$			$h>50$		
室外消火栓设计流量（L/s）	25	30	40	25	30	40
火灾延续时间（h）	2.0			3.0		
火灾延续时间内室外消防用水量（m³）	180.0	216.0	288.0	270.0	324.0	432.0
室内消火栓设计流量（L/s）	30			40		
火灾延续时间（h）	2.0			3.0		
火灾延续时间内室内消防用水量（m³）	216.0			432.0		
火灾延续时间内室内外消防用水量（m³）	396.0	432.0	504.0	702.0	756.0	864.0
消防水池储存室内外消火栓用水容积 V_3（m³）	396.0	432.0	504.0	702.0	756.0	864.0
旅馆建筑自动喷水灭火系统设计流量（L/s）	25		30		35	40
火灾延续时间（h）	1.0		1.0		1.0	1.0
火灾延续时间内自动喷水灭火用水量（m³）	90.0		108.0		126.0	144.0
消防水池储存自动喷水灭火用水容积 V_4（m³）	90.0		108.0		126.0	144.0

如上表所示，通常旅馆建筑消防水池有效储水容积在 324～1008m³。

（2）旅馆建筑消防水池位置

旅馆建筑消防水池位置确定原则，见表 2-77。

消防水池位置确定原则表　　　　　　　　　　　表 2-77

序号	消防水池位置确定原则
1	消防水池应毗邻或靠近消防水泵房
2	消防水池与消防水泵房的标高关系满足消防水泵自灌吸水要求
3	应结合旅馆院区建筑布局条件
4	消防水池应满足与消防车间的距离关系
5	消防水池应满足与建筑物围护结构的位置关系

旅馆建筑消防水池、消防水泵房与旅馆院区空间关系，见表 2-78。

消防水池、消防水泵房与旅馆院区空间关系表　　　　　　表 2-78

序号	旅馆院区室外空间情况	消防水池位置	消防水泵房位置	备注
1	有充足空间	室外院区内	建筑地下室	常见于新建旅馆建筑项目
2	充足空间且有多座建筑需要消防供水	室外院区内	室外院区内	
3	室外空间狭小或不合适	建筑地下室	建筑地下室	常见于改建、扩建旅馆建筑项目

消防水池的最低有效水位应高于消防水池吸水喇叭口不小于 600mm，且应高于消防水泵的吸水管管顶。

旅馆建筑消防水泵型式的选择与消防水池有一定的对应关系，参见表 1-194。

旅馆建筑储存室内外消防用水的消防水池与消防水泵房的位置关系，参见表 1-195。

旅馆建筑消防水池格（座）数与有效储水容积的对照关系，参见表 1-196。

旅馆建筑消防水池附件，参见表 1-197。

旅馆建筑消防水池各水位指标确定方法及取值经验值，参见表 1-198。

3. 天然水源及其他水源

旅馆建筑消防水源不宜采用天然水源。

2.5.4 消防水泵房

1. 消防水泵房选址

新建旅馆院区消防水泵房设置通常采取以下 2 个方案，见表 2-79。

新建旅馆院区消防水泵房设置方案对比表　　　　　　表 2-79

方案编号	消防水泵房位置	优点	缺点	适用条件
方案 1	院区内室外	设备集中，控制便利，对旅客居住用房环境影响小；消防水泵集中设置，距离消防水池很近，泵组吸水管线很短等	距院区内各建筑较远，管线较长；对于消防水泵房来说，泵房位置往往不是设置在院区中心，消防供水管线较长甚至很长，水头损失较大，消防水箱距泵房位置较远等	适用于旅馆院区内单体建筑较多、室外空间较大的情形。宜与生活水泵房、锅炉房、变配电室集中设置。在新建旅馆院区中，应优先采用此方案

续表

方案编号	消防水泵房位置	优点	缺点	适用条件
方案2	院区内某个单体建筑地下室内	设备较为集中，控制较为便利，距离各建筑消防水系统距离较近，消防水箱距泵房位置较近等	占用旅馆建筑空间，对旅客居住用房环境有一些影响，消防水池的位置可能较远，泵组吸水管线较长等	适用于旅馆院区内单体建筑较少、室外空间较小的情形。宜在院区最不利建筑内设置。在新建旅馆院区中，可替代方案1

注：新建旅馆院区采取分区、分期建设时，若一期消防水泵房满足本期消防要求，可预留部分消防水泵房的面积或者按后期要求复核修改消防给水泵组的技术参数，以同时满足后期建筑消防的要求。

改建、扩建旅馆院区消防水泵房设置方案，参见表1-200。

2. 建筑内部消防水泵房位置

旅馆建筑消防水泵房若设置在建筑物内，不应布置在有安静要求的房间（客房、酒店式公寓、餐厅、会议室、办公室等）上方、下方和毗邻位置；否则应采取水泵减振隔振和消声技术措施。

3. 消防水泵机组的布置要求

相邻两个机组及机组至泵房墙壁间的净距要求，参见表1-201。

4. 消防水泵房采暖、排水等要求

严寒、寒冷地区消防水泵房，应设置供暖设施。

消防水泵房的泵房排水设施：在泵房内设置排水沟；地下消防水泵房内或邻近场所设集水坑，坑内设潜污泵。消防水泵房应采取防淹措施。

5. 消防水泵房管道设计

消防水泵配置数量与消防水系统设计流量的关系，参见表1-202。

旅馆建筑消防水泵吸水管、出水管管径，参见表1-203；消防吸水总管管径应根据其连通服务的各种消防水泵设计流量之累加值进行确定，参见表1-205。

消防水泵吸水管布置应避免形成气囊。

消防水泵吸水口的淹没深度应满足消防水泵在最低水位运行安全的要求。

消防水泵吸水管、出水管上附件配置及要求，参见表1-206。

6. 消防水泵自动启动控制

消防水泵自动启动要求，参见表1-207；消防水泵自动启动方式，参见表1-208；流量开关性能、设置位置等，参见表1-209。

当消防稳压泵设置于高位消防水箱间内时，消防水泵启泵压力（P），按公式（1-58）确定；当消防稳压泵设置于低位消防水泵房内时，按公式（1-59）确定。

2.5.5 消防水箱

旅馆建筑消防给水系统绝大多数属于临时高压系统，绝大多数医院建筑应设置高位消防水箱。

1. 消防水箱有效储水容积

旅馆建筑高位消防水箱有效储水容积，见表2-80。

2.5 消火栓系统

旅馆建筑高位消防水箱有效储水容积表　　　　　　　　　　　　　表 2-80

序号	建筑类别	消防水箱有效储水容积
1	一类高层旅馆建筑（建筑高度大于50m的高层旅馆建筑或建筑高度小于或等于50m的高层高级宾馆建筑）	不应小于36m³，可按36m³
2	二类高层旅馆建筑（建筑高度小于或等于50m的高层普通旅馆建筑）	不应小于18m³，可按18m³
3	多层旅馆建筑	

2. 消防水箱设置位置

旅馆建筑消防水箱设置位置应满足以下要求，见表2-81。

消防水箱设置位置要求表　　　　　　　　　　　　　　　　　　表 2-81

序号	消防水箱设置位置要求	备注
1	位于所在建筑的最高处	通常设在屋顶机房层消防水箱间内
2	应该独立设置	不与其他设备机房，如屋顶太阳能热水机房、热水箱间等合用
3	应避免对下方楼层房间的影响	其下方不应是客房、酒店式公寓、餐厅、办公室、会议室等主要功能房间，可以是库房、盥洗室、卫生间等附属房间或公共区域
4	应高于设置室内消火栓系统、自动喷水灭火系统等系统的楼层	机房层设有活动室、库房等需要设置消防给水系统的场所，可采用其他非水基灭火系统，亦可将消防水箱间置于更高一层
5	不宜超出机房层高度过多、影响建筑效果	消防水箱间内配置消防稳压装置

3. 高位消防水箱尺寸

消防水箱宜为装配式方形水箱，其尺寸宜为1.0m或0.5m的倍数，推荐尺寸参见表1-212。

4. 高位消防水箱材质

常用材质为不锈钢板、热浸锌镀锌钢板、玻璃钢板、钢筋混凝土等，不锈钢板最常见。

5. 高位消防水箱配管

高位消防水箱配管及管径确定，参见表1-213。

6. 消防水箱水位

消防水箱各水位指标确定方法及取值经验值，参见表1-214。

7. 高位消防水箱布置

高位消防水箱四周净距要求，参见表1-215。

8. 消防水箱防冻

消防水箱及相应管道保温材料及厚度，参见表1-216。

2.5.6 消防稳压装置

1. 消防稳压泵

（1）设计流量

消火栓稳压泵设计流量，参见表1-217。

自动喷水灭火稳压泵设计流量，参见表1-218；结合一只标准喷头的流量，自动喷水灭火稳压泵常规设计流量取1.33L/s。

（2）设计压力

当消防稳压泵设置于高位消防水箱间内时，稳压泵的启泵压力 P_1 可取 $0.15\sim0.20$MPa，停泵压力 P_2 可取 $0.20\sim0.25$MPa；当消防稳压泵设置于低位消防水泵房内时，P_1 按公式（1-62）确定，P_2 按公式（1-63）确定。

（3）消防稳压泵选型

消火栓稳压泵设计流量为稳压泵流量确定依据。

消防稳压泵停泵压力（P_2）值附加 $0.03\sim0.05$MPa 后，为稳压泵扬程确定依据。

2. 气压水罐

消火栓稳压装置、自动喷水灭火稳压装置均采用150L有效储水容积气压水罐；合用消防稳压装置采用300L有效储水容积气压水罐。

3. 管道、阀门、附件等

消防稳压泵吸水管管径、出水管管径，参见表1-219。每套消防稳压泵通常为2台，1用1备。

2.5.7 消防水泵接合器

1. 设置范围

对于室内消火栓系统，6层及以上的旅馆建筑应设置消防水泵接合器；若旅馆人防工程室内消火栓系统设计流量大于10L/s且平时使用，应设置消防水泵接合器。

旅馆建筑消火栓系统消防水泵接合器配置，参见表1-220。

旅馆建筑自动水灭火系统包括自动喷水灭火系统、高压细水雾灭火系统、自动跟踪定位射流灭火系统等，均应分别设置消防水泵接合器。

2. 技术参数

旅馆建筑消防水泵接合器数量，参见表1-221。

3. 安装形式

旅馆建筑消防水泵接合器安装形式选择，参见表1-222。

4. 设置位置

同种水泵接合器不宜集中布置，不同种类、分区、功能的水泵接合器宜成组布置，且应设在室外便于消防车使用和接近的地方，且距室外消火栓或消防水池的距离不宜小于15m，并不宜大于40m，距人防工程出入口不宜小于5m。

2.5.8 消火栓系统给水形式

1. 室外消火栓给水系统

当市政给水管网不满足直接供给室外消火栓给水系统时，旅馆建筑应采用临时高压室外消火栓给水系统，通常在消防水泵房内独立设置室外消火栓给水泵组、室外消火栓稳压装置。

旅馆建筑室外消火栓给水泵组一般设置2台，1用1备，泵组设计流量为本建筑室外消防设计流量（15L/s、25L/s、30L/s、40L/s），设计扬程应保证室外消火栓处的栓口压力（0.20~0.30MPa）。泵组出水管及吸水管管径，参见表1-223。

室外消火栓给水管网管径，参见表1-224，管网应环状布置，单独成环。

2. 室内消火栓给水系统

旅馆建筑室内消火栓给水系统常采用临时高压消火栓给水系统。

3. 室内消火栓系统分区供水

采用临时高压系统且高层旅馆建筑高度大于70m时，室内消火栓系统应分区供水。竖向分区通常分为高区、低区2个区。常用做法：设有裙房高层旅馆建筑，裙楼高度以上的楼层消火栓系统为高区，裙楼高度以下的楼层和裙楼消火栓系统为低区；根据高层旅馆建筑功能位置，通常高层客房区消火栓系统为高区，公共区、服务区消火栓系统为低区。

高层旅馆建筑室内消火栓系统分区供水常采用消火栓给水泵组并行、减压阀减压2种形式，参见表1-225，减压阀减压分区形式应用更多。

高区、低区消火栓给水管网均应在横向、竖向上连成环状。高区、低区消火栓供水横干管宜分别沿本区最高层和最底层顶板下敷设。

典型旅馆建筑室内消火栓系统原理图，见图2-9。

2.5.9 消火栓系统类型

1. 系统分类

旅馆建筑的室外消火栓系统宜采用湿式消火栓系统。

2. 室外消火栓

严寒、寒冷等冬季结冰地区旅馆建筑室外消火栓应采用干式消火栓；其他地区宜采用地上式消火栓。

建筑室外消火栓的数量应根据室外消火栓设计流量和保护半径经计算确定，保护半径不应大于150.0m，间距不应大于120.0m，每个室外消火栓的出流量宜按10~15 L/s计算。通常根据建筑物平面布局在建筑物四个角附近绿地设置室外消火栓，根据邻近两个消火栓之间距离合理增设消火栓。

3. 室内消火栓

旅馆建筑的各区域各楼层，包括客房区、公共区、辅助区的客房楼层、餐饮楼层、办公楼层、会议楼层、地下车库层、机房层、设备层等，均应布置室内消火栓予以保护；旅馆建筑中不能采用自动喷水灭火系统保护的高低压配电室、柴油发电机房、网络机房、消防控制室等场所亦应由室内消火栓保护；屋顶设有直升机停机坪的旅馆建筑，应在停机坪出入口或非电器设备机房处设置消火栓，且距停机坪机位边缘的距离不应小于5.0m；消防电梯前室应设置室内消火栓，并应计入消火栓使用数量。

室内消火栓的布置应满足同一平面有2支消防水枪的2股充实水柱同时达到任何部位。

表2-82给出了旅馆建筑室内消火栓的布置方法。

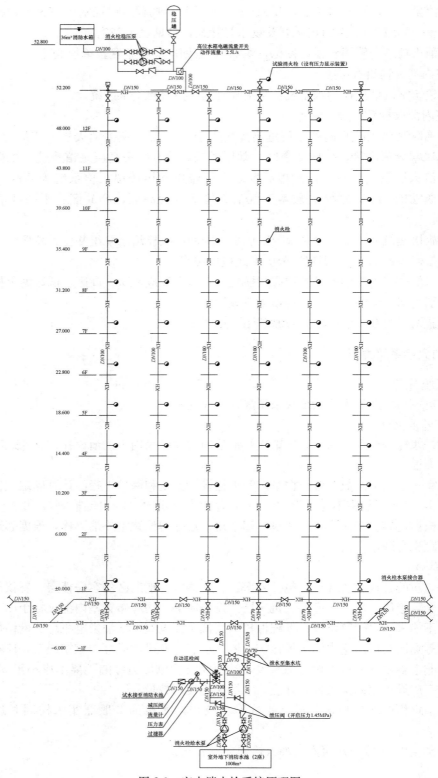

图 2-9 室内消火栓系统原理图

旅馆建筑室内消火栓布置方法表 表 2-82

序号	室内消火栓布置方法	注意事项
1	布置在楼梯间、前室等位置	楼梯间、前室的消火栓宜明设,暗设时应采取措施;箱体及立管不应影响楼梯门、电梯门开启使用
2	布置在公共走道两侧,箱体开门朝向公共走道	宜暗设或半暗设;优先沿附属房间(库房、淋浴间、卫生间等)的墙体安装
3	布置在集中区域内部公共空间内	可布置在敞开公共空间内沿柱子外皮明设,亦可在朝向公共空间房间的外墙上暗设;应避免消火栓消防水带穿过多个房间门到达保护点
4	特殊区域如车库、大堂、入口大厅、设备层等场所,应根据其平面布局布置	大堂内室内消火栓宜沿周边墙体、柱子等位置朝向大堂布置;入口大厅处消火栓宜沿高大空间周边房间外墙布置;车库内消火栓宜沿车行道布置,沿柱子明设

注:1. 室内消火栓不应跨防火分区布置;
  2. 室内消火栓应按其实际行走距离计算其布置间距,旅馆建筑室内消火栓布置间距宜为 20.0~25.0m,不应小于 5.0m。

普通消火栓、减压稳压消火栓设置的楼层数,参见表 1-227。

2.5.10 消火栓给水管网

1. 室外消火栓给水管网

旅馆建筑室外消火栓给水管网应采用环状给水管网。向室外消火栓给水管网供水的输水干管不应少于 2 条。

2. 室内消火栓给水管网

旅馆建筑室内消火栓给水管网应采用环状给水管网,有 2 种主要管网型式,见表 2-83。室内消火栓给水管网在横向、竖向均宜连成环状。

室内消火栓给水管网主要管网型式表 表 2-83

序号	管网型式特点	适用情形	具体部位	备注
型式1	消防供水干管沿建筑最高处、最低处横向水平敷设,配水干管沿竖向垂直敷设,配水干管上连有消火栓	客房区;各楼层竖直上下层消火栓位置基本一致和横向连接管长度较小的公共区、辅助区	客房楼内走道、楼梯间、电梯前室;布草间外墙等;公共区、辅助区内走道、楼梯间;餐厅、会议室、办公室、厨房等房间外墙	主要型式
型式2	消防供水干管沿建筑竖向垂直敷设,配水干管沿每一层顶板下或吊顶内横向水平敷设,配水干管上连有消火栓	各楼层竖直上下层消火栓位置差别较大或横向连接管长度较大的公共区、辅助区;地下车库	公共区、辅助区内走道、楼梯间、电梯前室;餐厅、会议室、办公室、厨房等房间外墙;车库、机房等	辅助型式

注:1. 具有多种综合功能的区域,可结合上述 2 种管网型式设置,2 种环状室内消火栓给水管网通过至少 2 根 DN150 消火栓给水干管连通;
  2. 不能敷设消火栓给水管道的场所包括高低压配电室、柴油发电机房、网络机房、消防控制室等;
  3. 人防区域内消火栓系统宜自成一个系统,消火栓给水横干管宜做成环状,设置 2 根给水干管与非人防区域消火栓系统相连,给水干管穿越人防围护结构时在人防侧设置防护阀门。

室内消火栓给水管网型式 1 参见图 1-13，型式 2 参见图 1-14。

旅馆建筑室内消火栓给水管网的环状干管管径，参见表 1-229；室内消火栓竖管管径可按 $DN100$。

3. 系统阀门

室内消火栓系统阀门设置，参见表 1-230。

埋地管道的阀门宜采用带启闭刻度的球墨铸铁暗杆闸阀。室内架空管道的阀门宜采用蝶阀、明杆闸阀或带启闭刻度的暗杆闸阀等。

4. 系统给水管网管材

旅馆建筑室外消火栓给水管绝大多数采用直埋敷设方式。埋地消火栓给水管道宜采用球墨铸铁管或钢丝网骨架塑料复合管给水管道。

旅馆建筑室内消火栓给水管管材选择，参见表 1-231。

薄壁不锈钢管（S11163）、镀锌镍碳钢管等新型优质管道，在旅馆建筑室内消火栓系统中均得到更多的应用，未来会逐步替代传统钢管。

2.5.11 消火栓系统计算

1. 消火栓水泵选型计算

旅馆建筑室内消火栓水泵流量与室内消火栓设计流量一致；消火栓水泵扬程，按公式（1-64）计算。根据消火栓水泵流量和扬程选择消火栓水泵。

2. 消火栓计算

室内消火栓的保护半径，按公式(1-65) 计算；消火栓栓口处所需水压，按公式（1-66）计算。

高层旅馆建筑消防水枪充实水柱应按 13m 计算；多层旅馆建筑消防水枪充实水柱应按 10m 计算。

高层旅馆建筑消火栓栓口动压不应小于 0.35MPa；多层旅馆建筑消火栓栓口动压不应小于 0.25MPa。

3. 消火栓系统压力计算

消火栓系统的设计工作压力，按公式（1-67）计算。通常以设计工作压力确定消火栓水泵扬程。

2.5.12 人防区域消火栓系统设计

旅馆建筑人防工程区域内室内消火栓系统宜形成环状管网，通过 2 根或以上 $DN150$ 消火栓给水横干管与非人防区域室内消火栓系统环状管网相连。消火栓给水干管穿越人防区域时，应采取的防护措施，参见表 1-238。

2.6 自动喷水灭火系统

2.6.1 自动喷水灭火系统设置

旅馆建筑相关场所自动喷水灭火系统设置要求，见表 2-84。

旅馆建筑相关场所自动喷水灭火系统设置要求表　　　　表 2-84

序号	旅馆建筑类型	自动喷水灭火系统设置要求
1	一类高层旅馆建筑（建筑高度大于 50m 的高层旅馆建筑或建筑高度小于或等于 50m 的高层高级宾馆建筑）	建筑主楼、裙房、地下室、半地下室，除了不宜用水扑救的部位外的所有场所均设置
2	二类高层旅馆建筑（建筑高度小于或等于 50m 的高层普通旅馆建筑）	建筑主楼、裙房、地下室、半地下室中的公共活动用房、走道、客房、办公室、可燃物品库房等场所均设置
3	多层高级宾馆、普通旅馆建筑	任一层建筑面积大于 1500m² 或总建筑面积大于 3000m² 时的建筑的客房区、公共区、辅助区等，除了不宜用水扑救的部位外的所有场所均设置

注：1. 旅馆建筑附设平时使用的人防工程（平时用作车库的人员掩蔽所、物资库等）、地下车车等，均应设置自动喷水灭火系统；
　　2. 设置在地下或半地下、多层旅馆建筑的地上第四层及以上楼层、高层旅馆建筑内的歌舞娱乐放映游艺场所，设置在多层旅馆建筑第一层至第三层且楼层建筑面积大于 300m² 的地上歌舞娱乐放映游艺场所应设置自动喷水灭火系统。

旅馆建筑若根据规范规定设置自动喷水灭火系统，其设置的具体场所见表 2-85。

设置自动喷水灭火系统的具体场所表　　　　表 2-85

序号	设置自动喷水灭火系统的区域	具体场所
1	客房区	客房、会客厅、客房附设的卫生间；公寓式旅馆建筑客房中的卧室、厨房或操作间；不附设卫生间的客房，集中设置的公共卫生间和浴室；度假旅馆建筑客房设置的封闭阳台；客房层服务用房，包括服务人员工作间、贮藏间或开水间、工作消毒间、服务人员卫生间等
2	公共区	门厅、大堂、电梯厅；中餐厅、外国餐厅、自助餐厅（咖啡厅）、酒吧、特色餐厅等；宴会厅、多功能厅，包括分门厅、前厅、专用的厨房或备餐间、卫生间、贮藏间等；会议室，包括休息空间、卫生间等；商务、商业设施，如商务中心、商店或精品店等；健身、娱乐设施，如健身房、水疗室、游泳池等；公共区域卫生间等
3	辅助区	出入口；厨房，如加工间、制作间、备餐间、洗碗间、冷荤间及二次更衣区域，厨工服务用房、库房（主食库、副食库、冷藏库、保鲜库和酒库等）、食品化验室等；洗衣房或急件洗涤间；备品库房，包括家具、器皿、纺织品、日用品、消耗品及易燃易爆品等库房；垃圾间；非电气、弱电类设备用房等；职工用房，如管理办公室、职工食堂、更衣室、浴室、卫生间、职工自行车存放间、职工理发室、医务室、休息室、娱乐室和培训室等用房；机动车、非机动车停车场、停车库等

表 2-86 为旅馆建筑内不宜用水扑救的场所。

不宜用水扑救的场所一览表　　　　表 2-86

序号	不宜用水扑救的场所	自动灭火措施
1	电气类房间：高压配电室（间）、低压配电室（间）、网络机房（网络中心、信息中心）、进线间等	高压细水雾灭火系统或气体灭火系统
2	电气类房间：消防控制室	不设置
3	超过自动喷水灭火系统保护高度的门厅、大堂、中庭等场所	自动跟踪定位射流灭火系统

旅馆建筑自动喷水灭火系统类型选择，参见表 1-245。

典型旅馆建筑自动喷水灭火系统原理图，见图 2-10。

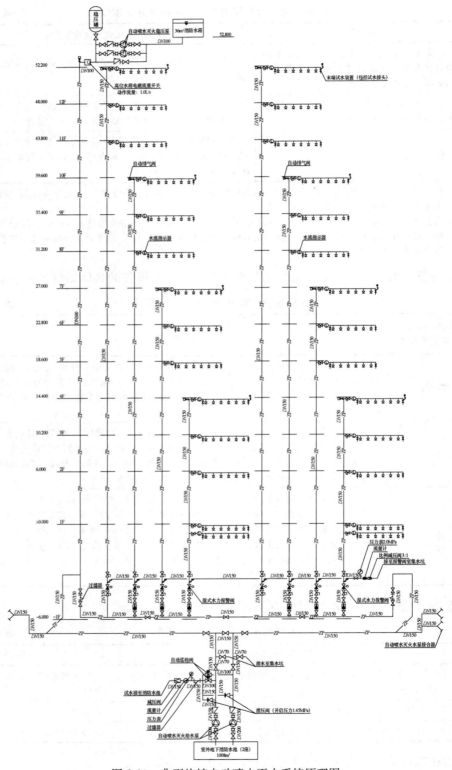

图 2-10 典型旅馆自动喷水灭火系统原理图

2.6 自动喷水灭火系统

旅馆建筑自动喷水灭火系统设置场所火灾危险性等级，见表2-87。

旅馆建筑自动喷水灭火系统设置场所火灾危险性等级表　　　表2-87

序号	火灾危险等级	设置场所
1	中危险级Ⅱ级	旅馆建筑中的汽车停车库；旅馆建筑附设总建筑面积5000m²及以上的商场，总建筑面积1000m²及以上的地下商场等场所
2	中危险级Ⅰ级	旅馆建筑附设总建筑面积小于5000m²的商场，总建筑面积小于1000m²的地下商场；除中危险级Ⅱ级设置场所以外的高层旅馆建筑其他场所；旅馆建筑附设的歌舞娱乐放映游艺场所
3	轻危险级	建筑高度为24m及以下的旅馆建筑

2.6.2 自动喷水灭火系统设计基本参数

旅馆建筑自动喷水灭火系统设计参数，按表1-246规定。

旅馆建筑高大空间场所设置湿式自动喷水灭火系统设计参数，按表2-88规定。

高大空间场所湿式自动喷水灭火系统设计参数表　　　表2-88

适用场所	最大净空高度 h（m）	喷水强度［L/(min·m²)］	作用面积（m²）	喷头间距 S（m）
出入大厅、大堂、中庭	8＜h≤12	12	160	1.8≤S≤3.0
	12＜h≤18	15		

注：当民用建筑高大空间场所的最大净空高度为12m＜h≤18m时，应采用非仓库型特殊应用喷头。

若旅馆建筑地下室中附属的库房认定为堆垛储物仓库，其自动喷水灭火系统设计参数，按表1-247规定。

自动喷水灭火系统的持续喷水时间，应按火灾延续时间不小于1h确定。

2.6.3 洒水喷头

设置自动喷水灭火系统的旅馆建筑内各场所的最大净空高度通常不大于8m。

旅馆建筑自动喷水灭火系统喷头公称动作温度宜相比环境温度高30℃，见表2-89。

旅馆建筑自动喷水灭火系统喷头公称动作温度表　　　表2-89

序号	喷头公称动作温度（℃）	应用场所
1	93	厨房灶间
2	79	换热机房或热水机房
3	68	除上述场所以外的场所

旅馆建筑自动喷水灭火系统喷头种类选择，见表2-90。

旅馆建筑自动喷水灭火系统喷头种类选择表　　　表2-90

序号	火灾危险等级	设置场所	喷头种类
1	中危险级Ⅱ级	地下车库	直立型普通喷头
2	中危险级Ⅰ级	客房、餐厅、厨房、办公室、会议室等设有吊顶场所	吊顶型或下垂型快速响应喷头
3		库房、设备层等无吊顶场所	直立型普通或快速响应喷头

注：基于宾馆建筑火灾特点和重要性，中危险级Ⅰ级对应场所自动喷水灭火系统洒水喷头宜全部采用快速响应喷头。

每种型号的备用喷头数量按此种型号喷头数量总数的1‰计算，并不得少于10只。

旅馆建筑中自动喷水灭火系统直立型、下垂型喷头的布置间距，不应大于表1-250的规定，且不宜小于2.4m。

开间3.9m的客房较为常见，其喷头布置有2种方案，见表2-91。

客房喷头布置方案表 表2-91

序号	喷头布置方案	优缺点	备注
方案一	布置2列喷头，喷头间距为2.4m，房间进深方向喷头间距可以按不大于3.6m确定	优点是布置均匀，灵活性高，能躲开风口、灯具，缺点是喷头数量较多	推荐
方案二	布置1列喷头，喷头居中布置，距墙边净距为1.84m或1.85m，房间进深方向喷头间距必须小于3.6m，通常按3.4m或3.5m	优点是节省喷头数量，缺点是可能与风口、灯具位置有冲突，若调整喷头位置，可能与某一侧墙体间距过大	可采用

旅馆建筑常用普通玻璃球闭式喷头规格型号，参见表1-252；常用特殊玻璃球闭式喷头规格型号，参见表1-253。

2.6.4 自动喷水灭火系统管道

1. 管材

旅馆建筑自动喷水灭火系统给水管管材，参见表1-254。

薄壁不锈钢管（S11163）、氯化聚氯乙烯（PVC-C）管、镀锌镍碳钢管等新型优质管道，在旅馆建筑自动喷水灭火系统中均得到更多的应用，未来会逐步替代传统钢管。

旅馆建筑中，除汽车停车库、建筑附设总建筑面积5000m²及以上的商场、总建筑面积1000m²及以上的地下商场等中危险级Ⅱ级对应场所外，其他中危险级Ⅰ级对应场所自动喷水灭火系统公称直径≤DN80的配水管（支管）均可采用氯化聚氯乙烯（PVC-C）管材及管件。

2. 管径

旅馆建筑自动喷水灭火系统的配水管道管径可根据表1-255中数据进行确定。

3. 管网敷设

旅馆建筑自动喷水灭火系统配水干管宜沿客房区、公共区、辅助区的公共走廊敷设，走廊两侧房间内的配水支管就近连接到配水干管上。走廊内布置的喷头就近接至排水支管后再接至配水干管。单个喷头不应直接接至管径大于或等于DN100的配水干管。

旅馆建筑自动喷水灭火系统配水管网布置步骤，见表2-92。

自动喷水灭火系统配水管网布置步骤表 表2-92

序号	配水管网布置步骤
步骤1	根据旅馆建筑的防火性能确定自动喷水灭火系统配水管网的布置范围
步骤2	在每个防火分区内应确定该区域自动喷水灭火系统配水主干管或主立管的位置或方向
步骤3	自接入点接入后，可确定主要配水管的敷设位置和方向
步骤4	自末端房间内的自动喷水灭火系统配水支管就近向配水管连接
步骤5	每个楼层每个防火分区内配水管网布置均按步骤1～步骤4进行

自动喷水灭火系统每个喷头与配水支管连接的短立管管径通常采用25mm；末端试水装置或试水阀的连接管管径通常采用25mm。

2.6.5 水流指示器

除报警阀组控制的喷头只保护不超过防火分区面积的同层场所外，旅馆建筑每个防火分区、每个楼层均应设水流指示器；当整个场所需要设置的喷头数不超过1个报警阀组控制的喷头数时，可不设置水流指示器；每个防火分区应设置一个水流指示器，位置可设在本防火分区系统配水管网的起始端，亦可集中设置于各个防火分区配水干管分叉处。

水流指示器上游端应设置信号阀，其型号规格，参见表1-257。

水流指示器与所在配水干管同管径，其型号规格，参见表1-258。

2.6.6 报警阀组

旅馆建筑消防系统报警阀组主要采用湿式水力报警阀组，一定条件下采用预作用报警阀组。

旅馆建筑自动喷水灭火系统报警阀组的数量取决于：整个建筑中设置喷头的总数量；每个防火分区内设置喷头的数量；每个报警阀组控制的喷头数。一个报警阀组控制的喷头数不宜超过800只，设计中可适当超过800只。

喷头均衡组合遵循的原则，参见表1-259。

旅馆建筑自动喷水灭火系统报警阀组通常设置在消防水泵房或专用报警阀室，设置位置方案，参见表1-260。

报警阀组宜设在安全及易于操作的地点，报警阀距地面的高度宜为1.2m；宜沿墙体集中布置，相邻报警阀组的间距不宜小于1.5m，不应小于1.2m；报警阀组处应设有排水设施，排水管管径不应小于$DN100$。

表1-261为常用湿式报警阀装置型号规格；表1-262为常见预作用报警阀装置型号规格；报警阀组压力开关主要技术参数，参见表1-263；报警阀组前后管道设置，参见表1-264。

旅馆建筑自动喷水灭火系统减压阀设置方式，参见表1-265。

减压孔板作为一种减压部件，可辅助减压阀使用。

2.6.7 自动喷水灭火系统水泵接合器

自动喷水灭火系统管网上应设置水泵接合器，旅馆建筑自动喷水灭火系统消防水泵接合器数量，参见表1-266。

自动喷水灭火系统水泵接合器宜设置在靠近消防水泵房的室外；常规做法是将多个$DN150$水泵接合器并联起来，由1根$DN150$供水管道接至系统供水泵组出水干管上，连接位置位于报警阀组前。

2.6.8 消防水箱设计

高位消防水箱、自动喷水灭火稳压装置设计参见消火栓系统相关内容。

2.6.9 自动喷水灭火系统压力计算

自动喷水灭火系统的设计工作压力，按公式（1-68）计算。

自动喷水灭火给水泵扬程通常按照自动喷水灭火系统的设计工作压力值确定。

自动喷水灭火给水系统压力管道水压强度试验的试验压力（$H_{试验}$）的基准指标，参见表1-267。

2.6.10 人防区域自动喷水灭火系统设计

旅馆建筑附设人防区域功能为人员掩蔽所、物资库时，人防区域设置自动喷水灭火系统。

自动喷水灭火系统给水干管穿越人防区域时，采取措施参见表1-268。

人防区域内与人防有关场所设置自动喷水灭火系统情况，参见表1-269。

自动喷水灭火系统给水横支管穿越人防围护结构防护阀门设置方法，参见表1-270。

2.7 灭火器系统

2.7.1 灭火器配置场所火灾种类

旅馆建筑灭火器配置场所的火灾种类，见表2-93。

灭火器配置场所的火灾种类表　　　　　表2-93

序号	火灾种类	灭火器配置场所
1	A类火灾（固体物质火灾）	旅馆建筑内绝大多数场所，如客房、餐厅、办公室、会议室等
2	B类火灾（液体火灾或可熔化固体物质火灾）	旅馆建筑内附设车库
3	E类火灾（物体带电燃烧火灾）	旅馆建筑内附设电气房间，如发电机房、变压器室、高压配电间、低压配电间、网络机房、电子计算机房、弱电机房等

2.7.2 灭火器配置场所危险等级

旅馆建筑灭火器配置场所的危险等级分为严重危险级、中危险级和轻危险级3级，危险等级举例，见表2-94。

旅馆建筑灭火器配置场所的危险等级举例　　　　　表2-94

危险等级	举例
严重危险级	客房数在50间以上的旅馆、饭店的公共活动用房、多功能厅、厨房
	建筑面积在200m^2及以上的公共娱乐场所；旅馆建筑附设的歌舞娱乐放映游艺场所
	专用电子计算机房
	配建充电基础设施（充电桩）的车库区域

续表

危险等级	举例
中危险级	客房数在50间以下的旅馆、饭店的公共活动用房、多功能厅、厨房
	建筑面积在200m² 以下的公共娱乐场所
	设有集中空调、电子计算机、复印机等设备的办公室
	民用燃油、燃气锅炉房
	民用的油浸变压器室和高、低压配电室
	配建充电基础设施（充电桩）以外的车库区域
轻危险级	旅馆、饭店的客房
	未设集中空调、电子计算机、复印机等设备的普通办公室

注：旅馆建筑室内强电间、弱电间；屋顶排烟机房内每个房间均应设置2具手提式磷酸铵盐干粉灭火器。

2.7.3 灭火器选择

旅馆建筑灭火器配置场所的火灾种类通常涉及A类、B类、E类火灾，通常配置灭火器时选择磷酸铵盐干粉灭火器。

消防控制室、计算机房、配电室等部位配置灭火器宜采用气体灭火器，通常采用二氧化碳灭火器。

2.7.4 灭火器设置

旅馆建筑中设置的手提式灭火器，通常和室内消火栓同位置设置，放置于室内消火栓箱体下部。独立设置的手提式或推车式灭火器通常放置于所保护区域的公共走道、门口或房间内靠近公共通道出入口处。灭火器设置点应均衡布置。

设置在A类火灾场所的灭火器，其最大保护距离应符合表1-274的规定。

灭火器最大保护距离为灭火器与起火点之间最大的行走距离。旅馆建筑中的地下车库区域、建筑中大间套小间区域、房间中间隔着走道区域等场所，常需要增加灭火器配置点。地下车库区域增设的灭火器宜靠近相邻2个室内消火栓中间的位置，并宜沿车库墙体或柱子布置。

设置在B类火灾场所的灭火器，其最大保护距离应符合表1-275的规定。

旅馆建筑中E类火灾场所中的发电机房、高低压配电间、网络机房等场所，灭火器配置宜按B类火灾场所灭火器最大保护距离要求进行。面积较大的旅馆建筑变配电室，需要在变配电室内增设灭火器。

2.7.5 灭火器配置

A类火灾场所灭火器的最低配置基准，应符合表1-276的规定。

旅馆建筑灭火器A类火灾场所配置基准可按照灭火器最低配置基准，即：严重危险级按照3A；中危险级按照2A；轻危险级按照1A。

B类火灾场所灭火器的最低配置基准，应符合表1-277的规定。

旅馆建筑灭火器 B 类火灾场所配置基准可按照灭火器最低配置基准，即：严重危险级按照 89B；中危险级按照 55B。

E 类火灾场所的灭火器最低配置基准不应低于该场所内 A 类（或 B 类）火灾的规定。

2.7.6 灭火器配置设计计算

旅馆建筑内每个灭火器设置点灭火器数量通常以 2~4 具为宜。

灭火器计算单元最小需配灭火级别，按公式（1-69）计算。

灭火器计算单元中每个灭火器设置点最小需配灭火级别，按公式（1-70）计算。

2.7.7 灭火器类型及规格

旅馆建筑灭火器配置设计中常用的灭火器类型及规格，参见表 1-279。

2.8 气体灭火系统

2.8.1 气体灭火系统应用场所

旅馆建筑中适合采用气体灭火系统的场所包括高压配电室（间）、低压配电室（间）、网络机房、网络中心、信息中心、灾备机房、应急响应中心、BA 控制室、电子计算机房、UPS 间等电气设备房间。

目前旅馆建筑中最常用七氟丙烷（HFC-227ea）气体灭火系统和 IG541 混合气体灭火系统。

2.8.2 七氟丙烷气体灭火系统设计参数

七氟丙烷灭火剂主要技术性能参数，参见表 1-281。

无管网七氟丙烷气体自动灭火装置技术参数、规格等，参见表 1-282～表 1-284。

旅馆建筑中采用七氟丙烷气体灭火保护时，各防护区设计灭火浓度，见表 2-95。

防护区设计灭火浓度表　　　　　　　　表 2-95

序号	防护区	设计灭火浓度
1	油浸变压器室、配电室、自备发电机房等	9%
2	通信机房、电子计算机房、智能化机房（信息机房）等	8%

注：防护区实际应用的浓度不应大于设计灭火浓度的 1.1 倍。

2.8.3 气体灭火设计用量计算

七氟丙烷气体灭火设置场所设计用量，按公式（1-71）计算。

七氟丙烷设计用量，可按公式（2-28）计算：

$$W = K_1 \cdot V \tag{2-28}$$

式中　W——七氟丙烷灭火设计用量，kg；

　　　V——七氟丙烷气体防护区净容积，m³；

K_1——经验系数，kg/m³，对于变配电室等场所，取 0.7205kg/m³；对于智能化机房等场所，取 0.6335kg/m³。

七氟丙烷设计容积，按公式（2-29）计算：

$$V_0 = K_2 \cdot V \tag{2-29}$$

式中　V_0——七氟丙烷灭火设计容积，L；

　　　V——七氟丙烷气体防护区净容积，m³；

　　　K_2——经验系数，L/m³，对于变配电室等场所，取 0.6265L/m³；对于智能化机房等场所，取 0.5509L/m³。

每个防护区内无管网七氟丙烷气体灭火装置的布置应做到均匀。

IG541 混合气体灭火防护区灭火设计用量或惰化设计用量，按公式（1-74）计算。

IG541 灭火剂气体在 101kPa 大气压和防护区最低环境温度下的质量体积，按公式（1-75）计算。

IG541 混合气体灭火系统灭火剂储存量，应为防护区灭火设计用量及系统灭火剂剩余量之和，系统灭火剂剩余量按公式（1-76）计算。

2.8.4　IG541 混合气体灭火系统管网计算

IG541 混合气体灭火系统管道流量宜采用平均设计流量。

系统主干管、支管的平均设计流量，按公式（1-77）、公式（1-78）计算。

管道内径按公式（1-79）计算。

灭火剂释放时，管网应进行减压。减压装置宜采用减压孔板，宜设在系统的源头或干管入口处。减压孔板前的压力，按公式（1-80）计算；减压孔板后的压力，按公式（1-81）计算；减压孔板孔口面积，按公式（1-82）计算。

系统的阻力损失宜从减压孔板后算起，并按公式（1-83）计算。

IG541 混合气体灭火系统的喷头工作压力的计算结果，应符合：一级充压（15.0MPa）系统，$P_c \geqslant 2.0$MPa（绝对压力）；二级充压（20.0MPa）系统，$P_c \geqslant 2.1$MPa（绝对压力）。

喷头等效孔口面积，按公式（1-84）计算。

2.8.5　防护区泄压口

气体灭火系统防护区应设置泄压口。七氟丙烷气体灭火系统防护区泄压口面积按系统设计规定计算，按公式（1-85）计算；IG541 混合气体灭火系统防护区泄压口面积按系统设计规定计算，宜按公式（1-86）计算。

七氟丙烷气体灭火系统的泄压口应位于防护区净高的 2/3 以上。对于设置吊顶场所，泄压口通常设置在吊顶（梁）下，泄压口顶面紧贴吊顶（梁）或吊顶（梁）下 100mm。

不同规格无管网七氟丙烷气体灭火装置与泄压口尺寸的对照表，参见表 1-288。

防护区设置的泄压口，宜设在外墙上，无外墙时应设置在朝向公共建筑公共区域（走道）的内墙上。每个防护区根据需要可设置 1 个或多个泄压口。

2.9 高压细水雾灭火系统

2.9.1 高压细水雾灭火系统适用场所

旅馆建筑中不宜用水扑救的部位（即采用水扑救后会引起爆炸或重大财产损失的场所）可以采用高压细水雾灭火系统灭火。

旅馆建筑中适合采用高压细水雾灭火系统的场所包括高压配电室（间）、低压配电室（间）、网络机房、网络中心、信息中心、灾备机房、应急响应中心、BA控制室、电子计算机房、UPS间等电气设备房间。

2.9.2 高压细水雾灭火系统分类和选择

旅馆建筑中不同高压细水雾灭火系统形式的选择，见表2-96。

不同高压细水雾灭火系统形式选择表　　　　　表2-96

序号	场所	灭火要求	系统形式
1	柴油发电机房等	可燃液体类火灾，火灾蔓延快，需灭火系统响应快速、灭火高效	开式系统
2	高、低压配电室（间）等	火灾发生时产生大量烟气、有毒腐蚀性气体，极易在电气柜中蔓延，腐蚀电缆、电气开关、电路板等，造成二次损害；要求在日常状态下室内管道为空管，严禁渗漏与误喷	闭式预作用系统

2.9.3 高压细水雾灭火系统设计

旅馆建筑高压细水雾灭火系统主要应用场所设计参数，见表2-97。

高压细水雾灭火系统主要应用场所设计参数一览表　　　　　表2-97

应用场所	最小喷雾强度 [L/(min·m²)]	喷雾时间 (min)	喷头最大安装高度 (m)	喷头最低工作压力 (MPa)	喷头最小布置间距 (m)	喷头最大布置间距 (m)	系统作用面积 (m²)
变配电室	1.8	30	4.8	10	2	3	140
柴油发电机房	1.0	20	4.8	10	1.5	3	*
网络机房	0.5	30	4.2	10	1.5	3	*

注：*表示按同时喷放的喷头数计算。

旅馆建筑不同场所高压细水雾喷头选型，见表2-98。

不同场所喷头选型表　　　　　表2-98

序号	场所	喷头类型	喷头参数	喷头布置
1	高、低压配电室（间）等	闭式喷头	$K=1.25$，$q=12.5L/min$	喷头的安装间距不大于3.0m，不小于2.0m，距墙不大于1.5m
2	柴油发电机房	开式喷头	$K=0.95$，$q=9.5L/min$	喷头的安装间距不大于3.0m，不小于1.5m，距墙不大于1.5m
3	其他		$K=0.45$，$q=4.5L/min$	

注：每处场所的喷头宜布置均衡，当面积较大时宜分成面积相当的数个区域布置喷头。

高压细水雾给水泵组设计流量确定，参见表 1-295；泵组扬程计算，采用公式（1-87）。

高压细水雾给水泵组配置 1 套，主泵常采用 4 台（3 用 1 备），稳压泵常采用 2 台（1 用 1 备）。

高压细水雾灭火系统采用满足系统工作压力要求的无缝不锈钢管 316L，管道采用氩弧焊焊接连接或卡套连接。

2.10 自动跟踪定位射流灭火系统

2.10.1 自动跟踪定位射流灭火系统适用场所

旅馆建筑出入大厅、大堂、中庭等场所很多情况下为高大空间，可根据表 1-296 确定系统形式。

2.10.2 自动跟踪定位射流灭火系统选型

旅馆建筑出入大厅、大堂、中庭等场所火灾危险等级为中危险级Ⅰ级，其自动跟踪定位射流灭火系统宜选用喷射型或喷洒型自动射流灭火系统，通常采用喷射型自动射流灭火系统。

2.10.3 自动跟踪定位射流灭火系统设计

旅馆建筑高大空间场所采用自动跟踪定位射流灭火系统时，技术要求见表 2-99。

自动跟踪定位射流灭火系统技术要求表　　　表 2-99

序号	系统类型	技术要求
1	喷射型自动射流灭火系统	应保证至少 2 台灭火装置的射流能到达被保护区域的任一部位，同时开启的数量应按 2 台确定；单台喷射型灭火装置的流量不应小于 10L/s，通常选择流量为 10L/s 的灭火装置。旅馆建筑喷射型自动跟踪定位射流灭火系统设计流量为设计同时开启的灭火装置流量之和，通常按 20L/s 确定；设计持续喷水时间按 1h 确定。喷射型灭火装置的性能参数，参见表 1-297；保护半径，按公式（1-88）计算
2	喷洒型自动射流灭火系统	喷洒型灭火装置布置应能使射流完全覆盖被保护场所及被保护物，灭火装置同时开启台数（N）按照作用面积来确定，系统的设计参数不应小于表 1-298 的规定。单台喷洒型灭火装置的流量可选用 5L/s 或 10L/s。旅馆建筑喷洒型自动跟踪定位射流灭火系统设计流量为设计同时开启的灭火装置流量之和；设计持续喷水时间按 1h 确定。喷洒型灭火装置的最大保护半径按产品在额定工作压力时的指标值确定

喷射型自动射流灭火系统每台装置、喷洒型自动射流系统每组灭火装置之前的供水管路应布置成环状管网，管道管径确定见表 2-100。

自动跟踪定位射流灭火系统供水管道管径确定表　　　　表 2-100

序号	系统类型	供水管道管径（mm）
1	喷射型自动射流灭火系统	采用 $DN100$
2	喷洒型自动射流灭火系统	设计流量为 30～35L/s 时，采用 $DN100$； 设计流量为 40～50L/s 时，采用 $DN150$

每台喷射型自动射流灭火装置、每组喷洒型自动射流灭火装置的供水支管上均设置水流指示器，位置安装在手动控制阀、信号阀出口之后。

喷射型或喷洒型自动射流灭火系统每个保护区的管网最不利处设置模拟末端试水装置，采用 $DN75$ 排水漏斗，接入 $DN75$ 排水立管。

喷射型自动射流灭火系统供水管道管材，应根据其系统设计压力确定，宜与同一系统设计压力范围的同建筑自动喷水灭火系统管道管材一致。

旅馆建筑喷射型、喷洒型自动射流灭火系统常不单独设置自动射流灭火系统给水泵组，而是与本建筑自动喷水灭火系统给水泵组合用。

喷射型、喷洒型自动射流灭火系统单独设置消防水泵时，消防水泵流量按照自动射流灭火系统设计流量，水泵扬程或系统设计工作压力可按公式（1-89）计算。

旅馆建筑自动跟踪定位射流灭火系统可设置高位消防水箱，亦可与自动喷水灭火系统合用高位消防水箱。

2.11　中水系统

旅馆建筑建设中水设施，应结合建筑所在地区的不同特点，满足当地政府部门的有关规定。建筑面积大于 20000m² 或回收水量大于 100m³/d 的旅馆建筑（包括宾馆、饭店、酒店式公寓等），宜建设中水设施。

2.11.1　中水原水

1. 中水原水种类

旅馆建筑中水原水可选择的种类及选取顺序，见表 2-101。

旅馆建筑中水原水可选择的种类及选取顺序表　　　　表 2-101

序号	中水原水种类	备注
1	旅馆建筑内客房区客房卫生间的盆浴和淋浴等的废水排水；公共区、辅助区工作人员卫生间、公共卫生间的废水排水；洗浴中心的盆浴和淋浴等的废水排水	最适宜
2	旅馆建筑内公共区、辅助区公共卫生间的盥洗废水排水	适宜
3	旅馆建筑空调循环冷却水系统排水	
4	旅馆建筑空调水系统冷凝水	
5	旅馆建筑游泳池排水	
6	旅馆建筑洗衣房洗衣排水	
7	旅馆建筑附设厨房、食堂、餐厅废水排水	不适宜
8	旅馆建筑内客房区客房卫生间的冲厕排水；公共区、辅助区工作人员卫生间、公共卫生间的冲厕排水	最不适宜

2. 中水原水量

旅馆建筑中水原水量按公式（2-30）计算：

$$Q_Y = \Sigma \beta \cdot Q_{pj} \cdot b \tag{2-30}$$

式中　Q_Y——旅馆建筑中水原水量，m^3/d；

　　　β——旅馆建筑按给水量计算排水量的折减系数，一般取 0.85～0.95；

　　　Q_{pj}——旅馆建筑平均日生活给水量，按《节水标》中的节水用水定额（表2-4）计算确定，m^3/d；

　　　b——旅馆建筑分项给水百分率，应以实测资料为准，当无实测资料时，可按表 2-102 选取。

旅馆建筑分项给水百分率表　　　　　　　　　表 2-102

项目	冲厕	厨房	沐浴	盥洗	洗衣	总计
给水百分率（%）	10～14	12.5～14	50～40	12.5～14	15～18	100

注：沐浴包括盆浴和淋浴。

旅馆建筑用作中水原水的水量宜为中水回用水量的 110%～115%。

3. 中水原水水质

旅馆建筑中水原水水质应以类似建筑的实测资料为准；当无实测资料时，旅馆建筑排水的污染物浓度可按表 2-103 确定。

旅馆建筑排水污染物浓度表　　　　　　　　　表 2-103

项目	冲厕	厨房	沐浴	盥洗	洗衣	综合
BOD_5 浓度（mg/L）	250～300	400～550	40～50	50～60	180～220	140～175
COD_{Cr} 浓度（mg/L）	700～1000	800～1100	100～110	80～100	270～330	295～380
SS 浓度（mg/L）	300～400	180～220	30～50	80～100	50～60	95～120

注：综合是对包括以上五项生活排水的统称。

2.11.2　中水利用与水质标准

1. 中水利用

旅馆建筑中水原水主要用于城市杂用水和景观环境用水等。

旅馆建筑中水利用率，可按公式（2-31）计算：

$$\eta_1 = Q_{za}/Q_{Ja} \cdot 100\% \tag{2-31}$$

式中　η_1——旅馆建筑中水利用率；

　　　Q_{za}——旅馆建筑中水年总供水量，$m^3/年$；

　　　Q_{Ja}——旅馆建筑年总用水量，$m^3/年$。

旅馆建筑中水利用率应不低于当地政府部门的中水利用率指标要求。

当旅馆建筑附近有可利用的市政再生水管道时，可直接接入使用。

2. 中水水质标准

旅馆建筑中水水质标准要求，见表 2-104。

中水水质标准要求表　　　　　　　　　表 2-104

序号	中水用途	中水水质标准要求
1	用作建筑杂用水和城市杂用水，如冲厕、道路清扫、消防、绿化、车辆冲洗、建筑施工等	水质应符合现行国家标准《城市污水再生利用 城市杂用水水质》GB/T 18920 的规定
2	用于建筑小区景观环境用水	水质应符合现行国家标准《城市污水再生利用 景观环境用水水质》GB/T 18921 的规定
3	分别用于多种用途	应按不同用途水质标准进行分质处理
4	同一供水设备及管道系统同时用于多种用途	水质应按最高水质标准确定

2.11.3　中水系统

1. 中水系统形式

旅馆建筑中水系统包括中水原水系统、处理系统和供水系统 3 个系统。

旅馆建筑中水通常采用中水原水系统与生活污水系统分流、生活给水与中水给水分供的完全分流系统。

2. 中水原水系统

旅馆建筑中水原水管道通常按重力流设计；当靠重力流不能直接接入时，可采取局部加压提升接入。

旅馆建筑原水系统原水收集率不应低于本建筑回收排水项目给水量的 75%，可按公式（2-32）计算：

$$\eta_2 = \Sigma Q_P / \Sigma Q_J \cdot 100\% \tag{2-32}$$

式中　η_2——旅馆建筑原水收集率；

　　　Q_P——旅馆建筑中水系统回收排水项目回收水量之和，m^3/d；

　　　Q_J——旅馆建筑中水系统回收排水项目给水量之和，m^3/d。

原水系统应设分流、溢流设施和超越管，宜在流入处理站之前满足重力排放要求。

中水原水系统应设置分流井（管）等分流设施；应设置溢流设施，可以采用隔板、网板倒换方式或水位平衡溢流方式，或分流管、阀；应设置超越管。

旅馆建筑若需要食堂、餐厅的含油脂污水作为中水原水时，在进入原水收集系统前应经过除油装置处理。

旅馆建筑中水原水应进行计量，可采用超声波流量计和沟槽流量计。

3. 中水处理系统

中水处理系统由原水调节池（箱）、中水处理工艺构筑物、消毒设施、中水贮存池（箱）、相关设备、管道等组成。

旅馆建筑中水处理系统设计处理能力，应按公式（2-33）计算：

$$Q_h = (1 + n_1) \cdot Q_Z / t \tag{2-33}$$

式中　Q_h——旅馆建筑中水处理系统设计处理能力，m^3/h；

　　　Q_Z——旅馆建筑最高日中水用水量，m^3/d；

　　　n_1——旅馆建筑中水处理设施自耗水系数，一般取 5%～10%；

　　　t——旅馆建筑中水处理系统每日设计运行时间，h/d。

4. 中水供水系统

建筑中水供水系统必须独立设置。建筑中水不得用作旅馆建筑生活饮用水水源。

旅馆建筑中水系统供水量,可按照表2-3中的用水定额及表2-102中规定的百分率计算确定。

旅馆建筑中水供水系统的设计秒流量和管道水力计算方法与生活给水系统一致,参见2.1.6节。

旅馆建筑中水供水系统的供水方式宜与生活给水系统一致,通常采用变频调速泵组供水方式,水泵的选择参见2.1.7节。

旅馆建筑中水供水系统的竖向分区宜与生活给水系统一致。当建筑周边有市政中水管网且管网流量压力均满足时,低区由市政中水管网直接供水;当建筑周边无市政中水管网时,低区由低区中水给水泵组自中水贮水池(箱)吸水后加压供水。

旅馆建筑中水供水管道宜采用塑料给水管、钢塑复合管或其他具有可靠防腐性能的给水管材,不得采用非镀锌钢管。

旅馆建筑中水贮存池(箱)设计要求,见表2-105。

中水贮存池(箱)设计要求表　　　　　　　　　　　　表 2-105

项目	具体要求
材料	中水贮存池(箱)宜采用耐腐蚀、易清垢的材料制作。钢板池(箱)内、外壁及其附配件均应采取可靠的防腐蚀措施
补水	中水贮存池(箱)上应设自动补水管,其管径按中水最大时供水量计算确定,并应符合下列规定:补水的水质应满足中水供水系统的水质要求;补水应采取最低报警水位控制的自动补给方式;补水能力应满足中水中断时系统的用水量要求。利用市政再生水的中水贮存池(箱)可不设自来水补水管。自动补水管上应安装水表

旅馆建筑中水供水系统应安装计量装置,具体设置要求参见表2-18。

中水供水管道应采取下列防止误接、误用、误饮的措施:管网中所有组件和附属设施的显著位置应设置非传统水源的耐久标识,埋地、暗敷管道应设置连续耐久标识;管道取水接口处应设置"禁止饮用"的耐久标识;公共场所及绿化用水的取水口应设置采用专用工具才能打开的装置。

5. 水量平衡

中水系统设计应进行中水原水量和用水量平衡计算。

旅馆建筑中水用水量应根据不同用途用水量累加确定。

旅馆建筑最高日冲厕中水用水量按照表2-3中的最高日用水定额及表2-102中规定的百分率计算确定。最高日冲厕中水用水量,可按公式(2-34)计算:

$$Q_C = \Sigma q_L \cdot F \cdot N / 1000 \tag{2-34}$$

式中　Q_C——旅馆建筑最高日冲厕中水用水量,m^3/d;

　　　q_L——旅馆建筑给水用水定额,L/(人·d);

　　　F——冲厕用水占生活用水的比例,%,按表2-102取值;

　　　N——使用人数,人。

旅馆建筑相关功能场所冲厕用水量定额及小时变化系数,见表2-106。

旅馆建筑冲厕用水量定额及小时变化系数表　　　　表 2-106

类别	建筑种类	冲厕用水量 [L/(人·d)]	使用时间 (h/d)	小时变化系数	备注
1	宾馆	20～40	24	2.5～2.0	客房部
2	营业性餐饮、酒吧场所	5～10	12	1.5～1.2	工作人员按办公楼设计
3	商场	1～3	12	1.5～1.2	工作人员按办公楼设计

中水系统原水调节池（箱）调节容积，可按公式（2-35）、公式（2-36）计算。

连续运行时：

$$Q_{yc} = (0.35 \sim 0.50) \cdot Q_d \qquad (2-35)$$

间歇运行时：

$$Q_{yc} = 1.2 \cdot Q_h \cdot T \qquad (2-36)$$

式中　Q_{yc}——原水调贮量，m^3；

　　　Q_d——中水日处理量，m^3；

　　　Q_h——中水处理系统设计处理能力，m^3/h；

　　　T——设备日最大连续运行时间，h。

中水贮存池（箱）容积，可按公式（2-37）、公式（2-38）计算。

连续运行时：

$$Q_{zc} = (0.25 \sim 0.35) \cdot Q_z \qquad (2-37)$$

间歇运行时：

$$Q_{zc} = 1.2 \cdot (Q_h \cdot T - Q_{zt}) \qquad (2-38)$$

式中　Q_{zc}——中水调贮量，m^3；

　　　Q_z——最高日中水用水量，m^3/d；

　　　Q_{zt}——日最大连续运行时间内的中水用水量，m^3；

　　　Q_h——中水处理系统设计处理能力，m^3/h；

　　　T——设备日最大连续运行时间，h。

当中水供水系统采用水泵-水箱联合供水时，水箱调节容积不得小于中水系统最大小时用水量的 50%。

中水系统的总调节容积，包括原水调节池（箱）、中水处理工艺构筑物、中水贮存池（箱）及高位水箱等调节容积之和，不宜小于中水日处理量的 100%。

2.11.4　中水处理工艺与处理设施

1. 中水处理工艺

旅馆建筑通常采用的中水处理工艺，见表 2-107。

中水处理工艺流程一览表　　　　表 2-107

序号	中水原水来源	中水处理方法	工艺名称	工艺流程
1	盥洗排水或其他较为清洁的排水	物化处理为主	絮凝沉淀或气浮工艺	原水→格栅→调节池→絮凝沉淀或气浮→过滤→消毒→中水
2			微絮凝过滤工艺	原水→格栅→调节池→微絮凝过滤→消毒→中水
3			膜分离工艺	原水→格栅→调节池→预处理→膜分离→消毒→中水

续表

序号	中水原水来源	中水处理方法	工艺名称	工艺流程
4	含有洗浴排水的优质杂排水、杂排水或生活排水	生物处理为主	生物处理和物化处理相结合的工艺	原水→格栅→调节池→生物接触氧化池→沉淀→过滤→消毒→中水
5				原水→格栅→调节池→曝气生物滤池→过滤→消毒→中水
6				原水→格栅→调节池→CASS池→混凝沉淀→过滤→消毒→中水
7				原水→格栅→调节池→流离生化池→过滤→消毒→中水
8			膜生物反应器（MBR）工艺	原水→格栅→调节池→膜生物反应器→消毒→中水
9	含有洗浴排水的优质杂排水、杂排水或生活排水，有可供利用的土地和适宜的场地条件	生物处理与生态处理相结合或者以生态处理为主	生物处理与生态处理相结合的工艺	原水→格栅→调节池→生物处理→生态处理→消毒→中水
10			以生态处理为主的工艺	原水→格栅→调节池→预处理→生态处理→消毒→中水

2. 中水处理设施

旅馆建筑中水处理设施及设计要求，见表 2-108。

中水处理设施及设计要求一览表　　　　　　　表 2-108

序号	处理设施名称	设计要求	备注
1	化粪池	在建筑粪便排水系统中设置化粪池	以生活污水为原水时设置
2	格栅	宜采用机械格栅；当设置一道格栅时，格栅条空隙宽度宜小于10mm；当设置粗细两道格栅时，粗格栅条空隙宽度应为10~20mm，细格栅条空隙宽度应取 2.5mm；格栅流速宜取 0.6~1.0m/s；当设在格栅井内时，其倾角不小于60°；格栅井应设置工作台，其位置应高出格栅前设计最高水位 0.5m，其宽度不宜小于 0.7m，格栅井应设置活动盖板	
3	毛发聚集器	过滤筒（网）的有效过水面积应大于连接管截面积的 2 倍；过滤筒（网）的孔径宜采用 3mm；应具有反洗功能和便于清污的快开结构；过滤筒（网）应采用耐腐蚀材料制造	以洗浴（涤）排水为原水时在污水泵吸水管上设置
4	调节池	池内宜设置预曝气管，曝气量不宜小于 $0.6m^3/(m^3 \cdot h)$；池底部应设有集水坑和泄水管，池底应有不小于 0.02 坡度坡向集水坑，池壁应设置爬梯和溢水管。当采用地埋式时，顶部应设置人孔和直通地面的排气管	

续表

序号	处理设施名称	设计要求	备注
5	初次沉淀池		设置应根据原水水质和处理工艺等因素确定。当原水为优质杂排水或杂排水时，设置调节池后可不再设初次沉淀池
6	沉淀池	斜板（管）沉淀池宜采用矩形，沉淀池表面水力负荷宜采用 $1\sim3m^3/(m^2\cdot h)$，斜板（管）间距（孔径）宜大于80mm，板（管）斜长宜取1000mm，倾角宜为60°；斜板（管）上部清水深不宜小于0.5m，下部缓冲层不宜小于0.8m；竖流式沉淀池的设计表面水力负荷宜采用 $0.8\sim1.2m^3/(m^2\cdot h)$，中心管流速不宜大于30mm/s，中心管下部应设喇叭口和反射板，板底面距泥面不宜小于0.3m，排泥斗坡度应大于45°；沉淀池宜采用静水压力排泥，静水头不应小于1500mm，排泥管直径不宜小于80mm；沉淀池集水应设出水堰，其出水负荷不应大于 $1.70L/(s\cdot m)$	对于生物处理后的二次沉淀池和物化处理的混凝沉淀池，当其规模较小时，宜采用斜板（管）沉淀池或竖流式沉淀池。规模较大时，应按现行国家标准《室外排水设计标准》GB 50014 中有关部分设计
7	接触氧化池	当处理优质杂排水时，水力停留时间不应小于2h；处理杂排水或生活排水时，应根据原水水质情况和出水水质要求确定水力停留时间，但不宜小于3h；接触氧化池宜采用易挂膜、耐用、比表面积较大、维护方便的固定填料或悬浮填料；填料的体积可按填料容积负荷和平均日污水量计算，容积负荷宜为 $1000\sim1800gBOD_5/(m^3\cdot d)$，当采用悬浮填料时，装填体积不应小于有效池容积的25%；接触氧化池曝气量可按 BOD_5 的去除负荷计算，宜为 $40\sim80m^3/kgBOD_5$；接触氧化池宜连续运行，当采用间歇运行时，在停止进水时要考虑采用间断曝气的方法来维持生物活性	
8	曝气生物滤池	按现行国家标准《城镇污水再生利用工程设计规范》GB 50335 的有关规定执行	
9	周期循环活性污泥（CASS）池	按国家现行相关标准执行	
10	流离生化池	当处理优质杂排水时，水力停留时间不应小于3h；处理杂排水或生活排水时，应根据原水水质情况和出水水质要求确定水力停留时间，但不宜小于6h；原水在流离生化池中流动距离不小于9m；流离生化池曝气量可按 BOD_5 的去除负荷计算，宜为 $40\sim80m^3/kgBOD_5$；流离生化池内流离生化球的安装高度不小于2.0m，且不大于5.0m	

续表

序号	处理设施名称	设计要求	备注
11	膜生物反应器	处理优质杂排水时,水力停留时间不应小于 2h;处理杂排水或生活排水时,应根据原水水质情况和出水水质要求确定水力停留时间,但不宜小于 3h;容积负荷取值宜为 $0.2 \sim 0.8 kgBOD_5/(m^3 \cdot d)$,污泥负荷取值宜为 $0.05 \sim 0.1 kgBOD_5/(kgMLSS \cdot d)$;污泥浓度宜为 $5 \sim 8g/L$;膜分离装置的总有效膜面积应根据处理系统设计处理能力和膜制造商建议的膜通量计算确定;当采用中空纤维膜或平板膜时,设计膜通量不宜大于 $30L/(m^2 \cdot h)$;当采用管式膜时,设计膜通量不宜大于 $50L/(m^2 \cdot h)$;中水处理站内应设置膜清洗装置,膜清洗装置应同时具备对膜组件实施反向化学清洗和浸泡化学清洗的功能,并宜实现在线清洗	
12	生态处理设施	主要设计参数应通过试验或按相似条件下的运行经验确定,当无上述资料时,可按现行行业标准《污水自然处理工程技术规程》CJJ/T 54 执行	
13	混凝气浮法、活性污泥法、厌氧处理法等处理设施	应按国家现行相关标准执行	
14	过滤处理设施	宜采用过滤器。采用新型滤器、滤料和新工艺时,可按实验资料设计	
15	中水处理一体化装置或组合装置	应具有可靠的设备处理效果参数和组合设备中主要处理环节处理效果参数,其出水水质应符合使用用途要求的水质标准	
16	消毒设施	消毒剂宜采用次氯酸钠、二氧化氯、二氯异氰尿酸钠或其他消毒剂;投加消毒剂宜采用自动定比投加,与被消毒水充分混合接触;采用氯消毒时,加氯量宜为有效氯 $5 \sim 8mg/L$,消毒接触时间应大于 30min;当中水原水为生活污水时,应适当增加加氯量	中水处理必须设置
17	污泥的处理和处置设施	按现行国家标准《室外排水设计标准》GB 50014 以及其他国家现行相关标准执行	

2.11.5 中水处理站

旅馆建筑内的中水处理站宜设在建筑物的最底层或主要排水汇水管道的设备层。

以生活污水为原水的中水处理站宜在建筑物外部按规划要求独立设置,且与公共建筑和住宅的距离不宜小于 15m。

中水处理站的工艺流程、竖向设计宜充分利用场地条件,符合水流通畅、降低能耗的要求。

中水处理站内各处理构筑物的个(格)数不宜少于 2 个(格),并宜按并联方式设计。各处理构筑物上部人员活动区域的净空不宜小于 1.2m。

中水处理站内自耗用水应优先采用中水。

中水处理站地面应设有可靠的排水设施，当机房地面低于室外地坪时，应设置集水设施用污水泵排出。

2.12 管道直饮水系统

2.12.1 水量、水压和水质

旅馆建筑管道直饮水最高日直饮水定额（q_d），可按 2.0～3.0L/(床·d) 采用，亦可根据用户要求确定。

直饮水专用水嘴额定流量宜为 0.04～0.06L/s。

旅馆建筑直饮水专用水嘴最低工作压力不宜小于 0.03MPa。

旅馆建筑管道直饮水系统用户端的水质应符合现行行业标准《饮用净水水质标准》CJ/T 94 的规定。

2.12.2 水处理

旅馆建筑管道直饮水系统应对原水进行深度净化处理。

水处理工艺流程的选择应依据原水水质，经技术经济比较确定。处理后的出水应符合现行行业标准《饮用净水水质标准》CJ/T 94 的规定。

深度净化处理应根据处理后的水质标准和原水水质进行选择，宜采用膜处理技术，参见表 1-333。

不同的膜处理应相应配套预处理、后处理、膜的清洗和水处理消毒灭菌设施，参见表 1-334。

深度净化处理系统排出的浓水宜回收利用。

2.12.3 系统设计

旅馆建筑管道直饮水系统必须独立设置，不得与市政或建筑供水系统直接相连。

旅馆建筑管道直饮水系统宜采取集中供水系统，一座建筑中宜设置一个供水系统。

旅馆建筑常见的管道直饮水系统供水方式，参见表 1-335。

多层旅馆建筑管道直饮水供水竖向不分区；高层旅馆建筑管道直饮水供水应竖向分区，分区原则参见表 1-336。

旅馆建筑管道直饮水系统类型，参见表 1-337。

旅馆建筑管道直饮水系统设计应设循环管道，供、回水管网应设计为同程式。

旅馆建筑管道直饮水系统通常采用全日循环，亦可采用定时循环，供、配水系统中的直饮水停留时间不应超过 12h。

旅馆建筑管道直饮水系统回水宜回流至净水箱或原水水箱。回流到净水箱时，应在消毒设施前接入。

直饮水系统不循环的支管长度不宜大于 6m。

旅馆建筑管道直饮水系统管道敷设要求，参见表 1-338。

旅馆建筑管道直饮水系统管材及附件设置要求，参见表1-339。

2.12.4 系统计算与设备选择

1. 系统计算

旅馆建筑管道直饮水系统最高日直饮水量，应按公式（2-39）计算：

$$Q_d = N \cdot q_d \tag{2-39}$$

式中 Q_d——旅馆建筑管道直饮水系统最高日饮水量，L/d；
N——旅馆建筑管道直饮水系统所服务的床位数，床；
q_d——旅馆建筑最高日直饮水定额，L/（床·d），取2.0～3.0L/（床·d）。

旅馆建筑瞬时高峰用水量，应按公式（1-94）计算。

旅馆建筑瞬时高峰用水时水嘴使用数量，应按公式（1-95）计算。

瞬时高峰用水时水嘴使用数量 m 的确定，应按表1-340（当水嘴数量 $n \leqslant 12$ 个时）、表1-341（当水嘴数量 $n > 12$ 个时）选取。当 $np \geqslant 5$ 并且满足 $n(1-p) \geqslant 5$ 时，可按公式（1-96）简化计算。

水嘴使用概率应按公式（2-40）计算：

$$p = \alpha \cdot Q_d / (1800 \cdot n \cdot q_0) = 0.15 \cdot Q_d / (1800 \cdot n \cdot q_0) \tag{2-40}$$

式中 α——经验系数，旅馆取0.15。

定时循环时，循环流量可按公式（1-98）计算。

管道直饮水供、回水管道内水流速度宜符合表1-342的规定。

2. 设备选择

净水设备产水量可按公式（1-100）计算。

变频调速供水系统水泵设计流量应按公式（1-101）计算；水泵设计扬程应按公式（1-102）计算。

净水箱（槽）有效容积可按公式（1-103）计算；原水调节水箱（槽）容积可按公式（1-104）计算。

原水水箱（槽）的进水管管径宜按净水设备产水量设计，并应根据反洗要求确定水量。当进水管的供水能力满足预处理的流量和压力要求时，原水水箱（槽）可不设置。

2.12.5 净水机房

净水机房设计要求，参见表1-343。

2.12.6 管道敷设与设备安装

管道直饮水管道敷设与设备安装设计要求，参见表1-344。

2.13 给水排水抗震设计

旅馆建筑给水排水管道抗震设计，参见表1-345。

旅馆建筑给水、热水管道直线长度大于50m时，采取波纹伸缩节等附件；管径大于或等于DN65的生活给水、热水、消防系统管道支吊架采用抗震支吊架。

旅馆建筑室内给水排水设备、构筑物、设施选型、布置与固定抗震技术措施，参见表 1-346。

2.14 给水排水专业绿色建筑设计

旅馆建筑绿色设计，应根据旅馆建筑所在地相关规定要求执行。新建旅馆建筑应按照一星级或以上星级标准设计；政府投资或者以政府投资为主的旅馆建筑、建筑面积大于 20000m^2 的大型旅馆建筑宜按照绿色建筑二星级或以上星级标准设计。旅馆建筑二星级、三星级绿色建筑设计专篇，参见表 1-347。

第 3 章 宿舍建筑给水排水设计

宿舍建筑是指有集中管理且供单身人士使用的公共居住建筑，又称为集体宿舍。宿舍建筑分为学生宿舍、职工宿舍等。

《宿舍旅馆规范》规定：宿舍项目的建设规模应根据配套需求或市场需求，以及投资条件等确定；宿舍楼项目建设规模划分，应符合表 3-1 的规定。

宿舍建筑建设规模划分表　　　　　　　　　　　　　　表 3-1

建设规模	小型	中型	大型	特大型
床位数量（张）	<150	150~300	301~500	>500

宿舍建筑功能用房分类，见表 3-2。

宿舍建筑功能用房分类表　　　　　　　　　　　　　　表 3-2

序号	功能区域	功能用房
1	居住区	供居住者睡眠、学习和休息的居室；供居住者进行便溺、洗浴、盥洗等活动的卫生间；附设于建筑物外墙，设有栏杆或栏板，供居住者进行室外活动、晾晒衣物等的阳台；储藏物品用的固定空间（如壁柜、吊柜、专用储藏室等）等
2	公共区	用作便溺、洗手的公用厕所；供洗漱、洗衣等活动的公用盥洗室；供居住者会客、娱乐、小型集会等活动的公共活动室（空间）；建筑物的水平公共交通走廊；供居住者共同使用的加工制作食物的炊事公共厨房等

宿舍建筑居室按其使用要求分为五类，各类居室的人均使用面积不宜小于表 3-3 的规定。

宿舍建筑居室类型及相关指标　　　　　　　　　　　　表 3-3

类型		1类	2类	3类	4类	5类
每室居住人数（人）		1	2	3~4	6	≥8
人均使用面积（m²/人）	单层床、高架床	16	8	6	—	—
	双层床	—	—	—	5	4
储藏空间		立柜、壁柜、吊柜、书架				

注：1. 本表中面积不含居室内附设卫生间和阳台面积；
    2. 5 类宿舍以 8 人为宜，不宜超过 16 人；
    3. 残疾人居室面积宜适当放大，居住人数一般不宜超过 4 人，房间内应留有直径不小于 1.5m 的轮椅回转空间。

宿舍建筑给水排水设计应符合现行国家标准《城市给水工程项目规范》GB 55026、《城乡排水工程项目规范》GB 55027、《建筑给水排水设计标准》GB 50015、《建筑防火通用规范》GB 55037、《消防设施通用规范》GB 55036、《建筑设计防火规范》GB 50016 和

《消防给水及消火栓系统技术规范》GB 50974 等的规定。根据宿舍建筑的功能设置,其给水排水设计涉及的规范标准为《宿舍、旅馆建筑项目规范》GB 55025 等。宿舍建筑若设置中水系统,其设计涉及的现行国家标准为《建筑中水设计标准》GB 50336。宿舍建筑若设置管道直饮水系统,其设计涉及的现行行业标准为《建筑与小区管道直饮水系统技术规程》CJJ/T 110。

3.1 生活给水系统

3.1.1 用水量标准

1. 生活用水量标准

《水标》中宿舍建筑相关功能场所生活用水定额,见表 3-4。

宿舍建筑生活用水定额表　　　　表 3-4

序号	建筑物名称		单位	生活用水定额(L)		使用时数(h)	最高日小时变化系数 K_h
				最高日	平均日		
1	宿舍	居室内设卫生间	每人每日	150~200	130~160	24	3.0~2.5
		设公用盥洗卫生间		100~150	90~120		6.0~3.0
2	餐饮业	快餐店、职工食堂	每顾客每次	20~25	15~20	12~16	1.5~1.2
3	公共浴室	淋浴	每顾客每次	100	70~90	12	2.0~1.5
4	停车库地面冲洗水		每平方米每次	2~3	2~3	6~8	1.0

注:1. 除注明外,均不含员工生活用水,员工最高日用水定额为每人每班 40~60L,平均日用水定额为每人每班 30~45L;
2. 生活用水定额应根据建筑物卫生器具完善程度、地区等影响用水定额的因素确定;
3. 表中用水量标准为生活用水,包括生活用热水用水量和直饮水用量,也包括正常漏水量和间接用水量,如清洁用水在内;但不包括空调、供暖、水景绿化、场地和道路浇洒等用水;
4. 计算宿舍建筑最高日最大时用水量时,某一类型生活用水定额、最高日小时变化系数(K_h)均为一个范围值时,生活用水定额取定额的最低值应对应选择最高日小时变化系数(K_h)的最大值;生活用水定额取定额的最高值应对应选择最高日小时变化系数(K_h)的最小值;生活用水定额取定额的中间值应对应选择最高日小时变化系数(K_h)的中间值(按内插法确定)。

《节水标》中宿舍建筑相关功能场所平均日生活用水节水用水定额,见表 3-5。

宿舍建筑平均日生活用水节水用水定额表　　　　表 3-5

序号	建筑物名称		单位	节水用水定额
1	宿舍	Ⅰ类、Ⅱ类	L/(人·d)	130~160
		Ⅲ类、Ⅳ类		90~120
2	餐饮业	快餐店、职工食堂	L/(人·次)	15~20
3	公共浴室	淋浴	L/(人·次)	70~90
		浴盆、淋浴		120~150
		桑拿浴(淋浴、按摩池)		130~160

续表

序号	建筑物名称	单位	节水用水定额
4	停车库地面冲洗水	L/(m²·次)	2~3

注：1. 表中不含食堂用水；
2. 除注明外均不含员工用水，员工用水定额每人每班30~45L；
3. 表中用水量包括热水用量在内，空调用水应另计；
4. 选择用水定额时，可依据当地气候条件、水资源状况等确定，缺水地区应选择低值；
5. 用水人数或单位数应以年平均值计算；
6. 每年用水天数应根据使用情况确定。

2. 绿化浇灌用水量标准

宿舍院区绿化浇灌最高日用水定额按浇灌面积1.0~3.0L/(m²·d)计算，通常取2.0L/(m²·d)，干旱地区可酌情增加。

3. 浇洒道路用水量标准

宿舍院区道路、广场浇洒最高日用水定额按浇洒面积2.0~3.0L/(m²·d)计算，亦可参见表2-8。

4. 空调循环冷却水补水用水量标准

宿舍建筑空调循环冷却水补充水量，按公式（1-3）计算，亦可由暖通空调专业提供。

5. 汽车冲洗用水量标准

汽车冲洗用水量标准按10.0~15.0L/(辆·次)考虑。

6. 供暖锅炉补充水量

供暖锅炉补充水量由暖通空调、热能动力专业提供。

7. 给水管网漏失水量和未预见水量

这两项水量之和按上述6项用水量（第1项至第6项）之和的8%~12%计算，通常按10%计。

最高日用水量（Q_d）应为上述7项用水量（第1项至第7项）之和。

最大时用水量（Q_{hmax}）可按公式（1-4）计算。

3.1.2 水质标准和防水质污染

1. 水质标准

宿舍给水系统供水水质应符合现行国家标准《生活饮用水卫生标准》GB 5749的要求。

2. 防水质污染

宿舍建筑防止水质污染常见的具体措施，参见表2-9。

3.1.3 给水系统和给水方式

1. 宿舍建筑生活给水系统

典型的宿舍建筑生活给水系统原理图，如图3-1、图3-2所示。

2. 宿舍建筑生活给水供水方式

宿舍建筑生活给水供水方式，见表3-6。

第3章 宿舍建筑给水排水设计

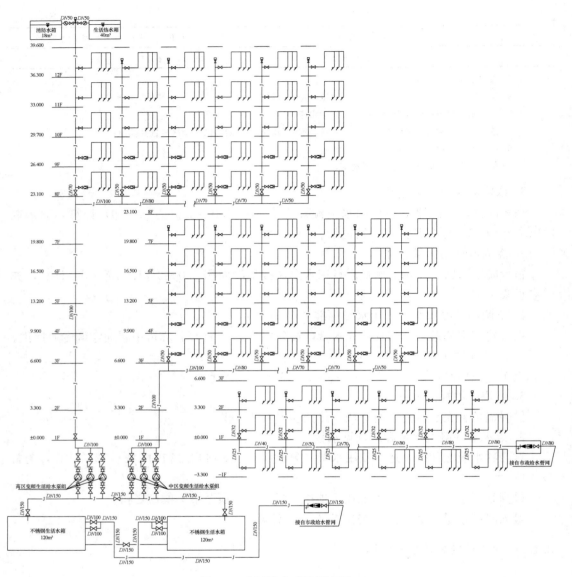

图 3-1 生活给水系统原理图一

宿舍建筑生活给水供水方式表 表 3-6

序号	供水方式	适用范围	备注
1	生活水箱加变频生活给水泵组联合供水	市政给水管网直供区之外的其他竖向分区，即加压区	推荐采用
2	市政给水管网直接供水	市政给水管网压力满足的最低竖向分区	
3	管网叠加供水		可以采用

3. 宿舍建筑生活给水系统竖向分区

宿舍建筑应根据建筑内功能的划分和当地供水部门的水量计费分类等因素，设置相应的生活给水系统，并应利用城镇给水管网的水压。

宿舍建筑生活给水系统竖向分区应根据的原则，见表 3-7。

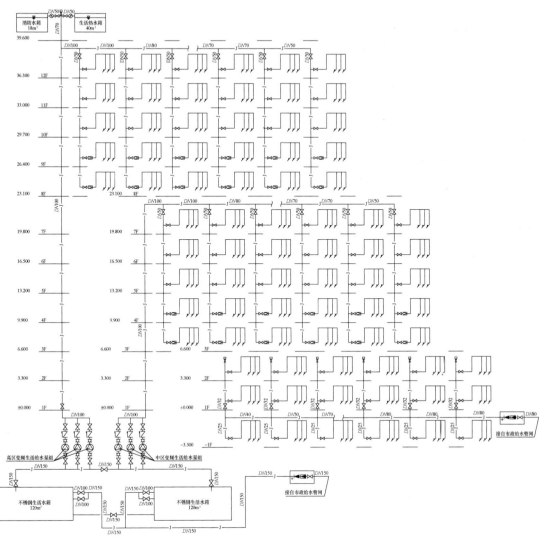

图 3-2 生活给水系统原理图二

宿舍建筑生活给水系统竖向分区原则表 表 3-7

序号	生活给水系统竖向分区原则
1	生活给水系统应满足给水配件最低工作压力要求,且最低配水点静水压力不宜大于 0.45MPa,超过时宜进行竖向分区。设有集中热水系统时,最大分区压力可为 0.55MPa。水压大于 0.35MPa 的配水横管宜设置减压设施
2	生活给水系统用水点处供水压力不宜大于 0.20MPa,并应满足卫生器具工作压力的要求

宿舍建筑生活给水系统竖向分区确定程序,见表 3-8。

生活给水系统竖向分区确定程序表 表 3-8

序号	竖向分区确定程序	备注
1	根据宿舍院区接入市政给水管网的最小工作压力确定由市政给水管网直接供水的楼层	

续表

序号	竖向分区确定程序	备注
2	根据市政给水直供楼层以上楼层的竖向建筑高度合理确定分区的个数及分区范围	高层宿舍建筑生活给水竖向分区楼层数宜为7~10层（竖向高度30m左右），不宜多于12层
3	根据需要加压供水的总楼层数，合理调整需要加压的各竖向分区，使其高度基本一致	各竖向分区涉及楼层数宜基本相同

4. 宿舍建筑生活给水系统形式

宿舍建筑生活给水系统通常采用下行上给式，设备管道设置方法见表3-9。

生活给水系统设备管道设置方法表 表3-9

序号	设备管道名称	设备管道设置方法
1	生活水箱及各分区供水泵组	设置在建筑地下室或院区生活水泵房
2	各分区给水总干管	自各分区给水泵组接出，沿下部楼层吊顶内或顶板下横向敷设接至各区域水管井
3	各分区给水总立管	设置在各区域水管井内，自各分区给水总干管接出，竖向敷设接至各区域最下部楼层
4	各分区给水横干管	设置在各区域最下部楼层吊顶内或顶板下，自各分区给水总立管接出，横向敷设接至本区域各用水场所（宿舍卫生间等）水管井
5	分区内给水立管	分别自本区域给水横干管接出，沿水管井向上敷设，每个竖向水管井设置1根给水立管
6	给水支管	自分区内各个水管井内给水立管接出，接至每层各用水场所用水点，通常1个卫生间等用水场所设置1根给水支管；给水支管在水管井内沿水流方向依次设置阀门、减压阀（若需要的话）、冷水表（适用于需要单独计量时）；居住区宿舍卫生间水管井负责2个相邻卫生间时，宜每个卫生间设置1根给水支管，水管井空间较小时亦可合用1根给水支管；水管井内给水支管宜设置在距地1.0~1.2m的高度，向上接至卫生间吊顶内敷设至该卫生间各用水卫生器具

宿舍卫生间给水支管管径确定，见表3-10。

宿舍卫生间给水支管管径确定表 表3-10

序号	宿舍卫生间卫生器具配置	给水支管管径（mm）
1	1个洗脸盆；1个坐便器；1个淋浴器	DN20
2	1个洗脸盆；1个蹲便器；1个淋浴器	DN25

公共卫生间给水支管管径确定，见表3-11。

公共卫生间给水支管管径确定表 表3-11

序号	公共卫生间蹲便器数量	给水支管管径（mm）
1	1个	DN25
2	2个	DN40
3	≥3个	DN50

宿舍建筑内需要预留给水支管的有新风机房等场所。

3.1.4 管材及附件

1. 生活给水系统管材

宿舍建筑生活给水系统给水管道应选用耐腐蚀、安装连接方便可靠、符合国家现行有关产品标准要求及饮用水卫生要求的管材，常用管材包括薄壁不锈钢管、薄壁铜管、PVC-C（氯化聚氯乙烯）冷水用管、钢塑复合管、内衬不锈钢复合钢管、铝塑复合管等。

2. 生活给水系统阀门

宿舍建筑生活给水系统设置阀门的部位，见表3-12。

生活给水系统设置阀门部位表　　　　表3-12

序号	设置阀门部位
1	院区接自市政给水管网的引入管段上
2	院区室外环状给水管网的节点处
3	自院区室外环状给水管网给水干管上接出的支管起端
4	建筑入户管、水表前
5	建筑各分区给水总干管起端、分区内各给水立管起端（通常位于立管底部）
6	建筑室内生活给水管道向公共卫生间、宿舍卫生间、浴室、预留给水管道场所等接出的给水支管起端
7	水箱、生活水泵房、电热水器、电开水器、汽水（水水）换热器、减压阀、倒流防止器等进水管处

3. 生活给水系统止回阀

宿舍建筑生活给水系统设置止回阀的部位，见表3-13。

生活给水系统设置止回阀部位表　　　　表3-13

序号	设置止回阀部位
1	直接从市政给水管网接入建筑物的引入管上
2	接至水箱（包括生活冷水箱、生活热水箱、消防水箱）、生活热水机房（内设备区域生活热水汽水换热器或水水换热器）、冷热源机房、空气源热泵热水设备等场所的给水管起端
3	每台生活给水泵组出水管上

4. 生活给水系统减压阀

宿舍建筑配水横管静水压大于0.20MPa的楼层各分区内给水支管起端应设置减压阀，减压阀位置在阀门之后。

5. 生活给水系统水表

宿舍建筑生活给水系统按分区域计量原则设置水表，生活给水系统设置水表的部位，见表3-14。

生活给水系统设置水表部位表　　　　表3-14

序号	设置水表部位
1	直接从市政给水管网接入建筑物的引入管上
2	院区各建筑自院区环状给水管网接入的入户管上

续表

序号	设置水表部位
3	各区域给水干管上
4	接至生活冷水箱、生活热水箱、消防水箱、消防水池、空调补水进水管上
5	室外绿化用（补）水给水管上
6	地下车库冲洗用水给水管上
7	有特殊计量要求场所的给水进水管上

注：1. 水表设置在给水阀门井内或水管道井内；
  2. 水表阻力损失要求不大于 0.0245MPa；
  3. 水表宜采用远传水表或 IC 卡水表等智能化水表；
  4. 给水管管径≥$DN50$ 时，水表管径比给水管管径小 2 号；给水管管径＜$DN50$ 时水表管径比给水管管径小 1 号。

6. 生活给水系统其他附件

生活水箱的生活给水进水管上应设自动水位控制阀。

宿舍建筑生活给水系统设置过滤器的部位，参见表 2-19。

宿舍建筑内公共卫生间的洗手盆水嘴应采用非接触式或延时自闭式水嘴，通常采用感应式水嘴；小便斗、大便器应采用非手动开关。用水点非手动开关的型式，参见表 2-20。

3.1.5 给水管道布置及敷设

1. 室外生活给水系统布置与敷设

宿舍院区的室外生活给水管网应布置成环状管网，管径宜为 $DN150$。环状给水管网与市政给水管网的连接管不宜少于 2 条，引入管管径宜为 $DN150$、不宜小于 $DN100$。

宿舍院区室外生活给水管道与其他地下管线及乔木之间的最小净距，参照表 1-25 的规定。

2. 室内生活给水系统布置与敷设

宿舍建筑室内生活给水管道通常布置成支状管网，单向供水，宜沿室内公共区域敷设。宿舍建筑生活给水管道不应布置的场所，参见表 2-21。

3. 室内给水管道防护

室内生活给水横干管、立管超过 50m 时，宜设伸缩补偿装置。

与人防工程功能无关的室内生活给水管道应避免穿越人防地下室，确需穿越时应在人防侧设防护阀门，管道穿越处应设防护套管。

4. 生活给水管道保温

敷设在有可能结冻的房间、地下室及管井、管沟等处的给水管道应有防冻措施。

屋顶水箱间内生活给水管道均需做保温，所有给水横管及管井内的给水立管均做防结露保温。室内满足防冻要求的管道可不做防结露保温。

给水管道保温材料厚度确定，参见表 1-30、表 1-31。

3.1.6 生活给水系统给水管网计算

1. 宿舍院区室外生活给水管网

室外生活给水管网设计流量应按宿舍院区生活给水最大时用水量确定。院区给水引入管的设计流量应按最大时用水量确定;当引入管为 2 条时,应保证当其中一条发生故障时,其余的引入管可以提供不小于 70% 的流量。

宿舍院区室外生活给水管网管径宜采用 DN150。

2. 宿舍建筑室内生活给水管网

采用市政给水管网直接供水时,给水引入管设计流量(Q_1)应按直供区生活给水设计秒流量计;采用生活水箱+变频给水泵组供水时,给水引入管设计流量(Q_2)应按加压区生活水箱设计补水量计,设计补水量不得小于高区最高日平均时用水量,不宜大于最高日最大时用水量。

宿舍建筑内生活给水设计秒流量应按公式(3-1)计算:

$$q_g = 0.2 \cdot \alpha \cdot (N_g)^{1/2} = 0.5 \cdot (N_g)^{1/2} \tag{3-1}$$

式中 q_g——计算管段的给水设计秒流量,L/s;

N_g——计算管段的卫生器具给水当量总数;

α——根据宿舍建筑用途而定的系数,宿舍(居室内设卫生间)取 2.5。

注:如计算值小于该管段上一个最大卫生器具给水额定流量时,应采用一个最大的卫生器具给水额定流量作为设计秒流量;如计算值大于该管段上按卫生器具给水额定流量累加所得流量值时,应按卫生器具给水额定流量累加所得流量值采用;有大便器延时自闭冲洗阀的给水管段,大便器延时自闭冲洗阀的给水当量均以 0.5 计,计算得到的 q_g 附加 1.20L/s 的流量后,为该管段的给水设计秒流量。

宿舍建筑生活给水设计秒流量计算,可参照表 3-15。

宿舍建筑生活给水设计秒流量计算表(L/s) 表 3-15

卫生器具给水当量数 N_g	宿舍(居室内设卫生间)$\alpha=2.5$	卫生器具给水当量数 N_g	宿舍(居室内设卫生间)$\alpha=2.5$	卫生器具给水当量数 N_g	宿舍(居室内设卫生间)$\alpha=2.5$	卫生器具给水当量数 N_g	宿舍(居室内设卫生间)$\alpha=2.5$	卫生器具给水当量数 N_g	宿舍(居室内设卫生间)$\alpha=2.5$
1	0.50	17	2.06	46	3.39	78	4.42	125	5.59
2	0.71	18	2.12	48	3.46	80	4.47	130	5.70
3	0.87	19	2.18	50	3.54	82	4.53	135	5.81
4	1.00	20	2.24	52	3.61	84	4.58	140	5.92
5	1.12	22	2.35	54	3.67	86	4.64	145	6.02
6	1.22	24	2.45	56	3.74	88	4.69	150	6.12
7	1.32	26	2.55	58	3.81	90	4.74	155	6.22
8	1.41	28	2.65	60	3.87	92	4.80	160	6.32
9	1.50	30	2.74	62	3.94	94	4.85	165	6.42
10	1.58	32	2.83	64	4.00	96	4.90	170	6.52
11	1.66	34	2.92	66	4.06	98	4.95	175	6.61
12	1.73	36	3.00	68	4.12	100	5.00	180	6.71
13	1.80	38	3.08	70	4.18	105	5.12	185	6.80
14	1.87	40	3.16	72	4.24	110	5.24	190	6.89
15	1.94	42	3.24	74	4.30	115	5.36	195	6.98
16	2.00	44	3.32	76	4.36	120	5.48	200	7.07

续表

卫生器具给水当量数 N_g	宿舍（居室内设卫生间）$\alpha=2.5$	卫生器具给水当量数 N_g	宿舍（居室内设卫生间）$\alpha=2.5$	卫生器具给水当量数 N_g	宿舍（居室内设卫生间）$\alpha=2.5$	卫生器具给水当量数 N_g	宿舍（居室内设卫生间）$\alpha=2.5$	卫生器具给水当量数 N_g	宿舍（居室内设卫生间）$\alpha=2.5$
205	7.16	295	8.59	385	9.81	475	10.90	1150	16.96
210	7.25	300	8.66	390	9.87	480	10.95	1200	17.32
215	7.33	305	8.73	395	9.94	485	11.01	1250	17.68
220	7.42	310	8.80	400	10.00	490	11.07	1300	18.03
225	7.50	315	8.87	405	10.06	495	11.12	1350	18.37
230	7.58	320	8.94	410	10.12	500	11.18	1400	18.71
235	7.66	325	9.01	415	10.19	550	11.73	1450	19.04
240	7.75	330	9.08	420	10.25	600	12.25	1500	19.36
245	7.83	335	9.15	425	10.31	650	12.75	1550	19.69
250	7.91	340	9.22	430	10.37	700	13.23	1600	20.00
255	7.98	345	9.29	435	10.43	750	13.69	1650	20.31
260	8.06	350	9.35	440	10.49	800	14.14	1700	20.62
265	8.14	355	9.42	445	10.55	850	14.58	1750	20.92
270	8.22	360	9.49	450	10.61	900	15.00	1800	21.21
275	8.29	365	9.55	455	10.67	950	15.41	1850	21.51
280	8.37	370	9.62	460	10.72	1000	15.81	1900	21.79
285	8.44	375	9.68	465	10.78	1050	16.20	1950	22.08
290	8.51	380	9.75	470	10.84	1100	16.58	2000	22.36

宿舍建筑有自闭式冲洗阀时生活给水设计秒流量计算，可参照表 1-33。

宿舍公共浴室、食堂或营业餐厅的厨房等建筑生活给水管道的设计秒流量应按公式（3-2）计算：

$$q_g = \Sigma q_{g0} \cdot n_0 \cdot b_g \tag{3-2}$$

式中 q_g ——宿舍建筑计算管段的给水设计秒流量，L/s；

q_{g0} ——宿舍建筑同类型的一个卫生器具给水额定流量，L/s，可按表 3-17 采用；

n_0 ——宿舍建筑同类型卫生器具数；

b_g ——宿舍建筑卫生器具的同时给水使用百分数；宿舍公共浴室内的淋浴器和洗脸盆按表 3-16 选用，宿舍食堂或营业餐厅的设备按表 3-17 选用。

宿舍公共浴室卫生器具同时使用百分数表　　　　　　表 3-16

序号	卫生器具名称	卫生器具同时使用百分数（%）
1	有间隔淋浴器	60～80
2	无间隔淋浴器	100
3	洗脸盆、盥洗槽水嘴	60～100

宿舍食堂或营业餐厅厨房设备同时使用百分数表 表 3-17

序号	厨房设备名称	厨房设备同时使用百分数（%）
1	洗涤盆（池）	70
2	煮锅	60
3	生产性洗涤机	40
4	器皿洗涤机	90
5	开水器	50
6	蒸汽发生器	100
7	灶台水嘴	30

注：宿舍饭堂的洗碗台水嘴，按100%同时给水，但不与厨房用水叠加。

3. 宿舍建筑内卫生器具给水当量

宿舍建筑常见卫生器具的给水额定流量、给水当量、连接给水管管径和最低工作压力按表3-18确定。

常见卫生器具给水额定流量、给水当量、连接给水管管径和最低工作压力表 表 3-18

序号	卫生器具名称	给水额定流量（L/s）	给水当量	连接给水管管径（mm）	最低工作压力（MPa）
1	拖布池	0.15～0.20	0.75～1.00	15	0.100
2	盥洗槽	0.15～0.20	0.75～1.00	15	0.100
3	洗脸盆（冷水供应）	0.15	0.75	15	0.100
4	洗脸盆（冷水、热水供应）	0.10	0.50	15	0.100
5	洗手盆（冷水供应）	0.10	0.50	15	0.100
6	洗手盆（冷水、热水供应）	0.10	0.50	15	0.100
7	淋浴器（冷水、热水供应）	0.10	0.50	15	0.100～0.200
8	大便器（冲洗水箱浮球阀）	0.10	0.50	15	0.050
9	大便器（延时自闭式冲洗阀）	1.20	6.00	25	0.100～0.150
10	小便器（手动或自动自闭式冲洗阀）	0.10	0.50	15	0.050

4. 宿舍建筑内给水管管径

宿舍建筑内给水供水管的管径，应根据该给水供水管段的设计秒流量、允许给水流速等查相关计算表格确定。生活给水管道内的给水流速，宜参照表1-38。

宿舍设坐便器居室内设卫生间个数与给水供水管管径的对照表，参见表3-19。

宿舍设坐便器居室内设卫生间个数与给水供水管管径对照表 表 3-19

卫生间配置坐便器、洗脸盆、淋浴器各1个								
居室内设卫生间数量（个）	1	2	3～5	6～18	19～49	50～140	141～300	301～711	≥712
给水供水管管径DN（mm）	25	32	40	50	70	80	100	125	150

注：生活给水供水管管径不宜大于DN150；宿舍居室内设卫生间数量较多时，每个竖向分区可根据区域、组团配置2根或2根以上供水管。

宿舍设蹲便器居室内设卫生间个数与给水供水管管径的对照表，参见表3-20。

宿舍设蹲便器居室内设卫生间个数与给水供水管管径对照表　　　表 3-20

卫生间配置蹲便器、洗脸盆、淋浴器各 1 个							
居室内设卫生间数量（个）	1	2	3～7	8～29	30～105	106～247	248～628	≥629
给水供水管管径 DN（mm）	32	40	50	70	80	100	125	150

注：生活给水供水管管径不宜大于 $DN150$；宿舍居室内设卫生间数量较多时，每个竖向分区可根据区域、组团配置 2 根或 2 根以上供水管。

整个生活给水系统生活给水立管、干管均按照其服务的给水设计秒流量确定其管段管径。

3.1.7 生活水泵和生活水泵房

宿舍建筑给水设计应有可靠的水源和供水管道系统，当仅有一路城市引入管或供水不满足设计秒流量或压力要求时，应设置加压供水设备。

1. 生活水泵

宿舍建筑生活给水加压水泵宜采用 3 台（2 用 1 备）配置模式，亦可采用 2 台（1 用 1 备）或 4 台（3 用 1 备）配置模式。

宿舍建筑生活给水加压通常采用变频调速给水泵组，其设计流量应按其负责给水系统的最大设计秒流量确定，即 $Q=q_g$。设计时应统计该系统内各用水点卫生器具的生活给水当量数，经公式（3-1）、公式（3-2）计算或查表 3-15 得出设计流量值。

生活给水加压水泵的设计工作压力，按公式（1-10）计算。

2. 生活水泵房

宿舍建筑二次加压给水的水泵房应为独立的房间，并应环境良好、便于维修和管理，不应与居室和需要安静的房间毗邻；水泵房及设备应采取消声和减振措施；高层建筑的加压给水泵出水管应采取消除水锤措施。

宿舍建筑生活水泵房的设置位置应根据其所供水服务的范围确定，见表 3-21。

宿舍建筑生活水泵房位置确定及要求表　　　表 3-21

序号	水泵房位置	适用情况	设置要求
1	院区室外集中设置	院区室外有空间；常见于新建宿舍院区，且设有多座建筑	宜与消防水泵房、消防水池、暖通冷热源机房、锅炉房等集中设置，宜靠近用水量较大、居室较多的宿舍建筑
2	建筑地下室楼层设置	院区室外无空间；涉及建筑单体较少；所在建筑用水量较大	宜设在地下一层或地下二层，不宜设在最低地下楼层；水泵房地面宜高出室外地面 200～300mm；不应毗邻居室、办公室等场所或在其上层或下层；宜采取减振防噪措施
3	分期独立设置	宿舍所在院区采取分期建设	
4	分区域独立设置	宿舍所在院区面积较大，甚至院区跨越市政道路	

各分区的生活给水泵组宜集中布置；生活水泵房内每套生活给水泵组宜设置在一个基础上。

3.1.8 生活贮水箱（池）

宿舍建筑给水设计应有可靠的水源和供水管道系统，当仅有一路城市引入管或供水不满足设计秒流量或压力要求时，应设置生活贮水箱（池）。

宿舍建筑水箱间应为独立的房间，并应环境良好、便于维修和管理，不应与居室和需要安静的房间毗邻。

1. 贮水容积

宿舍建筑生活用水贮水箱（池）的有效容积计算时，其生活用水调节量应按进水量与用水量变化曲线经计算确定，当资料不足时，宜按最高日用水量的20%~25%确定，最大不得大于48h的用水量。有条件时可适当增加生活贮水箱（池）有效容积。

宿舍建筑生活用水贮水设备宜采用贮水箱。

2. 生活水箱

宿舍建筑生活水箱设计要求，参见表1-46。

3. 生活水箱相关管道、装置设置要求

宿舍建筑生活水箱相关管道设施要求，参见表1-47。

生活水箱各水位指标确定方法及取值经验值，参见表1-48。

3.2 生活热水系统

3.2.1 热水系统类别

宿舍建筑生活热水系统分类，见表3-22。

生活热水系统分类表　　　　　　　表3-22

序号	分类标准	热水系统类别	宿舍建筑应用情况	应用程度
1	供应范围	集中生活热水系统	居住区宿舍居室卫生间居住者洗浴生活热水系统；厨房生活热水系统	最常用
2		局部（分散）生活热水系统	公共区工作人员洗浴生活热水系统	较常用
3		区域生活热水系统	整个宿舍院区生活热水系统	不常用
4		分布式生活热水系统	居住区宿舍卫生间居室居住者洗浴生活热水系统	越来越常用
5	热水管网循环方式	热水干管立管支管循环生活热水系统	1、2类宿舍居住区宿舍居室卫生间居住者洗浴生活热水系统	不常用
6		热水干管立管循环生活热水系统	3、4、5类宿舍居住区宿舍居室卫生间居住者洗浴生活热水系统	最常用
7		热水干管循环生活热水系统	厨房生活热水系统	不常用
8		不循环生活热水系统	各局部（分散）生活热水系统	较常用

续表

序号	分类标准	热水系统类别	宿舍建筑应用情况	应用程度
9	热水管网循环水泵运行方式	全日循环生活热水系统	1、2类宿舍生活热水系统	最常用
10		定时循环生活热水系统	3、4、5类宿舍生活热水系统；厨房生活热水系统	常用
11	热水管网循环动力方式	强制循环生活热水系统		最常用
12		自然循环生活热水系统		极少用
13	是否敞开形式	闭式生活热水系统		最常用
14		开式生活热水系统		极少用
15	热水管网布置型式	下供下回式生活热水系统	热源位于建筑底部，即由锅炉房提供热媒（高温蒸汽或高温热水），经汽水或水水换热器提供热水热源等的生活热水系统	最常用
16		上供上回式生活热水系统	热源位于建筑顶部，即由屋顶太阳能热水设备及（或）空气能热泵热水设备提供热水热源等的生活热水系统	常用
17		上供下回式生活热水系统		较少用
18		分层上供上回式生活热水系统		较少用
19	热水管路距离	同程式生活热水系统		目前最常用
20		异程式生活热水系统		越来越常用
21	热水系统分区方式	加热器集中设置生活热水系统	宿舍院区内各个建筑生活热水系统距离较近、规模相差不大或为同一建筑内不同竖向分区系统时的生活热水系统	最常用
22		加热器分散设置生活热水系统	宿舍院区各个建筑生活热水系统距离较远、规模相差较大时的生活热水系统	较常用
23		加热器分布设置生活热水系统	不受宿舍院区建筑距离、规模限制时的生活热水系统	较少用

典型的宿舍建筑生活热水系统原理图，见图 3-3～图 3-6。

3.2.2 生活热水系统热源

宿舍建筑集中生活热水供应系统的热源，参见表 2-34。

宿舍建筑生活热水系统主要包括居住区宿舍人员洗浴和公共浴室人员洗浴等热水，热水用水量大、集中、可靠性要求高，其热源选用参见表 2-35。

宿舍建筑生活热水系统常见热源组合形式，见表 3-23。

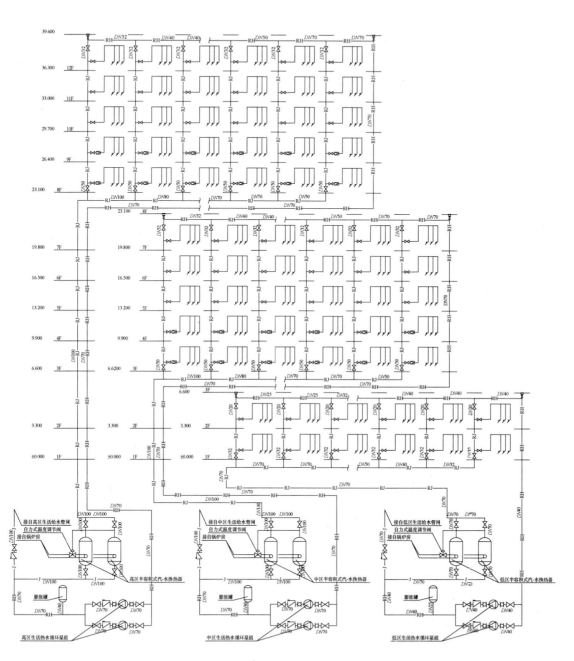

图 3-3 生活热水系统原理图一

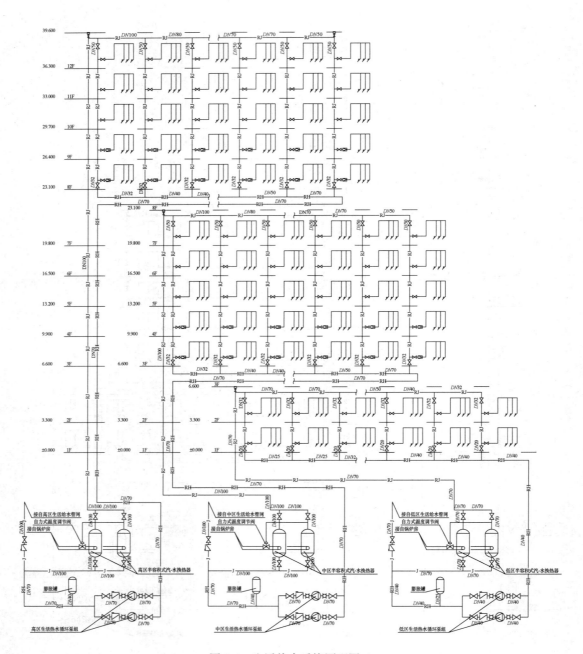

图 3-4 生活热水系统原理图二

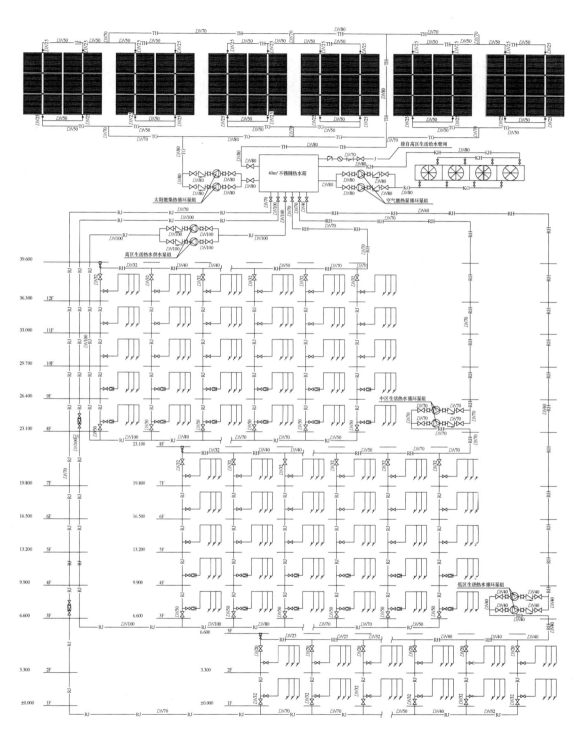

图 3-5 生活热水系统原理图三

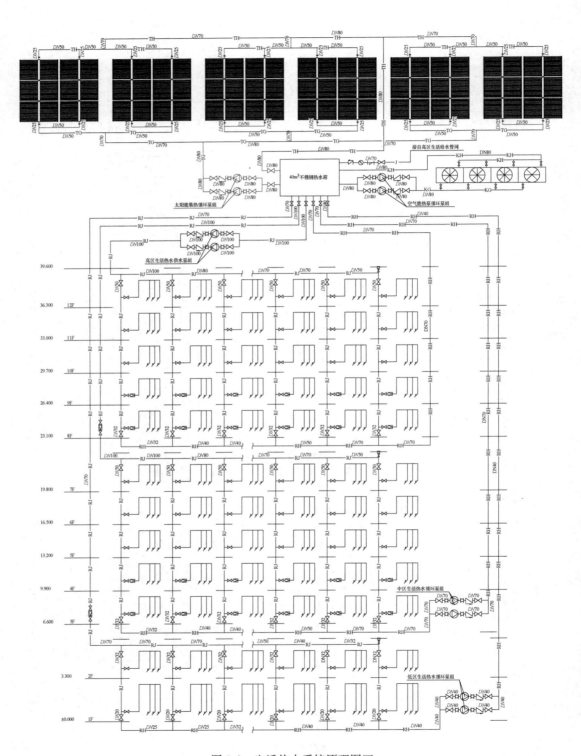

图 3-6 生活热水系统原理图四

生活热水系统常见热源组合形式表　　　　表 3-23

序号	热源组合形式名称	主要热源	辅助热源	适用范围
1	热水锅炉＋太阳能组合	宿舍院区内设置燃气（油）锅炉房，锅炉房内高温热水锅炉提供热媒（通常为80℃/60℃高温热水），经建筑内（通常设置在地下室）热水机房（换热机房）内的各区域（竖向分区）水水换热器换热后为系统提供60℃/50℃低温热水	宿舍建筑屋顶设置太阳能热水机房（房间内设置储热水箱或储热罐、生活热水供水泵组、生活热水循环泵组、太阳能集热循环泵组等），屋顶布置太阳能集热板及太阳能供水、回水管道，太阳能热水供水设备为系统提供60℃/50℃高温热水	该组合方式为主要推荐形式，适用于我国北方、西北等寒冷或严寒地区宿舍建筑生活热水系统
2	太阳能＋空气源热能组合	宿舍建筑屋顶设置热水机房（设置储热水箱或储热罐、生活热水供水泵组、生活热水循环泵组、太阳能集热循环泵组、空气能热泵循环泵组等），屋顶布置太阳能集热板及太阳能供水、回水管道。太阳能热水供水设备为系统提供60℃/50℃高温热水	宿舍建筑屋顶设置热水机房，屋顶布置空气能热泵热水机组及空气能供水、回水管道。空气源热泵热水机组为系统提供60℃/50℃高温热水	该组合方式为另一种主要推荐形式，适用于我国南部或中部地区宿舍建筑生活热水系统

宿舍建筑屋顶设置太阳能光伏发电系统时，系统产生的电能可用于屋顶热水箱内热水的加热，保证生活热水系统供水温度。

3.2.3 热水系统设计参数

1. 宿舍建筑热水用水定额

按照《水标》，宿舍建筑相关功能场所热水用水定额，见表3-24。

宿舍建筑热水用水定额表　　　　表 3-24

序号	建筑物名称		单位	用水定额（L）		使用时数（h）	最高日小时变化系数 K_h
				最高日	平均日		
1	宿舍	居室内设卫生间	每人每日	70～100	40～55	24 或定时供应	3.0～2.5
		设公用盥洗卫生间		40～80	35～45		6.0～3.0
2	餐饮业	快餐店、职工食堂	每顾客每次	10～12	7～10	12～16	1.5～1.2
3	公共浴室	淋浴	每顾客每次	40～60	35～40	12	2.0～1.5

注：1. 表中所列用水定额均已包括在表3-4中；
　　2. 本表以60℃热水水温为计算温度，卫生器具的使用水温参见表3-26；
　　3. 表中平均日用水定额仅用于计算太阳能热水系统集热器面积和计算节水用水量。

《节水标》中宿舍建筑相关功能场所热水平均日节水用水定额，见表3-25。

宿舍建筑热水平均日节水用水定额表　　　　　　　表 3-25

序号	建筑物名称		单位	节水用水定额
1	宿舍	Ⅰ类、Ⅱ类	L/(人·d)	40~55
		Ⅲ类、Ⅳ类		35~45
2	餐饮业	快餐店、职工食堂	L/(人·次)	7~10
3	公共浴室	淋浴	L/(人·次)	35~40
		浴盆、淋浴		55~70
		桑拿浴（淋浴、按摩池）		60~70

注：热水温度按60℃计。

宿舍建筑所在地为较大城市、标准要求较高的，宿舍建筑热水用水定额可以适当选用较高值；反之可选用较低值。

2. 宿舍建筑卫生器具用水定额及水温

宿舍建筑相关功能场所卫生器具的一次热水用水量、小时热水用水量和水温，应按表 3-26 确定。

宿舍建筑卫生器具一次热水用水量、小时热水用水量和水温表　　　表 3-26

序号	卫生器具名称			一次热水用水量（L）	小时热水用水量（L）	水温（℃）
1	宿舍	淋浴器	有淋浴小间	70~100	210~300	37~40
			无淋浴小间	—	450	
		盥洗槽水嘴		3~5	50~80	30
2	餐饮业	洗涤盆（池）		—	250	50
		洗脸盆	工作人员用	3	60	30
			顾客用	—	120	
		淋浴器		40	400	37~40
3	公共浴室	淋浴器	有淋浴小间	100~150	200~300	37~40
			无淋浴小间	—	450~540	
		洗脸盆		5	50~80	35

注：表中用水量均为使用水温时的用水量；一次热水用水量指使用一次的用水量，并非卫生器具开关一次的用水量，有些卫生器具使用一次可能需要开关几次。

3. 宿舍建筑冷水计算温度

冷水的计算温度应以当地最冷月平均水温资料确定。当无水温资料时，按表 1-58 采用。

宿舍建筑冷水计算温度宜按宿舍建筑当地地面水温度确定，水温有取值范围时宜取低值。

4. 宿舍建筑水加热设备供水温度

宿舍建筑集中热水供应系统的水加热设备（包括热水锅炉、热水机组或水加热器等）的出水温度按表 1-59 采用。宿舍建筑集中生活热水系统水加热设备的供水温度宜为60~65℃，通常按60℃计。

5. 宿舍建筑生活热水水质

宿舍建筑生活热水的水质指标，应符合现行国家标准《生活饮用水卫生标准》GB 5749 的要求。

3.2.4 热水系统设计指标

1. 宿舍建筑热水设计小时耗热量

（1）全日供应热水设计小时耗热量

当宿舍建筑生活热水系统采用全日供应热水的集中生活热水系统时，其设计小时耗热量应按公式（3-3）计算：

$$Q_h = K_h \cdot m \cdot q_r \cdot C \cdot (t_{r1} - t_1) \cdot \rho_r \cdot C_\gamma / T \tag{3-3}$$

式中　Q_h——宿舍建筑生活热水设计小时耗热量，kJ/h；

　　　K_h——宿舍建筑生活热水小时变化系数，可按表 3-27 经内插法计算采用；

宿舍建筑生活热水小时变化系数表　　　　表 3-27

建筑类别	热水用水定额 q_r [L/(人·d)]		使用人数 m（人）	热水小时变化系数 K_h
	最高日	平均日		
居室内设卫生间	70～100	40～55	150≤m≤1200	4.80～3.20
设公用盥洗卫生间	40～80	35～45	—	—

注：K_h 应根据热水用水定额高低、使用人数多少取值，当热水用水定额高、使用人数多时取低值，反之取高值。使用人数小于下限值（150人）时，K_h 取上限值（4.80）；使用人数大于上限值（1200人）时，K_h 取下限值（3.20）；使用人数位于下限值与上限值之间（150～1200人）时，K_h 取值在上限值与下限值之间（4.80～3.20），采用内插法计算求得。

　　　m——宿舍建筑设计人数，人；

　　　q_r——宿舍建筑生活热水用水定额，L/(人·d)，按宿舍建筑热水最高日用水定额表（表 3-24）选用；

　　　C——水的比热，kJ/(kg·℃)，C=4.187kJ/(kg·℃)；

　　　t_{r1}——热水计算温度，℃，计算时 t_{r1} 宜取 65℃；

　　　t_1——冷水计算温度，℃，计算时通常按表 1-58 选用；

　　　ρ_r——热水密度，kg/L，通常取 1.0kg/L；

　　　C_γ——热水供应系统的热损失系数，C_γ=1.10～1.15；

　　　T——宿舍建筑每日使用时间，h，取 24h。

将 C、t_{r1}、ρ_r、C_γ、T 等参数代入后为公式（3-4）：

$$Q_h = 0.201 \cdot K_h \cdot m \cdot q_r \cdot (65 - t_1) \tag{3-4}$$

（2）定时供应热水设计小时耗热量

当宿舍建筑生活热水系统采用定时供应热水的集中生活热水系统时，其设计小时耗热量应按公式（3-5）计算：

$$Q_h = \sum q_h \cdot C \cdot (t_{r2} - t_1) \cdot \rho_r \cdot n_0 \cdot b_g \cdot C_\gamma \tag{3-5}$$

式中　Q_h——宿舍建筑生活热水设计小时耗热量，kJ/h；

　　　q_h——宿舍建筑卫生器具生活热水的小时用水定额，L/h，可按表 3-26 采用，计算时通常取小时热水用水量的上限值；

C——水的比热，kJ/(kg·℃)，$C=4.187$kJ/(kg·℃)；
t_{r2}——热水计算温度，℃，计算时按表 3-26 选用，淋浴器使用水温通常取 40℃；
t_1——冷水计算温度，℃，按全日生活热水系统 t_1 取值表 1-58 选用；
ρ_r——热水密度，kg/L，通常取 1.0kg/L；
n_0——宿舍建筑同类型卫生器具数；
b_g——宿舍建筑卫生器具的同时使用百分数：宿舍（居室内设卫生间）卫生间内淋浴器可按 70%～100% 计，通常按 100% 计，其他卫生器具不计，但定时连续热水供水时间应大于或等于 2h；宿舍（设公用盥洗卫生间）的浴室内的淋浴器和洗脸盆按表 3-28 选用；

宿舍（设公用盥洗卫生间）卫生器具同时使用百分数表　　表 3-28

序号	卫生器具名称	卫生器具同时使用百分数（%）
1	有间隔淋浴器	80
2	无间隔淋浴器	100
3	洗脸盆、盥洗槽水嘴	100

C_γ——热水供应系统的热损失系数，$C_\gamma=1.10\sim1.15$。

宿舍建筑宿舍卫生间内绝大多数情况下采用淋浴器洗浴。

当有淋浴小间时，淋浴器热水小时用水定额取 300L/h，热水计算温度取 40℃，同时使用百分数取 80%。在此情况下，设计小时耗热量按公式（3-6）计算：

$$Q_h = 1155.6 \cdot (40 - t_1) \cdot n_0 \qquad (3-6)$$

当无淋浴小间时，淋浴器热水小时用水定额取 450L/h，热水计算温度取 40℃，同时使用百分数均取 100%。在此情况下，设计小时耗热量按公式（3-7）计算：

$$Q_h = 2166.8 \cdot (40 - t_1) \cdot n_0 \qquad (3-7)$$

计算时，t_1 通常取地面水温度的下限值，我国各地地面水温度可取 4℃、5℃、7℃、8℃、10℃、15℃、20℃，根据公式（3-6）、公式（3-7）计算得到的简便计算公式见表 3-29。

不同冷水计算温度生活热水系统采用定时供应热水 Q_h 计算公式对照表　　表 3-29

冷水计算温度（℃）	宿舍建筑生活热水系统采用定时供应热水 Q_h 计算公式（kJ/h）	
	有淋浴小间	无淋浴小间
4	$41601.6 \cdot n_0$	$78004.8 \cdot n_0$
5	$40446.0 \cdot n_0$	$75838.0 \cdot n_0$
7	$38134.8 \cdot n_0$	$71504.4 \cdot n_0$
8	$36979.2 \cdot n_0$	$69337.6 \cdot n_0$
10	$34668.0 \cdot n_0$	$65004.0 \cdot n_0$
15	$28890.0 \cdot n_0$	$54170.0 \cdot n_0$
20	$23112.0 \cdot n_0$	$43336.0 \cdot n_0$

宿舍建筑同类型卫生器具数 n_0 即为生活热水系统涉及的浴盆或淋浴器数量之和。

(3) 不同使用要求用水部门热水设计小时耗热量

具有多个不同使用热水部门或具有多种热水使用形式的宿舍建筑，当其热水由同一热水供应系统供应时，设计小时耗热量，可按同一时间内出现用水高峰的主要用水部门的设计小时耗热量加其他用水部门的平均小时耗热量计算。

2. 宿舍建筑设计小时热水量

宿舍建筑设计小时热水量，按公式（3-8）计算：

$$q_{rh} = Q_h / [(t_{r3} - t_1) \cdot C \cdot \rho_r \cdot C_\gamma] \tag{3-8}$$

式中 q_{rh}——宿舍建筑生活热水设计小时热水量，L/h；

Q_h——宿舍建筑生活热水设计小时耗热量，kJ/h；

t_{r3}——设计热水温度，℃，计算时 t_{r3} 取值与 t_{r1} 一致即可；

t_1——冷水计算温度，℃；

C——水的比热，kJ/(kg·℃)，C=4.187kJ/(kg·℃)；

ρ_r——热水密度，kg/L，通常取 1.0kg/L；

C_γ——热水供应系统的热损失系数，C_γ=1.10~1.15。

当宿舍建筑生活热水系统采用全日供应热水的集中生活热水系统时，引入设计小时耗热量计算公式，设计小时热水量可按公式（3-9）计算：

$$q_{rh} = K_h \cdot m \cdot q_r / T \tag{3-9}$$

当宿舍建筑生活热水系统采用定时供应热水的集中生活热水系统时，引入设计小时耗热量计算公式，当有淋浴小间时，设计小时热水量可按公式（3-10）计算：

$$q_{rh} = 1155.6 \cdot (40 - t_1) \cdot n_0 / (65 - t_1) \tag{3-10}$$

当无淋浴小间时，设计小时热水量可按公式（3-11）计算：

$$q_{rh} = 2166.8 \cdot (40 - t_1) \cdot n_0 / (65 - t_1) \tag{3-11}$$

3. 宿舍建筑加热设备供热量

宿舍建筑全日集中生活热水系统中，锅炉、水加热设备的设计小时供热量应根据日热水用量小时变化曲线、加热方式及锅炉、水加热设备的工作制度经积分曲线计算确定。

(1) 容积式水加热器或贮热容积与其相当的水加热器、燃油（气）热水机组供热量

宿舍建筑生活热水系统采用的容积式水加热器均应为导流型容积式水加热器，其设计小时供热量可按公式（3-12）计算：

$$Q_g = Q_h - (\eta \cdot V_r / T_1) \cdot (t_{r3} - t_1) \cdot C \cdot \rho_r \tag{3-12}$$

式中 Q_g——宿舍建筑导流型容积式水加热器的设计小时供热量，kJ/h；

Q_h——宿舍建筑设计小时耗热量，kJ/h；

η——导流型容积式水加热器有效贮热容积系数，取 0.8~0.9；

V_r——导流型容积式水加热器总贮热容积，L；

T_1——宿舍建筑设计小时耗热量持续时间，h，全日集中热水供应系统 T_1 取 2~4h；定时集中热水供应系统 T_1 等于定时供水的时间；当 Q_g 计算值小于平均小时耗热量时，Q_g 应取平均小时耗热量；

t_{r3}——设计热水温度，℃，按导流型容积式水加热器出水温度或贮水温度计算，通常取 65℃；

t_1——冷水温度，℃；

C——水的比热，kJ/(kg·℃)，$C=4.187$kJ/(kg·℃)；

ρ_r——热水密度，kg/L，通常取 1.0kg/L。

在宿舍建筑生活热水系统设计小时供热量计算时，通常取 $Q_g = Q_h$。

（2）半容积式水加热器或贮热容积与其相当的水加热器、燃油（气）热水机组供热量

宿舍建筑生活热水系统亦常采用半容积式水加热器，此时半容积式水加热器设计小时供热量按设计小时耗热量计算，即取 $Q_g = Q_h$。

（3）半即热式、快速式水加热器及其他无贮热容积水加热设备供热量

宿舍建筑分散生活热水系统常采用上述半即热式、快速式热水器，其设计小时供热量按设计秒流量所需耗热量计算，可按公式（3-13）计算：

$$Q_g = 3600 \cdot q_g \cdot (t_r - t_l) \cdot C \cdot \rho_r \qquad (3\text{-}13)$$

式中　Q_g——宿舍建筑半即热式、快速式水加热器的设计小时供热量，kJ/h；

q_g——宿舍建筑热水供应系统供水总干管的设计秒流量，L/s。

3.2.5　生活热水系统热水管网计算

1. 生活热水管网设计流量

（1）宿舍建筑生活热水引入管设计流量

宿舍建筑生活热水引入管设计流量应按该建筑相应生活热水供水系统总供水干管的设计秒流量确定。

（2）宿舍建筑内生活热水设计秒流量

宿舍建筑内生活热水设计秒流量应按公式（3-14）计算：

$$q_g = 0.2 \cdot \alpha \cdot (N_g)^{1/2} = 0.5 \cdot (N_g)^{1/2} \qquad (3\text{-}14)$$

式中　q_g——计算管段的热水设计秒流量，L/s；

N_g——计算管段的卫生器具热水当量总数；

α——根据宿舍建筑用途而定的系数，宿舍（居室内设卫生间）取 2.5。

注：如计算值小于该管段上一个最大卫生器具热水额定流量时，应采用一个最大的卫生器具热水额定流量作为设计秒流量；如计算值大于该管段上按卫生器具热水额定流量累加所得流量值时，应按卫生器具热水额定流量累加所得流量值采用。

宿舍建筑生活热水设计秒流量计算，可参照表 3-30。

宿舍建筑生活热水设计秒流量计算表（L/s）　　表 3-30

卫生器具热水当量数 N_g	宿舍（居室内设卫生间）$\alpha=2.5$	卫生器具热水当量数 N_g	宿舍（居室内设卫生间）$\alpha=2.5$	卫生器具热水当量数 N_g	宿舍（居室内设卫生间）$\alpha=2.5$	卫生器具热水当量数 N_g	宿舍（居室内设卫生间）$\alpha=2.5$	卫生器具热水当量数 N_g	宿舍（居室内设卫生间）$\alpha=2.5$
1	0.50	6	1.22	11	1.66	16	2.00	22	2.35
2	0.71	7	1.32	12	1.73	17	2.06	24	2.45
3	0.87	8	1.41	13	1.80	18	2.12	26	2.55
4	1.00	9	1.50	14	1.87	19	2.18	28	2.65
5	1.12	10	1.58	15	1.94	20	2.24	30	2.74

续表

卫生器具热水当量数 N_g	宿舍（居室内设卫生间）$\alpha=2.5$	卫生器具热水当量数 N_g	宿舍（居室内设卫生间）$\alpha=2.5$	卫生器具热水当量数 N_g	宿舍（居室内设卫生间）$\alpha=2.5$	卫生器具热水当量数 N_g	宿舍（居室内设卫生间）$\alpha=2.5$	卫生器具热水当量数 N_g	宿舍（居室内设卫生间）$\alpha=2.5$
32	2.83	90	4.74	220	7.42	365	9.55	600	12.25
34	2.92	92	4.80	225	7.50	370	9.62	650	12.75
36	3.00	94	4.85	230	7.58	375	9.68	700	13.23
38	3.08	96	4.90	235	7.66	380	9.75	750	13.69
40	3.16	98	4.95	240	7.75	385	9.81	800	14.14
42	3.24	100	5.00	245	7.83	390	9.87	850	14.58
44	3.32	105	5.12	250	7.91	395	9.94	900	15.00
46	3.39	110	5.24	255	7.98	400	10.00	950	15.41
48	3.46	115	5.36	260	8.06	405	10.06	1000	15.81
50	3.54	120	5.48	265	8.14	410	10.12	1050	16.20
52	3.61	125	5.59	270	8.22	415	10.19	1100	16.58
54	3.67	130	5.70	275	8.29	420	10.25	1150	16.96
56	3.74	135	5.81	280	8.37	425	10.31	1200	17.32
58	3.81	140	5.92	285	8.44	430	10.37	1250	17.68
60	3.87	145	6.02	290	8.51	435	10.43	1300	18.03
62	3.94	150	6.12	295	8.59	440	10.49	1350	18.37
64	4.00	155	6.22	300	8.66	445	10.55	1400	18.71
66	4.06	160	6.32	305	8.73	450	10.61	1450	19.04
68	4.12	165	6.42	310	8.80	455	10.67	1500	19.36
70	4.18	170	6.52	315	8.87	460	10.72	1550	19.69
72	4.24	175	6.61	320	8.94	465	10.78	1600	20.00
74	4.30	180	6.71	325	9.01	470	10.84	1650	20.31
76	4.36	185	6.80	330	9.08	475	10.90	1700	20.62
78	4.42	190	6.89	335	9.15	480	10.95	1750	20.92
80	4.47	195	6.98	340	9.22	485	11.01	1800	21.21
82	4.53	200	7.07	345	9.29	490	11.07	1850	21.51
84	4.58	205	7.16	350	9.35	495	11.12	1900	21.79
86	4.64	210	7.25	355	9.42	500	11.18	1950	22.08
88	4.69	215	7.33	360	9.49	550	11.73	2000	22.36

2. 宿舍建筑内卫生器具热水当量

宿舍建筑卫生器具的热水额定流量、热水当量、连接热水管管径和最低工作压力按表 3-31 确定。

卫生器具热水额定流量、热水当量、连接热水管管径和最低工作压力表　　　表 3-31

序号	热水配件名称	热水额定流量（L/s）	热水当量	连接热水管公称管径（mm）	最低工作压力（MPa）
1	洗脸盆（单阀水嘴）	0.15	0.75	15	0.050
2	洗脸盆（混合水嘴）	0.15（0.10）	0.75（0.50）	15	0.050
3	洗手盆（感应水嘴）	0.10	0.50	15	0.050
4	洗手盆（混合水嘴）	0.15（0.10）	0.75（0.50）	15	0.050
5	淋浴器（混合阀）	0.15（0.10）	0.75（0.50）	15	0.050～0.100

3. 宿舍建筑内热水管管径

宿舍建筑内热水供水管的管径，应根据该热水供水管段的设计秒流量、允许热水流速等查相关计算表格确定。生活热水管道内的热水流速，宜按表 1-66 控制。

宿舍居室卫生间个数与热水供水管管径的对照表，参见表 3-32。

宿舍居室卫生间个数与热水供水管管径对照表　　　表 3-32

卫生间配置坐便器、洗脸盆、淋浴器各 1 个								
宿舍居室卫生间数量（个）	1	2	3～4	5～12	13～36	37～114	115～357	358～1157	≥1158
热水供水管管径 DN（mm）	25	32	40	50	70	80	100	125	150

注：生活热水供水管管径不宜大于 DN150；宿舍居室卫生间数量较多时，每个竖向分区可根据区域、组团配置 2 根或 2 根以上供水管。

每个卫生间的生活热水供水支管采用 DN20。

本区域热水回水干管管径根据该区域热水供水干管最大管径确定。热水回水管管径与热水供水管管径的对照，见表 3-33。

热水回水干管管径与热水供水干管管径对照表　　　表 3-33

热水供水管管径 DN（mm）	20～25	32	40	50	70	80	100	125	150	200
热水回水管管径 DN（mm）	20	20	25	32	40	40	50	70	80	100

整个生活热水系统的生活热水供水立管、干管均按照其服务的热水设计秒流量确定其管段管径；生活热水回水立管、干管先按照其服务的热水设计秒流量确定出一个供水管管径值，再根据表 3-33 确定其管段回水管管径值。

3.2.6 生活热水机房（换热机房、换热站）

宿舍建筑生活热水机房（换热机房、换热站）位置确定，见表 3-34。

宿舍生活热水机房（换热机房、换热站）位置确定表 表 3-34

序号	生活热水机房（换热机房、换热站）位置	生活热水系统热源情况	生活热水机房（换热机房、换热站）内设施	适用范围
1	院区室外独立设置	院区锅炉房热水（蒸汽）锅炉提供热媒，经换热后提供第1热源；院区动力中心提供其他热媒或热源；太阳能设备或空气能热泵设备提供第2热源	常用设施：水（汽）水换热器（加热器）、热水循环泵组；少用设施：热水箱、热水供水泵组	新建宿舍院区；新建、改建宿舍建筑；设有锅炉房或动力中心
2	单体建筑室内地下室	院区锅炉房（动力中心）提供热媒，经换热后提供第1热源；太阳能设备或空气能热泵设备提供第2热源		新建宿舍院区；新建宿舍建筑；设有锅炉房或动力中心
3	单体建筑屋顶	太阳能设备或（和）空气能热泵设备提供热源；必要情况下燃气热水设备提供第2热源	热水箱、热水循环泵组、集热循环泵组、空气能热泵循环泵组；采用双热水箱时，设置水箱循环泵组	新建、改建宿舍建筑；屋顶设有热源热水设备

3.2.7 生活热水箱

宿舍建筑生活热水箱设计要求，参见表 1-72。

生活热水箱各种水位，按表 1-74 确定。

3.2.8 生活热水循环泵

1. 生活热水循环泵设置位置

当系统热源由高温热媒经院区热水机房（换热机房）内的各分区换热设备后向各分区供给热水时，各分区生活热水循环泵通常设在热水机房（换热机房）内。当系统热源由屋顶太阳能供水设备向各分区供给热水时，各分区生活热水循环泵通常设在本分区最低楼层或下面一层热水循环泵房内。

2. 生活热水循环泵设计流量

生活热水循环水泵的出水量，按公式（3-15）计算：

$$q_{xh} = K_x \cdot q_x \tag{3-15}$$

式中 q_{xh}——宿舍建筑热水循环水泵流量，L/h；

K_x——宿舍建筑相应循环措施的附加系数，可取 1.5～2.5；

q_x——宿舍建筑全日供应热水的循环流量，L/h。

当宿舍建筑热水系统采用定时供水时，热水循环流量可按循环管网总水容积的 2～4 倍计算。

当宿舍建筑热水系统采用全日集中供水时，热水循环流量，按公式（3-16）计算：

$$q_x = Q_s/(C \cdot \rho_r \cdot \Delta t_s) \tag{3-16}$$

式中 q_x——宿舍建筑全日供应热水的循环流量，L/h；
　　Q_s——宿舍建筑热水配水管道的热损失，kJ/h，经计算确定，建议按设计小时耗热量 Q_h 的 3%～5%确定；
　　C——水的比热，kJ/(kg·℃)，$C=4.187$kJ/(kg·℃)；
　　ρ_r——热水密度，kg/L；
　　Δt_s——宿舍建筑热水配水管道的热水温度差，℃，按热水系统大小确定，可按 5～10℃。

设计中，生活热水循环泵的流量可按照所服务热水系统设计小时流量的 25%～30%确定。

3. 生活热水循环泵设计扬程

生活热水循环泵的扬程，按公式（3-17）计算：

$$H_b = h_p + h_x \tag{3-17}$$

式中 H_b——宿舍建筑热水循环泵的扬程，mH₂O；
　　h_p——宿舍建筑热水循环水量通过热水配水管网的水头损失，mH₂O；
　　h_x——宿舍建筑热水循环水量通过热水回水管网的水头损失，mH₂O。

生活热水循环泵的扬程，简便计算按公式（3-18）计算：

$$H_b \approx 1.1 \cdot R \cdot (L_1 + L_2) \tag{3-18}$$

式中 H_b——宿舍建筑热水循环泵的扬程，mH₂O；
　　R——热水管网单位长度的水头损失，mH₂O/m，可按 0.010～0.015mH₂O/m；
　　L_1——自水加热器至热水管网最不利点的供水管管长，m；
　　L_2——自热水管网最不利点至水加热器的回水管管长，m。

宿舍建筑热水循环泵组通常每套设置 2 台，1 用 1 备，交替运行。

4. 太阳能集热循环泵

太阳能集热循环泵通常设置在屋顶生活热水箱间内，宜设置在太阳能设备供水管即从生活热水箱接出的管道上。集热循环泵流量，按公式（1-28）计算；集热循环泵扬程，按公式（1-29）、公式（1-30）计算。

宿舍建筑集热循环泵组通常每套设置 2 台，1 用 1 备，交替运行。

3.2.9 热水系统管材、附件和管道敷设

1. 生活热水系统管材

宿舍建筑生活热水系统热水管道常用的管材包括薄壁不锈钢管、PVC-C（氯化聚氯乙烯）热水用管、薄壁铜管、钢塑复合管（如 PSP 管）、铝塑复合管等，较少采用普通塑料热水管。

2. 生活热水系统阀门

宿舍建筑生活热水系统设置阀门的部位，参见表 2-50。

3. 生活热水系统止回阀

宿舍建筑生活热水系统设置止回阀的部位，参见表 2-51。

4. 生活热水系统水表

宿舍建筑生活热水系统按分区域原则设置热水表，热水表宜采用远传智能水表。

5. 热水系统排气装置、泄水装置

对于上行下给式热水系统，系统热水配水干管最高处及向上抬高管段应设置DN25自动排气阀、检修阀门；对于下行上给式热水系统，可利用最高热水配水点放气。

热水管道系统的最低处及向下凹的管段应设置泄水装置或利用最低热水配水点泄水。

6. 温度计、压力表

宿舍建筑生活热水系统设置温度计的部位，参见表1-77；设置压力表的部位，参见表1-78。

7. 管道补偿装置

长度超过50m的热水横干管或立管均应设置波纹伸缩节，通常设置在该根管道上管径较小的管段处，靠近一端的管道固定支吊架。

8. 保温

生活热水系统中的热水锅炉、燃油（气）热水机组、水加热设备、贮热水箱（罐）、分（集）水器、热水输（配）水干（立）管、热水循环回水干（立）管均应做保温。

热水管道保温材料厚度确定，参见表1-79、表1-80。

3.3 排水系统

3.3.1 排水系统类别

宿舍建筑排水系统分类，见表3-35。

排水系统分类表　　　　　　　　　　　　　　表3-35

序号	分类标准	排水系统类别	宿舍建筑应用情况	应用程度
1	建筑内场所使用功能	生活污水排水	宿舍建筑内居住区宿舍居室卫生间、公共区工作人员卫生间、公共卫生间污水排水	常用
2		生活废水排水	宿舍建筑内工作人员办公室、淋浴间、洗浴中心洗谷等废水排水	
3		厨房废水排水	宿舍建筑内附设厨房、食堂、餐厅污水排水	
4		设备机房废水排水	宿舍建筑内附设水泵房（包括生活水泵房、消防水泵房）、空调机房、制冷机房、换热机房、锅炉房、热水机房、直饮水机房等机房废水排水	
5		车库废水排水	宿舍建筑内附设车库内地面冲洗废水排水	
6		消防废水排水	宿舍建筑内消防电梯井排水、自动喷水灭火系统试验排水、消火栓系统试验排水、消防水泵试验排水等废水排水	
7		绿化废水排水	宿舍建筑室外绿化废水排水	

续表

序号	分类标准	排水系统类别	宿舍建筑应用情况	应用程度
8	建筑内污、废水排水方式	重力排水方式	宿舍建筑地上污废水排水	最常用
9		压力排水方式	宿舍建筑地下室污废水排水	常用
10	污废水排水体制	污废合流排水系统		最常用
11		污废分流排水系统		少用
12	排水系统通气方式	设有通气管系排水系统	伸顶通气排水系统通常应用在公共区排水，专用通气立管排水系统通常应用在居住区排水。环形通气排水系统、器具通气排水系统通常应用在个别区域公共卫生间排水	最常用
13		特殊单立管排水系统	可用在居住区排水	少用

宿舍建筑室内污废水排水体制采用合流制。

典型的宿舍建筑排水系统原理图，污水、废水合流排放时，见图 3-7；污水、废水分流排放时，见图 3-8。

宿舍建筑中的生活污水、厨房废水等均应经化粪池处理；生活废水、设备机房废水、消防废水、绿化废水等不需经过化粪池处理。

宿舍建筑污废水与建筑雨水应雨污分流。

居住区宿舍居室卫生间、公共区公共卫生间等生活粪便污水、生活废水等可合流排放。应单独管道排放的污废水，见表 3-36。

应单独管道排放污废水表　　　　　　　　　表 3-36

序号	单独管道排放污废水种类
1	宿舍建筑厨房、餐厅等餐饮废水
2	排水温度超过 40℃ 的锅炉等设备的排污水

注：重力排水（污废水）与压力排水（污废水）应分开管道排放。

3.3.2 卫生器具

1. 宿舍建筑内卫生器具种类及设置场所

宿舍建筑内卫生器具种类及设置场所，见表 3-37。

宿舍建筑内卫生器具种类及设置场所表　　　　表 3-37

序号	卫生器具名称	主要设置场所
1	坐便器	居住区卫生间；公共区残疾人卫生间
2	蹲便器	居住区、公共区公共卫生间
3	淋浴器	居住区卫生间；公共区工作人员淋浴间
4	洗脸盆	居住区卫生间；公共区公共卫生间
5	台板洗脸盆	居住区卫生间；公共区公共卫生间
6	小便器	公共区公共卫生间
7	拖布池	公共区公共卫生间
8	盥洗池	居住区、公共区公共卫生间
9	洗菜池	食堂、厨房
10	厨房洗涤槽	厨房

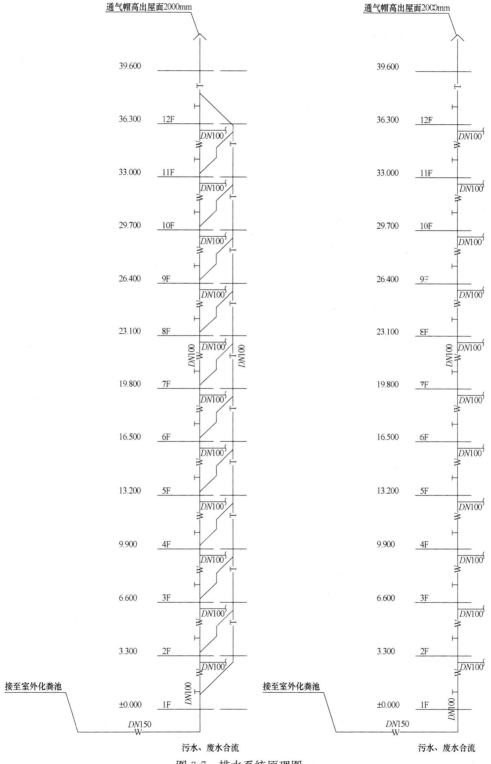

图 3-7 排水系统原理图一

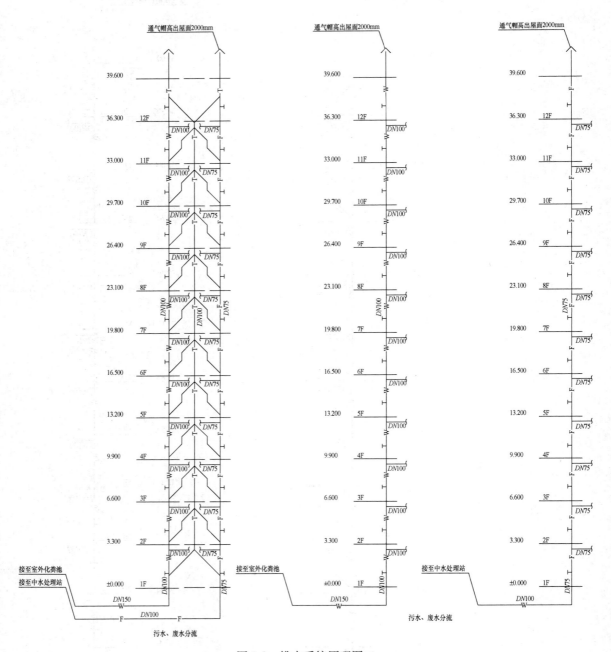

图 3-8 排水系统原理图二

2. 宿舍建筑内卫生器具安装高度

宿舍建筑内卫生器具安装高度，参见表1-89。

3. 宿舍建筑内卫生器具选用

宿舍建筑内卫生器具选用，见表3-38。

宿舍建筑内卫生器具选用表　　　　　表3-38

序号	卫生器具种类	卫生器具使用场所	卫生器具选型
1	大便器	中高端宿舍建筑居室卫生间或对噪声有特殊要求的卫生间	旋涡虹吸式连体型大便器
2			脚踏式自闭式冲洗阀冲洗的坐式或蹲式大便器
3	小便器	宿舍建筑公共卫生间	红外感应自动冲洗小便器
4	洗手盆		龙头应采用非手动型

4. 居室卫生间排水设计要点

居室卫生间排水立管及通气立管通常敷设于专用管道井内，排水立管与通气立管采用结合管连接。管道井中排水立管与通气立管中心距最小值，参见表1-91。

5. 宿舍建筑内卫生器具排水配件穿越楼板留孔位置及尺寸

常见卫生器具排水配件穿越楼板留孔位置及尺寸，参见表1-92。

6. 地漏

宿舍建筑内居室卫生间、工作人员洗浴间、开水间、空调机房、新风机房、公共卫生间、盥洗室等场所内应设置地漏。

宿舍建筑地漏及其他水封高度要求不得小于50mm，且不得大于100mm。

宿舍建筑地漏类型选用，参见表2-57；地漏规格选用，参见表2-58。

7. 水封装置

宿舍建筑中采用排水沟排水的场所包括厨房、车库、泵房、设备机房、公共浴室等。当排水沟内废水直接排至室外时，沟与排水排出管之间应设置水封装置。卫生器具排水管段上不得重复设置水封装置。

3.3.3 排水系统水力计算

1. 宿舍建筑最高日和最大时生活排水量

宿舍建筑生活排水量宜按该建筑生活给水量的85%～95%计算，通常按90%。

2. 宿舍建筑卫生器具排水技术参数

宿舍建筑卫生器具的排水流量、排水当量、排水支管管径、排水坡度等基本参数的选定，见表3-39。

卫生器具排水流量、排水当量、排水支管管径、排水坡度表　　表3-39

序号	卫生器具名称	排水流量（L/s）	排水当量	排水管管径（mm）	排水管最小坡度
1	洗涤盆、污水盆（池）	0.33	1.00	50	0.025
2	餐厅、厨房洗菜盆（池）				
	单格洗涤盆（池）	0.67	2.00	50	0.025
	双格洗涤盆（池）	1.00	3.00	50	0.025

续表

序号	卫生器具名称		排水流量（L/s）	排水当量	排水管管径（mm）	排水管最小坡度
3	盥洗槽（每个水嘴）		0.33	1.00	50～75	0.025
4	洗手盆、洗脸盆（无塞）		0.10	0.30	32～50	0.020
5	洗脸盆（有塞）		0.25	0.75	32～50	0.020
6	淋浴器		0.15	0.45	50	0.020
7	大便器	高水箱	1.50	4.50	100	0.012
		低水箱（冲落式）	1.50	4.50	100	0.012
		低水箱（虹吸式）	2.00	6.00	100	0.012
		自闭式冲洗阀	1.50	4.50	100	0.012
8	小便器	手动冲洗阀	0.05	0.15	40～50	0.020
		自闭式冲洗阀	0.10	0.30	40～50	0.020
		自动冲洗水箱	0.17	0.50	40～50	0.020
9	大便槽	≤4个蹲位	2.50	7.50	100	0.012
		＞4个蹲位	3.00	9.00	100	0.012
10	小便槽（每米长）	手动冲洗阀	0.05	0.15	—	—
		自动冲洗水箱	0.17	0.50	—	—
11	饮水器		0.05	0.15	25～50	0.010～0.020

注：设计时有确定的器具排水流量，则应按实际计算。

3. 宿舍建筑排水设计秒流量

宿舍建筑（Ⅰ、Ⅱ类）的生活排水管道设计秒流量，按公式（3-19）计算：

$$q_u = 0.18(N_p)^{1/2} + q_{max} \tag{3-19}$$

式中　q_u——计算管段排水设计秒流量，L/s；

　　　N_p——计算管段的卫生器具排水当量总数；

　　　q_{max}——计算管段上最大一个卫生器具的排水流量，L/s。

计算时，如计算所得流量值大于该管段上按卫生器具排水流量累加值时，应按卫生器具排水流量累加值计。

宿舍建筑（Ⅰ、Ⅱ类）$q_{max}=1.50$L/s 和 $q_{max}=2.00$L/s 时排水设计秒流量计算数据，参见表1-97。

宿舍建筑（Ⅲ、Ⅳ类）、公共浴室、职工食堂或营业餐厅的厨房等建筑的生活排水管道设计秒流量，按公式（3-20）计算：

$$q_p = \Sigma q_0 \cdot n_0 \cdot b \tag{3-20}$$

式中　q_p——宿舍建筑计算管段的排水设计秒流量，L/s；

　　　q_0——宿舍建筑同类型的一个卫生器具排水流量，L/s，可按表3-39采用；

n_0——宿舍建筑同类型卫生器具数；

b——宿舍建筑卫生器具的同时排水百分数；宿舍公共浴室内的淋浴器和洗脸盆按表 3-16 选用，职工食堂或营业餐厅的设备按表 3-17 选用。

注：当计算排水流量小于一个大便器排水流量时，应按一个大便器的排水流量计算。

4. 宿舍建筑排水管道管径确定

宿舍建筑排水铸铁管道最小坡度，按表 1-98 确定；胶圈密封连接排水塑料横管的坡度，按表 1-99 确定；建筑内排水管道最大设计充满度，参见表 1-100；排水管道自清流速，参见表 1-101。

排水横管水力计算按照公式（1-32）、公式（1-33）；排水铸铁管水力计算，参见表 1-102；排水塑料管水力计算，参见表 1-103。

不同管径下排水横管允许流量 Q_p，参见表 1-104。

宿舍建筑排水系统中排水横干管常见管径为 $DN100$、$DN150$。$DN100$ 排水横干管对应排水当量最大限值，参见表 1-105，$DN150$ 排水横干管对应排水当量最大限值，参见表 1-106。

不同通气方式的排水立管最大设计排水能力，参见表 1-107～表 1-109。

宿舍建筑各种排水管的推荐管径，参见表 2-60。

3.3.4 排水系统管材、附件和检查井

1. 宿舍建筑排水管管材

宿舍建筑室外排水管可采用埋地排水塑料管，包括硬聚氯乙烯管、聚乙烯管和玻璃纤维增强塑料夹砂管等。常用的室外排水管还有双壁加筋波纹排水管、双平壁钢塑复合缠绕排水管等。

宿舍建筑室内排水管类型，见表 3-40。

室内排水管类型表　　　　表 3-40

序号	排水管类型	排水管设置要求
1	玻纤增强聚丙烯（FRPP）排水管	在多层、高层宿舍建筑中均可应用
2	柔性接口机制铸铁排水管	高层宿舍建筑排水管宜采用柔性接口机制排水铸铁管，连接方式有法兰压盖式承插柔性连接和无承口卡箍式连接
3	硬聚氯乙烯（PVC-U）排水管	采用胶水（胶粘剂）粘接连接，可在多层宿舍建筑中采用，不宜在高层宿舍建筑中采用
4	宿舍建筑压力排水管	可采用焊接钢管、钢塑复合管、镀锌钢管
5	宿舍建筑高温污水排水管	采用机制铸铁排水管或焊接钢管

2. 宿舍建筑排水管附件

排水立管上检查口的设置位置，参见表 1-113；检查口之间的最大距离，参见表 1-114；检查口设置要求，参见表 1-115。

清扫口的设置位置，参见表 1-116；清扫口至室外检查井中心最大长度，参见表 1-117；

排水横管直线管段上清扫口之间的最大距离,参见表 1-118。

塑料排水管道支吊架间距规定,参见表 1-119。

3. 宿舍建筑排水管道布置敷设

宿舍建筑排水管道不应布置场所,见表 3-41。

排水管道不应布置场所表 表 3-41

序号	排水管道不应布置场所	具体要求
1	宿舍居室	生活排水管道不得穿越居室,并不宜靠近与居室相邻的内墙
2	直饮水机房、生活水泵房等设备机房	排水横管和立管均不得在宿舍建筑直饮水机房内敷设;排水横管禁止在宿舍建筑生活水箱箱体正上方敷设,生活水泵房其他区域不宜敷设排水管道;设在室内的消防水池(箱)应按此要求处理
3	厨房、餐厅	宿舍建筑中厨房内的主副食操作间、烹调间、备餐间、加工间、粗加工、冷菜间、面点蒸煮间、食品储藏库(主食库、副食库)等房间的上方均不应敷设排水管道,排水立管不宜穿过上述房间;宿舍建筑中的各类餐厅、售餐间;宿舍建筑中的厨房排水应独立设置,排水横管和立管均不得与卫生间污水排水管道连通。上述场所上方排水管不宜采用同层排水方式
4	电气机房	宿舍建筑中的电气机房包括高压配电室、低压配电室(包括其值班室)、柴油发电机房(包括储油间)、网络机房、弱电机房、UPS机房、消防控制室等,排水管道不得敷设在此类电气机房内
5	结构变形缝、结构风道	原则上排水管道不得穿过结构变形缝;若条件限制必须穿越沉降缝时,则应预留沉降量并设置不锈钢软管柔性连接,必须穿越伸缩缝时,则应安装伸缩器
6	电梯机房、通风小室	
7	人防区域	与人防工程功能无关的排水管道不应穿越人防区域;人防区域与上部非人防区域通常设置不小于 600mm 垫层用于敷设上部排水的排水横干管;人防区域压力排水管在穿越人防围护结构、防爆单元隔墙时应采取防护措施

宿舍建筑排水系统管道设计遵循原则,参见表 2-63。

高层宿舍建筑居住区卫生间各排水立管汇集后的排水横干管敷设于最低居住层下面一层顶板下或吊顶内。当最低居住层下一层吊顶内空间高度无法满足时,可采取表 3-42 方法处理。

最低居住层排水管与汇集后排水横干管连接处理方法表 表 3-42

处理方法编号	具体要求
1	将最低居住层各排水点污废水单独汇集至独立排水横干管排放
2	将最低居住层各排水点污废水由各自排水横支管分别接至汇集排水横干管上

宿舍建筑的最底层污废水宜单独排放。

4. 宿舍建筑间接排水

宿舍建筑中的间接排水,见表 3-43。

3.3 排水系统

间接排水一览表 表 3-43

序号	间接排水情况
1	宿舍建筑生活水箱、直饮水水箱等的泄水管和溢流管通常就近排入水箱所在水泵房、机房的排水地沟
2	消防水箱等的泄水管和溢流管通常就近排入消防水箱间地漏或直接排至室外建筑屋面
3	居住区开水器、热水器排水通常就近排至本房间内地漏
4	蒸发式冷却器、空调设备冷凝水的排水通常就近排至本房间内地漏

宿舍建筑未设置地下室时,排水排出管穿越有沉降可能的承重墙或基础时应预留洞口;设置地下室时,排水排出管穿越地下室外墙时应预留防水套管,宜采用柔性防水套管。

3.3.5 通气管系统

宿舍建筑通气管设置要求,见表 3-44。

宿舍建筑通气管设置要求表 表 3-44

序号	通气管名称	设置位置	设置要求	管径确定
1	伸顶通气管	设置场所涉及居住区、公共区等所有区域;公共区排水系统宜采用伸顶通气管,公共卫生间排水立管应采用伸顶通气方式;居住区内非承担卫生间卫生器具排水的排水立管应采用伸顶通气方式	高出非上人屋面不得小于 300mm,但必须大于最大积雪厚度,常采用 800~1000mm;高出上人屋面不得小于 2000mm,常采用 2000mm。顶端应装设风帽或网罩;在冬季室外供暖温度高于－15℃的地区,顶端可装网形丝球;低于－15℃的地区,顶端应装伞形通气帽	应与排水立管管径相同。但在最冷月平均气温低于－13℃的地区,应在室内平顶或吊顶以下 0.3m 处将管径放大一级,若采用塑料管材时其最小管径不宜小于 110mm
2	专用通气管	高层宿舍建筑居住区居室卫生间排水应采用专用通气方式;多层宿舍建筑居住区居室卫生间排水宜采用专用通气方式	1 个或 2 个宿舍居室卫生间的排水立管和专用通气立管并排设置在卫生间附设管道井内;未设管道井时,该 2 种立管并列设置,并宜后期装修包敷暗设,专用通气立管宜靠内侧敷设、排水立管宜靠外侧敷设	通常与其排水立管管径相同
3	汇合通气管	宿舍建筑中多根通气立管或多根排水立管顶端通气部分上方楼层存在特殊区域(如厨房、餐厅、电气机房等)不允许每根立管穿越向上接至屋顶时,需在本层顶板下或吊顶内汇集后接至屋顶		汇合通气管的断面积应为最大一根通气管的断面积加其余通气管断面之和的 0.25 倍
4	主(副)通气立管	通常设置在宿舍建筑内的公共卫生间		通常与其排水立管管径相同
5	结合通气管			通常与其连接的通气立管管径相同

续表

序号	通气管名称	设置位置	设置要求	管径确定
6	环形通气管	连接 4 个及 4 个以上卫生器具（包括大便器）且横支管的长度大于 12m 的排水横支管；连接 6 个及 6 个以上大便器的污水横支管；设有器具通气管；特殊单立管偏置	和排水横支管、主（副）通气立管连接的要求：在排水横支管上设环形通气管时，应在其最始端的两个卫生器具之间接出，并应在排水支管中心线以上与排水支管呈垂直或 45°连接；环形通气管应在卫生器具上边缘以上不小于 0.15m 处按不小于 0.01 的上升坡度与通气立管相连	常用管径为 $DN40$（对应 $DN75$ 排水管）、$DN50$（对应 $DN100$ 排水管）
7	器具通气管	在高档宿舍建筑居室卫生间内应用		

宿舍建筑通气管可采用柔性接口机制排水铸铁管或塑料排水管，一般采用与宿舍建筑排水管相同管材。在最冷月平均气温低于－13℃的地区，伸出屋面部分通气立管应采用柔性接口机制排水铸铁管。

通气立管的最小管径，参见表 1-130。

3.3.6 特殊排水系统

1. 特殊单立管排水系统

宿舍建筑中的高层居住区（10 层及 10 层以上）居室卫生间排水系统可采用特殊单立管排水系统。宿舍建筑中的其他场所尤其是多厕位公共卫生间排水系统不宜采用该排水系统。

特殊单立管排水系统排水立管最大排水能力，参见表 1-133。

宿舍建筑特殊单立管排水系统排水立管管径采用 $DN100$。

2. 同层排水系统

宿舍建筑客房、直饮水机房、生活水泵房、厨房、电气机房等场所的上方楼层不应有排水横支管明设管道等。若有必要在上述某些场所上方设置排水点且无法采取其他躲避措施时，该部位的排水应采用同层排水方式。

宿舍建筑同层排水最常采用的是降板或局部降板法。

3.3.7 特殊场所排水

1. 宿舍建筑化粪池

化粪池宜设置在接户管的下游端；位置宜选在院区最低处附近；外壁距建筑物外墙不宜小于 5m；宜选用钢筋混凝土化粪池。

宿舍建筑化粪池有效容积，可按公式（2-24）～公式（2-27）计算。

大型宿舍建筑可集中并联设置或根据院区布局分散并联布置 2 个或 3 个化粪池，多个化粪池的型号宜一致。

2. 宿舍建筑食堂、餐厅含油废水处理

宿舍建筑含油废水宜采用三级隔油处理流程，参见表 1-141。

根据食堂用餐人数确定隔油设施处理水量，按公式（1-39）计算；根据食堂餐厅面积确定隔油设施处理水量，按公式（1-40）计算。

隔油池有效容积，按公式（1-41）计算。隔油池的类型，参见表1-142。

隔油提升一体化设备选型的主要技术参数为其所接纳的食堂、餐厅内厨房等器具含油污水排水流量。

3. 宿舍车库汽车洗车污水处理

汽车冲洗水量，参见表1-143。

隔油沉淀池有效容积，按公式（1-42）计算。隔油沉淀池类型，参见表1-144。

4. 宿舍建筑设备机房排水

宿舍建筑地下设备机房排水设施要求，参见表1-147。

5. 宿舍建筑人防区域排水

宿舍建筑非人防区域与人防地下室之间应设置垫层，厚度通常不小于600mm。建筑上部非人防区域排水系统排水排出管应在此垫层内敷设，禁止穿越人防围护结构进入人防区域后排至室外。

宿舍建筑非人防区域排水管禁止进入人防区域，包括地下室非人防区域的排水管。地下室非人防区域排水应独立设置，系统排水管包括排水沟均应独立于人防区域。

6. 地下车库排水

宿舍建筑地下车库应设置排水设施（排水沟和集水坑）。车库内排水沟设置要求，参见表1-150。

人防地下车库每个人防防护单元内宜设置不少于2个集水坑，集水坑宜独立设置；集水坑处压力排水管排至室外穿越人防围护结构时，应在穿越处人防侧压力排水管上设置防护阀门。

3.3.8 压力排水

1. 宿舍建筑集水坑设置

宿舍建筑地下室应设置集水坑。集水坑的设置要求，见表3-45。

集水坑设置要求表 表3-45

序号	集水坑服务场所	集水坑设置要求	集水坑尺寸
1	宿舍建筑地下室卫生间	宜设在地下室最底层靠近卫生间的附属区域（如库房等）或公共空间，禁止设在宿舍功能房间、办公等有人员经常活动的场所；宜集中收纳附近多个卫生间的污水	应根据污水提升装置的规格要求确定
2	宿舍建筑地下室食堂、餐厅等	应设置在食堂、餐厅、厨房邻近位置，不宜设在细加工间和烹炒间等房间内	应根据污水隔油提升一体化装置的规格要求确定
3	宿舍建筑地下室工作人员淋浴间等场所	宜根据建筑平面布局按区域集中设置1个或多个	应根据污水提升装置的规格要求确定
4	宿舍建筑消防电梯井	应设在消防电梯邻近处，通常在电梯前室内或靠近电梯的公共走道、附属房间内。坑底比电梯井底低不应小于0.50m，不宜小于0.70m	容量不应小于$2m^3$，通常平面尺寸不小于2000mm×2000mm或根据所在场所布局确定（保证平面面积不小于$4.0m^2$）

续表

序号	集水坑服务场所	集水坑设置要求	集水坑尺寸
5	宿舍建筑地下车库区域	应便于排水管、排水沟较短距离到达;地下车库每个防火分区宜设置不少于2个集水坑;宜靠车库外墙附近设置;宜布置在车行道下面底板下,不宜布置在停车位下面底板下	1500mm×1500mm×1500mm
6	宿舍建筑地下车库出入口坡道处	应尽量靠近汽车坡道最低尽头处	2500mm×2000mm×1500mm
7	宿舍建筑地下生活水泵房、消防水泵房、热水机房		1500mm×1500mm×1500mm

通气管管径宜与排水管管径相同,可接至室外或向上接至建筑地上部分通气管系统。

2. 污水泵、污水提升装置选型

宿舍建筑排水泵的流量方法确定,参见表2-68;排水泵的扬程,按式(1-44)计算。

3.3.9 室外排水系统

1. 宿舍建筑室外排水管道布置

宿舍建筑室外排水管道布置方法,参见表2-69;与其他地下管线(构筑物)最小间距,参见表1-154。

宿舍建筑室外排水管道最小覆土深度不宜小于0.5m;对于严寒地区、寒冷地区宿舍建筑,室外排水管道最小覆土深度应超过当地冻土层深度。

2. 宿舍建筑室外排水管道敷设

宿舍建筑室外排水管道与生活给水管道交叉时,应敷设在生活给水管道下面。室外排水管道敷设发生冲突时,应遵循表1-26原则处理。

3. 宿舍建筑室外排水管道水力计算

室外排水管道水力计算,按公式(1-45)、公式(1-46)。

宿舍建筑室外排水管道的最小管径、最小设计坡度、最大设计充满度,参见表1-155。

4. 宿舍建筑室外排水管道管材

宿舍建筑室外排水管道宜优先采用埋地塑料排水管,弹性橡胶圈密封柔性接口,小于$DN200$直壁管,可采用承插式粘接;可采用埋地铸铁排水管,橡胶圈柔性接口或水泥砂浆接口。

5. 宿舍室外排水检查井

宿舍建筑室外排水检查井设置位置,参见表1-156。

宿舍建筑室外排水检查井宜优先选用玻璃钢排水检查井,其次是混凝土排水检查井,禁止采用砖砌排水检查井。室外排水管在排水检查井连接应采用管顶平接。

3.4 雨水系统

3.4.1 雨水系统分类

宿舍建筑雨水系统分类,见表3-46。

雨水系统分类表　　　　　表3-46

序号	分类标准	雨水系统类别	宿舍建筑应用情况	应用程度
1	屋面雨水设计流态	半有压流屋面雨水系统	宿舍建筑中一般采用的是87型雨水斗系统	最常用
2		压力流屋面雨水系统(虹吸式雨水系统)	宿舍建筑的屋面(通常为裙楼屋面)面积较大时,可考虑采用	少用
3		重力流屋面雨水系统		极少用
4	雨水管道设置位置	内排水雨水系统	高层宿舍建筑主楼和裙楼雨水系统应采用;多层宿舍建筑主楼和裙楼雨水系统宜采用	最常用
5		外排水雨水系统	多层宿舍建筑如果面积不大、建筑专业立面允许,可以采用	少用
6		混合式雨水系统		极少用
7	雨水出户横管室内部分是否存在自由水面	封闭系统		最常用
8		敞开系统		极少用
9	建筑屋面排水条件	天沟雨水排水系统		最常用
10		檐沟雨水排水系统		极少用
11		无沟雨水排水系统		极少用
12	压力提升雨水排水系统		宿舍建筑地下车库出入口、下沉式广场、下沉式庭院等处,雨水汇集就近排至集水坑时采用	常用

3.4.2 雨水量

1. 设计雨水流量

宿舍建筑设计雨水流量,应按公式(1-47)计算。

2. 设计暴雨强度

设计暴雨强度应按宿舍建筑所在地或相邻地区暴雨强度公式计算确定,见公式(1-48)。

我国部分城镇5min设计暴雨强度、小时降雨厚度,参见表1-158(设计重现期$P=10$年)。

3. 设计重现期

宿舍建筑屋面雨水设计重现期:对于半有压流屋面雨水系统,通常取10年;对于压力流屋面雨水系统,通常取50年;宿舍建筑附设的下沉式广场、下沉式庭院,其雨水设计重现期宜取较大值。

4. 设计降雨历时

宿舍建筑屋面雨水排水管道设计降雨历时按照5min确定。

宿舍建筑院区雨水排水管道设计降雨历时，按公式（1-49）计算。

5. 径流系数

宿舍建筑屋面及院区地面的径流系数，参见表 1-159。

6. 汇水面积

宿舍建筑的雨水汇水面积计算原则，参见表 1-160。

3.4.3 雨水系统

1. 雨水系统设计常规要求

宿舍建筑雨水系统设置要求，参见表 1-161。

宿舍建筑雨水排水管道不应穿越的场所，见表 3-47。

雨水排水管道不应穿越的场所表 表 3-47

序号	不应穿越的场所名称	具体房间名称
1		居住区居室等对安静有较高要求的房间
2	电气机房	高压配电室、低压配电室及值班室、柴油发电机房及储油间、网络机房、弱电机房、UPS机房、消防控制室等

注：宿舍建筑雨水排水横管宜沿建筑内公共区域（内走道等）吊顶内敷设；雨水排水立管宜沿建筑内公共场所或辅助次要场所敷设。

2. 雨水斗设计

宿舍建筑半有压流屋面雨水系统通常采用 87 型雨水斗或 79 型雨水斗，规格常用 $DN100$；压力流屋面雨水系统通常采用有压流（虹吸式）雨水斗，规格常用 $DN50$、$DN75(80)$。

雨水斗设计排水负荷，参见表 1-163。

雨水斗下方区域宜为建筑顶层公共区域（如内走道）或辅助次要场所（如公共卫生间、库房、污洗间等），不应为居住区居室等需要安静的场所，不宜为办公等主要工作人员房间。

雨水斗宜对雨水排水立管做对称布置；接有多斗悬吊管的立管顶端不得设置雨水斗；一个屋面上应设置不少于 2 个雨水斗。

3. 天沟、溢流设施、连接管、悬吊管、立管、埋地管、排出管设计

宿舍建筑天沟、溢流设施、连接管、悬吊管、立管、埋地管、排出管设置要求，参见表 1-164。

4. 室内水泵提升雨水排水系统设计

地下室露天窗井内应设平算式雨水口、无水封地漏作为雨水口，经雨水收集管接入集水池；地下车库出入口汽车坡道上应设雨水截水沟，经直埋雨水收集管接入集水池。

雨水提升泵通常采用潜水泵，宜采用 3 台，2 用 1 备。

5. 雨水管管材

宿舍建筑雨水排水管管材，参见表 1-167。

3.4.4 雨水系统水力计算

1. 半有压流（87 型）屋面雨水系统水力计算

（1）雨水斗（87 型）

雨水斗设计流量，应按公式（1-50）计算。

对于单斗雨水系统，雨水斗设计流量不应超过表 1-168 数值；对于多斗雨水系统，雨水斗设计流量应根据表 1-169 取值，最远端雨水斗设计流量不得超过表 1-169 数值。

宿舍建筑 87 型雨水斗口径常采用 $DN100$，其次是 $DN75$、$DN150$。

（2）雨水连接管

宿舍建筑雨水连接管管径通常与雨水斗出水口直径相同，常采用 $DN100$，其次是 $DN150$。

（3）雨水悬吊管

宿舍建筑雨水悬吊管管径，参见表 1-172。

（4）雨水立管

连接 2 根及以上雨水悬吊管的雨水立管管径，按表 1-173 确定。

（5）雨水排出管

宿舍建筑雨水排出管管径确定，参见表 1-174～表 1-177。

（6）雨水管道最小管径

宿舍建筑雨水系统最小设计管径及雨水排水横管最小设计坡度，参见表 1-178。

2. 压力流（虹吸式）屋面雨水系统水力计算

宿舍建筑压力流（虹吸式）屋面雨水系统水力计算方法，参见 1.4.4 节。

3. 雨水提升系统水力计算

宿舍建筑附设的下沉式广场、下沉式庭院；地下室车库坡道、窗井等场所设计雨水流量，按公式（1-54）计算；设计径流雨水总量，按公式（1-55）计算。

3.4.5 院区室外雨水系统设计

宿舍建筑院区雨水系统宜采用管道排水形式，与污水系统应分流排放。

1. 雨水口

雨水口选型，参见表 1-180；雨水口设置位置，参见表 1-181；各类型雨水口的泄水流量，参见表 1-182。

雨水口设计流量，按公式（1-56）计算。

2. 雨水口连接管

单算雨水口连接管管径通常采用 $DN250$。

3. 雨水检查井

院区内直线雨水管道上雨水检查井设置最大间距，参见表 1-183。

院区雨水检查井规格通常采用 $DN1000$ 圆形玻璃钢或钢筋混凝土雨水检查井。

4. 室外雨水管道布置

宿舍建筑室外雨水管道布置方法，参见表 1-184。

3.4.6 院区室外雨水利用

雨水收集回用应进行水量平衡计算。宿舍建筑院区雨水通常可用于景观用水、院区绿化用水、路面和地面冲洗用水、汽车冲洗用水、冲厕用水等。

3.5 消火栓系统

建筑高度大于 50m 的高层宿舍建筑、使用人数超过 500 人的高层学校宿舍建筑属于一类高层民用建筑；建筑高度小于或等于 50m 的高层宿舍建筑、使用人数不超过 500 人的高层学校宿舍建筑属于二类高层民用建筑。

3.5.1 消火栓系统设置场所

高层宿舍建筑；建筑高度大于 15m 或建筑体积大于 10000m^3 的单、多层宿舍建筑均应设置室内消火栓系统。

3.5.2 消火栓系统设计参数

1. 宿舍建筑室外消火栓设计流量

宿舍建筑室外消火栓设计流量，不应小于表 3-48 的规定。

宿舍建筑室外消火栓设计流量表（L/s）　　　　　　　表 3-48

耐火等级	建筑物名称	建筑体积（m^3）					
		$V \leqslant 1500$	$1500 < V \leqslant 3000$	$3000 < V \leqslant 5000$	$5000 < V \leqslant 20000$	$20000 < V \leqslant 50000$	$V > 50000$
一、二级	单层及多层宿舍建筑	15			25	30	40
	高层宿舍建筑	—			25	30	40
三级	单层及多层宿舍建筑	15		20	25	30	—
四级	单层及多层宿舍建筑	15		20	25	—	—

注：1. 建筑体积指本建筑占据的空间数量，包括该建筑的地上空间体积数和地下空间体积数；
    2. 地下建筑指独立的地下建筑，不包括地面建筑下面连为一体的地下部分；
    3. 地下车库室外消火栓系统设计流量小于建筑主体室外消火栓系统设计流量，宿舍建筑室外消火栓系统设计流量按建筑主体室外消火栓系统设计流量确定；
    4. 地下人防工程室外消火栓系统设计流量小于建筑主体室外消火栓系统设计流量，宿舍建筑室外消火栓系统设计流量按建筑主体室外消火栓系统设计流量确定。

2. 宿舍建筑室内消火栓设计流量

宿舍建筑室内消火栓设计流量，不应小于表 3-49 的规定。

宿舍建筑室内消火栓设计流量表　　　　　　　　　　表 3-49

建筑物名称	高度 h（m）、体积 V（m^3）	消火栓设计流量（L/s）	同时使用消防水枪（支）	每根竖管最小流量（L/s）
单、多层宿舍建筑	$h > 15$ 或 $V > 10000$	15	3	10
二类高层宿舍建筑（建筑高度小于或等于 50m 的高层宿舍建筑、使用人数不超过 500 人的高层学校宿舍建筑）	$h \leqslant 50$	20	4	10

续表

建筑物名称	高度 h（m）、体积 V（m³）	消火栓设计流量（L/s）	同时使用消防水枪（支）	每根竖管最小流量（L/s）
一类高层宿舍建筑（建筑高度大于 50m 的高层宿舍建筑、使用人数超过 500 人的高层学校宿舍建筑）	$h \leqslant 50$	30	6	15
	$H > 50$	40	8	15

注：1. 消防软管卷盘、轻便消防水龙，其消火栓设计流量可不计入室内消防给水设计流量；
2. 地下车库室内消火栓系统设计流量小于建筑主体室内消火栓系统设计流量，宿舍建筑室内消火栓系统设计流量按建筑主体室内消火栓系统设计流量确定；
3. 地下人防工程室内消火栓系统设计流量小于建筑主体室内消火栓系统设计流量，宿舍建筑室内消火栓系统设计流量按建筑主体室内消火栓系统设计流量确定。

3. 火灾延续时间

宿舍建筑消火栓系统的火灾延续时间，按 2.0h。

宿舍建筑室内自动灭火系统的火灾延续时间，参见表 1-188。

4. 消防用水量

一座宿舍建筑的消防用水量按室外消火栓系统用水量、室内消火栓系统用水量、室内自动喷水灭火系统用水量三者之和计算。

3.5.3 消防水源

1. 市政给水

当前国内城市市政给水管网能够满足宿舍建筑直接消防供水条件的较少。

宿舍建筑室外消防给水管网管径，按表 3-50 确定。

宿舍建筑室外消防给水管网管径表 表 3-50

序号	室外消火栓设计流量（L/s）	室外消防给水管网管径
1	15～20	DN100
2	25～30	DN150
3	40	DN200

宿舍建筑室外消防给水管网宜与室外生活给水管网分开敷设，且应布置成环状管网。

2. 消防水池

（1）宿舍建筑消防水池有效储水容积

表 3-51 给出了常用典型宿舍建筑消防水池有效储水容积的对照表。

宿舍建筑火灾延续时间内消防水池储存消防用水量表 表 3-51

单、多层宿舍建筑体积 V（m³）	$V \leqslant 3000$	$3000 < V \leqslant 5000$	$5000 < V \leqslant 10000$	$10000 < V \leqslant 20000$	$20000 < V \leqslant 50000$	$V > 50000$
室外消火栓设计流量（L/s）	15	20	25		30	40
火灾延续时间（h）	2.0					
火灾延续时间内室外消防用水量（m³）	108.0	144.0	180.0		216.0	288.0

续表

单、多层宿舍建筑体积 V (m³)	$V \leqslant 3000$	$3000 < V \leqslant 5000$	$5000 < V \leqslant 10000$	$10000 < V \leqslant 20000$	$20000 < V \leqslant 50000$	$V > 50000$
室内消火栓设计流量（L/s）	\multicolumn{3}{c}{15（建筑高度大于15m时）}			15	
火灾延续时间（h）	\multicolumn{6}{c}{2.0}						
火灾延续时间内室内消防用水量（m³）	\multicolumn{6}{c}{108.0}						
火灾延续时间内室内外消防用水量（m³）	216.0	252.0	288.0		324.0	396.0
消防水池储存室内外消火栓用水容积 V_1 (m³)	216.0	252.0	288.0		324.0	396.0

二类高层宿舍建筑体积 V (m³)	$5000 < V \leqslant 20000$	$20000 < V \leqslant 50000$	$V > 50000$
二类高层宿舍建筑高度 h (m)	$h \leqslant 50$		
室外消火栓设计流量（L/s）	25	30	40
火灾延续时间（h）	2.0		
火灾延续时间内室外消防用水量（m³）	180.0	216.0	288.0
室内消火栓设计流量（L/s）	20		
火灾延续时间（h）	2.0		
火灾延续时间内室内消防用水量（m³）	144.0		
火灾延续时间内室内外消防用水量（m³）	324.0	360.0	432.0
消防水池储存室内外消火栓用水容积 V_2 (m³)	324.0	360.0	432.0

一类高层宿舍建筑体积 V (m³)	$5000 < V \leqslant 20000$	$20000 < V \leqslant 50000$	$V > 50000$	$5000 < V \leqslant 20000$	$20000 < V \leqslant 50000$	$V > 50000$
一类高层宿舍建筑高度 h (m)	$h \leqslant 50$			$h > 50$		
室外消火栓设计流量（L/s）	25	30	40	25	30	40
火灾延续时间（h）	2.0			3.0		
火灾延续时间内室外消防用水量（m³）	180.0	216.0	288.0	270.0	324.0	432.0
室内消火栓设计流量（L/s）	30			40		
火灾延续时间（h）	2.0			3.0		
火灾延续时间内室内消防用水量（m³）	216.0			432.0		
火灾延续时间内室内外消防用水量（m³）	396.0	432.0	504.0	702.0	756.0	864.0
消防水池储存室内外消火栓用水容积 V_3 (m³)	396.0	432.0	504.0	702.0	756.0	864.0

宿舍建筑自动喷水灭火系统设计流量（L/s）	25	30	35	40
火灾延续时间（h）	1.0	1.0	1.0	1.0
火灾延续时间内自动喷水灭火用水量（m³）	90.0	108.0	126.0	144.0
消防水池储存自动喷水灭火用水容积 V_4 (m³)	90.0	108.0	126.0	144.0

如上表所示，通常宿舍建筑消防水池有效储水容积在 306~1008m³。

(2) 宿舍建筑消防水池位置

宿舍建筑消防水池位置确定原则，见表3-52。

3.5 消火栓系统

消防水池位置确定原则表　　　　　　　　　　　表 3-52

序号	消防水池位置确定原则
1	消防水池应毗邻或靠近消防水泵房
2	消防水池与消防水泵房的标高关系满足消防水泵自灌吸水要求
3	应结合宿舍院区建筑布局条件
4	消防水池应满足与消防车间的距离关系
5	消防水池应满足与建筑物围护结构的位置关系

宿舍建筑消防水池、消防水泵房与宿舍院区空间关系，见表 3-53。

消防水池、消防水泵房与宿舍院区空间关系表　　　　表 3-53

序号	宿舍院区室外空间情况	消防水池位置	消防水泵房位置	备注
1	有充足空间	室外院区内	建筑地下室	常见于新建宿舍建筑项目
2	充足空间且有多座建筑需要消防供水	室外院区内	室外院区内	
3	室外空间狭小或不合适	建筑地下室	建筑地下室	常见于改建、扩建宿舍建筑项目

注：宿舍建筑通常与院区内其他功能公共建筑共同设置，宜根据整个院区建筑功能与布局设置区域消防水池。当设置在建筑地下室时，消防水池常设置在院区内其他公共建筑地下室。

消防水池的最低有效水位应高于消防水池吸水喇叭口不小于 600mm，且应高于消防水泵的吸水管管顶。

宿舍建筑消防水泵形式的选择与消防水池有一定的对应关系，参见表 1-194。
宿舍建筑储存室内外消防用水的消防水池与消防水泵房的位置关系，参见表 1-195。
宿舍建筑消防水池格（座）数与有效储水容积的对照关系，参见表 1-196。
宿舍建筑消防水池附件，参见表 1-197。
宿舍建筑消防水池各水位指标确定方法及取值经验值，参见表 1-198。

3. 天然水源及其他水源

宿舍建筑消防水源不宜采用天然水源。

3.5.4 消防水泵房

1. 消防水泵房选址

新建宿舍院区消防水泵房设置通常采取以下 2 个方案，见表 3-54。

新建宿舍院区消防水泵房设置方案对比表　　　　　　表 3-54

方案编号	消防水泵房位置	优点	缺点	适用条件
方案1	院区内室外	设备集中，控制便利，对旅客居住用房环境影响小；消防水泵集中设置，距离消防水池很近，泵组吸水管线很短等	距院区内各建筑较远，管线较长；对于消防水泵房来说，泵房位置往往不是设置在院区中心，消防供水管线较长甚至很长，水头损失较大，消防水箱距泵房位置较远等	适用于宿舍院区内单体建筑较多、室外空间较大的情形。宜与生活水泵房、锅炉房、变配电室集中设置。在新建宿舍院区中，应优先采用此方案

续表

方案编号	消防水泵房位置	优点	缺点	适用条件
方案 2	院区内某个单体建筑地下室内	设备较为集中，控制较为便利，距离各建筑消防水系统距离较近，消防水箱距泵房位置较近等	占用宿舍建筑空间，对宿舍居住用房环境有一些影响，消防水池的位置可能较远，泵组吸水管线较长等	适用于宿舍院区内单体建筑较少、室外空间较小的情形。宜在院区最不利建筑内设置。在新建宿舍院区中，可替代方案 1

注：1. 新建宿舍院区采取分区、分期建设时，若一期消防水泵房满足本期消防要求，可预留部分消防水泵房的面积或者按后期要求复核修改消防给水泵组的技术参数，以同时满足后期建筑消防的要求；

2. 宿舍建筑通常与院区内其他功能公共建筑共同设置，宜根据整个院区建筑功能与布局设置区域消防水泵房。当设置在建筑地下室时，消防水泵房常设置在院区内其他公共建筑地下室。

改建、扩建宿舍院区消防水泵房设置方案，参见表 1-200。

2. 建筑内部消防水泵房位置

宿舍建筑消防水泵房若设置在建筑物内，不应布置在有安静要求的房间（宿舍居室、餐厅、会议室、办公室等）上方、下方和毗邻位置；否则应采取水泵减振隔振和消声技术措施。

3. 消防水泵机组的布置要求

相邻两个机组及机组至泵房墙壁间的净距要求，参见表 1-201。

4. 消防水泵房供暖、排水等要求

严寒、寒冷地区消防水泵房，应设置供暖设施。

消防水泵房的泵房排水设施：在泵房内设置排水沟；地下消防水泵房内或邻近场所设集水坑，坑内设潜污泵。消防水泵房应采取防淹措施。

5. 消防水泵房管道设计

消防水泵配置数量与消防水系统设计流量的关系，参见表 1-202。

宿舍建筑消防水泵吸水管、出水管管径，参见表 1-203；消防吸水总管管径应根据其连通服务的各种消防水泵设计流量之累加值进行确定，参见表 1-205。

消防水泵吸水管布置应避免形成气囊。

消防水泵吸水口的淹没深度应满足消防水泵在最低水位运行安全的要求。

消防水泵吸水管、出水管上附件配置及要求，参见表 1-206。

6. 消防水泵自动启动控制

消防水泵自动启动要求，参见表 1-207；消防水泵自动启动方式，参见表 1-208；流量开关性能、设置位置等，参见表 1-209。

当消防稳压泵设置于高位消防水箱间内时，消防水泵启泵压力（P），按公式（1-58）确定；当消防稳压泵设置于低位消防水泵房内时，按公式（1-59）确定。

3.5.5 消防水箱

宿舍建筑消防给水系统绝大多数属于临时高压系统，绝大多数宿舍建筑应设置高位消防水箱。

1. 消防水箱有效储水容积

宿舍建筑高位消防水箱有效储水容积，见表 3-55。

宿舍建筑高位消防水箱有效储水容积表　　　　　　　　　　表 3-55

序号	宿舍建筑类别	消防水箱有效储水容积
1	一类高层宿舍建筑（建筑高度大于 50m 的高层宿舍建筑、使用人数超过 500 人的高层学校宿舍建筑）	不应小于 $36m^3$，可按 $36m^3$
2	二类高层宿舍建筑（建筑高度小于或等于 50m 的高层宿舍建筑、使用人数不超过 500 人的高层学校宿舍建筑）	不应小于 $18m^3$，可按 $18m^3$
3	多层宿舍建筑	

2. 消防水箱设置位置

宿舍建筑消防水箱设置位置应满足以下要求，见表 3-56。

消防水箱设置位置要求表　　　　　　　　　　表 3-56

序号	消防水箱设置位置要求	备注
1	位于所在建筑的最高处	通常设在屋顶机房层消防水箱间内
2	应该独立设置	不与其他设备机房，如屋顶太阳能热水机房、热水箱间等合用
3	应避免对下方楼层房间的影响	其下方不应是宿舍居室、餐厅、办公室等主要功能房间，可以是库房、卫生间等辅助房间或公共区域
4	应高于设置室内消火栓系统、自动喷水灭火系统等系统的楼层	机房层设有活动室、库房等需要设置消防给水系统的场所，可采用其他非水基灭火系统，亦可将消防水箱间置于更高一层
5	不宜超出机房层高度过多、影响建筑效果	消防水箱间内配置消防稳压装置

3. 高位消防水箱尺寸

消防水箱宜为装配式方形水箱，其尺寸宜为 1.0m 或 0.5m 的倍数，推荐尺寸参见表 1-212。

4. 高位消防水箱材质

常用材质为不锈钢板、热浸锌镀锌钢板、玻璃钢板、钢筋混凝土等，不锈钢板最常见。

5. 高位消防水箱配管

高位消防水箱配管及管径确定，参见表 1-213。

6. 消防水箱水位

消防水箱各水位指标确定方法及取值经验值，参见表 1-214。

7. 高位消防水箱布置

高位消防水箱四周净距要求，参见表 1-215。

8. 消防水箱防冻

消防水箱及相应管道保温材料及厚度，参见表 1-216。

3.5.6 消防稳压装置

1. 消防稳压泵

(1) 设计流量

消火栓稳压泵设计流量,参见表 1-217。

自动喷水灭火稳压泵设计流量,参见表 1-218;结合一只标准喷头的流量,自动喷水灭火稳压泵常规设计流量取 1.33L/s。

(2) 设计压力

当消防稳压泵设置于高位消防水箱间内时,稳压泵的启泵压力 P_1 可取 0.15~0.20MPa,停泵压力 P_2 可取 0.20~0.25MPa;当消防稳压泵设置于低位消防水泵房内时,P_1 按公式(1-62)确定,P_2 按公式(1-63)确定。

(3) 消防稳压泵选型

消火栓稳压泵设计流量为稳压泵流量确定依据。

消防稳压泵停泵压力(P_2)值附加 0.03~0.05MPa 后,为稳压泵扬程确定依据。

2. 气压水罐

消火栓稳压装置、自动喷水灭火稳压装置均采用 150L 有效储水容积气压水罐;合用消防稳压装置采用 300L 有效储水容积气压水罐。

3. 管道、阀门、附件等

消防稳压泵吸水管管径、出水管管径,参见表 1-219。每套消防稳压泵通常为 2 台,1 用 1 备。

3.5.7 消防水泵接合器

1. 设置范围

对于室内消火栓系统,6 层及以上的宿舍建筑应设置消防水泵接合器;若宿舍人防工程室内消火栓系统设计流量大于 10L/s 且平时使用,应设置消防水泵接合器。

宿舍建筑消火栓系统消防水泵接合器配置,参见表 1-220。

宿舍建筑自动喷水灭火系统等自动水灭火系统应分别设置消防水泵接合器。

2. 技术参数

宿舍建筑消防水泵接合器数量,参见表 1-221。

3. 安装形式

宿舍建筑消防水泵接合器安装形式选择,参见表 1-222。

4. 设置位置

同种水泵接合器不宜集中布置,不同种类、分区、功能的水泵接合器宜成组布置,且应设在室外便于消防车使用和接近的地方,且距室外消火栓或消防水池的距离不宜小于 15m,并不宜大于 40m,距人防工程出入口不宜小于 5m。

3.5.8 消火栓系统给水形式

1. 室外消火栓给水系统

当市政给水管网不满足直接供给室外消火栓给水系统时，宿舍建筑应采用临时高压室外消火栓给水系统，通常在消防水泵房内独立设置室外消火栓给水泵组、室外消火栓稳压装置。

宿舍建筑室外消火栓给水泵组一般设置2台，1用1备，泵组设计流量为本建筑室外消防设计流量（15L/s、20L/s、25L/s、30L/s、40L/s），设计扬程应保证室外消火栓处的栓口压力（0.20~0.30MPa）。泵组出水管及吸水管管径，参见表1-223。

室外消火栓给水管网管径，参见表1-224，管网应环状布置，单独成环。

2. 室内消火栓给水系统

宿舍建筑室内消火栓给水系统常采用临时高压消火栓给水系统。

3. 室内消火栓系统分区供水

采用临时高压系统且高层宿舍建筑高度大于70m时，室内消火栓系统应分区供水。竖向分区通常分为高区、低区2个区。常用做法：设有裙房高层宿舍建筑，裙楼高度以上的楼层消火栓系统为高区，裙楼高度以下的楼层和裙楼消火栓系统为低区；根据高层宿舍建筑功能位置，通常高层居住区消火栓系统为高区，公共区消火栓系统为低区。

高层宿舍建筑室内消火栓系统分区供水常采用消火栓给水泵组并行、减压阀减压2种形式，参见表1-225，减压阀减压分区形式应用更多。

高区、低区消火栓给水管网均应在横向、竖向上连成环状。高区、低区消火栓供水横干管宜分别沿本区最高层和最底层顶板下敷设。

典型宿舍建筑室内消火栓系统原理图，见图3-9。

3.5.9 消火栓系统类型

1. 系统分类

宿舍建筑的室外消火栓系统宜采用湿式消火栓系统。

2. 室外消火栓

严寒、寒冷等冬季结冰地区宿舍建筑室外消火栓应采用干式消火栓；其他地区宜采用地上式消火栓。

建筑室外消火栓的数量应根据室外消火栓设计流量和保护半径经计算确定，保护半径不应大于150.0m，间距不应大于120.0m，每个室外消火栓的出流量宜按10~15 L/s计算。通常根据建筑物平面布局在建筑物四个角附近绿地设置室外消火栓，根据邻近两个消火栓之间距离合理增设消火栓。

3. 室内消火栓

宿舍建筑的各区域各楼层，包括居住区、公共区的宿舍居住楼层、餐饮楼层、办公楼层、地下车库层、机房层、设备层等，均应布置室内消火栓予以保护；宿舍建筑中不能采用自动喷水灭火系统保护的高低压配电室、柴油发电机房、网络机房、消防控制室等场所亦应由室内消火栓保护；消防电梯前室应设置室内消火栓，并应计入消火栓使用数量。

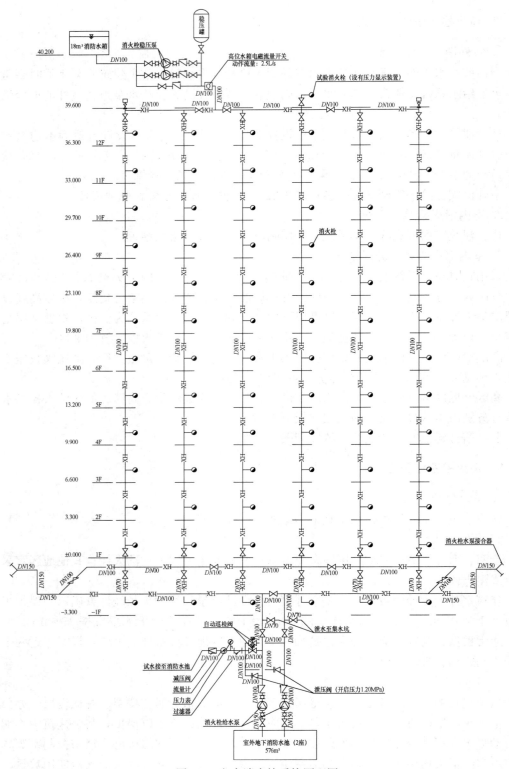

图 3-9 室内消火栓系统原理图

室内消火栓的布置应满足同一平面有 2 支消防水枪的 2 股充实水柱同时达到任何部位。

表 3-57 给出了宿舍建筑室内消火栓的布置方法。

宿舍建筑室内消火栓布置方法表　　　　　　　　表 3-57

序号	室内消火栓布置方法	注意事项
1	布置在楼梯间、前室等位置	楼梯间、前室的消火栓宜明设,暗设时应采取措施;箱体及立管不应影响楼梯门、电梯门开启使用
2	布置在公共走道两侧,箱体开门朝向公共走道	宜暗设或半暗设;优先沿辅助房间(库房、淋浴间、卫生间等)的墙体安装
3	布置在集中区域内部公共空间内	可布置在敞开公共空间内沿柱子外皮明设,亦可在朝向公共空间房间的外墙上暗设;应避免消火栓消防水带穿过多个房间广到达保护点
4	特殊区域如车库、入口门厅设备层等场所,应根据其平面布局布置	入口门厅处消火栓宜沿空间周边房间外墙布置;车库内消火栓宜沿车行道布置,沿柱子明设

注：1. 室内消火栓不应跨防火分区布置；
　　2. 室内消火栓应按其实际行走距离计算其布置间距,宿舍建筑室内消火栓布置间距宜为 20.0～25.0m,不应小于 5.0m。

普通消火栓、减压稳压消火栓设置的楼层数,参见表 1-227。

3.5.10　消火栓给水管网

1. 室外消火栓给水管网

宿舍建筑室外消火栓给水管网应采用环状给水管网。向室外消火栓给水管网供水的输水干管不应少于 2 条。

2. 室内消火栓给水管网

宿舍建筑室内消火栓给水管网应采用环状给水管网,有 2 种主要管网型式,见表 3-58。室内消火栓给水管网在横向、竖向均宜连成环状。

室内消火栓给水管网主要管网型式表　　　　　　　　表 3-58

序号	管网型式特点	适用情形	具体部位	备注
型式 1	消防供水干管建筑最高处、最低处横向水平敷设,配水干管沿竖向垂直敷设,配水干管上连有消火栓	居住区;各楼层竖直上下层消火栓位置基本一致和横向连接管长度较小的公共区	宿舍楼内走道、楼梯间、电梯前室;公共区内走道、楼梯间;餐厅、办公室等房间外墙	主要型式
型式 2	消防供水干管沿建筑竖向垂直敷设,配水干管沿每一层顶板下或吊顶内横向水平敷设,配水干管上连有消火栓	各楼层竖直上下层消火栓位置差别较大或横向连接管长度较大的公共区、辅助区;地下车库	公共区内走道、楼梯间、电梯前室;餐厅、办公室、厨房等房间外墙;车库;机房等	辅助型式

注：1. 具有多种综合功能的区域,可结合上述两种管网型式设置,两种环状室内消火栓给水管网通过至少 2 根 DN150 消火栓给水干管连通；
　　2. 不能敷设消火栓给水管道的场所包括高低压配电室、柴油发电机房、网络机房、消防控制室等；
　　3. 人防区域内消火栓系统宜自成一个系统,消火栓给水横干管宜做成环状,设置 2 根给水干管与非人防区域消火栓系统相连,给水干管穿越人防围护结构时在人防侧设置防护阀门。

室内消火栓给水管网型式1参见图1-13，型式2参见图1-14。

宿舍建筑室内消火栓给水管网的环状干管管径，参见表1-229；室内消火栓竖管管径可按$DN100$。

3. 系统阀门

室内消火栓系统阀门设置，参见表1-230。

埋地管道的阀门宜采用带启闭刻度的球墨铸铁暗杆闸阀。室内架空管道的阀门宜采用蝶阀、明杆闸阀或带启闭刻度的暗杆闸阀等。

4. 系统给水管网管材

宿舍建筑室外消火栓给水管绝大多数采用直埋敷设方式。埋地消火栓给水管道宜采用球墨铸铁管或钢丝网骨架塑料复合管给水管道。

宿舍建筑室内消火栓给水管管材选择，参见表1-231。

薄壁不锈钢管（S11163）、镀锌镍碳钢管等新型优质管道，在宿舍建筑室内消火栓系统中均得到更多的应用，未来会逐步替代传统钢管。

3.5.11 消火栓系统计算

1. 消火栓水泵选型计算

宿舍建筑室内消火栓水泵流量与室内消火栓设计流量一致；消火栓水泵扬程，按公式（1-64）计算。根据消火栓水泵流量和扬程选择消火栓水泵。

2. 消火栓计算

室内消火栓的保护半径，按公式（1-65）计算；消火栓栓口处所需水压，按公式（1-66）计算。

高层宿舍建筑消防水枪充实水柱应按13m计算；多层宿舍建筑消防水枪充实水柱应按10m计算。

高层宿舍建筑消火栓栓口动压不应小于0.35MPa；多层宿舍建筑消火栓栓口动压不应小于0.25MPa。

3. 消火栓系统压力计算

消火栓系统的设计工作压力，按公式（1-67）计算。通常以设计工作压力确定消火栓水泵扬程。

3.5.12 人防区域消火栓系统设计

宿舍建筑人防工程区域内室内消火栓系统宜形成环状管网，通过2根或2根以上$DN150$消火栓给水横干管与非人防区域室内消火栓系统环状管网相连。消火栓给水干管穿越人防区域时，应采取的防护措施，参见表1-238。

3.6 自动喷水灭火系统

3.6.1 自动喷水灭火系统设置

宿舍建筑相关场所自动喷水灭火系统设置要求，见表3-59。

宿舍建筑相关场所自动喷水灭火系统设置要求表　　　　表 3-59

序号	宿舍建筑类型	自动喷水灭火系统设置要求
1	一类高层宿舍建筑（建筑高度大于 50m 的高层宿舍建筑、使用人数超过 500 人的高层学校宿舍建筑）	建筑主楼、裙房、地下室、半地下室，除了不宜用水扑救的部位外的所有场所均设置
2	二类高层宿舍建筑（建筑高度小于或等于 50m 的高层宿舍建筑、使用人数不超过 500 人的高层学校宿舍建筑）	建筑主楼、裙房、地下室、半地下室中的公共活动用房、走道、办公室、可燃物品库房等场所均设置
3	多层宿舍建筑	设有送回风道（管）系统的集中空气调节系统且总建筑面积大于 3000m² 的单、多层宿舍建筑的公共区等，除了不宜用水扑救的部位外的所有场所均设置

注：宿舍建筑附设平时使用的人防工程（平时用作车库的人员掩蔽所、物资库等）、地下车库等，均应设置自动喷水灭火系统。

宿舍建筑若根据规范规定设置自动喷水灭火系统，其设置的具体场所见表 3-60。

设置自动喷水灭火系统的具体场所表　　　　表 3-60

序号	设置自动喷水灭火系统的区域	具体场所
1	居住区	居室、居室附设卫生间、宿舍阳台、专用储藏室等
2	公共区	公用厕所、公用盥洗室、公共活动室（空间）、水平公共交通走廊、公共厨房、管理用房、机动车、非机动车停车场、停车库等

表 3-61 为宿舍建筑内不宜用水扑救的场所。

不宜用水扑救的场所一览表　　　　表 3-61

序号	不宜用水扑救的场所	自动灭火措施
1	电气类房间：高压配电室（间）、低压配电室（间）、网络机房（网络中心、信息中心）、进线间等	气体灭火系统
2	电气类房间：消防控制室	不设置

宿舍建筑自动喷水灭火系统类型选择，参见表 1-245。

典型宿舍建筑自动喷水灭火系统原理图，见图 3-10。

宿舍建筑自动喷水灭火系统设置场所火灾危险性等级，见表 3-62。

宿舍建筑自动喷水灭火系统设置场所火灾危险性等级表　　　　表 3-62

序号	火灾危险等级	设置场所
1	中危险级Ⅱ级	宿舍建筑中的汽车停车库
2	中危险级Ⅰ级	除中危险级Ⅱ级设置场所以外的高层宿舍建筑其他场所
3	轻危险级	仅在走道设置闭式系统的宿舍建筑

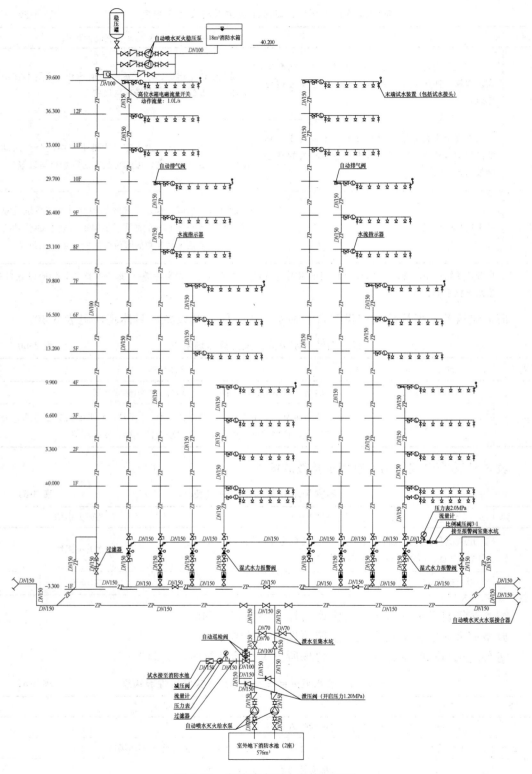

图 3-10　自动喷水灭火系统原理图

3.6.2 自动喷水灭火系统设计基本参数

宿舍建筑自动喷水灭火系统设计参数，按表1-246规定。

宿舍建筑高大空间场所设置湿式自动喷水灭火系统设计参数，按表3-63规定。

高大空间场所湿式自动喷水灭火系统设计参数表 表3-63

适用场所	最大净空高度 h（m）	喷水强度[L/(min·m²)]	作用面积（m²）	喷头间距 S（m）
出入门厅	$8<h\leqslant12$	12	160	$1.8\leqslant S\leqslant3.0$
	$12<h\leqslant18$	15		

注：当民用建筑高大空间场所的最大净空高度为 $12m<h\leqslant18m$ 时，应采用非仓库型特殊应用喷头。

若宿舍建筑地下室中附属的库房认定为堆垛储物仓库，其自动喷水灭火系统设计参数，按表1-247规定。

自动喷水灭火系统的持续喷水时间，应按火灾延续时间不小于1h确定。

3.6.3 洒水喷头

设置自动喷水灭火系统的宿舍建筑内各场所的最大净空高度通常不大于8m。

宿舍建筑自动喷水灭火系统喷头公称动作温度宜相比环境温度高30℃，见表3-64。

宿舍建筑自动喷水灭火系统喷头公称动作温度表 表3-64

序号	喷头公称动作温度（℃）	应用场所
1	93	厨房灶间
2	79	换热机房或热水机房
3	68	除上述场所以外的场所

宿舍建筑自动喷水灭火系统喷头种类选择，见表3-65。

宿舍建筑自动喷水灭火系统喷头种类选择表 表3-65

序号	火灾危险等级	设置场所	喷头种类
1	中危险级Ⅱ级	地下车库	直立型普通喷头
2	中危险级Ⅰ级	宿舍居室、餐厅、厨房、办公室等设有吊顶的场所	吊顶型或下垂型快速响应喷头
3		库房、设备层等无吊顶的场所	直立型普通或快速响应喷头
4	轻危险级	仅在走道设置闭式系统宿舍建筑的走道	吊顶型或下垂型普通喷头

注：基于宿舍建筑火灾特点和重要性，中危险级Ⅰ级对应场所自动喷水灭火系统洒水喷头宜全部采用快速响应喷头。

每种型号的备用喷头数量按此种型号喷头数量总数的1%计算，并不得少于10只。

宿舍建筑中自动喷水灭火系统直立型、下垂型喷头的布置间距，不应大于表1-250的规定，且不宜小于2.4m。

开间3.9m的宿舍居室较为常见，其喷头布置有2种方案，见表3-66。

宿舍居室喷头布置方案表　　　　　表3-66

序号	喷头布置方案	优缺点	备注
方案一	布置2列喷头，喷头间距为2.4m，房间进深方向喷头间距可以按不大于3.6m确定	优点是布置均匀，灵活性高，能躲开风口、灯具，缺点是喷头数量较多	推荐
方案二	布置1列喷头，喷头居中布置，距墙边净距为1.84m或1.85m，房间进深方向喷头间距必须小于3.6m，通常按3.4m或3.5m	优点是节省喷头数量，缺点是可能与风口、灯具位置有冲突，若调整喷头位置，可能与某一侧墙体间距过大	可采用

宿舍建筑常用普通玻璃球闭式喷头规格型号，参见表1-252；常用特殊玻璃球闭式喷头规格型号，参见表1-253。

3.6.4 自动喷水灭火系统管道

1. 管材

宿舍建筑自动喷水灭火系统给水管管材，参见表1-254。

薄壁不锈钢管（S11163）、氯化聚氯乙烯（PVC-C）管、镀锌镍碳钢管等新型优质管道，在宿舍建筑自动喷水灭火系统中均得到更多的应用，未来会逐步替代传统钢管。

宿舍建筑中，除汽车停车库外其他中危险级Ⅰ级、轻危险级对应场所自动喷水灭火系统公称直径≤DN80的配水管（支管）均可采用氯化聚氯乙烯（PVC-C）管材及管件。

2. 管径

宿舍建筑自动喷水灭火系统的配水管道管径可根据表1-255中数据进行确定。

3. 管网敷设

宿舍建筑自动喷水灭火系统配水干管宜沿居住区、公共区的公共走廊敷设，走廊两侧房间内的配水支管就近连接到配水干管上。走廊内布置的喷头就近接至排水支管后再接至配水干管。单个喷头不应直接接至管径大于或等于DN100的配水干管。

宿舍建筑自动喷水灭火系统配水管网布置步骤，见表3-67。

自动喷水灭火系统配水管网布置步骤表　　　　　表3-67

序号	配水管网布置步骤
步骤1	根据宿舍建筑的防火性能确定自动喷水灭火系统配水管网的布置范围
步骤2	在每个防火分区内应确定该区域自动喷水灭火系统配水主干管或主立管的位置或方向
步骤3	自接入点接入后，可确定主要配水管的敷设位置和方向
步骤4	自末端房间内的自动喷水灭火系统配水支管就近向配水管连接
步骤5	每个楼层每个防火分区内配水管网布置均按步骤1~步骤4进行

自动喷水灭火系统每个喷头与配水支管连接的短立管管径通常采用25mm；末端试水装置或试水阀的连接管管径通常采用25mm。

3.6.5 水流指示器

除报警阀组控制的喷头只保护不超过防火分区面积的同层场所外，宿舍建筑每个防火分区、每个楼层均应设水流指示器；当整个场所需要设置的喷头数不超过1个报警阀组控制的喷头数时,可不设置水流指示器;每个防火分区应设置一个水流指示器,位置可设在本防火分区系统配水管网的起始端,亦可集中设置于各个防火分区配水干管分叉处。

水流指示器上游端应设置信号阀,其型号规格,参见表 1-257。

水流指示器与所在配水干管同管径,其型号规格,参见表 1-258。

3.6.6 报警阀组

宿舍建筑消防系统报警阀组主要采用湿式水力报警阀组,一定条件下采用预作用报警阀组。

宿舍建筑自动喷水灭火系统报警阀组的数量取决于:整个建筑中设置喷头的总数量;每个防火分区内设置喷头的数量;每个报警阀组控制的喷头数。一个报警阀组控制的喷头数不宜超过 800 只,设计中可适当超过 800 只。

喷头均衡组合遵循的原则,参见表 1-259。

宿舍建筑自动喷水灭火系统报警阀组通常设置在消防水泵房或专用报警阀室,设置位置方案,参见表 1-260。

报警阀组宜设在安全及易于操作的地点,报警阀距地面的高度宜为 1.2m;宜沿墙体集中布置,相邻报警阀组的间距不宜小于 1.5m,不应小于 1.2m;报警阀垂处应设有排水设施,排水管管径不应小于 $DN100$。

表 1-261 为常用湿式报警阀装置型号规格;表 1-262 为常见预作用报警阀装置型号规格;报警阀组压力开关主要技术参数,参见表 1-263;报警阀组前后管道设置,参见表 1-264。

宿舍建筑自动喷水灭火系统减压阀设置方式,参见表 1-265。

减压孔板作为一种减压部件,可辅助减压阀使用。

3.6.7 自动喷水灭火系统水泵接合器

自动喷水灭火系统管网上应设置水泵接合器,宿舍建筑自动喷水灭火系统消防水泵接合器数量,参见表 1-266。

自动喷水灭火系统水泵接合器宜设置在靠近消防水泵房的室外;常规做法是将多个 $DN150$ 水泵接合器并联起来,由 1 根 $DN150$ 供水管道接至系统供水泵组出水干管上,连接位置位于报警阀组前。

3.6.8 消防水箱设计

高位消防水箱、自动喷水灭火稳压装置设计参见消火栓系统相关内容。

3.6.9 自动喷水灭火系统压力计算

自动喷水灭火系统的设计工作压力,按公式(1-68)计算。

自动喷水灭火给水泵扬程通常按照自动喷水灭火系统的设计工作压力值确定。

自动喷水灭火给水系统压力管道水压强度试验的试验压力($H_{试验}$)的基准指标,参见表 1-267。

3.6.10 人防区域自动喷水灭火系统设计

宿舍建筑附设人防区域功能为人员掩蔽所、物资库时，人防区域设置自动喷水灭火系统。

自动喷水灭火系统给水干管穿越人防区域时，采取措施参见表 1-268。

人防区域内与人防有关场所设置自动喷水灭火系统情况，参见表 1-269。

自动喷水灭火系统给水横支管穿越人防围护结构防护阀门设置方法，参见表 1-270。

3.7 灭火器系统

3.7.1 灭火器配置场所火灾种类

宿舍建筑灭火器配置场所的火灾种类，见表 3-68。

灭火器配置场所的火灾种类表　　　　　　　表 3-68

序号	火灾种类	灭火器配置场所
1	A 类火灾（固体物质火灾）	宿舍建筑内绝大多数场所，如宿舍居室、餐厅、办公室、会议室等
2	B 类火灾（液体火灾或可熔化固体物质火灾）	宿舍建筑内附设车库
3	E 类火灾（物体带电燃烧火灾）	宿舍建筑内附设电气房间，如发电机房、变压器室、高压配电间、低压配电间、网络机房、弱电机房等

3.7.2 灭火器配置场所危险等级

宿舍建筑灭火器配置场所的危险等级分为严重危险级、中危险级 2 级，危险等级举例，见表 3-69。

宿舍建筑灭火器配置场所的危险等级举例　　　　　　　表 3-69

危险等级	举例
严重危险级	学生住宿床位在 100 张及以上的学校集体宿舍
严重危险级	配建充电基础设施（充电桩）的车库区域
中危险级	学生住宿床位在 100 张以下的学校集体宿舍
中危险级	建筑面积在 200m² 以下的公共娱乐场所
中危险级	民用燃油、燃气锅炉房
中危险级	民用的油浸变压器室和高、低压配电室
中危险级	配建充电基础设施（充电桩）以外的车库区域

注：宿舍建筑室内强电间、弱电间；屋顶排烟机房内每个房间均应设置 2 具手提式磷酸铵盐干粉灭火器。

3.7.3 灭火器选择

宿舍建筑灭火器配置场所的火灾种类通常涉及 A 类、B 类、E 类火灾，通常配置灭火器时选择磷酸铵盐干粉灭火器。

消防控制室、计算机房、配电室等部位配置灭火器宜采用气体灭火器，通常采用二氧化碳灭火器。

3.7.4 灭火器设置

宿舍建筑中设置的手提式灭火器，通常和室内消火栓同位置设置，放置于室内消火栓箱体下部。独立设置的手提式或推车式灭火器通常放置于所保护区域的公共走道、门口或房间内靠近公共通道出入口处。灭火器设置点应均衡布置。

设置在 A 类火灾场所的灭火器，其最大保护距离应符合表 1-274 的规定。

灭火器最大保护距离为灭火器与起火点之间最大的行走距离。宿舍建筑中的地下车库区域、建筑中大间套小间区域、房间中间隔着走道区域等场所，常需要增加灭火器配置点。地下车库区域增设的灭火器宜靠近相邻 2 个室内消火栓中间的位置，并宜沿车库墙体或柱子布置。

设置在 B 类火灾场所的灭火器，其最大保护距离应符合表 1-275 的规定。

宿舍建筑中 E 类火灾场所中的发电机房、高低压配电间、网络机房等场所，灭火器配置宜按 B 类火灾场所灭火器最大保护距离要求进行。面积较大的宿舍建筑变配电室，需要在变配电室内增设灭火器。

3.7.5 灭火器配置

A 类火灾场所灭火器的最低配置基准，应符合表 1-276 的规定。

宿舍建筑灭火器 A 类火灾场所配置基准可按照灭火器最低配置基准，即：严重危险级按照 3A；中危险级按照 2A；轻危险级按照 1A。

B 类火灾场所灭火器的最低配置基准，应符合表 1-277 的规定。

宿舍建筑灭火器 B 类火灾场所配置基准可按照灭火器最低配置基准，即：严重危险级按照 89B；中危险级按照 55B。

E 类火灾场所的灭火器最低配置基准不应低于该场所内 A 类（或 B 类）火灾的规定。

3.7.6 灭火器配置设计计算

宿舍建筑内每个灭火器设置点灭火器数量通常以 2～4 具为宜。

灭火器计算单元最小需配灭火级别，按公式（1-69）计算。

灭火器计算单元中每个灭火器设置点最小需配灭火级别，按公式（1-70）计算。

3.7.7 灭火器类型及规格

宿舍建筑灭火器配置设计中常用的灭火器类型及规格，参见表 1-279。

3.8 气体灭火系统

3.8.1 气体灭火系统应用场所

宿舍建筑中适合采用气体灭火系统的场所包括高压配电室(间)、低压配电室(间)、网络机房、网络中心、信息中心、灾备机房、应急响应中心、BA 控制室、UPS 间等电气设备房间。

目前宿舍建筑中最常用七氟丙烷(HFC-227ea)气体灭火系统和 IG541 混合气体灭火系统。

3.8.2 七氟丙烷气体灭火系统设计参数

七氟丙烷灭火剂主要技术性能参数,参见表 1-281。

无管网七氟丙烷气体自动灭火装置技术参数、规格等,参见表 1-282~表 1-284。

宿舍建筑中采用七氟丙烷气体灭火保护时,各防护区设计灭火浓度,见表 3-70。

防护区设计灭火浓度表　　　表 3-70

序号	防护区	设计灭火浓度
1	油浸变压器室、配电室、自备发电机房等	9%
2	通信机房、智能化机房(信息机房)等	8%

注:防护区实际应用的浓度不应大于灭火设计浓度的 1.1 倍。

3.8.3 气体灭火设计用量计算

七氟丙烷气体灭火设置场所设计用量,按公式(1-71)计算。

七氟丙烷设计用量,按公式(2-28)计算;七氟丙烷设计容积,按公式(2-29)计算。

每个防护区内无管网七氟丙烷气体灭火装置的布置应做到均匀。

IG541 混合气体灭火防护区灭火设计用量或惰化设计用量,按公式(1-74)计算。

IG541 灭火剂气体在 101kPa 大气压和防护区最低环境温度下的质量体积,按公式(1-75)计算。

IG541 混合气体灭火系统灭火剂储存量,应为防护区灭火设计用量及系统灭火剂剩余量之和,系统灭火剂剩余量按公式(1-76)计算。

3.8.4 IG541 混合气体灭火系统管网计算

IG541 混合气体灭火系统管道流量宜采用平均设计流量。

系统主干管、支管的平均设计流量,按公式(1-77)、公式(1-78)计算。

管道内径按公式(1-79)计算。

灭火剂释放时,管网应进行减压。减压装置宜采用减压孔板,宜设在系统的源头或干管入口处。减压孔板前的压力,按公式(1-80)计算;减压孔板后的压力,按公式(1-81)计算；减压孔板孔口面积，按公式（1-82）计算。

系统的阻力损失宜从减压孔板后算起，并按公式（1-83）计算。

IG541混合气体灭火系统的喷头工作压力的计算结果，应符合：一级充压（15.0MPa）系统，$P_c \geqslant 2.0$MPa（绝对压力）；二级充压（20.0MPa）系统，$P_c \geqslant 2.1$MPa（绝对压力）。

喷头等效孔口面积，按公式（1-84）计算。

3.8.5 防护区泄压口

气体灭火系统防护区应设置泄压口。七氟丙烷气体灭火系统防护区泄压口面积按系统设计规定计算，按公式（1-85）计算；IG541混合气体灭火系统防护区泄压口面积按系统设计规定计算，宜按公式（1-86）计算。

七氟丙烷气体灭火系统的泄压口应位于防护区净高的2/3以上。对于设置吊顶场所，泄压口通常设置在吊顶（梁）下，泄压口顶面紧贴吊顶（梁）或吊顶（梁）下100mm。

不同规格无管网七氟丙烷气体灭火装置与泄压口尺寸的对照表，参见表1-288。

防护区设置的泄压口，宜设在外墙上，无外墙时应设置在朝向公共建筑公共区域（走道）的内墙上。每个防护区根据需要可设置1个或多个泄压口。

3.9 高压细水雾灭火系统

3.9.1 高压细水雾灭火系统适用场所

宿舍建筑中不宜用水扑救的部位（即采用水扑救后会引起爆炸或重大财产损失的场所）可以采用高压细水雾灭火系统灭火。

宿舍建筑中适合采用高压细水雾灭火系统的场所包括高压配电室（间）、低压配电室（间）、网络机房、网络中心、信息中心、灾备机房、应急响应中心、BA控制室、UPS间等电气设备房间。

3.9.2 高压细水雾灭火系统分类和选择

宿舍建筑中不同高压细水雾灭火系统形式的选择，参见表2-96。

3.9.3 高压细水雾灭火系统设计

宿舍建筑高压细水雾灭火系统主要应用场所设计参数，参见表2-97。

宿舍建筑不同场所高压细水雾喷头选型，参见表2-98。

高压细水雾给水泵组设计流量确定，参见表1-295；泵组扬程计算，采用公式（1-87）。

高压细水雾给水泵组配置1套，主泵常采用4台（3用1备），稳压泵常采用2台（1用1备）。

高压细水雾灭火系统采用满足系统工作压力要求的无缝不锈钢管316L，管道采用氩弧焊焊接连接或卡套连接。

3.10 自动跟踪定位射流灭火系统

3.10.1 自动跟踪定位射流灭火系统适用场所

宿舍建筑出入门厅等场所为高大空间时,可根据表 1-296 确定系统形式。

3.10.2 自动跟踪定位射流灭火系统选型

宿舍建筑出入门厅等场所火灾危险等级为中危险级Ⅰ级,其自动跟踪定位射流灭火系统宜选用喷射型或喷洒型自动射流灭火系统,通常采用喷射型自动射流灭火系统。

3.10.3 自动跟踪定位射流灭火系统设计

宿舍建筑高大空间场所采用自动跟踪定位射流灭火系统时,技术要求参见表 2-99。

喷射型自动射流灭火系统每台装置、喷洒型自动射流系统每组灭火装置之前的供水管路应布置成环状管网,管道管径确定参见表 2-100。

每台喷射型自动射流灭火装置、每组喷洒型自动射流灭火装置的供水支管上均设置水流指示器,位置安装在手动控制阀、信号阀出口之后。

喷射型或喷洒型自动射流灭火系统每个保护区的管网最不利处设置模拟末端试水装置,采用 DN75 排水漏斗,接入 DN75 排水立管。

喷射型自动射流灭火系统供水管道管材,应根据其系统设计压力确定,宜与同一系统设计压力范围的同建筑自动喷水灭火系统管道管材一致。

宿舍建筑喷射型、喷洒型自动射流灭火系统常不单独设置自动射流灭火系统给水泵组,而是与本建筑自动喷水灭火系统给水泵组合用。

喷射型、喷洒型自动射流灭火系统单独设置消防水泵时,消防水泵流量按照自动射流灭火系统设计流量,水泵扬程或系统设计工作压力可按公式(1-89)计算。

宿舍建筑自动跟踪定位射流灭火系统可设置高位消防水箱,亦可与自动喷水灭火系统合用高位消防水箱。

3.11 中水系统

宿舍建筑建设中水设施,应结合建筑所在地区的不同特点,满足当地政府部门的有关规定。建筑面积大于 20000m² 或回收水量大于 100m³/d 的宿舍建筑,宜建设中水设施。

3.11.1 中水原水

1. 中水原水种类

宿舍建筑中水原水可选择的种类及选取顺序,见表 3-71。

宿舍建筑中水原水可选择的种类及选取顺序表　　表3-71

序号	中水原水种类	备注
1	宿舍建筑内居住区宿舍卫生间的盆浴和淋浴等的废水排水；公共区工作人员卫生间、公共卫生间的废水排水；洗浴中心的盆浴和淋浴等的废水排水	最适宜
2	宿舍建筑内公共区公共卫生间的盥洗废水排水	适宜
3	宿舍建筑洗衣房洗衣排水	
4	宿舍建筑附设厨房、食堂、餐厅废水排水	不适宜
5	宿舍建筑内居住区宿舍卫生间的冲厕排水；公共区工作人员卫生间、公共卫生间的冲厕排水	最不适宜

2. 中水原水量

宿舍建筑中水原水量按公式（3-21）计算：

$$Q_Y = \Sigma \beta \cdot Q_{pj} \cdot b \tag{3-21}$$

式中　Q_Y——宿舍建筑中水原水量，m^3/d；

　　　β——宿舍建筑按给水量计算排水量的折减系数，一般取 0.85～0.95；

　　　Q_{pj}——宿舍建筑平均日生活给水量，按《节水标》中的节水用水定额（参见表3-5）计算确定，m^3/d；

　　　b——宿舍建筑分项给水百分率，应以实测资料为准，当无实测资料时，可按表3-72选取。

宿舍建筑分项给水百分率表　　表3-72

项目	冲厕	沐浴	盥洗	洗衣	总计
给水百分率（%）	30	40～42	12.5～14	17.5～14	100

注：沐浴包括盆浴和淋浴。

宿舍建筑用作中水原水的水量宜为中水回用水量的110%～115%。

3. 中水原水水质

宿舍建筑中水原水水质应以类似建筑的实测资料为准；当无实测资料时，宿舍建筑排水的污染物浓度可按表2-103确定。

3.11.2　中水利用与水质标准

1. 中水利用

宿舍建筑中水原水主要用于城市杂用水和景观环境水等。

宿舍建筑中水利用率，可按公式（2-31）计算。

宿舍建筑中水利用率应不低于当地政府部门的中水利用率指标要求。

当宿舍建筑附近有可利用的市政再生水管道时，可直接接入使用。

2. 中水水质标准

宿舍建筑中水水质标准要求，参见表2-104。

3.11.3 中水系统

1. 中水系统形式

宿舍建筑中水通常采用中水原水系统与生活污水系统分流、生活给水与中水给水分供的完全分流系统。

2. 中水原水系统

宿舍建筑中水原水管道通常按重力流设计；当靠重力流不能直接接入时，可采取局部加压提升接入。

宿舍建筑原水系统原水收集率不应低于本建筑回收排水项目给水量的75%，可按公式（2-32）计算。

宿舍建筑若需要食堂、餐厅的含油脂污水作为中水原水时，在进入原水收集系统前应经过除油装置处理。

宿舍建筑中水原水应进行计量，可采用超声波流量计和沟槽流量计。

3. 中水处理系统

宿舍建筑中水处理系统设计处理能力，可按公式（2-33）计算。

4. 中水供水系统

建筑中水供水系统必须独立设置。建筑中水不得用作宿舍建筑生活饮用水水源。

宿舍建筑中水系统供水量，可按照表3-4中的用水定额及表3-72中规定的百分率计算确定。

宿舍建筑中水供水系统的设计秒流量和管道水力计算方法与生活给水系统一致，参见3.1.6节。

宿舍建筑中水供水系统的供水方式宜与生活给水系统一致，通常采用变频调速泵组供水方式，水泵的选择参见3.1.7节。

宿舍建筑中水供水系统的竖向分区宜与生活给水系统一致。当建筑周边有市政中水管网且管网流量压力均满足时，低区由市政中水管网直接供水；当建筑周边无市政中水管网时，低区由低区中水给水泵组自中水贮水池（箱）吸水后加压供水。

宿舍建筑中水供水管道宜采用塑料给水管、钢塑复合管或其他具有可靠防腐性能的给水管材，不得采用非镀锌钢管。

宿舍建筑中水贮存池（箱）设计要求，参见表2-105。

宿舍建筑中水供水系统应安装计量装置，具体设置要求参见表3-14。

中水供水管道应采取防止误接、误用、误饮的措施。

5. 水量平衡

中水系统设计应进行中水原水量和用水量平衡计算。

宿舍建筑中水用水量应根据不同用途用水量累加确定。

宿舍建筑最高日冲厕中水用水量按照表3-4中的最高日用水定额及表3-72中规定的百分率计算确定。最高日冲厕中水用水量，可按公式（3-22）计算：

$$Q_C = \Sigma q_L \cdot F \cdot N / 1000 \tag{3-22}$$

式中　Q_C——宿舍建筑最高日冲厕中水用水量，m^3/d；

q_L——宿舍建筑给水用水定额，L/(人·d)；

F——冲厕用水占生活用水的比例，%，按表 3-72 取值；
N——使用人数，人。

宿舍建筑相关功能场所冲厕用水量定额及小时变化系数，见表 3-73。

宿舍建筑冲厕用水量定额及小时变化系数表　　　表 3-73

建筑种类	冲厕用水量 [L/(人·d)]	使用时间（h/d）	小时变化系数
宿舍	20～40	24	2.5～2.0

中水系统原水调节池（箱）调节容积，可按公式（2-35）、公式（2-36）计算。

中水贮存池（箱）容积，可按公式（2-37）、公式（2-38）计算。

当中水供水系统采用水泵-水箱联合供水时，水箱调节容积不得小于中水系统最大小时用水量的 50%。

中水系统的总调节容积，包括原水调节池（箱）、中水处理工艺构筑物、中水贮存池（箱）及高位水箱等调节容积之和，不宜小于中水日处理量的 100%。

3.11.4　中水处理工艺与处理设施

1. 中水处理工艺

宿舍建筑通常采用的中水处理工艺，参见表 2-107。

2. 中水处理设施

宿舍建筑中水处理设施及设计要求，参见表 2-108。

3.11.5　中水处理站

宿舍建筑内的中水处理站设计要求，参见 2.11.5 节。

3.12　管道直饮水系统

3.12.1　水量、水压和水质

宿舍建筑管道直饮水最高日直饮水定额（q_d），可按 2.0～3.0L/(床·d) 采用，亦可根据用户要求确定。

直饮水专用水嘴额定流量宜为 0.04～0.06L/s。

宿舍建筑直饮水专用水嘴最低工作压力不宜小于 0.03MPa。

宿舍建筑管道直饮水系统用户端的水质应符合现行行业标准《饮用净水水质标准》CJ/T 94 的规定。

3.12.2　水处理

宿舍建筑管道直饮水系统应对原水进行深度净化处理。

水处理工艺流程的选择应依据原水水质，经技术经济比较确定。处理后的出水应符合现行行业标准《饮用净水水质标准》CJ/T 94 的规定。

深度净化处理应根据处理后的水质标准和原水水质进行选择，宜采用膜处理技术，参见表 1-333。

不同的膜处理应相应配套预处理、后处理、膜的清洗和水处理消毒灭菌设施，参见表 1-334。

深度净化处理系统排出的浓水宜回收利用。

3.12.3 系统设计

宿舍建筑管道直饮水系统必须独立设置，不得与市政或建筑供水系统直接相连。

宿舍建筑管道直饮水系统宜采取集中供水系统，一座建筑中宜设置一个供水系统。

宿舍建筑常见的管道直饮水系统供水方式，参见表 1-335。

多层宿舍建筑管道直饮水供水竖向不分区；高层宿舍建筑管道直饮水供水应竖向分区，分区原则参见表 1-336。

宿舍建筑管道直饮水系统类型，参见表 1-337。

宿舍建筑管道直饮水系统设计应设循环管道，供回水管网应设计为同程式。

宿舍建筑管道直饮水系统通常采用全日循环，亦可采用定时循环，供配水系统中的直饮水停留时间不应超过 12h。

宿舍建筑管道直饮水系统回水宜回流至净水箱或原水水箱。回流到净水箱时，应在消毒设施前接入。

直饮水系统不循环的支管长度不宜大于 6m。

宿舍建筑管道直饮水系统管道敷设要求，参见表 1-338。

宿舍建筑管道直饮水系统管材及附件设置要求，参见表 1-339。

3.12.4 系统计算与设备选择

1. 系统计算

宿舍建筑管道直饮水系统最高日直饮水量，应按公式（3-23）计算：

$$Q_d = N \cdot q_d \tag{3-23}$$

式中 Q_d——宿舍建筑管道直饮水系统最高日饮水量，L/d；

N——宿舍建筑管道直饮水系统所服务的床位数，床；

q_d——宿舍建筑最高日直饮水定额，L/(床·d)，取 2.0~3.0L/(床·d)。

宿舍建筑瞬时高峰用水量，应按公式（1-94）计算。

宿舍建筑瞬时高峰用水时水嘴使用数量，应按公式（1-95）计算。

瞬时高峰用水时水嘴使用数量 m 的确定，应按表 1-340（当水嘴数量 $n \leqslant 12$ 个时）、表 1-341（当水嘴数量 $n > 12$ 个时）选取。当 $np \geqslant 5$ 并且满足 $n(1-p) \geqslant 5$ 时，可按公式（1-96）简化计算。

水嘴使用概率应按公式（3-24）计算：

$$p = \alpha \cdot Q_d / (1800 \cdot n \cdot q_0) = 0.15 \cdot Q_d / (1800 \cdot n \cdot q_0) \tag{3-24}$$

式中 α——经验系数，宿舍取 0.15。

定时循环时，循环流量可按公式（1-98）计算。

管道直饮水供回水管道内水流速度宜符合表 1-342 的规定。

2. 设备选择

净水设备产水量可按公式（1-100）计算。

变频调速供水系统水泵设计流量应按公式（1-101）计算；水泵设计扬程应按公式（1-102）计算。

净水箱（槽）有效容积可按公式（1-103）计算；原水调节水箱（槽）容积可按公式（1-104）计算。

原水水箱（槽）的进水管管径宜按净水设备产水量设计，并应根据反洗要求确定水量。当进水管的供水能力满足预处理的流量和压力要求时，原水水箱（槽）可不设置。

3.12.5　净水机房

净水机房设计要求，参见表1-343。

3.12.6　管道敷设与设备安装

管道直饮水管道敷设与设备安装设计要求，参见表1-344。

3.13　给水排水抗震设计

宿舍建筑给水排水管道抗震设计，参见表1-345。

宿舍建筑给水、热水管道直线长度大于50m时，采取波纹伸缩节等附件；管径大于或等于DN65的生活给水、热水、消防系统管道支吊架采用抗震支吊架。

宿舍建筑室内给水排水设备、构筑物、设施选型、布置与固定抗震技术措施，参见表1-346。

3.14　给水排水专业绿色建筑设计

宿舍建筑绿色设计，应根据宿舍建筑所在地相关规定要求执行。新建宿舍建筑应按照一星级或以上星级标准设计；政府投资或者以政府投资为主的宿舍建筑、建筑面积大于20000m^2的大型宿舍建筑宜按照绿色建筑二星级或以上星级标准设计。宿舍建筑二星级、三星级绿色建筑设计专篇，参见表1-347。

第 4 章 学校建筑给水排水设计

学校建筑是指学校为教育学生所提供的教育活动场所，包括校舍、校园和运动场所和附属设施。本章所述学校建筑指校园中进行室内教学活动的场所，包括教学楼、办公楼、实验楼、学校楼、图书馆、活动中心、食堂餐厅、体育馆、游泳池等。其中教职员工宿舍楼、学生宿舍楼给水排水设计详见第 3 章，办公楼给水排水设计详见第 6 章，体育场、体育馆给水排水设计详见第 10 章。

学校主要分为中小学校和高等学校 2 种类型。

学校建筑功能分区可分为教学中心区、科学研究区、体育活动区、学习工厂区、后勤服务区、学生生活区。教学中心区包括公共教学楼、讲堂中心、图书馆、实验中心、科研中心、学生中心等。学校建筑各功能用房，见表 4-1。

学校建筑各功能用房表   表 4-1

序号	功能分区	具体功能用房
1	教学用房	普通教室、科学教室、史地教室、语言教室、计算机教室、美术教室、书法教室、音乐教室、舞蹈教室、劳动教室、技术教室、合班教室、视听教室、电化教室；物理、化学、生物等实验室，其辅助用房包括化学药品室、仪器室、准备室、生物标本室、模型室、管理员办公室等房间
2	教学辅助用房	教师办公室、图书室、阅览室、学生活动室、体质测试室、心理咨询室、德育展览室等
3	行政办公用房	校务、教务等行政办公室、档案室、会议室、学生组织及学生社团办公室、文印室、广播室、值班室、安防监控室、网络控制室、卫生室（保健室）、传达室、总务仓库及维修工作间等
4	生活服务用房	饮水处、卫生间、配餐室、发餐室、设备用房、食堂、淋浴室、停车库（棚）、学生宿舍等

学校内图书馆是用于收集、整理、保管、研究和利用书刊资料、多媒体资料等，以借阅方式为主并可提供信息咨询、培训、学术交流等服务的学校建筑。图书馆功能一般由藏书空间、阅览空间、目录检索及出纳空间、公共活动及辅助服务空间、行政办公、业务用房及技术设备用房等部分组成。

学校建筑给水排水设计应符合现行国家标准《城市给水工程项目规范》GB 55026、《城乡排水工程项目规范》GB 55027、《建筑给水排水设计标准》GB 50015、《建筑防火通用规范》GB 55037、《消防设施通用规范》GB 55036、《建筑设计防火规范》GB 50016 和《消防给水及消火栓系统技术规范》GB 50974 等的规定。根据学校建筑的功能设置，其给水排水设计涉及以下现行国家、行业标准：《中小学校设计规范》GB 50099、《体育建筑设计规范》JGJ 31、《图书馆建筑设计规范》JGJ 38、《饮食建筑设计标准》JGJ 64、《办公建筑设计标准》JGJ 67 等。学校建筑若设置中水系统，其设计涉及的现行国家标准为《建筑中水设计标准》GB 50336。学校建筑若设置管道直饮水系统，其设计涉及的现行行业标准为《建筑与小区管道直饮水系统技术规程》CJJ/T 110。

4.1 生活给水系统

4.1.1 用水量标准

1. 生活用水量标准

《水标》中学校建筑相关功能场所生活用水定额，见表4-2。

学校建筑生活用水定额表 表4-2

序号	建筑物名称		单位	生活用水定额（L）		使用时数（h）	最高日小时变化系数 K_h
				最高日	平均日		
1	教学楼、实验楼	中小学校	每学生每日	20～40	15～35	8～9	1.5～1.2
		高等院校		40～50	35～40		
2	办公楼	坐班制办公	每人每班	30～50	25～40	8～10	1.5～1.2
3	科研楼	化学	每工作人员每日	460	370	8～10	2.0～1.5
		生物		310	250		
		物理		125	100		
		药剂调制		310	250		
4	图书馆	阅览者	每座位每次	20～30	15～25	8～10	1.2～1.5
		员工	每人每日	50	40		
5	餐饮业	快餐店、职工及学生食堂	每顾客每次	20～25	15～20	12～16	1.5～1.2
6	公共浴室	淋浴	每顾客每次	100	70～90	12	2.0～1.5
7	体育场、体育馆	运动员淋浴	每人每次	30～40	25～40	4	3.0～2.0
		观众	每人每场	3	3		1.2
8	会议厅		每座位每次	6～8	6～8	4	1.5～1.2
9	理发室		每顾客每次	40～100	35～80	12	2.0～1.5
10	停车库地面冲洗水		每平方米每次	2～3	2～3	6～8	1.0

注：1. 除注明外，均不含员工生活用水，员工最高日用水定额为每人每班40～60L，平均日用水定额为每人每班30～45L；
2. 生活用水定额应根据建筑物卫生器具完善程度、地区等影响用水定额的因素确定；
3. 表中用水量标准为生活用水，包括生活用热水用水量和直饮水用量，也包括正常漏水量和间接用水量，如清洁用水在内；但不包括空调、采暖、水景绿化、场地和道路浇洒等用水；
4. 计算学校建筑最高日最大时用水量时，某一类型生活用水定额、最高日小时变化系数（K_h）均为一个范围值时，生活用水定额取定额的最低值应对应选择最高日小时变化系数（K_h）的最大值；生活用水定额取定额的最高值应对应选择最高日小时变化系数（K_h）的最小值；生活用水定额取定额的中间值应对应选择最高日小时变化系数（K_h）的中间值（按内插法确定）。

《节水标》中学校建筑相关功能场所平均日生活用水节水用水定额，见表4-3。

学校建筑平均日生活用水节水用水定额表　　　　表 4-3

序号	建筑物名称		单位	节水用水定额
1	教学楼、实验楼	中小学校	L/（学生·d）	15～35
		高等学校		35～40
2	办公楼	坐班制办公	L/（人·班）	25～40
3	图书馆		L/（人·次）	5～8
4	餐饮业	快餐店、职工及学生食堂	L/（人·次）	15～20
5	公共浴室	淋浴	L/（人·次）	70～90
6	体育场、体育馆	运动员淋浴	L/（人·次）	25～40
		观众	L/（人·场）	3
7	会议室		L/（座位·次）	6～8
8	理发室		L/（人·次）	35～80
9	停车库地面冲洗水		L/（m²·次）	2～3

注：1. 表中不含食堂用水；
　　2. 除注明外均不含员工用水，员工用水定额 30～45L/（人·班）；
　　3. 表中用水量包括热水用量在内，空调用水应另计；
　　4. 选择用水定额时，可依据当地气候条件、水资源状况等确定，缺水地区应选择低值；
　　5. 用水人数或单位数应以年平均值计算；
　　6. 每年用水天数应根据使用情况确定。

2. 绿化浇灌用水量标准

学校院区绿化浇灌最高日用水定额按浇灌面积 1.0～3.0L/（m²·d）计算，通常取 2.0L/（m²·d），干旱地区可酌情增加。

3. 浇洒道路用水量标准

学校院区道路、广场浇洒最高日用水定额按浇洒面积 2.0～3.0L/（m²·d）计算，亦可参见表 2-8。

4. 空调循环冷却水补水用水量标准

学校建筑空调循环冷却水补充水量，按公式（1-3）计算，亦可由暖通空调专业提供。

5. 汽车冲洗用水量标准

汽车冲洗用水量标准按 10.0～15.0L/（辆·次）考虑。

6. 供暖锅炉补充水量

供暖锅炉补充水量由暖通空调、热能动力专业提供。

7. 给水管网漏失水量和未预见水量

这两项水量之和按上述 6 项用水量（第 1 项至第 6 项）之和的 8%～12% 计算，通常按 10% 计。

最高日用水量（Q_d）应为上述 7 项用水量（第 1 项至第 7 项）之和。

最大时用水量（Q_{hmax}）可按公式（1-4）计算。

4.1.2　水质标准和防水质污染

1. 水质标准

学校给水系统供水水质应符合现行国家标准《生活饮用水卫生标准》GB 5749 的要求。

2. 防水质污染

学校建筑防止水质污染常见的具体措施，参见表 2-9。

4.1.3 给水系统和给水方式

1. 学校建筑生活给水系统

典型的学校建筑生活给水系统原理图,见图 4-1。

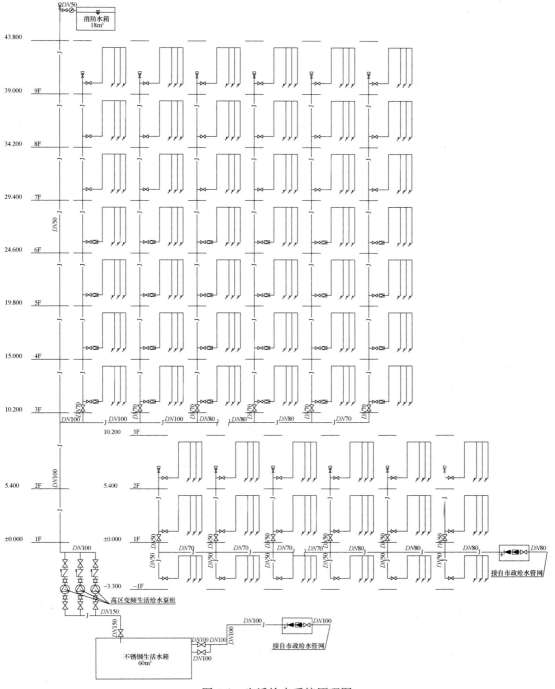

图 4-1 生活给水系统原理图

2. 学校建筑生活给水供水方式

学校建筑生活给水供水方式，见表 4-4。

学校建筑生活给水供水方式表　　　　　　　　　　　　表 4-4

序号	供水方式	适用范围	备注
1	生活水箱加变频生活给水泵组联合供水	市政给水管网直供区之外的其他竖向分区，即加压区	推荐采用
2	市政给水管网直接供水	市政给水管网压力满足的最低竖向分区	
3	管网叠加供水	市政给水管网流量、压力稳定；最小保证压力较高；学校当地市政供水部门允许采用	可以采用

3. 学校建筑生活给水系统竖向分区

学校建筑应根据建筑内功能的划分和当地供水部门的水量计费分类等因素，设置相应的生活给水系统，并应利用城镇给水管网的水压。

学校建筑生活给水系统竖向分区应根据的原则，参见表 3-7。

学校建筑生活给水系统竖向分区确定程序，见表 4-5。

生活给水系统竖向分区确定程序表　　　　　　　　　　　表 4-5

序号	竖向分区确定程序	备注
1	根据学校院区接入市政给水管网的最小工作压力确定由市政给水管网直接供水的楼层	
2	根据市政给水直供楼层以上楼层的竖向建筑高度合理确定分区的个数及分区范围	高层学校建筑生活给水竖向分区楼层数宜为 6~8 层（竖向高度 30m 左右），不宜多于 10 层
3	根据需要加压供水的总楼层数，合理调整需要加压的各竖向分区，使其高度基本一致	各竖向分区涉及楼层数宜基本相同

4. 学校建筑生活给水系统形式

学校建筑生活给水系统通常采用下行上给式，设备管道设置方法见表 4-6。

生活给水系统设备管道设置方法表　　　　　　　　　　　表 4-6

序号	设备管道名称	设备管道设置方法
1	生活水箱及各分区供水泵组	设置在建筑地下室或院区生活水泵房
2	各分区给水总干管	自各分区给水泵组接出，沿下部楼层吊顶内或顶板下横向敷设接至各区域水管井
3	各分区给水总立管	设置在各区域水管井内，自各分区给水总干管接出，竖向敷设接至各区域最下部楼层
4	各分区给水横干管	设置在各区域最下部楼层吊顶内或顶板下，自各分区给水总立管接出，横向敷设接至本区域各用水场所（学校卫生间等）水管井
5	分区内给水立管	分别自本区域给水横干管接出，沿水管井向上敷设，每个竖向水管井设置 1 根给水立管
6	给水支管	自分区内各个水管井内给水立管接出，接至每层各用水场所用水点，通常 1 个卫生间等用水场所设置 1 根给水支管；给水支管在水管井内沿水流方向依次设置阀门、减压阀（若需要的话）、冷水表（适用于需要单独计量时）；水管井内给水支管宜设置在距地 1.0~1.2m 的高度，向上接至卫生间吊顶内敷设至该卫生间各用水卫生器具

4.1.4 管材及附件

1. 生活给水系统管材

学校建筑生活给水系统给水管道应选用耐腐蚀、安装连接方便可靠、符合国家现行有关产品标准要求及饮用水卫生要求的管材，常用管材包括薄壁不锈钢管、薄壁铜管、PVC-C（氯化聚氯乙烯）冷水用管、钢塑复合管、内衬不锈钢复合钢管、铝塑复合管等。

2. 生活给水系统阀门

学校建筑生活给水系统设置阀门的部位，见表4-7。

生活给水系统设置阀门部位表 表4-7

序号	设置阀门部位
1	院区接自市政给水管网的引入管段上
2	院区室外环状给水管网的节点处
3	自院区室外环状给水管网给水干管上接出的支管起端
4	建筑入户管、水表前
5	建筑各分区给水总干管起端、分区内各给水立管起端（通常位于立管底部）
6	建筑室内生活给水管道向学校卫生间、浴室、预留给水管道场所等接出的给水支管起端
7	水箱、生活水泵房、电开水器、减压阀、倒流防止器等进水管处

3. 生活给水系统止回阀

学校建筑生活给水系统设置止回阀的部位，见表4-8。

生活给水系统设置止回阀部位表 表4-8

序号	设置止回阀部位
1	直接从市政给水管网接入建筑物的引入管上
2	接至水箱（包括生活冷水箱、生活热水箱、消防水箱）间、冷热源机房、空气源热泵热水设备等场所的给水管起端
3	每台生活给水泵组出水管上

4. 生活给水系统减压阀

学校建筑配水横管静水压大于0.20MPa的楼层各分区内给水支管起端应设置减压阀，减压阀位置在阀门之后。

当化学实验室给水水嘴的工作压力大于0.02MPa，急救冲洗水嘴的工作压力大于0.01MPa时，应采取减压措施，在给水支管上设置减压阀。

5. 生活给水系统水表

学校建筑生活给水系统按分区域计量原则设置水表，生活给水系统设置水表的部位，参见表3-14。

6. 生活给水系统其他附件

生活水箱的生活给水进水管上应设自动水位控制阀。

学校建筑生活给水系统设置过滤器的部位，参见表2-19。

学校建筑内公共卫生间的洗手盆水嘴应采用非接触式或延时自闭式水嘴，通常采用感应式水嘴；小便斗、大便器应采用非手动开关。用水点非手动开关的型式，参见表 2-20。

寒冷及严寒地区学校教学用房的给水引入管上应设置泄水装置。有可能产生冰冻部位的给水管道应采取保温等防冻措施。

4.1.5 给水管道布置及敷设

1. 室外生活给水系统布置与敷设

学校院区的室外生活给水管网应布置成环状管网，管径宜为 $DN150$。环状给水管网与市政给水管网的连接管不宜少于 2 条，引入管管径宜为 $DN150$、不宜小于 $DN100$。

学校院区室外生活给水管道与其他地下管线及乔木之间的最小净距，参照表 1-25 规定。

2. 室内生活给水系统布置与敷设

学校建筑室内生活给水管道通常布置成支状管网，单向供水，宜沿室内公共区域敷设。学校建筑生活给水管道不应布置的场所，见表 4-9。

生活给水管道不应布置场所表　　　表 4-9

序号	不应布置场所
1	电气机房包括高压配电室、低压配电室（包括其值班室）、柴油发电机房（包括储油间）、智能化系统机房（计算机房、网络中心机房、弱电机房）、UPS 机房、消防控制室等
2	生活水泵房、消防水泵房等场所配电柜上方
3	图书馆书库
4	电梯机房、烟道、风道、电梯井内、排水沟等
5	橱窗、壁柜等
6	伸缩缝、沉降缝、变形缝等

注：1. 生活给水管道在穿越防火卷帘时宜绕行；
    2. 图书馆书库内不应设置供水点。

3. 室内给水管道防护

室内生活给水横干管、立管超过 50m 时，宜设伸缩补偿装置。

与人防工程功能无关的室内生活给水管道应避免穿越人防地下室，确需穿越时应在人防侧设置防护阀门，管道穿越处应设防护套管。

4. 生活给水管道保温

敷设在有可能结冻的房间、地下室及管井、管沟等处的给水管道应有防冻措施。

屋顶水箱间内生活给水管道均需做保温，所有给水横管及管井内的给水立管均做防结露保温。室内满足防冻要求的管道可不做防结露保温。

给水管道保温材料厚度确定，参见表 1-30、表 1-31。

4.1.6 生活给水系统给水管网计算

1. 学校院区室外生活给水管网

室外生活给水管网设计流量应按学校院区生活给水最大时用水量确定。院区给水引入管的设计流量应按最大时用水量确定；当引入管为 2 条时，应保证当其中一条发生故障时，其余的引入管可以提供不小于 70% 的流量。

学校院区室外生活给水管网管径宜采用 $DN150$。

2. 学校建筑室内生活给水管网

采用市政给水管网直接供水时，给水引入管设计流量（Q_1）应按直供区生活给水设计秒流量计；采用生活水箱+变频给水泵组供水时，给水引入管设计流量（Q_2）应按加压区生活水箱设计补水量计，设计补水量不得小于高区最高日平均时用水量，不宜大于最高日最大时用水量。

学校建筑内生活给水设计秒流量应按公式（4-1）计算：

$$q_g = 0.2 \cdot \alpha \cdot (N_g)^{1/2} \tag{4-1}$$

式中　q_g——计算管段的给水设计秒流量，L/s；

N_g——计算管段的卫生器具给水当量总数；

α——根据学校建筑用途而定的系数，教学楼取 1.8，图书馆取 1.6。

注：如计算值小于该管段上一个最大卫生器具给水额定流量时，应采用一个最大的卫生器具给水额定流量作为设计秒流量；如计算值大于该管段上按卫生器具给水额定流量累加所得流量值时，应按卫生器具给水额定流量累加所得流量值采用；有大便器延时自闭冲洗阀的给水管段，大便器延时自闭冲洗阀的给水当量均以 0.5 计，计算得到的 q_g 附加 1.20L/s 的流量后，为该管段的给水设计秒流量。

教学楼生活给水设计秒流量应按公式（4-2）计算：

$$q_g = 0.36 \cdot (N_g)^{1/2} \tag{4-2}$$

图书馆生活给水设计秒流量应按公式（4-3）计算：

$$q_g = 0.32 \cdot (N_g)^{1/2} \tag{4-3}$$

学校建筑生活给水设计秒流量计算，可参照表 4-10。

学校建筑生活给水设计秒流量计算表（L/s）　　　　表 4-10

卫生器具给水当量数 N_g	教学楼 $\alpha=1.8$	图书馆 $\alpha=1.6$	卫生器具给水当量数 N_g	教学楼 $\alpha=1.8$	图书馆 $\alpha=1.6$	卫生器具给水当量数 N_g	教学楼 $\alpha=1.8$	图书馆 $\alpha=1.6$
1	0.36	0.32	15	1.39	1.24	38	2.22	1.97
2	0.51	0.45	16	1.44	1.28	40	2.28	2.02
3	0.62	0.55	17	1.48	1.32	42	2.33	2.07
4	0.72	0.64	18	1.53	1.36	44	2.39	2.12
5	0.80	0.72	19	1.57	1.39	46	2.44	2.17
6	0.88	0.78	20	1.61	1.43	48	2.49	2.22
7	0.95	0.85	22	1.69	1.50	50	2.55	2.26
8	1.02	0.91	24	1.76	1.57	52	2.60	2.31
9	1.08	0.96	26	1.84	1.63	54	2.65	2.35
10	1.14	1.01	28	1.90	1.69	56	2.69	2.39
11	1.19	1.06	30	1.97	1.75	58	2.74	2.44
12	1.25	1.11	32	2.04	1.81	60	2.79	2.48
13	1.30	1.15	34	2.10	1.87	62	2.83	2.52
14	1.35	1.20	36	2.16	1.92	64	2.88	2.56

续表

卫生器具给水当量数 N_g	教学楼 $\alpha=1.8$	图书馆 $\alpha=1.6$	卫生器具给水当量数 N_g	教学楼 $\alpha=1.8$	图书馆 $\alpha=1.6$	卫生器具给水当量数 N_g	教学楼 $\alpha=1.8$	图书馆 $\alpha=1.6$
66	2.92	2.60	190	4.96	4.41	365	6.88	6.11
68	2.97	2.64	195	5.03	4.47	370	6.92	6.16
70	3.01	2.68	200	5.09	4.53	375	6.97	6.20
72	3.05	2.72	205	5.15	4.58	380	7.02	6.24
74	3.10	2.75	210	5.22	4.64	385	7.06	6.28
76	3.14	2.79	215	5.28	4.69	390	7.11	6.32
78	3.18	2.83	220	5.34	4.75	395	7.15	6.36
80	3.22	2.86	225	5.40	4.80	400	7.20	6.40
82	3.26	2.90	230	5.46	4.85	405	7.24	6.44
84	3.30	2.93	235	5.52	4.91	410	7.29	6.48
86	3.34	2.97	240	5.58	4.96	415	7.33	6.52
88	3.38	3.00	245	5.63	5.01	420	7.38	6.56
90	3.42	3.04	250	5.69	5.06	425	7.42	6.60
92	3.45	3.07	255	5.75	5.11	430	7.47	6.64
94	3.49	3.10	260	5.80	5.16	435	7.51	6.67
96	3.53	3.14	265	5.86	5.21	440	7.55	6.71
98	3.56	3.17	270	5.92	5.26	445	7.59	6.75
100	3.60	3.20	275	5.97	5.31	450	7.64	6.79
105	3.69	3.28	280	6.02	5.35	455	7.68	6.83
110	3.78	3.36	285	6.08	5.40	460	7.72	6.86
115	3.86	3.43	290	6.13	5.45	465	7.76	6.90
120	3.94	3.51	295	6.18	5.50	470	7.80	6.94
125	4.02	3.58	300	6.24	5.54	475	7.85	6.97
130	4.10	3.65	305	6.29	5.59	480	7.89	7.01
135	4.18	3.72	310	6.34	5.63	485	7.93	7.05
140	4.26	3.79	315	6.39	5.68	490	7.97	7.08
145	4.33	3.85	320	6.44	5.72	495	8.01	7.12
150	4.41	3.92	325	6.49	5.77	500	8.05	7.16
155	4.48	3.98	330	6.54	5.81	550	8.44	7.50
160	4.55	4.05	335	6.59	5.86	600	8.82	7.84
165	4.62	4.11	340	6.64	5.90	650	9.18	8.16
170	4.69	4.17	345	6.69	5.94	700	9.52	8.47
175	4.76	4.23	350	6.73	5.99	750	9.86	8.76
180	4.83	4.29	355	6.78	6.03	800	10.18	9.05
185	4.90	4.35	360	6.83	6.07	850	10.50	9.33

续表

卫生器具给水当量数 N_g	教学楼 $\alpha=1.8$	图书馆 $\alpha=1.6$	卫生器具给水当量数 N_g	教学楼 $\alpha=1.8$	图书馆 $\alpha=1.6$	卫生器具给水当量数 N_g	教学楼 $\alpha=1.8$	图书馆 $\alpha=1.6$
900	10.80	9.60	1300	12.98	11.54	1700	14.34	13.19
950	11.10	9.86	1350	13.23	11.76	1750	15.06	13.39
1000	11.38	10.12	1400	13.47	11.97	1800	15.27	13.58
1050	11.67	10.37	1450	13.71	12.19	1850	15.48	13.76
1100	11.94	10.61	1500	13.94	12.39	1900	15.69	13.95
1150	12.21	10.85	1550	14.17	12.60	1950	15.90	14.13
1200	12.47	11.09	1600	14.40	12.80	2000	16.10	14.31
1250	12.73	11.31	1650	14.62	13.00	2050	16.30	14.49

学校建筑有自闭式冲洗阀时生活给水设计秒流量计算，可参照表 1-33。

学校公共浴室、职工（学生）食堂或营业餐厅的厨房、普通理化实验室等建筑生活给水管道的设计秒流量应按公式（4-4）计算：

$$q_g = \sum q_{g0} \cdot n_0 \cdot b_g \tag{4-4}$$

式中 q_g——学校建筑计算管段的给水设计秒流量，L/s；

q_{g0}——学校建筑同类型的一个卫生器具给水额定流量，L/s，可按表 4-11 采用；

n_0——学校建筑同类型卫生器具数；

b_g——学校建筑卫生器具的同时给水使用百分数：学校公共浴室内的淋浴器和洗脸盆按表 4-12 选用，职工（学生）食堂或营业餐厅的设备按表 4-13 选用，普通理化实验室的化验水嘴按表 4-14 选用。

常见卫生器具给水额定流量、给水当量、连接给水管管径和最低工作压力表　　表 4-11

序号	卫生器具名称	给水额定流量（L/s）	当量	连接给水管管径（mm）	最低工作压力（MPa）
1	拖布池	0.15～0.20	0.75～1.00	15	0.100
2	盥洗槽	0.15～0.20	0.75～1.00	15	0.100
3	洗脸盆（冷水供应）	0.15	0.75	15	0.100
4	洗脸盆（冷水、热水供应）	0.10	0.50	15	0.100
5	洗手盆（冷水供应）	0.10	0.50	15	0.100
6	洗手盆（冷水、热水供应）	0.10	0.50	15	0.100
7	淋浴器（冷水、热水供应）	0.10	0.50	15	0.100～0.200
8	大便器（冲洗水箱浮球阀）	0.10	0.50	15	0.050
9	大便器（延时自闭式冲洗阀）	1.20	6.00	25	0.100～0.150
10	小便器（手动或自动自闭式冲洗阀）	0.10	0.50	15	0.050
11	实验室化验水嘴（鹅颈）（单联）	0.07	0.35	15	0.020
12	实验室化验水嘴（鹅颈）（双联）	0.15	0.75	15	0.020
13	实验室化验水嘴（鹅颈）（三联）	0.20	1.00	15	0.020

学校公共浴室卫生器具同时使用百分数表　　表 4-12

序号	卫生器具名称	卫生器具同时使用百分数（%）
1	有间隔淋浴器	60～80
2	无间隔淋浴器	100
3	洗脸盆、盥洗槽水嘴	60～100

学校职工（学生）食堂或营业餐厅厨房设备同时使用百分数表　　表 4-13

序号	厨房设备名称	厨房设备同时使用百分数（%）
1	洗涤盆（池）	70
2	煮锅	60
3	生产性洗涤机	40
4	器皿洗涤机	90
5	开水器	50
6	蒸汽发生器	100
7	灶台水嘴	30

注：职工或学生饭堂的洗碗台水嘴，按100%同时给水，但不与厨房用水叠加。

学校实验室化验水嘴同时使用百分数表　　表 4-14

序号	化验水嘴名称	化验水嘴同时使用百分数（%）
1	单联化验水嘴	20
2	双联或三联化验水嘴	30

3. 学校建筑内卫生器具给水当量

学校建筑用水器具和配件应采用节水性能良好、坚固耐用，且便于管理维修的产品。

学校建筑常见卫生器具的给水额定流量、给水当量、连接给水管管径和最低工作压力可参照表3-18确定。

4. 学校建筑内给水管管径

学校建筑内给水供水管的管径，应根据该给水供水管段的设计秒流量、允许给水流速等查相关计算表格确定。生活给水管道内的给水流速，参见表1-38。

学校建筑内公共卫生间的蹲便器个数与给水供水管管径的对照表，见表4-15。

公共卫生间蹲便器个数与给水供水管管径对照表　　表 4-15

公共卫生间蹲便器数量（个）	1	2	3～12	13～35	36～100	101～308	309～710	≥711
给水供水管管径 DN（mm）	32	40	50	70	80	100	125	150

注：生活给水供水管管径不宜大于 DN150；学校建筑内公共卫生间数量较多时，每个竖向分区可根据区域、组团配置2根或2根以上供水管。

整个生活给水系统生活给水立管、干管均按照其服务的给水设计秒流量确定其管段管径。

4.1.7　生活水泵和生活水泵房

学校建筑给水设计应有可靠的水源和供水管道系统，当仅有一路城市引入管或供水不满足设计秒流量或压力要求时，应设置加压供水设备。

1. 生活水泵

学校建筑生活给水加压水泵宜采用3台（2用1备）配置模式，亦可采用2台（1用1备）或4台（3用1备）配置模式。

学校建筑生活给水加压通常采用变频调速给水泵组，其设计流量应按其负责给水系统的最大设计秒流量确定，即$Q=q_g$。设计时应统计该系统内各用水点卫生器具的生活给水当量数，经公式（4-2）～公式（4-4）计算或查表4-10得出设计流量值。

生活给水加压水泵的设计工作压力，按公式（1-10）计算。

2. 生活水泵房

学校建筑二次加压给水的水泵房应为独立的房间，并应环境良好、便于维修和管理，不应与教室、办公室、图书室和需要安静的房间毗邻；水泵房及设备应采取消声和减振措施；高层建筑的加压给水泵出水管应采取消除水锤措施。

学校建筑生活水泵房的设置位置应根据其所供水服务的范围确定，见表4-16。

学校建筑生活水泵房位置确定及要求表　　　　表4-16

序号	水泵房位置	适用情况	设置要求
1	院区室外集中设置	院区室外有空间；常见于新建学校院区，且设有多座建筑	宜与消防水泵房、消防水池、暖通冷热源机房、锅炉房等集中设置，宜靠近用水量较大、使用人数较多的学校建筑
2	建筑地下室楼层设置	院区室外无空间；涉及建筑单体较少；所在建筑用水量较大	宜设在地下一层或地下二层，不宜设在最低地下楼层；水泵房地面宜高出室外地面200～300mm；不应毗邻教室、办公室、图书室等需要安静场所或在其上层或下层；宜采取减振防噪措施
3	分期独立设置	学校所在院区采取分期建设	
4	分区域独立设置	学校所在院区面积较大，甚至院区跨越市政道路	

各分区的生活给水泵组宜集中布置；生活水泵房内每套生活给水泵组宜设置在一个基础上。

4.1.8 生活贮水箱（池）

学校建筑给水设计应有可靠的水源和供水管道系统，当仅有一路城市引入管或供水不满足设计秒流量或压力要求时，应设置生活贮水箱（池）。

学校建筑水箱间应为独立的房间，并应环境良好、便于维修和管理，不应与教室、办公室、图书室等需要安静的房间毗邻。

1. 贮水容积

学校建筑生活用水贮水箱（池）的有效容积计算时，其生活用水调节量应按进水量与用水量变化曲线经计算确定，当资料不足时，宜按最高日用水量的20%～25%确定，最大不得大于48h的用水量。有条件时可适当增加生活贮水箱（池）有效容积。

学校建筑生活用水贮水设备宜采用贮水箱。

2. 生活水箱

学校建筑生活水箱设计要求，参见表 1-46。

3. 生活水箱相关管道、装置设置要求

学校建筑生活水箱相关管道设施要求，参见表 1-47。

生活水箱各水位指标确定方法及取值经验值，参见表 1-48。

4.2 生活热水系统

4.2.1 热水系统类别

学校建筑生活热水系统分类，见表 4-17。

生活热水系统分类表　　表 4-17

序号	分类标准	热水系统类别	学校建筑应用情况	应用程度
1	供应范围	集中生活热水系统	学校公共浴室洗浴生活热水系统；厨房生活热水系统	最常用
2		局部（分散）生活热水系统		极少用
3		区域生活热水系统	整个学校院区生活热水系统	不常用
4	热水管网循环方式	热水干管立管支管循环生活热水系统		极少用
5		热水干管立管循环生活热水系统		不常用
6		热水干管循环生活热水系统	学校公共浴室洗浴生活热水系统；厨房生活热水系统	最常用
7		不循环生活热水系统		极少用
8	热水管网循环水泵运行方式	全日循环生活热水系统		最常用
9		定时循环生活热水系统	学校公共浴室洗浴生活热水系统；厨房生活热水系统	最常用
10	热水管网循环动力方式	强制循环生活热水系统		最常用
11		自然循环生活热水系统		极少用
12	是否敞开形式	闭式生活热水系统		最常用
13		开式生活热水系统		极少用
14	热水管网布置型式	下供下回式生活热水系统	热源位于建筑底部，即由锅炉房提供热媒（高温蒸汽或高温热水），经汽水或水水换热器提供热水热源等的生活热水系统	最常用
15		上供上回式生活热水系统	热源位于建筑顶部，即由屋顶太阳能热水设备及（或）空气能热泵热水设备提供热水热源等的生活热水系统	常用
16		上供下回式生活热水系统		较少用

续表

序号	分类标准	热水系统类别	学校建筑应用情况	应用程度
17	热水管路距离	同程式生活热水系统		目前最常用
18		异程式生活热水系统		越来越常用
19	热水系统分区方式	加热器集中设置生活热水系统	学校院区内各个建筑生活热水系统距离较近、规模相差不大或为同一建筑内不同竖向分区系统时的生活热水系统	最常用
20		加热器分散设置生活热水系统	学校院区各个建筑生活热水系统距离较远、规模相差较大时的生活热水系统	较常用
21		加热器分布设置生活热水系统	不受学校院区建筑距离、规模限制时的生活热水系统	较少用

4.2.2 生活热水系统热源

学校建筑集中生活热水供应系统的热源，参见表2-34。

学校建筑生活热水系统主要包括公共浴室人员洗浴等热水，热水用水量大、集中、可靠性要求较高，其热源选用参见表2-35。

学校建筑生活热水系统常见热源组合形式，见表4-18。

生活热水系统常见热源组合形式表　　　　表4-18

序号	热源组合形式名称	主要热源	辅助热源	适用范围
1	热水锅炉+太阳能组合	学校院区内设置燃气（油）锅炉房，锅炉房内高温热水锅炉提供热媒（通常为80℃/60℃高温热水），经建筑（公共浴室）内热水机房（换热机房）内的水水换热器换热后为系统提供60℃/50℃低温热水	建筑（公共浴室）屋顶设置太阳能热水机房（房间内设置储热水箱或储热罐、生活热水供水泵组、生活热水循环泵组、太阳能集热循环泵组等），屋顶布置太阳能集热板及太阳能供水、回水管道，太阳能热水供水设备为系统提供60℃/50℃高温热水	该组合方式为主要推荐形式，适用于我国北方、西北等寒冷或严寒地区学校建筑生活热水系统
2	太阳能+空气源热能组合	建筑（公共浴室）屋顶设置热水机房（设置储热水箱或储热罐、生活热水供水泵组、生活热水循环泵组、太阳能集热循环泵组、空气能热泵循环泵组等），屋顶布置太阳能集热板及太阳能供水、回水管道。太阳能供水设备为系统提供60℃/50℃高温热水	建筑（公共浴室）屋顶设置热水机房，屋顶布置空气能热泵热水机组及空气能供水、回水管道。空气源热泵热水机组为系统提供60℃/50℃高温热水	该组合方式为另一种主要推荐形式，适用于我国南部或中部地区学校建筑生活热水系统

学校建筑屋顶设置太阳能光伏发电系统时，系统产生的电能可用于屋顶热水箱内热水的加热，保证生活热水系统供水温度。

4.2.3 热水系统设计参数

1. 学校建筑热水用水定额

按照《水标》，学校建筑相关功能场所热水用水定额，见表4-19。

学校建筑热水用水定额表 表 4-19

序号	建筑物名称		单位	用水定额（L）		使用时数（h）	最高日小时变化系数 K_h
				最高日	平均日		
1	办公楼	坐班制办公	每人每班	5~10	4~8	8~10	1.5~1.2
2	餐饮业	快餐店、职工及学生食堂	每顾客每次	10~12	7~10	12~16	1.5~1.2
3	公共浴室	淋浴	每顾客每次	40~60	35~40	12	2.0~1.5
4	体育场、体育馆	运动员淋浴	每人每次	17~26	15~20	4	3.0~2.0
5	会议厅		每座位每次	2~3	2	4	1.5~1.2
6	理发室		每顾客每次	20~45	20~35	12	2.0~1.5

注：1. 表中所列用水定额均已包括在表 4-2 中；
2. 本表以 60℃热水水温为计算温度，卫生器具的使用水温见表 4-21；
3. 表中平均日用水定额仅用于计算太阳能热水系统集热器面积和计算节水用水量。

《节水标》中学校建筑相关功能场所热水平均日节水用水定额，见表 4-20。

学校建筑热水平均日节水用水定额表 表 4-20

序号	建筑物名称		单位	节水用水定额
1	办公楼	坐班制办公	L/(人·班)	5~10
2	餐饮业	快餐店、职工及学生食堂	L/(人·次)	7~10
3	公共浴室	淋浴	L/(人·次)	35~40
4	体育场、体育馆	运动员淋浴	L/(人·次)	15~20
		观众	L/(人·场)	1~2
5	会议厅		L/(座位·次)	2
6	理发室		L/(人·次)	20~35

注：热水温度按 60℃计。

学校建筑所在地为较大城市、标准要求较高的，学校建筑热水用水定额可以适当选用较高值；反之可选用较低值。

2. 学校建筑卫生器具用水定额及水温

学校建筑相关功能场所卫生器具的一次热水用水量、小时热水用水量和水温，应按表 4-21 确定。

3. 学校建筑冷水计算温度

冷水的计算温度应以当地最冷月平均水温资料确定。当无水温资料时，按表 1-58 采用。

学校建筑冷水计算温度宜按学校建筑当地地面水温度确定，水温有取值范围时宜取低值。

4. 学校建筑水加热设备供水温度

学校建筑集中热水供应系统的水加热设备（包括热水锅炉、热水机组或水加热器等）的出水温度按表 1-59 采用。学校建筑集中生活热水系统水加热设备的供水温度宜为 60~65℃，通常按 60℃计。

学校建筑卫生器具一次热水用水量、小时热水用水量和水温表　　表 4-21

序号	卫生器具名称			一次热水用水量（L）	小时热水用水量（L）	水温（℃）
1	餐饮业	洗涤盆（池）		—	250	50
		洗脸盆	工作人员用	3	60	30
			顾客用	—	120	
		淋浴器		40	400	37~40
2	公共浴室	淋浴器	有淋浴小间	100~150	200~300	37~40
			无淋浴小间	—	450~540	
		洗脸盆		5	50~80	35

注：表中用水量均为使用水温时的用水量；一次热水用水量指使用一次的用水量，并非卫生器具开关一次的用水量，有些卫生器具使用一次可能需要开关几次。

5. 学校建筑生活热水水质

学校建筑生活热水的水质指标，应符合现行国家标准《生活饮用水卫生标准》GB 5749 的要求。

4.2.4 热水系统设计指标

1. 学校建筑热水设计小时耗热量

（1）全日供应热水设计小时耗热量

学校建筑生活热水系统采用全日供应热水较为少见。

（2）定时供应热水设计小时耗热量

当学校建筑生活热水系统采用定时供应热水的集中生活热水系统时，其设计小时耗热量应按公式（4-5）计算：

$$Q_h = \sum q_h \cdot C \cdot (t_{r2} - t_1) \cdot \rho_r \cdot n_0 \cdot b_g \cdot C_\gamma \tag{4-5}$$

式中　Q_h——学校建筑生活热水设计小时耗热量，kJ/h；

q_h——学校建筑卫生器具生活热水的小时用水定额，L/h，可按表 4-21 采用，计算时通常取小时热水用水量的上限值；

C——水的比热，kJ/(kg·℃)，$C=4.187$kJ/(kg·℃)；

t_{r2}——热水计算温度，℃，计算时按表 4-21 选用，淋浴器使用水温通常取 40℃；

t_1——冷水计算温度，℃，按全日生活热水系统 t_1 取值表 1-58 选用；

ρ_r——热水密度，kg/L，通常取 1.0kg/L；

n_0——学校建筑同类型卫生器具数；

b_g——学校建筑卫生器具的同时使用百分数：学校公共浴室内的淋浴器和洗脸盆按表 4-12 选用；

C_γ——热水供应系统的热损失系数，$C_\gamma=1.10\sim1.15$。

学校建筑公共浴室内绝大多数情况下采用淋浴器洗浴。

当有淋浴小间时，淋浴器热水小时用水定额取 300L/h，热水计算温度取 40℃，同时使用百分数取 80%。在此情况下，设计小时耗热量按公式（4-6）计算：

$$Q_h = 1155.6 \cdot (40 - t_1) \cdot n_0 \tag{4-6}$$

当无淋浴小间时，淋浴器热水小时用水定额取 450L/h，热水计算温度取 40℃，同时使用百分数均取 100%。在此情况下，设计小时耗热量按公式（4-7）计算：

$$Q_h = 2166.8 \cdot (40 - t_1) \cdot n_0 \tag{4-7}$$

计算时，t_1 通常取地面水温度的下限值，我国各地地面水温度可取 4℃、5℃、7℃、8℃、10℃、15℃、20℃，根据公式（4-6）、公式（4-7）计算得到的简便计算公式见表 4-22。

不同冷水计算温度生活热水系统采用定时供应热水 Q_h 计算公式对照表　　表 4-22

冷水计算温度（℃）	学校公共浴室生活热水系统采用定时供应热水 Q_h 计算公式（kJ/h）	
	有淋浴小间	无淋浴小间
4	$41601.6 \cdot n_0$	$78004.8 \cdot n_0$
5	$40446.0 \cdot n_0$	$75838.0 \cdot n_0$
7	$38134.8 \cdot n_0$	$71504.4 \cdot n_0$
8	$36979.2 \cdot n_0$	$69337.6 \cdot n_0$
10	$34668.0 \cdot n_0$	$65004.0 \cdot n_0$
15	$28890.0 \cdot n_0$	$54170.0 \cdot n_0$
20	$23112.0 \cdot n_0$	$43336.0 \cdot n_0$

学校建筑同类型卫生器具数 n_0 即为生活热水系统涉及的浴盆或淋浴器数量之和。

（3）不同使用要求用水部门热水设计小时耗热量

具有多个不同使用热水部门或具有多种热水使用形式的学校建筑，当其热水由同一热水供应系统供应时，设计小时耗热量，可按同一时间内出现用水高峰的主要用水部门的设计小时耗热量加其他用水部门的平均小时耗热量计算。

2. 学校建筑设计小时热水量

学校建筑设计小时热水量，按公式（4-8）计算：

$$q_{rh} = Q_h / [(t_{r3} - t_1) \cdot C \cdot \rho_r \cdot C_\gamma] \tag{4-8}$$

式中　q_{rh}——学校建筑生活热水设计小时热水量，L/h；

　　　Q_h——学校建筑生活热水设计小时耗热量，kJ/h；

　　　t_{r3}——设计热水温度，℃，计算时 t_{r3} 取值与 t_{r1} 一致即可；

　　　t_1——冷水计算温度，℃；

　　　C——水的比热，kJ/(kg·℃)，$C = 4.187$ kJ/(kg·℃)；

　　　ρ_r——热水密度，kg/L，通常取 1.0kg/L；

　　　C_γ——热水供应系统的热损失系数，$C_\gamma = 1.10 \sim 1.15$。

当学校建筑生活热水系统采用定时供应集中生活热水系统时，引入设计小时耗热量计算公式，当有淋浴小间时，设计小时热水量可按公式（4-9）计算：

$$q_{rh} = 1155.6 \cdot (40 - t_1) \cdot n_0 / (65 - t_1) \tag{4-9}$$

当无淋浴小间时，设计小时热水量可按公式（4-10）计算：

$$q_{rh} = 2166.8 \cdot (40 - t_1) \cdot n_0 / (65 - t_1) \tag{4-10}$$

3. 学校建筑加热设备供热量

学校建筑全日集中生活热水系统中，锅炉、水加热设备的设计小时供热量应根据日热水用量小时变化曲线、加热方式及锅炉、水加热设备的工作制度经积分曲线计算确定。

（1）容积式水加热器或贮热容积与其相当的水加热器、燃油（气）热水机组供热量

学校建筑生活热水系统采用的容积式水加热器均应为导流型容积式水加热器,其设计小时供热量可按公式(4-11)计算:

$$Q_g = Q_h - (\eta \cdot V_r / T_1) \cdot (t_{r3} - t_1) \cdot C \cdot \rho_r \tag{4-11}$$

式中 Q_g——学校建筑导流型容积式水加热器的设计小时供热量,kJ/h;

Q_h——学校建筑设计小时耗热量,kJ/h;

η——导流型容积式水加热器有效贮热容积系数,取 0.8~0.9;

V_r——导流型容积式水加热器总贮热容积,L;

T_1——学校建筑设计小时耗热量持续时间,h,定时集中热水供应系统 T_1 等于定时供水的时间;当 Q_g 计算值小于平均小时耗热量时,Q_g 应取平均小时耗热量;

t_{r3}——设计热水温度,℃,按导流型容积式出水温度或贮水温度计算,通常取 65℃;

t_1——冷水温度,℃;

C——水的比热,kJ/(kg·℃),C=4.187kJ/(kg·℃);

ρ_r——热水密度,kg/L,通常取 1.0kg/L。

在学校建筑生活热水系统设计小时供热量计算时,通常取 $Q_g = Q_h$。

(2)半容积式水加热器或贮热容积与其相当的水加热器、燃油(气)热水机组供热量

学校建筑生活热水系统亦常采用半容积式水加热器,此时半容积式水加热器设计小时供热量按设计小时耗热量计算,即取 $Q_g = Q_h$。

(3)半即热式、快速式水加热器及其他无贮热容积水加热设备供热量

学校建筑分散生活热水系统常采用上述半即热式、快速式热水器,其设计小时供热量按设计秒流量所需耗热量计算,可按公式(4-12)计算:

$$Q_g = 3600 \cdot q_g \cdot (t_r - t_1) \cdot C \cdot \rho_r \tag{4-12}$$

式中 Q_g——学校建筑半即热式、快速式水加热器的设计小时供热量,kJ/h;

q_g——学校建筑热水供应系统供水总干管的设计秒流量,L/s。

4.2.5 生活热水系统热水管网计算

1. 生活热水管网设计流量

(1)学校建筑生活热水引入管设计流量

学校建筑生活热水引入管设计流量应按该建筑相应生活热水供水系统总供水干管的设计秒流量确定。

(2)学校建筑内生活热水设计秒流量

学校建筑内生活热水设计秒流量应按公式(4-13)计算:

$$q_g = 0.2 \cdot \alpha \cdot (N_g)^{1/2} = 0.5 \cdot (N_g)^{1/2} \tag{4-13}$$

式中 q_g——计算管段的热水设计秒流量,L/s;

N_g——计算管段的卫生器具热水当量总数;

α——根据学校建筑用途而定的系数,学校建筑取 2.5。

注:如计算值小于该管段上一个最大卫生器具热水额定流量时,应采用一个最大的卫生器具热水额定流量作为设计秒流量;如计算值大于该管段上按卫生器具热水额定流量累加所得流量值时,应按卫生器具热水额定流量累加所得流量值采用。

学校建筑生活热水设计秒流量计算，见表 4-23。

学校建筑生活热水设计秒流量计算表（L/s） 表 4-23

卫生器具热水当量数 N_g	教学楼 $\alpha=1.8$	图书馆 $\alpha=1.6$	卫生器具热水当量数 N_g	教学楼 $\alpha=1.8$	图书馆 $\alpha=1.6$	卫生器具热水当量数 N_g	教学楼 $\alpha=1.8$	图书馆 $\alpha=1.6$
1	0.36	0.32	50	2.55	2.26	145	4.33	3.85
2	0.51	0.45	52	2.60	2.31	150	4.41	3.92
3	0.62	0.55	54	2.65	2.35	155	4.48	3.98
4	0.72	0.64	56	2.69	2.39	160	4.55	4.05
5	0.80	0.72	58	2.74	2.44	165	4.62	4.11
6	0.88	0.78	60	2.79	2.48	170	4.69	4.17
7	0.95	0.85	62	2.83	2.52	175	4.76	4.23
8	1.02	0.91	64	2.88	2.56	180	4.83	4.29
9	1.08	0.96	66	2.92	2.60	185	4.90	4.35
10	1.14	1.01	68	2.97	2.64	190	4.96	4.41
11	1.19	1.06	70	3.01	2.68	195	5.03	4.47
12	1.25	1.11	72	3.05	2.72	200	5.09	4.53
13	1.30	1.15	74	3.10	2.75	205	5.15	4.58
14	1.35	1.20	76	3.14	2.79	210	5.22	4.64
15	1.39	1.24	78	3.18	2.83	215	5.28	4.69
16	1.44	1.28	80	3.22	2.86	220	5.34	4.75
17	1.48	1.32	82	3.26	2.90	225	5.40	4.80
18	1.53	1.36	84	3.30	2.93	230	5.46	4.85
19	1.57	1.39	86	3.34	2.97	235	5.52	4.91
20	1.61	1.43	88	3.38	3.00	240	5.58	4.96
22	1.69	1.50	90	3.42	3.04	245	5.63	5.01
24	1.76	1.57	92	3.45	3.07	250	5.69	5.06
26	1.84	1.63	94	3.49	3.10	255	5.75	5.11
28	1.90	1.69	96	3.53	3.14	260	5.80	5.16
30	1.97	1.75	98	3.56	3.17	265	5.86	5.21
32	2.04	1.81	100	3.60	3.20	270	5.92	5.26
34	2.10	1.87	105	3.69	3.28	275	5.97	5.31
36	2.16	1.92	110	3.78	3.36	280	6.02	5.35
38	2.22	1.97	115	3.86	3.43	285	6.08	5.40
40	2.28	2.02	120	3.94	3.51	290	6.13	5.45
42	2.33	2.07	125	4.02	3.58	295	6.18	5.50
44	2.39	2.12	130	4.10	3.65	300	6.24	5.54
46	2.44	2.17	135	4.18	3.72	305	6.29	5.59
48	2.49	2.22	140	4.26	3.79	310	6.34	5.63

续表

卫生器具热水当量数 N_g	教学楼 $\alpha=1.8$	图书馆 $\alpha=1.6$	卫生器具热水当量数 N_g	教学楼 $\alpha=1.8$	图书馆 $\alpha=1.6$	卫生器具热水当量数 N_g	教学楼 $\alpha=1.8$	图书馆 $\alpha=1.6$
315	6.39	5.68	435	7.51	6.67	950	11.10	9.86
320	6.44	5.72	430	7.47	6.64	1000	11.38	10.12
325	6.49	5.77	440	7.55	6.71	1050	11.67	10.37
330	6.54	5.81	445	7.59	6.75	1100	11.94	10.61
335	6.59	5.86	450	7.64	6.79	1150	12.21	10.85
340	6.64	5.90	455	7.68	6.83	1200	12.47	11.09
345	6.69	5.94	460	7.72	6.86	1250	12.73	11.31
350	6.73	5.99	465	7.76	6.90	1300	12.98	11.54
355	6.78	6.03	470	7.80	6.94	1350	13.23	11.76
360	6.83	6.07	475	7.85	6.97	1400	13.47	11.97
365	6.88	6.11	480	7.89	7.01	1450	13.71	12.19
370	6.92	6.16	485	7.93	7.05	1500	13.94	12.39
375	6.97	6.20	490	7.97	7.08	1550	14.17	12.60
380	7.02	6.24	495	8.01	7.12	1600	14.40	12.80
385	7.06	6.28	500	8.05	7.16	1650	14.62	13.00
390	7.11	6.32	550	8.44	7.50	1700	14.84	13.19
395	7.15	6.36	600	8.82	7.84	1750	15.06	13.39
400	7.20	6.40	650	9.18	8.16	1800	15.27	13.58
405	7.24	6.44	700	9.52	8.47	1850	15.48	13.76
410	7.29	6.48	750	9.86	8.76	1900	15.69	13.95
415	7.33	6.52	800	10.18	9.05	1950	15.90	14.13
420	7.38	6.56	850	10.50	9.33	2000	16.10	14.31
425	7.42	6.60	900	10.80	9.60	2050	16.30	14.49

2. 学校建筑内卫生器具热水当量

学校建筑卫生器具的热水额定流量、热水当量、连接热水管管径和最低工作压力按表 3-31 确定。

3. 学校建筑内热水管管径

学校建筑内热水供水管的管径，应根据该热水供水管段的设计秒流量、允许热水流速等查相关计算表格确定。生活热水管道内的热水流速，宜按表 1-66 控制。

学校公共浴室淋浴器个数与对应供给相应数量热水供水管管径对照表，见表 4-24。

本区域热水回水干管管径根据该区域热水供水干管最大管径确定。热水回水管管径与热水供水管管径对照表，参见表 3-33。

整个生活热水系统的生活热水供水立管、干管均按照其服务的热水设计秒流量确定其管段管径；生活热水回水立管、干管先按照其服务的热水设计秒流量确定出一个供水管管径值，再根据表 3-33 确定其管段回水管管径值。

学校公共浴室淋浴器个数与热水供水管管径对照表 表 4-24

学校公共浴室无间隔淋浴器数量（个）	1	2	3	4～5	6～8	9～14	15～25	26～38	39～54	55～90
学校公共浴室有间隔淋浴器数量（个）	1～2	3	4	5～7	8～12	13～20	21～35	36～54	55～77	78～128
热水供水管管径 DN(mm)	25	32	40	50	70	80	100	125	150	200

4.2.6 生活热水机房（换热机房、换热站）

学校建筑生活热水机房（换热机房、换热站）位置确定，见表4-25。

学校生活热水机房（换热机房、换热站）位置确定表 表 4-25

序号	生活热水机房（换热机房、换热站）位置	生活热水系统热源情况	生活热水机房（换热机房、换热站）内设施	适用范围
1	院区室外独立设置	院区锅炉房热水（蒸汽）锅炉提供热媒，经换热后提供第1热源；院区动力中心提供其他热媒或热源；太阳能设备或空气能热泵设备提供第2热源	常用设施：水（汽）水换热器（加热器）、热水循环泵组；少用设施：热水箱、热水供水泵组	新建学校院区；新建、改建学校建筑；设有锅炉房或动力中心
2	单体建筑室内地下室	院区锅炉房（动力中心）提供热媒，经换热后提供第1热源；太阳能设备或空气能热泵设备提供第2热源		新建学校院区；新建学校建筑；设有锅炉房或动力中心
3	单体建筑屋顶	太阳能设备或（和）空气能热泵设备提供热源；必要情况下燃气热水设备提供第2热源	热水箱、热水循环泵组、集热循环泵组、空气能热泵循环泵组；采用双热水箱时，设置水箱循环泵组	新建、改建学校建筑；屋顶设有热源热水设备

4.2.7 生活热水箱

学校建筑生活热水箱设计要求，参见表1-72。
生活热水箱各种水位，按表1-74确定。

4.2.8 生活热水循环泵

1. 生活热水循环泵设置位置

当系统热源由高温热媒经院区热水机房（换热机房）内的各分区换热设备后向各分区供给热水时，各分区生活热水循环泵通常设在热水机房（换热机房）内。当系统热源由屋顶太阳能供水设备向各分区供给热水时，各分区生活热水循环泵通常设在本分区最低楼层或下面一层热水循环泵房内。

2. 生活热水循环泵设计流量

生活热水循环水泵的出水量，按公式（4-14）计算：

$$q_{xh} = K_x \cdot q_x \tag{4-14}$$

式中 q_{xh}——学校建筑热水循环水泵流量，L/h；
　　K_x——学校建筑相应循环措施的附加系数，可取 1.5～2.5；
　　q_x——学校建筑全日供应热水的循环流量，L/h。

当学校建筑热水系统采用定时供水时，热水循环流量可按循环管网总水容积的 2～4 倍计算。

当学校建筑热水系统采用全日集中供水时，热水循环流量，按公式（4-15）计算：

$$q_x = Q_s / (C \cdot \rho_r \cdot \Delta t_s) \tag{4-15}$$

式中 q_x——学校建筑全日供应热水的循环流量，L/h；
　　Q_s——学校建筑热水配水管道的热损失，kJ/h，经计算确定，建议按设计小时耗热量 Q_h 的 3%～5% 确定；
　　C——水的比热，kJ/(kg·℃)，$C=4.187$ kJ/(kg·℃)；
　　ρ_r——热水密度，kg/L；
　　Δt_s——学校建筑热水配水管道的热水温度差，℃，按热水系统大小确定，可按 5～10℃。

设计中，生活热水循环泵的流量可按照所服务热水系统设计小时流量的 25%～30% 确定。

3. 生活热水循环泵设计扬程

生活热水循环泵的扬程，按公式（4-16）计算：

$$H_b = h_p + h_x \tag{4-16}$$

式中 H_b——学校建筑热水循环泵的扬程，mH_2O；
　　h_p——学校建筑热水循环水量通过热水配水管网的水头损失，mH_2O；
　　h_x——学校建筑热水循环水量通过热水回水管网的水头损失，mH_2O。

生活热水循环泵的扬程，简便计算按公式（4-17）计算：

$$H_b \approx 1.1 \cdot R \cdot (L_1 + L_2) \tag{4-17}$$

式中 H_b——学校建筑热水循环泵的扬程，mH_2O；
　　R——热水管网单位长度的水头损失，mH_2O/m，可按 0.010～0.015 mH_2O/m；
　　L_1——自水加热器至热水管网最不利点的供水管管长，m；
　　L_2——自热水管网最不利点至水加热器的回水管管长，m。

学校建筑热水循环泵组通常每套设置 2 台，1 用 1 备，交替运行。

4. 太阳能集热循环泵

太阳能集热循环泵通常设置在屋顶生活热水箱间内，宜设置在太阳能设备供水管即从生活热水箱接出的管道上。集热循环泵流量，按公式（1-28）计算；集热循环泵扬程，按公式（1-29）、公式（1-30）计算。

学校建筑集热循环泵组通常每套设置 2 台，1 用 1 备，交替运行。

4.2.9 热水系统管材、附件和管道敷设

1. 生活热水系统管材

学校建筑生活热水系统热水管道常用的管材包括薄壁不锈钢管、PVC-C（氯化聚氯乙烯）热水用管、薄壁铜管、钢塑复合管（如 PSP 管）、铝塑复合管等，较少采用普通塑料热水管。

2. 生活热水系统阀门

学校建筑生活热水系统设置阀门的部位，参见表 2-50。

3. 生活热水系统止回阀

学校建筑生活热水系统设置止回阀的部位，参见表 2-51。

4. 生活热水系统水表

学校建筑生活热水系统按分区域原则设置热水表，热水表宜采用远传智能水表。

5. 热水系统排气装置、泄水装置

对于上行下给式热水系统，系统热水配水干管最高处及向上抬高管段应设置 $DN25$ 自动排气阀、检修阀门；对于下行上给式热水系统，可利用最高热水配水点放气。

热水管道系统的最低处及向下凹的管段应设置泄水装置或利用最低热水配水点泄水。

6. 温度计、压力表

学校建筑生活热水系统设置温度计的部位，参见表 1-77；设置压力表的部位，参见表 1-78。

7. 管道补偿装置

长度超过 50m 的热水横干管或立管均应设置波纹伸缩节，通常设置在该根管道上管径较小的管段处，靠近一端的管道固定支吊架。

8. 保温

生活热水系统中的热水锅炉、燃油（气）热水机组、水加热设备、贮热水箱（罐）、分（集）水器、热水输（配）水干（立）管、热水循环回水干（立）管均应做保温。

热水管道保温材料厚度确定，参见表 1-79、表 1-80。

4.3 排水系统

4.3.1 排水系统类别

学校建筑排水系统分类，见表 4-26。

排水系统分类表　　表 4-26

序号	分类标准	排水系统类别	学校建筑应用情况	应用程度
1	建筑内场所使用功能	生活污水排水	学校建筑内公共卫生间污水排水	常见
2		生活废水排水	学校建筑内公共卫生间盥洗废水排水；公共浴室洗浴等废水排水	
3		厨房废水排水	学校建筑内附设厨房、食堂、餐厅污水排水	

续表

序号	分类标准	排水系统类别	学校建筑应用情况	应用程度
4	建筑内场所使用功能	设备机房废水排水	学校建筑内附设水泵房（包括生活水泵房、消防水泵房）、空调机房、制冷机房、换热机房、锅炉房、热水机房等机房废水排水	常见
5		车库废水排水	学校建筑内附设车库内地面冲洗废水排水	
6		消防废水排水	学校建筑内消防电梯井排水、自动喷水灭火系统试验排水、消火栓系统试验排水、消防水泵试验排水等废水排水	
7		绿化废水排水	学校建筑室外绿化废水排水	
8		实验室废水排水	学校建筑内化学实验室废水排水	
9	建筑内污、废水排水方式	重力排水方式	学校建筑地上污废水排水	最常见
10		压力排水方式	学校建筑地下室污废水排水	常见
11	污废水排水体制	污废合流排水系统		常见
12		污废分流排水系统		
13	排水系统通气方式	设有通气管系排水系统	伸顶通气排水系统通常应用在多层学校建筑公共卫生间排水，专用通气立管排水系统通常应用在高层学校建筑公共卫生间排水。环形通气排水系统、器具通气排水系统通常应用在个别区域公共卫生间排水	最常见
14		特殊单立管排水系统		极少见

学校建筑室内污废水排水体制采用合流制。

典型的学校建筑排水系统原理图，污水、废水合流排放时，如图 4-2 所示；污水、废水分流排放时，如图 4-3 所示。

学校建筑中的生活污水、厨房含油废水、化学实验室废水、图书馆缩微照相冲洗室冲洗废水等均应经化粪池处理；生活废水、设备机房废水、消防废水、绿化废水等不需经过化粪池处理。化学实验室废水应经过中和处理；食堂等房间排出的含油废水应经除油处理后再排入污水管道。学校图书馆缩微照相冲洗室冲洗废水排至室外污水处理设施处理后再排入污水管道。

学校建筑污废水与建筑雨水应雨污分流。

学校建筑公共卫生间等生活粪便污水、生活废水等可合流排放。应单独管道排放的污废水，见表 4-27。

应单独管道排放的污废水表 表 4-27

序号	单独管道排放污废水种类
1	学校建筑厨房、餐厅等餐饮废水
2	排水温度超过 40℃的锅炉等设备的排污水
3	化学实验室废水
4	学校图书馆缩微照相冲洗室冲洗废水

注：重力排水（污废水）与压力排水（污废水）应分开管道排放。

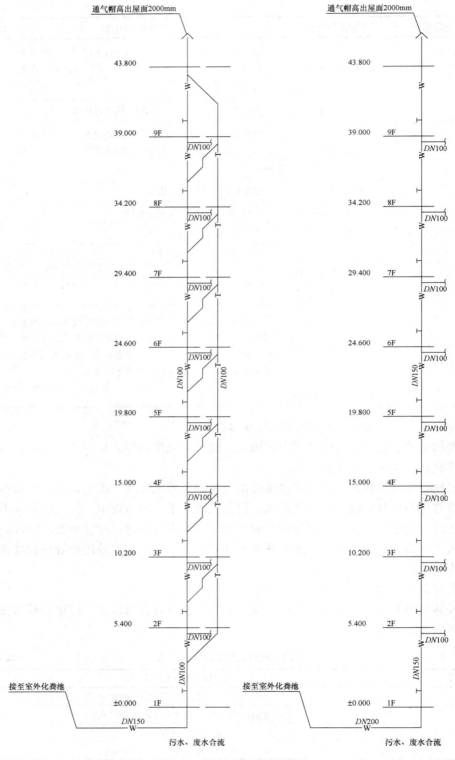

图 4-2　排水系统原理图一

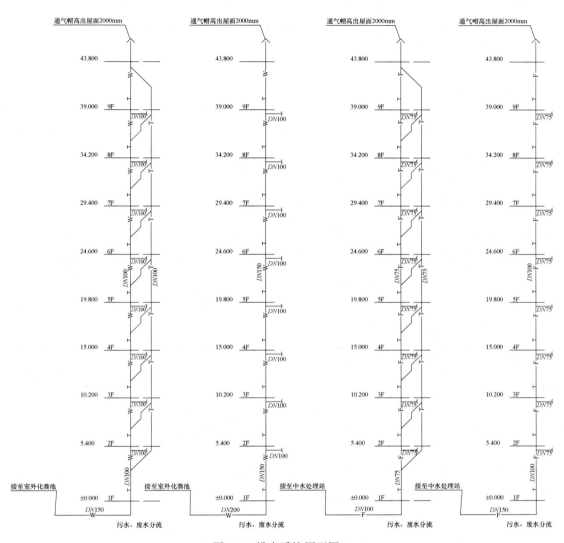

图 4-3 排水系统原理图二

4.3.2 卫生器具

1. 学校建筑内卫生器具种类及设置场所

学校建筑内卫生器具种类及设置场所，见表 4-28。

学校建筑内卫生器具种类及设置场所表   表 4-28

序号	卫生器具名称	主要设置场所
1	坐便器	教学楼、图书馆、实验楼等建筑残疾人卫生间
2	蹲便器	教学楼、图书馆、实验楼、公共浴室等建筑公共卫生间
3	淋浴器	公共浴室淋浴间

续表

序号	卫生器具名称	主要设置场所
4	洗脸盆	教学楼、图书馆、实验楼、公共浴室等建筑公共卫生间
5	台板洗脸盆	
6	小便器	
7	拖布池	
8	盥洗池	
9	洗菜池	食堂、厨房
10	厨房洗涤槽	厨房

2. 学校建筑内卫生器具安装高度

学校建筑卫生器具安装高度，参见表1-89。

3. 学校建筑内卫生器具选用（表4-29）

学校建筑卫生器具选用表　　　　表4-29

序号	卫生器具种类	卫生器具使用场所	卫生器具选型
1	大便器	学校建筑公共卫生间	脚踏式自闭式冲洗阀冲洗的坐式或蹲式大便器
2	小便器		红外感应自动冲洗小便器
3	洗手盆		龙头应采用非手动型

4. 公共卫生间排水设计要点

公共卫生间排水立管及通气立管通常敷设于专用管道井内；采用专用通气立管方式时，排水立管与通气立管采用结合管连接。管道井中排水立管与通气立管中心距最小值，参见表1-91。

5. 学校建筑内卫生器具排水配件穿越楼板留孔位置及尺寸

常见卫生器具排水配件穿越楼板留孔位置及尺寸，参见表1-92。

6. 地漏

学校建筑内公共卫生间、洗浴间、盥洗室、开水间、空调机房、新风机房等场所内应设置地漏。

学校建筑地漏及其他水封高度要求不得小于50mm，且不得大于100mm。

学校建筑地漏类型选用，参见表2-57；地漏规格选用，参见表2-58。

7. 水封装置

学校建筑中采用排水沟排水的场所包括厨房、车库、泵房、设备机房、公共浴室等。当排水沟内废水直接排至室外时，沟与排水排出管之间应设置水封装置。卫生器具排水管段上不得重复设置水封装置。

4.3.3 排水系统水力计算

1. 学校建筑最高日和最大时生活排水量

学校建筑生活排水量宜按该建筑生活给水量的85%~95%计算，通常按90%。

2. 学校建筑卫生器具排水技术参数

学校建筑卫生器具的排水流量、排水当量、排水支管管径、排水坡度等基本参数的选定，参见表3-39。

3. 学校建筑排水设计秒流量

学校建筑的生活排水管道设计秒流量，按公式（4-18）计算：

$$q_u = 0.12 \cdot \alpha \cdot (N_p)^{1/2} + q_{max} \tag{4-18}$$

式中 q_u——计算管段排水设计秒流量，L/s；

N_p——计算管段的卫生器具排水当量总数；

α——根据建筑物用途而定的系数，学校建筑如中小学教学楼、图书馆等取 2.0～2.5，通常取 2.5；

q_{max}——计算管段上最大一个卫生器具的排水流量，L/s。

计算时，如计算所得流量值大于该管段上按卫生器具排水流量累加值时，应按卫生器具排水流量累加值计。

当 α 取 2.5 时，公式（4-18）变为公式（4-19）：

$$q_u = 0.30 \cdot (N_p)^{1/2} + q_{max} \tag{4-19}$$

学校建筑 $q_{max}=1.50$L/s 和 $q_{max}=2.00$L/s 时排水设计秒流量计算数据，见表 4-30。

学校建筑排水设计秒流量计算表　　　　　　表 4-30

排水当量总数 N_p	排水设计秒流量 q_u(L/s)		排水当量总数 N_p	排水设计秒流量 q_u(L/s)		排水当量总数 N_p	排水设计秒流量 q_u(L/s)	
	$q_{max}=1.50$	$q_{max}=2.00$		$q_{max}=1.50$	$q_{max}=2.00$		$q_{max}=1.50$	$q_{max}=2.00$
5	2.17	2.67	48	3.58	4.08	360	7.19	7.69
6	2.23	2.73	50	3.62	4.12	380	7.35	7.85
7	2.29	2.79	55	3.72	4.22	400	7.50	8.00
8	2.35	2.85	60	3.82	4.32	420	7.65	8.15
9	2.40	2.90	65	3.92	4.42	440	7.79	8.29
10	2.45	2.95	70	4.01	4.51	460	7.93	8.43
11	2.49	2.99	75	4.10	4.60	480	8.07	8.57
12	2.54	3.04	80	4.18	4.68	500	8.21	8.71
13	2.58	3.08	85	4.27	4.77	550	8.54	9.04
14	2.62	3.12	90	4.35	4.85	600	8.85	9.35
15	2.66	3.16	95	4.42	4.92	650	9.15	9.65
16	2.70	3.20	100	4.50	5.00	700	9.44	9.94
17	2.74	3.24	110	4.65	5.15	750	9.72	10.22
18	2.77	3.27	120	4.79	5.29	800	9.99	10.49
19	2.81	3.31	130	4.92	5.42	850	10.25	10.75
20	2.84	3.34	140	5.05	5.55	900	10.50	11.00
22	2.91	3.41	150	5.17	5.67	950	10.75	11.25
24	2.97	3.47	160	5.29	5.79	1000	10.99	11.49
26	3.03	3.53	170	5.41	5.91	1100	11.45	11.95
28	3.09	3.59	180	5.52	6.02	1200	11.89	12.39
30	3.14	3.64	190	5.64	6.14	1300	12.32	12.82
32	3.20	3.70	200	5.74	6.24	1400	12.72	13.22
34	3.25	3.75	220	5.95	6.45	1500	13.12	13.62
36	3.30	3.80	240	6.15	6.65	1600	13.50	14.00
38	3.35	3.85	260	6.34	6.84	1700	13.87	14.37
40	3.40	3.90	280	6.52	7.02	1800	14.23	14.73
42	3.44	3.94	300	6.70	7.20	1900	14.58	15.08
44	3.49	3.99	320	6.87	7.37	2000	14.92	15.42
46	3.53	4.03	340	7.03	7.53	2100	15.25	15.75

学校公共浴室、职工（学生）食堂和营业餐厅的厨房、实验室等建筑的生活排水管道设计秒流量，按公式（4-20）计算：

$$q_p = \sum q_0 \cdot n_0 \cdot b \tag{4-20}$$

式中 q_p——学校建筑计算管段的排水设计秒流量，L/s；

q_0——学校建筑同类型的一个卫生器具排水流量，L/s，可按表 3-39 采用；

n_0——学校建筑同类型卫生器具数；

b——学校建筑卫生器具的同时排水百分数：学校公共浴室内的淋浴器和洗脸盆按表 4-12 选用，职工（学生）食堂或营业餐厅的设备按表 4-13 选用，普通理化实验室的化验水嘴按表 4-14 选用。

注：当计算排水流量小于一个大便器排水流量时，应按一个大便器的排水流量计算。

4. 学校建筑排水管道管径确定

学校建筑排水铸铁管道最小坡度，按表 1-98 确定；胶圈密封连接排水塑料横管的坡度，按表 1-99 确定；建筑内排水管道最大设计充满度，参见表 1-100；排水管道自清流速，参见表 1-101。

排水横管水力计算按照公式（1-32）、公式（1-33）计算；排水铸铁管水力计算，参见表 1-102；排水塑料管水力计算，参见表 1-103。

不同管径下排水横管允许流量 Q_p，参见表 1-104。

学校建筑排水系统中排水横干管常见管径为 DN100、DN150。DN100 排水横干管对应排水当量最大限值，参见表 1-105，DN150 排水横干管对应排水当量最大限值，参见表 1-106。

不同通气方式的排水立管最大设计排水能力，参见表 1-107～表 1-109。

学校建筑各种排水管的推荐管径，参见表 2-60。

4.3.4 排水系统管材、附件和检查井

1. 学校建筑排水管管材

学校建筑室外排水管可采用埋地排水塑料管，包括硬聚氯乙烯管、聚乙烯管和玻璃纤维增强塑料夹砂管等。常用的室外排水管还有双壁加筋波纹排水管、双平壁钢塑复合缠绕排水管等。

学校建筑室内排水管类型，见表 4-31。

室内排水管类型表　　　　表 4-31

序号	排水管类型	排水管设置要求
1	玻纤增强聚丙烯（FRPP）排水管	在多层、高层学校建筑中均可应用
2	柔性接口机制铸铁排水管	高层学校建筑排水管宜采用柔性接口机制排水铸铁管，连接方式有法兰压盖式承插柔性连接和无承口卡箍式连接
3	硬聚氯乙烯（PVC-U）排水管	采用胶水（胶粘剂）粘接连接，可在多层学校建筑中采用，不宜在高层学校建筑中采用
4	学校建筑压力排水管	可采用焊接钢管、钢塑复合管、镀锌钢管
5	学校建筑高温污水排水管	采用机制铸铁排水管或焊接钢管

续表

序号	排水管类型	排水管设置要求
6	学校实验室排水管	化验盆排水口应装设耐腐蚀的挡污篦,排水管道应采用耐腐蚀管材
7	学校图书馆缩微照相冲洗室排水管	排水管道应耐酸、耐腐蚀

2. 学校建筑排水管附件

排水立管上检查口的设置位置,参见表1-113;检查口之间的最大距离,参见表1-114;检查口设置要求,参见表1-115。

清扫口的设置位置,参见表1-116;清扫口至室外检查井中心最大长度,参见表1-117;排水横管直线管段上清扫口之间的最大距离,参见表1-118。

塑料排水管道支吊架间距规定,参见表1-119。

3. 学校建筑排水管道布置敷设

学校建筑排水管道不应布置场所,见表4-32。

排水管道不应布置场所表 表4-32

序号	排水管道不应布置场所	具体要求
1	直饮水机房、生活水泵房等设备机房	排水横管和立管均不得在学校建筑直饮水机房内敷设;排水横管禁止在学校建筑生活水箱箱体正上方敷设,生活水泵房其他区域不宜敷设排水管道;设在室内的消防水池(箱)应按此要求处理
2	厨房、餐厅	学校建筑中厨房内的主副食操作间、烹调间、备餐间、加工间、粗加工、冷菜间、面点蒸煮间、食品储藏库(主食库、副食库)等房间的上方均不应敷设排水管道,排水立管不宜穿过上述房间;学校建筑中的各类餐厅、售餐间;学校建筑中的厨房排水应独立设置,排水横管和立管均不得与卫生间污水排水管道连通。上述场所上方排水管不宜采用同层排水方式
3	电气机房	学校建筑中的电气机房包括高压配电室、低压配电室(包括其值班室)、柴油发电机房(包括储油间)、网络机房、弱电机房、UPS机房、消防控制室等,排水管道不得敷设在此类电气机房内
4	结构变形缝、结构风道	原则上排水管道不得穿过结构变形缝;若条件限制必须穿越沉降缝时,则应预留沉降量并设置不锈钢软管柔性连接,必须穿越伸缩缝时,则应安装伸缩器
5	电梯机房、通风小室	
6	人防区域	与人防工程功能无关的排水管道不应穿越人防区域;人防区域与上部非人防区域通常设置不小于600mm垫层用于敷设上部排水的排水横干管;人防区域压力排水管在穿越人防围护结构、防爆单元隔墙时应采取防护措施
7	学校图书馆书库	排水管道不应穿过书库。生活污水立管不应安装在与书库相邻的内墙上

注:排水管道不宜穿越学校教室、办公室等场所。

学校建筑排水系统管道设计遵循原则,参见表2-63。

学校建筑的最底层污废水宜单独排放。

4. 学校建筑间接排水

学校建筑中的间接排水,见表4-33。

间接排水一览表　　　　　　　　　表 4-33

序号	间接排水情况
1	学校建筑生活水箱、直饮水水箱等的泄水管和溢流管通常就近排入水箱所在水泵房、机房的排水地沟
2	消防水箱等的泄水管和溢流管通常就近排入消防水箱间地漏或直接排至室外建筑屋面
3	开水器、热水器排水通常就近排至本房间内地漏
4	蒸发式冷却器、空调设备冷凝水的排水通常就近排至本房间内地漏

学校建筑未设置地下室时，排水排出管穿越有沉降可能的承重墙或基础时应预留洞口；设置地下室时，排水排出管穿越地下室外墙时应预留防水套管，宜采用柔性防水套管。

4.3.5 通气管系统

学校建筑通气管设置要求，见表 4-34。

学校建筑通气管设置要求表　　　　　　　　　表 4-34

序号	通气管名称	设置位置	设置要求	管径确定
1	伸顶通气管	设置场所涉及学校建筑所有区域；多层学校建筑公共卫生间排水立管宜采用伸顶通气方式	高出非上人屋面不得小于 300mm，但必须大于最大积雪厚度，常采用 800～1000mm；高出上人屋面不得小于 2000mm，常采用 2000mm。顶端应装设风帽或网罩；在冬季室外温度高于－15℃的地区，顶端可装网形铅丝球；低于－15℃的地区，顶端应装伞形通气帽	应与排水立管管径相同。但在最冷月平均气温低于－13℃的地区，应在室内平顶或吊顶以下 0.3m 处将管径放大一级，若采用塑料管材时其最小管径不宜小于 110mm
2	专用通气管	高层学校建筑公共卫生间排水应采用专用通气方式；多层学校建筑公共卫生间排水可采用专用通气方式	公共卫生间的排水立管和专用通气立管并排设置在卫生间附设管道井内；未设管道井时，该 2 种立管并列设置，并后期装修包敷暗设，专用通气立管宜靠内侧敷设、排水立管宜靠外侧敷设	通常与其排水立管管径相同
3	汇合通气管	学校建筑中多根通气立管或多根排水立管顶端通气部分上方楼层存在特殊区域（如厨房、餐厅、电气机房等）不允许每根立管穿越向上接至屋顶时，需在本层顶板下或吊顶内汇集后接至屋顶		汇合通气管的断面积应为最大一根通气管的断面积加其余通气管断面之和的 0.25 倍
4	主（副）通气立管	通常设置在学校建筑内的公共卫生间		通常与其排水立管管径相同
5	结合通气管			通常与其连接的通气立管管径相同

续表

序号	通气管名称	设置位置	设置要求	管径确定
6	环形通气管	连接4个及4个以上卫生器具（包括大便器）且横支管的长度大于12m的排水横支管；连接6个及6个以上大便器的污水横支管；设有器具通气管；特殊单立管偏置	和排水横支管、主（副）通气立管连接的要求：在排水横支管上设环形通气管时，应在其最始端的两个卫生器具之间接出，并应在排水支管中心线以上与排水支管呈垂直或45°连接；环形通气管应在卫生器具上边缘以上不小于0.15m处按不小于0.01的上升坡度与通气立管相连	常用管径为DN40（对应DN75排水管）、DN50（对应DN100排水管）

学校建筑通气管可采用柔性接口机制排水铸铁管或塑料排水管，一般采用与学校建筑排水管相同管材。在最冷月平均气温低于-13℃的地区，伸出屋面部分通气立管应采用柔性接口机制排水铸铁管。

通气立管的最小管径，参见表1-130。

4.3.6 特殊排水系统

学校建筑生活水泵房、厨房、电气机房等场所的上方楼层不应有排水横支管明设管道等。若有必要在上述某些场所上方设置排水点且无法采取其他躲避措施时，该部位的排水应采用同层排水方式。

学校建筑同层排水最常采用的是降板或局部降板法。

4.3.7 特殊场所排水

1. 学校建筑化粪池

化粪池宜设置在接户管的下游端；位置宜选在院区最低处附近；外壁距建筑物外墙不宜小于5m；宜选用钢筋混凝土化粪池。

学校建筑化粪池有效容积，按公式（4-21）、公式（4-22）、公式（4-23）计算：

$$V = V_w + V_n \tag{4-21}$$

$$V_w = m \cdot b_f \cdot q_w \cdot t_w / (24 \times 1000) \tag{4-22}$$

$$V_n = m \cdot b_f \cdot q_n \cdot t_n \cdot (1-b_x) \cdot M_s \times 1.2 / [(1-b_n) \times 1000] \tag{4-23}$$

式中 V_w——化粪池污水部分容积，m^3；

V_n——化粪池污泥部分容积，m^3；

q_w——每人每日计算污水量，L/(人·d)，同每人最大日用水量；

t_w——污水在池中停留时间，h，应根据污水量确定，宜采用24~36h；

q_n——每人每日计算污泥量，L/(人·d)，合流系统时取0.7L/(人·d)，分流系统时取0.4L/(人·d)；

t_n——污泥清掏周期，应根据污水温度和当地气候条件确定，宜采用6~12个月；

b_x——新鲜污泥含水量，可按95%计算；

b_n——发酵浓缩后的污泥含水量,可按 90% 计算;

M_s——污泥发酵后体积缩减系数,宜取 0.8;

1.2——清掏后遗留 20% 的容积系数;

m——化粪池服务总人数;

b_f——化粪池实际使用人数占总人数的百分比,取 40%。

据此得出学校建筑化粪池的有效容积,按公式(4-24)计算:

$$V = 1.67 \times 10^{-5} \cdot m \cdot q_w \cdot t_w + 1.92 \times 10^{-4} \cdot m \cdot q_n \cdot t_n \quad (4-24)$$

大型学校建筑可集中并联设置或根据院区布局分散并联布置 2 个或 3 个化粪池,多个化粪池的型号宜一致。

2. 学校建筑食堂、餐厅含油废水处理

学校建筑含油废水宜采用三级隔油处理流程,参见表 1-141。

根据食堂用餐人数确定隔油设施处理水量,按公式(1-39)计算;根据食堂餐厅面积确定隔油设施处理水量,按公式(1-40)计算。

隔油池有效容积,按公式(1-41)计算。隔油池的类型,参见表 1-142。

隔油提升一体化设备选型的主要技术参数为其所接纳的食堂、餐厅内厨房等器具含油污水排水流量。

3. 学校车库汽车洗车污水处理

汽车冲洗水量,参见表 1-143。

隔油沉淀池有效容积,按公式(1-42)计算。隔油沉淀池类型,参见表 1-144。

4. 学校建筑设备机房排水

学校建筑地下设备机房排水设施要求,参见表 1-147。

5. 学校建筑人防区域排水

学校建筑非人防区域与人防地下室之间应设置垫层,厚度通常不小于 600mm。建筑上部非人防区域排水系统排水排出管应在此垫层内敷设,禁止穿越人防围护结构进入人防区域后排至室外。

学校建筑非人防区域排水管禁止进入人防区域,包括地下室非人防区域的排水管。地下室非人防区域排水应独立设置,系统排水管包括排水沟均应独立于人防区域。

6. 地下车库排水

学校建筑地下车库应设置排水设施(排水沟和集水坑)。车库内排水沟设置要求,参见表 1-150。

人防地下车库每个人防防护单元内宜设置不少于 2 个集水坑,集水坑宜独立设置;集水坑处压力排水管排至室外穿越人防围护结构时,应在穿越处人防侧压力排水管上设置防护阀门。

4.3.8 压力排水

1. 学校建筑集水坑设置

学校建筑地下室应设置集水坑。集水坑的设置要求,见表 4-35。

集水坑设置要求表　　　　　　　　　　　表 4-35

序号	集水坑服务场所	集水坑设置要求	集水坑尺寸
1	学校建筑地下室卫生间	宜设在地下室最底层靠近卫生间的附属区域（如库房等）或公共空间，禁止设在学校教室、办公等有人员经常活动的场所；宜集中收纳附近多个卫生间的污水	应根据污水提升装置的规格要求确定
2	学校建筑地下室食堂、餐厅等	应设置在食堂、餐厅、厨房邻近位置，不宜设在细加工间和烹炒间等房间内	应根据污水隔油提升一体化装置的规格要求确定
3	学校建筑地下室工作人员淋浴间等场所	宜根据建筑平面布局按区域集中设置1个或多个	应根据污水提升装置的规格要求确定
4	学校建筑消防电梯井	应设在消防电梯邻近处，通常在电梯前室内或靠近电梯的公共走道、辅助房间内。坑底比电梯井底低不应小于 0.50m，不宜小于 0.70m	容量不应小于 2m³，通常平面尺寸不小于 2000mm×2000mm 或根据所在场所布局确定（保证平面面积不小于 4.0m²）
5	学校建筑地下车库区域	应便于排水管、排水沟较短距离到达；地下车库每个防火分区宜设置不少于2个集水坑；宜靠车库外墙附近设置；宜布置在车行道下面底板下，不宜布置在停车位下面底板下	1500mm×1500mm×1500mm
6	学校建筑地下车库出入口坡道处	应尽量靠近汽车坡道最低尽头处	2500mm×2000mm×1500mm
7	学校建筑地下生活水泵房、消防水泵房、热水机房		1500mm×1500mm×1500mm

通气管管径宜与排水管管径相同，可接至室外或向上接至建筑地上部分通气管系统。

2. 污水泵、污水提升装置选型

学校建筑排水泵的流量方法确定，参见表 2-68；排水泵的扬程，按公式（1-44）计算。

4.3.9　室外排水系统

1. 学校建筑室外排水管道布置

学校建筑室外排水管道布置方法，参见表 2-69；与其他地下管线（构筑物）最小间距，参见表 1-154。

学校建筑室外排水管道最小覆土深度不宜小于 0.5m；对于严寒地区、寒冷地区学校建筑，室外排水管道最小覆土深度应超过当地冻土层深度。

2. 学校建筑室外排水管道敷设

学校建筑室外排水管道与生活给水管道交叉时，应敷设在生活给水管道下面。室外排水管道敷设发生冲突时，应遵循表 1-26 中的原则进行处理。

3. 学校建筑室外排水管道水力计算

室外排水管道水力计算,按公式(1-45)、公式(1-46)计算。

学校建筑室外排水管道的最小管径、最小设计坡度、最大设计充满度,参见表1-155。

4. 学校建筑室外排水管道管材

学校建筑室外排水管道宜优先采用埋地塑料排水管,弹性橡胶圈密封柔性接口,小于$DN200$直壁管,可采用承插式粘接;可采用埋地铸铁排水管,橡胶圈柔性接口或水泥砂浆接口。

5. 学校室外排水检查井

学校建筑室外排水检查井设置位置,参见表1-156。

学校建筑室外排水检查井宜优先选用玻璃钢排水检查井,其次是混凝土排水检查井,禁止采用砖砌排水检查井。室外排水管在排水检查井连接应采用管顶平接。

4.4 雨水系统

4.4.1 雨水系统分类

学校建筑雨水系统分类,见表4-36。

雨水系统分类表　　　　　　　　　表4-36

序号	分类标准	雨水系统类别	学校建筑应用情况	应用程度
1	屋面雨水设计流态	半有压流屋面雨水系统	学校建筑中一般采用的是87型雨水斗系统	最常用
2		压力流屋面雨水系统(虹吸式雨水系统)	学校建筑的屋面(通常为裙楼屋面)面积较大时,可考虑采用	少用
3		重力流屋面雨水系统		极少用
4	雨水管道设置位置	内排水雨水系统	高层学校建筑主楼和裙楼雨水系统应采用;多层学校建筑主楼和裙楼雨水系统宜采用	最常用
5		外排水雨水系统	多层学校建筑如果面积不大、建筑专业立面允许,可以采用	少用
6		混合式雨水系统		极少用
7	雨水出户横管室内部分是否存在自由水面	封闭系统		最常用
8		敞开系统		极少用
9	建筑屋面排水条件	天沟雨水排水系统		最常用
10		檐沟雨水排水系统		极少用
11		无沟雨水排水系统		极少用
12		压力提升雨水排水系统	学校建筑地下车库出入口、下沉式广场、下沉式庭院等处,雨水汇集就近排至集水坑时采用	常用

4.4.2 雨水量

1. 设计雨水流量

学校建筑设计雨水流量,应按公式(1-47)计算。

2. 设计暴雨强度

设计暴雨强度应按学校建筑所在地或相邻地区暴雨强度公式计算确定,见公式(1-48)。

我国部分城镇 5min 设计暴雨强度、小时降雨厚度,参见表 1-158(设计重现期 $P=10$ 年)。

3. 设计重现期

学校建筑屋面雨水设计重现期:对于半有压流屋面雨水系统,通常取 10 年;对于压力流屋面雨水系统,通常取 50 年;学校建筑附设的下沉式广场、下沉式庭院,其雨水设计重现期宜取较大值。

4. 设计降雨历时

学校建筑屋面雨水排水管道设计降雨历时按照 5min 确定。

学校建筑院区雨水排水管道设计降雨历时,按公式(1-49)计算。

5. 径流系数

学校建筑屋面及院区地面的径流系数,参见表 1-159。

6. 汇水面积

学校建筑的雨水汇水面积计算原则,参见表 1-160。

4.4.3 雨水系统

1. 雨水系统设计常规要求

学校建筑雨水系统设置要求,参见表 1-161。

学校建筑雨水排水管道不应穿越的场所,见表 4-37。

雨水排水管道不应穿越的场所表 表 4-37

序号	不应穿越的场所名称	具体房间名称
1		教室、办公室、图书馆、阅览室、会议室等房间
2	电气机房	高压配电室、低压配电室及值班室、柴油发电机房及储油间、网络机房、弱电机房、UPS 机房、消防控制室等

注:学校建筑雨水排水横管宜沿建筑内公共区域(内走道等)吊顶内敷设;雨水排水立管宜沿建筑内公共场所或辅助次要场所敷设。

2. 雨水斗设计

学校建筑半有压流屋面雨水系统通常采用 87 型雨水斗或 79 型雨水斗,规格常用 $DN100$;压力流屋面雨水系统通常采用有压流(虹吸式)雨水斗,规格常用 $DN50$、$DN75$(80)。

雨水斗设计排水负荷,参见表 1-163。

雨水斗下方区域宜为建筑顶层公共区域(如内走道)或辅助次要场所(如公共卫生间、库房等),不应为需要安静的场所,不宜为办公等主要工作人员房间。

雨水斗宜对雨水排水立管做对称布置;接有多斗悬吊管的立管顶端不得设置雨水斗;一个屋面上应设置不少于 2 个雨水斗。

3. 天沟、溢流设施、连接管、悬吊管、立管、埋地管、排出管设计

学校建筑天沟、溢流设施、连接管、悬吊管、立管、埋地管、排出管设置要求,参见

表 1-164。

4. 室内水泵提升雨水排水系统设计

地下室露天窗井内应设平箅式雨水口、无水封地漏作为雨水口，经雨水收集管接入集水池；地下车库出入口汽车坡道上应设雨水截水沟，经直埋雨水收集管接入集水池。

雨水提升泵通常采用潜水泵，宜采用 3 台，2 用 1 备。

5. 雨水管管材

学校建筑雨水排水管管材，参见表 1-167。

4.4.4 雨水系统水力计算

1. 半有压流（87 型）屋面雨水系统水力计算

（1）雨水斗（87 型）

雨水斗设计流量，应按公式（1-50）计算。

对于单斗雨水系统，雨水斗设计流量不应超过表 1-168 中的数值；对于多斗雨水系统，雨水斗设计流量应根据表 1-169 取值，最远端雨水斗设计流量不得超过表 1-169 中的数值。

学校建筑 87 型雨水斗口径常采用 $DN100$，其次是 $DN75$、$DN150$。

（2）雨水连接管

学校建筑雨水连接管管径通常与雨水斗出水口直径相同，常采用 $DN100$，其次是 $DN150$。

（3）雨水悬吊管

学校建筑雨水悬吊管管径，参见表 1-172。

（4）雨水立管

连接 2 根及以上雨水悬吊管的雨水立管管径，按表 1-173 确定。

（5）雨水排出管

学校建筑雨水排出管管径确定，参见表 1-174～表 1-177。

（6）雨水管道最小管径

学校建筑雨水系统最小设计管径及雨水排水横管最小设计坡度，参见表 1-178。

2. 压力流（虹吸式）屋面雨水系统水力计算

学校建筑压力流（虹吸式）屋面雨水系统水力计算方法，参见 1.4.4 节。

3. 雨水提升系统水力计算

学校建筑附设的下沉式广场、下沉式庭院；地下室车库坡道、窗井等场所设计雨水流量，按公式（1-54）计算；设计径流雨水总量，按公式（1-55）计算。

4.4.5 院区室外雨水系统设计

学校建筑院区雨水系统宜采用管道排水形式，与污水系统应分流排放。

1. 雨水口

雨水口选型，参见表 1-180；雨水口设置位置，参见表 1-181；各类型雨水口的泄水流量，参见表 1-182。

雨水口设计流量，按公式（1-56）计算。

2. 雨水口连接管

单算雨水口连接管管径通常采用 DN250。

3. 雨水检查井

院区内直线雨水管道上雨水检查井设置最大间距,参见表 1-183。

院区雨水检查井规格通常采用 DN1000 圆形玻璃钢或钢筋混凝土雨水检查井。

4. 室外雨水管道布置

学校建筑室外雨水管道布置方法,参见表 1-184。

4.4.6 院区室外雨水利用

学校应根据所在地的自然条件、水资源情况及经济技术发展水平,合理设置雨水收集利用系统。雨水利用工程应符合现行国家标准《建筑与小区雨水控制及利用工程技术规范》GB 50400 的有关规定。

雨水收集回用应进行水量平衡计算。学校建筑院区雨水通常可用于景观用水、院区绿化用水、路面和地面冲洗用水、汽车冲洗用水、冲厕用水等。

4.5 消火栓系统

建筑高度大于 50m 的高层学校建筑、使用人数超过 500 人的高层中小学校教学楼属于一类高层民用建筑;建筑高度小于或等于 50m 的高层学校建筑、使用人数不超过 500 人的高层中小学校教学楼属于二类高层民用建筑。

4.5.1 消火栓系统设置场所

高层学校建筑;建筑体积大于 5000m³ 的单、多层学校图书馆;建筑高度大于 15m 或建筑体积大于 10000m³ 的单、多层教学建筑均应设置室内消火栓系统。

4.5.2 消火栓系统设计参数

1. 学校建筑室外消火栓设计流量

学校建筑室外消火栓设计流量,不应小于表 4-38 的规定。

学校建筑室外消火栓设计流量表 (L/s)   表 4-38

耐火等级	建筑物名称	建筑体积 (m³)					
		$V \leqslant 1500$	$1500 < V \leqslant 3000$	$3000 < V \leqslant 5000$	$5000 < V \leqslant 20000$	$20000 < V \leqslant 50000$	$V > 50000$
一、二级	单层及多层学校建筑	15			25	30	40
	高层学校建筑	—			25	30	40
三级	单层及多层学校建筑	15		20	25	30	—
四级	单层及多层学校建筑	15		20	25		

注:1. 建筑体积指本建筑占据的空间数量,包括该建筑的地上空间体积数和地下空间体积数;
   2. 地下建筑指独立的地下建筑,不包括地面建筑下面连为一体的地下部分;
   3. 地下车库室外消火栓系统设计流量小于建筑主体室外消火栓系统设计流量,学校建筑室外消火栓系统设计流量按建筑主体室外消火栓系统设计流量确定;
   4. 地下人防工程室外消火栓系统设计流量小于建筑主体室外消火栓系统设计流量,学校建筑室外消火栓系统设计流量按建筑主体室外消火栓系统设计流量确定。

2. 学校建筑室内消火栓设计流量

学校建筑室内消火栓设计流量，不应小于表 4-39 的规定。

学校建筑室内消火栓设计流量表 表 4-39

建筑物名称	高度 h（m）、体积 V（m³）	消火栓设计流量（L/s）	同时使用消防水枪数（支）	每根竖管最小流量（L/s）
单层及多层学校建筑	$h>15$ 或 $V>10000$	15	3	10
单层及多层图书馆	$5000<V\leqslant10000$	15	3	10
	$10000<V\leqslant25000$	25	5	15
	$V>25000$	40	8	15
二类高层学校建筑（建筑高度小于或等于 50m 的高层学校建筑、使用人数不超过 500 人的高层中小学校教学楼）	$h\leqslant50$	20	4	10
一类高层学校建筑（建筑高度大于 50m 的高层学校建筑、使用人数超过 500 人的高层中小学校教学楼）、藏书超过 100 万册的学校图书馆、书库	$h\leqslant50$	30	6	15
	$h>50$	40	8	15

注：1. 消防软管卷盘、轻便消防水龙，其消火栓设计流量可不计入室内消防给水设计流量；
2. 地下车库室内消火栓系统设计流量小于建筑主体室内消火栓系统设计流量，学校建筑室内消火栓系统设计流量按建筑主体室内消火栓系统设计流量确定；
3. 地下人防工程室内消火栓系统设计流量小于建筑主体室内消火栓系统设计流量，学校建筑室内消火栓系统设计流量按建筑主体室内消火栓系统设计流量确定。

3. 火灾延续时间

学校建筑消火栓系统的火灾延续时间，按 2.0h。

学校建筑室内自动灭火系统的火灾延续时间，参见表 1-188。

4. 消防用水量

一座学校建筑的消防用水量按室外消火栓系统用水量、室内消火栓系统用水量、室内自动喷水灭火系统用水量三者之和计算。

4.5.3 消防水源

1. 市政给水

当前国内城市市政给水管网能够满足学校建筑直接消防供水条件的较少。

学校建筑室外消防给水管网管径，按表 4-40 确定。

学校建筑室外消防给水管网管径表 表 4-40

序号	室外消火栓设计流量（L/s）	室外消防给水管网管径
1	15～20	DN100
2	25～30	DN150
3	40	DN200

学校建筑室外消防给水管网宜与室外生活给水管网分开敷设,且应布置成环状管网。

2. 消防水池

(1)学校建筑消防水池有效储水容积

表4-41给出了常用典型学校建筑消防水池有效储水容积的对照表。

学校建筑火灾延续时间内消防水池储存消防用水量表   表4-41

单、多层学校建筑体积 V (m³)	$V \leqslant 3000$	$3000 < V \leqslant 5000$	$5000 < V \leqslant 10000$	$10000 < V \leqslant 20000$	$20000 < V \leqslant 50000$	$V > 50000$
室外消火栓设计流量(L/s)	15	20	25	30	40	
火灾延续时间(h)	2.0					
火灾延续时间内室外消防用水量(m³)	108.0	144.0	180.0	216.0	288.0	
室内消火栓设计流量(L/s)	15(建筑高度大于15m时)			15		
火灾延续时间(h)	2.0					
火灾延续时间内室内消防用水量(m³)	108.0					
火灾延续时间内室内外消防用水量(m³)	216.0	252.0	288.0	324.0	396.0	
消防水池储存室内外消火栓用水容积 V_1 (m³)	216.0	252.0	288.0	324.0	396.0	
单、多层学校图书馆建筑体积 V (m³)	$V \leqslant 5000$	$5000 < V \leqslant 10000$	$10000 < V \leqslant 20000$	$20000 < V \leqslant 25000$	$25000 < V \leqslant 50000$	$V > 50000$
室外消火栓设计流量(L/s)	15	25		30		40
火灾延续时间(h)	2.0					
火灾延续时间内室外消防用水量(m³)	108.0	180.0		216.0		288.0
室内消火栓设计流量(L/s)	—	15		25		40
火灾延续时间(h)	2.0					
火灾延续时间内室内消防用水量(m³)	—		108.0		180.0	288.0
火灾延续时间内室内外消防用水量(m³)	108.0	288.0	360.0	396.0	504.0	576.0
消防水池储存室内外消火栓用水容积 V_2 (m³)	108.0	288.0	360.0	396.0	504.0	576.0
二类高层学校建筑体积 V (m³)	$5000 < V \leqslant 20000$		$20000 < V \leqslant 50000$		$V > 50000$	
二类高层学校建筑高度 h (m)	$h \leqslant 50$					
室外消火栓设计流量(L/s)	25		30		40	
火灾延续时间(h)	2.0					
火灾延续时间内室外消防用水量(m³)	180.0		216.0		288.0	

续表

二类高层学校建筑体积 V（m³）	5000<V≤20000	20000<V≤50000	V>50000
室内消火栓设计流量（L/s）	20		
火灾延续时间（h）	2.0		
火灾延续时间内室内消防用水量（m³）	144.0		
火灾延续时间内室内外消防用水量（m³）	324.0	360.0	432.0
消防水池储存室内外消火栓用水容积 V_3（m³）	324.0	360.0	432.0

一类高层学校建筑体积 V（m³）	5000<V≤20000	20000<V≤50000	V>50000	5000<V≤20000	20000<V≤50000	V>50000
一类高层学校建筑高度 h（m）	h≤50			h>50		
室外消火栓设计流量（L/s）	25	30	40	25	30	40
火灾延续时间（h）	2.0			3.0		
火灾延续时间内室外消防用水量（m³）	180.0	216.0	288.0	270.0	324.0	432.0
室内消火栓设计流量（L/s）	30			40		
火灾延续时间（h）	2.0			3.0		
火灾延续时间内室内消防用水量（m³）	216.0			432.0		
火灾延续时间内室内外消防用水量（m³）	396.0	432.0	504.0	702.0	756.0	864.0
消防水池储存室内外消火栓用水容积 V_4（m³）	396.0	432.0	504.0	702.0	756.0	864.0
学校建筑自动喷水灭火系统设计流量（L/s）	25	30		35	40	
火灾延续时间（h）	1.0	1.0		1.0	1.0	
火灾延续时间内自动喷水灭火用水量（m³）	90.0	108.0		126.0	144.0	
消防水池储存自动喷水灭火用水容积 V_5（m³）	90.0	108.0		126.0	144.0	

如表 4-41 所示，通常学校建筑消防水池有效储水容积在 196～1008m³。

(2) 学校建筑消防水池位置

消防水池位置确定原则，见表 4-42。

消防水池位置确定原则表　　　　　　　　　　　　　　　　　　　　　表 4-42

序号	消防水池位置确定原则
1	消防水池应毗邻或靠近消防水泵房
2	消防水池与消防水泵房的标高关系满足消防水泵自灌吸水要求
3	应结合学校院区建筑布局条件
4	消防水池应满足与消防车间的距离关系
5	消防水池应满足与建筑物围护结构的位置关系

学校建筑消防水池、消防水泵房与学校院区空间关系，见表 4-43。

消防水池、消防水泵房与学校院区空间关系表　　　　　　　　　　　表 4-43

序号	学校院区室外空间情况	消防水池位置	消防水泵房位置	备注
1	有充足空间	室外院区内	建筑地下室	常见于新建学校建筑项目
2	充足空间且有多座建筑需要消防供水	室外院区内	室外院区内	
3	室外空间狭小或不合适	建筑地下室	建筑地下室	常见于改建、扩建学校建筑项目

注：学校建筑通常与院区内其他功能公共建筑共同设置，宜根据整个院区建筑功能与布局设置区域消防水池。当设置在建筑地下室时，消防水池常设置在院区内其他公共建筑地下室。

消防水池的最低有效水位应高于消防水池吸水喇叭口不小于 600mm，且应高于消防水泵的吸水管管顶。

学校建筑消防水泵型式的选择与消防水池有一定的对应关系，参见表 1-194。

学校建筑储存室内外消防用水的消防水池与消防水泵房的位置关系，参见表 1-195。

学校建筑消防水池格（座）数与有效储水容积的对照关系，参见表 1-196。

学校建筑消防水池附件，参见表 1-197。

学校建筑消防水池各水位指标确定方法及取值经验值，参见表 1-198。

3. 天然水源及其他水源

学校建筑消防水源不宜采用天然水源。

4.5.4 消防水泵房

1. 消防水泵房选址

新建学校院区消防水泵房设置通常采取以下 2 个方案，见表 4-44。

新建学校院区消防水泵房设置方案对比表　　　　　　　　　　　　　表 4-44

方案编号	消防水泵房位置	优点	缺点	适用条件
方案 1	院区内室外	设备集中，控制便利，对学校教学等功能用房环境影响小；消防水泵集中设置，距离消防水池很近，泵组吸水管线很短等	距院区内各建筑较远，管线较长；对于消防水泵房来说，泵房位置往往不是设置在院区中心，消防供水管线较长甚至很长，水头损失大，消防水箱距泵房位置较远等	适用于学校院区内单体建筑较多、室外空间较大的情形。宜与生活水泵房、锅炉房、变配电室集中设置。在新建学校院区中，应优先采用此方案

续表

方案编号	消防水泵房位置	优点	缺点	适用条件
方案 2	院区内某个单体建筑地下室内	设备较为集中，控制较为便利，距离各建筑消防水系统距离较近，消防水箱距泵房位置较近等	占用学校建筑空间，对学校教学等功能用房环境有一些影响，消防水池的位置可能较远，泵组吸水管线较长等	适用于学校院区内单体建筑较少、室外空间较小的情形。宜在院区最不利建筑内设置。在新建学校院区中，可替代方案 1

注：1. 新建学校院区采取分区、分期建设时，若一期消防水泵房满足本期消防要求，可预留部分消防水泵房的面积或者按后期要求复核修改消防给水泵组的技术参数，以同时满足后期建筑消防的要求；
  2. 学校建筑宜根据整个院区建筑功能与布局设置区域消防水泵房。

改建、扩建学校院区消防水泵房设置方案，参见表 1-200。

2. 建筑内部消防水泵房位置

学校建筑消防水泵房若设置在建筑物内，不应布置在有安静要求的房间（教室、办公室、图书馆、阅览室、会议室、餐厅等）上方、下方和毗邻位置；否则应采取水泵减振隔振和消声技术措施。

3. 消防水泵机组的布置要求

相邻两个机组及机组至泵房墙壁间的净距要求，参见表 1-201。

4. 消防水泵房采暖、排水等要求

严寒、寒冷地区消防水泵房，应设置供暖设施。

消防水泵房的泵房排水设施：在泵房内设置排水沟；地下消防水泵房内或邻近场所设集水坑，坑内设潜污泵。消防水泵房应采取防淹措施。

5. 消防水泵房管道设计

消防水泵配置数量与消防水系统设计流量的关系，参见表 1-202。

学校建筑消防水泵吸水管、出水管管径，参见表 1-203；消防吸水总管管径应根据其连通服务的各种消防水泵设计流量之累加值进行确定，参见表 1-205。

消防水泵吸水管布置应避免形成气囊。

消防水泵吸水口的淹没深度应满足消防水泵在最低水位运行安全的要求。

消防水泵吸水管、出水管上附件配置及要求，参见表 1-206。

6. 消防水泵自动启动控制

消防水泵自动启动要求，参见表 1-207；消防水泵自动启动方式，参见表 1-208；流量开关性能、设置位置等，参见表 1-209。

当消防稳压泵设置于高位消防水箱间内时，消防水泵启泵压力（P），按公式（1-58）确定；当消防稳压泵设置于低位消防水泵房内时，按公式（1-59）确定。

4.5.5 消防水箱

学校建筑消防给水系统绝大多数属于临时高压系统，绝大多数学校建筑应设置高位消防水箱。

1. 消防水箱有效储水容积

学校建筑高位消防水箱有效储水容积，见表 4-45。

4.5 消火栓系统

学校建筑高位消防水箱有效储水容积表 表 4-45

序号	建筑类别	消防水箱有效储水容积
1	一类高层学校建筑（建筑高度大于50m的高层学校建筑、使用人数超过500人的高层中小学校教学楼）	不应小于36m³，可按36m³
2	二类高层学校建筑（建筑高度小于或等于50m的高层学校建筑、使用人数不超过500人的高层中小学校教学楼）	不应小于18m³，可按18m³
3	多层学校建筑	

2. 消防水箱设置位置

学校建筑消防水箱设置位置应满足以下要求，见表4-46。

消防水箱设置位置要求表 表 4-46

序号	消防水箱设置位置要求	备注
1	位于所在建筑的最高处	通常设在屋顶机房层消防水箱间内
2	应该独立设置	不与其他设备机房，如屋顶太阳能热水机房、热水箱间等合用
3	应避免对下方楼层房间的影响	其下方不应是学校教室、办公室、图书馆、阅览室、会议室、餐厅等主要功能房间，可以是库房、卫生间等辅助房间或公共区域
4	应高于设置室内消火栓系统、自动喷水灭火系统等系统的楼层	机房层设有活动室、库房等需要设置消防给水系统的场所，可采用其他非水基灭火系统，亦可将消防水箱间置于更高一层
5	不宜超出机房层高度过多、影响建筑效果	消防水箱间内配置消防稳压装置

3. 高位消防水箱尺寸

消防水箱宜为装配式方形水箱，其尺寸宜为1.0m或0.5m的倍数，推荐尺寸参见表1-212。

4. 高位消防水箱材质

常用材质为不锈钢板、热浸锌镀锌钢板、玻璃钢板、钢筋混凝土等，不锈钢板最常见。

5. 高位消防水箱配管

高位消防水箱配管及管径确定，参见表1-213。

6. 消防水箱水位

消防水箱各水位指标确定方法及取值经验值，参见表1-214。

7. 高位消防水箱布置

高位消防水箱四周净距要求，参见表1-215。

8. 消防水箱防冻

消防水箱及相应管道保温材料及厚度，参见表1-216。

4.5.6 消防稳压装置

1. 消防稳压泵

（1）设计流量

消火栓稳压泵设计流量，参见表 1-217。

自动喷水灭火稳压泵设计流量，参见表 1-218；结合一只标准喷头的流量，自动喷水灭火稳压泵常规设计流量取 1.33L/s。

（2）设计压力

当消防稳压泵设置于高位消防水箱间内时，稳压泵的启泵压力 P_1 可取 0.15～0.20MPa，停泵压力 P_2 可取 0.20～0.25MPa；当消防稳压泵设置于低位消防水泵房内时，P_1 按公式（1-62）确定，P_2 按公式（1-63）确定。

（3）消防稳压泵选型

消火栓稳压泵设计流量为稳压泵流量确定依据。

消防稳压泵停泵压力（P_2）值附加 0.03～0.05MPa 后，为稳压泵扬程确定依据。

2. 气压水罐

消火栓稳压装置、自动喷水灭火稳压装置均采用 150L 有效储水容积气压水罐；合用消防稳压装置采用 300L 有效储水容积气压水罐。

3. 管道、阀门、附件等

消防稳压泵吸水管管径、出水管管径，参见表 1-219。每套消防稳压泵通常为 2 台，1 用 1 备。

4.5.7 消防水泵接合器

1. 设置范围

对于室内消火栓系统，6 层及以上的学校建筑应设置消防水泵接合器；若学校人防工程室内消火栓系统设计流量大于 10L/s 且平时使用，应设置消防水泵接合器。

学校建筑消火栓系统消防水泵接合器配置，参见表 1-220。

学校建筑自动喷水灭火系统等自动水灭火系统应分别设置消防水泵接合器。

2. 技术参数

学校建筑消防水泵接合器数量，参见表 1-221。

3. 安装形式

学校建筑消防水泵接合器安装形式选择，参见表 1-222。

4. 设置位置

同种水泵接合器不宜集中布置，不同种类、分区、功能的水泵接合器宜成组布置，且应设在室外便于消防车使用和接近的地方，且距室外消火栓或消防水池的距离不宜小于 15m，并不宜大于 40m，距人防工程出入口不宜小于 5m。

4.5.8 消火栓系统给水形式

1. 室外消火栓给水系统

当市政给水管网不满足直接供给室外消火栓给水系统时，学校建筑应采用临时高压室外消火栓给水系统，通常在消防水泵房内独立设置室外消火栓给水泵组、室外消火栓稳压装置。

学校建筑室外消火栓给水泵组一般设置 2 台，1 用 1 备，泵组设计流量为本建筑室外消防设计流量（15L/s、20L/s、25L/s、30 L/s、40 L/s），设计扬程应保证室外消火栓处的栓口压力（0.20～0.30MPa）。泵组出水管及吸水管管径，参见表 1-223。

室外消火栓给水管网管径，参见表 1-224，管网应环状布置，单独成环。

2. 室内消火栓给水系统

学校建筑室内消火栓给水系统常采用临时高压消火栓给水系统。

3. 室内消火栓系统分区供水

采用临时高压系统且高层学校建筑高度大于 70m 时，室内消火栓系统应分区供水。竖向分区通常分为高区、低区 2 个区。常用做法：设有裙房高层学校建筑，裙楼高度以上的楼层消火栓系统为高区，裙楼高度以下的楼层和裙楼消火栓系统为低区；根据高层学校建筑功能位置，通常高层居住区消火栓系统为高区，公共区消火栓系统为低区。

高层学校建筑室内消火栓系统分区供水常采用消火栓给水泵组并行、减压阀减压 2 种形式，参见表 1-225，减压阀减压分区形式应用更多。

高区、低区消火栓给水管网均应在横向、竖向上连成环状。高区、低区消火栓供水横干管宜分别沿本区最高层和最底层顶板下敷设。

典型学校建筑室内消火栓系统原理图，见图 4-4。

4.5.9 消火栓系统类型

1. 系统分类

学校建筑的室外消火栓系统宜采用湿式消火栓系统。

2. 室外消火栓

严寒、寒冷等冬季结冰地区学校建筑室外消火栓应采用干式消火栓；其他地区宜采用地上式消火栓。

建筑室外消火栓的数量应根据室外消火栓设计流量和保护半径经计算确定，保护半径不应大于 150.0m，间距不应大于 120.0m，每个室外消火栓的出流量宜按 10～15 L/s 计算。通常根据建筑物平面布局在建筑物四个角附近绿地设置室外消火栓，根据邻近两个消火栓之间距离合理增设消火栓。

3. 室内消火栓

学校建筑的各区域各楼层，包括学校教学楼层、图书馆书库楼层、图书阅览楼层、办公楼层、餐饮楼层、地下车库层、机房层、设备层等，均应布置室内消火栓予以保护；学校建筑中不能采用自动喷水灭火系统保护的高低压配电室、柴油发电机房、网络机房、消防控制室等场所亦应由室内消火栓保护；消防电梯前室应设置室内消火栓，并应计入消火栓使用数量。

室内消火栓的布置应满足同一平面有 2 支消防水枪的 2 股充实水柱同时达到任何部位。

表 4-47 给出了学校建筑室内消火栓的布置方法。

普通消火栓、减压稳压消火栓设置的楼层数，参见表 1-227。

学校建筑室内消火栓箱不宜采用普通玻璃门。

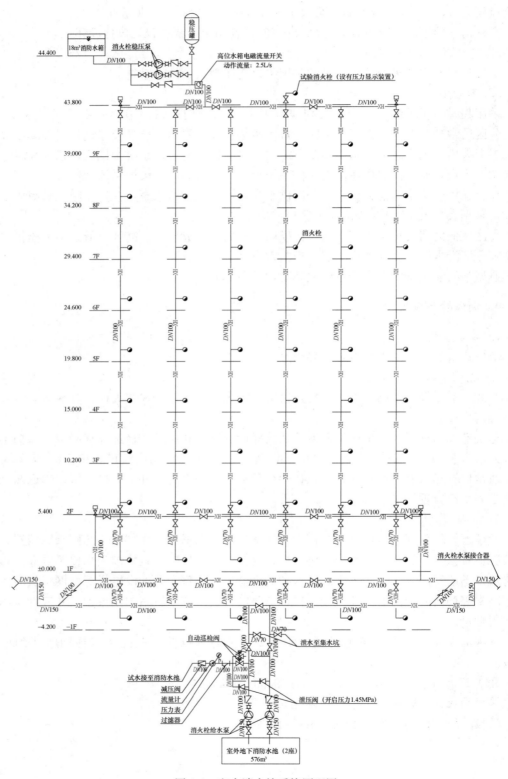

图 4-4 室内消火栓系统原理图

学校建筑室内消火栓布置方法表　　　　　表 4-47

序号	室内消火栓布置方法	注意事项
1	布置在楼梯间、前室等位置	楼梯间、前室的消火栓宜明设,暗设时应采取措施;箱体及立管不应影响楼梯门、电梯门开启使用
2	布置在公共走道两侧,箱体开门朝向公共走道	宜暗设或半暗设;优先沿辅助房间(库房、卫生间等)的墙体安装
3	布置在集中区域内部公共空间内	可布置在敞开公共空间内沿柱子外皮明设,亦可在朝向公共空间房间的外墙上暗设;应避免消火栓消防水带穿过多个房间门到达保护点
4	特殊区域如车库、入口门厅等场所,应根据其平面布局布置	入口门厅处消火栓宜沿空间周边房间外墙布置;车库内消火栓宜沿车行道布置,沿柱子明设

注:1. 室内消火栓不应跨防火分区布置;
　　2. 室内消火栓应按其实际行走距离计算其布置间距,学校建筑室内消火栓布置间距宜为 20.0~25.0m,不应小于 5.0m。

4.5.10 消火栓给水管网

1. 室外消火栓给水管网

学校建筑室外消火栓给水管网应采用环状给水管网。向室外消火栓给水管网供水的输水干管不应少于 2 条。

2. 室内消火栓给水管网

学校建筑室内消火栓给水管网应采用环状给水管网,有 2 种主要管网型式,见表 4-48。室内消火栓给水管网在横向、竖向均宜连成环状。

室内消火栓给水管网主要管网型式表　　　　　表 4-48

序号	管网型式特点	适用情形	具体部位	备注
型式 1	消防供水干管沿建筑最高处、最低处横向水平敷设,配水干管竖向垂直敷设,配水干管上连有消火栓	各楼层竖直上下层消火栓位置基本一致和横向连接管长度较小的区域	建筑内走道、楼梯间、电梯前室;教室、办公室、阅览室、会议室、餐厅等房间外墙	主要型式
型式 2	消防供水干管建筑竖向垂直敷设,配水干管沿每一层顶板下或吊顶内横向水平敷设,配水干管上连有消火栓	各楼层竖直上下层消火栓位置差别较大或横向连接管长度较大的区域;地下车库	建筑内走道、楼梯间、电梯前室;教室、办公室、阅览室、会议室、餐厅等房间外墙;车库、机房等	辅助型式

注:1. 具有多种综合功能的区域,可结合上述两种管网型式设置,两种环状室内消火栓给水管网通过至少 2 根 DN150 消火栓给水干管连通;
　　2. 不能敷设消火栓给水管道的场所包括高低压配电室、柴油发电机房、网络机房、消防控制室等;
　　3. 人防区域内消火栓系统宜自成一个系统,消火栓给水横干管宜做成环状,设置 2 根给水干管与非人防区域消火栓系统相连,给水干管穿越人防围护结构时在人防侧设置防护阀门。

室内消火栓给水管网型式 1 参见图 1-13,型式 2 参见图 1-14。

学校建筑室内消火栓给水管网的环状干管管径，参见表 1-229；室内消火栓竖管管径可按 $DN100$。

3. 系统阀门

室内消火栓系统阀门设置，参见表 1-230。

埋地管道的阀门宜采用带启闭刻度的球墨铸铁暗杆闸阀。室内架空管道的阀门宜采用蝶阀、明杆闸阀或带启闭刻度的暗杆闸阀等。

4. 系统给水管网管材

学校建筑室外消火栓给水管绝大多数采用直埋敷设方式。埋地消火栓给水管道宜采用球墨铸铁管或钢丝网骨架塑料复合管给水管道。

学校建筑室内消火栓给水管管材选择，参见表 1-231。

薄壁不锈钢管（S11163）、镀锌镍碳钢管等新型优质管道，在学校建筑室内消火栓系统中均得到更多的应用，未来会逐步替代传统钢管。

4.5.11 消火栓系统计算

1. 消火栓水泵选型计算

学校建筑室内消火栓水泵流量与室内消火栓设计流量一致；消火栓水泵扬程，按公式（1-64）计算。根据消火栓水泵流量和扬程选择消火栓水泵。

2. 消火栓计算

室内消火栓的保护半径，按公式（1-65）计算；消火栓栓口处所需水压，按公式（1-66）计算。

高层学校建筑消防水枪充实水柱应按 13m 计算；多层学校建筑消防水枪充实水柱应按 10m 计算。

高层学校建筑消火栓栓口动压不应小于 0.35MPa；多层学校建筑消火栓栓口动压不应小于 0.25MPa。

3. 消火栓系统压力计算

消火栓系统的设计工作压力，按公式（1-67）计算。通常以设计工作压力确定消火栓水泵扬程。

4.5.12 人防区域消火栓系统设计

学校建筑人防工程区域内室内消火栓系统宜形成环状管网，通过 2 根或以上 $DN150$ 消火栓给水横干管与非人防区域室内消火栓系统环状管网相连。消火栓给水干管穿越人防区域时，应采取的防护措施，参见表 1-238。

4.6 自动喷水灭火系统

4.6.1 自动喷水灭火系统设置

学校建筑相关场所自动喷水灭火系统设置要求，见表 4-49。

4.6 自动喷水灭火系统

学校建筑相关场所自动喷水灭火系统设置要求表 表 4-49

序号	学校建筑类型	自动喷水灭火系统设置要求
1	一类高层学校建筑（建筑高度大于 50m 的高层学校建筑、使用人数超过 500 人的高层中小学校教学楼）	建筑主楼、裙房、地下室、半地下室，除了不宜用水扑救部位外的所有场所均设置
2	二类高层学校建筑（建筑高度小于或等于 50m 的高层学校建筑、使用人数不超过 500 人的高层中小学校教学楼）	建筑主楼、裙房、地下室、半地下室中的公共活动用房、走道、办公室、可燃物品库房等场所均设置
3	单、多层学校建筑	设有送回风道（管）系统的集中空气调节系统且总建筑面积大于 3000m² 的单、多层学校建筑，除了不宜用水扑救部位外的所有场所均设置

注：学校建筑附设平时使用的人防工程（平时用作车库的人员掩蔽所、物资库等）、地下车库等，均应设置自动喷水灭火系统。

学校建筑若根据规范规定设置自动喷水灭火系统，其设置的具体场所见表 4-50。

设置自动喷水灭火系统的具体场所表 表 4-50

序号	设置自动喷水灭火系统的区域	具体场所
1	教学楼	普通教室、科学教室、史地教室、语言教室、计算机教室、美术教室、书法教室、音乐教室、舞蹈教室、劳动教室、技术教室、合班教室、视听教室、电化教室；物理、化学、生物等实验室及其化学药品室、仪器室、准备室、生物标本室、模型室、管理员办公室等；教师办公室、图书室、阅览室、学生活动室、体质测试室、心理咨询室、德育展览室等；校务、教务等行政办公室、档案室、会议室、学生组织及学生社团办公室、文印室、广播室、值班室、卫生室（保健室）、传达室、总务仓库及维修工作间等；饮水间、卫生间、配餐室、发餐室、设备用房、食堂、淋浴室等；建筑附设机动车、非机动车停车场、停车库等
2	图书馆	储藏普通图书的基本书库、辅助书库、目录室等；借阅室、阅览室、演讲厅、报告厅、陈列室、展室、陈列室、研究室、接待室、休息室（厅）、书店、茶座、咖啡厅、活动室、读者接待处、咨询问讯处、电话室、寄存处、信息服务中心等；工作人员更衣室、清洁室、专用卫生间等；公共卫生间等；建筑附设机动车、非机动车停车场、停车库等

注：学校建筑内具有相关教学、图书阅览、图书储藏等功能的净空高度超过 18m 的高大空间不设置自动喷水灭火系统。

表 4-51 为学校建筑内不宜用水扑救的场所。

不宜用水扑救的场所一览表 表 4-51

序号	不宜用水扑救的场所	自动灭火措施
1	电气类房间：高压配电室（间）、低压配电室（间）、网络机房（网络中心、信息中心）、进线间等	气体灭火系统或高压细水雾灭火系统
2	图书馆的珍藏室、珍藏书库等；业主有要求的重要档案室等	
3	电气类房间：消防控制室	不设置

学校建筑自动喷水灭火系统类型选择，参见表 1-245。

典型学校建筑自动喷水灭火系统原理图，见图 4-5。

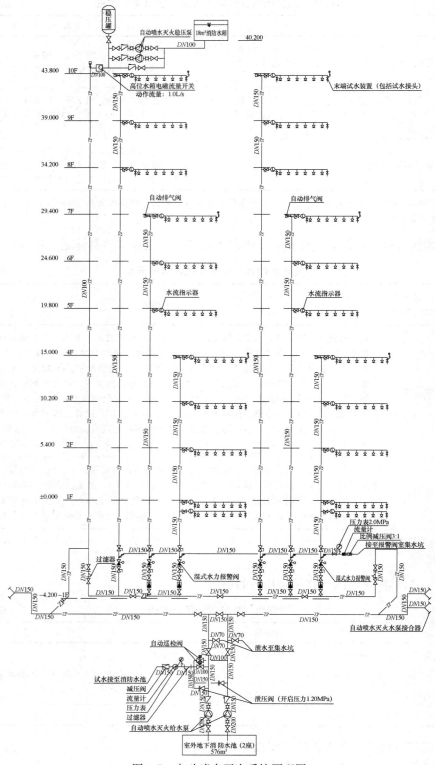

图 4-5 自动喷水灭火系统原理图

学校建筑自动喷水灭火系统设置场所火灾危险性等级，见表4-52。

学校建筑自动喷水灭火系统设置场所火灾危险性等级表　　　表4-52

序号	火灾危险等级	设置场所
1	中危险级Ⅱ级	学校建筑中的汽车停车库；图书馆书库等场所
2	中危险级Ⅰ级	高层学校建筑；图书馆（单多高层）（书库除外）；除中危险级Ⅱ级设置场所以外的学校建筑其他场所

4.6.2　自动喷水灭火系统设计基本参数

学校建筑自动喷水灭火系统设计参数，按表1-246的规定。

学校建筑高大空间场所设置湿式自动喷水灭火系统设计参数，按表4-53规定。

高大空间场所湿式自动喷水灭火系统设计参数表　　　表4-53

适用场所	最大净空高度 h（m）	喷水强度［L/(min·m²)］	作用面积（m²）	喷头间距 S（m）
教学楼出入门厅；图书馆出入大厅、图书阅览、图书储藏；中庭；体育馆	$8<h\leqslant 12$	12	160	$1.8\leqslant S\leqslant 3.0$
	$12<h\leqslant 18$	15		

注：当民用建筑高大空间场所的最大净空高度为 $12m<h\leqslant 18m$ 时，应采用非仓库型特殊应用喷头。

若学校建筑地下室中附属的库房认定为堆垛储物仓库，其自动喷水灭火系统设计参数，按表1-247的规定。

自动喷水灭火系统的持续喷水时间，应按火灾延续时间不小于1h确定。

4.6.3　洒水喷头

设置自动喷水灭火系统的学校建筑内各场所的最大净空高度通常不大于8m。

学校建筑自动喷水灭火系统喷头公称动作温度宜相比环境温度高30℃，见表4-54。

学校建筑自动喷水灭火系统喷头公称动作温度表　　　表4-54

序号	喷头公称动作温度（℃）	应用场所
1	93	厨房灶间
2	79	换热机房或热水机房
3	68	除上述场所以外的场所

学校建筑自动喷水灭火系统喷头种类选择，见表4-55。

学校建筑自动喷水灭火系统喷头种类选择表　　　表4-55

序号	火灾危险等级	设置场所	喷头种类
1	中危险级Ⅱ级	地下车库	直立型普通喷头
2	中危险级Ⅰ级	学校教室、办公室、会议室、阅览室、书库、餐厅、厨房等设有吊顶场所	吊顶型或下垂型快速响应喷头
3		库房、设备层等无吊顶场所	直立型普通或快速响应喷头

注：基于学校建筑火灾特点和重要性，中危险级Ⅰ级对应场所自动喷水灭火系统洒水喷头宜全部采用快速响应喷头。

每种型号的备用喷头数量按此种型号喷头数量总数的 1% 计算，并不得少于 10 只。

学校建筑中自动喷水灭火系统直立型、下垂型喷头的布置间距，不应大于表 1-250 的规定，且不宜小于 2.4m。

学校建筑常用普通玻璃球闭式喷头规格型号，参见表 1-252；常用特殊玻璃球闭式喷头规格型号，参见表 1-253。

4.6.4 自动喷水灭火系统管道

1. 管材

学校建筑自动喷水灭火系统给水管管材，参见表 1-254。

薄壁不锈钢管（S11163）、氯化聚氯乙烯（PVC-C）管、镀锌镍碳钢管等新型优质管道，在学校建筑自动喷水灭火系统中均得到更多的应用，未来会逐步替代传统钢管。

学校建筑中，除汽车停车库、图书馆书库等中危险级Ⅱ级对应场所外，其他中危险级Ⅰ级对应场所自动喷水灭火系统公称直径 $\leqslant DN80$ 的配水管（支管）均可采用氯化聚氯乙烯（PVC-C）管材及管件。

2. 管径

学校建筑自动喷水灭火系统的配水管道管径可根据表 1-255 中数据进行确定。

3. 管网敷设

学校建筑自动喷水灭火系统配水干管宜沿居住区、公共区的公共走廊敷设，走廊两侧房间内的配水支管就近连接到配水干管上。走廊内布置的喷头就近接至排水支管后再接至配水干管。单个喷头不应直接接至管径大于或等于 $DN100$ 的配水干管。

学校建筑自动喷水灭火系统配水管网布置步骤，见表 4-56。

自动喷水灭火系统配水管网布置步骤表 表 4-56

序号	配水管网布置步骤
步骤 1	根据学校建筑的防火性能确定自动喷水灭火系统配水管网的布置范围
步骤 2	在每个防火分区内应确定该区域自动喷水灭火系统配水主干管或主立管的位置或方向
步骤 3	自接入点接入后，可确定主要配水管的敷设位置和方向
步骤 4	自末端房间内的自动喷水灭火系统配水支管就近向配水管连接
步骤 5	每个楼层每个防火分区内配水管网布置均按步骤 1～步骤 4 进行

自动喷水灭火系统每个喷头与配水支管连接的短立管管径通常采用 25mm；末端试水装置或试水阀的连接管管径通常采用 25mm。

4.6.5 水流指示器

除报警阀组控制的喷头只保护不超过防火分区面积的同层场所外，学校建筑每个防火分区、每个楼层均应设水流指示器；当整个场所需要设置的喷头数不超过 1 个报警阀组控制的喷头数时，可不设置水流指示器；每个防火分区应设置一个水流指示器，位置可设在本防火分区系统配水管网的起始端，亦可集中设置于各个防火分区配水干管分叉处。

水流指示器上游端应设置信号阀，其型号规格，参见表 1-257。

水流指示器与所在配水干管同管径，其型号规格，参见表 1-258。

4.6.6 报警阀组

学校建筑消防系统报警阀组主要采用湿式水力报警阀组，一定条件下采用预作用报警阀组。

学校建筑自动喷水灭火系统报警阀组的数量取决于：整个建筑中设置喷头的总数量；每个防火分区内设置喷头的数量；每个报警阀组控制的喷头数。一个报警阀组控制的喷头数不宜超过800只，设计中可适当超过800只。

喷头均衡组合遵循的原则，参见表1-259。

学校建筑自动喷水灭火系统报警阀组通常设置在消防水泵房或专用报警阀室，设置位置方案，参见表1-260。

报警阀组宜设在安全及易于操作的地点，报警阀距地面的高度宜为1.2m；宜沿墙体集中布置，相邻报警阀组的间距不宜小于1.5m，不应小于1.2m；报警阀处应设有排水设施，排水管管径不应小于$DN100$。

表1-261为常用湿式报警阀装置型号规格；表1-262为常见预作用报警阀装置型号规格；报警阀组压力开关主要技术参数，参见表1-263；报警阀组前后管道设置，参见表1-264。

学校建筑自动喷水灭火系统减压阀设置方式，参见表1-265。

减压孔板作为一种减压部件，可辅助减压阀使用。

4.6.7 自动喷水灭火系统水泵接合器

自动喷水灭火系统管网上应设置水泵接合器，学校建筑自动喷水灭火系统消防水泵接合器数量，参见表1-266。

自动喷水灭火系统水泵接合器宜设置在靠近消防水泵房的室外；常规做法是将多个$DN150$水泵接合器并联起来，由1根$DN150$供水管道接至系统供水泵组出水干管上，连接位置位于报警阀组前。

4.6.8 消防水箱设计

高位消防水箱、自动喷水灭火稳压装置设计参见消火栓系统相关内容。

4.6.9 自动喷水灭火系统压力计算

自动喷水灭火系统的设计工作压力，按公式（1-68）计算。

自动喷水灭火给水泵扬程通常按照自动喷水灭火系统的设计工作压力值确定。

自动喷水灭火给水系统压力管道水压强度试验的试验压力（$H_{试验}$）的基准指标，参见表1-267。

4.6.10 人防区域自动喷水灭火系统设计

学校建筑附设人防区域功能为人员掩蔽所、物资库时，人防区域设置自动喷水灭火系统。

自动喷水灭火系统给水干管穿越人防区域时，采取措施参见表1-268。

人防区域内与人防有关场所设置自动喷水灭火系统情况，参见表 1-269。

自动喷水灭火系统给水横支管穿越人防围护结构防护阀门设置方法，参见表 1-270。

4.7 灭火器系统

4.7.1 灭火器配置场所火灾种类

学校建筑灭火器配置场所的火灾种类，见表 4-57。

灭火器配置场所的火灾种类表　　　　　　　表 4-57

序号	火灾种类	灭火器配置场所
1	A 类火灾（固体物质火灾）	学校建筑内绝大多数场所，如教室、办公室、图书室、餐厅等
2	B 类火灾（液体火灾或可熔化固体物质火灾）	学校建筑内附设车库
3	E 类火灾（物体带电燃烧火灾）	学校建筑内附设电气房间，如发电机房、变压器室、高压配电间、低压配电间、网络机房、弱电机房等

4.7.2 灭火器配置场所危险等级

学校建筑灭火器配置场所的危险等级分为严重危险级、中危险级和轻危险级 3 级，危险等级举例，见表 4-58。

学校建筑灭火器配置场所的危险等级举例　　　　　　　表 4-58

危险等级	举例
严重危险级	设备贵重或可燃物多的实验室
	专用电子计算机房
	体育场、体育馆的舞台及后台部位
	建筑面积在 2000m² 及以上的图书馆的珍藏室、阅览室、书库、展览厅
	配建充电基础设施（充电桩）的车库区域
中危险级	设有集中空调、电子计算机、复印机等设备的办公室
	体育场、体育馆的观众厅
	建筑面积在 2000m² 以下的图书馆的珍藏室、阅览室、书库、展览厅
	学校教室、教研室
	民用燃油、燃气锅炉房
	民用的油浸变压器室和高、低压配电室
	配建充电基础设施（充电桩）以外的车库区域
轻危险级	未设集中空调、电子计算机、复印机等设备的普通办公室

注：学校建筑室内强电间、弱电间；屋顶排烟机房内每个房间均应设置 2 具手提式磷酸铵盐干粉灭火器。

4.7.3 灭火器选择

学校建筑灭火器配置场所的火灾种类通常涉及 A 类、B 类、E 类火灾，通常配置灭火器时选择磷酸铵盐干粉灭火器。

消防控制室、计算机房、配电室等部位配置灭火器宜采用气体灭火器，通常采用二氧化碳灭火器。

4.7.4 灭火器设置

学校建筑中设置的手提式灭火器，通常和室内消火栓同位置设置，放置于室内消火栓箱体下部。独立设置的手提式或推车式灭火器通常放置于所保护区域的公共走道、门口或房间内靠近公共通道出入口处。灭火器设置点应均衡布置。

设置在 A 类火灾场所的灭火器，其最大保护距离应符合表 1-274 规定。

灭火器最大保护距离为灭火器与起火点之间最大的行走距离。学校建筑中的地下车库区域、建筑中大间套小间区域、房间中间隔着走道区域等场所，常需要增加灭火器配置点。地下车库区域增设的灭火器宜靠近相邻 2 个室内消火栓中间的位置，并宜沿车库墙体或柱子布置。

设置在 B 类火灾场所的灭火器，其最大保护距离应符合表 1-275 规定。

学校建筑中 E 类火灾场所中的发电机房、高低压配电间、网络机房等场所，灭火器配置宜按 B 类火灾场所灭火器最大保护距离要求进行。面积较大的学校建筑变配电室，需要在变配电室内增设灭火器。

4.7.5 灭火器配置

A 类火灾场所灭火器的最低配置基准，应符合表 1-276 的规定。

学校建筑灭火器 A 类火灾场所配置基准可按照灭火器最低配置基准，即：严重危险级按照 3A；中危险级按照 2A；轻危险级按照 1A。

B 类火灾场所灭火器的最低配置基准，应符合表 1-277 的规定。

学校建筑灭火器 B 类火灾场所配置基准可按照灭火器最低配置基准，即：严重危险级按照 89B；中危险级按照 55B。

E 类火灾场所的灭火器最低配置基准不应低于该场所内 A 类（或 B 类）火灾的规定。

4.7.6 灭火器配置设计计算

学校建筑内每个灭火器设置点灭火器数量通常以 2~4 具为宜。

灭火器计算单元最小需配灭火级别，按公式（1-69）计算。

灭火器计算单元中每个灭火器设置点最小需配灭火级别，按公式（1-70）计算。

4.7.7 灭火器类型及规格

学校建筑灭火器配置设计中常用的灭火器类型及规格，参见表 1-279。

4.8 气体灭火系统

4.8.1 气体灭火系统应用场所

学校建筑中适合采用气体灭火系统的场所包括图书馆的珍善本书库、特藏库、珍藏室等；业主有要求的重要档案室等；高压配电室（间）、低压配电室（间）、电子计算机房、网络机房、网络中心、信息中心、灾备机房、应急响应中心、BA控制室、UPS间等电气设备房间；不宜用水扑救的贵重设备用房等。

目前学校建筑中最常用七氟丙烷（HFC-227ea）气体灭火系统和IG541混合气体灭火系统。

4.8.2 七氟丙烷气体灭火系统设计参数

七氟丙烷灭火剂主要技术性能参数，参见表1-281。

无管网七氟丙烷气体自动灭火装置技术参数、规格等，参见表1-282～表1-284。

学校建筑中采用七氟丙烷气体灭火保护时，各防护区设计灭火浓度，参见表3-70。

4.8.3 气体灭火设计用量计算

七氟丙烷气体灭火设置场所设计用量，按公式（1-71）计算。

七氟丙烷设计用量，按公式（2-28）计算；七氟丙烷设计容积，按公式（2-29）计算。

每个防护区内无管网七氟丙烷气体灭火装置的布置应做到均匀。

IG541混合气体灭火防护区灭火设计用量或惰化设计用量，按公式（1-74）计算。

IG541灭火剂气体在101kPa大气压和防护区最低环境温度下的质量体积，按公式（1-75）计算。

IG541混合气体灭火系统灭火剂储存量，应为防护区灭火设计用量及系统灭火剂剩余量之和，系统灭火剂剩余量按公式（1-76）计算。

4.8.4 IG541混合气体灭火系统管网计算

IG541混合气体灭火系统管道流量宜采用平均设计流量。

系统主干管、支管的平均设计流量，按公式（1-77）、公式（1-78）计算。

管道内径按公式（1-79）计算。

灭火剂释放时，管网应进行减压。减压装置宜采用减压孔板，宜设在系统的源头或干管入口处。减压孔板前的压力，按公式（1-80）计算；减压孔板后的压力，按公式（1-81）计算；减压孔板孔口面积，按公式（1-82）计算。

系统的阻力损失宜从减压孔板后算起，并按公式（1-83）计算。

IG541混合气体灭火系喷头工作压力的计算结果，应符合：一级充压（15.0MPa）系统，$P_c \geqslant 2.0$MPa（绝对压力）；二级充压（20.0MPa）系统，$P_c \geqslant 2.1$MPa（绝对压力）。

喷头等效孔口面积，按公式（1-84）计算。

4.8.5 防护区泄压口

气体灭火系统防护区应设置泄压口。七氟丙烷气体灭火系统防护区泄压口面积按系统设计规定计算，按公式（1-85）计算；IG541混合气体灭火系统防护区泄压口面积按系统设计规定计算，宜按公式（1-86）计算。

七氟丙烷气体灭火系统的泄压口应位于防护区净高的 2/3 以上。对于设置吊顶场所，泄压口通常设置在吊顶（梁）下，泄压口顶面紧贴吊顶（梁）或吊顶（梁）下 100mm。不同规格无管网七氟丙烷气体灭火装置与泄压口尺寸的对照表，参见表 1-288。

防护区设置的泄压口，宜设在外墙上，无外墙时应设置在朝向公共建筑公共区域（走道）的内墙上。每个防护区根据需要可设置 1 个或多个泄压口。

4.9 高压细水雾灭火系统

4.9.1 高压细水雾灭火系统适用场所

学校建筑中不宜用水扑救的部位（即采用水扑救后会引起爆炸或重大财产损失的场所）可以采用高压细水雾灭火系统灭火。

学校建筑中适合采用高压细水雾灭火系统的场所包括图书馆的珍善本书库、特藏库、珍藏室等；业主有要求的重要档案室等；高压配电室（间）、低压配电室（间）、电子计算机房、网络机房、网络中心、信息中心、灾备机房、应急响应中心、BA 控制室、UPS 间等电气设备房间；不宜用水扑救的贵重设备用房等。

4.9.2 高压细水雾灭火系统分类和选择

学校建筑中不同高压细水雾灭火系统形式的选择，参见表 2-96。

4.9.3 高压细水雾灭火系统设计

学校建筑高压细水雾灭火系统主要应用场所设计参数，参见表 2-97。

学校建筑不同场所高压细水雾喷头选型，参见表 2-98。

高压细水雾给水泵组设计流量确定，参见表 1-295；泵组扬程计算，采用公式 (1-87)。

高压细水雾给水泵组配置 1 套，主泵常采用 4 台（3 用 1 备），稳压泵常采用 2 台（1 用 1 备）。

高压细水雾灭火系统采用满足系统工作压力要求的无缝不锈钢管 316L。管道采用氩弧焊焊接连接或卡套连接。

4.10 自动跟踪定位射流灭火系统

4.10.1 自动跟踪定位射流灭火系统适用场所

学校建筑中的净空高度大于 12m 的高大空间场所；净空高度大于 8m 且不大于 12m，难以设置自动喷水灭火系统的高大空间场所，应设置其他自动灭火系统，并宜采用自动跟踪定位射流灭火系统。

学校建筑教学楼出入门厅；图书馆出入大厅、图书阅览、图书储藏、中庭等场所为高大空间时，可根据表 1-296 确定系统形式。

4.10.2 自动跟踪定位射流灭火系统选型

学校建筑教学楼出入门厅；图书馆出入大厅、图书阅览、图书储藏、中庭等场所火灾危险等级为中危险级 I 级，其自动跟踪定位射流灭火系统宜选用喷射型或喷洒型自动射流灭火系统，通常采用喷射型自动射流灭火系统。

4.10.3 自动跟踪定位射流灭火系统设计

学校建筑高大空间场所采用自动跟踪定位射流灭火系统时，技术要求参见表 2-99。

喷射型自动射流灭火系统每台装置、喷洒型自动射流系统每组灭火装置之前的供水管路应布置成环状管网，管道管径确定参见表 2-100。

每台喷射型自动射流灭火装置、每组喷洒型自动射流灭火装置的供水支管上均设置水流指示器，位置安装在手动控制阀、信号阀出口之后。

喷射型或喷洒型自动射流灭火系统每个保护区的管网最不利处设置模拟末端试水装置，采用 $DN75$ 排水漏斗，接入 $DN75$ 排水立管。

喷射型自动射流灭火系统供水管道管材，应根据其系统设计压力确定，宜与同一系统设计压力范围的同建筑自动喷水灭火系统管道管材一致。

学校建筑喷射型、喷洒型自动射流灭火系统常不单独设置自动射流灭火系统给水泵组，而是与本建筑自动喷水灭火系统给水泵组合用。

喷射型、喷洒型自动射流灭火系统单独设置消防水泵时，消防水泵流量按照自动射流灭火系统设计流量，水泵扬程或系统设计工作压力可按公式（1-89）计算。

学校建筑自动跟踪定位射流灭火系统可设置高位消防水箱，亦可与自动喷水灭火系统合用高位消防水箱。

4.11 中水系统

中小学校应按当地有关规定配套建设中水设施。当采用中水时，应符合现行国家标准《建筑中水设计规范》GB 50336 的有关规定。学校建筑建设中水设施，应结合建筑所在地区的不同特点，满足当地政府部门的有关规定。建筑面积大于 30000m² 或回收水量大于 100m³/d 的学校建筑，宜建设中水设施。

4.11.1 中水原水

1. 中水原水种类

学校建筑中水原水可选择的种类及选取顺序，见表 4-59。

学校建筑中水原水可选择的种类及选取顺序表　　　　表 4-59

序号	中水原水种类	备注
1	学校建筑内公共浴室的盆浴和淋浴等的废水排水；公共卫生间的废水排水	最适宜
2	学校建筑内公共卫生间的盥洗废水排水	适宜

续表

序号	中水原水种类	备注
3	学校建筑附设厨房、食堂、餐厅废水排水	不适宜
4	学校建筑内公共卫生间的冲厕排水	最不适宜

2. 中水原水量

学校建筑中水原水量按公式（4-25）计算：

$$Q_Y = \Sigma \beta \cdot Q_{pj} \cdot b \tag{4-25}$$

式中　Q_Y——学校建筑中水原水量，m^3/d；

　　　β——学校建筑按给水量计算排水量的折减系数，一般取 0.85～0.95；

　　　Q_{pj}——学校建筑平均日生活给水量，按《节水标》中的节水用水定额（表 4-3）计算确定，m^3/d；

　　　b——学校建筑分项给水百分率，应以实测资料为准，当无实测资料时，可按表 4-60 选取。

学校建筑分项给水百分率表　　　　表 4-60

项目	冲厕	厨房	沐浴	盥洗	总计
教学楼给水百分率（%）	60～66	—	—	40～34	100
公共浴室给水百分率（%）	2～5	—	98～95	—	100
学生食堂给水百分率（%）	6.7～5	93.3～95	—	—	100

注：沐浴包括盆浴和淋浴。

学校建筑用作中水原水的水量宜为中水回用水量的 110%～115%。

3. 中水原水水质

学校建筑中水原水水质应以类似建筑的实测资料为准；当无实测资料时，学校建筑排水的污染物浓度可按表 4-61 确定。

学校建筑排水污染物浓度表　　　　表 4-61

类别	项目	冲厕	厨房	沐浴	盥洗	综合
教学楼	BOD_5 浓度（mg/L）	260～340	—	—	90～110	195～260
	COD_{Cr} 浓度（mg/L）	350～450	—	—	100～140	260～340
	SS 浓度（mg/L）	260～340	—	—	90～110	195～260
公共浴室	BOD_5 浓度（mg/L）	260～340	—	45～55	—	50～65
	COD_{Cr} 浓度（mg/L）	350～450	—	110～120	—	115～135
	SS 浓度（mg/L）	260～340	—	35～55	—	40～65
学生食堂	BOD_5 浓度（mg/L）	260～340	500～600	—	—	490～590
	COD_{Cr} 浓度（mg/L）	350～450	900～1100	—	—	890～1075
	SS 浓度（mg/L）	260～340	250～280	—	—	255～285

注：综合是对包括以上四项生活排水的统称。

4.11.2 中水利用与水质标准

1. 中水利用

学校建筑中水原水主要用于城市杂用水和景观环境用水等。

学校建筑中水利用率,可按公式(2-31)计算。

学校建筑中水利用率应不低于当地政府部门的中水利用率指标要求。

当学校建筑附近有可利用的市政再生水管道时,可直接接入使用。

2. 中水水质标准

学校建筑中水水质标准要求,参见表2-104。

4.11.3 中水系统

1. 中水系统形式

学校建筑中水通常采用中水原水系统与生活污水系统分流、生活给水与中水给水分供的完全分流系统。

2. 中水原水系统

学校建筑中水原水管道通常按重力流设计;当靠重力流不能直接接入时,可采取局部加压提升接入。

学校建筑原水系统原水收集率不应低于本建筑回收排水项目给水量的75%,可按公式(2-32)计算。

学校建筑若需要食堂、餐厅的含油脂污水作为中水原水时,在进入原水收集系统前应经过除油装置处理。

学校建筑中水原水应进行计量,可采用超声波流量计和沟槽流量计。

3. 中水处理系统

学校建筑中水处理系统设计处理能力,可按公式(2-33)计算。

4. 中水供水系统

建筑中水供水系统必须独立设置。建筑中水不得用作学校建筑生活饮用水水源。

学校建筑中水系统供水量,可按照表4-2中的用水定额及表4-60中规定的百分率计算确定。

学校建筑中水供水系统的设计秒流量和管道水力计算方法与生活给水系统一致,参见4.1.6节。

学校建筑中水供水系统的供水方式宜与生活给水系统一致,通常采用变频调速泵组供水方式,水泵的选择参见4.1.7节。

学校建筑中水供水系统的竖向分区宜与生活给水系统一致。当建筑周边有市政中水管网且管网流量压力均满足时,低区由市政中水管网直接供水;当建筑周边无市政中水管网时,低区由低区中水给水泵组自中水贮水池(箱)吸水后加压供水。

学校建筑中水供水管道宜采用塑料给水管、钢塑复合管或其他具有可靠防腐性能的给水管材,不得采用非镀锌钢管。

学校建筑中水贮存池(箱)设计要求,参见表2-105。

学校建筑中水供水系统应安装计量装置,具体设置要求参见表3-14。

中水供水管道应采取防止误接、误用、误饮的措施。

5. 水量平衡

中水系统设计应进行中水原水量和用水量平衡计算。

学校建筑中水用水量应根据不同用途用水量累加确定。

学校建筑最高日冲厕中水用水量按照表 4-2 中的最高日用水定额及表 4-60 中规定的百分率计算确定。最高日冲厕中水用水量，可按公式（4-26）计算：

$$Q_C = \sum q_L \cdot F \cdot N / 1000 \tag{4-26}$$

式中　Q_C——学校建筑最高日冲厕中水用水量，m^3/d；

　　　q_L——学校建筑给水用水定额，L/(人·d)；

　　　F——冲厕用水占生活用水的比例，%，按表 4-60 取值；

　　　N——使用人数，人。

学校建筑相关功能场所冲厕用水量定额及小时变化系数，见表 4-62。

学校建筑冲厕用水量定额及小时变化系数表　　　　　表 4-62

类别	建筑种类	冲厕用水量[L/(人·d)]	使用时间(h/d)	小时变化系数	备注
1	小学、中学	15～20	8～9	1.5～1.2	非住宿类学校
2	普通高校	30～40	8～9	1.5～1.2	住宿类学校，包括大中专及类似院校
3	图书馆	2～3	8～10	1.5～1.2	工作人员按办公楼设计
4	体育馆	1～2	4	1.5～1.2	工作人员按办公楼设计
5	学生食堂	5～10	12	1.5～1.2	工作人员按办公楼设计

中水系统原水调节池（箱）调节容积，可按公式（2-35）、公式（2-36）计算。

中水贮存池（箱）容积，可按公式（2-37）、公式（2-38）计算。

当中水供水系统采用水泵-水箱联合供水时，水箱调节容积不得小于中水系统最大小时用水量的 50%。

中水系统的总调节容积，包括原水调节池（箱）、中水处理工艺构筑物、中水贮存池（箱）及高位水箱等调节容积之和，不宜小于中水日处理量的 100%。

4.11.4　中水处理工艺与处理设施

1. 中水处理工艺

学校建筑通常采用的中水处理工艺，参见表 2-107。

2. 中水处理设施

学校建筑中水处理设施及设计要求，参见表 2-108。

4.11.5　中水处理站

学校建筑内的中水处理站设计要求，参见 2.11.5 节。

4.12 管道直饮水系统

4.12.1 水量、水压和水质

学校建筑管道直饮水最高日直饮水定额（q_d），教学楼可按 $1.0\sim2.0$L/(人·d) 采用，亦可根据用户要求确定。

直饮水专用水嘴额定流量宜为 $0.04\sim0.06$L/s。

学校建筑直饮水专用水嘴最低工作压力不宜小于 0.03MPa。

学校建筑管道直饮水系统用户端的水质应符合现行行业标准《饮用净水水质标准》CJ/T 94 的规定。

4.12.2 水处理

学校建筑管道直饮水系统应对原水进行深度净化处理。

水处理工艺流程的选择应依据原水水质，经技术经济比较确定。处理后的出水应符合现行行业标准《饮用净水水质标准》CJ/T 94 的规定。

深度净化处理应根据处理后的水质标准和原水水质进行选择，宜采用膜处理技术，参见表 1-333。

不同的膜处理应相应配套预处理、后处理、膜的清洗和水处理消毒灭菌设施，参见表1-334。

深度净化处理系统排出的浓水宜回收利用。

4.12.3 系统设计

学校建筑管道直饮水系统必须独立设置，不得与市政或建筑供水系统直接相连。

学校建筑管道直饮水系统宜采取集中供水系统，一座建筑中宜设置一个供水系统。

学校建筑常见的管道直饮水系统供水方式，参见表 1-335。

多层学校建筑管道直饮水供水竖向不分区；高层学校建筑管道直饮水供水应竖向分区，分区原则参见表 1-336。

学校建筑管道直饮水系统类型，参见表 1-337。

学校建筑管道直饮水系统设计应设循环管道，供回水管网应设计为同程式。

学校建筑管道直饮水系统通常采用全日循环，亦可采用定时循环，供配水系统中的直饮水停留时间不应超过 12h。

学校建筑管道直饮水系统回水宜回流至净水箱或原水水箱。回流到净水箱时，应在消毒设施前接入。

管道直饮水系统不循环的支管长度不宜大于 6m。

学校建筑管道直饮水系统管道敷设要求，参见表 1-338。

学校建筑管道直饮水系统管材及附件设置要求，参见表 1-339。

4.12.4 系统计算与设备选择

1. 系统计算

学校建筑管道直饮水系统最高日直饮水量，应按公式（4-27）计算：

$$Q_d = N \cdot q_d \tag{4-27}$$

式中　Q_d——学校建筑管道直饮水系统最高日饮水量，L/d；

　　　N——学校建筑管道直饮水系统所服务的人数，人；

　　　q_d——学校建筑最高日直饮水定额，L/(人·d)，取 1.0~2.0L/(人·d)。

学校建筑的瞬时高峰用水量的计算应符合现行国家标准《建筑给水排水设计标准》GB 50015 的规定。学校建筑瞬时高峰用水量，应按公式（1-94）计算。

学校建筑瞬时高峰用水时水嘴使用数量，应按公式（1-95）计算。

瞬时高峰用水时水嘴使用数量 m 的确定，应按表 1-340（当水嘴数量 $n \leqslant 12$ 个时）、表 1-341（当水嘴数量 $n > 12$ 个时）选取。当 $np \geqslant 5$ 并且满足 $n(1-p) \geqslant 5$ 时，可按公式（1-96）简化计算。

水嘴使用概率应按公式（4-28）计算：

$$p = \alpha \cdot Q_d / (1800 \cdot n \cdot q_0) = 0.45 \cdot Q_d / (1800 \cdot n \cdot q_0) \tag{4-28}$$

式中　α——经验系数，教学楼取 0.45。

定时循环时，循环流量可按公式（1-98）计算。

管道直饮水供回水管道内水流速度宜符合表 1-342 的规定。

2. 设备选择

净水设备产水量可按公式（1-100）计算。

变频调速供水系统水泵设计流量应按公式（1-101）计算；水泵设计扬程应按公式（1-102）计算。

净水箱（槽）有效容积可按公式（1-103）计算；原水调节水箱（槽）容积可按公式（1-104）计算。

原水水箱（槽）的进水管管径宜按净水设备产水量设计，并应根据反洗要求确定水量。当进水管的供水能力满足预处理的流量和压力要求时，原水水箱（槽）可不设置。

4.12.5 净水机房

净水机房设计要求，参见表 1-343。

4.12.6 管道敷设与设备安装

管道直饮水管道敷设与设备安装设计要求，参见表 1-344。

4.13 给水排水抗震设计

学校建筑给水排水管道抗震设计，参见表 1-345。

学校建筑给水、热水管道直线长度大于 50m 时，采取波纹伸缩节等附件；管径大于或等于 $DN65$ 的生活给水、热水、消防系统管道支吊架采用抗震支吊架。

学校建筑室内给水排水设备、构筑物、设施选型、布置与固定抗震技术措施，参见表1-346。

4.14 给水排水专业绿色建筑设计

学校建筑绿色设计，应根据学校建筑所在地相关规定要求执行。新建学校建筑应按照一星级或以上星级标准设计；政府投资或者以政府投资为主的学校建筑、建筑面积大于20000m^2的大型学校建筑宜按照绿色建筑二星级或以上星级标准设计。学校建筑二星级、三星级绿色建筑设计专篇，参见表1-347。

第 5 章 托幼建筑给水排水设计

托儿所为用于哺育和培育 3 周岁以下婴幼儿使用的场所；幼儿园为对 3～6 周岁的幼儿进行集中保育、教育的学前使用场所。托幼建筑是托儿所和幼儿园建筑的统称。托幼建筑组成，见表 5-1。

托幼建筑各功能用房表 表 5-1

序号	功能分区	具体功能用房
1	生活区	托儿所睡眠室、活动室等；幼儿园寝室、活动室、多功能活动室、就餐室、贮藏室、卫生间等；婴儿需要的哺乳室、配奶室、观察室、卫生间等
2	办公管理区	园长室、所长室、财务室、教师办公室、教室值班室、会议室、教具制作间等
3	卫生保健区	卫生室、保健观察室、晨检室（厅）等
4	服务辅助区	饮水间、卫生间、配餐室、发餐室、设备用房、厨房、消毒间、淋浴室、洗衣房、清扫间、车库、安防监控室、网络控制室、警卫室、传达室、储藏室等
5	交通联系区	内走道、连廊、缓冲区等

托幼建筑给水排水设计应符合现行国家标准《城市给水工程项目规范》GB 55026、《城乡排水工程项目规范》GB 55027、《建筑给水排水设计标准》GB 50015、《建筑防火通用规范》GB 55037、《消防设施通用规范》GB 55036、《建筑设计防火规范》GB 50016 和《消防给水及消火栓系统技术规范》GB 50974 等的规定。根据托幼建筑的功能设置，其给水排水设计涉及的现行行业标准为《托儿所、幼儿园建筑设计规范》JGJ 39（2019 年版）。

5.1 生活给水系统

5.1.1 用水量标准

1. 生活用水量标准

《水标》中托幼建筑相关功能场所生活用水定额，见表 5-2。

托幼建筑生活用水定额表 表 5-2

序号	建筑物名称		单位	生活用水定额（L）		使用时数（h）	最高日小时变化系数 K_h
				最高日	平均日		
1	幼儿园、托儿所	有住宿	每儿童每日	50～100	40～80	24	3.0～2.5
		无住宿		30～50	25～40	10	2.0
2	餐饮业	食堂	每人每次	20～25	15～20	12～16	1.5～1.2

续表

序号	建筑物名称		单位	生活用水定额（L）		使用时数（h）	最高日小时变化系数 K_h
				最高日	平均日		
3	公共浴室	淋浴	每人每次	100	70～90	12	2.0～1.5
4	洗衣房		每千克干衣	40～80	40～80	8	1.5～1.2

注：1. 除注明外，均不含员工生活用水，员工最高日用水定额为每人每班40～60L，平均日用水定额为每人每班30～45L；
2. 生活用水定额应根据建筑物卫生器具完善程度，地区等影响用水定额的因素确定；
3. 表中用水量标准为生活用水，包括生活用热水用水量和直饮水用量，也包括正常漏水量和间接用水量，如清洁用水在内；但不包括空调、采暖、水景绿化、场地和道路浇洒等用水；
4. 计算托幼建筑最高日最大时用水量时，某一类型生活用水定额、最高日小时变化系数（K_h）均为一个范围值时，生活用水定额取定额的最低值应对应选择最高日小时变化系数（K_h）的最大值；生活用水定额取定额的最高值应对应选择最高日小时变化系数（K_h）的最小值；生活用水定额取定额的中间值应对应选择最高日小时变化系数（K_h）的中间值（按内插法确定）。

《节水标》中托幼建筑相关功能场所平均日生活用水节水用水定额，见表5-3。

托幼建筑平均日生活用水节水用水定额表　　表 5-3

序号	建筑物名称		单位	节水用水定额
1	幼儿园、托儿所	有住宿	L/(儿童·d)	40～80
		无住宿		25～40
2	餐饮业	食堂	L/(人·次)	15～20
3	公共浴室	淋浴	L/(人·次)	70～90
4	洗衣房		L/kg 干衣	40～80

注：1. 除注明外均不含员工用水，员工用水定额每人每班30～45L；
2. 表中用水量包括热水用量在内，空调用水应另计；
3. 选择用水定额时，可依据当地气候条件、水资源状况等确定，缺水地区应选择低值；
4. 用水人数或单位数应以年平均值计算；
5. 每年用水天数应根据使用情况确定。

2. 绿化浇灌用水量标准

托幼院区绿化浇灌最高日用水定额按浇灌面积 1.0～3.0L/(m²·d) 计算，通常取 2.0L/(m²·d)，干旱地区可酌情增加。

3. 浇洒道路用水量标准

托幼院区道路、广场浇洒最高日用水定额按浇洒面积 2.0～3.0L/(m²·d) 计算，亦可参见表 2-8。

4. 空调循环冷却水补水用水量标准

托幼建筑空调循环冷却水补充水量，按公式（1-3）计算，亦可由暖通空调专业提供。

5. 供暖锅炉补充水量

供暖锅炉补充水量由暖通空调、热能动力专业提供。

6. 给水管网漏失水量和未预见水量

这两项水量之和按上述 5 项用水量（第 1 项至第 5 项）之和的 8%～12% 计算，通常按10%计。

最高日用水量（Q_d）应为上述6项用水量（第1项至第6项）之和。

最大时用水量（Q_{hmax}）可按公式（1-4）计算。

5.1.2 水质标准和防水质污染

1. 水质标准

托幼建筑给水系统供水水质应符合现行国家标准《生活饮用水卫生标准》GB 5749的要求。托幼建筑供水总进口管道上可设置紫外线消毒设备。

2. 防水质污染

托幼建筑防止水质污染常见的具体措施，参见表2-9。

5.1.3 给水系统和给水方式

1. 托幼建筑生活给水系统

典型的托幼建筑生活给水系统原理图，参见图4-1。

2. 托幼建筑生活给水供水方式

托幼建筑生活给水供水方式，见表5-4。

托幼建筑生活给水供水方式表　　　　　　表5-4

序号	供水方式	适用范围	备注
1	生活水箱加变频生活给水泵组联合供水	市政给水管网直供区之外的其他竖向分区，即加压区	推荐采用
2	市政给水管网直接供水	市政给水管网压力满足的最低竖向分区	
3	管网叠加供水	市政给水管网流量、压力稳定；最小保证压力较高；托幼建筑当地市政供水部门允许采用	可以采用

3. 托幼建筑生活给水系统竖向分区

托幼建筑应根据建筑内功能的划分和当地供水部门的水量计费分类等因素，设置相应的生活给水系统，并应利用城镇给水管网的水压。

托幼建筑生活给水系统竖向分区应根据的原则，参见表3-7。

托幼建筑通常为单、多层建筑，当市政给水管网最小保证压力满足整个建筑生活给水系统压力要求时，本建筑生活给水系统竖向为1个区；当市政给水管网最小保证压力不满足整个建筑生活给水系统压力要求时，本建筑生活给水系统竖向分为2个区；低区为市政给水管网直供区的下部楼层；高区为加压供水的上部楼层。

4. 托幼建筑生活给水系统形式

托幼建筑生活给水系统通常采用下行上给式，设备管道设置方法见表5-5。

生活给水系统设备管道设置方法表　　　　　　表5-5

序号	设备管道名称	设备管道设置方法
1	生活水箱及高区供水泵组	设置在建筑地下室或院区生活水泵房
2	高区给水横干管	自高区给水泵组接出，沿顶部楼层吊顶内或顶板下横向敷设接至水管井
3	各分区给水立管	分别自本分区给水横干管接出，沿水管井向上敷设

续表

序号	设备管道名称	设备管道设置方法
4	给水支管	自水管井内各分区给水立管接出，接至每层各用水场所用水点，通常1个卫生间等用水场所设置1根给水支管；给水支管在水管井内沿水流方向依次设置阀门、减压阀（若需要的话）、冷水表（适用于需要单独计量时）；水管井内给水支管宜设置在距地1.0～1.2m的高度，向上接至卫生间吊顶内敷设至该卫生间各用水卫生器具

5.1.4 管材及附件

1. 生活给水系统管材

托幼建筑生活给水系统给水管道应选用耐腐蚀、安装连接方便可靠、符合国家现行有关产品标准要求及饮用水卫生要求的管材，常用管材包括薄壁不锈钢管、薄壁铜管、PVC-C（氯化聚氯乙烯）冷水用管、钢塑复合管、内衬不锈钢复合钢管、铝塑复合管等。

2. 生活给水系统阀门

托幼建筑生活给水系统设置阀门的部位，见表5-6。

生活给水系统设置阀门部位表　　　　　表5-6

序号	设置阀门部位
1	院区接自市政给水管网的引入管段上
2	院区室外环状给水管网的节点处
3	自院区室外环状给水管网给水干管上接出的支管起端
4	建筑入户管、水表前
5	建筑各分区给水总干管起端、分区内各给水立管起端（通常位于立管底部）
6	建筑室内生活给水管道向托幼建筑卫生间、浴室、预留给水管道场所等接出的给水支管起端
7	水箱、生活水泵房、电开水器、减压阀、倒流防止器等进水管处

3. 生活给水系统止回阀

托幼建筑生活给水系统设置止回阀的部位，参见表4-8。

4. 生活给水系统减压阀

托幼建筑配水横管静水压大于0.20MPa的楼层各分区内给水支管起端应设置减压阀，减压阀位置在阀门之后。

5. 生活给水系统水表

托儿所、幼儿园建筑给水系统的引入管上应设置水表。水表宜设置在室内便于抄表位置；在夏热冬冷地区及严寒地区，当水表设置于室外时，应采取可靠的防冻胀破坏措施。

托幼建筑生活给水系统按分区域计量原则设置水表，生活给水系统设置水表的部位，参见表3-14。

6. 生活给水系统其他附件

生活水箱的生活给水进水管上应设自动水位控制阀。

托幼建筑生活给水系统设置过滤器的部位，参见表2-19。

托幼建筑内公共卫生间的洗手盆水嘴应采用非接触式或延时自闭式水嘴，通常采用感应式水嘴；小便斗、大便器应采用非手动开关。用水点非手动开关的型式，参见表 2-20。

寒冷及严寒地区托幼教学用房的给水引入管上应采取设泄水装置等措施。有可能产生冰冻部位的给水管道应采取保温等防冻措施。

5.1.5 给水管道布置及敷设

1. 室外生活给水系统布置与敷设

托幼院区的室外生活给水管网应布置成环状管网，管径宜为 DN150。环状给水管网与市政给水管网的连接管不宜少于 2 条，引入管管径宜为 DN150、不宜小于 DN100。

托幼院区室外生活给水管道与其他地下管线及乔木之间的最小净距，参照表 1-25 规定。

2. 室内生活给水系统布置与敷设

托幼建筑室内生活给水管道通常布置成支状管网，单向供水，宜沿室内公共区域敷设。托幼建筑生活给水管道不应布置的场所，参见表 2-21。

3. 室内给水管道防护

室内生活给水横干管、立管超过 50m 时，宜设伸缩补偿装置。

与人防工程功能无关的室内生活给水管道应避免穿越人防地下室，确需穿越时应在人防侧设置防护阀门，管道穿越处应设防护套管。

4. 生活给水管道保温

敷设在有可能结冻的房间、地下室及管井、管沟等处的给水管道应有防冻措施。

屋顶水箱间内生活给水管道均需做保温，所有给水横管及管井内的给水立管均做防结露保温。室内满足防冻要求的管道可不做防结露保温。

给水管道保温材料厚度确定，参见表 1-30、表 1-31。

5.1.6 生活给水系统给水管网计算

1. 托幼院区室外生活给水管网

室外生活给水管网设计流量应按托幼院区生活给水最大时用水量确定。院区给水引入管的设计流量应按最大时用水量确定；当引入管为 2 条时，应保证当其中一条发生故障时，其余的引入管可以提供不小于 70% 的流量。

托幼院区室外生活给水管网管径宜采用 DN150。

2. 托幼建筑室内生活给水管网

采用市政给水管网直接供水时，给水引入管设计流量（Q_1）应按直供区生活给水设计秒流量计；采用生活水箱＋变频给水泵组供水时，给水引入管设计流量（Q_2）应按加压区生活水箱设计补水量计，设计补水量不得小于高区最高日平均时用水量，不宜大于最高日最大时用水量。

托幼建筑内生活给水设计秒流量应按公式（5-1）计算：

$$q_g = 0.2 \cdot \alpha \cdot (N_g)^{1/2} = 0.24 \cdot (N_g)^{1/2} \tag{5-1}$$

式中 q_g——计算管段的给水设计秒流量，L/s；

N_g——计算管段的卫生器具给水当量总数；

α——根据托幼建筑用途而定的系数，托儿所、幼儿园取 1.2。

注：如计算值小于该管段上一个最大卫生器具给水额定流量时，应采用一个最大的卫生器具给水额定流量作为设计秒流量；如计算值大于该管段上按卫生器具给水额定流量累加所得流量值时，应按卫生器具给水额定流量累加所得流量值采用；有大便器延时自闭冲洗阀的给水管段，大便器延时自闭冲洗阀的给水当量均以 0.5 计，计算得到的 q_g 附加 1.20L/s 的流量后，为该管段的给水设计秒流量。

托幼建筑生活给水设计秒流量计算，可参照表 5-7。

托幼建筑生活给水设计秒流量计算表（L/s）　　　表 5-7

卫生器具给水当量数 N_g	托儿所、幼儿园 $\alpha=1.2$	卫生器具给水当量数 N_g	托儿所、幼儿园 $\alpha=1.2$	卫生器具给水当量数 N_g	托儿所、幼儿园 $\alpha=1.2$	卫生器具给水当量数 N_g	托儿所、幼儿园 $\alpha=1.2$	卫生器具给水当量数 N_g	托儿所、幼儿园 $\alpha=1.2$
1	0.24	50	1.70	145	2.89	315	4.26	485	5.29
2	0.34	52	1.73	150	2.94	320	4.29	490	5.31
3	0.42	54	1.76	155	2.99	325	4.33	495	5.34
4	0.48	56	1.80	160	3.04	330	4.36	500	5.37
5	0.54	58	1.83	165	3.08	335	4.39	550	5.63
6	0.59	60	1.86	170	3.13	340	4.43	600	5.88
7	0.63	62	1.89	175	3.17	345	4.46	650	6.12
8	0.68	64	1.92	180	3.22	350	4.49	700	6.35
9	0.72	66	1.95	185	3.26	355	4.52	750	6.57
10	0.76	68	1.98	190	3.31	360	4.55	800	6.79
11	0.80	70	2.01	195	3.35	365	4.59	850	7.00
12	0.83	72	2.04	200	3.39	370	4.62	900	7.20
13	0.87	74	2.06	205	3.44	375	4.65	950	7.40
14	0.90	76	2.09	210	3.48	380	4.68	1000	7.59
15	0.93	78	2.12	215	3.52	385	4.71	1050	7.78
16	0.96	80	2.15	220	3.56	390	4.74	1100	7.96
17	0.99	82	2.17	225	3.60	395	4.77	1150	8.14
18	1.02	84	2.20	230	3.64	400	4.80	1200	8.31
19	1.05	86	2.23	235	3.68	405	4.83	1250	8.49
20	1.07	88	2.25	240	3.72	410	4.86	1300	8.65
22	1.13	90	2.28	245	3.76	415	4.89	1350	8.82
24	1.18	92	2.30	250	3.79	420	4.92	1400	8.98
26	1.22	94	2.33	255	3.83	425	4.95	1450	9.14
28	1.27	96	2.35	260	3.87	430	4.98	1500	9.30
30	1.31	98	2.38	265	3.91	435	5.01	1550	9.45
32	1.36	100	2.40	270	3.94	440	5.03	1600	9.60
34	1.40	105	2.46	275	3.98	445	5.06	1650	9.75
36	1.44	110	2.52	280	4.02	450	5.09	1700	9.90
38	1.48	115	2.57	285	4.05	455	5.12	1750	10.04
40	1.52	120	2.63	290	4.09	460	5.15	1800	10.18
42	1.56	125	2.68	295	4.12	465	5.18	1850	10.32
44	1.59	130	2.74	300	4.16	470	5.20	1900	10.46
46	1.63	135	2.79	305	4.19	475	5.23	1950	10.60
48	1.66	140	2.84	310	4.23	480	5.26	2000	10.73

托幼建筑有自闭式冲洗阀时生活给水设计秒流量计算，可参照表 1-33。

托幼建筑食堂厨房等生活给水管道的设计秒流量应按公式（5-2）计算：

$$q_{\mathrm{g}} = \Sigma q_{\mathrm{g0}} \cdot n_0 \cdot b_{\mathrm{g}} \tag{5-2}$$

式中　q_{g}——托幼建筑计算管段的给水设计秒流量，L/s；

　　　q_{g0}——托幼建筑同类型的一个卫生器具给水额定流量，L/s，可按表 4-11 采用；

　　　n_0——托幼建筑同类型卫生器具数；

　　　b_{g}——托幼建筑卫生器具的同时给水使用百分数；托幼建筑食堂的设备按表 4-13 选用。

3. 托幼建筑内卫生器具给水当量

托幼建筑用水器具和配件应采用节水性能良好、坚固耐用，且便于管理维修的产品。

托幼建筑常见卫生器具的给水额定流量、给水当量、连接给水管管径和最低工作压力按表 3-18 确定。

4. 托幼建筑内给水管管径

托幼建筑内给水供水管的管径，应根据该给水供水管段的设计秒流量、允许给水流速等查相关计算表格确定。生活给水管道内的给水流速，宜参照表 1-38。

托幼建筑内公共卫生间的蹲便器个数与给水供水管管径的对照表，参见表 4-15。

整个生活给水系统生活给水立管、干管均按照其服务的给水设计秒流量确定其管段管径。

5.1.7　生活水泵和生活水泵房

托幼建筑给水设计应有可靠的水源和供水管道系统，当仅有一路城市引入管或供水不满足设计秒流量或压力要求时，应设置加压供水设备。当给水系统的压力不能满足给水用水点配水器具的最低工作压力要求时，应设置系统增压给水设备，当设有二次供水设施时，供应设施不应对水质产生污染。

1. 生活水泵

托幼建筑生活给水加压水泵宜采用 2 台（1 用 1 备）配置模式，亦可采用 3 台（2 用 1 备）配置模式。

托幼建筑生活给水加压通常采用变频调速给水泵组，其设计流量应按其负责给水系统的最大设计秒流量确定，即 $Q=q_{\mathrm{g}}$。设计时应统计该系统内各用水点卫生器具的生活给水当量数，经公式（5-1）、公式（5-2）计算或查表 5-7 得出设计流量值。

生活给水加压水泵的设计工作压力，按公式（1-10）计算。

托幼建筑加压水泵应选用低噪声节能型产品。

2. 生活水泵房

托幼建筑二次加压给水的水泵房应为独立的房间，并应环境良好、便于维修和管理；不得与婴幼儿生活单元（托儿所睡眠室、活动室等；幼儿园寝室、活动室、多功能活动室、就餐室等；婴儿需要的哺乳室、配奶室、观察室等）贴邻设置，不应布置在有安静要求的房间（园长室、所长室、财务室、教师办公室、教室值班室、会议室、医务室等）上方、下方和毗邻位置；加压泵组及泵房应采取减振降噪措施。

托幼建筑生活水泵房的设置位置应根据其所供水服务的范围确定，见表5-8。

托幼建筑生活水泵房位置确定及要求表　　　　　　　　　表 5-8

序号	水泵房位置	适用情况	设置要求
1	院区室外集中设置	院区室外有空间；常见于新建托幼院区	宜与消防水泵房、消防水池、暖通冷热源机房、锅炉房等集中设置，宜靠近托幼建筑
2	建筑地下室楼层设置	院区室外无空间	宜设在地下一层或地下二层，不宜设在最低地下楼层；水泵房地面宜高出室外地面200~300mm

各分区的生活给水泵组宜集中布置；生活水泵房内每套生活给水泵组宜设置在一个基础上。

5.1.8 生活贮水箱（池）

托幼建筑给水设计应有可靠的水源和供水管道系统，当仅有一路城市引入管或供水不满足设计秒流量或压力要求时，应设置生活贮水箱（池）。

托幼建筑水箱间应为独立的房间，不得与婴幼儿生活单元（托儿所睡眠室、活动室等；幼儿园寝室、活动室、多功能活动室、就餐室等；婴儿需要的哺乳室、配奶室、观察室等）贴邻设置，不应布置在有安静要求的房间（园长室、所长室、财务室、教师办公室、教室值班室、会议室、医务室等）上方、下方和毗邻位置。

水箱应设置消毒设备，并宜采用紫外线消毒方式。

1. 贮水容积

托幼建筑生活用水贮水箱（池）的有效容积计算时，其生活用水调节量应按进水量与用水量变化曲线经计算确定，当资料不足时，宜按最高日用水量的20%~25%确定，最大不得大于48h的用水量。有条件时可适当增加生活贮水箱（池）有效容积。

托幼建筑生活用水贮水设备宜采用贮水箱。

2. 生活水箱

托幼建筑生活水箱设计要求，参见表1-46。

3. 生活水箱相关管道、装置设置要求

托幼建筑生活水箱相关管道设施要求，参见表1-47。

生活水箱各水位指标确定方法及取值经验值，参见表1-48。

5.2 生活热水系统

5.2.1 热水系统类别

托幼建筑生活热水系统类别，见表5-9。

生活热水系统类别表 表5-9

序号	分类标准	热水系统类别	托幼建筑应用情况	应用程度
1	供应范围	集中生活热水系统	托幼建筑公共浴室洗浴生活热水系统；厨房生活热水系统	最常用
2	热水管网循环方式	热水干管循环生活热水系统		最常用
3	热水管网循环水泵运行方式	定时循环生活热水系统		最常用
4	热水管网循环动力方式	强制循环生活热水系统		最常用
5	是否敞开形式	闭式生活热水系统		最常用
6	热水管网布置型式	下供下回式生活热水系统	热源位于建筑底部，即由锅炉房提供热媒（高温蒸汽或高温热水），经汽水或水水换热器提供热水热源等的生活热水系统	最常用
7		上供上回式生活热水系统	热源位于建筑顶部，即由屋顶太阳能热水设备及（或）空气能热泵热水设备提供热水热源等的生活热水系统	常用
8	热水管路距离	同程式生活热水系统	托幼建筑公共浴室洗浴生活热水系统；厨房生活热水系统	最常用
9	热水系统分区方式	加热器集中设置生活热水系统		最常用

5.2.2 生活热水系统热源

托幼建筑集中生活热水供应系统的热源，参见表2-34。

托幼建筑生活热水系统主要包括厨房热水，其热源选用见表2-35。

托幼建筑生活热水系统常见热源组合形式，见表5-10。

生活热水系统常见热源组合形式表 表5-10

序号	热源组合形式名称	主要热源	辅助热源	适用范围
1	热水锅炉+太阳能组合	院区内设置燃气（油）锅炉房，锅炉房内高温热水锅炉提供热媒（通常为80℃/60℃高温热水），经建筑内热水机房（换热机房）内的水水换热器换热后为系统提供60℃/50℃低温热水	建筑屋顶设置太阳能热水机房（房间内设置储热水箱或储热罐、生活热水供水泵组、生活热水循环泵组、太阳能集热循环泵组等），屋顶布置太阳能集热板及太阳能供水、回水管道，太阳能热水供水设备为系统提供60℃/50℃高温热水	该组合方式适用于我国北方、西北等寒冷或严寒地区托幼建筑生活热水系统
2	太阳能+空气源热能组合	建筑屋顶设置热水机房（设置储热水箱或储热罐、生活热水供水泵组、生活热水循环泵组、太阳能集热循环泵组等），屋顶布置太阳能集热板及太阳能供水、回水管道。太阳能供水设备为系统提供60℃/50℃高温热水	建筑屋顶设置热水机房，屋顶布置空气能热泵热水机组及空气能供水、回水管道。空气源热泵热水机组为系统提供60℃/50℃高温热水	该组合方式适用于我国南方或中部地区托幼建筑生活热水系统

托幼建筑屋顶设置太阳能光伏发电系统时，系统产生的电能可用于屋顶热水箱内热水的加热，保证生活热水系统供水温度。

5.2.3 热水系统设计参数

1. 托幼建筑热水用水定额

按照《水标》，托幼建筑相关功能场所热水用水定额，见表5-11。

托幼建筑热水用水定额表　　　　表5-11

序号	建筑物名称		单位	用水定额（L）		使用时数（h）	最高日小时变化系数 K_h
				最高日	平均日		
1	幼儿园、托儿所	有住宿	每儿童每天	25~50	20~40	24	3.0~2.5
		无住宿		20~30	15~20	10	2.0
2	餐饮业	食堂	每人每次	10~12	7~10	12~16	1.5~1.2
3	公共浴室	淋浴	每人每次	40~60	35~40	12	2.0~1.5
4	洗衣房		每千克干衣	15~30	15~30	8	1.5~1.2

注：1. 表中所列用水定额均已包括在表5-2中；
　　2. 本表以60℃热水水温为计算温度，卫生器具的使用水温见表5-13；
　　3. 表中平均日用水定额仅用于计算太阳能热水系统集热器面积和计算节水用水量。

《节水标》中托幼建筑相关功能场所热水平均日节水用水定额，见表5-12。

托幼建筑热水平均日节水用水定额表　　　　表5-12

序号	建筑物名称		单位	节水用水定额
1	幼儿园、托儿所	有住宿	L/(儿童·d)	20~40
		无住宿		15~20
2	餐饮业	食堂	L/(人·次)	7~10
3	公共浴室	淋浴	L/(人·次)	35~40
4	洗衣房		L/kg 干衣	15~30

注：热水温度按60℃计。

托幼建筑所在地为较大城市、标准要求较高时，托幼建筑热水用水定额可以适当选用较高值；反之可选用较低值。

2. 托幼建筑卫生器具用水定额及水温

托幼建筑相关功能场所卫生器具的一次热水用水量、小时热水用水量和水温，可按表5-13确定。

3. 托幼建筑冷水计算温度

冷水的计算温度应以当地最冷月平均水温资料确定。当无水温资料时，按表1-58采用。

托幼建筑冷水计算温度宜按托幼建筑当地地面水温度确定，水温有取值范围时宜取低值。

4. 托幼建筑水加热设备供水温度

托幼建筑集中热水供应系统的水加热设备（包括热水锅炉、热水机组或水加热器等）的出水温度按表1-59采用。托幼建筑集中生活热水系统水加热设备的供水温度宜为60~

65℃，通常按 60℃ 计。

托幼建筑卫生器具一次热水用水量、小时热水用水量和水温表　　表 5-13

序号	卫生器具名称			一次热水用水量（L）	小时热水用水量（L）	水温（℃）
1	幼儿园、托儿所	浴盆	幼儿园	100	400	35
			托儿所	30	120	
		淋浴器	幼儿园	30	180	
			托儿所	15	90	
		盥洗槽水嘴		15	25	30
		洗涤盆（池）		—	180	50
2	餐饮业	洗脸盆	工作人员用	3	60	30
			顾客用	—	120	
		淋浴器		40	400	37～40
3	公共浴室	淋浴器	有淋浴小间	100～150	200～300	37～40
			无淋浴小间	—	450～540	
		洗脸盆		5	50～80	35

注：表中用水量均为使用水温时的用水量；一次热水用水量指使用一次的用水量，并非卫生器具开关一次的用水量，有些卫生器具使用一次可能需要开关几次。

5. 托幼建筑生活热水水质

托幼建筑生活热水的水质指标，应符合现行国家标准《生活饮用水卫生标准》GB 5749 的要求。

5.2.4 热水系统设计指标

1. 托幼建筑热水设计小时耗热量

（1）全日供应热水设计小时耗热量

当托幼建筑生活热水系统采用全日供应热水的集中生活热水系统时，其设计小时耗热量应按公式（5-3）计算：

$$Q_h = K_h \cdot m \cdot q_r \cdot C \cdot (t_{r1} - t_1) \cdot \rho_r \cdot C_\gamma / T \tag{5-3}$$

式中　Q_h——托幼建筑生活热水设计小时耗热量，kJ/h；

K_h——托幼建筑生活热水小时变化系数，可按表 5-14 经内插法计算采用；

托幼建筑生活热水小时变化系数表　　表 5-14

序号	建筑类别		热水用水定额 q_r [L/(人·d)]		使用人数 m（人）	热水小时变化系数 K_h
			最高日	平均日		
	幼儿园、托儿所	有住宿	25～50	20～40	50≤m≤1000	4.80～3.20
		无住宿	20～30	15～20		

注：K_h 应根据热水用水定额高低、使用床位数多少取值，当热水用水定额高、使用床位数多时取低值，反之取高值。使用床位数小于下限值（50人）时，K_h 取上限值（4.80）；使用床位数大于上限值（1000人）时，K_h 取下限值（3.20）；使用床位数位于下限值与上限值之间（50～1000 人）时，K_h 取值在上限值与下限值之间（4.80～3.20），采用内插法计算求得。

m——托幼建筑设计儿童数,人;

q_r——托幼建筑生活热水用水定额,L/(人·d),按托幼建筑热水最高日用水定额表(表5-11)选用;

C——水的比热,kJ/(kg·℃),$C=4.187$kJ/(kg·℃);

t_{r1}——热水计算温度,℃,计算时 t_{r1} 宜取65℃;

t_l——冷水计算温度,℃,计算时通常按表1-58选用;

ρ_r——热水密度,kg/L,通常取1.0kg/L;

C_γ——热水供应系统的热损失系数,$C_\gamma=1.10\sim1.15$;

T——托幼建筑每日使用时间,h,按表5-11选用。

(2) 定时供应热水设计小时耗热量

当托幼建筑生活热水系统采用定时供应热水的集中生活热水系统时,其设计小时耗热量应按公式(5-4)计算:

$$Q_h = \sum q_h \cdot C \cdot (t_{r2} - t_l) \cdot \rho_r \cdot n_0 \cdot b_g \cdot C_\gamma \tag{5-4}$$

式中 Q_h——托幼建筑生活热水设计小时耗热量,kJ/h;

q_h——托幼建筑卫生器具生活热水的小时用水定额,L/h,可按表5-13采用,计算时通常取小时热水用水量的上限值;

C——水的比热,kJ/(kg·℃),$C=4.187$kJ/(kg·℃);

t_{r2}——热水计算温度,℃,计算时按表5-13选用,淋浴器使用水温取35℃;

t_l——冷水计算温度,℃,按全日生活热水系统 t_l 取值表1-58选用;

ρ_r——热水密度,kg/L,通常取1.0kg/L;

n_0——托幼建筑同类型卫生器具数;

b_g——托幼建筑卫生器具的同时使用百分数:托幼公共浴室内的淋浴器和洗脸盆按表4-12选用;

C_γ——热水供应系统的热损失系数,$C_\gamma=1.10\sim1.15$。

托幼建筑公共浴室内绝大多数情况下采用淋浴器洗浴。

当有淋浴小间时,设计小时耗热量按公式(4-6)计算;当无淋浴小间时,设计小时耗热量按公式(4-7)计算;根据公式(4-6)、公式(4-7)计算得到的简便计算公式参见表4-22。

托幼建筑同类型卫生器具数 n_0 即为生活热水系统涉及的浴盆或淋浴器数量之和。

(3) 不同使用要求用水部门热水设计小时耗热量

具有多个不同使用热水部门或具有多种热水使用形式的托幼建筑,当其热水由同一热水供应系统供应时,设计小时耗热量,可按同一时间内出现用水高峰的主要用水部门的设计小时耗热量加其他用水部门的平均小时耗热量计算。

2. 托幼建筑设计小时热水量

托幼建筑设计小时热水量,按公式(5-5)计算:

$$q_{rh} = Q_h / [(t_{r3} - t_l) \cdot C \cdot \rho_r \cdot C_\gamma] \tag{5-5}$$

式中 q_{rh}——托幼建筑生活热水设计小时热水量,L/h;

Q_h——托幼建筑生活热水设计小时耗热量,kJ/h;

t_{r3}——设计热水温度,℃,计算时 t_{r3} 取值与 t_{r1} 一致即可;

t_l——冷水计算温度,℃;

C——水的比热，kJ/(kg·℃)，$C=4.187$kJ/(kg·℃)；

ρ_r——热水密度，kg/L，通常取 1.0kg/L；

C_γ——热水供应系统的热损失系数，$C_\gamma=1.10\sim1.15$。

当托幼建筑生活热水系统采用定时供应集中生活热水系统时，引入设计小时耗热量计算公式，当有淋浴小间时，设计小时热水量可按公式（4-9）计算；当无淋浴小间时，设计小时热水量可按公式（4-10）计算。

3. 托幼建筑加热设备供热量

托幼建筑全日集中生活热水系统中，锅炉、水加热设备的设计小时供热量应根据日热水用量小时变化曲线、加热方式及锅炉、水加热设备的工作制度经积分曲线计算确定。

（1）容积式水加热器或贮热容积与其相当的水加热器、燃油（气）热水机组供热量

托幼建筑生活热水系统采用的容积式水加热器均应为导流型容积式水加热器，其设计小时供热量可按公式（5-6）计算：

$$Q_g = Q_h - (\eta \cdot V_r / T_1) \cdot (t_{r3} - t_1) \cdot C \cdot \rho_r \tag{5-6}$$

式中 Q_g——托幼建筑导流型容积式水加热器的设计小时供热量，kJ/h；

Q_h——托幼建筑设计小时耗热量，kJ/h；

η——导流型容积式水加热器有效贮热容积系数，取 0.8～0.9；

V_r——导流型容积式水加热器总贮热容积，L；

T_1——托幼建筑设计小时耗热量持续时间，h，定时集中热水供应系统 T_1 等于定时供水的时间；当 Q_g 计算值小于平均小时耗热量时，Q_g 应取平均小时耗热量；

t_{r3}——设计热水温度，℃，按导流型容积式出水温度或贮水温度计算，通常取 65℃；

t_1——冷水温度，℃；

C——水的比热，kJ/(kg·℃)，$C=4.187$kJ/(kg·℃)；

ρ_r——热水密度，kg/L，通常取 1.0kg/L。

在托幼建筑生活热水系统设计小时供热量计算时，通常取 $Q_g=Q_h$。

（2）半容积式水加热器或贮热容积与其相当的水加热器、燃油（气）热水机组供热量

托幼建筑生活热水系统亦常采用半容积式水加热器，此时半容积式水加热器设计小时供热量按设计小时耗热量计算，即取 $Q_g=Q_h$。

5.2.5 生活热水系统热水管网计算

1. 生活热水管网设计流量

（1）托幼建筑生活热水引入管设计流量

托幼建筑生活热水引入管设计流量应按该建筑相应生活热水供水系统总供水干管的设计秒流量确定。

（2）托幼建筑内生活热水设计秒流量

托幼建筑内生活热水设计秒流量应按公式（5-7）计算：

$$q_g = 0.2 \cdot \alpha \cdot (N_g)^{1/2} = 0.24 \cdot (N_g)^{1/2} \tag{5-7}$$

式中 q_g——计算管段的热水设计秒流量，L/s；

N_g——计算管段的卫生器具热水当量总数；

α——根据托幼建筑用途而定的系数，托儿所、幼儿园取 1.2。

注：如计算值小于该管段上一个最大卫生器具热水额定流量时，应采用一个最大的卫生器具热水额定流量作为设计秒流量；如计算值大于该管段上按卫生器具热水额定流量累加所得流量值时，应按卫生器具热水额定流量累加所得流量值采用。

托幼建筑生活热水设计秒流量计算，可参照表 5-15。

托幼建筑生活热水设计秒流量计算表（L/s） 表 5-15

卫生器具热水当量数 N_g	托儿所、幼儿园 $\alpha=1.2$	卫生器具热水当量数 N_g	托儿所、幼儿园 $\alpha=1.2$	卫生器具热水当量数 N_g	托儿所、幼儿园 $\alpha=1.2$	卫生器具热水当量数 N_g	托儿所、幼儿园 $\alpha=1.2$	卫生器具热水当量数 N_g	托儿所、幼儿园 $\alpha=1.2$
1	0.24	50	1.70	145	2.89	315	4.26	485	5.29
2	0.34	52	1.73	150	2.94	320	4.29	490	5.31
3	0.42	54	1.76	155	2.99	325	4.33	495	5.34
4	0.48	56	1.80	160	3.04	330	4.36	500	5.37
5	0.54	58	1.83	165	3.08	335	4.39	550	5.63
6	0.59	60	1.86	170	3.13	340	4.43	600	5.88
7	0.63	62	1.89	175	3.17	345	4.46	650	6.12
8	0.68	64	1.92	180	3.22	350	4.49	700	6.35
9	0.72	66	1.95	185	3.26	355	4.52	750	6.57
10	0.76	68	1.98	190	3.31	360	4.55	800	6.79
11	0.80	70	2.01	195	3.35	365	4.59	850	7.00
12	0.83	72	2.04	200	3.39	370	4.62	900	7.20
13	0.87	74	2.06	205	3.44	375	4.65	950	7.40
14	0.90	76	2.09	210	3.48	380	4.68	1000	7.59
15	0.93	78	2.12	215	3.52	385	4.71	1050	7.78
16	0.96	80	2.15	220	3.56	390	4.74	1100	7.96
17	0.99	82	2.17	225	3.60	395	4.77	1150	8.14
18	1.02	84	2.20	230	3.64	400	4.80	1200	8.31
19	1.05	86	2.23	235	3.68	405	4.83	1250	8.49
20	1.07	88	2.25	240	3.72	410	4.86	1300	8.65
22	1.13	90	2.28	245	3.76	415	4.89	1350	8.82
24	1.18	92	2.30	250	3.79	420	4.92	1400	8.98
26	1.22	94	2.33	255	3.83	425	4.95	1450	9.14
28	1.27	96	2.35	260	3.87	430	4.98	1500	9.30
30	1.31	98	2.38	265	3.91	435	5.01	1550	9.45
32	1.36	100	2.40	270	3.94	440	5.03	1600	9.60
34	1.40	105	2.46	275	3.98	445	5.06	1650	9.75
36	1.44	110	2.52	280	4.02	450	5.09	1700	9.90
38	1.48	115	2.57	285	4.05	455	5.12	1750	10.04
40	1.52	120	2.63	290	4.09	460	5.15	1800	10.18
42	1.56	125	2.68	295	4.12	465	5.18	1850	10.32
44	1.59	130	2.74	300	4.16	470	5.20	1900	10.46
46	1.63	135	2.79	305	4.19	475	5.23	1950	10.60
48	1.66	140	2.84	310	4.23	480	5.26	2000	10.73

2. 托幼建筑内卫生器具热水当量

托幼建筑卫生器具的热水额定流量、热水当量、连接热水管管径和最低工作压力按表 3-31 确定。

3. 托幼建筑内热水管管径

托幼建筑内热水供水管的管径，应根据该热水供水管段的设计秒流量、允许热水流速等查相关计算表格确定。生活热水管道内的热水流速，宜按表 1-66 控制。

托幼公共浴室淋浴器个数与对应供给相应数量热水供水管管径的对照表，参见表 4-24。

本区域热水回水干管管径根据该区域热水供水干管最大管径确定。热水回水管管径与热水供水管管径的对照，参见表 3-33。

整个生活热水系统的生活热水供水立管、干管均按照其服务的热水设计秒流量确定其管段管径；生活热水回水立管、干管先按照其服务的热水设计秒流量确定出一个供水管管径值，再根据表 3-33 确定其管段回水管管径值。

5.2.6 生活热水机房（换热机房、换热站）

托幼建筑生活热水机房（换热机房、换热站）位置确定，见表 5-16。

托幼建筑生活热水机房（换热机房、换热站）位置确定表　　表 5-16

序号	生活热水机房（换热机房、换热站）位置	生活热水系统热源情况	生活热水机房（换热机房、换热站）内设施	适用范围
1	院区室外独立设置	院区锅炉房热水（蒸汽）锅炉提供热媒，经换热后提供第 1 热源；太阳能设备或空气能热泵设备提供第 2 热源	常用设施：水（汽）水换热器（加热器）、热水循环泵组	新建、改建托幼建筑；设有锅炉房
2	单体建筑室内地下室			新建托幼建筑；设有锅炉房
3	单体建筑屋顶	太阳能设备或（和）空气能热泵设备提供热源；必要情况下燃气热水设备提供第 2 热源	热水箱、热水循环泵组、集热循环泵组、空气能热泵循环泵组	新建、改建托幼建筑；屋顶设有热源热水设备

5.2.7 生活热水箱

托幼建筑生活热水箱设计要求，参见表 1-72。

生活热水箱各种水位，按表 1-74 确定。

5.2.8 生活热水循环泵

1. 生活热水循环泵设置位置

当系统热源由高温热媒经院区热水机房（换热机房）内的各分区换热设备后向各分区供给热水时，各分区生活热水循环泵通常设在热水机房（换热机房）内。当系统热源由屋顶太阳能供水设备向各分区供给热水时，各分区生活热水循环泵通常设在本分区最低楼层或下面一层热水循环泵房内。

2. 生活热水循环泵设计流量

生活热水循环泵的出水量,按公式(5-8)计算:

$$q_{xh} = K_x \cdot q_x \tag{5-8}$$

式中 q_{xh}——托幼建筑热水循环泵流量,L/h;
K_x——托幼建筑相应循环措施的附加系数,可取 1.5~2.5;
q_x——托幼建筑全日供应热水的循环流量,L/h。

当托幼建筑热水系统采用定时供水时,热水循环流量可按循环管网总水容积的 2~4 倍计算。

当托幼建筑热水系统采用全日集中供水时,热水循环流量,按公式(5-9)计算:

$$q_x = Q_s / (C \cdot \rho_r \cdot \Delta t_s) \tag{5-9}$$

式中 q_x——托幼建筑全日供应热水的循环流量,L/h;
Q_s——托幼建筑热水配水管道的热损失,kJ/h,经计算确定,建议按设计小时耗热量 Q_h 的 3%~5%确定;
C——水的比热,kJ/(kg·℃),C=4.187kJ/(kg·℃);
ρ_r——热水密度,kg/L;
Δt_s——托幼建筑热水配水管道的热水温度差,℃,按热水系统大小确定,可按 5~10℃。

设计中,生活热水循环泵的流量可按照所服务热水系统设计小时流量的 25%~30%确定。

3. 生活热水循环泵设计扬程

生活热水循环泵的扬程,按公式(5-10)计算:

$$H_b = h_p + h_x \tag{5-10}$$

式中 H_b——托幼建筑热水循环泵的扬程,mH_2O;
h_p——托幼建筑热水循环水量通过热水配水管网的水头损失,mH_2O;
h_x——托幼建筑热水循环水量通过热水回水管网的水头损失,mH_2O。

生活热水循环泵的扬程,简便计算按公式(5-11)计算:

$$H_b \approx 1.1 \cdot R \cdot (L_1 + L_2) \tag{5-11}$$

式中 H_b——托幼建筑热水循环泵的扬程,mH_2O;
R——热水管网单位长度的水头损失,mH_2O/m,可按 0.010~0.015mH_2O/m;
L_1——自水加热器至热水管网最不利点的供水管管长,m;
L_2——自热水管网最不利点至水加热器的回水管管长,m。

托幼建筑热水循环泵组通常每套设置 2 台,1 用 1 备,交替运行。

4. 太阳能集热循环泵

太阳能集热循环泵通常设置在屋顶生活热水箱间内,宜设置在太阳能设备供水管即从生活热水箱接出的管道上。集热循环泵流量,按公式(1-28)计算;集热循环泵扬程,按公式(1-29)、公式(1-30)计算。

托幼建筑集热循环泵组通常每套设置2台，1用1备，交替运行。

5.2.9 热水系统管材、附件和管道敷设

1. 生活热水系统管材

托幼建筑生活热水系统热水管道常用的管材包括薄壁不锈钢管、PVC-C（氯化聚氯乙烯）热水用管、薄壁铜管、钢塑复合管（如PSP管）、铝塑复合管等，较少采用普通塑料热水管。

2. 生活热水系统阀门

托幼建筑生活热水系统设置阀门的部位，参见表2-50。

3. 生活热水系统止回阀

托幼建筑生活热水系统设置止回阀的部位，参见表2-51。

4. 生活热水系统水表

托幼建筑生活热水系统按分区域原则设置热水表，热水表宜采用远传智能水表。

5. 热水系统排气装置、泄水装置

对于上行下给式热水系统，系统热水配水干管最高处及向上抬高管段应设置$DN25$自动排气阀、检修阀门；对于下行上给式热水系统，可利用最高热水配水点放气。

热水管道系统的最低处及向下凹的管段应设置泄水装置或利用最低热水配水点泄水。

6. 温度计、压力表

托幼建筑生活热水系统设置温度计的部位，参见表1-77；设置压力表的部位，参见表1-78。

7. 管道补偿装置

长度超过50m的热水横干管或立管均应设置波纹伸缩节，通常设置在该根管道上管径较小的管段处，靠近一端的管道固定支吊架。

8. 保温

生活热水系统中的热水锅炉、燃油（气）热水机组、水加热设备、贮热水箱（罐）、分（集）水器、热水输（配）水干（立）管、热水循环回水干（立）管均应做保温。

热水管道保温材料厚度确定，参见表1-79、表1-80。

5.3 排水系统

5.3.1 排水系统类别

托幼建筑排水系统分类，见表5-17。

托幼建筑室内污废水排水体制采用合流制。

托幼建筑中的生活污水、厨房含油废水等均应经化粪池处理；生活废水、设备机房废水、消防废水、绿化废水等不需经过化粪池处理。厨房含油废水应经除油处理后再排入污水管道。

托幼建筑污废水与建筑雨水应雨污分流。

托幼建筑公共卫生间等生活粪便污水、生活废水等可合流排放。

排水系统分类表 表 5-17

序号	分类标准	排水系统类别	托幼建筑应用情况	应用程度
1	建筑内场所使用功能	生活污水排水	托幼建筑内公共卫生间污水排水	常见
2		生活废水排水	托幼建筑内公共卫生间盥洗废水排水；公共浴室洗浴等废水排水	
3		厨房废水排水	托幼建筑内附设厨房、食堂、餐厅污水排水	
4		设备机房废水排水	托幼建筑内附设水泵房（包括生活水泵房、消防水泵房）、空调机房、制冷机房、换热机房、锅炉房、热水机房等机房废水排水	
5		消防废水排水	托幼建筑内自动喷水灭火系统试验排水、消火栓系统试验排水、消防水泵试验排水等废水排水	
6		绿化废水排水	托幼建筑室外绿化废水排水	
7	建筑内污废水排水方式	重力排水方式	托幼建筑地上污废水排水	最常见
8		压力排水方式	托幼建筑地下室污废水排水	常见
9	污废水排水体制	污废合流排水系统		常见
10		污废分流排水系统		
11	排水系统通气方式	设有通气管系排水系统	伸顶通气排水系统通常应用在托幼建筑公共卫生间排水。环形通气排水系统、器具通气排水系统通常应用在个别区域公共卫生间排水	最常见
12		特殊单立管排水系统		极少见

5.3.2 卫生器具

1. 托幼建筑内卫生器具种类及设置场所

托幼建筑内卫生器具种类及设置场所，见表 5-18。

托幼建筑内卫生器具种类及设置场所表 表 5-18

序号	卫生器具名称	主要设置场所
1	坐便器	卫生间
2	淋浴器	公共浴室淋浴间
3	蹲便器	公共卫生间
4	洗脸盆	
5	台板洗脸盆	
6	小便器	
7	拖布池	
8	盥洗池	
9	洗菜池	食堂、厨房
10	厨房洗涤槽	厨房

2. 托幼建筑内卫生器具选用

托幼建筑卫生间卫生器具应符合表5-19的规定。

托幼建筑卫生器具选用表 表5-19

序号	卫生器具使用场所	卫生器具要求
1	托儿所生活用房托小班卫生间	坐便器高度宜为0.25m以下，洗手池高度宜为0.40~0.45m，宽度宜为0.35~0.40m
2	幼儿园生活用房卫生间	配置、形式、尺寸均应符合幼儿人体尺度和卫生防疫的要求；盥洗池距地面的高度宜为0.50~0.55m，宽度宜为0.40~0.45m，水龙头的间距宜为0.55~0.60m；大便器宜采用蹲式大便器，坐式便器的高度宜为0.25~0.30m

3. 公共卫生间排水设计要点

公共卫生间排水立管及通气立管通常敷设于专用管道井内；采用专用通气立管方式时，排水立管与通气立管采用结合管连接。管道井中排水立管与通气立管中心距最小值，参见表1-91。

4. 托幼建筑内卫生器具排水配件穿越楼板留孔位置及尺寸

常见卫生器具排水配件穿越楼板留孔位置及尺寸，参见表1-92。

5. 地漏

托幼建筑内公共卫生间、洗浴间、盥洗室、开水间、空调机房、新风机房等场所内应设置地漏。

托幼建筑地漏及其他水封高度要求不得小于50mm，且不得大于100mm。

托幼建筑地漏类型选用，参见表2-57；地漏规格选用，参见表2-58。

6. 水封装置

托幼建筑中采用排水沟排水的场所包括厨房、泵房、设备机房、公共浴室等。当排水沟内废水直接排至室外时，沟与排水排出管之间应设置水封装置。卫生器具排水管段上不得重复设置水封装置。

5.3.3 排水系统水力计算

1. 托幼建筑最高日和最大时生活排水量

托幼建筑生活排水量宜按该建筑生活给水量的85%~95%计算，通常按90%。

2. 托幼建筑卫生器具排水技术参数

托幼建筑卫生器具的排水流量、排水当量、排水支管管径、排水坡度等基本参数的选定，参见表3-39。

3. 托幼建筑排水设计秒流量

托幼建筑的生活排水管道设计秒流量，按公式（5-12）计算：

$$q_u = 0.12 \cdot \alpha \cdot (N_p)^{1/2} + q_{max} = 0.18 \cdot (N_p)^{1/2} + q_{max} \quad (5-12)$$

式中 q_u——计算管段排水设计秒流量，L/s；

N_p——计算管段的卫生器具排水当量总数；

α——根据建筑物用途而定的系数，托儿所、幼儿园通常取1.5；

q_{max}——计算管段上最大一个卫生器具的排水流量，L/s。

计算时，如计算所得流量值大于该管段上按卫生器具排水流量累加值时，应按卫生器具排水流量累加值计。

托幼建筑 $q_{max}=1.50$L/s 和 $q_{max}=2.00$L/s 时排水设计秒流量计算数据，见表5-20。

托幼建筑排水设计秒流量计算表 表5-20

排水当量总数 N_p	排水设计秒流量 q_u (L/s)		排水当量总数 N_p	排水设计秒流量 q_u (L/s)		排水当量总数 N_p	排水设计秒流量 q_u (L/s)	
	$q_{max}=1.50$	$q_{max}=2.00$		$q_{max}=1.50$	$q_{max}=2.00$		$q_{max}=1.50$	$q_{max}=2.00$
5	1.90	2.40	48	2.75	3.25	360	4.92	5.42
6	1.94	2.44	50	2.77	3.27	380	5.01	5.51
7	1.98	2.48	55	2.83	3.33	400	5.10	5.60
8	2.01	2.51	60	2.89	3.39	420	5.19	5.69
9	2.04	2.54	65	2.95	3.45	440	5.28	5.78
10	2.07	2.57	70	3.01	3.51	460	5.36	5.86
11	2.10	2.60	75	3.06	3.56	480	5.44	5.94
12	2.12	2.62	80	3.11	3.61	500	5.52	6.02
13	2.15	2.65	85	3.16	3.66	550	5.72	6.22
14	2.17	2.67	90	3.21	3.71	600	5.91	6.41
15	2.20	2.70	95	3.25	3.75	650	6.09	6.59
16	2.22	2.72	100	3.30	3.80	700	6.26	6.76
17	2.24	2.74	110	3.39	3.89	750	6.43	6.93
18	2.26	2.76	120	3.47	3.97	800	6.59	7.09
19	2.28	2.78	130	3.55	4.05	850	6.75	7.25
20	2.30	2.80	140	3.63	4.13	900	6.90	7.40
22	2.34	2.84	150	3.70	4.20	950	7.05	7.55
24	2.38	2.88	160	3.78	4.28	1000	7.19	7.69
26	2.42	2.92	170	3.85	4.35	1100	7.47	7.97
28	2.45	2.95	180	3.91	4.41	1200	7.74	8.24
30	2.49	2.99	190	3.98	4.48	1300	7.99	8.49
32	2.52	3.02	200	4.05	4.55	1400	8.23	8.73
34	2.55	3.05	220	4.17	4.67	1500	8.47	8.97
36	2.58	3.08	240	4.29	4.79	1600	8.70	9.20
38	2.61	3.11	260	4.40	4.90	1700	8.92	9.42
40	2.64	3.14	280	4.51	5.01	1800	9.14	9.64
42	2.67	3.17	300	4.62	5.12	1900	9.35	9.85
44	2.69	3.19	320	4.72	5.22	2000	9.55	10.05
46	2.72	3.22	340	4.82	5.32	2100	9.75	10.25

托幼建筑公共浴室、食堂厨房等的生活排水管道设计秒流量，按公式（5-13）计算：

$$q_p = \Sigma q_0 \cdot n_0 \cdot b \tag{5-13}$$

式中 q_p——托幼建筑计算管段的排水设计秒流量,L/s;

q_0——托幼建筑同类型的一个卫生器具排水流量,L/s,可按表 3-39 采用;

n_0——托幼建筑同类型卫生器具数;

b——托幼建筑卫生器具的同时排水百分数:托幼建筑公共浴室内的淋浴器和洗脸盆按表 4-12 选用,食堂的设备按表 4-13 选用。

注:当计算排水流量小于一个大便器排水流量时,应按一个大便器的排水流量计算。

4. 托幼建筑排水管道管径确定

托幼建筑排水铸铁管道最小坡度,按表 1-98 确定;胶圈密封连接排水塑料横管的坡度,按表 1-99 确定;建筑内排水管道最大设计充满度,参见表 1-100;排水管道自清流速,参见表 1-101。

排水横管水力计算按照公式(1-32)、公式(1-33);排水铸铁管水力计算,参见表 1-102;排水塑料管水力计算,参见表 1-103。

不同管径下排水横管允许流量 Q_p,参见表 1-104。

托幼建筑排水系统中排水横干管常见管径为 $DN100$、$DN150$。$DN100$ 排水横干管对应排水当量最大限值,参见表 1-105,$DN150$ 排水横干管对应排水当量最大限值,参见表 1-106。

不同通气方式的排水立管最大设计排水能力,参见表 1-107~表 1-109。

托幼建筑各种排水管的推荐管径,参见表 2-60。

5.3.4 排水系统管材、附件和检查井

1. 托幼建筑排水管管材

托幼建筑室外排水管可采用埋地排水塑料管,包括硬聚氯乙烯管、聚乙烯管和玻璃纤维增强塑料夹砂管等。常用的室外排水管还有双壁加筋波纹排水管、双平壁钢塑复合缠绕排水管等。

托幼建筑室内排水管类型,见表 5-21。

室内排水管类型表　　　表 5-21

序号	排水管类型	排水管设置要求
1	玻纤增强聚丙烯(FRPP)排水管	
2	柔性接口机制铸铁排水管	宜采用柔性接口机制排水铸铁管,连接方式有法兰压盖式承插柔性连接和无承口卡箍式连接
3	硬聚氯乙烯(PVC-U)排水管	采用胶水(胶粘剂)粘接连接
4	托幼建筑压力排水管	可采用焊接钢管、钢塑复合管、镀锌钢管

2. 托幼建筑排水管附件

排水立管上检查口的设置位置,参见表 1-113;检查口之间的最大距离,参见表 1-114;检查口设置要求,参见表 1-115。

清扫口的设置位置,参见表 1-116;清扫口至室外检查井中心最大长度,参见表 1-117;排水横管直线管段上清扫口之间的最大距离,参见表 1-118。

塑料排水管道支吊架间距规定,参见表 1-119。

3. 托幼建筑排水管道布置敷设

托幼建筑排水管道不应布置场所，见表5-22。

排水管道不应布置场所表　　　　　　　　　　　表 5-22

序号	排水管道不应布置场所	具体要求
1	生活水泵房等设备机房	排水横管禁止在托幼建筑生活水箱箱体正上方敷设，生活水泵房其他区域不宜敷设排水管道；设在室内的消防水池（箱）应按此要求处理
2	厨房、餐厅	托幼建筑中厨房内的主副食操作间、烹调间、备餐间、加工间、粗加工、冷菜间、面点蒸煮间、食品储藏库（主食库、副食库）等房间的上方均不应敷设排水管道，排水立管不宜穿过上述房间；托幼建筑中的餐厅；托幼建筑中的厨房排水应独立设置，排水横管和立管均不得与卫生间污水排水管道连通。上述场所上方排水管不宜采用同层排水方式
3	婴幼儿生活用房	厨房、卫生间、试验室、医务室等使用水的房间不应设置在其上方
4	电气机房	托幼建筑中的电气机房包括高压配电室、低压配电室（包括其值班室）、柴油发电机房（包括储油间）、网络机房、弱电机房、UPS机房、消防控制室等，排水管道不得敷设在此类电气机房内
5	结构变形缝、结构风道	原则上排水管道不得穿过结构变形缝；若条件限制必须穿越沉降缝时，则应预留沉降量并设置不锈钢软管柔性连接，必须穿越伸缩缝时，则应安装伸缩器
6	电梯机房、通风小室	

注：排水管道不宜穿越托幼建筑活动区、办公室等场所。

托幼建筑排水系统管道设计遵循原则，见表2-63。

4. 托幼建筑间接排水

托幼建筑中的间接排水，参见表4-33。

托幼建筑未设置地下室时，排水排出管穿越有沉降可能的承重墙或基础时应预留洞口；设置地下室时，排水排出管穿越地下室外墙时应预留防水套管，宜采用柔性防水套管。

5.3.5 通气管系统

托幼建筑通气管设置要求，见表5-23。

托幼建筑通气管设置要求表　　　　　　　　　　　表 5-23

序号	通气管名称	设置位置	设置要求	管径确定
1	伸顶通气管	设置场所涉及托幼建筑所有区域	高出非上人屋面不得小于300mm，但必须大于最大积雪厚度，常采用800~1000mm；高出上人屋面不得小于2000mm，常采用2000mm。顶端应装设风帽或网罩；在冬季室外温度高于-15℃的地区，顶端可装网形铅丝球；低于-15℃的地区，顶端应装伞形通气帽	应与排水立管管径相同。但在最冷月平均气温低于-13℃的地区，应在室内平顶或吊顶以下0.3m处将管径放大一级，若采用塑料管材时其最小管径不宜小于110mm

续表

序号	通气管名称	设置位置	设置要求	管径确定
2	专用通气管	托幼建筑公共卫生间排水可采用专用通气方式	公共卫生间的排水立管和专用通气立管并排设置在卫生间附设管道井内；未设管道井时，该2种立管并列设置，并宜后期装修包敷暗设，专用通气立管宜靠内侧敷设、排水立管宜靠外侧敷设	通常与其排水立管管径相同
3	汇合通气管	托幼建筑中多根通气立管或多根排水立管顶端通气部分上方楼层存在特殊区域（如厨房、餐厅、电气机房等）不允许每根立管穿越向上接至屋顶时，需在本层顶板下或吊顶内汇集后接至屋顶		汇合通气管的断面积应为最大一根通气管的断面积加其余通气管断面之和的0.25倍
4	主（副）通气立管	通常设置在托幼建筑内的公共卫生间		通常与其排水立管管径相同
5	结合通气管			通常与其连接的通气立管管径相同
6	环形通气管	连接4个及4个以上卫生器具（包括大便器）且横支管的长度大于12m的排水横支管；连接6个及6个以上大便器的污水横支管；设有器具通气管；特殊单立管偏置	和排水横支管、主（副）通气立管连接的要求：在排水横支管上设环形通气管时，应在其最始端的两个卫生器具之间接出，并应在排水支管中心线以上与排水支管呈垂直或45°连接；环形通气管应在卫生器具上边缘以上不小于0.15m处按不小于0.01的上升坡度与通气立管相连	常用管径为DN40（对应DN75排水管）、DN50（对应DN100排水管）

托幼建筑通气管可采用柔性接口机制排水铸铁管或塑料排水管，一般采用与托幼建筑排水管相同管材。在最冷月平均气温低于－13℃的地区，伸出屋面部分通气立管应采用柔性接口机制排水铸铁管。

通气立管的最小管径，见表1-130。

5.3.6 特殊排水系统

托幼建筑生活水泵房、厨房、电气机房等场所的上方楼层不应有排水横支管明设管道等。若有必要在上述某些场所上方设置排水点且无法采取其他躲避措施时，该部位的排水应采用同层排水方式。

托幼建筑同层排水最常采用的是降板或局部降板法。

5.3.7 特殊场所排水

1. 托幼建筑化粪池

化粪池宜设置在接户管的下游端；位置宜选在院区最低处附近；外壁距建筑物外墙不宜小于 5m；宜选用钢筋混凝土化粪池。

托幼建筑化粪池有效容积，按公式（1-35）～公式（1-38）计算。

托幼建筑可集中并联设置或根据院区布局分散并联布置 2 个化粪池，化粪池的型号宜一致。

2. 托幼建筑食堂、餐厅含油废水处理

托幼建筑含油废水宜采用三级隔油处理流程，参见表 1-141。

根据食堂用餐人数确定隔油设施处理水量，按公式（1-39）计算；根据食堂餐厅面积确定隔油设施处理水量，按公式（1-40）计算。

隔油池有效容积，按公式（1-41）计算。隔油池的类型，参见表 1-142。

隔油提升一体化设备选型的主要技术参数为其所接纳的食堂、餐厅内厨房等器具含油污水排水流量。

3. 托幼建筑设备机房排水

托幼建筑地下设备机房排水设施要求，参见表 1-147。

5.3.8 压力排水

1. 托幼建筑集水坑设置

托幼建筑地下室应设置集水坑。集水坑的设置要求，见表 5-24。

集水坑设置要求表　　　　　　　　　　　　　　　表 5-24

序号	集水坑服务场所	集水坑设置要求	集水坑尺寸
1	托幼建筑地下室卫生间	宜设在地下室最底层靠近卫生间的附属区域（如库房等）或公共空间，禁止设在有人员经常活动的场所；宜集中收纳附近多个卫生间的污水	应根据污水提升装置的规格要求确定
2	托幼建筑地下室食堂、餐厅等	应设置在食堂、餐厅、厨房邻近位置，不宜设在粗细加工间和烹炒间等房间内	应根据污水隔油提升一体化装置的规格要求确定
3	托幼建筑地下室工作人员淋浴间等场所	宜根据建筑平面布局按区域集中设置 1 个或多个	应根据污水提升装置的规格要求确定
4	托幼建筑地下生活水泵房、消防水泵房、热水机房		1500mm×1500mm×1500mm

通气管管径宜与排水管管径相同，可接至室外或向上接至建筑地上部分通气管系统。

2. 污水泵、污水提升装置选型

托幼建筑排水泵的流量方法确定，参见表 2-68；排水泵的扬程，按公式（1-44）计算。

5.3.9 室外排水系统

1. 托幼建筑室外排水管道布置

托幼建筑室外排水管道布置方法，参见表2-69；与其他地下管线（构筑物）最小间距，参见表1-154。

托幼建筑室外排水管道最小覆土深度不宜小于0.5m；对于严寒地区、寒冷地区托幼建筑，室外排水管道最小覆土深度应超过当地冻土层深度。

2. 托幼建筑室外排水管道敷设

托幼建筑室外排水管道与生活给水管道交叉时，应敷设在生活给水管道下面。室外排水管道敷设发生冲突时，应遵循表1-26原则处理。

3. 托幼建筑室外排水管道水力计算

室外排水管道水力计算，按公式（1-45）、公式（1-46）。

托幼建筑室外排水管道的最小管径、最小设计坡度、最大设计充满度，参见表1-155。

4. 托幼建筑室外排水管道管材

托幼建筑室外排水管道宜优先采用埋地塑料排水管，弹性橡胶圈密封柔性接口，小于$DN200$直壁管，可采用承插式粘接；可采用埋地铸铁排水管，橡胶圈柔性接口或水泥砂浆接口。

5. 托幼室外排水检查井

托幼建筑室外排水检查井设置位置，参见表1-156。

托幼建筑室外排水检查井宜优先选用玻璃钢排水检查井，其次是混凝土排水检查井，禁止采用砖砌排水检查井。室外排水管在排水检查井连接应采用管顶平接。

5.4 雨水系统

5.4.1 雨水系统分类

托幼建筑雨水系统分类，见表5-25。

雨水系统分类表 表5-25

序号	分类标准	雨水系统类别	托幼建筑应用情况	应用程度
1	屋面雨水设计流态	半有压流屋面雨水系统	托幼建筑中一般采用的是87型雨水斗系统	最常用
2		压力流屋面雨水系统（虹吸式雨水系统）	托幼建筑的屋面（通常为裙楼屋面）面积较大时，可考虑采用	少用
3		重力流屋面雨水系统		极少用
4	雨水管道设置位置	内排水雨水系统	托幼建筑雨水系统宜采用	常用
5		外排水雨水系统	托幼建筑雨水系统应采用	最常用
6		混合式雨水系统		极少用

续表

序号	分类标准	雨水系统类别	托幼建筑应用情况	应用程度
7	雨水出户横管室内部分是否存在自由水面	封闭系统		最常用
8		敞开系统		极少用
9	建筑屋面排水条件	天沟雨水排水系统		最常用
10		檐沟雨水排水系统		极少用
11		无沟雨水排水系统		极少用

5.4.2 雨水量

1. 设计雨水流量

托幼建筑设计雨水流量，应按公式（1-47）计算。

2. 设计暴雨强度

设计暴雨强度应按托幼建筑所在地或相邻地区暴雨强度公式计算确定，见公式（1-48）。我国部分城镇 5min 设计暴雨强度、小时降雨厚度，参见表 1-158（设计重现期 $P=10$ 年）。

3. 设计重现期

托幼建筑屋面雨水设计重现期：对于半有压流屋面雨水系统，通常取 10 年；对于压力流屋面雨水系统，通常取 50 年。

4. 设计降雨历时

托幼建筑屋面雨水排水管道设计降雨历时按照 5min 确定。

托幼建筑院区雨水排水管道设计降雨历时，按公式（1-49）计算。

5. 径流系数

托幼建筑屋面及院区地面的径流系数，参见表 1-159。

6. 汇水面积

托幼建筑的雨水汇水面积计算原则，参见表 1-160。

5.4.3 雨水系统

1. 雨水系统设计常规要求

托幼建筑雨水系统设置要求，参见表 1-161。

托幼建筑雨水排水管道不应穿越的场所，见表 5-26。

雨水排水管道不应穿越的场所表　　表 5-26

序号	不应穿越的场所名称	具体房间名称
1		托儿所睡眠室；幼儿园寝室；园长室、所长室、教师办公室等
2	电气机房	高压配电室、低压配电室及值班室、柴油发电机房及储油间、网络机房、弱电机房、UPS 机房、消防控制室等

注：托幼建筑雨水排水横管宜沿建筑内公共区域（内走道等）吊顶内敷设；雨水排水立管宜沿建筑内公共场所或辅助次要场所敷设。

2. 雨水斗设计

托幼建筑半有压流屋面雨水系统通常采用 87 型雨水斗或 79 型雨水斗，规格常

用 $DN100$。

雨水斗设计排水负荷，参见表 1-163。

雨水斗下方区域宜为建筑顶层公共区域（如内走道）或辅助次要场所（如公共卫生间、库房等），不应为需要安静的场所，不宜为活动区房间。

雨水斗宜对雨水排水立管做对称布置；接有多斗悬吊管的立管顶端不得设置雨水斗；一个屋面上应设置不少于 2 个雨水斗。

3. 天沟、溢流设施、连接管、悬吊管、立管、埋地管、排出管设计

托幼建筑天沟、溢流设施、连接管、悬吊管、立管、埋地管、排出管设置要求，参见表 1-164。

4. 室内水泵提升雨水排水系统设计

地下室露天窗井内应设平箅式雨水口、无水封地漏作为雨水口，经雨水收集管接入集水池。

雨水提升泵通常采用潜水泵，宜采用 3 台，2 用 1 备。

5. 雨水管管材

托幼建筑雨水排水管管材，参见表 1-167。

5.4.4 雨水系统水力计算

1. 托幼建筑半有压流（87 型）屋面雨水系统水力计算

（1）雨水斗（87 型）

雨水斗设计流量，应按公式（1-50）计算。

对于单斗雨水系统，雨水斗设计流量不应超过表 1-168 数值；对于多斗雨水系统，雨水斗设计流量应根据表 1-169 取值，最远端雨水斗设计流量不得超过表 1-169 数值。

托幼建筑 87 型雨水斗口径常采用 $DN100$，其次是 $DN75$、$DN150$。

（2）雨水连接管

托幼建筑雨水连接管管径通常与雨水斗出水口直径相同，常采用 $DN100$，其次是 $DN150$。

（3）雨水悬吊管

托幼建筑雨水悬吊管管径，参见表 1-172。

（4）雨水立管

连接 2 根及以上雨水悬吊管的雨水立管管径，按表 1-173 确定。

（5）雨水排出管

托幼建筑雨水排出管管径确定，参见表 1-174～表 1-177。

（6）雨水管道最小管径

托幼建筑雨水系统最小设计管径及雨水排水横管最小设计坡度，参见表 1-178。

2. 雨水提升系统水力计算

托幼建筑地下室窗井等场所设计雨水流量，按公式（1-54）计算；设计径流雨水总量，按公式（1-55）计算。

5.4.5 院区室外雨水系统设计

托幼建筑院区雨水系统宜采用管道排水形式，与污水系统应分流排放。

1. 雨水口

雨水口选型，参见表 1-180；雨水口设置位置，参见表 1-181；各类型雨水口的泄水流量，参见表 1-182。

雨水口设计流量，按公式（1-56）计算。

2. 雨水口连接管

单算雨水口连接管管径通常采用 DN250。

3. 雨水检查井

院区内直线雨水管道上雨水检查井设置最大间距，参见表 1-183。

院区雨水检查井规格通常采用 DN1000 圆形玻璃钢或钢筋混凝土雨水检查井。

4. 室外雨水管道布置

托幼建筑室外雨水管道布置方法，参见表 1-184。

5.4.6 院区室外雨水利用

托幼建筑应根据所在地的自然条件、水资源情况及经济技术发展水平，合理设置雨水收集利用系统。雨水利用工程应符合现行国家标准《建筑与小区雨水控制及利用工程技术规范》GB 50400 的有关规定。

雨水收集回用应进行水量平衡计算。托幼建筑院区雨水通常可用于景观用水、院区绿化用水、路面和地面冲洗用水、汽车冲洗用水、冲厕用水等。

5.5 消火栓系统

使用人数超过 200 人的幼儿园、托儿所建筑属于重要公共建筑。

5.5.1 消火栓系统设置场所

建筑高度大于 15m 或建筑体积大于 10000m³ 的单、多层托幼建筑应设置室内消火栓系统。

5.5.2 消火栓系统设计参数

1. 托幼建筑室外消火栓设计流量

托幼建筑室外消火栓设计流量，不应小于表 5-27 的规定。

托幼建筑室外消火栓设计流量表（L/s） 表 5-27

耐火等级	建筑物名称	建筑体积（m³）					
		$V \leqslant 1500$	$1500 < V \leqslant 3000$	$3000 < V \leqslant 5000$	$5000 < V \leqslant 20000$	$20000 < V \leqslant 50000$	$V > 50000$
一、二级	单层及多层托幼建筑	15			25	30	40
三级	单层及多层托幼建筑	15		20	25	30	—
四级	单层及多层托幼建筑	15		20	25	—	—

注：建筑体积指本建筑占据的空间数量，包括该建筑的地上空间体积数和地下空间体积数。

2. 托幼建筑室内消火栓设计流量

托幼建筑室内消火栓设计流量，不应小于表 5-28 的规定。

托幼建筑室内消火栓设计流量表　　表 5-28

建筑物名称	高度 h (m)、体积 V (m³)	消火栓设计流量 (L/s)	同时使用消防水枪 (支)	每根竖管最小流量 (L/s)
单层及多层托幼建筑	$h>15m$ 或 $V>10000$	15	3	10

注：消防软管卷盘、轻便消防水龙，其消火栓设计流量可不计入室内消防给水设计流量。

3. 火灾延续时间

托幼建筑消火栓系统的火灾延续时间，按 2.0h。

托幼建筑室内自动灭火系统的火灾延续时间，参见表 1-188。

4. 消防用水量

一座托幼建筑的消防用水量按室外消火栓系统用水量、室内消火栓系统用水量、室内自动喷水灭火系统用水量三者之和计算。

5.5.3 消防水源

1. 市政给水

当前国内城市市政给水管网能够满足托幼建筑直接消防供水条件的较少。

托幼建筑室外消防给水管网管径，可按表 4-40 确定。

托幼建筑室外消防给水管网宜与室外生活给水管网分开敷设，且应布置成环状管网。

2. 消防水池

（1）托幼建筑消防水池有效储水容积

表 5-29 给出了常用典型托幼建筑消防水池有效储水容积的对照表。

托幼建筑火灾延续时间内消防水池储存消防用水量表　　表 5-29

单、多层托幼建筑体积 V (m³)	$V \leqslant 3000$	$3000<V \leqslant 5000$	$5000<V \leqslant 10000$	$10000<V \leqslant 20000$	$20000<V \leqslant 50000$	$V>50000$
室外消火栓设计流量 (L/s)	15	20	25	30	30	40
火灾延续时间 (h)	2.0					
火灾延续时间内室外消防用水量 (m³)	108.0	144.0	180.0	216.0	216.0	288.0
室内消火栓设计流量 (L/s)	15（建筑高度大于 15m 时）				15	
火灾延续时间 (h)	2.0					
火灾延续时间内室内消防用水量 (m³)	108.0					
火灾延续时间内室内外消防用水量 (m³)	216.0	252.0	288.0	324.0	324.0	396.0
消防水池储存室内外消火栓用水容积 V_1 (m³)	216.0	252.0	288.0	324.0	324.0	396.0

续表

托幼建筑自动喷水灭火系统设计流量（L/s）	25	30	35	40
火灾延续时间（h）	1.0	1.0	1.0	1.0
火灾延续时间内自动喷水灭火用水量（m³）	90.0	108.0	126.0	144.0
消防水池储存自动喷水灭火用水容积V_2（m³）	90.0	108.0	126.0	144.0

如上表所示，通常托幼建筑消防水池有效储水容积在306~540m³。

（2）托幼建筑消防水池位置

消防水池位置确定原则，见表5-30。

消防水池位置确定原则表　　　　　　　　　　　　　　　表5-30

序号	消防水池位置确定原则
1	消防水池应毗邻或靠近消防水泵房
2	消防水池与消防水泵房的标高关系满足消防水泵自灌吸水要求
3	应结合托幼院区建筑布局条件
4	消防水池应满足与消防车间的距离关系
5	消防水池应满足与建筑物围护结构的位置关系

托幼建筑消防水池、消防水泵房与托幼院区空间关系，见表5-31。

消防水池、消防水泵房与托幼院区空间关系表　　　　　　表5-31

序号	托幼院区室外空间情况	消防水池位置	消防水泵房位置	备注
1	有充足空间	室外院区内	建筑地下室	常见于新建托幼建筑项目
2	室外空间狭小或不合适	建筑地下室	建筑地下室	常见于改建、扩建托幼建筑项目

消防水池的最低有效水位应高于消防水池吸水喇叭口不小于600mm，且应高于消防水泵的吸水管管顶。

托幼建筑消防水泵型式的选择与消防水池有一定的对应关系，参见表1-194。

托幼建筑储存室内外消防用水的消防水池与消防水泵房的位置关系，参见表1-195。

托幼建筑消防水池格（座）数与有效储水容积的对照关系，参见表1-196。

托幼建筑消防水池附件，参见表1-197。

托幼建筑消防水池各水位指标确定方法及取值经验值，参见表1-198。

3. 天然水源及其他水源

托幼建筑消防水源不宜采用天然水源。

5.5.4 消防水泵房

1. 消防水泵房选址

新建托幼建筑院区消防水泵房设置通常采取以下2个方案，见表5-32。

改建、扩建托幼院区消防水泵房设置方案，参见表1-200。

2. 建筑内部消防水泵房位置

托幼建筑消防水泵房若设置在建筑物内，不得与婴幼儿生活单元（托儿所睡眠室、活动室等；幼儿园寝室、活动室、多功能活动室、就餐室等；婴儿需要的哺乳室、配奶室、观察室等）贴邻设置，不应布置在有安静要求的房间（园长室、所长室、财务室、教师办公室、教室值班室、会议室、医务室等）上方、下方和毗邻位置；否则应采取水泵减振隔振和消声技术措施。

新建托幼建筑院区消防水泵房设置方案对比表   表 5-32

方案编号	消防水泵房位置	优点	缺点	适用条件
方案 1	院区内室外	设备集中，控制便利，对托幼活动等功能用房环境影响小；消防水泵集中设置，距离消防水池很近，泵组吸水管线很短等	距院区内托幼建筑较远，管线较长，水头损失较大，消防水箱距泵房较远等	适用于托幼建筑院区室外空间较大的情形。宜与生活水泵房、锅炉房、变配电室集中设置。在新建托幼建筑院区中，应优先采用此方案
方案 2	院区内托幼建筑地下室内	设备较为集中，控制较为便利，距离建筑消防水系统距较近，消防水箱距泵房位置较近等	占用托幼建筑空间，对托幼活动等功能用房环境有一些影响	适用于托幼建筑院区室外空间较小的情形。在新建托幼院区中，可替代方案 1

3. 消防水泵机组的布置要求

相邻两个机组及机组至泵房墙壁间的净距要求，参见表 1-201。

4. 消防水泵房采暖、排水等要求

严寒、寒冷地区消防水泵房，应设置供暖设施。

消防水泵房的泵房排水设施：在泵房内设置排水沟；地下消防水泵房内或邻近场所设集水坑，坑内设潜污泵。消防水泵房应采取防淹措施。

5. 消防水泵房管道设计

消防水泵配置数量与消防水系统设计流量的关系，参见表 1-202。

托幼建筑消防水泵吸水管、出水管管径，参见表 1-203；消防吸水总管管径应根据其连通服务的各种消防水泵设计流量之累加值进行确定，参见表 1-205。

消防水泵吸水管布置应避免形成气囊。

消防水泵吸水口的淹没深度应满足消防水泵在最低水位运行安全的要求。

消防水泵吸水管、出水管上附件配置及要求，参见表 1-206。

6. 消防水泵自动启动控制

消防水泵自动启动要求，参见表 1-207；消防水泵自动启动方式，参见表 1-208；流量开关性能、设置位置等，参见表 1-209。

当消防稳压泵设置于高位消防水箱间内时，消防水泵启泵压力（P），按公式（1-58）确定；当消防稳压泵设置于低位消防水泵房内时，按公式（1-59）确定。

5.5.5 消防水箱

托幼建筑消防给水系统绝大多数属于临时高压系统，3 层及以上单体总建筑面积大于 10000m^2 的托幼建筑应设置高位消防水箱。

1. 消防水箱有效储水容积

托幼建筑高位消防水箱有效储水容积不应小于 $18m^3$，可按 $18m^3$。

2. 消防水箱设置位置

托幼建筑消防水箱设置位置应满足以下要求，见表 5-33。

消防水箱设置位置要求表　　　　　表 5-33

序号	消防水箱设置位置要求	备注
1	位于所在建筑的最高处	通常设在屋顶机房层消防水箱间内
2	应该独立设置	不与其他设备机房，如屋顶太阳能热水机房、热水箱间等合用
3	应避免对下方楼层房间的影响	其下方不应是婴幼儿生活单元（托儿所睡眠室、活动室等）、幼儿园寝室、活动室、多功能活动室、就餐室等；婴儿需要的哺乳室、配奶室、观察室等）、有安静要求的房间（园长室、所长室、财务室、教师办公室、教室值班室、会议室、医务室等），可以是库房、卫生间等辅助房间或公共区域
4	应高于设置室内消火栓系统、自动喷水灭火系统等系统的楼层	机房层设有活动室、库房等需要设置消防给水系统的场所，可采用其他非水基灭火系统，亦可将消防水箱间置于更高一层
5	不宜超出机房层高度过多、影响建筑效果	消防水箱间内配置消防稳压装置

3. 高位消防水箱尺寸

消防水箱宜为装配式方形水箱，其尺寸宜为 1.0m 或 0.5m 的倍数，推荐尺寸参见表 1-212。

4. 高位消防水箱材质

常用材质为不锈钢板、热浸锌镀锌钢板、玻璃钢板、钢筋混凝土等，不锈钢板最常见。

5. 高位消防水箱配管

高位消防水箱配管及管径确定，参见表 1-213。

6. 消防水箱水位

消防水箱各水位指标确定方法及取值经验值，参见表 1-214。

7. 高位消防水箱布置

高位消防水箱四周净距要求，参见表 1-215。

8. 消防水箱防冻

消防水箱及相应管道保温材料及厚度，参见表 1-216。

5.5.6 消防稳压装置

1. 消防稳压泵

（1）设计流量

消火栓稳压泵设计流量，参见表 1-217。

自动喷水灭火稳压泵设计流量，参见表 1-218；结合一只标准喷头的流量，自动喷水灭火稳压泵常规设计流量取 1.33L/s。

(2) 设计压力

当消防稳压泵设置于高位消防水箱间内时,稳压泵的启泵压力 P_1 可取 $0.15\sim0.20\mathrm{MPa}$,停泵压力 P_2 可取 $0.20\sim0.25\mathrm{MPa}$;当消防稳压泵设置于低位消防水泵房内时,P_1 按公式(1-62)确定,P_2 按公式(1-63)确定。

(3) 消防稳压泵选型

消火栓稳压泵设计流量为稳压泵流量确定依据。

消防稳压泵停泵压力(P_2)值附加 $0.03\sim0.05\mathrm{MPa}$ 后,为稳压泵扬程确定依据。

2. 气压水罐

消火栓稳压装置、自动喷水灭火稳压装置均采用 150L 有效储水容积气压水罐;合用消防稳压装置采用 300L 有效储水容积气压水罐。

3. 管道、阀门、附件等

消防稳压泵吸水管管径、出水管管径,参见表 1-219。每套消防稳压泵通常为 2 台,1 用 1 备。

5.5.7 消防水泵接合器

1. 设置范围

对于室内消火栓系统,6 层及以上的托幼建筑应设置消防水泵接合器。

托幼建筑消火栓系统消防水泵接合器配置,参见表 1-220。

托幼建筑自动喷水灭火系统等自动水灭火系统应分别设置消防水泵接合器。

2. 技术参数

托幼建筑消防水泵接合器数量,参见表 1-221。

3. 安装形式

托幼建筑消防水泵接合器安装形式选择,参见表 1-222。

4. 设置位置

同种水泵接合器不宜集中布置,不同种类、分区、功能的水泵接合器宜成组布置,且应设在室外便于消防车使用和接近的地方,且距室外消火栓或消防水池的距离不宜小于 15m,并不宜大于 40m,距人防工程出入口不宜小于 5m。

5.5.8 消火栓系统给水形式

1. 室外消火栓给水系统

当市政给水管网不满足直接供给室外消火栓给水系统时,托幼建筑应采用临时高压室外消火栓给水系统,通常在消防水泵房内独立设置室外消火栓给水泵组、室外消火栓稳压装置。

托幼建筑室外消火栓给水泵组一般设置 2 台,1 用 1 备,泵组设计流量为本建筑室外消防设计流量(15L/s、20L/s、25L/s、30L/s、40L/s),设计扬程应保证室外消火栓处的栓口压力($0.20\sim0.30\mathrm{MPa}$)。泵组出水管及吸水管管径,参见表 1-223。

室外消火栓给水管网管径,参见表 1-224,管网应环状布置,单独成环。

2. 室内消火栓给水系统

托幼建筑室内消火栓给水系统常采用临时高压消火栓给水系统。

3. 室内消火栓系统分区供水

托幼建筑通常为多层建筑，室内消火栓系统为1个区，不分区供水。

典型托幼建筑室内消火栓系统原理图，参见图4-4。

5.5.9 消火栓系统类型

1. 系统分类

托幼建筑的室外消火栓系统宜采用湿式消火栓系统。

2. 室外消火栓

严寒、寒冷等冬季结冰地区托幼建筑室外消火栓应采用干式消火栓；其他地区宜采用地上式消火栓。

建筑室外消火栓的数量应根据室外消火栓设计流量和保护半径经计算确定，保护半径不应大于150.0m，间距不应大于120.0m，每个室外消火栓的出流量宜按10～15L/s计算。通常根据建筑物平面布局在建筑物四个角附近绿地设置室外消火栓，根据邻近两个消火栓之间距离合理增设消火栓。

3. 室内消火栓

托幼建筑的各区域各楼层均应布置室内消火栓予以保护；托幼建筑中不能采用自动喷水灭火系统保护的高低压配电室、网络机房、消防控制室等场所亦应由室内消火栓保护。

室内消火栓的布置应满足同一平面有2支消防水枪的2股充实水柱同时达到任何部位。

表5-34给出了托幼建筑室内消火栓的布置方法。

托幼建筑室内消火栓布置方法表　　　　　　　　表5-34

序号	室内消火栓布置方法	注意事项
1	布置在楼梯间、前室等位置	楼梯间、前室的消火栓宜暗设并采取墙体保护措施；箱体及立管不应影响楼梯门、电梯门开启使用
2	布置在公共走道两侧，箱体开门朝向公共走道	应暗设；优先沿辅助房间（库房、卫生间等）的墙体安装
3	布置在集中区域内部公共空间内	可在朝向公共空间房间的外墙上暗设；应避免消火栓消防水带穿过多个房间门到达保护点
4	特殊区域如入口门厅等场所，应根据其平面布局布置	入口门厅处消火栓宜沿空间周边房间外墙布置

注：1. 室内消火栓不应跨防火分区布置；
　　2. 室内消火栓应按其实际行走距离计算其布置间距，托幼建筑室内消火栓布置间距宜为20.0～25.0m，不应小于5.0m。

普通消火栓、减压稳压消火栓设置的楼层数，见表1-227。

托幼建筑室内消火栓箱应暗设设置，消火栓箱门不宜采用普通玻璃门。

5.5.10 消火栓给水管网

1. 室外消火栓给水管网

托幼建筑室外消火栓给水管网应采用环状给水管网。向室外消火栓给水管网供水的输水干管不应少于两条。

2. 室内消火栓给水管网

托幼建筑室内消火栓给水管网应采用环状给水管网，有 2 种主要管网型式，见表 5-35。室内消火栓给水管网在横向、竖向均宜连成环状。

室内消火栓给水管网主要管网型式表　　　　表 5-35

序号	管网型式特点	适用情形	具体部位	备注
型式 1	消防供水干管沿建筑最高处、最低处横向水平敷设，配水干管沿竖向垂直敷设，配水干管上连有消火栓	各楼层竖直上下层消火栓位置基本一致和横向连接管长度较小的区域	建筑内走道、楼梯间、电梯前室；活动室、办公室、阅览室、会议室、餐厅等房间外墙	主要型式
型式 2	消防供水干管沿建筑竖向垂直敷设，配水干管沿每一层顶板下或吊顶内横向水平敷设，配水干管上连有消火栓	各楼层竖直上下层消火栓位置差别较大或横向连接管长度较大的区域；地下车库	建筑内走道、楼梯间、电梯前室；活动室、办公室、阅览室、会议室、餐厅等房间外墙；车库；机房等	辅助型式

注：不能敷设消火栓给水管道的场所包括：高低压配电室、网络机房、消防控制室等。

室内消火栓给水管网型式 1 参见图 1-13，型式 2 参见图 1-14。

托幼建筑室内消火栓给水管网的环状干管管径，参见表 1-229；室内消火栓竖管管径可按 $DN100$。

托幼建筑当设置消火栓灭火设施时，消防立管布置应避免幼儿碰撞。

3. 系统阀门

室内消火栓系统阀门设置，参见表 1-230。

托幼建筑当设置消火栓灭火设施时，消防阀门布置应避免幼儿碰撞。

埋地管道的阀门宜采用带启闭刻度的球墨铸铁暗杆闸阀。室内架空管道的阀门宜采用蝶阀、明杆闸阀或带启闭刻度的暗杆闸阀等。

4. 系统给水管网管材

托幼建筑室外消火栓给水管绝大多数采用直埋敷设方式。埋地消火栓给水管道宜采用球墨铸铁管或钢丝网骨架塑料复合管给水管道。

托幼建筑室内消火栓给水管管材选择，参见表 1-231。

薄壁不锈钢管（S11163）、镀锌镍碳钢管等新型优质管道，在托幼建筑室内消火栓系统中均得到更多的应用，未来会逐步替代传统钢管。

5.5.11　消火栓系统计算

1. 消火栓水泵选型计算

托幼建筑室内消火栓水泵流量与室内消火栓设计流量一致；消火栓水泵扬程，按公式（1-64）计算。根据消火栓水泵流量和扬程选择消火栓水泵。

2. 消火栓计算

室内消火栓的保护半径，按公式（1-65）计算；消火栓栓口处所需水压，按公式（1-66）计算。

多层托幼建筑消防水枪充实水柱应按 10m 计算。多层托幼建筑消火栓栓口动压不应小于 0.25MPa。

3. 消火栓系统压力计算

消火栓系统的设计工作压力，按公式（1-67）计算。通常以设计工作压力确定消火栓水泵扬程。

5.6 自动喷水灭火系统

5.6.1 自动喷水灭火系统设置

托幼建筑相关场所自动喷水灭火系统设置要求，见表 5-36。

托幼建筑相关场所自动喷水灭火系统设置要求表　　　　表 5-36

序号	托幼建筑类型	自动喷水灭火系统设置要求
1	中型（5～8 个班）和大型（9～12 个班）幼儿园建筑	建筑主楼、裙房、地下室、半地下室，除了不宜用水扑救的部位外的所有场所均设置
2	中型（4～7 个班）和大型（8～10 个班）托儿所建筑	
3	单、多层托幼建筑	设有送回风道（管）系统的集中空气调节系统且总建筑面积大于 3000m² 的单、多层托幼建筑，除了不宜用水扑救的部位外的所有场所均设置

注：设置在高层民用建筑内的幼儿园，应设置自动喷水灭火系统。

托幼建筑若根据规范规定设置自动喷水灭火系统，其设置的具体场所见表 5-37。

设置自动喷水灭火系统的具体场所表　　　　表 5-37

设置自动喷水灭火系统的区域	具体场所
托幼建筑	托儿所睡眠室、活动室等；幼儿园寝室、活动室、多功能活动室、就餐室、贮藏室、卫生间等；婴儿需要的哺乳室、配奶室、观察室、卫生间等；园长室、所长室、财务室、教师办公室、教室值班室、会议室、教具制作间等；卫生室、保健观察室、晨检室（厅）等；饮水间、配餐室、发餐室、设备用房、厨房、消毒间、淋浴室、洗衣房、清扫间、车库、警卫室、传达室、储藏室等；内走道、连廊、缓冲区等

表 5-38 为托幼建筑内不宜用水扑救的场所。

不宜用水扑救的场所一览表　　　　表 5-38

序号	不宜用水扑救的场所	自动灭火措施
1	电气类房间：高压配电室（间）、低压配电室（间）、网络机房（网络中心、信息中心）、进线间等	气体灭火系统
2	电气类房间：消防控制室	不设置

托幼建筑自动喷水灭火系统类型选择，参见表 1-245。

典型托幼建筑自动喷水灭火系统原理图，参见图 4-5。

托幼建筑火灾危险等级按轻危险级确定。

5.6.2 自动喷水灭火系统设计基本参数

托幼建筑自动喷水灭火系统设计参数，按表 1-246 的规定。

托幼建筑高大空间场所设置湿式自动喷水灭火系统设计参数，按表 5-39 的规定。

高大空间场所湿式自动喷水灭火系统设计参数表　　　　表 5-39

适用场所	最大净空高度 h(m)	喷水强度[L/(min·m²)]	作用面积(m²)	喷头间距 S(m)
出入门厅、高大空间儿童活动场所	8<h≤12	12	160	1.8≤S≤3.0
	12<h≤18	15		

注：当民用建筑高大空间场所的最大净空高度为 12m<h≤18m 时，应采用非仓库型特殊应用喷头。

若托幼建筑地下室中附属的库房认定为堆垛储物仓库，其自动喷水灭火系统设计参数，按表 1-247 的规定。

自动喷水灭火系统的持续喷水时间，应按火灾延续时间不小于 1h 确定。

5.6.3 洒水喷头

设置自动喷水灭火系统的托幼建筑内各场所的最大净空高度通常不大于 8m。

托幼建筑自动喷水灭火系统喷头公称动作温度宜相比环境温度高 30℃，参见表 4-54。

托幼建筑自动喷水灭火系统喷头种类选择，见表 5-40。

托幼建筑自动喷水灭火系统喷头种类选择表　　　　表 5-40

序号	火灾危险等级	设置场所	喷头种类
1	轻危险级	托幼建筑生活单元、办公室、会议室、阅览室、书库、餐厅、厨房等设有吊顶场所	吊顶型或下垂型快速响应喷头
2		库房等无吊顶场所	直立型普通或快速响应喷头

注：基于托幼建筑火灾特点和重要性，生活区属于人员密集场所，其自动喷水灭火系统洒水喷头宜全部采用快速响应喷头。

每种型号的备用喷头数量按此种型号喷头数量总数的 1% 计算，并不得少于 10 只。

托幼建筑中自动喷水灭火系统直立型、下垂型喷头的布置间距，不应大于表 1-250 的规定，且不宜小于 2.4m。

托幼建筑常用普通玻璃球闭式喷头规格型号，参见表 1-252。

5.6.4 自动喷水灭火系统管道

1. 管材

托幼建筑自动喷水灭火系统给水管管材，见表 1-254。

薄壁不锈钢管（S11163）、氯化聚氯乙烯（PVC-C）管、镀锌镍碳钢管等新型优质管道，在托幼建筑自动喷水灭火系统中均得到更多的应用，未来会逐步替代传统钢管。

托幼建筑中各场所自动喷水灭火系统公称直径≤DN80 的配水管（支管）均可采用氯

化聚氯乙烯（PVC-C）管材及管件。

2. 管径

托幼建筑自动喷水灭火系统的配水管道管径可根据表 1-255 中数据进行确定。

3. 管网敷设

托幼建筑自动喷水灭火系统配水干管宜沿公共走廊敷设，走廊两侧房间内的配水支管就近连接到配水干管上。走廊内布置的喷头就近接至排水支管后再接至配水干管。单个喷头不应直接接至管径大于或等于 $DN100$ 的配水干管。

托幼建筑自动喷水灭火系统配水管网布置步骤，见表 5-41。

自动喷水灭火系统配水管网布置步骤表　　　　　表 5-41

序号	配水管网布置步骤
步骤 1	根据托幼建筑的防火性能确定自动喷水灭火系统配水管网的布置范围
步骤 2	在每个防火分区内应确定该区域自动喷水灭火系统配水主干管或主立管的位置或方向
步骤 3	自接入点接入后，可确定主要配水管的敷设位置和方向
步骤 4	自末端房间内的自动喷水灭火系统配水支管就近向配水管连接
步骤 5	每个楼层每个防火分区内配水管网布置均按步骤 1～步骤 4 进行

自动喷水灭火系每个喷头与配水支管连接的短立管管径通常采用 25mm；末端试水装置或试水阀的连接管管径通常采用 25mm。

5.6.5 水流指示器

除报警阀组控制的喷头只保护不超过防火分区面积的同层场所外，托幼建筑每个防火分区、每个楼层均应设水流指示器；当整个场所需要设置的喷头数不超过 1 个报警阀组控制的喷头数时，可不设置水流指示器；每个防火分区应设置一个水流指示器，位置可设在本防火分区系统配水管网的起始端，亦可集中设置于各个防火分区配水干管分叉处。

水流指示器上游端应设置信号阀，其型号规格，参见表 1-257。

水流指示器与所在配水干管同管径，其型号规格，参见表 1-258。

5.6.6 报警阀组

托幼建筑消防系统报警阀组主要采用湿式水力报警阀组，一定条件下采用预作用报警阀组。

托幼建筑自动喷水灭火系统报警阀组的数量取决于：整个建筑中设置喷头的总数量；每个防火分区内设置喷头的数量；每个报警阀组控制的喷头数。一个报警阀组控制的喷头数不宜超过 800 只，设计中可适当超过 800 只。

喷头均衡组合遵循的原则，参见表 1-259。

托幼建筑自动喷水灭火系统报警阀组通常设置在消防水泵房，设置位置方案，参见表 1-260。

报警阀组宜设在安全及易于操作的地点，报警阀距地面的高度宜为 1.2m；宜沿墙体集中布置，相邻报警阀组的间距不宜小于 1.5m，不应小于 1.2m；报警阀组处应设有排水设施，排水管管径不应小于 $DN100$。

表1-261为常用湿式报警阀装置型号规格；表1-262为常见预作用报警阀装置型号规格；报警阀组压力开关主要技术参数，参见表1-263；报警阀组前后管道设置，参见表1-264。

托幼建筑自动喷水灭火系统减压阀设置方式，参见表1-265。

减压孔板作为一种减压部件，可辅助减压阀使用。

5.6.7 自动喷水灭火系统水泵接合器

自动喷水灭火系统管网上应设置水泵接合器，托幼建筑自动喷水灭火系统消防水泵接合器数量，参见表1-266。

自动喷水灭火系统水泵接合器宜设置在靠近消防水泵房的室外；常规做法是将多个 $DN150$ 水泵接合器并联起来，由1根 $DN150$ 供水管道接至系统供水泵组出水干管上，连接位置位于报警阀组前。

5.6.8 消防水箱设计

高位消防水箱、自动喷水灭火稳压装置设计参见消火栓系统相关内容。

5.6.9 自动喷水灭火系统压力计算

自动喷水灭火系统的设计工作压力，按公式（1-68）计算。

自动喷水灭火给水泵扬程通常按照自动喷水灭火系统的设计工作压力值确定。

自动喷水灭火给水系统压力管道水压强度试验的试验压力（$H_{试验}$）的基准指标，参见表1-267。

5.7 灭火器系统

5.7.1 灭火器配置场所火灾种类

托幼建筑灭火器配置场所的火灾种类，见表5-42。

灭火器配置场所的火灾种类表　　　　表5-42

序号	火灾种类	灭火器配置场所
1	A类火灾（固体物质火灾）	托幼建筑内绝大多数场所，如婴幼儿生活单元、办公室、活动室、餐厅等
2	E类火灾（物体带电燃烧火灾）	托幼建筑内附设电气房间，如高压配电间、低压配电间、网络机房、弱电机房等

5.7.2 灭火器配置场所危险等级

托幼建筑灭火器配置场所的危险等级分为严重危险级、中危险级和轻危险级3级，危险等级举例，见表5-43。

托幼建筑灭火器配置场所的危险等级举例 表 5-43

危险等级	举例
严重危险级	幼儿住宿床位在 50 张及以上的托儿所、幼儿园
	配建充电基础设施（充电桩）的车库区域
中危险级	幼儿住宿床位在 50 张以下的托儿所、幼儿园
	设有集中空调、电子计算机、复印机等设备的办公室
	民用燃油、燃气锅炉房
	民用的油浸变压器室和高、低压配电室
	配建充电基础设施（充电桩）以外的车库区域
轻危险级	未设集中空调、电子计算机、复印机等设备的普通办公室

注：托幼建筑室内强电间、弱电间；屋顶排烟机房内每个房间均应设置2具手提式磷酸铵盐干粉灭火器。

5.7.3 灭火器选择

托幼建筑灭火器配置场所的火灾种类通常涉及 A 类、E 类火灾，通常配置灭火器时选择磷酸铵盐干粉灭火器。

消防控制室、配电室等部位配置灭火器宜采用气体灭火器，通常采用二氧化碳灭火器。

5.7.4 灭火器设置

托幼建筑中设置的手提式灭火器，通常和室内消火栓同位置设置，放置于室内消火栓箱体下部。独立设置的手提式或推车式灭火器通常放置于所保护区域的公共走道、门口或房间内靠近公共通道出入口处。灭火器设置点应均衡布置。

设置在 A 类火灾场所的灭火器，其最大保护距离应符合表 1-274 的规定。

灭火器最大保护距离为灭火器与起火点之间最大的行走距离。托幼建筑中大间套小间区域、房间中间隔着走道区域，常需要增加灭火器配置点。

托幼建筑中 E 类火灾场所中的高低压配电间、网络机房等场所，灭火器配置宜按 B 类火灾场所灭火器最大保护距离要求进行。

5.7.5 灭火器配置

A 类火灾场所灭火器的最低配置基准，应符合表 1-276 的规定。

A 类火灾场所配置基准可按照灭火器最低配置基准，即：严重危险级按照3A；中危险级按照2A；轻危险级按照1A。

E 类火灾场所的灭火器最低配置基准不应低于该场所内 A 类（或 B 类）火灾的规定。

5.7.6 灭火器配置设计计算

托幼建筑内每个灭火器设置点灭火器数量通常以 2~4 具为宜。

灭火器计算单元最小需配灭火级别，按公式（1-69）计算。

灭火器计算单元中每个灭火器设置点最小需配灭火级别，按公式（1-70）计算。

5.7.7 灭火器类型及规格

托幼建筑灭火器配置设计中常用的灭火器类型及规格，参见表1-279。

5.8 气体灭火系统

5.8.1 气体灭火系统应用场所

托幼建筑中适合采用气体灭火系统的场所包括高压配电室（间）、低压配电室（间）、网络机房、网络中心、信息中心、UPS间等电气设备房间。

目前托幼建筑中最常用七氟丙烷（HFC-227ea）气体灭火系统和IG541混合气体灭火系统。

5.8.2 七氟丙烷气体灭火系统设计参数

七氟丙烷灭火剂主要技术性能参数，参见表1-281。

无管网七氟丙烷气体自动灭火装置技术参数、规格等，参见表1-282~表1-284。

托幼建筑中采用七氟丙烷气体灭火保护时，各防护区设计灭火浓度，参见表3-70。

5.8.3 气体灭火设计用量计算

七氟丙烷气体灭火设置场所设计用量，按公式（1-71）计算。

七氟丙烷设计用量，按公式（2-28）计算；七氟丙烷设计容积，按公式（2-29）计算。

每个防护区内无管网七氟丙烷气体灭火装置的布置应做到均匀。

IG541混合气体灭火防护区灭火设计用量或惰化设计用量，按公式（1-74）计算。

IG541灭火剂气体在101kPa大气压和防护区最低环境温度下的质量体积，按公式（1-75）计算。

IG541混合气体灭火系统灭火剂储存量，应为防护区灭火设计用量及系统灭火剂剩余量之和，系统灭火剂剩余量按公式（1-76）计算。

5.8.4 IG541混合气体灭火系统管网计算

IG541混合气体灭火系统管道流量宜采用平均设计流量。

系统主干管、支管的平均设计流量，按公式（1-77）、公式（1-78）计算。

管道内径按公式（1-79）计算。

灭火剂释放时，管网应进行减压。减压装置宜采用减压孔板，宜设在系统的源头或干管入口处。减压孔板前的压力，按公式（1-80）计算；减压孔板后的压力，按公式（1-81）计算；减压孔板孔口面积，按公式（1-82）计算。

系统的阻力损失宜从减压孔板后算起，并按公式（1-83）计算。

IG541混合气体灭火系统的喷头工作压力的计算结果，应符合：一级充压（15.0MPa）系统，$P_c \geqslant 2.0$MPa（绝对压力）；二级充压（20.0MPa）系统，$P_c \geqslant$

2.1MPa（绝对压力）。

喷头等效孔口面积，按公式（1-84）计算。

5.8.5 防护区泄压口

气体灭火系统防护区应设置泄压口。七氟丙烷气体灭火系统防护区泄压口面积按系统设计规定计算，按公式（1-85）计算；IG541混合气体灭火系统防护区泄压口面积按系统设计规定计算，宜按公式（1-86）计算。

七氟丙烷气体灭火系统的泄压口应位于防护区净高的2/3以上。对于设置吊顶场所，泄压口通常设置在吊顶（梁）下，泄压口顶面紧贴吊顶（梁）或吊顶（梁）下100mm。

不同规格无管网七氟丙烷气体灭火装置与泄压口尺寸的对照表，参见表1-288。

防护区设置的泄压口，宜设在外墙上，无外墙时应设置在朝向公共建筑公共区域（走道）的内墙上。每个防护区根据需要可设置1个或多个泄压口。

5.9 高压细水雾灭火系统

托幼建筑中不宜用水扑救的部位（即采用水扑救后会引起爆炸或重大财产损失的场所）可以采用高压细水雾灭火系统灭火。

托幼建筑中适合采用高压细水雾灭火系统的场所包括高压配电室（间）、低压配电室（间）、网络机房、网络中心、信息中心、UPS间等电气设备房间。托幼建筑中当此类场所较少时，宜采用气体灭火系统；当此类场所较多时，可采用高压细水雾灭火系统，设计方法参见4.9节。

5.10 自动跟踪定位射流灭火系统

当托幼建筑出入门厅等场所为高大空间时，可设置自动跟踪定位射流灭火系统，设计方法参见4.10节。托幼建筑内儿童活动场所为高大空间时，不应设置射流型自动跟踪定位射流灭火系统。

5.11 给水排水抗震设计

托幼建筑给水排水管道抗震设计，参见4.11节。

5.12 给水排水专业绿色建筑设计

托幼建筑绿色设计，应根据托幼建筑所在地相关规定要求执行。新建托幼建筑应按照一星级或以上星级标准设计；政府投资或者以政府投资为主的托幼建筑、建筑面积大于20000m^2的大型托幼建筑宜按照绿色建筑二星级或以上星级标准设计。托幼建筑二星级、三星级绿色建筑设计专篇，参见表1-347。

第 6 章　办公建筑给水排水设计

办公建筑为供机关、团体和企事业单位办理行政事务和从事各类业务活动的建筑物。办公建筑分类，见表 6-1。

办公建筑分类表　　　　　　　　　　表 6-1

类别	特点	设计使用年限	耐火等级
一类	特别重要办公建筑	100 年或 50 年	一级
二类	重要办公建筑	50 年	不低于二级
三类	普通办公建筑	25 年或 50 年	不低于二级

办公建筑类型，见表 6-2。

办公建筑类型表　　　　　　　　　　表 6-2

序号	类型	说明
1	酒店式办公建筑	提供酒店式服务和管理的办公建筑
2	公寓式办公建筑	由统一物业管理，根据使用要求，可由一种或数种平面单元组成，单元内设有办公、会客空间和卧室、厨房和卫生间等房间的办公建筑
3	坐班制办公建筑	由统一物业管理，设有办公、会议、卫生间等房间的办公建筑
4	商务写字楼	在统一的物业管理下，以商务为主，由一种或数种单元办公平面组成的租赁办公建筑

办公建筑一般由办公用房、公共用房、服务用房和设备用房等组成，见表 6-3。

办公建筑组成表　　　　　　　　　　表 6-3

序号	组成	说明
1	办公用房	包括普通办公室和专用办公室，专用办公室可包括研究工作室和手工绘图室等
2	公共用房	包括会议室、对外办事厅、接待室、陈列室、公用厕所、开水间、健身场所等
3	服务用房	包括一般性服务用房和技术性服务用房：一般性服务用房为档案室、资料室、图书阅览室、员工更衣室、汽车库、非机动车库、员工餐厅、厨房、卫生管理设施间、快递储物间等；技术性服务用房为消防控制室、电信运营商机房、电子信息机房、打印机房、晒图室等；党政机关办建筑包括公勤人员用房及警卫用房等；有对外服务功能的办公建筑可包括哺乳室
4	设备用房	动力机房、生活水泵房、消防水泵房、制冷机房、换热机房、高压配电室、低压配电室、变配电间、弱电设备用房等

办公室类型，见表 6-4。

办公室类型表　　　　　　　　　　　　表 6-4

序号	类型	说明
1	开放式办公室	灵活隔断的大空间办公空间形式
2	半开放式办公室	由开放办公室和单间办公室组合而形成的办公空间形式
3	单元式办公室	由接待空间、办公空间、专用卫生间以及服务空间等组成的相对独立的办公空间形式
4	单间式办公室	一个或几个开间和以一个进深为尺度而隔成的独立办公空间形式

办公建筑给水排水设计应符合现行国家标准《城市给水工程项目规范》GB 55026、《城乡排水工程项目规范》GB 55027、《建筑给水排水设计标准》GB 50015、《建筑防火通用规范》GB 55037、《消防设施通用规范》GB 55036、《建筑设计防火规范》GB 50016 和《消防给水及消火栓系统技术规范》GB 50974 等的规定。根据办公建筑的功能设置，其给水排水设计涉及的现行行业标准为《办公建筑设计标准》JGJ/T 67。办公建筑若设置中水系统，其设计涉及的现行国家标准为《建筑中水设计标准》GB 50336。办公建筑若设置管道直饮水系统，其设计涉及的现行行业标准为《建筑与小区管道直饮水系统技术规程》CJJ/T 110。

6.1 生活给水系统

6.1.1 用水量标准

1. 生活用水量标准

《水标》中办公建筑相关功能场所生活用水定额，见表 6-5。

办公建筑生活用水定额表　　　　　　　　　表 6-5

序号	建筑物名称		单位	生活用水定额（L）		使用时数（h）	最高日小时变化系数 K_h
				最高日	平均日		
1	办公	坐班制办公	每人每班	30～50	25～40	8～10	1.5～1.2
		公寓式办公	每人每日	130～300	120～250	10～24	2.5～1.8
		酒店式办公		250～400	220～320	24	2.0
2	餐饮业	食堂	每人每次	20～25	15～20	12～16	1.5～1.2
3	会议厅		每座位每次	6～8	6～8	4	1.5～1.2
4	停车库地面冲洗水		每平方米每次	2～3	2～3	6～8	1.0

注：1. 除注明外，均不含员工生活用水，员工最高日用水定额为每人每班 40～60L，平均日用水定额为每人每班 30～45L；
　　2. 表中用水量标准为生活用水，包括生活用热水用水量和直饮水用量，也包括正常漏水量和间接用水量，如清洁用水在内；但不包括空调、采暖、水景绿化、场地和道路浇洒等用水；
　　3. 计算办公建筑最高日最大时用水量时，某一类型生活用水定额、最高日小时变化系数（K_h）均为一个范围值时，生活用水定额取定额的最低值应对应选择最高日小时变化系数（K_h）的最大值；生活用水定额取定额的最高值应对应选择最高日小时变化系数（K_h）的最小值；生活用水定额取定额的中间值应对应选择最高日小时变化系数（K_h）的中间值（按内插法确定）。

《节水标》中办公建筑相关功能场所平均日生活用水节水用水定额，见表6-6。

办公建筑平均日生活用水节水用水定额表　　　　表6-6

序号	建筑物名称		单位	节水用水定额
1	办公楼	坐班制办公	L/(人·班)	25～40
		公寓式办公	L/(人·d)	110～240
		酒店式办公		220～320
2	餐饮业	食堂	L/(人·次)	15～20
3	会议厅		L/(座位·次)	6～8
4	停车库地面冲洗用水		L/(m²·次)	2～3

注：1. 除注明外均不含员工用水，员工用水定额每人每班30～45L；
　　2. 表中用水量包括热水用量在内，空调用水应另计；
　　3. 选择用水定额时，可依据当地气候条件、水资源状况等确定，缺水地区应选择低值；
　　4. 用水人数或单位数应以年平均值计算；
　　5. 每年用水天数应根据使用情况确定。

2. 绿化浇灌用水量标准

办公建筑院区绿化浇灌最高日用水定额按浇灌面积1.0～3.0L/(m²·d)计算，通常取2.0L/(m²·d)，干旱地区可酌情增加。

3. 浇洒道路用水量标准

办公建筑院区道路、广场浇洒最高日用水定额按浇洒面积2.0～3.0L/(m²·d)计算，亦可参见表2-8。

4. 空调循环冷却水补水用水量标准

办公建筑空调循环冷却水补充水量，按公式（1-3）计算，亦可由暖通空调专业提供。

5. 汽车冲洗用水量标准

汽车冲洗用水量标准按10.0～15.0L/(辆·次)考虑。

6. 供暖锅炉补充水量

供暖锅炉补充水量由暖通空调、热能动力专业提供。

7. 给水管网漏失水量和未预见水量

这两项水量之和按上述6项用水量（第1项至第6项）之和的8%～12%计算，通常按10%计。

最高日用水量（Q_d）应为上述7项用水量（第1项至第7项）之和。

最大时用水量（Q_{hmax}）可按公式（1-4）计算。

6.1.2　水质标准和防水质污染

1. 水质标准

办公建筑给水系统供水水质应符合现行国家标准《生活饮用水卫生标准》GB 5749的要求。办公建筑供水总进口管道上可设置紫外线消毒设备。

2. 防水质污染

办公建筑防止水质污染常见的具体措施，参见表2-9。

6.1.3 给水系统和给水方式

1. 办公建筑生活给水系统

典型的酒店式办公建筑、公寓式办公建筑生活给水系统原理图,参见图 2-1、图 2-2。典型的坐班制办公建筑生活给水系统原理图,参见图 4-1。

2. 办公建筑生活给水供水方式

办公建筑生活给水供水方式,见表 6-7。

办公建筑生活给水供水方式表　　　　表 6-7

序号	供水方式	适用范围	备注
1	生活水箱加变频生活给水泵组联合供水	市政给水管网直供区之外的其他竖向分区,即加压区	推荐采用
2	市政给水管网直接供水	市政给水管网压力满足的最低竖向分区	
3	管网叠加供水	市政给水管网流量、压力稳定;最小保证压力较高;办公建筑当地市政供水部门允许采用	可以采用

3. 办公建筑生活给水系统竖向分区

办公建筑应根据建筑内功能的划分和当地供水部门的水量计费分类等因素,设置相应的生活给水系统,并应利用城镇给水管网的水压。

办公建筑生活给水系统竖向分区应根据的原则,参见表 3-7。

办公建筑生活给水系统竖向分区确定程序,见表 6-8。

生活给水系统竖向分区确定程序表　　　　表 6-8

序号	竖向分区确定程序	备注
1	根据办公建筑院区接入市政给水管网的最小工作压力确定由市政给水管网直接供水的楼层	
2	根据市政给水直供楼层以上楼层的竖向建筑高度合理确定分区的个数及分区范围	高层办公建筑生活给水竖向分区楼层数宜为6～8层(竖向高度30m左右),不宜多于10层
3	根据需要加压供水的总楼层数,合理调整需要加压的各竖向分区,使其高度基本一致	各竖向分区涉及楼层数宜基本相同

4. 办公建筑生活给水系统形式

办公建筑生活给水系统通常采用下行上给式,设备管道设置方法见表 6-9。

生活给水系统设备管道设置方法表　　　　表 6-9

序号	设备管道名称	设备管道设置方法
1	生活水箱及各分区供水泵组	设置在建筑地下室或院区生活水泵房
2	各分区给水总干管	自各分区给水泵组接出,沿下部楼层吊顶内或顶板下横向敷设接至各区域水管井
3	各分区给水总立管	设置在各区域水管井内,自各分区给水总干管接出,竖向敷设接至各区域最下部楼层

续表

序号	设备管道名称	设备管道设置方法
4	各分区给水横干管	设置在各区域最下部楼层吊顶内或顶板下,自各分区给水总立管接出,横向敷设接至本区域各用水场所(办公建筑卫生间等)水管井
5	分区内给水立管	分别自本区域给水横干管接出,沿水管井向上敷设,每个竖向水管井设置1根给水立管
6	给水支管	自分区内各个水管井内给水立管接出,接至每层各用水场所用水点,通常1个卫生间等用水场所设置1根给水支管;给水支管在水管井内沿水流方向依次设置阀门、减压阀(若需要的话)、冷水表(适用于需要单独计量时);水管井内给水支管宜设置在距地面1.0~1.2m的高度,向上接至卫生间吊顶内敷设至该卫生间各用水卫生器具

6.1.4 管材及附件

1. 生活给水系统管材

办公建筑生活给水系统给水管道应选用耐腐蚀、安装连接方便可靠、符合国家现行有关产品标准要求及饮用水卫生要求的管材,常用管材包括薄壁不锈钢管、薄壁铜管、PVC-C(氯化聚氯乙烯)冷水用管、钢塑复合管、内衬不锈钢复合钢管、铝塑复合管等。

2. 生活给水系统阀门

办公建筑生活给水系统设置阀门的部位,参见表2-16。

3. 生活给水系统止回阀

办公建筑生活给水系统设置止回阀的部位,参见表2-17。

4. 生活给水系统减压阀

办公建筑配水横管静水压大于0.20MPa的楼层各分区内给水支管起端应设置减压阀,减压阀位置在阀门之后。

5. 生活给水系统水表

办公建筑给水系统的引入管上应设置水表。水表宜设置在室内便于抄表位置;在夏热冬冷地区及严寒地区,当水表设置于室外时,应采取可靠的防冻胀破坏措施。

办公建筑生活给水系统按分区域计量原则设置水表,生活给水系统设置水表的部位,参见表2-18。

6. 生活给水系统其他附件

生活水箱的生活给水进水管上应设自动水位控制阀。

办公建筑生活给水系统设置过滤器的部位,参见表2-19。

办公建筑内公共卫生间的洗手盆水嘴应采用非接触式或延时自闭式水嘴,通常采用感应式水嘴;小便斗、大便器应采用非手动开关。用水点非手动开关的型式,参见表2-20。

6.1.5 给水管道布置及敷设

1. 室外生活给水系统布置与敷设

办公建筑院区的室外生活给水管网应布置成环状管网,管径宜为$DN150$。环状给水管网与市政给水管网的连接管不宜少于2条,引入管管径宜为$DN150$、不宜小

于 $DN100$。

办公建筑院区室外生活给水管道与其他地下管线及乔木之间的最小净距，参照表1-25规定。

2. 室内生活给水系统布置与敷设

办公建筑室内生活给水管道通常布置成支状管网，单向供水，宜沿室内公共区域敷设。办公建筑生活给水管道不应布置的场所，参见表2-21。给水管道不应穿越重要的资料室、档案室和重要的办公用房。

3. 室内给水管道防护

室内生活给水横干管、立管超过50m时，宜设伸缩补偿装置。

与人防工程功能无关的室内生活给水管道应避免穿越人防地下室，确需穿越时应在人防侧设置防护阀门，管道穿越处应设防护套管。

4. 生活给水管道保温

敷设在有可能结冻的房间、地下室及管井、管沟等处的给水管道应有防冻措施。

屋顶水箱间内生活给水管道均需做保温，所有给水横管及管井内的给水立管均做防结露保温。室内满足防冻要求的管道可不做防结露保温。

给水管道保温材料厚度确定，参见表1-30、表1-31。

6.1.6 生活给水系统给水管网计算

1. 办公院区室外生活给水管网

室外生活给水管网设计流量应按办公建筑院区生活给水最大时用水量确定。院区给水引入管的设计流量应按最大时用水量确定；当引入管为2条时，应保证当其中一条发生故障时，其余的引入管可以提供不小于70%的流量。

办公建筑院区室外生活给水管网管径宜采用 $DN150$。

2. 办公建筑室内生活给水管网

采用市政给水管网直接供水时，给水引入管设计流量（Q_1）应按直供区生活给水设计秒流量计；采用生活水箱+变频给水泵组供水时，给水引入管设计流量（Q_2）应按加压区生活水箱设计补水量计，设计补水量不得小于高区最高日平均时用水量，不宜大于最高日最大时用水量。

办公建筑内生活给水设计秒流量应按公式（6-1）计算：

$$q_g = 0.2 \cdot \alpha \cdot (N_g)^{1/2} = 0.3 \cdot (N_g)^{1/2} \tag{6-1}$$

式中　q_g——计算管段的给水设计秒流量，L/s；

　　　N_g——计算管段的卫生器具给水当量总数；

　　　α——根据办公建筑用途而定的系数，办公楼取1.5。

注：如计算值小于该管段上一个最大卫生器具给水额定流量时，应采用一个最大的卫生器具给水额定流量作为设计秒流量；如计算值大于该管段上按卫生器具给水额定流量累加所得流量值时，应按卫生器具给水额定流量累加所得流量值采用；有大便器延时自闭冲洗阀的给水管段，大便器延时自闭冲洗阀的给水当量均以0.5计，计算得到的 q_g 附加1.20L/s的流量后，为该管段的给水设计秒流量。

办公建筑生活给水设计秒流量计算，可参照表6-10。

办公建筑生活给水设计秒流量计算表（L/s） 表 6-10

卫生器具给水当量数 N_g	办公楼 $\alpha=1.5$	卫生器具给水当量数 N_g	办公楼 $\alpha=1.5$	卫生器具给水当量数 N_g	办公楼 $\alpha=1.5$	卫生器具给水当量数 N_g	办公楼 $\alpha=1.5$	卫生器具给水当量数 N_g	办公楼 $\alpha=1.5$
1	0.30	50	2.12	145	3.61	315	5.32	485	6.61
2	0.42	52	2.16	150	3.67	320	5.37	490	6.64
3	0.52	54	2.20	155	3.73	325	5.41	495	6.67
4	0.60	56	2.24	160	3.79	330	5.45	500	6.71
5	0.67	58	2.28	165	3.85	335	5.49	550	7.04
6	0.73	60	2.32	170	3.91	340	5.53	600	7.35
7	0.79	62	2.36	175	3.97	345	5.57	650	7.65
8	0.85	64	2.40	180	4.02	350	5.61	700	7.94
9	0.90	66	2.44	185	4.08	355	5.65	750	8.22
10	0.95	68	2.47	190	4.14	360	5.69	800	8.49
11	0.99	70	2.51	195	4.19	365	5.73	850	8.75
12	1.04	72	2.55	200	4.24	370	5.77	900	9.00
13	1.08	74	2.58	205	4.30	375	5.81	950	9.25
14	1.12	76	2.62	210	4.35	380	5.85	1000	9.49
15	1.16	78	2.65	215	4.40	385	5.89	1050	9.72
16	1.20	80	2.68	220	4.45	390	5.92	1100	9.95
17	1.24	82	2.72	225	4.50	395	5.96	1150	10.17
18	1.27	84	2.75	230	4.55	400	6.00	1200	10.39
19	1.31	86	2.78	235	4.60	405	6.04	1250	10.61
20	1.34	88	2.81	240	4.65	410	6.07	1300	10.82
22	1.41	90	2.85	245	4.70	415	6.11	1350	11.02
24	1.47	92	2.88	250	4.74	420	6.15	1400	11.22
26	1.53	94	2.91	255	4.79	425	6.18	1450	11.42
28	1.59	96	2.94	260	4.84	430	6.22	1500	11.62
30	1.64	98	2.97	265	4.88	435	6.26	1550	11.81
32	1.70	100	3.00	270	4.93	440	6.29	1600	12.00
34	1.75	105	3.07	275	4.97	445	6.33	1650	12.19
36	1.80	110	3.15	280	5.02	450	6.36	1700	12.37
38	1.85	115	3.22	285	5.06	455	6.40	1750	12.55
40	1.90	120	3.29	290	5.11	460	6.43	1800	12.73
42	1.94	125	3.35	295	5.15	465	6.47	1850	12.90
44	1.99	130	3.42	300	5.20	470	6.50	1900	13.08
46	2.03	135	3.49	305	5.24	475	6.54	1950	13.25
48	2.08	140	3.55	310	5.28	480	6.57	2000	13.42

办公建筑有自闭式冲洗阀时生活给水设计秒流量计算，可参照表 1-33。

办公建筑食堂厨房等生活给水管道的设计秒流量应按公式（6-2）计算：

$$q_g = \sum q_{g0} \cdot n_0 \cdot b_g \tag{6-2}$$

式中　q_g——办公建筑计算管段的给水设计秒流量，L/s；

　　　q_{g0}——办公建筑同类型的一个卫生器具给水额定流量，L/s，可按表 4-11 采用；

　　　n_0——办公建筑同类型卫生器具数；

　　　b_g——办公建筑卫生器具的同时给水使用百分数；办公建筑食堂的设备按表 4-13 选用。

3. 办公建筑内卫生器具给水当量

办公建筑用水器具和配件应采用节水性能良好、坚固耐用，且便于管理维修的产品。

办公建筑应采用符合现行行业标准《节水型生活用水器具》CJ/T 164 规定的节水型卫生器具，宜选用用水效率等级不低于 3 级的用水器具。

办公建筑常见卫生器具的给水额定流量、给水当量、连接给水管管径和最低工作压力可参照表 3-18。

4. 办公建筑内给水管管径

办公建筑内给水供水管的管径，应根据该给水供水管段的设计秒流量、允许给水流速等查相关计算表格确定。生活给水管道内的给水流速，宜参照表 1-38。

坐班制办公建筑内公共卫生间的蹲便器个数与给水供水管管径的对照表，参见表 4-15。

公寓式办公建筑设坐便器卫生间个数与给水供水管管径的对照关系，见表 6-11。

公寓式办公建筑设坐便器卫生间个数与给水供水管管径对照表　　　　表 6-11

卫生间类型 1（配置坐便器、洗脸盆、淋浴器各 1 个）									
卫生间数量（个）	1~2	3	4~6	7~23	24~64	65~181	182~387	388~918	≥919
给水供水管管径 DN（mm）	25	32	40	50	70	80	100	125	150
卫生间类型 2（配置坐便器、洗脸盆、浴盆各 1 个）									
卫生间数量（个）	1~2	3	4~5	6~21	22~58	59~163	164~348	349~826	≥827
给水供水管管径 DN（mm）	25	32	40	50	70	80	100	125	150
卫生间类型 3（配置坐便器、洗脸盆、带淋浴器浴盆各 1 个）									
卫生间数量（个）	1	2	3~4	5~16	17~44	45~125	126~268	269~635	≥636
给水供水管管径 DN（mm）	25	32	40	50	70	80	100	125	150

注：生活给水供水管管径不宜大于 DN150；卫生间数量较多时，每个竖向分区可根据区域、组团配置 2 根或 2 根以上给水管。

公寓式办公建筑房间个数与给水供水管管径的对照关系，见表 6-12。

公寓式办公建筑房间个数与给水供水管管径对照表　　　　表 6-12

房间类型 1（卫生间配置坐便器、洗脸盆、淋浴器各 1 个，房间配盥洗槽 1 个）									
房间数量（个）	1	2	3	4~16	17~44	45~125	126~268	269~635	≥636
给水供水管管径 DN（mm）	25	32	40	50	70	80	100	125	150

续表

房间类型2（卫生间配置坐便器、洗脸盆、浴盆各1个，房间配盥洗槽1个）									
房间数量（个）	1	2	3	4～15	26～41	42～116	117～249	250～590	≥591
给水供水管管径 DN（mm）	25	32	40	50	70	80	100	125	150
房间类型3（卫生间配置坐便器、洗脸盆、带淋浴器浴盆各1个，房间配盥洗槽1个）									
房间数量（个）	1	2	3	4～12	13～34	35～96	97～205	206～486	≥487
给水供水管管径 DN（mm）	25	32	40	50	70	80	100	125	150

注：生活给水供水管管径不宜大于 DN150；卫生间数量较多时，每个竖向分区可根据区域、组团配置2根或2根以上给水管。

酒店式办公建筑设坐便器卫生间个数与给水供水管管径的对照关系，见表6-13。

酒店式办公建筑设坐便器卫生间个数与给水供水管管径对照表　　表6-13

卫生间类型1（配置坐便器、洗脸盆、淋浴器各1个）									
卫生间数量（个）	1	2	3～5	6～18	19～49	50～140	141～300	301～711	≥712
给水供水管管径 DN（mm）	25	32	40	50	70	80	100	125	150
卫生间类型2（配置坐便器、洗脸盆、浴盆各1个）									
卫生间数量（个）	1	2	3～5	6～16	17～44	45～126	127～270	271～640	≥641
给水供水管管径 DN（mm）	25	32	40	50	70	80	100	125	150
卫生间类型3（配置坐便器、洗脸盆、带淋浴器浴盆各1个）									
卫生间数量（个）	1	2	3～4	5～12	13～34	35～97	98～208	209～492	≥493
给水供水管管径 DN（mm）	25	32	40	50	70	80	100	125	150

注：生活给水供水管管径不宜大于 DN150；卫生间数量较多时，每个竖向分区可根据区域、组团配置2根或2根以上给水管。

公寓式办公建筑设蹲便器卫生间个数与给水供水管管径的对照关系，见表6-14。

公寓式办公建筑设蹲便器卫生间个数与给水供水管管径对照表　　表6-14

卫生间类型1（配置蹲便器、洗脸盆、淋浴器各1个）									
卫生间数量（个）	1	2	3～9	10～38	39～136	137～319	320～810	≥811	
给水供水管管径 DN（mm）	32	40	50	70	80	100	125	150	
卫生间类型2（配置蹲便器、洗脸盆、浴盆各1个）									
卫生间数量（个）	1	2	3～8	9～34	35～122	123～287	288～729	≥730	
给水供水管管径 DN（mm）	32	40	50	70	80	100	125	150	
卫生间类型3（配置蹲便器、洗脸盆、带淋浴器浴盆各1个）									
卫生间数量（个）	1	2	3～6	7～26	27～94	95～220	221～560	≥561	
给水供水管管径 DN（mm）	32	40	50	70	80	100	125	150	

注：生活给水供水管管径不宜大于 DN150；卫生间数量较多时，每个竖向分区可根据区域、组团配置2根或2根以上给水管。

公寓式办公建筑房间个数与给水供水管管径的对照关系，见表6-15。

公寓式办公建筑房间个数与给水供水管管径对照表　　表 6-15

房间类型 1（卫生间配置蹲便器、洗脸盆、淋浴器各 1 个，房间配盥洗槽 1 个）								
房间数量（个）	1	2	3～6	7～26	27～94	95～220	221～560	≥561
给水供水管管径 DN（mm）	32	40	50	70	80	100	125	150
房间类型 2（卫生间配置蹲便器、洗脸盆、浴盆各 1 个，房间配盥洗槽 1 个）								
房间数量（个）	1	2	3～5	6～24	25～87	88～205	206～520	≥521
给水供水管管径 DN（mm）	32	40	50	70	80	100	125	150
房间类型 3（卫生间配置蹲便器、洗脸盆、带淋浴器浴盆各 1 个，房间配盥洗槽 1 个）								
房间数量（个）	1	2	3～4	5～20	21～72	73～168	169～428	≥429
给水供水管管径 DN（mm）	32	40	50	70	80	100	125	150

注：生活给水供水管管径不宜大于 DN150；卫生间数量较多时，每个竖向分区可根据区域、组团配置 2 根或 2 根以上给水管。

酒店式办公建筑设蹲便器卫生间个数与给水供水管管径的对照关系，见表 6-16。

酒店式办公建筑设蹲便器卫生间个数与给水供水管管径对照表　　表 6-16

卫生间类型 1（配置蹲便器、洗脸盆、淋浴器各 1 个）								
卫生间数量（个）	1	2	3～7	8～29	30～105	106～247	248～628	≥629
给水供水管管径 DN（mm）	32	40	50	70	80	100	125	150
卫生间类型 2（配置蹲便器、洗脸盆、浴盆各 1 个）								
卫生间数量（个）	1	2	3～6	7～26	27～95	96～222	223～565	≥566
给水供水管管径 DN（mm）	32	40	50	70	80	100	125	150
卫生间类型 3（配置蹲便器、洗脸盆、带淋浴器浴盆各 1 个）								
卫生间数量（个）	1	2	3～5	6～20	21～73	74～171	172～434	≥435
给水供水管管径 DN（mm）	32	40	50	70	80	100	125	150

注：生活给水供水管管径不宜大于 DN150；卫生间数量较多时，每个竖向分区可根据区域、组团配置 2 根或 2 根以上给水管。

整个生活给水系统生活给水立管、干管均按照其服务的给水设计秒流量确定其管段管径。

6.1.7 生活水泵和生活水泵房

办公建筑给水设计应有可靠的水源和供水管道系统，当仅有一路城市引入管或供水不满足设计秒流量或压力要求时，应设置加压供水设备。

1. 生活水泵

办公建筑生活给水加压水泵宜采用 3 台（2 用 1 备）配置模式，亦可采用 2 台（1 用 1 备）或 4 台（3 用 1 备）配置模式。

办公建筑生活给水加压通常采用变频调速给水泵组，其设计流量应按其负责给水系统的最大设计秒流量确定，即 $Q=q_g$。设计时应统计该系统内各用水点卫生器具的生活给水当量数，经公式（6-1）、公式（6-2）计算或查表 6-10 得出设计流量值。

生活给水加压水泵的设计工作压力，按公式（1-10）计算。

办公建筑加压水泵应选用低噪声节能型产品。

2. 生活水泵房

办公建筑二次加压给水的水泵房应为独立的房间，并应环境良好、便于维修和管理；不宜毗邻办公用房和会议室，也不宜布置在办公用房和会议室对应的直接上层；加压泵组及泵房应采取减振降噪措施。

办公建筑生活水泵房的设置位置应根据其所供水服务的范围确定，见表6-17。

办公建筑生活水泵房位置确定及要求表 表6-17

序号	水泵房位置	适用情况	设置要求
1	院区室外集中设置	院区室外有空间；常见于新建办公建筑院区	宜与消防水泵房、消防水池、暖通冷热源机房、锅炉房等集中设置，宜靠近办公建筑
2	建筑地下室楼层设置	院区室外无空间	宜设在地下一层或地下二层，不宜设在最低地下楼层；水泵房地面宜高出室外地面200～300mm

各分区的生活给水泵组宜集中布置；生活水泵房内每套生活给水泵组宜设置在一个基础上。

6.1.8 生活贮水箱（池）

办公建筑给水设计应有可靠的水源和供水管道系统，当仅有一路城市引入管或供水不满足设计秒流量或压力要求时，应设置生活贮水箱（池）。

办公建筑水箱间应为独立的房间，不宜毗邻办公用房和会议室，也不宜布置在办公用房和会议室对应的直接上层。

水箱应设置消毒设备，并宜采用紫外线消毒方式。

1. 贮水容积

办公建筑生活用水贮水箱（池）的有效容积计算时，其生活用水调节量应按进水量与用水量变化曲线经计算确定，当资料不足时，宜按最高日用水量的20%～25%确定，最大不得大于48h的用水量。有条件时可适当增加生活贮水箱（池）有效容积。

办公建筑生活用水贮水设备宜采用贮水箱。

2. 生活水箱

办公建筑生活水箱设计要求，参见表1-46。

3. 生活水箱相关管道、装置设置要求

办公建筑生活水箱相关管道设施要求，参见表1-47。

生活水箱各水位指标确定方法及取值经验值，参见表1-48。

6.2 生活热水系统

6.2.1 热水系统类别

办公建筑生活热水系统类别，见表6-18。

生活热水系统类别表   表 6-18

序号	分类标准	热水系统类别	办公建筑应用情况	应用程度
1	供应范围	集中生活热水系统	酒店式办公建筑、公寓式办公建筑办公区卫生间洗浴生活热水系统；公共浴室洗浴生活热水系统；厨房生活热水系统	最常用
2		局部（分散）生活热水系统		不常用
3		区域生活热水系统	整个办公建筑院区生活热水系统	不常用
4		分布式生活热水系统	酒店式办公建筑、公寓式办公建筑办公区卫生间洗浴生活热水系统	越来越常用
5	热水管网循环方式	热水干管立管支管循环生活热水系统	酒店式办公建筑办公区卫生间洗浴生活热水系统	常用
6		热水干管立管循环生活热水系统	公寓式办公建筑办公区卫生间洗浴生活热水系统	常用
7		热水干管循环生活热水系统	厨房生活热水系统	较常用
8		不循环生活热水系统	各局部（分散）生活热水系统	不常用
9	热水管网循环水泵运行方式	全日循环生活热水系统	酒店式办公建筑、公寓式办公建筑办公区卫生间洗浴生活热水系统	最常用
10		定时循环生活热水系统	公共浴室生活热水系统；厨房生活热水系统	常用
11	热水管网循环动力方式	强制循环生活热水系统		最常用
12		自然循环生活热水系统		极少用
13	是否敞开形式	闭式生活热水系统		最常用
14		开式生活热水系统		极少用
15	热水管网布置型式	下供下回式生活热水系统	热源位于建筑底部，即由锅炉房提供热媒（高温蒸汽或高温热水），经汽水或水水换热器提供热水热源等的生活热水系统	最常用
16		上供上回式生活热水系统	热源位于建筑顶部，即由屋顶太阳能热水设备及（或）空气能热泵热水设备提供热水热源等的生活热水系统	常用
17		上供下回式生活热水系统		较少用
18		分层上供上回式生活热水系统		较少用
19	热水管路距离	同程式生活热水系统		目前最常用
20		异程式生活热水系统		越来越常用
21	热水系统分区方式	加热器集中设置生活热水系统	办公建筑院区内各个建筑生活热水系统距离较近、规模相差不大或为同一建筑内不同竖向分区系统时的生活热水系统	最常用
22		加热器分散设置生活热水系统	办公建筑院区各个建筑生活热水系统距离较远、规模相差较大时的生活热水系统	较常用
23		加热器分布设置生活热水系统	不受办公建筑院区建筑距离、规模限制时的生活热水系统	较少用

典型的酒店式办公建筑、公寓式办公建筑生活热水系统原理图，参见图2-3、图2-4、图2-5、图2-6。

6.2.2 生活热水系统热源

办公建筑集中生活热水供应系统的热源，参见表2-34。

办公建筑生活热水系统热源选用，参见表2-35。

办公建筑生活热水系统常见热源组合形式，见表6-19。

生活热水系统常见热源组合形式表 表6-19

序号	热源组合形式名称	主要热源	辅助热源	适用范围
1	热水锅炉+太阳能组合	院区内设置燃气（油）锅炉房，锅炉房内高温热水锅炉提供热媒（通常为80℃/60℃高温热水），经建筑内热水机房（换热机房）内的水水换热器换热后为系统提供60℃/50℃低温热水	建筑屋顶设置太阳能热水机房（房间内设置储热水箱或储热罐、生活热水供水泵组、生活热水循环泵组、太阳能集热循环泵组等）、屋顶布置太阳能集热板及太阳能供水、回水管道，太阳能热水供水设备为系统提供60℃/50℃高温热水	该组合方式适用于我国北方、西北等寒冷或严寒地区办公建筑生活热水系统
2	太阳能+空气源热能组合	建筑屋顶设置热水机房（设置储热水箱或储热罐、生活热水供水泵组、生活热水循环泵组、太阳能集热循环泵组、空气能热泵循环泵组等）、屋顶布置太阳能集热板及太阳能供水、回水管道。太阳能供水设备为系统提供60℃/50℃高温热水	建筑屋顶设置热水机房，屋顶布置空气能热泵热水机组及空气能供水、回水管道。空气源热泵热水机组为系统提供60℃/50℃高温热水	该组合方式适用于我国南部或中部地区办公建筑生活热水系统

办公建筑屋顶设置太阳能光伏发电系统时，系统产生的电能可用于屋顶热水箱内热水的加热，保证生活热水系统供水温度。

办公建筑内的卫生间设有储水式电热水器时，储水式电热水器的能效等级不宜低于2级。局部热水系统的水加热器安装位置应便于检查维修。

6.2.3 热水系统设计参数

1. 办公建筑热水用水定额

按照《水标》，办公建筑相关功能场所热水用水定额，见表6-20。

办公建筑热水用水定额表 表6-20

序号	建筑物名称		单位	用水定额（L）		使用时数（h）	最高日小时变化系数 K_h
				最高日	平均日		
1	办公建筑	坐班制办公	每人每班	5~10	4~8	8~10	1.5~1.2
		公寓式办公	每人每日	60~100	25~70	10~24	2.5~1.8
		酒店式办公		120~160	55~140	24	2.0
2	餐饮业	食堂	每人每次	10~12	7~10	12~16	1.5~1.2

续表

序号	建筑物名称	单位	用水定额（L）		使用时数（h）	最高日小时变化系数 K_h
			最高日	平均日		
3	会议厅	每座位每次	2～3	2	4	1.5～1.2

注：1. 表中所列用水定额均已包括在表6-5中；
　　2. 本表以60℃热水水温为计算温度，卫生器具的使用水温见表6-22；
　　3. 表中平均日用水定额仅用于计算太阳能热水系统集热器面积和计算节水用水量。

《节水标》中办公建筑相关功能场所热水平均日节水用水定额，见表6-21。

办公建筑热水平均日节水用水定额表　　　　表6-21

序号	建筑物名称		单位	节水用水定额
1	办公建筑	坐班制办公	L/(人·班)	5～10
		公寓式办公	L/(人·d)	50～80
		酒店式办公		110～140
2	餐饮业	食堂	L/(人·次)	7～10
3	会议厅		L/(座位·次)	2

注：热水温度按60℃计。

办公建筑所在地为较大城市、标准要求较高的，办公建筑热水用水定额可以适当选用较高值；反之可选用较低值。

2. 办公建筑卫生器具用水定额及水温

办公建筑相关功能场所卫生器具的一次热水用水量、小时热水用水量、水温，可按表6-22确定。

办公建筑卫生器具一次热水用水量、小时热水用水量和水温表　　　　表6-22

序号	卫生器具名称		一次热水用水量(L)	小时热水用水量(L)	水温(℃)
1	坐班制办公建筑	洗手盆	—	50～100	35
2	公寓式办公建筑、酒店式办公建筑	带有淋浴器的浴盆	150	300	40
		无淋浴器的浴盆	125	250	
		淋浴器	70～100	140～200	37～40
		洗脸盆、盥洗槽水嘴	3	30	30
		洗涤盆（池）	—	180	50
3	餐饮业	洗脸盆 工作人员用	3	60	30
		洗脸盆 顾客用	—	120	
		淋浴器	40	400	37～40
4	公共浴室	淋浴器 有淋浴小间	100～150	200～300	37～40
		淋浴器 无淋浴小间	—	450～540	
		洗脸盆	5	50～80	35

注：表中用水量均为使用水温时的用水量；一次热水用水量指使用一次的用水量，并非卫生器具开关一次的用水量，有些卫生器具使用一次可能需要开关几次。

3. 办公建筑冷水计算温度

冷水的计算温度应以当地最冷月平均水温资料确定。当无水温资料时,按表1-58采用。

办公建筑冷水计算温度宜按办公建筑当地地面水温度确定,水温有取值范围时宜取低值。

4. 办公建筑水加热设备供水温度

办公建筑集中热水供应系统的水加热设备(包括热水锅炉、热水机组或水加热器等)的出水温度按表1-59采用。办公建筑集中生活热水系统水加热设备的供水温度宜为60~65℃,通常按60℃计。

5. 办公建筑生活热水水质

办公建筑生活热水的水质指标,应符合现行国家标准《生活饮用水卫生标准》GB 5749 的要求。

6.2.4 热水系统设计指标

1. 办公建筑热水设计小时耗热量

(1) 全日供应热水设计小时耗热量

当办公建筑生活热水系统采用全日供应热水的集中生活热水系统时,其设计小时耗热量应按公式(6-3)计算:

$$Q_h = K_h \cdot m \cdot q_r \cdot C \cdot (t_{r1} - t_1) \cdot \rho_r \cdot C_\gamma / T \tag{6-3}$$

式中 Q_h——办公建筑生活热水设计小时耗热量,kJ/h;

K_h——办公建筑生活热水小时变化系数,可按表6-23经内插法计算采用;

办公建筑生活热水小时变化系数表　　　　表 6-23

序号	建筑类别	热水用水定额 q_r		使用人数 m(人)	热水小时变化系数 K_h
		最高日	平均日		
1	酒店式办公建筑	120~160L/(人·d)	55~140L/(人·d)	150~1200	3.33~2.60
2	公寓式办公建筑	60~100L/(人·d)	25~70L/(人·d)		4.00~2.58
3	坐班制办公建筑	5~10L/(人·班)	4~8L/(人·班)		1.50~1.20

注:K_h应根据热水用水定额高低、使用人数多少取值,当热水用水定额高、使用人数多时取低值,反之取高值。使用人数小于下限值时,K_h取上限值;使用人数大于上限值时,K_h取下限值;使用人数位于下限值与上限值之间时,K_h取值在上限值与下限值之间,采用内插法计算求得。

m——办公建筑设计使用人数,人;

q_r——办公建筑生活热水用水定额,L/(人·d),按办公建筑热水最高日用水定额表(表6-23)选用;

C——水的比热,kJ/(kg·℃),C=4.187kJ/(kg·℃);

t_{r1}——热水计算温度,℃,计算时 t_{r1} 宜取65℃;

t_1——冷水计算温度,℃,计算时通常按表1-58选用;

ρ_r——热水密度,kg/L,通常取1.0kg/L;

C_γ——热水供应系统的热损失系数,C_γ=1.10~1.15;

T——办公建筑每日使用时间，h，按表 6-20 选用。

(2) 定时供应热水设计小时耗热量

当办公建筑生活热水系统采用定时供应热水的集中生活热水系统时，其设计小时耗热量应按公式（6-4）计算：

$$Q_h = \sum q_h \cdot C \cdot (t_{r2} - t_1) \cdot \rho_r \cdot n_0 \cdot b_g \cdot C_\gamma \tag{6-4}$$

式中 Q_h——办公建筑生活热水设计小时耗热量，kJ/h；

q_h——办公建筑卫生器具生活热水的小时用水定额，L/h，可按表 6-22 采用，计算时通常取小时热水用水量的上限值；

C——水的比热，kJ/(kg·℃)，C=4.187kJ/(kg·℃)；

t_{r2}——热水计算温度，℃，计算时按表 6-22 选用，淋浴器使用水温取 35℃；

t_1——冷水计算温度，℃，按全日生活热水系统 t_1 取值表 1-58 选用；

ρ_r——热水密度，kg/L，通常取 1.0kg/L；

n_0——办公建筑同类型卫生器具数；

b_g——办公建筑卫生器具的同时使用百分数：办公建筑公共浴室内的淋浴器和洗脸盆按表 4-12 选用；

C_γ——热水供应系统的热损失系数，C_γ=1.10～1.15。

办公建筑公共浴室内绝大多数情况下采用淋浴器洗浴。

办公建筑同类型卫生器具数 n_0 即为生活热水系统涉及的浴盆或淋浴器数量之和。

(3) 不同使用要求用水部门热水设计小时耗热量

具有多个不同使用热水部门或具有多种热水使用形式的办公建筑，当其热水由同一热水供应系统供应时，设计小时耗热量，可按同一时间内出现用水高峰的主要用水部门的设计小时耗热量加其他用水部门的平均小时耗热量计算。

2. 办公建筑设计小时热水量

办公建筑设计小时热水量，按公式（6-5）计算：

$$q_{rh} = Q_h / [(t_{r3} - t_1) \cdot C \cdot \rho_r \cdot C_\gamma] \tag{6-5}$$

式中 q_{rh}——办公建筑生活热水设计小时热水量，L/h；

Q_h——办公建筑生活热水设计小时耗热量，kJ/h；

t_{r3}——设计热水温度，℃，计算时 t_{r3} 取值与 t_{r1} 一致即可；

t_1——冷水计算温度，℃；

C——水的比热，kJ/(kg·℃)，C=4.187kJ/(kg·℃)；

ρ_r——热水密度，kg/L，通常取 1.0kg/L；

C_γ——热水供应系统的热损失系数，C_γ=1.10～1.15。

3. 办公建筑加热设备供热量

办公建筑全日集中生活热水系统中，锅炉、水加热设备的设计小时供热量应根据日热水用量小时变化曲线、加热方式及锅炉、水加热设备的工作制度经积分曲线计算确定。

(1) 容积式水加热器或贮热容积与其相当的水加热器、燃油（气）热水机组供热量

办公建筑生活热水系统采用的容积式水加热器均应为导流型容积式水加热器，其设计小时供热量可按公式（6-6）计算：

$$Q_g = Q_h - (\eta \cdot V_r / T_1) \cdot (t_{r3} - t_1) \cdot C \cdot \rho_r \tag{6-6}$$

式中 Q_g——办公建筑导流型容积式水加热器的设计小时供热量,kJ/h;

Q_h——办公建筑设计小时耗热量,kJ/h;

η——导流型容积式水加热器有效贮热容积系数,取 0.8~0.9;

V_r——导流型容积式水加热器总贮热容积,L;

T_1——办公建筑设计小时耗热量持续时间,h,定时集中热水供应系统 T_1 等于定时供水的时间;当 Q_g 计算值小于平均小时耗热量时,Q_g 应取平均小时耗热量;

t_{r3}——设计热水温度,℃,按导流型容积式出水温度或贮水温度计算,通常取 65℃;

t_1——冷水温度,℃;

C——水的比热,kJ/(kg·℃),C=4.187kJ/(kg·℃);

ρ_r——热水密度,kg/L,通常取 1.0kg/L。

在办公建筑生活热水系统设计小时供热量计算时,通常取 $Q_g=Q_h$。

(2) 半容积式水加热器或贮热容积与其相当的水加热器、燃油(气)热水机组供热量

办公建筑生活热水系统亦常采用半容积式水加热器,此时半容积式水加热器设计小时供热量按设计小时耗热量计算,即取 $Q_g=Q_h$。

6.2.5 生活热水系统热水管网计算

1. 生活热水管网设计流量

(1) 办公建筑生活热水引入管设计流量

办公建筑生活热水引入管设计流量应按该建筑相应生活热水供水系统总供水干管的设计秒流量确定。

(2) 办公建筑内生活热水设计秒流量

办公建筑内生活热水设计秒流量应按公式(6-7)计算:

$$q_g = 0.2 \cdot \alpha \cdot (N_g)^{1/2} = 0.3 \cdot (N_g)^{1/2} \tag{6-7}$$

式中 q_g——计算管段的热水设计秒流量,L/s;

N_g——计算管段的卫生器具热水当量总数;

α——根据办公建筑用途而定的系数,办公楼取 1.5。

注:如计算值小于该管段上一个最大卫生器具热水额定流量时,应采用一个最大的卫生器具热水额定流量作为设计秒流量;如计算值大于该管段上按卫生器具热水额定流量累加所得流量值时,应按卫生器具热水额定流量累加所得流量值采用。

办公建筑生活热水设计秒流量计算,可参照表 6-24。

2. 办公建筑内卫生器具热水当量

办公建筑卫生器具的热水额定流量、热水当量、连接热水管管径和最低工作压力,参见表 2-44。

3. 办公建筑内热水管管径

办公建筑内热水供水管的管径,应根据该热水供水管段的设计秒流量、允许热水流速等查相关计算表格确定。生活热水管道内的热水流速,宜按表 1-66 控制。

公寓式办公建筑卫生间个数与热水供水管管径的对照关系,见表 6-25。

办公建筑生活热水设计秒流量计算表（L/s）　　　表 6-24

卫生器具热水当量数 N_g	办公楼 $\alpha=1.5$	卫生器具热水当量数 N_g	办公楼 $\alpha=1.5$	卫生器具热水当量数 N_g	办公楼 $\alpha=1.5$	卫生器具热水当量数 N_g	办公楼 $\alpha=1.5$	卫生器具热水当量数 N_g	办公楼 $\alpha=1.5$
1	0.30	50	2.12	145	3.61	315	5.32	485	6.61
2	0.42	52	2.16	150	3.67	320	5.37	490	6.64
3	0.52	54	2.20	155	3.73	325	5.41	495	6.67
4	0.60	56	2.24	160	3.79	330	5.45	500	6.71
5	0.67	58	2.28	165	3.85	335	5.49	550	7.04
6	0.73	60	2.32	170	3.91	340	5.53	600	7.35
7	0.79	62	2.36	175	3.97	345	5.57	650	7.65
8	0.85	64	2.40	180	4.02	350	5.61	700	7.94
9	0.90	66	2.44	185	4.08	355	5.65	750	8.22
10	0.95	68	2.47	190	4.14	360	5.69	800	8.49
11	0.99	70	2.51	195	4.19	365	5.73	850	8.75
12	1.04	72	2.55	200	4.24	370	5.77	900	9.00
13	1.08	74	2.58	205	4.30	375	5.81	950	9.25
14	1.12	76	2.62	210	4.35	380	5.85	1000	9.49
15	1.16	78	2.65	215	4.40	385	5.89	1050	9.72
16	1.20	80	2.68	220	4.45	390	5.92	1100	9.95
17	1.24	82	2.72	225	4.50	395	5.96	1150	10.17
18	1.27	84	2.75	230	4.55	400	6.00	1200	10.39
19	1.31	86	2.78	235	4.60	405	6.04	1250	10.61
20	1.34	88	2.81	240	4.65	410	6.07	1300	10.82
22	1.41	90	2.85	245	4.70	415	6.11	1350	11.02
24	1.47	92	2.88	250	4.74	420	6.15	1400	11.22
26	1.53	94	2.91	255	4.79	425	6.18	1450	11.42
28	1.59	96	2.94	260	4.84	430	6.22	1500	11.62
30	1.64	98	2.97	265	4.88	435	6.26	1550	11.81
32	1.70	100	3.00	270	4.93	440	6.29	1600	12.00
34	1.75	105	3.07	275	4.97	445	6.33	1650	12.19
36	1.80	110	3.15	280	5.02	450	6.36	1700	12.37
38	1.85	115	3.22	285	5.06	455	6.40	1750	12.55
40	1.90	120	3.29	290	5.11	460	6.43	1800	12.73
42	1.94	125	3.35	295	5.15	465	6.47	1850	12.90
44	1.99	130	3.42	300	5.20	470	6.50	1900	13.08
46	2.03	135	3.49	305	5.24	475	6.54	1950	13.25
48	2.08	140	3.55	310	5.28	480	6.57	2000	13.42

公寓式办公建筑卫生间个数与热水供水管管径对照表 表 6-25

卫生间类型1（配置坐便器、洗脸盆、淋浴器各1个）									
卫生间数量（个）	1	2	3～5	6～16	17～47	48～148	149～460	461～1493	≥1494
热水供水管管径 DN（mm）	25	32	40	50	70	80	100	125	150
卫生间类型2（配置坐便器、洗脸盆、浴盆各1个）									
卫生间数量（个）	1	2	3～4	5～14	15～41	42～130	131～403	404～1307	≥1308
热水供水管管径 DN（mm）	25	32	40	50	70	80	100	125	150
卫生间类型3（配置坐便器、洗脸盆、带淋浴器浴盆各1个）									
卫生间数量（个）	1	2	3～4	5～10	11～30	31～94	95～293	294～950	≥951
热水供水管管径 DN（mm）	25	32	40	50	70	80	100	125	150

注：生活热水供水管管径不宜大于 $DN150$；卫生间数量较多时，每个竖向分区可根据区域、组团配置2根或2根以上供水管。

公寓式办公建筑房间个数与热水供水管管径的对照关系，见表6-26。

公寓式办公建筑房间个数与热水供水管管径对照表 表 6-26

房间类型1（卫生间配置坐便器、洗脸盆、淋浴器各1个，房间配盥洗槽1个）									
房间数量（个）	1	2	3～4	5～10	11～30	31～94	95～293	294～950	≥951
热水供水管管径 DN（mm）	25	32	40	50	70	80	100	125	150
房间类型2（卫生间配置坐便器、洗脸盆、浴盆各1个，房间配盥洗槽1个）									
房间数量（个）	1	2	3	4～9	10～27	28～86	87～268	269～871	≥872
热水供水管管径 DN（mm）	25	32	40	50	70	80	100	125	150
房间类型3（卫生间配置坐便器、洗脸盆、带淋浴器浴盆各1个，房间配盥洗槽1个）									
房间数量（个）	1	2	3	4～7	8～22	23～69	70～214	215～697	≥698
热水供水管管径 DN（mm）	25	32	40	50	70	80	100	125	150

注：生活热水供水管管径不宜大于 $DN150$；卫生间数量较多时，每个竖向分区可根据区域、组团配置2根或2根以上供水管。

酒店式办公建筑卫生间个数与热水供水管管径的对照关系，见表6-27。

酒店式办公建筑卫生间个数与热水供水管管径对照表 表 6-27

卫生间类型1（配置坐便器、洗脸盆、淋浴器各1个）									
卫生间数量（个）	1	2	3～4	5～12	13～36	37～114	115～357	358～1157	≥1158
热水供水管管径 DN（mm）	25	32	40	50	70	80	100	125	150
卫生间类型2（配置坐便器、洗脸盆、浴盆各1个）									
卫生间数量（个）	1	2	3～4	5～10	11～32	33～100	101～312	313～1012	≥1013
热水供水管管径 DN（mm）	25	32	40	50	70	80	100	125	150
卫生间类型3（配置坐便器、洗脸盆、带淋浴器浴盆各1个）									
卫生间数量（个）	1	2	3	4～8	9～23	24～73	74～227	228～736	≥737
热水供水管管径 DN（mm）	25	32	40	50	70	80	100	125	150

注：生活热水供水管管径不宜大于 $DN150$；卫生间数量较多时，每个竖向分区可根据区域、组团配置2根或2根以上供水管。

办公建筑公共浴室淋浴器个数与对应供给相应数量热水供水管管径的对照表，参见表4-24。

本区域热水回水干管管径根据该区域热水供水干管最大管径确定。热水回水管管径与热水供水管管径的对照，参见表3-33。

整个生活热水系统的生活热水供水立管、干管均按照其服务的热水设计秒流量确定其管段管径；生活热水回水立管、干管先按照其服务的热水设计秒流量确定出一个供水管管径值，再根据表3-33确定其管段回水管管径值。

6.2.6 生活热水机房（换热机房、换热站）

办公建筑生活热水机房（换热机房、换热站）位置确定，见表6-28。

办公建筑生活热水机房（换热机房、换热站）位置确定表　　　表6-28

序号	生活热水机房（换热机房、换热站）位置	生活热水系统热源情况	生活热水机房（换热机房、换热站）内设施	适用范围
1	院区室外独立设置	院区锅炉房热水（蒸汽）锅炉提供热媒，经换热后提供第1热源；太阳能设备或空气能热泵设备提供第2热源	常用设施：水（汽）水换热器（加热器）、热水循环泵组	新建、改建办公建筑；设有锅炉房
2	单体建筑室内地下室			新建办公建筑；设有锅炉房
3	单体建筑屋顶	太阳能设备或（和）空气能热泵设备提供热源；必要情况下燃气热水设备提供第2热源	热水箱、热水循环泵组、集热循环泵组、空气能热泵循环泵组	新建、改建办公建筑；屋顶设有热源热水设备

办公建筑生活热水机房（换热机房、换热站）应为独立的房间，不宜毗邻办公用房和会议室，也不宜布置在办公用房和会议室对应的直接上层。

6.2.7 生活热水箱

办公建筑生活热水箱设计要求，参见表1-72。

生活热水箱各种水位，按表1-74确定。

办公建筑生活热水箱间应为独立的房间，不宜毗邻办公用房和会议室，也不宜布置在办公用房和会议室对应的直接上层。

6.2.8 生活热水循环泵

1. 生活热水循环泵设置位置

当系统热源由高温热媒经院区热水机房（换热机房）内的各分区换热设备后向各分区供给热水时，各分区生活热水循环泵通常设在热水机房（换热机房）内。当系统热源由屋顶太阳能供水设备向各分区供给热水时，各分区生活热水循环泵通常设在本分区最低楼层或下面一层热水循环泵房内。

2. 生活热水循环泵设计流量

生活热水循环水泵的出水量，按公式（6-8）计算：

$$q_{xh} = K_x \cdot q_x \tag{6-8}$$

式中 q_{xh}——办公建筑热水循环水泵流量，L/h；

K_x——办公建筑相应循环措施的附加系数，可取 1.5～2.5；

q_x——办公建筑全日供应热水的循环流量，L/h。

当办公建筑热水系统采用定时供水时，热水循环流量可按循环管网总水容积的 2～4 倍计算。

当办公建筑热水系统采用全日集中供水时，热水循环流量，按公式（6-9）计算：

$$q_x = Q_s / (C \cdot \rho_r \cdot \Delta t_s) \tag{6-9}$$

式中 q_x——办公建筑全日供应热水的循环流量，L/h；

Q_s——办公建筑热水配水管道的热损失，kJ/h，经计算确定，建议按设计小时耗热量 Q_h 的 3%～5% 确定；

C——水的比热，kJ/(kg·℃)，C=4.187kJ/(kg·℃)；

ρ_r——热水密度，kg/L；

Δt_s——办公建筑热水配水管道的热水温度差，℃，按热水系统大小确定，可按 5～10℃。

设计中，生活热水循环泵的流量可按照所服务热水系统设计小时流量的 25%～30% 确定。

3. 生活热水循环泵设计扬程

生活热水循环泵的扬程，按公式（6-10）计算：

$$H_b = h_p + h_x \tag{6-10}$$

式中 H_b——办公建筑热水循环泵的扬程，mH$_2$O；

h_p——办公建筑热水循环水量通过热水配水管网的水头损失，mH$_2$O；

h_x——办公建筑热水循环水量通过热水回水管网的水头损失，mH$_2$O。

生活热水循环泵的扬程，简便计算按公式（6-11）计算：

$$H_b \approx 1.1 \cdot R \cdot (L_1 + L_2) \tag{6-11}$$

式中 H_b——办公建筑热水循环泵的扬程，mH$_2$O；

R——热水管网单位长度的水头损失，mH$_2$O/m，可按 0.010～0.015mH$_2$O/m；

L_1——自水加热器至热水管网最不利点的供水管管长，m；

L_2——自热水管网最不利点至水加热器的回水管管长，m。

办公建筑热水循环泵组通常每套设置 2 台，1 用 1 备，交替运行。

4. 太阳能集热循环泵

太阳能集热循环泵通常设置在屋顶生活热水箱间内，宜设置在太阳能设备供水管即从生活热水箱接出的管道上。集热循环泵流量，按公式（1-28）计算；集热循环泵扬程，按公式（1-29）、公式（1-30）计算。

办公建筑集热循环泵组通常每套设置 2 台，1 用 1 备，交替运行。

6.2.9 热水系统管材、附件和管道敷设

1. 生活热水系统管材

办公建筑生活热水系统热水管道常用的管材包括薄壁不锈钢管、PVC-C（氯化聚氯乙烯）热水用管、薄壁铜管、钢塑复合管（如PSP管）、铝塑复合管等，较少采用普通塑料热水管。

2. 生活热水系统阀门

办公建筑生活热水系统设置阀门的部位，参见表2-50。

3. 生活热水系统止回阀

办公建筑生活热水系统设置止回阀的部位，参见表2-51。

4. 生活热水系统水表

办公建筑生活热水系统按分区域原则设置热水表，热水表宜采用远传智能水表。

5. 热水系统排气装置、泄水装置

对于上行下给式热水系统，系统热水配水干管最高处及向上抬高管段应设置 $DN25$ 自动排气阀、检修阀门；对于下行上给式热水系统，可利用最高热水配水点放气。

热水管道系统的最低处及向下凹的管段应设置泄水装置或利用最低热水配水点泄水。

6. 温度计、压力表

办公建筑生活热水系统设置温度计的部位，参见表1-77；设置压力表的部位，参见表1-78。

7. 管道补偿装置

长度超过50m的热水横干管或立管均应设置波纹伸缩节，通常设置在该根管道上管径较小的管段处，靠近一端的管道固定支吊架。

8. 保温

生活热水系统中的热水锅炉、燃油（气）热水机组、水加热设备、贮热水箱（罐）、分（集）水器、热水输（配）水干（立）管、热水循环回水干（立）管均应做保温。

热水管道保温材料厚度确定，参见表1-79、表1-80。

6.3 排水系统

6.3.1 排水系统类别

办公建筑排水系统分类，见表6-29。

办公建筑室内污废水排水体制采用合流制，当有中水利用要求时，可采用分流制。

典型的酒店式办公建筑、公寓式办公建筑排水系统原理图，参见图2-7、图2-8。典型的坐班制办公建筑排水系统原理图，参见图4-2、图4-3。

办公建筑中的生活污水、厨房含油废水等均应经化粪池处理；生活废水、设备机房废水、消防废水、绿化废水等不需经过化粪池处理。厨房含油废水应经除油处理后再排入污水管道。

排水系统分类表　　　　　　　　　表 6-29

序号	分类标准	排水系统类别	办公建筑应用情况	应用程度
1	建筑内场所使用功能	生活污水排水	酒店式办公建筑、公寓式办公建筑房间内卫生间；坐班制办公建筑公共卫生间污水排水	常用
2		生活废水排水	酒店式办公建筑、公寓式办公建筑房间内卫生间；坐班制办公建筑公共卫生间；公共浴室洗浴等废水排水	
3		厨房废水排水	办公建筑内附设厨房、食堂、餐厅污水排水	
4		设备机房废水排水	办公建筑内附设水泵房（包括生活水泵房、消防水泵房）、空调机房、制冷机房、换热机房、锅炉房、热水机房、直饮水机房等机房废水排水	
5		车库废水排水	办公建筑内附设车库内一般地面冲洗废水排水	
6		消防废水排水	办公建筑内消防电梯井排水、自动喷水灭火系统试验排水、消火栓系统试验排水、消防水泵试验排水等废水排水	
7		绿化废水排水	办公建筑室外绿化废水排水	
8	建筑内污、废水排水方式	重力排水方式	办公建筑地上污废水排水	最常用
9		压力排水方式	办公建筑地下室污废水排水	常用
10	污废水排水体制	污废合流排水系统		最常用
11		污废分流排水系统		常用
12	排水系统通气方式	设有通气管系排水系统	伸顶通气排水系统通常应用在多层办公建筑卫生间排水，专用通气立管排水系统通常应用在高层酒店式办公建筑、公寓式办公建筑卫生间排水。环形通气排水系统、器具通气排水系统通常应用在个别办公建筑公共卫生间排水	最常用
13		特殊单立管排水系统	可用于酒店式办公建筑、公寓式办公建筑卫生间排水	少用

办公建筑污废水与建筑雨水应雨污分流。

办公建筑公共卫生间等生活粪便污水、生活废水等可合流排放，当有中水利用要求时，可采用分流排放。

办公建筑的空调凝结水排水管不得与污废水管道系统直接连接，空调凝结水宜单独收集后回用于绿化、水景、冷却塔补水等。

有排水、冲洗要求的设备用房和设有给水排水、热力、空调管道的设备层以及超高层办公建筑的避难层，地面应有排水设施。

6.3.2 卫生器具

1. 办公建筑内卫生器具种类及设置场所

办公建筑内卫生器具种类及设置场所，见表 6-30。

2. 办公建筑内卫生器具选用

办公建筑卫生间卫生器具应符合表 6-31 规定。

办公建筑内卫生器具种类及设置场所表　　　　　　　　表 6-30

序号	卫生器具名称	主要设置场所
1	坐便器	酒店式办公建筑、公寓式办公建筑卫生间；办公建筑残疾人卫生间
2	蹲便器	酒店式办公建筑、公寓式办公建筑卫生间；办公建筑公共卫生间；公共浴室卫生间
3	淋浴器	酒店式办公建筑、公寓式办公建筑卫生间；公共浴室淋浴间
4	洗脸盆	酒店式办公建筑、公寓式办公建筑卫生间；办公建筑公共卫生间；公共浴室卫生间
5	台板洗脸盆	酒店式办公建筑、公寓式办公建筑卫生间；公共浴室卫生间
6	小便器	办公建筑公共卫生间；公共浴室卫生间
7	拖布池	办公建筑公共卫生间；公共浴室卫生间
8	洗菜池	酒店式办公建筑、公寓式办公建筑食堂、厨房
9	厨房洗涤槽	酒店式办公建筑、公寓式办公建筑厨房

办公建筑卫生器具选用表　　　　　　　　表 6-31

序号	卫生器具种类	卫生器具使用场所	卫生器具选型
1	大便器	酒店式办公建筑、公寓式办公建筑卫生间或对噪声有特殊要求的卫生间	旋涡虹吸式连体型大便器
2		办公建筑公共卫生间	脚踏式自闭式冲洗阀冲洗的坐式或蹲式大便器
3	小便器		红外感应自动冲洗小便器
4	洗手盆		龙头应采用感应型水嘴

办公建筑卫生器具水嘴应具有出流防溅功能。

3. 公共卫生间排水设计要点

公共卫生间排水立管及通气立管通常敷设于专用管道井内；采用专用通气立管方式时，排水立管与通气立管采用结合管连接。管道井中排水立管与通气立管中心距最小值，参见表 1-91。

4. 办公建筑内卫生器具排水配件穿越楼板留孔位置及尺寸

常见卫生器具排水配件穿越楼板留孔位置及尺寸，参见表 1-92。

5. 地漏

酒店式办公建筑、公寓式酒店卫生间；办公建筑内公共卫生间、开水间、空调机房、新风机房；公共浴室淋浴间等场所内应设置地漏。

办公建筑地漏及其他水封高度要求不得小于 50mm，且不得大于 100mm。

办公建筑地漏类型选用，参见表 2-57；地漏规格选用，参见表 2-58。

6. 水封装置

办公建筑中采用排水沟排水的场所包括厨房、车库、泵房、设备机房、公共浴室等。当排水沟内废水直接排至室外时，沟与排水排出管之间应设置水封装置。卫生器具排水管段上不得重复设置水封装置。

6.3.3 排水系统水力计算

1. 办公建筑最高日和最大时生活排水量

办公建筑生活排水量宜按该建筑生活给水量的 85%～95% 计算，通常按 90%。

2. 办公建筑卫生器具排水技术参数

办公建筑卫生器具的排水流量、排水当量、排水支管管径、排水坡度等基本参数的选定,参见表 3-39。

3. 办公建筑排水设计秒流量

办公建筑的生活排水管道设计秒流量,按公式(6-12)计算:

$$q_u = 0.12 \cdot \alpha \cdot (N_p)^{1/2} + q_{max} = 0.18 \cdot (N_p)^{1/2} + q_{max} \tag{6-12}$$

式中 q_u——计算管段排水设计秒流量,L/s;

N_p——计算管段的卫生器具排水当量总数;

α——根据建筑物用途而定的系数,办公建筑通常取 1.5;

q_{max}——计算管段上最大一个卫生器具的排水流量,L/s。

计算时,如计算所得流量值大于该管段上按卫生器具排水流量累加值时,应按卫生器具排水流量累加值计。

办公建筑 $q_{max}=1.50$L/s 和 $q_{max}=2.00$L/s 时排水设计秒流量计算数据,见表 6-32。

办公建筑排水设计秒流量计算表　　　　表 6-32

排水当量总数 N_p	排水设计秒流量 q_u (L/s) $q_{max}=1.50$	$q_{max}=2.00$	排水当量总数 N_p	排水设计秒流量 q_u (L/s) $q_{max}=1.50$	$q_{max}=2.00$	排水当量总数 N_p	排水设计秒流量 q_u (L/s) $q_{max}=1.50$	$q_{max}=2.00$
5	1.90	2.40	48	2.75	3.25	360	4.92	5.42
6	1.94	2.44	50	2.77	3.27	380	5.01	5.51
7	1.98	2.48	55	2.83	3.33	400	5.10	5.60
8	2.01	2.51	60	2.89	3.39	420	5.19	5.69
9	2.04	2.54	65	2.95	3.45	440	5.28	5.78
10	2.07	2.57	70	3.01	3.51	460	5.36	5.86
11	2.10	2.60	75	3.06	3.56	480	5.44	5.94
12	2.12	2.62	80	3.11	3.61	500	5.52	6.02
13	2.15	2.65	85	3.16	3.66	550	5.72	6.22
14	2.17	2.67	90	3.21	3.71	600	5.91	6.41
15	2.20	2.70	95	3.25	3.75	650	6.09	6.59
16	2.22	2.72	100	3.30	3.80	700	6.26	6.76
17	2.24	2.74	110	3.39	3.89	750	6.43	6.93
18	2.26	2.76	120	3.47	3.97	800	6.59	7.09
19	2.28	2.78	130	3.55	4.05	850	6.75	7.25
20	2.30	2.80	140	3.63	4.13	900	6.90	7.40
22	2.34	2.84	150	3.70	4.20	950	7.05	7.55
24	2.38	2.88	160	3.78	4.28	1000	7.19	7.69
26	2.42	2.92	170	3.85	4.35	1100	7.47	7.97
28	2.45	2.95	180	3.91	4.41	1200	7.74	8.24
30	2.49	2.99	190	3.98	4.48	1300	7.99	8.49
32	2.52	3.02	200	4.05	4.55	1400	8.23	8.73
34	2.55	3.05	220	4.17	4.67	1500	8.47	8.97
36	2.58	3.08	240	4.29	4.79	1600	8.70	9.20
38	2.61	3.11	260	4.40	4.90	1700	8.92	9.42
40	2.64	3.14	280	4.51	5.01	1800	9.14	9.64
42	2.67	3.17	300	4.62	5.12	1900	9.35	9.85
44	2.69	3.19	320	4.72	5.22	2000	9.55	10.05
46	2.72	3.22	340	4.82	5.32	2100	9.75	10.25

办公建筑公共浴室、食堂厨房等的生活排水管道设计秒流量，按公式（6-13）计算：

$$q_\mathrm{p} = \Sigma q_0 \cdot n_0 \cdot b \tag{6-13}$$

式中 q_p——办公建筑计算管段的排水设计秒流量，L/s；

q_0——办公建筑同类型的一个卫生器具排水流量，L/s，可按表 3-39 采用；

n_0——办公建筑同类型卫生器具数；

b——办公建筑卫生器具的同时排水百分数；办公建筑公共浴室内的淋浴器和洗脸盆按表 4-12 选用，食堂的设备按表 4-13 选用。

注：当计算排水流量小于一个大便器排水流量时，应按一个大便器的排水流量计算。

4. 办公建筑排水管道管径确定

办公建筑排水铸铁管道最小坡度，按表 1-98 确定；胶圈密封连接排水塑料横管的坡度，按表 1-99 确定；建筑内排水管道最大设计充满度，参见表 1-100；排水管道自清流速，参见表 1-101。

排水横管水力计算按照公式（1-32）、公式（1-33）；排水铸铁管水力计算，参见表 1-102；排水塑料管水力计算，参见表 1-103。

不同管径下排水横管允许流量 Q_p，参见表 1-104。

办公建筑排水系统中排水横干管常见管径为 DN100、DN150。DN100 排水横干管对应排水当量最大限值，参见表 1-105，DN150 排水横干管对应排水当量最大限值，参见表 1-106。

不同通气方式的排水立管最大设计排水能力，参见表 1-107、表 1-108、表 1-109。

办公建筑各种排水管的推荐管径，参见表 2-60。

6.3.4 排水系统管材、附件和检查井

1. 办公建筑排水管管材

办公建筑室外排水管可采用埋地排水塑料管，包括硬聚氯乙烯管、聚乙烯管和玻璃纤维增强塑料夹砂管等。常用的室外排水管还有双壁加筋波纹排水管、双平壁钢塑复合缠绕排水管等。

办公建筑室内排水管类型，见表 6-33。

室内排水管类型表　　　　　　　　　　　表 6-33

序号	排水管类型	排水管设置要求
1	玻纤增强聚丙烯（FRPP）排水管	
2	柔性接口机制铸铁排水管	宜采用柔性接口机制排水铸铁管，连接方式有法兰压盖式承插柔性连接和无承口卡箍式连接
3	硬聚氯乙烯（PVC-U）排水管	采用胶水（胶粘剂）粘接连接
4	办公建筑压力排水管	可采用焊接钢管、钢塑复合管、镀锌钢管

2. 办公建筑排水管附件

排水立管上检查口的设置位置，参见表 1-113；检查口之间的最大距离，参见表 1-114；检查口设置要求，参见表 1-115。

清扫口的设置位置，参见表 1-116；清扫口至室外检查井中心最大长度，参见表 1-

117;排水横管直线管段上清扫口之间的最大距离,参见表 1-118。

塑料排水管道支吊架间距规定,参见表 1-119。

3. 办公建筑排水管道布置敷设

办公建筑排水管道不应布置场所,见表 6-34。

排水管道不应布置场所表　　　　　　　　　　　　　　　　表 6-34

序号	排水管道不应布置场所	具体要求
1	生活水泵房等设备机房	排水横管禁止在办公建筑生活水箱箱体正上方敷设,生活水泵房其他区域不宜敷设排水管道;设在室内的消防水池(箱)应按此要求处理
2	厨房、餐厅	办公建筑中厨房内的主副食操作间、烹调间、备餐间、加工间、粗加工、冷菜间、面点蒸煮间、食品储藏库(主食库、副食库)等房间的上方均不应敷设排水管道,排水立管不宜穿过上述房间;办公建筑中的餐厅;办公建筑中的厨房排水应独立设置,排水横管和立管均不得与卫生间污水排水管道连通。上述场所上方排水管不宜采用同层排水方式
3	有安静要求办公用房	排水管道不应敷设在会议室、接待室以及其他有安静要求的办公用房的顶板下方,当不能避免时应采用低噪声管材并采取防渗漏和隔声措施
4	重要办公用房	排水管道不应穿越重要的资料室、档案室和重要的办公用房
5	电气机房	办公建筑中的电气机房包括高压配电室、低压配电室(包括其值班室)、柴油发电机房(包括储油间)、网络机房、弱电机房、UPS 机房、消防控制室等,排水管道不得敷设在此类电气机房内
6	结构变形缝、结构风道	原则上排水管道不得穿过结构变形缝;若条件限制必须穿越沉降缝时,则应预留沉降量并设置不锈钢软管柔性连接,必须穿越伸缩缝时,则应安装伸缩器
7	电梯机房、通风小室	

办公建筑排水系统管道设计遵循原则,见表 2-63。

4. 办公建筑间接排水

办公建筑中的间接排水,参见表 4-33。

办公建筑未设置地下室时,排水排出管穿越有沉降可能的承重墙或基础时应预留洞口;设置地下室时,排水排出管穿越地下室外墙时应预留防水套管,宜采用柔性防水套管。

6.3.5　通气管系统

办公建筑通气管设置要求,见表 6-35。

办公建筑通气管可采用柔性接口机制排水铸铁管或塑料排水管,一般采用与办公建筑排水管相同管材。在最冷月平均气温低于 −13℃ 的地区,伸出屋面部分通气立管应采用柔性接口机制排水铸铁管。

通气立管的最小管径,参见表 1-130。

办公建筑通气管设置要求表

表 6-35

序号	通气管名称	设置位置	设置要求	管径确定
1	伸顶通气管	设置场所涉及办公建筑尤其是多层办公建筑所有区域	高出非上人屋面不得小于 300mm，但必须大于最大积雪厚度，常采用 800～1000mm；高出上人屋面不得小于 2000mm，常采用 2000mm。顶端应装设风帽或网罩；在冬季室外温度高于-15℃的地区，顶端可装网形铅丝球；低于-15℃的地区，顶端应装伞形通气帽	应与排水立管管径相同。但在最冷月平均气温低于-13℃的地区，应在室内平顶或吊顶以下 0.3m 处将管径放大一级，若采用塑料管材时其最小管径不宜小于 110mm
2	专用通气管	高层酒店式办公建筑、公寓式办公建筑、坐班制办公建筑公共卫生间排水应采用专用通气方式；多层酒店式办公建筑、公寓式办公建筑卫生间宜采用专用通气方式；多层坐班制办公建筑公共卫生间排水可采用专用通气方式	酒店式办公建筑、公寓式办公建筑1个或2个卫生间，坐班制办公建筑公共卫生间的排水立管和专用通气立管并排设置在卫生间附设管道井内；未设管道井时，该2种立管并列设置，并宜后期装修包敷暗设，专用通气立管宜靠内侧敷设、排水立管宜靠外侧敷设	通常与其排水立管管径相同
3	汇合通气管	办公建筑中多根通气立管或多根排水立管顶端通气部分上方楼层存在特殊区域（如厨房、餐厅、电气机房等）不允许每根立管穿越向上接至屋顶时，需在本层顶板下或吊顶内汇集后接至屋顶		汇合通气管的断面积应为最大一根通气管的断面积加其余通气管断面之和的 0.25 倍
4	主（副）通气立管	通常设置在办公建筑内的公共卫生间		通常与其排水立管管径相同
5	结合通气管			通常与其连接的通气立管管径相同
6	环形通气管	连接4个及4个以上卫生器具（包括大便器）且横支管的长度大于12m的排水横支管；连接6个及6个以上大便器的污水横支管；设有器具通气管；特殊单立管偏置	和排水横支管、主（副）通气立管连接的要求：在排水横支管上设环形通气管时，应在其最始端的两个卫生器具之间接出，并应在排水支管中心线以上与排水支管呈垂直或45°连接；环形通气管应在卫生器具上边缘以上不小于 0.15m 处按不小于 0.01 的上升坡度与通气立管相连	常用管径为 DN40（对应 DN75 排水管）、DN50（对应 DN100 排水管）

6.3.6 特殊排水系统

办公建筑生活水泵房、厨房、电气机房等场所的上方楼层不应有排水横支管明设管道等。若有必要在上述某些场所上方设置排水点且无法采取其他躲避措施时，该部位的排水应采用同层排水方式。

办公建筑同层排水最常采用的是降板或局部降板法。

6.3.7 特殊场所排水

1. 办公建筑化粪池

化粪池宜设置在接户管的下游端；位置宜选在院区最低处附近；外壁距建筑物外墙不宜小于5m；宜选用钢筋混凝土化粪池。

办公建筑化粪池有效容积，按公式（4-21）～公式（4-24）计算。

办公建筑可集中并联设置或根据院区布局分散并联布置2个或3个化粪池，多个化粪池的型号宜一致。

2. 办公建筑食堂、餐厅含油废水处理

办公建筑含油废水宜采用三级隔油处理流程，参见表1-141。

根据食堂用餐人数确定隔油设施处理水量，按公式（1-39）计算；根据食堂餐厅面积确定隔油设施处理水量，按公式（1-40）计算。

隔油池有效容积，按公式（1-41）计算。隔油池的类型，参见表1-142。

隔油提升一体化设备选型的主要技术参数为其所接纳的食堂、餐厅内厨房等器具含油污水排水流量。

3. 办公建筑附设车库汽车洗车污水处理

汽车冲洗水量，参见表1-143。

隔油沉淀池有效容积，按公式（1-42）计算。隔油沉淀池类型，参见表1-144。

4. 办公建筑设备机房排水

办公建筑地下设备机房排水设施要求，参见表1-147。

5. 地下车库排水

办公建筑地下车库应设置排水设施（排水沟和集水坑）。车库内排水沟设置要求，参见表1-150。

人防地下车库每个人防防护单元内宜设置不少于2个集水坑，集水坑宜独立设置；集水坑处压力排水管排至室外穿越人防围护结构时，应在穿越处人防侧压力排水管上设置防护阀门。

6.3.8 压力排水

1. 办公建筑集水坑设置

办公建筑地下室应设置集水坑。集水坑的设置要求，见表6-36。

通气管管径宜与排水管管径相同，可接至室外或向上接至建筑地上部分通气管系统。

集水坑设置要求表　　　　　　　　　　　表6-36

序号	集水坑服务场所	集水坑设置要求	集水坑尺寸
1	办公建筑地下室卫生间	宜设在地下室最底层靠近卫生间的附属区域（如库房等）或公共空间，禁止设在有人员经常活动的场所；宜集中收纳附近多个卫生间的污水	应根据污水提升装置的规格要求确定
2	办公建筑地下室食堂、餐厅等	应设置在食堂、餐厅、厨房邻近位置，不宜设在细加工间和烹炒间等房间内	应根据污水隔油提升一体化装置的规格要求确定
3	办公建筑地下室淋浴间等场所	宜根据建筑平面布局按区域集中设置1个或多个	应根据污水提升装置的规格要求确定
4	办公建筑地下车库区域	应便于排水管、排水沟较短距离到达；地下车库每个防火分区宜设置不少于2个集水坑；宜靠车库外墙附近设置；宜布置在车行道下面底板下，不宜布置在停车位下面底板下	1500mm×1500mm×1500mm
5	办公建筑地下车库出入口坡道处	应尽量靠近汽车坡道最低尽头处	2500mm×2000mm×1500mm
6	办公建筑地下生活水泵房、消防水泵房、热水机房		1500mm×1500mm×1500mm

2. 污水泵、污水提升装置选型

办公建筑排水泵的流量方法确定，参见表2-68；排水泵的扬程，按公式（1-44）计算。

6.3.9 室外排水系统

1. 办公建筑室外排水管道布置

办公建筑室外排水管道布置方法，参见表2-69；与其他地下管线（构筑物）最小间距，参见表1-154。

办公建筑室外排水管道最小覆土深度不宜小于0.5m；对于严寒地区、寒冷地区办公建筑，室外排水管道最小覆土深度应超过当地冻土层深度。

2. 办公建筑室外排水管道敷设

办公建筑室外排水管道与生活给水管道交叉时，应敷设在生活给水管道下面。室外排水管道敷设发生冲突时，应遵循表1-26原则处理。

3. 办公建筑室外排水管道水力计算

室外排水管道水力计算，按公式（1-45）、公式（1-46）。

办公建筑室外排水管道的最小管径、最小设计坡度、最大设计充满度，参见表1-155。

4. 办公建筑室外排水管道管材

办公建筑室外排水管道宜优先采用埋地塑料排水管，弹性橡胶圈密封柔性接口，小于DN200直壁管，可采用承插式粘接；可采用埋地铸铁排水管，橡胶圈柔性接口或水泥砂浆接口。

5. 办公室外排水检查井

办公建筑室外排水检查井设置位置，参见表 1-156。

办公建筑室外排水检查井宜优先选用玻璃钢排水检查井，其次是混凝土排水检查井，禁止采用砖砌排水检查井。室外排水管在排水检查井连接应采用管顶平接。

6.4 雨水系统

6.4.1 雨水系统分类

办公建筑雨水系统分类，见表 6-37。

雨水系统分类表　　表 6-37

序号	分类标准	雨水系统类别	办公建筑应用情况	应用程度
1	屋面雨水设计流态	半有压流屋面雨水系统	办公建筑中一般采用的是 87 型雨水斗系统	最常用
2		压力流屋面雨水系统（虹吸式雨水系统）	办公建筑的屋面（通常为裙楼屋面）面积较大时，可考虑采用	少用
3		重力流屋面雨水系统		极少用
4	雨水管道设置位置	内排水雨水系统	多层办公建筑雨水系统宜采用	最常用
5		外排水雨水系统	办公建筑如果面积不大、建筑专业立面允许，可以采用	少用
6		混合式雨水系统		极少用
7	雨水出户横管室内部分是否存在自由水面	封闭系统		最常用
8		敞开系统		极少用
9	建筑屋面排水条件	天沟雨水排水系统		最常用
10		檐沟雨水排水系统		极少用
11		无沟雨水排水系统		极少用
12	压力提升雨水排水系统		办公建筑地下车库出入口等处，雨水汇集就近排至集水坑时采用	常用

6.4.2 雨水量

1. 设计雨水流量

办公建筑设计雨水流量，应按公式 (1-47) 计算。

2. 设计暴雨强度

设计暴雨强度应按办公建筑所在地或相邻地区暴雨强度公式计算确定，见公式(1-48)。

我国部分城镇 5min 设计暴雨强度、小时降雨厚度，参见表 1-158（**设计重现期 $P=$ 10 年**）。

3. 设计重现期

办公建筑屋面雨水设计重现期：对于半有压流屋面雨水系统，通常取 10 年；对于压力流屋面雨水系统，通常取 50 年；办公建筑附设的下沉式广场、下沉式庭院，其雨水设计重现期宜取较大值。

4. 设计降雨历时

办公建筑屋面雨水排水管道设计降雨历时按照 5min 确定。

办公建筑院区雨水排水管道设计降雨历时，按公式（1-49）计算。

5. 径流系数

办公建筑屋面及院区地面的径流系数，参见表 1-159。

6. 汇水面积

办公建筑的雨水汇水面积计算原则，参见表 1-160。

6.4.3 雨水系统

1. 雨水系统设计常规要求

办公建筑雨水系统设置要求，参见表 1-161。

办公建筑雨水排水管道不应穿越的场所，见表 6-38。

雨水排水管道不应穿越的场所表　　　　　　表 6-38

序号	不应穿越的场所名称	具体房间名称
1	有安静要求办公用房	会议室、接待室以及其他有安静要求的办公用房
2	重要办公用房	重要的资料室、档案室和重要的办公用房
3	电气机房	高压配电室、低压配电室及值班室、柴油发电机房及储油间、网络机房、弱电机房、UPS 机房、消防控制室等

注：办公建筑雨水排水横管宜沿建筑内公共区域（内走道等）吊顶内敷设；雨水排水立管宜沿建筑内公共场所或辅助次要场所敷设。

2. 雨水斗设计

办公建筑半有压流屋面雨水系统通常采用 87 型雨水斗或 79 型雨水斗，规格常用 $DN100$。

雨水斗设计排水负荷，参见表 1-163。

雨水斗下方区域宜为建筑顶层公共区域（如内走道）或辅助次要场所（如公共卫生间、库房等），不应为需要安静的场所，不宜为办公区、活动区房间。

雨水斗宜对雨水排水立管做对称布置；接有多斗悬吊管的立管顶端不得设置雨水斗；一个屋面上应设置不少于 2 个雨水斗。

3. 天沟、溢流设施、连接管、悬吊管、立管、埋地管、排出管设计

办公建筑天沟、溢流设施、连接管、悬吊管、立管、埋地管、排出管设置要求，参见表 1-164。

4. 室内水泵提升雨水排水系统设计

地下室露天窗井内应设平箅式雨水口、无水封地漏作为雨水口，经雨水收集管接入集水池；地下车库出入口汽车坡道上应设雨水截水沟，经直埋雨水收集管接入集水池。

雨水提升泵通常采用潜水泵，宜采用3台，2用1备。

5. 雨水管管材

办公建筑雨水排水管管材，参见表1-167。

6.4.4 雨水系统水力计算

1. 半有压流（87型）屋面雨水系统水力计算

（1）雨水斗（87型）

雨水斗设计流量，应按公式（1-50）计算。

对于单斗雨水系统，雨水斗设计流量不应超过表1-168数值；对于多斗雨水系统，雨水斗设计流量应根据表1-169取值，最远端雨水斗设计流量不得超过表1-169中的数值。

办公建筑87型雨水斗口径常采用$DN100$，其次是$DN75$、$DN150$。

（2）雨水连接管

办公建筑雨水连接管管径通常与雨水斗出水口直径相同，常采用$DN100$，其次是$DN150$。

（3）雨水悬吊管

办公建筑雨水悬吊管管径，参见表1-172。

（4）雨水立管

连接2根及以上雨水悬吊管的雨水立管管径，按表1-173确定。

（5）雨水排出管

办公建筑雨水排出管管径确定，参见表1-174～表1-177。

（6）雨水管道最小管径

办公建筑雨水系统最小设计管径及雨水排水横管最小设计坡度，参见表1-178。

2. 压力流（虹吸式）屋面雨水系统水力计算

办公建筑压力流（虹吸式）屋面雨水系统水力计算方法，参见1.4.4节。

3. 雨水提升系统水力计算

办公建筑附设的下沉式广场、下沉式庭院；地下室车库坡道、窗井等场所设计雨水流量，按公式（1-54）计算；设计径流雨水总量，按公式（1-55）计算。

6.4.5 院区室外雨水系统设计

办公建筑院区雨水系统宜采用管道排水形式，与污水系统应分流排放。

1. 雨水口

雨水口选型，参见表1-180；雨水口设置位置，参见表1-181；各类型雨水口的泄水流量，参见表1-182。

雨水口设计流量，按公式（1-56）计算。

2. 雨水口连接管

单算雨水口连接管管径通常采用$DN250$。

3. 雨水检查井

院区内直线雨水管道上雨水检查井设置最大间距，参见表1-183。

院区雨水检查井规格通常采用$DN1000$圆形玻璃钢或钢筋混凝土雨水检查井。

4. 室外雨水管道布置

办公建筑室外雨水管道布置方法，参见表 1-184。

6.4.6 院区室外雨水利用

办公建筑应根据所在地的自然条件、水资源情况及经济技术发展水平，合理设置雨水收集利用系统。雨水利用工程应符合现行国家标准《建筑与小区雨水控制及利用工程技术规范》GB 50400—2016 的有关规定。

雨水收集回用应进行水量平衡计算。办公建筑院区雨水通常可用于景观用水、院区绿化用水、路面和地面冲洗用水、汽车冲洗用水、冲厕用水等。

6.5 消火栓系统

6.5.1 消火栓系统设置场所

高层办公建筑；建筑高度大于 15m 或建筑体积大于 10000m³ 的单、多层办公建筑均应设置室内消火栓系统。

办公室带卧室或厨房的酒店式办公建筑，火灾危险性与办公建筑类似，应按办公建筑宾馆的要求设计消防供水系统与灭火设施；办公室带卧室或厨房的公寓式办公建筑，宜按办公建筑普通旅馆的要求设计消防供水系统与灭火设施。

6.5.2 消火栓系统设计参数

1. 办公建筑室外消火栓设计流量

办公建筑室外消火栓设计流量，不应小于表 6-39 的规定。

办公建筑室外消火栓设计流量表（L/s）　　　　表 6-39

耐火等级	建筑物名称	建筑体积（m³）					
		$V \leqslant 1500$	$1500 < V \leqslant 3000$	$3000 < V \leqslant 5000$	$5000 < V \leqslant 20000$	$20000 < V \leqslant 50000$	$V > 50000$
一、二级	单层及多层办公建筑	15			25	30	40
	高层办公建筑	—			25	30	40
三级	单层及多层办公建筑	15		20	25	30	—
四级	单层及多层办公建筑	15		20	25		—

注：1. 建筑体积指本建筑占据的空间数量，包括该建筑的地上空间体积数和地下空间体积数；
　　2. 地下车库室外消火栓系统设计流量小于建筑主体室外消火栓系统设计流量，办公建筑室外消火栓系统设计流量按建筑主体室外消火栓系统设计流量确定；
　　3. 地下人防工程室外消火栓系统设计流量小于建筑主体室外消火栓系统设计流量，办公建筑室外消火栓系统设计流量按建筑主体室外消火栓系统设计流量确定。

2. 办公建筑室内消火栓设计流量

办公建筑室内消火栓设计流量，不应小于表 6-40 的规定。

办公建筑室内消火栓设计流量表（L/s）　　　　表 6-40

建筑物名称	高度 h（m）、体积 V（m³）、火灾危险性	消火栓设计流量（L/s）	同时使用消防水枪数（支）	每根竖管最小流量（L/s）
单层及多层办公建筑	h>15 或 V>10000	15	3	10
二类高层办公建筑	h≤50	20	4	10
一类高层办公建筑	h>50	40	8	15

注：1. 消防软管卷盘、轻便消防水龙，其消火栓设计流量可不计入室内消防给水设计流量；
　　2. 地下车库室内消火栓系统设计流量小于建筑主体室内消火栓系统设计流量，办公建筑室内消火栓系统设计流量按建筑主体室内消火栓系统设计流量确定；
　　3. 地下人防工程室内消火栓系统设计流量小于建筑主体室内消火栓系统设计流量，办公建筑室内消火栓系统设计流量按建筑主体室内消火栓系统设计流量确定。

3. 火灾延续时间

办公建筑消火栓系统的火灾延续时间，按 2.0h。

办公建筑室内自动灭火系统的火灾延续时间，参见表 1-188。

4. 消防用水量

一座办公建筑的消防用水量按室外消火栓系统用水量、室内消火栓系统用水量、室内自动喷水灭火系统用水量三者之和计算。

6.5.3 消防水源

1. 市政给水

当前国内城市市政给水管网能够满足办公建筑直接消防供水条件的较少。

办公建筑室外消防给水管网管径，可按表 4-40 确定。

办公建筑室外消防给水管网宜与室外生活给水管网分开敷设，且应布置成环状管网。

2. 消防水池

（1）办公建筑消防水池有效储水容积

表 6-41 给出了常用典型办公建筑消防水池有效储水容积的对照表。

办公建筑火灾延续时间内消防水池储存消防用水量表　　　　表 6-41

单、多层办公建筑体积 V（m³）	V≤3000	3000<V≤5000	5000<V≤10000	10000<V≤20000	20000<V≤50000	V>50000
室外消火栓设计流量（L/s）	15	20	25	30	40	
火灾延续时间（h）	2.0					
火灾延续时间内室外消防用水量（m³）	108.0	144.0	180.0	216.0	288.0	
室内消火栓设计流量（L/s）	15（建筑高度大于 15m 时）			15		
火灾延续时间（h）	2.0					
火灾延续时间内室内消防用水量（m³）	108.0					
火灾延续时间内室内外消防用水量（m³）	216.0	252.0	288.0	324.0	396.0	

续表

消防水池储存室内外消火栓用水容积 V_1（m³）	216.0	252.0	288.0	324.0	396.0
高层办公建筑体积 V（m³）	5000<V≤20000	20000<V≤50000	V>50000	5000<V≤20000	20000<V≤50000	V>50000
高层办公建筑高度 h（m）	h≤50			h>50		
室外消火栓设计流量（L/s）	25	30	40	25	30	40
火灾延续时间（h）	2.0					
火灾延续时间内室外消防用水量（m³）	180.0	216.0	288.0	180.0	216.0	288.0
室内消火栓设计流量（L/s）	20			40		
火灾延续时间（h）	2.0					
火灾延续时间内室内消防用水量（m³）	144.0			288.0		
火灾延续时间内室内外消防用水量（m³）	324.0	360.0	432.0	468.0	504.0	576.0
消防水池储存室内外消火栓用水容积 V_2（m³）	324.0	360.0	432.0	468.0	504.0	576.0
办公建筑自动喷水灭火系统设计流量（L/s）	25		30	35	40
火灾延续时间（h）	1.0		1.0	1.0	1.0
火灾延续时间内自动喷水灭火用水量（m³）	90.0		108.0	126.0	144.0
消防水池储存自动喷水灭火用水容积 V_3（m³）	90.0		108.0	126.0	144.0

如上表所示，通常办公建筑消防水池有效储水容积在 306～720m³。

（2）办公建筑消防水池位置

消防水池位置确定原则，见表 6-42。

消防水池位置确定原则表　　表 6-42

序号	消防水池位置确定原则
1	消防水池应毗邻或靠近消防水泵房
2	消防水池与消防水泵房的标高关系满足消防水泵自灌吸水要求
3	应结合办公建筑院区建筑布局条件
4	消防水池应满足与消防车间的距离关系
5	消防水池应满足与建筑物围护结构的位置关系

办公建筑消防水池、消防水泵房与办公院区空间关系，见表 6-43。

消防水池、消防水泵房与办公院区空间关系表　　表 6-43

序号	办公建筑院区室外空间情况	消防水池位置	消防水泵房位置	备注
1	有充足空间	室外院区内	建筑地下室	常见于新建办公建筑项目
2	室外空间狭小或不合适	建筑地下室	建筑地下室	常见于改建、扩建办公建筑项目

消防水池的最低有效水位应高于消防水池吸水喇叭口不小于600mm，且应高于消防水泵的吸水管管顶。

办公建筑消防水泵型式的选择与消防水池有一定的对应关系，参见表1-194。

办公建筑储存室内外消防用水的消防水池与消防水泵房的位置关系，参见表1-195。

办公建筑消防水池格（座）数与有效储水容积的对照关系，参见表1-196。

办公建筑消防水池附件，参见表1-197。

办公建筑消防水池各水位指标确定方法及取值经验值，参见表1-198。

3. 天然水源及其他水源

办公建筑消防水源不宜采用天然水源。

6.5.4 消防水泵房

1. 消防水泵房选址

新建办公建筑院区消防水泵房设置通常采取以下2个方案，见表6-44。

新建办公建筑院区消防水泵房设置方案对比表 表6-44

方案编号	消防水泵房位置	优点	缺点	适用条件
方案1	院区内室外	设备集中，控制便利，对办公活动等功能用房环境影响小；消防水泵集中设置，距离消防水池很近，泵组吸水管线很短等	距院区内办公建筑较远，管线较长，水头损失较大，消防水箱距泵房较远等	适用于办公建筑院区室外空间较大的情形。宜与生活水泵房、锅炉房、变配电室集中设置。在新建办公建院区中，应优先采用此方案
方案2	院区内办公建筑地下室内	设备较为集中，控制较为便利，距离建筑消防水系统距离较近，消防水箱距泵房位置较近等	占用办公建筑空间，对办公活动等功能用房环境有一些影响	适用于办公建筑院区室外空间较小的情形。在新建办公院区中，可替代方案1

改建、扩建办公院区消防水泵房设置方案，参见表1-200。

2. 建筑内部消防水泵房位置

办公建筑消防水泵房若设置在建筑物内，应采取消声、隔声和减振等措施，并不宜毗邻办公用房和会议室，也不宜布置在办公用房和会议室对应的直接上层。

3. 消防水泵机组的布置要求

相邻两个机组及机组至泵房墙壁间的净距要求，参见表1-201。

4. 消防水泵房采暖、排水等要求

严寒、寒冷地区消防水泵房，应设置供暖设施。

消防水泵房的泵房排水设施：在泵房内设置排水沟；地下消防水泵房内或邻近场所设集水坑，坑内设潜污泵。消防水泵房应采取防淹措施。

5. 消防水泵房管道设计

消防水泵配置数量与消防水系统设计流量的关系，参见表1-202。

办公建筑消防水泵吸水管、出水管管径，参见表1-203；消防吸水总管管径应根据其连通服务的各种消防水泵设计流量之累加值进行确定，参见表 1-205。

消防水泵吸水管布置应避免形成气囊。

消防水泵吸水口的淹没深度应满足消防水泵在最低水位运行安全的要求。

消防水泵吸水管、出水管上附件配置及要求，参见表 1-206。

6. 消防水泵自动启动控制

消防水泵自动启动要求，参见表 1-207；消防水泵自动启动方式，参见表 1-208；流量开关性能、设置位置等，参见表 1-209。

当消防稳压泵设置于高位消防水箱间内时，消防水泵启泵压力（P），按公式（1-58）确定；当消防稳压泵设置于低位消防水泵房内时，按公式（1-59）确定。

6.5.5 消防水箱

办公建筑消防给水系统绝大多数属于临时高压系统，3 层及以上单体总建筑面积大于 10000m² 的办公建筑应设置高位消防水箱。

1. 消防水箱有效储水容积

办公建筑高位消防水箱有效储水容积，按表 6-45 确定。

办公建筑高位消防水箱有效储水容积确定表　　　　表 6-45

序号	建筑类别	消防水箱有效储水容积
1	建筑高度为 50～100m（含）的高层办公建筑	不应小于 36m³，可按 36m³
2	建筑高度为 100～150m（含）的高层办公建筑	不应小于 50m³，可按 50m³
3	建筑高度大于 150m 的高层办公建筑	不应小于 100m³，可按 100m³
4	建筑高度小于或等于 50m 的高层办公建筑	不应小于 18m³，可按 18m³
5	多层办公建筑	

2. 消防水箱设置位置

办公建筑消防水箱设置位置应满足以下要求，见表 6-46。

消防水箱设置位置要求表　　　　表 6-46

序号	消防水箱设置位置要求	备注
1	位于所在建筑的最高处	通常设在屋顶机房层消防水箱间内
2	应该独立设置	不与其他设备机房，如屋顶太阳能热水机房、热水箱间等合用
3	应避免对下方楼层房间的影响	其下方不应是办公用房、会议室、档案室等，可以是库房、卫生间等辅助房间或公共区域
4	应高于设置室内消火栓系统、自动喷水灭火系统等系统的楼层	机房层设有活动室、库房等需要设置消防给水系统的场所，可采用其他非水基灭火系统，亦可将消防水箱间置于更高一层
5	不宜超出机房层高度过多、影响建筑效果	消防水箱间内配置消防稳压装置

3. 高位消防水箱尺寸

消防水箱宜为装配式方形水箱，其尺寸宜为 1.0m 或 0.5m 的倍数，推荐尺寸参见表 1-212。

4. 高位消防水箱材质

常用材质为不锈钢板、热浸锌镀锌钢板、玻璃钢板、钢筋混凝土等，不锈钢板最常见。

5. 高位消防水箱配管

高位消防水箱配管及管径确定，参见表1-213。

6. 消防水箱水位

消防水箱各水位指标确定方法及取值经验值，参见表1-214。

7. 高位消防水箱布置

高位消防水箱四周净距要求，参见表1-215。

8. 消防水箱防冻

消防水箱及相应管道保温材料及厚度，参见表1-216。

6.5.6 消防稳压装置

1. 消防稳压泵

（1）设计流量

消火栓稳压泵设计流量，参见表1-217。

自动喷水灭火稳压泵设计流量，参见表1-218；结合一只标准喷头的流量，自动喷水灭火稳压泵常规设计流量取1.33L/s。

（2）设计压力

当消防稳压泵设置于高位消防水箱间内时，稳压泵的启泵压力 P_1 可取 0.15～0.20MPa，停泵压力 P_2 可取 0.20～0.25MPa；当消防稳压泵设置于低位消防水泵房内时，P_1 按公式（1-62）确定，P_2 按公式（1-63）确定。

（3）消防稳压泵选型

消火栓稳压泵设计流量为稳压泵流量确定依据。

消防稳压泵停泵压力（P_2）值附加 0.03～0.05MPa 后，为稳压泵扬程确定依据。

2. 气压水罐

消火栓稳压装置、自动喷水灭火稳压装置均采用150L有效储水容积气压水罐；合用消防稳压装置采用300L有效储水容积气压水罐。

3. 管道、阀门、附件等

消防稳压泵吸水管管径、出水管管径，参见表1-219。每套消防稳压泵通常为2台，1用1备。

6.5.7 消防水泵接合器

1. 设置范围

对于室内消火栓系统，6层及以上的办公建筑应设置消防水泵接合器。

办公建筑消火栓系统消防水泵接合器配置，参见表1-220。

办公建筑自动喷水灭火系统等自动水灭火系统应分别设置消防水泵接合器。

2. 技术参数

办公建筑消防水泵接合器数量，参见表1-221。

3. 安装形式

办公建筑消防水泵接合器安装形式选择，参见表 1-222。

4. 设置位置

同种水泵接合器不宜集中布置，不同种类、分区、功能的水泵接合器宜成组布置，且应设在室外便于消防车使用和接近的地方，且距室外消火栓或消防水池的距离不宜小于 15m，并不宜大于 40m，距人防工程出入口不宜小于 5m。

6.5.8 消火栓系统给水形式

1. 室外消火栓给水系统

当市政给水管网不满足直接供给室外消火栓给水系统时，办公建筑应采用临时高压室外消火栓给水系统，通常在消防水泵房内独立设置室外消火栓给水泵组、室外消火栓稳压装置。

办公建筑室外消火栓给水泵组一般设置 2 台，1 用 1 备，泵组设计流量为本建筑室外消防设计流量（15L/s、20L/s、25L/s、30L/s、40L/s），设计扬程应保证室外消火栓处的栓口压力（0.20～0.30MPa）。泵组出水管及吸水管管径，参见表 1-223。

室外消火栓给水管网管径，参见表 1-224，管网应环状布置，单独成环。

2. 室内消火栓给水系统

办公建筑室内消火栓给水系统常采用临时高压消火栓给水系统。

3. 室内消火栓系统分区供水

办公建筑高区、低区消火栓给水管网均应在横向、竖向上连成环状。高区、低区消火栓供水横干管宜分别沿本区最高层和最底层顶板下敷设。建筑高度大于 100m 的超高层办公建筑室内消火栓系统竖向分区，见超高层建筑章节。

典型的酒店式办公建筑、公寓式办公建筑室内消火栓系统原理图，参见图 2-9。典型的坐班制办公建筑室内消火栓系统原理图，参见图 4-4。

6.5.9 消火栓系统类型

1. 系统分类

办公建筑的室外消火栓系统宜采用湿式消火栓系统。

2. 室外消火栓

严寒、寒冷等冬季结冰地区办公建筑室外消火栓应采用干式消火栓；其他地区宜采用地上式消火栓。

建筑室外消火栓的数量应根据室外消火栓设计流量和保护半径经计算确定，保护半径不应大于 150.0m，间距不应大于 120.0m，每个室外消火栓的出流量宜按 10～15 L/s 计算。通常根据建筑物平面布局在建筑物四个角附近绿地设置室外消火栓，根据邻近两个消火栓之间距离合理增设消火栓。

3. 室内消火栓

办公建筑的各区域各楼层均应布置室内消火栓予以保护；办公建筑中不能采用自动喷水灭火系统保护的高低压配电室、网络机房、消防控制室等场所亦应由室内消火栓保护。

室内消火栓的布置应满足同一平面有 2 支消防水枪的 2 股充实水柱同时达到任何

部位。

表6-47给出了办公建筑室内消火栓的布置方法。

办公建筑室内消火栓布置方法表 表6-47

序号	室内消火栓布置方法	注意事项
1	布置在楼梯间、前室等位置	楼梯间、前室的消火栓宜暗设并采取墙体保护措施；箱体及立管不应影响楼梯门、电梯门开启使用
2	布置在公共走道两侧，箱体开门朝向公共走道	应暗设；优先沿辅助房间（库房、卫生间等）的墙体安装
3	布置在集中区域内部公共空间内	可在朝向公共空间房间的外墙上暗设；应避免消火栓消防水带穿过多个房间门到达保护点
4	特殊区域如车库、入口门厅等场所，应根据其平面布局布置	入口门厅处消火栓宜沿空间周边房间外墙布置；车库内消火栓宜沿车行道布置，可沿柱子明设

注：1. 室内消火栓不应跨防火分区布置；
  2. 室内消火栓应按其实际行走距离计算其布置间距，办公建筑室内消火栓布置间距宜为20.0~25.0m，不应小于5.0m。

普通消火栓、减压稳压消火栓设置的楼层数，参见表1-227。

6.5.10 消火栓给水管网

1. 室外消火栓给水管网

办公建筑室外消火栓给水管网应采用环状给水管网。向室外消火栓给水管网供水的输水干管不应少于2条。

2. 室内消火栓给水管网

办公建筑室内消火栓给水管网应采用环状给水管网，有2种主要管网型式，见表6-48。室内消火栓给水管网在横向、竖向均宜连成环状。

室内消火栓给水管网主要管网型式表 表6-48

序号	管网型式特点	适用情形	具体部位	备注
型式1	消防供水干管沿建筑最高处、最低处横向水平敷设，配水干管沿竖向垂直敷设，配水干管上连有消火栓	各楼层竖直上下层消火栓位置基本一致和横向连接管长度较小的区域	建筑内走道、楼梯间、电梯前室；办公室、会议室、餐厅等房间外墙	主要型式
型式2	消防供水干管沿建筑竖向垂直敷设，配水干管沿每一层顶板下或吊顶内横向水平敷设，配水干管上连有消火栓	各楼层竖直上下层消火栓位置差别较大或横向连接管长度较大的区域；地下车库	建筑内走道、楼梯间、电梯前室；办公室、会议室、餐厅等房间外墙；车库；机房等	辅助型式

注：不能敷设消火栓给水管道的场所包括高低压配电室、网络机房、消防控制室等。

室内消火栓给水管网型式1参见图1-13，型式2参见图1-14。

办公建筑室内消火栓给水管网的环状干管管径，参见表1-229；室内消火栓竖管管径

可按 $DN100$。

3. 系统阀门

室内消火栓系统阀门设置，参见表 1-230。

埋地管道的阀门宜采用带启闭刻度的球墨铸铁暗杆闸阀。室内架空管道的阀门宜采用蝶阀、明杆闸阀或带启闭刻度的暗杆闸阀等。

4. 系统给水管网管材

办公建筑室外消火栓给水管绝大多数采用直埋敷设方式。埋地消火栓给水管道宜采用球墨铸铁管或钢丝网骨架塑料复合管给水管道。

办公建筑室内消火栓给水管管材选择，参见表 1-231。

薄壁不锈钢管（S11163）、镀锌镍碳钢管等新型优质管道，在办公建筑室内消火栓系统中均得到更多的应用，未来会逐步替代传统钢管。

6.5.11 消火栓系统计算

1. 消火栓水泵选型计算

办公建筑室内消火栓水泵流量与室内消火栓设计流量一致；消火栓水泵扬程，按公式（1-64）计算。根据消火栓水泵流量和扬程选择消火栓水泵。

2. 消火栓计算

室内消火栓的保护半径，按公式（1-65）计算；消火栓栓口处所需水压，按公式（1-66）计算。

多层办公建筑消防水枪充实水柱应按 10m 计算。多层办公建筑消火栓栓口动压不应小于 0.25MPa。

高层办公建筑消防水枪充实水柱应按 13m 计算。高层办公建筑消火栓栓口动压不应小于 0.35MPa。

3. 消火栓系统压力计算

消火栓系统的设计工作压力，按公式（1-67）计算。通常以设计工作压力确定消火栓水泵扬程。

6.6 自动喷水灭火系统

6.6.1 自动喷水灭火系统设置

办公建筑相关场所自动喷水灭火系统设置要求，见表 6-49。

办公建筑相关场所自动喷水灭火系统设置要求表　　　　　　　表 6-49

序号	办公建筑类型	自动喷水灭火系统设置要求
1	一类高层办公建筑（建筑高度大于 50m）	建筑主楼、裙房、地下室、半地下室，除了不宜用水扑救的部位外的所有场所均设置
2	二类高层办公建筑（建筑高度小于或等于 50m）	建筑主楼、裙房及其地下室、半地下室中的活动用房、走道、办公室、可燃物品库房等，除了不宜用水扑救的部位外的所有场所均设置

续表

序号	办公建筑类型	自动喷水灭火系统设置要求
3	单、多层办公建筑	设有送回风道（管）系统的集中空气调节系统且总建筑面积大于3000m²的单、多层办公建筑，除了不宜用水扑救的部位外的所有场所均设置

注：办公建筑附设的地下车库，应设置自动喷水灭火系统。

办公建筑若根据规范规定设置自动喷水灭火系统，其设置的具体场所见表6-50。

设置自动喷水灭火系统的具体场所表　　　　　表6-50

设置自动喷水灭火系统的区域	具体场所
办公建筑	办公用房包括普通办公室和专用办公室，专用办公室可包括研究工作室和手工绘图室等；公共用房包括会议室、对外办事厅、接待室、陈列室、公用厕所、开水间、健身场所等；服务用房包括一般性服务用房和技术性服务用房：一般性服务用房为档案室、资料室、图书阅览室、员工更衣室、汽车库、非机动车库、员工餐厅、厨房、卫生管理设施间、快递储物间等；技术性服务用房为打印机房、晒图室等；党政机关办公建筑包括公勤人员用房及警卫用房等；有对外服务功能的办公建筑可包括哺乳室等；设备用房包括动力机房、生活水泵房、消防水泵房、制冷机房、换热机房等

表6-51为办公建筑内不宜用水扑救的场所。

不宜用水扑救的场所一览表　　　　　表6-51

序号	不宜用水扑救的场所	自动灭火措施
1	电气类房间：高压配电室（间）、低压配电室（间）、网络机房（网络中心、信息中心、电子信息机房）、电信运营商机房、进线间等	气体灭火系统或高压细水雾灭火系统
2	电气类房间：消防控制室	不设置

办公建筑自动喷水灭火系统类型选择，参见表1-245。

典型的酒店式办公建筑、公寓式办公建筑自动喷水灭火系统原理图，参见图2-10。

典型的坐班制办公建筑自动喷水灭火系统原理图，参见图4-5。

办公建筑中的地下车库火灾危险等级按中危险级Ⅱ级确定；其他场所火灾危险等级均按中危险级Ⅰ级确定。

办公建筑自动喷水灭火系统设置场所火灾危险性等级，见表6-52。

办公建筑自动喷水灭火系统设置场所火灾危险性等级表　　　　　表6-52

序号	火灾危险等级	设置场所
1	中危险级Ⅱ级	办公建筑中的汽车停车库
2	中危险级Ⅰ级	除中危险级Ⅱ级设置场所以外的高层办公建筑其他场所
3	轻危险级	建筑高度为24m及以下的办公建筑

6.6.2　自动喷水灭火系统设计基本参数

办公建筑自动喷水灭火系统设计参数，按表1-246规定。

办公建筑高大空间场所设置湿式自动喷水灭火系统设计参数，按表 6-53 规定。

高大空间场所湿式自动喷水灭火系统设计参数表 表 6-53

适用场所	最大净空高度 h(m)	喷水强度[L/(min·m²)]	作用面积(m²)	喷头间距 S(m)
出入门厅、中庭	$8<h\leqslant12$	12	160	$1.8\leqslant S\leqslant3.0$
	$12<h\leqslant18$	15		

注：当民用建筑高大空间场所的最大净空高度为 $12m<h\leqslant18m$ 时，应采用非仓库型特殊应用喷头。

若办公建筑地下室中附属的库房认定为堆垛储物仓库，其自动喷水灭火系统设计参数，按表 1-247 的规定。

自动喷水灭火系统的持续喷水时间，应按火灾延续时间不小于 1h 确定。

6.6.3 洒水喷头

设置自动喷水灭火系统的办公建筑内各场所的最大净空高度通常不大于 8m。

办公建筑自动喷水灭火系统喷头公称动作温度宜相比环境温度高 30℃，参见表 4-54。

办公建筑自动喷水灭火系统喷头种类选择，见表 6-54。

办公建筑自动喷水灭火系统喷头种类选择表 表 6-54

序号	火灾危险等级	设置场所	喷头种类
1	中危险级Ⅱ级	地下车库	直立型普通喷头
2	中危险级Ⅰ级	办公建筑内办公室、会议室、餐厅、厨房等设有吊顶场所	吊顶型或下垂型普通或快速响应喷头
3		库房等无吊顶场所	直立型普通或快速响应喷头

注：基于办公建筑火灾特点和重要性，高层办公建筑中危险级Ⅰ级对应场所自动喷水灭火系统洒水喷头宜全部采用快速响应喷头。

每种型号的备用喷头数量按此种型号喷头数量总数的 1% 计算，并不得少于 10 只。

办公建筑中自动喷水灭火系统直立型、下垂型喷头的布置间距，不应大于表 1-250 的规定，且不宜小于 2.4m。

办公建筑常用普通玻璃球闭式喷头规格型号，参见表 1-252；常用特殊玻璃球闭式喷头规格型号，参见表 1-253。

6.6.4 自动喷水灭火系统管道

1. 管材

办公建筑自动喷水灭火系统给水管管材，参见表 1-254。

薄壁不锈钢管（S11163）、氯化聚氯乙烯（PVC-C）管、镀锌镍碳钢管等新型优质管道，在办公建筑自动喷水灭火系统中均得到更多的应用，未来会逐步替代传统钢管。

办公建筑中，除汽车停车库外其他中危险级Ⅰ级对应场所自动喷水灭火系统公称直径 $\leqslant DN80$ 的配水管（支管）均可采用氯化聚氯乙烯（PVC-C）管材及管件。

2. 管径

办公建筑自动喷水灭火系统的配水管道管径可根据表 1-255 中数据进行确定。

3. 管网敷设

办公建筑自动喷水灭火系统配水干管宜沿居住区、公共区的公共走廊敷设，走廊两侧房间内的配水支管就近连接到配水干管上。走廊内布置的喷头就近接至排水支管后再接至配水干管。单个喷头不应直接接至管径大于或等于 $DN100$ 的配水干管。

办公建筑自动喷水灭火系统配水管网布置步骤，见表 6-55。

自动喷水灭火系统配水管网布置步骤表 表 6-55

序号	配水管网布置步骤
步骤 1	根据办公建筑的防火性能确定自动喷水灭火系统配水管网的布置范围
步骤 2	在每个防火分区内应确定该区域自动喷水灭火系统配水主干管或主立管的位置或方向
步骤 3	自接入点接入后，可确定主要配水管的敷设位置和方向
步骤 4	自末端房间内的自动喷水灭火系统配水支管就近向配水管连接
步骤 5	每个楼层每个防火分区内配水管网布置均按步骤 1～步骤 4 进行

自动喷水灭火系统每个喷头与配水支管连接的短立管管径通常采用 25mm；末端试水装置或试水阀的连接管管径通常采用 25mm。

6.6.5 水流指示器

除报警阀组控制的喷头只保护不超过防火分区面积的同层场所外，办公建筑每个防火分区、每个楼层均应设水流指示器；当整个场所需要设置的喷头数不超过 1 个报警阀组控制的喷头数时，可不设置水流指示器；每个防火分区应设置一个水流指示器，位置可设在本防火分区系统配水管网的起始端，亦可集中设置于各个防火分区配水干管分叉处。

水流指示器上游端应设置信号阀，其型号规格，参见表 1-257。

水流指示器与所在配水干管同管径，其型号规格，参见表 1-258。

6.6.6 报警阀组

办公建筑消防系统报警阀组主要采用湿式水力报警阀组，一定条件下采用预作用报警阀组。

办公建筑自动喷水灭火系统报警阀组的数量取决于：整个建筑中设置喷头的总数量；每个防火分区内设置喷头的数量；每个报警阀组控制的喷头数。一个报警阀组控制的喷头数不宜超过 800 只，设计中可适当超过 800 只。

喷头均衡组合遵循的原则，参见表 1-259。

办公建筑自动喷水灭火系统报警阀组通常设置在消防水泵房，设置位置方案，参见表 1-260。

报警阀组宜设在安全及易于操作的地点，报警阀距地面的高度宜为 1.2m；宜沿墙体集中布置，相邻报警阀组的间距不宜小于 1.5m，不应小于 1.2m；报警阀组处应设有排水设施，排水管管径不应小于 $DN100$。

表 1-261 为常用湿式报警阀装置型号规格；表 1-262 为常见预作用报警阀装置型号规格；报警阀组压力开关主要技术参数，参见表 1-263；报警阀组前后管道设置，参见

表1-264。

办公建筑自动喷水灭火系统减压阀设置方式，参见表1-265。

减压孔板作为一种减压部件，可辅助减压阀使用。

6.6.7 自动喷水灭火系统水泵接合器

自动喷水灭火系统管网上应设置水泵接合器，办公建筑自动喷水灭火系统消防水泵接合器数量，参见表1-266。

自动喷水灭火系统水泵接合器宜设置在靠近消防水泵房的室外；常规做法是将多个 $DN150$ 水泵接合器并联起来，由1根 $DN150$ 供水管道接至系统供水泵组出水干管上，连接位置位于报警阀组前。

6.6.8 消防水箱设计

高位消防水箱、自动喷水灭火稳压装置设计参见消火栓系统相关内容。

6.6.9 自动喷水灭火系统压力计算

自动喷水灭火系统的设计工作压力，按公式（1-68）计算。

自动喷水灭火给水泵扬程通常按照自动喷水灭火系统的设计工作压力值确定。

自动喷水灭火给水系统压力管道水压强度试验的试验压力（$H_{试验}$）的基准指标，参见表1-267。

6.7 灭火器系统

6.7.1 灭火器配置场所火灾种类

办公建筑灭火器配置场所的火灾种类，见表6-56。

灭火器配置场所的火灾种类表　　　　表6-56

序号	火灾种类	灭火器配置场所
1	A类火灾（固体物质火灾）	办公建筑内绝大多数场所，如办公室、会议室、餐厅等
2	B类火灾（液体火灾或可熔化固体物质火灾）	办公建筑内附设车库
3	E类火灾（物体带电燃烧火灾）	办公建筑内附设电气房间，如高压配电间、低压配电间、网络机房、弱电机房等

6.7.2 灭火器配置场所危险等级

办公建筑灭火器配置场所的危险等级分为严重危险级、中危险级和轻危险级3级，危险等级举例，见表6-57。

办公建筑灭火器配置场所的危险等级举例 表 6-57

危险等级	举例
严重危险级	超高层建筑和一类高层建筑的写字楼
	县级及以上的党政机关办公大楼的会议室
	配建充电基础设施（充电桩）的车库区域
中危险级	二类高层建筑的写字楼
	县级以下的党政机关办公大楼的会议室
	设有集中空调、电子计算机、复印机等设备的办公室
	民用燃油、燃气锅炉房
	民用的油浸变压器室和高、低压配电室
	配建充电基础设施（充电桩）以外的车库区域
轻危险级	未设集中空调、电子计算机、复印机等设备的普通办公室

注：办公建筑室内强电间、弱电间；屋顶排烟机房内每个房间均应设置2具手提式磷酸铵盐干粉灭火器。

6.7.3 灭火器选择

办公建筑灭火器配置场所的火灾种类通常涉及A类、B类、E类火灾，通常配置灭火器时选择磷酸铵盐干粉灭火器。

消防控制室、计算机房、配电室等部位配置灭火器宜采用气体灭火器，通常采用二氧化碳灭火器。

6.7.4 灭火器设置

办公建筑中设置的手提式灭火器，通常和室内消火栓同位置设置，放置于室内消火栓箱体下部。独立设置的手提式或推车式灭火器通常放置于所保护区域的公共走道、门口或房间内靠近公共通道出入口处。灭火器设置点应均衡布置。

设置在A类火灾场所的灭火器，其最大保护距离应符合表1-274的规定。

灭火器最大保护距离为灭火器与起火点之间最大的行走距离。办公建筑中的地下车库区域、建筑中大间套小间区域、房间中间隔着走道区域等场所，常需要增加灭火器配置点。地下车库区域增设的灭火器宜靠近相邻2个室内消火栓中间的位置，并宜沿车库墙体或柱子布置。

设置在B类火灾场所的灭火器，其最大保护距离应符合表1-275的规定。

办公建筑中E类火灾场所中的高低压配电间、网络机房等场所，灭火器配置宜按B类火灾场所灭火器最大保护距离要求进行。面积较大的办公建筑变配电室，需要在变配电室内增设灭火器。

6.7.5 灭火器配置

A类火灾场所灭火器的最低配置基准，应符合表1-276的规定。

办公建筑灭火器A类火灾场所配置基准可按照灭火器最低配置基准，即：严重危险级按照3A；中危险级按照2A；轻危险级按照1A。

B 类火灾场所灭火器的最低配置基准，应符合表 1-277 的规定。

办公建筑灭火器 B 类火灾场所配置基准可按照灭火器最低配置基准，即：严重危险级按照 89B；中危险级按照 55B。

E 类火灾场所的灭火器最低配置基准不应低于该场所内 A 类（或 B 类）火灾的规定。

6.7.6 灭火器配置设计计算

办公建筑内每个灭火器设置点灭火器数量通常以 2～4 具为宜。

灭火器计算单元最小需配灭火级别，按公式（1-69）计算。

灭火器计算单元中每个灭火器设置点最小需配灭火级别，按公式（1-70）计算。

6.7.7 灭火器类型及规格

办公建筑灭火器配置设计中常用的灭火器类型及规格，见表 1-279。

6.8 气体灭火系统

6.8.1 气体灭火系统应用场所

办公建筑中适合采用气体灭火系统的场所包括高压配电室（间）、低压配电室（间）、网络机房、网络中心、信息中心、UPS 间等电气设备房间。

目前办公建筑中最常用七氟丙烷（HFC-227ea）气体灭火系统和 IG541 混合气体灭火系统。

6.8.2 七氟丙烷气体灭火系统设计参数

七氟丙烷灭火剂主要技术性能参数，参见表 1-281。

无管网七氟丙烷气体自动灭火装置技术参数、规格等，参见表 1-282～表1-284。

办公建筑中采用七氟丙烷气体灭火保护时，各防护区设计灭火浓度，参见表 3-70。

6.8.3 气体灭火设计用量计算

七氟丙烷气体灭火设置场所设计用量，按公式（1-71）计算。

七氟丙烷设计用量，按公式（2-28）计算；七氟丙烷设计容积，按公式（2-29）计算。

每个防护区内无管网七氟丙烷气体灭火装置的布置应做到均匀。

IG541 混合气体灭火防护区灭火设计用量或惰化设计用量，按公式（1-74）计算。

IG541 灭火剂气体在 101kPa 大气压和防护区最低环境温度下的质量体积，按公式（1-75）计算。

IG541 混合气体灭火系统灭火剂储存量，应为防护区灭火设计用量及系统灭火剂剩余量之和，系统灭火剂剩余量按公式（1-76）计算。

6.8.4　IG541混合气体灭火系统管网计算

IG541混合气体灭火系统管道流量宜采用平均设计流量。

系统主干管、支管的平均设计流量，按公式（1-77）、公式（1-78）计算。

管道内径按公式（1-79）计算。

灭火剂释放时，管网应进行减压。减压装置宜采用减压孔板，宜设在系统的源头或干管入口处。减压孔板前的压力，按公式（1-80）计算；减压孔板后的压力，按公式（1-81）计算；减压孔板孔口面积，按公式（1-82）计算。

系统的阻力损失宜从减压孔板后算起，并按公式（1-83）计算。

IG541混合气体灭火系统的喷头工作压力的计算结果，应符合：一级充压（15.0MPa）系统，$P_c \geqslant 2.0$MPa（绝对压力）；二级充压（20.0MPa）系统，$P_c \geqslant 2.1$MPa（绝对压力）。

喷头等效孔口面积，按公式（1-84）计算。

6.8.5　防护区泄压口

气体灭火系统防护区应设置泄压口。七氟丙烷气体灭火系统防护区泄压口面积按系统设计规定计算，按公式（1-85）计算；IG541混合气体灭火系统防护区泄压口面积按系统设计规定计算，宜按公式（1-86）计算。

七氟丙烷气体灭火系统的泄压口应位于防护区净高的2/3以上。对于设置吊顶场所，泄压口通常设置在吊顶（梁）下，泄压口顶面紧贴吊顶（梁）或吊顶（梁）下100mm。

不同规格无管网七氟丙烷气体灭火装置与泄压口尺寸的对照表，参见表1-288。

防护区设置的泄压口，宜设在外墙上，无外墙时应设置在朝向公共建筑公共区域（走道）的内墙上。每个防护区根据需要可设置1个或多个泄压口。

6.9　高压细水雾灭火系统

办公建筑中不宜用水扑救的部位（即采用水扑救后会引起爆炸或重大财产损失的场所）可以采用高压细水雾灭火系统灭火。

办公建筑中适合采用高压细水雾灭火系统的场所包括高压配电室（间）、低压配电室（间）、网络机房、网络中心、信息中心、UPS间等电气设备房间。办公建筑中当此类场所较少时，宜采用气体灭火系统；当此类场所较多时，可采用高压细水雾灭火系统，设计方法参见4.9节。

6.10　自动跟踪定位射流灭火系统

当办公建筑出入门厅、中庭等场所为高大空间时，可设置自动跟踪定位射流灭火系统，设计方法参见4.10节。

6.11 中水系统

办公建筑建设中水设施,应结合建筑所在地区的不同特点,满足当地政府部门的有关规定。建筑面积大于30000m²或回收水量大于100m³/d的办公建筑,宜建设中水设施。

6.11.1 中水原水

1. 中水原水种类

办公建筑中水原水可选择的种类及选取顺序,见表6-58。

办公建筑中水原水可选择的种类及选取顺序表　　　　表6-58

序号	中水原水种类	备注
1	酒店式办公建筑、公寓式办公建筑房间内卫生间的淋浴等的废水排水;坐班制办公建筑公共卫生间的废水排水;公共浴室的盆浴和淋浴等的废水排水	最适宜
2	办公建筑内公共卫生间的盥洗废水排水	适宜
3	办公建筑空调循环冷却水系统排水	
4	办公建筑空调水系统冷凝水	
5	办公建筑附设厨房、食堂、餐厅废水排水	不适宜
6	酒店式办公建筑、公寓式办公建筑房间内卫生间的冲厕排水;坐班制办公建筑公共卫生间的冲厕排水	最不适宜

2. 中水原水量

办公建筑中水原水量按公式(6-14)计算:

$$Q_Y = \sum \beta \cdot Q_{pj} \cdot b \tag{6-14}$$

式中　Q_Y——办公建筑中水原水量,m³/d;

　　　β——办公建筑按给水量计算排水量的折减系数,一般取0.85~0.95;

　　　Q_{pj}——办公建筑平均日生活给水量,按《节水标》中的节水用水定额(参见表6-6)计算确定,m³/d;

　　　b——办公建筑分项给水百分率,应以实测资料为准,当无实测资料时,可按表6-59选取。

办公建筑分项给水百分率表　　　　表6-59

项目	冲厕	厨房	沐浴	盥洗	总计
办公楼给水百分率(%)	60~66	—	—	40~34	100
公共浴室给水百分率(%)	2~5	—	98~95	—	100
职工食堂给水百分率(%)	6.7~5	93.3~95	—	—	100

注:沐浴包括盆浴和淋浴。

办公建筑用作中水原水的水量宜为中水回用水量的110%~115%。

3. 中水原水水质

办公建筑中水原水水质应以类似建筑的实测资料为准;当无实测资料时,办公建筑排水的污染物浓度可按表 6-60 确定。

办公建筑排水污染物浓度表 表 6-60

类别	项目	冲厕	厨房	沐浴	盥洗	综合
办公楼	BOD_5 浓度（mg/L）	260～340	—	—	90～110	195～260
	COD_{Cr} 浓度（mg/L）	350～450	—	—	100～140	260～340
	SS 浓度（mg/L）	260～340	—	—	90～110	195～260
公共浴室	BOD_5 浓度（mg/L）	260～340	—	45～55	—	50～65
	COD_{Cr} 浓度（mg/L）	350～450	—	110～120	—	115～135
	SS 浓度（mg/L）	260～340	—	35～55	—	40～65
职工食堂	BOD_5 浓度（mg/L）	260～340	500～600	—	—	490～590
	COD_{Cr} 浓度（mg/L）	350～450	900～1100	—	—	890～1075
	SS 浓度（mg/L）	260～340	250～280	—	—	255～285

注：综合是对包括以上四项生活排水的统称。

6.11.2 中水利用与水质标准

1. 中水利用

办公建筑中水原水主要用于城市杂用水和景观环境用水等。

办公建筑中水利用率，可按公式（2-31）计算。

办公建筑中水利用率应不低于当地政府部门的中水利用率指标要求。

当办公建筑附近有可利用的市政再生水管道时，可直接接入使用。

2. 中水水质标准

办公建筑中水水质标准要求，参见表 2-104。

6.11.3 中水系统

1. 中水系统形式

办公建筑中水通常采用中水原水系统与生活污水系统分流、生活给水与中水给水分供的完全分流系统。

2. 中水原水系统

办公建筑中水原水管道通常按重力流设计；当靠重力流不能直接接入时，可采取局部加压提升接入。

办公建筑原水系统原水收集率不应低于本建筑回收排水项目给水量的75%，可按公式（2-32）计算。

办公建筑若需要食堂、餐厅的含油脂污水作为中水原水时，在进入原水收集系统前应经过除油装置处理。

办公建筑中水原水应进行计量，可采用超声波流量计和沟槽流量计。

3. 中水处理系统

办公建筑中水处理系统设计处理能力，可按公式（2-33）计算。

4. 中水供水系统

建筑中水供水系统必须独立设置。建筑中水不得用作办公建筑生活饮用水水源。

办公建筑中水系统供水量，可按照表 6-5 中的用水定额及表 6-59 中规定的百分率计算确定。

办公建筑中水供水系统的设计秒流量和管道水力计算方法与生活给水系统一致，参见 6.1.6 节。

办公建筑中水供水系统的供水方式宜与生活给水系统一致，通常采用变频调速泵组供水方式，水泵的选择参见 6.1.7 节。

办公建筑中水供水系统的竖向分区宜与生活给水系统一致。当建筑周边有市政中水管网且管网流量压力均满足时，低区由市政中水管网直接供水；当建筑周边无市政中水管网时，低区由低区中水给水泵组自中水贮水池（箱）吸水后加压供水。

办公建筑中水供水管道宜采用塑料给水管、钢塑复合管或其他具有可靠防腐性能的给水管材，不得采用非镀锌钢管。

办公建筑中水贮存池（箱）设计要求，参见表 2-105。

办公建筑中水供水系统应安装计量装置，具体设置要求参见表 2-18。

中水供水管道应采取防止误接、误用、误饮的措施。

5. 水量平衡

中水系统设计应进行中水原水量和用水量平衡计算。

办公建筑中水用水量应根据不同用途用水量累加确定。

办公建筑最高日冲厕中水用水量按照表 6-5 中的最高日用水定额及表 6-59 中规定的百分率计算确定。最高日冲厕中水用水量，可按公式（6-15）计算：

$$Q_C = \sum q_L \cdot F \cdot N / 1000 \tag{6-15}$$

式中　Q_C——办公建筑最高日冲厕中水用水量，m^3/d；

　　　q_L——办公建筑给水用水定额，L/(人·d)；

　　　F——冲厕用水占生活用水的比例，%，按表 6-59 取值；

　　　N——使用人数，人。

办公建筑相关功能场所冲厕用水量定额及小时变化系数，见表 6-61。

办公建筑冲厕用水量定额及小时变化系数表　　　　表 6-61

序号	建筑种类	冲厕用水量[L/(人·d)]	使用时间(h/d)	小时变化系数	备注
1	酒店式办公	20~40	24	2.5~2.0	—
2	公寓式办公	30~50	16	3.0~2.5	—
3	坐班制办公	20~30	8~10	1.5~1.2	—
4	职工食堂	5~10	12	1.5~1.2	工作人员按办公楼设计

中水系统原水调节池（箱）调节容积，可按公式（2-35）、公式（2-36）计算。

中水贮存池（箱）容积，可按公式（2-37）、公式（2-38）计算。

当中水供水系统采用水泵-水箱联合供水时，水箱调节容积不得小于中水系统最大小时用水量的 50%。

中水系统的总调节容积，包括原水调节池（箱）、中水处理工艺构筑物、中水贮存池

（箱）及高位水箱等调节容积之和，不宜小于中水日处理量的100%。

6.11.4　中水处理工艺与处理设施

1. 中水处理工艺

办公建筑通常采用的中水处理工艺，参见表2-107。

2. 中水处理设施

办公建筑中水处理设施及设计要求，参见表2-108。

6.11.5　中水处理站

办公建筑内的中水处理站设计要求，参见2.11.5节。

6.12　管道直饮水系统

6.12.1　水量、水压和水质

办公建筑管道直饮水系统最高日直饮水定额（q_d），可按1.0～2.0L/（人·班）采用，亦可根据用户要求确定。

直饮水专用水嘴额定流量宜为0.04～0.06L/s。

办公建筑直饮水专用水嘴最低工作压力不宜小于0.03MPa。

办公建筑管道直饮水系统用户端的水质应符合现行行业标准《饮用净水水质标准》CJ/T 94的规定。

6.12.2　水处理

办公建筑管道直饮水系统应对原水进行深度净化处理。

水处理工艺流程的选择应依据原水水质，经技术经济比较确定。处理后的出水应符合现行行业标准《饮用净水水质标准》CJ/T 94的规定。

深度净化处理应根据处理后的水质标准和原水水质进行选择，宜采用膜处理技术，参见表1-333。

不同的膜处理应相应配套预处理、后处理、膜的清洗和水处理消毒灭菌设施，参见表1-334。

深度净化处理系统排出的浓水宜回收利用。

6.12.3　系统设计

办公建筑管道直饮水系统必须独立设置，不得与市政或建筑供水系统直接相连。

办公建筑管道直饮水系统宜采取集中供水系统，一座建筑中宜设置一个供水系统。

办公建筑常见的管道直饮水系统供水方式，参见表1-335。

多层办公建筑管道直饮水供水竖向不分区；高层办公建筑管道直饮水供水应竖向分区，分区原则参见表1-336。

办公建筑管道直饮水系统类型，参见表1-337。

办公建筑管道直饮水系统设计应设循环管道，供、回水管网应设计为同程式。

办公建筑管道直饮水系统通常采用全日循环，亦可采用定时循环，供、配水系统中的直饮水停留时间不应超过12h。

办公建筑管道直饮水系统回水宜回流至净水箱或原水水箱。回流到净水箱时，应在消毒设施前接入。

直饮水系统不循环的支管长度不宜大于6m。

办公建筑管道直饮水系统管道敷设要求，参见表1-338。

办公建筑管道直饮水系统管材及附件设置要求，参见表1-339。

6.12.4 系统计算与设备选择

1. 系统计算

办公建筑管道直饮水系统最高日直饮水量，应按公式（6-16）计算：

$$Q_d = N \cdot q_d \tag{6-16}$$

式中 Q_d——办公建筑管道直饮水系统最高日饮水量，L/d；

N——办公建筑管道直饮水系统所服务的人数，人；

q_d——办公建筑最高日直饮水定额，L/(人·d)，取 1.0～2.0L/(人·d)。

办公建筑的瞬时高峰用水量的计算应符合现行国家标准《建筑给水排水设计标准》GB 50015 的规定。办公建筑瞬时高峰用水量，应按公式（1-94）计算。

办公建筑瞬时高峰用水时水嘴使用数量，应按公式（1-95）计算。

瞬时高峰用水时水嘴使用数量 m 的确定，应按表 1-340（当水嘴数量 $n \leqslant 12$ 个时）、表 1-341（当水嘴数量 $n > 12$ 个时）选取。当 $np \geqslant 5$ 并且满足 $n(1-p) \geqslant 5$ 时，可按公式（1-96）简化计算。

水嘴使用概率应按公式（6-17）计算：

$$p = \alpha \cdot Q_d/(1800 \cdot n \cdot q_0) = 0.27 \cdot Q_d/(1800 \cdot n \cdot q_0) \tag{6-17}$$

式中 α——经验系数，办公楼取 0.27。

定时循环时，循环流量可按公式（1-98）计算。

管道直饮水供、回水管道内水流速度宜符合表 1-342 的规定。

2. 设备选择

净水设备产水量可按公式（1-100）计算。

变频调速供水系统水泵设计流量应按公式（1-101）计算；水泵设计扬程应按公式（1-102）计算。

净水箱（槽）有效容积可按公式（1-103）计算；原水调节水箱（槽）容积可按公式（1-104）计算。

原水水箱（槽）的进水管管径宜按净水设备产水量设计，并应根据反洗要求确定水量。当进水管的供水能力满足预处理的流量和压力要求时，原水水箱（槽）可不设置。

6.12.5 净水机房

净水机房设计要求，参见表1-343。

6.12.6 管道敷设与设备安装

直饮水管道敷设与设备安装设计要求，参见表 1-344。

6.13 给水排水抗震设计

办公建筑给水排水管道抗震设计，参见 4.11 节。

6.14 给水排水专业绿色建筑设计

办公建筑绿色设计，应根据办公建筑所在地相关规定要求执行。新建办公建筑应按照一星级或以上星级标准设计；政府投资或者以政府投资为主的办公建筑、建筑面积大于 20000m^2 的大型办公建筑宜按照绿色建筑二星级或以上星级标准设计。办公建筑二星级、三星级绿色建筑设计专篇，参见表 1-347。

第7章 商店建筑给水排水设计

商店建筑是为商品直接进行买卖和提供服务供给的公共建筑,是有店铺的、供销售商品所用的商店,也包括综合性建筑的商店部分;主要包括购物中心、百货商场、超级市场(超市)、菜市场、书店、药店、专业店、步行商业街等,但不包括商业服务网点及其他商业服务行业(如修理店等)的建筑。

商店建筑的类别及规模,见表7-1。

商店建筑类别及规模表　　　　　　　　　　　　　　表7-1

规模	百货商店、商场建筑面积(m²)	菜市场类建筑面积(m²)	专业商店建筑面积(m²)
大型	>15000	>6000	>5000
中型	3000~15000	1200~6000	1000~5000
小型	<3000	<1200	<1000

商店建筑一般由营业用房、仓储用房、辅助用房等组成,见表7-2。

商店建筑组成表　　　　　　　　　　　　　　表7-2

序号	组成	说明
1	营业用房	包括普通营业厅(含菜市场、摊贩市场营业厅)、厅内或近旁的小间或场地(出售服装的柜台试衣室,检修钟表、电器、电子产品等,出售乐器和音响器材等试音室);自选营业厅;联营商场;卫生间、污洗、清洁工具间等
2	仓储用房	包括供商品短期周转的储存库房(总库房、分部库房、散仓)和与商品出入库、销售有关的整理、加工和管理等
3	辅助用房	包括外向橱窗、办公业务和职工福利用房,以及各种建筑设备用房和车库;内部用卫生间;集中浴室等

注:商店建筑内许多情况下设置歌舞娱乐放映游艺场所。

专业商店包括菜市场类建筑、大中型书店建筑、粮油店建筑、中药店建筑、西医药商店建筑、专业商店附设的作坊或工厂部分建筑等。

商店建筑给水排水设计应符合现行国家标准《城市给水工程项目规范》GB 55026、《城乡排水工程项目规范》GB 55027、《建筑给水排水设计标准》GB 50015、《建筑防火通用规范》GB 55037、《消防设施通用规范》GB 55036、《建筑设计防火规范》GB 50016和《消防给水及消火栓系统技术规范》GB 50974等的规定。根据商店建筑的功能设置,其给水排水设计涉及的现行行业标准为《商店建筑设计规范》JGJ 48。商店和其他功能建筑合建的综合性建筑,除商店建筑部分应符合商店建筑的相关规范标准外,其他部分的给水排水设计应符合国家现行有关标准的规定,详见对应建筑功能给水排水设计章节内容。设置在人防工程中的商店建筑,消防系统设计依据现行国家标准《人民防空工程设计防火规范》GB 50098的相关要求执行。民航、地铁、轻轨、铁路、客运等各类场所的商店建筑及商业场所，应符合各相关专业标准的规定。商店建筑若设置中水系统，其设计涉及的现行国家标准为《建筑中水设计标准》GB 50336。

7.1 生活给水系统

7.1.1 用水量标准

1. 生活用水量标准

商店的用水量标准，应根据商店的性质、卫生设备完善程度和当地气候条件等因素综合考虑确定。《水标》中商店建筑相关功能场所生活用水定额，见表7-3。

商店建筑生活用水定额表　　　　　　　　　　表7-3

序号	建筑物名称		单位	生活用水定额（L）		使用时数（h）	最高日小时变化系数 K_h
				最高日	平均日		
1	商场	员工及顾客	每平方米营业厅面积每日	5～8	4～6	12	1.5～1.2
2	公共浴室	淋浴	每顾客每次	100	70～90	12	2.0～1.5
3	餐饮业	中餐酒楼	每顾客每次	40～60	35～50	8～10	1.5～1.2
		快餐厅、职工食堂		20～25	15～20	12～16	
		酒吧、咖啡馆、茶座、卡拉OK房		5～15	5～10	8～18	
4	书店	顾客	每平方米营业厅面积每日	3～6	3～5	8～12	1.5～1.2
		员工	每人每班	30～50	27～40		
5	菜市场地面冲洗及保鲜用水		每平方米每日	10～20	8～15	8～10	2.5～2.0
6	停车库地面冲洗水		每平方米每次	2～3	2～3	6～8	1.0

注：1. 除注明外，均不含员工生活用水，员工最高日用水定额为每人每班40～60L，平均日用水定额为每人每班30～45L；
2. 大型超市的生鲜食品区按菜市场用水；
3. 表中用水量标准为生活用水，包括生活热水用水量和直饮水用量，也包括正常漏水量和间接用水量，如清洁用水在内；但不包括空调、采暖、水景绿化、场地和道路浇洒等用水；
4. 计算商店建筑最高日最大时用水量时，某一类型生活用水定额、最高日小时变化系数（K_h）均为一个范围值时，生活用水定额取定额的最低值应对应选择最高日小时变化系数（K_h）的最大值；生活用水定额取定额的最高值应对应选择最高日小时变化系数（K_h）的最小值；生活用水定额取定额的中间值应对应选择最高日小时变化系数（K_h）的中间值（按内插法确定）。

《商店建筑设计规范》中商店的用水量标准，见表7-4。

商店用水量标准表　　　　　　　　　　表7-4

序号	用水工程	用水量标准
1	饮用水	2～4L/(人·d)
2	生活用水	20～30L/(人·d)

注：1. 生活用水包括洗刷、冲洗厕所用水；
2. 商店加工生产和空调冷却用水量可按实际需要确定。

《节水标》中商店建筑相关功能场所平均日生活用水节水用水定额,见表 7-5。

商店建筑平均日生活用水节水用水定额表　　　　表 7-5

序号	建筑物名称		单位	节水用水定额
1	商场	员工及顾客	L/(m² 营业厅面积·d)	4~6
2	公共浴室	淋浴	L/(人·次)	70~90
3	餐饮业	中餐酒楼	L/(人·次)	35~50
		快餐厅、职工食堂		15~20
		酒吧、咖啡馆、茶座、卡拉OK房		5~10
4	书店	员工	L/(人·班)	27~40
		营业厅	L/(m² 营业厅面积·d)	3~5
5	菜市场地面冲洗及保鲜用水		L/(m²·d)	8~15
6	停车库地面冲洗用水		L/(m²·次)	2~3

注:1. 除注明外均不含员工用水,员工用水定额每人每班 30~45L;
　　2. 表中用水量包括热水用量在内,空调用水应另计;
　　3. 选择用水定额时,可依据当地气候条件、水资源状况等确定,缺水地区应选择低值;
　　4. 用水人数或单位数应以年平均值计算;
　　5. 每年用水天数应根据使用情况确定。

2. 绿化浇灌用水量标准

商店建筑院区绿化浇灌最高日用水定额按浇灌面积 1.0~3.0L/(m²·d)计算,通常取 2.0L/(m²·d),干旱地区可酌情增加。

3. 浇洒道路用水量标准

商店建筑院区道路、广场浇洒最高日用水定额按浇洒面积 2.0~3.0L/(m²·d)计算,亦可参见表 2-8。

4. 空调循环冷却水补水用水量标准

商店建筑空调设备的冷却用水量按工艺要求确定。冷却水系统应根据水量大小、气候条件、空调方式等情况确定。一般采用冷却循环用水。商店建筑空调循环冷却水补充水量,按公式(1-3)计算,亦可由暖通空调专业提供。

5. 汽车冲洗用水量标准

汽车冲洗用水量标准按 10.0~15.0L/(辆·次)考虑。

6. 供暖锅炉补充水量

供暖锅炉补充水量由暖通空调、热能动力专业提供。

7. 给水管网漏失水量和未预见水量

这两项水量之和按上述 6 项用水量(第 1 项至第 6 项)之和的 8%~12%计算,通常按 10%计。

最高日用水量(Q_d)应为上述 7 项用水量(第 1 项至第 7 项)之和。

最大时用水量(Q_{hmax})可按公式(1-4)计算。

7.1.2 水质标准和防水质污染

1. 水质标准

商店建筑给水系统供水水质应符合现行国家标准《生活饮用水卫生标准》GB 5749 的要求。商店建筑供水总进口管道上可设置紫外线消毒设备。

2. 防水质污染

商店建筑防止水质污染常见的具体措施，参见表 2-9。

7.1.3 给水系统和给水方式

1. 商店建筑生活给水系统

典型的商店建筑生活给水系统原理图，参见图 4-1。

2. 商店建筑生活给水供水方式

商店建筑生活给水供水方式，见表 7-6。

商店建筑生活给水供水方式表　　　　表 7-6

序号	供水方式	适用范围	备注
1	生活水箱加变频生活给水泵组联合供水	市政给水管网直供区之外的其他竖向分区，即加压区	推荐采用
2	市政给水管网直接供水	市政给水管网压力满足的最低竖向分区	
3	管网叠加供水	市政给水管网流量、压力稳定；最小保证压力较高；商店建筑当地市政供水部门允许采用	可以采用

3. 商店建筑生活给水系统竖向分区

商店建筑应根据建筑内功能的划分和当地供水部门的水量计费分类等因素，设置相应的生活给水系统，并应利用城镇给水管网的水压。

商店建筑生活给水系统竖向分区应根据的原则，参见表 3-7。

商店建筑生活给水系统竖向分区确定程序，见表 7-7。

生活给水系统竖向分区确定程序表　　　　表 7-7

序号	竖向分区确定程序	备注
1	根据商店建筑院区接入市政给水管网的最小工作压力确定由市政给水管网直接供水的楼层	
2	根据市政给水直供楼层以上楼层的竖向建筑高度合理确定分区的个数及分区范围	高层商店建筑生活给水竖向分区楼层数宜为 5～7 层（竖向高度 30m 左右），不宜多于 9 层
3	根据需要加压供水的总楼层数，合理调整需要加压的各竖向分区，使其高度基本一致	各竖向分区涉及楼层数宜基本相同

4. 商店建筑生活给水系统形式

商店建筑生活给水系统通常采用下行上给式，设备管道设置方法见表 7-8。

生活给水系统设备管道设置方法表　　　　表 7-8

序号	设备管道名称	设备管道设置方法
1	生活水箱及各分区供水泵组	设置在建筑地下室或院区生活水泵房

续表

序号	设备管道名称	设备管道设置方法
2	各分区给水总干管	自各分区给水泵组接出,沿下部楼层吊顶内或顶板下横向敷设接至各区域水管井
3	各分区给水总立管	设置在各区域水管井内,自各分区给水总干管接出,竖向敷设接至各区域最下部楼层
4	各分区给水横干管	设置在各区域最下部楼层吊顶内或顶板下,自各分区给水总立管接出,横向敷设至本区域各用水场所(商店建筑卫生间等)水管井
5	分区内给水立管	分别自本区域给水横干管接出,沿水管井向上敷设,每个竖向水管井设置1根给水立管
6	给水支管	自分区内各个水管井内给水立管接出,接至每层各用水场所用水点,通常1个卫生间等用水场所设置1根给水支管;给水支管在水管井内沿水流方向依次设置阀门、减压阀(若需要的话)、冷水表(适用于需要单独计量时);水管井内给水支管宜设置在距地1.0~1.2m的高度,向上接至卫生间吊顶内敷设至该卫生间各用水卫生器具

7.1.4 管材及附件

1. 生活给水系统管材

商店建筑生活给水系统给水管道应选用耐腐蚀、安装连接方便可靠、符合国家现行有关产品标准要求及饮用水卫生要求的管材,常用管材包括薄壁不锈钢管、薄壁铜管、PVC-C(氯化聚氯乙烯)冷水用管、钢塑复合管、内衬不锈钢复合钢管、铝塑复合管等。

2. 生活给水系统阀门

商店建筑生活给水系统设置阀门的部位,参见表4-7。

3. 生活给水系统止回阀

商店建筑生活给水系统设置止回阀的部位,参见表4-8。

4. 生活给水系统减压阀

商店建筑配水横管静水压大于0.20MPa的楼层各分区内给水支管起端应设置减压阀,减压阀位置在阀门之后。

5. 生活给水系统水表

商店建筑给水系统的引入管上应设置水表。水表宜设置在室内便于抄表位置;在夏热冬冷地区及严寒地区,当水表设置于室外时,应采取可靠的防冻胀破坏措施。

商店建筑生活给水系统按分区域计量原则设置水表,生活给水系统设置水表的部位,参见表3-14。

6. 生活给水系统其他附件

生活水箱的生活给水进水管上应设自动水位控制阀。

商店建筑生活给水系统设置过滤器的部位,参见表2-19。

商店建筑内公共卫生间的洗手盆水嘴应采用非接触式或延时自闭式水嘴,通常采用感应式水嘴;小便斗、大便器应采用非手动开关。用水点非手动开关的型式,参见表2-20。

商店建筑副食品商店、菜市场等建筑内应设洒水栓和排水设施。

7.1.5 给水管道布置及敷设

1. 室外生活给水系统布置与敷设

商店建筑院区的室外生活给水管网应布置成环状管网，管径宜为DN150。环状给水管网与市政给水管网的连接管不宜少于2条，引入管管径宜为DN150、不宜小于DN100。

商店建筑院区室外生活给水管道与其他地下管线及乔木之间的最小净距，参照表1-25的规定。

2. 室内生活给水系统布置与敷设

商店建筑室内生活给水管道通常布置成支状管网，单向供水，宜沿室内公共区域敷设。商店建筑生活给水管道不应布置的场所，参见表2-21。

给水管道不宜穿过商店建筑橱窗、壁柜、木装修等设施；营业厅内的各种给水管道宜隐蔽敷设。

3. 室内给水管道防护

室内生活给水横干管、立管超过50m时，宜设伸缩补偿装置。

与人防工程功能无关的室内生活给水管道应避免穿越人防地下室，确需穿越时应在人防侧设置防护阀门，管道穿越处应设防护套管。

4. 生活给水管道保温

商店建筑设置屋顶贮水箱和敷设管道，在冬季不采暖而又有可能冰冻的地区，应采取防冻措施。敷设在有可能结冻的房间、地下室及管井、管沟等处的给水管道应有防冻措施。

屋顶水箱间内生活给水管道均需做保温，所有给水横管及管井内的给水立管均做防结露保温。室内满足防冻要求的管道可不做防结露保温。

给水管道保温材料厚度确定，参见表1-30、表1-31。

7.1.6 生活给水系统给水管网计算

1. 商店院区室外生活给水管网

室外生活给水管网设计流量应按商店建筑院区生活给水最大时用水量确定。院区给水引入管的设计流量应按最大时用水量确定；当引入管为2条时，应保证当其中一条发生故障时，其余的引入管可以提供不小于70%的流量。

商店建筑院区室外生活给水管网管径宜采用DN150。

2. 商店建筑室内生活给水管网

采用市政给水管网直接供水时，给水引入管设计流量（Q_1）应按直供区生活给水设计秒流量计；采用生活水箱＋变频给水泵组供水时，给水引入管设计流量（Q_2）应按加压区生活水箱设计补水量计，设计补水量不得小于高区最高日平均时用水量，不宜大于最高日最大时用水量。

商店建筑内生活给水设计秒流量应按公式（7-1）计算：

$$q_g = 0.2 \cdot \alpha \cdot (N_g)^{1/2} \tag{7-1}$$

式中　q_g——计算管段的给水设计秒流量，L/s；
　　　N_g——计算管段的卫生器具给水当量总数；
　　　α——根据商店建筑用途而定的系数，商场取 1.5，书店取 1.7。

注：如计算值小于该管段上一个最大卫生器具给水额定流量时，应采用一个最大的卫生器具给水额定流量作为设计秒流量；如计算值大于该管段上按卫生器具给水额定流量累加所得流量值时，应按卫生器具给水额定流量累加所得流量值采用；有大便器延时自闭冲洗阀的给水管段，大便器延时自闭冲洗阀的给水当量均以 0.5 计，计算得到的 q_g 附加 1.20L/s 的流量后，为该管段的给水设计秒流量。

商场生活给水设计秒流量应按公式（7-2）计算：

$$q_g = 0.3 \cdot (N_g)^{1/2} \quad (7\text{-}2)$$

书店生活给水设计秒流量应按公式（7-3）计算：

$$q_g = 0.34 \cdot (N_g)^{1/2} \quad (7\text{-}3)$$

商店建筑生活给水设计秒流量计算，可参照表 7-9。

商店建筑生活给水设计秒流量计算表（L/s） 表 7-9

卫生器具给水当量数 N_g	商场 $\alpha=1.5$	书店 $\alpha=1.7$	卫生器具给水当量数 N_g	商场 $\alpha=1.5$	书店 $\alpha=1.7$	卫生器具给水当量数 N_g	商场 $\alpha=1.5$	书店 $\alpha=1.7$
1	0.30	0.34	28	1.59	1.80	74	2.58	2.92
2	0.42	0.48	30	1.64	1.86	76	2.62	2.96
3	0.52	0.59	32	1.70	1.92	78	2.65	3.00
4	0.60	0.68	34	1.75	1.98	80	2.68	3.04
5	0.67	0.76	36	1.80	2.04	82	2.72	3.08
6	0.73	0.83	38	1.85	2.10	84	2.75	3.12
7	0.79	0.90	40	1.90	2.15	86	2.78	3.15
8	0.85	0.96	42	1.94	2.20	88	2.81	3.19
9	0.90	1.02	44	1.99	2.26	90	2.85	3.23
10	0.95	1.08	46	2.03	2.31	92	2.88	3.26
11	0.99	1.13	48	2.08	2.36	94	2.91	3.30
12	1.04	1.18	50	2.12	2.40	96	2.94	3.33
13	1.08	1.23	52	2.16	2.45	98	2.97	3.37
14	1.12	1.27	54	2.20	2.50	100	3.00	3.40
15	1.16	1.32	56	2.24	2.54	105	3.07	3.48
16	1.20	1.36	58	2.28	2.59	110	3.15	3.57
17	1.24	1.40	60	2.32	2.63	115	3.22	3.65
18	1.27	1.44	62	2.36	2.68	120	3.29	3.72
19	1.31	1.48	64	2.40	2.72	125	3.35	3.80
20	1.34	1.52	66	2.44	2.76	130	3.42	3.88
22	1.41	1.59	68	2.47	2.80	135	3.49	3.95
24	1.47	1.67	70	2.51	2.84	140	3.55	4.02
26	1.53	1.73	72	2.55	2.88	145	3.61	4.09

续表

卫生器具给水当量数 N_g	商场 $\alpha=1.5$	书店 $\alpha=1.7$	卫生器具给水当量数 N_g	商场 $\alpha=1.5$	书店 $\alpha=1.7$	卫生器具给水当量数 N_g	商场 $\alpha=1.5$	书店 $\alpha=1.7$
150	3.67	4.16	320	3.67	6.08	490	6.34	7.53
155	3.73	4.23	325	3.73	6.13	495	6.67	7.56
160	3.79	4.30	330	3.79	6.18	500	6.71	7.60
165	3.85	4.37	335	3.85	6.22	550	7.04	7.97
170	3.91	4.43	340	3.91	6.27	600	7.35	8.33
175	3.97	4.50	345	3.97	6.32	650	7.65	8.67
180	4.02	4.56	350	4.02	6.36	700	7.94	9.00
185	4.08	4.62	355	4.08	6.41	750	8.22	9.31
190	4.14	4.69	360	4.14	6.45	800	8.49	9.62
195	4.19	4.75	365	4.19	6.50	850	8.75	9.91
200	4.24	4.81	370	4.24	6.54	900	9.00	10.20
205	4.30	4.87	375	5.81	6.58	950	9.25	10.48
210	4.35	4.93	380	5.85	6.63	1000	9.49	10.75
215	4.40	4.99	385	5.89	6.67	1050	9.72	11.02
220	4.45	5.04	390	5.92	6.71	1100	9.95	11.28
225	4.50	5.10	395	5.96	6.76	1150	10.17	11.53
230	4.55	5.16	400	6.00	6.80	1200	10.39	11.78
235	4.60	5.21	405	6.04	6.84	1250	10.61	12.02
240	4.65	5.27	410	6.07	6.88	1300	10.82	12.26
245	4.70	5.32	415	6.11	6.93	1350	11.02	12.49
250	4.74	5.38	420	6.15	6.97	1400	11.22	12.72
255	4.79	5.43	425	6.18	7.01	1450	11.42	12.95
260	4.84	5.48	430	6.22	7.05	1500	11.62	13.17
265	4.88	5.53	435	6.26	7.09	1550	11.81	13.39
270	4.93	5.59	440	6.29	7.13	1600	12.00	13.60
275	4.97	5.64	445	6.33	7.17	1650	12.19	13.81
280	5.02	5.69	450	6.36	7.21	1700	12.37	14.02
285	5.06	5.74	455	6.40	7.25	1750	12.55	14.22
290	5.11	5.79	460	6.43	7.29	1800	12.73	14.42
295	5.15	5.84	465	6.47	7.33	1850	12.90	14.62
300	5.20	5.89	470	6.50	7.37	1900	13.08	14.82
305	5.24	5.94	475	6.54	7.41	1950	13.25	15.01
310	5.28	5.99	480	6.57	7.45	2000	13.42	15.21
315	3.61	6.03	485	6.61	7.49	2050	13.58	15.39

商店建筑有自闭式冲洗阀时生活给水设计秒流量计算,可参照表 1-33。

商店建筑公共浴室、职工食堂或营业餐厅的厨房等建筑生活给水管道的设计秒流量应按公式(7-4)计算:

$$q_g = \Sigma q_{g0} \cdot n_0 \cdot b_g \tag{7-4}$$

式中　q_g——商店建筑计算管段的给水设计秒流量,L/s;

　　　q_{g0}——商店建筑同类型的一个卫生器具给水额定流量,L/s,可按表 7-10 采用;

　　　n_0——商店建筑同类型卫生器具数;

　　　b_g——商店建筑卫生器具的同时给水使用百分数:商店建筑公共浴室内的淋浴器和洗脸盆按表 4-12 选用,职工食堂或营业餐厅的设备按表 4-13 选用。

常见卫生器具给水额定流量、给水当量、连接给水管管径和最低工作压力表　表 7-10

序号	卫生器具名称	给水额定流量(L/s)	给水当量	连接给水管管径(mm)	最低工作压力(MPa)
1	拖布池	0.15~0.20	0.75~1.00	15	0.100
2	盥洗槽	0.15~0.20	0.75~1.00	15	0.100
3	洗脸盆(冷水供应)	0.15	0.75	15	0.100
4	洗脸盆(冷水、热水供应)	0.10	0.50	15	0.100
5	洗手盆(冷水供应)	0.10	0.50	15	0.100
6	洗手盆(冷水、热水供应)	0.10	0.50	15	0.100
7	淋浴器(冷水、热水供应)	0.10	0.50	15	0.100~0.200
8	大便器(冲洗水箱浮球阀)	0.10	0.50	15	0.050
9	大便器(延时自闭式冲洗阀)	1.20	6.00	25	0.100~0.150
10	小便器(手动或自动自闭式冲洗阀)	0.10	0.50	15	0.050

3. 商店建筑内卫生器具给水当量

商店建筑用水器具和配件应采用节水性能良好、坚固耐用,且便于管理维修的产品。

商店建筑应采用符合现行行业标准《节水型生活用水器具》CJ/T 164 规定的节水型卫生器具,宜选用用水效率等级不低于 3 级的用水器具。

商店建筑常见卫生器具的给水额定流量、给水当量、连接给水管管径和最低工作压力可参照表 3-18 确定。

4. 商店建筑内给水管管径

商店建筑内给水供水管的管径,应根据该给水供水管段的设计秒流量、允许给水流速等查相关计算表格确定。生活给水管道内的给水流速,宜参照表 1-38。

商店建筑内公共卫生间的蹲便器个数与给水供水管管径的对照表,见表 7-11。

公共卫生间蹲便器个数与给水供水管管径对照表　表 7-11

公共卫生间蹲便器数量(个)	1	2	3~12	13~35	36~100	101~308	309~710	≥711
给水供水管管径 DN(mm)	32	40	50	70	80	100	125	150

注:生活给水供水管管径不宜大于 DN150;商店建筑内公共卫生间数量较多时,每个竖向分区可根据区域、组团配置 2 根或 2 根以上给水管。

整个生活给水系统生活给水立管、干管均按照其服务的给水设计秒流量确定其管段管径。

7.1.7 生活水泵和生活水泵房

商店建筑给水设计应有可靠的水源和供水管道系统，当仅有一路城市引入管或供水不满足设计秒流量或压力要求时，应设置加压供水设备。

1. 生活水泵

商店建筑生活给水加压水泵宜采用3台（2用1备）配置模式，亦可采用2台（1用1备）或4台（3用1备）配置模式。

商店建筑生活给水加压通常采用变频调速给水泵组，其设计流量应按其负责给水系统的最大设计秒流量确定，即$Q=q_g$。设计时应统计该系统内各用水点卫生器具的生活给水当量数，经公式（7-2）、公式（7-3）计算或查表7-9得出设计流量值。

生活给水加压水泵的设计工作压力，按公式（1-10）计算。

商店建筑加压水泵应选用低噪声节能型产品。

2. 生活水泵房

商店建筑二次加压给水的水泵房应为独立的房间，并应环境良好、便于维修和管理。

商店建筑生活水泵房的设置位置应根据其所供水服务的范围确定，见表7-12。

商店建筑生活水泵房位置确定及要求表　　　　　　表7-12

序号	水泵房位置	适用情况	设置要求
1	院区室外集中设置	院区室外有空间；常见于新建商店建筑院区	宜与消防水泵房、消防水池、暖通冷热源机房、锅炉房等集中设置，宜靠近商店建筑
2	建筑地下室楼层设置	院区室外无空间	宜设在地下一层或地下二层，不宜设在最低地下楼层；水泵房地面宜高出室外地面200～300mm

各分区的生活给水泵组宜集中布置；生活水泵房内每套生活给水泵组宜设置在一个基础上。

7.1.8 生活贮水箱（池）

商店建筑给水设计应有可靠的水源和供水管道系统，当仅有一路城市引入管或供水不满足设计秒流量或压力要求时，应设置生活贮水箱（池）。商店建筑水箱间应为独立的房间。

水箱应设置消毒设备，并宜采用紫外线消毒方式。

1. 贮水容积

商店建筑生活给水应尽量利用自来水压力，当自来水压力缺乏时，应设内部生活用水贮水箱，其贮备量按日用水量确定。

2. 生活水箱

商店建筑生活水箱设计要求，参见表1-46。

3. 生活水箱相关管道、装置设置要求

商店建筑生活水箱相关管道设施要求，参见表1-47。

生活水箱各水位指标确定方法及取值经验值，参见表 1-48。

7.2 生活热水系统

7.2.1 热水系统类别

商店建筑生活热水系统类别，见表 7-13。

生活热水系统类别表　　　　　　　　　　　　　表 7-13

序号	分类标准	热水系统类别	商店建筑应用情况	应用程度
1	供应范围	集中生活热水系统	公共浴室洗浴生活热水系统；厨房生活热水系统	最常用
2		局部（分散）生活热水系统		不常用
3		区域生活热水系统	整个商店建筑院区生活热水系统	不常用
4	热水管网循环方式	热水干管立管支管循环生活热水系统		不常用
5		热水干管立管循环生活热水系统	公共浴室洗浴生活热水系统	常用
6		热水干管循环生活热水系统	厨房生活热水系统	较常用
7	热水管网循环水泵运行方式	全日循环生活热水系统		极少用
8		定时循环生活热水系统	公共浴室生活热水系统；厨房生活热水系统	常用
9	热水管网循环动力方式	强制循环生活热水系统		最常用
10		自然循环生活热水系统		极少用
11	是否敞开形式	闭式生活热水系统		最常用
12		开式生活热水系统		极少用
13	热水管网布置型式	下供下回式生活热水系统	热源位于建筑底部，即由锅炉房提供热媒（高温蒸汽或高温热水），经汽水或水水换热器提供热水热源等的生活热水系统	最常用
14		上供上回式生活热水系统	热源位于建筑顶部，即由屋顶太阳能热水设备及（或）空气能热泵热水设备提供热水热源等的生活热水系统	常用
15	热水管路距离	同程式生活热水系统		目前最常用
16		异程式生活热水系统		越来越常用
17	热水系统分区方式	加热器集中设置生活热水系统	商店建筑院区内各个建筑生活热水系统距离较近、规模相差不大或为同一建筑内不同竖向分区系统时的生活热水系统	最常用
18		加热器分散设置生活热水系统	商店建筑院区各个建筑生活热水系统距离较远、规模相差较大时的生活热水系统	较常用
19		加热器分布设置生活热水系统	不受商店建筑院区建筑距离、规模限制时的生活热水系统	较少用

7.2.2 生活热水系统热源

商店建筑集中生活热水供应系统的热源，参见表2-34。
商店建筑生活热水系统热源选用，参见表2-35。
商店建筑生活热水系统常见热源组合形式，见表7-14。

生活热水系统常见热源组合形式表　　　　　　　　　　　　　表7-14

序号	热源组合形式名称	主要热源	辅助热源	适用范围
1	热水锅炉+太阳能组合	院区内设置燃气（油）锅炉房，锅炉房内高温热水锅炉提供热媒（通常为80℃/60℃高温热水），经建筑内热水机房（换热机房）内的水水换热器换热后为系统提供60℃/50℃低温热水	建筑屋顶设置太阳能热水机房（房间内设置储热水箱或储热罐、生活热水供应水泵组、生活热水循环泵组、太阳能集热循环泵组等），屋顶布置太阳能集热板及太阳能供水、回水管道，太阳能热水供水设备为系统提供60℃/50℃高温热水	该组合方式适用于我国北方、西北等寒冷或严寒地区商店建筑生活热水系统
2	太阳能+空气源热能组合	建筑屋顶设置热水机房（设置储热水箱或储热罐、生活热水供应水泵组、生活热水循环泵组、太阳能集热循环泵组、空气能热泵循环泵组等），屋顶布置太阳能集热板及太阳能供水、回水管道。太阳能供水设备为系统提供60℃/50℃高温热水	建筑屋顶设置热水机房，屋顶布置空气能热泵热水机组及空气能供水、回水管道。空气源热泵热水机组为系统提供60℃/50℃高温热水	该组合方式适用于我国南部或中部地区商店建筑生活热水系统

商店建筑屋顶设置太阳能光伏发电系统时，系统产生的电能可用于屋顶热水箱内热水的加热，保证生活热水系统供水温度。

商店建筑局部热水系统的水加热器安装位置应便于检查维修。

7.2.3 热水系统设计参数

1. 商店建筑热水用水定额

按照《水标》，商店建筑相关功能场所热水用水定额，见表7-15。

商店建筑热水用水定额表　　　　　　　　　　　　　　表7-15

序号	建筑物名称		单位	用水定额（L）		使用时数（h）	最高日小时变化系数 K_h
				最高日	平均日		
1	公共浴室	淋浴	每顾客每次	40~60	35~40	12	2.0~1.5
2	餐饮业	中餐酒楼	每顾客每次	15~20	8~12	10~12	1.5~1.2
		快餐厅、职工食堂		10~12	7~10	12~16	
		酒吧、咖啡馆、茶座、卡拉OK房		3~8	3~5	8~18	

注：1. 表中所列用水定额均已包括在表7-3中；
2. 本表以60℃热水水温为计算温度，卫生器具的使用水温见表7-17；
3. 表中平均日用水定额仅用于计算太阳能热水系统集热器面积和计算节水用水量。

《节水标》中商店建筑相关功能场所热水平均日节水用水定额，见表7-16。

商店建筑热水平均日节水用水定额表　　　　表 7-16

序号	建筑物名称		单位	节水用水定额
1	公共浴室	淋浴	L/(人·次)	35～40
2	餐饮业	中餐酒楼	L/(人·次)	15～25
		快餐厅、职工食堂		7～10
		酒吧、咖啡馆、茶座、卡拉OK房		3～5

注：热水温度按60℃计。

商店建筑所在地为较大城市、标准要求较高的，商店建筑热水用水定额可以适当选用较高值；反之可选用较低值。

2. 商店建筑卫生器具用水定额及水温

商店建筑相关功能场所卫生器具的一次热水用水量、小时热水用水量和水温，可按表7-17确定。

商店建筑卫生器具一次热水用水量、小时热水用水量和水温表　　　表 7-17

序号	卫生器具名称		一次热水用水量（L）	小时热水用水量（L）	水温（℃）
1	餐饮业	洗脸盆 工作人员用	3	60	30
		洗脸盆 顾客用	—	120	
		淋浴器	40	400	37～40
2	公共浴室	淋浴器 有淋浴小间	100～150	200～300	37～40
		淋浴器 无淋浴小间	—	450～540	
		洗脸盆	5	50～80	35

注：表中用水量均为使用水温时的用水量；一次热水用水量指使用一次的用水量，并非卫生器具开关一次的用水量，有些卫生器具使用一次可能需要开关几次。

3. 商店建筑冷水计算温度

冷水的计算温度应以当地最冷月平均水温资料确定。当无水温资料时，按表1-58采用。

商店建筑冷水计算温度宜按商店建筑当地地面水温度确定，水温有取值范围时宜取低值。

4. 商店建筑水加热设备供水温度

商店建筑集中热水供应系统的水加热设备（包括热水锅炉、热水机组或水加热器等）的出水温度按表1-59采用。商店建筑集中生活热水系统水加热设备的供水温度宜为60～65℃，通常按60℃计。

5. 商店建筑生活热水水质

商店建筑生活热水的水质指标，应符合现行国家标准《生活饮用水卫生标准》GB 5749的要求。

7.2.4 热水系统设计指标

1. 商店建筑热水设计小时耗热量

（1）全日供应热水设计小时耗热量

商店建筑生活热水系统采用全日供应热水较为少见。

（2）定时供应热水设计小时耗热量

当商店建筑生活热水系统采用定时供应热水的集中生活热水系统时，其设计小时耗热量应按公式（7-5）计算：

$$Q_h = \sum q_h \cdot C \cdot (t_{r2} - t_1) \cdot \rho_r \cdot n_0 \cdot b_g \cdot C_\gamma \tag{7-5}$$

式中 Q_h——商店建筑生活热水设计小时耗热量，kJ/h；

q_h——商店建筑卫生器具生活热水的小时用水定额，L/h，可按表 7-17 采用，计算时通常取小时热水用水量的上限值；

C——水的比热，kJ/(kg·℃)，$C=4.187$kJ/(kg·℃)；

t_{r2}——热水计算温度,℃，计算时按表 7-17 选用，淋浴器使用水温取 35℃；

t_1——冷水计算温度,℃，按全日生活热水系统 t_1 取值表 1-58 选用；

ρ_r——热水密度，kg/L，通常取 1.0kg/L；

n_0——商店建筑同类型卫生器具数；

b_g——商店建筑卫生器具的同时使用百分数：商店建筑公共浴室内的淋浴器和洗脸盆按表 4-12 选用；

C_γ——热水供应系统的热损失系数，$C_\gamma=1.10\sim1.15$。

商店建筑公共浴室内绝大多数情况下采用淋浴器洗浴。

商店建筑同类型卫生器具数 n_0 即为生活热水系统涉及的浴盆或淋浴器数量之和。

（3）不同使用要求用水部门热水设计小时耗热量

具有多个不同使用热水部门或具有多种热水使用形式的商店建筑，当其热水由同一热水供应系统供应时，设计小时耗热量，可按同一时间内出现用水高峰的主要用水部门的设计小时耗热量加其他用水部门的平均小时耗热量计算。

2. 商店建筑设计小时热水量

商店建筑设计小时热水量，按公式(7-6)计算：

$$q_{rh} = Q_h / [(t_{r3} - t_1) \cdot C \cdot \rho_r \cdot C_\gamma] \tag{7-6}$$

式中 q_{rh}——商店建筑生活热水设计小时热水量，L/h；

Q_h——商店建筑生活热水设计小时耗热量，kJ/h；

t_{r3}——设计热水温度,℃，计算时 t_{r3} 取值与 t_{r1} 一致即可；

t_1——冷水计算温度,℃；

C——水的比热，kJ/(kg·℃)，$C=4.187$kJ/(kg·℃)；

ρ_r——热水密度，kg/L，通常取 1.0kg/L；

C_γ——热水供应系统的热损失系数，$C_\gamma=1.10\sim1.15$。

3. 商店建筑加热设备供热量

商店建筑全日集中生活热水系统中，锅炉、水加热设备的设计小时供热量应根据日热水用量小时变化曲线、加热方式及锅炉、水加热设备的工作制度经积分曲线计算确定。

(1) 容积式水加热器或贮热容积与其相当的水加热器、燃油(气)热水机组供热量

商店建筑生活热水系统采用的容积式水加热器均应为导流型容积式水加热器，其设计小时供热量可按公式(7-7)计算：

$$Q_g = Q_h - (\eta \cdot V_r / T_1) \cdot (t_{r3} - t_1) \cdot C \cdot \rho_r \tag{7-7}$$

式中　Q_g——商店建筑导流型容积式水加热器的设计小时供热量，kJ/h；

　　　Q_h——商店建筑设计小时耗热量，kJ/h；

　　　η——导流型容积式水加热器有效贮热容积系数，取 0.8～0.9；

　　　V_r——导流型容积式水加热器总贮热容积，L；

　　　T_1——商店建筑设计小时耗热量持续时间，h，定时集中热水供应系统 T_1 等于定时供水的时间；当 Q_g 计算值小于平均小时耗热量时，Q_g 应取平均小时耗热量；

　　　t_{r3}——设计热水温度，℃，按导流型容积式水加热器出水温度或贮水温度计算，通常取 65℃；

　　　t_1——冷水温度，℃；

　　　C——水的比热，kJ/(kg·℃)，$C=4.187$kJ/(kg·℃)；

　　　ρ_r——热水密度，kg/L，通常取 1.0kg/L。

在商店建筑生活热水系统设计小时供热量计算时，通常取 $Q_g = Q_h$。

(2) 半容积式水加热器或贮热容积与其相当的水加热器、燃油（气）热水机组供热量

商店建筑生活热水系统亦常采用半容积式水加热器，此时半容积式水加热器设计小时供热量按设计小时耗热量计算，即取 $Q_g = Q_h$。

7.2.5　生活热水系统热水管网计算

1. 生活热水管网设计流量

(1) 商店建筑生活热水引入管设计流量

商店建筑生活热水引入管设计流量应按该建筑相应生活热水供水系统总供水干管的设计秒流量确定。

(2) 商店建筑内生活热水设计秒流量

商店建筑内生活热水设计秒流量应按公式（7-8）计算：

$$q_g = 0.2 \cdot \alpha \cdot (N_g)^{1/2} \tag{7-8}$$

式中　q_g——计算管段的热水设计秒流量，L/s；

　　　N_g——计算管段的卫生器具热水当量总数；

　　　α——根据商店建筑用途而定的系数，商场取 1.5，书店取 1.7。

注：如计算值小于该管段上一个最大卫生器具热水额定流量时，应采用一个最大的卫生器具热水额定流量作为设计秒流量；如计算值大于该管段上按卫生器具热水额定流量累加所得流量值时，应按卫生器具热水额定流量累加所得流量值采用。

商场生活热水设计秒流量应按公式（7-9）计算：

$$q_g = 0.3 \cdot (N_g)^{1/2} \tag{7-9}$$

书店生活热水设计秒流量应按公式（7-10）计算：

$$q_g = 0.34 \cdot (N_g)^{1/2} \tag{7-10}$$

商店建筑生活热水设计秒流量计算，可参照表 7-18。

商店建筑生活热水设计秒流量计算表（L/s） 表 7-18

卫生器具热水当量数 N_g	商场 $\alpha=1.5$	书店 $\alpha=1.7$	卫生器具热水当量数 N_g	商场 $\alpha=1.5$	书店 $\alpha=1.7$	卫生器具热水当量数 N_g	商场 $\alpha=1.5$	书店 $\alpha=1.7$
1	0.30	0.34	96	2.94	3.33	375	5.81	6.58
2	0.42	0.48	98	2.97	3.37	380	5.85	6.63
3	0.52	0.59	100	3.00	3.40	385	5.89	6.67
4	0.60	0.68	105	3.07	3.48	390	5.92	6.71
5	0.67	0.76	110	3.15	3.57	395	5.96	6.76
6	0.73	0.83	115	3.22	3.65	400	6.00	6.80
7	0.79	0.90	120	3.29	3.72	405	6.04	6.84
8	0.85	0.96	125	3.35	3.80	410	6.07	6.88
9	0.90	1.02	130	3.42	3.88	415	6.11	6.93
10	0.95	1.08	135	3.49	3.95	420	6.15	6.97
11	0.99	1.13	140	3.55	4.02	425	6.18	7.01
12	1.04	1.18	145	3.61	4.09	430	6.22	7.05
13	1.08	1.23	150	3.67	4.16	435	6.26	7.09
14	1.12	1.27	155	3.73	4.23	440	6.29	7.13
15	1.16	1.32	160	3.79	4.30	445	6.33	7.17
16	1.20	1.36	165	3.85	4.37	450	6.36	7.21
17	1.24	1.40	170	3.91	4.43	455	6.40	7.25
18	1.27	1.44	175	3.97	4.50	460	6.43	7.29
19	1.31	1.48	180	4.02	4.56	465	6.47	7.33
20	1.34	1.52	185	4.08	4.62	470	6.50	7.37
22	1.41	1.59	190	4.14	4.69	475	6.54	7.41
24	1.47	1.67	195	4.19	4.75	480	6.57	7.45
26	1.53	1.73	200	4.24	4.81	485	6.61	7.49
28	1.59	1.80	205	4.30	4.87	490	6.64	7.53
30	1.64	1.86	210	4.35	4.93	495	6.67	7.56
32	1.70	1.92	215	4.40	4.99	500	6.71	7.60
34	1.75	1.98	220	4.45	5.04	550	7.04	7.97
36	1.80	2.04	225	4.50	5.10	600	7.35	8.33
38	1.85	2.10	230	4.55	5.16	650	7.65	8.67
40	1.90	2.15	235	4.60	5.21	700	7.94	9.00
42	1.94	2.20	240	4.65	5.27	750	8.22	9.31
44	1.99	2.26	245	4.70	5.32	800	8.49	9.62
46	2.03	2.31	250	4.74	5.38	850	8.75	9.91
48	2.08	2.36	255	4.79	5.43	900	9.00	10.20
50	2.12	2.40	260	4.84	5.48	950	9.25	10.48
52	2.16	2.45	265	4.88	5.53	1000	9.49	10.75
54	2.20	2.50	270	4.93	5.59	1050	9.72	11.02
56	2.24	2.54	275	4.97	5.64	1100	9.95	11.28
58	2.28	2.59	280	5.02	5.69	1150	10.17	11.53
60	2.32	2.63	285	5.06	5.74	1200	10.39	11.78
62	2.36	2.68	290	5.11	5.79	1250	10.61	12.02
64	2.40	2.72	295	5.15	5.84	1300	10.82	12.26
66	2.44	2.76	300	5.20	5.89	1350	11.02	12.49
68	2.47	2.80	305	5.24	5.94	1400	11.22	12.72
70	2.51	2.84	310	5.28	5.99	1450	11.42	12.95
72	2.55	2.88	315	3.61	6.03	1500	11.62	13.17
74	2.58	2.92	320	3.67	6.08	1550	11.81	13.39
76	2.62	2.96	325	3.73	6.13	1600	12.00	13.60
78	2.65	3.00	330	3.79	6.18	1650	12.19	13.81
80	2.68	3.04	335	3.85	6.22	1700	12.37	14.02
82	2.72	3.08	340	3.91	6.27	1750	12.55	14.22
84	2.75	3.12	345	3.97	6.32	1800	12.73	14.42
86	2.78	3.15	350	4.02	6.36	1850	12.90	14.62
88	2.81	3.19	355	4.08	6.41	1900	13.08	14.82
90	2.85	3.23	360	4.14	6.45	1950	13.25	15.01
92	2.88	3.26	365	4.19	6.50	2000	13.42	15.21
94	2.91	3.30	370	4.24	6.54	2050	13.58	15.39

2. 商店建筑内卫生器具热水当量

商店建筑卫生器具的热水额定流量、热水当量、连接热水管管径和最低工作压力按表 3-31 确定。

3. 商店建筑内热水管管径

商店建筑内热水供水管的管径,应根据该热水供水管段的设计秒流量、允许热水流速等查相关计算表格确定。生活热水管道内的热水流速,宜按表 1-66 控制。

商店建筑公共浴室淋浴器个数与热水供水管管径的对照表,参见表 7-19。

商店建筑公共浴室淋浴器个数与热水供水管管径对照表 表 7-19

商店建筑公共浴室无间隔淋浴器数量(个)	1	2	3	4~5	6~8	9~14	15~25	26~38	39~54	55~90
商店建筑公共浴室有间隔淋浴器数量(个)	1~2	3	4	5~7	8~12	13~20	21~35	36~54	55~77	78~128
热水供水管管径 DN(mm)	25	32	40	50	70	80	100	125	150	200

本区域热水回水干管管径根据该区域热水供水干管最大管径确定。热水回水管管径与热水供水管管径的对照,参见表 3-33。

整个生活热水系统的生活热水供水立管、干管均按照其服务的热水设计秒流量确定其管段管径;生活热水回水立管、干管先按照其服务的热水设计秒流量确定出一个供水管径值,再根据表 3-33 确定其管段回水管管径值。

7.2.6 生活热水机房(换热机房、换热站)

商店建筑生活热水机房(换热机房、换热站)位置确定,见表 7-20。

商店建筑生活热水机房(换热机房、换热站)位置确定表 表 7-20

序号	生活热水机房(换热机房、换热站)位置	生活热水系统热源情况	生活热水机房(换热机房、换热站)内设施	适用范围
1	院区室外独立设置	院区锅炉房热水(蒸汽)锅炉提供热媒,经换热后提供第1热源;太阳能设备或空气能热泵设备提供第2热源	常用设施:水(汽)水换热器(加热器)、热水循环泵组	新建、改建商店建筑;设有锅炉房
2	单体建筑室内地下室			新建商店建筑;设有锅炉房
3	单体建筑屋顶	太阳能设备或(和)空气能热泵设备提供热源;必要情况下燃气热水设备提供第2热源	热水箱、热水循环泵组、集热循环泵组、空气能热泵循环泵组	新建、改建商店建筑;屋顶设有热源热水设备

商店建筑生活热水机房(换热机房、换热站)应为独立的房间。

7.2.7 生活热水箱

商店建筑生活热水箱设计要求,参见表 1-72。
生活热水箱各种水位,按表 1-74 确定。
商店建筑生活热水箱间应为独立的房间。

7.2.8 生活热水循环泵

1. 生活热水循环泵设置位置

当系统热源由高温热媒经院区热水机房（换热机房）内的各分区换热设备后向各分区供给热水时，各分区生活热水循环泵通常设在热水机房（换热机房）内。当系统热源由屋顶太阳能供水设备向各分区供给热水时，各分区生活热水循环泵通常设在本分区最低楼层或下面一层热水循环泵房内。

2. 生活热水循环泵设计流量

当商店建筑热水系统采用定时供水时，热水循环流量可按循环管网总水容积的 2～4 倍计算。设计中，生活热水循环泵的流量可按照所服务热水系统设计小时流量的 25%～30%确定。

3. 生活热水循环泵设计扬程

生活热水循环泵的扬程，按公式（7-11）计算：

$$H_b = h_p + h_x \tag{7-11}$$

式中 H_b——商店建筑热水循环泵的扬程，mH_2O；
　　　h_p——商店建筑热水循环水量通过热水配水管网的水头损失，mH_2O；
　　　h_x——商店建筑热水循环水量通过热水回水管网的水头损失，mH_2O。

生活热水循环泵的扬程，简便计算按公式（7-12）计算：

$$H_b \approx 1.1 \cdot R \cdot (L_1 + L_2) \tag{7-12}$$

式中 H_b——商店建筑热水循环泵的扬程，mH_2O；
　　　R——热水管网单位长度的水头损失，mH_2O/m，可按 0.010～0.015mH_2O/m；
　　　L_1——自水加热器至热水管网最不利点的供水管管长，m；
　　　L_2——自热水管网最不利点至水加热器的回水管长，m。

商店建筑热水循环泵组通常每套设置 2 台，1 用 1 备，交替运行。

4. 太阳能集热循环泵

太阳能集热循环泵通常设置在屋顶生活热水箱间内，宜设置在太阳能设备供水管即从生活热水箱接出的管道上。集热循环泵流量，按公式（1-28）计算；集热循环泵扬程，按公式（1-29）、公式（1-30）计算。

商店建筑集热循环泵组通常每套设置 2 台，1 用 1 备，交替运行。

7.2.9 热水系统管材、附件和管道敷设

1. 生活热水系统管材

商店建筑生活热水系统热水管道常用的管材包括薄壁不锈钢管、PVC-C（氯化聚氯乙烯）热水用管、薄壁铜管、钢塑复合管（如 PSP 管）、铝塑复合管等，较少采用普通塑料热水管。

2. 生活热水系统阀门

商店建筑生活热水系统设置阀门的部位，参见表 2-50。

3. 生活热水系统止回阀

商店建筑生活热水系统设置止回阀的部位，参见表 2-51。

4. 生活热水系统水表

商店建筑生活热水系统按分区域原则设置热水表，热水表宜采用远传智能水表。

5. 热水系统排气装置、泄水装置

对于上行下给式热水系统，系统热水配水干管最高处及向上抬高管段应设置 $DN25$ 自动排气阀、检修阀门；对于下行上给式热水系统，可利用最高热水配水点放气。

热水管道系统的最低处及向下凹的管段应设置泄水装置或利用最低热水配水点泄水。

6. 温度计、压力表

商店建筑生活热水系统设置温度计的部位，参见表 1-77；设置压力表的部位，参见表 1-78。

7. 管道补偿装置

长度超过 50m 的热水横干管或立管均应设置波纹伸缩节，通常设置在该根管道上管径较小的管段处，靠近一端的管道固定支吊架。

8. 保温

生活热水系统中的热水锅炉、燃油（气）热水机组、水加热设备、贮热水箱（罐）、分（集）水器、热水输（配）水干（立）管、热水循环回水干（立）管均应做保温。

热水管道保温材料厚度确定，参见表 1-79、表 1-80。

7.3 排水系统

7.3.1 排水系统类别

商店建筑排水系统分类，见表 7-21。

排水系统分类表 表 7-21

序号	分类标准	排水系统类别	商店建筑应用情况	应用程度
1	建筑内场所使用功能	生活污水排水	商店建筑公共卫生间污水排水	常用
2		生活废水排水	商店建筑公共卫生间；公共浴室洗浴等废水排水	
3		厨房废水排水	商店建筑内附设厨房、食堂、餐厅污水排水	
4		设备机房废水排水	商店建筑内附设水泵房（包括生活水泵房、消防水泵房）、空调机房、制冷机房、换热机房、锅炉房、热水机房等机房废水排水	
5		车库废水排水	商店建筑内附设车库内一般地面冲洗废水排水	
6		消防废水排水	商店建筑内消防电梯井排水、自动喷水灭火系统试验排水、消火栓系统试验排水、消防水泵试验排水等废水排水	
7		绿化废水排水	商店建筑室外绿化废水排水	

续表

序号	分类标准	排水系统类别	商店建筑应用情况	应用程度
8	建筑内污、废水排水方式	重力排水方式	商店建筑地上污废水排水	最常用
9		压力排水方式	商店建筑地下室污废水排水	常用
10	污废水排水体制	污废合流排水系统		最常用
11		污废分流排水系统		常用
12	排水系统通气方式	设有通气管系排水系统	伸顶通气排水系统通常应用在多层商店建筑卫生间排水，专用通气立管排水系统通常应用在高层商店建筑卫生间排水。环形通气排水系统、器具通气排水系统通常应用在个别商店建筑公共卫生间排水	最常用
13		特殊单立管排水系统		极少用

商店建筑室内污废水排水体制采用合流制，当有中水利用要求时，可采用分流制。

典型的商店建筑排水系统原理图，参见图4-2、图4-3。

商店排出的污废水，应根据排水要求进行处理，达到规定的排放标准，才能排入城市下水道、明沟或自然水体。

商店建筑中的生活污水、厨房含油废水等均应经化粪池处理；生活废水、设备机房废水、消防废水、绿化废水等不需经过化粪池处理。厨房含油废水应经除油处理后再排入污水管道。

商店建筑污废水与建筑雨水应雨污分流。

商店建筑公共卫生间等生活粪便污水、生活废水等可合流排放，当有中水利用要求时，可采用分流排放。

商店建筑的空调凝结水排水管不得与污废水管道系统直接连接，空调凝结水宜单独收集后回用于绿化、水景、冷却塔补水等。

商店建筑副食品商店、菜市场等建筑内应设排水设施。

7.3.2 卫生器具

1. 商店建筑内卫生器具种类及设置场所

商店建筑内卫生器具种类及设置场所，见表7-22。

商店建筑内卫生器具种类及设置场所表　　　表7-22

序号	卫生器具名称	主要设置场所
1	坐便器	商店建筑残疾人卫生间
2	蹲便器	商店建筑公共卫生间；公共浴室卫生间
3	淋浴器	
4	洗脸盆	
5	台板洗脸盆	
6	小便器	
7	拖布池	
8	洗菜池	商店建筑食堂、厨房
9	厨房洗涤槽	商店建筑厨房

2. 商店建筑内卫生器具选用

商店建筑卫生间卫生器具应符合表 7-23 的规定。

商店建筑卫生器具选用表 表 7-23

序号	卫生器具种类	卫生器具使用场所	卫生器具选型
1	大便器	商店建筑公共卫生间；公共浴室卫生间	脚踏式自闭式冲洗阀冲洗的坐式或蹲式大便器
2	小便器		红外感应自动冲洗小便器
3	洗手盆		龙头应采用感应型水嘴

商店建筑厕所内应设置有冲洗水箱或自闭阀冲洗的便器。

3. 公共卫生间排水设计要点

公共卫生间排水立管及通气立管通常敷设于专用管道井内；采用专用通气立管方式时，排水立管与通气立管采用结合管连接。管道井中排水立管与通气立管中心距最小值，参见表 1-91。

4. 商店建筑内卫生器具排水配件穿越楼板留孔位置及尺寸

常见卫生器具排水配件穿越楼板留孔位置及尺寸，参见表 1-92。

5. 地漏

商店建筑内公共卫生间、开水间、空调机房、新风机房；公共浴室淋浴间等场所内应设置地漏。

商店建筑地漏及其他水封高度要求不得小于 50mm，且不得大于 100mm。

商店建筑地漏类型选用，参见表 2-57；地漏规格选用，参见表 2-58。

6. 水封装置

商店建筑中采用排水沟排水的场所包括厨房、车库、泵房、设备机房、公共浴室等。当排水沟内废水直接排至室外时，沟与排水排出管之间应设置水封装置。卫生器具排水管段上不得重复设置水封装置。

7.3.3 排水系统水力计算

1. 商店建筑最高日和最大时生活排水量

商店建筑生活排水量宜按该建筑生活给水量的 85%～95% 计算，通常按 90%。

2. 商店建筑卫生器具排水技术参数

商店建筑卫生器具的排水流量、排水当量、排水支管管径、排水坡度等基本参数的选定，参见表 3-39。

3. 商店建筑排水设计秒流量

商店建筑的生活排水管道设计秒流量，按公式（7-13）计算：

$$q_u = 0.12 \cdot \alpha \cdot (N_p)^{1/2} + q_{max} = 0.3 \cdot (N_p)^{1/2} + q_{max} \tag{7-13}$$

式中 q_u——计算管段排水设计秒流量，L/s；

N_p——计算管段的卫生器具排水当量总数；

α——根据建筑物用途而定的系数，商场、书店取 2.0～2.5，通常取 2.5；

q_{max}——计算管段上最大一个卫生器具的排水流量，L/s。

计算时，如计算所得流量值大于该管段上按卫生器具排水流量累加值时，应按卫生器具排水流量累加值计。

当 α 取 2.0 时,商店建筑生活排水管道设计秒流量应按公式（7-14）计算：

$$q_g = 0.24 \cdot (N_g)^{1/2} \tag{7-14}$$

当 α 取 2.5 时,商店建筑生活排水管道设计秒流量应按公式（7-15）计算：

$$q_g = 0.3 \cdot (N_g)^{1/2} \tag{7-15}$$

商店建筑 q_{max}=1.50L/s 和 q_{max}=2.00L/s 时排水设计秒流量计算数据,见表 7-24。

商店建筑排水设计秒流量计算表　　　　　　表 7-24

排水当量总数 N_p	排水设计秒流量 q_u (L/s)				排水当量总数 N_p	排水设计秒流量 q_u (L/s)				排水当量总数 N_p	排水设计秒流量 q_u (L/s)			
	q_{max}=1.50		q_{max}=2.00			q_{max}=1.50		q_{max}=2.00			q_{max}=1.50		q_{max}=2.00	
	α=2.0	α=2.5	α=2.0	α=2.5		α=2.0	α=2.5	α=2.0	α=2.5		α=2.0	α=2.5	α=2.0	α=2.5
5	2.04	2.17	2.54	2.67	48	3.16	3.58	3.66	4.08	360	6.05	7.19	6.55	7.69
6	2.09	2.23	2.59	2.73	50	3.20	3.62	3.70	4.12	380	6.18	7.35	6.68	7.85
7	2.13	2.29	2.63	2.79	55	3.28	3.72	3.78	4.22	400	6.30	7.50	6.80	8.00
8	2.18	2.35	2.68	2.85	60	3.36	3.82	3.86	4.32	420	6.42	7.65	6.92	8.15
9	2.22	2.40	2.72	2.90	65	3.43	3.92	3.93	4.42	440	6.53	7.79	7.03	8.29
10	2.26	2.45	2.76	2.95	70	3.51	4.01	4.01	4.51	460	6.65	7.93	7.15	8.43
11	2.30	2.49	2.80	2.99	75	3.58	4.10	4.08	4.60	480	6.76	8.07	7.26	8.57
12	2.33	2.54	2.83	3.04	80	3.65	4.18	4.15	4.68	500	6.87	8.21	7.37	8.71
13	2.37	2.58	2.87	3.08	85	3.71	4.27	4.21	4.77	550	7.13	8.54	7.63	9.04
14	2.40	2.62	2.90	3.12	90	3.78	4.35	4.28	4.85	600	7.38	8.85	7.88	9.35
15	2.43	2.66	2.93	3.16	95	3.84	4.42	4.34	4.92	650	7.62	9.15	8.12	9.65
16	2.46	2.70	2.96	3.20	100	3.90	4.50	4.40	5.00	700	7.85	9.44	8.35	9.94
17	2.49	2.74	2.99	3.24	110	4.02	4.65	4.52	5.15	750	8.07	9.72	8.57	10.22
18	2.52	2.77	3.02	3.27	120	4.13	4.79	4.63	5.29	800	8.29	9.99	8.79	10.49
19	2.55	2.81	3.05	3.31	130	4.24	4.92	4.74	5.42	850	8.50	10.25	9.00	10.75
20	2.57	2.84	3.07	3.34	140	4.34	5.05	4.84	5.55	900	8.70	10.50	9.20	11.00
22	2.63	2.91	3.13	3.41	150	4.44	5.17	4.94	5.67	950	8.90	10.75	9.40	11.25
24	2.68	2.97	3.18	3.47	160	4.54	5.29	5.04	5.79	1000	9.09	10.99	9.59	11.49
26	2.72	3.03	3.22	3.53	170	4.63	5.41	5.13	5.91	1100	9.46	11.45	9.96	11.95
28	2.77	3.09	3.27	3.59	180	4.72	5.52	5.22	6.02	1200	9.81	11.89	10.31	12.39
30	2.81	3.14	3.31	3.64	190	4.81	5.64	5.31	6.14	1300	10.15	12.32	10.65	12.82
32	2.86	3.20	3.36	3.70	200	4.89	5.74	5.39	6.24	1400	10.48	12.72	10.98	13.22
34	2.90	3.25	3.40	3.75	220	5.06	5.95	5.56	6.45	1500	10.80	13.12	11.30	13.62
36	2.94	3.30	3.44	3.80	240	5.22	6.15	5.72	6.65	1600	11.10	13.50	11.60	14.00
38	2.98	3.35	3.48	3.85	260	5.37	6.34	5.87	6.84	1700	11.40	13.87	11.90	14.37
40	3.02	3.40	3.52	3.90	280	5.52	6.52	6.02	7.02	1800	11.68	14.23	12.18	14.73
42	3.06	3.44	3.56	3.94	300	5.66	6.70	6.16	7.20	1900	11.96	14.58	12.46	15.08
44	3.09	3.49	3.59	3.99	320	5.79	6.87	6.29	7.37	2000	12.23	14.92	12.73	15.42
46	3.13	3.53	3.63	4.03	340	5.93	7.03	6.43	7.53	2100	12.50	15.25	13.00	15.75

商店建筑公共浴室、食堂厨房等的生活排水管道设计秒流量，按公式（7-16）计算：

$$q_\mathrm{p} = \Sigma q_0 \cdot n_0 \cdot b \tag{7-16}$$

式中　q_p——商店建筑计算管段的排水设计秒流量，L/s；
　　　q_0——商店建筑同类型的一个卫生器具排水流量，L/s，可按表 3-39 采用；
　　　n_0——商店建筑同类型卫生器具数；
　　　b——商店建筑卫生器具的同时排水百分数；商店建筑公共浴室内的淋浴器和洗脸盆按表 4-12 选用，食堂的设备按表 4-13 选用。

注：当计算排水流量小于一个大便器排水流量时，应按一个大便器的排水流量计算。

4. 商店建筑排水管道管径确定

商店建筑排水铸铁管道最小坡度，按表 1-98 确定；胶圈密封连接排水塑料横管的坡度，按表 1-99 确定；建筑内排水管道最大设计充满度，参见表 1-100；排水管道自清流速，参见表 1-101。

排水横管水力计算按照公式（1-32）、公式（1-33）；排水铸铁管水力计算，参见表 1-102；排水塑料管水力计算，参见表 1-103。

不同管径下排水横管允许流量 Q_p，参见表 1-104。

商店建筑排水系统中排水横干管常见管径为 $DN100$、$DN150$。$DN100$ 排水横干管对应排水当量最大限值，参见表 1-105，$DN150$ 排水横干管对应排水当量最大限值，参见表 1-106。

不同通气方式的排水立管最大设计排水能力，参见表 1-107～表 1-109。

商店建筑各种排水管的推荐管径，参见表 2-60。

7.3.4　排水系统管材、附件和检查井

1. 商店建筑排水管管材

商店建筑室外排水管可采用埋地排水塑料管，包括硬聚氯乙烯管、聚乙烯管和玻璃纤维增强塑料夹砂管等。常用的室外排水管还有双壁加筋波纹排水管、双平壁钢塑复合缠绕排水管等。

商店建筑室内排水管类型，见表 7-25。

室内排水管类型表　　　　　　　　　　　表 7-25

序号	排水管类型	排水管设置要求
1	玻纤增强聚丙烯（FRPP）排水管	
2	柔性接口机制铸铁排水管	宜采用柔性接口机制排水铸铁管，连接方式有法兰压盖式承插柔性连接和无承口卡箍式连接
3	硬聚氯乙烯（PVC-U）排水管	采用胶水（胶粘剂）粘接连接
4	商店建筑压力排水管	可采用焊接钢管、钢塑复合管、镀锌钢管

2. 商店建筑排水管附件

排水立管上检查口的设置位置，参见表 1-113；检查口之间的最大距离，参见表 1-114；检查口设置要求，参见表 1-115。

清扫口的设置位置，参见表 1-116；清扫口至室外检查井中心最大长度，参见

表1-117；排水横管直线管段上清扫口之间的最大距离，参见表1-118。

塑料排水管道支吊架间距规定，参见表1-119。

3. 商店建筑排水管道布置敷设

商店建筑排水管道不应布置场所，见表7-26。

排水管道不应布置场所表 表7-26

序号	排水管道不应布置场所	具体要求
1	生活水泵房等设备机房	排水横管禁止在商店建筑生活水箱箱体正上方敷设，生活水泵房其他区域不宜敷设排水管道；设在室内的消防水池（箱）应按此要求处理
2	厨房、餐厅	商店建筑中厨房内的主副食操作间、烹调间、备餐间、加工间、粗加工、冷菜间、面点蒸煮间、食品储藏库（主食库、副食库）等房间的上方均不应敷设排水管道，排水立管不宜穿过上述房间；商店建筑中的餐厅；商店建筑中的厨房排水应独立设置，排水横管和立管均不得与卫生间污水排水管道连通。上述场所上方排水管不宜采用同层排水方式
3	电气机房	商店建筑中的电气机房包括高压配电室、低压配电室（包括其值班室）、柴油发电机房（包括储油间）、网络机房、弱电机房、UPS机房、消防控制室等，排水管道不得敷设在此类电气机房内
4	结构变形缝、结构风道	原则上排水管道不得穿过结构变形缝；若条件限制必须穿越沉降缝时，则应预留沉降量并设置不锈钢软管柔性连接，必须穿越伸缩缝时，则应安装伸缩器
5	电梯机房、通风小室	

商店建筑营业厅内的各种排水管道宜隐蔽敷设。

商店建筑排水系统管道设计遵循原则，参见表2-63。

4. 商店建筑间接排水

商店建筑中的间接排水，参见表4-33。

商店建筑未设置地下室时，排水排出管穿越有沉降可能的承重墙或基础时应预留洞口；设置地下室时，排水排出管穿越地下室外墙时应预留防水套管，宜采用柔性防水套管。

7.3.5 通气管系统

商店建筑通气管设置要求，见表7-27。

商店建筑通气管设置要求表 表7-27

序号	通气管名称	设置位置	设置要求	管径确定
1	伸顶通气管	设置场所涉及商店建筑尤其是多层商店建筑所有区域	高出非上人屋面不得小于300mm，但必须大于最大积雪厚度，常采用800～1000mm；高出上人屋面不得小于2000mm，常采用2000mm。顶端应装设风帽或网罩；在冬季室外温度高于－15℃的地区，顶端可装网形铅丝球，低于－15℃的地区，顶端应装伞形通气帽	应与排水立管管径相同。但在最冷月平均气温低于－13℃的地区，应在室内平顶或吊顶以下0.3m处将管径放大一级，若采用塑料管材时其最小管径不宜小于110mm

续表

序号	通气管名称	设置位置	设置要求	管径确定
2	专用通气管	高层商店建筑公共卫生间排水应采用专用通气方式；多层商店建筑公共卫生间宜采用专用通气方式	商店建筑公共卫生间的排水立管和专用通气立管并排设置在卫生间附设管道井内；未设管道井时，该2种立管并列设置，并宜后期装修包敷暗设，专用通气立管宜靠内侧敷设、排水立管宜靠外侧敷设	通常与其排水立管管径相同
3	汇合通气管	商店建筑中多根通气立管或多根排水立管顶端通气部分上方楼层存在特殊区域（如厨房、餐厅、电气机房等）不允许每根立管穿越向上接至屋顶时，需在本层顶板下或吊顶内汇集后接至屋顶		汇合通气管的断面积应为最大一根通气管的断面积加其余通气管断面之和的0.25倍
4	主（副）通气立管	通常设置在商店建筑内的公共卫生间		通常与其排水立管管径相同
5	结合通气管			通常与其连接的通气立管管径相同
6	环形通气管	连接4个及4个以上卫生器具（包括大便器）且横支管的长度大于12m的排水横支管；连接6个及6个以上大便器的污水横支管；设有器具通气管；特殊单立管偏置	和排水横支管、主（副）通气立管连接的要求：在排水横支管上设环形通气管时，应在其最始端的两个卫生器具之间接出，并应在排水支管中心线以上与排水支管呈垂直或45°连接；环形通气管应在卫生器具上边缘以上不小于0.15m处不小于0.01的上升坡度与通气立管相连	常用管径为DN40（对应DN75排水管）、DN50（对应DN100排水管）

商店建筑通气管可采用柔性接口机制排水铸铁管或塑料排水管，一般采用与商店建筑排水管相同管材。在最冷月平均气温低于-13℃的地区，伸出屋面部分通气立管应采用柔性接口机制排水铸铁管。

通气立管的最小管径，参见表1-130。

7.3.6 特殊排水系统

商店建筑生活水泵房、厨房、电气机房等场所的上方楼层不应有排水横支管明设管道等。若有必要在上述某些场所上方设置排水点且无法采取其他躲避措施时，该部位的排水应采用同层排水方式。

商店建筑同层排水最常采用的是降板或局部降板法。

7.3.7 特殊场所排水

1. 商店建筑化粪池

化粪池宜设置在接户管的下游端；位置宜选在院区最低处附近；外壁距建筑物外墙不宜小于5m；宜选用钢筋混凝土化粪池。

商店建筑化粪池有效容积，按公式（4-21）～公式（4-24）计算。

商店建筑可集中并联设置或根据院区布局分散并联布置2个或3个化粪池，多个化粪池的型号宜一致。

2. 商店建筑食堂、餐厅含油废水处理

商店建筑含油废水宜采用三级隔油处理流程，参见表1-141。

根据食堂用餐人数确定隔油设施处理水量，按公式（1-39）计算；根据食堂餐厅面积确定隔油设施处理水量，按公式（1-40）计算。

隔油池有效容积，按公式（1-41）计算。隔油池的类型，参见表1-142。

隔油提升一体化设备选型的主要技术参数为其所接纳的食堂、餐厅内厨房等器具含油污水排水流量。

3. 商店建筑附设车库汽车洗车污水处理

汽车冲洗水量，参见表1-143。

隔油沉淀池有效容积，按公式（1-42）计算。隔油沉淀池类型，参见表1-144。

4. 商店建筑设备机房排水

商店建筑地下设备机房排水设施要求，参见表1-147。

5. 地下车库排水

商店建筑地下车库应设置排水设施（排水沟和集水坑）。车库内排水沟设置要求，参见表1-150。

人防地下车库每个人防防护单元内宜设置不少于2个集水坑，集水坑宜独立设置；集水坑处压力排水管排至室外穿越人防围护结构时，应在穿越处人防侧压力排水管上设置防护阀门。

7.3.8 压力排水

1. 商店建筑集水坑设置

商店建筑地下室应设置集水坑。集水坑的设置要求，见表7-28。

集水坑设置要求表 表7-28

序号	集水坑服务场所	集水坑设置要求	集水坑尺寸
1	商店建筑地下室卫生间	宜设在地下室最底层靠近卫生间的附属区域（如库房等）或公共空间，禁止设在有人员经常活动的场所；宜集中收纳附近多个卫生间的污水	应根据污水提升装置的规格要求确定

续表

序号	集水坑服务场所	集水坑设置要求	集水坑尺寸
2	商店建筑地下室食堂、餐厅等	应设置在食堂、餐厅、厨房邻近位置，不宜设在细加工间和烹炒间等房间内	应根据污水隔油提升一体化装置的规格要求确定
3	商店建筑地下室淋浴间等场所	宜根据建筑平面布局按区域集中设置1个或多个	应根据污水提升装置的规格要求确定
4	商店建筑地下车库区域	应便于排水管、排水沟较短距离到达；地下车库每个防火分区宜设置不少于2个集水坑；宜靠车库外墙附近设置；宜布置在车行道下面底板下，不宜布置在停车位下面底板下	1500mm×1500mm×1500mm
5	商店建筑地下车库出入口坡道处	应尽量靠近汽车坡道最低尽头处	2500mm×2000mm×1500mm
6	商店建筑地下生活水泵房、消防水泵房、热水机房		1500mm×1500mm×1500mm

通气管管径宜与排水管管径相同，可接至室外或向上接至建筑地上部分通气管系统。

2. 污水泵、污水提升装置选型

商店建筑排水泵的流量方法确定，参见表2-68；排水泵的扬程，按公式（1-44）计算。

7.3.9 室外排水系统

1. 商店建筑室外排水管道布置

商店建筑室外排水管道布置方法，参见表2-69；与其他地下管线（构筑物）最小间距，参见表1-154。

商店建筑室外排水管道最小覆土深度不宜小于0.5m；对于严寒地区、寒冷地区商店建筑，室外排水管道最小覆土深度应超过当地冻土层深度。

2. 商店建筑室外排水管道敷设

商店建筑室外排水管道与生活给水管道交叉时，应敷设在生活给水管道下面。室外排水管道敷设发生冲突时，应遵循表1-26原则处理。

3. 商店建筑室外排水管道水力计算

室外排水管道水力计算，按公式（1-45）、公式（1-46）。

商店建筑室外排水管道的最小管径、最小设计坡度、最大设计充满度，参见表1-155。

4. 商店建筑室外排水管道管材

商店建筑室外排水管道宜优先采用埋地塑料排水管，弹性橡胶圈密封柔性接口，小于DN200直壁管，可采用承插式粘接；可采用埋地铸铁排水管，橡胶圈柔性接口或水泥砂浆接口。

5. 商店室外排水检查井

商店建筑室外排水检查井设置位置，参见表1-156。

商店建筑室外排水检查井宜优先选用玻璃钢排水检查井,其次是混凝土排水检查井,禁止采用砖砌排水检查井。室外排水管在排水检查井连接应采用管顶平接。

7.4 雨水系统

7.4.1 雨水系统分类

商店建筑雨水系统分类,见表7-29。

雨水系统分类表 表7-29

序号	分类标准	雨水系统类别	商店建筑应用情况	应用程度
1	屋面雨水设计流态	半有压流屋面雨水系统	商店建筑中一般采用的是87型雨水斗系统	最常用
2		压力流屋面雨水系统（虹吸式雨水系统）	商店建筑的屋面（通常为裙楼屋面）面积较大时,可考虑采用	少用
3		重力流屋面雨水系统		极少用
4	雨水管道设置位置	内排水雨水系统	高层商店建筑雨水系统应采用；多层商店建筑雨水系统宜采用	最常用
5		外排水雨水系统	商店建筑如果面积不大、建筑专业立面允许,可以采用	少用
6		混合式雨水系统		极少用
7	雨水出户横管室内部分是否存在自由水面	封闭系统		最常用
8		敞开系统		极少用
9	建筑屋面排水条件	天沟雨水排水系统		最常用
10		檐沟雨水排水系统		极少用
11		无沟雨水排水系统		极少用
12		压力提升雨水排水系统	商店建筑地下车库出入口等处,雨水汇集就近排至集水坑时采用	常用

7.4.2 雨水量

1. 设计雨水流量

商店建筑设计雨水流量,应按公式（1-47）计算。

2. 设计暴雨强度

设计暴雨强度应按商店建筑所在地或相邻地区暴雨强度公式计算确定,见公式(1-48)。

我国部分城镇5min设计暴雨强度、小时降雨厚度,参见表1-158（设计重现期$P=10$年）。

3. 设计重现期

商店建筑屋面雨水设计重现期：对于半有压流屋面雨水系统，通常取 10 年；对于压力流屋面雨水系统，通常取 50 年；商店建筑附设的下沉式广场、下沉式庭院，其雨水设计重现期宜取较大值。

4. 设计降雨历时

商店建筑屋面雨水排水管道设计降雨历时按照 5min 确定。

商店建筑院区雨水排水管道设计降雨历时，按公式（1-49）计算。

5. 径流系数

商店建筑屋面及院区地面的径流系数，参见表 1-159。

6. 汇水面积

商店建筑的雨水汇水面积计算原则，参见表 1-160。

7.4.3 雨水系统

1. 雨水系统设计常规要求

商店建筑雨水系统设置要求，参见表 1-161。

商店建筑雨水排水管道不应穿越的场所，见表 7-30。

雨水排水管道不应穿越的场所表 表 7-30

不应穿越的场所名称	具体房间名称
电气机房	高压配电室、低压配电室及值班室、柴油发电机房及储油间、网络机房、弱电机房、UPS 机房、消防控制室等

注：商店建筑雨水排水横管宜沿建筑内公共区域（内走道等）吊顶内敷设；雨水排水立管宜沿建筑内公共场所或辅助次要场所敷设。

2. 雨水斗设计

商店建筑半有压流屋面雨水系统通常采用 87 型雨水斗或 79 型雨水斗，规格常用 $DN100$。

雨水斗设计排水负荷，参见表 1-163。

雨水斗下方区域宜为建筑顶层公共区域（如内走道）或辅助次要场所（如公共卫生间、库房等），不应为需要安静的场所，不宜为活动区房间。

雨水斗宜对雨水排水立管做对称布置；接有多斗悬吊管的立管顶端不得设置雨水斗；一个屋面上应设置不少于 2 个雨水斗。

3. 天沟、溢流设施、连接管、悬吊管、立管、埋地管、排出管设计

商店建筑天沟、溢流设施、连接管、悬吊管、立管、埋地管、排出管设置要求，参见表 1-164。

4. 室内水泵提升雨水排水系统设计

地下室露天窗井内应设平箅式雨水口、无水封地漏作为雨水口，经雨水收集管接入集水池；地下车库出入口汽车坡道上应设雨水截水沟，经直埋雨水收集管接入集水池。

雨水提升泵通常采用潜水泵，宜采用 3 台，2 用 1 备。

5. 雨水管管材

商店建筑雨水排水管管材，参见表 1-167。

7.4.4 雨水系统水力计算

1. 半有压流（87型）屋面雨水系统水力计算

（1）雨水斗（87型）

雨水斗设计流量，应按公式（1-50）计算。

对于单斗雨水系统，雨水斗设计流量不应超过表1-168数值；对于多斗雨水系统，雨水斗设计流量应根据表1-169取值，最远端雨水斗设计流量不得超过表1-169数值。

商店建筑87型雨水斗口径常采用$DN100$，其次是$DN75$、$DN150$。

（2）雨水连接管

商店建筑雨水连接管管径通常与雨水斗出水口直径相同，常采用$DN100$，其次是$DN150$。

（3）雨水悬吊管

商店建筑雨水悬吊管管径，参见表1-172。

（4）雨水立管

连接2根及以上雨水悬吊管的雨水立管管径，按表1-173确定。

（5）雨水排出管

商店建筑雨水排出管管径确定，参见表1-174～表1-177。

（6）雨水管道最小管径

商店建筑雨水系统最小设计管径及雨水排水横管最小设计坡度，参见表1-178。

2. 压力流（虹吸式）屋面雨水系统水力计算

商店建筑压力流（虹吸式）屋面雨水系统水力计算方法，参见1.4.4节。

3. 雨水提升系统水力计算

商店建筑附设的下沉式广场、下沉式庭院；地下室车库坡道、窗井等场所设计雨水流量，按公式（1-54）计算；设计径流雨水总量，按公式（1-55）计算。

7.4.5 院区室外雨水系统设计

商店建筑院区雨水系统宜采用管道排水形式，与污水系统应分流排放。

1. 雨水口

雨水口选型，参见表1-180；雨水口设置位置，参见表1-181；各类型雨水口的泄水流量，参见表1-182。

雨水口设计流量，按公式（1-56）计算。

2. 雨水口连接管

单算雨水口连接管管径通常采用$DN250$。

3. 雨水检查井

院区内直线雨水管道上雨水检查井设置最大间距，参见表1-183。

院区雨水检查井规格通常采用$DN1000$圆形玻璃钢或钢筋混凝土雨水检查井。

4. 室外雨水管道布置

商店建筑室外雨水管道布置方法，参见表1-184。

7.4.6 院区室外雨水利用

商店建筑应根据所在地的自然条件、水资源情况及经济技术发展水平,合理设置雨水收集利用系统。雨水利用工程应符合现行国家标准《建筑与小区雨水控制及利用工程技术规范》GB 50400 的有关规定。

雨水收集回用应进行水量平衡计算。商店建筑院区雨水通常可用于景观用水、院区绿化用水、路面和地面冲洗用水、汽车冲洗用水、冲厕用水等。

7.5 消火栓系统

商场、市场、超市、集贸市场等商店建筑属于人员密集场所。商店建筑内附设的歌舞娱乐放映游艺场所属于公共娱乐场所和人员密集场所。

总建筑面积超过 20000m^2 的商店(商场)建筑,商业营业场所的建筑面积超过 15000m^2 的综合楼,属于重要公共建筑物。

商店建筑属于民用建筑中的公共建筑。建筑高度大于 50m 或建筑高度 24m 以上部分任一楼层建筑面积大于 1000m^2 或总建筑面积超过 20000m^2 的高层商店建筑属于一类高层民用建筑。建筑高度小于或等于 50m 且建筑高度 24m 以上部分任一楼层建筑面积小于或等于 1000m^2 且总建筑面积小于或等于 20000m^2 的高层商店建筑属于二类高层民用建筑。

7.5.1 消火栓系统设置场所

高层商店建筑;建筑体积大于 5000m^3 的单、多层商店建筑均应设置室内消火栓系统。

7.5.2 消火栓系统设计参数

1. 商店建筑室外消火栓设计流量

商店建筑室外消火栓设计流量,不应小于表 7-31 的规定。

商店建筑室外消火栓设计流量表(L/s)   表 7-31

耐火等级	建筑物名称	建筑体积(m³)					
		$V \leqslant 1500$	$1500 < V \leqslant 3000$	$3000 < V \leqslant 5000$	$5000 < V \leqslant 20000$	$20000 < V \leqslant 50000$	$V > 50000$
一、二级	单层及多层商店建筑	15			25	30	40
	高层商店建筑	—			25	30	40
三级	单层及多层商店建筑	15		20	25	30	—
四级	单层及多层商店建筑	15		20	25	—	

注:1. 建筑体积指本建筑占据的空间数量,包括该建筑的地上空间体积数和地下空间体积数;
2. 地下车库室外消火栓系统设计流量小于建筑主体室外消火栓系统设计流量,商店建筑室外消火栓系统设计流量按建筑主体室外消火栓系统设计流量确定;
3. 地下人防工程室外消火栓系统设计流量小于建筑主体室外消火栓系统设计流量,商店建筑室外消火栓系统设计流量按建筑主体室外消火栓系统设计流量确定。

2. 商店建筑室内消火栓设计流量

商店建筑室内消火栓设计流量，不应小于表 7-32 的规定。

商店建筑室内消火栓设计流量表　　　　表 7-32

建筑物名称		高度 h（m）、体积 V（m³）、火灾危险性	消火栓设计流量（L/s）	同时使用消防水枪数（支）	每根竖管最小流量（L/s）
单层及多层商店建筑		$5000<V\leqslant10000$	15	3	10
		$10000<V\leqslant25000$	25	5	15
		$V>25000$	40	8	15
二类高层商店建筑（建筑高度小于或等于50m且建筑高度24m以上部分任一楼层建筑面积小于或等于1000m²且总建筑面积小于或等于20000m²的高层商店建筑）		$h\leqslant50$	20	4	10
一类高层商店建筑（建筑高度大于50m或建筑高度24m以上部分任一楼层建筑面积大于1000m²或总建筑面积超过20000m²的高层商店建筑）		$h\leqslant50$	30	6	15
		$h>50$	40	8	15
人防工程	商场	$V\leqslant5000$	5	1	5
		$5000<V\leqslant10000$	10	2	10
		$10000<V\leqslant25000$	15	3	5
		$V>25000$	20	4	10

注：1. 消防软管卷盘、轻便消防水龙，其消火栓设计流量可不计入室内消防给水设计流量；
　　2. 地下车库室内消火栓系统设计流量小于建筑主体室内消火栓系统设计流量，商店建筑室内消火栓系统设计流量按建筑主体室内消火栓系统设计流量确定；
　　3. 地下人防工程室内消火栓系统设计流量小于建筑主体室内消火栓系统设计流量，商店建筑室内消火栓系统设计流量按建筑主体室内消火栓系统设计流量确定。

3. 火灾延续时间

高层商店建筑消火栓系统的火灾延续时间，按 3.0h；单、多层商店建筑消火栓系统的火灾延续时间，按 2.0h。

商店建筑室内自动灭火系统的火灾延续时间，参见表 1-188。

4. 消防用水量

一座商店建筑的消防用水量按室外消火栓系统用水量、室内消火栓系统用水量、室内自动喷水灭火系统用水量三者之和计算。

7.5.3　消防水源

1. 市政给水

当前国内城市市政给水管网能够满足商店建筑直接消防供水条件的较少。

商店建筑室外消防给水管网管径，可按表 4-40 确定。

商店建筑室外消防给水管网宜与室外生活给水管网分开敷设，且应布置成环状管网。

2. 消防水池

（1）商店建筑消防水池有效储水容积

表 7-33 给出了常用典型商店建筑消防水池有效储水容积的对照表。

商店建筑火灾延续时间内消防水池储存消防用水量表　　　　表 7-33

单、多层商店建筑体积 V（m³）	$V \leqslant 3000$	$3000 < V \leqslant 5000$	$5000 < V \leqslant 10000$	$10000 < V \leqslant 20000$	$20000 < V \leqslant 25000$	$25000 < V \leqslant 50000$	$V > 50000$
室外消火栓设计流量（L/s）	15	20	25	25	30	30	40
火灾延续时间（h）	2.0						
火灾延续时间内室外消防用水量（m³）	108.0	144.0	180.0	180.0	216.0	216.0	288.0
室内消火栓设计流量（L/s）	—	—	15	15	25	25	40
火灾延续时间（h）	2.0						
火灾延续时间内室内消防用水量（m³）	—	—	108.0	108.0	180.0	180.0	288.0
火灾延续时间内室内外消防用水量（m³）	108.0	144.0	288.0	360.0	396.0	504.0	576.0
消防水池储存室内外消火栓用水容积 V_1（m³）	108.0	144.0	288.0	360.0	396.0	504.0	576.0

高层商店建筑体积 V（m³）	$5000 < V \leqslant 20000$	$20000 < V \leqslant 50000$	$V > 50000$	$5000 < V \leqslant 20000$	$20000 < V \leqslant 50000$	$V > 50000$
高层商店建筑高度 h（m）	$h \leqslant 50$			$h > 50$		
室外消火栓设计流量（L/s）	25	30	40	25	30	40
火灾延续时间（h）	3.0					
火灾延续时间内室外消防用水量（m³）	270.0	324.0	432.0	270.0	324.0	432.0
室内消火栓设计流量（L/s）	20（二类高层）/30（一类高层）			40		
火灾延续时间（h）	3.0					
火灾延续时间内室内消防用水量（m³）	216.0/324.0			432.0		
火灾延续时间内室内外消防用水量（m³）	486.0/594.0	540.0/648.0	648.0/756.0	702.0	756.0	864.0
消防水池储存室内外消火栓用水容积 V_2（m³）	486.0/594.0	540.0/648.0	648.0/756.0	702.0	756.0	864.0
商店建筑自动喷水灭火系统设计流量（L/s）	25		30	35		40
火灾延续时间（h）	1.0		1.0	1.0		1.0
火灾延续时间内自动喷水灭火用水量（m³）	90.0		108.0	126.0		144.0
消防水池储存自动喷水灭火用水容积 V_3（m³）	90.0		108.0	126.0		144.0

如上表所示，通常商店建筑消防水池有效储水容积在 288～1008m³。

(2) 商店建筑消防水池位置

消防水池位置确定原则，见表 7-34。

消防水池位置确定原则表 表 7-34

序号	消防水池位置确定原则
1	消防水池应毗邻或靠近消防水泵房
2	消防水池与消防水泵房的标高关系满足消防水泵自灌吸水要求
3	应结合商店建筑院区建筑布局条件
4	消防水池应满足与消防车间的距离关系
5	消防水池应满足与建筑物围护结构的位置关系

商店建筑消防水池、消防水泵房与商店建筑院区空间关系，见表 7-35。

消防水池、消防水泵房与商店建筑院区空间关系表 表 7-35

序号	商店建筑院区室外空间情况	消防水池位置	消防水泵房位置	备注
1	有充足空间	室外院区内	建筑地下室	常见于新建商店建筑项目
2	室外空间狭小或不合适	建筑地下室	建筑地下室	常见于改建、扩建商店建筑项目

消防水池的最低有效水位应高于消防水池吸水喇叭口不小于 600mm，且应高于消防水泵的吸水管管顶。

商店建筑消防水泵型式的选择与消防水池有一定的对应关系，参见表 1-194。

商店建筑储存室内外消防用水的消防水池与消防水泵房的位置关系，参见表 1-195。

商店建筑消防水池格（座）数与有效储水容积的对照关系，参见表 1-196。

商店建筑消防水池附件，参见表 1-197。

商店建筑消防水池各水位指标确定方法及取值经验值，参见表 1-198。

3. 天然水源及其他水源

商店建筑消防水源不宜采用天然水源。

7.5.4 消防水泵房

1. 消防水泵房选址

新建商店建筑院区消防水泵房设置通常采取以下 2 个方案，见表 7-36。

新建商店建筑院区消防水泵房设置方案对比表 表 7-36

方案编号	消防水泵房位置	优点	缺点	适用条件
方案1	院区内室外	设备集中，控制便利，对商店活动等功能用房环境影响小；消防水泵集中设置，距离消防水池很近，泵组吸水管线很短等	距院区内商店建筑较远，管线较长，水头损失较大，消防水箱距泵房较远等	适用于商店建筑院区室外空间较大的情形。宜与生活水泵房、锅炉房、变配电室集中设置。在新建商店建筑院区中，应优先采用此方案
方案2	院区内商店建筑地下室内	设备较为集中，控制较为便利，距离建筑消防系统距离较近，消防水箱距泵房位置较近等	占用商店建筑空间，对商店活动等功能用房环境有一些影响	适用于商店建筑院区室外空间较小的情形。在新建商店院区中，可替代方案1

改建、扩建商店院区消防水泵房设置方案，参见表 1-200。

2. 建筑内部消防水泵房位置

商店建筑消防水泵房若设置在建筑物内，应采取消声、隔声和减振等措施，并不宜毗邻商店用房和会议室，也不宜布置在商店用房和会议室对应的直接上层。

3. 消防水泵机组的布置要求

相邻两个机组及机组至泵房墙壁间的净距要求，参见表 1-201。

4. 消防水泵房采暖、排水等要求

严寒、寒冷地区消防水泵房，应设置供暖设施。

消防水泵房的泵房排水设施：在泵房内设置排水沟；地下消防水泵房内或邻近场所设集水坑，坑内设潜污泵。消防水泵房应采取防淹措施。

5. 消防水泵房管道设计

消防水泵配置数量与消防水系统设计流量的关系，参见表 1-202。

商店建筑消防水泵吸水管、出水管管径，参见表 1-203；消防吸水总管管径应根据其连通服务的各种消防水泵设计流量之累加值进行确定，参见表 1-205。

消防水泵吸水管布置应避免形成气囊。

消防水泵吸水口的淹没深度应满足消防水泵在最低水位运行安全的要求。

消防水泵吸水管、出水管上附件配置及要求，参见表 1-206。

6. 消防水泵自动启动控制

消防水泵自动启动要求，参见表 1-207；消防水泵自动启动方式，参见表 1-208；流量开关性能、设置位置等，参见表 1-209。

当消防稳压泵设置于高位消防水箱间内时，消防水泵启泵压力（P），按公式（1-58）确定；当消防稳压泵设置于低位消防水泵房内时，按公式（1-59）确定。

7.5.5 消防水箱

商店建筑消防给水系统绝大多数属于临时高压系统，3 层及以上单体总建筑面积大于 10000m^2 的商店建筑应设置高位消防水箱。

1. 消防水箱有效储水容积

商店建筑高位消防水箱有效储水容积，按表 7-37 确定。

商店建筑高位消防水箱有效储水容积确定表　　　　　　　　　表 7-37

序号	建筑类别	建筑高度	总建筑面积	消防水箱有效储水容积
1	一类高层商店建筑（建筑高度大于 50m 或建筑高度 24m 以上部分任一楼层建筑面积大于 1000m^2 或总建筑面积超过 20000m^2 的高层商店建筑）	小于或等于 100m		不应小于 36m^3，可按 36m^3
2		大于 100m、小于或等于 150m		不应小于 50m^3，可按 50m^3
3		大于 150m		不应小于 100m^3，可按 100m^3
4	二类高层商店建筑（建筑高度小于或等于 50m 且建筑高度 24m 以上部分任一楼层建筑面积小于或等于 1000m^2 且总建筑面积小于或等于 20000m^2 的高层商店建筑）			不应小于 18m^3，可按 18m^3
5	多层商店建筑			

续表

序号	建筑类别	建筑高度	总建筑面积	消防水箱有效储水容积
6	商店建筑		大于10000m²、小于或等于30000m²	不应小于36m³，与本表1、2、3项不一致时应取其最大值
7			大于30000m²	不应小于50m³，与本表1、2、3项不一致时应取其最大值

2. 消防水箱设置位置

商店建筑消防水箱设置位置应满足以下要求，见表7-38。

消防水箱设置位置要求表　　　　　表7-38

序号	消防水箱设置位置要求	备注
1	位于所在建筑的最高处	通常设在屋顶机房层消防水箱间内
2	应该独立设置	不与其他设备机房，如屋顶太阳能热水机房、热水箱间等合用
3	应避免对下方楼层房间的影响	其下方不应是办公室等，可以是库房、卫生间等辅助房间或公共区域
4	应高于设置室内消火栓系统、自动喷水灭火系统等系统的楼层	机房层设有库房等需要设置消防给水系统的场所，可采用其他非水基灭火系统，亦可将消防水箱间置于更高一层
5	不宜超出机房层高度过多，影响建筑效果	消防水箱间内配置消防稳压装置

3. 高位消防水箱尺寸

消防水箱宜为装配式方形水箱，其尺寸宜为1.0m或0.5m的倍数，推荐尺寸参见表1-212。

4. 高位消防水箱材质

常用材质为不锈钢板、热浸锌镀锌钢板、玻璃钢板、钢筋混凝土等，不锈钢板最常见。

5. 高位消防水箱配管

高位消防水箱配管及管径确定，参见表1-213。

6. 消防水箱水位

消防水箱各水位指标确定方法及取值经验值，参见表1-214。

7. 高位消防水箱布置

高位消防水箱四周净距要求，参见表1-215。

8. 消防水箱防冻

消防水箱及相应管道保温材料及厚度，参见表1-216。

7.5.6 消防稳压装置

1. 消防稳压泵

（1）设计流量

消火栓稳压泵设计流量，参见表1-217。

自动喷水灭火稳压泵设计流量，参见表1-218；结合一只标准喷头的流量，自动喷水灭火稳压泵常规设计流量取 1.33L/s。

(2) 设计压力

当消防稳压泵设置于高位消防水箱间内时,稳压泵的启泵压力 P_1 可取 0.15～0.20MPa,停泵压力 P_2 可取 0.20～0.25MPa;当消防稳压泵设置于低位消防水泵房内时,P_1 按公式(1-62)确定,P_2 按公式(1-63)确定。

(3) 消防稳压泵选型

消火栓稳压泵设计流量为稳压泵流量确定依据。

消防稳压泵停泵压力(P_2)值附加 0.03～0.05MPa 后,为稳压泵扬程确定依据。

2. 气压水罐

消火栓稳压装置、自动喷水灭火稳压装置均采用 150L 有效储水容积气压水罐;合用消防稳压装置采用 300L 有效储水容积气压水罐。

3. 管道、阀门、附件等

消防稳压泵吸水管管径、出水管管径,参见表 1-219。每套消防稳压泵通常为 2 台,1 用 1 备。

7.5.7 消防水泵接合器

1. 设置范围

对于室内消火栓系统,6 层及以上的商店建筑应设置消防水泵接合器。

商店建筑消火栓系统消防水泵接合器配置,参见表 1-220。

商店建筑自动喷水灭火系统等自动水灭火系统应分别设置消防水泵接合器。

2. 技术参数

商店建筑消防水泵接合器数量,参见表 1-221。

3. 安装形式

商店建筑消防水泵接合器安装形式选择,参见表 1-222。

4. 设置位置

同种水泵接合器不宜集中布置,不同种类、分区、功能的水泵接合器宜成组布置,且应设在室外便于消防车使用和接近的地方,且距室外消火栓或消防水池的距离不宜小于 15m,并不宜大于 40m,距人防工程出入口不宜小于 5m。

7.5.8 消火栓系统给水形式

1. 室外消火栓给水系统

当市政给水管网不满足直接供给室外消火栓给水系统时,商店建筑应采用临时高压室外消火栓给水系统,通常在消防水泵房内独立设置室外消火栓给水泵组、室外消火栓稳压装置。

商店建筑室外消火栓给水泵组一般设置 2 台,1 用 1 备,泵组设计流量为本建筑室外消防设计流量(15L/s、20L/s、25L/s、30 L/s、40 L/s),设计扬程应保证室外消火栓处的栓口压力(0.20～0.30MPa)。泵组出水管及吸水管管径,参见表 1-223。

室外消火栓给水管网管径,参见表 1-224,管网应环状布置,单独成环。

2. 室内消火栓给水系统

商店建筑室内消火栓给水系统常采用临时高压消火栓给水系统。

3. 室内消火栓系统分区供水

商店建筑高区、低区消火栓给水管网均应在横向、竖向上连成环状。高区、低区消火栓供水横干管宜分别沿本区最高层和最底层顶板下敷设。

典型商店建筑室内消火栓系统原理图，参见图 4-4。

7.5.9 消火栓系统类型

1. 系统分类

商店建筑的室外消火栓系统宜采用湿式消火栓系统。

2. 室外消火栓

严寒、寒冷等冬季结冰地区商店建筑室外消火栓应采用干式消火栓；其他地区宜采用地上式消火栓。

建筑室外消火栓的数量应根据室外消火栓设计流量和保护半径经计算确定，保护半径不应大于 150.0m，间距不应大于 120.0m，每个室外消火栓的出流量宜按 10~15 L/s 计算。通常根据建筑物平面布局在建筑物四个角附近绿地设置室外消火栓，根据邻近两个消火栓之间距离合理增设消火栓。

3. 室内消火栓

商店建筑的各区域各楼层均应布置室内消火栓予以保护；商店建筑中不能采用自动喷水灭火系统保护的高低压配电室、网络机房、消防控制室等场所亦应由室内消火栓保护。

室内消火栓的布置应满足同一平面有 2 支消防水枪的 2 股充实水柱同时达到任何部位。

表 7-39 给出了商店建筑室内消火栓的布置方法。

商店建筑室内消火栓布置方法表　　　　　表 7-39

序号	室内消火栓布置方法	注意事项
1	布置在楼梯间、前室等位置	楼梯间、前室的消火栓宜暗设并采取齿体保护措施；箱体及立管不应影响楼梯门、电梯门开启使用
2	布置在公共走道两侧，箱体开门朝向公共走道	应暗设；优先沿辅助房间（库房、卫生间等）的墙体安装
3	布置在集中区域内部公共空间内	可在朝向公共空间房间的外墙上暗设；应避免消火栓消防水带穿过多个房间门到达保护点
4	特殊区域如车库、入口门厅等场所，应根据其平面布局布置	入口门厅处消火栓宜沿空间周边房间外墙布置；车库内消火栓宜沿车行道布置，可沿柱子明设

注：1. 室内消火栓不应跨防火分区布置；
　　2. 室内消火栓应按其实际行走距离计算其布置间距，商店建筑室内消火栓布置间距宜为 20.0~25.0m，不应小于 5.0m。

普通消火栓、减压稳压消火栓设置的楼层数，参见表 1-227。

餐饮、商店等商业设施通过有顶棚的步行街连接，且步行街两侧的建筑需利用步行街进行安全疏散时,步行街两侧建筑的商铺外应每隔30m设置DN65的消火栓,并应配备消防软管卷盘或消防水龙。

商场、市场、超市、集贸市场等商店建筑、建筑面积大于200m²的商业服务网点内应设置消防软管卷盘或轻便消防水龙。

7.5.10 消火栓给水管网

1. 室外消火栓给水管网

商店建筑室外消火栓给水管网应采用环状给水管网。向室外消火栓给水管网供水的输水干管不应少于2条。

2. 室内消火栓给水管网

商店建筑室内消火栓给水管网应采用环状给水管网,有2种主要管网型式,见表7-40。室内消火栓给水管网在横向、竖向均宜连成环状。

室内消火栓给水管网主要管网型式表　　　表7-40

序号	管网型式特点	适用情形	具体部位	备注
型式1	消防供水干管沿建筑最高处、最低处横向水平敷设,配水干管沿竖向垂直敷设,配水干管上连有消火栓	各楼层竖直上下层消火栓位置基本一致和横向连接管长度较小的区域	建筑内走道、楼梯间、电梯前室;商店室、会议室、餐厅等房间外墙	主要型式
型式2	消防供水干管沿建筑竖向垂直敷设,配水干管沿每一层顶板下或吊顶内横向水平敷设,配水干管上连有消火栓	各楼层竖直上下层消火栓位置差别较大或横向连接管长度较大的区域;地下车库	建筑内走道、楼梯间、电梯前室;商店室、会议室、餐厅等房间外墙;车库;机房等	辅助型式

注：不能敷设消火栓给水管道的场所包括高低压配电室、网络机房、消防控制室等。

室内消火栓给水管网型式1参见图1-13,型式2参见图1-14。

商店建筑室内消火栓给水管网的环状干管管径,参见表1-229;室内消火栓竖管管径可按DN100。

3. 系统阀门

室内消火栓系统阀门设置,参见表1-230。

埋地管道的阀门宜采用带启闭刻度的球墨铸铁暗杆闸阀。室内架空管道的阀门宜采用蝶阀、明杆闸阀或带启闭刻度的暗杆闸阀等。

4. 系统给水管网管材

商店建筑室外消火栓给水管绝大多数采用直埋敷设方式。埋地消火栓给水管道宜采用球墨铸铁管或钢丝网骨架塑料复合管给水管道。

商店建筑室内消火栓给水管管材选择,参见表1-231。

薄壁不锈钢管(S11163)、镀锌镍碳钢管等新型优质管道,在商店建筑室内消火栓系统中均得到更多地应用,未来会逐步替代传统钢管。

7.5.11 消火栓系统计算

1. 消火栓水泵选型计算

商店建筑室内消火栓水泵流量与室内消火栓设计流量一致;消火栓水泵扬程,按公式(1-64)计算。根据消火栓水泵流量和扬程选择消火栓水泵。

2. 消火栓计算

室内消火栓的保护半径,按公式(1-65)计算;消火栓栓口处所需水压,按公式(1-66)计算。

高层商店建筑消防水枪充实水柱应按13m计算;多层商店建筑消防水枪充实水柱应按10m计算。

高层商店建筑消火栓栓口动压不应小于0.35MPa;多层商店建筑消火栓栓口动压不应小于0.25MPa。

3. 消火栓系统压力计算

消火栓系统的设计工作压力,按公式(1-67)计算。通常以设计工作压力确定消火栓水泵扬程。

7.6 自动喷水灭火系统

7.6.1 自动喷水灭火系统设置

商店建筑相关场所自动喷水灭火系统设置要求,见表7-41。

商店建筑相关场所自动喷水灭火系统设置要求表 表7-41

序号	商店建筑类型	自动喷水灭火系统设置要求
1	一类高层商店建筑(建筑高度大于50m或建筑高度24m以上部分任一楼层建筑面积大于1000m^2或总建筑面积超过20000m^2的高层商店建筑)	建筑主楼、裙房、地下室、半地下室,除了不宜用水扑救的部位外的所有场所均设置
2	二类高层商店建筑(建筑高度小于或等于50m且建筑高度24m以上部分任一楼层建筑面积小于或等于1000m^2且总建筑面积小于或等于20000m^2的高层商店建筑)	建筑主楼、裙房及其地下室、半地下室中的活动用房、走道、办公室、可燃物品库房等,除了不宜用水扑救的部位外的所有场所均设置
3	单、多层商店建筑	任一层建筑面积大于1500m^2或总建筑面积大于3000m^2的单、多层商店建筑,除了不宜用水扑救的部位外的所有场所均设置
4	地下商店建筑	总建筑面积大于500m^2的地下或半地下商店,除了不宜用水扑救的部位外的所有场所均设置

注:1. 商店建筑附设的地下车库,应设置自动喷水灭火系统;
  2. 设置在地下或半地下、多层商店建筑的地上第四层及以上楼层、高层商店建筑内的歌舞娱乐放映游艺场所,设置在多层商店建筑第一层至第三层且楼层建筑面积大于300m^2的地上歌舞娱乐放映游艺场所应设置自动喷水灭火系统。

商店建筑若根据规范规定设置自动喷水灭火系统，其设置的具体场所见表7-42。

设置自动喷水灭火系统的具体场所表　　　　　　　　　　　表7-42

序号	设置自动喷水灭火系统的区域	具体场所
1	营业用房	包括普通营业厅（含菜市场、摊贩市场营业厅）、厅内或近旁的小间或场地（出售服装的柜台试衣室，检修钟表、电器、电子产品等，出售乐器和音响器材等试音室）；自选营业厅；联营商场；卫生间、污洗、清洁工具间等
2	仓储用房	包括供商品短期周转的储存库房（总库房、分部库房、散仓）和与商品出入库、销售有关的整理、加工和管理等
3	辅助用房	包括外向橱窗、办公业务和职工福利用房，以及各种除电气类设备用房之外的建筑设备用房和车库；内部用卫生间；集中浴室等

注：商店建筑内设置自动扶梯时，最底层自动扶梯的底部设置自动喷水灭火系统。

表7-43为商店建筑内不宜用水扑救的场所。

不宜用水扑救的场所一览表　　　　　　　　　　　　　　　表7-43

序号	不宜用水扑救的场所	自动灭火措施
1	电气类房间：高压配电室（间）、低压配电室（间）、网络机房（网络中心、信息中心、电子信息机房）、电信运营商机房、弱电设备用房、进线间等	气体灭火系统或高压细水雾灭火系统
2	电气类房间：消防控制室	不设置

餐饮、商店等商业设施通过有顶棚的步行街连接，且步行街两侧的建筑需利用步行街进行安全疏散时，商铺内应设置自动喷水灭火系统；每层回廊均应设置自动喷水灭火系统。

商店建筑自动喷水灭火系统类型选择，参见表1-245。

典型商店建筑自动喷水灭火系统原理图，参见图4-5。

商店建筑自动喷水灭火系统设置场所火灾危险性等级，见表7-44。

商店建筑自动喷水灭火系统设置场所火灾危险性等级表　　　表7-44

序号	火灾危险等级	设置场所
1	严重危险级Ⅰ级	净空高度不超过8m、物品高度超过3.5m的超级市场
2	中危险级Ⅱ级	商店建筑中的汽车停车库，总建筑面积5000m²及以上的商场，总建筑面积1000m²及以上的地下商场，净空高度不超过8m、物品高度不超过3.5m的超级市场等场所
3	中危险级Ⅰ级	高层商店建筑；总建筑面积小于5000m²的商场，总建筑面积小于1000m²的地下商场；除中危险级Ⅱ级设置场所以外的商店建筑其他场所；商店建筑附设的歌舞娱乐放映游艺场所

7.6.2　自动喷水灭火系统设计基本参数

商店建筑自动喷水灭火系统设计参数，按表7-45规定。

商店建筑自动喷水灭火系统设计参数表　　　　表7-45

火灾危险等级		净空高度（m）	喷水强度[L/(min·m²)]	作用面积（m²）
严重危险级	Ⅰ级	≤8	12	260
中危险级	Ⅰ级		6	160
	Ⅱ级		8	

商店建筑高大空间场所设置湿式自动喷水灭火系统设计参数，按表7-46的规定。

高大空间场所湿式自动喷水灭火系统设计参数表　　　　表7-46

适用场所	最大净空高度 h（m）	喷水强度[L/(min·m²)]	作用面积（m²）	喷头间距 S（m）
出入门厅、中庭	8<h≤12	12	160	1.8≤S≤3.0
	12<h≤18	15		

注：当民用建筑高大空间场所的最大净空高度为12m<h≤18m时，应采用非仓库型特殊应用喷头。

最大净空高度超过8m的超级市场采用湿式系统的设计基本参数应按现行设计标准《自动喷水灭火系统设计规范》GB 50084—2017第5.0.4条和第5.0.5条的规定执行，即参照仓库及类似场所采用湿式系统的设计基本参数、采用早期抑制快速响应喷头时的系统设计基本参数。

若商店建筑地下室中附属的库房认定为堆垛储物仓库，其自动喷水灭火系统设计参数，按表1-247的规定。

自动喷水灭火系统的持续喷水时间，应按火灾延续时间不小于1h确定。

7.6.3　洒水喷头

设置自动喷水灭火系统的商店建筑内各场所的最大净空高度通常不大于8m。

商店建筑自动喷水灭火系统喷头公称动作温度宜相比环境温度高30℃，参见表4-54。

商店建筑自动喷水灭火系统喷头种类选择，见表7-47。

商店建筑自动喷水灭火系统喷头种类选择表　　　　表7-47

序号	火灾危险等级	设置场所	喷头种类
1	中危险级Ⅱ级	地下车库	直立型普通喷头
2	中危险级Ⅰ级	商店建筑内商店、会议室、餐厅、厨房等设有吊顶场所	吊顶型或下垂型普通或快速响应喷头
3		库房等无吊顶场所	直立型普通或快速响应喷头

注：基于商店建筑火灾特点和重要性，高层商店建筑中危险级Ⅰ级对应场所自动喷水灭火系统洒水喷头宜全部采用快速响应喷头。

每种型号的备用喷头数量按此种型号喷头数量总数的1%计算，并不得少于10只。

商店建筑中自动喷水灭火系统直立型、下垂型喷头的布置间距，不应大于表1-250的规定，且不宜小于2.4m。

商店建筑常用普通玻璃球闭式喷头规格型号，参见表1-252；常用特殊玻璃球闭式喷头规格型号，参见表1-253。

7.6.4 自动喷水灭火系统管道

1. 管材

商店建筑自动喷水灭火系统给水管管材，参见表1-254。

薄壁不锈钢管（S11163）、氯化聚氯乙烯（PVC-C）管、镀锌镍碳钢管等新型优质管道，在商店建筑自动喷水灭火系统中均得到更多地应用，未来会逐步替代传统钢管。

商店建筑中，除汽车停车库，总建筑面积5000m^2及以上的商场，总建筑面积1000m^2及以上的地下商场，净空高度不超过8m、物品高度不超过3.5m的超级市场等中危险级Ⅱ级对应场所外，其他中危险级Ⅰ级对应场所自动喷水灭火系统公称直径≤DN80的配水管（支管）均可采用氯化聚氯乙烯（PVC-C）管材及管件。

2. 管径

商店建筑自动喷水灭火系统的配水管道管径可根据表1-255中数据进行确定。

3. 管网敷设

商店建筑自动喷水灭火系统配水干管宜沿营业用房营业厅内、仓储用房和辅助用房的公共走廊敷设，营业厅内、走廊两侧房间内的配水支管就近连接到配水干管上。走廊内布置的喷头就近接至排水支管后再接至配水干管。单个喷头不应直接接至管径大于或等于DN100的配水干管。

商店建筑自动喷水灭火系统配水管网布置步骤，见表7-48。

自动喷水灭火系统配水管网布置步骤表　　　　　　表7-48

序号	配水管网布置步骤
步骤1	根据商店建筑的防火性能确定自动喷水灭火系统配水管网的布置范围
步骤2	在每个防火分区内应确定该区域自动喷水灭火系统配水主干管或主立管的位置或方向
步骤3	自接入点接入后，可确定主要配水管的敷设位置和方向
步骤4	自末端房间内的自动喷水灭火系统配水支管就近向配水管连接
步骤5	每个楼层每个防火分区内配水管网布置均按步骤1~步骤4进行

自动喷水灭火系统每个喷头与配水支管连接的短立管管径通常采用25mm；末端试水装置或试水阀的连接管管径通常采用25mm。

7.6.5 水流指示器

除报警阀组控制的喷头只保护不超过防火分区面积的同层场所外，商店建筑每个防火分区、每个楼层均应设水流指示器；当整个场所需要设置的喷头数不超过1个报警阀组控制的喷头数时，可不设置水流指示器；每个防火分区应设置一个水流指示器，位置可设在本防火分区系统配水管网的起始端，亦可集中设置于各个防火分区配水干管分叉处。

水流指示器上游端应设置信号阀，其型号规格，参见表1-257。

水流指示器与所在配水干管同管径，其型号规格，参见表1-258。

7.6.6 报警阀组

商店建筑消防系统报警阀组主要采用湿式水力报警阀组，一定条件下采用预作用报警阀组。

商店建筑自动喷水灭火系统报警阀组的数量取决于：整个建筑中设置喷头的总数量；每个防火分区内设置喷头的数量；每个报警阀组控制的喷头数。一个报警阀组控制的喷头数不宜超过 800 只，设计中可适当超过 800 只。

喷头均衡组合遵循的原则，参见表 1-259。

商店建筑自动喷水灭火系统报警阀组通常设置在消防水泵房，设置位置方案，参见表 1-260。

报警阀组宜设在安全及易于操作的地点，报警阀距地面的高度宜为 1.2m；宜沿墙体集中布置，相邻报警阀组的间距不宜小于 1.5m，不应小于 1.2m；报警阀组处应设有排水设施，排水管管径不应小于 DN100。

表 1-261 为常用湿式报警阀装置型号规格；表 1-262 为常见预作用报警阀装置型号规格；报警阀组压力开关主要技术参数，参见表 1-263；报警阀组前后管道设置，参见表 1-264。

商店建筑自动喷水灭火系统减压阀设置方式，参见表 1-265。

减压孔板作为一种减压部件，可辅助减压阀使用。

7.6.7 自动喷水灭火系统水泵接合器

自动喷水灭火系统管网上应设置水泵接合器，商店建筑自动喷水灭火系统消防水泵接合器数量，参见表 1-266。

自动喷水灭火系统水泵接合器宜设置在靠近消防水泵房的室外；常规做法是将多个 DN150 水泵接合器并联起来，由 1 根 DN150 供水管道接至系统供水泵组出水干管上，连接位置位于报警阀组前。

7.6.8 消防水箱设计

高位消防水箱、自动喷水灭火稳压装置设计参见消火栓系统相关内容。

7.6.9 自动喷水灭火系统压力计算

自动喷水灭火系统的设计工作压力，按公式（1-68）计算。

自动喷水灭火给水泵扬程通常按照自动喷水灭火系统的设计工作压力值确定。

自动喷水灭火给水系统压力管道水压强度试验的试验压力（$H_{试验}$）的基准指标，参见表 1-267。

7.7 灭火器系统

7.7.1 灭火器配置场所火灾种类

商店建筑灭火器配置场所的火灾种类，见表 7-49。

灭火器配置场所的火灾种类表　　　　　　　　　　　　　　表 7-49

序号	火灾种类	灭火器配置场所
1	A 类火灾（固体物质火灾）	商店建筑内绝大多数场所，如商场、超市、办公室、餐厅等
2	B 类火灾（液体火灾或可熔化固体物质火灾）	商店建筑内附设车库
3	E 类火灾（物体带电燃烧火灾）	商店建筑内附设电气房间，如高压配电间、低压配电间、网络机房、弱电机房等

7.7.2 灭火器配置场所危险等级

商店建筑灭火器配置场所的危险等级分为严重危险级、中危险级和轻危险级 3 级，危险等级举例，见表 7-50。

商店建筑灭火器配置场所的危险等级举例　　　　　　　　　表 7-50

危险等级	举例
严重危险级	一类高层大型商业、地下大型商业
严重危险级	建筑面积在 1000m² 及以上的经营易燃易爆化学物品的商场、商店的库房及铺面
严重危险级	商店建筑附设的歌舞娱乐放映游艺场所
严重危险级	配建充电基础设施（充电桩）的车库区域
中危险级	建筑面积在 1000m² 以下的经营易燃易爆化学物品的商场、商店的库房及铺面
中危险级	百货楼、超市、综合商场的库房、铺面
中危险级	设有集中空调、电子计算机、复印机等设备的办公室
中危险级	民用燃油、燃气锅炉房
中危险级	民用的油浸变压器室和高、低压配电室
中危险级	配建充电基础设施（充电桩）以外的车库区域
轻危险级	日常用品小卖店及经营难燃烧或非燃烧的建筑装饰材料商店
轻危险级	未设集中空调、电子计算机、复印机等设备的普通办公室

注：商店建筑室内强电间、弱电间；屋顶排烟机房内每个房间均应设置 2 具手提式磷酸铵盐干粉灭火器。

7.7.3 灭火器选择

商店建筑灭火器配置场所的火灾种类通常涉及 A 类、B 类、E 类火灾，通常配置灭火器时选择磷酸铵盐干粉灭火器。

消防控制室、计算机房、配电室等部位配置灭火器宜采用气体灭火器，通常采用二氧化碳灭火器。

7.7.4 灭火器设置

商店建筑中设置的手提式灭火器，通常和室内消火栓同位置设置，放置于室内消火栓箱体下部。独立设置的手提式或推车式灭火器通常放置于所保护区域的公共走道、门口或房间内靠近公共通道出入口处。灭火器设置点应均衡布置。

设置在 A 类火灾场所的灭火器，其最大保护距离应符合表 1-274 的规定。

灭火器最大保护距离为灭火器与起火点之间最大的行走距离。商店建筑中的地下车库区域、建筑中大间套小间区域、房间中间隔着走道区域等场所，常需要增加灭火器配置点。地下车库区域增设的灭火器宜靠近相邻 2 个室内消火栓中间的位置，并宜沿车库墙体或柱子布置。

设置在 B 类火灾场所的灭火器，其最大保护距离应符合表 1-275 的规定。

商店建筑中 E 类火灾场所中的高低压配电间、网络机房等场所，灭火器配置宜按 B 类火灾场所灭火器最大保护距离要求进行。面积较大的商店建筑变配电室，需要在变配电室内增设灭火器。

7.7.5 灭火器配置

A 类火灾场所灭火器的最低配置基准，应符合表 1-276 的规定。

商店建筑灭火器 A 类火灾场所配置基准可按照灭火器最低配置基准，即：严重危险级按照 3A；中危险级按照 2A；轻危险级按照 1A。

B 类火灾场所灭火器的最低配置基准，应符合表 1-277 的规定。

商店建筑灭火器 B 类火灾场所配置基准可按照灭火器最低配置基准，即：严重危险级按照 89B；中危险级按照 55B。

E 类火灾场所的灭火器最低配置基准不应低于该场所内 A 类（或 B 类）火灾的规定。

7.7.6 灭火器配置设计计算

商店建筑内每个灭火器设置点灭火器数量通常以 2～4 具为宜。

灭火器计算单元最小需配灭火级别，按公式（1-69）计算。

灭火器计算单元中每个灭火器设置点最小需配灭火级别，按公式（1-70）计算。

7.7.7 灭火器类型及规格

商店建筑灭火器配置设计中常用的灭火器类型及规格，参见表 1-279。

7.8 气体灭火系统

7.8.1 气体灭火系统应用场所

商店建筑中适合采用气体灭火系统的场所包括高压配电室（间）、低压配电室（间）、网络机房、网络中心、信息中心、UPS 间等电气设备房间。

目前商店建筑中最常用七氟丙烷（HFC-227ea）气体灭火系统和 IG541 混合气体灭火系统。

7.8.2 七氟丙烷气体灭火系统设计参数

七氟丙烷灭火剂主要技术性能参数，参见表 1-281。

无管网七氟丙烷气体自动灭火装置技术参数、规格等，参见表 1-282～表 1-284。

商店建筑中采用七氟丙烷气体灭火保护时，各防护区设计灭火浓度，参见表3-70。

7.8.3 气体灭火设计用量计算

七氟丙烷气体灭火设置场所设计用量，按公式（1-71）计算。

七氟丙烷设计用量，按公式（2-28）计算；七氟丙烷设计容积，按公式（2-29）计算。

每个防护区内无管网七氟丙烷气体灭火装置的布置应做到均匀。

IG541混合气体灭火防护区灭火设计用量或惰化设计用量，按公式（1-74）计算。

IG541灭火剂气体在101kPa大气压和防护区最低环境温度下的质量体积，按公式（1-75）计算。

IG541混合气体灭火系统灭火剂储存量，应为防护区灭火设计用量及系统灭火剂剩余量之和，系统灭火剂剩余量按公式（1-76）计算。

7.8.4 IG541混合气体灭火系统管网计算

IG541混合气体灭火系统管道流量宜采用平均设计流量。

系统主干管、支管的平均设计流量，按公式（1-77）、公式（1-78）计算。

管道内径按公式（1-79）计算。

灭火剂释放时，管网应进行减压。减压装置宜采用减压孔板，宜设在系统的源头或干管入口处。减压孔板前的压力，按公式（1-80）计算；减压孔板后的压力，按公式（1-81）计算；减压孔板孔口面积，按公式（1-82）计算。

系统的阻力损失宜从减压孔板后算起，并按公式（1-83）计算。

IG541混合气体灭火系统的喷头工作压力的计算结果，应符合：一级充压（15.0MPa）系统，$P_c \geqslant 2.0$MPa（绝对压力）；二级充压（20.0MPa）系统，$P_c \geqslant 2.1$MPa（绝对压力）。

喷头等效孔口面积，按公式（1-84）计算。

7.8.5 防护区泄压口

气体灭火系统防护区应设置泄压口。七氟丙烷气体灭火系统防护区泄压口面积按系统设计规定计算，按公式（1-85）计算；IG541混合气体灭火系统防护区泄压口面积按系统设计规定计算，宜按公式（1-86）计算。

七氟丙烷气体灭火系统的泄压口应位于防护区净高的2/3以上。对于设置吊顶场所，泄压口通常设置在吊顶（梁）下，泄压口顶面紧贴吊顶（梁）或吊顶（梁）下100mm。

不同规格无管网七氟丙烷气体灭火装置与泄压口尺寸的对照表，参见表1-288。

防护区设置的泄压口，宜设在外墙上，无外墙时应设置在朝向公共建筑公共区域（走道）的内墙上。每个防护区根据需要可设置1个或多个泄压口。

7.9 高压细水雾灭火系统

商店建筑中不宜用水扑救的部位（即采用水扑救后会引起爆炸或重大财产损失的场所）可以采用高压细水雾灭火系统灭火。

商店建筑中适合采用高压细水雾灭火系统的场所包括高压配电室（间）、低压配电室（间）、网络机房、网络中心、信息中心、UPS间等电气设备房间。商店建筑中当此类场所较少时，宜采用气体灭火系统；当此类场所较多时，可采用高压细水雾灭火系统，设计方法参见4.9节。

7.10 自动跟踪定位射流灭火系统

许多商店建筑出入门厅、中庭等场所为高大空间，此时上述场所可设置自动跟踪定位射流灭火系统，设计方法参见4.10节。

餐饮、商店等商业设施通过有顶棚的步行街连接，且步行街两侧的建筑需利用步行街进行安全疏散时，步行街内宜设置自动跟踪定位射流灭火系统。

7.11 中水系统

商店建筑建设中水设施，应结合建筑所在地区的不同特点，满足当地政府部门的有关规定。建筑面积大于30000m²或回收水量大于100m³/d的商店建筑，宜建设中水设施。

7.11.1 中水原水

1. 中水原水种类

商店建筑中水原水可选择的种类及选取顺序，见表7-51。

商店建筑中水原水可选择的种类及选取顺序表　　　　表7-51

序号	中水原水可选择的种类	备注
1	商店建筑内公共浴室的盆浴和淋浴等的废水排水；公共卫生间的废水排水	最适宜
2	商店建筑内公共卫生间的盥洗废水排水	适宜
3	商店建筑空调循环冷却水系统排水	适宜
4	商店建筑空调水系统冷凝水	适宜
5	商店建筑附设厨房、食堂、餐厅废水排水	不适宜
6	商店建筑内公共卫生间的冲厕排水	最不适宜

2. 中水原水量

商店建筑中水原水量按公式（7-17）计算：

$$Q_Y = \sum \beta \cdot Q_{pj} \cdot b \tag{7-17}$$

式中　Q_Y——商店建筑中水原水量，m³/d；

β——商店建筑按给水量计算排水量的折减系数，一般取0.85～0.95；

Q_{pj}——商店建筑平均日生活给水量,按《节水标》中的节水用水定额(表7-5)计算确定,m^3/d;

b——商店建筑分项给水百分率,应以实测资料为准,当无实测资料时,可按表7-52选取。

商店建筑分项给水百分率表　　　　　　　　　　　表7-52

项目	冲厕	厨房	沐浴	总计
公共浴室给水百分率(%)	2~5	—	98~95	100
营业性餐饮场所给水百分率(%)	6.7~5	93.3~95	—	100

注:沐浴包括盆浴和淋浴。

商店建筑用作中水原水的水量宜为中水回用水量的110%~115%。

3. 中水原水水质

商店建筑中水原水水质应以类似建筑的实测资料为准;当无实测资料时,商店建筑排水的污染物浓度可按表7-53确定。

商店建筑排水污染物浓度表　　　　　　　　　　　表7-53

类别	项目	冲厕	厨房	沐浴	盥洗	综合
公共浴室	BOD_5浓度(mg/L)	260~340	—	45~55	—	50~65
	COD_{Cr}浓度(mg/L)	350~450	—	110~120	—	115~135
	SS浓度(mg/L)	260~340	—	35~55	—	40~65
营业性餐饮场所	BOD_5浓度(mg/L)	260~340	500~600	—	—	490~590
	COD_{Cr}浓度(mg/L)	350~450	900~1100	—	—	890~1075
	SS浓度(mg/L)	260~340	250~280	—	—	255~285

注:综合是对包括以上四项生活排水的统称。

7.11.2　中水利用与水质标准

1. 中水利用

商店建筑中水原水主要用于城市杂用水和景观环境用水等。

商店建筑中水利用率,可按公式(2-31)计算。

商店建筑中水利用率应不低于当地政府部门的中水利用率指标要求。

当商店建筑附近有可利用的市政再生水管道时,可直接接入使用。

2. 中水水质标准

商店建筑中水水质标准要求,参见表2-104。

7.11.3　中水系统

1. 中水系统形式

商店建筑中水通常采用中水原水系统与生活污水系统分流、生活给水与中水给水分供的完全分流系统。

2. 中水原水系统

商店建筑中水原水管道通常按重力流设计;当靠重力流不能直接接入时,可采取局部加压提升接入。

商店建筑原水系统原水收集率不应低于本建筑回收排水项目给水量的75%，可按公式（2-32）计算。

商店建筑若需要食堂、餐厅的含油脂污水作为中水原水时，在进入原水收集系统前应经过除油装置处理。

商店建筑中水原水应进行计量，可采用超声波流量计和沟槽流量计。

3. 中水处理系统

商店建筑中水处理系统设计处理能力，可按公式（2-33）计算。

4. 中水供水系统

建筑中水供水系统必须独立设置。建筑中水不得用作商店建筑生活饮用水水源。

商店建筑中水系统供水量，可按照表7-3中的用水定额及表7-52中规定的百分率计算确定。

商店建筑中水供水系统的设计秒流量和管道水力计算方法与生活给水系统一致，参见7.1.6节。

商店建筑中水供水系统的供水方式宜与生活给水系统一致，通常采用变频调速泵组供水方式，水泵的选择参见7.1.7节。

商店建筑中水供水系统的竖向分区宜与生活给水系统一致。当建筑周边有市政中水管网且管网流量压力均满足时，低区由市政中水管网直接供水；当建筑周边无市政中水管网时，低区由低区中水给水泵组自中水贮水池（箱）吸水后加压供水。

商店建筑中水供水管道宜采用塑料给水管、钢塑复合管或其他具有可靠防腐性能的给水管材，不得采用非镀锌钢管。

商店建筑中水贮存池（箱）设计要求，参见表2-105。

商店建筑中水供水系统应安装计量装置，具体设置要求参见表3-14。

中水供水管道应采取防止误接、误用、误饮的措施。

5. 水量平衡

中水系统设计应进行中水原水量和用水量平衡计算。

商店建筑中水用水量应根据不同用途用水量累加确定。

商店建筑最高日冲厕中水用水量按照表7-3中的最高日用水定额及表7-52中规定的百分率计算确定。最高日冲厕中水用水量，可按公式（7-18）计算：

$$Q_C = \sum q_L \cdot F \cdot N / 1000 \tag{7-18}$$

式中 Q_C——商店建筑最高日冲厕中水用水量，m^3/d；

q_L——商店建筑给水用水定额，L/(人·d)；

F——冲厕用水占生活用水的比例，%，按表7-52取值；

N——使用人数，人。

商店建筑相关功能场所冲厕用水量定额及小时变化系数，见表7-54。

商店建筑冲厕用水量定额及小时变化系数表　　　　表7-54

序号	建筑种类	冲厕用水量[L/(人·d)]	使用时间(h/d)	小时变化系数	备注
1	商场	1~3	12	1.5~1.2	工作人员按办公楼设计
2	营业性餐饮场所	5~10	12	1.5~1.2	工作人员按办公楼设计

中水系统原水调节池（箱）调节容积，可按公式（2-35）、公式（2-36）计算。

中水贮存池（箱）容积，可按公式（2-37）、公式（2-38）计算。

当中水供水系统采用水泵-水箱联合供水时，水箱调节容积不得小于中水系统最大小时用水量的50%。

中水系统的总调节容积，包括原水调节池（箱）、中水处理工艺构筑物、中水贮存池（箱）及高位水箱等调节容积之和，不宜小于中水日处理量的100%。

7.11.4 中水处理工艺与处理设施

1. 中水处理工艺

商店建筑通常采用的中水处理工艺，参见表2-107。

2. 中水处理设施

商店建筑中水处理设施及设计要求，参见表2-108。

7.11.5 中水处理站

商店建筑内的中水处理站设计要求，参见2.11.5节。

7.12 给水排水抗震设计

商店建筑给水排水管道抗震设计，参见4.11节。

7.13 给水排水专业绿色建筑设计

商店建筑绿色设计，应根据商店建筑所在地相关规定要求执行。新建商店建筑应按照一星级或以上星级标准设计；政府投资或者以政府投资为主的商店建筑、建筑面积大于20000m^2的大型商店建筑宜按照绿色建筑二星级或以上星级标准设计。商店建筑二星级、三星级绿色建筑设计专篇，参见表1-347。

第 8 章 展览建筑给水排水设计

展览建筑为通过组织临时展品或服务的展出、展示，促进产品、服务推广和信息、技术交流所进行相关社会活动的建筑物。

展览建筑根据基地以内的总展览面积进行分类，见表 8-1。

展览建筑分类表　　　　　　　　　　　　　　　　表 8-1

类别	总展览面积 S（m^2）
特大型	$S>100000$
大型	$30000<S\leqslant100000$
中型	$10000<S\leqslant30000$
小型	$S\leqslant10000$

展厅为用于陈列展品或提供服务的室内展览空间。展厅的等级划分，见表 8-2。

展厅等级划分表　　　　　　　　　　　　　　　　表 8-2

展厅等级	展厅展览面积 S（m^2）
甲等	$S>10000$
乙等	$5000<S\leqslant10000$
丙等	$S\leqslant5000$

展览建筑类型，见表 8-3。

展览建筑类型表　　　　　　　　　　　　　　　　表 8-3

序号	类型	说明
1	展览馆	作为展出临时陈列品之用的公共建筑，按照展出的内容分为综合性展览馆和专业性展览馆两类，专业性展览馆又可分为工业、农业、贸易、交通、科学技术、文化艺术等不同类型的展览馆
2	博物馆	由统一物业管理，根据使用要求，可由一种或数种平面单元组成，单元内设有展览、会客空间和卧室、厨房和卫生间等房间的展览建筑
3	会展中心	由统一物业管理，设有展览、会议、卫生间等房间的展览建筑
4	档案馆	在统一的物业管理下，以商务为主，由一种或数种单元展览平面组成的租赁展览建筑
5	文物保护单位	

展览建筑组成，见表 8-4。

展览建筑组成表　　　　　　　　　　　　　　　　表 8-4

序号	组成	主要用房组成
1	展览区	展览建筑室内和室外所有用于展览的区域总称，包括展厅和展场

续表

序号	组成	主要用房组成
2	观众公共服务区	为观众提供商务、购物、休息、娱乐、交通等配套服务的区域,包括前厅、过厅、观众休息处(室)、贵宾休息室、新闻中心、会议空间、餐饮空间、厕所等,可根据展览建筑的规模、展厅的等级和实际需要确定
3	展览储存加工区	储藏展品、用品及相关设施的区域,包括供参展方存放展览用品的区域和供管理方存放非展览用品的区域,可分为室内库房及室外堆场两部分
4	办公后勤区	提供行政办公用房、临时办公用房、设备用房等的区域,行政办公用房包括行政管理用的办公室、会议室、文印室、值班室、员工休息室、员工卫生间和员工机动车、自行车停放处等

博物馆建筑为满足博物馆收藏、保护并向公众展示人类活动和自然环境的见证物,开展教育、研究和欣赏活动,以及为社会服务等功能需要而修建的公共建筑。

博物馆建筑按照其藏品和基本陈列内容,可划分为历史类博物馆、艺术类博物馆、科学与技术类博物馆、综合类博物馆4种类型。

博物馆建筑规模分类,见表8-5。

博物馆建筑规模分类表　　　　　　　　　　　　表8-5

规模类别	总建筑面积 S (m^2)
特大型馆	$S>50000$
大型馆	$20001 \leqslant S \leqslant 50000$
大中型馆	$10001 \leqslant S \leqslant 20000$
中型馆	$5001 \leqslant S \leqslant 10000$
小型馆	$S \leqslant 5000$

博物馆建筑组成,见表8-6。

博物馆建筑组成表　　　　　　　　　　　　表8-6

区域分类	功能区或用房类别	主要用房组成
公共区域	陈列展览区	综合大厅、基本陈列室、临时展厅、儿童展厅、特殊展厅及其设备间;展具储藏室、讲解员室、管理员室等
	教育区	影视厅、报告厅、教室、实验室、阅览室、活动室等
	服务设施	售票室、门廊、门厅、休息室(廊)、饮水室、厕所、贵宾室、广播室、医务室;茶座、餐厅、商店等
业务区域	藏品库区	拆箱间、鉴选室、暂存库、保管员工作用房、包装材料库、保管设备库、鉴赏室、周转库;历史类、综合类博物馆:书画库、金属器皿库、陶瓷库、玉石库、织绣库、木器库等;艺术品博物馆:书画库、油画库、雕塑库、民间工艺库、家具库等;自然博物馆:哺乳动物库、鸟类动物库、爬行动物库、两栖动物库、鱼类动物库、昆虫类动物库、无脊椎动物库、植物库、古生物类库等,浸制标本库、干制标本库;技术博物馆、科技馆:工程技术产品库、科技展品库、模型库、音像资料库等

续表

区域分类	功能区或用房类别	主要用房组成
业务区域	藏品技术区	清洁间、晾置间、干燥间、熏蒸消毒室、冷冻消毒室、低氧消毒室等；书画装裱及修复用房、油画修复室、实物修复用房（陶瓷、金属、漆木等）、动物标本制作用房、植物标本制作用房、化石修理室、模型制作室、药品库、临时库等，鉴定实验室、修复工艺实验室、生物实验室、仪器室、材料库、药品库、临时库等
业务区域	业务与研究用房	摄影用房、研究室、展陈设计室、阅览室、资料室、信息中心等；美工室、展品展具制作与维修用房、材料库等
行政区域	行政管理区	行政办公室、接待室、会议室、物业管理用房等；安全保卫用房、消防控制室、建筑设备监控室等
行政区域	附属用房	职工更衣室、职工餐厅；设备用房、行政库房、车库等

档案馆建筑为集中管理特定范围档案的专门公共建筑。

档案馆建筑等级分类，见表8-7。

档案馆建筑等级分类表 表8-7

等级	特级	甲级	乙级
适用范围	中央级档案馆	省、自治区、直辖市、计划单列市、副省级市档案馆	地（市）及县（市）档案馆
耐火等级	一级	一级	不低于二级

档案馆建筑组成，见表8-8。

档案馆建筑组成表 表8-8

序号	组成	主要用房组成
1	档案库	包括纸质档案库、音像档案库、光盘、缩微拷贝片库、母片库、特藏库、实物档案库、图书资料库、其他特殊载体档案库等；珍贵档案存储专设特藏库
2	对外服务用房	包括服务大厅（含门厅、寄存处等）、展览厅、报告厅、接待室、查阅登记室、目录室、开放档案阅览室、未开放档案阅览室、缩微阅览室、音像档案阅览室、电子档案阅览室、政府公开信息查阅中心、对外利用复印室和利用者休息室、饮水处、公共卫生间等
3	档案业务和技术用房	包括中心控制室、接收档案用房（包括接收室、除尘室、消毒室等）、整理编目用房（包括整理室、编目室、修史编志室、展览加工制作室、出版发行室等）、保护技术用房（去酸室、理化试验室、档案有害生物防治室、裱糊修复室、装订室、仿真复制室等）、翻拍洗印用房（包括翻拍室、冲洗室、印像放大室、水洗烘干室、翻版胶印室等，其中翻拍室和冲洗室可与缩微用房的缩微摄影室和冲洗处理室合用）、缩微技术用房（包括资料编排室、缩微摄影室、冲洗处理室、配药和化验室、质量检测室、校对编目室、拷贝复印室、放大还原室和备品室等）、音像档案技术用房（音像档案技术处理室、编辑室等）、信息化技术用房（包括服务器机房、计算机房、电子档案接收室、电子文件采集室、数字化用房等；数字用房包括档案前期处理室、纸质档案扫描室、其他载体档案数字化室、数字化质量检测室、档案中转室等）等
4	办公用房和附属用房	包括办公室、会议室、警卫室、车库、卫生间、浴室、医务室、变配电室、水泵房、电梯机房、空调机房、通信机房、消防用房等

展览建筑给水排水设计应符合现行国家标准《城市给水工程项目规范》GB 55026、《城乡排水工程项目规范》GB 55027、《建筑给水排水设计标准》GB 50015、《建筑防火通用规范》GB 55037、《消防设施通用规范》GB 55036、《建筑设计防火规范》GB 50016 和《消防给水及消火栓系统技术规范》GB 50974 等的规定。根据展览建筑的功能设置，其给水排水设计涉及的现行行业标准为《展览建筑设计规范》JGJ 218、《饮食建筑设计标准》JGJ 64；展览书刊图片的展览厅，涉及的现行行业标准为《图书馆建筑设计规范》JGJ 38；博物馆建筑给水排水设计涉及的现行行业标准为《博物馆建筑设计规范》JGJ 66；档案馆建筑给水排水设计涉及的现行行业标准为《档案馆建筑设计规范》JGJ 25。展览建筑附设服务器机房和计算机房的设计应符合现行国家标准《数据中心设计规范》GB 50174 的规定。展览建筑、博物馆建筑、档案馆建筑若设置中水系统，其设计涉及的现行国家标准为《建筑中水设计标准》GB 50336。展览建筑、博物馆建筑、档案馆建筑若设置管道直饮水系统，其设计涉及的现行行业标准为《建筑与小区管道直饮水系统技术规程》CJJ/T 110。

本章下文中的展览建筑指博物馆建筑和档案馆建筑之外的展览馆等建筑。

8.1 生活给水系统

8.1.1 用水量标准

1. 生活用水量标准

《水标》中展览建筑、博物馆建筑、档案馆建筑相关功能场所生活用水定额，见表 8-9。

展览建筑、博物馆建筑、档案馆建筑生活用水定额表　　表 8-9

序号	建筑物名称	单位		生活用水定额（L）		使用时数（h）	最高日小时变化系数 K_h
				最高日	平均日		
1	会展中心、展览馆、博物馆、档案馆	观众	每平方米展厅每日	3～6	3～5	8～16	1.5～1.2
		员工	每人每班	30～50	27～40		
2	办公	坐班制办公	每人每班	30～50	25～40	8～10	1.5～1.2
3	餐饮业	食堂	每人每次	20～25	15～20	12～16	1.5～1.2
4	会议厅		每座位每次	6～8	6～8	4	1.5～1.2
5	停车库地面冲洗水		每平方米每次	2～3	2～3	6～8	1.0

注：1. 除注明外，均不含员工生活用水，员工最高日用水定额为每人每班 40～60L，平均日用水定额为每人每班 30～45L；

2. 表中用水量标准为生活用水，包括生活用热水用水量和直饮水用量，也包括正常漏水量和间接用水量，如清洁用水在内；但不包括空调、供暖、水景绿化、场地和道路浇洒等用水；

3. 计算展览建筑、博物馆建筑、档案馆建筑最高日最大时用水量时，某一类型生活用水定额、最高日小时变化系数（K_h）均为一个范围值时，生活用水定额取定额的最低值应对应选择最高日小时变化系数（K_h）的最大值；生活用水定额取定额的最高值应对应选择最高日小时变化系数（K_h）的最小值；生活用水定额取定额的中间值应对应选择最高日小时变化系数（K_h）的中间值（按内插法确定）。

展览建筑、博物馆建筑、档案馆建筑工艺用水的用水定额应按展览工艺确定,并应符合现行国家标准《建筑给水排水设计标准》GB 50015 的有关规定。

《节水标》中展览建筑、博物馆建筑、档案馆建筑相关功能场所平均日生活用水节水用水定额,见表 8-10。

展览建筑、博物馆建筑、档案馆建筑平均日生活用水节水用水定额表 表 8-10

序号	建筑物名称		单位	节水用水定额
1	会展中心、展览馆、博物馆、档案馆	观众	L/(m²展厅面积·d)	3～5
		员工	L/(人·d)	27～40
2	办公	坐班制办公	L/(人·班)	25～40
3	餐饮业	食堂	L/(人·次)	15～20
4	会议厅		L/(座位·次)	3～8
5	停车库地面冲洗用水		L/(m²·次)	2～3

注:1. 除注明外均不含员工用水,员工用水定额每人每班 30～45L;
 2. 表中用水量包括热水用量在内,空调用水应另计;
 3. 选择用水定额时,可依据当地气候条件、水资源状况等确定,缺水地区应选择低值;
 4. 用水人数或单位数应以年平均值计算;
 5. 每年用水天数应根据使用情况确定。

2. 绿化浇灌用水量标准

展览建筑、博物馆建筑、档案馆建筑院区绿化浇灌最高日用水定额按浇灌面积 1.0～3.0L/(m²·d)计算,通常取 2.0L/(m²·d),干旱地区可酌情增加。

3. 浇洒道路用水量标准

展览建筑、博物馆建筑、档案馆建筑院区道路、广场浇洒最高日用水定额按浇洒面积 2.0～3.0L/(m²·d)计算,亦可参见表 2-8。

4. 空调循环冷却水补水用水量标准

展览建筑、博物馆建筑、档案馆建筑空调循环冷却水补充水量,按公式(1-3)计算,亦可由暖通空调专业提供。

5. 汽车冲洗用水量标准

汽车冲洗用水量标准按 10.0～15.0L/(辆·次)考虑。

6. 供暖锅炉补充水量

供暖锅炉补充水量由暖通空调、热能动力专业提供。

7. 各功能区域工艺用水

8. 给水管网漏失水量和未预见水量

这两项水量之和按上述 7 项用水量(第 1 项至第 7 项)之和的 8%～12%计算,通常按 10%计。

最高日用水量(Q_d)应为上述 8 项用水量(第 1 项至第 8 项)之和。

最大时用水量(Q_{hmax})可按公式(1-4)计算。

8.1.2 水质标准和防水质污染

1. 水质标准

展览建筑、博物馆建筑、档案馆建筑给水系统供水水质应符合现行国家标准《生活饮用水卫生标准》GB 5749 的要求。展览建筑、博物馆建筑、档案馆建筑工艺用水的水质应按展览工艺确定,并应符合现行国家标准《建筑给水排水设计标准》GB 50015 的有关规定。

2. 防水质污染

展览建筑、博物馆建筑、档案馆建筑内根据展览工艺要求设置供展品使用的给水预留管的起端应有防回流污染措施。

展览建筑、博物馆建筑、档案馆建筑防止水质污染常见的具体措施,参见表 2-9。

8.1.3 给水系统和给水方式

1. 展览建筑、博物馆建筑、档案馆建筑生活给水系统

典型的展览建筑、博物馆建筑、档案馆建筑生活给水系统原理图,参见图 4-1。

2. 展览建筑、博物馆建筑、档案馆建筑生活给水供水方式

展览建筑、博物馆建筑、档案馆建筑生活给水供水方式,见表 8-11。

展览建筑、博物馆建筑、档案馆建筑生活给水供水方式表　　表 8-11

序号	供水方式	适用范围	备注
1	生活水箱加变频生活给水泵组联合供水	市政给水管网直供区之外的其他竖向分区,即加压区	推荐采用
2	市政给水管网直接供水	市政给水管网压力满足的最低竖向分区	
3	管网叠加供水	市政给水管网流量、压力稳定;最小保证压力较高;展览建筑、博物馆建筑、档案馆建筑当地市政供水部门允许采用	可以采用

3. 展览建筑、博物馆建筑、档案馆建筑生活给水系统竖向分区

展览建筑、博物馆建筑、档案馆建筑应根据建筑内功能的划分和当地供水部门的水量计费分类等因素,设置相应的生活给水系统,并应利用城镇给水管网的水压。

展览建筑、博物馆建筑、档案馆建筑生活给水系统竖向分区应根据的原则,见表 8-12。

展览建筑、博物馆建筑、档案馆建筑生活给水系统竖向分区原则表　　表 8-12

序号	生活给水系统竖向分区原则
1	生活给水系统应满足给水配件最低工作压力要求,且最低配水点静水压力不宜大于 0.45MPa,超过时宜进行竖向分区。设有集中热水系统时,最大分区压力可为 0.55MPa。水压大于 0.35MPa 的配水横管宜设置减压设施
2	生活给水系统用水点处供水压力不宜大于 0.20MPa,并应满足卫生器具工作压力的要求
3	展览建筑、博物馆建筑、档案馆建筑工艺用水的水压应按展览工艺确定,并应符合现行国家标准《建筑给水排水设计标准》GB 50015 的有关规定。展览建筑内根据展览工艺要求设置供展品使用的给水管预留接口的水压不宜小于 0.10MPa,且不宜大于 0.35MPa

展览建筑、博物馆建筑、档案馆建筑生活给水系统竖向分区确定程序,见表8-13。

生活给水系统竖向分区确定程序表 表8-13

序号	竖向分区确定程序	备注
1	根据展览建筑、博物馆建筑、档案馆建筑院区接入市政给水管网的最小工作压力确定由市政给水管网直接供水的楼层	
2	根据市政给水直供楼层以上楼层的竖向建筑高度合理确定分区的个数及分区范围	高层展览建筑、博物馆建筑、档案馆建筑生活给水竖向分区竖向高度宜按30m控制
3	根据需要加压供水的总楼层数,合理调整需要加压的各竖向分区,使其高度基本一致	各竖向分区涉及楼层数宜基本相同

4. 展览建筑、博物馆建筑、档案馆建筑生活给水系统形式

展览建筑、博物馆建筑、档案馆建筑生活给水系统通常采用下行上给式,设备管道设置方法见表8-14。

生活给水系统设备管道设置方法表 表8-14

序号	设备管道名称	设备管道设置方法
1	生活水箱及各分区供水泵组	设置在建筑地下室或院区生活水泵房
2	各分区给水总干管	自各分区给水泵组接出,沿下部楼层吊顶内或顶板下横向敷设接至各区域水管井
3	各分区给水总立管	设置在各区域水管井内,自各分区给水总干管接出,竖向敷设接至各区域最下部楼层
4	各分区给水横干管	设置在各区域最下部楼层吊顶内或顶板下,自各分区给水总立管接出,横向敷设接至本区域各用水场所(展览建筑、博物馆建筑、档案馆建筑卫生间等)水管井
5	分区内给水立管	分别自本区域给水横干管接出,沿水管井向上敷设,每个竖向水管井设置1根给水立管
6	给水支管	自分区内各个水管井内给水立管接出,接至每层各用水场所用水点,通常1个卫生间等用水场所设置1根给水支管;给水支管在水管井内沿水流方向依次设置阀门、减压阀(若需要的话)、冷水表(适用于需要单独计量时);水管井内给水支管宜设置在距地1.0~1.2m的高度,向上接至卫生间吊顶内敷设至该卫生间各用水卫生器具

8.1.4 管材及附件

1. 生活给水系统管材

展览建筑、博物馆建筑、档案馆建筑生活给水系统给水管道应选用耐腐蚀、安装连接方便可靠、符合国家现行有关产品标准要求及饮用水卫生要求的管材,常用管材包括薄壁不锈钢管、薄壁铜管、PVC-C(氯化聚氯乙烯)冷水用管、钢塑复合管、内衬不锈钢复合钢管、铝塑复合管等。

2. 生活给水系统阀门

展览建筑、博物馆建筑、档案馆建筑生活给水系统设置阀门的部位，参见表 4-7。

3. 生活给水系统止回阀

展览建筑、博物馆建筑、档案馆建筑生活给水系统设置止回阀的部位，参见表 4-8。

4. 生活给水系统减压阀

展览建筑、博物馆建筑、档案馆建筑配水横管静水压大于 0.20MPa 的楼层各分区内给水支管起端应设置减压阀，减压阀位置在阀门之后。

5. 生活给水系统水表

展览建筑、博物馆建筑、档案馆建筑给水系统的引入管上应设置水表。水表宜设置在室内便于抄表位置；在夏热冬冷地区及严寒地区，当水表设置于室外时，应采取可靠的防冻胀破坏措施。

展览建筑、博物馆建筑、档案馆建筑生活给水系统按分区域计量原则设置水表，生活给水系统设置水表的部位，参见表 3-14。

6. 生活给水系统其他附件

生活水箱的生活给水进水管上应设自动水位控制阀。

展览建筑、博物馆建筑、档案馆建筑生活给水系统设置过滤器的部位，参见表 2-19。

展览建筑、博物馆建筑、档案馆建筑公共卫生间宜采用感应式或自闭式龙头等节水型卫生器具；洗手盆水嘴采用非接触式或延时自闭式水嘴，通常采用感应式水嘴；小便斗、大便器采用非手动开关。用水点非手动开关的型式，参见表 2-20。

寒冷及严寒地区展览建筑、博物馆建筑、档案馆建筑的给水引入管上应采取设泄水装置等措施。有可能产生冰冻部位的给水管道应采取保温等防冻措施。

8.1.5 给水管道布置及敷设

1. 室外生活给水系统布置与敷设

展览建筑、博物馆建筑、档案馆建筑院区的室外生活给水管网应布置成环状管网，管径宜为 DN150。环状给水管网与市政给水管网的连接管不宜少于 2 条，引入管管径宜为 DN150、不宜小于 DN100。

展览建筑、博物馆建筑、档案馆建筑院区室外生活给水管道与其他地下管线及乔木之间的最小净距，参照表 1-25 规定。

2. 室内生活给水系统布置与敷设

展览建筑、博物馆建筑、档案馆建筑室内生活给水管道通常布置成支状管网，单向供水，宜沿室内公共区域敷设。展览建筑、博物馆建筑、档案馆建筑生活给水管道不应布置的场所，见表 8-15。

生活给水管道不应布置场所表 表 8-15

序号	不应布置场所
1	除自动灭火系统的需要，博物馆建筑藏品库房和展厅内严禁敷设给水管道。藏品保存场所的室内不应有与其无关的管线穿越
2	展览建筑藏品保存场所、档案室、档案馆档案库区和重要的展览用房，档案库区内不应设置除消防以外的给水点。档案馆给水立管不应安装在与档案库相邻的内墙上

续表

序号	不应布置场所
3	电气机房包括高压配电室、低压配电室（包括其值班室）、柴油发电机房（包括储油间）、智能化系统机房（计算机房、网络中心机房、弱电机房）、UPS机房、消防控制室等
4	生活水泵房、消防水泵房等场所配电柜上方
5	电梯机房、烟道、风道、电梯井内、排水沟等
6	橱窗、壁柜等
7	伸缩缝、沉降缝、变形缝等

注：生活给水管道在穿越防火卷帘时宜绕行。

展览建筑内根据展览工艺要求设置供展品使用的给水预留管及预留接口应设置在综合设备管沟、管井内；给水预留接口宜每隔10m设置一个；给水预留管接口形式应便于管道的拆装，接口形式常采用快装接口。

档案馆建筑内保护技术用房裱糊修复室内应设给水设施；冲洗处理室应有满足冲洗要求的水质、水压、水温和水量的设施设备。

3. 室内给水管道防护

室内生活给水横干管、立管超过50m时，宜设伸缩补偿装置。

与人防工程功能无关的室内生活给水管道应避免穿越人防地下室，确需穿越时应在人防侧设置防护阀门，管道穿越处应设防护套管。

4. 生活给水管道保温

敷设在有可能结冻的房间、地下室及管井、管沟等处的给水管道应有防冻措施。

对于冬季可能有冰冻的地区，展览建筑内根据展览工艺要求设置供展品使用的给水预留管应采取防冻措施。

屋顶水箱间内生活给水管道均需做保温，所有给水横管及管井内的给水立管均做防结露保温。室内满足防冻要求的管道可不做防结露保温。

展览建筑、博物馆建筑、档案馆建筑当管道内介质温度存在低于室内空气露点温度可能时，应设置防结露措施。

给水管道保温材料厚度确定，参见表1-30、表1-31。

8.1.6 生活给水系统给水管网计算

1. 展览院区室外生活给水管网

室外生活给水管网设计流量应按展览建筑、博物馆建筑、档案馆建筑院区生活给水最大时用水量确定。院区给水引入管的设计流量应按最大时用水量确定；当引入管为2条时，应保证当其中一条发生故障时，其余的引入管可以提供不小于70%的流量。

展览建筑、博物馆建筑、档案馆建筑院区室外生活给水管网管径宜采用$DN150$。

2. 展览建筑、博物馆建筑、档案馆建筑室内生活给水管网

采用市政给水管网直接供水时，给水引入管设计流量（Q_1）应按直供区生活给水设计秒流量计；采用生活水箱＋变频给水泵组供水时，给水引入管设计流量（Q_2）应按加压区生活水箱设计补水量计，设计补水量不得小于高区最高日平均时用水量，不宜大于最高日最大时用水量。

展览建筑、博物馆建筑、档案馆建筑内生活给水设计秒流量应按公式（8-1）计算：

$$q_g = 0.2 \cdot \alpha \cdot (N_g)^{1/2} = 0.6 \cdot (N_g)^{1/2} \tag{8-1}$$

式中 q_g——计算管段的给水设计秒流量，L/s；

N_g——计算管段的卫生器具给水当量总数；

α——根据展览建筑、博物馆建筑、档案馆建筑用途而定的系数，会展中心、博物馆、档案馆取 3.0。

注：如计算值小于该管段上一个最大卫生器具给水额定流量时，应采用一个最大的卫生器具给水额定流量作为设计秒流量；如计算值大于该管段上按卫生器具给水额定流量累加所得流量值时，应按卫生器具给水额定流量累加所得流量值采用；有大便器延时自闭冲洗阀的给水管段，大便器延时自闭冲洗阀的给水当量均以 0.5 计，计算得到的 q_g 附加 1.20L/s 的流量后，为该管段的给水设计秒流量。

展览建筑、博物馆建筑、档案馆建筑生活给水设计秒流量计算，可参照表 8-16。

展览建筑、博物馆建筑、档案馆建筑生活给水设计秒流量计算表（L/s） 表 8-16

卫生器具给水当量数 N_g	会展中心、博物馆、档案馆 $\alpha=3.0$	卫生器具给水当量数 N_g	会展中心、博物馆、档案馆 $\alpha=3.0$	卫生器具给水当量数 N_g	会展中心、博物馆、档案馆 $\alpha=3.0$	卫生器具给水当量数 N_g	会展中心、博物馆、档案馆 $\alpha=3.0$	卫生器具给水当量数 N_g	会展中心、博物馆、档案馆 $\alpha=3.0$
1	0.60	50	4.24	145	7.22	315	10.65	485	13.21
2	0.85	52	4.33	150	7.35	320	10.73	490	13.28
3	1.04	54	4.41	155	7.47	325	10.82	495	13.35
4	1.20	56	4.49	160	7.59	330	10.90	500	13.42
5	1.34	58	4.57	165	7.71	335	10.98	550	14.07
6	1.47	60	4.65	170	7.82	340	11.06	600	14.70
7	1.59	62	4.72	175	7.94	345	11.14	650	15.30
8	1.70	64	4.80	180	8.05	350	11.22	700	15.87
9	1.80	66	4.87	185	8.16	355	11.30	750	16.43
10	1.90	68	4.95	190	8.27	360	11.38	800	16.97
11	1.99	70	5.02	195	8.38	365	11.46	850	17.49
12	2.08	72	5.09	200	8.49	370	11.54	900	18.00
13	2.16	74	5.16	205	8.59	375	11.62	950	18.49
14	2.24	76	5.23	210	8.69	380	11.70	1000	18.97
15	2.32	78	5.30	215	8.80	385	11.77	1050	19.44
16	2.40	80	5.37	220	8.90	390	11.85	1100	19.90
17	2.47	82	5.43	225	9.00	395	11.92	1150	20.35
18	2.55	84	5.50	230	9.10	400	12.00	1200	20.78
19	2.62	86	5.56	235	9.20	405	12.07	1250	21.21
20	2.68	88	5.63	240	9.30	410	12.15	1300	21.63
22	2.81	90	5.69	245	9.39	415	12.22	1350	22.05
24	2.94	92	5.75	250	9.49	420	12.30	1400	22.45
26	3.06	94	5.82	255	9.58	425	12.37	1450	22.85
28	3.17	96	5.88	260	9.67	430	12.44	1500	23.24
30	3.29	98	5.94	265	9.77	435	12.51	1550	23.62
32	3.39	100	6.00	270	9.86	440	12.59	1600	24.00
34	3.50	105	6.15	275	9.95	445	12.66	1650	24.37
36	3.60	110	6.29	280	10.04	450	12.73	1700	24.74
38	3.70	115	6.43	285	10.13	455	12.80	1750	25.10
40	3.79	120	6.57	290	10.22	460	12.87	1800	25.46
42	3.89	125	6.71	295	10.31	465	12.94	1850	25.81
44	3.98	130	6.84	300	10.39	470	13.01	1900	26.15
46	4.07	135	6.97	305	10.48	475	13.08	1950	26.50
48	4.16	140	7.10	310	10.56	480	13.15	2000	26.83

展览建筑、博物馆建筑、档案馆建筑有自闭式冲洗阀时生活给水设计秒流量计算，参照表 1-33。

展览建筑、博物馆建筑、档案馆建筑食堂厨房等生活给水管道的设计秒流量应按公式（8-2）计算：

$$q_\text{g} = \Sigma q_\text{g0} \cdot n_0 \cdot b_\text{g} \tag{8-2}$$

式中 q_g——展览建筑、博物馆建筑、档案馆建筑计算管段的给水设计秒流量，L/s；

q_g0——展览建筑、博物馆建筑、档案馆建筑同类型的一个卫生器具给水额定流量，L/s，可按表 4-11 采用；

n_0——展览建筑、博物馆建筑、档案馆建筑同类型卫生器具数；

b_g——展览建筑、博物馆建筑、档案馆建筑卫生器具的同时给水使用百分数；食堂设备按表 4-13 选用。

3. 展览建筑、博物馆建筑、档案馆建筑内卫生器具给水当量

展览建筑、博物馆建筑、档案馆建筑用水器具和配件应采用节水性能良好、坚固耐用，且便于管理维修的产品。

展览建筑、博物馆建筑、档案馆建筑应采用符合现行行业标准《节水型生活用水器具》CJ/T 164 规定的节水型卫生器具，宜选用用水效率等级不低于 3 级的用水器具。公共场所的卫生间洗手盆应采用感应式或延时自闭式水嘴，小便器应配套采用感应式或延时自闭式冲洗阀。

展览建筑、博物馆建筑、档案馆建筑常见卫生器具的给水额定流量、给水当量、连接给水管管径和最低工作压力按表 3-18 确定。

4. 展览建筑、博物馆建筑、档案馆建筑内给水管管径

展览建筑、博物馆建筑、档案馆建筑内给水供水管的管径，应根据该给水供水管段的设计秒流量、允许给水流速等查相关计算表格确定。生活给水管道内的给水流速，宜参照表 1-38。

展览建筑内根据展览工艺要求设置供展品使用的给水预留管管径宜为 25mm。

展览建筑、博物馆建筑、档案馆建筑内公共卫生间的蹲便器个数与给水供水管管径的对照表，见表 8-17。

公共卫生间蹲便器个数与给水供水管管径对照表　　　表 8-17

公共卫生间蹲便器数量（个）	1	2	3～12	13～35	36～100	101～308	309～710	≥711
给水供水管管径 DN（mm）	32	40	50	70	80	100	125	150

注：生活给水供水管管径不宜大于 DN150；展览建筑、博物馆建筑、档案馆建筑内公共卫生间数量较多时，每个竖向分区可根据区域、组团配置 2 根或 2 根以上给水管。

整个生活给水系统生活给水立管、干管均按照其服务的给水设计秒流量确定其管段管径。

8.1.7 生活水泵和生活水泵房

展览建筑、博物馆建筑、档案馆建筑给水设计应有可靠的水源和供水管道系统，当仅有一路城市引入管或供水不满足设计秒流量或压力要求时，应设置加压供水设备。

1. 生活水泵

展览建筑、博物馆建筑、档案馆建筑生活给水加压水泵宜采用 2 台（1 用 1 备）配置

模式，亦可采用 3 台（2 用 1 备）配置模式。

展览建筑、博物馆建筑、档案馆建筑生活给水加压通常采用变频调速给水泵组，其设计流量应按其负责给水系统的最大设计秒流量确定，即 $Q=q_g$。设计时应统计该系统内各用水点卫生器具的生活给水当量数，经公式（8-1）、公式（8-2）计算或查表 8-16 得出设计流量值。

生活给水加压水泵的设计工作压力，按公式（1-10）计算。

展览建筑、博物馆建筑、档案馆建筑加压水泵应选用低噪声节能型产品。

2. 生活水泵房

展览建筑、博物馆建筑、档案馆建筑二次加压给水的水泵房应为独立的房间，并应环境良好、便于维修和管理；不应布置在藏品保存场所的上层或同层贴邻位置；不应毗邻观众公共服务区（公共区域）观众休息处（室）、贵宾休息室、新闻中心、会议空间、餐饮空间等场所；不应毗邻办公后勤区（行政区域）办公室、会议室、员工休息室等场所；加压泵组及泵房应采取减振降噪措施。

展览建筑、博物馆建筑、档案馆建筑生活水泵房的设置位置应根据其所供水服务的范围确定，见表 8-18。

展览建筑、博物馆建筑、档案馆建筑生活水泵房位置确定及要求表　　　表 8-18

序号	水泵房位置	适用情况	设置要求
1	院区室外集中设置	院区室外有空间；常见于新建展览建筑、博物馆建筑、档案馆建筑院区	宜与消防水泵房、消防水池、暖通冷热源机房、锅炉房等集中设置，宜靠近展览建筑、博物馆建筑、档案馆建筑
2	建筑地下室楼层设置	院区室外无空间	宜设在地下一层或地下二层，不宜设在最低地下楼层；水泵房地面宜高出室外地面 200～300mm

各分区的生活给水泵组宜集中布置；生活水泵房内每套生活给水泵组宜设置在一个基础上。

8.1.8　生活贮水箱（池）

展览建筑、博物馆建筑、档案馆建筑给水设计应有可靠的水源和供水管道系统，当仅有一路城市引入管或供水不满足设计秒流量或压力要求时，应设置生活贮水箱（池）。

展览建筑、博物馆建筑、档案馆建筑水箱间应为独立的房间，不应布置在藏品保存场所的上层或同层贴邻位置；不宜毗邻办公室和会议室，也不宜布置在展览用房、办公室和会议室对应的直接上层。

当展览建筑、博物馆建筑、档案馆建筑生活饮用水水池（箱）内的储水 48h 内不能得到更新时，应设置水消毒处理装置，通常生活水箱均设置消毒设备。

1. 贮水容积

展览建筑、博物馆建筑、档案馆建筑生活用水贮水箱（池）的有效容积计算时，其生活用水调节量应按进水量与用水量变化曲线经计算确定，当资料不足时，宜按最高日用水量的 20%～25%确定，最大不得大于 48h 的用水量。有条件时可适当增加生活贮水箱（池）有效容积。

展览建筑、博物馆建筑、档案馆建筑生活用水贮水设备宜采用贮水箱。

2. 生活水箱

展览建筑、博物馆建筑、档案馆建筑生活水箱设计要求，参见表1-46。

3. 生活水箱相关管道、装置设置要求

展览建筑、博物馆建筑、档案馆建筑生活水箱相关管道设施要求，参见表1-47。

生活水箱各水位指标确定方法及取值经验值，参见表1-48。

8.2 生活热水系统

8.2.1 热水系统类别

展览建筑、博物馆建筑、档案馆建筑生活热水系统类别，见表8-19。

生活热水系统类别表　　　　表8-19

序号	分类标准	热水系统类别	展览建筑、博物馆建筑、档案馆建筑应用情况	应用程度
1	供应范围	集中生活热水系统	展览建筑、博物馆建筑、档案馆建筑厨房生活热水系统	最常用
2		局部（分散）生活热水系统	展览建筑、博物馆建筑、档案馆建筑公众区域的餐厅、茶座等场所生活热水系统	常用
3		区域生活热水系统	整个展览建筑、博物馆建筑、档案馆建筑院区生活热水系统	不常用
4	热水管网循环方式	热水干管立管支管循环生活热水系统		极少用
5		热水干管立管循环生活热水系统		不常用
6		热水干管循环生活热水系统	展览建筑、博物馆建筑、档案馆建筑厨房生活热水系统	常用
7		不循环生活热水系统	各局部（分散）生活热水系统	不常用
8	热水管网循环水泵运行方式	全日循环生活热水系统		极少用
9		定时循环生活热水系统	展览建筑、博物馆建筑、档案馆建筑厨房生活热水系统	常用
10	热水管网循环动力方式	强制循环生活热水系统		最常用
11		自然循环生活热水系统		极少用
12	是否敞开形式	闭式生活热水系统		最常用
13		开式生活热水系统		极少用
14	热水管网布置型式	下供下回式生活热水系统	热源位于建筑底部，即由锅炉房提供热媒（高温蒸汽或高温热水），经汽水或水水换热器提供热水热源等的生活热水系统	常用
15		上供上回式生活热水系统	热源位于建筑顶部，即由屋顶太阳能热水设备及（或）空气能热泵热水设备提供热水热源等的生活热水系统	常用
16		上供下回式生活热水系统		较少用

续表

序号	分类标准	热水系统类别	展览建筑、博物馆建筑、档案馆建筑应用情况	应用程度
17	热水管路距离	同程式生活热水系统		最常用
18		异程式生活热水系统		越来越常用
19	热水系统分区方式	加热器集中设置生活热水系统	展览建筑、博物馆建筑、档案馆建筑院区内各个建筑生活热水系统距离较近、规模相差不大或为同一建筑内不同竖向分区系统时的生活热水系统	较常用
20		加热器分散设置生活热水系统	展览建筑、博物馆建筑、档案馆建筑院区各个建筑生活热水系统距离较远、规模相差较大时的生活热水系统	最常用

8.2.2 生活热水系统热源

展览建筑、博物馆建筑、档案馆建筑集中生活热水供应系统的热源,参见表2-34。
展览建筑、博物馆建筑、档案馆建筑生活热水系统热源选用,参见表2-35。
展览建筑、博物馆建筑、档案馆建筑生活热水系统常见热源组合形式,见表8-20。

生活热水系统常见热源组合形式表　　表8-20

序号	热源组合形式名称	主要热源	辅助热源	适用范围
1	热水锅炉+太阳能组合	院区内设置燃气(油)锅炉房,锅炉房内高温热水锅炉提供热媒(通常为80℃/60℃高温热水),经建筑内热水机房(换热机房)内的水-水换热器换热后为系统提供60℃/50℃低温热水	建筑屋顶设置太阳能热水机房(房间内设置储热水箱或储热罐、生活热水供水泵组、生活热水循环泵组、太阳能集热循环泵组等),屋顶布置太阳能集热板及太阳能供水、回水管道,太阳能热水供水设备为系统提供60℃/50℃高温热水	该组合方式适用于我国北方、西北等寒冷或严寒地区展览建筑、博物馆建筑、档案馆建筑生活热水系统
2	太阳能+空气源热能组合	建筑屋顶设置热水机房(设置储热水箱或储热罐、生活热水供水泵组、生活热水循环泵组、太阳能集热循环泵组、空气能热泵循环泵组等),屋顶布置太阳能集热板及太阳能供水、回水管道。太阳能供水设备为系统提供60℃/50℃高温热水	建筑屋顶设置热水机房,屋顶布置空气能热泵热水机组及空气能供水、回水管道。空气源热泵热水机组为系统提供60℃/50℃高温热水	该组合方式适用于我国南部或中部地区展览建筑、博物馆建筑、档案馆建筑生活热水系统

展览建筑、博物馆建筑、档案馆建筑屋顶设置太阳能光伏发电系统时,系统产生的电能可用于屋顶热水箱内热水的加热,保证生活热水系统供水温度。

8.2.3 热水系统设计参数

1. 展览建筑、博物馆建筑、档案馆建筑热水用水定额

按照《水标》,展览建筑、博物馆建筑、档案馆建筑相关功能场所热水用水定额,见

表 8-21。

展览建筑、博物馆建筑、档案馆建筑热水用水定额表　　　　表 8-21

序号	建筑物名称	单位	用水定额（L）		使用时数（h）	最高日小时变化系数 K_h
			最高日	平均日		
1	餐饮业	食堂	每人每次	10～12	7～10	12～16	1.5～1.2
2	会议厅		每座位每次	2～3	2	4	1.5～1.2

注：1. 表中所列用水定额均已包括在表 8-9 中；
　　2. 本表以 60℃ 热水水温为计算温度，卫生器具的使用水温见表 8-23；
　　3. 表中平均日用水定额仅用于计算太阳能热水系统集热器面积和计算节水用水量。

《节水标》中展览建筑、博物馆建筑、档案馆建筑相关功能场所热水平均日节水用水定额，见表 8-22。

展览建筑、博物馆建筑、档案馆建筑热水平均日节水用水定额表　　　　表 8-22

序号	建筑物名称		单位	节水用水定额
1	餐饮业	食堂	L/(人·次)	7～10
2	会议厅		L/(座位·次)	2

注：热水温度按 60℃ 计。

展览建筑、博物馆建筑、档案馆建筑所在地为较大城市、标准要求较高的，建筑热水用水定额可以适当选用较高值；反之可选用较低值。

2. 展览建筑、博物馆建筑、档案馆建筑卫生器具用水定额及水温

展览建筑、博物馆建筑、档案馆建筑相关功能场所卫生器具的一次热水用水量、小时热水用水量和水温，可按表 8-23 确定。

展览建筑、博物馆建筑、档案馆建筑卫生器具一次热水用水量、小时热水用水量和水温表

表 8-23

卫生器具名称			一次热水用水量（L）	小时热水用水量（L）	水温（℃）
餐饮业	洗脸盆	工作人员用	3	60	30
		顾客用	—	120	
	淋浴器		40	400	37～40

注：表中用水量均为使用水温时的用水量；一次热水用水量指使用一次的用水量，并非卫生器具开关一次的用水量，有些卫生器具使用一次可能需要开关几次。

3. 展览建筑、博物馆建筑、档案馆建筑冷水计算温度

冷水的计算温度应以当地最冷月平均水温资料确定。当无水温资料时，按表 1-58 采用。

展览建筑、博物馆建筑、档案馆建筑冷水计算温度宜按建筑当地地面水温度确定，水温有取值范围时宜取低值。展览建筑、博物馆建筑、档案馆建筑工艺用水的水温应按展览工艺确定，并应符合现行国家标准《建筑给水排水设计标准》GB 50015 的有关规定。

4. 展览建筑、博物馆建筑、档案馆建筑水加热设备供水温度

展览建筑、博物馆建筑、档案馆建筑集中热水供应系统的水加热设备（包括热水锅

炉、热水机组或水加热器等）的出水温度按表 1-59 采用。展览建筑、博物馆建筑、档案馆建筑集中生活热水系统水加热设备的供水温度宜为 60～65℃，通常按 60℃ 计。

5. 展览建筑、博物馆建筑、档案馆建筑生活热水水质

展览建筑、博物馆建筑、档案馆建筑生活热水的水质指标，应符合现行国家标准《生活饮用水卫生标准》GB 5749 的要求。

8.2.4 热水系统设计指标

1. 展览建筑、博物馆建筑、档案馆建筑热水设计小时耗热量

（1）全日供应热水设计小时耗热量

展览建筑、博物馆建筑、档案馆建筑生活热水系统极少采用全日供应热水的集中生活热水系统。

（2）定时供应热水设计小时耗热量

当展览建筑、博物馆建筑、档案馆建筑生活热水系统采用定时供应热水的集中生活热水系统时，其设计小时耗热量应按公式（8-3）计算：

$$Q_h = \sum q_h \cdot C \cdot (t_{r2} - t_1) \cdot \rho_r \cdot n_0 \cdot b_g \cdot C_\gamma \tag{8-3}$$

式中 Q_h——展览建筑、博物馆建筑、档案馆建筑生活热水设计小时耗热量，kJ/h；

q_h——展览建筑、博物馆建筑、档案馆建筑卫生器具生活热水的小时用水定额，L/h，可按表 8-23 采用，计算时通常取小时热水用水量的上限值；

C——水的比热，kJ/(kg·℃)，$C=4.187$kJ/(kg·℃)；

t_{r2}——热水计算温度,℃，计算时按表 8-23 选用；

t_1——冷水计算温度,℃，按全日生活热水系统 t_1 取值表 1-58 选用；

ρ_r——热水密度，kg/L，通常取 1.0kg/L；

n_0——展览建筑、博物馆建筑、档案馆建筑同类型卫生器具数；

b_g——展览建筑、博物馆建筑、档案馆建筑卫生器具的同时使用百分数；

C_γ——热水供应系统的热损失系数，$C_\gamma = 1.10 \sim 1.15$。

（3）不同使用要求用水部门热水设计小时耗热量

具有多个不同使用热水部门或具有多种热水使用形式的展览建筑、博物馆建筑、档案馆建筑，当其热水由同一热水供应系统供应时，设计小时耗热量，可按同一时间内出现用水高峰的主要用水部门的设计小时耗热量加其他用水部门的平均小时耗热量计算。

2. 展览建筑、博物馆建筑、档案馆建筑设计小时热水量

展览建筑、博物馆建筑、档案馆建筑设计小时热水量，按公式（8-4）计算：

$$q_{rh} = Q_h / [(t_{r3} - t_1) \cdot C \cdot \rho_r \cdot C_\gamma] \tag{8-4}$$

式中 q_{rh}——展览建筑、博物馆建筑、档案馆建筑生活热水设计小时热水量，L/h；

Q_h——展览建筑、博物馆建筑、档案馆建筑生活热水设计小时耗热量，kJ/h；

t_{r3}——设计热水温度,℃，计算时 t_{r3} 取值与 t_{r1} 一致即可；

t_1——冷水计算温度,℃；

C——水的比热，kJ/(kg·℃)，$C=4.187$kJ/(kg·℃)；

ρ_r——热水密度，kg/L，通常取 1.0kg/L；

C_γ——热水供应系统的热损失系数，$C_\gamma = 1.10 \sim 1.15$。

3. 展览建筑、博物馆建筑、档案馆建筑加热设备供热量

展览建筑、博物馆建筑、档案馆建筑全日集中生活热水系统中，锅炉、水加热设备的设计小时供热量应根据日热水用量小时变化曲线、加热方式及锅炉、水加热设备的工作制度经积分曲线计算确定。

(1) 容积式水加热器或贮热容积与其相当的水加热器、燃油（气）热水机组供热量

展览建筑、博物馆建筑、档案馆建筑生活热水系统采用的容积式水加热器均应为导流型容积式水加热器，其设计小时供热量可按公式（8-5）计算：

$$Q_g = Q_h - (\eta \cdot V_r / T_1) \cdot (t_{r3} - t_1) \cdot C \cdot \rho_r \tag{8-5}$$

式中　Q_g——展览建筑、博物馆建筑、档案馆建筑导流型容积式水加热器的设计小时供热量，kJ/h；

　　　Q_h——展览建筑、博物馆建筑、档案馆建筑设计小时耗热量，kJ/h；

　　　η——导流型容积式水加热器有效贮热容积系数，取 0.8~0.9；

　　　V_r——导流型容积式水加热器总贮热容积，L；

　　　T_1——展览建筑、博物馆建筑、档案馆建筑设计小时耗热量持续时间，h，定时集中热水供应系统 T_1 等于定时供水的时间；当 Q_g 计算值小于平均小时耗热量时，Q_g 应取平均小时耗热量；

　　　t_{r3}——设计热水温度，℃，按导流型容积式水加热器出水温度或贮水温度计算，通常取 65℃；

　　　t_1——冷水温度，℃；

　　　C——水的比热，kJ/(kg·℃)，$C=4.187$kJ/(kg·℃)；

　　　ρ_r——热水密度，kg/L，通常取 1.0kg/L。

在展览建筑、博物馆建筑、档案馆建筑生活热水系统设计小时供热量计算时，通常取 $Q_g = Q_h$。

(2) 半容积式水加热器或贮热容积与其相当的水加热器、燃油（气）热水机组供热量

展览建筑、博物馆建筑、档案馆建筑生活热水系统亦常采用半容积式水加热器，此时半容积式水加热器设计小时供热量按设计小时耗热量计算，即取 $Q_g = Q_h$。

8.2.5　生活热水系统热水管网计算

1. 生活热水管网设计流量

(1) 展览建筑、博物馆建筑、档案馆建筑生活热水引入管设计流量

展览建筑、博物馆建筑、档案馆建筑生活热水引入管设计流量应按该建筑相应生活热水供水系统总供水干管的设计秒流量确定。

(2) 展览建筑、博物馆建筑、档案馆建筑内生活热水设计秒流量

展览建筑、博物馆建筑、档案馆建筑内生活热水设计秒流量应按公式（8-6）计算：

$$q_g = 0.2 \cdot \alpha \cdot (N_g)^{1/2} = 0.6 \cdot (N_g)^{1/2} \tag{8-6}$$

式中　q_g——计算管段的热水设计秒流量，L/s；

　　　N_g——计算管段的卫生器具热水当量总数；

　　　α——根据展览建筑、博物馆建筑、档案馆建筑用途而定的系数，会展中心、博物馆、档案馆取 3.0。

注：如计算值小于该管段上一个最大卫生器具热水额定流量时，应采用一个最大的卫生器具热水额定流量作为设计秒流量；如计算值大于该管段上按卫生器具热水额定流量累加所得流量值时，应按卫生器具热水额定流量累加所得流量值采用。

展览建筑、博物馆建筑、档案馆建筑生活热水设计秒流量计算，可参照表8-24。

展览建筑、博物馆建筑、档案馆建筑生活热水设计秒流量计算表（L/s）　　表8-24

卫生器具热水当量数 N_g	会展中心、博物馆、档案馆 $\alpha=3.0$	卫生器具热水当量数 N_g	会展中心、博物馆、档案馆 $\alpha=3.0$	卫生器具热水当量数 N_g	会展中心、博物馆、档案馆 $\alpha=3.0$	卫生器具热水当量数 N_g	会展中心、博物馆、档案馆 $\alpha=3.0$	卫生器具热水当量数 N_g	会展中心、博物馆、档案馆 $\alpha=3.0$	卫生器具热水当量数 N_g	会展中心、博物馆、档案馆 $\alpha=3.0$
1	0.60	50	4.24	145	7.22	315	10.65	485	13.21		
2	0.85	52	4.33	150	7.35	320	10.73	490	13.28		
3	1.04	54	4.41	155	7.47	325	10.82	495	13.35		
4	1.20	56	4.49	160	7.59	330	10.90	500	13.42		
5	1.34	58	4.57	165	7.71	335	10.98	550	14.07		
6	1.47	60	4.65	170	7.82	340	11.06	600	14.70		
7	1.59	62	4.72	175	7.94	345	11.14	650	15.30		
8	1.70	64	4.80	180	8.05	350	11.22	700	15.87		
9	1.80	66	4.87	185	8.16	355	11.30	750	16.43		
10	1.90	68	4.95	190	8.27	360	11.38	800	16.97		
11	1.99	70	5.02	195	8.38	365	11.46	850	17.49		
12	2.08	72	5.09	200	8.49	370	11.54	900	18.00		
13	2.16	74	5.16	205	8.59	375	11.62	950	18.49		
14	2.24	76	5.23	210	8.69	380	11.70	1000	18.97		
15	2.32	78	5.30	215	8.80	385	11.77	1050	19.44		
16	2.40	80	5.37	220	8.90	390	11.85	1100	19.90		
17	2.47	82	5.43	225	9.00	395	11.92	1150	20.35		
18	2.55	84	5.50	230	9.10	400	12.00	1200	20.78		
19	2.62	86	5.56	235	9.20	405	12.07	1250	21.21		
20	2.68	88	5.63	240	9.30	410	12.15	1300	21.63		
22	2.81	90	5.69	245	9.39	415	12.22	1350	22.05		
24	2.94	92	5.75	250	9.49	420	12.30	1400	22.45		
26	3.06	94	5.82	255	9.58	425	12.37	1450	22.85		
28	3.17	96	5.88	260	9.67	430	12.44	1500	23.24		
30	3.29	98	5.94	265	9.77	435	12.51	1550	23.62		
32	3.39	100	6.00	270	9.86	440	12.59	1600	24.00		
34	3.50	105	6.15	275	9.95	445	12.66	1650	24.37		
36	3.60	110	6.29	280	10.04	450	12.73	1700	24.74		
38	3.70	115	6.43	285	10.13	455	12.80	1750	25.10		
40	3.79	120	6.57	290	10.22	460	12.87	1800	25.46		
42	3.89	125	6.71	295	10.31	465	12.94	1850	25.81		
44	3.98	130	6.84	300	10.39	470	13.01	1900	26.15		
46	4.07	135	6.97	305	10.48	475	13.08	1950	26.50		
48	4.16	140	7.10	310	10.56	480	13.15	2000	26.83		

2. 展览建筑、博物馆建筑、档案馆建筑内卫生器具热水当量

展览建筑、博物馆建筑、档案馆建筑卫生器具的热水额定流量、热水当量、连接热水管管径和最低工作压力按表3-31确定。

3. 展览建筑、博物馆建筑、档案馆建筑内热水管管径

展览建筑、博物馆建筑、档案馆建筑内热水供水管的管径，应根据该热水供水管段的设计秒流量、允许热水流速等查相关计算表格确定。生活热水管道内的热水流速，宜按表1-66控制。

本区域热水回水干管管径根据该区域热水供水干管最大管径确定。热水回水管管径与热水供水管管径的对照，参见表3-33。

整个生活热水系统的生活热水供水立管、干管均按照其服务的热水设计秒流量确定其管段管径；生活热水回水立管、干管先按照其服务的热水设计秒流量确定出一个供水管管径值，再根据表3-33确定其管段回水管管径值。

8.2.6 生活热水机房（换热机房、换热站）

展览建筑、博物馆建筑、档案馆建筑生活热水机房（换热机房、换热站）位置确定，见表8-25。

展览建筑、博物馆建筑、档案馆建筑生活热水机房（换热机房、换热站）位置确定表　　表8-25

序号	生活热水机房（换热机房、换热站）位置	生活热水系统热源情况	生活热水机房（换热机房、换热站）内设施	适用范围
1	院区室外独立设置	院区锅炉房热水（蒸汽）锅炉提供热媒，经换热后提供第1热源；太阳能设备或空气能热泵设备提供第2热源	常用设施：水（汽）水换热器（加热器）、热水循环泵组	新建、改建展览建筑、博物馆建筑、档案馆建筑；设有锅炉房
2	单体建筑室内地下室			新建展览建筑、博物馆建筑、档案馆建筑；设有锅炉房
3	单体建筑屋顶	太阳能设备或（和）空气能热泵设备提供热源；必要情况下燃气热水设备提供第2热源	热水箱、热水循环泵组、集热循环泵组、空气能热泵循环泵组	新建、改建展览建筑、博物馆建筑、档案馆建筑；屋顶设有热源热水设备

展览建筑、博物馆建筑、档案馆建筑生活热水机房（换热机房、换热站）应为独立的房间，不应布置在藏品保存场所的上层或同层贴邻位置；不应毗邻观众公共服务区（公共区域）观众休息处（室）、贵宾休息室、新闻中心、会议空间、餐饮空间等场所；不应毗邻办公后勤区（行政区域）办公室、会议室、员工休息室等场所；循环泵组及热水机房应采取减振降噪措施。

8.2.7 生活热水箱

展览建筑、博物馆建筑、档案馆建筑生活热水箱设计要求，参见表1-72。

生活热水箱各种水位，按表1-74确定。

展览建筑、博物馆建筑、档案馆建筑生活热水箱间应为独立的房间，不应布置在藏品保存场所的上层或同层贴邻位置；不应毗邻观众公共服务区（公共区域）观众休息处（室）、贵宾休息室、新闻中心、会议空间、餐饮空间等场所；不应毗邻办公后勤区（行政区域）办公室、会议室、员工休息室等场所；循环泵组应采取减振降噪措施。

8.2.8 生活热水循环泵

1. 生活热水循环泵设置位置

当系统热源由高温热媒经院区热水机房（换热机房）内的换热设备后供给热水时，生活热水循环泵通常设在热水机房（换热机房）内。当系统热源由屋顶太阳能供水设备供给热水时，生活热水循环泵通常设在本分区最低楼层或下面一层热水循环泵房内。

2. 生活热水循环泵设计流量

生活热水循环水泵的出水量，按公式（8-7）计算：

$$q_{xh} = K_x \cdot q_x \tag{8-7}$$

式中 q_{xh}——展览建筑、博物馆建筑、档案馆建筑热水循环水泵流量，L/h；

　　　K_x——展览建筑、博物馆建筑、档案馆建筑相应循环措施的附加系数，可取 1.5～2.5；

　　　q_x——展览建筑、博物馆建筑、档案馆建筑供应热水的循环流量，L/h。

当展览建筑、博物馆建筑、档案馆建筑热水系统采用定时供水时，热水循环流量可按循环管网总水容积的 2～4 倍计算。

设计中，生活热水循环泵的流量可按照所服务热水系统设计小时流量的 25%～30% 确定。

3. 生活热水循环泵设计扬程

生活热水循环泵的扬程，按公式（8-8）计算：

$$H_b = h_p + h_x \tag{8-8}$$

式中 H_b——展览建筑、博物馆建筑、档案馆建筑热水循环泵的扬程，mH₂O；

　　　h_p——展览建筑、博物馆建筑、档案馆建筑热水循环水量通过热水配水管网的水头损失，mH₂O；

　　　h_x——展览建筑、博物馆建筑、档案馆建筑热水循环水量通过热水回水管网的水头损失，mH₂O。

生活热水循环泵的扬程，简便计算按公式（8-9）计算：

$$H_b \approx 1.1 \cdot R \cdot (L_1 + L_2) \tag{8-9}$$

式中 H_b——展览建筑、博物馆建筑、档案馆建筑热水循环泵的扬程，mH₂O；

　　　R——热水管网单位长度的水头损失，mH₂O/m，可按 0.010～0.015mH₂O/m；

　　　L_1——自水加热器至热水管网最不利点的供水管管长，m；

　　　L_2——自热水管网最不利点至水加热器的回水管长，m。

展览建筑、博物馆建筑、档案馆建筑热水循环泵组通常每套设置 2 台，1 用 1 备，交替运行。

4. 太阳能集热循环泵

太阳能集热循环泵通常设置在屋顶生活热水箱间内，宜设置在太阳能设备供水管即从生活热水箱接出的管道上。集热循环泵流量，按公式（1-28）计算；集热循环泵扬程，按公式（1-29）、公式（1-30）计算。

展览建筑、博物馆建筑、档案馆建筑集热循环泵组通常每套设置2台，1用1备，交替运行。

8.2.9 热水系统管材、附件和管道敷设

1. 生活热水系统管材

展览建筑、博物馆建筑、档案馆建筑生活热水系统热水管道常用的管材包括薄壁不锈钢管、PVC-C（氯化聚氯乙烯）热水用管、薄壁铜管、钢塑复合管（如PSP管）、铝塑复合管等，较少采用普通塑料热水管。

2. 生活热水系统阀门

展览建筑、博物馆建筑、档案馆建筑生活热水系统设置阀门的部位，参见表2-50。

3. 生活热水系统止回阀

展览建筑、博物馆建筑、档案馆建筑生活热水系统设置止回阀的部位，参见表2-51。

4. 生活热水系统水表

展览建筑、博物馆建筑、档案馆建筑生活热水系统按分区域原则设置热水表，热水表宜采用远传智能水表。

5. 热水系统排气装置、泄水装置

对于上行下给式热水系统，系统热水配水干管最高处及向上抬高管段应设置$DN25$自动排气阀、检修阀门；对于下行上给式热水系统，可利用最高热水配水点放气。

热水管道系统的最低处及向下凹的管段应设置泄水装置或利用最低热水配水点泄水。

6. 温度计、压力表

展览建筑、博物馆建筑、档案馆建筑生活热水系统设置温度计的部位，参见表1-77；设置压力表的部位，参见表1-78。

7. 管道补偿装置

长度超过50m的热水横干管或立管均应设置波纹伸缩节，通常设置在该根管道上管径较小的管段处，靠近一端的管道固定支吊架。

8. 保温

生活热水系统中的热水锅炉、燃油（气）热水机组、水加热设备、贮热水箱（罐）、分（集）水器、热水输（配）水干（立）管、热水循环回水干（立）管均应做保温。

热水管道保温材料厚度确定，参见表1-79、表1-80。

8.3 排水系统

8.3.1 排水系统类别

展览建筑、博物馆建筑、档案馆建筑排水系统分类，见表 8-26。

排水系统分类表　　　　　　　　　　　　　表 8-26

序号	分类标准	排水系统类别	展览建筑、博物馆建筑、档案馆建筑应用情况	应用程度
1	建筑内场所使用功能	生活污水排水	展览建筑、博物馆建筑、档案馆建筑公共卫生间污水排水	常用
2		生活废水排水	展览建筑、博物馆建筑、档案馆建筑公共卫生间废水排水	
3		厨房废水排水	展览建筑、博物馆建筑、档案馆建筑内附设厨房、食堂、餐厅污水排水	
4		设备机房废水排水	展览建筑、博物馆建筑、档案馆建筑内附设水泵房（包括生活水泵房、消防水泵房）、空调机房、制冷机房、换热机房、锅炉房、热水机房、直饮水机房等机房废水排水	
5		车库废水排水	展览建筑、博物馆建筑、档案馆建筑内附设车库内一般地面冲洗废水排水	
6		消防废水排水	展览建筑、博物馆建筑、档案馆建筑内消防电梯井排水、自动喷水灭火系统试验排水、消火栓系统试验排水、消防水泵试验排水等废水排水	
7		绿化废水排水	展览建筑、博物馆建筑、档案馆建筑室外绿化废水排水	
8	建筑内污、废水排水方式	重力排水方式	展览建筑、博物馆建筑、档案馆建筑地上污废水排水	最常用
9		压力排水方式	展览建筑、博物馆建筑、档案馆建筑地下室污废水排水	常用
10	污废水排水体制	污废合流排水系统		最常用
11		污废分流排水系统		常用
12	排水系统通气方式	设有通气管系排水系统	伸顶通气排水系统通常应用在多层展览建筑、博物馆建筑、档案馆建筑卫生间排水，专用通气立管排水系统通常应用在高层展览建筑、博物馆建筑、档案馆建筑卫生间排水。环形通气排水系统、器具通气排水系统通常应用在个别展览建筑、博物馆建筑、档案馆建筑公共卫生间排水	最常用
13		特殊单立管排水系统		少用

展览建筑、博物馆建筑、档案馆建筑室内污废水排水体制采用合流制，当有中水利用要求时，可采用分流制。

典型的展览建筑、博物馆建筑、档案馆建筑排水系统原理图，参见图 4-2、图 4-3。

展览建筑、博物馆建筑、档案馆建筑中的生活污水、厨房含油废水、博物馆藏品技术用房和业务与研究用房酸碱废水等均应经化粪池处理；生活废水、设备机房废水、消防废水、绿化废水等不需经过化粪池处理。厨房含油废水应经除油处理后再排入污水管道。博物馆藏品技术用房和业务与研究用房中的修复室、清洗室、书画装裱室、摄影冲洗室，以及设有化学实验的展厅和实验室等用房的排水应采取中和处理等相应技术措施处理后再排入污水管道。

博物馆建筑内解剖室应设置污水处理设施。

档案馆建筑各类用房的污水排放，应符合国家规定的排放标准。

展览建筑、博物馆建筑、档案馆建筑污废水与建筑雨水应雨污分流。

展览建筑、博物馆建筑、档案馆建筑公共卫生间等生活粪便污水、生活废水等可合流排放，当有中水利用要求时，可采用分流排放。

展览建筑、博物馆建筑、档案馆建筑的空调凝结水排水管不得与污废水管道系统直接连接，空调凝结水宜单独收集后回用于绿化、水景、冷却塔补水等。

有排水、冲洗要求的设备用房和设有给水排水、热力、空调管道的设备层，地面应有排水设施。

展览建筑内的综合设备管沟应有排水措施，并应采用间接排水方式与排水系统连接。

展览建筑中面积较大的展场宜设置地面冲洗设施。

8.3.2 卫生器具

1. 展览建筑、博物馆建筑、档案馆建筑内卫生器具种类及设置场所

展览建筑、博物馆建筑、档案馆建筑内卫生器具种类及设置场所，见表8-27。

展览建筑、博物馆建筑、档案馆建筑内卫生器具种类及设置场所表　　　表8-27

序号	卫生器具名称	主要设置场所
1	坐便器	展览建筑、博物馆建筑、档案馆建筑残疾人卫生间
2	蹲便器	展览建筑、博物馆建筑、档案馆建筑公共卫生间
3	淋浴器	展览建筑、博物馆建筑、档案馆建筑厨房工作人员淋浴间
4	洗脸盆	展览建筑、博物馆建筑、档案馆建筑公共卫生间
5	台板洗脸盆	
6	小便器	
7	拖布池	
8	洗菜池	展览建筑、博物馆建筑、档案馆建筑食堂、厨房
9	厨房洗涤槽	展览建筑、博物馆建筑、档案馆建筑厨房

2. 展览建筑、博物馆建筑、档案馆建筑内卫生器具选用

展览建筑、博物馆建筑、档案馆建筑卫生间卫生器具应符合表8-28规定。

展览建筑、博物馆建筑、档案馆建筑卫生器具选用表　　　表8-28

序号	卫生器具种类	卫生器具使用场所	卫生器具选型
1	大便器	展览建筑、博物馆建筑、档案馆建筑公共卫生间	脚踏式自闭式冲洗阀冲洗的坐式或蹲式大便器
2	小便器		红外感应自动冲洗小便器
3	洗手盆		龙头应采用感应型水嘴

3. 公共卫生间排水设计要点

公共卫生间排水立管及通气立管通常敷设于专用管道井内；采用专用通气立管方式时，排水立管与通气立管采用结合管连接。管道井中排水立管与通气立管中心距最小值，参见表1-91。

4. 展览建筑、博物馆建筑、档案馆建筑内卫生器具排水配件穿越楼板留孔位置及尺寸

常见卫生器具排水配件穿越楼板留孔位置及尺寸，参见表1-92。

5. 地漏

展览建筑、博物馆建筑、档案馆建筑内公共卫生间、开水间、空调机房、新风机房；厨房工作人员淋浴间、卫生间等场所内应设置地漏。

展览建筑、博物馆建筑、档案馆建筑地漏及其他水封高度要求不得小于50mm，且不得大于100mm。

展览建筑、博物馆建筑、档案馆建筑地漏类型选用，参见表2-57；地漏规格选用，参见表2-58。

6. 水封装置

展览建筑、博物馆建筑、档案馆建筑中采用排水沟排水的场所包括厨房、车库、泵房、设备机房、厨房工作人员淋浴间等。当排水沟内废水直接排至室外时，沟与排水排出管之间应设置水封装置。卫生器具排水管段上不得重复设置水封装置。

8.3.3 排水系统水力计算

1. 展览建筑、博物馆建筑、档案馆建筑最高日和最大时生活排水量

展览建筑、博物馆建筑、档案馆建筑生活排水量宜按该建筑生活给水量的85%~95%计算，通常按90%。

2. 展览建筑、博物馆建筑、档案馆建筑卫生器具排水技术参数

展览建筑、博物馆建筑、档案馆建筑卫生器具的排水流量、排水当量、排水支管管径、排水坡度等基本参数的选定，参见表3-39。

3. 展览建筑、博物馆建筑、档案馆建筑排水设计秒流量

展览建筑、博物馆建筑、档案馆建筑的生活排水管道设计秒流量，按公式（8-10）计算：

$$q_u = 0.12 \cdot \alpha \cdot (N_p)^{1/2} + q_{max} \tag{8-10}$$

式中 q_u——计算管段排水设计秒流量，L/s；

N_p——计算管段的卫生器具排水当量总数；

α——根据建筑物用途而定的系数，会展中心、博物馆、档案馆取2.0~2.5，通常取2.5；

q_{max}——计算管段上最大一个卫生器具的排水流量，L/s。

计算时，如计算所得流量值大于该管段上按卫生器具排水流量累加值时，应按卫生器具排水流量累加值计。

当α取2.0时，展览建筑、博物馆建筑、档案馆建筑生活排水管道设计秒流量应按公式（8-11）计算：

$$q_g = 0.24 \cdot (N_g)^{1/2} \tag{8-11}$$

当 α 取 2.5 时，展览建筑、博物馆建筑、档案馆建筑生活排水管道设计秒流量应按公式（8-12）计算：

$$q_g = 0.3 \cdot (N_g)^{1/2} \tag{8-12}$$

展览建筑、博物馆建筑、档案馆建筑 $q_{max}=1.50L/s$ 和 $q_{max}=2.00L/s$ 时排水设计秒流量计算数据，见表 8-29。

展览建筑、博物馆建筑、档案馆建筑排水设计秒流量计算表　　表 8-29

排水当量总数 N_g	排水设计秒流量 q_u (L/s)				排水当量总数 N_g	排水设计秒流量 q_u (L/s)				排水当量总数 N_g	排水设计秒流量 q_u (L/s)			
	$q_{max}=1.50$		$q_{max}=2.00$			$q_{max}=1.50$		$q_{max}=2.00$			$q_{max}=1.50$		$q_{max}=2.00$	
	$\alpha=2.0$	$\alpha=2.5$	$\alpha=2.0$	$\alpha=2.5$		$\alpha=2.0$	$\alpha=2.5$	$\alpha=2.0$	$\alpha=2.5$		$\alpha=2.0$	$\alpha=2.5$	$\alpha=2.0$	$\alpha=2.5$
5	2.04	2.17	2.54	2.67	48	3.16	3.58	3.66	4.08	360	6.05	7.19	6.55	7.69
6	2.09	2.23	2.59	2.73	50	3.20	3.62	3.70	4.12	380	6.18	7.35	6.68	7.85
7	2.13	2.29	2.63	2.79	55	3.28	3.72	3.78	4.22	400	6.30	7.50	6.80	8.00
8	2.18	2.35	2.68	2.85	60	3.36	3.82	3.86	4.32	420	6.42	7.65	6.92	8.15
9	2.22	2.40	2.72	2.90	65	3.43	3.92	3.93	4.42	440	6.53	7.79	7.03	8.29
10	2.26	2.45	2.76	2.95	70	3.51	4.01	4.01	4.51	460	6.65	7.93	7.15	8.43
11	2.30	2.49	2.80	2.99	75	3.58	4.10	4.08	4.60	480	6.76	8.07	7.26	8.57
12	2.33	2.54	2.83	3.04	80	3.65	4.18	4.15	4.68	500	6.87	8.21	7.37	8.71
13	2.37	2.58	2.87	3.08	85	3.71	4.27	4.21	4.77	550	7.13	8.54	7.63	9.04
14	2.40	2.62	2.90	3.12	90	3.78	4.35	4.28	4.85	600	7.38	8.85	7.88	9.35
15	2.43	2.66	2.93	3.16	95	3.84	4.42	4.34	4.92	650	7.62	9.15	8.12	9.65
16	2.46	2.70	2.96	3.20	100	3.90	4.50	4.40	5.00	700	7.85	9.44	8.35	9.94
17	2.49	2.74	2.99	3.24	110	4.02	4.65	4.52	5.15	750	8.07	9.72	8.57	10.22
18	2.52	2.77	3.02	3.27	120	4.13	4.79	4.63	5.29	800	8.29	9.99	8.79	10.49
19	2.55	2.81	3.05	3.31	130	4.24	4.92	4.74	5.42	850	8.50	10.25	9.00	10.75
20	2.57	2.84	3.07	3.34	140	4.34	5.05	4.84	5.55	900	8.70	10.50	9.20	11.00
22	2.63	2.91	3.13	3.41	150	4.44	5.17	4.94	5.67	950	8.90	10.75	9.40	11.25
24	2.68	2.97	3.18	3.47	160	4.54	5.29	5.04	5.79	1000	9.09	10.99	9.59	11.49
26	2.72	3.03	3.22	3.53	170	4.63	5.41	5.13	5.91	1100	9.46	11.45	9.96	11.95
28	2.77	3.09	3.27	3.59	180	4.72	5.52	5.22	6.02	1200	9.81	11.89	10.31	12.39
30	2.81	3.14	3.31	3.64	190	4.81	5.64	5.31	6.14	1300	10.15	12.32	10.65	12.82
32	2.86	3.20	3.36	3.70	200	4.89	5.74	5.39	6.24	1400	10.48	12.72	10.98	13.22
34	2.90	3.25	3.40	3.75	220	5.06	5.95	5.56	6.45	1500	10.80	13.12	11.30	13.62
36	2.94	3.30	3.44	3.80	240	5.22	6.15	5.72	6.65	1600	11.10	13.50	11.60	14.00
38	2.98	3.35	3.48	3.85	260	5.37	6.34	5.87	6.84	1700	11.40	13.87	11.90	14.37
40	3.02	3.40	3.52	3.90	280	5.52	6.52	6.02	7.02	1800	11.68	14.23	12.18	14.73
42	3.06	3.44	3.56	3.94	300	5.66	6.70	6.16	7.20	1900	11.96	14.58	12.46	15.08
44	3.09	3.49	3.59	3.99	320	5.79	6.87	6.29	7.37	2000	12.23	14.92	12.73	15.42
46	3.13	3.53	3.63	4.03	340	5.93	7.03	6.43	7.53	2100	12.50	15.25	13.00	15.75

展览建筑、博物馆建筑、档案馆建筑公共浴室、食堂厨房等的生活排水管道设计秒流量，按公式（8-13）计算：

$$q_\mathrm{p} = \sum q_0 \cdot n_0 \cdot b \tag{8-13}$$

式中 q_p——展览建筑、博物馆建筑、档案馆建筑计算管段的排水设计秒流量，L/s；

   q_0——展览建筑、博物馆建筑、档案馆建筑同类型的一个卫生器具排水流量，L/s，可按表 3-39 采用；

   n_0——展览建筑、博物馆建筑、档案馆建筑同类型卫生器具数；

   b——展览建筑、博物馆建筑、档案馆建筑卫生器具的同时排水百分数；公共浴室内的淋浴器和洗脸盆按表 4-12 选用，食堂的设备按表 4-13 选用。

注：当计算排水流量小于一个大便器排水流量时，应按一个大便器的排水流量计算。

4. 展览建筑、博物馆建筑、档案馆建筑排水管道管径确定

展览建筑、博物馆建筑、档案馆建筑排水铸铁管道最小坡度，按表 1-98 确定；胶圈密封连接排水塑料横管的坡度，按表 1-99 确定；建筑内排水管道最大设计充满度，参见表 1-100；排水管道自清流速，参见表 1-101。

排水横管水力计算按照公式（1-32）、公式（1-33）；排水铸铁管水力计算，参见表 1-102；排水塑料管水力计算，参见表 1-103。

不同管径下排水横管允许流量 Q_p，参见表 1-104。

展览建筑、博物馆建筑、档案馆建筑排水系统中排水横干管常见管径为 DN100、DN150。DN100 排水横干管对应排水当量最大限值，参见表 1-105，DN150 排水横干管对应排水当量最大限值，参见表 1-106。

不同通气方式的排水立管最大设计排水能力，参见表 1-107～表 1-109。

展览建筑、博物馆建筑、档案馆建筑各种排水管的推荐管径，参见表 2-60。

展览建筑内根据展览工艺要求设置供展品使用的排水预留管的管径宜为 50mm。

8.3.4 排水系统管材、附件和检查井

1. 展览建筑、博物馆建筑、档案馆建筑排水管管材

展览建筑、博物馆建筑、档案馆建筑室外排水管可采用埋地排水塑料管，包括硬聚氯乙烯管、聚乙烯管和玻璃纤维增强塑料夹砂管等。常用的室外排水管还有双壁加筋波纹排水管、双平壁钢塑复合缠绕排水管等。

博物馆建筑藏品技术用房和业务与研究用房中的修复室、清洗室、书画装裱室、摄影冲洗室，以及设有化学实验的展厅和实验室等用房的排水管材应耐酸、耐碱腐蚀。

展览建筑、博物馆建筑、档案馆建筑室内排水管类型，见表 8-30。

室内排水管类型表　　　　　　　　　　表 8-30

序号	排水管类型	排水管设置要求
1	玻纤增强聚丙烯（FRPP）排水管	
2	柔性接口机制铸铁排水管	宜采用柔性接口机制排水铸铁管，连接方式有法兰压盖式承插柔性连接和无承口卡箍式连接

续表

序号	排水管类型	排水管设置要求
3	硬聚氯乙烯（PVC-U）排水管	采用胶水（胶粘剂）粘接连接
4	展览建筑、博物馆建筑、档案馆建筑压力排水管	可采用焊接钢管、钢塑复合管、镀锌钢管

2. 展览建筑、博物馆建筑、档案馆建筑排水管附件

排水立管上检查口的设置位置，参见表 1-113；检查口之间的最大距离，参见表 1-114；检查口设置要求，参见表 1-115。

清扫口的设置位置，参见表 1-116；清扫口至室外检查井中心最大长度，参见表 1-117；排水横管直线管段上清扫口之间的最大距离，参见表 1-118。

塑料排水管道支吊架间距规定，参见表 1-119。

3. 展览建筑、博物馆建筑、档案馆建筑排水管道布置敷设

展览建筑、博物馆建筑、档案馆建筑排水管道不应布置场所，见表 8-31。

排水管道不应布置场所表　　　　　　　　　　表 8-31

序号	排水管道不应布置场所	具体要求
1	生活水泵房等设备机房	排水横管禁止在展览建筑、博物馆建筑、档案馆建筑生活水箱箱体正上方敷设，生活水泵房其他区域不宜敷设排水管道；设在室内的消防水池（箱）应按此要求处理
2	厨房、餐厅	展览建筑、博物馆建筑、档案馆建筑中厨房内的主副食操作间、烹调间、备餐间、加工间、粗加工、冷菜间、面点蒸煮间、食品储藏库（主食库、副食库）等房间的上方均不应敷设排水管道，排水立管不宜穿过上述房间；展览建筑、博物馆建筑、档案馆建筑中的餐厅；展览建筑、博物馆建筑、档案馆建筑中的厨房排水应独立设置，排水横管和立管均不得与卫生间污水排水管道连通。上述场所上方排水管不宜采用同层排水方式
3	重要博物馆用房	除自动灭火系统的需要，博物馆建筑藏品库房和展厅内严禁敷设排水管道。藏品保存场所的室内不应有与其无关的管线穿越
4	重要展览用房	排水管道不应穿越珍贵藏品展览及保持场所、档案馆档案库区、重要档案室、重要资料室和重要展览用房。档案馆排水立管不应安装在与档案库相邻的内墙上
5	有安静要求展览用房	排水管道不应敷设在办公室、会议室、接待室以及其他有安静要求的展览用房的顶板下方，当不能避免时应采用低噪声管材并采取防渗漏和隔声措施
6	电气机房	展览建筑、博物馆建筑、档案馆建筑中的电气机房包括高压配电室、低压配电室（包括其值班室）、柴油发电机房（包括储油间）、网络机房、弱电机房、UPS机房、消防控制室等，排水管道不得敷设在此类电气机房内
7	结构变形缝、结构风道	原则上排水管道不得穿过结构变形缝；若条件限制必须穿越沉降缝时，则应预留沉降量并设置不锈钢软管柔性连接，必须穿越伸缩缝时，则应安装伸缩器
8	电梯机房、通风小室	

展览建筑、博物馆建筑、档案馆建筑排水系统管道设计遵循原则，参见表2-63。

展览建筑内根据展览工艺要求设置供展品使用的排水预留管及预留接口应设置在综合设备管沟、管井内；排水预留接口宜每隔10m设置一个；排水预留管的接口形式应便于管道的拆装，接口形式常采用快装接口；对于冬季可能有冰冻的地区，排水预留管应采取防冻措施。

档案馆建筑内档案库区内比库区外楼地面应高出15mm，并应设置密闭排水口；保护技术用房裱糊修复室内应设排水设施；冲洗处理室冲洗池污水应单独集中处理。

4. 展览建筑、博物馆建筑、档案馆建筑间接排水

展览建筑、博物馆建筑、档案馆建筑中的间接排水，见表8-32。

间接排水一览表　　　　　　　　　　　　　　表8-32

序号	间接排水情况
1	学校建筑生活水箱、直饮水水箱等的泄水管和溢流管通常就近排入水箱所在水泵房、机房的排水地沟
2	消防水箱等的泄水管和溢流管通常就近排入消防水箱间地漏或直接排至室外建筑屋面
3	开水器、热水器排水通常就近排至本房间内地漏
4	蒸发式冷却器、空调设备冷凝水的排水通常就近排至本房间内地漏
5	展览建筑内根据展览工艺要求设置供展品使用的排水预留管与排水系统连接时应采用间接排水方式

展览建筑、博物馆建筑、档案馆建筑未设置地下室时，排水排出管穿越有沉降可能的承重墙或基础时应预留洞口；设置地下室时，排水排出管穿越地下室外墙时应预留防水套管，宜采用柔性防水套管。

8.3.5 通气管系统

展览建筑、博物馆建筑、档案馆建筑通气管设置要求，见表8-33。

展览建筑、博物馆建筑、档案馆建筑通气管设置要求表　　　表8-33

序号	通气管名称	设置位置	设置要求	管径确定
1	伸顶通气管	设置场所涉及展览建筑、博物馆建筑、档案馆建筑尤其是多层展览建筑、博物馆建筑、档案馆建筑所有区域	高出非上人屋面不得小于300mm，但必须大于最大积雪厚度，常采用800~1000mm；高出上人屋面不得小于2000mm，常采用2000mm。顶端应装设风帽或网罩；在冬季室外温度高于-15℃的地区，顶端可装网形铅丝球；低于-15℃的地区，顶端应装伞形通气帽	应与排水立管管径相同。但在最冷月平均气温低于-13℃的地区，应在室内平顶或吊顶以下0.3m处将管径放大一级，若采用塑料管材时其最小管径不宜小于110mm
2	专用通气管	高层展览建筑、博物馆建筑、档案馆建筑公共卫生间排水应采用专用通气方式；多层展览建筑、博物馆建筑、档案馆建筑公共卫生间宜采用专用通气方式	展览建筑、博物馆建筑、档案馆建筑公共卫生间的排水立管和专用通气立管并排设置在卫生间附设管道井内；未设管道井时，该2种立管并列设置，并宜后期装修包敷暗设，专用通气立管宜靠内侧敷设、排水立管宜靠外侧敷设	通常与其排水立管管径相同

续表

序号	通气管名称	设置位置	设置要求	管径确定
3	汇合通气管	展览建筑、博物馆建筑、档案馆建筑中多根通气立管或多根排水立管顶端通气部分上方楼层存在特殊区域(如珍贵藏品展览及保存场所、档案馆档案库区、重要档案室、厨房、餐厅、电气机房等)不允许每根立管穿越向上接至屋顶时,需在本层顶板下或吊顶内汇集后接至屋顶		汇合通气管的断面积应为最大一根通气管的断面积加其余通气管断面积之和的0.25倍
4	主(副)通气立管	通常设置在展览建筑、博物馆建筑、档案馆建筑内的公共卫生间		通常与其排水立管管径相同
5	结合通气管			通常与其连接的通气立管管径相同
6	环形通气管	连接4个及4个以上卫生器具(包括大便器)且横支管的长度大于12m的排水横支管;连接6个及6个以上大便器的污水横支管;设有器具通气管;特殊单立管偏置	和排水横支管、主(副)通气立管连接的要求:在排水横支管上设环形通气时,应在其最始端的两个卫生器具之间接出,并应在排水支管中心线以上与排水支管呈垂直或45°连接;环形通气管应在卫生器具上边缘以上不小于0.15m处按不小于0.01的上升坡度与通气立管相连	常用管径为DN40(对应DN75排水管)、DN50(对应DN100排水管)

展览建筑、博物馆建筑、档案馆建筑通气管可采用柔性接口机制排水铸铁管或塑料排水管,一般采用与本建筑排水管相同管材。在最冷月平均气温低于-13℃的地区,伸出屋面部分通气立管应采用柔性接口机制排水铸铁管。

通气立管的最小管径,参见表1-130。

8.3.6 特殊排水系统

展览建筑、博物馆建筑、档案馆建筑藏品展览及保存场所、生活水泵房、厨房、电气机房等场所的上方楼层不应有排水横支管明设管道等。若有必要在上述某些场所上方设置排水点且无法采取其他躲避措施时,该部位的排水应采用同层排水方式。

展览建筑、博物馆建筑、档案馆建筑同层排水最常采用的是降板或局部降板法。

8.3.7 特殊场所排水

1. 展览建筑、博物馆建筑、档案馆建筑化粪池

化粪池宜设置在接户管的下游端;位置宜选在院区最低处附近;外壁距建筑物外墙不宜小于5m;宜选用钢筋混凝土化粪池。

展览建筑、博物馆建筑、档案馆建筑化粪池有效容积,按公式(8-14)~公式(8-16)

计算：

$$V = V_w + V_n \tag{8-14}$$

$$V_w = m \cdot b_f \cdot q_w \cdot t_w/(24 \times 1000) \tag{8-15}$$

$$V_n = m \cdot b_f \cdot q_n \cdot t_n \cdot (1-b_x) \cdot M_s \times 1.2/[(1-b_n) \times 1000] \tag{8-16}$$

式中 V_w——化粪池污水部分容积，m^3；

V_n——化粪池污泥部分容积，m^3；

q_w——每人每日计算污水量，L/(人·d)，同每人最大日用水量；

t_w——污水在池中停留时间，h，应根据污水量确定，宜采用 24~36h；

q_n——每人每日计算污泥量，L/(人·d)，合流系统时取 0.7L/(人·d)，分流系统时取 0.4L/(人·d)；

t_n——污泥清掏周期，应根据污水温度和当地气候条件确定，宜采用 6~12 个月；

b_x——新鲜污泥含水量，可按 95% 计算；

b_n——发酵浓缩后的污泥含水量，可按 90% 计算；

M_s——污泥发酵后体积缩减系数，宜取 0.8；

1.2——清掏后遗留 20% 的容积系数；

m——化粪池服务总人数；

b_f——化粪池实际使用人数占总人数的百分比，取 10%。

据此得出展览建筑、博物馆建筑、档案馆建筑化粪池的有效容积，按公式（8-17）计算：

$$V = 4.17 \times 10^{-6} \cdot m \cdot q_w \cdot t_w + 4.80 \times 10^{-5} \cdot m \cdot q_n \cdot t_n \tag{8-17}$$

展览建筑、博物馆建筑、档案馆建筑可集中并联设置或根据院区布局分散并联布置 2 个化粪池，化粪池的型号宜一致。

2. 展览建筑、博物馆建筑、档案馆建筑食堂、餐厅含油废水处理

展览建筑、博物馆建筑、档案馆建筑含油废水宜采用三级隔油处理流程，参见表 1-141。

根据食堂用餐人数确定隔油设施处理水量，按公式（1-39）计算；根据食堂餐厅面积确定隔油设施处理水量，按公式（1-40）计算。

隔油池有效容积，按公式（1-41）计算。隔油池的类型，参见表 1-142。

隔油提升一体化设备选型的主要技术参数为其所接纳的食堂、餐厅内厨房等器具含油污水排水流量。

3. 展览建筑、博物馆建筑、档案馆建筑附设车库汽车洗车污水处理

汽车冲洗水量，参见表 1-143。

隔油沉淀池有效容积，按公式（1-42）计算。隔油沉淀池类型，参见表 1-144。

4. 展览建筑、博物馆建筑、档案馆建筑设备机房排水

展览建筑、博物馆建筑、档案馆建筑地下设备机房排水设施要求，参见表 1-147。

5. 地下车库排水

展览建筑、博物馆建筑、档案馆建筑地下车库应设置排水设施（排水沟和集水坑）。车库内排水沟设置要求，参见表 1-150。

8.3.8 压力排水

1. 展览建筑、博物馆建筑、档案馆建筑集水坑设置

展览建筑、博物馆建筑、档案馆建筑地下室应设置集水坑。集水坑的设置要求，见表 8-34。

集水坑设置要求表　　　　　　表 8-34

序号	集水坑服务场所	集水坑设置要求	集水坑尺寸
1	展览建筑、博物馆建筑、档案馆建筑地下室卫生间	宜设在地下室最底层靠近卫生间的附属区域（如库房等）或公共空间，禁止设在有人员经常活动的场所；宜集中收纳附近多个卫生间的污水	应根据污水提升装置的规格要求确定
2	展览建筑、博物馆建筑、档案馆建筑地下室食堂、餐厅等	应设置在食堂、餐厅、厨房邻近位置，不宜设在细加工间和烹炒间等房间内	应根据污水隔油提升一体化装置的规格要求确定
3	展览建筑、博物馆建筑、档案馆建筑地下室厨房工作人员淋浴间等场所	宜根据建筑平面布局按区域集中设置1个或多个	应根据污水提升装置的规格要求确定
4	展览建筑、博物馆建筑、档案馆建筑地下车库区域	应便于排水管、排水沟较短距离到达；地下车库每个防火分区宜设置不少于2个集水坑；宜靠车库外墙附近设置；宜布置在车行道下面底板下，不宜布置在停车位下面底板下	1500mm×1500mm×1500mm
5	展览建筑、博物馆建筑、档案馆建筑地下车库出入口坡道处	应尽量靠近汽车坡道最低尽头处	2500mm×2000mm×1500mm
6	展览建筑、博物馆建筑、档案馆建筑地下生活水泵房、消防水泵房、热水机房		1500mm×1500mm×1500mm

当博物馆的藏品库房、展厅等用房设置在地下室或半地下室内时，应设置可靠的地坪排水装置，在上述用房邻近部位设置地下室或半地下室地坪排水集水坑和提升装置，提升装置应有可靠的动力供应；排水泵应设置排水管单独排至室外，排水管不得产生倒灌现象。

通气管管径宜与排水管管径相同，可接至室外或向上接至建筑地上部分通气管系统。

2. 污水泵、污水提升装置选型

展览建筑、博物馆建筑、档案馆建筑排水泵的流量方法确定，参见表 2-68；排水泵的扬程，按公式（1-44）计算。

8.3.9 室外排水系统

1. 展览建筑、博物馆建筑、档案馆建筑室外排水管道布置

展览建筑、博物馆建筑、档案馆建筑室外排水管道布置方法，参见表 2-69；与其他地下管线（构筑物）最小间距，参见表 1-154。

展览建筑、博物馆建筑、档案馆建筑室外排水管道最小覆土深度不宜小于0.5m；对于严寒地区、寒冷地区展览建筑、博物馆建筑、档案馆建筑，室外排水管道最小覆土深度应超过当地冻土层深度。

2. 展览建筑、博物馆建筑、档案馆建筑室外排水管道敷设

展览建筑、博物馆建筑、档案馆建筑室外排水管道与生活给水管道交叉时，应敷设在生活给水管道下面。室外排水管道敷设发生冲突时，应遵循表1-26原则处理。

3. 展览建筑、博物馆建筑、档案馆建筑室外排水管道水力计算

室外排水管道水力计算，按公式（1-45）、公式（1-46）。

展览建筑、博物馆建筑、档案馆建筑室外排水管道的最小管径、最小设计坡度、最大设计充满度，参见表1-155。

4. 展览建筑、博物馆建筑、档案馆建筑室外排水管道管材

展览建筑、博物馆建筑、档案馆建筑室外排水管道宜优先采用埋地塑料排水管，弹性橡胶圈密封柔性接口，小于$DN200$直壁管，可采用承插式粘接；可采用埋地铸铁排水管，橡胶圈柔性接口或水泥砂浆接口。

5. 展览室外排水检查井

展览建筑、博物馆建筑、档案馆建筑室外排水检查井设置位置，参见表1-156。

展览建筑、博物馆建筑、档案馆建筑室外排水检查井宜优先选用玻璃钢排水检查井，其次是混凝土排水检查井，禁止采用砖砌排水检查井。室外排水管在排水检查井连接应采用管顶平接。

8.4 雨水系统

8.4.1 雨水系统分类

展览建筑、博物馆建筑、档案馆建筑雨水系统分类，见表8-35。

雨水系统分类表　　　　　表8-35

序号	分类标准	雨水系统类别	展览建筑、博物馆建筑、档案馆建筑应用情况	应用程度
1	屋面雨水设计流态	半有压流屋面雨水系统	展览建筑、博物馆建筑、档案馆建筑中一般采用的是87型雨水斗系统	最常用
2		压力流屋面雨水系统（虹吸式雨水系统）	展览建筑、博物馆建筑、档案馆建筑汇水面积较大的屋面、金属结构屋面雨水系统宜采用	常用
3		重力流屋面雨水系统		极少用
4	雨水管道设置位置	内排水雨水系统	多层展览建筑、博物馆建筑、档案馆建筑雨水系统宜采用	最常用
5		外排水雨水系统	展览建筑、博物馆建筑、档案馆建筑如果面积不大、建筑专业立面允许，可以采用	少用
6		混合式雨水系统		极少用

续表

序号	分类标准	雨水系统类别	展览建筑、博物馆建筑、档案馆建筑应用情况	应用程度
7	雨水出户横管室内部分是否存在自由水面	封闭系统		最常用
8		敞开系统		极少用
9	建筑屋面排水条件	天沟雨水排水系统		最常用
10		檐沟雨水排水系统		极少用
11		无沟雨水排水系统		极少用
12		压力提升雨水排水系统	展览建筑、博物馆建筑、档案馆建筑地下车库出入口等处，雨水汇集就近排至集水坑时采用	常用

博物馆建筑屋面的雨水排水方式应根据房间的使用功能、屋面的结构形式和气候条件选择。藏品保存场所的屋面应采用雨水外排水系统。

8.4.2 雨水量

1. 设计雨水流量

展览建筑、博物馆建筑、档案馆建筑设计雨水流量，应按公式（1-47）计算。

2. 设计暴雨强度

设计暴雨强度应按展览建筑、博物馆建筑、档案馆建筑所在地或相邻地区暴雨强度公式计算确定，见公式（1-48）。

我国部分城镇5min设计暴雨强度、小时降雨厚度，参见表1-158（设计重现期$P=10$年）。

3. 设计重现期

展览建筑、博物馆建筑、档案馆建筑汇水面积较大的屋面、金属结构屋面雨水排水系统的设计重现期，应根据建筑的重要性和溢流造成的危害程度确定，并不宜小于10年。博物馆建筑对于藏品保存场所的屋面，设计时应提高其设计重现期的数值。展览建筑、博物馆建筑、档案馆建筑屋面雨水设计重现期：对于半有压流屋面雨水系统，通常取10年；对于压力流屋面雨水系统，通常取50年。

屋面雨水排水工程应设置溢流设施。屋面雨水排水工程与溢流设施的总排水能力不应小于50年重现期的雨水量。

4. 设计降雨历时

展览建筑、博物馆建筑、档案馆建筑屋面雨水排水管道设计降雨历时按照5min确定。

院区雨水排水管道设计降雨历时，按公式（1-49）计算。

5. 径流系数

展览建筑、博物馆建筑、档案馆建筑屋面及院区地面的径流系数，参见表1-159。

6. 汇水面积

展览建筑、博物馆建筑、档案馆建筑的雨水汇水面积计算原则，参见表1-160。

8.4.3 雨水系统

1. 雨水系统设计常规要求

展览建筑、博物馆建筑、档案馆建筑雨水系统设置要求，参见表 1-161。

展览建筑、博物馆建筑、档案馆建筑雨水排水管道不应穿越的场所，见表 8-36。

雨水排水管道不应穿越的场所表 表 8-36

序号	雨水排水管道不应穿越的场所名称	具体房间名称
1	重要博物馆用房	除自动灭火系统的需要，博物馆建筑藏品库房和展厅内严禁敷设雨水管道。藏品保存场所的室内不应有与其无关的管线穿越
2	重要展览用房	珍贵藏品展览及保持场所、档案馆档案库区、重要档案室、重要资料室等
3	有安静要求展览用房	办公室、会议室、接待室等
4	电气机房	高压配电室、低压配电室及值班室、柴油发电机房及储油间、网络机房、弱电机房、UPS 机房、消防控制室等

注：1. 展览建筑、博物馆建筑、档案馆建筑雨水排水横管宜沿建筑内公共区域（内走道等）吊顶内敷设；雨水排水立管宜沿建筑内公共场所或辅助次要场所敷设；
2. 档案馆雨水排水立管不应安装在与档案库相邻的内墙上。

2. 雨水斗设计

展览建筑、博物馆建筑、档案馆建筑半有压流屋面雨水系统通常采用 87 型雨水斗或 79 型雨水斗，规格常用 $DN100$。

雨水斗设计排水负荷，参见表 1-163。

雨水斗下方区域宜为建筑顶层公共区域（如内走道）或辅助次要场所（如公共卫生间、库房等），不应为需要安静的场所，不宜为活动区、办公区房间。

雨水斗宜对雨水排水立管做对称布置；接有多斗悬吊管的立管顶端不得设置雨水斗；一个屋面上应设置不少于 2 个雨水斗。

3. 天沟、溢流设施、连接管、悬吊管、立管、埋地管、排出管设计

屋面雨水排水系统应设溢流设施，溢流设施的排水能力应符合现行国家标准《建筑给水排水设计标准》GB 50015 的有关规定。

展览建筑、博物馆建筑、档案馆建筑天沟、溢流设施、连接管、悬吊管、立管、埋地管、排出管设置要求，参见表 1-164。

4. 室内水泵提升雨水排水系统设计

地下室露天窗井内应设平箅式雨水口、无水封地漏作为雨水口，经雨水收集管接入集水池；地下车库出入口汽车坡道上应设雨水截水沟，经直埋雨水收集管接入集水池。

雨水提升泵通常采用潜水泵，宜采用 3 台，2 用 1 备。

5. 雨水管管材

展览建筑、博物馆建筑、档案馆建筑雨水排水管管材，参见表 1-167。

8.4.4 雨水系统水力计算

1. 半有压流（87 型）屋面雨水系统水力计算

（1）雨水斗（87 型）

雨水斗设计流量，应按公式（1-50）计算。

对于单斗雨水系统，雨水斗设计流量不应超过表 1-168 数值；对于多斗雨水系统，雨水斗设计流量应根据表 1-169 取值，最远端雨水斗设计流量不得超过表 1-169 数值。

展览建筑、博物馆建筑、档案馆建筑 87 型雨水斗口径常采用 $DN100$，其次是 $DN75$、$DN150$。

（2）雨水连接管

展览建筑、博物馆建筑、档案馆建筑雨水连接管管径通常与雨水斗出水口直径相同，常采用 $DN100$，其次是 $DN150$。

（3）雨水悬吊管

展览建筑、博物馆建筑、档案馆建筑雨水悬吊管管径，参见表 1-172。

（4）雨水立管

连接 2 根及以上雨水悬吊管的雨水立管管径，按表 1-173 确定。

（5）雨水排出管

展览建筑、博物馆建筑、档案馆建筑雨水排出管管径确定，见表 1-174～表 1-177。

（6）雨水管道最小管径

展览建筑、博物馆建筑、档案馆建筑雨水系统最小设计管径及雨水排水横管最小设计坡度，见表 1-178。

2. 压力流（虹吸式）屋面雨水系统水力计算

展览建筑、博物馆建筑、档案馆建筑压力流（虹吸式）屋面雨水系统水力计算方法，参见 1.4.4 节。

3. 雨水提升系统水力计算

展览建筑、博物馆建筑、档案馆建筑地下室车库坡道、窗井等场所设计雨水流量，按公式（1-54）计算；设计径流雨水总量，按公式（1-55）计算。

8.4.5 院区室外雨水系统设计

展览建筑、博物馆建筑、档案馆建筑院区雨水系统宜采用管道排水形式，与污水系统应分流排放。

1. 雨水口

雨水口选型，参见表 1-180；雨水口设置位置，参见表 1-181；各类型雨水口的泄水流量，参见表 1-182。

雨水口设计流量，按公式（1-56）计算。

2. 雨水口连接管

单算雨水口连接管管径通常采用 $DN250$。

3. 雨水检查井

院区内直线雨水管道上雨水检查井设置最大间距，参见表 1-183。

院区雨水检查井规格通常采用 $DN1000$ 圆形玻璃钢或钢筋混凝土雨水检查井。

4. 室外雨水管道布置

展览建筑、博物馆建筑、档案馆建筑室外雨水管道布置方法，参见表 1-184。

8.4.6 院区室外雨水利用

展览建筑、博物馆建筑、档案馆建筑宜根据当地的降雨情况设置雨水收集、回用设施，并应符合现行国家标准《建筑与小区雨水控制及利用工程技术规范》GB 50400 的有关规定。

雨水收集回用应进行水量平衡计算。展览建筑、博物馆建筑、档案馆建筑院区雨水通常可用于景观用水、院区绿化用水、路面和地面冲洗用水、汽车冲洗用水、冲厕用水等。

8.5 消火栓系统

8.5.1 消火栓系统设置场所

高层展览建筑、档案馆建筑、博物馆建筑；建筑体积大于 5000m^3 的单、多层展览建筑、档案馆建筑；建筑高度大于 15m 或建筑体积大于 10000m^3 的单、多层博物馆建筑必须设置室内消火栓系统。

地市级及以上的文物古迹、展览馆、博物馆、档案馆等建筑物属于重要公共建筑物。公共展览馆、博物馆的展示厅属于人员密集场所。

人员密集的公共展览建筑、建筑面积大于 200m^2 的商业服务网点内应设置消防软管卷盘或轻便消防水龙。

8.5.2 消火栓系统设计参数

1. 展览建筑、博物馆建筑、档案馆建筑室外消火栓设计流量

展览建筑、博物馆建筑室外消火栓设计流量，不应小于表 8-37 的规定。

展览建筑、博物馆建筑室外消火栓设计流量表（L/s） 表 8-37

耐火等级	建筑物名称	建筑体积（m^3）					
		$V \leqslant 1500$	$1500 < V \leqslant 3000$	$3000 < V \leqslant 5000$	$5000 < V \leqslant 20000$	$20000 < V \leqslant 50000$	$V > 50000$
一、二级	单层及多层展览建筑、博物馆建筑	15			25	30	40
	高层展览建筑、博物馆建筑	—			25	30	40
三级	单层及多层展览建筑、博物馆建筑	15		20	25	30	
四级	单层及多层展览建筑、博物馆建筑	15		20	25	—	

注：1. 建筑体积指本建筑占据的空间数量，包括该建筑的地上空间体积数和地下空间体积数；
2. 地下车库室外消火栓系统设计流量小于建筑主体室外消火栓系统设计流量，展览建筑、博物馆建筑室外消火栓系统设计流量按建筑主体室外消火栓系统设计流量确定；
3. 地下人防工程室外消火栓系统设计流量小于建筑主体室外消火栓系统设计流量，展览建筑、博物馆建筑室外消火栓系统设计流量按建筑主体室外消火栓系统设计流量确定。

档案馆建筑室外消火栓设计流量，不应小于表 8-38 的规定。

8.5 消火栓系统

档案馆建筑室外消火栓设计流量表 (L/s)　　　　表 8-38

耐火等级	建筑物名称	建筑体积 (m³)					
		V≤1500	1500<V≤3000	3000<V≤5000	5000<V≤20000	20000<V≤50000	V>50000
一、二级	单层及多层档案馆建筑	15			25	30	40
	高层档案馆建筑	—			25	30	40

注：1. 建筑体积指本建筑占据的空间数量，包括该建筑的地上空间体积数和地下空间体积数；
2. 地下车库室外消火栓系统设计流量小于建筑主体室外消火栓系统设计流量，档案馆建筑室外消火栓系统设计流量按建筑主体室外消火栓系统设计流量确定；
3. 地下人防工程室外消火栓系统设计流量小于建筑主体室外消火栓系统设计流量，档案馆建筑室外消火栓系统设计流量按建筑主体室外消火栓系统设计流量确定。

2. 展览建筑、博物馆建筑、档案馆建筑室内消火栓设计流量

展览建筑、博物馆建筑室内消火栓设计流量，不应小于表 8-39 的规定。

展览建筑、博物馆建筑室内消火栓设计流量表　　　　表 8-39

建筑物名称	高度 h (m)、体积 V (m³)、火灾危险性	消火栓设计流量 (L/s)	同时使用消防水枪数 (支)	每根竖管最小流量 (L/s)
单层及多层展览建筑、博物馆建筑	5000<V≤25000	10	2	10
	25000<V≤50000	15	3	10
	V>50000	20	4	15
二类高层展览建筑、博物馆建筑（建筑高度小于或等于50m且建筑高度24m以上部分任一楼层建筑面积均不大于1000m²的高层展览建筑；建筑高度小于或等于50m且为地市级以下的高层博物馆建筑）	h≤50	20	4	10
一类高层展览建筑、博物馆建筑（建筑高度大于50m的高层展览建筑、博物馆建筑；建筑高度24m以上部分任一楼层建筑面积大于1000m²的高层展览建筑；地市级及以上的高层博物馆建筑）	h>50	40	8	15

注：1. 消防软管卷盘、轻便消防水龙，其消火栓设计流量可不计入室内消防给水设计流量；
2. 地下车库室内消火栓系统设计流量小于建筑主体室内消火栓系统设计流量，展览建筑、博物馆建筑室内消火栓系统设计流量按建筑主体室内消火栓系统设计流量确定；
3. 地下人防工程室内消火栓系统设计流量小于建筑主体室内消火栓系统设计流量，展览建筑、博物馆建筑室内消火栓系统设计流量按建筑主体室内消火栓系统设计流量确定。

档案馆建筑室内消火栓设计流量，不应小于表 8-40 的规定。

档案馆建筑室内消火栓设计流量表　　　　　　　　　　表 8-40

建筑物名称	高度 h（m）、体积 V（m³）、火灾危险性		消火栓设计流量（L/s）	同时使用消防水枪数（支）	每根竖管最小流量（L/s）
单层及多层档案馆建筑	$h>15$	$5000<V\leqslant 10000$	10	2	10
		$10000<V\leqslant 25000$	15	3	10
		$V>25000$	20	4	15
二类高层档案馆建筑（建筑高度小于或等于50m且为地市级以下的高层档案馆建筑）	$h\leqslant 50$		20	4	10
一类高层档案馆建筑（建筑高度大于50m或为地市级及以上的高层档案馆建筑）	$h\leqslant 50$		30	6	15
	$h>50$		40	8	15

注：1. 消防软管卷盘、轻便消防水龙，其消火栓设计流量可不计入室内消防给水设计流量；
　　2. 地下车库室内消火栓系统设计流量小于建筑主体室内消火栓系统设计流量，档案馆建筑室内消火栓系统设计流量按建筑主体室内消火栓系统设计流量确定；
　　3. 地下人防工程室内消火栓系统设计流量小于建筑主体室内消火栓系统设计流量，档案馆建筑室内消火栓系统设计流量按建筑主体室内消火栓系统设计流量确定。

3. 火灾延续时间

一类高层展览建筑、博物馆建筑（建筑高度大于50m的高层展览建筑、博物馆建筑；建筑高度24m以上部分任一楼层建筑面积大于1000m²的高层展览建筑；地市级及以上的高层博物馆建筑），一类高层档案馆建筑（建筑高度大于50m或为地市级及以上的高层档案馆建筑）消火栓系统的火灾延续时间，按3.0h；其他展览建筑、博物馆建筑、档案馆建筑消火栓系统的火灾延续时间，按2.0h。

展览建筑、博物馆建筑、档案馆建筑室内自动灭火系统的火灾延续时间，参见表1-188。

4. 消防用水量

一座展览建筑、博物馆建筑、档案馆建筑的消防用水量按室外消火栓系统用水量、室内消火栓系统用水量、室内自动喷水灭火系统用水量三者之和计算。

8.5.3 消防水源

1. 市政给水

当前国内城市市政给水管网能够满足展览建筑、博物馆建筑、档案馆建筑直接消防供水条件的较少。

展览建筑、博物馆建筑、档案馆建筑室外消防给水管网管径，按表4-40确定。

展览建筑、博物馆建筑、档案馆建筑室外消防给水管网宜与室外生活给水管网分开敷设，且应布置成环状管网。

2. 消防水池

（1）展览建筑、博物馆建筑、档案馆建筑消防水池有效储水容积

表8-41给出了常用典型展览建筑、博物馆建筑消防水池有效储水容积的对照表。

展览建筑、博物馆建筑火灾延续时间内消防水池储存消防用水量表 表8-41

单、多层展览建筑、博物馆建筑体积 V（m³）	$V \leqslant 3000$	$3000 < V \leqslant 5000$	$5000 < V \leqslant 10000$	$10000 < V \leqslant 20000$	$20000 < V \leqslant 25000$	$25000 < V \leqslant 50000$	$V > 50000$
室外消火栓设计流量（L/s）	15	20	25	25	30	30	40
火灾延续时间（h）	2.0						
火灾延续时间内室外消防用水量（m³）	108.0	144.0	180.0	180.0	216.0	216.0	288.0
建筑高度（m）	>15						
室内消火栓设计流量（L/s）	—	—	10	10	15	15	20
火灾延续时间（h）	2.0						
火灾延续时间内室内消防用水量（m³）	—	—	72.0	72.0	108.0	108.0	144.0
火灾延续时间内室内外消防用水量（m³）	108.0	144.0	252.0	252.0	324.0	324.0	432.0
消防水池储存室内外消火栓用水容积 V_1（m³）	108.0	144.0	252.0	252.0	324.0	324.0	432.0

高层展览建筑、博物馆建筑体积 V（m³）	$5000 < V \leqslant 20000$	$20000 < V \leqslant 50000$	$V > 50000$	$5000 < V \leqslant 20000$	$20000 < V \leqslant 50000$	$V > 50000$
高层展览建筑、博物馆建筑高度 h（m）	$h \leqslant 50$			$h > 50$		
室外消火栓设计流量（L/s）	25	30	40	25	30	40
火灾延续时间（h）	2.0			3.0		
火灾延续时间内室外消防用水量（m³）	180.0	216.0	288.0（432.0）	270.0	324.0	432.0
展览建筑、博物馆建筑类别	二类高层展览建筑、博物馆建筑（建筑高度小于或等于50m且建筑高度24m以上部分任一楼层建筑面积均不大于1000m²的高层展览建筑；建筑高度小于或等于50m且为地市级以下的高层博物馆建筑）			一类高层展览建筑、博物馆建筑（建筑高度大于50m的展览建筑、博物馆建筑；建筑高度24m以上部分任一楼层建筑面积大于1000m²的高层展览建筑；地市级及以上的高层博物馆建筑）		
室内消火栓设计流量（L/s）	20	20	30	40	40	40
火灾延续时间（h）	2.0			3.0		
火灾延续时间内室内消防用水量（m³）	144.0	144.0	324.0	432.0	432.0	432.0
火灾延续时间内室内外消防用水量（m³）	324.0	360.0	432.0（756.0）	702.0	756.0	864.0
消防水池储存室内外消火栓用水容积 V_2（m³）	324.0	360.0	432.0（756.0）	702.0	756.0	864.0

续表

展览建筑、博物馆建筑自动喷水灭火系统设计流量（L/s）	25	30	35	40
火灾延续时间（h）	1.0	1.0	1.0	1.0
火灾延续时间内自动喷水灭火用水量（m³）	90.0	108.0	126.0	144.0
消防水池储存自动喷水灭火用水容积 V_3（m³）	90.0	108.0	126.0	144.0

注：括号内为一类高层展览建筑、博物馆建筑数据。

如上表所示，通常展览建筑、博物馆建筑消防水池有效储水容积在198～1008m³。表8-42给出了常用典型档案馆建筑消防水池有效储水容积的对照表。

档案馆建筑火灾延续时间内消防水池储存消防用水量表　　表8-42

单、多层档案馆建筑体积 V（m³）	$V\leqslant 3000$	$3000<V\leqslant 5000$	$5000<V\leqslant 10000$	$10000<V\leqslant 20000$	$20000<V\leqslant 25000$	$25000<V\leqslant 50000$	$V>50000$
室外消火栓设计流量（L/s）	15	25	25	25	30	30	40
火灾延续时间（h）	2.0						
火灾延续时间内室外消防用水量（m³）	108.0	180.0	180.0	180.0	216.0	216.0	288.0
单、多层档案馆建筑高度（m）	>15						
室内消火栓设计流量（L/s）	—	—	—	10	10	15	20
火灾延续时间（h）	2.0						
火灾延续时间内室内消防用水量（m³）	—	—	—	72.0	72.0	108.0	144.0
火灾延续时间内室内外消防用水量（m³）	108.0	252.0	252.0	252.0	288.0	324.0	432.0
消防水池储存室内外消火栓用水容积 V_1（m³）	108.0	252.0	252.0	252.0	288.0	324.0	432.0

高层档案馆建筑体积 V（m³）	$5000<V\leqslant 20000$	$20000<V\leqslant 50000$	$V>50000$	$5000<V\leqslant 20000$	$20000<V\leqslant 50000$	$V>50000$
高层档案馆建筑高度 h（m）	$h\leqslant 50$			$h>50$		
室外消火栓设计流量（L/s）	25	30	40	25	30	40
火灾延续时间（h）	2.0			3.0		
火灾延续时间内室外消防用水量（m³）	180.0	216.0	288.0 (432.0)	270.0	324.0	432.0
档案馆建筑类别	二类高层档案馆建筑（建筑高度小于或等于50m且为地市级以下的高层档案馆建筑）			一类高层档案馆建筑（建筑高度大于50m或为地市级及以上的高层档案馆建筑）		

续表

高层档案馆建筑体积 V（m³）	$5000<V\leq20000$	$20000<V\leq50000$	$V>50000$	$5000<V\leq20000$	$20000<V\leq50000$	$V>50000$
室内消火栓设计流量（L/s）	20		30	40		
火灾延续时间（h）	2.0			3.0		
火灾延续时间内室内消防用水量（m³）	144.0		324.0	432.0		
火灾延续时间内室内外消防用水量（m³）	324.0	360.0	432.0（756.0）	702.0	756.0	864.0
消防水池储存室内外消火栓用水容积 V_2（m³）	324.0	360.0	432.0（756.0）	702.0	756.0	864.0
档案馆建筑自动喷水灭火系统设计流量（L/s）	25		30	35		40
火灾延续时间（h）	1.0		1.0	1.0		1.0
火灾延续时间内自动喷水灭火用水量（m³）	90.0		108.0	126.0		144.0
消防水池储存自动喷水灭火用水容积 V_3（m³）	90.0		108.0	126.0		144.0

注：括号内为一类高层档案馆建筑数据。

如上表所示，通常档案馆建筑消防水池有效储水容积在 $198 \sim 1008 m^3$。

（2）展览建筑、博物馆建筑、档案馆建筑消防水池位置

消防水池位置确定原则，见表8-43。

消防水池位置确定原则表 表8-43

序号	消防水池位置确定原则
1	消防水池应毗邻或靠近消防水泵房
2	消防水池与消防水泵房的标高关系满足消防水泵自灌吸水要求
3	应结合展览建筑、博物馆建筑、档案馆建筑院区建筑布局条件
4	消防水池应满足与消防车间的距离关系
5	消防水池应满足与建筑物围护结构的位置关系

展览建筑、博物馆建筑、档案馆建筑消防水池、消防水泵房与展览院区空间关系，参见表8-44。

消防水池、消防水泵房与展览院区空间关系表 表8-44

序号	展览建筑、博物馆建筑、档案馆建筑院区室外空间情况	消防水池位置	消防水泵房位置	备注
1	有充足空间	室外院区内	建筑地下室	常见于新建展览建筑、博物馆建筑、档案馆建筑项目
2	室外空间狭小或不合适	建筑地下室	建筑地下室	常见于改建、扩建展览建筑、博物馆建筑、档案馆建筑项目

消防水池的最低有效水位应高于消防水池吸水喇叭口不小于 600mm，且应高于消防水泵的吸水管管顶。

展览建筑、博物馆建筑、档案馆建筑消防水泵型式的选择与消防水池有一定的对应关系，参见表 1-194。

展览建筑、博物馆建筑、档案馆建筑储存室内外消防用水的消防水池与消防水泵房的位置关系，参见表 1-195。

展览建筑、博物馆建筑、档案馆建筑消防水池格（座）数与有效储水容积的对照关系，参见表 1-196。

展览建筑、博物馆建筑、档案馆建筑消防水池附件，参见表 1-197。

展览建筑、博物馆建筑、档案馆建筑消防水池各水位指标确定方法及取值经验值，参见表 1-198。

3. 天然水源及其他水源

展览建筑、博物馆建筑、档案馆建筑消防水源不宜采用天然水源。

8.5.4 消防水泵房

1. 消防水泵房选址

新建展览建筑、博物馆建筑、档案馆建筑院区消防水泵房设置通常采取以下 2 个方案，见表 8-45。

新建展览建筑、博物馆建筑、档案馆建筑院区消防水泵房设置方案对比表　　表 8-45

方案编号	消防水泵房位置	优点	缺点	适用条件
方案 1	院区内室外	设备集中，控制便利，对展览活动等功能用房环境影响小；消防水泵集中设置，距离消防水池很近，泵组吸水管线很短等	距院区内展览建筑、博物馆建筑、档案馆建筑较远，管线较长，水头损失较大，消防水箱距泵房较远等	适用于展览建筑、博物馆建筑、档案馆建筑院区室外空间较大的情形。宜与生活水泵房、锅炉房、变配电室集中设置。在新建展览建筑、博物馆建筑、档案馆建筑院区中，应优先采用此方案
方案 2	院区内展览建筑、博物馆建筑、档案馆建筑地下室内	设备较为集中，控制较为便利，距离建筑消防水系统距离较近，消防水箱距泵房位置较近等	占用展览建筑、博物馆建筑、档案馆建筑空间，对展览活动等功能用房环境有一些影响	适用于展览建筑、博物馆建筑、档案馆建筑院区室外空间较小的情形。在新建展览院区中，可替代方案 1

改建、扩建展览院区消防水泵房设置方案，参见表 1-200。

2. 建筑内部消防水泵房位置

展览建筑、博物馆建筑、档案馆建筑消防水泵房若设置在建筑物内，应采取消声、隔声和减振等措施；不应布置在藏品保存场所的上层或同层贴邻位置；不应毗邻观众公共服务区（公共区域）观众休息处（室）、贵宾休息室、新闻中心、会议空间、餐饮空间等场所；不应毗邻办公后勤区（行政区域）办公室、会议室、员工休息室等场所。

3. 消防水泵机组的布置要求

相邻两个机组及机组至泵房墙壁间的净距要求，参见表1-201。

4. 消防水泵房采暖、排水等要求

严寒、寒冷地区消防水泵房，应设置供暖设施。

消防水泵房的泵房排水设施：在泵房内设置排水沟；地下消防水泵房内或邻近场所设集水坑，坑内设潜污泵。消防水泵房应采取防淹措施。

5. 消防水泵房管道设计

消防水泵配置数量与消防水系统设计流量的关系，参见表1-202。

展览建筑、博物馆建筑、档案馆建筑消防水泵吸水管、出水管管径，参见表1-203；消防吸水总管管径应根据其连通服务的各种消防水泵设计流量之累加值进行确定，参见表1-205。

消防水泵吸水管布置应避免形成气囊。

消防水泵吸水口的淹没深度应满足消防水泵在最低水位运行安全的要求。

消防水泵吸水管、出水管上附件配置及要求，参见表1-206。

6. 消防水泵自动启动控制

消防水泵自动启动要求，参见表1-207；消防水泵自动启动方式，参见表1-208；流量开关性能、设置位置等，参见表1-209。

当消防稳压泵设置于高位消防水箱间内时，消防水泵启泵压力（P），按公式（1-58）确定；当消防稳压泵设置于低位消防水泵房内时，按公式（1-59）确定。

8.5.5 消防水箱

展览建筑、博物馆建筑、档案馆建筑消防给水系统绝大多数属于临时高压系统，高层展览建筑、博物馆建筑、档案馆建筑、3层及以上单体总建筑面积大于10000m^2的多层展览建筑、博物馆建筑、档案馆建筑均应设置高位消防水箱。

1. 消防水箱有效储水容积

展览建筑、博物馆建筑、档案馆建筑高位消防水箱有效储水容积，按表8-46确定。

展览建筑、博物馆建筑、档案馆建筑高位消防水箱有效储水容积确定表　　表8-46

序号	建筑类别	建筑高度	消防水箱有效储水容积
1	一类高层展览建筑、博物馆建筑（建筑高度大于50m的高层展览建筑、博物馆建筑；建筑高度24m以上部分任一楼层建筑面积大于1000m^2的高层展览建筑；地市级及以上的高层博物馆建筑），一类高层档案馆建筑（建筑高度大于50m或为地市级及以上的高层档案馆建筑）	小于或等于100m	不应小于36m^3，可按36m^3
2	二类高层展览建筑、博物馆建筑（建筑高度小于或等于50m且建筑高度24m以上部分任一楼层建筑面积均不大于1000m^2的高层展览建筑；建筑高度小于或等于50m且为地市级以下的高层博物馆建筑），二类高层档案馆建筑（建筑高度小于或等于50m且为地市级以下的高层档案馆建筑）		不应小于18m^3，可按18m^3
3	多层展览建筑、博物馆建筑、档案馆建筑		

2. 消防水箱设置位置

展览建筑、博物馆建筑、档案馆建筑消防水箱设置位置应满足以下要求，见表 8-47。

消防水箱设置位置要求表　　　　　　　　　　　　　　　　表 8-47

序号	消防水箱设置位置要求	备注
1	位于所在建筑的最高处	通常设在屋顶机房层消防水箱间内
2	应该独立设置	不与其他设备机房，如屋顶太阳能热水机房、热水箱间等合用
3	应避免对下方楼层房间的影响	不应布置在藏品保存场所的上层或同层贴邻位置；不宜毗邻办公室和会议室，也不宜布置在展览用房、办公室和会议室对应的直接上层，可以是普通库房、卫生间等辅助房间或公共区域
4	应高于设置室内消火栓系统、自动喷水灭火系统等系统的楼层	机房层设有活动室、库房等需要设置消防给水系统的场所，可采用其他非水基灭火系统，亦可将消防水箱间置于更高一层
5	不宜超出机房层高度过多、影响建筑效果	消防水箱间内配置消防稳压装置

3. 高位消防水箱尺寸

消防水箱宜为装配式方形水箱，其尺寸宜为 1.0m 或 0.5m 的倍数，推荐尺寸参见表 1-212。

4. 高位消防水箱材质

常用材质为不锈钢板、热浸锌镀锌钢板、玻璃钢板、钢筋混凝土等，不锈钢板最常见。

5. 高位消防水箱配管

高位消防水箱配管及管径确定，参见表 1-213。

6. 消防水箱水位

消防水箱各水位指标确定方法及取值经验值，参见表 1-214。

7. 高位消防水箱布置

高位消防水箱四周净距要求，参见表 1-215。

8. 消防水箱防冻

消防水箱及相应管道保温材料及厚度，参见表 1-216。

8.5.6　消防稳压装置

1. 消防稳压泵

（1）设计流量

消火栓稳压泵设计流量，参见表 1-217。

自动喷水灭火稳压泵设计流量，参见表 1-218；结合一只标准喷头的流量，自动喷水灭火稳压泵常规设计流量取 1.33L/s。

（2）设计压力

当消防稳压泵设置于高位消防水箱间内时，稳压泵的启泵压力 P_1 可取 0.15～0.20MPa，停泵压力 P_2 可取 0.20～0.25MPa；当消防稳压泵设置于低位消防水泵房内时，

P_1 按公式（1-62）确定，P_2 按公式（1-63）确定。

(3) 消防稳压泵选型

消火栓稳压泵设计流量为稳压泵流量确定依据。

消防稳压泵停泵压力（P_2）值附加 0.03～0.05MPa 后，为稳压泵扬程确定依据。

2. 气压水罐

消火栓稳压装置、自动喷水灭火稳压装置均采用 150L 有效储水容积气压水罐；合用消防稳压装置采用 300L 有效储水容积气压水罐。

3. 管道、阀门、附件等

消防稳压泵吸水管管径、出水管管径，参见表 1-219。每套消防稳压泵通常为 2 台，1 用 1 备。

8.5.7 消防水泵接合器

1. 设置范围

对于室内消火栓系统，6 层及以上的展览建筑、博物馆建筑、档案馆建筑应设置消防水泵接合器。

展览建筑、博物馆建筑、档案馆建筑消火栓系统消防水泵接合器配置，参见表 1-220。

展览建筑、博物馆建筑、档案馆建筑自动喷水灭火系统等自动水灭火系统应分别设置消防水泵接合器。

2. 技术参数

展览建筑、博物馆建筑、档案馆建筑消防水泵接合器数量，参见表 1-221。

3. 安装形式

展览建筑、博物馆建筑、档案馆建筑消防水泵接合器安装形式选择，参见表 1-222。

4. 设置位置

同种水泵接合器不宜集中布置，不同种类、分区、功能的水泵接合器宜成组布置，且应设在室外便于消防车使用和接近的地方，且距室外消火栓或消防水池的距离不宜小于 15m，并不宜大于 40m，距人防工程出入口不宜小于 5m。

8.5.8 消火栓系统给水形式

1. 室外消火栓给水系统

当市政给水管网不满足直接供给室外消火栓给水系统时，展览建筑、博物馆建筑、档案馆建筑应采用临时高压室外消火栓给水系统，通常在消防水泵房内独立设置室外消火栓给水泵组、室外消火栓稳压装置。

展览建筑、博物馆建筑、档案馆建筑室外消火栓给水泵组一般设置 2 台，1 用 1 备，泵组设计流量为本建筑室外消防设计流量（15L/s、20L/s、25L/s、30L/s、40 L/s），设计扬程应保证室外消火栓处的栓口压力（0.20～0.30MPa）。泵组出水管及吸水管管径，参见表 1-223。

室外消火栓给水管网管径，参见表 1-224，管网应环状布置，单独成环。

2. 室内消火栓给水系统

展览建筑、博物馆建筑、档案馆建筑室内消火栓给水系统常采用临时高压消火栓给水系统。

除自动灭火系统的需要，博物馆建筑藏品库房和展厅内严禁敷设室内消火栓给水管道。

3. 室内消火栓系统分区供水

展览建筑、博物馆建筑、档案馆建筑高区、低区消火栓给水管网均应在横向、竖向上连成环状。高区、低区消火栓供水横干管宜分别沿本区最高层和最底层顶板下敷设。

典型展览建筑、博物馆建筑、档案馆建筑室内消火栓系统原理图，参见图4-4。

8.5.9 消火栓系统类型

1. 系统分类

展览建筑、博物馆建筑、档案馆建筑的室外消火栓系统均宜采用湿式消火栓系统。

2. 室外消火栓

严寒、寒冷等冬季结冰地区展览建筑、博物馆建筑、档案馆建筑室外消火栓应采用干式消火栓；其他地区宜采用地上式消火栓。

建筑室外消火栓的数量应根据室外消火栓设计流量和保护半径经计算确定，保护半径不应大于150.0m，间距不应大于120.0m，每个室外消火栓的出流量宜按 10~15 L/s 计算。通常根据建筑物平面布局在建筑物四个角附近绿地设置室外消火栓，根据邻近两个消火栓之间距离合理增设消火栓。

3. 室内消火栓

展览建筑、博物馆建筑、档案馆建筑的各区域各楼层均应布置室内消火栓予以保护；展览建筑、博物馆建筑、档案馆建筑中不能采用自动喷水灭火系统保护的高低压配电室、网络机房、消防控制室等场所亦应由室内消火栓保护。

室内消火栓的布置应满足同一平面有2支消防水枪的2股充实水柱同时达到任何部位。

表8-48给出了展览建筑、博物馆建筑、档案馆建筑室内消火栓的布置方法。

展览建筑、博物馆建筑、档案馆建筑室内消火栓布置方法表　　　表8-48

序号	室内消火栓布置方法	注意事项
1	布置在门厅、休息厅、展厅的主要出入口、疏散走道、楼梯间附近等明显且易于操作的部位	应避免将消火栓设置在展览区域等宜被展品遮挡的部位；楼梯间的消火栓宜暗设并采取墙体保护措施，箱体及立管不应影响楼梯门开启使用；入口门厅处消火栓宜沿空间周边房间外墙布置
2	布置在前室等位置	前室的消火栓宜暗设并采取墙体保护措施；箱体及立管不应影响电梯门开启使用
3	展览建筑展厅尤其是无柱展厅在主要出入口、疏散走道、楼梯间附近等处设置室内消火栓后，经计算仍不能保证有两支水枪的充实水柱能同时到达室内任何部位时，可沿疏散通道设置埋地型室内消火栓	埋地型室内消火栓宜设置在专用消火栓井内，消火栓井的净尺寸为1m×1m×1m，井内设有室内消火栓、水枪、水带、消防卷盘和直接启动消防水泵的按钮；埋地型室内消火栓的井盖应有明显的标志，并不应被遮挡

续表

序号	室内消火栓布置方法	注意事项
4	布置在公共走道两侧，箱体开门朝向公共走道	应暗设；优先沿辅助房间（库房、卫生间等）的墙体安装
5	布置在集中区域内部公共空间内	可在朝向公共空间房间的外墙上暗设；应避免消火栓消防水带穿过多个房间门到达保护点
6	特殊区域如车库等场所，应根据其平面布局布置	车库内消火栓宜沿车行道布置，可沿柱子明设

注：1. 室内消火栓不应跨防火分区布置；
  2. 室内消火栓应按其实际行走距离计算其布置间距，展览建筑、博物馆建筑、档案馆建筑室内消火栓布置间距宜为 20.0～25.0m，不应小于 5.0m。

普通消火栓、减压稳压消火栓设置的楼层数，见表 1-227。

8.5.10 消火栓给水管网

1. 室外消火栓给水管网

展览建筑、博物馆建筑、档案馆建筑室外消火栓给水管网应采用环状给水管网。向室外消火栓给水管网供水的输水干管不应少于 2 条。

2. 室内消火栓给水管网

展览建筑、博物馆建筑、档案馆建筑室内消火栓给水管网应采用环状给水管网，有 2 种主要管网型式，见表 8-49。室内消火栓给水管网在横向、竖向均宜连成环状。

室内消火栓给水管网主要管网型式表   表 8-49

序号	管网型式特点	适用情形	具体部位	备注
型式 1	消防供水干管沿建筑最高处、最低处横向水平敷设，配水干管沿竖向垂直敷设，配水干管上连有消火栓	各楼层竖直上下层消火栓位置基本一致和横向连接管长度较小的区域	建筑内走道、楼梯间、电梯前室；展厅、会议室、餐厅等房间外墙	主要型式
型式 2	消防供水干管沿建筑竖向垂直敷设，配水干管沿每一层顶板下或吊顶内横向水平敷设，配水干管上连有消火栓	各楼层竖直上下层消火栓位置差别较大或横向连接管长度较大的区域；地下车库	建筑内走道、楼梯间、电梯前室；展厅、会议室、餐厅等房间外墙；车库、机房等	辅助型式

注：不能敷设消火栓给水管道的场所包括高低压配电室、网络机房、消防控制室等。

室内消火栓给水管网型式 1 参见图 1-13，型式 2 参见图 1-14。

展览建筑、博物馆建筑、档案馆建筑室内消火栓给水管网的环状干管管径，参见表 1-229；室内消火栓竖管管径可按 $DN100$。

博物馆建筑内用水消防的藏品库房、陈列博物馆区，当设置室内消火栓系统时消防给水管道不应设在库房或展厅内。

3. 系统阀门

室内消火栓系统阀门设置，参见表 1-230。

埋地管道的阀门宜采用带启闭刻度的球墨铸铁暗杆闸阀。室内架空管道的阀门宜采用蝶阀、明杆闸阀或带启闭刻度的暗杆闸阀等。

4. 系统给水管网管材

展览建筑、博物馆建筑、档案馆建筑室外消火栓给水管绝大多数采用直埋敷设方式。埋地消火栓给水管道宜采用球墨铸铁管或钢丝网骨架塑料复合管给水管道。

展览建筑、博物馆建筑、档案馆建筑室内消火栓给水管管材选择，参见表1-231。

薄壁不锈钢管（S11163）、镀锌镍碳钢管等新型优质管道，在展览建筑、博物馆建筑、档案馆建筑室内消火栓系统中均得到更多的应用，未来会逐步替代传统钢管。

8.5.11 消火栓系统计算

1. 消火栓水泵选型计算

展览建筑、博物馆建筑、档案馆建筑室内消火栓水泵流量与室内消火栓设计流量一致；消火栓水泵扬程，按公式（1-64）计算。根据消火栓水泵流量和扬程选择消火栓水泵。

2. 消火栓计算

室内消火栓的保护半径，按公式（1-65）计算；消火栓栓口处所需水压，按公式（1-66）计算。

高层展览建筑、博物馆建筑、档案馆建筑消防水枪充实水柱应按13m计算；多层展览建筑、博物馆建筑、档案馆建筑消防水枪充实水柱应按10m计算。

高层展览建筑、博物馆建筑、档案馆建筑消火栓栓口动压不应小于0.35MPa；多层展览建筑、博物馆建筑、档案馆建筑消火栓栓口动压不应小于0.25MPa。

3. 消火栓系统压力计算

消火栓系统的设计工作压力，按公式（1-67）计算。通常以设计工作压力确定消火栓水泵扬程。

8.6 自动喷水灭火系统

8.6.1 自动喷水灭火系统设置

展览建筑、博物馆建筑、档案馆建筑相关场所自动喷水灭火系统设置要求，见表8-50。

展览建筑、博物馆建筑、档案馆建筑相关场所自动喷水灭火系统设置要求表　　表8-50

序号	展览建筑、博物馆建筑、档案馆建筑类型	自动喷水灭火系统设置要求
1	一类高层展览建筑、博物馆建筑、档案馆建筑（建筑高度大于50m的高层展览建筑、博物馆建筑、档案馆建筑；建筑高度24m以上部分任一楼层建筑面积大于1000m²的高层展览建筑；地市级及以上的高层博物馆建筑、档案馆建筑）	建筑主楼、裙房、地下室、半地下室，除了不宜用水扑救的部位外的所有场所均设置

续表

序号	展览建筑、博物馆建筑、档案馆建筑类型	自动喷水灭火系统设置要求
2	二类高层展览建筑、博物馆建筑、档案馆建筑（建筑高度小于或等于50m且建筑高度24m以上部分任一楼层建筑面积均不大于$1000m^2$的高层展览建筑；建筑高度小于或等于50m且为地市级以下的高层博物馆建筑、档案馆建筑）	建筑主楼、裙房及其地下室、半地下室中的活动用房、走道、办公室、可燃物品库房等，除了不宜用水扑救的部位外的所有场所均设置
3	单、多层展览建筑	任一层建筑面积大于$1500m^2$或总建筑面积大于$3000m^2$的单、多层展览建筑，除了不宜用水扑救的部位外的所有场所均设置
4	单、多层博物馆建筑、档案馆建筑	设有送回风道（管）系统的集中空气调节系统且总建筑面积大于$3000m^2$的单、多层博物馆建筑、档案馆建筑，除了不宜用水扑救的部位外的所有场所均设置

注：展览建筑、博物馆建筑、档案馆建筑附设的地下车库，应设置自动喷水灭火系统。

展览建筑、博物馆建筑、档案馆建筑若根据规范规定设置自动喷水灭火系统，其设置的具体场所见表8-51。

设置自动喷水灭火系统的具体场所表 表8-51

建筑物	设置自动喷水灭火系统的区域	具体场所
展览建筑	展览区	包括展厅和展场等
	观众公共服务区	包括前厅、过厅、观众休息处（室）、贵宾休息室、新闻中心、会议空间、餐饮空间、厕所等
	展览储存加工区	包括供室内库房及室外堆场等
	办公后勤区	包括行政办公用房（包括行政管理用的办公室、会议室、文印室、值班室、员工休息室、员工卫生间和员工机动车、自行车停放处等）、临时办公用房、设备用房等
博物馆建筑	公共区域	包括综合大厅、基本陈列室、临时展厅、儿童展厅、特殊展厅及其设备间、展具储藏室、讲解员室、管理员室等；影视厅、报告厅、教室、实验室、阅览室、活动室等；售票室、门廊、门厅、休息室（廊）、饮水、厕所、贵宾室、广播室、医务室；茶座、餐厅、商店等
	业务区域	包括拆箱间、鉴选室、暂存库、保管员工作用房、包装材料库、保管设备库、鉴赏室、周转库；历史类、综合类博物馆：书画库、金属器皿库、陶瓷库、玉石库、织绣库、木器库等；艺术品博物馆：书画库、油画库、雕塑库、民间工艺库、家具库等；自然博物馆：哺乳动物库、鸟类动物库、爬行动物库、两栖动物库、鱼类动物库、昆虫类动物库、无脊椎动物库、植物库、古生物类库等，浸制标本库、干制标本库；技术博物馆、科技馆：工程技术产品库、科技展品库、模型库、音像资料库等；清洁间、晾置间、干燥间、熏蒸消毒室、冷冻消毒室、低氧消毒室等；书画装裱及修复用房、油画修复室、实物修复用房（陶瓷、金属、漆木等）、动物标本制作用房、植物标本制作用房、化石修理室、模型制作室、药品库、临时库等，鉴定实验室、修复工艺实验室、生物实验室、仪器室、材料库、药品库、临时库等；摄影用房、研究室、展陈设计室、阅览室、资料室等；美工室、展品展具制作与维修用房、材料库等
	行政区域	包括行政办公室、接待室、会议室、物业管理用房、安全保卫用房等；职工更衣室、职工餐厅；非电气专业设备用房、行政库房、车库等

续表

建筑物	设置自动喷水灭火系统的区域	具体场所
档案馆建筑	档案库	包括纸质档案库、音像档案库、光盘库、缩微拷贝片库、母片库、特藏库、实物档案库、图书资料库、其他特殊载体档案库等；珍贵档案存储专设特藏库
	对外服务用房	包括服务大厅（含门厅、寄存处等）、展览厅、报告厅、接待室、查阅登记室、目录室、开放档案阅览室、未开放档案阅览室、缩微阅览室、音像档案阅览室、电子档案阅览室、政府公开信息查阅中心、对外利用复印室和利用者休息室、饮水处、公共卫生间等
	档案业务和技术用房	包括接收档案用房（包括接收室、除尘室、消毒室等）、整理编目用房（包括整理室、编目室、修史编志室、展览加工制作室、出版发行室等）、保护技术用房（去酸室、理化试验室、档案有害生物防治室、裱糊修复室、装订室、仿真复制室等）、翻拍洗印用房（包括翻拍室、冲洗室、印像放大室、水洗烘干室、翻版胶印室等）、缩微技术用房（包括由资料编排室、缩微摄影室、冲洗处理室、配药和化验室、质量检测室、校对编目室、拷贝复印室、放大还原室和备品库等）、音像档案技术用房（音像档案技术处理室、编辑室等）等
	办公用房和附属用房	包括办公室、会议室、警卫室、车库、卫生间、浴室、医务室、水泵房、电梯机房、空调机房等

表 8-52 为展览建筑、博物馆建筑、档案馆建筑内不宜用水扑救的场所。

不宜用水扑救的场所一览表 表 8-52

序号	不宜用水扑救的场所	自动灭火措施
1	重要档案室、珍贵藏品展览或储存场所	高压细水雾灭火系统或气体灭火系统
2	电气类房间：高压配电室（间）、低压配电室（间）、网络机房（网络中心、信息中心、电子信息机房）、电信运营商机房、进线间等	
3	电气类房间：消防控制室	不设置

展览建筑、博物馆建筑、档案馆建筑自动喷水灭火系统类型选择，参见表 1-245。

博物馆建筑除珍贵藏品的库房、中型及以上建筑规模博物馆收藏纸质书画、纺织品等遇水即损藏品的库房、一级纸（绢）质文物的展厅等场所外的藏品库房、展厅、藏品技术用房、陈列博物馆区，当采用自动喷水灭火系统时宜选用预作用灭火系统。

典型展览建筑、博物馆建筑、档案馆建筑自动喷水灭火系统原理图，参见图 4-5。

展览建筑、博物馆建筑、档案馆建筑自动喷水灭火系统设置场所火灾危险性等级，见表 8-53。

展览建筑、博物馆建筑、档案馆建筑自动喷水灭火系统设置场所火灾危险性等级表 表 8-53

序号	火灾危险等级	设置场所
1	中危险级Ⅱ级	展览建筑、博物馆建筑、档案馆建筑中的汽车停车库
2	中危险级Ⅰ级	单多高层档案馆、展览馆（厅）、博物馆中除中危险级Ⅱ级设置场所以外的场所

8.6.2 自动喷水灭火系统设计基本参数

展览建筑、博物馆建筑、档案馆建筑自动喷水灭火系统设计参数按表 1-246 规定。

展览建筑、博物馆建筑、档案馆建筑高大空间场所设置湿式自动喷水灭火系统设计参数，按表 8-54 规定。

高大空间场所湿式自动喷水灭火系统设计参数表　　　表 8-54

适用场所	最大净空高度 h（m）	喷水强度 [L/(min·m²)]	作用面积（m²）	喷头间距 S（m）
展厅、大型多功能厅、出入门厅、中庭	$8<h\leqslant12$	12	160	$1.8\leqslant S\leqslant3.0$
	$12<h\leqslant18$	15		
会展中心	$8<h\leqslant12$	15		
	$12<h\leqslant18$	20		

注：当民用建筑高大空间场所的最大净空高度为 $12m<h\leqslant18m$ 时，应采用非仓库型特殊应用喷头。

若展览建筑、博物馆建筑、档案馆建筑地下室中附属的库房认定为堆垛储物仓库，其自动喷水灭火系统设计参数，按表 1-247 规定。

自动喷水灭火系统的持续喷水时间，应按火灾延续时间不小于 1h 确定。

8.6.3 洒水喷头

设置自动喷水灭火系统的展览建筑、博物馆建筑、档案馆建筑内各场所的最大净空高度通常不大于 8m。

展览建筑、博物馆建筑、档案馆建筑自动喷水灭火系统喷头公称动作温度宜相比环境温度高 30℃，参见表 4-54。

展览建筑、博物馆建筑、档案馆建筑自动喷水灭火系统喷头种类选择，见表 8-55。

展览建筑、博物馆建筑、档案馆建筑自动喷水灭火系统喷头种类选择表　　　表 8-55

序号	火灾危险等级	设置场所	喷头种类
1	中危险级Ⅱ级	地下车库	直立型普通喷头
2	中危险级Ⅰ级	展览建筑、博物馆建筑、档案馆建筑内展览室、会议室、餐厅、厨房等设有吊顶场所	吊顶型或下垂型普通或快速响应喷头
3		库房等无吊顶场所	直立型普通或快速响应喷头

注：基于展览建筑、博物馆建筑、档案馆建筑火灾特点和重要性，展览建筑中公共展览馆、博物馆建筑中展示厅、档案馆建筑中展示厅等人员密集场所自动喷水灭火系统洒水喷头应采用快速响应喷头；高层展览建筑、博物馆建筑、档案馆建筑中危险级Ⅰ级对应场所自动喷水灭火系统洒水喷头宜全部采用快速响应喷头。

每种型号的备用喷头数量按此种型号喷头数量总数的 1% 计算，并不得少于 10 只。

展览建筑、博物馆建筑、档案馆建筑中自动喷水灭火系统直立型、下垂型喷头的布置间距，不应大于表 1-250 的规定，且不宜小于 2.4m。

展览建筑、博物馆建筑、档案馆建筑常用普通玻璃球闭式喷头规格型号，参见表 1-252；常用特殊玻璃球闭式喷头规格型号，参见表 1-253。

8.6.4 自动喷水灭火系统管道

1. 管材

展览建筑、博物馆建筑、档案馆建筑自动喷水灭火系统给水管管材，参见表 1-254。

薄壁不锈钢管（S11163）、氯化聚氯乙烯（PVC-C）管、镀锌镍碳钢管等新型优质管道，在展览建筑、博物馆建筑、档案馆建筑自动喷水灭火系统中均得到更多的应用，未来会逐步替代传统钢管。

展览建筑、博物馆建筑、档案馆建筑中，除汽车停车库外其他中危险级Ⅰ级对应场所自动喷水灭火系统公称直径≤DN80 的配水管（支管）均可采用氯化聚氯乙烯（PVC-C）管材及管件。

2. 管径

展览建筑、博物馆建筑、档案馆建筑自动喷水灭火系统的配水管道管径可根据表 1-255 中数据进行确定。

3. 管网敷设

展览建筑、博物馆建筑、档案馆建筑自动喷水灭火系统配水干管宜沿展览建筑展览区展厅，博物馆建筑公共区域展厅，档案馆建筑对外服务用房展厅、档案库（可采用自动喷水灭火系统保护的情形）；展览建筑观众公共服务区、展览储存加工区、办公后勤区，博物馆建筑业务区域、行政区域，档案馆建筑对外服务用房、档案业务和技术用房、办公用房和附属用房的公共走廊敷设，展厅、走廊两侧房间内的配水支管就近连接到配水干管上。走廊内布置的喷头就近接至排水支管后再接至配水干管。单个喷头不应直接接至管径大于或等于 DN100 的配水干管。

展览建筑、博物馆建筑、档案馆建筑自动喷水灭火系统配水管网布置步骤，见表 8-56。

自动喷水灭火系统配水管网布置步骤表　　　　　表 8-56

序号	配水管网布置步骤
步骤 1	根据展览建筑、博物馆建筑、档案馆建筑的防火性能确定自动喷水灭火系统配水管网的布置范围
步骤 2	在每个防火分区内应确定该区域自动喷水灭火系统配水主干管或主立管的位置或方向
步骤 3	自接入点接入后，可确定主要配水管的敷设位置和方向
步骤 4	自末端房间内的自动喷水灭火系统配水支管就近向配水管连接
步骤 5	每个楼层每个防火分区内配水管网布置均按步骤 1～步骤 4 进行

自动喷水灭火系统每个喷头与配水支管连接的短立管管径通常采用 25mm；末端试水装置或试水阀的连接管管径通常采用 25mm。

除自动灭火系统的需要，博物馆建筑藏品库房和展厅内严禁敷设自动喷水灭火给水管道。

8.6.5 水流指示器

除报警阀组控制的喷头只保护不超过防火分区面积的同层场所外，展览建筑、博物馆建筑、档案馆建筑每个防火分区、每个楼层均应设水流指示器；当整个场所需要设置的喷头数不超过1个报警阀组控制的喷头数时,可不设置水流指示器;每个防火分区应设置一个水流指示器,位置可设在本防火分区系统配水管网的起始端,亦可集中设置于各个防火分区配水干管分叉处。

水流指示器上游端应设置信号阀,其型号规格,参见表1-257。

水流指示器与所在配水干管同管径,其型号规格,参见表1-258。

8.6.6 报警阀组

展览建筑、博物馆建筑、档案馆建筑消防系统报警阀组主要采用湿式水力报警阀组,一定条件下采用预作用报警阀组。

展览建筑、博物馆建筑、档案馆建筑自动喷水灭火系统报警阀组的数量取决于:整个建筑中设置喷头的总数量;每个防火分区内设置喷头的数量;每个报警阀组控制的喷头数。一个报警阀组控制的喷头数不宜超过800只,设计中可适当超过800只。

喷头均衡组合遵循的原则,参见表1-259。

展览建筑、博物馆建筑、档案馆建筑自动喷水灭火系统报警阀组通常设置在消防水泵房,设置位置方案,参见表1-260。

报警阀组宜设在安全及易于操作的地点,报警阀距地面的高度宜为1.2m;宜沿墙体集中布置,相邻报警阀组的间距不宜小于1.5m,不应小于1.2m;报警阀组处应设有排水设施,排水管管径不应小于$DN100$。

表1-261为常用湿式报警阀装置型号规格;表1-262为常见预作用报警阀装置型号规格;报警阀组压力开关主要技术参数,参见表1-263;报警阀组前后管道设置,参见表1-264。

展览建筑、博物馆建筑、档案馆建筑自动喷水灭火系统减压阀设置方式,参见表1-265。

减压孔板作为一种减压部件,可辅助减压阀使用。

8.6.7 自动喷水灭火系统水泵接合器

自动喷水灭火系统管网上应设置水泵接合器,展览建筑、博物馆建筑、档案馆建筑自动喷水灭火系统消防水泵接合器数量,参见表1-266。

自动喷水灭火系统水泵接合器宜设置在靠近消防水泵房的室外;常规做法是将多个$DN150$水泵接合器并联起来,由1根$DN150$供水管道接至系统供水泵组出水干管上,连接位置位于报警阀组前。

8.6.8 消防水箱设计

高位消防水箱、自动喷水灭火稳压装置设计参见消火栓系统相关内容。

8.6.9 自动喷水灭火系统压力计算

自动喷水灭火系统的设计工作压力,按公式(1-68)计算。

自动喷水灭火给水泵扬程通常按照自动喷水灭火系统的设计工作压力值确定。

自动喷水灭火给水系统压力管道水压强度试验的试验压力($H_{试验}$)的基准指标,参见表 1-267。

8.7 灭火器系统

展览建筑、博物馆建筑、档案馆建筑应设置灭火器，灭火器的配置应符合现行国家标准《建筑灭火器配置设计规范》GB 50140 的有关规定。

8.7.1 灭火器配置场所火灾种类

展览建筑、博物馆建筑、档案馆建筑灭火器配置场所的火灾种类，见表 8-57。

灭火器配置场所的火灾种类表　　　　　　　　　　　　　　　表 8-57

序号	火灾种类	灭火器配置场所
1	A 类火灾（固体物质火灾）	展览建筑内绝大多数场所，如展厅、办公室、餐厅等
2	B 类火灾（液体火灾或可熔化固体物质火灾）	展览建筑、博物馆建筑、档案馆建筑内附设车库
3	E 类火灾（物体带电燃烧火灾）	展览建筑、博物馆建筑、档案馆建筑内附设电气房间，如高压配电间、低压配电间、网络机房、弱电机房等

8.7.2 灭火器配置场所危险等级

展览建筑、博物馆建筑、档案馆建筑灭火器配置场所的危险等级分为严重危险级、中危险级和轻危险级 3 级，危险等级举例，见表 8-58。

展览建筑、博物馆建筑、档案馆建筑灭火器配置场所的危险等级举例　　　表 8-58

危险等级	举例
严重危险级	县级及以上的文物保护单位、档案馆、博物馆的库房、展览室、阅览室
严重危险级	设备贵重或可燃物多的实验室
严重危险级	专用电子计算机房
严重危险级	建筑面积在 2000m^2 及以上的图书馆、展览馆的珍藏室、阅览室、书库、展览厅
严重危险级	机动车交易市场（包括旧机动车交易市场）及其展销厅
严重危险级	配建充电基础设施（充电桩）的车库区域
中危险级	县级以下的文物保护单位、档案馆、博物馆的库房、展览室、阅览室
中危险级	一般的实验室
中危险级	建筑面积在 2000m^2 以下的图书馆、展览馆的珍藏室、阅览室、书库、展览厅
中危险级	设有集中空调、电子计算机、复印机等设备的办公室
中危险级	民用燃油、燃气锅炉房
中危险级	民用的油浸变压器室和高、低压配电室
中危险级	配建充电基础设施（充电桩）以外的车库区域
轻危险级	日常用品小卖店及经营难燃烧或非燃烧的建筑装饰材料展览
轻危险级	未设集中空调、电子计算机、复印机等设备的普通办公室

注：展览建筑、博物馆建筑、档案馆建筑室内强电间、弱电间、屋顶排烟机房内每个房间均应设置 2 具手提式磷酸铵盐干粉灭火器。

8.7.3 灭火器选择

展览建筑、博物馆建筑、档案馆建筑灭火器配置场所的火灾种类通常涉及 A 类、B 类、E 类火灾，通常配置灭火器时选择磷酸铵盐干粉灭火器。

消防控制室、计算机房、配电室等部位配置灭火器宜采用气体灭火器，通常采用二氧化碳灭火器。

博物馆建筑灭火器的选型，不仅应考虑灭火器配置场所的火灾种类、火灾危险等级等因素，还应考虑灭火剂的选择应尽可能减小对被保护文物和贵重设备的污损程度。

8.7.4 灭火器设置

展览建筑、博物馆建筑、档案馆建筑中设置的手提式灭火器，通常和室内消火栓同位置设置，放置于室内消火栓箱体下部。独立设置的手提式或推车式灭火器通常放置于所保护区域的公共走道、门口或房间内靠近公共通道出入口处。灭火器设置点应均衡布置。

设置在 A 类火灾场所的灭火器，其最大保护距离应符合表 1-274 的规定。

灭火器最大保护距离为灭火器与起火点之间最大的行走距离。展览建筑、博物馆建筑、档案馆建筑中的地下车库区域、建筑中大间套小间区域、房间中间隔着走道区域等场所，常需要增加灭火器配置点。地下车库区域增设的灭火器宜靠近相邻 2 个室内消火栓中间的位置，并宜沿车库墙体或柱子布置。

设置在 B 类火灾场所的灭火器，其最大保护距离应符合表 1-275 的规定。

展览建筑、博物馆建筑、档案馆建筑中 E 类火灾场所中的高低压配电间、网络机房等场所，灭火器配置宜按 B 类火灾场所灭火器最大保护距离要求进行。面积较大的展览建筑、博物馆建筑、档案馆建筑变配电室，需要在变配电室内增设灭火器。

8.7.5 灭火器配置

A 类火灾场所灭火器的最低配置基准，应符合表 1-276 的规定。

展览建筑、博物馆建筑、档案馆建筑灭火器 A 类火灾场所配置基准可按照灭火器最低配置基准，即：严重危险级按照 3A；中危险级按照 2A；轻危险级按照 1A。

B 类火灾场所灭火器的最低配置基准，应符合表 1-277 的规定。

展览建筑、博物馆建筑、档案馆建筑灭火器 B 类火灾场所配置基准可按照灭火器最低配置基准，即：严重危险级按照 89B；中危险级按照 55B。

E 类火灾场所的灭火器最低配置基准不应低于该场所内 A 类（或 B 类）火灾的规定。

8.7.6 灭火器配置设计计算

展览建筑、博物馆建筑、档案馆建筑内每个灭火器设置点灭火器数量通常以 2～4 具为宜。

灭火器计算单元最小需配灭火级别，按公式（1-69）计算。

灭火器计算单元中每个灭火器设置点最小需配灭火级别，按公式（1-70）计算。

8.7.7 灭火器类型及规格

展览建筑、博物馆建筑、档案馆建筑灭火器配置设计中常用的灭火器类型及规格，参见表 1-279。

8.8 气体灭火系统

8.8.1 气体灭火系统应用场所

展览建筑、博物馆建筑、档案馆建筑中适合采用气体灭火系统的场所包括重要档案室、珍贵藏品展览及保存场所、高压配电室（间）、低压配电室（间）、网络机房、网络中心、信息中心、UPS 间等电气设备房间。

档案馆建筑特级、甲级档案馆中的藏库和非纸质档案库、服务器机房应设惰性气体灭火系统；特级、甲级档案馆中的其他档案库房、档案业务用房和技术用房，乙级档案馆中的档案库房可采用洁净气体灭火系统。

博物馆建筑珍贵藏品的库房和中型及以上建筑规模博物馆收藏纸质书画、纺织品等遇水即损藏品的库房，应设置气体灭火系统；一级纸（绢）质文物的展厅应设置气体灭火系统。

博物馆建筑气体消防设施的选型，除考虑火灾种类、防护区的数量及大小、灭火剂输送距离等因素外，还应重视被保护对象的特点、人员逗留情况等因素。珍品库房和收藏纸质书画、纺织品等遇水即损藏品的库房的气体灭火剂，应对文物无损害，或仅有轻微影响，且无损害者应优先考虑；一级纸（绢）质文物的展厅经常有人停留，选用的气体灭火剂应对人体无毒性危害，或仅有轻微影响，必须保证现场人员的呼吸安全。

目前展览建筑、博物馆建筑、档案馆建筑中最常用 IG541 混合气体灭火系统和七氟丙烷（HFC-227ea）气体灭火系统。

8.8.2 七氟丙烷气体灭火系统设计参数

七氟丙烷灭火剂主要技术性能参数，参见表 1-281。

无管网七氟丙烷气体自动灭火装置技术参数、规格等，参见表 1-282~表 1-284。

展览建筑、博物馆建筑、档案馆建筑中采用七氟丙烷气体灭火保护时，各防护区设计灭火浓度，参见表 3-70。

8.8.3 气体灭火设计用量计算

七氟丙烷气体灭火设置场所设计用量，按公式（1-71）计算。

七氟丙烷设计用量，按公式（2-28）计算；七氟丙烷设计容积，按公式（2-29）计算。

每个防护区内无管网七氟丙烷气体灭火装置的布置应做到均匀。

IG541 混合气体灭火防护区灭火设计用量或惰化设计用量，按公式（1-74）计算。

IG541 灭火剂气体在 101kPa 大气压和防护区最低环境温度下的质量体积，按公式(1-75)计算。

IG541混合气体灭火系统灭火剂储存量,应为防护区灭火设计用量及系统灭火剂剩余量之和,系统灭火剂剩余量按公式(1-76)计算。

8.8.4 IG541混合气体灭火系统管网计算

IG541混合气体灭火系统管道流量宜采用平均设计流量。

系统主干管、支管的平均设计流量,按公式(1-77)、公式(1-78)计算。

管道内径按公式(1-79)计算。

灭火剂释放时,管网应进行减压。减压装置宜采用减压孔板,宜设在系统的源头或干管入口处。减压孔板前的压力,按公式(1-80)计算;减压孔板后的压力,按公式(1-81)计算;减压孔板孔口面积,按公式(1-82)计算。

系统的阻力损失宜从减压孔板后算起,并按公式(1-83)计算。

IG541混合气体灭火系统的喷头工作压力的计算结果,应符合:一级充压(15.0MPa)系统,$P_c \geqslant 2.0$MPa(绝对压力);二级充压(20.0MPa)系统,$P_c \geqslant 2.1$MPa(绝对压力)。

喷头等效孔口面积,按公式(1-84)计算。

8.8.5 防护区泄压口

气体灭火系统防护区应设置泄压口。七氟丙烷气体灭火系统防护区泄压口面积按系统设计规定计算,按公式(1-85)计算;IG541混合气体灭火系统防护区泄压口面积按系统设计规定计算,宜按公式(1-86)计算。

七氟丙烷气体灭火系统的泄压口应位于防护区净高的2/3以上。对于设置吊顶场所,泄压口通常设置在吊顶(梁)下,泄压口顶面紧贴吊顶(梁)或吊顶(梁)下100mm。

不同规格无管网七氟丙烷气体灭火装置与泄压口尺寸的对照表,参见表1-288。

防护区设置的泄压口,宜设在外墙上,无外墙时应设置在朝向公共建筑公共区域(走道)的内墙上。每个防护区根据需要可设置1个或多个泄压口。

8.9 高压细水雾灭火系统

展览建筑、博物馆建筑、档案馆建筑中不宜用水扑救的部位(即采用水扑救后会引起爆炸或重大财产损失的场所)可以采用高压细水雾灭火系统灭火。

档案馆建筑特级、甲级档案馆中的其他档案库房、档案业务用房和技术用房,乙级档案馆中的档案库房可采用高压细水雾灭火系统。

博物馆建筑除珍贵藏品的库房、中型及以上建筑规模博物馆收藏纸质书画、纺织品等遇水即损藏品的库房、一级纸(绢)质文物的展厅等场所外,设置自动灭火系统的藏品库房、文物库、图书库、资料库、展厅、藏品技术用房、陈列博物馆区,宜选用高压细水雾灭火系统。

展览建筑、博物馆建筑、档案馆建筑中适合采用高压细水雾灭火系统的场所包括重要档案室、珍贵藏品展览及保存场所、高压配电室(间)、低压配电室(间)、网络机房、网络中心、信息中心、UPS间等电气设备房间。展览建筑、博物馆建筑、档案馆建筑中当此类场所较少时，宜采用气体灭火系统；当此类场所较多时，可采用高压细水雾灭火系统，设计方法参见4.9节。

8.10 自动跟踪定位射流灭火系统

当展览建筑、博物馆建筑、档案馆建筑内设置自动喷水灭火系统时，对于室内最大净空高度大于12m的展厅、大型多功能厅、出入门厅、中庭等人员密集场所，宜采用自动跟踪定位射流灭火系统。自动跟踪定位射流灭火系统的设计应符合现行国家标准《自动跟踪定位射流灭火系统技术标准》GB 51427的规定，设计方法参见4.10节。

设有自动跟踪定位射流灭火系统或自动水炮灭火系统的展厅、大型多功能厅、仓库宜设消防排水设施。

8.11 中水系统

展览建筑、博物馆建筑、档案馆建筑建设中水设施，应结合建筑所在地区的不同特点，满足当地政府部门的有关规定。建筑面积大于30000m²或回收水量大于100m³/d的展览建筑、博物馆建筑、档案馆建筑，宜建设中水设施。

8.11.1 中水原水

1. 中水原水种类

展览建筑、博物馆建筑、档案馆建筑中水原水可选择的种类及选取顺序，见表8-59。

展览建筑、博物馆建筑、档案馆建筑中水原水种类及选取顺序表　　表8-59

序号	中水原水种类	备注
1	展览建筑、博物馆建筑、档案馆建筑内公共卫生间的废水排水	最适宜
2	展览建筑、博物馆建筑、档案馆建筑内公共卫生间的盥洗废水排水	适宜
3	展览建筑、博物馆建筑、档案馆建筑空调循环冷却水系统排水	适宜
4	展览建筑、博物馆建筑、档案馆建筑空调水系统冷凝水	
5	展览建筑、博物馆建筑、档案馆建筑附设厨房、食堂、餐厅废水排水	不适宜
6	展览建筑、博物馆建筑、档案馆建筑内公共卫生间的冲厕排水	最不适宜

2. 中水原水量

展览建筑、博物馆建筑、档案馆建筑中水原水量按公式（8-18）计算：

$$Q_Y = \sum \beta \cdot Q_{pj} \cdot b \tag{8-18}$$

式中　Q_Y——展览建筑、博物馆建筑、档案馆建筑中水原水量，m³/d；

　　　β——展览建筑、博物馆建筑、档案馆建筑按给水量计算排水量的折减系数，一般取0.85～0.95；

Q_{pj}——展览建筑、博物馆建筑、档案馆建筑平均日生活给水量，按《节水标》中的节水用水定额，(表8-10)计算确定，m^3/d；

b——展览建筑、博物馆建筑、档案馆建筑分项给水百分率，应以实测资料为准，当无实测资料时，可按表8-60选取。

展览建筑、博物馆建筑、档案馆建筑分项给水百分率表　　　表8-60

项目	冲厕	厨房	盥洗	总计
办公给水百分率（%）	60～66	—	40～34	100
职工食堂给水百分率（%）	6.7～5	93.3～95	—	100

展览建筑、博物馆建筑、档案馆建筑用作中水原水的水量宜为中水回用水量的110%～115%。

3. 中水原水水质

展览建筑、博物馆建筑、档案馆建筑中水原水水质应以类似建筑的实测资料为准；当无实测资料时，展览建筑、博物馆建筑、档案馆建筑排水的污染物浓度可按表8-61确定。

展览建筑、博物馆建筑、档案馆建筑排水污染物浓度表　　　表8-61

类别	项目	冲厕	厨房	盥洗	综合
办公	BOD_5浓度（mg/L）	260～340	—	90～110	195～260
	COD_{Cr}浓度（mg/L）	350～450	—	100～140	260～340
	SS浓度（mg/L）	260～340	—	90～110	195～260
职工食堂	BOD_5浓度（mg/L）	260～340	500～600	—	490～590
	COD_{Cr}浓度（mg/L）	350～450	900～1100	—	890～1075
	SS浓度（mg/L）	260～340	250～280	—	255～285

注：综合是对包括以上三项生活排水的统称。

8.11.2 中水利用与水质标准

1. 中水利用

展览建筑、博物馆建筑、档案馆建筑中水原水主要用于城市杂用水和景观环境用水等。

展览建筑、博物馆建筑、档案馆建筑中水利用率，可按公式（2-31）计算。

展览建筑、博物馆建筑、档案馆建筑中水利用率应不低于当地政府部门的中水利用率指标要求。

当展览建筑、博物馆建筑、档案馆建筑附近有可利用的市政再生水管道时，可直接接入使用。

2. 中水水质标准

展览建筑、博物馆建筑、档案馆建筑中水水质标准要求，参见表2-104。

8.11.3 中水系统

1. 中水系统形式

展览建筑、博物馆建筑、档案馆建筑中水通常采用中水原水系统与生活污水系统分流、生活给水与中水给水分供的完全分流系统。

2. 中水原水系统

展览建筑、博物馆建筑、档案馆建筑中水原水管道通常按重力流设计;当靠重力流不能直接接入时,可采取局部加压提升接入。

展览建筑、博物馆建筑、档案馆建筑原水系统原水收集率不应低于本建筑回收排水项目给水量的75%,可按公式(2-32)计算。

展览建筑、博物馆建筑、档案馆建筑若需要食堂、餐厅的含油脂污水作为中水原水时,在进入原水收集系统前应经过除油装置处理。

展览建筑、博物馆建筑、档案馆建筑中水原水应进行计量,可采用超声波流量计和沟槽流量计。

3. 中水处理系统

展览建筑、博物馆建筑、档案馆建筑中水处理系统设计处理能力,可按公式(2-33)计算。

4. 中水供水系统

建筑中水供水系统必须独立设置。建筑中水不得用作展览建筑、博物馆建筑、档案馆建筑生活饮用水水源。

展览建筑、博物馆建筑、档案馆建筑中水系统供水量,可按照表8-9中的用水定额及表8-60中规定的百分率计算确定。

展览建筑、博物馆建筑、档案馆建筑中水供水系统的设计秒流量和管道水力计算方法与生活给水系统一致,参见8.1.6节。

展览建筑、博物馆建筑、档案馆建筑中水供水系统的供水方式宜与生活给水系统一致,通常采用变频调速泵组供水方式,水泵的选择参见8.1.7节。

展览建筑、博物馆建筑、档案馆建筑中水供水系统的竖向分区宜与生活给水系统一致。当建筑周边有市政中水管网且管网流量压力均满足时,低区由市政中水管网直接供水;当建筑周边无市政中水管网时,低区由低区中水给水泵组自中水贮水池(箱)吸水后加压供水。

展览建筑、博物馆建筑、档案馆建筑中水供水管道宜采用塑料给水管、钢塑复合管或其他具有可靠防腐性能的给水管材,不得采用非镀锌钢管。

展览建筑、博物馆建筑、档案馆建筑中水贮存池(箱)设计要求,参见表2-105。

展览建筑、博物馆建筑、档案馆建筑中水供水系统应安装计量装置,具体设置要求参见表3-14。

中水供水管道应采取防止误接、误用、误饮的措施。

5. 水量平衡

中水系统设计应进行中水原水量和用水量平衡计算。

展览建筑、博物馆建筑、档案馆建筑中水用水量应根据不同用途用水量累加确定。

展览建筑、博物馆建筑、档案馆建筑最高日冲厕中水用水量按照表 8-9 中的最高日用水定额及表 8-60 中规定的百分率计算确定。最高日冲厕中水用水量，可按公式（8-19）计算：

$$Q_C = \sum q_L \cdot F \cdot N / 1000 \qquad (8-19)$$

式中 Q_C——展览建筑、博物馆建筑、档案馆建筑最高日冲厕中水用水量，m^3/d；

q_L——展览建筑、博物馆建筑、档案馆建筑给水用水定额，L/(人·d)；

F——冲厕用水占生活用水的比例，%，按表 8-60 取值；

N——使用人数，人。

展览建筑、博物馆建筑、档案馆建筑相关功能场所冲厕用水量定额及小时变化系数，见表 8-62。

展览建筑、博物馆建筑、档案馆建筑冲厕用水量定额及小时变化系数表　　表 8-62

类别	建筑种类	冲厕用水量 [L/(人·d)]	使用时间（h/d）	小时变化系数	备注
1	展览馆、博物馆	1～2	8～16	1.5～1.2	—
2	办公	20～30	8～10	1.5～1.2	—
3	职工食堂	5～10	12	1.5～1.2	工作人员按办公楼设计

中水系统原水调节池（箱）调节容积，可按公式（2-35）、公式（2-36）计算。

中水贮存池（箱）容积，可按公式（2-37）、公式（2-38）计算。

当中水供水系统采用水泵-水箱联合供水时，水箱调节容积不得小于中水系统最大小时用水量的 50%。

中水系统的总调节容积，包括原水调节池（箱）、中水处理工艺构筑物、中水贮存池（箱）及高位水箱等调节容积之和，不宜小于中水日处理量的 100%。

8.11.4　中水处理工艺与处理设施

1. 中水处理工艺

展览建筑、博物馆建筑、档案馆建筑通常采用的中水处理工艺，参见表 2-107。

2. 中水处理设施

展览建筑、博物馆建筑、档案馆建筑中水处理设施及设计要求，参见表 2-108。

8.11.5　中水处理站

展览建筑、博物馆建筑、档案馆建筑内的中水处理站设计要求，参见 2.11.5 节。

8.12　管道直饮水系统

8.12.1　水量、水压和水质

展览建筑、博物馆建筑、档案馆建筑管道直饮水最高日直饮水定额（q_d），可按 0.4L/(人·d) 采用，亦可根据用户要求确定。

直饮水专用水嘴额定流量宜为 0.04～0.06L/s。

展览建筑、博物馆建筑、档案馆建筑直饮水专用水嘴最低工作压力不宜小于 0.03MPa。

展览建筑、博物馆建筑、档案馆建筑管道直饮水系统用户端的水质应符合现行行业标准《饮用净水水质标准》CJ/T 94 的规定。

8.12.2 水处理

展览建筑、博物馆建筑、档案馆建筑管道直饮水系统应对原水进行深度净化处理。

水处理工艺流程的选择应依据原水水质，经技术经济比较确定。处理后的出水应符合现行行业标准《饮用净水水质标准》CJ/T 94 的规定。

深度净化处理应根据处理后的水质标准和原水水质进行选择，宜采用膜处理技术，参见表 1-333。

不同的膜处理应相应配套预处理、后处理、膜的清洗和水处理消毒灭菌设施，参见表 1-334。

深度净化处理系统排出的浓水宜回收利用。

8.12.3 系统设计

展览建筑、博物馆建筑、档案馆建筑管道直饮水系统必须独立设置，不得与市政或建筑供水系统直接相连。

展览建筑、博物馆建筑、档案馆建筑管道直饮水系统宜采取集中供水系统，一座建筑中宜设置一个供水系统。

展览建筑、博物馆建筑、档案馆建筑常见的管道直饮水系统供水方式，参见表 1-335。

多层展览建筑、博物馆建筑、档案馆建筑管道直饮水供水竖向不分区；高层展览建筑、博物馆建筑、档案馆建筑管道直饮水供水应竖向分区，分区原则参见表 1-336。

展览建筑、博物馆建筑、档案馆建筑管道直饮水系统类型，参见表 1-337。

展览建筑、博物馆建筑、档案馆建筑管道直饮水系统设计应设循环管道，供、回水管网应设计为同程式。

展览建筑、博物馆建筑、档案馆建筑管道直饮水系统通常采用全日循环，亦可采用定时循环，供、配水系统中的直饮水停留时间不应超过 12h。

展览建筑、博物馆建筑、档案馆建筑管道直饮水系统回水宜回流至净水箱或原水水箱。回流到净水箱时，应在消毒设施前接入。

管道直饮水系统不循环的支管长度不宜大于 6m。

展览建筑、博物馆建筑、档案馆建筑管道直饮水系统管道敷设要求，参见表 1-338。

展览建筑、博物馆建筑、档案馆建筑管道直饮水系统管材及附件设置要求，参见表 1-339。

8.12.4 系统计算与设备选择

1. 系统计算

展览建筑、博物馆建筑、档案馆建筑管道直饮水系统最高日直饮水量，应按公式（8-20）计算：

$$Q_d = N \cdot q_d \tag{8-20}$$

式中　Q_d——展览建筑、博物馆建筑、档案馆建筑管道直饮水系统最高日饮水量，L/d；
　　　N——展览建筑、博物馆建筑、档案馆建筑管道直饮水系统所服务的人数，人；
　　　q_d——展览建筑、博物馆建筑、档案馆建筑最高日直饮水定额，L/(人·d)，取 0.4L/(人·d)。

会展中心、博物馆、展览馆等展览建筑的瞬时高峰用水量的计算应符合现行国家标准《建筑给水排水设计标准》GB 50015 的规定。展览建筑、博物馆建筑、档案馆建筑瞬时高峰用水量，应按公式（1-94）计算。

展览建筑、博物馆建筑、档案馆建筑瞬时高峰用水时水嘴使用数量，应按公式（1-95）计算。

瞬时高峰用水时水嘴使用数量 m 的确定，应按表 1-340（当水嘴数量 $n \leqslant 12$ 个时）、表 1-341（当水嘴数量 $n > 12$ 个时）选取。当 $np \geqslant 5$ 并且满足 $n(1-p) \geqslant 5$ 时，可按公式（1-96）简化计算。

水嘴使用概率应按公式（8-21）计算：

$$p = \alpha \cdot Q_d/(1800 \cdot n \cdot q_0) = 0.27 \cdot Q_d/(1800 \cdot n \cdot q_0) \tag{8-21}$$

式中　α——经验系数，会展中心、博物馆、展览馆取 0.27。

定时循环时，循环流量可按公式（1-98）计算。

管道直饮水供、回水管道内水流速度宜符合表 1-342 的规定。

2. 设备选择

净水设备产水量可按公式（1-100）计算。

变频调速供水系统水泵设计流量应按公式（1-101）计算；水泵设计扬程应按公式（1-102）计算。

净水箱（槽）有效容积可按公式（1-103）计算；原水调节水箱（槽）容积可按公式（1-104）计算。

原水水箱（槽）的进水管管径宜按净水设备产水量设计，并应根据反洗要求确定水量。当进水管的供水能力满足预处理的流量和压力要求时，原水水箱（槽）可不设置。

8.12.5　净水机房

净水机房设计要求，参见表 1-343。

8.12.6　管道敷设与设备安装

管道直饮水管道敷设与设备安装设计要求，参见表 1-344。

8.13　给水排水抗震设计

展览建筑、博物馆建筑、档案馆建筑给水排水管道抗震设计，参见 4.11 节。

8.14 给水排水专业绿色建筑设计

展览馆建筑、博物馆建筑、档案馆建筑绿色设计，应根据展览馆建筑、博物馆建筑、档案馆建筑所在地相关规定要求执行。新建展览馆建筑、博物馆建筑、档案馆建筑应按照一星级或以上星级标准设计；政府投资或者以政府投资为主的展览馆建筑、博物馆建筑、档案馆建筑、建筑面积大于 $20000m^2$ 的大型展览馆建筑、博物馆建筑、档案馆建筑宜按照绿色建筑二星级或以上星级标准设计。展览馆建筑、博物馆建筑、档案馆建筑二星级、三星级绿色建筑设计专篇，参见表 1-347。

第 9 章　剧场建筑、电影院建筑给水排水设计

剧场建筑是设有观众厅、舞台、技术用房和演员、观众用房等的观演建筑。剧场建筑、电影院建筑可用于歌舞剧、话剧、戏曲或多用途演出。

剧场建筑规模分类，见表 9-1。

剧场建筑规模分类表　　　　　　　　　表 9-1

剧场建筑规模	观众座席数量（座）
特大型	>1500
大型	1201～1500
中型	801～1200
小型	≤800

剧场建筑等级划分，见表 9-2。

剧场建筑等级划分表　　　　　　　　　表 9-2

剧场建筑等级	说明
特等	指代表国家的一些文娱建筑，如国家剧院、国家文化中心等，其质量标准不应低于甲等剧场
甲等	指代表省、直辖市的一些文娱建筑
乙等	指代表市、县的一些文娱建筑

剧场建筑组成，见表 9-3。

剧场建筑组成表　　　　　　　　　　　表 9-3

序号	组成	说明
1	前厅和休息厅	包括售票处、商品零售部、衣物寄存处、误场等候区、安检设施安放空间、厕所等
2	观众厅	包括观众座席和疏散走道等
3	舞台	型式分为镜框式舞台、大台唇式舞台、伸出式舞台、岛式舞台等；包括主舞台、侧舞台、后舞台等；舞台设置乐池、灯光控制室、调光柜室、功放室、灯光设备机房、舞台音响设备室、音响控制室、舞台监督主控室、舞台机械控制室、舞台监视系统控制室、台上舞台机械电气柜室、台下舞台机械电气柜室、演员化妆休息室、候场室、服装室、追光室、面光桥、前厅、贵宾室、乐队休息室、舞美休息室等
4	后台	包括化妆室、抢妆室、服装室、乐队休息室、乐器调音室、盥洗室、浴室、厕所、候场室、小道具室、指挥休息室、演职员演出办公室等演出用房；集中的演职人员出入口、门厅、门卫值班室、接待室和寄存空间等；乐队排练厅、合唱队排练厅、舞蹈排练厅、琴房、木工间、金工间、绘景间、硬景库、乐器库房、灯具库房和维修间、卸货（景）区等辅助用房

电影院建筑是为观众放映电影的公共建筑。

电影院建筑规模分类，见表9-4。

电影院建筑规模分类表   表9-4

电影院建筑规模	座位数（座）	观众厅数（个）
特大型	＞1801	≥11
大型	1201～1800	8～10
中型	701～1200	5～7
小型	≤700	≤4

电影院建筑的等级可分为特级、甲级、乙级、丙级四个等级。

电影院建筑组成，见表9-5。

电影院建筑组成表   表9-5

序号	组成	说明
1	观众厅	包括观众座席和疏散走道等
2	公共区域	包括门厅、休息厅、售票处、小卖部、冷饮部、衣物存放处、厕所等
3	放映机房	包括放映、还音、倒片、配电等设备或设施，机房内设维修、休息处及专用厕所
4	其他用房	包括多种营业用房（包括电影产品专卖店、餐饮经营用房、室内游艺、娱乐设施、电影产品陈列室等）、贵宾接待室、建筑设备用房（包括空调机房、通风机房、冷冻机房、水泵房、变配电室、灯光控制室等）、智能化系统机房（包括消防控制室、安防监控中心、有线电视机房、计算机机房、有线广播机房及控制室等）和员工用房（包括行政办公室、会议室、职工食堂、更衣室、厕所等）等

剧场建筑、电影院建筑给水排水设计应符合现行国家标准《城市给水工程项目规范》GB 55026、《城乡排水工程项目规范》GB 55027、《建筑给水排水设计标准》GB 50015、《建筑防火通用规范》GB 55037、《消防设施通用规范》GB 55036、《建筑设计防火规范》GB 50016 和《消防给水及消火栓系统技术规范》GB 50974 等的规定。根据剧场建筑的功能设置，其给水排水设计涉及的现行行业标准为《剧场建筑设计规范》JGJ 57；根据电影院建筑的功能设置，其给水排水设计涉及的现行行业标准为《电影院建筑设计规范》JGJ 58。当剧场观众厅兼放电影时，放映光学设计及放映室给水排水设计应符合现行行业标准《电影院建筑设计规范》JGJ 58 的规定。剧场建筑、电影院建筑若设置中水系统，其设计涉及的现行国家标准为《建筑中水设计标准》GB 50336。

当剧场、电影院设置在综合建筑内时，应首先考虑利用综合建筑已有的给水排水设备设施。

9.1 生活给水系统

9.1.1 用水量标准

1. 生活用水量标准

剧场建筑、电影院建筑的用水量标准，应根据剧场建筑的性质、卫生设备完善程度和当地气候条件等因素综合考虑确定。《水标》中剧场建筑、电影院建筑相关功能场所生活用水定额，见表9-6。

剧场建筑、电影院建筑生活用水定额表 表9-6

序号	建筑物名称		单位	生活用水定额（L）		使用时数（h）	最高日小时变化系数 K_h
				最高日	平均日		
1	剧场、剧院、电影院	观众	每观众每场	3～5	3～5	3	1.5～1.2
		演职员	每人每场	40	35	4～6	2.5～2.0
2	办公	坐班制办公	每人每班	30～50	25～40	8～10	1.5～1.2
3	淋浴室	淋浴	每人每次	100	70～90	12	2.0～1.5
4	餐饮业	职工食堂	每顾客每次	20～25	15～20	12～16	1.5～1.2
5	停车库地面冲洗水		每平方米每次	2～3	2～3	6～8	1.0

注：1. 除注明外，均不含员工生活用水，员工最高日用水定额为每人每班40～60L，平均日用水定额为每人每班30～45L；
  2. 表中用水量标准为生活用水，包括生活用热水用水量和直饮水用量，也包括正常漏水量和间接用水量，如清洁用水在内；但不包括空调、供暖、水景绿化、场地和道路浇洒等用水；
  3. 计算剧场建筑、电影院建筑最高日最大时用水量时，某一类型生活用水定额、最高日小时变化系数（K_h）均为一个范围值时，生活用水定额取定额的最低值应对应选择最高日小时变化系数（K_h）的最大值；生活用水定额取定额的最高值应对应选择最高日小时变化系数（K_h）的最小值；生活用水定额取定额的中间值应对应选择最高日小时变化系数（K_h）的中间值（按内插法确定）。

《节水标》中剧场建筑、电影院建筑相关功能场所平均日生活用水节水用水定额，见表9-7。

剧场建筑、电影院建筑平均日生活用水节水用水定额表 表9-7

序号	建筑物名称		单位	节水用水定额
1	剧场、剧院、电影院	观众	L/(观众·场)	3～5
2	办公	坐班制办公	L/(人·班)	25～40
3	淋浴室	淋浴	L/(人·次)	70～90
4	餐饮业	快餐厅、职工食堂	L/(人·次)	15～20
5	停车库地面冲洗用水		L/(m²·次)	2～3

注：1. 除注明外均不含员工用水，员工用水定额每人每班30～45L；
  2. 表中用水量包括热水用量在内，空调用水应另计；
  3. 选择用水定额时，可依据当地气候条件、水资源状况等确定，缺水地区应选择低值；
  4. 用水人数或单位数应以年平均值计算；
  5. 每年用水天数应根据使用情况确定。

  2. 绿化浇灌用水量标准
  剧场建筑、电影院建筑院区绿化浇灌最高日用水定额按浇灌面积1.0～3.0L/(m²·d)计算，通常取2.0L/(m²·d)，干旱地区可酌情增加。
  3. 浇洒道路用水量标准
  剧场建筑、电影院建筑院区道路、广场浇洒最高日用水定额按浇洒面积2.0～3.0L/(m²·d)计算，亦可参见表2-8。

4. 空调循环冷却水补水用水量标准

剧场建筑、电影院建筑空调设备的冷却用水量按工艺要求确定。冷却水系统应根据水量大小、气候条件、空调方式等情况确定。一般采用冷却循环用水。剧场建筑、电影院建筑空调循环冷却水补充水量，按公式（1-3）计算，亦可由暖通空调专业提供。

5. 汽车冲洗用水量标准

汽车冲洗用水量标准按 10.0~15.0L/(辆·次) 考虑。

6. 供暖锅炉补充水量

供暖锅炉补充水量由暖通空调、热能动力专业提供。

7. 给水管网漏失水量和未预见水量

这两项水量之和按上述 6 项用水量（第 1 项至第 6 项）之和的 8%~12% 计算，通常按 10% 计。

最高日用水量（Q_d）应为上述 7 项用水量（第 1 项至第 7 项）之和。

最大时用水量（Q_{hmax}）可按公式（1-4）计算。

9.1.2 水质标准和防水质污染

1. 水质标准

剧场建筑、电影院建筑给水系统供水水质应符合现行国家标准《生活饮用水卫生标准》GB 5749 的要求。

2. 防水质污染

剧场建筑、电影院建筑防止水质污染常见的具体措施，参见表 2-9。

9.1.3 给水系统和给水方式

1. 剧场建筑、电影院建筑生活给水系统

典型的剧场建筑、电影院建筑生活给水系统原理图，参见图 4-1。

2. 剧场建筑、电影院建筑生活给水供水方式

剧场建筑、电影院建筑生活给水应尽量利用自来水压力，当自来水压力缺乏时，应设内部贮水箱，其贮备量按日用水量确定。

剧场建筑、电影院建筑生活给水供水方式，参见表 8-11。

3. 剧场建筑、电影院建筑生活给水系统竖向分区

剧场建筑、电影院建筑应根据建筑内功能的划分和当地供水部门的水量计费分类等因素，设置相应的生活给水系统，并应利用城镇给水管网的水压。

剧场建筑、电影院建筑生活给水系统竖向分区应根据的原则，参见表 3-7。

剧场建筑、电影院建筑生活给水系统竖向分区确定程序，见表 9-8。

生活给水系统竖向分区确定程序表 表 9-8

序号	竖向分区确定程序
1	根据剧场建筑、电影院建筑院区接入市政给水管网的最小工作压力确定由市政给水管网直接供水的楼层
2	根据市政给水直供楼层以上楼层的竖向建筑高度合理确定分区的个数及分区范围
3	根据需要加压供水的总楼层数，合理调整需要加压的各竖向分区，使其高度基本一致

4. 剧场建筑、电影院建筑生活给水系统形式

剧场建筑、电影院建筑生活给水系统通常采用下行上给式，设备管道设置方法，见表9-9。

生活给水系统设备管道设置方法表 表9-9

序号	设备管道名称	设备管道设置方法
1	生活水箱及各分区供水泵组	设置在建筑地下室或院区生活水泵房
2	各分区给水总干管	自各分区给水泵组接出，沿下部楼层吊顶内或顶板下横向敷设接至各区域水管井
3	各分区给水总立管	设置在各区域水管井内，自各分区给水总干管接出，竖向敷设接至各区域最下部楼层
4	各分区给水横干管	设置在各区域最下部楼层吊顶内或顶板下，自各分区给水总立管接出，横向敷设接至本区域各用水场所（剧场建筑、电影院建筑卫生间等）水管井
5	分区内给水立管	分别自本区域给水横干管接出，沿水管井向上敷设，每个竖向水管井设置1根给水管
6	给水支管	自分区内各个水管井内给水立管接出，接至每层各用水场所用水点，通常1个卫生间等用水场所设置1根给水支管；给水支管在水管井内沿水流方向依次设置阀门、减压阀（若需要的话）、冷水表（适用于需要单独计量时）；水管井内给水支管宜设置在距地1.0～1.2m的高度，向上接至卫生间吊顶内敷设至该卫生间各用水卫生器具

9.1.4 管材及附件

1. 生活给水系统管材

剧场建筑、电影院建筑生活给水系统给水管道应选用耐腐蚀、安装连接方便可靠、符合国家现行有关产品标准要求及饮用水卫生要求的管材，常用管材包括薄壁不锈钢管、薄壁铜管、PVC-C（氯化聚氯乙烯）冷水用管、钢塑复合管、内衬不锈钢复合钢管、铝塑复合管等。

2. 生活给水系统阀门

剧场建筑、电影院建筑生活给水系统设置阀门的部位，参见表4-7。

3. 生活给水系统止回阀

剧场建筑、电影院建筑生活给水系统设置止回阀的部位，参见表4-8。

4. 生活给水系统减压阀

剧场建筑、电影院建筑配水横管静水压大于0.20MPa的楼层各分区内给水支管起端应设置减压阀，减压阀位置在阀门之后。

5. 生活给水系统水表

剧场建筑、电影院建筑给水系统的引入管上应设置水表。水表宜设置在室内便于抄表位置；在夏热冬冷地区及严寒地区，当水表设置于室外时，应采取可靠的防冻胀破坏措施。

剧场建筑、电影院建筑生活给水系统按分区域计量原则设置水表，生活给水系统设置水表的部位，参见表3-14。

6. 生活给水系统其他附件

生活水箱的生活给水进水管上应设自动水位控制阀。

剧场建筑、电影院建筑生活给水系统设置过滤器的部位，参见表2-19。

剧场建筑、电影院建筑内公共卫生间的洗手盆水嘴应采用非接触式或延时自闭式水

嘴，通常采用感应式水嘴；小便斗、大便器应采用非手动开关。用水点非手动开关的型式，参见表 2-20。

9.1.5 给水管道布置及敷设

1. 室外生活给水系统布置与敷设

剧场建筑、电影院建筑院区的室外生活给水管网应布置成环状管网，管径宜为 $DN150$。环状给水管网与市政给水管网的连接管不宜少于 2 条，引入管管径宜为 $DN150$、不宜小于 $DN100$。

剧场建筑、电影院建筑院区室外生活给水管道与其他地下管线及乔木之间的最小净距，参照表 1-25 的规定。

2. 室内生活给水系统布置与敷设

剧场建筑、电影院建筑室内生活给水管道通常布置成支状管网，单向供水，宜沿室内公共区域敷设。剧场建筑、电影院建筑生活给水管道不应布置的场所，参见表 2-21。

3. 室内给水管道防护

室内生活给水横干管、立管超过 50m 时，宜设伸缩补偿装置。

与人防工程功能无关的室内生活给水管道应避免穿越人防地下室，确需穿越时应在人防侧设置防护阀门，管道穿越处应设防护套管。

4. 生活给水管道保温

剧场建筑、电影院建筑设置屋顶贮水箱和敷设管道，在冬季不供暖而又有可能冰冻的地区，应采取防冻措施。敷设在有可能结冻的房间、地下室及管井、管沟等处的给水管道应有防冻措施。

屋顶水箱间内生活给水管道均需做保温，所有给水横管及管井内的给水立管均做防结露保温。室内满足防冻要求的管道可不做防结露保温。

给水管道保温材料厚度确定，参见表 1-30、表 1-31。

9.1.6 生活给水系统给水管网计算

1. 剧场院区室外生活给水管网

室外生活给水管网设计流量应按剧场建筑、电影院建筑院区生活给水最大时用水量确定。院区给水引入管的设计流量应按最大时用水量确定；当引入管为 2 条时，应保证当其中一条发生故障时，其余的引入管可以提供不小于 70% 的流量。

剧场建筑、电影院建筑院区室外生活给水管网管径宜采用 $DN150$。

2. 剧场建筑、电影院建筑室内生活给水管网

采用市政给水管网直接供水时，给水引入管设计流量（Q_1）应按直供区生活给水设计秒流量计；采用生活水箱+变频给水泵组供水时，给水引入管设计流量（Q_2）应按加压区生活水箱设计补水量计，设计补水量不得小于高区最高日平均时用水量，不宜大于最高日最大时用水量。

剧场建筑、电影院建筑内生活给水设计秒流量应按公式（9-1）计算：

$$q_g = 0.2 \cdot \alpha \cdot (N_g)^{1/2} = 0.6 \cdot (N_g)^{1/2} \tag{9-1}$$

式中 q_g——计算管段的给水设计秒流量，L/s；

9.1 生活给水系统

N_g——计算管段的卫生器具给水当量总数；

α——根据剧场建筑、电影院建筑用途而定的系数，取 3.0。

注：如计算值小于该管段上一个最大卫生器具给水额定流量时，应采用一个最大的卫生器具给水额定流量作为设计秒流量；如计算值大于该管段上按卫生器具给水额定流量累加所得流量值时，应按卫生器具给水额定流量累加所得流量值采用；有大便器延时自闭冲洗阀的给水管段，大便器延时自闭冲洗阀的给水当量均以 0.5 计，计算得到的 q_g 附加 1.20L/s 的流量后，为该管段的给水设计秒流量。

剧场建筑、电影院建筑生活给水设计秒流量计算，可参照表 9-10。

剧场建筑、电影院建筑生活给水设计秒流量计算表（L/s） 表 9-10

卫生器具给水当量数 N_g	剧场、电影院 $\alpha=3.0$	卫生器具给水当量数 N_g	剧场、电影院 $\alpha=3.0$	卫生器具给水当量数 N_g	剧场、电影院 $\alpha=3.0$	卫生器具给水当量数 N_g	剧场、电影院 $\alpha=3.0$	卫生器具给水当量数 N_g	剧场、电影院 $\alpha=3.0$
1	0.60	50	4.24	145	7.22	315	10.65	485	13.21
2	0.85	52	4.33	150	7.35	320	10.73	490	13.28
3	1.04	54	4.41	155	7.47	325	10.82	495	13.35
4	1.20	56	4.49	160	7.59	330	10.90	500	13.42
5	1.34	58	4.57	165	7.71	335	10.98	550	14.07
6	1.47	60	4.65	170	7.82	340	11.06	600	14.70
7	1.59	62	4.72	175	7.94	345	11.14	650	15.30
8	1.70	64	4.80	180	8.05	350	11.22	700	15.87
9	1.80	66	4.87	185	8.16	355	11.30	750	16.43
10	1.90	68	4.95	190	8.27	360	11.38	800	16.97
11	1.99	70	5.02	195	8.38	365	11.46	850	17.49
12	2.08	72	5.09	200	8.49	370	11.54	900	18.00
13	2.16	74	5.16	205	8.59	375	11.62	950	18.49
14	2.24	76	5.23	210	8.69	380	11.70	1000	18.97
15	2.32	78	5.30	215	8.80	385	11.77	1050	19.44
16	2.40	80	5.37	220	8.90	390	11.85	1100	19.90
17	2.47	82	5.43	225	9.00	395	11.92	1150	20.35
18	2.55	84	5.50	230	9.10	400	12.00	1200	20.78
19	2.62	86	5.56	235	9.20	405	12.07	1250	21.21
20	2.68	88	5.63	240	9.30	410	12.15	1300	21.63
22	2.81	90	5.69	245	9.39	415	12.22	1350	22.05
24	2.94	92	5.75	250	9.49	420	12.30	1400	22.45
26	3.06	94	5.82	255	9.58	425	12.37	1450	22.85
28	3.17	96	5.88	260	9.67	430	12.44	1500	23.24
30	3.29	98	5.94	265	9.77	435	12.51	1550	23.62
32	3.39	100	6.00	270	9.86	440	12.59	1600	24.00
34	3.50	105	6.15	275	9.95	445	12.66	1650	24.37
36	3.60	110	6.29	280	10.04	450	12.73	1700	24.74
38	3.70	115	6.43	285	10.13	455	12.80	1750	25.10
40	3.79	120	6.57	290	10.22	460	12.87	1800	25.46
42	3.89	125	6.71	295	10.31	465	12.94	1850	25.81
44	3.98	130	6.84	300	10.39	470	13.01	1900	26.15
46	4.07	135	6.97	305	10.48	475	13.08	1950	26.50
48	4.16	140	7.10	310	10.56	480	13.15	2000	26.83

剧场建筑、电影院建筑有自闭式冲洗阀时生活给水设计秒流量计算，可参照表 1-33。

剧场建筑、电影院建筑公共浴室、职工食堂厨房等建筑生活给水管道的设计秒流量应按公式（9-2）计算：

$$q_g = \Sigma q_{g0} \cdot n_0 \cdot b_g \tag{9-2}$$

式中　q_g——剧场建筑、电影院建筑计算管段的给水设计秒流量，L/s；

　　　q_{g0}——剧场建筑、电影院建筑同类型的一个卫生器具给水额定流量，L/s，可按表 7-10 采用；

　　　n_0——剧场建筑、电影院建筑同类型卫生器具数；

　　　b_g——剧场建筑、电影院建筑卫生器具的同时给水使用百分数；剧场建筑、电影院建筑公共浴室内的淋浴器和洗脸盆按表 4-12 选用，职工食堂的设备按表 4-13 选用。

3. 剧场建筑、电影院建筑内卫生器具给水当量

剧场建筑、电影院建筑用水器具和配件应采用节水性能良好、坚固耐用，且便于管理维修的产品。

剧场建筑、电影院建筑应采用符合现行行业标准《节水型生活用水器具》CJ/T 164 规定的节水型卫生器具，宜选用用水效率等级不低于 3 级的用水器具。

剧场建筑、电影院建筑常见卫生器具的给水额定流量、给水当量、连接给水管管径和最低工作压力按表 3-18 确定。

4. 剧场建筑、电影院建筑内给水管管径

剧场建筑、电影院建筑内给水供水管的管径，应根据该给水供水管段的设计秒流量、允许给水流速等查相关计算表格确定。生活给水管道内的给水流速，宜参照表 1-38。

剧场建筑、电影院建筑内公共卫生间的蹲便器个数与给水供水管管径的对照表，见表 9-11。

公共卫生间蹲便器个数与给水供水管管径对照表　　　　表 9-11

公共卫生间蹲便器数量（个）	1	2	3～12	13～35	36～100	101～308	309～710	≥711
给水供水管管径 DN（mm）	32	40	50	70	80	100	125	150

注：生活给水供水管管径不宜大于 DN150；剧场建筑、电影院建筑内公共卫生间数量较多时，每个竖向分区可根据区域、组团配置 2 根或 2 根以上给水管。

整个生活给水系统生活给水立管、干管均按照其服务的给水设计秒流量确定其管段管径。

9.1.7　生活水泵和生活水泵房

剧场建筑、电影院建筑给水设计应有可靠的水源和供水管道系统，当仅有一路城市引入管或供水不满足设计秒流量或压力要求时，应设置加压供水设备。

1. 生活水泵

剧场建筑、电影院建筑生活给水加压水泵宜采用 2 台（1 用 1 备）配置模式，亦可采用 3 台（2 用 1 备）配置模式。

剧场建筑、电影院建筑生活给水加压通常采用变频调速给水泵组，其设计流量应按其

负责给水系统的最大设计秒流量确定，即 $Q=q_g$。设计时应统计该系统内各用水点卫生器具的生活给水当量数，经公式（9-1）、公式（9-2）计算或查表9-10得出设计流量值。

生活给水加压水泵的设计工作压力，按公式（1-10）计算。

剧场建筑、电影院建筑加压水泵应选用低噪声节能型产品。

2. 生活水泵房

剧场建筑、电影院建筑二次加压给水的水泵房应为独立的房间，并应环境良好、便于维修和管理；不应布置在舞台的上层或同层贴邻位置；不应毗邻休息厅、观众厅；不应毗邻化妆室、抢妆室、服装室、乐队休息室、乐器调音室、候场室、指挥休息室、接待室、乐队排练厅、合唱队排练厅、舞蹈排练厅、琴房、办公室、会议室等场所；加压泵组及泵房应采取减振降噪措施。

剧场建筑、电影院建筑生活水泵房的设置位置应根据其所供水服务的范围确定，见表9-12。

剧场建筑、电影院建筑生活水泵房位置确定及要求表　　　　表 9-12

序号	水泵房位置	适用情况	设置要求
1	院区室外集中设置	院区室外有空间；常见于新建剧场建筑、电影院建筑院区	宜与消防水泵房、消防水池、暖通冷热源机房、锅炉房等集中设置，宜靠近剧场建筑、电影院建筑
2	建筑地下室楼层设置	院区室外无空间	宜设在地下一层或地下二层，不宜设在最低地下楼层；水泵房地面宜高出室外地面200～300mm

各分区的生活给水泵组宜集中布置；生活水泵房内每套生活给水泵组宜设置在一个基础上。

9.1.8 生活贮水箱（池）

剧场建筑、电影院建筑给水设计应有可靠的水源和供水管道系统，当仅有一路城市引入管或供水不满足设计秒流量或压力要求时，应设置生活贮水箱（池）。剧场建筑、电影院建筑水箱间应为独立的房间。

水箱应设置消毒设备，并宜采用紫外线消毒方式。

1. 贮水容积

剧场建筑、电影院建筑生活用水贮水箱（池）的有效容积计算时，其生活用水调节量应按进水量与用水量变化曲线经计算确定，当资料不足时，宜按最高日用水量的20%～25%确定，最大不得大于48h的用水量。有条件时可适当增加生活贮水箱（池）有效容积。

剧场建筑、电影院建筑生活用水贮水设备宜采用贮水箱。

2. 生活水箱

剧场建筑、电影院建筑生活水箱设计要求，参见表1-46。

3. 生活水箱相关管道、装置设置要求

剧场建筑、电影院建筑生活水箱相关管道设施要求，参见表1-47。

生活水箱各水位指标确定方法及取值经验值，参见表1-48。

9.2 生活热水系统

9.2.1 热水系统类别

剧场建筑、电影院建筑生活热水系统类别，见表 9-13。

生活热水系统类别表   表 9-13

序号	分类标准	热水系统类别	剧场建筑、电影院建筑应用情况
1	供应范围	集中生活热水系统	厨房生活热水系统
2		局部（分散）生活热水系统	淋浴室生活热水系统
3	热水管网循环方式	热水干管立管循环生活热水系统	淋浴室生活热水系统
4		热水干管循环生活热水系统	厨房生活热水系统
5	热水管网循环水泵运行方式	全日循环生活热水系统	淋浴室生活热水系统
6		定时循环生活热水系统	厨房生活热水系统
7	热水管网循环动力方式	强制循环生活热水系统	淋浴室生活热水系统；厨房生活热水系统
8	是否敞开形式	闭式生活热水系统	淋浴室生活热水系统；厨房生活热水系统
9	热水管网布置型式	下供下回式生活热水系统	热源位于建筑底部，即由锅炉房提供热媒（高温蒸汽或高温热水），经汽水或水水换热器提供热水热源等的生活热水系统
10		上供上回式生活热水系统	热源位于建筑顶部，即由屋顶太阳能热水设备及（或）空气能热泵热水设备提供热水热源等的生活热水系统
11	热水管路距离	同程式生活热水系统	厨房生活热水系统
12	热水系统分区方式	加热器分散设置生活热水系统	剧场建筑、电影院建筑院区各个建筑生活热水系统距离较远、规模相差较大时的生活热水系统

9.2.2 生活热水系统热源

剧场建筑、电影院建筑集中生活热水供应系统的热源，参见表 2-34。

剧场建筑、电影院建筑生活热水系统热源选用，参见表 2-35。

剧场建筑、电影院建筑生活热水系统常见热源组合形式，参见表 7-14。

剧场建筑、电影院建筑屋顶设置太阳能光伏发电系统时，系统产生的电能可用于屋顶热水箱内热水的加热，保证生活热水系统供水温度。

剧场建筑中、小化妆室，供主要演员使用的化妆室附设淋浴室；电影院建筑附设淋浴室的洗浴热水常采用局部热水系统，其水加热器安装位置应便于检查维修。

9.2.3 热水系统设计参数

1. 剧场建筑、电影院建筑热水用水定额

按照《水标》,剧场建筑、电影院建筑相关功能场所热水用水定额,见表9-14。

剧场建筑、电影院建筑热水用水定额表 表 9-14

序号	建筑物名称	单位	用水定额(L)		使用时数 (h)	最高日小时变化系数 K_h
			最高日	平均日		
1	淋浴室	淋浴	每顾客每次	40~60	35~40	12	2.0~1.5
2	餐饮业	职工食堂	每顾客每次	10~12	7~10	12~16	1.5~1.2

注:1. 表中所列用水定额均已包括在表9-6中;
2. 本表以60℃热水水温为计算温度,卫生器具的使用水温见表7-17;
3. 表中平均日用水定额仅用于计算太阳能热水系统集热器面积和计算节水用水量。

《节水标》中剧场建筑、电影院建筑相关功能场所热水平均日节水用水定额,见表9-15。

剧场建筑、电影院建筑热水平均日节水用水定额表 表 9-15

序号	建筑物名称		单位	节水用水定额
1	淋浴室	淋浴	L/(人·次)	35~40
2	餐饮业	职工食堂	L/(人·次)	7~10

注:热水温度按60℃计。

剧场建筑、电影院建筑所在地为较大城市、标准要求较高的,剧场建筑、电影院建筑热水用水定额可以适当选用较高值;反之可选用较低值。

2. 剧场建筑、电影院建筑卫生器具用水定额及水温

剧场建筑、电影院建筑相关功能场所卫生器具的一次热水用水量、小时热水用水量和水温,可按表7-17确定。

3. 剧场建筑、电影院建筑冷水计算温度

冷水的计算温度应以当地最冷月平均水温资料确定。当无水温资料时,按表1-58采用。

剧场建筑、电影院建筑冷水计算温度宜按剧场建筑、电影院建筑当地地面水温度确定,水温有取值范围时宜取低值。

4. 剧场建筑、电影院建筑水加热设备供水温度

剧场建筑、电影院建筑集中热水供应系统的水加热设备(包括热水锅炉、热水机组或水加热器等)的出水温度按表1-59采用。剧场建筑、电影院建筑集中生活热水系统水加热设备的供水温度宜为60~65℃,通常按60℃计。

5. 剧场建筑、电影院建筑生活热水水质

剧场建筑、电影院建筑生活热水的水质指标,应符合现行国家标准《生活饮用水卫生标准》GB 5749 的要求。

9.2.4 热水系统设计指标

1. 剧场建筑、电影院建筑热水设计小时耗热量

（1）全日供应热水设计小时耗热量

剧场建筑、电影院建筑生活热水系统采用全日供应热水较为少见。

（2）定时供应热水设计小时耗热量

当剧场建筑、电影院建筑生活热水系统采用定时供应热水的集中生活热水系统时，其设计小时耗热量可按公式（7-5）计算。

（3）不同使用要求用水部门热水设计小时耗热量

具有多个不同使用热水部门或具有多种热水使用形式的剧场建筑、电影院建筑，当其热水由同一热水供应系统供应时，设计小时耗热量，可按同一时间内出现用水高峰的主要用水部门的设计小时耗热量加其他用水部门的平均小时耗热量计算。

2. 剧场建筑、电影院建筑设计小时热水量

剧场建筑、电影院建筑设计小时热水量，可按公式（7-6）计算。

3. 剧场建筑、电影院建筑加热设备供热量

剧场建筑、电影院建筑全日集中生活热水系统中，锅炉、水加热设备的设计小时供热量应根据日热水用量小时变化曲线、加热方式及锅炉、水加热设备的工作制度经积分曲线计算确定。

（1）容积式水加热器或贮热容积与其相当的水加热器、燃油（气）热水机组供热量

剧场建筑、电影院建筑生活热水系统采用的容积式水加热器均应为导流型容积式水加热器，其设计小时供热量可按公式（7-7）计算。

在剧场建筑、电影院建筑生活热水系统设计小时供热量计算时，通常取 $Q_g = Q_h$。

（2）半容积式水加热器或贮热容积与其相当的水加热器、燃油（气）热水机组供热量

剧场建筑、电影院建筑生活热水系统亦常采用半容积式水加热器，此时半容积式水加热器设计小时供热量按设计小时耗热量计算，即取 $Q_g = Q_h$。

9.2.5 生活热水系统热水管网计算

1. 生活热水管网设计流量

（1）剧场建筑、电影院建筑生活热水引入管设计流量

剧场建筑、电影院建筑生活热水引入管设计流量应按该建筑相应生活热水供水系统总供水干管的设计秒流量确定。

（2）剧场建筑、电影院建筑内生活热水设计秒流量

剧场建筑、电影院建筑内生活热水设计秒流量应按公式（9-3）计算：

$$q_g = 0.2 \cdot \alpha \cdot (N_g)^{1/2} = 0.6 \cdot (N_g)^{1/2} \tag{9-3}$$

式中　q_g——计算管段的热水设计秒流量，L/s；

　　　N_g——计算管段的卫生器具热水当量总数；

　　　α——根据剧场建筑、电影院建筑用途而定的系数，取 3.0。

注：如计算值小于该管段上一个最大卫生器具热水额定流量时，应采用一个最大的卫生器具热水额定流量作为设计秒流量；如计算值大于该管段上按卫生器具热水额定流量累加所得流量值时，应按卫生

器具热水额定流量累加所得流量值采用。

剧场建筑、电影院建筑生活热水设计秒流量计算，可参照表 9-16。

剧场建筑、电影院建筑生活热水设计秒流量计算表（L/s） 表 9-16

卫生器具热水当量数 N_g	剧场、电影院 $\alpha=3.0$	卫生器具热水当量数 N_g	剧场、电影院 $\alpha=3.0$	卫生器具热水当量数 N_g	剧场、电影院 $\alpha=3.0$	卫生器具热水当量数 N_g	剧场、电影院 $\alpha=3.0$	卫生器具热水当量数 N_g	剧场、电影院 $\alpha=3.0$
1	0.60	50	4.24	145	7.22	315	10.65	485	13.21
2	0.85	52	4.33	150	7.35	320	10.73	490	13.28
3	1.04	54	4.41	155	7.47	325	10.82	495	13.35
4	1.20	56	4.49	160	7.59	330	10.90	500	13.42
5	1.34	58	4.57	165	7.71	335	10.98	550	14.07
6	1.47	60	4.65	170	7.82	340	11.06	600	14.70
7	1.59	62	4.72	175	7.94	345	11.14	650	15.30
8	1.70	64	4.80	180	8.05	350	11.22	700	15.87
9	1.80	66	4.87	185	8.16	355	11.30	750	16.43
10	1.90	68	4.95	190	8.27	360	11.38	800	16.97
11	1.99	70	5.02	195	8.38	365	11.46	850	17.49
12	2.08	72	5.09	200	8.49	370	11.54	900	18.00
13	2.16	74	5.16	205	8.59	375	11.62	950	18.49
14	2.24	76	5.23	210	8.69	380	11.70	1000	18.97
15	2.32	78	5.30	215	8.80	385	11.77	1050	19.44
16	2.40	80	5.37	220	8.90	390	11.85	1100	19.90
17	2.47	82	5.43	225	9.00	395	11.92	1150	20.35
18	2.55	84	5.50	230	9.10	400	12.00	1200	20.78
19	2.62	86	5.56	235	9.20	405	12.07	1250	21.21
20	2.68	88	5.63	240	9.30	410	12.15	1300	21.63
22	2.81	90	5.69	245	9.39	415	12.22	1350	22.05
24	2.94	92	5.75	250	9.49	420	12.30	1400	22.45
26	3.06	94	5.82	255	9.58	425	12.37	1450	22.85
28	3.17	96	5.88	260	9.67	430	12.44	1500	23.24
30	3.29	98	5.94	265	9.77	435	12.51	1550	23.62
32	3.39	100	6.00	270	9.86	440	12.59	1600	24.00
34	3.50	105	6.15	275	9.95	445	12.66	1650	24.37
36	3.60	110	6.29	280	10.04	450	12.73	1700	24.74
38	3.70	115	6.43	285	10.13	455	12.80	1750	25.10
40	3.79	120	6.57	290	10.22	460	12.87	1800	25.46
42	3.89	125	6.71	295	10.31	465	12.94	1850	25.81
44	3.98	130	6.84	300	10.39	470	13.01	1900	26.15
46	4.07	135	6.97	305	10.48	475	13.08	1950	26.50
48	4.16	140	7.10	310	10.56	480	13.15	2000	26.83

2. 剧场建筑、电影院建筑内卫生器具热水当量

剧场建筑、电影院建筑卫生器具的热水额定流量、热水当量、连接热水管管径和最低工作压力按表 3-31 确定。

3. 剧场建筑、电影院建筑内热水管管径

剧场建筑、电影院建筑内热水供水管的管径，应根据该热水供水管段的设计秒流量、允许热水流速等查相关计算表格确定。生活热水管道内的热水流速，宜按表 1-66 控制。

剧场建筑、电影院建筑公共浴室淋浴器个数与对应供给相应数量热水供水管管径的对照表，参见表 7-19。

本区域热水回水干管管径根据该区域热水供水干管最大管径确定。热水回水管管径与热水供水管管径的对照，参见表 3-33。

整个生活热水系统的生活热水供水立管、干管均按照其服务的热水设计秒流量确定其管段管径；生活热水回水立管、干管先按照其服务的热水设计秒流量确定出一个供水管管径值，再根据表 3-33 确定其管段回水管管径值。

9.2.6 生活热水机房（换热机房、换热站）

剧场建筑、电影院建筑生活热水机房（换热机房、换热站）位置确定，见表 9-17。

剧场建筑、电影院建筑生活热水机房（换热机房、换热站）位置确定表　　表 9-17

序号	生活热水机房（换热机房、换热站）位置	生活热水系统热源情况	生活热水机房（换热机房、换热站）内设施	适用范围
1	院区室外独立设置	院区锅炉房热水（蒸汽）锅炉提供热媒，经换热后提供第 1 热源；太阳能设备或空气能热泵设备提供第 2 热源	常用设施：水（汽）水换热器（加热器）、热水循环泵组	新建、改建剧场建筑、电影院建筑；设有锅炉房
2	单体建筑室内地下室			新建剧场建筑、电影院建筑；设有锅炉房
3	单体建筑屋顶	太阳能设备或（和）空气能热泵设备提供热源；必要情况下燃气热水设备提供第 2 热源	热水箱、热水循环泵组、集热循环泵组、空气能热泵循环泵组	新建、改建剧场建筑、电影院建筑；屋顶设有热源热水设备

剧场建筑、电影院建筑生活热水机房（换热机房、换热站）应为独立的房间；不应布置在舞台的上层或同层贴邻位置；不应毗邻休息厅、观众厅；不应毗邻化妆室、抢妆室、服装室、乐队休息室、乐器调音室、候场室、指挥休息室、接待室、乐队排练厅、合唱队排练厅、舞蹈排练厅、琴房、办公室、会议室等场所；循环泵组及机房应采取减振降噪措施。

9.2.7 生活热水箱

剧场建筑、电影院建筑生活热水箱设计要求，参见表 1-72。

生活热水箱各种水位，按表 1-74 确定。

剧场建筑、电影院建筑生活热水箱间应为独立的房间；不应布置在舞台的上层或同层贴邻位置；不应毗邻休息厅、观众厅；不应毗邻化妆室、抢妆室、服装室、乐队休息室、乐器调音室、候场室、指挥休息室、接待室、乐队排练厅、合唱队排练厅、舞蹈排练厅、琴房、办公室、会议室等场所；循环泵组及热水箱间应采取减振降噪措施。

9.2.8 生活热水循环泵

1. 生活热水循环泵设置位置

当系统热源由高温热媒经院区热水机房（换热机房）内的各分区换热设备后向各分区供给热水时，各分区生活热水循环泵通常设在热水机房（换热机房）内。当系统热源由屋顶太阳能供水设备向各分区供给热水时，各分区生活热水循环泵通常设在本分区最低楼层或下面一层热水循环泵房内。

2. 生活热水循环泵设计流量

当剧场建筑、电影院建筑热水系统采用定时供水时，热水循环流量可按循环管网总水容积的 2~4 倍计算。

设计中，生活热水循环泵的流量可按照所服务热水系统设计小时流量的 25%~30% 确定。

3. 生活热水循环泵设计扬程

生活热水循环泵的扬程，可按公式（7-11）、公式（7-12）计算。

剧场建筑、电影院建筑热水循环泵组通常每套设置 2 台，1 用 1 备，交替运行。

4. 太阳能集热循环泵

太阳能集热循环泵通常设置在屋顶生活热水箱间内，宜设置在太阳能设备供水管即从生活热水箱接出的管道上。集热循环泵流量，按公式（1-28）计算；集热循环泵扬程，按公式（1-29）、公式（1-30）计算。

剧场建筑、电影院建筑集热循环泵组通常每套设置 2 台，1 用 1 备，交替运行。

9.2.9 热水系统管材、附件和管道敷设

1. 生活热水系统管材

剧场建筑、电影院建筑生活热水系统热水管道常用的管材包括薄壁不锈钢管、PVC-C（氯化聚氯乙烯）热水用管、薄壁铜管、钢塑复合管（如 PSP 管）、铝塑复合管等，较少采用普通塑料热水管。

2. 生活热水系统阀门

剧场建筑、电影院建筑生活热水系统设置阀门的部位，参见表 2-50。

3. 生活热水系统止回阀

剧场建筑、电影院建筑生活热水系统设置止回阀的部位，参见表 2-51。

4. 生活热水系统水表

剧场建筑、电影院建筑生活热水系统按分区域原则设置热水表，热水表宜采用远传智能水表。

5. 热水系统排气装置、泄水装置

对于上行下给式热水系统，系统热水配水干管最高处及向上抬高管段应设置 $DN25$ 自动排气阀、检修阀门；对于下行上给式热水系统，可利用最高热水配水点放气。

热水管道系统的最低处及向下凹的管段应设置泄水装置或利用最低热水配水点泄水。

6. 温度计、压力表

剧场建筑、电影院建筑生活热水系统设置温度计的部位,参见表 1-77;设置压力表的部位,参见表 1-78。

7. 管道补偿装置

长度超过 50m 的热水横干管或立管均应设置波纹伸缩节,通常设置在该根管道上管径较小的管段处,靠近一端的管道固定支吊架。

8. 保温

生活热水系统中的热水锅炉、燃油(气)热水机组、水加热设备、贮热水箱(罐)、分(集)水器、热水输(配)水干(立)管、热水循环回水干(立)管均应做保温。

热水管道保温材料厚度确定,参见表 1-79、表 1-80。

9.3 排水系统

9.3.1 排水系统类别

剧场建筑、电影院建筑排水系统分类,见表 9-18。

排水系统分类表　　　　　　　　表 9-18

序号	分类标准	排水系统类别	剧场建筑、电影院建筑应用情况	应用程度
1	建筑内场所使用功能	生活污水排水	剧场建筑、电影院建筑公共卫生间污水排水	常用
2		生活废水排水	剧场建筑、电影院建筑公共卫生间、淋浴室洗浴等废水排水	
3		厨房废水排水	剧场建筑、电影院建筑内附设厨房、食堂、餐厅污水排水	
4		设备机房废水排水	剧场建筑、电影院建筑内附设水泵房(包括生活水泵房、消防水泵房)、空调机房、制冷机房、换热机房、锅炉房、热水机房等机房废水排水	
5		车库废水排水	剧场建筑、电影院建筑内附设车库内一般地面冲洗废水排水	
6		消防废水排水	剧场建筑、电影院建筑内消防电梯井排水、自动喷水灭火系统试验排水、消火栓系统试验排水、消防水泵试验排水等废水排水	
7		绿化废水排水	剧场建筑、电影院建筑室外绿化废水排水	
8	建筑内污废水排水方式	重力排水方式	剧场建筑、电影院建筑地上污废水排水	最常用
9		压力排水方式	剧场建筑、电影院建筑地下室污废水排水	常用
10	污废水排水体制	污废合流排水系统		最常用
11		污废分流排水系统		常用

续表

序号	分类标准	排水系统类别	剧场建筑、电影院建筑应用情况	应用程度
12	排水系统通气方式	设有通气管系排水系统	伸顶通气排水系统通常应用在多层剧场建筑、电影院建筑卫生间排水，专用通气立管排水系统通常应用在高层剧场建筑、电影院建筑卫生间排水。环形通气排水系统、器具通气排水系统通常应用在个别剧场建筑、电影院建筑公共卫生间排水	最常用
13		特殊单立管排水系统		极少用

剧场建筑、电影院建筑室内污废水排水体制采用合流制，当有中水利用要求时，可采用分流制。

典型的剧场建筑、电影院建筑排水系统原理图，参见图 4-2、图 4-3。

剧场建筑、电影院建筑中的生活污水、厨房含油废水等均应经化粪池处理；生活废水、设备机房废水、消防废水、绿化废水等不需经过化粪池处理。厨房含油废水应经除油处理后再排入污水管道。

剧场建筑、电影院建筑污废水与建筑雨水应雨污分流。

剧场建筑、电影院建筑公共卫生间等生活粪便污水、生活废水等可合流排放，当有中水利用要求时，可采用分流排放。

剧场建筑、电影院建筑的空调凝结水排水管不得与污废水管道系统直接连接，空调凝结水宜单独收集后回用于绿化、水景、冷却塔补水等。

9.3.2 卫生器具

1. 剧场建筑、电影院建筑内卫生器具种类及设置场所

剧场建筑、电影院建筑内卫生器具种类及设置场所，见表 9-19。

剧场建筑、电影院建筑内卫生器具种类及设置场所表 表 9-19

序号	卫生器具名称	主要设置场所
1	坐便器	剧场建筑、电影院建筑残疾人卫生间
2	蹲便器	剧场建筑、电影院建筑公共卫生间；剧场建筑化妆室卫生间
3	淋浴器	剧场建筑化妆室淋浴室
4	洗脸盆	剧场建筑、电影院建筑公共卫生间、淋浴室；剧场建筑化妆室及其卫生间
5	台板洗脸盆	剧场建筑、电影院建筑公共卫生间；剧场建筑化妆室卫生间、淋浴室
6	小便器	剧场建筑、电影院建筑公共卫生间
7	小便槽	剧场建筑、电影院建筑公共卫生间
8	拖布池	剧场建筑、电影院建筑公共卫生间
9	洗菜池	剧场建筑、电影院建筑食堂、厨房
10	厨房洗涤槽	剧场建筑、电影院建筑厨房

2. 剧场建筑、电影院建筑内卫生器具选用

剧场建筑、电影院建筑卫生间卫生器具应符合表 9-20 规定。

剧场建筑、电影院建筑卫生器具选用表　　　　　表 9-20

序号	卫生器具种类	卫生器具使用场所	卫生器具选型
1	大便器	剧场建筑、电影院建筑公共卫生间；剧场建筑化妆室卫生间	脚踏式自闭式冲洗阀冲洗的坐式或蹲式大便器
2	小便器		红外感应自动冲洗小便器
3	洗手盆		龙头应采用感应型水嘴

剧场建筑、电影院建筑厕所内应设置有冲洗水箱或自闭阀冲洗的便器。

3. 公共卫生间排水设计要点

公共卫生间排水立管及通气立管通常敷设于专用管道井内；采用专用通气立管方式时，排水立管与通气立管采用结合管连接。管道井中排水立管与通气立管中心距最小值，见表 1-91。

4. 剧场建筑、电影院建筑内卫生器具排水配件穿越楼板留孔位置及尺寸

常见卫生器具排水配件穿越楼板留孔位置及尺寸，参见表 1-92。

5. 地漏

剧场建筑、电影院建筑内公共卫生间、开水间、空调机房、新风机房；公共浴室淋浴间等场所内应设置地漏。

剧场建筑、电影院建筑地漏及其他水封高度要求不得小于 50mm，且不得大于 100mm。

剧场建筑、电影院建筑地漏类型选用，参见表 2-57；地漏规格选用，参见表 2-58。

6. 水封装置

剧场建筑、电影院建筑中采用排水沟排水的场所包括厨房、车库、泵房、设备机房、公共浴室等。当排水沟内废水直接排至室外时，沟与排水排出管之间应设置水封装置。卫生器具排水管段上不得重复设置水封装置。

9.3.3　排水系统水力计算

1. 剧场建筑、电影院建筑最高日和最大时生活排水量

剧场建筑、电影院建筑生活排水量宜按该建筑生活给水量的 85%～95% 计算，通常按 90%。

2. 剧场建筑、电影院建筑卫生器具排水技术参数

剧场建筑、电影院建筑卫生器具的排水流量、排水当量、排水支管管径、排水坡度等基本参数的选定，参见表 3-39。

3. 剧场建筑、电影院建筑排水设计秒流量

剧场建筑、电影院建筑的生活排水管道设计秒流量，按公式（9-4）计算：

$$q_u = 0.12 \cdot \alpha \cdot (N_p)^{1/2} + q_{max} = 0.3 \cdot (N_p)^{1/2} + q_{max} \quad (9-4)$$

式中　q_u——计算管段排水设计秒流量，L/s；

　　　N_p——计算管段的卫生器具排水当量总数；

　　　α——根据建筑物用途而定的系数，剧场建筑、电影院建筑取 2.0～2.5，通常取 2.5；

　　　q_{max}——计算管段上最大一个卫生器具的排水流量，L/s。

计算时，如计算所得流量值大于该管段上按卫生器具排水流量累加值时，应按卫生器具排水流量累加值计。

剧场建筑、电影院建筑 $q_{max}=1.50L/s$ 和 $q_{max}=2.00L/s$ 时排水设计秒流量计算数据，参见表 7-24。

剧场建筑化妆间淋浴室、电影院建筑淋浴室、食堂厨房等的生活排水管道设计秒流量，按公式（9-5）计算：

$$q_p = \sum q_0 \cdot n_0 \cdot b \tag{9-5}$$

式中　q_p——剧场建筑、电影院建筑计算管段的排水设计秒流量，L/s；

　　　q_0——剧场建筑、电影院建筑同类型的一个卫生器具排水流量，L/s，可按表 3-39 采用；

　　　n_0——剧场建筑、电影院建筑同类型卫生器具数；

　　　b——剧场建筑、电影院建筑卫生器具的同时排水百分数；剧场建筑、电影院建筑淋浴室内的淋浴器和洗脸盆按表 4-12 选用，食堂的设备按表 4-13 选用。

注：当计算排水流量小于一个大便器排水流量时，应按一个大便器的排水流量计算。

4. 剧场建筑、电影院建筑排水管道管径确定

剧场建筑、电影院建筑排水铸铁管道最小坡度，按表 1-98 确定；胶圈密封连接排水塑料横管的坡度，按表 1-99 确定；建筑内排水管道最大设计充满度，参见表 1-100；排水管道自清流速，参见表 1-101。

排水横管水力计算按照公式（1-32）、公式（1-33）；排水铸铁管水力计算，参见表 1-102；排水塑料管水力计算，参见表 1-103。

不同管径下排水横管允许流量 Q_p，参见表 1-104。

剧场建筑、电影院建筑排水系统中排水横干管常见管径为 DN100、DN150。DN100 排水横干管对应排水当量最大限值，参见表 1-105，DN150 排水横干管对应排水当量最大限值，参见表 1-106。

不同通气方式的排水立管最大设计排水能力，参见表 1-107～表 1-109。

剧场建筑、电影院建筑各种排水管的推荐管径，参见表 2-60。

9.3.4　排水系统管材、附件和检查井

1. 剧场建筑、电影院建筑排水管管材

剧场建筑、电影院建筑室外排水管可采用埋地排水塑料管，包括硬聚氯乙烯管、聚乙烯管和玻璃纤维增强塑料夹砂管等。常用的室外排水管还有双壁加筋波纹排水管、双平壁钢塑复合缠绕排水管等。

剧场建筑、电影院建筑室内排水管类型，参见表 7-25。

2. 剧场建筑、电影院建筑排水管附件

排水立管上检查口的设置位置，参见表 1-113；检查口之间的最大距离，参见表 1-114；检查口设置要求，参见表 1-115。

清扫口的设置位置，参见表 1-116；清扫口至室外检查井中心最大长度，参见表 1-117；排水横管直线管段上清扫口之间的最大距离，参见表 1-118。

塑料排水管道支吊架间距规定，参见表 1-119。

3. 剧场建筑、电影院建筑排水管道布置敷设

剧场建筑、电影院建筑排水管道不应布置场所，见表9-21。

排水管道不应布置场所表 表9-21

序号	排水管道不应布置场所	具体要求
1	生活水泵房等设备机房	排水横管禁止在剧场建筑、电影院建筑生活水箱箱体正上方敷设，生活水泵房其他区域不宜敷设排水管道；设在室内的消防水池（箱）应按此要求处理
2	厨房、餐厅	剧场建筑、电影院建筑中厨房内的主副食操作间、烹调间、备餐间、加工间、粗加工、冷菜间、面点蒸煮间、食品储藏库（主食库、副食库）等房间的上方均不应敷设排水管道，排水立管不宜穿过上述房间；剧场建筑、电影院建筑中的餐厅；剧场建筑、电影院建筑中的厨房排水应独立设置，排水横管和立管均不得与卫生间污水排水管道连通。上述场所上方排水管不宜采用同层排水方式
3	舞台	剧场建筑中的舞台乐池、灯光控制室、调光柜室、功放室、灯光设备机房、舞台音响设备室、音响控制室、舞台监督主控室、舞台机械控制室、舞台监视系统控制室、台上舞台机械电气柜室、台下舞台机械电气柜室、演员化妆休息室、候场室、追光室、面光桥、前厅、贵宾室、乐队休息室、舞美休息室等
4	观众厅	剧场建筑、电影院建筑中的观众座席和疏散走道等
5	放映机房	电影院建筑中的放映、还音、倒片、配电等设备或设施机房，包括机房内休息处
6	后台	剧场建筑中的化妆室、抢妆室、乐队休息室、乐器调音室、候场室、指挥休息室、演职员演出办公室、乐队排练室、合唱队排练厅、舞蹈排练厅、琴房等
7	公共区域	剧场建筑、电影院建筑中的休息厅、售票处、小卖部、冷饮部等
8	电气机房	剧场建筑、电影院建筑中的电气机房包括高压配电室、低压配电室（包括其值班室）、柴油发电机房（包括储油间）、网络机房、弱电机房、UPS机房、消防控制室、安防监控中心、有线电视机房、计算机机房、有线广播机房及控制室等，排水管道不得敷设在此类电气机房内
9	结构变形缝、结构风道	原则上排水管道不得穿过结构变形缝；若条件限制必须穿越沉降缝时，则应预留沉降量并设置不锈钢软管柔性连接，必须穿越伸缩缝时，则应安装伸缩器
10	电梯机房、通风小室	

剧场建筑、电影院建筑排水系统管道设计遵循原则，参见表2-63。

4. 剧场建筑、电影院建筑间接排水

剧场建筑、电影院建筑中的间接排水，参见表4-33。

剧场建筑、电影院建筑未设置地下室时，排水排出管穿越有沉降可能的承重墙或基础时应预留洞口；设置地下室时，排水排出管穿越地下室外墙时应预留防水套管，宜采用柔性防水套管。

9.3.5 通气管系统

剧场建筑、电影院建筑通气管设置要求，见表9-22。

剧场建筑、电影院建筑通气管设置要求表 表 9-22

序号	通气管名称	设置位置	设置要求	管径确定
1	伸顶通气管	设置场所涉及剧场建筑、电影院建筑尤其是多层剧场建筑、电影院建筑所有区域	高出非上人屋面不得小于300mm，但必须大于最大积雪厚度，常采用800～1000mm；高出上人屋面不得小于2000mm，常采用2000mm。顶端应设置风帽或网罩；在冬季室外温度高于－15℃的地区，顶端可装网形铅丝球；低于－15℃的地区，顶端应装伞形通气帽	应与排水立管管径相同。但在最冷月平均气温低于－13℃的地区，应在室内平顶或吊顶以下0.3m处将管径放大一级，若采用塑料管材时其最小管径不宜小于110mm
2	专用通气管	高层剧场建筑、电影院建筑公共卫生间排水应采用专用通气方式；多层剧场建筑、电影院建筑公共卫生间宜采用专用通气方式	剧场建筑、电影院建筑公共卫生间的排水立管和专用通气立管并排设置在卫生间附设管道井内；未设管道井时，该2种立管并列设置，并宜后期装修包敷暗设，专用通气立管宜靠内侧敷设，排水立管宜靠外侧敷设	通常与其排水立管管径相同
3	汇合通气管	剧场建筑、电影院建筑中多根通气立管或多根排水立管顶端通气部分上方楼层存在特殊区域（如舞台、观众厅、厨房、餐厅、电气机房等）不允许每根立管穿越向上至屋顶时，需在本层顶板下或吊顶内汇集后接至屋顶		汇合通气管的断面积应为最大一根通气管的断面积加其余通气管断面之和的0.25倍
4	主（副）通气立管	通常设置在剧场建筑、电影院建筑内的公共卫生间		通常与其排水立管管径相同
5	结合通气管			通常与其连接的通气立管管径相同
6	环形通气管	连接4个及4个以上卫生器具（包括大便器）且横支管的长度大于12m的排水横支管；连接6个及6个以上大便器的污水横支管；设有器具通气管；特殊单立管偏置	和排水横支管、主（副）通气立管连接的要求：在排水横支管上设环形通气管时，应在其最始端的两个卫生器具之间接出，并应在排水支管中心线以上与排水支管呈垂直或45°连接；环形通气管应在卫生器具上边缘以上不小于0.15m处按不小于0.01的上升坡度与通气立管相连	常用管径为DN40（对应DN75排水管）、DN50（对应DN100排水管）

剧场建筑、电影院建筑通气管可采用柔性接口机制排水铸铁管或塑料排水管，一般采用与剧场建筑、电影院建筑排水管相同管材。在最冷月平均气温低于－13℃的地区，伸出屋面部分通气立管应采用柔性接口机制排水铸铁管。

通气立管的最小管径，参见表 1-130。

9.3.6 特殊排水系统

剧场建筑、电影院建筑生活水泵房、厨房、电气机房等场所的上方楼层不应有排水横支管明设管道等。若有必要在上述某些场所上方设置排水点且无法采取其他躲避措施时，该部位的排水应采用同层排水方式。

剧场建筑、电影院建筑同层排水最常采用的是降板或局部降板法。

9.3.7 特殊场所排水

1. 剧场建筑、电影院建筑化粪池

化粪池宜设置在接户管的下游端；位置宜选在院区最低处附近；外壁距建筑物外墙不宜小于 5m；宜选用钢筋混凝土化粪池。

剧场建筑、电影院建筑化粪池有效容积，按公式（8-14）～公式（8-17）计算。

剧场建筑、电影院建筑可集中并联设置或根据院区布局分散并联布置 2 个化粪池，化粪池的型号宜一致。

2. 剧场建筑、电影院建筑食堂、餐厅含油废水处理

剧场建筑、电影院建筑含油废水宜采用三级隔油处理流程，参见表 1-141。

根据食堂用餐人数确定隔油设施处理水量，按公式（1-39）计算；根据食堂餐厅面积确定隔油设施处理水量，按公式（1-40）计算。

隔油池有效容积，按公式（1-41）计算。隔油池的类型，参见表 1-142。

隔油提升一体化设备选型的主要技术参数为其所接纳的食堂、餐厅内厨房等器具含油污水排水流量。

3. 剧场建筑、电影院建筑附设车库汽车洗车污水处理

汽车冲洗水量，参见表 1-143。

隔油沉淀池有效容积，按公式（1-42）计算。隔油沉淀池类型，参见表 1-144。

4. 剧场建筑、电影院建筑设备机房排水

剧场建筑、电影院建筑地下设备机房排水设施要求，参见表 1-147。

5. 地下车库排水

剧场建筑、电影院建筑地下车库应设置排水设施（排水沟和集水坑）。车库内排水沟设置要求，参见表 1-150。

9.3.8 压力排水

1. 剧场建筑、电影院建筑集水坑设置

剧场建筑、电影院建筑地下室应设置集水坑。集水坑的设置要求，参见表 7-28。

通气管管径宜与排水管管径相同，可接至室外或向上接至建筑地上部分通气管系统。

2. 污水泵、污水提升装置选型

剧场建筑、电影院建筑排水泵的流量方法确定，参见表 2-68；排水泵的扬程，按公式（1-44）计算。

9.3.9 室外排水系统

1. 剧场建筑、电影院建筑室外排水管道布置

剧场建筑、电影院建筑室外排水管道布置方法，参见表 2-69；与其他地下管线（构筑物）最小间距，参见表 1-154。

剧场建筑、电影院建筑室外排水管道最小覆土深度不宜小于 0.5m；对于严寒地区、寒冷地区剧场建筑、电影院建筑，室外排水管道最小覆土深度应超过当地冻土层深度。

2. 剧场建筑、电影院建筑室外排水管道敷设

剧场建筑、电影院建筑室外排水管道与生活给水管道交叉时，应敷设在生活给水管道下面。室外排水管道敷设发生冲突时，应遵循表 1-26 原则处理。

3. 剧场建筑、电影院建筑室外排水管道水力计算

室外排水管道水力计算，按公式（1-45）、公式（1-46）。

剧场建筑、电影院建筑室外排水管道的最小管径、最小设计坡度、最大设计充满度，参见表 1-155。

4. 剧场建筑、电影院建筑室外排水管道管材

剧场建筑、电影院建筑室外排水管道宜优先采用埋地塑料排水管，弹性橡胶圈密封柔性接口，小于 DN200 直壁管，可采用承插式粘接；可采用埋地铸铁排水管，橡胶圈柔性接口或水泥砂浆接口。

5. 剧场室外排水检查井

剧场建筑、电影院建筑室外排水检查井设置位置，参见表 1-156。

剧场建筑、电影院建筑室外排水检查井宜优先选用玻璃钢排水检查井，其次是混凝土排水检查井，禁止采用砖砌排水检查井。室外排水管在排水检查井连接应采用管顶平接。

9.4 雨水系统

9.4.1 雨水系统分类

剧场建筑、电影院建筑雨水系统分类，见表 9-23。

雨水系统分类表 表 9-23

序号	分类标准	雨水系统类别	剧场建筑、电影院建筑应用情况	应用程度
1	屋面雨水设计流态	半有压流屋面雨水系统	剧场建筑、电影院建筑中一般采用的是 87 型雨水斗系统	最常用
2		压力流屋面雨水系统（虹吸式雨水系统）	剧场建筑、电影院建筑的屋面面积较大时，可考虑采用	常用
3		重力流屋面雨水系统		极少用

续表

序号	分类标准	雨水系统类别	剧场建筑、电影院建筑应用情况	应用程度
4	雨水管道设置位置	内排水雨水系统	高层剧场建筑、电影院建筑雨水系统应采用；多层剧场建筑、电影院建筑雨水系统宜采用	最常用
5		外排水雨水系统	剧场建筑、电影院建筑如果面积不大、建筑专业立面允许，可以采用	常用
6		混合式雨水系统		极少用
7	雨水出户横管室内部分是否存在自由水面	封闭系统		最常用
8		敞开系统		极少用
9	建筑屋面排水条件	天沟雨水排水系统		最常用
10		檐沟雨水排水系统		极少用
11		无沟雨水排水系统		极少用
12		压力提升雨水排水系统	剧场建筑、电影院建筑地下车库出入口等处，雨水汇集就近排至集水坑时采用	常用

9.4.2 雨水量

1. 设计雨水流量

剧场建筑、电影院建筑设计雨水流量，应按公式（1-47）计算。

2. 设计暴雨强度

设计暴雨强度应按剧场建筑、电影院建筑所在地或相邻地区暴雨强度公式计算确定，见公式（1-48）。

我国部分城镇 5min 设计暴雨强度、小时降雨厚度，参见表 1-158（设计重现期 $P=10$ 年）。

3. 设计重现期

剧场建筑、电影院建筑屋面雨水设计重现期：对于半有压流屋面雨水系统，通常取 10 年；对于压力流屋面雨水系统，通常取 50 年。

4. 设计降雨历时

剧场建筑、电影院建筑屋面雨水排水管道设计降雨历时按照 5min 确定。

剧场建筑、电影院建筑院区雨水排水管道设计降雨历时，按公式（1-49）计算。

5. 径流系数

剧场建筑、电影院建筑屋面及院区地面的径流系数，参见表 1-159。

6. 汇水面积

剧场建筑、电影院建筑的雨水汇水面积计算原则，参见表 1-160。

9.4.3 雨水系统

1. 雨水系统设计常规要求

剧场建筑、电影院建筑雨水系统设置要求，参见表 1-161。

9.4 雨水系统

剧场建筑、电影院建筑雨水排水管道不应穿越的场所，见表9-24。

雨水排水管道不应穿越的场所表 表9-24

序号	雨水排水管道不应穿越的场所名称	具体房间名称
1	舞台	剧场建筑中的舞台乐池、灯光控制室、调光柜室、功放室、灯光设备机房、舞台音响设备室、音响控制室、舞台监督主控室、舞台机械控制室、舞台监视系统控制室、台上舞台机械电气柜室、台下舞台机械电气柜室、演员化妆休息室、候场室、追光室、面光桥、前厅、贵宾室、乐队休息室、舞美休息室等
2	观众厅	剧场建筑、电影院建筑中的观众座席和疏散走道等
3	放映机房	电影院建筑中的放映、还音、倒片、配电等设备或设施机房，包括机房内休息处
4	后台	剧场建筑中的化妆室、抢妆室、乐队休息室、乐器调音室、候场室、指挥休息室、演职员演出办公室、乐队排练厅、合唱队排练厅、舞蹈排练厅、琴房等
5	公共区域	剧场建筑、电影院建筑中的休息厅、售票处、小卖部、冷饮部等
6	电气机房	剧场建筑、电影院建筑中的电气机房包括高压配电室、低压配电室（包括其值班室）、柴油发电机房（包括储油间）、网络机房、弱电机房、UPS机房、消防控制室、安防监控中心、有线电视机房、计算机机房、有线广播机房及控制室等，排水管道不得敷设在此类电气机房内

注：剧场建筑、电影院建筑雨水排水横管宜沿建筑内公共区域（内走道等）吊顶内敷设；雨水排水立管宜沿建筑内公共场所或辅助次要场所敷设。

2. 雨水斗设计

剧场建筑、电影院建筑半有压流屋面雨水系统通常采用87型雨水斗或79型雨水斗，规格常用$DN100$。

雨水斗设计排水负荷，参见表1-163。

雨水斗下方区域宜为建筑顶层公共区域（如内走道）或辅助次要场所（如公共卫生间、库房等），不应为需要安静的场所。

雨水斗宜对雨水排水立管做对称布置；接有多斗悬吊管的立管顶端不得设置雨水斗；一个屋面上应设置不少于2个雨水斗。

3. 天沟、溢流设施、连接管、悬吊管、立管、埋地管、排出管设计

剧场建筑、电影院建筑天沟、溢流设施、连接管、悬吊管、立管、埋地管、排出管设置要求，参见表1-164。

4. 室内水泵提升雨水排水系统设计

地下室露天窗井内应设平箅式雨水口、无水封地漏作为雨水口，经雨水收集管接入集水池；地下车库出入口汽车坡道上应设雨水截水沟，经直埋雨水收集管接入集水池。

雨水提升泵通常采用潜水泵，宜采用3台，2用1备。

5. 雨水管管材

剧场建筑、电影院建筑雨水排水管管材，参见表1-167。

9.4.4 雨水系统水力计算

1. 建筑半有压流（87 型）屋面雨水系统水力计算

（1）雨水斗（87 型）

雨水斗设计流量，应按公式（1-50）计算。

对于单斗雨水系统，雨水斗设计流量不应超过表 1-168 数值；对于多斗雨水系统，雨水斗设计流量应根据表 1-169 取值，最远端雨水斗设计流量不得超过表 1-169 数值。

剧场建筑、电影院建筑 87 型雨水斗口径常采用 $DN100$，其次是 $DN75$、$DN150$。

（2）雨水连接管

剧场建筑、电影院建筑雨水连接管管径通常与雨水斗出水口直径相同，常采用 $DN100$，其次是 $DN150$。

（3）雨水悬吊管

剧场建筑、电影院建筑雨水悬吊管管径，参见表 1-172。

（4）雨水立管

连接 2 根及以上雨水悬吊管的雨水立管管径，按表 1-173 确定。

（5）雨水排出管

剧场建筑、电影院建筑雨水排出管管径确定，参见表 1-174～表 1-177。

（6）雨水管道最小管径

剧场建筑、电影院建筑雨水系统最小设计管径及雨水排水横管最小设计坡度，参见表 1-178。

2. 压力流（虹吸式）屋面雨水系统水力计算

剧场建筑、电影院建筑压力流（虹吸式）屋面雨水系统水力计算方法，参见 1.4.4 节。

3. 雨水提升系统水力计算

剧场建筑、电影院建筑地下室车库坡道、窗井等场所设计雨水流量，按公式（1-54）计算；设计径流雨水总量，按公式（1-55）计算。

9.4.5 院区室外雨水系统设计

剧场建筑、电影院建筑院区雨水系统宜采用管道排水形式，与污水系统应分流排放。

1. 雨水口

雨水口选型，参见表 1-180；雨水口设置位置，参见表 1-181；各类型雨水口的泄水流量，参见表 1-182。

雨水口设计流量，按公式（1-56）计算。

2. 雨水口连接管

单算雨水口连接管管径通常采用 $DN250$。

3. 雨水检查井

院区内直线雨水管道上雨水检查井设置最大间距，参见表 1-183。

院区雨水检查井规格通常采用 $DN1000$ 圆形玻璃钢或钢筋混凝土雨水检查井。

4. 室外雨水管道布置

剧场建筑、电影院建筑室外雨水管道布置方法，参见表 1-184。

9.4.6 院区室外雨水利用

剧场建筑、电影院建筑应根据所在地的自然条件、水资源情况及经济技术发展水平，合理设置雨水收集利用系统。雨水利用工程应符合现行国家标准《建筑与小区雨水控制及利用工程技术规范》GB 50400 的有关规定。

雨水收集回用应进行水量平衡计算。剧场建筑、电影院建筑院区雨水通常可用于景观用水、院区绿化用水、路面和地面冲洗用水、汽车冲洗用水、冲厕用水等。

9.5 消火栓系统

建筑高度大于 50m 的；设计座位数超过 1500 个的高层剧场建筑、电影院建筑均属于一类高层民用建筑。

9.5.1 消火栓系统设置场所

特等和甲等剧场，座位数大于 800 个的乙等剧场；座位数大于 800 个的电影院必须设置室内消火栓系统。

9.5.2 消火栓系统设计参数

1. 剧场建筑、电影院建筑室外消火栓设计流量

剧场建筑室外消火栓设计流量，不应小于表 9-25 的规定。

剧场建筑室外消火栓设计流量表（L/s） 表 9-25

耐火等级	建筑物名称	建筑体积（m³）					
		V≤1500	1500<V≤3000	3000<V≤5000	5000<V≤20000	20000<V≤50000	V>50000
一、二级	单层及多层剧场建筑	15			25	30	40
	高层剧场建筑	—			25	30	40
三级	单层及多层剧场建筑	15		20	25	30	—
四级	单层及多层剧场建筑	15		20	25		

注：1. 建筑体积指本建筑占据的空间数量，包括该建筑的地上空间体积数和地下空间体积数；
  2. 地下车库室外消火栓系统设计流量小于建筑主体室外消火栓系统设计流量，剧场建筑室外消火栓系统设计流量按建筑主体室外消火栓系统设计流量确定；
  3. 地下人防工程室外消火栓系统设计流量小于建筑主体室外消火栓系统设计流量，剧场建筑室外消火栓系统设计流量按建筑主体室外消火栓系统设计流量确定。

电影院建筑室外消火栓设计流量，不应小于表 9-26 的规定。

电影院建筑室外消火栓设计流量表（L/s） 表 9-26

耐火等级	建筑物名称	建筑体积（m³）					
		V≤1500	1500<V≤3000	3000<V≤5000	5000<V≤20000	20000<V≤50000	V>50000
一、二级	单层及多层电影院建筑	15			25	30	40
	高层电影院建筑	—			25	30	40

注：1. 建筑体积指本建筑占据的空间数量，包括该建筑的地上空间体积数和地下空间体积数；
    2. 地下车库室外消火栓系统设计流量小于建筑主体室外消火栓系统设计流量，电影院建筑室外消火栓系统设计流量按建筑主体室外消火栓系统设计流量确定；
    3. 地下人防工程室外消火栓系统设计流量小于建筑主体室外消火栓系统设计流量，电影院建筑室外消火栓系统设计流量按建筑主体室外消火栓系统设计流量确定。

2. 剧场建筑、电影院建筑室内消火栓设计流量

剧场建筑、电影院建筑室内消火栓设计流量，不应小于表 9-27 的规定。

剧场建筑、电影院建筑室内消火栓设计流量表 表 9-27

建筑物名称		座位数 n（个）、建筑高度 h（m）、体积 V（m³）、火灾危险性	消火栓设计流量（L/s）	同时使用消防水枪数（支）	每根竖管最小流量（L/s）
单层及多层剧场建筑、电影院建筑		800<n≤1200	10	2	10
		1200<n≤5000	15	3	10
		5000<n≤10000	20	4	15
		n>10000	30	6	15
二类高层剧场建筑、电影院建筑（建筑高度小于或等于50m且设计座位数小于或等于1500个的高层剧场建筑、电影院建筑）		h≤50	20	4	10
一类高层剧场建筑、电影院建筑（建筑高度大于50m或设计座位数超过1500个的高层剧场建筑、电影院建筑）		h≤50	30	6	15
		h>50	40	8	15
人防工程	剧场、影院	V≤1000	5	1	5
		1000<V≤2500	10	2	10
		V>2500	15	3	10

注：1. 消防软管卷盘、轻便消防水龙，其消火栓设计流量可不计入室内消防给水设计流量；
    2. 地下车库室内消火栓系统设计流量小于建筑主体室内消火栓系统设计流量，剧场建筑、电影院建筑室内消火栓系统设计流量按建筑主体室内消火栓系统设计流量确定；
    3. 地下人防工程室内消火栓系统设计流量小于建筑主体室内消火栓系统设计流量，剧场建筑、电影院建筑室内消火栓系统设计流量按建筑主体室内消火栓系统设计流量确定。

3. 火灾延续时间

剧场建筑、电影院建筑消火栓系统的火灾延续时间，按 2.0h。

剧场建筑、电影院建筑室内自动灭火系统的火灾延续时间,参见表 1-183。

4. 消防用水量

一座剧场建筑、电影院建筑的消防用水量按室外消火栓系统用水量、室内消火栓系统用水量、室内自动喷水灭火系统用水量三者之和计算。

9.5.3 消防水源

1. 市政给水

当前国内城市市政给水管网能够满足剧场建筑、电影院建筑直接消防供水条件的较少。

剧场建筑、电影院建筑室外消防给水管网管径,按表 4-40 确定。

剧场建筑、电影院建筑室外消防给水管网宜与室外生活给水管网分开敷设,且应布置成环状管网。

2. 消防水池

(1) 剧场建筑、电影院建筑消防水池有效储水容积

表 9-28 给出了常用典型剧场建筑消防水池有效储水容积的对照表。

剧场建筑火灾延续时间内消防水池储存消防用水量表　　　表 9-28

单、多层剧场建筑体积 V (m^3)	$V \leqslant 3000$	$3000 < V \leqslant 5000$	$5000 < V \leqslant 10000$	$10000 < V \leqslant 20000$	$20000 < V \leqslant 25000$	$25000 < V \leqslant 50000$	$V > 50000$
室外消火栓设计流量 (L/s)	15	20	25	25	30	30	40
火灾延续时间 (h)	2.0						
火灾延续时间内室外消防用水量 (m^3)	108.0	144.0	180.0	180.0	216.0	216.0	288.0
室内消火栓设计流量 (L/s)	—	—	15	25	25	40	40
火灾延续时间 (h)	2.0						
火灾延续时间内室内消防用水量 (m^3)	—	—	108.0	180.0	180.0	288.0	288.0
火灾延续时间内室内外消防用水量 (m^3)	108.0	144.0	288.0	360.0	396.0	504.0	576.0
消防水池储存室内外消火栓用水容积 V_1 (m^3)	108.0	144.0	288.0	360.0	396.0	504.0	576.0
高层剧场建筑体积 V (m^3)	$5000 < V \leqslant 20000$	$20000 < V \leqslant 50000$	$V > 50000$	$5000 < V \leqslant 20000$	$20000 < V \leqslant 50000$	$V > 50000$	
高层剧场建筑高度 h (m)	$h \leqslant 50$			$h > 50$			
室外消火栓设计流量 (L/s)	25	30	40	25	30	40	
火灾延续时间 (h)	3.0						
火灾延续时间内室外消防用水量 (m^3)	270.0	324.0	432.0	270.0	324.0	432.0	
室内消火栓设计流量 (L/s)	20 (二类高层) /30 (一类高层)			40			

续表

高层剧场建筑体积 V（m^3）	$5000<V$ $\leqslant 20000$	$20000<V$ $\leqslant 50000$	$V>50000$	$5000<V$ $\leqslant 20000$	$20000<V$ $\leqslant 50000$	$V>50000$
火灾延续时间（h）	3.0					
火灾延续时间内室内消防用水量（m^3）	216.0/324.0			432.0		
火灾延续时间内室内外消防用水量（m^3）	486.0/594.0	540.0/648.0	648.0/756.0	702.0	756.0	864.0
消防水池储存室内外消火栓用水容积 V_2（m^3）	486.0/594.0	540.0/648.0	648.0/756.0	702.0	756.0	864.0
剧场建筑自动喷水灭火系统设计流量（L/s）	25		30	35		40
火灾延续时间（h）	1.0		1.0	1.0		1.0
火灾延续时间内自动喷水灭火用水量（m^3）	90.0		108.0	126.0		144.0
消防水池储存自动喷水灭火用水容积 V_3（m^3）	90.0		108.0	126.0		144.0

如上表所示，通常剧场建筑消防水池有效储水容积在 288~1008m^3。

表 9-29 给出了常用典型电影院建筑消防水池有效储水容积的对照表。

电影院建筑火灾延续时间内消防水池储存消防用水量表　　　　　表 9-29

单、多层电影院建筑体积 V（m^3）	$V\leqslant 3000$	$3000<V$ $\leqslant 5000$	$5000<V$ $\leqslant 10000$	$10000<V$ $\leqslant 20000$	$20000<V$ $\leqslant 25000$	$25000<V$ $\leqslant 50000$	$V>50000$
室外消火栓设计流量（L/s）	15		25		30		40
火灾延续时间（h）	2.0						
火灾延续时间内室外消防用水量（m^3）	108.0		180.0		216.0		288.0
室内消火栓设计流量（L/s）	—		15		25		40
火灾延续时间（h）	2.0						
火灾延续时间内室内消防用水量（m^3）	—		108.0		180.0		288.0
火灾延续时间内室内外消防用水量（m^3）	108.0		288.0	360.0	396.0	504.0	576.0
消防水池储存室内外消火栓用水容积 V_1（m^3）	108.0		288.0	360.0	396.0	504.0	576.0

续表

高层电影院建筑体积 V（m³）	$5000<V\leq20000$	$20000<V\leq50000$	$V>50000$	$5000<V\leq20000$	$20000<V\leq50000$	$V>50000$
高层电影院建筑高度 h（m）	\multicolumn{3}{c	}{$h\leq50$}			$h>50$	
室外消火栓设计流量（L/s）	25	30	40	25	30	40
火灾延续时间（h）			3.0			
火灾延续时间内室外消防用水量（m³）	270.0	324.0	432.0	270.0	324.0	432.0
室内消火栓设计流量（L/s）	20（二类高层）/30（一类高层）			40		
火灾延续时间（h）			3.0			
火灾延续时间内室内消防用水量（m³）	216.0/324.0			432.0		
火灾延续时间内室内外消防用水量（m³）	486.0/594.0	540.0/648.0	648.0/756.0	702.0	756.0	864.0
消防水池储存室内外消火栓用水容积 V_2（m³）	486.0/594.0	540.0/648.0	648.0/756.0	702.0	756.0	864.0
电影院建筑自动喷水灭火系统设计流量（L/s）	25	30		35	40	
火灾延续时间（h）	1.0	1.0		1.0	1.0	
火灾延续时间内自动喷水灭火用水量（m³）	90.0	108.0		126.0	144.0	
消防水池储存自动喷水灭火用水容积 V_4（m³）	90.0	108.0		126.0	144.0	

如上表所示，通常电影院建筑消防水池有效储水容积在 288～1008m³。

（2）剧场建筑、电影院建筑消防水池位置

消防水池位置确定原则，参见表 8-43。

剧场建筑、电影院建筑消防水池、消防水泵房与剧场建筑、电影院建筑院区空间关系，参见表 8-44。

消防水池的最低有效水位应高于消防水池吸水喇叭口不小于 600mm，且应高于消防水泵的吸水管管顶。

剧场建筑、电影院建筑消防水泵型式的选择与消防水池有一定的对应关系，参见表 1-194。

剧场建筑、电影院建筑储存室内外消防用水的消防水池与消防水泵房的位置关系，参见表 1-195。

剧场建筑、电影院建筑消防水池格（座）数与有效储水容积的对照关系，参见表 1-196。

剧场建筑、电影院建筑消防水池附件，参见表 1-197。

剧场建筑、电影院建筑消防水池各水位指标确定方法及取值经验值，参见表1-198。

3. 天然水源及其他水源

剧场建筑、电影院建筑消防水源不宜采用天然水源。

9.5.4 消防水泵房

1. 消防水泵房选址

新建剧场建筑、电影院建筑院区消防水泵房设置通常采取2个方案，参见表8-45。

改建、扩建剧场院区消防水泵房设置方案，参见表1-200。

2. 建筑内部消防水泵房位置

剧场建筑、电影院建筑消防水泵房若设置在建筑物内，应采取消声、隔声和减振等措施；不应布置在舞台的上层或同层贴邻位置；不应毗邻休息厅、观众厅；不应毗邻化妆室、抢妆室、服装室、乐队休息室、乐器调音室、候场室、指挥休息室、接待室、乐队排练厅、合唱队排练厅、舞蹈排练厅、琴房、办公室、会议室等场所。

3. 消防水泵机组的布置要求

相邻两个机组及机组至泵房墙壁间的净距要求，参见表1-201。

4. 消防水泵房采暖、排水等要求

严寒、寒冷地区消防水泵房，应设置供暖设施。

消防水泵房的泵房排水设施：在泵房内设置排水沟；地下消防水泵房内或邻近场所设集水坑，坑内设潜污泵。消防水泵房应采取防淹措施。

5. 消防水泵房管道设计

消防水泵配置数量与消防水系统设计流量的关系，参见表1-202。

剧场建筑、电影院建筑消防水泵吸水管、出水管管径，见表1-203；消防吸水总管管径应根据其连通服务的各种消防水泵设计流量之累加值进行确定，参见表1-205。

消防水泵吸水管布置应避免形成气囊。

消防水泵吸水口的淹没深度应满足消防水泵在最低水位运行安全的要求。

消防水泵吸水管、出水管上附件配置及要求，参见表1-206。

6. 消防水泵自动启动控制

消防水泵自动启动要求，参见表1-207；消防水泵自动启动方式，参见表1-208；流量开关性能、设置位置等，参见表1-209。

当消防稳压泵设置于高位消防水箱间内时，消防水泵启泵压力（P），按公式（1-58）确定；当消防稳压泵设置于低位消防水泵房内时，按公式（1-59）确定。

9.5.5 消防水箱

剧场建筑、电影院建筑消防给水系统绝大多数属于临时高压系统，高层剧场建筑、电影院建筑，3层及以上单体总建筑面积大于10000m^2的剧场建筑、电影院建筑应设置高位消防水箱。

1. 消防水箱有效储水容积

剧场建筑、电影院建筑高位消防水箱有效储水容积，按表9-30确定。

9.5 消火栓系统

剧场建筑、电影院建筑高位消防水箱有效储水容积确定表　　　表 9-30

序号	建筑类别	建筑高度	消防水箱有效储水容积
1	一类高层剧场建筑、电影院建筑（建筑高度大于 50m 或设计座位数超过 1500 个的高层剧场建筑、电影院建筑）	小于或等于 100m	不立小于 36m³，可按 36m³
2	二类高层剧场建筑、电影院建筑（建筑高度小于或等于 50m 且设计座位数小于或等于 1500 个的高层剧场建筑、电影院建筑）		不立小于 18m³，可按 18m³
3	多层剧场建筑、电影院建筑		

2. 消防水箱设置位置

剧场建筑、电影院建筑消防水箱设置位置应满足以下要求，见表 9-31。

消防水箱设置位置要求表　　　表 9-31

序号	消防水箱设置位置要求	备注
1	位于所在建筑的最高处	通常设在屋顶机房层消防水箱间内
2	应该独立设置	不与其他设备机房，如屋顶太阳能热水机房、热水箱间等合用
3	应避免对下方楼层房间的影响	其下方不应是舞台、观众厅、放映机房、办公室、休息室、排练厅、调音室等，可以是库房、卫生间等辅助房间或公共区域
4	应高于设置室内消火栓系统、自动喷水灭火系统等系统的楼层	机房层设有库房等需要设置消防给水系统的场所，可采用其他非水基灭火系统，亦可将消防水箱间置于更高一层
5	不宜超出机房层高度过多、影响建筑效果	消防水箱间内配置消防稳压装置

3. 高位消防水箱尺寸

消防水箱宜为装配式方形水箱，其尺寸宜为 1.0m 或 0.5m 的倍数，推荐尺寸参见表 1-212。

4. 高位消防水箱材质

常用材质为不锈钢板、热浸锌镀锌钢板、玻璃钢板、钢筋混凝土等，不锈钢板最常见。

5. 高位消防水箱配管

高位消防水箱配管及管径确定，参见表 1-213。

6. 消防水箱水位

消防水箱各水位指标确定方法及取值经验值，参见表 1-214。

7. 高位消防水箱布置

高位消防水箱四周净距要求，参见表 1-215。

8. 消防水箱防冻

消防水箱及相应管道保温材料及厚度，参见表 1-216。

9.5.6 消防稳压装置

1. 消防稳压泵

（1）设计流量

消火栓稳压泵设计流量，参见表 1-217。

自动喷水灭火稳压泵设计流量，参见表 1-218；结合一只标准喷头的流量，自动喷水灭火稳压泵常规设计流量取 1.33L/s。

（2）设计压力

当消防稳压泵设置于高位消防水箱间内时，稳压泵的启泵压力 P_1 可取 $0.15 \sim 0.20$MPa，停泵压力 P_2 可取 $0.20 \sim 0.25$MPa；当消防稳压泵设置于低位消防水泵房内时，P_1 按公式（1-62）确定，P_2 按公式（1-63）确定。

（3）消防稳压泵选型

消火栓稳压泵设计流量为稳压泵流量确定依据。

消防稳压泵停泵压力（P_2）值附加 $0.03 \sim 0.05$MPa 后，为稳压泵扬程确定依据。

2. 气压水罐

消火栓稳压装置、自动喷水灭火稳压装置均采用 150L 有效储水容积气压水罐；合用消防稳压装置采用 300L 有效储水容积气压水罐。

3. 管道、阀门、附件等

消防稳压泵吸水管管径、出水管管径，参见表 1-219。每套消防稳压泵通常为 2 台，1 用 1 备。

9.5.7 消防水泵接合器

1. 设置范围

对于室内消火栓系统，6 层及以上的剧场建筑、电影院建筑应设置消防水泵接合器。

剧场建筑、电影院建筑消火栓系统消防水泵接合器配置，参见表 1-220。

剧场建筑、电影院建筑自动喷水灭火系统等自动水灭火系统应分别设置消防水泵接合器。

2. 技术参数

剧场建筑、电影院建筑消防水泵接合器数量，参见表 1-221。

3. 安装形式

剧场建筑、电影院建筑消防水泵接合器安装形式选择，参见表 1-222。

4. 设置位置

同种水泵接合器不宜集中布置，不同种类、分区、功能的水泵接合器宜成组布置，且应设在室外便于消防车使用和接近的地方，且距室外消火栓或消防水池的距离不宜小于 15m，并不宜大于 40m，距人防工程出入口不宜小于 5m。

9.5.8 消火栓系统给水形式

1. 室外消火栓给水系统

当市政给水管网不满足直接供给室外消火栓给水系统时，剧场建筑、电影院建筑应采用临时高压室外消火栓给水系统，通常在消防水泵房内独立设置室外消火栓给水泵组、室外消火栓稳压装置。

剧场建筑、电影院建筑室外消火栓给水泵组一般设置 2 台，1 用 1 备，泵组设计流量为本建筑室外消防设计流量（15L/s、20L/s、25L/s、30 L/s、40 L/s），设计扬程应保证室外消火栓处的栓口压力（0.20～0.30MPa）。泵组出水管及吸水管管径，参见表 1-223。

室外消火栓给水管网管径，参见表 1-224，管网应环状布置，单独成环。

2. 室内消火栓给水系统

剧场建筑、电影院建筑室内消火栓给水系统常采用临时高压消火栓给水系统。

3. 室内消火栓系统分区供水

剧场建筑、电影院建筑高区、低区消火栓给水管网均应在横向、竖向上连成环状。高区、低区消火栓供水横干管宜分别沿本区最高层和最底层顶板下敷设。

典型剧场建筑、电影院建筑室内消火栓系统原理图，参见图 4-4。

9.5.9 消火栓系统类型

1. 系统分类

剧场建筑、电影院建筑的室外消火栓系统宜采用湿式消火栓系统。

2. 室外消火栓

严寒、寒冷等冬季结冰地区剧场建筑、电影院建筑室外消火栓应采用干式消火栓；其他地区宜采用地上式消火栓。

建筑室外消火栓的数量应根据室外消火栓设计流量和保护半径经计算确定，保护半径不应大于 150.0m，间距不应大于 120.0m，每个室外消火栓的出流量宜按 10～15 L/s 计算。通常根据建筑物平面布局在建筑物四个角附近绿地设置室外消火栓，根据邻近两个消火栓之间距离合理增设消火栓。

3. 室内消火栓

剧场建筑、电影院建筑的各区域各楼层均应布置室内消火栓予以保护；剧场建筑、电影院建筑中不能采用自动喷水灭火系统保护的高低压配电室、网络机房、消防控制室等场所亦应由室内消火栓保护。

剧场建筑机械化舞台台仓部位，应设置室内消火栓。特大型剧场的观众厅吊顶内面光桥处，宜增设有消防卷盘的室内消火栓。

电影院建筑室内消火栓宜设在门厅、休息厅、观众厅主要出入口和楼梯间附近，以及放映机房入口处等明显位置。布置消火栓时，应保证有两支水枪的充实水柱同时到达室内任何部位。

剧场建筑、电影院建筑应设置消防软管卷盘或轻便消防水龙。

室内消火栓的布置应满足同一平面有 2 支消防水枪的 2 股充实水柱同时达到任何部位。

表 9-32 给出了剧场建筑、电影院建筑室内消火栓的布置方法。

剧场建筑、电影院建筑室内消火栓布置方法表　　表 9-32

序号	室内消火栓布置方法	注意事项
1	布置在楼梯间、前室等位置	楼梯间、前室的消火栓宜暗设并采取墙体保护措施；箱体及立管不应影响楼梯门、电梯门开启使用
2	布置在观众厅	观众厅主要出入口处应设置并宜暗设；观众厅内若设置，宜沿观众厅侧墙处或后墙处暗设设置，不应影响疏散通道

续表

序号	室内消火栓布置方法	注意事项
3	布置在剧场建筑机械化舞台台仓部位	宜沿舞台台仓两侧设置，不应影响舞台功能及人员疏散
4	布置在公共走道两侧，箱体开门朝向公共走道	应暗设；优先沿辅助房间（库房、卫生间等）的墙体安装
5	布置在集中区域内部公共空间内	可在朝向公共空间房间的外墙上暗设；应避免消火栓消防水带穿过多个房间门到达保护点
6	特殊区域如车库、入口门厅等场所，应根据其平面布局布置	入口门厅处消火栓宜沿空间周边房间外墙布置；车库内消火栓宜沿车行道布置，可沿柱子明设

注：1. 室内消火栓不应跨防火分区布置；
  2. 室内消火栓应按其实际行走距离计算其布置间距，剧场建筑、电影院建筑室内消火栓布置间距宜为20.0～25.0m，不应小于5.0m。

普通消火栓、减压稳压消火栓设置的楼层数，见表1-227。

9.5.10 消火栓给水管网

1. 室外消火栓给水管网

剧场建筑、电影院建筑室外消火栓给水管网应采用环状给水管网。向室外消火栓给水管网供水的输水干管不应少于2条。

2. 室内消火栓给水管网

剧场建筑、电影院建筑室内消火栓给水管网应采用环状给水管网，有2种主要管网型式，见表9-33。室内消火栓给水管网在横向、竖向均宜连成环状。

室内消火栓给水管网主要管网型式表   表9-33

序号	管网型式特点	适用情形	具体部位	备注
型式1	消防供水干管沿建筑竖向垂直敷设，配水干管沿每一层顶板下或吊顶内横向水平敷设，配水干管上连有消火栓	各楼层竖直上下层消火栓位置差别较大或横向连接管长度较大的区域；地下车库	建筑内走道、楼梯间、电梯前室、观众厅、舞台、办公室、会议室、餐厅等房间外墙；车库；机房等	主要型式
型式2	消防供水干管沿建筑最高处、最低处横向水平敷设，配水干管沿竖向垂直敷设，配水干管上连有消火栓	各楼层竖直上下层消火栓位置基本一致和横向连接管长度较小的区域	建筑内走道、楼梯间、电梯前室；办公室、会议室、餐厅等房间外墙	辅助型式

注：不能敷设消火栓给水管道的场所包括高低压配电室、网络机房、消防控制室等电气类房间。

室内消火栓给水管网型式1参见图1-13，型式2参见图1-14。

剧场建筑、电影院建筑室内消火栓给水管网的环状干管管径，参见表1-229；室内消火栓竖管管径可按$DN100$。

3. 系统阀门

室内消火栓系统阀门设置，参见表1-230。

埋地管道的阀门宜采用带启闭刻度的球墨铸铁暗杆闸阀。室内架空管道的阀门宜采用蝶阀、明杆闸阀或带启闭刻度的暗杆闸阀等。

4. 系统给水管网管材

剧场建筑、电影院建筑室外消火栓给水管绝大多数采用直埋敷设方式。埋地消火栓给水管道宜采用球墨铸铁管或钢丝网骨架塑料复合管给水管道。

剧场建筑、电影院建筑室内消火栓给水管管材选择，参见表1-231。

薄壁不锈钢管（S11163）、镀锌镍碳钢管等新型优质管道，在剧场建筑、电影院建筑室内消火栓系统中均得到更多的应用，未来会逐步替代传统钢管。

9.5.11 消火栓系统计算

1. 消火栓水泵选型计算

剧场建筑、电影院建筑室内消火栓水泵流量与室内消火栓设计流量一致；消火栓水泵扬程，按公式（1-64）计算。根据消火栓水泵流量和扬程选择消火栓水泵。

2. 消火栓计算

室内消火栓的保护半径，按公式（1-65）计算；消火栓栓口处所需水压，按公式（1-66）计算。

高层剧场建筑、电影院建筑消防水枪充实水柱应按13m计算；多层剧场建筑、电影院建筑消防水枪充实水柱应按10m计算。

高层剧场建筑、电影院建筑消火栓栓口动压不应小于0.35MPa；多层剧场建筑、电影院建筑消火栓栓口动压不应小于0.25MPa。

3. 消火栓系统压力计算

消火栓系统的设计工作压力，按公式（1-67）计算。通常以设计工作压力确定消火栓水泵扬程。

9.6 自动喷水灭火系统

9.6.1 自动喷水灭火系统设置

一类高层剧场建筑、电影院建筑（建筑高度大于50m或设计座位数超过1500个）及其地下、半地下室；二类高层剧场建筑、电影院建筑（建筑高度小于或等于50m且设计座位数小于或等于1500个）及其地下、半地下室中的公共活动用房、走道、办公室、可燃物品库房；特等和甲等剧场，座位数大于1500个的乙等剧场；位于地下或半地下且座位数大于800个的电影院、剧场的观众厅；剧场建筑、电影院建筑附设的地下车库均应设置自动喷水灭火系统。

特大型剧场观众厅的闷顶内以及净空高度不超过12m的观众厅、屋顶采用金属构件的舞台上部、化妆室、道具室、储藏室和贵宾室，应设置闭式自动喷水灭火系统。

剧场、电影院确需设置在高层建筑内时，应设置自动喷水灭火系统等自动灭火系统。

特等和甲等剧场、特大型剧场的舞台葡萄架下部，座位数大于1500个的乙等剧场的舞台葡萄架下部应设置雨淋灭火系统。中型及以上规模的乙等剧场舞台葡萄架下部宜设雨淋自动喷水灭火系统。

剧场建筑、电影院建筑内大型、特大型剧场舞台台口设置的防火幕的上部，应设防护冷却水幕系统。中型剧场的特等、甲等剧场及高层民用建筑中超过 800 个座位的剧场舞台台口设置的防火幕部位，宜设防护冷却水幕系统。

剧场建筑、电影院建筑内大型、特大型剧场舞台台口设置的防火幕，舞台区通向舞台区外各处的洞口均设置甲级防火门确有困难时，应设置防火分隔水幕；当舞台区通向舞台区外各处的运景洞口设置特级防火卷帘或防火幕有困难时，宜设防火分隔水幕。

剧场建筑、电影院建筑雨淋自动喷水灭火系统和水幕系统应同时具备下列 3 种启动供水泵和开启雨淋阀的控制方式：自动控制；消防控制室盘手动远控；水泵房现场应急操作。雨淋自动喷水灭火系统的雨淋阀和水幕系统的快开阀门，应位置明确、便于操作，并应设有明显的标志和保护装置。

剧场建筑若根据规范规定设置自动喷水灭火系统，其设置的具体场所见表 9-34。

设置自动喷水灭火系统的具体场所表 表 9-34

序号	设置自动喷水灭火系统的区域	具体场所
1	前厅和休息厅	售票处、商品零售部、衣物寄存处、误场等候区、安检设施安放空间、厕所等
2	观众厅	观众座席和疏散走道等
3	舞台	舞台乐池、灯光控制室、调光柜室、功放室、音响控制室、舞台监督主控室、舞台机械控制室、演员化妆休息室、候场室、服装室、追光室、面光桥、前厅、贵宾室、乐队休息室、舞美休息室等
4	后台	化妆室、抢妆室、服装室、乐队休息室、乐器调音室、盥洗室、浴室、厕所、候场室、小道具室、指挥休息室、演职员演出办公室、演职人员出入口、门厅、门卫值班室、接待室和寄存空间、乐队排练厅、合唱队排练厅、舞蹈排练厅、琴房、木工间、金工间、绘景间、硬景库、乐器库房、灯具库房和维修间、卸货（景）区等

电影院建筑若根据规范规定设置自动喷水灭火系统，其设置的具体场所见表 9-35。

设置自动喷水灭火系统的具体场所表 表 9-35

序号	设置自动喷水灭火系统的区域	具体场所
1	观众厅	观众座席和疏散走道等
2	公共区域	门厅、休息厅、售票处、小卖部、冷饮部、衣物存放处、厕所等
3	放映机房	放映、还音、倒片等设备或设施机房，包括内设维修、休息处及专用厕所
4	其他用房	多种营业用房（包括电影产品专卖店、餐饮经营用房、室内游艺、娱乐设施、电影产品陈列室等）、贵宾接待室、建筑设备用房（包括空调机房、通风机房、冷冻机房、水泵房、灯光控制室等）和员工用房（包括行政办公室、会议室、职工食堂、更衣室、厕所等）等

表 9-36 为剧场建筑内不宜用水扑救的场所。

不宜用水扑救的场所一览表 表9-36

序号	不宜用水扑救的场所	自动灭火措施
1	舞台电气类房间：灯光设备机房、舞台音响设备室、舞台监视系统控制室、台上舞台机械电气柜室、台下舞台机械电气柜室等	气体灭火系统或高压细水雾灭火系统
2	电气类房间：高压配电室（间）、低压配电室（间）、网络机房（网络中心、信息中心、电子信息机房）、电信运营商机房、弱电设备用房、进线间等	
3	电气类房间：消防控制室、舞台区专用消防控制间	不设置

表9-37为电影院建筑内不宜用水扑救的场所。

不宜用水扑救的场所一览表 表9-37

序号	不宜用水扑救的场所	自动灭火措施
1	放映机房区域配电等设备或设施机房等	气体灭火系统或高压细水雾灭火系统
2	电气类房间：高压配电室（间）、低压配电室（间）、智能化系统机房（包括安防监控中心、有线电视机房、计算机机房、有线广播机房及控制室等）网络机房（网络中心、信息中心、电子信息机房）、电信运营商机房、弱电设备用房、进线间等	
3	电气类房间：消防控制室	不设置

剧场建筑、电影院建筑自动喷水灭火系统类型选择，参见表1-245。

典型剧场建筑、电影院建筑自动喷水灭火系统原理图，参见图4-5。

剧场建筑、电影院建筑自动喷水灭火系统设置场所火灾危险性等级，见表9-38。

剧场建筑、电影院建筑自动喷水灭火系统设置场所火灾危险性等级表 表9-38

序号	火灾危险等级	设置场所
1	严重危险级Ⅱ级	剧场建筑、电影院建筑中的舞台葡萄架下部
2	中危险级Ⅱ级	剧场建筑、电影院建筑中的舞台（葡萄架除外）；汽车停车库
3	中危险级Ⅰ级	影剧院、音乐厅和礼堂（舞台除外）及其他娱乐场所

9.6.2 自动喷水灭火系统设计基本参数

剧场建筑、电影院建筑自动喷水灭火系统设计参数，按表9-39规定。

剧场建筑、电影院建筑自动喷水灭火系统设计参数表 表9-39

火灾危险等级		净空高度（m）	喷水强度[L/(min·m^2)]	作用面积（m^2）
严重危险级	Ⅱ级	≤8	16	260
中危险级	Ⅰ级		6	160
	Ⅱ级		8	

剧场建筑、电影院建筑高大空间场所设置湿式自动喷水灭火系统设计参数，按表9-40的规定。

高大空间场所湿式自动喷水灭火系统设计参数表　　　　表 9-40

适用场所	最大净空高度 h（m）	喷水强度 [L/(min·m²)]	作用面积（m²）	喷头间距 S（m）
出入门厅、中庭	$8<h\leqslant12$	12	160	$1.8\leqslant S\leqslant3.0$
	$12<h\leqslant18$	15		
影剧院、音乐厅	$8<h\leqslant12$	15		
	$12<h\leqslant18$	20		

注：当民用建筑高大空间场所的最大净空高度为 $12m<h\leqslant18m$ 时，应采用非仓库型特殊应用喷头。

若剧场建筑、电影院建筑地下室中附属的库房认定为堆垛储物仓库，其自动喷水灭火系统设计参数，按表 1-247 的规定。

剧场建筑、电影院建筑内根据规范要求设置的雨淋系统，其喷水强度和作用面积应按表 9-39 的规定值确定，且每个雨淋报警阀控制的喷水面积不宜大于表 9-41 中的作用面积。

民用建筑采用湿式系统的设计基本参数表　　　　表 9-41

火灾危险等级		最大净空高度 h（m）	喷水强度 [L/(min·m²)]	作用面积（m²）
轻危险级		$h\leqslant8$	4	160
中危险级	Ⅰ级		6	
	Ⅱ级		8	
严重危险级	Ⅰ级		12	260
	Ⅱ级		16	

注：系统最不利点处洒水喷头的工作压力不应低于 0.05MPa。

剧场舞台雨淋自动喷水灭火系统的作用面积超过 300m² 时，应分为若干装设独立雨淋阀的放水区，放水区域重复相同的分界线，消防水量按最大一区的喷头同时喷水计算。

剧场舞台在栅顶下侧安装开式喷头的雨淋自动喷水灭火系统；在栅顶以上至屋面板的空间和四周边廊下仍安装闭式喷头系统。

剧场建筑、电影院建筑内根据规范要求设置的防护冷却水幕系统、防火分隔水幕系统设计参数，见表 9-42。

水幕系统设计基本参数表　　　　表 9-42

序号	水幕系统类别	喷水点高度 h（m）	喷水强度 [L/(s·m)]	喷头工作压力（MPa）
1	防护冷却水幕	$h\leqslant4$	0.5	0.1
2	防火分隔水幕	$h\leqslant12$	2.0	

当采用防护冷却系统保护防火卷帘、防火玻璃墙等防火分隔设施时，防护冷却系统应独立设置，且应满足表 9-43 的要求。

防护冷却水幕系统设计要求表　　　　表 9-43

序号	系统设计要求
1	喷头布置高度不应超过 8m；当设置高度为 4~8m 时，应采用快速响应洒水喷头

续表

序号	系统设计要求
2	喷头布置高度不超过4m时,喷水强度不应小于0.5L/(s·m);当超过4m时,每增加1m,喷水强度应增加0.1L/(s·m)
3	喷头的设置应确保喷洒到被保护对象后布水均匀,喷头间距应为1.8~2.4m;喷头溅水盘与防火分隔设施的水平距离不应大于0.3m,与顶板的距离应符合表9-43的规定
4	持续喷水时间不应小于系统设置部位的耐火极限要求

边墙型洒水喷头溅水盘与顶板和背墙的距离要求,见表9-44。

边墙型洒水喷头溅水盘与顶板和背墙的距离一览表　　　表9-44

喷头类型		喷头溅水盘与顶板的距离 S_L (mm)	喷头溅水盘与背墙的距离 S_W (mm)
边墙型标准覆盖面积洒水喷头	直立式	$100 \leqslant S_L \leqslant 150$	$50 \leqslant S_W \leqslant 100$
	水平式	$150 \leqslant S_L \leqslant 300$	—
边墙型扩大覆盖面积洒水喷头	直立式	$100 \leqslant S_L \leqslant 150$	$100 \leqslant S_W \leqslant 150$
	水平式	$150 \leqslant S_L \leqslant 300$	—

自动喷水灭火系统的持续喷水时间,应按火灾延续时间不小于1h确定。

9.6.3 洒水喷头

设置自动喷水灭火系统的剧场建筑、电影院建筑内各场所的最大净空高度通常不大于8m。

剧场建筑、电影院建筑自动喷水灭火系统喷头公称动作温度宜相比环境温度高30℃,参见表4-54。

剧场建筑、电影院建筑自动喷水灭火系统喷头种类选择,见表9-45。

剧场建筑、电影院建筑自动喷水灭火系统喷头种类选择表　　　表9-45

序号	火灾危险等级	设置场所	喷头种类
1	中危险级Ⅱ级	地下车库	直立型普通喷头
2	中危险级Ⅰ级	剧场建筑、电影院建筑内前厅及休息厅、观众厅、后台演出房间、餐厅、厨房等设有吊顶场所	吊顶型或下垂型普通或快速响应喷头
3		库房等无吊顶场所	直立型普通或快速响应喷头

注:基于剧场建筑、电影院建筑火灾特点和重要性,剧场建筑、电影院建筑中危险级Ⅰ级对应场所自动喷水灭火系统洒水喷头宜全部采用快速响应喷头。

每种型号的备用喷头数量按此种型号喷头数量总数的1%计算,并不得少于10只。

剧场建筑、电影院建筑中自动喷水灭火系统直立型、下垂型喷头的布置间距,不应大于表1-250的规定,且不宜小于2.4m。

剧场建筑、电影院建筑常用普通玻璃球闭式喷头规格型号,参见表1-252;常用特殊玻璃球闭式喷头规格型号,参见表1-253。

9.6.4 自动喷水灭火系统管道

1. 管材

剧场建筑、电影院建筑自动喷水灭火系统给水管管材,参见表 1-254。

薄壁不锈钢管(S11163)、氯化聚氯乙烯(PVC-C)管、镀锌镍碳钢管等新型优质管道,在剧场建筑、电影院建筑自动喷水灭火系统中均得到更多的应用,未来会逐步替代传统钢管。

剧场建筑、电影院建筑中,除汽车停车库、舞台(葡萄架除外)等中危险级Ⅱ级对应场所外,其他中危险级Ⅰ级对应场所自动喷水灭火系统公称直径≤DN80 的配水管(支管)均可采用氯化聚氯乙烯(PVC-C)管材及管件。

2. 管径

剧场建筑、电影院建筑自动喷水灭火系统的配水管道管径可根据表 1-255 中数据进行确定。

3. 管网敷设

剧场建筑、电影院建筑自动喷水灭火系统配水干管宜沿观众厅内、剧场舞台内、剧场后台、电影院放映区域和其他用房的公共走廊敷设,观众厅内、剧场舞台内和走廊两侧房间内的配水支管就近连接到配水干管上。走廊内布置的喷头就近接至排水支管后再接至配水干管。单个喷头不应直接接至管径大于或等于 DN100 的配水干管。

剧场建筑、电影院建筑自动喷水灭火系统配水管网布置步骤,见表 9-46。

自动喷水灭火系统配水管网布置步骤表   表 9-46

序号	配水管网布置步骤
步骤1	根据剧场建筑、电影院建筑的防火性能确定自动喷水灭火系统配水管网的布置范围
步骤2	在每个防火分区内应确定该区域自动喷水灭火系统配水主干管或主立管的位置或方向
步骤3	自接入点接入后,可确定主要配水管的敷设位置和方向
步骤4	自末端房间内的自动喷水灭火系统配水支管就近向配水管连接
步骤5	每个楼层每个防火分区内配水管网布置均按步骤1~步骤4进行

自动喷水灭火系统每个喷头与配水支管连接的短立管管径通常采用 25mm;末端试水装置或试水阀的连接管管径通常采用 25mm。

9.6.5 水流指示器

除报警阀组控制的喷头只保护不超过防火分区面积的同层场所外,剧场建筑、电影院建筑每个防火分区、每个楼层均应设水流指示器;当整个场所需要设置的喷头数不超过 1 个报警阀组控制的喷头数时,可不设置水流指示器;每个防火分区应设置一个水流指示器,位置可设在本防火分区系统配水管网的起始端,亦可集中设置于各个防火分区配水干管分叉处。

水流指示器上游端应设置信号阀,其型号规格,参见表 1-257。

水流指示器与所在配水干管同管径,其型号规格,参见表 1-258。

9.6.6 报警阀组

剧场建筑、电影院建筑消防系统报警阀组主要采用湿式水力报警阀组，一定条件下采用预作用报警阀组。

剧场建筑、电影院建筑自动喷水灭火系统报警阀组的数量取决于：整个建筑中设置喷头的总数量；每个防火分区内设置喷头的数量；每个报警阀组控制的喷头数。一个报警阀组控制的喷头数不宜超过800只，设计中可适当超过800只。

喷头均衡组合遵循的原则，参见表1-259。

剧场建筑、电影院建筑自动喷水灭火系统报警阀组通常设置在消防水泵房，设置位置方案，参见表1-260。

报警阀组宜设在安全及易于操作的地点，报警阀距地面的高度宜为1.2m；宜沿墙体集中布置，相邻报警阀组的间距不宜小于1.5m，不应小于1.2m；报警阀组处应设有排水设施，排水管管径不应小于$DN100$。

表1-261为常用湿式报警阀装置型号规格；表1-262为常见预作用报警阀装置型号规格；报警阀组压力开关主要技术参数，参见表1-263；报警阀组前后管道设置，参见表1-264。

剧场建筑、电影院建筑自动喷水灭火系统减压阀设置方式，参见表1-265。

减压孔板作为一种减压部件，可辅助减压阀使用。

9.6.7 自动喷水灭火系统水泵接合器

自动喷水灭火系统管网上应设置水泵接合器，剧场建筑、电影院建筑自动喷水灭火系统消防水泵接合器数量，参见表1-266。

自动喷水灭火系统水泵接合器宜设置在靠近消防水泵房的室外；常规做法是将多个$DN150$水泵接合器并联起来，由1根$DN150$供水管道接至系统供水泵组出水干管上，连接位置位于报警阀组前。

9.6.8 消防水箱设计

高位消防水箱、自动喷水灭火稳压装置设计参见消火栓系统相关内容。

9.6.9 自动喷水灭火系统压力计算

自动喷水灭火系统的设计工作压力，按公式（1-68）计算。

自动喷水灭火给水泵扬程通常按照自动喷水灭火系统的设计工作压力值确定。

自动喷水灭火给水系统压力管道水压强度试验的试验压力（$H_{试验}$）的基准指标，参见表1-267。

9.7 灭火器系统

9.7.1 灭火器配置场所火灾种类

剧场建筑、电影院建筑灭火器配置场所的火灾种类，见表9-47。

灭火器配置场所的火灾种类表　　　　　　　　　　　　　　表 9-47

序号	火灾种类	灭火器配置场所
1	A 类火灾（固体物质火灾）	剧场建筑、电影院建筑内绝大多数场所，如舞台、观众厅、后台演出用房、餐厅等
2	B 类火灾（液体火灾或可熔化固体物质火灾）	剧场建筑、电影院建筑内附设车库
3	E 类火灾（物体带电燃烧火灾）	剧场建筑、电影院建筑内附设电气房间，如高压配电间、低压配电间、网络机房、弱电机房等

9.7.2　灭火器配置场所危险等级

剧场建筑、电影院建筑灭火器配置场所的危险等级分为严重危险级、中危险级和轻危险级 3 级，危险等级举例，见表 9-48。

剧场建筑、电影院建筑灭火器配置场所的危险等级举例　　　　　表 9-48

危险等级	举例
严重危险级	剧院、电影院的舞台及后台部位
严重危险级	配建充电基础设施（充电桩）的车库区域
中危险级	剧院、电影院的观众厅
中危险级	设有集中空调、电子计算机、复印机等设备的办公室
中危险级	民用燃油、燃气锅炉房
中危险级	民用的油浸变压器室和高、低压配电室
中危险级	配建充电基础设施（充电桩）以外的车库区域
轻危险级	日常用品小卖店
轻危险级	未设集中空调、电子计算机、复印机等设备的普通办公室

注：剧场建筑、电影院建筑室内强电间、弱电间；屋顶排烟机房内每个房间均应设置 2 具手提式磷酸铵盐干粉灭火器。

9.7.3　灭火器选择

剧场建筑、电影院建筑灭火器配置场所的火灾种类通常涉及 A 类、B 类、E 类火灾，通常配置灭火器时选择磷酸铵盐干粉灭火器。

消防控制室、计算机房、配电室等部位配置灭火器宜采用气体灭火器，通常采用二氧化碳灭火器。

9.7.4　灭火器设置

剧场建筑、电影院建筑中设置的手提式灭火器，通常和室内消火栓同位置设置，放置于室内消火栓箱体下部。独立设置的手提式或推车式灭火器通常放置于所保护区域的公共走道、门口或房间内靠近公共通道出入口处。灭火器设置点应均衡布置。

设置在 A 类火灾场所的灭火器，其最大保护距离应符合表 1-274 的规定。

灭火器最大保护距离为灭火器与起火点之间最大的行走距离。剧场建筑、电影院建筑中的地下车库区域、建筑中大间套小间区域、房间中间隔着走道区域等场所，常需要增加灭火器配置点。地下车库区域增设的灭火器宜靠近相邻 2 个室内消火栓中间的位置，并宜沿车库墙体或柱子布置。

设置在 B 类火灾场所的灭火器，其最大保护距离应符合表 1-275 的规定。

剧场建筑、电影院建筑中 E 类火灾场所中的高低压配电间、网络机房等场所，灭火器配置宜按 B 类火灾场所灭火器最大保护距离要求进行。面积较大的剧场建筑、电影院建筑变配电室，需要在变配电室内增设灭火器。

9.7.5 灭火器配置

A 类火灾场所灭火器的最低配置基准，应符合表 1-276 的规定。

剧场建筑、电影院建筑灭火器 A 类火灾场所配置基准可按照灭火器最低配置基准，即：严重危险级按照 3A；中危险级按照 2A；轻危险级按照 1A。

B 类火灾场所灭火器的最低配置基准，应符合表 1-277 的规定。

剧场建筑、电影院建筑灭火器 B 类火灾场所配置基准可按照灭火器最低配置基准，即：严重危险级按照 89B；中危险级按照 55B。

E 类火灾场所的灭火器最低配置基准不应低于该场所内 A 类（或 B 类）火灾的规定。

9.7.6 灭火器配置设计计算

剧场建筑、电影院建筑内每个灭火器设置点灭火器数量通常以 2～4 具为宜。

灭火器计算单元最小需配灭火级别，按公式（1-69）计算。

灭火器计算单元中每个灭火器设置点最小需配灭火级别，按公式（1-73）计算。

9.7.7 灭火器类型及规格

剧场建筑、电影院建筑灭火器配置设计中常用的灭火器类型及规格，参见表 1-279。

9.8 气体灭火系统

9.8.1 气体灭火系统应用场所

剧场建筑、电影院建筑中适合采用气体灭火系统的场所包括高压配电室（间）、低压配电室（间）、网络机房、网络中心、信息中心、UPS 间等电气设备房间。

目前剧场建筑、电影院建筑中最常用七氟丙烷（HFC-227ea）气体灭火系统和 IG541 混合气体灭火系统。

9.8.2 七氟丙烷气体灭火系统设计参数

七氟丙烷灭火剂主要技术性能参数，参见表 1-281。

无管网七氟丙烷气体自动灭火装置技术参数、规格等，参见表 1-282～表 1-284。

剧场建筑、电影院建筑中采用七氟丙烷气体灭火保护时，各防护区设计灭火浓度，参见表 3-70。

9.8.3 气体灭火设计用量计算

七氟丙烷气体灭火设置场所设计用量，按公式（1-71）计算。

七氟丙烷设计用量，按公式（2-28）计算；七氟丙烷设计容积，按公式（2-29）计算。

每个防护区内无管网七氟丙烷气体灭火装置的布置应做到均匀。

IG541混合气体灭火防护区灭火设计用量或惰化设计用量，按公式（1-74）计算。

IG541灭火剂气体在101kPa大气压和防护区最低环境温度下的质量体积，按公式（1-75）计算。

IG541混合气体灭火系统灭火剂储存量，应为防护区灭火设计用量及系统灭火剂剩余量之和，系统灭火剂剩余量按公式（1-76）计算。

9.8.4 IG541混合气体灭火系统管网计算

IG541混合气体灭火系统管道流量宜采用平均设计流量。

系统主干管、支管的平均设计流量，按公式（1-77）、公式（1-78）计算。

管道内径按公式（1-79）计算。

灭火剂释放时，管网应进行减压。减压装置宜采用减压孔板，宜设在系统的源头或干管入口处。减压孔板前的压力，按公式（1-80）计算；减压孔板后的压力，按公式（1-81）计算；减压孔板孔口面积，按公式（1-82）计算。

系统的阻力损失宜从减压孔板后算起，并按公式（1-83）计算。

IG541混合气体灭火系统的喷头工作压力的计算结果，应符合：一级充压（15.0MPa）系统，$P_c \geqslant 2.0$MPa（绝对压力）；二级充压（20.0MPa）系统，$P_c \geqslant 2.1$MPa（绝对压力）。

喷头等效孔口面积，按公式（1-84）计算。

9.8.5 防护区泄压口

气体灭火系统防护区应设置泄压口。七氟丙烷气体灭火系统防护区泄压口面积按系统设计规定计算，按公式（1-85）计算；IG541混合气体灭火系统防护区泄压口面积按系统设计规定计算，宜按公式（1-86）计算。

七氟丙烷气体灭火系统的泄压口应位于防护区净高的2/3以上。对于设置吊顶场所，泄压口通常设置在吊顶（梁）下，泄压口顶面紧贴吊顶（梁）或吊顶（梁）下100mm。

不同规格无管网七氟丙烷气体灭火装置与泄压口尺寸的对照表，参见表1-288。

防护区设置的泄压口，宜设在外墙上，无外墙时应设置在朝向公共建筑公共区域（走道）的内墙上。每个防护区根据需要可设置1个或多个泄压口。

9.9 高压细水雾灭火系统

剧场建筑、电影院建筑中不宜用水扑救的部位（即采用水扑救后会引起爆炸或重大财产损失的场所）可以采用高压细水雾灭火系统灭火。

剧场建筑、电影院建筑中适合采用高压细水雾灭火系统的场所包括高压配电室（间）、低压配电室（间）、网络机房、网络中心、信息中心、UPS间等电气设备房间。剧场建筑、电影院建筑中当此类场所较少时，宜采用气体灭火系统；当此类场所较多时，可采用高压细水雾灭火系统，设计方法参见4.9节。

9.10 自动跟踪定位射流灭火系统

根据规范要求需要设置自动喷水灭火系统，难以设置自动喷水灭火系统的剧场建筑、电影院建筑展览厅、观众厅等高大空间场所，应设置其他自动灭火系统，并宜采用自动跟踪定位射流灭火系统，设计方法参见4.10节。

9.11 中水系统

剧场建筑、电影院建筑建设中水设施，应结合建筑所在地区的不同特点，满足当地政府部门的有关规定。建筑面积大于30000m²或回收水量大于100m³/d的剧场建筑、电影院建筑，宜建设中水设施。

9.11.1 中水原水

1. 中水原水种类

剧场建筑、电影院建筑中水原水可选择的种类及选取顺序，见表9-49。

剧场建筑、电影院建筑中水原水可选择的种类及选取顺序表 表9-49

序号	中水原水种类	备注
1	剧场建筑、电影院建筑内淋浴室淋浴等的废水排水；公共卫生间的废水排水	最适宜
2	剧场建筑、电影院建筑内公共卫生间的盥洗废水排水	适宜
3	剧场建筑、电影院建筑空调循环冷却水系统排水	
4	剧场建筑、电影院建筑空调水系统冷凝水	
5	剧场建筑、电影院建筑附设厨房、食堂、餐厅废水排水	不适宜
6	剧场建筑、电影院建筑内公共卫生间的冲厕排水	最不适宜

2. 中水原水量

剧场建筑、电影院建筑中水原水量按公式（9-6）计算：

$$Q_Y = \sum \beta \cdot Q_{pj} \cdot b \qquad (9-6)$$

式中 Q_Y——剧场建筑、电影院建筑中水原水量，m³/d；

β——剧场建筑、电影院建筑按给水量计算排水量的折减系数，一般取0.85～0.95；

Q_{pj}——剧场建筑、电影院建筑平均日生活给水量，按《节水标》中的节水用水定额（参见表9-7）计算确定，m³/d；

b——剧场建筑、电影院建筑分项给水百分率，应以实测资料为准，当无实测资料时，可按表9-50选取。

剧场建筑、电影院建筑分项给水百分率表　　　　　　表 9-50

项目	冲厕	厨房	沐浴	盥洗	总计
办公给水百分率（%）	60~66	—	—	40~34	100
淋浴室给水百分率（%）	2~5	—	98~95	—	100
职工食堂给水百分率（%）	6.7~5	93.3~95	—	—	100

剧场建筑、电影院建筑用作中水原水的水量宜为中水回用水量的 110%~115%。

3. 中水原水水质

剧场建筑、电影院建筑中水原水水质应以类似建筑的实测资料为准；当无实测资料时，剧场建筑、电影院建筑排水的污染物浓度可按表 9-51 确定。

剧场建筑、电影院建筑排水污染物浓度表　　　　　　表 9-51

类别	项目	冲厕	厨房	沐浴	盥洗	综合
办公	BOD_5 浓度（mg/L）	260~340	—	—	90~110	195~260
	COD_{Cr} 浓度（mg/L）	350~450	—	—	100~140	260~340
	SS 浓度（mg/L）	260~340	—	—	90~110	195~260
淋浴室	BOD_5 浓度（mg/L）	260~340	—	45~55	—	50~65
	COD_{Cr} 浓度（mg/L）	350~450	—	110~120	—	115~135
	SS 浓度（mg/L）	260~340	—	35~55	—	40~65
职工食堂	BOD_5 浓度（mg/L）	260~340	500~600	—	—	490~590
	COD_{Cr} 浓度（mg/L）	350~450	900~1100	—	—	890~1075
	SS 浓度（mg/L）	260~340	250~280	—	—	255~285

注：综合是对包括以上四项生活排水的统称。

9.11.2　中水利用与水质标准

1. 中水利用

剧场建筑、电影院建筑中水原水主要用于城市杂用水和景观环境用水等。

剧场建筑、电影院建筑中水利用率，可按公式（2-31）计算。

剧场建筑、电影院建筑中水利用率应不低于当地政府部门的中水利用率指标要求。

当剧场建筑、电影院建筑附近有可利用的市政再生水管道时，可直接接入使用。

2. 中水水质标准

剧场建筑、电影院建筑中水水质标准要求，参见表 2-104。

9.11.3　中水系统

1. 中水系统形式

剧场建筑、电影院建筑中水通常采用中水原水系统与生活污水系统分流、生活给水与中水给水分供的完全分流系统。

2. 中水原水系统

剧场建筑、电影院建筑中水原水管道通常按重力流设计；当靠重力流不能直接接入时，可采取局部加压提升接入。

剧场建筑、电影院建筑原水系统原水收集率不应低于本建筑回收排水项目给水量的75%，可按公式（2-32）计算。

剧场建筑、电影院建筑若需要食堂、餐厅的含油脂污水作为中水原水时，在进入原水收集系统前应经过除油装置处理。

剧场建筑、电影院建筑中水原水应进行计量，可采用超声波流量计和沟槽流量计。

3. 中水处理系统

剧场建筑、电影院建筑中水处理系统设计处理能力，可按公式（2-33）计算。

4. 中水供水系统

建筑中水供水系统必须独立设置。建筑中水不得用作剧场建筑、电影院建筑生活饮用水水源。

剧场建筑、电影院建筑中水系统供水量，可按照表9-6中的用水定额及表9-50中规定的百分率计算确定。

剧场建筑、电影院建筑中水供水系统的设计秒流量和管道水力计算方法与生活给水系统一致，参见9.1.6节。

剧场建筑、电影院建筑中水供水系统的供水方式宜与生活给水系统一致，通常采用变频调速泵组供水方式，水泵的选择等见9.1.7节。

剧场建筑、电影院建筑中水供水系统的竖向分区宜与生活给水系统一致。当建筑周边有市政中水管网且管网流量压力均满足时，低区由市政中水管网直接供水；当建筑周边无市政中水管网时，低区由低区中水给水泵组自中水贮水池（箱）吸水后加压供水。

剧场建筑、电影院建筑中水供水管道宜采用塑料给水管、钢塑复合管或其他具有可靠防腐性能的给水管材，不得采用非镀锌钢管。

剧场建筑、电影院建筑中水贮存池（箱）设计要求，参见表2-105。

剧场建筑、电影院建筑中水供水系统应安装计量装置，具体设置要求参见表3-14。

中水供水管道应采取防止误接、误用、误饮的措施。

5. 水量平衡

中水系统设计应进行中水原水量和用水量平衡计算。

剧场建筑、电影院建筑中水用水量应根据不同用途用水量累加确定。

剧场建筑、电影院建筑最高日冲厕中水用水量按照表9-6中的最高日用水定额及表9-50中规定的百分率计算确定。最高日冲厕中水用水量，可按公式（9-7）计算：

$$Q_C = \sum q_L \cdot F \cdot N / 1000 \tag{9-7}$$

式中 Q_C——剧场建筑、电影院建筑最高日冲厕中水用水量，m^3/d；

q_L——剧场建筑、电影院建筑给水用水定额，L/(人·d)；

F——冲厕用水占生活用水的比例，%，按表9-50取值；

N——使用人数，人。

剧场建筑、电影院建筑相关功能场所冲厕用水量定额及小时变化系数，见表9-52。

剧场建筑、电影院建筑冲厕用水量定额及小时变化系数表 表 9-52

序号	建筑种类	冲厕用水量 [L/(人·d)]	使用时间（h/d）	小时变化系数	备注
1	剧院、电影院	3～5	3	1.5～1.2	—
2	办公	20～30	8～10	1.5～1.2	—
3	职工食堂	5～10	12	1.5～1.2	工作人员按办公楼设计

中水系统原水调节池（箱）调节容积，可按公式（2-35）、公式（2-36）计算。

中水贮存池（箱）容积，可按公式（2-37）、公式（2-38）计算。

当中水供水系统采用水泵-水箱联合供水时，水箱调节容积不得小于中水系统最大小时用水量的 50%。

中水系统的总调节容积，包括原水调节池（箱）、中水处理工艺构筑物、中水贮存池（箱）及高位水箱等调节容积之和，不宜小于中水日处理量的 100%。

9.11.4 中水处理工艺与处理设施

1. 中水处理工艺

剧场建筑、电影院建筑通常采用的中水处理工艺，参见表 2-107。

2. 中水处理设施

剧场建筑、电影院建筑中水处理设施及设计要求，参见表 2-108。

9.11.5 中水处理站

剧场建筑、电影院建筑内的中水处理站设计要求，参见 2.11.5 节。

9.12 给水排水抗震设计

剧场建筑、电影院建筑给水排水管道抗震设计，参见 4.11 节。

9.13 给水排水专业绿色建筑设计

剧场建筑、电影院建筑绿色设计，应根据剧场建筑、电影院建筑所在地相关规定要求执行。新建剧场建筑、电影院建筑应按照一星级或以上星级标准设计；政府投资或者以政府投资为主的剧场建筑、电影院建筑、建筑面积大于 20000m² 的大型剧场建筑、电影院建筑宜按照绿色建筑二星级或以上星级标准设计。剧场建筑、电影院建筑二星级、三星级绿色建筑设计专篇，参见表 1-347。

第10章 体育建筑给水排水设计

体育建筑是供体育竞技、体育教学、体育娱乐和体育锻炼等活动之用的公共建筑，包括建筑物和场地设施等。

体育建筑等级分类，见表10-1。

体育建筑等级分类表 表10-1

体育建筑等级	主要使用要求
特级	举办亚运会、奥运会及世界级比赛主场
甲级	举办全国性和单项国际比赛
乙级	举办地区性和全国单项比赛
丙级	举办地方性、群众性运动会

体育建筑主要包括体育场、体育馆、游泳设施（室外游泳池、室外游泳场、室内游泳馆、游泳房）等。体育场是具有可供体育比赛和其他表演用的宽敞的室外场地同时为大量观众提供座席的建筑物。体育馆是配备有专门设备而且能够进行球类、室内田径、冰上运动、体操（技巧）、武术、拳击、击剑、举重、摔跤、柔道等单项或多项室内竞技比赛和训练的体育建筑。体育馆可分为综合体育馆和专项体育馆；不设观众看台及相应用房的体育馆也可称训练房。

体育场、体育馆规模分级，见表10-2。

体育场、体育馆规模分级表 表10-2

体育场等级	观众席容量（座）	体育馆等级	观众席容量（座）	游泳设施等级	观众席容量（座）
特大型	60000以上	特大型	10000以上	特大型	6000以上
大型	40000～60000	大型	6000～10000	大型	6000～6000
中型	20000～40000	中型	3000～6000	中型	1500～3000
小型	20000以下	小型	3000以下	小型	1500以下

体育建筑组成，见表10-3。

体育建筑组成表 表10-3

序号	组成	说明
1	运动场地	包括比赛场地和训练场地等
2	看台	包括主席台（包括休息室）、包厢、记者席、评论员席、运动员席、一般观众席、残疾观众席等
3	辅助用房和设施	体育场：包括观众（含贵宾、残疾人）用房（包括一般观众休息区、厕所，贵宾休息区、贵宾厕所）、运动员用房（包括运动员休息室、兴奋剂检查室、医务急救室和检录处等，运动员休息室由更衣室、休息室、厕所、盥洗室、淋浴室组成）、竞赛管理用房（包括组委会、管理人员办公室、会议室、仲裁发放室、编辑打字室、复印室、数据处理室、竞赛指挥室、裁判员休息室、颁奖准备室和赛后控制中心等）、新闻媒介用房（包括新闻官员办公室、记者工作用房、电传室、邮电所和无线电通信机房等）、计时计分用房（包括计时控制室、计时与终点摄影转换室、屏幕控制室、数据处理室等）、广播电视用房（包括播音室、评论员室、声控室、机房、仓库兼维修、闭路电视接口设备机房、电视发送室等）、技术设备用房（包括灯光控制室、消防控制室、器材库、变配电室、生活水泵房、消防水泵房、发电机房、空调机房和其他机房等）、场馆运营用房、厕所等 体育馆：包括观众用房、贵宾用房、运动员用房、竞赛组织工作用房、新闻工作用房、广播电视技术用房、计时记分用房、其他技术用房及体育器材库等

注：体育建筑内有些情况下设置歌舞娱乐放映游艺场所。

体育建筑给水排水设计应符合现行国家标准《城市给水工程项目规范》GB 55026、《城乡排水工程项目规范》GB 55027、《建筑给水排水设计标准》GB 50015、《建筑防火通用规范》GB 55037、《消防设施通用规范》GB 55036、《建筑设计防火规范》GB 50016 和《消防给水及消火栓系统技术规范》GB 50974 等的规定。根据体育建筑的功能设置，其给水排水设计涉及的现行国家、行业标准为《体育建筑设计规范》JGJ 31、《自动跟踪定位射流灭火系统技术标准》GB 51427、《固定消防炮灭火系统设计规范》GB 50338。体育建筑若设置中水系统，其设计涉及的现行国家标准为《建筑中水设计标准》GB 50336。体育建筑若设置管道直饮水系统，其设计涉及的现行行业标准为《建筑与小区管道直饮水系统技术规程》CJJ/T 110。

10.1 生活给水系统

10.1.1 用水量标准

1. 生活用水量标准

体育建筑的用水量标准，应根据体育建筑的性质、卫生设备完善程度和当地气候条件等因素综合考虑确定。《水标》中体育建筑相关功能场所生活用水定额，见表10-4。

体育建筑生活用水定额表　　　　　　　　　　　　　　　表 10-4

序号	建筑物名称		单位	生活用水定额（L）		使用时数 (h)	最高日小时变化系数 K_h
				最高日	平均日		
1	体育场（馆）	运动员淋浴	每人每次	30～40	25～40	4	3.0～2.0
		观众	每人每场	3	3		1.2
2	健身中心		每人每次	30～50	25～40	8～12	1.5～1.2
3	办公	坐班制办公	每人每班	30～50	25～40	8～10	1.5～1.2
4	餐饮业	中餐酒楼	每顾客每次	40～60	35～50	10～12	1.5～1.2
		快餐店		20～25	15～20	12～16	
		酒吧、咖啡馆、茶座、卡拉OK房		5～15	5～10	8～18	
5	停车库地面冲洗水		每平方米每次	2～3	3～3	6～16	1.0

注：1. 除注明外，均不含员工生活用水，员工最高日用水定额为每人每班40～60L，平均日用水定额为每人每班30～45L；
　　2. 表中用水量标准为生活用水，包括生活用热水用水量和直饮水用量，也包括正常漏水量和间接用水量，如清洁用水在内；但不包括空调、采暖、水景绿化、场地和道路浇洒等用水；
　　3. 计算体育建筑最高日最大时用水量时，某一类型生活用水定额、最高日小时变化系数（K_h）均为一个范围值时，生活用水定额取定额的最低值应对应选择最高日小时变化系数（K_h）的最大值；生活用水定额取定额的最高值应对应选择最高日小时变化系数（K_h）的最小值；生活用水定额取定额的中间值应对应选择最高日小时变化系数（K_h）的中间值（按内插法确定）。

《节水标》中体育建筑相关功能场所平均日生活用水节水用水定额，见表10-5。

体育建筑平均日生活用水节水用水定额表 表 10-5

序号	建筑物名称		单位	节水用水定额
1	体育场、体育馆	运动员淋浴	L/(人·次)	25~40
		观众	L/(人·场)	3
2	健身中心		L/(人·次)	25~40
3	办公	坐班制办公	L/(人·班)	25~40
4	餐饮业	中餐酒楼	L/(人·次)	35~50
		快餐店		15~20
		酒吧、咖啡馆、茶座、卡拉OK房		5~10
5	停车库地面冲洗用水		L/(m²·次)	2~3

注：1. 除注明外均不含员工用水，员工用水定额每人每班 30~45L；
2. 表中用水量包括热水用量在内，空调用水应另计；
3. 选择用水定额时，可依据当地气候条件、水资源状况等确定，缺水地区应选择低值；
4. 用水人数或单位数应以年平均值计算；
5. 每年用水天数应根据使用情况确定。

2. 绿化浇灌用水量标准

体育建筑院区绿化浇灌最高日用水定额按浇灌面积 1.0~3.0L/(m²·d) 计算，通常取 2.0L/(m²·d)，干旱地区可酌情增加。

足球场草地的用水定额，估算时可采用 10.0~12.0L/(m²·次)，每日次数根据气候条件、各地区降雨情况决定。

3. 浇洒道路用水量标准

体育建筑院区道路、广场浇洒最高日用水定额按浇洒面积 2.0~3.0L/(m²·d) 计算，亦可参见表 2-8。

足球场跑道的用水定额，估算时可采用 3.0~10.0L/(m²·次)，每日次数根据气候条件、各地区降雨情况决定。冲洗游泳池池岸及更衣室地面为 1.5L/(m²·次)，每日一次。

4. 空调循环冷却水补水用水量标准

体育建筑空调设备的冷却用水量按工艺要求确定。冷却水系统应根据水量大小、气候条件、空调方式等情况确定。一般采用冷却循环用水。体育建筑空调循环冷却水补充水量，按公式（1-3）计算，亦可由暖通空调专业提供。

5. 汽车冲洗用水量标准

汽车冲洗用水量标准按 10.0~15.0L/(辆·次) 考虑。

6. 供暖锅炉补充水量

供暖锅炉补充水量由暖通空调、热能动力专业提供。

7. 体育工艺用水量

8. 给水管网漏失水量和未预见水量

这两项水量之和按上述 7 项用水量（第 1 项至第 7 项）之和的 8%~12% 计算，通常按 10% 计。

最高日用水量（Q_d）应为上述 8 项用水量（第 1 项至第 8 项）之和。

最大时用水量（Q_{hmax}）可按公式（1-4）计算。

10.1.2 水质标准和防水质污染

1. 水质标准

体育建筑生活给水系统供水和游泳池补充水水质应符合现行国家标准《生活饮用水卫生标准》GB 5749 的要求。

游泳池的池水水质应符合现行行业标准《游泳池水质标准》CJ/T 244 的规定。举办重要国际竞赛和有特殊要求的游泳池池水水质，除应符合现行行业标准《游泳池水质标准》CJ/T 244 的规定外，尚应符合相关专业部门的规定。世界级竞赛用游泳池的池水水质卫生标准，应符合国际业余游泳协会（FINA）关于游泳池水质卫生标准的规定。国家级竞赛用游泳池可参照上述规定执行，对非国家级的游泳池要求有所降低。

当采用非饮用水做冲洗和浇洒用水时，应用明显的标志标出。非饮用水管道不得与饮用水管道相连，并应符合现行国家标准《建筑中水设计标准》GB 50336 中的规定。

2. 防水质污染

体育建筑防止水质污染常见的具体措施，参见表 2-9。

10.1.3 给水系统和给水方式

1. 体育建筑生活给水系统

典型的体育建筑生活给水系统原理图，参见图 4-1。

2. 体育建筑生活给水供水方式

体育建筑生活给水应尽量利用自来水压力，当自来水压力缺乏时，应设内部贮水箱，其贮备量按日用水量确定。

体育建筑生活给水供水方式，参见表 8-11。

3. 体育建筑生活给水系统竖向分区

体育建筑应根据建筑内功能的划分和当地供水部门的水量计费分类等因素，设置相应的生活给水系统，并应利用城镇给水管网的水压。

体育建筑生活给水系统竖向分区应根据的原则，参见表 3-7。

体育建筑生活给水系统竖向分区确定程序，见表 10-6。

生活给水系统竖向分区确定程序表 表 10-6

序号	竖向分区确定程序
1	根据体育建筑院区接入市政给水管网的最小工作压力确定由市政给水管网直接供水的楼层
2	根据市政给水直供楼层以上楼层的竖向建筑高度合理确定分区的个数及分区范围
3	根据需要加压供水的总楼层数，合理调整需要加压的各竖向分区，使其高度基本一致

通常体育建筑生活给水系统竖向分为 2 个区：低区为市政给水管网直供区；高区为变频给水泵组加压供水区。

4. 体育建筑生活给水系统形式

体育建筑生活给水系统通常采用下行上给式，设备管道设置方法参见表 9-9。

10.1.4 管材及附件

1. 生活给水系统管材

体育建筑生活给水系统给水管道应选用耐腐蚀、安装连接方便可靠、符合国家现行有关产品标准要求及饮用水卫生要求的管材，常用管材包括薄壁不锈钢管、薄壁铜管、PVC-C（氯化聚氯乙烯）冷水用管、钢塑复合管、内衬不锈钢复合钢管、铝塑复合管等。

2. 生活给水系统阀门

体育建筑生活给水系统设置阀门的部位，参见表4-7。

3. 生活给水系统止回阀

体育建筑生活给水系统设置止回阀的部位，参见表4-8。

4. 生活给水系统减压阀

体育建筑配水横管静水压大于0.20MPa的楼层各分区内给水支管起端应设置减压阀，减压阀位置在阀门之后。

5. 生活给水系统水表

体育建筑给水系统的引入管上应设置水表。水表宜设置在室内便于抄表位置；在夏热冬冷地区及严寒地区，当水表设置于室外时，应采取可靠的防冻胀破坏措施。

体育建筑生活给水系统按分区域计量原则设置水表，生活给水系统设置水表的部位，参见表3-14。

6. 生活给水系统其他附件

生活水箱的生活给水进水管上应设自动水位控制阀。

体育建筑生活给水系统设置过滤器的部位，参见表2-19。

体育建筑内公共卫生间的洗手盆水嘴应采用非接触式或延时自闭式水嘴，通常采用感应式水嘴；小便斗、大便器应采用非手动开关。用水点非手动开关的型式，参见表2-20。

10.1.5 给水管道布置及敷设

1. 室外生活给水系统布置与敷设

体育建筑院区的室外生活给水管网应布置成环状管网，管径宜为$DN150$。环状给水管网与市政给水管网的连接管不宜少于2条，引入管管径宜为$DN150$、不宜小于$DN100$。

体育建筑院区室外生活给水管道与其他地下管线及乔木之间的最小净距，参照表1-25的规定。

足球场等场地应有养护草坪和跑道的喷洒装置。乙等以上体育场应设固定的喷洒系统，可在场地区域内采用小型洒水器，洒水器喷头应采用可升降、喷水角度可调型。在场地内采用360°旋转喷水，场地边缘或跑道内沿采用180°旋转喷水，在场地各角落采用90°旋转喷水。三种不同角度的喷水器应分别连接到各自的给水支管上，给水支管应分路设置。喷水系统应配套电控制器以及相应的水泵和贮水池等设施。应根据喷头工作所需水压计算加压水泵扬程。分区越多，水泵容量和贮水池越小，但喷水延续时间越长，应根据情况酌情分区。

2. 室内生活给水系统布置与敷设

体育建筑室内生活给水管道通常布置成支状管网，单向供水，宜沿室内公共区域敷设。体育建筑生活给水管道不应布置的场所，参见表 2-21。

3. 室内给水管道防护

室内生活给水横干管、立管超过 50m 时，宜设伸缩补偿装置。

与人防工程功能无关的室内生活给水管道应避免穿越人防地下室，确需穿越时应在人防侧设置防护阀门，管道穿越处应设防护套管。

4. 生活给水管道保温

体育建筑设置屋顶贮水箱和敷设管道，在冬季不采暖而又有可能冰冻的地区，应采取防冻措施。敷设在有可能结冻的房间、地下室及管井、管沟等处的给水管道应有防冻措施。

屋顶水箱间内生活给水管道均需做保温，所有给水横管及管井内的给水立管均做防结露保温。室内满足防冻要求的管道可不做防结露保温。

给水管道保温材料厚度确定，参见表 1-30、表 1-31。

10.1.6 生活给水系统给水管网计算

1. 体育建筑院区室外生活给水管网

室外生活给水管网设计流量应按体育建筑院区生活给水最大时用水量确定。院区给水引入管的设计流量应按最大时用水量确定；当引入管为 2 条时，应保证当其中一条发生故障时，其余的引入管可以提供不小于 70% 的流量。

体育建筑院区室外生活给水管网管径宜采用 $DN150$。

2. 体育建筑室内生活给水管网

采用市政给水管网直接供水时，给水引入管设计流量（Q_1）应按直供区生活给水设计秒流量计；采用生活水箱+变频给水泵组供水时，给水引入管设计流量（Q_2）应按加压区生活水箱设计补水量计，设计补水量不得小于高区最高日平均时用水量，不宜大于最高日最大时用水量。

体育建筑内生活给水设计秒流量应按公式（10-1）计算：

$$q_g = 0.2 \cdot \alpha \cdot (N_g)^{1/2} = 0.6 \cdot (N_g)^{1/2} \tag{10-1}$$

式中 q_g——计算管段的给水设计秒流量，L/s；

N_g——计算管段的卫生器具给水当量总数；

α——根据体育建筑用途的系数，取 3.0。

体育建筑生活给水设计秒流量计算，可参照表 9-10。

体育建筑有自闭式冲洗阀时生活给水设计秒流量计算，可参照表 1-33。

体育建筑淋浴室、餐饮厨房等建筑生活给水管道的设计秒流量应按公式（10-2）计算：

$$q_g = \sum q_{g0} \cdot n_0 \cdot b_g \tag{10-2}$$

式中 q_g——体育建筑计算管段的给水设计秒流量，L/s；

q_{g0}——体育建筑同类型的一个卫生器具给水额定流量，L/s，可按表 7-10 采用；

n_0——体育建筑同类型卫生器具数；

b_g——体育建筑卫生器具的同时给水使用百分数：体育建筑淋浴室内的淋浴器和洗脸盆按表 4-12 选用，餐饮厨房的设备按表 4-13 选用。

3. 体育建筑内卫生器具给水当量

体育建筑用水器具和配件应采用节水性能良好、坚固耐用，且便于管理维修的产品。

体育建筑应采用符合现行行业标准《节水型生活用水器具》CJ/T 164 规定的节水型卫生器具，宜选用用水效率等级不低于 3 级的用水器具。

体育建筑常见卫生器具的给水额定流量、给水当量、连接给水管管径和最低工作压力按表 3-18 确定。

4. 体育建筑内给水管管径

体育建筑内给水供水管的管径，应根据该给水供水管段的设计秒流量、允许给水流速等查相关计算表格确定。生活给水管道内的给水流速，宜参照表 1-38。

体育建筑内公共卫生间的蹲便器个数与给水供水管管径的对照表，参见表 9-11。

整个生活给水系统生活给水立管、干管均按照其服务的给水设计秒流量确定其管段管径。

10.1.7 生活水泵和生活水泵房

体育建筑给水设计应有可靠的水源和供水管道系统，当仅有一路城市引入管或供水不满足设计秒流量或压力要求时，应设置加压供水设备。

1. 生活水泵

体育建筑生活给水加压水泵宜采用 2 台（1 用 1 备）配置模式，亦可采用 3 台（2 用 1 备）配置模式。

体育建筑生活给水加压通常采用变频调速给水泵组，其设计流量应按其负责给水系统的最大设计秒流量确定，即 $Q=q_g$。设计时应统计该系统内各用水点卫生器具的生活给水当量数，经公式（10-1）、公式（10-2）计算或查表 9-10 得出设计流量值。

生活给水加压水泵的设计工作压力，按公式（1-10）计算。

体育建筑加压水泵应选用低噪声节能型产品。

2. 生活水泵房

体育建筑二次加压给水的水泵房应为独立的房间，并应环境良好、便于维修和管理；不应毗邻主席台休息室、一般观众休息区、贵宾休息区、运动员休息室、裁判员休息室、医务急救室、竞赛管理办公室、会议室、新闻媒体办公室、播音室、评论员室等场所；加压泵组及泵房应采取减振降噪措施。

体育建筑生活水泵房的设置位置应根据其所供水服务的范围确定，见表 10-7。

体育建筑生活水泵房位置确定及要求表 表 10-7

序号	水泵房位置	适用情况	设置要求
1	院区室外集中设置	院区室外有空间；常见于新建体育建筑院区	宜与消防水泵房、消防水池、暖通冷热源机房、锅炉房等集中设置，宜靠近体育建筑
2	建筑地下室楼层设置	院区室外无空间	宜设在地下一层或地下二层，不宜设在最低地下楼层；水泵房地面宜高出室外地面 200～300mm

生活水泵房内生活给水泵组宜设置在一个基础上。

10.1.8 生活贮水箱（池）

体育建筑给水设计应有可靠的水源和供水管道系统，当仅有一路城市引入管或供水不满足设计秒流量或压力要求时，应设置生活贮水箱（池）。体育建筑水箱间应为独立的房间。

水箱应设置消毒设备，并宜采用紫外线消毒方式。

1. 贮水容积

体育建筑生活用水贮水箱（池）的有效容积计算时，其生活用水调节量应按进水量与用水量变化曲线经计算确定，当资料不足时，宜按最高日用水量的20%~25%确定，最大不得大于48h的用水量。有条件时可适当增加生活贮水箱（池）有效容积。

体育建筑生活用水贮水设备宜采用贮水箱。

2. 生活水箱

体育建筑生活水箱设计要求，参见表1-46。

3. 生活水箱相关管道、装置设置要求

体育建筑生活水箱相关管道设施要求，参见表1-47。

生活水箱各水位指标确定方法及取值经验值，参见表1-48。

10.2 生活热水系统

10.2.1 热水系统类别

体育建筑生活热水系统类别，见表10-8。

生活热水系统类别表　　　　　　　　　　　　　表10-8

序号	分类标准	热水系统类别	体育建筑应用情况
1	供应范围	集中生活热水系统	运动员集中淋浴室生活热水系统；厨房生活热水系统
2		局部（分散）生活热水系统	休息室淋浴间生活热水系统
3	热水管网循环方式	热水干管立管循环生活热水系统	运动员集中淋浴室生活热水系统
4		热水干管循环生活热水系统	厨房生活热水系统
5	热水管网循环水泵运行方式	定时循环生活热水系统	运动员集中淋浴室生活热水系统；厨房生活热水系统
6	热水管网循环动力方式	强制循环生活热水系统	运动员集中淋浴室生活热水系统；厨房生活热水系统
7	是否敞开形式	闭式生活热水系统	运动员集中淋浴室生活热水系统；厨房生活热水系统
8	热水管网布置型式	下供下回式生活热水系统	热源位于建筑底部，即由锅炉房提供热媒（高温蒸汽或高温热水），经汽水或水水换热器提供热水热源等的生活热水系统
9		上供上回式生活热水系统	热源位于建筑顶部，即由屋顶太阳能热水设备及（或）空气能热泵热水设备提供热水热源等的生活热水系统
10	热水管路距离	同程式生活热水系统	运动员集中淋浴室生活热水系统；厨房生活热水系统
11	热水系统分区方式	加热器集中设置生活热水系统	运动员集中淋浴室生活热水系统；厨房生活热水系统
12		加热器分散设置生活热水系统	休息室淋浴间生活热水系统

10.2.2 生活热水系统热源

体育建筑集中生活热水供应系统的热源,参见表 2-34。

体育建筑生活热水系统热源选用,参见表 2-35。

体育建筑生活热水系统常见热源组合形式,参见表 7-14。

体育建筑屋顶设置太阳能光伏发电系统时,系统产生的电能可用于屋顶热水箱内热水的加热,保证生活热水系统供水温度。

体育建筑休息室附设淋浴间洗浴热水常采用局部热水系统,其水加热器安装位置应便于检查维修。

体育场馆运动员和贵宾的卫生间,以及场馆内的浴室应设热水供应装置或系统。淋浴热水的加热设备,当采用燃气加热器时,不得设于淋浴室内(平衡式燃气热水器除外),并应设置可靠的通风排气设备。根据需要可以适当设置水按摩池或浴盆。

10.2.3 热水系统设计参数

1. 体育建筑热水用水定额

按照《水标》,体育建筑相关功能场所热水用水定额,见表 10-9。

体育建筑热水用水定额表　　　　　　　　　　　　　　表 10-9

序号	建筑物名称		单位	用水定额（L）		使用时数 (h)	最高日小时变化系数 K_h
				最高日	平均日		
1	体育场（馆）	运动员淋浴	每人每次	17～26	15～20	4	3.0～2.0
2	健身中心		每人每次	15～25	10～20	8～12	1.5～1.2
3	办公	坐班制办公	每人每班	5～10	4～8	8～10	1.5～1.2
4	餐饮业	中餐酒楼	每顾客每次	15～20	8～12	10～12	1.5～1.2
		快餐店		10～12	7～10	12～16	
		酒吧、咖啡馆、茶座、卡拉OK房		3～8	3～5	8～18	

注:1. 表中所列用水定额均已包括在表 10-4 中;
　　2. 本表以 60℃热水水温为计算温度,卫生器具的使用水温见表 7-17;
　　3. 表中平均日用水定额仅用于计算太阳能热水系统集热器面积和计算节水用水量。

《节水标》中体育建筑相关功能场所热水平均日节水用水定额,见表 10-10。

体育建筑热水平均日节水用水定额表　　　　　　　　　　　表 10-10

序号	建筑物名称		单位	节水用水定额
1	体育场、体育馆	运动员淋浴	L/(人·次)	15～20
		观众	L/(人·场)	1～2
2	健身中心		L/(人·次)	10～20
3	办公	坐班制办公	L/(人·班)	5～10
4	餐饮业	中餐酒楼	L/(人·次)	15～25
		快餐店		7～10
		酒吧、咖啡馆、茶座、卡拉OK房		3～5

注:热水温度按 60℃计。

体育建筑所在地为较大城市、标准要求较高的，体育建筑热水用水定额可以适当选用较高值；反之可选用较低值。

2. 体育建筑卫生器具用水定额及水温

体育建筑相关功能场所卫生器具的一次热水用水量、小时热水用水量和水温，可按表7-17确定。

游泳池的池水水温应符合有关标准的规定：FINA 规定为 $26\pm1℃$（即 $25\sim27℃$）；国内竞赛游泳池为 $25\sim27℃$，训练游泳池、跳水池为 $26\sim28℃$。

3. 体育建筑冷水计算温度

冷水的计算温度应以当地最冷月平均水温资料确定。当无水温资料时，按表 1-58 采用。

体育建筑冷水计算温度宜按体育建筑当地地面水温度确定，水温有取值范围时宜取低值。

4. 体育建筑水加热设备供水温度

体育建筑集中热水供应系统的水加热设备（包括热水锅炉、热水机组或水加热器等）的出水温度按表 1-59 采用。体育建筑集中生活热水系统水加热设备的供水温度宜为 $60\sim65℃$，通常按 $60℃$ 计。

5. 体育建筑生活热水水质

体育建筑生活热水的水质指标，应符合现行国家标准《生活饮用水卫生标准》GB 5749 的要求。

10.2.4 热水系统设计指标

1. 体育建筑热水设计小时耗热量

（1）全日供应热水设计小时耗热量

体育建筑生活热水系统采用全日供应热水较为少见。

（2）定时供应热水设计小时耗热量

当体育建筑生活热水系统采用定时供应热水的集中生活热水系统时，其设计小时耗热量可按公式（7-5）计算。

（3）不同使用要求用水部门热水设计小时耗热量

具有多个不同使用热水部门或具有多种热水使用形式的体育建筑，当其热水由同一热水供应系统供应时，设计小时耗热量，可按同一时间内出现用水高峰的主要用水部门的设计小时耗热量加其他用水部门的平均小时耗热量计算。

2. 体育建筑设计小时热水量

体育建筑设计小时热水量，可按公式（7-6）计算。

3. 体育建筑加热设备供热量

体育建筑全日集中生活热水系统中，锅炉、水加热设备的设计小时供热量应根据日热水用量小时变化曲线、加热方式及锅炉、水加热设备的工作制度经积分曲线计算确定。

（1）容积式水加热器或贮热容积与其相当的水加热器、燃油（气）热水机组供热量

体育建筑生活热水系统采用的容积式水加热器均应为导流型容积式水加热器，其设计小时供热量可按公式（7-7）计算。

在体育建筑生活热水系统设计小时供热量计算时,通常取 $Q_g=Q_h$。

(2) 半容积式水加热器或贮热容积与其相当的水加热器、燃油(气)热水机组供热量

体育建筑生活热水系统亦常采用半容积式水加热器,此时半容积式水加热器设计小时供热量按设计小时耗热量计算,即取 $Q_g=Q_h$。

10.2.5 生活热水系统热水管网计算

1. 生活热水管网设计流量

(1) 体育建筑生活热水引入管设计流量

体育建筑生活热水引入管设计流量应按该建筑相应生活热水供水系统总供水干管的设计秒流量确定。

(2) 体育建筑内生活热水设计秒流量

体育建筑内生活热水设计秒流量应按公式(10-3)计算:

$$q_g = 0.2 \cdot \alpha \cdot (N_g)^{1/2} = 0.6 \cdot (N_g)^{1/2} \tag{10-3}$$

式中 q_g——计算管段的热水设计秒流量,L/s;

N_g——计算管段的卫生器具热水当量总数;

α——根据体育建筑用途的系数,取 3.0。

体育建筑生活热水设计秒流量计算,可参照表 9-16。

2. 体育建筑内卫生器具热水当量

体育建筑卫生器具的热水额定流量、热水当量、连接热水管管径和最低工作压力按表 3-31 确定。

3. 体育建筑内热水管管径

体育建筑内热水供水管的管径,应根据该热水供水管段的设计秒流量、允许热水流速等查相关计算表格确定。生活热水管道内的热水流速,宜按表 1-66 控制。

体育建筑公共浴室淋浴器个数与对应供给相应数量热水供水管管径的对照表,参见表 7-19。

本区域热水回水干管管径根据该区域热水供水干管最大管径确定。热水回水管管径与热水供水管管径的对照,参见表 3-33。

整个生活热水系统的生活热水供水立管、干管均按照其服务的热水设计秒流量确定其管段管径;生活热水回水立管、干管先按照其服务的热水设计秒流量确定出一个供水管径值,再根据表 3-33 确定其管段回水管管径值。

10.2.6 生活热水机房(换热机房、换热站)

体育建筑生活热水机房(换热机房、换热站)位置确定,见表 10-11。

体育建筑生活热水机房(换热机房、换热站)位置确定表 表 10-11

序号	生活热水机房(换热机房、换热站)位置	生活热水系统热源情况	生活热水机房(换热机房、换热站)内设施	适用范围
1	院区室外独立设置	院区锅炉房热水(蒸汽)锅炉提供热媒,经换热后提供第 1 热源;太阳能设备或空气能热泵设备提供第 2 热源	常用设施:水(汽)水换热器(加热器)、热水循环泵组	新建、改建体育建筑;设有锅炉房
2	单体建筑室内地下室			新建体育建筑;设有锅炉房

续表

序号	生活热水机房（换热机房、换热站）位置	生活热水系统热源情况	生活热水机房（换热机房、换热站）内设施	适用范围
3	单体建筑屋顶	太阳能设备或（和）空气能热泵设备提供热源；必要情况下燃气热水设备提供第2热源	热水箱、热水循环泵组、集热循环泵组、空气能热泵循环泵组	新建、改建体育建筑；屋顶设有热源热水设备

体育建筑生活热水机房（换热机房、换热站）应为独立的房间；不应毗邻主席台休息室、一般观众休息区、贵宾休息区、运动员休息室、裁判员休息室、医务急救室、竞赛管理办公室、会议室、新闻媒体办公室、播音室、评论员室等场所；循环泵组及机房应采取减振降噪措施。

10.2.7 生活热水箱

体育建筑生活热水箱设计要求，参见表 1-72。

生活热水箱各种水位，按表 1-74 确定。

体育建筑生活热水箱间应为独立的房间；不应毗邻主席台休息室、一般观众休息区、贵宾休息区、运动员休息室、裁判员休息室、医务急救室、竞赛管理办公室、会议室、新闻媒体办公室、播音室、评论员室等场所；循环泵组及热水箱间应采取减振降噪措施。

10.2.8 生活热水循环泵

1. 生活热水循环泵设置位置

当系统热源由高温热媒经院区热水机房（换热机房）内的各分区换热设备后向各分区供给热水时，各分区生活热水循环泵通常设在热水机房（换热机房）内。当系统热源由屋顶太阳能供水设备向各分区供给热水时，各分区生活热水循环泵通常设在本分区最低楼层或下面一层热水循环泵房内。

2. 生活热水循环泵设计流量

当体育建筑热水系统采用定时供水时，热水循环流量可按循环管网总水容积的 2~4 倍计算。

设计中，生活热水循环泵的流量可按照所服务热水系统设计小时流量的 25%~30%确定。

3. 生活热水循环泵设计扬程

生活热水循环泵的扬程，可按公式（7-11）、公式（7-12）计算。

体育建筑热水循环泵组通常每套设置 2 台，1 用 1 备，交替运行。

4. 太阳能集热循环泵

太阳能集热循环泵通常设置在屋顶生活热水箱间内，宜设置在太阳能设备供水管即从生活热水箱接出的管道上。集热循环泵流量，按公式（1-28）计算；集热循环泵扬程，按公式（1-29）、公式（1-30）计算。

体育建筑集热循环泵组通常每套设置 2 台，1 用 1 备，交替运行。

10.2.9 热水系统管材、附件和管道敷设

1. 生活热水系统管材

体育建筑生活热水系统热水管道常用的管材包括薄壁不锈钢管、PVC-C（氯化聚氯

乙烯）热水用管、薄壁铜管、钢塑复合管（如PSP管）、铝塑复合管等，较少采用普通塑料热水管。

2. 生活热水系统阀门

体育建筑生活热水系统设置阀门的部位，参见表2-50。

3. 生活热水系统止回阀

体育建筑生活热水系统设置止回阀的部位，参见表2-51。

4. 生活热水系统水表

体育建筑生活热水系统按分区域原则设置热水表，热水表宜采用远传智能水表。

5. 热水系统排气装置、泄水装置

对于上行下给式热水系统，系统热水配水干管最高处及向上抬高管段应设置DN25自动排气阀、检修阀门；对于下行上给式热水系统，可利用最高热水配水点放气。

热水管道系统的最低处及向下凹的管段应设置泄水装置或利用最低热水配水点泄水。

6. 温度计、压力表

体育建筑生活热水系统设置温度计的部位，参见表1-77；设置压力表的部位，参见表1-78。

7. 管道补偿装置

长度超过50m的热水横干管或立管均应设置波纹伸缩节，通常设置在该根管道上管径较小的管段处，靠近一端的管道固定支吊架。

8. 保温

生活热水系统中的热水锅炉、燃油（气）热水机组、水加热设备、贮热水箱（罐）、分（集）水器、热水输（配）水干（立）管、热水循环回水干（立）管均应做保温。

热水管道保温材料厚度确定，参见表1-79、表1-80。

10.3 排水系统

10.3.1 排水系统类别

体育建筑排水系统分类，见表10-12。

排水系统分类表　　　　　表10-12

序号	分类标准	排水系统类别	体育建筑应用情况	应用程度
1	建筑内场所使用功能	生活污水排水	体育建筑公共卫生间污水排水	常用
2		生活废水排水	体育建筑公共卫生间，运动员淋浴室、休息室淋浴间等废水排水	
3		厨房废水排水	体育建筑内附设厨房、食堂、餐厅污水排水	
4		设备机房废水排水	体育建筑内附设水泵房（包括生活水泵房、消防水泵房）、空调机房、制冷机房、换热机房、锅炉房、热水机房等机房废水排水	
5		车库废水排水	体育建筑内附设车库内一般地面冲洗废水排水	
6		消防废水排水	体育建筑内消防电梯井排水、自动喷水灭火系统试验排水、消火栓系统试验排水、消防水泵试验排水等废水排水	
7		绿化废水排水	体育建筑室外绿化废水排水	

续表

序号	分类标准	排水系统类别	体育建筑应用情况	应用程度
8	建筑内污、废水排水方式	重力排水方式	体育建筑地上污废水排水	最常用
9		压力排水方式	体育建筑地下室污废水排水	常用
10	污废水排水体制	污废合流排水系统		最常用
11		污废分流排水系统		常用
12	排水系统通气方式	设有通气管系排水系统	伸顶通气排水系统通常应用在多层体育建筑卫生间排水，专用通气立管排水系统通常应用在高层体育建筑卫生间排水。环形通气排水系统、器具通气排水系统通常应用在个别体育建筑公共卫生间排水	最常用
13		特殊单立管排水系统		少用

体育建筑室内污废水排水体制采用合流制，当有中水利用要求时，可采用分流制。

典型的体育建筑排水系统原理图，参见图4-2、图4-3。

体育建筑中的生活污水、厨房含油废水等均应经化粪池处理；生活废水、设备机房废水、消防废水、绿化废水等不需经过化粪池处理。厨房含油废水应经除油处理后再排入污水管道。

体育建筑污废水与建筑雨水应雨污分流。

体育建筑排水系统应根据室外排水系统的制度和有利于废水回收利用的原则，选择生活污水与废水的合流或分流，并根据各地的规定设置中水回用系统。当设置中水回用系统时，应采用分流排放。

体育建筑的空调凝结水排水管不得与污废水管道系统直接连接，空调凝结水宜单独收集后回用于绿化、水景、冷却塔补水等。

10.3.2　卫生器具

1. 体育建筑内卫生器具种类及设置场所

体育建筑内卫生器具种类及设置场所，见表10-13。

体育建筑内卫生器具种类及设置场所表　　　表10-13

序号	卫生器具名称	主要设置场所
1	坐便器	体育建筑残疾人卫生间；贵宾休息室卫生间
2	蹲便器	体育建筑公共卫生间；运动员休息室卫生间
3	淋浴器	体育建筑运动员淋浴室、休息室淋浴间
4	洗脸盆	体育建筑公共卫生间；运动员淋浴室、休息室淋浴间
5	台板洗脸盆	体育建筑公共卫生间；运动员淋浴室、休息室淋浴间
6	小便器	体育建筑公共卫生间
7	小便槽	
8	拖布池	
9	洗菜池	体育建筑餐饮店、厨房
10	厨房洗涤槽	体育建筑厨房

2. 体育建筑内卫生器具选用

体育建筑卫生间卫生洁器应符合的规定，参见表 9-20。

体育建筑厕所内应设置有冲洗水箱或自闭阀冲洗的便器。

3. 公共卫生间排水设计要点

公共卫生间排水立管及通气立管通常敷设于专用管道井内；采用专用通气立管方式时，排水立管与通气立管采用结合管连接。管道井中排水立管与通气立管中心距最小值，参见表 1-91。

4. 体育建筑内卫生器具排水配件穿越楼板留孔位置及尺寸

常见卫生器具排水配件穿越楼板留孔位置及尺寸，参见表 1-92。

5. 地漏

体育建筑内公共卫生间、开水间、空调机房、新风机房；淋浴室、淋浴间等场所内应设置地漏。

体育建筑地漏及其他水封高度要求不得小于 50mm，且不得大于 100mm。

体育建筑地漏类型选用，参见表 2-57；地漏规格选用，参见表 2-58。

6. 水封装置

体育建筑中采用排水沟排水的场所包括厨房、车库、泵房、设备机房、公共浴室等。当排水沟内废水直接排至室外时，沟与排水排出管之间应设置水封装置。卫生器具排水管段上不得重复设置水封装置。

10.3.3 排水系统水力计算

1. 体育建筑最高日和最大时生活排水量

体育建筑生活排水量宜按该建筑生活给水量的 85%～95% 计算，通常按 90%。

2. 体育建筑卫生器具排水技术参数

体育建筑卫生器具的排水流量、排水当量、排水支管管径、排水坡度等基本参数的选定，参见表 3-39。

3. 体育建筑排水设计秒流量

体育建筑的生活排水管道设计秒流量，按公式（10-4）计算：

$$q_u = 0.12 \cdot \alpha \cdot (N_p)^{1/2} + q_{max} = 0.3 \cdot (N_p)^{1/2} + q_{max} \quad (10-4)$$

式中 q_u——计算管段排水设计秒流量，L/s；

N_p——计算管段的卫生器具排水当量总数；

α——根据建筑物用途而定的系数，取 2.0～2.5，通常取 2.5；

q_{max}——计算管段上最大一个卫生器具的排水流量，L/s。

计算时，如计算所得流量值大于该管段上按卫生器具排水流量累加值时，应按卫生器具排水流量累加值计。

体育建筑 $q_{max}=1.50$L/s 和 $q_{max}=2.00$L/s 时排水设计秒流量计算数据，参见表 7-24。

体育建筑化妆间淋浴室、食堂厨房等的生活排水管道设计秒流量，按公式（10-5）计算：

$$q_p = \sum q_0 \cdot n_0 \cdot b \quad (10-5)$$

式中 q_p——体育建筑计算管段的排水设计秒流量，L/s；

q_0——体育建筑同类型的一个卫生器具排水流量，L/s，可按表 3-39 采用；

n_0——体育建筑同类型卫生器具数；

b——体育建筑卫生器具的同时排水百分数：体育建筑淋浴室内的淋浴器和洗脸盆按表 4-12 选用，餐饮厨房的设备按表 4-13 选用。

4. 体育建筑排水管道管径确定

体育建筑排水铸铁管道最小坡度，按表 1-98 确定；胶圈密封连接排水塑料横管的坡度，按表 1-99 确定；建筑内排水管道最大设计充满度，参见表 1-100；排水管道自清流速，参见表 1-101。

排水横管水力计算按照公式（1-32）、公式（1-33）；排水铸铁管水力计算，参见表 1-102；排水塑料管水力计算，参见表 1-103。

不同管径下排水横管允许流量 Q_p，参见表 1-104。

体育建筑排水系统中排水横干管常见管径为 $DN100$、$DN150$。$DN100$ 排水横干管对应排水当量最大限值，参见表 1-105，$DN150$ 排水横干管对应排水当量最大限值，参见表 1-106。

不同通气方式的排水立管最大设计排水能力，参见表 1-107～表 1-109。

体育建筑各种排水管的推荐管径，参见表 2-60。

10.3.4 排水系统管材、附件和检查井

1. 体育建筑排水管管材

体育建筑室外排水管可采用埋地排水塑料管，包括硬聚氯乙烯管、聚乙烯管和玻璃纤维增强塑料夹砂管等。常用的室外排水管还有双壁加筋波纹排水管、双平壁钢塑复合缠绕排水管等。

体育建筑室内排水管类型，参见表 7-25。

2. 体育建筑排水管附件

排水立管上检查口的设置位置，参见表 1-113；检查口之间的最大距离，参见表 1-114；检查口设置要求，参见表 1-115。

清扫口的设置位置，参见表 1-116；清扫口至室外检查井中心最大长度，参见表 1-117；排水横管直线管段上清扫口之间的最大距离，参见表 1-118。

塑料排水管道支吊架间距规定，参见表 1-119。

3. 体育建筑排水管道布置敷设

体育建筑排水管道不应布置场所，见表 10-14。

排水管道不应布置场所表　　　　　　　　　表 10-14

序号	排水管道不应布置场所	具体要求
1	生活水泵房等设备机房	排水横管禁止在体育建筑生活水箱箱体正上方敷设，生活水泵房其他区域不宜敷设排水管道；设在室内的消防水池（箱）应按此要求处理
2	厨房、餐厅	体育建筑中厨房内的主副食操作间、烹调间、备餐间、加工间、粗加工、冷菜间、面点蒸煮间、食品储藏库（主食库、副食库）等房间的上方均不应敷设排水管道，排水立管不宜穿过上述房间；体育建筑中的餐厅；体育建筑中的厨房排水应独立设置，排水横管和立管均不得与卫生间污水排水管道连通。上述场所上方排水管不宜采用同层排水方式

续表

序号	排水管道不应布置场所	具体要求
3	人员休息场所	体育建筑观众（含贵宾、残疾人）休息区、运动员休息室、裁判员休息室等
4	辅助用房和设施	体育建筑中新闻媒介用房（包括电传室、邮电所和无线电通信机房等）、计时记分用房（包括计时控制室、计时与终点摄影转换室、屏幕控制室、数据处理室等）、广播电视用房（包括播音室、评论员室、声控室、机房、闭路电视接口设备机房、电视发送室等）、技术设备用房（包括灯光控制室、消防控制室、变配电室、发电机房、网络机房、弱电机房、UPS机房等）等。排水管道不得敷设在此类房间内
5	结构变形缝、结构风道	原则上排水管道不得穿过结构变形缝；若条件限制必须穿越沉降缝时，则应预留沉降量并设置不锈钢软管柔性连接，必须穿越伸缩缝时，则应安装伸缩器
6	电梯机房、通风小室	

体育建筑排水系统管道设计遵循原则，参见表 2-63。

4. 体育建筑间接排水

体育建筑中的间接排水，参见表 4-33。

体育建筑未设置地下室时，排水排出管穿越有沉降可能的承重墙或基础时应预留洞口；设置地下室时，排水排出管穿越地下室外墙时应预留防水套管，宜采用柔性防水套管。

10.3.5 通气管系统

体育建筑通气管设置要求，见表 10-15。

体育建筑通气管设置要求表 表 10-15

序号	通气管名称	设置位置	设置要求	管径确定
1	伸顶通气管	设置场所涉及体育建筑尤其是多层体育建筑所有区域	高出非上人屋面不得小于300mm，但必须大于最大积雪厚度，常采用800～1000mm；高出上人屋面不得小于2000mm，常采用2000mm。顶端应装设风帽或网罩；在冬季室外温度高于-15℃的地区，顶端可装网形铅丝球；低于-15℃的地区，顶端应装伞形通气帽	应与排水立管管径相同。但在最冷月平均气温低于-13℃的地区，应在室内平顶或吊顶以下0.3m处将管径放大一级。若采用塑料管材时其最小管径不宜小于110mm
2	专用通气管	高层体育建筑公共卫生间排水应采用专用通气方式；多层体育建筑公共卫生间宜采用专用通气方式	体育建筑公共卫生间的排水立管和专用通气立管并排设置在卫生间附设管道井内；未设管道井时，该2种立管并列设置，并宜后期装修后敷暗设，专用通气立管宜靠内侧敷设、排水立管宜靠外侧敷设	通常与其排水立管管径相同

续表

序号	通气管名称	设置位置	设置要求	管径确定
3	汇合通气管	体育建筑中多根通气立管或多根排水立管顶端通气部分上方楼层存在特殊区域（如厨房、餐厅、电气机房等）不允许每根立管穿越向上接至屋顶时，需在本层顶板下或吊顶内汇集后接至屋顶		汇合通气管的断面积应为最大一根通气管的断面积加其余通气管断面之和的0.25倍
4	主（副）通气立管	通常设置在体育建筑内的公共卫生间		通常与其排水立管管径相同
5	结合通气管			通常与其连接的通气立管管径相同
6	环形通气管	连接4个及4个以上卫生器具（包括大便器）且横支管的长度大于12m的排水横支管；连接6个及6个以上大便器的污水横支管；设有器具通气管；特殊单立管偏置	和排水横支管、主（副）通气立管连接的要求：在排水横支管上设环形通气管时，应在其最始端的两个卫生器具之间接出，并在排水支管中心线以上与排水支管呈垂直或45°连接；环形通气管应在卫生器具上边缘以上不小于0.15m处按不小于0.01的上升坡度与通气管相连	常用管径为DN40（对应DN75排水管）、DN50（对应DN100排水管）

体育建筑通气管可采用柔性接口机制排水铸铁管或塑料排水管，一般采用与体育建筑排水管相同管材。在最冷月平均气温低于−13℃的地区，伸出屋面部分通气立管应采用柔性接口机制排水铸铁管。

通气立管的最小管径，参见表1-130。

10.3.6 特殊排水系统

体育建筑生活水泵房、厨房、电气机房等场所的上方楼层不应有排水横支管明设管道等。若有必要在上述某些场所上方设置排水点且无法采取其他躲避措施时，该部位的排水应采用同层排水方式。

体育建筑同层排水最常采用的是降板或局部降板法。

10.3.7 特殊场所排水

1. 体育建筑化粪池

化粪池宜设置在接户管的下游端；位置宜选在院区最低处附近；外壁距建筑物外墙不宜小于5m；宜选用钢筋混凝土化粪池。

体育建筑化粪池有效容积，按公式（8-14）～公式（8-17）计算。

体育建筑可集中并联设置或根据院区布局分散并联布置2个或3个化粪池，多个化粪池的型号宜一致。

2. 体育建筑食堂、餐厅含油废水处理

体育建筑含油废水宜采用三级隔油处理流程，参见表1-141。

根据食堂用餐人数确定隔油设施处理水量，按公式（1-39）计算；根据食堂餐厅面积确定隔油设施处理水量，按公式（1-40）计算。

隔油池有效容积，按公式（1-41）计算。隔油池的类型，参见表1-142。

隔油提升一体化设备选型的主要技术参数为其所接纳的食堂、餐厅内厨房等器具含油污水排水流量。

3. 体育建筑附设车库汽车洗车污水处理

汽车冲洗水量，参见表1-143。

隔油沉淀池有效容积，按公式（1-42）计算。隔油沉淀池类型，参见表1-144。

4. 体育建筑设备机房排水

体育建筑地下设备机房排水设施要求，参见表1-147。

5. 地下车库排水

体育建筑地下车库应设置排水设施（排水沟和集水坑）。车库内排水沟设置要求，参见表1-150。

10.3.8 压力排水

1. 体育建筑集水坑设置

体育建筑地下室应设置集水坑。集水坑的设置要求，参见表7-28。

通气管管径宜与排水管管径相同，可接至室外或向上接至建筑地上部分通气管系统。

2. 污水泵、污水提升装置选型

体育建筑排水泵的流量方法确定，参见表2-68；排水泵的扬程，按公式（1-44）计算。

10.3.9 室外排水系统

1. 体育建筑室外排水管道布置

体育建筑室外排水管道布置方法，参见表2-69；与其他地下管线（构筑物）最小间距，参见表1-154。

体育建筑室外排水管道最小覆土深度不宜小于0.5m；对于严寒地区、寒冷地区体育建筑，室外排水管道最小覆土深度应超过当地冻土层深度。

2. 体育建筑室外排水管道敷设

体育建筑室外排水管道与生活给水管道交叉时，应敷设在生活给水管道下面。室外排水管道敷设发生冲突时，应遵循表1-26原则处理。

3. 体育建筑室外排水管道水力计算

室外排水管道水力计算，按公式（1-45）、公式（1-46）。

体育建筑室外排水管道的最小管径、最小设计坡度、最大设计充满度，参见表1-155。

4. 体育建筑室外排水管道管材

体育建筑室外排水管道宜优先采用埋地塑料排水管，弹性橡胶圈密封柔性接口，小于

DN200 直壁管，可采用承插式粘接；可采用埋地铸铁排水管，橡胶圈柔性接口或水泥砂浆接口。

5. 体育建筑室外排水检查井

体育建筑室外排水检查井设置位置，参见表 1-156。

体育建筑室外排水检查井宜优先选用玻璃钢排水检查井，其次是混凝土排水检查井，禁止采用砖砌排水检查井。室外排水管在排水检查井连接应采用管顶平接。

10.4 雨水系统

10.4.1 雨水系统分类

体育建筑雨水系统分类，见表 10-16。

雨水系统分类表　　　　　表 10-16

序号	分类标准	雨水系统类别	体育建筑应用情况	应用程度
1	屋面雨水设计流态	半有压流屋面雨水系统	体育馆的屋面面积较小时，可考虑采用	常用
2		压力流屋面雨水系统（虹吸式雨水系统）	体育场、体育馆雨水系统通常采用	最常用
3		重力流屋面雨水系统		极少用
4	雨水管道设置位置	内排水雨水系统	高层体育建筑雨水系统应采用；多层体育建筑雨水系统宜采用	最常用
5		外排水雨水系统	体育建筑如果面积不大，建筑专业立面允许，可以采用	常用
6		混合式雨水系统		极少用
7	雨水出户横管室内部分是否存在自由水面	封闭系统		最常用
8		敞开系统		极少用
9	建筑屋面排水条件	天沟雨水排水系统		最常用
10		檐沟雨水排水系统		极少用
11		无沟雨水排水系统		极少用
12		压力提升雨水排水系统	体育建筑地下车库出入口等处，雨水汇集就近排至集水坑时采用	常用

10.4.2 雨水量

1. 设计雨水流量

体育建筑设计雨水流量，应按公式（1-47）计算。

2. 设计暴雨强度

设计暴雨强度应按体育建筑所在地或相邻地区暴雨强度公式计算确定，见公式(1-48)。

我国部分城镇 5min 设计暴雨强度、小时降雨厚度，参见表 1-158（设计重现期 P

=10年)。

3. 设计重现期

体育建筑屋面雨水设计重现期：对于半有压流屋面雨水系统，通常取10年；对于压力流屋面雨水系统，通常取50年。

4. 设计降雨历时

体育建筑屋面雨水排水管道设计降雨历时按照5min确定。

体育建筑院区雨水排水管道设计降雨历时，按公式（1-49）计算。

5. 径流系数

体育建筑屋面及院区地面的径流系数，参见表1-159。

6. 汇水面积

体育建筑的雨水汇水面积计算原则，参见表1-160。

10.4.3 雨水系统

1. 雨水系统设计常规要求

体育建筑雨水系统设置要求，参见表1-161。

体育建筑雨水排水管道不应穿越的场所，见表10-17。

雨水排水管道不应穿越的场所表　　　　　　　　　　　表10-17

序号	雨水排水管道不应穿越的场所名称	具体房间名称
1	人员休息场所	体育建筑观众（含贵宾、残疾人）休息区、运动员休息室、裁判员休息室等
2	辅助用房和设施	体育建筑中新闻媒介用房（包括电传室、邮电所和无线电通信机房等）、计时记分用房（包括计时控制室、计时与终点摄影转换室、屏幕控制室、数据处理室等）、广播电视用房（包括播音室、评论员室、声控室、机房、闭路电视接口设备机房、电视发送室等）、技术设备用房（包括灯光控制室、消防控制室、变配电室、发电机房、网络机房、弱电机房、UPS机房等）等

注：体育建筑雨水排水横管宜沿建筑内公共区域（内走道等）吊顶内敷设；雨水排水立管宜沿建筑内公共场所或辅助次要场所敷设。

2. 雨水斗设计

体育建筑半有压流屋面雨水系统通常采用87型雨水斗或79型雨水斗，规格常用$DN100$。

雨水斗设计排水负荷，参见表1-163。

雨水斗下方区域宜为建筑顶层公共区域（如内走道）或辅助次要场所（如公共卫生间、库房等），不应为需要安静的场所。

雨水斗宜对雨水排水立管做对称布置；接有多斗悬吊管的立管顶端不得设置雨水斗；一个屋面上应设置不少于2个雨水斗。

3. 天沟、溢流设施、连接管、悬吊管、立管、埋地管、排出管设计

体育建筑天沟、溢流设施、连接管、悬吊管、立管、埋地管、排出管设置要求，参见表1-164。

4. 室内水泵提升雨水排水系统设计

地下室露天窗井内应设平箅式雨水口、无水封地漏作为雨水口，经雨水收集管接入集水池；地下车库出入口汽车坡道上应设雨水截水沟，经直埋雨水收集管接入集水池。

雨水提升泵通常采用潜水泵，宜采用3台，2用1备。

5. 雨水管管材

体育建筑雨水排水管管材，参见表1-167。

10.4.4 雨水系统水力计算

1. 半有压流（87型）屋面雨水系统水力计算

（1）雨水斗（87型）

雨水斗设计流量，应按公式（1-50）计算。

对于单斗雨水系统，雨水斗设计流量不应超过表1-168数值；对于多斗雨水系统，雨水斗设计流量应根据表1-169取值，最远端雨水斗设计流量不得超过表1-169数值。

体育建筑87型雨水斗口径常采用$DN100$，其次是$DN75$、$DN150$。

（2）雨水连接管

体育建筑雨水连接管管径通常与雨水斗出水口直径相同，常采用$DN100$，其次是$DN150$。

（3）雨水悬吊管

体育建筑雨水悬吊管管径，参见表1-172。

（4）雨水立管

连接2根及以上雨水悬吊管的雨水立管管径，按表1-173确定。

（5）雨水排出管

体育建筑雨水排出管管径确定，参见表1-174～表1-177。

（6）雨水管道最小管径

体育建筑雨水系统最小设计管径及雨水排水横管最小设计坡度，参见表1-178。

2. 压力流（虹吸式）屋面雨水系统水力计算

体育建筑压力流（虹吸式）屋面雨水系统水力计算方法，参见1.4.4节。

3. 雨水提升系统水力计算

体育建筑地下室车库坡道、窗井等场所设计雨水流量，按公式（1-54）计算；设计径流雨水总量，按公式（1-55）计算。

10.4.5 院区室外雨水系统设计

体育建筑院区雨水系统宜采用管道排水形式，与污水系统应分流排放。

1. 雨水口

雨水口选型，参见表1-180；雨水口设置位置，参见表1-181；各类型雨水口的泄水流量，参见表1-182。

雨水口设计流量，按公式（1-56）计算。

2. 雨水口连接管

单箅雨水口连接管管径通常采用$DN250$。

3. 雨水检查井

院区内直线雨水管道上雨水检查井设置最大间距，参见表 1-183。

院区雨水检查井规格通常采用 $DN1000$ 圆形玻璃钢或钢筋混凝土雨水检查井。

4. 室外雨水管道布置

体育建筑室外雨水管道布置方法，参见表 1-184。

10.4.6 比赛场地排水系统

体育场比赛场地应有良好的排水条件，沿跑道内侧和全场外侧分别设一道环形排水明沟，明沟应有漏水盖板。沿跑道内侧的内环明沟，用于排除跑道及其内侧（含足球场）范围内的雨水，沿交通道（或交通沟）的外环明沟，用于排除跑道外侧区域及看台的雨水。场地排水量以及体育场室外观众席的雨水排入环形排水沟的水量均应计算确定。室外比赛场区和练习场区应设排水管网，以排除排水沟、交通沟以及跳高、跳远的沙坑和障碍赛跑的跳跃水池等处的积水。

足球场地排水以地面排水为主，地下排水为辅，草皮种植土层下宜设置滤水层及排水暗管（或盲沟）。足球场两端也宜各设一道排水沟与跑道内侧的环形排水沟相连。

比赛场地内还应根据使用要求妥善设置各种给水排水管线和装置。

10.4.7 院区室外雨水利用

体育建筑应根据所在地的自然条件、水资源情况及经济技术发展水平，合理设置雨水收集利用系统。在缺水地区，宜根据降雨情况采取雨水收集回用的措施。雨水利用工程应符合现行国家标准《建筑与小区雨水控制及利用工程技术规范》GB 50400 的有关规定。

雨水收集回用应进行水量平衡计算。体育建筑院区雨水通常可用于景观用水、院区绿化用水、路面和地面冲洗用水、汽车冲洗用水、冲厕用水等。

10.5 消火栓系统

座位数超过 1500 个的体育馆；设计使用人数超过 5000 人的露天体育场、露天游泳场均属于重要公共建筑。体育场馆属于公众聚集场所和人员密集场所。体育建筑内附设的歌舞娱乐放映游艺场所属于公共娱乐场所和人员密集场所。

建筑高度大于 50m 的高层体育场、体育馆、游泳馆；座位数超过 1500 个的高层体育馆；设计使用人数超过 5000 人的露天高层体育场、露天高层游泳场属于一类高层体育建筑。建筑高度小于或等于 50m 且座位数小于或等于 1500 个的高层体育馆、游泳馆；建筑高度小于或等于 50m 且设计使用人数小于或等于 5000 人的露天高层体育场、露天高层游泳场属于二类高层体育建筑。

10.5.1 消火栓系统设置场所

座位数大于 1200 个的体育馆必须设置室内消火栓系统。

10.5.2 消火栓系统设计参数

1. 体育建筑室外消火栓设计流量

体育建筑室外消火栓设计流量,不应小于表10-18的规定。

体育建筑室外消火栓设计流量表(L/s)　　　　　　　　　表10-18

耐火等级	建筑物名称	建筑体积(m³)					
		$V \leqslant 1500$	$1500 < V \leqslant 3000$	$3000 < V \leqslant 5000$	$5000 < V \leqslant 20000$	$20000 < V \leqslant 50000$	$V > 50000$
一、二级	单层及多层体育建筑	15			25	30	40
	高层体育建筑	—			25	30	40

注:1. 建筑体积指本建筑占据的空间数量,包括该建筑的地上空间体积数和地下空间体积数;
   2. 地下车库室外消火栓系统设计流量小于建筑主体室外消火栓系统设计流量,体育建筑室外消火栓系统设计流量按建筑主体室外消火栓系统设计流量确定;
   3. 地下人防工程室外消火栓系统设计流量小于建筑主体室外消火栓系统设计流量,体育建筑室外消火栓系统设计流量按建筑主体室外消火栓系统设计流量确定。

2. 体育建筑室内消火栓设计流量

体育建筑室内消火栓设计流量,不应小于表10-19的规定。

体育建筑室内消火栓设计流量表　　　　　　　　　表10-19

建筑物名称		座位数 n(个)、建筑高度 h(m)、体积 V(m³)、火灾危险性	消火栓设计流量(L/s)	同时使用消防水枪数(支)	每根竖管最小流量(L/s)
单层及多层体育建筑		$800 < n \leqslant 1200$	10	2	10
		$1200 < n \leqslant 5000$	15	3	10
		$5000 < n \leqslant 10000$	20	4	15
		$n > 10000$	30	6	15
二类高层体育建筑(建筑高度小于或等于50m且座位数小于或等于1500个的高层体育馆、游泳馆;建筑高度小于或等于50m且设计使用人数小于或等于5000人的露天高层体育场、露天高层游泳场)		$h \leqslant 50$	20	4	10
一类高层体育建筑(建筑高度大于50m的高层体育场、体育馆、游泳馆;座位数超过1500个的高层体育馆;设计使用人数超过5000人的露天高层体育场、露天高层游泳场)		$h \leqslant 50$	30	6	15
		$h > 50$	40	8	15
人防工程	健身体育场所	$V \leqslant 1000$	5	1	5
		$1000 < V \leqslant 2500$	10	2	10
		$V > 2500$	15	3	10

注:1. 消防软管卷盘、轻便消防水龙,其消火栓设计流量可不计入室内消防给水设计流量;
   2. 地下车库室内消火栓系统设计流量小于建筑主体室内消火栓系统设计流量,体育建筑室内消火栓系统设计流量按建筑主体室内消火栓系统设计流量确定;
   3. 地下人防工程室内消火栓系统设计流量小于建筑主体室内消火栓系统设计流量,体育建筑室内消火栓系统设计流量按建筑主体室内消火栓系统设计流量确定。

3. 火灾延续时间

一类高层体育建筑消火栓系统的火灾延续时间，按 3.0h；其他体育建筑消火栓系统的火灾延续时间，按 2.0h。

体育建筑室内自动灭火系统的火灾延续时间，参见表 1-188。

4. 消防用水量

一座体育建筑的消防用水量按室外消火栓系统用水量、室内消火栓系统用水量、室内自动喷水灭火系统用水量三者之和计算。

10.5.3 消防水源

1. 市政给水

当前国内城市市政给水管网能够满足体育建筑直接消防供水条件的较少。

体育建筑室外消防给水管网管径，按表 4-40 确定。

体育建筑室外消防给水管网宜与室外生活给水管网分开敷设，且应布置成环状管网。

2. 消防水池

（1）体育建筑消防水池有效储水容积

表 10-20 给出了常用典型体育建筑消防水池有效储水容积的对照表。

体育建筑火灾延续时间内消防水池储存消防用水量表 表 10-20

单、多层体育建筑的建筑体积 V（m³）	$V \leqslant 3000$	$3000 < V \leqslant 5000$	$5000 < V \leqslant 10000$	$10000 < V \leqslant 20000$	$20000 < V \leqslant 25000$	$25000 < V \leqslant 50000$	$V > 50000$
室外消火栓设计流量（L/s）	15	15	25	25	30	30	40
火灾延续时间（h）	2.0						
火灾延续时间内室外消防用水量（m³）	108.0	108.0	180.0	180.0	216.0	216.0	288.0
室内消火栓设计流量（L/s）	—	—	15	15	25	25	40
火灾延续时间（h）	2.0						
火灾延续时间内室内消防用水量（m³）	—	—	108.0	108.0	180.0	180.0	288.0
火灾延续时间内室内外消防用水量（m³）	108.0	108.0	288.0	288.0	396.0	504.0	576.0
消防水池储存室内外消火栓用水容积 V_1（m³）	108.0	108.0	288.0	360.0	396.0	504.0	576.0

二类高层体育建筑体积 V（m³）	$5000 < V \leqslant 20000$	$20000 < V \leqslant 50000$	$V > 50000$	$5000 < V \leqslant 20000$	$20000 < V \leqslant 50000$	$V > 50000$
二类高层体育建筑高度 h（m）	$h \leqslant 50$			$h > 50$		
室外消火栓设计流量（L/s）	25	30	40	25	30	40
火灾延续时间（h）	2.0					
火灾延续时间内室外消防用水量（m³）	180.0	216.0	288.0	180.0	216.0	288.0
室内消火栓设计流量（L/s）	20			40		
火灾延续时间（h）	2.0					
火灾延续时间内室内消防用水量（m³）	144.0			288.0		
火灾延续时间内室内外消防用水量（m³）	324.0	360.0	432.0	468.0	504.0	576.0
消防水池储存室内外消火栓用水容积 V_2（m³）	324.0	360.0	432.0	468.0	504.0	576.0

续表

一类高层体育建筑体积 V（m³）	$5000<V\leqslant 20000$	$20000<V\leqslant 50000$	$V>50000$	$5000<V\leqslant 20000$	$20000<V\leqslant 50000$	$V>50000$
一类高层体育建筑高度 h（m）	$h\leqslant 50$			$h>50$		
室外消火栓设计流量（L/s）	25	30	40	25	30	40
火灾延续时间（h）	3.0					
火灾延续时间内室外消防用水量（m³）	270.0	324.0	432.0	270.0	324.0	432.0
室内消火栓设计流量（L/s）	30			40		
火灾延续时间（h）	3.0					
火灾延续时间内室内消防用水量（m³）	324.0			432.0		
火灾延续时间内室内外消防用水量（m³）	594.0	648.0	756.0	702.0	756.0	864.0
消防水池储存室内外消火栓用水容积 V_2（m³）	594.0	648.0	756.0	702.0	756.0	864.0
体育建筑自动喷水灭火系统设计流量（L/s）	25	30		35	40	
火灾延续时间（h）	1.0	1.0		1.0	1.0	
火灾延续时间内自动喷水灭火用水量（m³）	90.0	108.0		126.0	144.0	
消防水池储存自动喷水灭火用水容积 V_3（m³）	90.0	108.0		126.0	144.0	
体育建筑自动消防炮灭火系统设计流量（L/s）	40					
火灾延续时间（h）	1.0					
火灾延续时间内自动喷水灭火用水量（m³）	144.0					
消防水池储存自动喷水灭火用水容积 V_4（m³）	144.0					
体育建筑喷射型自动射流灭火系统设计流量（L/s）	20					
火灾延续时间（h）	1.0					
火灾延续时间内自动喷水灭火用水量（m³）	72.0					
消防水池储存自动喷水灭火用水容积 V_5（m³）	72.0					

如上表所示，通常体育建筑消防水池有效储水容积在 $198\sim 1224$ m³。

(2) 体育建筑消防水池位置

消防水池位置确定原则，参见表 7-34。

体育建筑消防水池、消防水泵房与体育建筑院区空间关系，参见表 7-35。

消防水池的最低有效水位应高于消防水池吸水喇叭口不小于 600mm，且应高于消防水泵的吸水管管顶。

体育建筑消防水泵型式的选择与消防水池有一定的对应关系，参见表 1-194。

体育建筑储存室内外消防用水的消防水池与消防水泵房的位置关系，参见表 1-195。

体育建筑消防水池格（座）数与有效储水容积的对照关系，参见表 1-196。

体育建筑消防水池附件，参见表 1-197。

体育建筑消防水池各水位指标确定方法及取值经验值，参见表 1-198。

3. 天然水源及其他水源

体育建筑消防水源不宜采用天然水源。

10.5.4 消防水泵房

1. 消防水泵房选址

新建体育建筑院区消防水泵房设置通常采取 2 个方案，参见表 7-36。

改建、扩建电影院院区消防水泵房设置方案，参见表 1-200。

2. 建筑内部消防水泵房位置

体育建筑消防水泵房若设置在建筑物内，应采取消声、隔声和减振等措施；不应毗邻主席台休息室、一般观众休息区、贵宾休息区、运动员休息室、裁判员休息室、医务急救室、竞赛管理办公室、会议室、新闻媒体办公室、播音室、评论员室等场所。

3. 消防水泵机组的布置要求

相邻两个机组及机组至泵房墙壁间的净距要求，参见表 1-201。

4. 消防水泵房采暖、排水等要求

严寒、寒冷地区消防水泵房，应设置供暖设施。

消防水泵房的泵房排水设施：在泵房内设置排水沟；地下消防水泵房内或邻近场所设集水坑，坑内设潜污泵。消防水泵房应采取防淹措施。

5. 消防水泵房管道设计

消防水泵配置数量与消防水系统设计流量的关系，参见表 1-202。

体育建筑消防水泵吸水管、出水管管径，见表 1-203；消防吸水总管管径应根据其连通服务的各种消防水泵设计流量之累加值进行确定，参见表 1-205。

消防水泵吸水管布置应避免形成气囊。

消防水泵吸水口的淹没深度应满足消防水泵在最低水位运行安全的要求。

消防水泵吸水管、出水管上附件配置及要求，参见表 1-206。

6. 消防水泵自动启动控制

消防水泵自动启动要求，参见表 1-207；消防水泵自动启动方式，参见表 1-208；流量开关性能、设置位置等，参见表 1-209。

当消防稳压泵设置于高位消防水箱间内时，消防水泵启泵压力（P），按公式（1-58）确定；当消防稳压泵设置于低位消防水泵房内时，按公式（1-59）确定。

10.5.5 消防水箱

体育建筑消防给水系统绝大多数属于临时高压系统，高层体育建筑、3 层及以上单体总建筑面积大于 10000m² 的体育建筑应设置高位消防水箱。

1. 消防水箱有效储水容积

体育建筑高位消防水箱有效储水容积，按表 10-21 确定。

体育建筑高位消防水箱有效储水容积确定表　　表 10-21

序号	建筑类别	建筑高度	消防水箱有效储水容积
1	一类高层体育建筑（建筑高度大于 50m 的高层体育场、体育馆、游泳馆；座位数超过 1500 个的高层体育馆；设计使用人数超过 5000 人的露天高层体育场、露天高层游泳场）	小于或等于 100m	不应小于 36m³，可按 36m³

续表

序号	建筑类别	建筑高度	消防水箱有效储水容积
2	二类高层体育建筑（建筑高度小于或等于50m且座位数小于或等于1500个的高层体育馆、游泳馆；建筑高度小于或等于50m且设计使用人数小于或等于5000人的露天高层体育场、露天高层游泳场）		不应小于18m³，可按18m³
3	多层体育建筑		

2. 消防水箱设置位置

体育建筑消防水箱设置位置应满足以下要求，见表10-22。

消防水箱设置位置要求表　　　　　　　　　　　　表10-22

序号	消防水箱设置位置要求	备注
1	位于所在建筑的最高处	通常设在体育建筑最高层屋顶消防水箱间内
2	应该独立设置	不与其他设备机房，如屋顶太阳能热水机房、热水箱间等合用
3	应避免对下方楼层房间的影响	其下方不应是休息区（室）、办公室、会议室、竞赛管理用房、新闻媒介用房、计时记分用房、广播电视用房、电气类技术设备用房等，可以是库房、卫生间等辅助房间或公共区域
4	不宜超出机房层高度过多、影响建筑效果	消防水箱间内配置消防稳压装置

3. 高位消防水箱尺寸

消防水箱宜为装配式方形水箱，其尺寸宜为1.0m或0.5m的倍数，推荐尺寸参见表1-212。

4. 高位消防水箱材质

常用材质为不锈钢板、热浸锌镀锌钢板、玻璃钢板、钢筋混凝土等，不锈钢板最常见。

5. 高位消防水箱配管

高位消防水箱配管及管径确定，参见表1-213。

6. 消防水箱水位

消防水箱各水位指标确定方法及取值经验值，参见表1-214。

7. 高位消防水箱布置

高位消防水箱四周净距要求，参见表1-215。

8. 消防水箱防冻

消防水箱及相应管道保温材料及厚度，参见表1-216。

10.5.6 消防稳压装置

1. 消防稳压泵

（1）设计流量

消火栓稳压泵设计流量，参见表1-217。

自动喷水灭火稳压泵设计流量，参见表1-218；结合一只标准喷头的流量，自动喷水灭火稳压泵常规设计流量取1.33L/s。

（2）设计压力

当消防稳压泵设置于高位消防水箱间内时，稳压泵的启泵压力 P_1 可取 0.15～0.20MPa，停泵压力 P_2 可取 0.20～0.25MPa；当消防稳压泵设置于低位消防水泵房内时，P_1 按公式（1-62）确定，P_2 按公式（1-63）确定。

（3）消防稳压泵选型

消火栓稳压泵设计流量为稳压泵流量确定依据。

消防稳压泵停泵压力（P_2）值附加 0.03～0.05MPa 后，为稳压泵扬程确定依据。

2. 气压水罐

消火栓稳压装置、自动喷水灭火稳压装置均采用 150L 有效储水容积气压水罐；合用消防稳压装置采用 300L 有效储水容积气压水罐。

3. 管道、阀门、附件等

消防稳压泵吸水管管径、出水管管径，参见表 1-219。每套消防稳压泵通常为 2 台，1 用 1 备。

10.5.7 消防水泵接合器

1. 设置范围

对于室内消火栓系统，6 层及以上的体育建筑；地下、半地下体育建筑附设汽车库应设置消防水泵接合器。

体育建筑消火栓系统消防水泵接合器配置，参见表 1-220。

体育建筑自动喷水灭火系统等自动水灭火系统应分别设置消防水泵接合器。

2. 技术参数

体育建筑消防水泵接合器数量，参见表 1-221。

3. 安装形式

体育建筑消防水泵接合器安装形式选择，参见表 1-222。

4. 设置位置

同种水泵接合器不宜集中布置，不同种类、分区、功能的水泵接合器宜成组布置，且应设在室外便于消防车使用和接近的地方，且距室外消火栓或消防水池的距离不宜小于 15m，并不宜大于 40m，距人防工程出入口不宜小于 5m。

10.5.8 消火栓系统给水形式

1. 室外消火栓给水系统

当市政给水管网不满足直接供给室外消火栓给水系统时，体育建筑应采用临时高压室外消火栓给水系统，通常在消防水泵房内独立设置室外消火栓给水泵组、室外消火栓稳压装置。

体育建筑室外消火栓给水泵组一般设置 2 台，1 用 1 备，泵组设计流量为本建筑室外消防设计流量（15L/s、20L/s、25L/s、30 L/s、40 L/s），设计扬程应保证室外消火栓处的栓口压力（0.20～0.30MPa）。泵组出水管及吸水管管径，参见表 1-223。

室外消火栓给水管网管径，参见表 1-224，管网应环状布置，单独成环。

2. 室内消火栓给水系统

体育建筑室内消火栓给水系统常采用临时高压消火栓给水系统。

3. 室内消火栓系统分区供水

体育建筑高区、低区消火栓给水管网均应在横向、竖向上连成环状。高区、低区消火栓供水横干管宜分别沿本区最高层和最底层顶板下敷设。

典型体育建筑室内消火栓系统原理图，参见图 4-4。

10.5.9 消火栓系统类型

1. 系统分类

体育建筑的室外消火栓系统宜采用湿式消火栓系统。

2. 室外消火栓

严寒、寒冷等冬季结冰地区体育建筑室外消火栓应采用干式消火栓；其他地区宜采用地上式消火栓。

建筑室外消火栓的数量应根据室外消火栓设计流量和保护半径经计算确定，保护半径不应大于 150.0m，间距不应大于 120.0m，每个室外消火栓的出流量宜按 10~15 L/s 计算。室外消火栓宜沿消防车道靠建筑一侧设置。通常根据建筑物平面布局在建筑物四个角附近绿地设置室外消火栓，根据邻近两个消火栓之间距离合理增设消火栓。

当因各种原因消防车不能按规定靠近体育建筑物时，可采取平台上部设消火栓的措施以满足对火灾扑救的需要。

3. 室内消火栓

体育建筑的各区域各楼层均应布置室内消火栓予以保护；体育建筑中不能采用自动喷水灭火系统保护的新闻媒介用房中的电传室、邮电所和无线电通信机房等，计时记分用房中的计时控制室、计时与终点摄影转换室、屏幕控制室、数据处理室等，广播电视用房中的闭路电视接口设备机房、电视发送室等，技术设备用房中的消防控制室、变配电室等场所亦应由室内消火栓保护。

体育建筑室内消火栓宜设在门厅、休息厅、观众厅的主要入口及靠近楼梯的明显位置。

体育建筑应设置消防软管卷盘或轻便消防水龙。

室内消火栓的布置应满足同一平面有 2 支消防水枪的 2 股充实水柱同时达到任何部位。

表 10-23 给出了体育建筑室内消火栓的布置方法。

体育建筑室内消火栓布置方法表　　　　　　　　表 10-23

序号	室内消火栓布置方法	注意事项
1	布置在楼梯间、前室等位置	楼梯间、前室的消火栓宜暗设并采取墙体保护措施；箱体及立管不应影响楼梯门、电梯门开启使用
2	布置在公共走道两侧，箱体开门朝向公共走道	应暗设；优先沿辅助房间（库房、卫生间等）的墙体安装
3	布置在集中区域内部公共空间内	可在朝向公共空间房间的外墙上暗设；应避免消火栓消防水带穿过多个房间门到达保护点
4	特殊区域如车库、入口门厅等场所，应根据其平面布局布置	入口门厅处消火栓宜沿空间周边房间外墙布置；车库内消火栓宜沿车行道布置，可沿柱子明设

注：1. 室内消火栓不应跨防火分区布置；
　　2. 室内消火栓应按其实际行走距离计算其布置间距，体育建筑室内消火栓布置间距宜为 20.0~25.0m，不应小于 5.0m。

体育馆比赛大厅面积、进深均较大，应在比赛大厅周边设置室内消火栓，消火栓箱内配备消防软管卷盘。

10.5.10 消火栓给水管网

1. 室外消火栓给水管网

体育建筑室外消火栓给水管网应采用环状给水管网。向室外消火栓给水管网供水的输水干管不应少于2条。

2. 室内消火栓给水管网

体育建筑室内消火栓给水管网应采用环状给水管网,有2种主要管网型式,见表10-24。室内消火栓给水管网在横向、竖向均宜连成环状。

室内消火栓给水管网主要管网型式表 表10-24

序号	管网型式特点	适用情形	具体部位	备注
型式1	消防供水干管沿建筑竖向垂直敷设,配水干管沿每一层顶板下或吊顶内横向水平敷设,配水干管上连有消火栓	各楼层竖直上下层消火栓位置差别较大或横向连接管长度较大的区域;地下车库	建筑内走道、楼梯间、电梯前室;办公室、会议室、餐厅等房间外墙;车库;机房等	主要型式
型式2	消防供水干管沿建筑最高处、最低处横向水平敷设,配水干管沿竖向垂直敷设,配水干管上连有消火栓	各楼层竖直上下层消火栓位置基本一致和横向连接管长度较小的区域	建筑内走道、楼梯间、电梯前室;办公室、会议室、餐厅等房间外墙	辅助型式

注:不能敷设消火栓给水管道的场所包括高低压配电室、网络机房、消防控制室等电气类房间。

室内消火栓给水管网型式1参见图1-13,型式2参见图1-14。

体育建筑室内消火栓给水管网的环状干管管径,参见表1-229;室内消火栓竖管管径可按$DN100$。

3. 系统阀门

室内消火栓系统阀门设置,参见表1-230。

埋地管道的阀门宜采用带启闭刻度的球墨铸铁暗杆闸阀。室内架空管道的阀门宜采用蝶阀、明杆闸阀或带启闭刻度的暗杆闸阀等。

4. 系统给水管网管材

体育建筑室外消火栓给水管绝大多数采用直埋敷设方式。埋地消火栓给水管道宜采用球墨铸铁管或钢丝网骨架塑料复合管给水管道。

体育建筑室内消火栓给水管管材选择,参见表1-231。

薄壁不锈钢管(S11163)、镀锌镍碳钢管等新型优质管道,在体育建筑室内消火栓系统中均得到更多的应用,未来会逐步替代传统钢管。

10.5.11 消火栓系统计算

1. 消火栓水泵选型计算

体育建筑室内消火栓水泵流量与室内消火栓设计流量一致;消火栓水泵扬程,按公式(1-64)计算。根据消火栓水泵流量和扬程选择消火栓水泵。

2. 消火栓计算

室内消火栓的保护半径,按公式(1-65)计算;消火栓栓口处所需水压,按公式(1-66)

计算。

高层体育建筑消防水枪充实水柱应按 13m 计算；多层体育建筑消防水枪充实水柱应按 10m 计算。

高层体育建筑消火栓栓口动压不应小于 0.35MPa；多层体育建筑消火栓栓口动压不应小于 0.25MPa。

3. 消火栓系统压力计算

消火栓系统的设计工作压力，按公式（1-67）计算。通常以设计工作压力确定消火栓水泵扬程。

10.6 自动喷水灭火系统

10.6.1 自动喷水灭火系统设置

座位数大于 3000 个的体育馆（即特大型、大型、中型体育馆），座位数大于 5000 个的体育场（即特大型、大型、中型及座位数大于 5000 个的小型体育场）的室内人员休息室与器材间等；体育建筑附设的地下车库应设置自动喷水灭火系统。

设置在高层建筑内的体育场（馆）应设置自动灭火系统（除游泳池、溜冰场外），并宜采用自动喷水灭火系统。

设置在地下或半地下、多层体育建筑的地上第四层及以上楼层、高层体育建筑内的歌舞娱乐放映游艺场所，设置在多层体育建筑第一层至第三层且楼层建筑面积大于 300m² 的地上歌舞娱乐放映游艺场所应设置自动喷水灭火系统。

自动喷水灭火系统的设置应符合下列要求：贵宾室、器材库、运动员休息室等应按现行国家标准《建筑设计防火规范》GB 50016 中对体育馆的规定设置自动喷水灭火系统，可按现行国家标准《自动喷水灭火系统设计规范》GB 50084 的中危险级Ⅰ级设计；赛后用作其他用途的房间，应按平时使用功能确定设置自动喷水灭火系统。

体育建筑若根据规范规定设置自动喷水灭火系统，其设置的具体场所见表 10-25。

设置自动喷水灭火系统的具体场所表　　表 10-25

序号	设置自动喷水灭火系统的区域	具体场所
1	看台	包括主席台休息室等
2	辅助用房和设施	包括观众（含贵宾、残疾人）用房（包括一般观众休息区、厕所、贵宾休息区、贵宾厕所）、运动员用房（包括运动员休息室、兴奋剂检查室、医务急救室和检录处等，运动员休息室由更衣室、休息室、厕所、盥洗室、淋浴室组成）、竞赛管理用房（包括组委会、管理人员办公室、会议室、仲裁录放室、编辑打字室、复印室、数据处理室、竞赛指挥室、裁判员休息室、颁奖准备室和赛后控制中心等）、新闻媒介用房（包括新闻官员办公室、记者工作用房等）、计时记分用房（包括计时控制室、计时与终点摄影转换室等）、广播电视用房（包括播音室、评论员室、声控室、机房、仓库兼维修等）、技术设备用房（包括器材库、生活水泵房、消防水泵房、空调机房和其他机房等）、场馆运营用房、厕所等

表 10-26 为体育建筑内不宜用水扑救的场所。

不宜用水扑救的场所一览表 表10-26

序号	不宜用水扑救的场所	自动灭火措施
1	新闻媒介用房：电传室、邮电所和无线电通信机房等	气体灭火系统或高压细水雾灭火系统
2	计时记分用房：屏幕控制室、数据处理室等	
3	广播电视用房：闭路电视接口设备机房、电视发送室等	
4	技术设备用房：灯光控制室、变配电室、弱电机房、发电机房等	
5	技术设备用房：消防控制室	不设置

体育建筑自动喷水灭火系统类型选择，参见表1-245。

典型体育建筑自动喷水灭火系统原理图，参见图4-5。

体育建筑中的地下车库火灾危险等级按中危险级Ⅱ级确定；其他场所火灾危险等级均按中危险级Ⅰ级确定。

10.6.2 自动喷水灭火系统设计基本参数

体育建筑自动喷水灭火系统设计参数，按表10-27规定。

自动喷水灭火系统设计参数表一 表10-27

火灾危险等级		最大净空高度 h（m）	喷水强度 [L/(min·m²)]	作用面积（m²）
中危险级	Ⅰ级	$h \leqslant 8$	6	160
	Ⅱ级		8	

注：系统最不利点处洒水喷头的工作压力不应低于0.05MPa。

体育建筑高大空间场所设置湿式自动喷水灭火系统设计参数，按表10-28规定。

自动喷水灭火系统设计参数表二 表10-28

适用场所	最大净空高度 h（m）	喷水强度 [L/(min·m²)]	作用面积（m²）	喷头间距 S（m）
体育馆	$8 < h \leqslant 12$	12	160	$1.8 \leqslant S \leqslant 3.0$
	$12 < h \leqslant 18$	15		

注：当民用建筑高大空间场所的最大净空高度为$12m < h \leqslant 18m$时，应采用非仓库型特殊应用喷头。

若体育建筑地下室中附属的库房认定为堆垛储物仓库，其自动喷水灭火系统设计参数，按表1-247规定。

自动喷水灭火系统的持续喷水时间，应按火灾延续时间不小于1h确定。

10.6.3 洒水喷头

设置自动喷水灭火系统的体育建筑内各场所的最大净空高度通常不大于8m。

体育建筑自动喷水灭火系统喷头公称动作温度宜相比环境温度高30℃，参见表4-54。

体育建筑自动喷水灭火系统喷头种类选择，见表10-29。

体育建筑自动喷水灭火系统喷头种类选择表 表10-29

序号	火灾危险等级	设置场所	喷头种类
1	中危险级Ⅱ级	地下车库	直立型普通喷头
2	中危险级Ⅰ级	体育建筑内人员休息厅（室）、贵宾室、办公室等设有吊顶场所	吊顶型或下垂型普通或快速响应喷头
3		器材间（库）等无吊顶场所	直立型普通或快速响应喷头

注：基于体育建筑火灾特点和重要性，体育建筑中危险级Ⅰ级对应场所自动喷水灭火系统洒水喷头宜全部采用快速响应喷头。

每种型号的备用喷头数量按此种型号喷头数量总数的1‰计算,并不得少于10只。

体育建筑中自动喷水灭火系统直立型、下垂型喷头的布置间距,不应大于表1-250的规定,且不宜小于2.4m。

体育建筑常用普通玻璃球闭式喷头规格型号,参见表1-252。

体育建筑高大空间场所(场所净空高度8m<h≤12m)采用标准覆盖面积洒水喷头时,喷头流量系数(K)应大于或等于115,可取115;其余部位喷头流量系数(K)应大于或等于80,可取80。

10.6.4 自动喷水灭火系统管道

1. 管材

体育建筑自动喷水灭火系统给水管管材,见表1-254。

薄壁不锈钢管(S11163)、氯化聚氯乙烯(PVC-C)管、镀锌镍碳钢管等新型优质管道,在体育建筑自动喷水灭火系统中均得到更多的应用,未来会逐步替代传统钢管。

体育建筑中,除汽车停车库外其他中危险级Ⅰ级对应场所自动喷水灭火系统公称直径≤$DN80$的配水管(支管)均可采用氯化聚氯乙烯(PVC-C)管材及管件。

2. 管径

体育建筑自动喷水灭火系统的配水管道管径可根据表1-255中数据进行确定。

3. 管网敷设

体育建筑自动喷水灭火系统配水干管宜沿营业用房营业厅内、仓储用房和辅助用房的公共走廊敷设,营业厅内、走廊两侧房间内的配水支管就近连接到配水干管上。走廊内布置的喷头就近接至排水支管后再接至配水干管。单个喷头不应直接接至管径大于或等于$DN100$的配水干管。

体育建筑自动喷水灭火系统配水管网布置步骤,见表10-30。

自动喷水灭火系统配水管网布置步骤表　　　　表10-30

序号	配水管网布置步骤
步骤1	根据体育建筑的防火性能确定自动喷水灭火系统配水管网的布置范围
步骤2	在每个防火分区内应确定该区域自动喷水灭火系统配水主干管或主立管的位置或方向
步骤3	自接入点接入后,可确定主要配水管的敷设位置和方向
步骤4	自末端房间内的自动喷水灭火系统配水支管就近向配水管连接
步骤5	每个楼层每个防火分区内配水管网布置均按步骤1~步骤4进行

自动喷水灭火系统每个喷头与配水支管连接的短立管管径通常采用25mm;末端试水装置或试水阀的连接管管径通常采用25mm。

10.6.5 水流指示器

除报警阀组控制的喷头只保护不超过防火分区面积的同层场所外,体育建筑每个防火分区、每个楼层均应设水流指示器;当整个场所需要设置的喷头数不超过1个报警阀组控制的喷头数时,可不设置水流指示器;每个防火分区应设置一个水流指示器,位置可设在本防火分区系统配水管网的起始端,亦可集中设置于各个防火分区配水干管分叉处。

水流指示器上游端应设置信号阀，其型号规格，参见表 1-257。
水流指示器与所在配水干管同管径，其型号规格，参见表 1-258。

10.6.6 报警阀组

体育建筑消防系统报警阀组主要采用湿式水力报警阀组，一定条件下采用预作用报警阀组。

体育建筑自动喷水灭火系统报警阀组的数量取决于：整个建筑中设置喷头的总数量；每个防火分区内设置喷头的数量；每个报警阀组控制的喷头数。一个报警阀组控制的喷头数不宜超过 800 只，设计中可适当超过 800 只。

喷头均衡组合遵循的原则，参见表 1-259。

体育建筑自动喷水灭火系统报警阀组通常设置在消防水泵房，设置位置方案，参见表 1-260。

报警阀组宜设在安全及易于操作的地点，报警阀距地面的高度宜为 1.2m；宜沿墙体集中布置，相邻报警阀组的间距不宜小于 1.5m，不应小于 1.2m；报警阀组处应设有排水设施，排水管管径不应小于 DN100。

表 1-261 为常用湿式报警阀装置型号规格；表 1-262 为常见预作用报警阀装置型号规格；报警阀组压力开关主要技术参数，参见表 1-263；报警阀组前后管道设置，参见表 1-264。

体育建筑自动喷水灭火系统减压阀设置方式，参见表 1-265。

减压孔板作为一种减压部件，可辅助减压阀使用。

10.6.7 自动喷水灭火系统水泵接合器

自动喷水灭火系统管网上应设置水泵接合器，体育建筑自动喷水灭火系统消防水泵接合器数量，参见表 1-266。

自动喷水灭火系统水泵接合器宜设置在靠近消防水泵房的室外；常规做法是将多个 DN150 水泵接合器并联起来，由 1 根 DN150 供水管道接至系统供水泵组出水干管上，连接位置位于报警阀组前。

10.6.8 消防水箱设计

高位消防水箱、自动喷水灭火稳压装置设计参见消火栓系统相关内容。

10.6.9 自动喷水灭火系统压力计算

自动喷水灭火系统的设计工作压力，按公式（1-68）计算。

自动喷水灭火给水泵扬程通常按照自动喷水灭火系统的设计工作压力值确定。

自动喷水灭火给水系统压力管道水压强度试验的试验压力（$H_{试验}$）的基准指标，参见表 1-267。

10.7 灭火器系统

10.7.1 灭火器配置场所火灾种类

体育建筑灭火器配置场所的火灾种类，见表 10-31。

灭火器配置场所的火灾种类表　　　　　　　　　　　　　　表 10-31

序号	火灾种类	灭火器配置场所
1	A 类火灾（固体物质火灾）	体育建筑内绝大多数场所，如休息厅（室）、贵宾室、办公室、器材间（库）等
2	B 类火灾（液体火灾或可熔化固体物质火灾）	体育建筑内附设车库
3	E 类火灾（物体带电燃烧火灾）	体育建筑内附设电气房间，如高低压配电间、弱电机房等

10.7.2　灭火器配置场所危险等级

体育建筑灭火器配置场所的危险等级分为严重危险级、中危险级和轻危险级 3 级，危险等级举例，见表 10-32。

体育建筑灭火器配置场所的危险等级举例　　　　　　　表 10-32

危险等级	举例
严重危险级	体育场（馆）的舞台及后台部位
	体育建筑附设的歌舞娱乐放映游艺场所
	配建充电基础设施（充电桩）的车库区域
中危险级	体育场（馆）的观众厅
	设有集中空调、电子计算机、复印机等设备的办公室
	民用燃油、燃气锅炉房
	民用的油浸变压器室和高、低压配电室
	配建充电基础设施（充电桩）以外的车库区域
轻危险级	日常用品小卖店
	未设集中空调、电子计算机、复印机等设备的普通办公室

注：体育建筑室内强电间、弱电间；屋顶排烟机房内每个房间均应设置 2 具手提式磷酸铵盐干粉灭火器。

10.7.3　灭火器选择

体育建筑灭火器配置场所的火灾种类通常涉及 A 类、B 类、E 类火灾，通常配置灭火器时选择磷酸铵盐干粉灭火器。

消防控制室、计算机房、配电室等部位配置灭火器宜采用气体灭火器，通常采用二氧化碳灭火器。

10.7.4　灭火器设置

体育建筑中设置的手提式灭火器，通常和室内消火栓同位置设置，放置于室内消火栓箱体下部。独立设置的手提式或推车式灭火器通常放置于所保护区域的公共走道、门口或房间内靠近公共通道出入口处。灭火器设置点应均衡布置。

设置在 A 类火灾场所的灭火器，其最大保护距离应符合表 1-274 的规定。

灭火器最大保护距离为灭火器与起火点之间最大的行走距离。体育建筑中的地下车库区域、建筑中大间套小间区域、房间中间隔着走道区域等场所，常需要增加灭火器配置点。地下车库区域增设的灭火器宜靠近相邻 2 个室内消火栓中间的位置，并宜沿车库墙体或柱子布置。

设置在 B 类火灾场所的灭火器，其最大保护距离应符合表 1-275 的规定。

体育建筑中 E 类火灾场所中的高低压配电间、网络机房等场所，灭火器配置宜按 B 类火灾场所灭火器最大保护距离要求进行。面积较大的体育建筑变配电室，需要在变配电室内增设灭火器。

10.7.5 灭火器配置

A 类火灾场所灭火器的最低配置基准，应符合表 1-276 的规定。

体育建筑灭火器 A 类火灾场所配置基准可按照灭火器最低配置基准，即：严重危险级按照 3A；中危险级按照 2A；轻危险级按照 1A。

B 类火灾场所灭火器的最低配置基准，应符合表 1-277 的规定。

体育建筑灭火器 B 类火灾场所配置基准可按照灭火器最低配置基准，即：严重危险级按照 89B；中危险级按照 55B。

E 类火灾场所的灭火器最低配置基准不应低于该场所内 A 类（或 B 类）火灾的规定。

10.7.6 灭火器配置设计计算

体育建筑内每个灭火器设置点灭火器数量通常以 2～4 具为宜。

灭火器计算单元最小需配灭火级别，按公式（1-69）计算。

灭火器计算单元中每个灭火器设置点最小需配灭火级别，按公式（1-70）计算。

10.7.7 灭火器类型及规格

体育建筑灭火器配置设计中常用的灭火器类型及规格，参见表 1-279。

10.8 气体灭火系统

10.8.1 气体灭火系统应用场所

体育建筑中适合采用气体灭火系统的场所包括新闻媒介用房中的电传室、邮电所和无线电通信机房，计时记分用房中的屏幕控制室、数据处理室，广播电视用房中的闭路电视接口设备机房、电视发送室，技术设备用房中的灯光控制室、变配电室、弱电机房、发电机房等。

目前体育建筑中最常用七氟丙烷（HFC-227ea）气体灭火系统和 IG541 混合气体灭火系统。

10.8.2 七氟丙烷气体灭火系统设计参数

七氟丙烷灭火剂主要技术性能参数，参见表 1-281。

无管网七氟丙烷气体自动灭火装置技术参数、规格等，参见表 1-282～表 1-284。

体育建筑中采用七氟丙烷气体灭火保护时，各防护区设计灭火浓度，参见表 3-70。

10.8.3 气体灭火设计用量计算

七氟丙烷气体灭火设置场所设计用量，按公式（1-71）计算。

七氟丙烷设计用量，按公式（2-28）计算；七氟丙烷设计容积，按公式（2-29）计算。

每个防护区内无管网七氟丙烷气体灭火装置的布置应做到均匀。

IG541 混合气体灭火防护区灭火设计用量或惰化设计用量，按公式（1-74）计算。

IG541 灭火剂气体在 101kPa 大气压和防护区最低环境温度下的质量体积，按公式（1-75）计算。

IG541 混合气体灭火系统灭火剂储存量，应为防护区灭火设计用量及系统灭火剂剩余量之和，系统灭火剂剩余量按公式（1-76）计算。

10.8.4 IG541 混合气体灭火系统管网计算

IG541 混合气体灭火系统管道流量宜采用平均设计流量。

系统主干管、支管的平均设计流量，按公式（1-77）、公式（1-78）计算。

管道内径按公式（1-79）计算。

灭火剂释放时，管网应进行减压。减压装置宜采用减压孔板，宜设在系统的源头或干管入口处。减压孔板前的压力，按公式（1-80）计算；减压孔板后的压力，按公式（1-81）计算；减压孔板孔口面积，按公式（1-82）计算。

系统的阻力损失宜从减压孔板后算起，并按公式（1-83）计算。

IG541 混合气体灭火系统的喷头工作压力的计算结果，应符合：一级充压（15.0MPa）系统，$P_c \geqslant 2.0$MPa（绝对压力）；二级充压（20.0MPa）系统，$P_c \geqslant 2.1$MPa（绝对压力）。

喷头等效孔口面积，按公式（1-84）计算。

10.8.5 防护区泄压口

气体灭火系统防护区应设置泄压口。七氟丙烷气体灭火系统防护区泄压口面积按系统设计规定计算，按公式（1-85）计算；IG541 混合气体灭火系统防护区泄压口面积按系统设计规定计算，宜按公式（1-86）计算。

七氟丙烷气体灭火系统的泄压口应位于防护区净高的 2/3 以上。对于设置吊顶场所，泄压口通常设置在吊顶（梁）下，泄压口顶面紧贴吊顶（梁）或吊顶（梁）下 100mm。

不同规格无管网七氟丙烷气体灭火装置与泄压口尺寸的对照表，参见表 1-288。

防护区设置的泄压口，宜设在外墙上，无外墙时应设置在朝向公共建筑公共区域（走道）的内墙上。每个防护区根据需要可设置 1 个或多个泄压口。

10.9 高压细水雾灭火系统

体育建筑中不宜用水扑救的部位（即采用水扑救后会引起爆炸或重大财产损失的场

所）可以采用高压细水雾灭火系统灭火。

体育建筑中适合采用高压细水雾灭火系统的场所包括新闻媒介用房中的电传室、邮电所和无线电通信机房，计时记分用房中的屏幕控制室、数据处理室，广播电视用房中的闭路电视接口设备机房、电视发送室，技术设备用房中的灯光控制室、变配电室、弱电机房、发电机房等。体育建筑中当此类场所较少时，宜采用气体灭火系统；当此类场所较多时，可采用高压细水雾灭火系统，设计方法参见4.9节。

10.10 自动跟踪定位射流灭火系统

体育建筑中的净空高度大于12m的高大空间场所；净空高度大于8m且不大于12m，难以设置自动喷水灭火系统的高大空间场所，应设置其他自动灭火系统，并宜采用自动跟踪定位射流灭火系统，设计方法参见4.10节。

体育建筑自动消防炮灭火系统、喷射型自动射流灭火系统，应保证至少2台灭火装置的射流能到达被保护区域的任一部位，同时开启的数量应按2台确定。

用于扑救体育建筑内火灾时，自动消防炮灭火系统单台炮的流量不应小于20L/s。自动消防炮性能参数，见表10-33。

自动消防炮性能参数表 表10-33

额定流量（L/s）	额定工作压力上限（MPa）	额定工作压力时最大保护半径（m）	定位时间（s）	安装高度 h（m）
20	1.0	42	≤60	8≤h≤35
30		50		
40		52		
50		55		

体育建筑自动消防炮灭火系统设计流量为40L/s。

用于扑救体育建筑内火灾时，喷射型自动射流灭火系统单台灭火装置的流量不应小于10L/s。喷射型灭火装置性能参数，见表10-34。

喷射型灭火装置性能参数表 表10-34

额定流量（L/s）	额定工作压力上限（MPa）	额定工作压力时最大保护半径（m）	定位时间（s）	安装高度 h（m）
5	0.8	20	≤30	8≤h≤20
10		28		8≤h≤25

体育建筑喷射型自动射流灭火系统设计流量为20L/s。

自动消防炮灭火系统、喷射型自动射流灭火系统火灾延续时间按1h计。

体育建筑自动消防炮灭火系统消防用水量（144m³）、喷射型自动射流灭火系统消防用水量（72m³），应与室外消火栓系统用水量、室内消火栓系统用水量、自动喷水灭火系统用水量相加，得出体育建筑一次消防总用水量。

体育建筑自动消防炮灭火系统、喷射型自动射流灭火系统应分开设置稳压装置，稳压装置应配置稳压罐1个、稳压泵2台（1用1备）。

10.11 固定消防炮灭火系统

体育馆的比赛大厅建筑面积、进深均较大，应设置固定消防炮灭火系统。

10.11.1 系统选择

固定消防炮灭火系统的类型应满足扑灭和控制保护对象火灾的要求，水炮灭火系统不应用于扑救遇水发生化学反应会引起燃烧或爆炸等物质的火灾。

设置在表10-35中的场所固定消防炮灭火系统宜选用远控炮系统。

远控炮设置场所一览表　　　　　　　　　　　　　　　表10-35

序号	设置场所
1	有爆炸危险性的场所
2	有大量有毒气体产生的场所
3	燃烧猛烈，产生强烈辐射热的场所
4	火灾蔓延面积较大，且损失严重的场所
5	高度超过8m，且火灾危险性较大的室内场所
6	发生火灾时，灭火人员难以及时接近或撤离固定消防炮位的场所

10.11.2 系统设计

1. 一般要求

体育建筑固定消防炮系统供水管道应与生产、生活用水管道分开；不宜与泡沫混合液的供给管道合用。寒冷地区的湿式供水管道应设防冻保护措施，干式管道应设排除管道内积水和空气的设施。管道设计应满足设计流量、压力和启动至喷射的时间等要求。

体育建筑固定消防炮系统消防水源的容量不应小于规定灭火时间内需要同时使用水炮用水量及供水管网内充水量之和。该容量可减去规定灭火时间内可补充的水量。

固定消防炮系统消防水泵的供水压力应能满足系统中水炮喷射压力的要求。

固定消防炮系统灭火剂及加压气体的补给时间均不宜大于48h。

体育建筑固定水炮灭火系统从启动至炮口喷射水的时间应小于或等于5min。

2. 消防炮布置

室内固定消防炮的设置应保证消防炮的射流不受建筑结构或设施的遮挡。

体育建筑室内消防炮的布置数量不应少于2门，并应能使2门水炮的水射流同时到达被保护区域的任一部位。

体育建筑室内固定水炮灭火系统应采用湿式给水系统，且消防炮安装处应设置消防水泵启动按钮。为水炮灭火系统供水的临时高压消防给水系统应具有自动启动功能。

固定消防炮平台和炮塔应具有与环境条件相适应的耐腐蚀性能或防腐蚀措施，其结构应能同时承受消防炮喷射反力和使用场所最大风力，满足消防炮正常操作使用的要求。

3. 水炮系统

体育建筑固定水炮灭火系统的供给强度应满足完全覆盖被保护区域和灭火、控火的要求。

体育建筑固定水炮灭火系统的总流量应大于或等于系统中需要同时开启的水炮流量之和、灭火用水计算总流量两者的较大值。

体育建筑室内固定水炮灭火系统灭火用水的连续供给时间应大于或等于1.0h。

体育建筑固定水炮灭火系统水炮的设计射程应能使水炮的水射流到达被保护区域的任一部位，可按公式（10-6）计算：

$$D_s = D_{s0} \cdot (P_e/P_0)^{1/2} \tag{10-6}$$

式中　D_s——水炮的设计射程，m；
　　　D_{s0}——水炮在额定工作压力时的射程，m；
　　　P_e——水炮的设计工作压力，MPa；
　　　P_0——水炮的额定工作压力，MPa。

不同规格的水炮在各种工作压力时的射程，参见表10-36。

不同规格的水炮在各种工作压力时的射程表　　　　　表10-36

水炮型号	射程（m）				
	0.6MPa	0.8MPa	1.0MPa	1.2MPa	1.4MPa
PS40	53	62	70	—	—
PS50	59	70	79	86	—
PS60	64	75	84	91	—
PS80	70	80	90	98	104
PS100	—	86	96	104	112

体育建筑固定水炮灭火系统水炮的设计流量，可按公式（10-7）计算：

$$Q_s = q_{s0} \cdot (P_e/P_0)^{1/2} \tag{10-7}$$

式中　Q_s——水炮的设计流量，L/s；
　　　q_{s0}——水炮在额定流量，L/s；
　　　P_e——水炮的设计工作压力，MPa；
　　　P_0——水炮的额定工作压力，MPa。

固定消防炮灭火系统中的阀门应设置工作位置锁定装置和明显的指示标志。

4. 水力计算

体育建筑固定消防炮灭火系统的供水设计总流量，应按公式（10-8）计算：

$$Q = \sum N_s \cdot Q_s \tag{10-8}$$

式中　Q——系统供水设计总流量，L/s；
　　　N_s——系统中需要同时开启的水炮数量，门；
　　　Q_s——水炮的设计流量，L/s。

体育建筑固定消防炮灭火系统的供水管道总水头损失，应按公式（10-9）计算：

$$\sum h = h_1 + h_2 = i \cdot L_1 + h_2 = 0.0000107 \cdot v^2/d^{1.3} \cdot L_1 + 0.01 \sum \zeta \cdot v^2/(2g)$$
$$\tag{10-9}$$

式中　$\sum h$——水泵出口至最不利点消防炮进口供水管道水头总损失，MPa；
　　　h_1——沿程水头损失，MPa；

h_2——局部水头损失，MPa；
i——单位管长沿程水头损失，MPa/m；
L_1——计算管道长度，m；
v——设计流速，m/s；
d——管道内径，m；
ζ——局部阻力系数；
g——重力加速度，m/s²，通常取 9.8m/s²。

体育建筑固定消防炮灭火系统中的消防水泵供水压力，应按公式（10-10）计算：

$$P = 0.01 \times Z + \Sigma h + P_e \qquad (10\text{-}10)$$

式中 P——消防水泵供水压力，MPa；
Z——最低引水位至最高位消防炮进口的垂直高度，m；
Σh——水泵出口至最不利点消防炮进口供水管道水头总损失，MPa；
P_e——水炮的设计工作压力，MPa。

10.11.3 系统组件

固定消防炮灭火系统主要系统组件的外表面涂色宜为红色。

室内消防炮的设置要求，见表10-37。

室内消防炮的设置要求表 表10-37

序号	设置要求
1	远控消防炮应同时具有手动功能
2	消防炮应满足相应使用环境和介质的防腐蚀要求
3	室内配置的消防水炮的俯角和水平回转角应满足使用要求
4	室内配置的消防水炮宜具有直流-喷雾的无级转换功能

固定消防炮灭火系统消防泵组与消防泵站的设计要求，见表10-38。

固定消防炮灭火系统消防泵组与消防泵站设计要求表 表10-38

序号	设计要求
1	消防泵宜选用特性曲线平缓的离心泵
2	自吸消防泵吸水管应设真空压力表，消防泵出口应设压力表，其最大指示压力不应小于消防泵额定工作压力的1.5倍；消防泵出水管上应设自动泄压阀和回流管
3	消防泵吸水口处宜设置过滤器，吸水管的布置应有向水泵方向上升的坡度，吸水管上宜设置闸阀，阀上应有启闭标志
4	带有水箱的引水泵，其水箱应具有可靠的贮水封存功能
5	用于控制信号的出水压力取出口应设置在水泵的出口与单向阀之间
6	消防泵站应设置备用泵组，其工作能力不应小于其中工作能力最大的一台工作泵组
7	柴油机消防泵站应设置进气和排气的通风装置，冬季室内最低温度应符合柴油机制造厂提出的温度要求
8	消防泵站内的电气设备应采取有效的防潮和防腐蚀措施

固定消防炮灭火系统管道应选用耐腐蚀材料制作或对管道外壁进行防腐蚀处理。

10.12 中水系统

体育建筑建设中水设施，应结合建筑所在地区的不同特点，满足当地政府部门的有关规定。建筑面积大于 30000m² 或回收水量大于 100m³/d 的体育建筑，宜建设中水设施。

10.12.1 中水原水

1. 中水原水种类

体育建筑中水原水可选择的种类及选取顺序，见表 10-39。

体育建筑中水原水可选择的种类及选取顺序表　　　表 10-39

序号	中水原水种类	备注
1	体育建筑内运动员淋浴室、休息室淋浴间淋浴等的废水排水；公共卫生间的废水排水	最适宜
2	体育建筑内公共卫生间的盥洗废水排水	适宜
3	体育建筑空调循环冷却水系统排水	
4	体育建筑空调水系统冷凝水	
5	体育建筑附设厨房、食堂、餐厅废水排水	不适宜
6	体育建筑内公共卫生间的冲厕排水	最不适宜

2. 中水原水量

体育建筑中水原水量按公式（10-11）计算：

$$Q_Y = \sum \beta \cdot Q_{pj} \cdot b \tag{10-11}$$

式中　Q_Y——体育建筑中水原水量，m³/d；

　　　β——体育建筑按给水量计算排水量的折减系数，一般取 0.85～0.95；

　　　Q_{pj}——体育建筑平均日生活给水量，按《节水标》中的节水用水定额（表 10-5）计算确定，m³/d；

　　　b——体育建筑分项给水百分率，应以实测资料为准，当无实测资料时，可按表 10-40 选取。

体育建筑分项给水百分率表　　　表 10-40

项目	冲厕	厨房	沐浴	盥洗	总计
办公给水百分率（%）	60～66	—	—	40～34	100
淋浴室（间）给水百分率（%）	2～5	—	98～95	—	100
职工食堂给水百分率（%）	6.7～5	93.3～95	—	—	100

体育建筑用作中水原水的水量宜为中水回用水量的 110%～115%。

3. 中水原水水质

体育建筑中水原水水质应以类似建筑的实测资料为准；当无实测资料时，体育建筑排水的污染物浓度可按表 10-41 确定。

体育建筑排水污染物浓度表 表10-41

类别	项目	冲厕	厨房	沐浴	盥洗	综合
办公	BOD_5浓度（mg/L）	260～340	—	—	90～110	195～260
	COD_{Cr}浓度（mg/L）	350～450	—	—	100～140	260～340
	SS浓度（mg/L）	260～340	—	—	90～110	195～260
淋浴室（间）	BOD_5浓度（mg/L）	260～340	—	45～55	—	50～65
	COD_{Cr}浓度（mg/L）	350～450	—	110～120	—	115～135
	SS浓度（mg/L）	260～340	—	35～55	—	40～65
职工食堂	BOD_5浓度（mg/L）	260～340	500～600	—	—	490～590
	COD_{Cr}浓度（mg/L）	350～450	900～1100	—	—	890～1075
	SS浓度（mg/L）	260～340	250～280	—	—	255～285

注：综合是对包括以上四项生活排水的统称。

10.12.2 中水利用与水质标准

1. 中水利用

体育建筑中水原水主要用于城市杂用水和景观环境用水等。

体育建筑中水利用率，可按公式（2-31）计算。

体育建筑中水利用率应不低于当地政府部门的中水利用率指标要求。

当体育建筑附近有可利用的市政再生水管道时，可直接接入使用。

2. 中水水质标准

体育建筑中水水质标准要求，参见表2-104。

10.12.3 中水系统

1. 中水系统形式

体育建筑中水通常采用中水原水系统与生活污水系统分流、生活给水与中水给水分供的完全分流系统。

2. 中水原水系统

体育建筑中水原水管道通常按重力流设计；当靠重力流不能直接接入时，可采取局部加压提升接入。

体育建筑原水系统原水收集率不应低于本建筑回收排水项目给水量的75%，可按公式（2-32）计算。

体育建筑若需要食堂、餐厅的含油脂污水作为中水原水时，在进入原水收集系统前应经过除油装置处理。

体育建筑中水原水应进行计量，可采用超声波流量计和沟槽流量计。

3. 中水处理系统

体育建筑中水处理系统设计处理能力，可按公式（2-33）计算。

4. 中水供水系统

建筑中水供水系统必须独立设置。建筑中水不得用作体育建筑生活饮用水水源。

体育建筑中水系统供水量，可按照表10-4中的用水定额及表10-40中规定的百分率计算确定。

体育建筑中水供水系统的设计秒流量和管道水力计算方法与生活给水系统一致，参见10.1.6节。

体育建筑中水供水系统的供水方式宜与生活给水系统一致，通常采用变频调速泵组供水方式，水泵的选择参见10.1.7节。

体育建筑中水供水系统的竖向分区宜与生活给水系统一致。当建筑周边有市政中水管网且管网流量压力均满足时，低区由市政中水管网直接供水；当建筑周边无市政中水管网时，低区由低区中水给水泵组自中水贮水池（箱）吸水后加压供水。

体育建筑中水供水管道宜采用塑料给水管、钢塑复合管或其他具有可靠防腐性能的给水管材，不得采用非镀锌钢管。

体育建筑中水贮存池（箱）设计要求，参见表2-105。

体育建筑中水供水系统应安装计量装置，具体设置要求参见表3-14。

中水供水管道应采取防止误接、误用、误饮的措施。

5. 水量平衡

中水系统设计应进行中水原水量和用水量平衡计算。

体育建筑中水用水量应根据不同用途用水量累加确定。

体育建筑最高日冲厕中水用水量按照表10-4中的最高日用水定额及表10-40中规定的百分率计算确定。最高日冲厕中水用水量，可按公式（10-12）计算：

$$Q_C = \sum q_L \cdot F \cdot N / 1000 \qquad (10\text{-}12)$$

式中 Q_C——体育建筑最高日冲厕中水用水量，m^3/d；

q_L——体育建筑给水用水定额，L/(人·d)；

F——冲厕用水占生活用水的比例，%，按表10-40取值；

N——使用人数，人。

体育建筑相关功能场所冲厕用水量定额及小时变化系数，见表10-42。

体育建筑冲厕用水量定额及小时变化系数表 表10-42

类别	建筑种类	冲厕用水量[L/(人·d)]	使用时间（h/d）	小时变化系数	备注
1	体育馆类	1~2	4	1.5~1.2	—
2	办公	20~30	8~10	1.5~1.2	—
3	职工食堂	5~10	12	1.5~1.2	工作人员按办公楼设计

中水系统原水调节池（箱）调节容积，可按公式（2-35）、公式（2-36）计算。

中水贮存池（箱）容积，可按公式（2-37）、公式（2-38）计算。

当中水供水系统采用水泵-水箱联合供水时，水箱调节容积不得小于中水系统最大小时用水量的50%。

中水系统的总调节容积，包括原水调节池（箱）、中水处理工艺构筑物、中水贮存池（箱）及高位水箱等调节容积之和，不宜小于中水日处理量的100%。

10.12.4 中水处理工艺与处理设施

1. 中水处理工艺

体育建筑通常采用的中水处理工艺，参见表 2-107。

2. 中水处理设施

体育建筑中水处理设施及设计要求，参见表 2-108。

10.12.5 中水处理站

体育建筑内的中水处理站设计要求，参见 2.11.5 节。

10.13 管道直饮水系统

10.13.1 水量、水压和水质

体育建筑管道直饮水最高日直饮水定额（q_d），可按 0.2L/(观众·场) 采用，亦可根据用户要求确定。

直饮水专用水嘴额定流量宜为 0.04～0.06L/s。

体育建筑直饮水专用水嘴最低工作压力不宜小于 0.03MPa。

体育建筑管道直饮水系统用户端的水质应符合现行行业标准《饮用净水水质标准》CJ/T 94 的规定。

10.13.2 水处理

体育建筑管道直饮水系统应对原水进行深度净化处理。

水处理工艺流程的选择应依据原水水质，经技术经济比较确定。处理后的出水应符合现行行业标准《饮用净水水质标准》CJ/T 94 的规定。

深度净化处理应根据处理后的水质标准和原水水质进行选择，宜采用膜处理技术，参见表 1-333。

不同的膜处理应相应配套预处理、后处理、膜的清洗和水处理消毒灭菌设施，参见表 1-334。

深度净化处理系统排出的浓水宜回收利用。

10.13.3 系统设计

体育建筑管道直饮水系统必须独立设置，不得与市政或建筑供水系统直接相连。

体育建筑管道直饮水系统宜采取集中供水系统，一座建筑中宜设置一个供水系统。

体育建筑常见的管道直饮水系统供水方式，参见表 1-335。

多层体育建筑管道直饮水供水竖向不分区；高层体育建筑管道直饮水供水应竖向分区，分区原则参见表 1-336。

体育建筑管道直饮水系统类型，参见表 1-337。

体育建筑管道直饮水系统设计应设循环管道，供、回水管网应设计为同程式。

体育建筑管道直饮水系统通常采用全日循环，亦可采用定时循环，供、配水系统中的直饮水停留时间不应超过12h。

体育建筑管道直饮水系统回水宜回流至净水箱或原水水箱。回流到净水箱时，应在消毒设施前接入。

直饮水系统不循环的支管长度不宜大于6m。

体育建筑管道直饮水系统管道敷设要求，参见表1-338。

体育建筑管道直饮水系统管材及附件设置要求，参见表1-339。

10.13.4 系统计算与设备选择

1. 系统计算

体育建筑管道直饮水系统最高日直饮水量，应按公式（10-13）计算：

$$Q_d = N \cdot q_d \tag{10-13}$$

式中　Q_d——体育建筑管道直饮水系统最高日饮水量，L/d；

　　　N——体育建筑管道直饮水系统所服务的观众数，观众；

　　　q_d——体育建筑最高日直饮水定额，L/(观众·d)，取2.0～3.0L/(观众·d)。

体育场馆等体育建筑的瞬时高峰用水量的计算应符合现行国家标准《建筑给水排水设计标准》GB 50015的规定。体育建筑瞬时高峰用水量，应按公式（1-94）计算。

体育建筑瞬时高峰用水时水嘴使用数量，应按公式（1-95）计算。

瞬时高峰用水时水嘴使用数量m的确定，应按表1-340（当水嘴数量$n \leqslant 12$个时）、表1-341（当水嘴数量$n > 12$个时）选取。当$np \geqslant 5$并且满足$n(1-p) \geqslant 5$时，可按公式（1-96）简化计算。

水嘴使用概率应按公式（10-14）计算：

$$p = \alpha \cdot Q_d/(1800 \cdot n \cdot q_0) = 0.45 \cdot Q_d/(1800 \cdot n \cdot q_0) \tag{10-14}$$

式中　α——经验系数，体育场馆取0.45。

定时循环时，循环流量可按公式（1-98）计算。

管道直饮水供、回水管道内水流速度宜符合表1-342的规定。

2. 设备选择

净水设备产水量可按公式（1-100）计算。

变频调速供水系统水泵设计流量应按公式（1-101）计算；水泵设计扬程应按公式（1-102）计算。

净水箱（槽）有效容积可按公式（1-103）计算；原水调节水箱（槽）容积可按公式（1-104）计算。

原水水箱（槽）的进水管管径宜按净水设备产水量设计，并应根据反洗要求确定水量。当进水管的供水能力满足预处理的流量和压力要求时，原水水箱（槽）可不设置。

10.13.5 净水机房

净水机房设计要求，参见表1-343。

10.13.6 管道敷设与设备安装

管道直饮水管道敷设与设备安装设计要求，参见表 1-344。

10.14 给水排水抗震设计

体育建筑给水排水管道抗震设计，参见 4.11 节。

10.15 给水排水专业绿色建筑设计

体育建筑绿色设计，应根据体育建筑所在地相关规定要求执行。新建体育建筑应按照一星级或以上星级标准设计；政府投资或者以政府投资为主的体育建筑、建筑面积大于 20000m^2 的大型体育建筑宜按照绿色建筑二星级或以上星级标准设计。体育建筑二星级、三星级绿色建筑设计专篇，参见表 1-347。

第 11 章 交通客运站建筑给水排水设计

交通客运站建筑是为旅客办理水路、公路客运业务的公共建筑，包括汽车客运站和港口客运站。一般为站前广场、站房、室外营运区等部分组成的建筑和设施的总称。

汽车客运站的站级分级，见表 11-1。

汽车客运站站级分级表　　　　　　　　　　　表 11-1

分　级	发车位（个）	年平均日旅客发送量（人/d）
一级	≥20	≥10000
二级	13～19	5000～9999
三级	7～12	2000～4999
四级	≤6	300～1999
五级	—	≤299

港口客运站的站级分级，见表 11-2。

港口客运站站级分级表　　　　　　　　　　　表 11-2

分　级	年平均日旅客发送量（人/d）
一级	≥3000
二级	2000～2999
三级	1000～1999
四级	≤999

交通客运站建筑组成，见表 11-3。

交通客运站建筑组成表　　　　　　　　　　　表 11-3

序号	组成		说　明
1	站前广场		包括车行及人行道路、停车场、乘降区、集散场地、绿化用地、安全保障设施和市政配套设施等
2	站房	候乘厅	包括普通候乘厅、重点旅客候乘厅；港口客运站还包括候乘风雨廊和其他候船设施
		售票用房	包括售票厅、票务用房（售票室、票据室）等
		行包用房	包括行包托运厅、行包提取厅、行包仓库和业务办公室、计算机室、票据室、工作人员休息室、牵引车库等
		站务用房	包括服务人员更衣室与值班室、广播室、补票室、调度室、客运办公用房、公安值班室、站长室、客运值班室、会议室等
		服务用房	包括问讯台（室）、小件寄存处、自助存包柜、邮政、电信、医务室、商业服务设施、厕所和盥洗室等
		附属用房	包括设备用房、维修用房、洗车台、司乘休息室和职工浴室、食堂、仓库等

续表

序号	组成		说 明
3	室外营运区	汽车客运站	包括营运停车场、发车位与站台等
		港口客运站	客运码头与客货滚装码头
4	国际港口客运用房		包括出境、入境用房（包括售票、换票、候检、联检、签证、行包和其他服务用房等）、管理用房（客运站营运公司用房、物业用房等）和驻站业务用房（包括边防、检验检疫、海关、海事、公安、船运公司等业务用房）和服务用房（商业零售、餐饮、小件寄存、邮电、银行、免税店、厕所和盥洗室等）等

　　交通客运站建筑给水排水设计应符合现行国家标准《城市给水工程项目规范》GB 55026、《城乡排水工程项目规范》GB 55027、《建筑给水排水设计标准》GB 50015、《建筑防火通用规范》GB 55037、《消防设施通用规范》GB 55036、《建筑设计防火规范》GB 50016 和《消防给水及消火栓系统技术规范》GB 50974 等的规定。根据交通客运站建筑的功能设置，其给水排水设计涉及的现行行业标准为《交通客运站建筑设计规范》JGJ/T 60。交通客运站建筑若设置中水系统，其设计涉及的现行国家标准为《建筑中水设计标准》GB 50336。交通客运站建筑若设置管道直饮水系统，其设计涉及的现行行业标准为《建筑与小区管道直饮水系统技术规程》CJJ/T 110。

11.1 生活给水系统

11.1.1 用水量标准

　　1. 生活用水量标准
　　《水标》中交通客运站建筑相关功能场所生活用水定额，见表 11-4。

交通客运站建筑生活用水定额表　　　　　　　　表 11-4

序号	建筑物名称		单位	生活用水定额（L）		使用时数（h）	最高日小时变化系数 K_h
				最高日	平均日		
1	客运站	旅客	每人次	3～6	3～6	8～16	1.5～1.2
2	办公	坐班制办公	每人每班	30～50	25～40	8～10	1.5～1.2
3	职工公共浴室	淋浴	每职工每次	100	70～90	12	2.0～1.5
4	餐饮业	快餐店、职工食堂	每顾客每次	20～25	15～20	12～16	1.5～1.2
5	停车库地面冲洗水		每平方米每次	2～3	3～3	6～16	1.0

注：1. 除注明外，均不含员工生活用水，员工最高日用水定额为每人每班 40～60L，平均日用水定额为每人每班 30～45L；
　　2. 表中用水量标准为生活用水，包括生活用热水用水量和直饮水用量，也包括正常漏水量和间接用水量，如清洁用水在内；但不包括空调、采暖、水景绿化、场地和道路浇洒等用水；
　　3. 计算交通客运站建筑最高日最大时用水量时，某一类型生活用水定额、最高日小时变化系数（K_h）均为一个范围值时，生活用水定额取定额的最低值应对应选择最高日小时变化系数（K_h）的最大值；生活用水定额取定额的最高值应对应选择最高日小时变化系数（K_h）的最小值；生活用水定额取定额的中间值应对应选择最高日小时变化系数（K_h）的中间值（按内插法确定）；
　　4. 站房内根据需要设置的小型商业服务设施生活用水定额应根据其使用性质确定。

《节水标》中交通客运站建筑相关功能场所平均日生活用水节水用水定额,见表11-5。

交通客运站建筑平均日生活用水节水用水定额表 表11-5

序号	建筑物名称		单位	节水用水定额
1	客运站	旅客	L/(人·次)	3～6
2	办公	坐班制办公	L/(人·班)	25～40
3	职工公共浴室	淋浴	L/(人·次)	70～90
4	餐饮业	快餐店、职工食堂	L/(人·次)	15～20
5	停车库地面冲洗用水		L/(m²·次)	2～3

注:1. 除注明外均不含员工用水,员工用水定额每人每班30～45L;
2. 表中用水量包括热水用量在内,空调用水应另计;
3. 选择用水定额时,可依据当地气候条件、水资源状况等确定,缺水地区应选择低值;
4. 用水人数或单位数应以年平均值计算。
5. 每年用水天数应根据使用情况确定。

2. 绿化浇灌用水量标准

交通客运站建筑院区绿化浇灌最高日用水定额按浇灌面积 1.0～3.0L/(m²·d) 计算,通常取 2.0L/(m²·d),干旱地区可酌情增加。

3. 浇洒道路用水量标准

交通客运站建筑院区道路、广场浇洒最高日用水定额按浇洒面积 2.0～3.0L/(m²·d) 计算,亦可参见表2-8。

4. 空调循环冷却水补水用水量标准

交通客运站建筑空调循环冷却水补充水量,按公式(1-3)计算,亦可由暖通空调专业提供。

5. 汽车冲洗用水量标准

汽车冲洗用水量标准按 10.0～15.0L/(辆·次) 考虑。

6. 供暖锅炉补充水量

供暖锅炉补充水量由暖通空调、热能动力专业提供。

7. 给水管网漏失水量和未预见水量

这两项水量之和按上述 6 项用水量(第 1 项至第 6 项)之和的 8%～12% 计算,通常按 10% 计。

最高日用水量(Q_d)应为上述 7 项用水量(第 1 项至第 7 项)之和。

最大时用水量(Q_{hmax})可按公式(1-4)计算。

11.1.2 水质标准和防水质污染

1. 水质标准

交通客运站建筑生活给水系统水质应符合现行国家标准《生活饮用水卫生标准》GB 5749 的要求。

2. 防水质污染

交通客运站建筑防止水质污染常见的具体措施,参见表2-9。

11.1.3 给水系统和给水方式

1. 交通客运站建筑生活给水系统

典型的交通客运站建筑生活给水系统原理图,参见图 4-1。

2. 交通客运站建筑生活给水供水方式

交通客运站建筑生活给水应尽量利用自来水压力,当自来水压力缺乏时,应设内部贮水箱,其贮备量按日用水量确定。

交通客运站建筑生活给水供水方式,参见表 8-11。

3. 交通客运站建筑生活给水系统竖向分区

交通客运站建筑应根据建筑内功能的划分和当地供水部门的水量计费分类等因素,设置相应的生活给水系统,并应利用城镇给水管网的水压。

交通客运站建筑生活给水系统竖向分区应根据的原则,参见表 3-7。

交通客运站建筑生活给水系统竖向分区确定程序,见表 11-6。

生活给水系统竖向分区确定程序表　　　　　　　　　表 11-6

序号	竖向分区确定程序
1	根据交通客运站建筑院区接入市政给水管网的最小工作压力确定由市政给水管网直接供水的楼层
2	根据市政给水直供楼层以上楼层的竖向建筑高度合理确定分区的个数及分区范围
3	根据需要加压供水的总楼层数,合理调整需要加压的各竖向分区,使其高度基本一致

通常交通客运站建筑生活给水系统竖向分为 2 个区:低区为市政给水管网直供区;高区为变频给水泵组加压供水区。

4. 交通客运站建筑生活给水系统形式

交通客运站建筑生活给水系统通常采用下行上给式,设备管道设置方法参见表 9-9。

11.1.4 管材及附件

1. 生活给水系统管材

交通客运站建筑生活给水系统给水管道应选用耐腐蚀、安装连接方便可靠、符合国家现行有关产品标准要求及饮用水卫生要求的管材,常用管材包括薄壁不锈钢管、薄壁铜管、PVC-C(氯化聚氯乙烯)冷水用管、钢塑复合管、内衬不锈钢复合钢管、铝塑复合管等。

2. 生活给水系统阀门

交通客运站建筑生活给水系统设置阀门的部位,参见表 4-7。

3. 生活给水系统止回阀

交通客运站建筑生活给水系统设置止回阀的部位,参见表 4-8。

4. 生活给水系统减压阀

交通客运站建筑配水横管静水压大于 0.20MPa 的楼层各分区内给水支管起端应设置减压阀,减压阀位置在阀门之后。

5. 生活给水系统水表

交通客运站建筑给水系统的引入管上应设置水表。水表宜设置在室内便于抄表位置;

在夏热冬冷地区及严寒地区,当水表设置于室外时,应采取可靠的防冻胀破坏措施。

交通客运站建筑生活给水系统按分区域计量原则设置水表,生活给水系统设置水表的部位,参见表3-14。

6. 生活给水系统其他附件

生活水箱的生活给水进水管上应设自动水位控制阀。

交通客运站建筑生活给水系统设置过滤器的部位,参见表2-19。

交通客运站建筑内公共卫生间的洗手盆水嘴应采用非接触式或延时自闭式水嘴,通常采用感应式水嘴;小便斗、大便器应采用非手动开关。用水点非手动开关的型式,参见表2-20。

11.1.5 给水管道布置及敷设

1. 室外生活给水系统布置与敷设

交通客运站建筑院区的室外生活给水管网应布置成环状管网,管径宜为 $DN150$。环状给水管网与市政给水管网的连接管不宜少于2条,引入管管径宜为 $DN150$、不宜小于 $DN100$。

交通客运站建筑院区室外生活给水管道与其他地下管线及乔木之间的最小净距,参照表1-25规定。

2. 室内生活给水系统布置与敷设

交通客运站建筑室内生活给水管道通常布置成支状管网,单向供水,宜沿室内公共区域敷设。交通客运站建筑生活给水管道不应布置的场所,参见表2-21。

3. 室内给水管道防护

室内生活给水横干管、立管超过 50m 时,宜设伸缩补偿装置。

与人防工程功能无关的室内生活给水管道应避免穿越人防地下室,确需穿越时应在人防侧设置防护阀门,管道穿越处应设防护套管。

4. 生活给水管道保温

交通客运站建筑设置屋顶贮水箱和敷设管道,在冬季不采暖而又有可能冰冻的地区,应采取防冻措施。敷设在有可能结冻的房间、地下室及管井、管沟等处的给水管道应有防冻措施。

屋顶水箱间内生活给水管道均需做保温,所有给水横管及管井内的给水立管均做防结露保温。室内满足防冻要求的管道可不做防结露保温。

给水管道保温材料厚度确定,参见表1-30、表1-31。

11.1.6 生活给水系统给水管网计算

1. 交通客运站建筑院区室外生活给水管网

室外生活给水管网设计流量应按交通客运站建筑院区生活给水最大时用水量确定。院区给水引入管的设计流量应按最大时用水量确定;当引入管为2条时,应保证当其中一条发生故障时,其余的引入管可以提供不小于 70% 的流量。

交通客运站建筑院区室外生活给水管网管径宜采用 $DN150$。

2. 交通客运站建筑室内生活给水管网

采用市政给水管网直接供水时，给水引入管设计流量（Q_1）应按直供区生活给水设计秒流量计；采用生活水箱+变频给水泵组供水时，给水引入管设计流量（Q_2）应按加压区生活水箱设计补水量计，设计补水量不得小于高区最高日平均时用水量，不宜大于最高日最大时用水量。

交通客运站建筑内生活给水设计秒流量应按公式（11-1）计算：

$$q_g = 0.2 \cdot \alpha \cdot (N_g)^{1/2} = 0.6 \cdot (N_g)^{1/2} \tag{11-1}$$

式中　q_g——计算管段的给水设计秒流量，L/s；
　　　N_g——计算管段的卫生器具给水当量总数；
　　　α——根据交通客运站建筑用途的系数，取 3.0。

交通客运站建筑生活给水设计秒流量计算，可参照表 9-10。

交通客运站建筑有自闭式冲洗阀时生活给水设计秒流量计算，可参照表 1-33。

交通客运站建筑职工公共浴室、职工食堂厨房等建筑生活给水管道的设计秒流量应按公式（11-2）计算：

$$q_g = \sum q_{g0} \cdot n_0 \cdot b_g \tag{11-2}$$

式中　q_g——交通客运站建筑计算管段的给水设计秒流量，L/s；
　　　q_{g0}——交通客运站建筑同类型的一个卫生器具给水额定流量，L/s，可按表 7-10 采用；
　　　n_0——交通客运站建筑同类型卫生器具数；
　　　b_g——交通客运站建筑卫生器具的同时给水使用百分数：交通客运站建筑职工浴室内的淋浴器和洗脸盆按表 4-12 选用，职工食堂厨房的设备按表 4-13 选用。

3. 交通客运站建筑内卫生器具给水当量

交通客运站建筑用水器具和配件应采用节水性能良好、坚固耐用，且便于管理维修的产品。

交通客运站建筑应采用符合现行行业标准《节水型生活用水器具》CJ/T 164 规定的节水型卫生器具，宜选用用水效率等级不低于 3 级的用水器具。

交通客运站建筑常见卫生器具的给水额定流量、给水当量、连接给水管管径和最低工作压力按表 3-18 确定。

4. 交通客运站建筑内给水管管径

交通客运站建筑内给水供水管的管径，应根据该给水供水管段的设计秒流量、允许给水流速等查相关计算表格确定。生活给水管道内的给水流速，宜参考表 1-38。

交通客运站建筑内公共卫生间的蹲便器个数与给水供水管管径的对照表，参见表 9-11。

整个生活给水系统生活给水立管、干管均按照其服务的给水设计秒流量确定其管段管径。

11.1.7　生活水泵和生活水泵房

交通客运站建筑给水设计应有可靠的水源和供水管道系统，当仅有一路城市引入管或供水不满足设计秒流量或压力要求时，应设置加压供水设备。

1. 生活水泵

交通客运站建筑生活给水加压水泵宜采用 2 台（1 用 1 备）配置模式，亦可采用 3 台（2 用 1 备）配置模式。

交通客运站建筑生活给水加压通常采用变频调速给水泵组，其设计流量应按其负责给水系统的最大设计秒流量确定，即 $Q=q_g$。设计时应统计该系统内各用水点卫生器具的生活给水当量数，经公式（11-1）、公式（11-2）计算或查表 9-10 得出设计流量值。

生活给水加压水泵的设计工作压力，按公式（1-10）计算。

交通客运站建筑加压水泵应选用低噪声节能型产品。

2. 生活水泵房

交通客运站建筑二次加压给水的水泵房应为独立的房间，并应环境良好、便于维修和管理；不应毗邻候乘厅，行包业务办公室、工作人员休息室、站房服务人员值班室、办公室、会议室，司乘休息室，国际港口客运出境、入境用房，客运站营运公司办公用房，驻站业务办公用房等场所；加压泵组及泵房应采取减振降噪措施。

交通客运站建筑生活水泵房的设置位置应根据其所供水服务的范围确定，见表 11-7。

交通客运站建筑生活水泵房位置确定及要求表　　　　　表 11-7

序号	水泵房位置	适用情况	设置要求
1	院区室外集中设置	院区室外有空间；常见于新建交通客运站建筑院区	宜与消防水泵房、消防水池、暖通冷热源机房、锅炉房等集中设置，宜靠近交通客运站建筑
2	建筑地下室楼层设置	院区室外无空间	宜设在地下一层或地下二层，不宜设在最低地下楼层；水泵房地面宜高出室外地面 200～300mm

生活水泵房内生活给水泵组宜设置在一个基础上。

11.1.8　生活贮水箱（池）

交通客运站建筑给水设计应有可靠的水源和供水管道系统，当仅有一路城市引入管或供水不满足设计秒流量或压力要求时，应设置生活贮水箱（池）。交通客运站建筑水箱间应为独立的房间。

水箱应设置消毒设备，并宜采用紫外线消毒方式。

1. 贮水容积

交通客运站建筑生活用水贮水箱（池）的有效容积计算时，其生活用水调节量应按进水量与用水量变化曲线经计算确定，当资料不足时，宜按最高日用水量的 20%～25% 确定，最大不得大于 48h 的用水量。有条件时可适当增加生活贮水箱（池）有效容积。

交通客运站建筑生活用水贮水设备宜采用贮水箱。

2. 生活水箱

交通客运站建筑生活水箱设计要求，参见表 1-46。

3. 生活水箱相关管道、装置设置要求

交通客运站建筑生活水箱相关管道设施要求，参见表 1-47。

生活水箱各水位指标确定方法及取值经验值，参见表 1-48。

11.2 生活热水系统

11.2.1 热水系统类别

交通客运站建筑生活热水系统类别，见表11-8。

生活热水系统类别表　　　　　　　　表11-8

序号	分类标准	热水系统类别	交通客运站建筑应用情况
1	供应范围	集中生活热水系统	职工公共浴室生活热水系统；职工食堂厨房生活热水系统
2	热水管网循环方式	热水干管立管循环生活热水系统	职工公共浴室生活热水系统
3		热水干管循环生活热水系统	职工食堂厨房生活热水系统
4	热水管网循环水泵运行方式	定时循环生活热水系统	职工公共浴室生活热水系统；职工食堂厨房生活热水系统
5	热水管网循环动力方式	强制循环生活热水系统	职工公共浴室生活热水系统；职工食堂厨房生活热水系统
6	是否敞开形式	闭式生活热水系统	职工公共浴室生活热水系统；职工食堂厨房生活热水系统
7	热水管网布置型式	下供下回式生活热水系统	热源位于建筑底部，即由锅炉房提供热媒（高温蒸汽或高温热水），经汽水或水水换热器提供热水热源等的生活热水系统
8		上供上回式生活热水系统	热源位于建筑顶部，即由屋顶太阳能热水设备及（或）空气能热泵热水设备提供热水热源等的生活热水系统
9	热水管路距离	同程式生活热水系统	职工公共浴室生活热水系统；职工食堂厨房生活热水系统
10	热水系统分区方式	加热器集中设置生活热水系统	职工公共浴室生活热水系统；职工食堂厨房生活热水系统

交通客运站应设开水供应设施。对于严寒和寒冷地区，一、二级交通客运站的盥洗室应设热水供应系统，其他站级交通客运站的盥洗室宜设热水供应系统。

11.2.2 生活热水系统热源

交通客运站建筑集中生活热水供应系统的热源，参见表2-34。
交通客运站建筑生活热水系统热源选用，参见表2-35。
交通客运站建筑生活热水系统常见热源组合形式，参见表7-14。
交通客运站建筑屋顶设置太阳能光伏发电系统时，系统产生的电能可用于屋顶热水箱内热水的加热，保证生活热水系统供水温度。

11.2.3 热水系统设计参数

1. 交通客运站建筑热水用水定额

按照《水标》，交通客运站建筑相关功能场所热水用水定额，见表11-9。

交通客运站建筑热水用水定额表　　　　　　　　　　表 11-9

序号	建筑物名称		单位	用水定额（L）		使用时数（h）	最高日小时变化系数 K_h
				最高日	平均日		
1	办公	坐班制办公	每人每班	5～10	4～8	8～10	1.5～1.2
2	职工公共浴室	淋浴	每职工每次	40～60	35～40	12	2.0～1.5
3	餐饮业	快餐店、职工食堂	每顾客每次	10～12	7～10	12～16	1.5～1.2

注：1. 表中所列用水定额均已包括在表 11-4 中；
　　2. 本表以 60℃ 热水水温为计算温度，卫生器具的使用水温见表 7-17；
　　3. 表中平均日用水定额仅用于计算太阳能热水系统集热器面积和计算节水用水量。

《节水标》中交通客运站建筑相关功能场所热水平均日节水用水定额，见表 11-10。

交通客运站建筑热水平均日节水用水定额表　　　　　　　　　　表 11-10

序号	建筑物名称		单位	节水用水定额
1	办公	坐班制办公	L/(人·班)	5～10
2	职工公共浴室	淋浴	L/(职工·次)	35～40
3	餐饮业	快餐店、职工食堂	L/(人·次)	7～10

注：热水温度按 60℃ 计。

交通客运站建筑所在地为较大城市、标准要求较高的，交通客运站建筑热水用水定额可以适当选用较高值；反之可选用较低值。

2. 交通客运站建筑卫生器具用水定额及水温

交通客运站建筑相关功能场所卫生器具的一次热水用水量、小时热水用水量和水温，可按表 7-17 确定。

3. 交通客运站建筑冷水计算温度

冷水的计算温度应以当地最冷月平均水温资料确定。当无水温资料时，按表 1-58 采用。

交通客运站建筑冷水计算温度宜按交通客运站建筑当地地面水温度确定，水温有取值范围时宜取低值。

4. 交通客运站建筑水加热设备供水温度

交通客运站建筑集中热水供应系统的水加热设备（包括热水锅炉、热水机组或水加热器等）的出水温度按表 1-59 采用。交通客运站建筑集中生活热水系统水加热设备的供水温度宜为 60～65℃，通常按 60℃ 计。

5. 交通客运站建筑生活热水水质

交通客运站建筑生活热水的水质指标，应符合现行国家标准《生活饮用水卫生标准》GB 5749 的要求。

11.2.4　热水系统设计指标

1. 交通客运站建筑热水设计小时耗热量

（1）全日供应热水设计小时耗热量

交通客运站建筑生活热水系统采用全日供应热水较为少见。

(2) 定时供应热水设计小时耗热量

当交通客运站建筑生活热水系统采用定时供应热水的集中生活热水系统时，其设计小时耗热量可按公式（7-5）计算。

(3) 不同使用要求用水部门热水设计小时耗热量

具有多个不同使用热水部门或具有多种热水使用形式的交通客运站建筑，当其热水由同一热水供应系统供应时，设计小时耗热量，可按同一时间内出现用水高峰的主要用水部门的设计小时耗热量加其他用水部门的平均小时耗热量计算。

2. 交通客运站建筑设计小时热水量

交通客运站建筑设计小时热水量，可按公式（7-6）计算。

3. 交通客运站建筑加热设备供热量

交通客运站建筑全日集中生活热水系统中，锅炉、水加热设备的设计小时供热量应根据日热水用量小时变化曲线、加热方式及锅炉、水加热设备的工作制度经积分曲线计算确定。

(1) 容积式水加热器或贮热容积与其相当的水加热器、燃油（气）热水机组供热量

交通客运站建筑生活热水系统采用的容积式水加热器均应为导流型容积式水加热器，其设计小时供热量可按公式（7-7）计算。

在交通客运站建筑生活热水系统设计小时供热量计算时，通常取 $Q_g = Q_h$。

(2) 半容积式水加热器或贮热容积与其相当的水加热器、燃油（气）热水机组供热量

交通客运站建筑生活热水系统亦常采用半容积式水加热器，此时半容积式水加热器设计小时供热量按设计小时耗热量计算，即取 $Q_g = Q_h$。

11.2.5 生活热水系统热水管网计算

1. 生活热水管网设计流量

(1) 交通客运站建筑生活热水引入管设计流量

交通客运站建筑生活热水引入管设计流量应按该建筑相应生活热水供水系统总供水干管的设计秒流量确定。

(2) 交通客运站建筑内生活热水设计秒流量

交通客运站建筑内生活热水设计秒流量应按公式（11-3）计算：

$$q_g = 0.2 \cdot \alpha \cdot (N_g)^{1/2} = 0.6 \cdot (N_g)^{1/2} \tag{11-3}$$

式中　q_g——计算管段的热水设计秒流量，L/s；

　　　N_g——计算管段的卫生器具热水当量总数；

　　　α——根据交通客运站建筑用途的系数，取 3.0。

交通客运站建筑生活热水设计秒流量计算，可参照表 9-16。

2. 交通客运站建筑内卫生器具热水当量

交通客运站建筑卫生器具的热水额定流量、热水当量、连接热水管管径和最低工作压力按表 3-31 确定。

3. 交通客运站建筑内热水管管径

交通客运站建筑内热水供水管的管径，应根据该热水供水管段的设计秒流量、允许热水流速等查相关计算表格确定。生活热水管道内的热水流速，宜按表 1-66 控制。

交通客运站建筑公共浴室淋浴器个数与对应供给相应数量热水供水管管径的对照表，参见表 7-19。

本区域热水回水干管管径根据该区域热水供水干管最大管径确定。热水回水管管径与热水供水管管径的对照，参见表 3-33。

整个生活热水系统的生活热水供水立管、干管均按照其服务的热水设计秒流量确定其管段管径；生活热水回水立管、干管先按照其服务的热水设计秒流量确定出一个供水管管径值，再根据表 3-33 确定其管段回水管管径值。

11.2.6 生活热水机房（换热机房、换热站）

交通客运站建筑生活热水机房（换热机房、换热站）位置确定，见表 11-11。

交通客运站建筑生活热水机房（换热机房、换热站）位置确定表 表 11-11

序号	生活热水机房（换热机房、换热站）位置	生活热水系统热源情况	生活热水机房（换热机房、换热站）内设施	适用范围
1	院区室外独立设置	院区锅炉房热水（蒸汽）锅炉提供热媒，经换热后提供第 1 热源；太阳能设备或空气能热泵设备提供第 2 热源	常用设施：水（汽）水换热器（加热器）、热水循环泵组	新建、改建交通客运站建筑；设有锅炉房
2	单体建筑室内地下室			新建交通客运站建筑；设有锅炉房
3	单体建筑屋顶	太阳能设备或（和）空气能热泵设备提供热源；必要情况下燃气热水设备提供第 2 热源	热水箱、热水循环泵组、集热循环泵组、空气能热泵循环泵组	新建、改建交通客运站建筑；屋顶设有热源热水设备

交通客运站建筑生活热水机房（换热机房、换热站）应为独立的房间；不应毗邻候乘厅，行包业务办公室、工作人员休息室，站房服务人员值班室、办公室、会议室，司乘休息室，国际港口客运出境、入境用房，客运站营运公司办公用房，驻站业务办公用房等场所；循环泵组及机房应采取减振降噪措施。

11.2.7 生活热水箱

交通客运站建筑生活热水箱设计要求，参见表 1-72。

生活热水箱各种水位，按表 1-74 确定。

交通客运站建筑生活热水箱间应为独立的房间；不应毗邻候乘厅，行包业务办公室、工作人员休息室，站房服务人员值班室、办公室、会议室，司乘休息室，国际港口客运出境、入境用房，客运站营运公司办公用房，驻站业务办公用房等场所；循环泵组及热水箱间应采取减振降噪措施。

11.2.8 生活热水循环泵

1. 生活热水循环泵设置位置

当系统热源由高温热媒经院区热水机房（换热机房）内的各分区换热设备后向各分区供给热水时，各分区生活热水循环泵通常设在热水机房（换热机房）内。当系统热源由屋顶太阳能供水设备向各分区供给热水时，各分区生活热水循环泵通常设在本分区最低楼层或下面一层热水循环泵房内。

2. 生活热水循环泵设计流量

当交通客运站建筑热水系统采用定时供水时，热水循环流量可按循环管网总水容积的 2~4 倍计算。

设计中，生活热水循环泵的流量可按照所服务热水系统设计小时流量的 25%~30% 确定。

3. 生活热水循环泵设计扬程

生活热水循环泵的扬程，可按公式（7-11）、公式（7-12）计算。

交通客运站建筑热水循环泵组通常每套设置 2 台，1 用 1 备，交替运行。

4. 太阳能集热循环泵

太阳能集热循环泵通常设置在屋顶生活热水箱间内，宜设置在太阳能设备供水管即从生活热水箱接出的管道上。集热循环泵流量，按公式（1-28）计算；集热循环泵扬程，按公式（1-29）、公式（1-30）计算。

交通客运站建筑集热循环泵组通常每套设置 2 台，1 用 1 备，交替运行。

11.2.9 热水系统管材、附件和管道敷设

1. 生活热水系统管材

交通客运站建筑生活热水系统热水管道常用的管材包括薄壁不锈钢管、PVC-C（氯化聚氯乙烯）热水用管、薄壁铜管、钢塑复合管（如 PSP 管）、铝塑复合管等，较少采用普通塑料热水管。

2. 生活热水系统阀门

交通客运站建筑生活热水系统设置阀门的部位，参见表 2-50。

3. 生活热水系统止回阀

交通客运站建筑生活热水系统设置止回阀的部位，参见表 2-51。

4. 生活热水系统水表

交通客运站建筑生活热水系统按分区域原则设置热水表，热水表宜采用远传智能水表。

5. 热水系统排气装置、泄水装置

对于上行下给式热水系统，系统热水配水干管最高处及向上抬高管段应设置 DN25 自动排气阀、检修阀门；对于下行上给式热水系统，可利用最高热水配水点放气。

热水管道系统的最低处及向下凹的管段应设置泄水装置或利用最低热水配水点泄水。

6. 温度计、压力表

交通客运站建筑生活热水系统设置温度计的部位，参见表 1-77；设置压力表的部位，参见表 1-78。

7. 管道补偿装置

长度超过 50m 的热水横干管或立管均应设置波纹伸缩节，通常设置在该根管道上管径较小的管段处，靠近一端的管道固定支吊架。

8. 保温

生活热水系统中的热水锅炉、燃油（气）热水机组、水加热设备、贮热水箱（罐）、分（集）水器、热水输（配）水干（立）管、热水循环回水干（立）管均应做保温。

热水管道保温材料厚度确定，参见表 1-79、表 1-80。

11.3 排水系统

11.3.1 排水系统类别

交通客运站建筑排水系统分类，见表 11-12。

排水系统分类表　　　　　表 11-12

序号	分类标准	排水系统类别	交通客运站建筑应用情况	应用程度
1	建筑内场所使用功能	生活污水排水	交通客运站建筑公共卫生间污水排水	常用
2		生活废水排水	交通客运站建筑公共卫生间；职工公共浴室等废水排水	
3		厨房废水排水	交通客运站建筑内附设厨房、食堂、餐厅、快餐店污水排水	
4		设备机房废水排水	交通客运站建筑内附设水泵房（包括生活水泵房、消防水泵房）、空调机房、制冷机房、换热机房、锅炉房、热水机房等机房废水排水	
5		车库废水排水	交通客运站建筑内附设车库内一般地面冲洗废水排水	
6		消防废水排水	交通客运站建筑内消防电梯井排水、自动喷水灭火系统试验排水、消火栓系统试验排水、消防水泵试验排水等废水排水	
7		绿化废水排水	交通客运站建筑室外绿化废水排水	
8	建筑内污、废水排水方式	重力排水方式	交通客运站建筑地上污废水排水	最常用
9		压力排水方式	交通客运站建筑地下室污废水排水	常用
10	污废水排水体制	污废合流排水系统		最常用
11		污废分流排水系统		常用
12	排水系统通气方式	设有通气管系排水系统	伸顶通气排水系统通常应用在多层交通客运站建筑卫生间排水，专用通气立管排水系统通常应用在高层交通客运站建筑卫生间排水环形通气排水系统、器具通气排水系统通常应用在个别交通客运站建筑公共卫生间排水	最常用
13		特殊单立管排水系统		少用

交通客运站建筑室内污废水排水体制采用合流制，当有中水利用要求时，可采用分流制。

典型的交通客运站建筑排水系统原理图，参见图 4-2、图 4-3。

交通客运站建筑中的生活污水、厨房含油废水等均应经化粪池处理；生活废水、设备机房废水、消防废水、绿化废水等不需经过化粪池处理。厨房含油废水应经除油处理后再排入污水管道。

交通客运站建筑污废水与建筑雨水应雨污分流。

交通客运站建筑公共卫生间等生活粪便污水、生活废水等可合流排放，当有中水利用要求时，可采用分流排放。

交通客运站建筑的空调凝结水排水管不得与污废水管道系统直接连接，空调凝结水宜单独收集后回用于绿化、水景、冷却塔补水等。

11.3.2 卫生器具

1. 交通客运站建筑内卫生器具种类及设置场所

交通客运站建筑内卫生器具种类及设置场所，见表11-13。

交通客运站建筑内卫生器具种类及设置场所表 表11-13

序号	卫生器具名称	主要设置场所
1	坐便器	交通客运站建筑残疾人卫生间
2	蹲便器	交通客运站建筑公共卫生间
3	淋浴器	交通客运站建筑职工公共浴室淋浴间
4	洗脸盆	交通客运站建筑公共卫生间；职工公共浴室淋浴间
5	台板洗脸盆	交通客运站建筑公共卫生间；职工公共浴室淋浴间
6	小便器	交通客运站建筑公共卫生间
7	小便槽	
8	拖布池	
9	洗菜池	交通客运站建筑快餐店、厨房
10	厨房洗涤槽	交通客运站建筑厨房

注：一、二级交通客运站宜设置儿童使用的盥洗台和小便池。

2. 交通客运站建筑内卫生器具选用

交通客运站建筑卫生间卫生器具应符合的规定，参见表9-20。

交通客运站建筑厕所内应设置有冲洗水箱或自闭阀冲洗的便器。

3. 公共卫生间排水设计要点

公共卫生间排水立管及通气立管通常敷设于专用管道井内；采用专用通气立管方式时，排水立管与通气立管采用结合管连接。管道井中排水立管与通气立管中心距最小值，参见表1-91。

4. 交通客运站建筑内卫生器具排水配件穿越楼板留孔位置及尺寸

常见卫生器具排水配件穿越楼板留孔位置及尺寸，参见表1-92。

5. 地漏

交通客运站建筑内公共卫生间、开水间、空调机房、新风机房；淋浴室、淋浴间等场所内应设置地漏。

交通客运站建筑地漏及其他水封高度要求不得小于50mm，且不得大于100mm。

交通客运站建筑地漏类型选用，参见表2-57；地漏规格选用，参见表2-58。

6. 水封装置

交通客运站建筑中采用排水沟排水的场所包括厨房、车库、泵房、设备机房、公共浴室等。当排水沟内废水直接排至室外时，沟与排水排出管之间应设置水封装置。卫生器具排水管段上不得重复设置水封装置。

11.3.3 排水系统水力计算

1. 交通客运站建筑最高日和最大时生活排水量

交通客运站建筑生活排水量宜按该建筑生活给水量的85%～95%计算，通常按90%。

2. 交通客运站建筑卫生器具排水技术参数

交通客运站建筑卫生器具的排水流量、排水当量、排水支管管径、排水坡度等基本参数的选定，参见表3-39。

3. 交通客运站建筑排水设计秒流量

交通客运站建筑的生活排水管道设计秒流量，按公式（11-4）计算：

$$q_u = 0.12 \cdot \alpha \cdot (N_p)^{1/2} + q_{max} = 0.3 \cdot (N_p)^{1/2} + q_{max} \tag{11-4}$$

式中 q_u——计算管段排水设计秒流量，L/s；

N_p——计算管段的卫生器具排水当量总数；

α——根据建筑物用途而定的系数，取2.0～2.5，通常取2.5；

q_{max}——计算管段上最大一个卫生器具的排水流量 L/s。

计算时，如计算所得流量值大于该管段上按卫生器具排水流量累加值时，应按卫生器具排水流量累加值计。

交通客运站建筑 $q_{max}=1.50 L/s$ 和 $q_{max}=2.00 L/s$ 时排水设计秒流量计算数据，参见表7-24。

交通客运站建筑职工公共浴室、食堂厨房等的生活排水管道设计秒流量，按公式（11-5）计算：

$$q_p = \sum q_0 \cdot n_0 \cdot b \tag{11-5}$$

式中 q_p——交通客运站建筑计算管段的排水设计秒流量，L/s；

q_0——交通客运站建筑同类型的一个卫生器具排水流量，L/s，可按表3-39采用；

n_0——交通客运站建筑同类型卫生器具数；

b——交通客运站建筑卫生器具的同时排水百分数；交通客运站建筑职工公共浴室内的淋浴器和洗脸盆按表4-12选用，职工食堂厨房的设备按表4-13选用。

4. 交通客运站建筑排水管道管径确定

交通客运站建筑排水铸铁管道最小坡度，按表1-98确定；胶圈密封连接排水塑料横管的坡度，按表1-99确定；建筑内排水管道最大设计充满度，参见表1-100；排水管道自清流速，参见表1-101。

排水横管水力计算按照公式（1-32）、公式（1-33）；排水铸铁管水力计算，参见表1-102；排水塑料管水力计算，参见表1-103。

不同管径下排水横管允许流量 Q_p，参见表1-104。

交通客运站建筑排水系统中排水横干管常见管径为DN100、DN150。DN100排水横干管对应排水当量最大限值，参见表1-105，DN150排水横干管对应排水当量最大限值，参见表1-106。

不同通气方式的排水立管最大设计排水能力，参见表1-107～表1-109。

交通客运站建筑各种排水管的推荐管径，参见表2-60。

11.3.4 排水系统管材、附件和检查井

1. 交通客运站建筑排水管管材

交通客运站建筑室外排水管可采用埋地排水塑料管，包括硬聚氯乙烯管、聚乙烯管和玻璃纤维增强塑料夹砂管等。常用的室外排水管还有双壁加筋波纹排水管、双平壁钢塑复合缠绕排水管等。

交通客运站建筑室内排水管类型，参见表 7-25。

2. 交通客运站建筑排水管附件

排水立管上检查口的设置位置，参见表 1-113；检查口之间的最大距离，参见表 1-114；检查口设置要求，参见表 1-115。

清扫口的设置位置，参见表 1-116；清扫口至室外检查井中心最大长度，参见表 1-117；排水横管直线管段上清扫口之间的最大距离，参见表 1-118。

塑料排水管道支吊架间距规定，参见表 1-119。

3. 交通客运站建筑排水管道布置敷设

交通客运站建筑排水管道不应布置场所，见表 11-14。

排水管道不应布置场所表 表 11-14

序号	排水管道不应布置场所	具体要求
1	生活水泵房等设备机房	排水横管禁止在交通客运站建筑生活水箱箱体正上方敷设，生活水泵房其他区域不宜敷设排水管道；设在室内的消防水池（箱）应按此要求处理
2	厨房、餐厅	交通客运站中厨房内的主副食操作间、烹调间、备餐间、加工间、粗加工、冷菜间、面点蒸煮间、食品储藏库（主食库、副食库）等房间的上方均不应敷设排水管道，排水立管不宜穿过上述房间；交通客运站建筑中的餐厅；交通客运站建筑中的厨房排水应独立设置，排水横管和立管均不得与卫生间污水排水管道连通。上述场所上方排水管不宜采用同层排水方式
3	人员休息场所	交通客运站工作人员休息室等
4	物品防水场所	交通客运站售票用房、行包用房中的票据室，行包用房中的行包仓库，站房小件寄存处等。排水管道不应敷设在此类房间内
5	站房	交通客运站计算机室、票据室、设备用房（包括消防控制室、变配电室、发电机房、网络机房、弱电机房、UPS 机房）等。排水管道不得敷设在此类房间内
6	结构变形缝、结构风道	原则上排水管道不得穿过结构变形缝；若条件限制必须穿越沉降缝时，则应预留沉降量并设置不锈钢软管柔性连接，必须穿越伸缩缝时，则应安装伸缩器
7	电梯机房、通风小室	

注：交通客运站办公用房等场所不宜敷设排水管道。

交通客运站建筑排水系统管道设计遵循原则，参见表 2-63。

4. 交通客运站建筑间接排水

交通客运站建筑中的间接排水，参见表 4-33。

交通客运站建筑未设置地下室时，排水排出管穿越有沉降可能的承重墙或基础时应预留洞口；设置地下室时，排水排出管穿越地下室外墙时应预留防水套管，宜采用柔性防水套管。

11.3.5 通气管系统

交通客运站建筑通气管设置要求，见表11-15。

交通客运站建筑通气管设置要求表 表11-15

序号	通气管名称	设置位置	设置要求	管径确定
1	伸顶通气管	设置场所涉及交通客运站建筑所有区域	高出非上人屋面不得小于300mm，但必须大于最大积雪厚度，常采用800～1000mm；高出上人屋面不得小于2000mm，常采用2000mm。顶端应装设风帽或网罩；在冬季室外温度高于-15℃的地区，顶端可装网形铅丝球；低于-15℃的地区，顶端应装伞形通气帽	应与排水立管管径相同。但在最冷月平均气温低于-13℃的地区，应在室内平顶或吊顶以下0.3m处将管径放大一级，若采用塑料管材时其最小管径不宜小于110mm
2	专用通气管	交通客运站建筑公共卫生间可采用专用通气方式	交通客运站建筑公共卫生间的排水立管和专用通气立管并排设置在卫生间附设管道井内；未设管道井时，该2种立管并列设置，并宜后期装修包敷暗设，专用通气立管宜靠内侧敷设、排水立管宜靠外侧敷设	通常与其排水立管管径相同
3	汇合通气管	交通客运站建筑中多根通气立管或多根排水立管顶端通气部分上方楼层存在特殊区域（如厨房、餐厅、电气机房等）不允许每根立管穿越向上接至屋顶时，需在本层顶板下或吊顶内汇集后接至屋顶		汇合通气管的断面积应为最大一根通气管的断面积加其余通气管断面积之和的0.25倍
4	主（副）通气立管	通常设置在交通客运站建筑内的公共卫生间		通常与其排水立管管径相同
5	结合通气管			通常与其连接的通气立管管径相同
6	环形通气管	连接4个及4个以上卫生器具（包括大便器）且横支管的长度大于12m的排水横支管；连接6个及6个以上大便器的污水横支管；设有器具通气管；特殊单立管偏置	和排水横支管、主（副）通气立管连接的要求：在排水横支管上设环形通气管时，应在其最始端的两个卫生器具之间接出，并应在排水支管中心线以上与排水支管呈垂直或45°连接；环形通气管应在卫生器具上边缘以上不小于0.15m处按不小于0.01的上升坡度与通气立管相连	常用管径为DN40（对应DN75排水管）、DN50（对应DN100排水管）

交通客运站建筑通气管可采用柔性接口机制排水铸铁管或塑料排水管，一般采用与交通客运站建筑排水管相同管材。在最冷月平均气温低于-13℃的地区，伸出屋面部分通气立管应采用柔性接口机制排水铸铁管。

通气立管的最小管径,参见表1-130。

11.3.6 特殊排水系统

交通客运站建筑生活水泵房、厨房、电气机房等场所的上方楼层不应有排水横支管明设管道等。若有必要在上述某些场所上方设置排水点且无法采取其他躲避措施时,该部位的排水应采用同层排水方式。

交通客运站建筑同层排水最常采用的是降板或局部降板法。

11.3.7 特殊场所排水

1. 交通客运站建筑化粪池

交通客运站入境候检旅客使用的厕所所对应的化粪池应单独设置,生活污水在排至市政管网之前应进行消毒处理。

化粪池宜设置在接户管的下游端;位置宜选在院区最低处附近;外壁距建筑物外墙不宜小于5m;宜选用钢筋混凝土化粪池。

交通客运站建筑化粪池有效容积,按公式(8-14)~公式(8-17)计算。

交通客运站建筑可集中并联设置或根据院区布局分散并联布置2个或3个化粪池,多个化粪池的型号宜一致。

2. 交通客运站建筑食堂、餐厅含油废水处理

交通客运站建筑含油废水宜采用三级隔油处理流程,参见表1-141。

根据食堂用餐人数确定隔油设施处理水量,按公式(1-39)计算;根据食堂餐厅面积确定隔油设施处理水量,按公式(1-40)计算。

隔油池有效容积,按公式(1-41)计算。隔油池的类型,参见表1-142。

隔油提升一体化设备选型的主要技术参数为其所接纳的食堂、餐厅内厨房等器具含油污水排水流量。

3. 交通客运站建筑汽车洗车污水处理

一级汽车客运站应设置汽车自动冲洗装置,二、三级汽车客运站宜设汽车冲洗台。

汽车客运站营运停车场应合理布置洗车设施。

交通客运站污废水的排放应符合国家现行有关标准的规定,含油废水应进行处理,达到城市污水排放标准后再排放至市政排水管网。

国际客运站的口岸应设入境车辆专用清洗和消毒设施。

汽车冲洗水量,参见表1-143。

隔油沉淀池有效容积,按公式(1-42)计算。隔油沉淀池类型,参见表1-144。

4. 交通客运站建筑设备机房排水

交通客运站建筑地下设备机房排水设施要求,参见表1-147。

5. 地下车库排水

交通客运站建筑地下车库应设置排水设施(排水沟和集水坑)。车库内排水沟设置要求,参见表1-150。

6. 其他

一、二级汽车客运站和使用设有卫生间的车辆的汽车客运站,应设置相应的污物收

11.3.8 压力排水

1. 交通客运站建筑集水坑设置

交通客运站建筑地下室应设置集水坑。集水坑的设置要求，参见表 7-28。

通气管管径宜与排水管管径相同，可接至室外或向上接至建筑地上部分通气管系统。

2. 污水泵、污水提升装置选型

交通客运站建筑排水泵的流量方法确定，参见表 2-68；排水泵的扬程，按公式（1-44）计算。

11.3.9 室外排水系统

1. 交通客运站建筑室外排水管道布置

交通客运站建筑室外排水管道布置方法，参见表 2-69；与其他地下管线（构筑物）最小间距，参见表 1-154。

交通客运站建筑室外排水管道最小覆土深度不宜小于 0.5m；对于严寒地区、寒冷地区交通客运站建筑，室外排水管道最小覆土深度应超过当地冻土层深度。

2. 交通客运站建筑室外排水管道敷设

交通客运站建筑室外排水管道与生活给水管道交叉时，应敷设在生活给水管道下面。室外排水管道敷设发生冲突时，应遵循表 1-26 原则处理。

3. 交通客运站建筑室外排水管道水力计算

室外排水管道水力计算，按公式（1-45）、公式（1-46）。

交通客运站建筑室外排水管道的最小管径、最小设计坡度、最大设计充满度，参见表1-155。

4. 交通客运站建筑室外排水管道管材

交通客运站建筑室外排水管道宜优先采用埋地塑料排水管，弹性橡胶圈密封柔性接口，小于 $DN200$ 直壁管，可采用承插式粘接；可采用埋地铸铁排水管，橡胶圈柔性接口或水泥砂浆接口。

5. 交通客运站建筑室外排水检查井

交通客运站建筑室外排水检查井设置位置，参见表 1-156。

交通客运站建筑室外排水检查井宜优先选用玻璃钢排水检查井，其次是混凝土排水检查井，禁止采用砖砌排水检查井。室外排水管在排水检查井连接应采用管顶平接。

11.4 雨水系统

11.4.1 雨水系统分类

交通客运站建筑雨水系统分类，见表 11-16。

雨水系统分类表 表 11-16

序号	分类标准	雨水系统类别	交通客运站建筑应用情况	应用程度
1	屋面雨水设计流态	半有压流屋面雨水系统	交通客运站的屋面面积较小时，可考虑采用	常用
2		压力流屋面雨水系统（虹吸式雨水系统）	交通客运站雨水系统通常采用	最常用
3		重力流屋面雨水系统		极少用
4	雨水管道设置位置	内排水雨水系统	高层交通客运站建筑雨水系统应采用；多层交通客运站建筑雨水系统宜采用	最常用
5		外排水雨水系统	交通客运站建筑如果面积不大、建筑专业立面允许，可以采用	常用
6		混合式雨水系统		极少用
7	雨水出户横管室内部分是否存在自由水面	封闭系统		最常用
8		敞开系统		极少用
9	建筑屋面排水条件	天沟雨水排水系统		最常用
10		檐沟雨水排水系统		极少用
11		无沟雨水排水系统		极少用
12		压力提升雨水排水系统	交通客运站建筑地下车库出入口等处，雨水汇集就近排至集水坑时采用	常用

11.4.2 雨水量

1. 设计雨水流量

交通客运站建筑设计雨水流量，应按公式（1-47）计算。

2. 设计暴雨强度

设计暴雨强度应按交通客运站建筑所在地或相邻地区暴雨强度公式计算确定，见公式(1-48)。

我国部分城镇 5min 设计暴雨强度、小时降雨厚度，参见表 1-158（设计重现期 P=10 年）。

3. 设计重现期

交通客运站建筑屋面雨水设计重现期：对于半有压流屋面雨水系统，通常取 10 年；对于压力流屋面雨水系统，通常取 50 年。

4. 设计降雨历时

交通客运站建筑屋面雨水排水管道设计降雨历时按照 5min 确定。

交通客运站建筑院区雨水排水管道设计降雨历时，按公式（1-49）计算。

5. 径流系数

交通客运站建筑屋面及院区地面的径流系数，参见表 1-159。

6. 汇水面积

交通客运站建筑的雨水汇水面积计算原则，参见表 1-160。

11.4.3 雨水系统

1. 雨水系统设计常规要求

交通客运站建筑雨水系统设置要求，参见表 1-161。

交通客运站建筑雨水排水管道不应穿越的场所，见表 11-17。

雨水排水管道不应穿越的场所表　　　　表 11-17

序号	雨水排水管道不应穿越的场所名称	具体房间名称
1	人员休息场所	交通客运站工作人员休息室等
2	物品防水场所	交通客运站售票用房、行包用房中的票据室，行包用房中的行包仓库，站房小件寄存处等
3	站房	交通客运站计算机室、消防控制室、变配电室、发电机房、网络机房、弱电机房、UPS 机房等

注：1. 交通客运站雨水排水横管宜沿建筑内公共区域（内走道等）吊顶内敷设；雨水排水立管宜沿建筑内公共场所或辅助次要场所敷设；
　　2. 交通客运站办公用房等场所不宜敷设雨水管道。

2. 雨水斗设计

交通客运站建筑半有压流屋面雨水系统通常采用 87 型雨水斗或 79 型雨水斗，规格常用 $DN100$。

雨水斗设计排水负荷，参见表 1-163。

雨水斗下方区域宜为建筑顶层公共区域（如内走道）或辅助次要场所（如公共卫生间、库房等），不应为需要安静的场所。

雨水斗宜对雨水排水立管做对称布置；接有多斗悬吊管的立管顶端不得设置雨水斗；一个屋面上应设置不少于 2 个雨水斗。

3. 天沟、溢流设施、连接管、悬吊管、立管、埋地管、排出管设计

交通客运站建筑天沟、溢流设施、连接管、悬吊管、立管、埋地管、排出管设置要求，参见表 1-164。

4. 室内水泵提升雨水排水系统设计

地下室露天窗井内应设平箅式雨水口、无水封地漏作为雨水口，经雨水收集管接入集水池；地下车库出入口汽车坡道上应设雨水截水沟，经直埋雨水收集管接入集水池。

雨水提升泵通常采用潜水泵，宜采用 3 台，2 用 1 备。

5. 雨水管管材

交通客运站建筑雨水排水管管材，参见表 1-167。

11.4.4 雨水系统水力计算

1. 建筑半有压流（87 型）屋面雨水系统水力计算

（1）雨水斗（87 型）

雨水斗设计流量，应按公式（1-50）计算。

对于单斗雨水系统，雨水斗设计流量不应超过表 1-168 数值；对于多斗雨水系统，雨水斗设计流量应根据表 1-169 取值，最远端雨水斗设计流量不得超过表 1-169 数值。

交通客运站建筑 87 型雨水斗口径常采用 $DN100$，其次是 $DN75$、$DN150$。

（2）雨水连接管

交通客运站建筑雨水连接管管径通常与雨水斗出水口直径相同，常采用 $DN100$，其

次是 $DN150$。

(3) 雨水悬吊管

交通客运站建筑雨水悬吊管管径，参见表 1-172。

(4) 雨水立管

连接 2 根及以上雨水悬吊管的雨水立管管径，按表 1-173 确定。

(5) 雨水排出管

交通客运站建筑雨水排出管管径确定，参见表 1-174~表 1-177。

(6) 雨水管道最小管径

交通客运站建筑雨水系统最小设计管径及雨水排水横管最小设计坡度，参见表1-178。

2. 压力流（虹吸式）屋面雨水系统水力计算

交通客运站建筑压力流（虹吸式）屋面雨水系统水力计算方法，参见 1.4.4 节。

3. 雨水提升系统水力计算

交通客运站建筑地下室车库坡道、窗井等场所设计雨水流量，按公式（1-54）计算；设计径流雨水总量，按公式（1-55）计算。

11.4.5 院区室外雨水系统设计

交通客运站站前广场应设置排水设施。客运码头与客货滚装码头均应设置排水设施。

交通客运站建筑院区雨水系统宜采用管道排水形式，与污水系统应分流排放。

1. 雨水口

雨水口选型，参见表 1-180；雨水口设置位置，参见表 1-181；各类型雨水口的泄水流量，参见表 1-182。

雨水口设计流量，按公式（1-56）计算。

2. 雨水口连接管

单算雨水口连接管管径通常采用 $DN250$。

3. 雨水检查井

院区内直线雨水管道上雨水检查井设置最大间距，参见表 1-183。

院区雨水检查井常见规格通常采用 $DN1000$ 圆形玻璃钢或钢筋混凝土雨水检查井。

4. 室外雨水管道布置

交通客运站建筑室外雨水管道布置方法，参见表 1-184。

11.4.6 院区室外雨水利用

交通客运站宜设计中水工程和雨水利用工程。

交通客运站建筑应根据所在地的自然条件、水资源情况及经济技术发展水平，合理设置雨水收集利用系统。雨水利用工程应符合现行国家标准《建筑与小区雨水控制及利用工程技术规范》GB 50400 的有关规定。

雨水收集回用应进行水量平衡计算。交通客运站建筑院区雨水通常可用于景观用水、院区绿化用水、路面和地面冲洗用水、汽车冲洗用水、冲厕用水等。

11.5 消火栓系统

候车厅、候船厅的建筑面积在 $500m^2$ 以上的客运车站和客运码头属于重要公共建筑。客运车站候车室、客运码头候船厅属于公众聚集场所和人员密集场所。

建筑高度大于 50m 的高层交通客运站；候车厅、候船厅建筑面积大于 $500m^2$ 的高层交通客运站属于一类高层交通客运站建筑。建筑高度小于或等于 50m 且候车厅、候船厅建筑面积小于或等于 $500m^2$ 的高层交通客运站属于二类高层交通客运站建筑。

11.5.1 消火栓系统设置场所

高层交通客运站建筑，建筑体积大于 $5000m^3$ 的车站、码头的单、多层交通客运站建筑应设置室内消火栓系统。

11.5.2 消火栓系统设计参数

1. 交通客运站建筑室外消火栓设计流量

交通客运站建筑室外消火栓设计流量，不应小于表 11-18 的规定。

交通客运站建筑室外消火栓设计流量表（L/s）　　　　表 11-18

耐火等级	建筑物名称	建筑体积（m³）					
		$V \leqslant 1500$	$1500 < V \leqslant 3000$	$3000 < V \leqslant 5000$	$5000 < V \leqslant 20000$	$20000 < V \leqslant 50000$	$V > 50000$
一、二级	单层及多层交通客运站建筑	15		25		30	40
	高层交通客运站建筑	—			25	30	40
三级	单层及多层交通客运站建筑	15		20	25	30	—

注：1. 建筑体积指本建筑占据的空间数量，包括该建筑的地上空间体积数和地下空间体积数；
2. 地下车库室外消火栓系统设计流量小于建筑主体室外消火栓系统设计流量，交通客运站建筑室外消火栓系统设计流量按建筑主体室外消火栓系统设计流量确定；
3. 地下人防工程室外消火栓系统设计流量小于建筑主体室外消火栓系统设计流量，交通客运站建筑室外消火栓系统设计流量按建筑主体室外消火栓系统设计流量确定。

2. 交通客运站建筑室内消火栓设计流量

交通客运站建筑室内消火栓设计流量，不应小于表 11-19 的规定。

交通客运站建筑室内消火栓设计流量表　　　　表 11-19

建筑物名称	高度 h（m）、体积 V（m³）、火灾危险性	消火栓设计流量（L/s）	同时使用消防水枪数（支）	每根竖管最小流量（L/s）
单层及多层交通客运站建筑（车站候车楼、码头候船楼）	$5000 < V \leqslant 25000$	10	2	10
	$25000 < V \leqslant 50000$	15	3	10
	$V > 50000$	20	4	15
二类高层交通客运站建筑（建筑高度小于或等于50m且候车厅、候船厅建筑面积小于或等于 $500m^2$ 的高层交通客运站）	$h \leqslant 50$	20	4	10

续表

建筑物名称	高度 h（m）、体积 V（m³）、火灾危险性	消火栓设计流量（L/s）	同时使用消防水枪数（支）	每根竖管最小流量（L/s）
一类高层交通客运站建筑（建筑高度大于50m的高层交通客运站；候车厅、候船厅建筑面积大于500m²的高层交通客运站）	$h \leqslant 50$	30	6	15
	$h > 50$	40	8	15

注：1. 消防软管卷盘、轻便消防水龙，其消火栓设计流量可不计入室内消防给水设计流量；
    2. 地下车库室内消火栓系统设计流量小于建筑主体室内消火栓系统设计流量，交通客运站建筑室内消火栓系统设计流量按建筑主体室内消火栓系统设计流量确定；
    3. 地下人防工程室内消火栓系统设计流量小于建筑主体室内消火栓系统设计流量，交通客运站建筑室内消火栓系统设计流量按建筑主体室内消火栓系统设计流量确定。

3. 火灾延续时间

交通客运站建筑消火栓系统的火灾延续时间，按 2.0h。

交通客运站建筑室内自动灭火系统的火灾延续时间，参见表 1-188。

4. 消防用水量

一座交通客运站建筑的消防用水量按室外消火栓系统用水量、室内消火栓系统用水量、室内自动喷水灭火系统用水量三者之和计算。

11.5.3 消防水源

1. 市政给水

当前国内城市市政给水管网能够满足交通客运站建筑直接消防供水条件的较少。

交通客运站建筑室外消防给水管网管径，按表 4-40 确定。

交通客运站建筑室外消防给水管网宜与室外生活给水管网分开敷设，且应布置成环状管网。

2. 消防水池

（1）交通客运站建筑消防水池有效储水容积

表 11-20 给出了常用典型交通客运站建筑消防水池有效储水容积的对照表。

交通客运站建筑火灾延续时间内消防水池储存消防用水量表   表 11-20

单、多层交通客运站建筑体积 V（m³）	$V \leqslant 3000$	$3000 < V \leqslant 5000$	$5000 < V \leqslant 10000$	$10000 < V \leqslant 20000$	$20000 < V \leqslant 25000$	$25000 < V \leqslant 50000$	$V > 50000$
室外消火栓设计流量（L/s）	15	20	25		30		40
火灾延续时间（h）	2.0						
火灾延续时间内室外消防用水量（m³）	108.0	144.0	180.0		216.0		288.0
室内消火栓设计流量（L/s）	—		15		25		40
火灾延续时间（h）	2.0						
火灾延续时间内室内消防用水量（m³）	—		108.0		180.0		288.0
火灾延续时间内室内外消防用水量（m³）	108.0	144.0	288.0	360.0	396.0	504.0	576.0
消防水池储存室内外消火栓用水容积 V_1（m³）	108.0	144.0	288.0	360.0	396.0	504.0	576.0

续表

高层交通客运站建筑体积 V （m³）	$5000<V \leqslant 20000$	$20000<V \leqslant 50000$	$V>50000$	$5000<V \leqslant 20000$	$20000<V \leqslant 50000$	$V>50000$
高层交通客运站建筑高度 h （m）	$h \leqslant 50$			$h>50$		
室外消火栓设计流量（L/s）	25	30	40	25	30	40
火灾延续时间（h）	2.0					
火灾延续时间内室外消防用水量（m³）	180.0	216.0	288.0	180.0	216.0	288.0
室内消火栓设计流量（L/s）	20（二类高层）/30（一类高层）			40		
火灾延续时间（h）	2.0					
火灾延续时间内室内消防用水量（m³）	144.0/216.0			288.0		
火灾延续时间内室内外消防用水量（m³）	324.0/396.0	360.0/432.0	432.0/504.0	468.0	504.0	576.0
消防水池储存室内外消火栓用水容积 V_2（m³）	324.0/396.0	360.0/432.0	432.0/504.0	468.0	504.0	576.0
交通客运站建筑自动喷水灭火系统设计流量（L/s）	25	30		35	40	
火灾延续时间（h）	1.0	1.0	1.0	1.0		
火灾延续时间内自动喷水灭火用水量（m³）	90.0	108.0	126.0	144.0		
消防水池储存自动喷水灭火用水容积 V_3（m³）	90.0	108.0	126.0	144.0		

如上表所示，通常交通客运站建筑消防水池有效储水容积在 198～720m³。

（2）交通客运站建筑消防水池位置

消防水池位置确定原则，参见表 7-34。

交通客运站建筑消防水池、消防水泵房与交通客运站建筑院区空间关系，参见表 7-35。

消防水池的最低有效水位应高于消防水池吸水喇叭口不小于 600mm，且应高于消防水泵的吸水管管顶。

交通客运站建筑消防水泵型式的选择与消防水池有一定的对应关系，参见表 1-194。

交通客运站建筑储存室内外消防用水的消防水池与消防水泵房的位置关系，参见表 1-195。

交通客运站建筑消防水池格（座）数与有效储水容积的对照关系，参见表 1-196。

交通客运站建筑消防水池附件，参见表 1-197。

交通客运站建筑消防水池各水位指标确定方法及取值经验值，参见表 1-198。

3. 天然水源及其他水源

交通客运站建筑消防水源不宜采用天然水源。

11.5.4 消防水泵房

1. 消防水泵房选址

新建交通客运站建筑院区消防水泵房设置通常采取 2 个方案，参见表 7-36。

改建、扩建电影院院区消防水泵房设置方案，参见表 1-200。

2. 建筑内部消防水泵房位置

交通客运站建筑消防水泵房若设置在建筑物内，应采取消声、隔声和减振等措施；不应毗邻候乘厅，行包业务办公室、工作人员休息室、站房服务人员值班室、办公室、会议室、司乘休息室、国际港口客运出境、入境用房，客运站营运公司办公用房，驻站业务办公用房等场所。

3. 消防水泵机组的布置要求

相邻两个机组及机组至泵房墙壁间的净距要求，参见表1-201。

4. 消防水泵房采暖、排水等要求

严寒、寒冷地区消防水泵房，应设置供暖设施。

消防水泵房的泵房排水设施：在泵房内设置排水沟；地下消防水泵房内或邻近场所设集水坑，坑内设潜污泵。消防水泵房应采取防淹措施。

5. 消防水泵房管道设计

消防水泵配置数量与消防水系统设计流量的关系，参见表1-202。

交通客运站建筑消防水泵吸水管、出水管管径，见表1-203；消防吸水总管管径应根据其连通服务的各种消防水泵设计流量之累加值进行确定，参见表1-205。

消防水泵吸水管布置应避免形成气囊。

消防水泵吸水口的淹没深度应满足消防水泵在最低水位运行安全的要求。

消防水泵吸水管、出水管上附件配置及要求，参见表1-206。

6. 消防水泵自动启动控制

消防水泵自动启动要求，参见表1-207；消防水泵自动启动方式，参见表1-208；流量开关性能、设置位置等，参见表1-209。

当消防稳压泵设置于高位消防水箱间内时，消防水泵启泵压力（P），按公式（1-58）确定；当消防稳压泵设置于低位消防水泵房内时，按公式（1-59）确定。

11.5.5 消防水箱

交通客运站建筑消防给水系统绝大多数属于临时高压系统，高层交通客运站建筑、3层及以上单体总建筑面积大于10000m^2的交通客运站建筑应设置高位消防水箱。

1. 消防水箱有效储水容积

交通客运站建筑高位消防水箱有效储水容积，按表11-21确定。

交通客运站建筑高位消防水箱有效储水容积确定表 表11-21

序号	建筑类型	建筑高度	消防水箱有效储水容积
1	一类高层交通客运站建筑（建筑高度大于50m的高层交通客运站；候车厅、候船厅建筑面积大于500m^2的高层交通客运站）	小于或等于100m	不应小于36m^3，可按36m^3
2	二类高层交通客运站建筑（建筑高度小于或等于50m且候车厅、候船厅建筑面积小于或等于500m^2的高层交通客运站）		不应小于18m^3，可按18m^3
3	多层交通客运站建筑		

2. 消防水箱设置位置

交通客运站建筑消防水箱设置位置应满足以下要求，见表11-22。

消防水箱设置位置要求表　　　　　　　　　表 11-22

序号	消防水箱设置位置要求	备注
1	位于所在建筑的最高处	通常设在屋顶消防水箱间内
2	应该独立设置	不与其他设备机房,如屋顶太阳能热水机房、热水箱间等合用
3	应避免对下方楼层房间的影响	其下方不应是休息区(室)、办公室、会议室、电气类技术设备用房等,可以是库房、卫生间等辅助房间或公共区域
4	不宜超出机房层高度过多、影响建筑效果	消防水箱间内配置消防稳压装置

3. 高位消防水箱尺寸

消防水箱宜为装配式方形水箱,其尺寸宜为 1.0m 或 0.5m 的倍数,推荐尺寸参见表1-212。

4. 高位消防水箱材质

常用材质为不锈钢板、热浸锌镀锌钢板、玻璃钢板、钢筋混凝土等,不锈钢板最常见。

5. 高位消防水箱配管

高位消防水箱配管及管径确定,参见表 1-213。

6. 消防水箱水位

消防水箱各水位指标确定方法及取值经验值,参见表 1-214。

7. 高位消防水箱布置

高位消防水箱四周净距要求,参见表 1-215。

8. 消防水箱防冻

消防水箱及相应管道保温材料及厚度,参见表 1-216。

11.5.6 消防稳压装置

1. 消防稳压泵

(1) 设计流量

消火栓稳压泵设计流量,参见表 1-217。

自动喷水灭火稳压泵设计流量,参见表 1-218;结合一只标准喷头的流量,自动喷水灭火稳压泵常规设计流量取 1.33L/s。

(2) 设计压力

当消防稳压泵设置于高位消防水箱间内时,稳压泵的启泵压力 P_1 可取 0.15~0.20MPa,停泵压力 P_2 可取 0.20~0.25MPa;当消防稳压泵设置于低位消防水泵房内时,P_1 按公式(1-62)确定,P_2 按公式(1-63)确定。

(3) 消防稳压泵选型

消火栓稳压泵设计流量为稳压泵流量确定依据。

消防稳压泵停泵压力(P_2)值附加 0.03~0.05MPa 后,为稳压泵扬程确定依据。

2. 气压水罐

消火栓稳压装置、自动喷水灭火稳压装置均采用 150L 有效储水容积气压水罐;合用消防稳压装置采用 300L 有效储水容积气压水罐。

3. 管道、阀门、附件等

消防稳压泵吸水管管径、出水管管径，参见表 1-219。每套消防稳压泵通常为 2 台，1 用 1 备。

11.5.7 消防水泵接合器

1. 设置范围

对于室内消火栓系统，6 层及以上的交通客运站建筑；地下、半地下交通客运站建筑附设汽车库应设置消防水泵接合器。

交通客运站建筑消火栓系统消防水泵接合器配置，参见表 1-220。

交通客运站建筑自动喷水灭火系统等自动水灭火系统应分别设置消防水泵接合器。

2. 技术参数

交通客运站建筑消防水泵接合器数量，参见表 1-221。

3. 安装形式

交通客运站建筑消防水泵接合器安装形式选择，参见表 1-222。

4. 设置位置

同种水泵接合器不宜集中布置，不同种类、分区、功能的水泵接合器宜成组布置，且应设在室外便于消防车使用和接近的地方，且距室外消火栓或消防水池的距离不宜小于 15m，并不宜大于 40m，距人防工程出入口不宜小于 5m。

11.5.8 消火栓系统给水形式

1. 室外消火栓给水系统

汽车客运站的停车场和发车位应设室外消火栓，还应设置适用于扑灭汽油、柴油、燃气等易燃物质燃烧的消防设施。

当市政给水管网不满足直接供给室外消火栓给水系统时，交通客运站建筑应采用临时高压室外消火栓给水系统，通常在消防水泵房内独立设置室外消火栓给水泵组、室外消火栓稳压装置。

交通客运站建筑室外消火栓给水泵组一般设置 2 台，1 用 1 备，泵组设计流量为本建筑室外消防设计流量（15L/s、20L/s、25L/s、30 L/s、40 L/s），设计扬程应保证室外消火栓处的栓口压力（0.20~0.30MPa）。泵组出水管及吸水管管径，参见表 1-223。

室外消火栓给水管网管径，参见表 1-224，管网应环状布置，单独成环。

2. 室内消火栓给水系统

交通客运站建筑室内消火栓给水系统常采用临时高压消火栓给水系统。

3. 室内消火栓系统分区供水

交通客运站建筑室内消火栓给水系统通常竖向为 1 个区。交通客运站建筑消火栓给水管网应在横向、竖向上连成环状。消火栓供水横干管宜分别沿最高层和最底层顶板下敷设。

典型交通客运站建筑室内消火栓系统原理图，参见图 4-4。

11.5.9 消火栓系统类型

1. 系统分类

交通客运站建筑的室外消火栓系统宜采用湿式消火栓系统。

2. 室外消火栓

严寒、寒冷等冬季结冰地区交通客运站建筑室外消火栓应采用干式消火栓；其他地区宜采用地上式消火栓。

建筑室外消火栓的数量应根据室外消火栓设计流量和保护半径经计算确定，保护半径不应大于150.0m，间距不应大于120.0m，每个室外消火栓的出流量宜按10~15 L/s计算。通常根据建筑物平面布局在建筑物四个角附近绿地设置室外消火栓，根据邻近两个消火栓之间距离合理增设消火栓。

3. 室内消火栓

交通客运站建筑的各区域各楼层均应布置室内消火栓保护；交通客运站建筑中不能采用自动喷水灭火系统保护的计算机室、消防控制室、变配电室、发电机房、网络机房、弱电机房、UPS机房等场所亦应由室内消火栓保护。

交通客运站建筑室内消火栓宜设在候乘厅、售票厅的主要入口，行包用房、站务用房、服务用房、出境入境用房、管理用房、业务用房、附属用房的主要公共走道及靠近楼梯的明显位置。

交通客运站建筑应设置消防软管卷盘或轻便消防水龙。

室内消火栓的布置应满足同一平面有2支消防水枪的2股充实水柱同时达到任何部位。

表11-23给出了交通客运站建筑室内消火栓的布置方法。

交通客运站建筑室内消火栓布置方法表 表11-23

序号	室内消火栓布置方法	注意事项
1	布置在楼梯间、前室等位置	楼梯间、前室的消火栓宜暗设并采取墙体保护措施；箱体及立管不应影响楼梯门、电梯门开启使用
2	布置在行包用房、站务用房、服务用房、出境入境用房、管理用房、业务用房、附属用房的公共走道两侧，箱体开门朝向公共走道	应暗设；优先沿辅助房间（库房、卫生间等）的墙体安装
3	布置在集中区域内部公共空间内	可在朝向公共空间房间的外墙上暗设；应避免消火栓消防水带穿过多个房间门到达保护点
4	特殊区域如车库、候乘厅、售票厅等场所，应根据其平面布局布置	候乘厅、售票厅处消火栓宜沿空间周边房间外墙布置；车库内消火栓宜沿车行道布置，可沿柱子明设

注：1. 室内消火栓不应跨防火分区布置；
  2. 室内消火栓应按其实际行走距离计算其布置间距，交通客运站建筑室内消火栓布置间距宜为20.0~25.0m，不应小于5.0m。

11.5.10 消火栓给水管网

1. 室外消火栓给水管网

交通客运站建筑室外消火栓给水管网应采用环状给水管网。向室外消火栓给水管网供水的输水干管不应少于2条。

2. 室内消火栓给水管网

交通客运站建筑室内消火栓给水管网应采用环状给水管网，有2种主要管网型式，见

表 11-24。室内消火栓给水管网在横向、竖向均宜连成环状。

室内消火栓给水管网主要管网型式表　　　　　　　表 11-24

序号	管网型式特点	适用情形	具体部位	备注
型式 1	消防供水干管沿建筑竖向垂直敷设，配水干管沿每一层顶板下或吊顶内横向水平敷设，配水干管上连有消火栓	各楼层竖直上下层消火栓位置差别较大或横向连接管长度较大的区域；地下车库	建筑内走道、楼梯间、电梯前室；候乘厅、售票厅；办公室、会议室、餐厅等房间外墙；车库、机房等	主要型式
型式 2	消防供水干管沿建筑最高处、最低处横向水平敷设，配水干管沿竖向垂直敷设，配水干管上连有消火栓	各楼层竖直上下层消火栓位置基本一致和横向连接管长度较小的区域	建筑内走道、楼梯间、电梯前室；办公室、会议室、餐厅等房间外墙	辅助型式

注：不能敷设消火栓给水管道的场所包括高低压配电室、网络机房、消防控制室等电气类房间。

室内消火栓给水管网型式 1 参见图 1-13，型式 2 参见图 1-14。

交通客运站建筑室内消火栓给水管网的环状干管管径，参见表 1-229；室内消火栓竖管管径可按 $DN100$。

3. 系统阀门

室内消火栓系统阀门设置，参见表 1-230。

埋地管道的阀门宜采用带启闭刻度的球墨铸铁暗杆闸阀。室内架空管道的阀门宜采用蝶阀、明杆闸阀或带启闭刻度的暗杆闸阀等。

4. 系统给水管网管材

交通客运站建筑室外消火栓给水管绝大多数采用直埋敷设方式。埋地消火栓给水管道宜采用球墨铸铁管或钢丝网骨架塑料复合管给水管道。

交通客运站建筑室内消火栓给水管管材选择，参见表 1-231。

薄壁不锈钢管（S11163）、镀锌镍碳钢管等新型优质管道，在交通客运站建筑室内消火栓系统中均得到更多的应用，未来会逐步替代传统钢管。

11.5.11　消火栓系统计算

1. 消火栓水泵选型计算

交通客运站建筑室内消火栓水泵流量与室内消火栓设计流量一致；消火栓水泵扬程，按公式（1-64）计算。根据消火栓水泵流量和扬程选择消火栓水泵。

2. 消火栓计算

室内消火栓的保护半径，按公式（1-65）计算；消火栓栓口处所需水压，按公式（1-66）计算。

高层交通客运站建筑消防水枪充实水柱应按 13m 计算；多层交通客运站建筑消防水枪充实水柱应按 10m 计算。

高层交通客运站建筑消火栓栓口动压不应小于 0.35MPa；多层交通客运站建筑消火栓栓口动压不应小于 0.25MPa。

3. 消火栓系统压力计算

消火栓系统的设计工作压力，按公式（1-67）计算。通常以设计工作压力确定消火栓水泵扬程。

11.6 自动喷水灭火系统

11.6.1 自动喷水灭火系统设置

一类高层交通客运站建筑（建筑高度大于 50m 的高层交通客运站；候车厅、候船厅建筑面积大于 $500m^2$ 的高层交通客运站）及其地下、半地下室；二类高层交通客运站建筑（建筑高度小于或等于 50m 且候车厅、候船厅建筑面积小于或等于 $500m^2$ 的高层交通客运站）及其地下、半地下室中的公共活动用房、走道、办公室、可燃物品库房；设置具有送回风道（管）系统的集中空气调节系统且总建筑面积大于 $3000m^2$ 的单、多层交通客运站建筑；交通客运站建筑附设的地下车库应设置自动喷水灭火系统。

交通客运站建筑若根据规范规定设置自动喷水灭火系统，其设置的具体场所见表11-25。

设置自动喷水灭火系统的具体场所表　　　　　　表 11-25

序号	设置自动喷水灭火系统的区域		具体场所
1	站房	候乘厅	包括非高大空间普通候乘厅、重点旅客候乘厅等
		售票用房	包括售票厅、票务用房（售票室）等
		行包用房	包括行包托运厅、行包提取厅、行包仓库和业务办公室、工作人员休息室、牵引车库等
		站务用房	包括服务人员更衣室与值班室、广播室、补票室、调度室、客运办公用房、公安值班室、站长室、客运值班室、会议室等
		服务用房	包括问讯台（室）、小件寄存处、自助存包柜、邮政、电信、医务室、商业服务设施、厕所和盥洗室等
		附属用房	包括非电气类设备用房、维修用房、洗车台、司乘休息室和职工浴室、食堂、仓库等
2	国际港口客运用房		包括出境、入境用房（包括售票、换票、候检、联检、签证、行包和其他服务用房等）、管理用房（客运站营运公司用房、物业用房等）和驻站业务用房（包括边防、检验检疫、海关、海事、公安、船运公司等业务用房）和服务厅房（商业零售、餐饮、小件寄存、邮电、银行、免税店、厕所和盥洗室等）等

候乘厅自动扶梯底部应设置自动喷水灭火系统。

表 11-26 为交通客运站建筑内不宜用水扑救的场所。

不宜用水扑救的场所一览表　　　　　　表 11-26

序号	不宜用水扑救的场所	自动灭火措施
1	售票用房：票据室	气体灭火系统
2	行包用房：计算机室、票据室	
3	电气类设备用房：变配电室、弱电机房、发电机房等	
4	电气类设备用房：消防控制室	不设置

交通客运站建筑自动喷水灭火系统类型选择，参见表 1-245。

典型交通客运站建筑自动喷水灭火系统原理图，参见图 4-5。

交通客运站建筑中的地下车库火灾危险等级按中危险级Ⅱ级确定；其他场所火灾危险等级均按中危险级Ⅰ级确定。

11.6.2 自动喷水灭火系统设计基本参数

交通客运站建筑自动喷水灭火系统设计参数，按表 1-246 规定。

交通客运站建筑高大空间场所设置湿式自动喷水灭火系统设计参数，按表 11-27 规定。

高大空间场所湿式自动喷水灭火系统设计参数表　　　　表 11-27

适用场所	最大净空高度 h（m）	喷水强度 [L/(min·m²)]	作用面积（m²）	喷头间距 S（m）
候乘厅、售票厅	$8<h\leqslant 12$	12	160	$1.8\leqslant S\leqslant 3.0$
	$12<h\leqslant 18$	15		

注：当民用建筑高大空间场所的最大净空高度为 $12m<h\leqslant 18m$ 时，应采用非仓库型特殊应用喷头。

若交通客运站建筑地下室中附属的库房认定为堆垛储物仓库，其自动喷水灭火系统设计参数，按表 1-247 规定。

自动喷水灭火系统的持续喷水时间，应按火灾延续时间不小于 1h 确定。

11.6.3 洒水喷头

设置自动喷水灭火系统的交通客运站建筑内各场所的最大净空高度通常不大于 8m。

交通客运站建筑自动喷水灭火系统喷头公称动作温度宜相比环境温度高 30℃，参见表 4-54。

交通客运站建筑自动喷水灭火系统喷头种类选择，见表 11-28。

交通客运站建筑自动喷水灭火系统喷头种类选择表　　　　表 11-28

序号	火灾危险等级	设置场所	喷头种类
1	中危险级Ⅱ级	地下车库	直立型普通喷头
2	中危险级Ⅰ级	交通客运站建筑内非高大空间候乘厅、售票厅、办公室、会议室等设有吊顶场所	吊顶型或下垂型普通或快速响应喷头
3		库房、非电气类设备机房等无吊顶场所	直立型普通或快速响应喷头

注：基于交通客运站建筑火灾特点和重要性，交通客运站建筑中危险级Ⅰ级对应场所中的非高大空间候乘厅、售票厅自动喷水灭火系统洒水喷头宜全部采用快速响应喷头。

每种型号的备用喷头数量按此种型号喷头数量总数的 1% 计算，并不得少于 10 只。

交通客运站建筑中自动喷水灭火系统直立型、下垂型喷头的布置间距，不应大于表 1-250 的规定，且不宜小于 2.4m。

交通客运站建筑常用普通玻璃球闭式喷头规格型号，参见表 1-252。

11.6.4 自动喷水灭火系统管道

1. 管材

交通客运站建筑自动喷水灭火系统给水管管材，参见表 1-254。

薄壁不锈钢管（S11163）、氯化聚氯乙烯（PVC-C）管、镀锌镍碳钢管等新型优质管道，在交通客运站建筑自动喷水灭火系统中均得到更多的应用，未来会逐步替代传统钢管。

交通客运站建筑中，除汽车停车库外其他中危险级Ⅰ级对应场所自动喷水灭火系统公称直径≤DN80的配水管（支管）均可采用氯化聚氯乙烯（PVC-C）管材及管件。

2. 管径

交通客运站建筑自动喷水灭火系统的配水管道管径可根据表1-255中数据进行确定。

3. 管网敷设

交通客运站建筑自动喷水灭火系统配水干管宜沿非高大空间候乘厅、售票厅内，行包用房、站务用房、出境入境用房、管理和驻站业务用房、服务用房、附属用房的公共走廊敷设，候乘厅、售票厅内，行包用房、站务用房、出境入境用房、管理和驻站业务用房、服务用房、附属用房走廊两侧房间内的配水支管就近连接到配水干管上。走廊内布置的喷头就近接至排水支管后再接至配水干管。单个喷头不应直接接至管径大于或等于DN100的配水干管。

交通客运站建筑自动喷水灭火系统配水管网布置步骤，见表11-29。

自动喷水灭火系统配水管网布置步骤表　　　　　　表11-29

序号	配水管网布置步骤
步骤1	根据交通客运站建筑的防火性能确定自动喷水灭火系统配水管网的布置范围
步骤2	在每个防火分区内应确定该区域自动喷水灭火系统配水主干管或主立管的位置或方向
步骤3	自接入点接入后，可确定主要配水管的敷设位置和方向
步骤4	自末端房间内的自动喷水灭火系统配水支管就近向配水管连接
步骤5	每个楼层每个防火分区内配水管网布置均按步骤1～步骤4进行

自动喷水灭火系统每个喷头与配水支管连接的短立管管径通常采用25mm；末端试水装置或试水阀的连接管管径通常采用25mm。

11.6.5 水流指示器

除报警阀组控制的喷头只保护不超过防火分区面积的同层场所外，交通客运站建筑每个防火分区、每个楼层均应设水流指示器；当整个场所需要设置的喷头数不超过1个报警阀组控制的喷头数时，可不设置水流指示器；每个防火分区应设置一个水流指示器，位置可设在本防火分区系统配水管网的起始端，亦可集中设置于各个防火分区配水干管分叉处。

水流指示器上游端应设置信号阀，其型号规格，参见表1-257。

水流指示器与所在配水干管同管径，其型号规格，参见表1-258。

11.6.6 报警阀组

交通客运站建筑消防系统报警阀组主要采用湿式水力报警阀组，一定条件下采用预作用报警阀组。

交通客运站建筑自动喷水灭火系统报警阀组的数量取决于：整个建筑中设置喷头的总数量；每个防火分区内设置喷头的数量；每个报警阀组控制的喷头数。一个报警阀组控制的喷头数不宜超过800只，设计中可适当超过800只。

喷头均衡组合遵循的原则，参见表 1-259。

交通客运站建筑自动喷水灭火系统报警阀组通常设置在消防水泵房，设置位置方案，参见表 1-260。

报警阀组宜设在安全及易于操作的地点，报警阀距地面的高度宜为 1.2m；宜沿墙体集中布置，相邻报警阀组的间距不宜小于 1.5m，不应小于 1.2m；报警阀组处应设有排水设施，排水管管径不应小于 $DN100$。

表 1-261 为常用湿式报警阀装置型号规格；表 1-262 为常见预作用报警阀装置型号规格；报警阀组压力开关主要技术参数，参见表 1-263；报警阀组前后管道设置，参见表 1-264。

交通客运站建筑自动喷水灭火系统减压阀设置方式，参见表 1-265。

减压孔板作为一种减压部件，可辅助减压阀使用。

11.6.7 自动喷水灭火系统水泵接合器

自动喷水灭火系统管网上应设置水泵接合器，交通客运站建筑自动喷水灭火系统消防水泵接合器数量，参见表 1-266。

自动喷水灭火系统水泵接合器宜设置在靠近消防水泵房的室外；常规做法是将多个 $DN150$ 水泵接合器并联起来，由 1 根 $DN150$ 供水管道接至系统供水泵组出水干管上，连接位置位于报警阀组前。

11.6.8 消防水箱设计

高位消防水箱、自动喷水灭火稳压装置设计参见消火栓系统相关内容。

11.6.9 自动喷水灭火系统压力计算

自动喷水灭火系统的设计工作压力，按公式（1-68）计算。

自动喷水灭火给水泵扬程通常按照自动喷水灭火系统的设计工作压力值确定。

自动喷水灭火给水系统压力管道水压强度试验的试验压力（$H_{试验}$）的基准指标，参见表 1-267。

11.7 灭火器系统

11.7.1 灭火器配置场所火灾种类

交通客运站建筑灭火器配置场所的火灾种类，见表 11-30。

灭火器配置场所的火灾种类表　　　　　　表 11-30

序号	火灾种类	灭火器配置场所
1	A 类火灾（固体物质火灾）	交通客运站建筑内绝大多数场所，如候乘厅、售票厅、行包用房、站务用房、出境入境用房、管理和驻站业务用房、服务用房、非电气类附属用房等
2	B 类火灾（液体火灾或可熔化固体物质火灾）	交通客运站建筑内附设车库
3	E 类火灾（物体带电燃烧火灾）	交通客运站建筑内附设电气房间，如高低压配电间、弱电机房等

11.7.2 灭火器配置场所危险等级

交通客运站建筑灭火器配置场所的危险等级分为严重危险级、中危险级和轻危险级3级，危险等级举例，见表11-31。

交通客运站建筑灭火器配置场所的危险等级举例　　　　表11-31

危险等级	举例
严重危险级	建筑面积在500m^2及以上的车站和码头的候车（船）室、行李房
严重危险级	配建充电基础设施（充电桩）的车库区域
中危险级	建筑面积在500m^2以下的车站和码头的候车（船）室、行李房
中危险级	设有集中空调、电子计算机、复印机等设备的办公室
中危险级	民用燃油、燃气锅炉房
中危险级	民用的油浸变压器室和高、低压配电室
中危险级	配建充电基础设施（充电桩）以外的车库区域
轻危险级	日常用品小卖店
轻危险级	未设集中空调、电子计算机、复印机等设备的普通办公室

注：交通客运站建筑室内强电间、弱电间；屋顶排烟机房内每个房间均应设置2具手提式磷酸铵盐干粉灭火器。

11.7.3 灭火器选择

交通客运站建筑灭火器配置场所的火灾种类通常涉及A类、B类、E类火灾，通常配置灭火器时选择磷酸铵盐干粉灭火器。

消防控制室、计算机房、配电室等部位配置灭火器宜采用气体灭火器，通常采用二氧化碳灭火器。

11.7.4 灭火器设置

交通客运站建筑中设置的手提式灭火器，通常和室内消火栓同位置设置，放置于室内消火栓箱体下部。独立设置的手提式或推车式灭火器通常放置于所保护区域的公共走道、门口或房间内靠近公共通道出入口处。灭火器设置点应均衡布置。

设置在A类火灾场所的灭火器，其最大保护距离应符合表1-274的规定。

灭火器最大保护距离为灭火器与起火点之间最大的行走距离。交通客运站建筑中的地下车库区域、建筑中大间套小间区域、房间中间隔着走道区域等场所，常需要增加灭火器配置点。地下车库区域增设的灭火器宜靠近相邻2个室内消火栓中间的位置，并宜沿车库墙体或柱子布置。

设置在B类火灾场所的灭火器，其最大保护距离应符合表1-275的规定。

交通客运站建筑中E类火灾场所中的高低压配电间、网络机房等场所，灭火器配置宜按B类火灾场所灭火器最大保护距离要求进行。面积较大的交通客运站建筑变配电室，需要在变配电室内增设灭火器。

11.7.5 灭火器配置

A类火灾场所灭火器的最低配置基准，应符合表1-276的规定。

交通客运站建筑灭火器 A 类火灾场所配置基准可按照灭火器最低配置基准，即：严重危险级按照 3A；中危险级按照 2A；轻危险级按照 1A。

B 类火灾场所灭火器的最低配置基准，应符合表 1-277 的规定。

交通客运站建筑灭火器 B 类火灾场所配置基准可按照灭火器最低配置基准，即：严重危险级按照 89B；中危险级按照 55B。

E 类火灾场所的灭火器最低配置基准不应低于该场所内 A 类（或 B 类）火灾的规定。

11.7.6 灭火器配置设计计算

交通客运站建筑内每个灭火器设置点灭火器数量通常以 2～4 具为宜。

灭火器计算单元最小需配灭火级别，按公式（1-69）计算。

灭火器计算单元中每个灭火器设置点最小需配灭火级别，按公式（1-70）计算。

11.7.7 灭火器类型及规格

交通客运站建筑灭火器配置设计中常用的灭火器类型及规格，见表 1-279。

11.8 气体灭火系统

11.8.1 气体灭火系统应用场所

交通客运站建筑中适合采用气体灭火系统的场所包括售票用房中的票据室，行包用房中的计算机室、票据室，电气类设备用房中的变配电室、弱电机房、发电机房等。

目前交通客运站建筑中最常用七氟丙烷（HFC-227ea）气体灭火系统和 IG541 混合气体灭火系统。

11.8.2 七氟丙烷气体灭火系统设计参数

七氟丙烷灭火剂主要技术性能参数，参见表 1-281。

无管网七氟丙烷气体自动灭火装置技术参数、规格等，参见表 1-282～表1-284。

交通客运站建筑中采用七氟丙烷气体灭火保护时，各防护区设计灭火浓度，参见表3-70。

11.8.3 气体灭火设计用量计算

七氟丙烷气体灭火设置场所设计用量，按公式（1-71）计算。

七氟丙烷设计用量，按公式（2-28）计算；七氟丙烷设计容积，按公式（2-29）计算。

每个防护区内无管网七氟丙烷气体灭火装置的布置应做到均匀。

IG541 混合气体灭火防护区灭火设计用量或惰化设计用量，按公式（1-74）计算。

IG541 灭火剂气体在 101kPa 大气压和防护区最低环境温度下的质量体积，按公式（1-75）计算。

IG541 混合气体灭火系统灭火剂储存量，应为防护区灭火设计用量及系统灭火剂剩余量之和，系统灭火剂剩余量按公式（1-76）计算。

11.8.4　IG541混合气体灭火系统管网计算

IG541混合气体灭火系统管道流量宜采用平均设计流量。

系统主干管、支管的平均设计流量，按公式（1-77）、公式（1-78）计算。

管道内径按公式（1-79）计算。

灭火剂释放时，管网应进行减压。减压装置宜采用减压孔板，宜设在系统的源头或干管入口处。减压孔板前的压力，按公式（1-80）计算；减压孔板后的压力，按公式（1-81）计算；减压孔板孔口面积，按公式（1-82）计算。

系统的阻力损失宜从减压孔板后算起，并按公式（1-83）计算。

IG541混合气体灭火系统的喷头工作压力的计算结果，应符合：一级充压（15.0MPa）系统，$P_c \geqslant 2.0$MPa（绝对压力）；二级充压（20.0MPa）系统，$P_c \geqslant 2.1$MPa（绝对压力）。

喷头等效孔口面积，按公式（1-84）计算。

11.8.5　防护区泄压口

气体灭火系统防护区应设置泄压口。七氟丙烷气体灭火系统防护区泄压口面积按系统设计规定计算，按公式（1-85）计算；IG541混合气体灭火系统防护区泄压口面积按系统设计规定计算，宜按公式（1-86）计算。

七氟丙烷气体灭火系统的泄压口应位于防护区净高的2/3以上。对于设置吊顶场所，泄压口通常设置在吊顶（梁）下，泄压口顶面紧贴吊顶（梁）或吊顶（梁）下100mm。

不同规格无管网七氟丙烷气体灭火装置与泄压口尺寸的对照表，参见表1-288。

防护区设置的泄压口，宜设在外墙上，无外墙时应设置在朝向公共建筑公共区域（走道）的内墙上。每个防护区根据需要可设置1个或多个泄压口。

11.9　高压细水雾灭火系统

交通客运站建筑中不宜用水扑救的部位（即采用水扑救后会引起爆炸或重大财产损失的场所）可以采用高压细水雾灭火系统灭火。

交通客运站建筑中适合采用高压细水雾灭火系统的场所包括售票用房中的票据室，行包用房中的计算机室、票据室，电气类设备用房中的变配电室、弱电机房、发电机房等。交通客运站建筑中当此类场所较少时，宜采用气体灭火系统；当此类场所较多时，可采用高压细水雾灭火系统，设计方法参见4.9节。

11.10　自动跟踪定位射流灭火系统

根据规范要求需要设置自动喷水灭火系统，难以设置自动喷水灭火系统的交通客运站建筑高大空间场所，如候乘厅、售票厅等，应设置其他自动灭火系统，并宜采用自动跟踪定位射流灭火系统，设计方法参见4.10节。

11.11 中水系统

交通客运站建筑建设中水设施,应结合建筑所在地区的不同特点,满足当地政府部门的有关规定。建筑面积大于30000m²或回收水量大于100m³/d的交通客运站建筑,宜建设中水设施。

11.11.1 中水原水

1. 中水原水种类

交通客运站建筑中水原水可选择的种类及选取顺序,见表11-32。

交通客运站建筑中水原水可选择的种类及选取顺序表　　　表 11-32

序号	中水原水种类	备注
1	交通客运站建筑内职工公共浴室淋浴等的废水排水;公共卫生间的废水排水	最适宜
2	交通客运站建筑内公共卫生间的盥洗废水排水	适宜
3	交通客运站建筑空调循环冷却水系统排水	适宜
4	交通客运站建筑空调水系统冷凝水	适宜
5	交通客运站建筑附设厨房、食堂、餐厅、快餐店废水排水	不适宜
6	交通客运站建筑内公共卫生间的冲厕排水	最不适宜

2. 中水原水量

交通客运站建筑中水原水量按公式(11-6)计算:

$$Q_Y = \Sigma \beta \cdot Q_{pj} \cdot b \tag{11-6}$$

式中　Q_Y——交通客运站建筑中水原水量,m³/d;
　　　β——交通客运站建筑按给水量计算排水量的折减系数,一般取0.85~0.95;
　　　Q_{pj}——交通客运站建筑平均日生活给水量,按《节水标》中的节水用水定额(参见表11-5)计算确定,m³/d;
　　　b——交通客运站建筑分项给水百分率,应以实测资料为准,当无实测资料时,可按表11-33选取。

交通客运站建筑分项给水百分率表　　　表 11-33

项目	冲厕	厨房	沐浴	盥洗	总计
办公给水百分率(%)	60~66	—	—	40~34	100
职工公共浴室给水百分率(%)	2~5	—	98~95	—	100
职工食堂给水百分率(%)	6.7~5	93.3~95	—	—	100

交通客运站建筑用作中水原水的水量宜为中水回用水量的110%~115%。

3. 中水原水水质

交通客运站建筑中水原水水质应以类似建筑的实测资料为准;当无实测资料时,交通客运站建筑排水的污染物浓度可按表11-34确定。

交通客运站建筑排水污染物浓度表　　　　　　　　表 11-34

类别	项目	冲厕	厨房	沐浴	盥洗	综合
办公	BOD_5 浓度（mg/L）	260～340	—	—	90～110	195～260
	COD_{Cr} 浓度（mg/L）	350～450	—	—	100～140	260～340
	SS 浓度（mg/L）	260～340	—	—	90～110	195～260
职工公共浴室	BOD_5 浓度（mg/L）	260～340	—	45～55	—	50～65
	COD_{Cr} 浓度（mg/L）	350～450	—	110～120	—	115～135
	SS 浓度（mg/L）	260～340	—	35～55	—	40～65
职工食堂	BOD_5 浓度（mg/L）	260～340	500～600	—	—	490～590
	COD_{Cr} 浓度（mg/L）	350～450	900～1100	—	—	890～1075
	SS 浓度（mg/L）	260～340	250～280	—	—	255～285

注：综合是对包括以上四项生活排水的统称。

11.11.2 中水利用与水质标准

1. 中水利用

交通客运站建筑中水原水主要用于城市杂用水和景观环境用水等。

交通客运站建筑中水利用率，可按公式（2-31）计算。

交通客运站建筑中水利用率应不低于当地政府部门的中水利用率指标要求。

当交通客运站建筑附近有可利用的市政再生水管道时，可直接接入使用。

2. 中水水质标准

交通客运站建筑中水水质标准要求，参见表 2-104。

11.11.3 中水系统

1. 中水系统形式

交通客运站建筑中水通常采用中水原水系统与生活污水系统分流、生活给水与中水给水分供的完全分流系统。

2. 中水原水系统

交通客运站建筑中水原水管道通常按重力流设计；当靠重力流不能直接接入时，可采取局部加压提升接入。

交通客运站建筑原水系统原水收集率不应低于本建筑回收排水项目给水量的 75%，可按公式（2-32）计算。

交通客运站建筑若需要食堂、餐厅的含油脂污水作为中水原水时，在进入原水收集系统前应经过除油装置处理。

交通客运站建筑中水原水应进行计量，可采用超声波流量计和沟槽流量计。

3. 中水处理系统

交通客运站建筑中水处理系统设计处理能力，可按公式（2-33）计算。

4. 中水供水系统

建筑中水供水系统必须独立设置。建筑中水不得用作交通客运站建筑生活饮用水水源。

交通客运站建筑中水系统供水量，可按照表11-4中的用水定额及表11-33中规定的百分率计算确定。

交通客运站建筑中水供水系统的设计秒流量和管道水力计算方法与生活给水系统一致，参见11.1.6节。

交通客运站建筑中水供水系统的供水方式宜与生活给水系统一致，通常采用变频调速泵组供水方式，水泵的选择参见11.1.7节。

交通客运站建筑中水供水系统的竖向分区宜与生活给水系统一致。当建筑周边有市政中水管网且管网流量压力均满足时，低区由市政中水管网直接供水；当建筑周边无市政中水管网时，低区由低区中水给水泵组自中水贮水池（箱）吸水后加压供水。

交通客运站建筑中水供水管道宜采用塑料给水管、钢塑复合管或其他具有可靠防腐性能的给水管材，不得采用非镀锌钢管。

交通客运站建筑中水贮存池（箱）设计要求，参见表2-105。

交通客运站建筑中水供水系统应安装计量装置，具体设置要求参见表3-14。

中水供水管道应采取防止误接、误用、误饮的措施。

5. 水量平衡

中水系统设计应进行中水原水量和用水量平衡计算。

交通客运站建筑中水用水量应根据不同用途用水量累加确定。

交通客运站建筑最高日冲厕中水用水量按照表11-4中的最高日用水定额及表11-33中规定的百分率计算确定。最高日冲厕中水用水量，可按公式（11-7）计算：

$$Q_C = \Sigma q_L \cdot F \cdot N / 1000 \qquad (11-7)$$

式中　Q_C——交通客运站建筑最高日冲厕中水用水量，m^3/d；

　　　q_L——交通客运站建筑给水用水定额，L/(人·d)；

　　　F——冲厕用水占生活用水的比例，%，按表11-33取值；

　　　N——使用人数，人。

交通客运站建筑相关功能场所冲厕用水量定额及小时变化系数，见表11-35。

交通客运站建筑冲厕用水量定额及小时变化系数表　　　　表11-35

类别	建筑种类	冲厕用水量[L/(人·d)]	使用时间(h/d)	小时变化系数	备注
1	车站、码头	1～2	8～16	1.5～1.2	—
2	办公	20～30	8～10	1.5～1.2	—
3	职工食堂	5～10	12	1.5～1.2	工作人员按办公楼设计

中水系统原水调节池（箱）调节容积，可按公式（2-35）、公式（2-36）计算。

中水贮存池（箱）容积，可按公式（2-37）、公式（2-38）计算。

当中水供水系统采用水泵-水箱联合供水时，水箱调节容积不得小于中水系统最大小时用水量的50%。

中水系统的总调节容积，包括原水调节池（箱）、中水处理工艺构筑物、中水贮存池（箱）及高位水箱等调节容积之和，不宜小于中水日处理量的100%。

11.11.4 中水处理工艺与处理设施

1. 中水处理工艺

交通客运站建筑通常采用的中水处理工艺，参见表 2-107。

2. 中水处理设施

交通客运站建筑中水处理设施及设计要求，参见表 2-108。

11.11.5 中水处理站

交通客运站建筑内的中水处理站设计要求，参见 2.11.5 节。

11.12 管道直饮水系统

11.12.1 水量、水压和水质

交通客运站建筑管道直饮水最高日直饮水定额（q_d），可按 0.2～0.4L/(人·d) 采用，亦可根据用户要求确定。

直饮水专用水嘴额定流量宜为 0.04～0.06L/s。

交通客运站建筑直饮水专用水嘴最低工作压力不宜小于 0.03MPa。

交通客运站建筑管道直饮水系统用户端的水质应符合现行行业标准《饮用净水水质标准》CJ/T 94 的规定。

11.12.2 水处理

交通客运站建筑管道直饮水系统应对原水进行深度净化处理。

水处理工艺流程的选择应依据原水水质，经技术经济比较确定。处理后的出水应符合现行行业标准《饮用净水水质标准》CJ/T 94 的规定。

深度净化处理应根据处理后的水质标准和原水水质进行选择，宜采用膜处理技术，参见表 1-333。

不同的膜处理应相应配套预处理、后处理、膜的清洗和水处理消毒灭菌设施，参见表 1-334。

深度净化处理系统排出的浓水宜回收利用。

11.12.3 系统设计

交通客运站建筑管道直饮水系统必须独立设置，不得与市政或建筑供水系统直接相连。

交通客运站建筑管道直饮水系统宜采取集中供水系统，一座建筑中宜设置一个供水系统。

交通客运站建筑常见的管道直饮水系统供水方式，参见表 1-335。

多层交通客运站建筑管道直饮水供水竖向不分区；高层交通客运站建筑管道直饮水供水应竖向分区，分区原则参见表 1-336。

交通客运站建筑管道直饮水系统类型，参见表 1-337。

交通客运站建筑管道直饮水系统设计应设循环管道，供、回水管网应设计为同程式。

交通客运站建筑管道直饮水系统通常采用全日循环，亦可采用定时循环，供、配水系统中的直饮水停留时间不应超过 12h。

交通客运站建筑管道直饮水系统回水宜回流至净水箱或原水水箱。回流到净水箱时，应在消毒设施前接入。

直饮水系统不循环的支管长度不宜大于 6m。

交通客运站建筑管道直饮水系统管道敷设要求，参见表 1-338。

交通客运站建筑管道直饮水系统管材及附件设置要求，参见表 1-339。

11.12.4 系统计算与设备选择

1. 系统计算

交通客运站建筑管道直饮水系统最高日直饮水量，应按公式（11-8）计算：

$$Q_d = N \cdot q_d \tag{11-8}$$

式中 Q_d——交通客运站建筑管道直饮水系统最高日饮水量，L/d；

N——交通客运站建筑管道直饮水系统所服务的人数，人；

q_d——交通客运站建筑最高日直饮水定额，L/(人·d)，取 0.2~0.4L/(人·d)。

交通客运站建筑的瞬时高峰用水量的计算应符合现行国家标准《建筑给水排水设计标准》GB 50015 的规定。交通客运站建筑瞬时高峰用水量，应按公式（1-94）计算。

交通客运站建筑瞬时高峰用水时水嘴使用数量，应按公式（1-95）计算。

瞬时高峰用水时水嘴使用数量 m 的确定，应按表 1-340（当水嘴数量 $n \leqslant 12$ 个时）、表 1-341（当水嘴数量 $n > 12$ 个时）选取。当 $np \geqslant 5$ 并且满足 $n(1-p) \geqslant 5$ 时，可按公式（1-96）简化计算。

水嘴使用概率应按公式（11-9）计算：

$$p = \alpha \cdot Q_d / (1800 \cdot n \cdot q_0) = 0.27 \cdot Q_d / (1800 \cdot n \cdot q_0) \tag{11-9}$$

式中 α——经验系数，交通客运站取 0.27。

定时循环时，循环流量可按公式（1-98）计算。

管道直饮水供、回水管道内水流速度宜符合表 1-342 的规定。

2. 设备选择

净水设备产水量可按公式（1-100）计算。

变频调速供水系统水泵设计流量应按公式（1-101）计算；水泵设计扬程应按公式（1-102）计算。

净水箱（槽）有效容积可按公式（1-103）计算；原水调节水箱（槽）容积可按公式（1-104）计算。

原水水箱（槽）的进水管管径宜按净水设备产水量设计，并应根据反洗要求确定水量。当进水管的供水能力满足预处理的流量和压力要求时，原水水箱（槽）可不设置。

11.12.5 净水机房

净水机房设计要求，参见表 1-343。

11.12.6 管道敷设与设备安装

管道直饮水管道敷设与设备安装设计要求，参见表 1-344。

11.13 给水排水抗震设计

交通客运站建筑给水排水管道抗震设计，参见 4.11 节。

11.14 给水排水专业绿色建筑设计

交通客运站建筑绿色设计，应根据交通客运站建筑所在地相关规定要求执行。新建交通客运站建筑应按照一星级或以上星级标准设计；政府投资或者以政府投资为主的交通客运站建筑、建筑面积大于 20000m² 的大型交通客运站建筑宜按照绿色建筑二星级或以上星级标准设计。交通客运站建筑二星级、三星级绿色建筑设计专篇，参见表 1-347。

第 12 章　铁路旅客车站建筑给水排水设计

铁路旅客车站建筑是为旅客办理客运业务，设有旅客乘降设施，并由车站广场、站房、站场客运建筑三部分组成整体的公共建筑。铁路旅客车站建筑分为客货共线铁路旅客车站建筑和客运专线铁路旅客车站建筑2种类型。铁路旅客车站建筑按站房与铁路线的平面关系，可分为线端式（尽头式）、线侧式（通过式）和混合式3类。

铁路旅客车站建筑的规模分类，见表12-1。

铁路旅客车站建筑规模分类表　　　　　　　　　表 12-1

客货共线铁路旅客车站建筑规模	最高聚集人数 H（人）	客运专线铁路旅客车站建筑规模	高峰小时发送量 pH（人）
特大型	$H \geqslant 10000$	特大型	$pH \geqslant 10000$
大型	$3000 \leqslant H < 10000$	大型	$5000 \leqslant pH < 10000$
中型	$600 < H < 3000$	中型	$1000 \leqslant pH < 5000$
小型	$H \leqslant 600$	小型	$pH < 1000$

铁路旅客车站建筑组成，见表12-2。

铁路旅客车站建筑组成表　　　　　　　　　表 12-2

序号	组 成			说　明
1	车站广场			包括站房平台、旅客车站专用场地、公交站点及绿化与景观用地等
2	站房	公共区	集散厅	包括进站集散厅（包括问询、邮政、电信等服务设施）、出站集散厅（包括电信、厕所等服务设施）
			候车区（室）	包括普通、软席、军人（团体）、无障碍候车区及贵宾候车室等
			售票用房	包括售票厅、售票室、票据室、办公室、进款室、总账室、订送票室、微机室、自动售票机等
			行李、包裹用房	包括行李托取处、行李和包裹库房、包裹用房（包括包裹库、包裹托取厅、办公室、票据室、总检室、装卸工休息室、牵引车库、微机室、拖车存放处）等
			旅客服务设施	包括问询处、小件寄存处、邮政服务设施、电信服务设施、商业服务设施（专为候车旅客服务的小型零售、餐饮、书报杂志等设施）、医务室、自助存包柜、自动取款机、饮水设施等
			旅客用厕所、盥洗间	包括男厕所、男盥洗间、女厕所、女盥洗间等
		设备区		包括通信、供电、供水、供气和暖通等设备的技术作业用房等
		办公区		包括客运值班室、交接班室、服务员室、检票员室、补票室、公安值班室、广播室、上水工室、开水间、清扫工具间以及生产用车停车场地，客运办公用房，职工生活用房（包括职工活动室、会议室、间休室、就餐间、更衣室、浴室、职工厕所、盥洗间）等
		国境（口岸）站房		包括客运设施（出入境候车室，行李、包裹托运处）、联检设施（车站边防检查站、海关办事处、出入境检验检疫机构、国家安全检查站和口岸联检办公业务用房及查验设施等）、出入境旅客服务设施（免税商店、货币兑换处、邮政、电信及世界时钟、旅游咨询、接待服务和小型餐饮等设施）
3	站场客运建筑			包括为客运服务的站台、雨篷、地道、天桥等建筑物，以及检票口、站台售货亭、站名牌等设施

铁路旅客车站建筑给水排水设计应符合现行国家标准《城市给水工程项目规范》GB 55026、《城乡排水工程项目规范》GB 55027、《建筑给水排水设计标准》GB 50015、《建筑防火通用规范》GB 55037、《消防设施通用规范》GB 55036、《建筑设计防火规范》GB 50016 和《消防给水及消火栓系统技术规范》GB 50974 等的规定。根据铁路旅客车站建筑的功能设置，其给水排水设计涉及的现行国家、行业标准为《铁路旅客车站建筑设计规范》GB 50226（2011 年版）、《铁路旅客车站设计规范》TB 10100、《铁路给水排水设计规范》TB 10010 和《铁路工程设计防火规范》TB 10063。铁路旅客车站建筑若设置中水系统，其设计涉及的现行国家标准为《建筑中水设计标准》GB 50336。铁路旅客车站建筑若设置管道直饮水系统，其设计涉及的现行行业标准为《建筑与小区管道直饮水系统技术规程》CJJ/T 110。

12.1 生活给水系统

12.1.1 用水量标准

1. 生活用水量标准

《铁路旅客车站建筑设计规范》GB 50226—2007（2011 年版）中铁路旅客车站建筑旅客生活用水定额，见表 12-3。

铁路旅客车站建筑旅客生活用水定额表　　　　表 12-3

建筑性质	生活用水定额（最高日）[L/(d·人)]	小时变化系数
客货共线	15～20	3.0～2.0
客运专线	3～4	3.0～2.5

注：旅客计算人数和用水量计算应符合现行国家标准《铁路给水排水设计规范》TB 10010 的有关规定。

客货共线铁路旅客车站内宜按 1～2L/(d·人) 设置饮水供应设备，客运专线铁路旅客车站内宜按 0.2～0.4L/(d·人) 设置饮水供应设备。饮水供应时间内的小时变化系数宜取为 1。

《铁路给水排水设计规范》TB 10010—2016 中铁路生活用水量指标，见表 12-4。

铁路生活用水量指标表　　　　表 12-4

序号	用水类别		单位	用水量指标	时变化系数
1	铁路旅客车站站房	客货共线铁路 生活给水量	L/(人·d)	15.0～20.0	3.0～2.0
		客货共线铁路 饮用水量	L/(人·d)	1.0～2.0	1.0
		高速、城际铁路 生活给水量	L/(人·d)	3.0～4.0	3.0～2.5
		高速、城际铁路 饮用水量	L/(人·d)	0.2～0.4	1.0
2	乘务员公寓		L/(床·d)	200.0～400.0	2.5～2.0
3	职工食堂		L/(人·d)	20.0～25.0	2.5～1.2
4	职工浴室		L/(人·d)	120.0～150.0	2.0～1.5

《水标》中铁路旅客车站建筑相关功能场所生活用水定额，见表 12-5。

铁路旅客车站建筑生活用水定额表　　　　　　　　　　　　　表 12-5

序号	建筑物名称		单位	生活用水定额 (L)		使用时数 (h)	最高日小时变化系数 K_h
				最高日	平均日		
1	办公	坐班制办公	每人每班	30～50	25～40	8～10	1.5～1.2
2	职工公共浴室	淋浴	每职工每次	100	70～90	12	2.0～1.5
3	餐饮业	快餐店、职工食堂	每顾客每次	20～25	15～20	12～16	1.5～1.2
4	停车库地面冲洗水		每平方米每次	2～3	3～3	6～16	1.0

注：1. 除注明外，均不含员工生活用水，员工最高日用水定额为每人每班 40～60L，平均日用水定额为每人每班 30～45L；
  2. 表中用水量标准为生活用水，包括生活用热水用水量和直饮水用量，也包括正常漏水量和间接用水量，如清洁用水在内；但不包括空调、采暖、水景绿化、场地和道路浇洒等用水；
  3. 计算铁路旅客车站建筑最高日最大时用水量时，某一类型生活用水定额、最高日小时变化系数（K_h）均为一个范围值时，生活用水定额取定额的最低值应对应选择最高日小时变化系数（K_h）的最大值；生活用水定额取定额的最高值应对应选择最高日小时变化系数（K_h）的最小值；生活用水定额取定额的中间值应对应选择最高日小时变化系数（K_h）的中间值（按内插法确定）；
  4. 站房内根据需要设置的小型商业服务设施生活用水定额应根据其使用性质确定。

《节水标》中铁路旅客车站建筑相关功能场所平均日生活用水节水用水定额，见表12-6。

铁路旅客车站建筑平均日生活用水节水用水定额表　　　　　表 12-6

序号	建筑物名称		单位	节水用水定额
1	办公	坐班制办公	L/(人·班)	25～40
2	职工公共浴室	淋浴	L/(人·次)	70～90
3	餐饮业	快餐店、职工食堂	L/(人·次)	15～20
4	停车库地面冲洗用水		L/(m²·次)	2～3

注：1. 除注明外均不含员工用水，员工用水定额每人每班 30～45L；
  2. 表中用水量包括热水用量在内，空调用水应另计；
  3. 选用用水定额时，可依据当地气候条件、水资源状况等确定，缺水地区应选择低值；
  4. 用水人数或单位数应以年平均值计算；
  5. 每年用水天数应根据使用情况确定。

2. 绿化浇灌用水量标准

铁路旅客车站建筑院区绿化浇灌最高日用水定额按浇灌面积 1.0～3.0L/(m²·d) 计算，通常取 2.0L/(m²·d)，干旱地区可酌情增加。

3. 浇洒道路用水量标准

铁路旅客车站建筑院区道路、广场浇洒最高日用水定额按浇洒面积 2.0～3.0L/(m²·d) 计算，亦可参见表 2-8。

4. 空调循环冷却水补水用水量标准

铁路旅客车站建筑空调循环冷却水补充水量，按公式（1-3）计算，亦可由暖通空调专业提供。

5. 汽车冲洗用水量标准

汽车冲洗用水量标准按 10.0～15.0L/(辆·次) 考虑。

6. 供暖锅炉补充水量

供暖锅炉补充水量由暖通空调、热能动力专业提供。

7. 给水管网漏失水量和未预见水量

这两项水量之和按上述 6 项用水量（第 1 项至第 6 项）之和的 8%～12%计算，通常按 10%计。

最高日用水量（Q_d）应为上述 7 项用水量（第 1 项至第 7 项）之和。

最大时用水量（Q_{hmax}）可按公式（1-4）计算。

铁路旅客车站建筑站房用水量可按公式（12-1）计算确定：

$$Q_z = \alpha \cdot H \cdot q_g \times 10^{-3} \tag{12-1}$$

式中 Q_z——铁路旅客车站站房用水量，m³/d；

α——用水不均匀系数，高速、城际铁路旅客车站可取 1.0～2.0，客货共线铁路旅客车站可取 2.0～3.0；

H——旅客最高聚集人数，人；

q_g——铁路旅客车站站房生活用水量指标，L/(人·d)，见表 12-4。

12.1.2 水质标准和防水质污染

1. 水质标准

铁路旅客车站建筑生活给水系统水质应符合现行国家标准《生活饮用水卫生标准》GB 5749 的要求。

2. 防水质污染

铁路旅客车站建筑防止水质污染常见的具体措施，参见表 2-9。

12.1.3 给水系统和给水方式

1. 铁路旅客车站建筑生活给水系统

典型的铁路旅客车站建筑生活给水系统原理图，参见图 4-1。

2. 铁路旅客车站建筑生活给水供水方式

铁路旅客车站建筑生活给水应尽量利用自来水压力，当自来水压力缺乏时，应设内部贮水箱，其贮备量按日用水量确定。

铁路旅客车站建筑生活给水供水方式，参见表 8-11。

3. 铁路旅客车站建筑生活给水系统竖向分区

铁路旅客车站建筑应根据建筑内功能的划分和当地供水部门的水量计费分类等因素，设置相应的生活给水系统，并应利用城镇给水管网的水压。

铁路旅客车站建筑生活给水系统竖向分区应根据的原则，参见表 3-7。

铁路旅客车站建筑生活给水系统竖向分区确定程序，见表 12-7。

生活给水系统竖向分区确定程序表　　　　　表 12-7

序号	竖向分区确定程序
1	根据铁路旅客车站建筑院区接入市政给水管网的最小工作压力确定由市政给水管网直接供水的楼层
2	根据市政给水直供楼层以上楼层的竖向建筑高度合理确定分区的个数及分区范围
3	根据需要加压供水的总楼层数，合理调整需要加压的各竖向分区，使其高度基本一致

通常铁路旅客车站建筑生活给水系统竖向分为 2 个区：低区为市政给水管网直供区；高区为变频给水泵组加压供水区。

4. 铁路旅客车站建筑生活给水系统形式

铁路旅客车站建筑生活给水系统通常采用下行上给式，设备管道设置方法参见表9-9。

12.1.4 管材及附件

1. 生活给水系统管材

铁路旅客车站建筑生活给水系统给水管道应选用耐腐蚀、安装连接方便可靠、符合国家现行有关产品标准要求及饮用水卫生要求的管材，常用管材包括薄壁不锈钢管、薄壁铜管、PVC-C（氯化聚氯乙烯）冷水用管、钢塑复合管、内衬不锈钢复合钢管、铝塑复合管等。

2. 生活给水系统阀门

铁路旅客车站建筑生活给水系统设置阀门的部位，参见表 4-7。

3. 生活给水系统止回阀

铁路旅客车站建筑生活给水系统设置止回阀的部位，参见表 4-8。

4. 生活给水系统减压阀

铁路旅客车站建筑配水横管静水压大于 0.20MPa 的楼层各分区内给水支管起端应设置减压阀，减压阀位置在阀门之后。

5. 生活给水系统水表

铁路旅客车站建筑给水系统的引入管上应设置水表。水表宜设置在室内便于抄表位置；在夏热冬冷地区及严寒地区，当水表设置于室外时，应采取可靠的防冻胀破坏措施。

铁路旅客车站建筑生活给水系统按分区域计量原则设置水表，生活给水系统设置水表的部位，参见表 3-14。

6. 生活给水系统其他附件

生活水箱的生活给水进水管上应设自动水位控制阀。

铁路旅客车站建筑生活给水系统设置过滤器的部位，参见表 2-19。

铁路旅客车站建筑内公共卫生间的洗手盆水嘴应采用非接触式或延时自闭式水嘴，通常采用感应式水嘴；小便斗、大便器应采用非手动开关。用水点非手动开关的型式，参见表 2-20。

铁路旅客车站建筑内旅客站房厕所和盥洗间的水龙头应采用卫生、节水型。

12.1.5 给水管道布置及敷设

1. 室外生活给水系统布置与敷设

铁路旅客车站建筑院区的室外生活给水管网应布置成环状管网，管径宜为 $DN150$。环状给水管网与市政给水管网的连接管不宜少于 2 条，引入管管径宜为 $DN150$、不宜小于 $DN100$。

铁路旅客车站建筑院区室外生活给水管道与其他地下管线及乔木之间的最小净距，参照表 1-25 规定。

2. 室内生活给水系统布置与敷设

铁路旅客车站建筑室内生活给水管道通常布置成支状管网，单向供水，宜沿室内公共区域敷设。铁路旅客车站建筑生活给水管道不应布置的场所，参见表2-21。

3. 室内给水管道防护

室内生活给水横干管、立管超过50m时，宜设伸缩补偿装置。

与人防工程功能无关的室内生活给水管道应避免穿越人防地下室，确需穿越时应在人防侧设置防护阀门，管道穿越处应设防护套管。

4. 生活给水管道保温

铁路旅客车站建筑设置屋顶贮水箱和敷设管道，在冬季不采暖而又有可能冰冻的地区，应采取防冻措施。敷设在有可能结冻的房间、地下室及管井、管沟等处的给水管道应有防冻措施。

屋顶水箱间内生活给水管道均需做保温，所有给水横管及管井内的给水立管均做防结露保温。室内满足防冻要求的管道可不做防结露保温。

给水管道保温材料厚度确定，参见表1-30、表1-31。

12.1.6 生活给水系统给水管网计算

1. 铁路旅客车站建筑院区室外生活给水管网

室外生活给水管网设计流量应按铁路旅客车站建筑院区生活给水最大时用水量确定。院区给水引入管的设计流量应按最大时用水量确定；当引入管为2条时，应保证当其中一条发生故障时，其余的引入管可以提供不小于70%的流量。

铁路旅客车站建筑院区室外生活给水管网管径宜采用$DN150$。

2. 铁路旅客车站建筑室内生活给水管网

采用市政给水管网直接供水时，给水引入管设计流量（Q_1）应按直供区生活给水设计秒流量计；采用生活水箱＋变频给水泵组供水时，给水引入管设计流量（Q_2）应按加压区生活水箱设计补水量计，设计补水量不得小于高区最高日平均时用水量，不宜大于最高日最大时用水量。

铁路旅客车站建筑内生活给水设计秒流量应按公式（12-2）计算：

$$q_g = 0.2 \cdot \alpha \cdot (N_g)^{1/2} = 0.6 \cdot (N_g)^{1/2} \tag{12-2}$$

式中　q_g——计算管段的给水设计秒流量，L/s；

　　　N_g——计算管段的卫生器具给水当量总数；

　　　α——根据铁路旅客车站建筑用途的系数，取3.0。

铁路旅客车站建筑生活给水设计秒流量计算，可参照表9-10。

铁路旅客车站建筑有自闭式冲洗阀时生活给水设计秒流量计算，可参照表1-33。

铁路旅客车站建筑职工公共浴室、职工食堂厨房等建筑生活给水管道的设计秒流量应按公式（12-3）计算：

$$q_g = \sum q_{g0} \cdot n_0 \cdot b_g \tag{12-3}$$

式中　q_g——铁路旅客车站建筑计算管段的给水设计秒流量，L/s；

q_{g0}——铁路旅客车站建筑同类型的一个卫生器具给水额定流量，L/s，可按表 7-10 采用；

n_0——铁路旅客车站建筑同类型卫生器具数；

b_g——铁路旅客车站建筑卫生器具的同时给水使用百分数；铁路旅客车站建筑职工浴室内的淋浴器和洗脸盆按表 4-12 选用，职工食堂厨房的设备按表 4-13 选用。

3. 铁路旅客车站建筑内卫生器具给水当量

铁路旅客车站建筑用水器具和配件应采用节水性能良好、坚固耐用，且便于管理维修的产品。

铁路旅客车站建筑应采用符合现行行业标准《节水型生活用水器具》CJ/T 164 规定的节水型卫生器具，宜选用用水效率等级不低于 3 级的用水器具。

铁路旅客车站建筑常见卫生器具的给水额定流量、给水当量、连接给水管管径和最低工作压力按表 3-18 确定。

4. 铁路旅客车站建筑内给水管管径

铁路旅客车站建筑内给水供水管的管径，应根据该给水供水管段的设计秒流量、允许给水流速等查相关计算表格确定。生活给水管道内的给水流速，宜参照表 1-38。

铁路旅客车站建筑内公共卫生间的蹲便器个数与给水供水管管径的对照表，参见表9-11。

整个生活给水系统生活给水立管、干管均按照其服务的给水设计秒流量确定其管段管径。

12.1.7 生活水泵和生活水泵房

铁路旅客车站建筑给水设计应有可靠的水源和供水管道系统，当仅有一路城市引入管或供水不满足设计秒流量或压力要求时，应设置加压供水设备。

1. 生活水泵

铁路旅客车站建筑生活给水加压水泵宜采用 3 台（2 用 1 备）配置模式，亦可采用 2 台（1 用 1 备）或 4 台（3 用 1 备）配置模式。

铁路旅客车站建筑生活给水加压通常采用变频调速给水泵组，其设计流量应按其负责给水系统的最大设计秒流量确定，即 $Q=q_g$。设计时应统计该系统内各用水点卫生器具的生活给水当量数，经公式（12-2）、公式（12-3）计算或查表 9-10 得出设计流量值。

生活给水加压水泵的设计工作压力，按公式（1-10）计算。

铁路旅客车站建筑加压水泵应选用低噪声节能型产品。

2. 生活水泵房

铁路旅客车站建筑二次加压给水的水泵房应为独立的房间，并应环境良好、便于维修和管理；不应毗邻集散厅，候车区（室），售票用房，行李包裹办公室、休息室，旅客服务人员办公室，办公区办公室、会议室、间休室、餐厅，国际（口岸）客运、联检、出入境旅客服务人员办公室等场所；加压泵组及泵房应采取减振降噪措施。

铁路旅客车站建筑生活水泵房的设置位置应根据其所供水服务的范围确定，见表12-8。

铁路旅客车站建筑生活水泵房位置确定及要求表 表 12-8

序号	水泵房位置	适用情况	设置要求
1	院区室外集中设置	院区室外有空间；常见于新建铁路旅客车站建筑院区	宜与消防水泵房、消防水池、暖通冷热源机房、锅炉房等集中设置，宜靠近铁路旅客车站建筑
2	建筑地下室楼层设置	院区室外无空间	宜设在地下一层或地下二层，不宜设在最低地下楼层；水泵房地面宜高出室外地面 200~300mm

生活水泵房内生活给水泵组宜设置在一个基础上。

12.1.8 生活贮水箱（池）

铁路旅客车站建筑给水设计应有可靠的水源和供水管道系统，当仅有一路城市引入管或供水不满足设计秒流量或压力要求时，应设置生活贮水箱（池）。铁路旅客车站建筑水箱间应为独立的房间。

水箱应设置消毒设备，并宜采用紫外线消毒方式。

1. 贮水容积

铁路旅客车站建筑生活用水贮水箱（池）的有效容积计算时，其生活用水调节量应按进水量与用水量变化曲线经计算确定，当资料不足时，宜按最高日用水量的20%~25%确定，最大不得大于48h的用水量。有条件时可适当增加生活贮水箱（池）有效容积。

铁路旅客车站建筑生活用水贮水设备宜采用贮水箱。

2. 生活水箱

铁路旅客车站建筑生活水箱设计要求，参见表 1-46。

3. 生活水箱相关管道、装置设置要求

铁路旅客车站建筑生活水箱相关管道设施要求，参见表 1-47。

生活水箱各水位指标确定方法及取值经验值，参见表 1-48。

12.2 生活热水系统

12.2.1 热水系统类别

铁路旅客车站建筑生活热水系统类别，见表12-9。

生活热水系统类别表 表 12-9

序号	分类标准	热水系统类别	铁路旅客车站建筑应用情况
1	供应范围	集中生活热水系统	职工公共浴室生活热水系统；职工食堂厨房生活热水系统
2		分散生活热水系统	快餐店生活热水系统
3	热水管网循环方式	热水干管立管循环生活热水系统	职工公共浴室生活热水系统
4		热水干管循环生活热水系统	职工食堂厨房生活热水系统
5	热水管网循环水泵运行方式	定时循环生活热水系统	职工公共浴室生活热水系统；职工食堂厨房生活热水系统

续表

序号	分类标准	热水系统类别	铁路旅客车站建筑应用情况
6	热水管网循环动力方式	强制循环生活热水系统	职工公共浴室生活热水系统；职工食堂厨房生活热水系统
7	是否敞开形式	闭式生活热水系统	职工公共浴室生活热水系统；职工食堂厨房生活热水系统
8	热水管网布置型式	下供下回式生活热水系统	热源位于建筑底部，即由锅炉房提供热媒（高温蒸汽或高温热水），经汽水或水水换热器提供热水热源等的生活热水系统
9		上供上回式生活热水系统	热源位于建筑顶部，即由屋顶太阳能热水设备及（或）空气能热泵热水设备提供热水热源等的生活热水系统
10	热水管路距离	同程式生活热水系统	职工公共浴室生活热水系统；职工食堂厨房生活热水系统
11	热水系统分区方式	加热器集中设置生活热水系统	职工公共浴室生活热水系统；职工食堂厨房生活热水系统

铁路旅客车站内应设饮用水供应设施、开水供应设施。严寒地区的特大型、大型铁路旅客车站内的盥洗间宜设热水供应设备。

12.2.2 生活热水系统热源

铁路旅客车站建筑集中生活热水供应系统的热源，参见表 2-34。
铁路旅客车站建筑生活热水系统热源选用，参见表 2-35。
铁路旅客车站建筑生活热水系统常见热源组合形式，参见表 7-14。
铁路旅客车站建筑屋顶设置太阳能光伏发电系统时，系统产生的电能可用于屋顶热水箱内热水的加热，保证生活热水系统供水温度。
铁路旅客车站建筑屋顶设置太阳能光伏发电系统时，系统产生的电能可用于屋顶热水箱内热水的加热，保证生活热水系统供水温度。

12.2.3 热水系统设计参数

1. 铁路旅客车站建筑热水用水定额

按照《水标》，铁路旅客车站建筑相关功能场所热水用水定额，见表 12-10。

铁路旅客车站建筑热水用水定额表 表 12-10

序号	建筑物名称		单位	用水定额（L）		使用时数（h）	最高日小时变化系数 K_h
				最高日	平均日		
1	办公	坐班制办公	每人每班	5～10	4～8	8～10	1.5～1.2
2	职工公共浴室	淋浴	每职工每次	40～60	35～40	12	2.0～1.5
3	餐饮业	快餐店、职工食堂	每顾客每次	10～12	7～10	12～16	1.5～1.2

注：1. 表中所列用水定额均已包括在表 12-5 中；
2. 本表以 60℃ 热水水温为计算温度，卫生器具的使用水温见表 7-17；
3. 表中平均日用水定额仅用于计算太阳能热水系统集热器面积和计算节水用水量。

《节水标》中铁路旅客车站建筑相关功能场所热水平均日节水用水定额，见表 12-11。

铁路旅客车站建筑热水平均日节水用水定额表 表 12-11

序号	建筑物名称		单位	节水用水定额
1	办公	坐班制办公	L/(人·班)	5~10
2	职工公共浴室	淋浴	L/(职工·次)	35~40
3	餐饮业	快餐店、职工食堂	L/(人·次)	7~10

注：热水温度按 60℃ 计。

铁路旅客车站建筑所在地为较大城市、标准要求较高的，铁路旅客车站建筑热水用水定额可以适当选用较高值；反之可选用较低值。

2. 铁路旅客车站建筑卫生器具用水定额及水温

铁路旅客车站建筑相关功能场所卫生器具的一次热水用水量、小时热水用水量和水温，可按表 7-17 确定。

3. 铁路旅客车站建筑冷水计算温度

冷水的计算温度应以当地最冷月平均水温资料确定。当无水温资料时，按表 1-58 采用。

铁路旅客车站建筑冷水计算温度宜按铁路旅客车站建筑当地地面水温度确定，水温有取值范围时宜取低值。

4. 铁路旅客车站建筑水加热设备供水温度

铁路旅客车站建筑集中热水供应系统的水加热设备（包括热水锅炉、热水机组或水加热器等）的出水温度按表 1-59 采用。铁路旅客车站建筑集中生活热水系统水加热设备的供水温度宜为 60~65℃，通常按 60℃ 计。

5. 铁路旅客车站建筑生活热水水质

铁路旅客车站建筑生活热水的水质指标，应符合现行国家标准《生活饮用水卫生标准》GB 5749 的要求。

12.2.4 热水系统设计指标

1. 铁路旅客车站建筑热水设计小时耗热量

（1）全日供应热水设计小时耗热量

铁路旅客车站建筑生活热水系统采用全日供应热水较为少见。

（2）定时供应热水设计小时耗热量

当铁路旅客车站建筑生活热水系统采用定时供应热水的集中生活热水系统时，其设计小时耗热量可按公式（7-5）计算。

（3）不同使用要求用水部门热水设计小时耗热量

具有多个不同使用热水部门或具有多种热水使用形式的铁路旅客车站建筑，当其热水由同一热水供应系统供应时，设计小时耗热量，可按同一时间内出现用水高峰的主要用水部门的设计小时耗热量加其他用水部门的平均小时耗热量计算。

2. 铁路旅客车站建筑设计小时热水量

铁路旅客车站建筑设计小时热水量，可按公式（7-6）计算。

3. 铁路旅客车站建筑加热设备供热量

铁路旅客车站建筑全日集中生活热水系统中，锅炉、水加热设备的设计小时供热量应根据日热水用量小时变化曲线、加热方式及锅炉、水加热设备的工作制度经积分曲线计算确定。

(1) 容积式水加热器或贮热容积与其相当的水加热器、燃油（气）热水机组供热量

铁路旅客车站建筑生活热水系统采用的容积式水加热器均应为导流型容积式水加热器，其设计小时供热量可按公式（7-7）计算。

在铁路旅客车站建筑生活热水系统设计小时供热量计算时，通常取 $Q_g = Q_h$。

(2) 半容积式水加热器或贮热容积与其相当的水加热器、燃油（气）热水机组供热量

铁路旅客车站建筑生活热水系统亦常采用半容积式水加热器，此时半容积式水加热器设计小时供热量按设计小时耗热量计算，即取 $Q_g = Q_h$。

12.2.5 生活热水系统热水管网计算

1. 生活热水管网设计流量

(1) 铁路旅客车站建筑生活热水引入管设计流量

铁路旅客车站建筑生活热水引入管设计流量应按该建筑相应生活热水供水系统总供水干管的设计秒流量确定。

(2) 铁路旅客车站建筑内生活热水设计秒流量

铁路旅客车站建筑内生活热水设计秒流量应按公式（12-4）计算：

$$q_g = 0.2 \cdot \alpha \cdot (N_g)^{1/2} = 0.6 \cdot (N_g)^{1/2} \quad (12\text{-}4)$$

式中　q_g——计算管段的热水设计秒流量，L/s；

　　　N_g——计算管段的卫生器具热水当量总数；

　　　α——根据铁路旅客车站建筑用途的系数，取 3.0。

铁路旅客车站建筑生活热水设计秒流量计算，可参照表 9-16。

2. 铁路旅客车站建筑内卫生器具热水当量

铁路旅客车站建筑卫生器具的热水额定流量、热水当量、连接热水管管径和最低工作压力按表 3-31 确定。

3. 铁路旅客车站建筑内热水管管径

铁路旅客车站建筑内热水供水管的管径，应根据该热水供水管段的设计秒流量、允许热水流速等查相关计算表格确定。生活热水管道内的热水流速，宜按表 1-66 控制。

铁路旅客车站建筑公共浴室淋浴器个数与对应供给相应数量热水供水管管径的对照表，参见表 7-19。

本区域热水回水干管管径根据该区域热水供水干管最大管径确定。热水回水管管径与热水供水管管径的对照，参见表 3-33。

整个生活热水系统的生活热水供水立管、干管均按照其服务的热水设计秒流量确定其管段管径；生活热水回水立管、干管先按照其服务的热水设计秒流量确定出一个供水管管径值，再根据表 3-33 确定其管段回水管管径值。

12.2.6 生活热水机房（换热机房、换热站）

铁路旅客车站建筑生活热水机房（换热机房、换热站）位置确定，见表 12-12。

铁路旅客车站建筑生活热水机房（换热机房、换热站）位置确定表　　表 12-12

序号	生活热水机房（换热机房、换热站）位置	生活热水系统热源情况	生活热水机房（换热机房、换热站）内设施	适用范围
1	院区室外独立设置	院区锅炉房热水（蒸汽）锅炉提供热媒，经换热后提供第 1 热源；太阳能设备或空气能热泵设备提供第 2 热源	常用设施：水（汽）水换热器（加热器）、热水循环泵组	新建、改建铁路旅客车站建筑；设有锅炉房
2	单体建筑室内地下室			新建铁路旅客车站建筑；设有锅炉房
3	单体建筑屋顶	太阳能设备或（和）空气能热泵设备提供热源；必要情况下燃气热水设备提供第 2 热源	热水箱、热水循环泵组、集热循环泵组、空气能热泵循环泵组	新建、改建铁路旅客车站建筑；屋顶设有热源热水设备

铁路旅客车站建筑生活热水机房（换热机房、换热站）应为独立的房间；不应毗邻集散厅，候车区（室），售票用房，行李包裹办公室、休息室，旅客服务人员办公室，办公区办公室、会议室、间休室、餐厅，国际（口岸）客运、联检、出入境旅客服务人员办公室等场所；循环泵组及机房应采取减振降噪措施。

12.2.7　生活热水箱

铁路旅客车站建筑生活热水箱设计要求，参见表 1-72。

生活热水箱各种水位，按表 1-74 确定。

铁路旅客车站建筑生活热水箱间应为独立的房间；不应毗邻集散厅，候车区（室），售票用房，行李包裹办公室、休息室，旅客服务人员办公室，办公区办公室、会议室、间休室、餐厅，国际（口岸）客运、联检、出入境旅客服务人员办公室等场所；循环泵组及热水箱间应采取减振降噪措施。

12.2.8　生活热水循环泵

1. 生活热水循环泵设置位置

当系统热源由高温热媒经院区热水机房（换热机房）内的各分区换热设备后向各分区供给热水时，各分区生活热水循环泵通常设在热水机房（换热机房）内。当系统热源由屋顶太阳能供水设备向各分区供给热水时，各分区生活热水循环泵通常设在本分区最低楼层或下面一层热水循环泵房内。

2. 生活热水循环泵设计流量

当铁路旅客车站建筑热水系统采用定时供水时，热水循环流量可按循环管网总水容积的 2～4 倍计算。

设计中，生活热水循环泵的流量可按照所服务热水系统设计小时流量的 25%～30% 确定。

3. 生活热水循环泵设计扬程

生活热水循环泵的扬程，可按公式（7-11）、公式（7-12）计算。

铁路旅客车站建筑热水循环泵组通常每套设置2台，1用1备，交替运行。

4. 太阳能集热循环泵

太阳能集热循环泵通常设置在屋顶生活热水箱间内，宜设置在太阳能设备供水管即从生活热水箱接出的管道上。集热循环泵流量，按公式（1-28）计算；集热循环泵扬程，按公式（1-29）、公式（1-30）计算。

铁路旅客车站建筑集热循环泵组通常每套设置2台，1用1备，交替运行。

12.2.9 热水系统管材、附件和管道敷设

1. 生活热水系统管材

铁路旅客车站建筑生活热水系统热水管道常用的管材包括薄壁不锈钢管、PVC-C（氯化聚氯乙烯）热水用管、薄壁铜管、钢塑复合管（如PSP管）、铝塑复合管等，较少采用普通塑料热水管。

2. 生活热水系统阀门

铁路旅客车站建筑生活热水系统设置阀门的部位，参见表2-50。

3. 生活热水系统止回阀

铁路旅客车站建筑生活热水系统设置止回阀的部位，参见表2-51。

4. 生活热水系统水表

铁路旅客车站建筑生活热水系统按分区域原则设置热水表，热水表宜采用远传智能水表。

5. 热水系统排气装置、泄水装置

对于上行下给式热水系统，系统热水配水干管最高处及向上抬高管段应设置$DN25$自动排气阀、检修阀门；对于下行上给式热水系统，可利用最高热水配水点放气。

热水管道系统的最低处及向下凹的管段应设置泄水装置或利用最低热水配水点泄水。

6. 温度计、压力表

铁路旅客车站建筑生活热水系统设置温度计的部位，参见表1-77；设置压力表的部位，参见表1-78。

7. 管道补偿装置

长度超过50m的热水横干管或立管均应设置波纹伸缩节，通常设置在该根管道上管径较小的管段处，靠近一端的管道固定支吊架。

8. 保温

生活热水系统中的热水锅炉、燃油（气）热水机组、水加热设备、贮热水箱（罐）、分（集）水器、热水输（配）水干（立）管、热水循环回水干（立）管均应做保温。

热水管道保温材料厚度确定，参见表1-79、表1-80。

12.3 排水系统

12.3.1 排水系统类别

铁路旅客车站建筑排水系统分类，见表12-13。

排水系统分类表　　　　　　　　　表 12-13

序号	分类标准	排水系统类别	铁路旅客车站建筑应用情况	应用程度
1	建筑内场所使用功能	生活污水排水	铁路旅客车站建筑公共卫生间污水排水	常用
2		生活废水排水	铁路旅客车站建筑公共卫生间；职工公共浴室等废水排水	
3		厨房废水排水	铁路旅客车站建筑内附设厨房、食堂、餐厅、快餐店污水排水	
4		设备机房废水排水	铁路旅客车站建筑内附设水泵房（包括生活水泵房、消防水泵房）、空调机房、制冷机房、换热机房、锅炉房、热水机房等机房废水排水	
5		车库废水排水	铁路旅客车站建筑内附设车库内一般地面冲洗废水排水	
6		消防废水排水	铁路旅客车站建筑内消防电梯井排水、自动喷水灭火系统试验排水、消火栓系统试验排水、消防水泵试验排水等废水排水	
7		绿化废水排水	铁路旅客车站建筑室外绿化废水排水	
8	建筑内污、废水排水方式	重力排水方式	铁路旅客车站建筑地上污废水排水	最常用
9		压力排水方式	铁路旅客车站建筑地下室污废水排水	常用
10	污废水排水体制	污废合流排水系统		最常用
11		污废分流排水系统		常用
12	排水系统通气方式	设有通气管系排水系统	伸顶通气排水系统通常应用在多层铁路旅客车站建筑卫生间排水，专用通气立管排水系统通常应用在高层铁路旅客车站建筑卫生间排水。环形通气排水系统、器具通气排水系统通常应用在个别铁路旅客车站建筑公共卫生间排水	最常用
13		特殊单立管排水系统		少用

铁路旅客车站建筑室内污废水排水体制采用合流制，当有中水利用要求时，可采用分流制。

典型的铁路旅客车站建筑排水系统原理图，参见图 4-2、图 4-3。

铁路旅客车站建筑中的生活污水、厨房含油废水等均应经化粪池处理；生活废水、设备机房废水、消防废水、绿化废水等不需经过化粪池处理。厨房含油废水应经除油处理后再排入污水管道。

铁路旅客车站建筑污废水与建筑雨水应雨污分流。

铁路旅客车站建筑公共卫生间等生活粪便污水、生活废水等可合流排放，当有中水利用要求时，可采用分流排放。

铁路旅客车站建筑的空调凝结水排水管不得与污废水管道系统直接连接，空调凝结水宜单独收集后回用于绿化、水景、冷却塔补水等。

12.3.2 卫生器具

1. 铁路旅客车站建筑内卫生器具种类及设置场所

铁路旅客车站建筑内卫生器具种类及设置场所，见表 12-14。

铁路旅客车站建筑内卫生器具种类及设置场所表 表 12-14

序号	卫生器具名称	主要设置场所
1	坐便器	铁路旅客车站建筑残疾人卫生间
2	蹲便器	铁路旅客车站建筑公共卫生间
3	淋浴器	铁路旅客车站建筑职工公共浴室淋浴间
4	洗脸盆	铁路旅客车站建筑公共卫生间；职工公共浴室淋浴间
5	台板洗脸盆	铁路旅客车站建筑公共卫生间；职工公共浴室淋浴间
6	小便器	铁路旅客车站建筑公共卫生间
7	小便槽	
8	拖布池	
9	污水池	铁路旅客车站建筑旅客站房厕所、盥洗间
10	洗菜池	铁路旅客车站建筑快餐店、厨房
11	厨房洗涤槽	铁路旅客车站建筑厨房

2. 铁路旅客车站建筑内卫生器具选用

铁路旅客车站建筑卫生间卫生器具应符合的规定，参见表 9-20。

铁路旅客车站建筑厕所内应设置有冲洗水箱或自闭阀冲洗的便器。

3. 公共卫生间排水设计要点

公共卫生间排水立管及通气立管通常敷设于专用管道井内；采用专用通气立管方式时，排水立管与通气立管采用结合管连接。管道井中排水立管与通气立管中心距最小值，参见表 1-91。

4. 铁路旅客车站建筑内卫生器具排水配件穿越楼板留孔位置及尺寸

常见卫生器具排水配件穿越楼板留孔位置及尺寸，参见表 1-92。

5. 地漏

铁路旅客车站建筑内公共卫生间、开水间、空调机房、新风机房；淋浴室、淋浴间等场所内应设置地漏。

铁路旅客车站建筑地漏及其他水封高度要求不得小于 50mm，且不得大于 100mm。

铁路旅客车站建筑地漏类型选用，参见表 2-57；地漏规格选用，参见表 2-58。

6. 水封装置

铁路旅客车站建筑中采用排水沟排水的场所包括厨房、车库、泵房、设备机房、公共浴室等。当排水沟内废水直接排至室外时，沟与排水排出管之间应设置水封装置。卫生器具排水管段上不得重复设置水封装置。

12.3.3 排水系统水力计算

1. 铁路旅客车站建筑最高日和最大时生活排水量

铁路旅客车站建筑生活排水量宜按该建筑生活给水量的 85%～95% 计算，通常按 90%。

2. 铁路旅客车站建筑卫生器具排水技术参数

铁路旅客车站建筑卫生器具的排水流量、排水当量、排水支管管径、排水坡度等基本参数的选定，参见表 3-39。

3. 铁路旅客车站建筑排水设计秒流量

铁路旅客车站建筑的生活排水管道设计秒流量，按公式（12-5）计算：

$$q_u = 0.12 \cdot \alpha \cdot (N_p)^{1/2} + q_{max} = 0.3 \cdot (N_p)^{1/2} + q_{max} \tag{12-5}$$

式中　q_u——计算管段排水设计秒流量，L/s；

　　　N_p——计算管段的卫生器具排水当量总数；

　　　α——根据建筑物用途而定的系数，取 2.0～2.5，通常取 2.5；

　　　q_{max}——计算管段上最大一个卫生器具的排水流量，L/s。

计算时，如计算所得流量值大于该管段上按卫生器具排水流量累加值时，应按卫生器具排水流量累加值计。

铁路旅客车站建筑 $q_{max}=1.50$L/s 和 $q_{max}=2.00$L/s 时排水设计秒流量计算数据，参见表 7-24。

铁路旅客车站建筑职工公共浴室淋浴室、食堂厨房等的生活排水管道设计秒流量，按公式（12-6）计算：

$$q_p = \sum q_0 \cdot n_0 \cdot b \tag{12-6}$$

式中　q_p——铁路旅客车站建筑计算管段的排水设计秒流量，L/s；

　　　q_0——铁路旅客车站建筑同类型的一个卫生器具排水流量，L/s，可按表 3-39 采用；

　　　n_0——铁路旅客车站建筑同类型卫生器具数；

　　　b——铁路旅客车站建筑卫生器具的同时排水百分数；铁路旅客车站建筑职工公共浴室淋浴室内的淋浴器和洗脸盆按表 4-12 选用，职工食堂厨房的设备按表 4-13 选用。

4. 铁路旅客车站建筑排水管道管径确定

铁路旅客车站建筑排水铸铁管道最小坡度，按表 1-98 确定；胶圈密封连接排水塑料横管的坡度，按表 1-99 确定；建筑内排水管道最大设计充满度，参见表 1-100；排水管道自清流速，参见表 1-101。

排水横管水力计算按照公式（1-32）、公式（1-33）；排水铸铁管水力计算，参见表 1-102；排水塑料管水力计算，参见表 1-103。

不同管径下排水横管允许流量 Q_p，参见表 1-104。

铁路旅客车站建筑排水系统中排水横干管常见管径为 $DN100$、$DN150$。$DN100$ 排水横干管对应排水当量最大限值，参见表 1-105，$DN150$ 排水横干管对应排水当量最大限值，参见表 1-106。

不同通气方式的排水立管最大设计排水能力，参见表 1-107～表 1-109。

铁路旅客车站建筑各种排水管的推荐管径，参见表 2-60。

12.3.4　排水系统管材、附件和检查井

1. 铁路旅客车站建筑排水管管材

铁路旅客车站建筑室外排水管可采用埋地排水塑料管，包括硬聚氯乙烯管、聚乙烯管和玻璃纤维增强塑料夹砂管等。常用的室外排水管还有双壁加筋波纹排水管、双平壁钢塑

复合缠绕排水管等。

铁路旅客车站建筑室内排水管类型，参见表 7-25。

2. 铁路旅客车站建筑排水管附件

排水立管上检查口的设置位置，参见表 1-113；检查口之间的最大距离，参见表 1-114；检查口设置要求，参见表 1-115。

清扫口的设置位置，参见表 1-116；清扫口至室外检查井中心最大长度，参见表 1-117；排水横管直线管段上清扫口之间的最大距离，参见表 1-118。

塑料排水管道支吊架间距规定，参见表 1-119。

3. 铁路旅客车站建筑排水管道布置敷设

铁路旅客车站建筑排水管道不应布置场所，见表 12-15。

排水管道不应布置场所表　　　　　　　表 12-15

序号	排水管道不应布置场所	具体要求
1	生活水泵房等设备机房	排水横管禁止在铁路旅客车站建筑生活水箱箱体正上方敷设，生活水泵房其他区域不宜敷设排水管道；设在室内的消防水池（箱）应按此要求处理
2	厨房、餐厅	铁路旅客车站建筑中职工食堂、快餐店、小型餐饮设施厨房内的主副食操作间、烹调间、备餐间、加工间、粗加工、冷菜间、面点蒸煮间、食品储藏库（主食库、副食库）等房间的上方均不应敷设排水管道，排水立管不穿过上述房间；铁路旅客车站建筑中的餐厅、就餐间；铁路旅客车站建筑中的厨房排水应独立设置，排水横管和立管均不得与卫生间污水排水管道连通。上述场所上方排水管不宜采用同层排水方式
3	人员休息场所	铁路旅客车站工作人员休息室、间休室等
4	物品防水场所	铁路旅客车站售票用房中的票据室，行包、包裹用房中的票据室，行包、包裹用房中的行包包裹库房，旅客服务设施中的小件寄存处等。排水管道不应敷设在此类房间内
5	站房	铁路旅客车站计算机室、票据室、设备用房（包括消防控制室、变配电室、发电机室、网络机房、弱电机房、UPS 机房等）等。排水管道不得敷设在此类房间内
6	结构变形缝、结构风道	原则上排水管道不得穿过结构变形缝；若条件限制必须穿越沉降缝时，则应预留沉降量并设置不锈钢软管柔性连接，必须穿越伸缩缝时，则应安装伸缩器
7	电梯机房、通风小室	

注：铁路旅客车站办公用房等场所不宜敷设排水管道。

铁路旅客车站建筑排水系统管道设计遵循原则，参见表 2-63。

4. 铁路旅客车站建筑间接排水

铁路旅客车站建筑中的间接排水，参见表 4-33。

铁路旅客车站建筑未设置地下室时，排水排出管穿越有沉降可能的承重墙或基础时应预留洞口；设置地下室时，排水排出管穿越地下室外墙时应预留防水套管，宜采用柔性防水套管。

12.3.5　通气管系统

铁路旅客车站建筑通气管设置要求，见表 12-16。

铁路旅客车站建筑通气管设置要求表　　　　表 12-16

序号	通气管名称	设置位置	设置要求	管径确定
1	伸顶通气管	设置场所涉及铁路旅客车站建筑所有区域	高出非上人屋面不得小于300mm，但必须大于最大积雪厚度，常采用800~1000mm；高出上人屋面不得小于2000mm，常采用2000mm。顶端应装设风帽或网罩；在冬季室外温度高于-15℃的地区，顶端可装网形铅丝球；低于-15℃的地区，顶端应装伞形通气帽	应与排水立管管径相同。但在最冷月平均气温低于-13℃的地区，应在室内平顶或吊顶以下0.3m处将管径放大一级，若采用塑料管材时其最小管径不宜小于120mm
2	专用通气管	铁路旅客车站建筑公共卫生间可采用专用通气方式	铁路旅客车站建筑公共卫生间的排水立管和专用通气立管并排设置在卫生间附设管道井内；未设管道井时，该2种立管并列设置，并宜后期装修包敷暗设，专用通气立管宜靠内侧敷设、排水立管宜靠外侧敷设	通常与其排水立管管径相同
3	汇合通气管	铁路旅客车站建筑中多根通气立管或多根排水立管顶端通气部分上方楼层存在特殊区域（如厨房、餐厅、电气机房等）不允许每根立管穿越向上接至屋顶时，需在本层顶板下或吊顶内汇集后接至屋顶		汇合通气管的断面积应为最大一根通气管的断面积加其余通气管断面积之和的0.25倍
4	主（副）通气立管	通常设置在铁路旅客车站建筑内的公共卫生间		通常与其排水立管管径相同
5	结合通气管			通常与其连接的通气立管管径相同
6	环形通气管	连接4个及4个以上卫生器具（包括大便器）且横支管的长度大于12m的排水横支管；连接6个及6个以上大便器的污水横支管；设有器具通气管；特殊单立管偏置	和排水横支管、主（副）通气立管连接的要求：在排水横支管上设环形通气管时，应在其始端的两个卫生器具之间接出，并应在排水支管中心线以上与排水支管呈垂直或45°连接；环形通气管应在卫生器具上边缘以上不小于0.15m处按不小于0.01的上升坡度与通气立管相连	常用管径为DN40（对应DN75排水管）、DN50（对应DN100排水管）

铁路旅客车站建筑通气管可采用柔性接口机制排水铸铁管或塑料排水管，一般采用与铁路旅客车站建筑排水管相同管材。在最冷月平均气温低于-13℃的地区，伸出屋面部分通气立管应采用柔性接口机制排水铸铁管。

通气立管的最小管径，参见表 1-130。

12.3.6　特殊排水系统

铁路旅客车站建筑生活水泵房、厨房、电气机房等场所的上方楼层不应有排水横支管明设管道等。若有必要在上述某些场所上方设置排水点且无法采取其他躲避措施时，该部位的排水应采用同层排水方式。

铁路旅客车站建筑同层排水最常采用的是降板或局部降板法。

12.3.7 特殊场所排水

1. 铁路旅客车站建筑化粪池

交通客运站入境候检旅客使用的厕所所对应的化粪池应单独设置，生活污水在排至市政管网之前应进行消毒处理。

化粪池宜设置在接户管的下游端；位置宜选在院区最低处附近；外壁距建筑物外墙不宜小于5m；宜选用钢筋混凝土化粪池。

铁路旅客车站建筑化粪池有效容积，按公式（8-14）～公式（8-17）计算。

铁路旅客车站建筑可集中并联设置或根据院区布局分散并联布置2个或3个化粪池，多个化粪池的型号宜一致。

2. 铁路旅客车站建筑食堂、餐厅含油废水处理

铁路旅客车站建筑含油废水宜采用三级隔油处理流程，参见表1-141。

根据食堂用餐人数确定隔油设施处理水量，按公式（1-39）计算；根据食堂餐厅面积确定隔油设施处理水量，按公式（1-40）计算。

隔油池有效容积，按公式（1-41）计算。隔油池的类型，参见表1-142。

隔油提升一体化设备选型的主要技术参数为其所接纳的食堂、餐厅内厨房等器具含油污水排水流量。

3. 铁路旅客车站建筑汽车洗车污水处理

铁路旅客车站污废水的排放应符合国家现行有关标准的规定，含油废水应进行处理，达到城市污水排放标准后再排放至市政排水管网。

汽车冲洗水量，参见表1-143。

隔油沉淀池有效容积，按公式（1-42）计算。隔油沉淀池类型，参见表1-144。

4. 铁路旅客车站建筑设备机房排水

铁路旅客车站建筑地下设备机房排水设施要求，参见表1-147。

5. 地下车库排水

铁路旅客车站建筑地下车库应设置排水设施（排水沟和集水坑）。车库内排水沟设置要求，参见表1-150。

6. 其他

铁路旅客车站建筑旅客站台地面应有排水措施。

铁路旅客车站建筑地道应设置防水及排水设施。

12.3.8 压力排水

1. 铁路旅客车站建筑集水坑设置

铁路旅客车站建筑地下室应设置集水坑。集水坑的设置要求，参见表7-28。

通气管管径宜与排水管管径相同，可接至室外或向上接至建筑地上部分通气管系统。

2. 污水泵、污水提升装置选型

铁路旅客车站建筑排水泵的流量方法确定，参见表2-68；排水泵的扬程，按公式（1-44）计算。

12.3.9 室外排水系统

1. 铁路旅客车站建筑室外排水管道布置

铁路旅客车站建筑室外排水管道布置方法，参见表2-69；与其他地下管线（构筑物）最小间距，参见表1-154。

铁路旅客车站建筑室外排水管道最小覆土深度不宜小于0.5m；对于严寒地区、寒冷地区铁路旅客车站建筑，室外排水管道最小覆土深度应超过当地冻土层深度。

2. 铁路旅客车站建筑室外排水管道敷设

铁路旅客车站建筑室外排水管道与生活给水管道交叉时，应敷设在生活给水管道下面。室外排水管道敷设发生冲突时，应遵循表1-26原则处理。

3. 铁路旅客车站建筑室外排水管道水力计算

室外排水管道水力计算，按公式（1-45）、公式（1-46）。

铁路旅客车站建筑室外排水管道的最小管径、最小设计坡度、最大设计充满度，参见表1-155。

4. 铁路旅客车站建筑室外排水管道管材

铁路旅客车站建筑室外排水管道宜优先采用埋地塑料排水管，弹性橡胶圈密封柔性接口，小于 $DN200$ 直壁管，可采用承插式粘接；可采用埋地铸铁排水管，橡胶圈柔性接口或水泥砂浆接口。

5. 铁路旅客车站建筑室外排水检查井

铁路旅客车站建筑室外排水检查井设置位置，参见表1-156。

铁路旅客车站建筑室外排水检查井宜优先选用玻璃钢排水检查井，其次是混凝土排水检查井，禁止采用砖砌排水检查井。室外排水管在排水检查井连接应采用管顶平接。

12.4 雨水系统

12.4.1 雨水系统分类

铁路旅客车站建筑雨水系统分类，见表12-17。

雨水系统分类表　　　表12-17

序号	分类标准	雨水系统类别	铁路旅客车站建筑应用情况	应用程度
1	屋面雨水设计流态	半有压流屋面雨水系统	铁路旅客车站的屋面面积较小时，可考虑采用	常用
2		压力流屋面雨水系统（虹吸式雨水系统）	铁路旅客车站雨水系统通常采用	最常用
3		重力流屋面雨水系统		极少用
4	雨水管道设置位置	内排水雨水系统	高层铁路旅客车站建筑雨水系统应采用；多层铁路旅客车站建筑雨水系统宜采用	最常用
5		外排水雨水系统	铁路旅客车站建筑如果面积不大、建筑专业立面允许，可以采用	常用
6		混合式雨水系统		极少用

续表

序号	分类标准	雨水系统类别	铁路旅客车站建筑应用情况	应用程度
7	雨水出户横管室内部分是否存在自由水面	封闭系统		最常用
8		敞开系统		极少用
9	建筑屋面排水条件	天沟雨水排水系统		最常用
10		檐沟雨水排水系统		极少用
11		无沟雨水排水系统		极少用
12		压力提升雨水排水系统	铁路旅客车站建筑地下车库出入口等处，雨水汇集就近排至集水坑时采用	常用

12.4.2 雨水量

1. 设计雨水流量

铁路旅客车站建筑设计雨水流量，应按公式（1-47）计算。

2. 设计暴雨强度

设计暴雨强度应按铁路旅客车站建筑所在地或相邻地区暴雨强度公式计算确定，见公式（1-48）。

我国部分城镇 5min 设计暴雨强度、小时降雨厚度，参见表 1-158（设计重现期 $P=10$ 年）。

3. 设计重现期

铁路旅客车站建筑屋面雨水设计重现期：对于半有压流屋面雨水系统，通常取 10 年；对于压力流屋面雨水系统，通常取 50 年。

4. 设计降雨历时

铁路旅客车站建筑屋面雨水排水管道设计降雨历时按照 5min 确定。

铁路旅客车站建筑院区雨水排水管道设计降雨历时，按公式（1-49）计算。

5. 径流系数

铁路旅客车站建筑屋面及院区地面的径流系数，参见表 1-159。

6. 汇水面积

铁路旅客车站建筑的雨水汇水面积计算原则，参见表 1-160。

12.4.3 雨水系统

1. 雨水系统设计常规要求

铁路旅客车站建筑雨水系统设置要求，参见表 1-161。

铁路旅客车站建筑雨水排水管道不应穿越的场所，见表 12-18。

2. 雨水斗设计

铁路旅客车站建筑半有压流屋面雨水系统通常采用 87 型雨水斗或 79 型雨水斗，规格常用 $DN100$。

雨水斗设计排水负荷，参见表 1-163。

雨水排水管道不应穿越的场所表　　　　　　　　　表 12-18

序号	雨水排水管道不应穿越的场所名称	具体房间名称
1	人员休息场所	铁路旅客车站工作人员休息室、间休室等
2	物品防水场所	铁路旅客车站售票用房中的票据室，行包、包裹用房中的票据室，行包、包裹用房中的行包包裹库房，旅客服务设施中的小件寄存处等。排水管道不应敷设在此类房间内
3	站房	铁路旅客车站计算机室、票据室、设备用房（包括消防控制室、变配电室、发电机房、网络机房、弱电机房、UPS 机房等）等

注：1. 铁路旅客车站雨水排水横管宜沿建筑内公共区域（内走道等）吊顶内敷设；雨水排水立管宜沿建筑内公共场所或辅助次要场所敷设。

2. 铁路旅客车站办公用房等场所不宜敷设雨水管道。

雨水斗下方区域宜为建筑顶层公共区域（如内走道）或辅助次要场所（如公共卫生间、库房等），不应为需要安静的场所。

雨水斗宜对雨水排水立管做对称布置；接有多斗悬吊管的立管顶端不得设置雨水斗；一个屋面上应设置不少于 2 个雨水斗。

3. 天沟、溢流设施、连接管、悬吊管、立管、埋地管、排出管设计

铁路旅客车站建筑天沟、溢流设施、连接管、悬吊管、立管、埋地管、排出管设置要求，参见表 1-164。

4. 室内水泵提升雨水排水系统设计

地下室露天窗井内应设平箅式雨水口、无水封地漏作为雨水口，经雨水收集管接入集水池；地下车库出入口汽车坡道上应设雨水截水沟，经直埋雨水收集管接入集水池。

雨水提升泵通常采用潜水泵，宜采用 3 台，2 用 1 备。

5. 雨水管管材

铁路旅客车站建筑雨水排水管管材，参见表 1-167。

12.4.4 雨水系统水力计算

1. 半有压流（87 型）屋面雨水系统水力计算

（1）雨水斗（87 型）

雨水斗设计流量，应按公式（1-50）计算。

对于单斗雨水系统，雨水斗设计流量不应超过表 1-168 数值；对于多斗雨水系统，雨水斗设计流量应根据表 1-169 取值，最远端雨水斗设计流量不得超过表 1-169 数值。

铁路旅客车站建筑 87 型雨水斗口径常采用 $DN100$，其次是 $DN75$、$DN150$。

（2）雨水连接管

铁路旅客车站建筑雨水连接管管径通常与雨水斗出水口直径相同，常采用 $DN100$，其次是 $DN150$。

（3）雨水悬吊管

铁路旅客车站建筑雨水悬吊管管径，参见表 1-172。

（4）雨水立管

连接2根及以上雨水悬吊管的雨水立管管径，按表1-173确定。

（5）雨水排出管

铁路旅客车站建筑雨水排出管管径确定，参见表1-174～表1-177。

（6）雨水管道最小管径

铁路旅客车站建筑雨水系统最小设计管径及雨水排水横管最小设计坡度，参见表1-178。

2. 压力流（虹吸式）屋面雨水系统水力计算

铁路旅客车站建筑压力流（虹吸式）屋面雨水系统水力计算方法，参见1.4.4节。

3. 雨水提升系统水力计算

铁路旅客车站建筑地下室车库坡道、窗井等场所设计雨水流量，按公式（1-54）计算；设计径流雨水总量，按公式（1-55）计算。

12.4.5　院区室外雨水系统设计

铁路旅客车站广场应设置排水设施。

铁路旅客车站建筑院区雨水系统宜采用管道排水形式，与污水系统应分流排放。

1. 雨水口

雨水口选型，参见表1-180；雨水口设置位置，参见表1-181；各类型雨水口的泄水流量，参见表1-182。

雨水口设计流量，按公式（1-56）计算。

2. 雨水口连接管

单算雨水口连接管管径通常采用DN250。

3. 雨水检查井

院区内直线雨水管道上雨水检查井设置最大间距，参见表1-183。

院区雨水检查井常见规格通常采用DN1000圆形玻璃钢或钢筋混凝土雨水检查井。

4. 室外雨水管道布置

铁路旅客车站建筑室外雨水管道布置方法，参见表1-184。

12.4.6　院区室外雨水利用

铁路旅客车站宜设计中水工程和雨水利用工程。

铁路旅客车站建筑应根据所在地的自然条件、水资源情况及经济技术发展水平，合理设置雨水收集利用系统。雨水利用工程应符合现行国家标准《建筑与小区雨水控制及利用工程技术规范》GB 50400的有关规定。

雨水收集回用应进行水量平衡计算。铁路旅客车站建筑院区雨水通常可用于景观用水、院区绿化用水、路面和地面冲洗用水、汽车冲洗用水、冲厕用水等。

12.5　消火栓系统

候车区（厅）的建筑面积在500m² 以上的铁路旅客车站属于重要公共建筑。铁路旅客车站的候车区（厅）属于公众聚集场所和人员密集场所。

建筑高度大于50m的高层铁路旅客车站；候车区（厅）建筑面积大于500m² 的高层铁路旅客车站属于一类高层铁路旅客车站建筑。建筑高度小于或等于50m且候车区（厅）建筑面积小于或等于500m² 的高层铁路旅客车站属于二类高层铁路旅客车站建筑。

铁路旅客车站建筑内建筑面积大于300m² 且独立设置的行李或包裹车，应设室内消火栓。

铁路旅客车站集散厅、售票厅、候车厅（室）的消火栓箱内应设置消防软管卷盘。

12.5.1 消火栓系统设置场所

高层铁路旅客车站建筑，建筑体积大于5000m³ 的单、多层铁路旅客车站建筑应设置室内消火栓系统。

12.5.2 消火栓系统设计参数

1. 铁路旅客车站建筑室外消火栓设计流量

铁路旅客车站建筑室外消火栓设计流量，不应小于表12-19的规定。

铁路旅客车站建筑室外消火栓设计流量表（L/s）　　　表12-19

耐火等级	建筑物名称	建筑体积（m³）					
		$V \leqslant 1500$	$1500 < V \leqslant 3000$	$3000 < V \leqslant 5000$	$5000 < V \leqslant 20000$	$20000 < V \leqslant 50000$	$V > 50000$
一、二级	单层及多层铁路旅客车站建筑	15			25	30	40
	高层铁路旅客车站建筑	—			25	30	40

注：1. 建筑体积指本建筑占据的空间数量，包括该建筑的地上空间体积数和地下空间体积数；
2. 地下车库室外消火栓系统设计流量小于建筑主体室外消火栓系统设计流量，铁路旅客车站建筑室外消火栓系统设计流量按建筑主体室外消火栓系统设计流量确定；
3. 地下人防工程室外消火栓系统设计流量小于建筑主体室外消火栓系统设计流量，铁路旅客车站室外消火栓系统设计流量按建筑主体室外消火栓系统设计流量确定。

2. 铁路旅客车站建筑室内消火栓设计流量

铁路旅客车站建筑室内消火栓设计流量，不应小于表12-20的规定。

铁路旅客车站建筑室内消火栓设计流量表　　　表12-20

建筑物名称	高度h（m）、体积V（m³）、火灾危险性	消火栓设计流量（L/s）	同时使用消防水枪数（支）	每根竖管最小流量（L/s）
单层及多层铁路旅客车站建筑	$5000 < V \leqslant 25000$	10	2	10
	$25000 < V \leqslant 50000$	15	3	10
	$V > 50000$	20	4	15
二类高层铁路旅客车站建筑〔建筑高度小于或等于50m且候车区（厅）建筑面积小于或等于500m² 的高层铁路旅客车站〕	$h \leqslant 50$	20	4	10

续表

建筑物名称	高度 h（m）、体积 V（m³）、火灾危险性	消火栓设计流量（L/s）	同时使用消防水枪数（支）	每根竖管最小流量（L/s）
一类高层铁路旅客车站建筑〔建筑高度大于50m的高层铁路旅客车站；候车区（厅）建筑面积大于500m²的高层铁路旅客车站〕	$h \leqslant 50$	30	6	15
	$h > 50$	40	8	15

注：1. 消防软管卷盘、轻便消防水龙，其消火栓设计流量可不计入室内消防给水设计流量；
    2. 地下车库室内消火栓系统设计流量小于建筑主体室内消火栓系统设计流量，铁路旅客车站建筑室内消火栓系统设计流量按建筑主体室内消火栓系统设计流量确定；
    3. 地下人防工程室内消火栓系统设计流量小于建筑主体室内消火栓系统设计流量，铁路旅客车站建筑室内消火栓系统设计流量按建筑主体室内消火栓系统设计流量确定。

3. 火灾延续时间

铁路旅客车站建筑消火栓系统的火灾延续时间，按2.0h。

铁路旅客车站建筑室内自动灭火系统的火灾延续时间，参见表1-188。

4. 消防用水量

一座铁路旅客车站建筑的消防用水量按室外消火栓系统用水量、室内消火栓系统用水量、室内自动喷水灭火系统用水量三者之和计算。

12.5.3 消防水源

1. 市政给水

当前国内城市市政给水管网能够满足铁路旅客车站建筑直接消防供水条件的较少。

铁路旅客车站建筑室外消防给水管网管径，按表4-40确定。

铁路旅客车站建筑室外消防给水管网宜与室外生活给水管网分开敷设，且应布置成环状管网。

2. 消防水池

（1）铁路旅客车站建筑消防水池有效储水容积

表12-21给出了常用典型铁路旅客车站建筑消防水池有效储水容积的对照表。

铁路旅客车站建筑火灾延续时间内消防水池储存消防用水量表　　　表12-21

单、多层铁路旅客车站建筑体积 V(m³)	$V \leqslant 3000$	$3000 < V \leqslant 5000$	$5000 < V \leqslant 10000$	$10000 < V \leqslant 20000$	$20000 < V \leqslant 25000$	$25000 < V \leqslant 50000$	$V > 50000$
室外消火栓设计流量(L/s)	15	15	25	25	30	30	40
火灾延续时间(h)	2.0						
火灾延续时间内室外消防用水量(m³)	108.0	108.0	180.0	180.0	216.0	216.0	288.0
室内消火栓设计流量(L/s)	—	—	15	15	25	25	40
火灾延续时间(h)	2.0						
火灾延续时间内室内消防用水量(m³)	—	—	108.0	108.0	180.0	180.0	288.0
火灾延续时间内室内外消防用水量(m³)	108.0	108.0	288.0	288.0	360.0	396.0	504.0
消防水池储存室内外消火栓用水容积 V_1(m³)	108.0	108.0	288.0	288.0	360.0	396.0	504.0

续表

高层铁路旅客车站建筑体积 V (m³)	$5000<V\leq20000$	$20000<V\leq50000$	$V>50000$	$5000<V\leq20000$	$20000<V\leq50000$	$V>50000$
高层铁路旅客车站建筑高度 h (m)	\multicolumn{3}{c}{$h\leq50$}			$h>50$	
室外消火栓设计流量(L/s)	25	30	40	25	30	40
火灾延续时间(h)	\multicolumn{6}{c}{2.0}					
火灾延续时间内室外消防用水量(m³)	180.0	216.0	288.0	180.0	216.0	288.0
室内消火栓设计流量(L/s)	\multicolumn{3}{c}{20(二类高层)/30(一类高层)}	40			
火灾延续时间(h)	\multicolumn{6}{c}{2.0}					
火灾延续时间内室内消防用水量(m³)	\multicolumn{3}{c}{144.0/216.0}	288.0			
火灾延续时间内室内外消防用水量(m³)	324.0/396.0	360.0/432.0	432.0/504.0	468.0	504.0	576.0
消防水池储存室内外消火栓用水容积 V_2 (m³)	324.0/396.0	360.0/432.0	432.0/504.0	468.0	504.0	576.0
铁路旅客车站建筑自动喷水灭火系统设计流量(L/s)	25	30		35	40	
火灾延续时间(h)	1.0	1.0		1.0	1.0	
火灾延续时间内自动喷水灭火用水量(m³)	90.0	108.0		126.0	144.0	
消防水池储存自动喷水灭火用水容积 V_3 (m³)	90.0	108.0		126.0	144.0	

如上表所示，通常铁路旅客车站建筑消防水池有效储水容积在 198～720m³。

（2）铁路旅客车站建筑消防水池位置

消防水池位置确定原则，参见表 7-34。

铁路旅客车站建筑消防水池、消防水泵房与铁路旅客车站建筑院区空间关系，参见表 7-35。

消防水池的最低有效水位应高于消防水池吸水喇叭口不小于 600mm，且应高于消防水泵的吸水管管顶。

铁路旅客车站建筑消防水泵型式的选择与消防水池有一定的对应关系，参见表 1-194。

铁路旅客车站建筑储存室内外消防用水的消防水池与消防水泵房的位置关系，参见表 1-195。

铁路旅客车站建筑消防水池格（座）数与有效储水容积的对照关系，参见表 1-196。

铁路旅客车站建筑消防水池附件，参见表 1-197。

铁路旅客车站建筑消防水池各水位指标确定方法及取值经验值，参见表 1-198。

3. 天然水源及其他水源

铁路旅客车站建筑消防水源不宜采用天然水源。

12.5.4 消防水泵房

1. 消防水泵房选址

新建铁路旅客车站建筑院区消防水泵房设置通常采取 2 个方案，参见表 7-36。

改建、扩建电影院院区消防水泵房设置方案，参见表 1-200。

2. 建筑内部消防水泵房位置

铁路旅客车站建筑消防水泵房若设置在建筑物内,应采取消声、隔声和减振等措施;不应毗邻集散厅,候车区(室),售票用房,行李包裹办公室、休息室、旅客服务人员办公室、办公区办公室、会议室、间休室、餐厅、国际(口岸)客运、联检、出入境旅客服务人员办公室等场所。

3. 消防水泵机组的布置要求

相邻两个机组及机组至泵房墙壁间的净距要求,参见表1-201。

4. 消防水泵房采暖、排水等要求

严寒、寒冷地区消防水泵房,应设置供暖设施。

消防水泵房的泵房排水设施:在泵房内设置排水沟;地下消防水泵房内或邻近场所设集水坑,坑内设潜污泵。消防水泵房应采取防淹措施。

5. 消防水泵房管道设计

消防水泵配置数量与消防水系统设计流量的关系,参见表1-202。

铁路旅客车站建筑消防水泵吸水管、出水管管径,见表1-203;消防吸水总管管径应根据其连通服务的各种消防水泵设计流量之累加值进行确定,参见表1-205。

消防水泵吸水管布置应避免形成气囊。

消防水泵吸水口的淹没深度应满足消防水泵在最低水位运行安全的要求。

消防水泵吸水管、出水管上附件配置及要求,参见表1-206。

6. 消防水泵自动启动控制

消防水泵自动启动要求,参见表1-207;消防水泵自动启动方式,参见表1-208;流量开关性能、设置位置等,参见表1-209。

当消防稳压泵设置于高位消防水箱间内时,消防水泵启泵压力(P),按公式(1-58)确定;当消防稳压泵设置于低位消防水泵房内时,按公式(1-59)确定。

12.5.5 消防水箱

铁路旅客车站建筑消防给水系统绝大多数属于临时高压系统,高层铁路旅客车站建筑、3层及以上单体总建筑面积大于10000m² 的铁路旅客车站建筑应设置高位消防水箱。

1. 消防水箱有效储水容积

铁路旅客车站建筑高位消防水箱有效储水容积,按表12-22确定。

铁路旅客车站建筑高位消防水箱有效储水容积确定表 表12-22

序号	建筑类别	建筑高度	消防水箱有效储水容积
1	一类高层铁路旅客车站建筑[建筑高度大于50m的高层铁路旅客车站;候车区(厅)建筑面积大于500m² 的高层铁路旅客车站]	小于或等于100m	不应小于36m³,可按36m³
2	二类高层铁路旅客车站建筑[建筑高度小于或等于50m且候车区(厅)建筑面积小于或等于500m² 的高层铁路旅客车站]		不应小于18m³,可按18m³
3	多层铁路旅客车站建筑		

2. 消防水箱设置位置

铁路旅客车站建筑消防水箱设置位置应满足以下要求，见表12-23。

消防水箱设置位置要求表　　　　　　　表12-23

序号	消防水箱设置位置要求	备注
1	位于所在建筑的最高处	通常设在屋顶消防水箱间为
2	应该独立设置	不与其他设备机房，如屋顶太阳能热水机房、热水箱间等合用
3	应避免对下方楼层房间的影响	其下方不应是休息区（室）、办公室、会议室、电气类技术设备用房等，可以是库房、卫生间等辅助房间或公共区域
4	不宜超出机房层高度过多、影响建筑效果	消防水箱间内配置消防稳压装置

3. 高位消防水箱尺寸

消防水箱宜为装配式方形水箱，其尺寸宜为1.0m或0.5m的倍数，推荐尺寸参见表1-212。

4. 高位消防水箱材质

常用材质为不锈钢板、热浸锌镀锌钢板、玻璃钢板、钢筋混凝土等，不锈钢板最常见。

5. 高位消防水箱配管

高位消防水箱配管及管径确定，参见表1-213。

6. 消防水箱水位

消防水箱各水位指标确定方法及取值经验值，参见表1-214。

7. 高位消防水箱布置

高位消防水箱四周净距要求，参见表1-215。

8. 消防水箱防冻

消防水箱及相应管道保温材料及厚度，参见表1-216。

12.5.6　消防稳压装置

1. 消防稳压泵

（1）设计流量

消火栓稳压泵设计流量，参见表1-217。

自动喷水灭火稳压泵设计流量，参见表1-218；结合一只标准喷头的流量，自动喷水灭火稳压泵常规设计流量取1.33L/s。

（2）设计压力

当消防稳压泵设置于高位消防水箱间内时，稳压泵的启泵压力P_1可取0.15～0.20MPa，停泵压力P_2可取0.20～0.25MPa；当消防稳压泵设置于低位消防水泵房内时，P_1按公式（1-62）确定，P_2按公式（1-63）确定。

（3）消防稳压泵选型

消火栓稳压泵设计流量为稳压泵流量确定依据。

消防稳压泵停泵压力（P_2）值附加0.03～0.05MPa后，为稳压泵扬程确定依据。

2. 气压水罐

消火栓稳压装置、自动喷水灭火稳压装置均采用150L有效储水容积气压水罐；合用消防稳压装置采用300L有效储水容积气压水罐。

3. 管道、阀门、附件等

消防稳压泵吸水管管径、出水管管径，参见表1-219。每套消防稳压泵通常为2台，1用1备。

12.5.7 消防水泵接合器

1. 设置范围

对于室内消火栓系统，6层及以上的铁路旅客车站建筑；地下、半地下铁路旅客车站建筑附设汽车库应设置消防水泵接合器。

铁路旅客车站站房的室内消防管网应设消防水泵接合器，其数量应根据室内消防用水量计算确定。

铁路旅客车站建筑消火栓系统消防水泵接合器配置，参见表1-220。

铁路旅客车站建筑自动喷水灭火系统等自动水灭火系统应分别设置消防水泵接合器。

2. 技术参数

铁路旅客车站建筑消防水泵接合器数量，参见表1-221。

3. 安装形式

铁路旅客车站建筑消防水泵接合器安装形式选择，参见表1-222。

4. 设置位置

同种水泵接合器不宜集中布置，不同种类、分区、功能的水泵接合器宜成组布置，且应设在室外便于消防车使用和接近的地方，且距室外消火栓或消防水池的距离不宜小于15m，并不宜大于40m，距人防工程出入口不宜小于5m。

12.5.8 消火栓系统给水形式

1. 室外消火栓给水系统

汽车客运站的停车场和发车位应设室外消火栓，还应设置适用于扑灭汽油、柴油、燃气等易燃物质燃烧的消防设施。

当市政给水管网不满足直接供给室外消火栓给水系统时，铁路旅客车站建筑应采用临时高压室外消火栓给水系统，通常在消防水泵房内独立设置室外消火栓给水泵组、室外消火栓稳压装置。

铁路旅客车站建筑室外消火栓给水泵组一般设置2台，1用1备，泵组设计流量为本建筑室外消防设计流量（15L/s、20L/s、25L/s、30 L/s、40 L/s），设计扬程应保证室外消火栓处的栓口压力（0.20~0.30MPa）。泵组出水管及吸水管管径，参见表1-223。

室外消火栓给水管网管径，参见表1-224，管网应环状布置，单独成环。

2. 室内消火栓给水系统

铁路旅客车站建筑室内消火栓给水系统常采用临时高压消火栓给水系统。

3. 室内消火栓系统分区供水

铁路旅客车站建筑室内消火栓给水系统通常竖向为1个区。铁路旅客车站建筑消火栓给水管网应在横向、竖向上连成环状。消火栓供水横干管宜分别沿最高层和最底层顶板下敷设。

典型铁路旅客车站建筑室内消火栓系统原理图，参见图 4-4。

12.5.9 消火栓系统类型

1. 系统分类

铁路旅客车站建筑的室外消火栓系统宜采用湿式消火栓系统。

2. 室外消火栓

铁路旅客车站站台消火栓的设置应符合现行国家标准《铁路工程设计防火规范》TB 10063 的有关规定。

严寒、寒冷等冬季结冰地区铁路旅客车站建筑室外消火栓应采用干式消火栓；其他地区宜采用地上式消火栓。

建筑室外消火栓的数量应根据室外消火栓设计流量和保护半径经计算确定，保护半径不应大于 150.0m，间距不应大于 120.0m，每个室外消火栓的出流量宜按 10～15L/s 计算。通常根据建筑物平面布局在建筑物四个角附近绿地设置室外消火栓，根据邻近两个消火栓之间距离合理增设消火栓。

3. 室内消火栓

铁路旅客车站建筑的各区域各楼层均应布置室内消火栓保护；铁路旅客车站建筑中不能采用自动喷水灭火系统保护的计算机室、消防控制室、变配电室、发电机房、网络机房、弱电机房、UPS 机房等场所亦应由室内消火栓保护。

铁路旅客车站建筑室内消火栓宜设在集散厅、候车厅、售票厅的主要入口，行李包裹用房、旅客服务用房、办公区用房、设备区用房的主要公共走道及靠近楼梯的明显位置。

铁路旅客车站建筑应设置消防软管卷盘或轻便消防水龙。

室内消火栓的布置应满足同一平面有 2 支消防水枪的 2 股充实水柱同时达到任何部位。

表 12-24 给出了铁路旅客车站建筑室内消火栓的布置方法。

铁路旅客车站建筑室内消火栓布置方法表　　　表 12-24

序号	室内消火栓布置方法	注意事项
1	布置在楼梯间、前室等位置	楼梯间、前室的消火栓宜暗设并采取墙体保护措施；箱体及立管不应影响楼梯门、电梯门开启使用
2	布置在行李包裹用房、旅客服务用房、办公区用房、设备区用房的公共走道两侧，箱体开门朝向公共走道	应暗设；优先沿辅助房间（库房、卫生间等）的墙体安装
3	布置在集中区域内部公共空间内	可在朝向公共空间房间的外墙上暗设；应避免消火栓消防水带穿过多个房间门到达保护点
4	特殊区域如车库、疏散厅、候车厅、售票厅等场所，应根据其平面布局布置	疏散厅、候车厅、售票厅处消火栓宜沿空间周边房间外墙布置；车库内消火栓宜沿车行道布置，可沿柱子明设

注：1. 室内消火栓不应跨防火分区布置；

2. 室内消火栓应按其实际行走距离计算其布置间距，铁路旅客车站建筑室内消火栓布置间距宜为 20.0m～25.0m，不应小于 5.0m。

12.5.10 消火栓给水管网

1. 室外消火栓给水管网

铁路旅客车站建筑室外消火栓给水管网应采用环状给水管网。向室外消火栓给水管网供水的输水干管不应少于 2 条。

2. 室内消火栓给水管网

铁路旅客车站建筑室内消火栓给水管网应采用环状给水管网,有 2 种主要管网型式,见表 12-25。室内消火栓给水管网在横向、竖向均宜连成环状。

室内消火栓给水管网主要管网型式表　　　　　　表 12-25

序号	管网型式特点	适用情形	具体部位	备注
型式 1	消防供水干管沿建筑竖向垂直敷设,配水干管沿每一层顶板下或吊顶内横向水平敷设,配水干管上连有消火栓	各楼层竖直上下层消火栓位置差别较大或横向连接管长度较大的区域;地下车库	建筑内走道、楼梯间、电梯前室;疏散厅、候车厅、售票厅、办公室、会议室、餐厅等房间外墙;车库;机房等	主要型式
型式 2	消防供水干管沿建筑最高处、最低处横向水平敷设,配水干管沿竖向垂直敷设,配水干管上连有消火栓	各楼层竖直上下层消火栓位置基本一致和横向连接管长度较小的区域	建筑内走道、楼梯间、电梯前室;办公室、会议室、餐厅等房间外墙	辅助型式

注:不能敷设消火栓给水管道的场所包括高低压配电室、网络机房、消防控制室等电气类房间。

室内消火栓给水管网型式 1 参见图 1-13,型式 2 参见图 1-14。

铁路旅客车站建筑室内消火栓给水管网的环状干管管径,参见表 1-229;室内消火栓竖管管径可按 $DN100$。

3. 系统阀门

室内消火栓系统阀门设置,参见表 1-230。

埋地管道的阀门宜采用带启闭刻度的球墨铸铁暗杆闸阀。室内架空管道的阀门宜采用蝶阀、明杆闸阀或带启闭刻度的暗杆闸阀等。

4. 系统给水管网管材

铁路旅客车站建筑室外消火栓给水管绝大多数采用直埋敷设方式。埋地消火栓给水管道宜采用球墨铸铁管或钢丝网骨架塑料复合管给水管道。

铁路旅客车站建筑室内消火栓给水管管材选择,参见表 1-231。

薄壁不锈钢管 (S11163)、镀锌镍碳钢管等新型优质管道,在铁路旅客车站建筑室内消火栓系统中均得到更多的应用,未来会逐步替代传统钢管。

12.5.11 消火栓系统计算

1. 消火栓水泵选型计算

铁路旅客车站建筑室内消火栓水泵流量与室内消火栓设计流量一致;消火栓水泵扬程,按公式 (1-64) 计算。根据消火栓水泵流量和扬程选择消火栓水泵。

2. 消火栓计算

室内消火栓的保护半径，按公式（1-65）计算；消火栓栓口处所需水压，按公式（1-66）计算。

高层铁路旅客车站建筑消防水枪充实水柱应按 13m 计算；多层铁路旅客车站建筑消防水枪充实水柱应按 10m 计算。

高层铁路旅客车站建筑消火栓栓口动压不应小于 0.35MPa；多层铁路旅客车站建筑消火栓栓口动压不应小于 0.25MPa。

3. 消火栓系统压力计算

消火栓系统的设计工作压力，按公式（1-67）计算。通常以设计工作压力确定消火栓水泵扬程。

12.6 自动喷水灭火系统

12.6.1 自动喷水灭火系统设置

一类高层铁路旅客车站建筑［建筑高度大于 50m 的高层铁路旅客车站；候车区（厅）建筑面积大于 500m² 的高层铁路旅客车站］及其地下、半地下室；二类高层铁路旅客车站建筑［建筑高度小于或等于 50m 且候车区（厅）建筑面积小于或等于 500m² 的高层铁路旅客车站］及其地下、半地下室中的公共活动用房、走道、办公室、可燃物品库房；具有送回风道（管）系统的集中空气调节系统且总建筑面积大于 3000m² 的单、多层铁路旅客车站建筑；建筑面积大于 500m² 或任一防火分区面积大于 300m² 的车站地下行李包裹库房或地下货物仓库；铁路旅客车站建筑附设的地下车库应设置自动喷水灭火系统。

铁路旅客车站设置的建筑面积大于 20m² 且有防火隔墙、围合顶棚的固定餐饮、商品零售点应设置自动喷水灭火系统。当车站未设自动喷水灭火系统时，可采用局部应用系统。

铁路旅客车站建筑若根据规范规定设置自动喷水灭火系统，其设置的具体场所见表12-26。

设置自动喷水灭火系统的具体场所表 表 12-26

设置自动喷水灭火系统的区域			具体场所
站房	公共区	集散厅	包括非高大空间进站集散厅（包括问询、邮政、电信等服务设施）、出站集散厅（包括电信、厕所等服务设施）
		候车区（室）	包括非高大空间普通、软席、军人（团体）、无障碍候车区及贵宾候车室等
		售票用房	包括非高大空间售票厅、售票室、办公室、进款室、总账室、订送票室、微机室等
		行李、包裹用房	包括行李托取处、行李和包裹库房、包裹用房（包括包裹库、包裹托取厅、办公室、总检室、装卸工休息室、牵引车库、微机室、拖车存放处）等
		旅客服务设施	包括问询处、小件寄存处、邮政服务设施、电信服务设施、商业服务设施（专为候车旅客服务的小型零售、餐饮、书报杂志等设施）、医务室等
		旅客用厕所、盥洗间	包括男厕所、男盥洗间、女厕所、女盥洗间等

续表

设置自动喷水灭火系统的区域		具体场所
站房	设备区	包括供水和暖通等非电气设备的技术作业用房等
	办公区	包括客运值班室、交接班室、服务员室、检票员室、补票室、公安值班室、广播室、上水工室、开水间、清扫工具间以及生产用车停车场地，客运办公用房，职工生活用房（包括职工活动室、会议室、间休室、就餐间、更衣室、浴室、职工厕所、盥洗间）等
	国境（口岸）站房	包括客运设施（出入候车室，行李、包裹托运处）、联检设施（车站边防检查站、海关办事处、出入境检验检疫机构、国家安全检查站和口岸联检办公业务用房及查验设施等）、出入境旅客服务设施（免税商店、货币兑换处、邮政、电信及世界时钟、旅游咨询、接待服务和小型餐饮等设施）

铁路旅客车站站房内设置的自动扶梯及设置在站台上通向地道的自动扶梯底部应设置自动喷水灭火系统。

表 12-27 为铁路旅客车站建筑内不宜用水扑救的场所。

不宜用水扑救的场所一览表 表 12-27

序号	不宜用水扑救的场所	自动灭火措施
1	售票用房：票据室	气体灭火系统
2	行李、包裹用房：计算机室、票据室	
3	电气类设备用房：变配电室、弱电机房、发电机房等	
4	电气类设备用房：消防控制室	不设置

铁路旅客车站建筑自动喷水灭火系统类型选择，参见表 1-245。

典型铁路旅客车站建筑自动喷水灭火系统原理图，参见图 4-5。

铁路旅客车站建筑中的地下车库火灾危险等级按中危险级Ⅱ级确定；其他场所火灾危险等级均按中危险级Ⅰ级确定。

12.6.2 自动喷水灭火系统设计基本参数

铁路旅客车站建筑自动喷水灭火系统设计参数，按表 1-246 规定。

铁路旅客车站建筑高大空间场所设置湿式自动喷水灭火系统设计参数，按表 12-28 规定。

高大空间场所湿式自动喷水灭火系统设计参数表 表 12-28

适用场所	最大净空高度 h(m)	喷水强度[L/(min·m²)]	作用面积(m²)	喷头间距 S(m)
疏散厅、候车厅、售票厅	$8 < h \leqslant 12$	12	160	$1.8 \leqslant S \leqslant 3.0$
	$12 < h \leqslant 18$	15		

注：当民用建筑高大空间场所的最大净空高度为 $12m < h \leqslant 18m$ 时，应采用非仓库型特殊应用喷头。

若铁路旅客车站建筑地下室中附属的库房认定为堆垛储物仓库，其自动喷水灭火系统设计参数，按表 1-247 规定。

自动喷水灭火系统的持续喷水时间，应按火灾延续时间不小于 1h 确定。

12.6.3 洒水喷头

设置自动喷水灭火系统的铁路旅客车站建筑内各场所的最大净空高度通常不大于8m。

铁路旅客车站建筑自动喷水灭火系统喷头公称动作温度宜相比环境温度高30℃，参见表4-54。

铁路旅客车站建筑自动喷水灭火系统喷头种类选择，见表12-29。

铁路旅客车站建筑自动喷水灭火系统喷头种类选择表　　　表12-29

序号	火灾危险等级	设置场所	喷头种类
1	中危险级Ⅱ级	地下车库	直立型普通喷头
2	中危险级Ⅰ级	铁路旅客车站建筑内非高大空间疏散厅、候车厅、售票厅、办公室、会议室等设有吊顶场所	吊顶型或下垂型普通或快速响应喷头
3		库房、非电气类设备机房等无吊顶场所	直立型普通或快速响应喷头

注：基于铁路旅客车站建筑火灾特点和重要性，铁路旅客车站建筑中危险级Ⅰ级对应场所中的非高大空间疏散厅、候车厅、售票厅自动喷水灭火系统洒水喷头宜全部采用快速响应喷头。

每种型号的备用喷头数量按此种型号喷头数量总数的1‰计算，并不得少于10只。

铁路旅客车站建筑中自动喷水灭火系统直立型、下垂型喷头的布置间距，不应大于表1-250的规定，且不宜小于2.4m。

铁路旅客车站建筑常用普通玻璃球闭式喷头规格型号，参见表1-252。

12.6.4 自动喷水灭火系统管道

1. 管材

铁路旅客车站建筑自动喷水灭火系统给水管管材，参见表1-254。

薄壁不锈钢管（S11163）、氯化聚氯乙烯（PVC-C）管、镀锌镍碳钢管等新型优质管道，在铁路旅客车站建筑自动喷水灭火系统中均得到更多的应用，未来会逐步替代传统钢管。

铁路旅客车站建筑中，除汽车停车库外其他中危险级Ⅰ级对应场所自动喷水灭火系统公称直径≤DN80的配水管（支管）均可采用氯化聚氯乙烯（PVC-C）管材及管件。

2. 管径

铁路旅客车站建筑自动喷水灭火系统的配水管道管径可根据表1-255中数据进行确定。

3. 管网敷设

铁路旅客车站建筑自动喷水灭火系统配水干管宜沿非高大空间疏散厅、候车厅、售票厅内，行李包裹用房、旅客服务用房、办公区用房、设备区用房的公共走廊敷设，疏散厅、候车厅、售票厅内，行李包裹用房、旅客服务用房、办公区用房、设备区用房走廊两侧房间内的配水支管就近连接到配水干管上。走廊内布置的喷头就近接至排水支管后再接至配水干管。单个喷头不应直接接至管径大于或等于DN100的配水干管。

铁路旅客车站建筑自动喷水灭火系统配水管网布置步骤，见表12-30。

自动喷水灭火系统配水管网布置步骤表　　　　表 12-30

序号	配水管网布置步骤
步骤 1	根据铁路旅客车站建筑的防火性能确定自动喷水灭火系统配水管网的布置范围
步骤 2	在每个防火分区内应确定该区域自动喷水灭火系统配水主干管或主立管的位置或方向
步骤 3	自接入点接入后，可确定主要配水管的敷设位置和方向
步骤 4	自末端房间内的自动喷水灭火系统配水支管就近向配水管连接
步骤 5	每个楼层每个防火分区内配水管网布置均按步骤 1～步骤 4 进行

　　自动喷水灭火系统每个喷头与配水支管连接的短立管管径通常采用 25mm；末端试水装置或试水阀的连接管管径通常采用 25mm。

12.6.5　水流指示器

　　除报警阀组控制的喷头只保护不超过防火分区面积的同层场所外，铁路旅客车站建筑每个防火分区、每个楼层均应设水流指示器；当整个场所需要设置的喷头数不超过 1 个报警阀组控制的喷头数时，可不设置水流指示器；每个防火分区应设置一个水流指示器，位置可设在本防火分区系统配水管网的起始端，亦可集中设置于各个防火分区配水干管分叉处。

　　水流指示器上游端应设置信号阀，其型号规格，参见表 1-257。

　　水流指示器与所在配水干管同管径，其型号规格，参见表 1-258。

12.6.6　报警阀组

　　铁路旅客车站建筑消防系统报警阀组主要采用湿式水力报警阀组，一定条件下采用预作用报警阀组。

　　铁路旅客车站建筑自动喷水灭火系统报警阀组的数量取决于：整个建筑中设置喷头的总数量；每个防火分区内设置喷头的数量；每个报警阀组控制的喷头数。一个报警阀组控制的喷头数不宜超过 800 只，设计中可适当超过 800 只。

　　喷头均衡组合遵循的原则，参见表 1-259。

　　铁路旅客车站建筑自动喷水灭火系统报警阀组通常设置在消防水泵房，设置位置方案，参见表 1-260。

　　报警阀组宜设在安全及易于操作的地点，报警阀距地面的高度宜为 1.2m；宜沿墙体集中布置，相邻报警阀组的间距不宜小于 1.5m，不应小于 1.2m；报警阀组处应设有排水设施，排水管管径不应小于 $DN100$。

　　表 1-261 为常用湿式报警阀装置型号规格；表 1-262 为常见预作用报警阀装置型号规格；报警阀组压力开关主要技术参数，参见表 1-263；报警阀组前后管道设置，参见表 1-264。

　　铁路旅客车站建筑自动喷水灭火系统减压阀设置方式，参见表 1-265。

　　减压孔板作为一种减压部件，可辅助减压阀使用。

12.6.7　自动喷水灭火系统水泵接合器

　　自动喷水灭火系统管网上应设置水泵接合器，铁路旅客车站建筑自动喷水灭火系统消防水泵接合器数量,参见表1-266。

自动喷水灭火系统水泵接合器宜设置在靠近消防水泵房的室外;常规做法是将多个 $DN150$ 水泵接合器并联起来,由1根 $DN150$ 供水管道接至系统供水泵组出水干管上,连接位置位于报警阀组前。

12.6.8 消防水箱设计

高位消防水箱、自动喷水灭火稳压装置设计参见消火栓系统相关内容。

12.6.9 自动喷水灭火系统压力计算

自动喷水灭火系统的设计工作压力,按公式(1-68)计算。

自动喷水灭火给水泵扬程通常按照自动喷水灭火系统的设计工作压力值确定。

自动喷水灭火给水系统压力管道水压强度试验的试验压力($H_{试验}$)的基准指标,参见表1-267。

12.7 灭火器系统

12.7.1 灭火器配置场所火灾种类

铁路旅客车站建筑灭火器配置场所的火灾种类,见表12-31。

灭火器配置场所的火灾种类表   表12-31

序号	火灾种类	灭火器配置场所
1	A类火灾(固体物质火灾)	铁路旅客车站建筑内绝大多数场所,如疏散厅、候车厅、售票厅、行李包裹用房、旅客服务用房、办公区用房、设备区非电气类用房等
2	B类火灾(液体火灾或可熔化固体物质火灾)	铁路旅客车站建筑内附设车库
3	E类火灾(物体带电燃烧火灾)	铁路旅客车站建筑内附设电气房间,如高低压配电间、弱电机房等

12.7.2 灭火器配置场所危险等级

铁路旅客车站建筑灭火器配置场所的危险等级分为严重危险级、中危险级和轻危险级3级,危险等级举例,见表12-32。

铁路旅客车站建筑灭火器配置场所的危险等级举例   表12-32

危险等级	举例
严重危险级	建筑面积在500m² 及以上的铁路旅客车站的候车室、行李房
	配建充电基础设施(充电桩)的车库区域
中危险级	建筑面积在500m² 以下的铁路旅客车站的候车室、行李房
	设有集中空调、电子计算机、复印机等设备的办公室
	民用燃油、燃气锅炉房
	民用的油浸变压器室和高、低压配电室
	配建充电基础设施(充电桩)以外的车库区域

续表

危险等级	举例
轻危险级	日常用品小卖店
	未设集中空调、电子计算机、复印机等设备的普通办公室

注：铁路旅客车站建筑室内强电间、弱电间；屋顶排烟机房内每个房间均应设置2具手提式磷酸铵盐干粉灭火器。

12.7.3 灭火器选择

铁路旅客车站建筑灭火器配置场所的火灾种类通常涉及 A 类、B 类、E 类火灾，通常配置灭火器时选择磷酸铵盐干粉灭火器。

消防控制室、计算机房、配电室等部位配置灭火器宜采用气体灭火器，通常采用二氧化碳灭火器。

12.7.4 灭火器设置

铁路旅客车站建筑中设置的手提式灭火器，通常和室内消火栓同位置设置，放置于室内消火栓箱体下部。独立设置的手提式或推车式灭火器通常放置于所保护区域的公共走道、门口或房间内靠近公共通道出入口处。灭火器设置点应均衡布置。

设置在 A 类火灾场所的灭火器，其最大保护距离应符合表 1-274 的规定。

灭火器最大保护距离为灭火器与起火点之间最大的行走距离。铁路旅客车站建筑中的地下车库区域、建筑中大间套小间区域、房间中间隔着走道区域等场所，常需要增加灭火器配置点。地下车库区域增设的灭火器宜靠近相邻2个室内消火栓中间的位置，并宜沿车库墙体或柱子布置。

设置在 B 类火灾场所的灭火器，其最大保护距离应符合表 1-275 的规定。

铁路旅客车站建筑中 E 类火灾场所中的高低压配电间、网络机房等场所，灭火器配置宜按 B 类火灾场所灭火器最大保护距离要求进行。面积较大的铁路旅客车站建筑变配电室，需要在变配电室内增设灭火器。

12.7.5 灭火器配置

A 类火灾场所灭火器的最低配置基准，应符合表 1-276 的规定。

铁路旅客车站建筑灭火器 A 类火灾场所配置基准可按照灭火器最低配置基准，即：严重危险级按照 3A；中危险级按照 2A；轻危险级按照 1A。

B 类火灾场所灭火器的最低配置基准，应符合表 1-277 的规定。

铁路旅客车站建筑灭火器 B 类火灾场所配置基准可按照灭火器最低配置基准，即：严重危险级按照 89B；中危险级按照 55B。

E 类火灾场所的灭火器最低配置基准不应低于该场所内 A 类（或 B 类）火灾的规定。

12.7.6 灭火器配置设计计算

铁路旅客车站建筑内每个灭火器设置点灭火器数量通常以 2~4 具为宜。

灭火器计算单元最小需配灭火级别，按公式（1-69）计算。

灭火器计算单元中每个灭火器设置点最小需配灭火级别，按公式（1-70）计算。

12.7.7 灭火器类型及规格

铁路旅客车站建筑灭火器配置设计中常用的灭火器类型及规格，见表 1-279。

12.8 气体灭火系统

12.8.1 气体灭火系统应用场所

设有电子设备的铁路旅客车站建筑中下列处所应设置气体灭火系统：客货共线铁路区段站及以上车站、中型及以上旅客车站和高速铁路、城际铁路车站的站房综合楼、信号楼内的通信机房、信号机械室（含信号设备机房、继电器室和电源室、防雷分线室）、区间中继站；调度中心（所）设备机房（包括运输调度管理系统机房、列车调度指挥机房、行车调度指挥机房、牵引供电远动系统机房、通信机房及其他重要设备机房）；铁路各级运营管理部门的信息机房，客货共线铁路区段站及以上车站、中型及以上旅客车站和高速铁路、城际铁路旅客车站信息机房；设计速度 200 km/h 及以上铁路自然灾害与异物侵限监测系统中心级机房；牵引变电所主控制室，10kV～35kV 地区或中心变、配电所的控制室，66kV 及以上变、配电所的控制室；车站建筑售票用房中的票据室，行包用房中的计算机室、票据室，电气类设备用房中的变配电室、弱电机房、发电机房等。

目前铁路旅客车站建筑中最常用 IG541 混合气体灭火系统和七氟丙烷（HFC-227ea）气体灭火系统。

12.8.2 七氟丙烷气体灭火系统设计参数

七氟丙烷灭火剂主要技术性能参数，参见表 1-281。

无管网七氟丙烷气体自动灭火装置技术参数、规格等，参见表 1-282～表1-284。

铁路旅客车站建筑中采用七氟丙烷气体灭火保护时，各防护区设计灭火浓度，参见表3-70。

12.8.3 气体灭火设计用量计算

七氟丙烷气体灭火设置场所设计用量，按公式（1-71）计算。

七氟丙烷设计用量，按公式（2-28）计算；七氟丙烷设计容积，按公式（2-29）计算。

每个防护区内无管网七氟丙烷气体灭火装置的布置应做到均匀。

IG541 混合气体灭火防护区灭火设计用量或惰化设计用量，按公式（1-74）计算。

IG541 灭火剂气体在 101kPa 大气压和防护区最低环境温度下的质量体积，按公式（1-75）计算。

IG541 混合气体灭火系统灭火剂储存量，应为防护区灭火设计用量及系统灭火剂剩余量之和，系统灭火剂剩余量按公式（1-76）计算。

12.8.4 IG541混合气体灭火系统管网计算

IG541混合气体灭火系统管道流量宜采用平均设计流量。

系统主干管、支管的平均设计流量，按公式（1-77）、公式（1-78）计算。

管道内径按公式（1-79）计算。

灭火剂释放时，管网应进行减压。减压装置宜采用减压孔板，宜设在系统的源头或干管入口处。减压孔板前的压力，按公式（1-80）计算；减压孔板后的压力，按公式（1-81）计算；减压孔板孔口面积，按公式（1-82）计算。

系统的阻力损失宜从减压孔板后算起，并按公式（1-83）计算。

IG541混合气体灭火系统的喷头工作压力的计算结果，应符合：一级充压（15.0MPa）系统，$P_c \geqslant 2.0$MPa（绝对压力）；二级充压（20.0MPa）系统，$P_c \geqslant 2.1$MPa（绝对压力）。

喷头等效孔口面积，按公式（1-84）计算。

12.8.5 防护区泄压口

气体灭火系统防护区应设置泄压口。七氟丙烷气体灭火系统防护区泄压口面积按系统设计规定计算，按公式（1-85）计算；IG541混合气体灭火系统防护区泄压口面积按系统设计规定计算，宜按公式（1-86）计算。

七氟丙烷气体灭火系统的泄压口应位于防护区净高的2/3以上。对于设置吊顶场所，泄压口通常设置在吊顶（梁）下，泄压口顶面紧贴吊顶（梁）或吊顶（梁）下100mm。

不同规格无管网七氟丙烷气体灭火装置与泄压口尺寸的对照表，参见表1-288。

防护区设置的泄压口，宜设在外墙上，无外墙时应设置在朝向公共建筑公共区域（走道）的内墙上。每个防护区根据需要可设置1个或多个泄压口。

12.9 高压细水雾灭火系统

设有电子设备的铁路旅客车站建筑中下列处所可设置高压细水雾灭火系统：客货共线铁路区段站及以上车站、中型及以上旅客车站和高速铁路、城际铁路车站的站房综合楼、信号楼内的通信机房、信号机械室（含信号设备机房、继电器室和电源室、防雷分线室）、区间中继站；调度中心（所）设备机房（包括运输调度管理系统机房、列车调度指挥机房、行车调度指挥机房、牵引供电远动系统机房、通信机房及其他重要设备机房）；铁路各级运营管理部门的信息机房，客货共线铁路区段站及以上车站、中型及以上旅客车站和高速铁路、城际铁路旅客车站信息机房；设计速度200 km/h及以上铁路自然灾害与异物侵限监测系统中心级机房；牵引变电所主控制室，10kV～35kV地区或中心变、配电所的控制室，66kV及以上变、配电所的控制室；车站建筑售票用房中的票据室，行包用房中的计算机室、票据室，电气类设备用房中的变配电室、弱电机房、发电机房等。

铁路旅客车站建筑中当上述场所较少或场所很分散时，宜采用气体灭火系统；当此类场所较多且较集中时，可采用高压细水雾灭火系统，设计方法参见4.9节。

12.10 自动跟踪定位射流灭火系统

根据规范要求需要设置自动喷水灭火系统，难以设置自动喷水灭火系统的铁路旅客车站建筑高大空间场所，如疏散厅、候车厅、售票厅等，应设置其他自动灭火系统，并宜采用自动跟踪定位射流灭火系统，设计方法参见 4.10 节。

12.11 中水系统

铁路旅客车站建筑建设中水设施，应结合建筑所在地区的不同特点，满足当地政府部门的有关规定。建筑面积大于 30000m² 或回收水量大于 100m³/d 的铁路旅客车站建筑，宜建设中水设施。

12.11.1 中水原水

1. 中水原水种类

铁路旅客车站建筑中水原水可选择的种类及选取顺序，见表 12-33。

铁路旅客车站建筑中水原水可选择的种类及选取顺序表　　　　表 12-33

序号	中水原水种类	备注
1	铁路旅客车站建筑内职工公共浴室淋浴等的废水排水；公共卫生间的废水排水	最适宜
2	铁路旅客车站建筑内公共卫生间的盥洗废水排水	适宜
3	铁路旅客车站建筑空调循环冷却水系统排水	
4	铁路旅客车站建筑空调水系统冷凝水	
5	铁路旅客车站建筑附设厨房、食堂、餐厅、快餐店废水排水	不适宜
6	铁路旅客车站建筑内公共卫生间的冲厕排水	最不适宜

2. 中水原水量

铁路旅客车站建筑中水原水量按公式（12-7）计算：

$$Q_Y = \Sigma \beta \cdot Q_{pj} \cdot b \quad (12\text{-}7)$$

式中　Q_Y——铁路旅客车站建筑中水原水量，m³/d；

　　　β——铁路旅客车站建筑按给水量计算排水量的折减系数，一般取 0.85～0.95；

　　　Q_{pj}——铁路旅客车站建筑平均日生活给水量，按《节水标》中的节水用水定额（表 12-6）计算确定，m³/d；

　　　b——铁路旅客车站建筑分项给水百分率，应以实测资料为准，当无实测资料时，可按表 11-33 选取。

铁路旅客车站建筑用作中水原水的水量宜为中水回用水量的 110%～115%。

3. 中水原水水质

铁路旅客车站建筑中水原水水质应以类似建筑的实测资料为准；当无实测资料时，铁路旅客车站建筑排水的污染物浓度可按表 11-34 确定。

12.11.2 中水利用与水质标准

1. 中水利用

铁路旅客车站建筑中水原水主要用于城市杂用水和景观环境用水等。

铁路旅客车站建筑中水利用率，可按公式（2-31）计算。

铁路旅客车站建筑中水利用率应不低于当地政府部门的中水利用率指标要求。

当铁路旅客车站建筑附近有可利用的市政再生水管道时，可直接接入使用。

2. 中水水质标准

铁路旅客车站建筑中水水质标准要求，参见表 2-104。

12.11.3 中水系统

1. 中水系统形式

铁路旅客车站建筑中水通常采用中水原水系统与生活污水系统分流、生活给水与中水给水分供的完全分流系统。

2. 中水原水系统

铁路旅客车站建筑中水原水管道通常按重力流设计；当靠重力流不能直接接入时，可采取局部加压提升接入。

铁路旅客车站建筑原水系统原水收集率不应低于本建筑回收排水项目给水量的 75%，可按公式（2-32）计算。

铁路旅客车站建筑若需要食堂、餐厅的含油脂污水作为中水原水时，在进入原水收集系统前应经过除油装置处理。

铁路旅客车站建筑中水原水应进行计量，可采用超声波流量计和沟槽流量计。

3. 中水处理系统

铁路旅客车站建筑中水处理系统设计处理能力，可按公式（2-33）计算。

4. 中水供水系统

建筑中水供水系统必须独立设置。建筑中水不得用作铁路旅客车站建筑生活饮用水水源。

铁路旅客车站建筑中水系统供水量，可按照表 12-5 中的用水定额及表 11-33 中规定的百分率计算确定。

铁路旅客车站建筑中水供水系统的设计秒流量和管道水力计算方法与生活给水系统一致，参见 12.1.6 节。

铁路旅客车站建筑中水供水系统的供水方式宜与生活给水系统一致，通常采用变频调速泵组供水方式，水泵的选择参见 12.1.7 节。

铁路旅客车站建筑中水供水系统的竖向分区宜与生活给水系统一致。当建筑周边有市政中水管网且管网流量压力均满足时，低区由市政中水管网直接供水；当建筑周边无市政中水管网时，低区由低区中水给水泵组自中水贮水池（箱）吸水后加压供水。

铁路旅客车站建筑中水供水管道宜采用塑料给水管、钢塑复合管或其他具有可靠防腐性能的给水管材，不得采用非镀锌钢管。

铁路旅客车站建筑中水贮存池（箱）设计要求，参见表 2-105。

铁路旅客车站建筑中水供水系统应安装计量装置，具体设置要求参见表 3-14。

中水供水管道应采取防止误接、误用、误饮的措施。

5. 水量平衡

中水系统设计应进行中水原水量和用水量平衡计算。

铁路旅客车站建筑中水用水量应根据不同用途用水量累加确定。

铁路旅客车站建筑最高日冲厕中水用水量按照表 12-5 中的最高日用水定额及表 11-33 中规定的百分率计算确定。最高日冲厕中水用水量，可按公式（11-7）计算。

铁路旅客车站建筑相关功能场所冲厕用水量定额及小时变化系数，参见表 11-35。

中水系统原水调节池（箱）调节容积，可按公式（2-35）、公式（2-36）计算。

中水贮存池（箱）容积，可按公式（2-37）、公式（2-38）计算。

当中水供水系统采用水泵-水箱联合供水时，水箱调节容积不得小于中水系统最大小时用水量的 50%。

中水系统的总调节容积，包括原水调节池（箱）、中水处理工艺构筑物、中水贮存池（箱）及高位水箱等调节容积之和，不宜小于中水日处理量的 100%。

12.11.4　中水处理工艺与处理设施

1. 中水处理工艺

铁路旅客车站建筑通常采用的中水处理工艺，参见表 2-107。

2. 中水处理设施

铁路旅客车站建筑中水处理设施及设计要求，参见表 2-108。

12.11.5　中水处理站

铁路旅客车站建筑内的中水处理站设计要求，参见 2.11.5 节。

12.12　管道直饮水系统

12.12.1　水量、水压和水质

铁路旅客车站建筑管道直饮水最高日直饮水定额（q_d），可按 0.2～0.4L/(人·d) 采用，亦可根据用户要求确定。

直饮水专用水嘴额定流量宜为 0.04～0.06L/s。

铁路旅客车站建筑直饮水专用水嘴最低工作压力不宜小于 0.03MPa。

铁路旅客车站建筑管道直饮水系统用户端的水质应符合现行行业标准《饮用净水水质标准》CJ/T 94 的规定。

12.12.2　水处理

铁路旅客车站建筑管道直饮水系统应对原水进行深度净化处理。

水处理工艺流程的选择应依据原水水质，经技术经济比较确定。处理后的出水应符合现行行业标准《饮用净水水质标准》CJ/T 94 的规定。

深度净化处理应根据处理后的水质标准和原水水质进行选择，宜采用膜处理技术，参见表1-333。

不同的膜处理应相应配套预处理、后处理、膜的清洗和水处理消毒灭菌设施，参见表1-334。

深度净化处理系统排出的浓水宜回收利用。

12.12.3 系统设计

铁路旅客车站建筑管道直饮水系统必须独立设置，不得与市政或建筑供水系统直接相连。

铁路旅客车站建筑管道直饮水系统宜采取集中供水系统，一座建筑中宜设置一个供水系统。

铁路旅客车站建筑常见的管道直饮水系统供水方式，参见表1-335。

多层铁路旅客车站建筑管道直饮水供水竖向不分区；高层铁路旅客车站建筑管道直饮水供水应竖向分区，分区原则参见表1-336。

铁路旅客车站建筑管道直饮水系统类型，参见表1-337。

铁路旅客车站建筑管道直饮水系统设计应设循环管道，供、回水管网应设计为同程式。

铁路旅客车站建筑管道直饮水系统通常采用全日循环，亦可采用定时循环，供、配水系统中的直饮水停留时间不应超过12h。

铁路旅客车站建筑管道直饮水系统回水宜回流至净水箱或原水水箱。回流到净水箱时，应在消毒设施前接入。

直饮水系统不循环的支管长度不宜大于6m。

铁路旅客车站建筑管道直饮水系统管道敷设要求，参见表1-338。

铁路旅客车站建筑管道直饮水系统管材及附件设置要求，参见表1-339。

12.12.4 系统计算与设备选择

1. 系统计算

铁路旅客车站建筑管道直饮水系统最高日直饮水量，应按公式（12-8）计算：

$$Q_d = N \cdot q_d \tag{12-8}$$

式中 Q_d——铁路旅客车站建筑管道直饮水系统最高日饮水量，L/d；

N——铁路旅客车站建筑管道直饮水系统所服务的人数，人；

q_d——铁路旅客车站建筑最高日直饮水定额，L/(人·d)，取$0.2\sim0.4$L/(人·d)。

铁路旅客车站建筑的瞬时高峰用水量的计算应符合现行国家标准《建筑给水排水设计标准》GB 50015的规定。铁路旅客车站建筑瞬时高峰用水量，应按公式（1-94）计算。

铁路旅客车站建筑瞬时高峰用水时水嘴使用数量，应按公式（1-95）计算。

瞬时高峰用水时水嘴使用数量m的确定，应按表1-340（当水嘴数量$n\leqslant12$个时）、表1-341（当水嘴数量$n>12$个时）选取。当$np\geqslant5$并且满足$n(1-p)\geqslant5$时，可按公式（1-96）简化计算。

水嘴使用概率应按公式（12-9）计算：

$$p = \alpha \cdot Q_d/(1800 \cdot n \cdot q_0) = 0.27 \cdot Q_d/(1800 \cdot n \cdot q_0) \quad (12-9)$$

式中　α——经验系数，火车站取 0.27。

定时循环时，循环流量可按公式（1-98）计算。

管道直饮水供、回水管道内水流速度宜符合表 1-342 的规定。

2. 设备选择

净水设备产水量可按公式（1-100）计算。

变频调速供水系统水泵设计流量应按公式（1-101）计算；水泵设计扬程应按公式（1-102）计算。

净水箱（槽）有效容积可按公式（1-103）计算；原水调节水箱（槽）容积可按公式（1-104）计算。

原水水箱（槽）的进水管管径宜按净水设备产水量设计，并应根据反洗要求确定水量。当进水管的供水能力满足预处理的流量和压力要求时，原水水箱（槽）可不设置。

12.12.5　净水机房

净水机房设计要求，参见表 1-343。

12.12.6　管道敷设与设备安装

管道直饮水管道敷设与设备安装设计要求，参见表 1-344。

12.13　给水排水抗震设计

铁路旅客车站建筑给水排水管道抗震设计，参见 4-12 节。

12.14　给水排水专业绿色建筑设计

铁路旅客车站建筑绿色设计，应根据铁路旅客车站建筑所在地相关规定要求执行。新建铁路旅客车站建筑应按照一星级或以上星级标准设计；政府投资或者以政府投资为主的铁路旅客车站建筑、建筑面积大于 20000m² 的大型铁路旅客车站建筑宜按照绿色建筑二星级或以上星级标准设计。铁路旅客车站建筑二星级、三星级绿色建筑设计专篇，参见表 1-347。

第 13 章 机场旅客航站楼给水排水设计

机场旅客航站楼是民用机场内供旅客办理进出港手续并提供相应服务的公共建筑，包括车道边、登机桥和指廊。

民用机场旅客航站楼的指标分级，见表 13-1。

机场旅客航站楼指标分级表　　　　　　　表 13-1

机场航站楼指标分级	年旅客吞吐量 P（万人次）
1	$P<10$
2	$10 \leqslant P \leqslant 50$
3	$50<P<200$
4	$200 \leqslant P<1000$
5	$1000 \leqslant P<2000$
6	$P \geqslant 2000$

机场旅客航站楼组成，见表 13-2。

机场旅客航站楼组成表　　　　　　　表 13-2

序号	组成			说明
1		车道边		包括出发层车道边与到达层车道边，用于人车转换
2	公共区	出发区		包括旅客办理登机牌、安检等出港手续并提供相应服务的区域
		候机区		包括供旅客经过安检后等候登机并提供相应服务的区域
		到达区	到港通道	
			行李提取区	包括旅客提取随机托运行李的区域
			迎客区	包括迎接旅客人员的等候区域
3		行李处理用房		包括用于检查、分拣和传输旅客托运行李上、下飞机的房间
4		指廊		包括延伸出航站楼主楼并用于旅客候机和到达使用的空间
5		登机桥		包括延伸出航站楼建筑主体结构，供旅客上、下飞机的专用廊桥
6		综合管廊		包括敷设在同一空间内并为航站楼服务的电力、通信、暖通、给水和排水等动力和公用管道、线缆的封闭走廊
7		设备机房		包括生活水泵房、消防水泵房、暖通空调机房、高低压配电室、弱电机房、通信机房、柴油发电机房、消防控制室等

机场旅客航站楼给水排水设计应符合现行国家标准《城市给水工程项目规范》GB 55026、《城乡排水工程项目规范》GB 55027、《建筑给水排水设计标准》GB 50015、《建筑防火通用规范》GB 55037、《消防设施通用规范》GB 55036、《建筑设计防火规范》GB 50016 和《消防给水及消火栓系统技术规范》GB 50974 等的规定。根据机场旅客航站楼的功能设置，其给水排水设计涉及的现行国家标准为《民用机场工程项目建设标准》建标

105、《民用机场航站楼设计防火规范》GB 51236。机场旅客航站楼若设置中水系统，其设计涉及的现行国家标准为《建筑中水设计标准》GB 50336。机场旅客航站楼若设置管道直饮水系统，其设计涉及的现行行业标准为《建筑与小区管道直饮水系统技术规程》CJJ/T 110。

13.1 生活给水系统

13.1.1 用水量标准

1. 生活用水量标准

《水标》中机场旅客航站楼相关功能场所生活用水定额，见表13-3。

机场旅客航站楼生活用水定额表　　　表13-3

序号	建筑物名称		单位	生活用水定额（L）		使用时数（h）	最高日小时变化系数 K_h
				最高日	平均日		
1	航站楼旅客		每人次	3～6	3～6	8～16	1.5～1.2
2	办公	坐班制办公	每人每班	30～50	25～40	8～10	1.5～1.2
3	餐饮业	餐饮店、职工食堂	每顾客每次	20～25	15～20	13～16	1.5～1.2
4	商业	员工及顾客	每平方米营业厅面积每日	5～8	4～6	12	1.5～1.2

注：1. 除注明外，均不含员工生活用水，员工最高日用水定额为每人每班40～60L，平均日用水定额为每人每班30～45L；
2. 表中用水量标准为生活用水，包括生活用热水用水量和直饮水用量，也包括正常漏水量和间接用水量，如清洁用水在内；但不包括空调、采暖、水景绿化、场地和道路浇洒等用水；
3. 计算机场旅客航站楼最高日最大时用水量时，某一类型生活用水定额、最高日小时变化系数（K_h）均为一个范围值时，生活用水定额取定额的最低值应对应选择最高日小时变化系数（K_h）的最大值；生活用水定额取定额的最高值应对应选择最高日小时变化系数（K_h）的最小值；生活用水定额取定额的中间值应对应选择最高日小时变化系数（K_h）的中间值（按内插法确定）。

《节水标》中机场旅客航站楼相关功能场所平均日生活用水节水用水定额，见表13-4。

机场旅客航站楼平均日生活用水节水用水定额表　　　表13-4

序号	建筑物名称		单位	节水用水定额
1	航站楼旅客		L/(人·次)	3～6
2	办公	坐班制办公	L/(人·班)	25～40
3	餐饮业	餐饮店、职工食堂	L/(人·次)	15～20
4	商业	员工及顾客	L/(每 m² 营业厅面积·d)	4～6

注：1. 除注明外均不含员工用水，员工用水定额每人每班30～45L；
2. 表中用水量包括热水用水量在内，空调用水应另计；
3. 选择用水定额时，可依据当地气候条件、水资源状况等确定，缺水地区应选择低值；
4. 用水人数或单位数应以年平均值计算；
5. 每年用水天数应根据使用情况确定。

2. 绿化浇灌用水量标准

机场旅客航站楼院区绿化浇灌最高日用水定额按浇灌面积 $1.0\sim3.0L/(m^2 \cdot d)$ 计算，通常取 $2.0L/(m^2 \cdot d)$，干旱地区可酌情增加。

3. 浇洒道路用水量标准

机场旅客航站楼院区道路、广场浇洒最高日用水定额按浇洒面积 $2.0\sim3.0L/(m^2 \cdot d)$ 计算，亦可参见表 2-8。

4. 空调循环冷却水补水用水量标准

机场旅客航站楼空调循环冷却水补充水量，按公式（1-3）计算，亦可由暖通空调专业提供。

5. 汽车冲洗用水量标准

汽车冲洗用水量标准按 $10.0\sim15.0L/(辆 \cdot 次)$ 考虑。

6. 供暖锅炉补充水量

供暖锅炉补充水量由暖通空调、热能动力专业提供。

7. 给水管网漏失水量和未预见水量

这两项水量之和按上述 6 项用水量（第 1 项至第 6 项）之和的 8%～12% 计算，通常按 10% 计。

最高日用水量（Q_d）应为上述 7 项用水量（第 1 项至第 7 项）之和。

最大时用水量（Q_{hmax}）可按公式（1-4）计算。

13.1.2 水质标准和防水质污染

1. 水质标准

机场旅客航站楼生活给水系统水质应符合现行国家标准《生活饮用水卫生标准》GB 5749 的要求。

2. 防水质污染

机场旅客航站楼防止水质污染常见的具体措施，参见表 2-9。

13.1.3 给水系统和给水方式

1. 机场旅客航站楼生活给水系统

典型的机场旅客航站楼生活给水系统原理图，参见图 4-1。

2. 机场旅客航站楼生活供水方式

机场旅客航站楼生活给水应尽量利用自来水压力，当自来水压力缺乏时，应设内部贮水箱，其贮备量按日用水量确定。当整个机场片区统一由片区集中生活水泵房加压供水时，机场旅客航站楼给水引入管直接接自建筑周边环状生活给水管网。

机场旅客航站楼生活给水供水方式，参见表 8-11。

3. 机场旅客航站楼生活给水系统竖向分区

机场旅客航站楼应根据建筑内功能的划分和当地供水部门的水量计费分类等因素，设置相应的生活给水系统，并应利用城镇给水管网的水压。

机场旅客航站楼生活给水系统竖向分区应根据的原则，参见表 3-7。

机场旅客航站楼生活给水系统竖向分区确定程序，见表 13-5。

生活给水系统竖向分区确定程序表　　　　表 13-5

序号	竖向分区确定程序
1	根据机场旅客航站楼院区接入市政给水管网的最小工作压力确定由市政给水管网直接供水的楼层
2	根据市政给水直供楼层以上楼层的竖向建筑高度合理确定分区的个数及分区范围
3	根据需要加压供水的总楼层数，合理调整需要加压的各竖向分区，使其高度基本一致

通常机场旅客航站楼生活给水系统竖向分为 2 个区：低区为市政给水管网直供区；高区为变频给水泵组加压供水区。

当整个机场片区统一由片区集中生活水泵房加压供水时，机场旅客航站楼生活给水系统竖向为 1 个区。

4. 机场旅客航站楼生活给水系统形式

机场旅客航站楼生活给水系统通常采用下行上给式，设备管道设置方法参见表 9-9。

13.1.4　管材及附件

1. 生活给水系统管材

机场旅客航站楼生活给水系统给水管道应选用耐腐蚀、安装连接方便可靠、符合国家现行有关产品标准要求及饮用水卫生要求的管材，常用管材包括薄壁不锈钢管、薄壁铜管、PVC-C（氯化聚氯乙烯）冷水用管、钢塑复合管、内衬不锈钢复合钢管、铝塑复合管等。

2. 生活给水系统阀门

机场旅客航站楼生活给水系统设置阀门的部位，见表 4-7。

3. 生活给水系统止回阀

机场旅客航站楼生活给水系统设置止回阀的部位，参见表 4-8。

4. 生活给水系统减压阀

机场旅客航站楼配水横管静水压大于 0.20MPa 的楼层各分区内给水支管起端应设置减压阀，减压阀位置在阀门之后。

当整个机场片区统一由片区集中生活水泵房加压供水且供水压力较高时，机场旅客航站楼给水引入管宜减压后接入建筑生活给水系统。减压阀可设置在室外给水阀门井内，亦可设置在给水引入管接入建筑室内。

5. 生活给水系统水表

机场旅客航站楼给水系统的引入管上应设置水表。水表宜设置在室内便于抄表位置；在夏热冬冷地区及严寒地区，当水表设置于室外时，应采取可靠的防冻胀破坏措施。

机场旅客航站楼生活给水系统按分区域计量原则设置水表，生活给水系统设置水表的部位，参见表 3-14。

6. 生活给水系统其他附件

生活水箱的生活给水进水管上应设自动水位控制阀。

机场旅客航站楼生活给水系统设置过滤器的部位，参见表 2-19。

机场旅客航站楼内公共卫生间的洗手盆水嘴应采用非接触式或延时自闭式水嘴，通常采用感应式水嘴；小便斗、大便器应采用非手动开关。用水点非手动开关的型式，参见表 2-20。

机场旅客航站楼内旅客站房厕所和盥洗间的水龙头应采用卫生、节水型。

13.1.5 给水管道布置及敷设

1. 室外生活给水系统布置与敷设

机场旅客航站楼院区的室外生活给水管网应布置成环状管网，管径宜为 $DN150$。环状给水管网与市政给水管网的连接管不宜少于 2 条，引入管管径宜为 $DN150$、不宜小于 $DN100$。

机场片区面积较大时，整个片区统一设置室外生活给水管网，管网沿片区主要道路设置。此种情况下，机场旅客航站楼不需重复设置室外生活给水管网。

机场旅客航站楼院区室外生活给水管道与其他地下管线及乔木之间的最小净距，参照表 1-25 规定。

2. 室内生活给水系统布置与敷设

机场旅客航站楼室内生活给水管道通常布置成支状管网，单向供水，宜沿室内公共区域敷设。机场旅客航站楼生活给水管道不应布置的场所，参见表 2-21。

3. 室内给水管道防护

室内生活给水横干管、立管超过 50m 时，宜设伸缩补偿装置。

4. 生活给水管道保温

机场旅客航站楼敷设在有可能结冻的房间、地下室及管井、管沟等处的给水管道应有防冻措施。

屋顶水箱间内生活给水管道均需做保温，所有给水横管及管井内的给水立管均做防结露保温。室内满足防冻要求的管道可不做防结露保温。

给水管道保温材料厚度确定，参见表 1-30、表 1-31。

13.1.6 生活给水系统给水管网计算

1. 机场旅客航站楼院区室外生活给水管网

室外生活给水管网设计流量应按机场旅客航站楼院区生活给水最大时用水量确定。院区给水引入管的设计流量应按最大时用水量确定；当引入管为 2 条时，应保证当其中一条发生故障时，其余的引入管可以提供不小于 70% 的流量。

机场旅客航站楼院区室外生活给水管网管径宜采用 $DN150$。

2. 机场旅客航站楼室内生活给水管网

采用市政给水管网直接供水时，给水引入管设计流量（Q_1）应按直供区生活给水设计秒流量计；采用生活水箱+变频给水泵组供水时，给水引入管设计流量（Q_2）应按加压区生活水箱设计补水量计，设计补水量不得小于高区最高日平均时用水量，不宜大于最高日最大时用水量。

机场旅客航站楼内生活给水设计秒流量应按公式（13-1）计算：

$$q_g = 0.2 \cdot \alpha \cdot (N_g)^{1/2} = 0.6 \cdot (N_g)^{1/2} \tag{13-1}$$

式中 q_g——计算管段的给水设计秒流量，L/s；

N_g——计算管段的卫生器具给水当量总数；

α——根据机场旅客航站楼用途的系数，取 3.0。

机场旅客航站楼生活给水设计秒流量计算，可参照表 9-10。

机场旅客航站楼有自闭式冲洗阀时生活给水设计秒流量计算，可参照表 1-33。

机场旅客航站楼餐饮店、职工食堂厨房等建筑生活给水管道的设计秒流量应按公式（13-2）计算：

$$q_{g} = \sum q_{g0} \cdot n_0 \cdot b_g \tag{13-2}$$

式中 q_g——机场旅客航站楼计算管段的给水设计秒流量，L/s；

q_{g0}——机场旅客航站楼同类型的一个卫生器具给水额定流量，L/s，可按表 7-10 采用；

n_0——机场旅客航站楼同类型卫生器具数；

b_g——机场旅客航站楼卫生器具的同时给水使用百分数：餐饮店、职工食堂厨房的设备按表 4-13 选用。

3. 机场旅客航站楼内卫生器具给水当量

机场旅客航站楼用水器具和配件应采用节水性能良好、坚固耐用，且便于管理维修的产品。

机场旅客航站楼应采用符合现行行业标准《节水型生活用水器具》CJ/T 164 规定的节水型卫生器具，宜选用用水效率等级不低于 3 级的用水器具。

机场旅客航站楼常见卫生器具的给水额定流量、给水当量、连接给水管管径和最低工作压力按表 3-18 确定。

4. 机场旅客航站楼内给水管管径

机场旅客航站楼内给水供水管的管径，应根据该给水供水管段的设计秒流量、允许给水流速等查相关计算表格确定。生活给水管道内的给水流速，宜参照表 1-38。

机场旅客航站楼内公共卫生间的蹲便器个数与给水供水管管径的对照表，参见表 9-11。

整个生活给水系统生活给水立管、干管均按照其服务的给水设计秒流量确定其管段管径。

13.1.7 生活水泵和生活水泵房

机场旅客航站楼给水设计应有可靠的水源和供水管道系统，当仅有一路城市引入管或供水不满足设计秒流量或压力要求时，应设置加压供水设备。当整个机场片区统一设置集中加压给水泵站时，机场旅客航站楼内不设置生活水泵房。

1. 生活水泵

机场旅客航站楼生活给水加压水泵宜采用 3 台（2 用 1 备）配置模式，亦可采用 2 台（1 用 1 备）或 4 台（3 用 1 备）配置模式。

机场旅客航站楼生活给水加压通常采用变频调速给水泵组，其设计流量应按其负责给水系统的最大设计秒流量确定，即 $Q=q_g$。设计时应统计该系统内各用水点卫生器具的生活给水当量数，经公式（13-1）、公式（13-2）计算或查表 9-10 得出设计流量值。

生活给水加压水泵的设计工作压力，按公式（1-10）计算。

机场旅客航站楼加压水泵应选用低噪声节能型产品。

2. 生活水泵房

机场旅客航站楼二次加压给水的水泵房设置在建筑内时应为独立的房间,并应环境良好、便于维修和管理;不应毗邻候机厅、贵宾休息区(室)、安检厅、检票厅、办公室、休息室、餐厅等场所;加压泵组及泵房应采取减振降噪措施。

机场旅客航站楼生活水泵房的设置位置应根据其所供水服务的范围确定,见表13-6。

机场旅客航站楼生活水泵房位置确定及要求表　　　表 13-6

序号	水泵房位置	适用情况	设置要求
1	院区室外集中设置	院区室外有空间;常见于新建机场旅客航站楼院区	宜与消防水泵房、消防水池、暖通冷热源机房、锅炉房等集中设置,宜靠近机场旅客航站楼
2	建筑地下室楼层设置	院区室外无空间	宜设在地下一层;水泵房地面宜高出室外地面200~300mm

生活水泵房内生活给水泵组宜设置在一个基础上。

13.1.8　生活贮水箱(池)

机场旅客航站楼给水设计应有可靠的水源和供水管道系统,当仅有一路城市引入管或供水不满足设计秒流量或压力要求时,应设置生活贮水箱(池)。机场旅客航站楼水箱间应为独立的房间。

水箱应设置消毒设备,并宜采用紫外线消毒方式。

1. 贮水容积

机场旅客航站楼生活用水贮水箱(池)的有效容积计算时,其生活用水调节量应按进水量与用水量变化曲线经计算确定,当资料不足时,宜按最高日用水量的20%~25%确定,最大不得大于48h的用水量。有条件时可适当增加生活贮水箱(池)有效容积。

机场旅客航站楼生活用水贮水设备宜采用贮水箱。

2. 生活水箱

机场旅客航站楼生活水箱设计要求,参见表1-46。

3. 生活水箱相关管道、装置设置要求

机场旅客航站楼生活水箱相关管道设施要求,参见表1-47。

生活水箱各水位指标确定方法及取值经验值,参见表1-48。

13.2　生活热水系统

13.2.1　热水系统类别

机场旅客航站楼生活热水系统类别,见表13-7。

机场旅客航站楼内应设饮用水供应设施、开水供应设施。严寒地区机场旅客航站楼内的盥洗间宜设热水供应设备。

生活热水系统类别表 表13-7

序号	分类标准	热水系统类别	机场旅客航站楼应用情况
1	供应范围	集中生活热水系统	职工食堂厨房生活热水系统
2		分散生活热水系统	餐饮店生活热水系统
3	热水管网循环方式	热水干管循环生活热水系统	职工食堂厨房生活热水系统
4	热水管网循环水泵运行方式	定时循环生活热水系统	职工食堂厨房生活热水系统
5	热水管网循环动力方式	强制循环生活热水系统	职工食堂厨房生活热水系统；餐饮店生活热水系统
6	是否敞开形式	闭式生活热水系统	职工食堂厨房生活热水系统；餐饮店生活热水系统
7	热水管网布置型式	下供下回式生活热水系统	热源位于建筑底部，即由机场片区集中锅炉房提供热媒（高温蒸汽或高温热水），经汽水或水水换热器提供热水热源等的生活热水系统
8		上供上回式生活热水系统	热源位于建筑顶部，即由屋顶太阳能热水设备及（或）空气能热泵热水设备提供热水热源等的生活热水系统
9	热水管路距离	同程式生活热水系统	职工食堂厨房生活热水系统
10	热水系统分区方式	加热器集中设置生活热水系统	职工食堂厨房生活热水系统

13.2.2 生活热水系统热源

机场旅客航站楼集中生活热水供应系统的热源，参见表2-34。

机场旅客航站楼生活热水系统热源选用，参见表2-35。

机场旅客航站楼生活热水系统常见热源组合形式，参见表7-14。

机场旅客航站楼屋顶设置太阳能光伏发电系统时，系统产生的电能可用于屋顶热水箱内热水的加热，保证生活热水系统供水温度。

13.2.3 热水系统设计参数

1. 机场旅客航站楼热水用水定额

按照《水标》，机场旅客航站楼相关功能场所热水用水定额，见表13-8。

机场旅客航站楼热水用水定额表 表13-8

序号	建筑物名称		单位	用水定额（L）		使用时数（h）	最高日小时变化系数 K_h
				最高日	平均日		
1	办公	坐班制办公	每人每班	5~10	4~8	8~10	1.5~1.2
2	餐饮业	餐饮店、职工食堂	每顾客每次	10~13	7~10	13~16	1.5~1.2

注：1. 表中所列用水定额均已包括在表13-3中；
2. 本表以60℃热水水温为计算温度，卫生器具的使用水温见表7-17；
3. 表中平均日用水定额仅用于计算太阳能热水系统集热器面积和计算节水用水量。

《节水标》中机场旅客航站楼相关功能场所热水平均日节水用水定额，见表13-9。

机场旅客航站楼热水平均日节水用水定额表　　　　　　　表 13-9

序号	建筑物名称		单位	节水用水定额
1	办公	坐班制办公	L/(人·班)	5～10
2	餐饮业	餐饮店、职工食堂	L/(人·次)	7～10

注：热水温度按 60℃ 计。

机场旅客航站楼所在地为较大城市、标准要求较高的，机场旅客航站楼热水用水定额可以适当选用较高值；反之可选用较低值。

2. 机场旅客航站楼卫生器具用水定额及水温

机场旅客航站楼相关功能场所卫生器具的一次热水用水量、小时热水用水量和水温，可按表 7-17 确定。

3. 机场旅客航站楼冷水计算温度

冷水的计算温度应以当地最冷月平均水温资料确定。当无水温资料时，按表 1-58 采用。

机场旅客航站楼冷水计算温度宜按机场旅客航站楼当地地面水温度确定，水温有取值范围时宜取低值。

4. 机场旅客航站楼水加热设备供水温度

机场旅客航站楼集中热水供应系统的水加热设备（包括热水锅炉、热水机组或水加热器等）的出水温度按表 1-59 采用。机场旅客航站楼集中生活热水系统水加热设备的供水温度宜为 60～65℃，通常按 60℃ 计。

5. 机场旅客航站楼生活热水水质

机场旅客航站楼生活热水的水质指标，应符合现行国家标准《生活饮用水卫生标准》GB 5749 的要求。

13.2.4 热水系统设计指标

1. 机场旅客航站楼热水设计小时耗热量

（1）全日供应热水设计小时耗热量

机场旅客航站楼建筑生活热水系统采用全日供应热水较为少见。

（2）定时供应热水设计小时耗热量

当机场旅客航站楼生活热水系统采用定时供应热水的集中生活热水系统时，其设计小时耗热量可按公式（7-5）计算。

（3）不同使用要求用水部门热水设计小时耗热量

具有多个不同使用热水部门或具有多种热水使用形式的机场旅客航站楼，当其热水由同一热水供应系统供应时，设计小时耗热量，可按同一时间内出现用水高峰的主要用水部门的设计小时耗热量加其他用水部门的平均小时耗热量计算。

2. 机场旅客航站楼设计小时热水量

机场旅客航站楼设计小时热水量，可按公式（7-6）计算。

3. 机场旅客航站楼加热设备供热量

机场旅客航站楼全日集中生活热水系统中，锅炉、水加热设备的设计小时供热量应根据日热水用量小时变化曲线、加热方式及锅炉、水加热设备的工作制度经积分曲线计算确定。

（1）容积式水加热器或贮热容积与其相当的水加热器、燃油（气）热水机组供热量

机场旅客航站楼生活热水系统采用的容积式水加热器均应为导流型容积式水加热器，其设计小时供热量可按公式（7-7）计算。

在机场旅客航站楼生活热水系统设计小时供热量计算时，通常取 $Q_g=Q_h$。

（2）半容积式水加热器或贮热容积与其相当的水加热器、燃油（气）热水机组供热量

机场旅客航站楼生活热水系统亦常采用半容积式水加热器，此时半容积式水加热器设计小时供热量按设计小时耗热量计算，即取 $Q_g=Q_h$。

13.2.5 生活热水系统热水管网计算

1. 生活热水管网设计流量

（1）机场旅客航站楼生活热水引入管设计流量

机场旅客航站楼生活热水引入管设计流量应按该建筑相应生活热水供水系统总供水干管的设计秒流量确定。

（2）机场旅客航站楼内生活热水设计秒流量

机场旅客航站楼内生活热水设计秒流量应按公式（13-3）计算：

$$q_g = 0.2 \cdot \alpha \cdot (N_g)^{1/2} = 0.6 \cdot (N_g)^{1/2} \tag{13-3}$$

式中 q_g——计算管段的热水设计秒流量，L/s；

N_g——计算管段的卫生器具热水当量总数；

α——根据机场旅客航站楼用途的系数，取 3.0。

机场旅客航站楼生活热水设计秒流量计算，可参照表 9-16。

2. 机场旅客航站楼内卫生器具热水当量

机场旅客航站楼卫生器具的热水额定流量、热水当量、连接热水管管径和最低工作压力按表 3-31 确定。

3. 机场旅客航站楼内热水管管径

机场旅客航站楼内热水供水管的管径，应根据该热水供水管段的设计秒流量、允许热水流速等查相关计算表格确定。生活热水管道内的热水流速，宜按表 1-66 控制。

本区域热水回水干管管径根据该区域热水供水干管最大管径确定。热水回水管管径与热水供水管管径的对照，参见表 3-33。

整个生活热水系统的生活热水供水立管、干管均按照其服务的热水设计秒流量确定其管段管径；生活热水回水立管、干管先按照其服务的热水设计秒流量确定出一个供水管管径值，再根据表 3-33 确定其管段回水管管径值。

13.2.6 生活热水机房（换热机房、换热站）

机场旅客航站楼生活热水机房（换热机房、换热站）位置确定，见表 13-10。

机场旅客航站楼生活热水机房（换热机房、换热站）设置在建筑内时，应为独立的房间；不应毗邻候机厅，贵宾休息区（室），安检厅，检票厅，办公室、休息室、餐厅等场所；循环泵组及机房应采取减振降噪措施。

机场旅客航站楼生活热水机房（换热机房、换热站）位置确定表　　表13-10

序号	生活热水机房（换热机房、换热站）位置	生活热水系统热源情况	生活热水机房（换热机房、换热站）内设施	适用范围
1	院区室外独立设置	院区锅炉房热水（蒸汽）锅炉提供热媒，经换热后提供第1热源；太阳能设备或空气能热泵设备提供第2热源	常用设施：水（汽）水换热器（加热器）、热水循环泵组	新建、扩建机场旅客航站楼；设有锅炉房
2	单体建筑室内地下室			新建机场旅客航站楼；设有锅炉房
3	单体建筑屋顶	太阳能设备或（和）空气能热泵设备提供热源；必要情况下燃气热水设备提供第2热源	热水箱、热水循环泵组、集热循环泵组、空气能热泵循环泵组	新建、改建机场旅客航站楼；屋顶设有热源热水设备

13.2.7　生活热水箱

机场旅客航站楼生活热水箱设计要求，参见表1-72。

生活热水箱各种水位，按表1-74确定。

机场旅客航站楼生活热水箱间设置在屋顶时，应为独立的房间；不应毗邻候机厅、贵宾休息区（室）、安检厅、检票厅、办公室、休息室、餐厅等场所；循环泵组及热水箱间应采取减振降噪措施。

13.2.8　生活热水循环泵

1. 生活热水循环泵设置位置

当系统热源由高温热媒经院区热水机房（换热机房）内的各分区换热设备后向各分区供给热水时，各分区生活热水循环泵通常设在热水机房（换热机房）内。当系统热源由屋顶太阳能供水设备向各分区供给热水时，各分区生活热水循环泵通常设在本分区最低楼层或下面一层热水循环泵房内。

2. 生活热水循环泵设计流量

当机场旅客航站楼热水系统采用定时供水时，热水循环流量可按循环管网总水容积的2～4倍计算。

设计中，生活热水循环泵的流量可按照所服务热水系统设计小时流量的25%～30%确定。

3. 生活热水循环泵设计扬程

生活热水循环泵的扬程，可按公式（7-11）、公式（7-12）计算。

机场旅客航站楼热水循环泵组通常每套设置2台，1用1备，交替运行。

4. 太阳能集热循环泵

太阳能集热循环泵通常设置在屋顶生活热水箱间内，宜设置在太阳能设备供水管即从生活热水箱接出的管道上。集热循环泵流量，按公式（1-28）计算；集热循环泵扬程，按公式（1-29）、公式（1-30）计算。

机场旅客航站楼集热循环泵组通常每套设置2台，1用1备，交替运行。

13.2.9 热水系统管材、附件和管道敷设

1. 生活热水系统管材

机场旅客航站楼生活热水系统热水管道常用的管材包括薄壁不锈钢管、PVC-C（氯化聚氯乙烯）热水用管、薄壁铜管、钢塑复合管（如PSP管）、铝塑复合管等，较少采用普通塑料热水管。

2. 生活热水系统阀门

机场旅客航站楼生活热水系统设置阀门的部位，参见表2-50。

3. 生活热水系统止回阀

机场旅客航站楼生活热水系统设置止回阀的部位，参见表2-51。

4. 生活热水系统水表

机场旅客航站楼生活热水系统按分区域原则设置热水表，热水表宜采用远传智能水表。

5. 热水系统排气装置、泄水装置

对于上行下给式热水系统，系统热水配水干管最高处及向上抬高管段应设置$DN25$自动排气阀、检修阀门；对于下行上给式热水系统，可利用最高热水配水点放气。

热水管道系统的最低处及向下凹的管段应设置泄水装置或利用最低热水配水点泄水。

6. 温度计、压力表

机场旅客航站楼生活热水系统设置温度计的部位，参见表1-77；设置压力表的部位，参见表1-78。

7. 管道补偿装置

长度超过50m的热水横干管或立管均应设置波纹伸缩节，通常设置在该根管道上管径较小的管段处，靠近一端的管道固定支吊架。

8. 保温

生活热水系统中的热水锅炉、燃油（气）热水机组、水加热设备、贮热水箱（罐）、分（集）水器、热水输（配）水干（立）管、热水循环回水干（立）管均应做保温。

热水管道保温材料厚度确定，参见表1-79、表1-80。

13.3 排水系统

13.3.1 排水系统类别

机场旅客航站楼排水系统分类，见表13-11。

机场旅客航站楼室内污废水排水体制采用合流制，当有中水利用要求时，可采用分流制。

典型的机场旅客航站楼排水系统原理图，参见图4-2、图4-3。

机场旅客航站楼中的生活污水、厨房含油废水等均应经化粪池处理；生活废水、设备机房废水、消防废水、绿化废水等不需经过化粪池处理。厨房含油废水应经除油处理后再排入污水管道。

排水系统分类表 表 13-11

序号	分类标准	排水系统类别	机场旅客航站楼应用情况	应用程度
1	建筑内场所使用功能	生活污水排水	机场旅客航站楼公共卫生间污水排水	常用
2		生活废水排水	机场旅客航站楼公共卫生间废水排水	
3		厨房废水排水	机场旅客航站楼内附设厨房、食堂、餐厅、餐饮店污水排水	
4		设备机房废水排水	机场旅客航站楼内附设水泵房（包括生活水泵房、消防水泵房）、空调机房、制冷机房、换热机房、锅炉房、热水机房等机房废水排水	
5		消防废水排水	机场旅客航站楼内消防电梯井排水、自动喷水灭火系统试验排水、消火栓系统试验排水、消防水泵试验排水等废水排水	
6		绿化废水排水	机场旅客航站楼室外绿化废水排水	
7	建筑内污、废水排水方式	重力排水方式	机场旅客航站楼地上污废水排水	最常用
8		压力排水方式	机场旅客航站楼地下室污废水排水	常用
9	污废水排水体制	污废合流排水系统		最常用
10		污废分流排水系统		常用
11	排水系统通气方式	设有通气管系排水系统	伸顶通气排水系统通常应用在机场旅客航站楼卫生间排水，专用通气立管排水系统亦可应用。环形通气排水系统、器具通气排水系统通常应用在个别机场旅客航站楼公共卫生间排水	最常用
12		特殊单立管排水系统		少用

机场旅客航站楼污废水与建筑雨水应雨污分流。

机场旅客航站楼公共卫生间等生活粪便污水、生活废水等可合流排放，当有中水利用要求时，可采用分流排放。

机场旅客航站楼的空调凝结水排水管不得与污废水管道系统直接连接，空调凝结水宜单独收集后回用于绿化、水景、冷却塔补水等。

13.3.2 卫生器具

1. 机场旅客航站楼内卫生器具种类及设置场所

机场旅客航站楼内卫生器具种类及设置场所，见表13-12。

2. 机场旅客航站楼内卫生器具选用

机场旅客航站楼卫生间卫生器具应符合的规定，参见表9-20。

机场旅客航站楼厕所内应设置有冲洗水箱或自闭阀冲洗的便器。

3. 公共卫生间排水设计要点

公共卫生间排水立管及通气立管通常敷设于专用管道井内；采用专用通气立管方式时，排水立管与通气立管采用结合管连接。管道井中排水立管与通气立管中心距最小值，见表1-91。

机场旅客航站楼内卫生器具种类及设置场所表　　　　表 13-12

序号	卫生器具名称	主要设置场所
1	坐便器	机场旅客航站楼残疾人卫生间
2	蹲便器	机场旅客航站楼公共卫生间
3	洗脸盆	机场旅客航站楼公共卫生间
4	台板洗脸盆	机场旅客航站楼公共卫生间
5	小便器	机场旅客航站楼公共卫生间
6	拖布池	机场旅客航站楼公共卫生间
7	洗菜池	机场旅客航站楼餐饮店、厨房
8	厨房洗涤槽	机场旅客航站楼厨房

4. 机场旅客航站楼内卫生器具排水配件穿越楼板留孔位置及尺寸

常见卫生器具排水配件穿越楼板留孔位置及尺寸，参见表 1-92。

5. 地漏

机场旅客航站楼内公共卫生间、开水间、空调机房、新风机房等场所内应设置地漏。

机场旅客航站楼地漏及其他水封高度要求不得小于 50mm，且不得大于 100mm。

机场旅客航站楼地漏类型选用，参见表 2-57；地漏规格选用，参见表 2-58。

6. 水封装置

机场旅客航站楼中采用排水沟排水的场所包括厨房、泵房、设备机房等。当排水沟内废水直接排至室外时，沟与排水排出管之间应设置水封装置。卫生器具排水管段上不得重复设置水封装置。

13.3.3 排水系统水力计算

1. 机场旅客航站楼最高日和最大时生活排水量

机场旅客航站楼生活排水量宜按该建筑生活给水量的 85%～95% 计算，通常按 90%。

2. 机场旅客航站楼卫生器具排水技术参数

机场旅客航站楼卫生器具的排水流量、排水当量、排水支管管径、排水坡度等基本参数的选定，参见表 3-39。

3. 机场旅客航站楼排水设计秒流量

机场旅客航站楼的生活排水管道设计秒流量，按公式（13-4）计算：

$$q_u = 0.13 \cdot \alpha \cdot (N_p)^{1/2} + q_{max} = 0.3 \cdot (N_p)^{1/2} + q_{max} \tag{13-4}$$

式中　q_u——计算管段排水设计秒流量，L/s；

N_p——计算管段的卫生器具排水当量总数；

α——根据建筑物用途而定的系数，取 2.0～2.5，通常取 2.5；

q_{max}——计算管段上最大一个卫生器具的排水流量，L/s。

计算时，如计算所得流量值大于该管段上按卫生器具排水流量累加值时，应按卫生器具排水流量累加值计。

机场旅客航站楼 $q_{max}=1.50$ L/s 和 $q_{max}=2.00$ L/s 时排水设计秒流量计算数据，参见表 7-24。

机场旅客航站楼食堂厨房的生活排水管道设计秒流量，按公式（13-5）计算：

$$q_\mathrm{p} = \sum q_0 \cdot n_0 \cdot b \tag{13-5}$$

式中　q_p——机场旅客航站楼计算管段的排水设计秒流量，L/s；
　　　q_0——机场旅客航站楼同类型的一个卫生器具排水流量，L/s，可按表 3-39 采用；
　　　n_0——机场旅客航站楼同类型卫生器具数；
　　　b——机场旅客航站楼卫生器具的同时排水百分数；机场旅客航站楼职工食堂厨房的设备按表 4-13 选用。

4. 机场旅客航站楼排水管道管径确定

机场旅客航站楼排水铸铁管道最小坡度，按表 1-98 确定；胶圈密封连接排水塑料横管的坡度，按表 1-99 确定；建筑内排水管道最大设计充满度，参见表 1-100；排水管道自清流速，参见表 1-101。

排水横管水力计算按照公式（1-32）、公式（1-33）；排水铸铁管水力计算，参见表 1-102；排水塑料管水力计算，参见表 1-103。

不同管径下排水横管允许流量 Q_p，参见表 1-104。

机场旅客航站楼排水系统中排水横干管常见管径为 DN100、DN150。DN100 排水横干管对应排水当量最大限值，参见表 1-105，DN150 排水横干管对应排水当量最大限值，参见表 1-106。

不同通气方式的排水立管最大设计排水能力，参见表 1-107~表 1-109。

机场旅客航站楼各种排水管的推荐管径，参见表 2-60。

13.3.4　排水系统管材、附件和检查井

1. 机场旅客航站楼排水管管材

机场旅客航站楼室外排水管可采用埋地排水塑料管，包括硬聚氯乙烯管、聚乙烯管和玻璃纤维增强塑料夹砂管等。常用的室外排水管还有双壁加筋波纹排水管、双平壁钢塑复合缠绕排水管等。

机场旅客航站楼室内排水管类型，参见表 7-25。

2. 机场旅客航站楼排水管附件

排水立管上检查口的设置位置，参见表 1-113；检查口之间的最大距离，参见表 1-114；检查口设置要求，参见表 1-115。

清扫口的设置位置，参见表 1-116；清扫口至室外检查井中心最大长度，参见表 1-117；排水横管直线管段上清扫口之间的最大距离，参见表 1-118。

塑料排水管道支吊架间距规定，参见表 1-119。

3. 机场旅客航站楼排水管道布置敷设

机场旅客航站楼排水管道不应布置场所，见表 13-13。

排水管道不应布置场所表　　　　　　表 13-13

序号	排水管道不应布置场所	具体要求
1	生活水泵房等设备机房	排水横管禁止在机场旅客航站楼生活水箱箱体正上方敷设，生活水泵房其他区域不宜敷设排水管道；设在室内的消防水池（箱）应按此要求处理

续表

序号	排水管道不应布置场所	具体要求
2	厨房、餐厅	机场旅客航站楼中职工食堂、餐饮店厨房内的主副食操作间、烹调间、备餐间、加工间、粗加工、冷菜间、面点蒸煮间、食品储藏库（主食库、副食库）等房间的上方均不应敷设排水管道，排水立管不宜穿过上述房间；机场旅客航站楼中的餐厅；机场旅客航站楼中的厨房排水应独立设置，排水横管和立管均不得与卫生间污水排水管道连通。上述场所上方排水管不宜采用同层排水方式
3	人员休息场所	机场旅客航站楼贵宾休息室、工作人员休息室等。排水管道不应敷设在此类房间内
4	重要资料用房	机场旅客航站楼重要档案资料库房等。排水管道不应敷设在此类房间内
5	行李处理用房	机场旅客航站楼行李库房，行李检查、分拣和传输房间或通道。排水管道不应敷设在此类房间内
6	电气类机房	机场旅客航站楼高低压配电间、变配电室、通信机房、电子计算机房、UPS间等。排水管道不得敷设在此类房间内
7	结构变形缝、结构风道	原则上排水管道不得穿过结构变形缝；若条件限制必须穿越沉降缝时，则应预留沉降量并设置不锈钢软管柔性连接，必须穿越伸缩缝时，则应安装伸缩器
8	电梯机房、通风小室	

注：机场旅客航站楼办公用房等场所不宜敷设排水管道。

机场旅客航站楼排水系统管道设计遵循原则，参见表2-63。

4. 机场旅客航站楼间接排水

机场旅客航站楼中的间接排水，参见表4-33。

机场旅客航站楼未设置地下室时，排水排出管穿越有沉降可能的承重墙或基础时应预留洞口；设置地下室时，排水排出管穿越地下室外墙时应预留防水套管，宜采用柔性防水套管。

13.3.5 通气管系统

机场旅客航站楼通气管设置要求，见表13-14。

机场旅客航站楼通气管设置要求表　　表13-14

序号	通气管名称	设置位置	设置要求	管径确定
1	伸顶通气管	设置场所涉及机场旅客航站楼所有区域	高出非上人屋面不得小于300mm，但必须大于最大积雪厚度，常采用800~1000mm；高出上人屋面不得小于2000mm，常采用2000mm。顶端应装设风帽或网罩；在冬季室外温度高于-15℃的地区，顶端可装网形铅丝球；低于-15℃的地区，顶端应装伞形通气帽	应与排水立管管径相同。但在最冷月平均气温低于-13℃的地区，应在室内平顶或吊顶以下0.3m处将管径放大一级，若采用塑料管材时其最小管径不宜小于130mm

续表

序号	通气管名称	设置位置	设置要求	管径确定
2	专用通气管	机场旅客航站楼公共卫生间可采用专用通气方式	机场旅客航站楼公共卫生间的排水立管和专用通气立管并排设置在卫生间附设管道井内;未设管道井时,该2种立管并列设置,并宜后期装修包敷暗设,专用通气立管宜靠内侧敷设、排水立管宜靠外侧敷设	通常与其排水立管管径相同
3	汇合通气管	机场旅客航站楼中多根通气立管或多根排水立管顶端通气部分上方楼层存在特殊区域(如厨房、餐厅、电气机房等)不允许每根立管穿越向上接至屋顶时,需在本层顶板下或吊顶内汇集后接至屋顶		汇合通气管的断面积应为最大一根通气管的断面积加其余通气管断面之和的0.25倍
4	主(副)通气立管	通常设置在机场旅客航站楼内的公共卫生间		通常与其排水立管管径相同
5	结合通气管			通常与其连接的通气立管管径相同
6	环形通气管	连接4个及4个以上卫生器具(包括大便器)且横支管的长度大于13m的排水横支管;连接6个及6个以上大便器的污水横支管;设有器具通气管;特殊单立管偏置	和排水横支管、主(副)通气立管连接的要求:在排水横支管上设环形通气管时,应在其最始端的两个卫生器具之间接出,并应在排水支管中心线以上与排水支管呈垂直或45°连接;环形通气管应在卫生器具上边缘以上不小于0.15m处按不小于0.01的上升坡度与通气立管相连	常用管径为DN40(对应DN75排水管)、DN50(对应DN100排水管)

机场旅客航站楼通气管可采用柔性接口机制排水铸铁管或塑料排水管,一般采用与机场旅客航站楼排水管相同管材。在最冷月平均气温低于-13℃的地区,伸出屋面部分通气立管应采用柔性接口机制排水铸铁管。

通气立管的最小管径,参见表1-130。

13.3.6 特殊排水系统

机场旅客航站楼生活水泵房、厨房、电气机房等场所的上方楼层不应有排水横支管明设管道等。若有必要在上述某些场所上方设置排水点且无法采取其他躲避措施时,该部位的排水应采用同层排水方式。

机场旅客航站楼同层排水最常采用的是降板或局部降板法。

13.3.7 特殊场所排水

1. 机场旅客航站楼化粪池

机场旅客航站楼入境候检旅客使用的厕所所对应的化粪池应单独设置，生活污水在排至市政管网之前应进行消毒处理。

化粪池宜设置在接户管的下游端；位置宜选在院区最低处附近；外壁距建筑物外墙不宜小于5m；宜选用钢筋混凝土化粪池。

机场旅客航站楼化粪池有效容积，按公式（8-14）～公式（8-17）计算。

机场旅客航站楼可集中并联设置或根据院区布局分散并联布置2个或3个化粪池，多个化粪池的型号宜一致。

2. 机场旅客航站楼食堂、餐厅含油废水处理

机场旅客航站楼含油废水宜采用三级隔油处理流程，参见表1-141。

根据食堂用餐人数确定隔油设施处理水量，按公式（1-39）计算；根据食堂餐厅面积确定隔油设施处理水量，按公式（1-40）计算。

隔油池有效容积，按公式（1-41）计算。隔油池的类型，参见表1-142。

隔油提升一体化设备选型的主要技术参数为其所接纳的食堂、餐厅为厨房等器具含油污水排水流量。

3. 机场旅客航站楼设备机房排水

机场旅客航站楼地下设备机房排水设施要求，参见表1-147。

13.3.8 压力排水

1. 机场旅客航站楼集水坑设置

机场旅客航站楼地下室应设置集水坑。集水坑的设置要求，参见表7-28。

通气管管径宜与排水管管径相同，可接至室外或向上接至建筑地上部分通气管系统。

2. 污水泵、污水提升装置选型

机场旅客航站楼排水泵的流量方法确定，参见表2-68；排水泵的扬程，按公式（1-44）计算。

13.3.9 室外排水系统

1. 机场旅客航站楼室外排水管道布置

机场旅客航站楼室外排水管道布置方法，参见表2-69；与其他地下管线（构筑物）最小间距，参见表1-154。

机场旅客航站楼室外排水管道最小覆土深度不宜小于0.5m；对于严寒地区、寒冷地区机场旅客航站楼，室外排水管道最小覆土深度应超过当地冻土层深度。

2. 机场旅客航站楼室外排水管道敷设

机场旅客航站楼室外排水管道与生活给水管道交叉时，应敷设在生活给水管道下面。室外排水管道敷设发生冲突时，应遵循表1-26原则处理。

3. 机场旅客航站楼室外排水管道水力计算

室外排水管道水力计算，按公式（1-45）、公式（1-46）。

机场旅客航站楼室外排水管道的最小管径、最小设计坡度、最大设计充满度,参见表1-155。

4. 机场旅客航站楼室外排水管道管材

机场旅客航站楼室外排水管道宜优先采用埋地塑料排水管,弹性橡胶圈密封柔性接口,小于 $DN200$ 直壁管,可采用承插式粘接;可采用埋地铸铁排水管,橡胶圈柔性接口或水泥砂浆接口。

5. 机场旅客航站楼室外排水检查井

机场旅客航站楼室外排水检查井设置位置,参见表1-156。

机场旅客航站楼室外排水检查井宜优先选用玻璃钢排水检查井,其次是混凝土排水检查井,禁止采用砖砌排水检查井。室外排水管在排水检查井连接应采用管顶平接。

13.4 雨水系统

13.4.1 雨水系统分类

机场旅客航站楼雨水系统分类,见表13-15。

雨水系统分类表　　　　　表13-15

序号	分类标准	雨水系统类别	机场旅客航站楼应用情况	应用程度
1	屋面雨水设计流态	半有压流屋面雨水系统	机场旅客航站楼的屋面面积较小时,可考虑采用	常用
2		压力流屋面雨水系统(虹吸式雨水系统)	机场旅客航站楼雨水系统通常采用	最常用
3		重力流屋面雨水系统		极少用
4	雨水管道设置位置	内排水雨水系统	高层机场旅客航站楼雨水系统应采用;多层机场旅客航站楼雨水系统宜采用	最常用
5		外排水雨水系统	机场旅客航站楼如果面积不大、建筑专业立面允许,可以采用	常用
6		混合式雨水系统		极少用
7	雨水出户横管室内部分是否存在自由水面	封闭系统		最常用
8		敞开系统		极少用
9	建筑屋面排水条件	天沟雨水排水系统		最常用
10		檐沟雨水排水系统		极少用

13.4.2 雨水量

1. 设计雨水流量

机场旅客航站楼设计雨水流量,应按公式(1-47)计算。

2. 设计暴雨强度

设计暴雨强度应按机场旅客航站楼所在地或相邻地区暴雨强度公式计算确定，见公式（1-48）。

我国部分城镇 5min 设计暴雨强度、小时降雨厚度，参见表 1-158（设计重现期 $P=10$ 年）。

3. 设计重现期

机场旅客航站楼屋面雨水设计重现期：对于半有压流屋面雨水系统，通常取 10 年；对于压力流屋面雨水系统，通常取 50 年。

4. 设计降雨历时

机场旅客航站楼屋面雨水排水管道设计降雨历时按照 5min 确定。

机场旅客航站楼院区雨水排水管道设计降雨历时，按公式（1-49）计算。

5. 径流系数

机场旅客航站楼屋面及院区地面的径流系数，参见表 1-159。

6. 汇水面积

机场旅客航站楼的雨水汇水面积计算原则，参见表 1-160。

13.4.3 雨水系统

1. 雨水系统设计常规要求

机场旅客航站楼雨水系统设置要求，参见表 1-161。

机场旅客航站楼雨水排水管道不应穿越的场所，见表 13-16。

雨水排水管道不应穿越的场所表　　　表 13-16

序号	雨水排水管道不应穿越的场所名称	具体房间名称
1	人员休息场所	机场旅客航站楼贵宾休息室、工作人员休息室等
2	重要资料用房	机场旅客航站楼重要档案资料库房等
3	行李处理用房	机场旅客航站楼行李库房，行李检查、分拣和传输房间或通道
4	电气类机房	机场旅客航站楼高低压配电间、变配电室、通信机房、电子计算机房、UPS 间等

注：1. 机场旅客航站楼雨水排水横管宜沿建筑内公共区域（内走道等）吊顶内敷设；雨水排水立管宜沿建筑内公共场所或辅助次要场所敷设；
　　2. 机场旅客航站楼办公用房等场所不宜敷设雨水管道。

2. 雨水斗设计

机场旅客航站楼半有压流屋面雨水系统通常采用 87 型雨水斗或 79 型雨水斗，规格常用 $DN100$。

雨水斗设计排水负荷，参见表 1-163。

雨水斗下方区域宜为建筑顶层公共区域（如内走道）或辅助次要场所（如公共卫生间、库房等），不应为需要安静的场所。

雨水斗宜对雨水排水立管做对称布置；接有多斗悬吊管的立管顶端不得设置雨水斗；一个屋面上应设置不少于 2 个雨水斗。

3. 天沟、溢流设施、连接管、悬吊管、立管、埋地管、排出管设计

机场旅客航站楼天沟、溢流设施、连接管、悬吊管、立管、埋地管、排出管设置要求，参见表 1-164。

4. 室内水泵提升雨水排水系统设计

地下室露天窗井内应设平箅式雨水口、无水封地漏作为雨水口，经雨水收集管接入集水池。

雨水提升泵通常采用潜水泵，宜采用 3 台，2 用 1 备。

5. 雨水管管材

机场旅客航站楼雨水排水管管材，参见表 1-167。

13.4.4 雨水系统水力计算

1. 半有压流（87 型）屋面雨水系统水力计算

（1）雨水斗（87 型）

雨水斗设计流量，应按公式（1-50）计算。

对于单斗雨水系统，雨水斗设计流量不应超过表 1-168 数值；对于多斗雨水系统，雨水斗设计流量应根据表 1-169 取值，最远端雨水斗设计流量不得超过表 1-169 数值。

机场旅客航站楼 87 型雨水斗口径常采用 $DN100$，其次是 $DN75$、$DN150$。

（2）雨水连接管

机场旅客航站楼雨水连接管管径通常与雨水斗出水口直径相同，常采用 $DN100$，其次是 $DN150$。

（3）雨水悬吊管

机场旅客航站楼雨水悬吊管管径，参见表 1-172。

（4）雨水立管

连接 2 根及以上雨水悬吊管的雨水立管管径，按表 1-173 确定。

（5）雨水排出管

机场旅客航站楼雨水排出管管径确定，参见表 1-174～表 1-177。

（6）雨水管道最小管径

机场旅客航站楼雨水系统最小设计管径及雨水排水横管最小设计坡度，参见表1-178。

2. 压力流（虹吸式）屋面雨水系统水力计算

机场旅客航站楼压力流（虹吸式）屋面雨水系统水力计算方法，参见 1.4.4 节。

3. 雨水提升系统水力计算

机场旅客航站楼窗井等场所设计雨水流量，按公式（1-54）计算；设计径流雨水总量，按公式（1-55）计算。

13.4.5 院区室外雨水系统设计

机场旅客航站楼院区雨水系统宜采用管道排水形式，与污水系统应分流排放。

1. 雨水口

雨水口选型，参见表 1-180；雨水口设置位置，参见表 1-181；各类型雨水口的泄水流量，参见表 1-182。

雨水口设计流量，按公式（1-56）计算。

2. 雨水口连接管

单算雨水口连接管管径通常采用 DN250。

3. 雨水检查井

院区内直线雨水管道上雨水检查井设置最大间距，参见表 1-183。

院区雨水检查井常见规格通常采用 DN1000 圆形玻璃钢或钢筋混凝土雨水检查井。

4. 室外雨水管道布置

机场旅客航站楼室外雨水管道布置方法，参见表 1-184。

13.4.6　院区室外雨水利用

机场旅客航站楼宜设计中水工程和雨水利用工程。

机场旅客航站楼应根据所在地的自然条件、水资源情况及经济技术发展水平，合理设置雨水收集利用系统。雨水利用工程应符合现行国家标准《建筑与小区雨水控制及利用工程技术规范》GB 50400 的有关规定。

雨水收集回用应进行水量平衡计算。机场旅客航站楼院区雨水通常可用于景观用水、院区绿化用水、路面和地面冲洗用水、汽车冲洗用水、冲厕用水等。

13.5　消火栓系统

机场旅客航站楼属于重要公共建筑，其候机厅属于公众聚集场所和人员密集场所。

高层机场旅客航站楼属于一类高层机场旅客航站楼。

13.5.1　消火栓系统设置场所

高层机场旅客航站楼，建筑体积大于 5000m^3 的单、多层机场旅客航站楼应设置室内消火栓系统。

13.5.2　消火栓系统设计参数

1. 机场旅客航站楼室外消火栓设计流量

机场旅客航站楼室外消火栓设计流量，不应小于表 13-17 的规定。

机场旅客航站楼室外消火栓设计流量表（L/s）　　　表 13-17

耐火等级	建筑物名称	建筑体积（m^3）		
		$5000<V\leqslant20000$	$20000<V\leqslant50000$	$V>50000$
一、二级	机场旅客航站楼	25	30	40

注：1. 建筑体积指本建筑占据的空间数量，包括该建筑的地上空间体积数和地下空间体积数；
　　2. 地下车库室外消火栓系统设计流量小于建筑主体室外消火栓系统设计流量，机场旅客航站楼室外消火栓系统设计流量按建筑主体室外消火栓系统设计流量确定；
　　3. 地下人防工程室外消火栓系统设计流量小于建筑主体室外消火栓系统设计流量，机场旅客航站楼室外消火栓系统设计流量按建筑主体室外消火栓系统设计流量确定。

2. 机场旅客航站楼室内消火栓设计流量

机场旅客航站楼室内消火栓设计流量应根据水枪充实水柱长度和同时使用水枪数量经计算确定，不应小于表 13-18、表 13-19 的规定。

机场旅客航站楼室内消火栓设计流量表一　　　　表 13-18

建筑物名称	高度 h (m)、体积 V (m^3)、火灾危险性	消火栓设计流量 (L/s)	同时使用消防水枪数（支）	每根竖管最小流量 (L/s)
单层及多层机场旅客航站楼	$5000 < V \leqslant 25000$	10	2	10
	$25000 < V \leqslant 50000$	15	3	10
	$V > 50000$	20	4	15
高层机场旅客航站楼	$h \leqslant 50$	30	6	15
	$h > 50$	40	8	15

注：1. 消防软管卷盘、轻便消防水龙，其消火栓设计流量可不计入室内消防给水设计流量；
　　2. 地下车库室内消火栓系统设计流量小于建筑主体室内消火栓系统设计流量，机场旅客航站楼室内消火栓系统设计流量按建筑主体室内消火栓系统设计流量确定；
　　3. 地下人防工程室内消火栓系统设计流量小于建筑主体室内消火栓系统设计流量，机场旅客航站楼室内消火栓系统设计流量按建筑主体室内消火栓系统设计流量确定。

机场旅客航站楼室内消火栓设计流量表二　　　　表 13-19

航站楼剖面流程形式	室内消火栓的设计流量 (L/s)	同时使用水枪的数量（支）	每根竖管的最小流量 (L/s)
一层式、一层半式	20	4	15
二层式、二层半式	25	5	15
多层式	30	6	15

3. 火灾延续时间

建筑面积大于或等于 3000m² 的机场旅客航站楼，其室内外消火栓系统的火灾延续时间不应小于 3.0h，可按 3.0h；建筑面积小于 3000m² 的机场旅客航站楼，其室内外消火栓系统的火灾延续时间不应小于 2.0h，可按 2.0h。

机场旅客航站楼室内自动灭火系统的火灾延续时间，参见表 1-188。

4. 消防用水量

一座机场旅客航站楼的消防用水量按室外消火栓系统用水量、室内消火栓系统用水量、室内自动喷水灭火系统用水量三者之和计算。

13.5.3 消防水源

1. 市政给水

当前国内城市市政给水管网能够满足机场旅客航站楼直接消防供水条件的较少。

机场旅客航站楼室外消防给水管网管径，按表 4-40 确定。

机场旅客航站楼室外消防给水管网宜与室外生活给水管网分开敷设，且应布置成环状管网。

2. 消防水池

（1）机场旅客航站楼消防水池有效储水容积

表 13-20 给出了常用典型机场旅客航站楼消防水池有效储水容积的对照表。

机场旅客航站楼火灾延续时间内消防水池储存消防用水量表　　　表 13-20

单、多层机场旅客航站楼体积 V（m³）	$V \leqslant 3000$	$3000 < V \leqslant 5000$	$5000 < V \leqslant 10000$	$10000 < V \leqslant 20000$	$20000 < V \leqslant 25000$	$25000 < V \leqslant 50000$	$V > 50000$
室外消火栓设计流量（L/s）	15	15	25	25	30	30	40
火灾延续时间（h）	2.0						
火灾延续时间内室外消防用水量（m³）	108.0	108.0	180.0	180.0	216.0	216.0	288.0
室内消火栓设计流量（L/s）	—	—	15	15	25	25	40
火灾延续时间（h）	2.0						
火灾延续时间内室内消防用水量（m³）	—	—	108.0	108.0	180.0	180.0	288.0
火灾延续时间内室内外消防用水量（m³）	108.0	108.0	288.0	360.0	396.0	504.0	576.0
消防水池储存室内外消火栓用水容积 V_1（m³）	108.0	108.0	288.0	360.0	396.0	504.0	576.0

高层机场旅客航站楼体积 V（m³）	$5000 < V \leqslant 20000$	$20000 < V \leqslant 50000$	$V > 50000$	$5000 < V \leqslant 20000$	$20000 < V \leqslant 50000$	$V > 50000$
高层机场旅客航站楼高度 h（m）	$h \leqslant 50$			$h > 50$		
室外消火栓设计流量（L/s）	25	30	40	25	30	40
火灾延续时间（h）	2.0					
火灾延续时间内室外消防用水量（m³）	180.0	216.0	288.0	180.0	216.0	288.0
室内消火栓设计流量（L/s）	20（二类高层）/30（一类高层）			40		
火灾延续时间（h）	2.0					
火灾延续时间内室内消防用水量（m³）	144.0/216.0			288.0		
火灾延续时间内室内外消防用水量（m³）	324.0/396.0	360.0/432.0	432.0/504.0	468.0	504.0	576.0
消防水池储存室内外消火栓用水容积 V_2（m³）	324.0/396.0	360.0/432.0	432.0/504.0	468.0	504.0	576.0

续表

机场旅客航站楼自动喷水灭火系统设计流量（L/s）	25	30	35	40
火灾延续时间（h）	1.0	1.0	1.0	1.0
火灾延续时间内自动喷水灭火用水量（m³）	90.0	108.0	136.0	144.0
消防水池储存自动喷水灭火用水容积 V_3（m³）	90.0	108.0	136.0	144.0

如上表所示，通常机场旅客航站楼消防水池有效储水容积在 $198\sim720\mathrm{m}^3$。

（2）机场旅客航站楼消防水池位置

消防水池位置确定原则，参见表 7-34。

机场旅客航站楼消防水池、消防水泵房与机场旅客航站楼院区空间关系，参见表 7-35。

消防水池的最低有效水位应高于消防水池吸水喇叭口不小于 600mm，且应高于消防水泵的吸水管管顶。

机场旅客航站楼消防水泵型式的选择与消防水池有一定的对应关系，参见表 1-194。

机场旅客航站楼储存室内外消防用水的消防水池与消防水泵房的位置关系，参见表 1-195。

机场旅客航站楼消防水池格（座）数与有效储水容积的对照关系，参见表 1-196。

机场旅客航站楼消防水池附件，参见表 1-197。

机场旅客航站楼消防水池各水位指标确定方法及取值经验值，参见表 1-198。

3. 天然水源及其他水源

机场旅客航站楼消防水源不宜采用天然水源。

13.5.4 消防水泵房

1. 消防水泵房选址

新建机场旅客航站楼院区消防水泵房设置通常采取 2 个方案，参见表 7-36。

改建、扩建电影院院区消防水泵房设置方案，参见表 1-200。

2. 建筑内部消防水泵房位置

机场旅客航站楼消防水泵房若设置在建筑物内，应采取消声、隔声和减振等措施；不应毗邻候机厅，贵宾休息区（室），安检厅，检票厅，办公室、休息室、餐厅等场所。

3. 消防水泵机组的布置要求

相邻两个机组及机组至泵房墙壁间的净距要求，参见表 1-201。

4. 消防水泵房采暖、排水等要求

严寒、寒冷地区消防水泵房，应设置供暖设施。

消防水泵房的泵房排水设施：在泵房内设置排水沟；地下消防水泵房内或邻近场所设集水坑，坑内设潜污泵。消防水泵房应采取防淹措施。

5. 消防水泵房管道设计

消防水泵配置数量与消防水系统设计流量的关系，参见表 1-202。

机场旅客航站楼消防水泵吸水管、出水管管径，见表1-203；消防吸水总管管径应根据其连通服务的各种消防水泵设计流量之累加值进行确定，参见表1-205。

消防水泵吸水管布置应避免形成气囊。

消防水泵吸水口的淹没深度应满足消防水泵在最低水位运行安全的要求。

消防水泵吸水管、出水管上附件配置及要求，参见表1-206。

6. 消防水泵自动启动控制

消防水泵自动启动要求，参见表1-207；消防水泵自动启动方式，参见表1-208；流量开关性能、设置位置等，参见表1-209。

当消防稳压泵设置于高位消防水箱间内时，消防水泵启泵压力（P），按公式（1-58）确定；当消防稳压泵设置于低位消防水泵房内时，按公式（1-59）确定。

13.5.5 消防水箱

机场旅客航站楼消防给水系统绝大多数属于临时高压系统，高层机场旅客航站楼、3层及以上单体总建筑面积大于10000m²的机场旅客航站楼应设置高位消防水箱。

1. 消防水箱有效储水容积

机场旅客航站楼高位消防水箱有效储水容积，按表13-21确定。

机场旅客航站楼高位消防水箱有效储水容积确定表　　　　表 13-21

序号	建筑类别	建筑高度	消防水箱有效储水容积
1	高层机场旅客航站楼	大于24m，小于或等于100m	不应小于36m³，可按36m³
2	多层机场旅客航站楼	小于或等于24m	不应小于18m³，可按18m³

2. 消防水箱设置位置

机场旅客航站楼消防水箱设置位置应满足以下要求，见表13-22。

消防水箱设置位置要求表　　　　表 13-22

序号	消防水箱设置位置要求	备注
1	位于所在建筑的最高处	通常设在屋顶消防水箱间内
2	应该独立设置	不与其他设备机房，如屋顶太阳能热水机房、热水间等合用
3	应避免对下方楼层房间的影响	其下方不应是候机厅、贵宾休息区（室）、安检厅、检票厅、办公室、电气类技术设备用房等，可以是库房、卫生间等附属区域

3. 高位消防水箱尺寸

消防水箱宜为装配式方形水箱，其尺寸宜为 1.0m 或 0.5m 的倍数，推荐尺寸参见表1-212。

4. 高位消防水箱材质

常用材质为不锈钢板、热浸锌镀锌钢板、玻璃钢板、钢筋混凝土等，不锈钢板最常见。

5. 高位消防水箱配管

高位消防水箱配管及管径确定，参见表1-213。

6. 消防水箱水位

消防水箱各水位指标确定方法及取值经验值，参见表1-214。

7. 高位消防水箱布置

高位消防水箱四周净距要求，参见表1-215。

8. 消防水箱防冻

消防水箱及相应管道保温材料及厚度，参见表1-216。

13.5.6 消防稳压装置

1. 消防稳压泵

（1）设计流量

消火栓稳压泵设计流量，参见表1-217。

自动喷水灭火稳压泵设计流量，参见表1-218；结合一只标准喷头的流量，自动喷水灭火稳压泵常规设计流量取1.33L/s。

（2）设计压力

当消防稳压泵设置于高位消防水箱间内时，稳压泵的启泵压力P_1可取$0.15\sim0.20$MPa，停泵压力P_2可取$0.20\sim0.25$MPa；当消防稳压泵设置于低位消防水泵房内时，P_1按公式（1-62）确定，P_2按公式（1-63）确定。

（3）消防稳压泵选型

消火栓稳压泵设计流量为稳压泵流量确定依据。

消防稳压泵停泵压力（P_2）值附加$0.03\sim0.05$MPa后，为稳压泵扬程确定依据。

2. 气压水罐

消火栓稳压装置、自动喷水灭火稳压装置均采用150L有效储水容积气压水罐；合用消防稳压装置采用300L有效储水容积气压水罐。

3. 管道、阀门、附件等

消防稳压泵吸水管管径、出水管管径，参见表1-219。每套消防稳压泵通常为2台，1用1备。

13.5.7 消防水泵接合器

1. 设置范围

对于室内消火栓系统，6层及以上的机场旅客航站楼；地下、半地下机场旅客航站楼附设汽车库应设置消防水泵接合器。

机场旅客航站楼消火栓系统消防水泵接合器配置，参见表1-220。

机场旅客航站楼自动喷水灭火系统等自动水灭火系统应分别设置消防水泵接合器。

2. 技术参数

机场旅客航站楼消防水泵接合器数量，参见表1-221。

3. 安装形式

机场旅客航站楼消防水泵接合器安装形式选择，参见表1-222。

4. 设置位置

同种水泵接合器不宜集中布置，不同种类、分区、功能的水泵接合器宜成组布置，且应设在室外便于消防车使用和接近的地方,且距室外消火栓或消防水池的距离不宜小于15m,并不宜大于40m,距人防工程出入口不宜小于5m。

13.5.8 消火栓系统给水形式

1. 室外消火栓给水系统

当市政给水管网不满足直接供给室外消火栓给水系统时,机场旅客航站楼应采用临时高压室外消火栓给水系统,通常在消防水泵房内独立设置室外消火栓给水泵组、室外消火栓稳压装置。

机场旅客航站楼室外消火栓给水泵组一般设置2台,1用1备,泵组设计流量为本建筑室外消防设计流量(15L/s、20L/s、25L/s、30L/s、40L/s),设计扬程应保证室外消火栓处的栓口压力(0.20~0.30MPa)。泵组出水管及吸水管管径,参见表1-223。

室外消火栓给水管网管径,参见表1-224,管网应环状布置,单独成环。

2. 室内消火栓给水系统

机场旅客航站楼室内消火栓给水系统常采用临时高压消火栓给水系统。

3. 室内消火栓系统分区供水

机场旅客航站楼室内消火栓给水系统通常竖向为1个区。机场旅客航站楼消火栓给水管网应在横向、竖向上连成环状。消火栓供水横干管宜分别沿最高层和最底层顶板下敷设。

典型机场旅客航站楼室内消火栓系统原理图,参见图4-4。

13.5.9 消火栓系统类型

1. 系统分类

机场旅客航站楼的室外消火栓系统宜采用湿式消火栓系统。

2. 室外消火栓

严寒、寒冷等冬季结冰地区机场旅客航站楼室外消火栓应采用干式消火栓;其他地区宜采用地上式消火栓。

建筑室外消火栓的数量应根据室外消火栓设计流量和保护半径经计算确定,保护半径不应大于150.0m,间距不应大于120.0m,每个室外消火栓的出流量宜按10~15L/s计算。通常根据建筑物平面布局在建筑物四个角附近绿地设置室外消火栓,根据邻近两个消火栓之间距离合理增设消火栓。

3. 室内消火栓

机场旅客航站楼的各区域各楼层均应布置室内消火栓予以保护;机场旅客航站楼中不能采用自动喷水灭火系统保护的计算机室、消防控制室、变配电室、发电机房、网络机房、弱电机房、UPS机房等场所亦应由室内消火栓保护。

机场旅客航站楼室内消火栓宜设在候车厅、安检厅、检票厅的主要入口,行李处理用房、旅客服务用房、办公用房、设备用房的主要公共走道及靠近楼梯的明显位置。

机场旅客航站楼室内消火栓的布置间距不应大于30.0m,并应保证有2股水柱能同时到达其保护范围内有可燃物的部位。

机场旅客航站楼室内消火栓箱内应设置消防软管卷盘。

表 13-23 给出了机场旅客航站楼室内消火栓的布置方法。

机场旅客航站楼室内消火栓布置方法表 表 13-23

序号	室内消火栓布置方法	注意事项
1	布置在楼梯间、前室等位置	楼梯间、前室的消火栓宜暗设并采取墙体保护措施；箱体及立管不应影响楼梯门、电梯门开启使用
2	布置在行李处理用房、旅客服务用房、办公用房、设备用房的公共走道两侧，箱体开门朝向公共走道	应暗设；优先沿辅助房间（库房、卫生间等）的墙体安装
3	布置在集中区域内部公共空间内	可在朝向公共空间房间的外墙上暗设；应避免消火栓消防水带穿过多个房间门到达保护点
4	特殊区域如候车厅、安检厅、检票厅等场所，应根据其平面布局布置	候车厅、安检厅、检票厅处消火栓宜沿空间周边房间外墙布置

注：1. 室内消火栓不应跨防火分区布置；
2. 室内消火栓应按其实际行走距离计算其布置间距，机场旅客航站楼室内消火栓布置间距宜为 20.0~25.0m，不应小于 5.0m。

13.5.10 消火栓给水管网

1. 室外消火栓给水管网

机场旅客航站楼室外消火栓给水管网应采用环状给水管网。向室外消火栓给水管网供水的输水干管不应少于 2 条。

2. 室内消火栓给水管网

机场旅客航站楼室内消火栓给水管网应采用环状给水管网，有 2 种主要管网型式，见表 13-24。室内消火栓给水管网在横向、竖向均宜连成环状。

室内消火栓给水管网主要管网型式表 表 13-24

序号	管网型式特点	适用情形	具体部位	备注
型式 1	消防供水干管沿建筑竖向垂直敷设，配水干管沿每一层顶板下或吊顶内横向水平敷设，配水干管上连有消火栓	各楼层竖直上下层消火栓位置差别较大或横向连接管长度较大的区域	建筑内走道、楼梯间、电梯前室；候车厅、安检厅、检票厅；办公室、会议室、餐厅等房间外墙；机房等	主要型式
型式 2	消防供水干管沿建筑最高处、最低处横向水平敷设，配水干管沿竖向垂直敷设，配水干管上连有消火栓	各楼层竖直上下层消火栓位置基本一致和横向连接管长度较小的区域	建筑内走道、楼梯间、电梯前室；办公室、会议室、餐厅等房间外墙	辅助型式

注：不能敷设消火栓给水管道的场所包括高低压配电室、网络机房、消防控制室等电气类房间。

室内消火栓给水管网型式 1 参见图 1-13，型式 2 参见图 1-14。

机场旅客航站楼室内消火栓给水管网的环状干管管径，参见表 1-229；室内消火栓竖管管径可按 $DN100$。

3. 系统阀门

室内消火栓系统阀门设置，参见表1-230。

埋地管道的阀门宜采用带启闭刻度的球墨铸铁暗杆闸阀。室内架空管道的阀门宜采用蝶阀、明杆闸阀或带启闭刻度的暗杆闸阀等。

4. 系统给水管网管材

机场旅客航站楼室外消火栓给水管绝大多数采用直埋敷设方式。埋地消火栓给水管道宜采用球墨铸铁管或钢丝网骨架塑料复合管给水管道。

机场旅客航站楼室内消火栓给水管管材选择，参见表1-231。

薄壁不锈钢管（S11163）、镀锌镍碳钢管等新型优质管道，在机场旅客航站楼室内消火栓系统中均得到更多的应用，未来会逐步替代传统钢管。

13.5.11 消火栓系统计算

1. 消火栓水泵选型计算

机场旅客航站楼室内消火栓水泵流量与室内消火栓设计流量一致；消火栓水泵扬程，按公式（1-64）计算。根据消火栓水泵流量和扬程选择消火栓水泵。

2. 消火栓计算

室内消火栓的保护半径，按公式（1-65）计算；消火栓栓口处所需水压，按公式（1-66）计算。

高层机场旅客航站楼消防水枪充实水柱应按13m计算；多层机场旅客航站楼消防水枪充实水柱应按10m计算。

高层机场旅客航站楼消火栓栓口动压不应小于0.35MPa；多层机场旅客航站楼消火栓栓口动压不应小于0.25MPa。

3. 消火栓系统压力计算

消火栓系统的设计工作压力，按公式（1-67）计算。通常以设计工作压力确定消火栓水泵扬程。

13.6 自动喷水灭火系统

13.6.1 自动喷水灭火系统设置

机场旅客航站楼的下列场所或部位应设置自动喷水灭火系统：行李处理用房、行李提取区、行李输送廊道内；有顶棚的值机柜台区；柴油发电机房；其他室内净高不超过自动喷水灭火系统最大允许安装高度的部位。

机场旅客航站楼自动喷水灭火系统类型选择，参见表1-245。

典型机场旅客航站楼自动喷水灭火系统原理图，参见图4-5。

机场旅客航站楼中的行李处理用房火灾危险等级按中危险级Ⅱ级确定；其他场所火灾危险等级均按中危险级Ⅰ级确定。

13.6.2 自动喷水灭火系统设计基本参数

机场旅客航站楼自动喷水灭火系统设计参数，按表1-246规定。

机场旅客航站楼高大空间场所设置湿式自动喷水灭火系统设计参数，按表 13-25 规定。

高大空间场所湿式自动喷水灭火系统设计参数表　　　表 13-25

适用场所	最大净空高度 h(m)	喷水强度[L/(min·m²)]	作用面积(m²)	喷头间距 S(m)
航站楼	$8<h\leqslant12$	12	160	$1.8\leqslant S\leqslant3.0$
	$12<h\leqslant18$	15		

注：当民用建筑高大空间场所的最大净空高度为 $12m<h\leqslant18m$ 时，应采用非仓库型特殊应用喷头。

若机场旅客航站楼地下室中附属的库房认定为堆垛储物仓库，其自动喷水灭火系统设计参数，按表 1-247 规定。

自动喷水灭火系统的持续喷水时间，应按火灾延续时间不小于 1h 确定。

13.6.3　洒水喷头

设置自动喷水灭火系统的机场旅客航站楼内各场所的最大净空高度通常不大于 8m。

机场旅客航站楼自动喷水灭火系统喷头公称动作温度宜相比环境温度高 30℃，参见表 4-54。

机场旅客航站楼自动喷水灭火系统喷头种类选择，见表 13-26。

机场旅客航站楼喷头种类选择表　　　表 13-26

序号	火灾危险等级	设置场所	喷头种类
1	中危险级Ⅱ级	地下车库	直立型普通喷头
2	中危险级Ⅰ级	机场旅客航站楼内非高大空间候车厅、安检厅、检票厅、办公室、会议室等设有吊顶场所	吊顶型或下垂型普通或快速响应喷头
3		库房、非电气类设备机房等无吊顶场所	直立型普通或快速响应喷头

注：基于机场旅客航站楼火灾特点和重要性，机场旅客航站楼中危险级Ⅰ级对应场所自动喷水灭火系统洒水喷头宜全部采用快速响应喷头。

每种型号的备用喷头数量按此种型号喷头数量总数的 1% 计算，并不得少于 10 只。

机场旅客航站楼中自动喷水灭火系统直立型、下垂型喷头的布置间距，不应大于表 1-250 的规定，且不宜小于 2.4m。

机场旅客航站楼常用普通玻璃球闭式喷头规格型号，参见表 1-252。

13.6.4　自动喷水灭火系统管道

1. 管材

机场旅客航站楼自动喷水灭火系统给水管管材，见表 1-254。

薄壁不锈钢管（S11163）、氯化聚氯乙烯（PVC-C）管、镀锌镍碳钢管等新型优质管道，在机场旅客航站楼自动喷水灭火系统中均得到更多的应用，未来会逐步替代传统钢管。

机场旅客航站楼中，除行李处理用房等中危险级Ⅱ级对应场所外，其他中危险级Ⅰ级对应场所自动喷水灭火系统公称直径$\leqslant DN80$ 的配水管（支管）均可采用氯化聚氯乙烯

（PVC-C）管材及管件。

2. 管径

机场旅客航站楼自动喷水灭火系统的配水管道管径可根据表1-255中数据进行确定。

3. 管网敷设

机场旅客航站楼自动喷水灭火系统配水干管宜沿行李处理用房、旅客服务用房、办公用房、设备用房的公共走廊敷设，行李处理用房、旅客服务用房、办公用房、设备用房走廊两侧房间内的配水支管就近连接到配水干管上。走廊内布置的喷头就近接至排水支管后再接至配水干管。单个喷头不应直接接至管径大于或等于 $DN100$ 的配水干管。

机场旅客航站楼自动喷水灭火系统配水管网布置步骤，见表13-27。

自动喷水灭火系统配水管网布置步骤表　　　　　　表13-27

序号	配水管网布置步骤
步骤1	根据机场旅客航站楼的防火性能确定自动喷水灭火系统配水管网的布置范围
步骤2	在每个防火分区内应确定该区域自动喷水灭火系统配水主干管或主立管的位置或方向
步骤3	自接入点接入后，可确定主要配水管的敷设位置和方向
步骤4	自末端房间内的自动喷水灭火系统配水支管就近向配水管连接
步骤5	每个楼层每个防火分区内配水管网布置均按步骤1～步骤4进行

自动喷水灭火系统每个喷头与配水支管连接的短立管管径通常采用25mm；末端试水装置或试水阀的连接管管径通常采用25mm。

13.6.5 水流指示器

除报警阀组控制的喷头只保护不超过防火分区面积的同层场所外，机场旅客航站楼每个防火分区、每个楼层均应设水流指示器；当整个场所需要设置的喷头数不超过1个报警阀组控制的喷头数时，可不设置水流指示器；每个防火分区应设置一个水流指示器，位置可设在本防火分区系统配水管网的起始端，亦可集中设置于各个防火分区配水干管分叉处。

水流指示器上游端应设置信号阀，其型号规格，参见表1-257。

水流指示器与所在配水干管同管径，其型号规格，参见表1-258。

13.6.6 报警阀组

机场旅客航站楼消防系统报警阀组主要采用湿式水力报警阀组，一定条件下采用预作用报警阀组。

机场旅客航站楼自动喷水灭火系统报警阀组的数量取决于：整个建筑中设置喷头的总数量；每个防火分区内设置喷头的数量；每个报警阀组控制的喷头数。一个报警阀组控制的喷头数不宜超过800只，设计中可适当超过800只。

喷头均衡组合遵循的原则，参见表1-259。

机场旅客航站楼自动喷水灭火系统报警阀组通常设置在消防水泵房，设置位置方案，参见表1-260。

报警阀组宜设在安全及易于操作的地点，报警阀距地面的高度宜为1.2m；宜沿墙体集中布置，相邻报警阀组的间距不宜小于1.5m，不应小于1.2m；报警阀组处应设有排水设施，排水管管径不应小于$DN100$。

表1-261为常用湿式报警阀装置型号规格；表1-262为常见预作用报警阀装置型号规格；报警阀组压力开关主要技术参数，参见表1-263；报警阀组前后管道设置，参见表1-264。

机场旅客航站楼自动喷水灭火系统减压阀设置方式，参见表1-265。

减压孔板作为一种减压部件，可辅助减压阀使用。

13.6.7 自动喷水灭火系统水泵接合器

自动喷水灭火系统管网上应设置水泵接合器，机场旅客航站楼自动喷水灭火系统消防水泵接合器数量，参见表1-266。

自动喷水灭火系统水泵接合器宜设置在靠近消防水泵房的室外；常规做法是将多个$DN150$水泵接合器并联起来，由1根$DN150$供水管道接至系统供水泵组出水干管上，连接位置位于报警阀组前。

13.6.8 消防水箱设计

高位消防水箱、自动喷水灭火稳压装置设计参见消火栓系统相关内容。

13.6.9 自动喷水灭火系统压力计算

自动喷水灭火系统的设计工作压力，按公式（1-68）计算。

自动喷水灭火给水泵扬程通常按照自动喷水灭火系统的设计工作压力值确定。

自动喷水灭火给水系统压力管道水压强度试验的试验压力（$H_{试验}$）的基准指标，参见表1-267。

13.6.10 其他

机场旅客航站楼综合管廊内的消防设施设置可按现行国家标准《城市综合管廊工程技术标准》GB/T 50838的规定确定。

机场旅客航站楼烹饪操作间的排油烟罩内及烹饪部位应设置自动灭火装置，并应在厨房内的燃气或燃油管道上设置与该自动灭火装置联动的自动切断装置。

13.7 灭火器系统

13.7.1 灭火器配置场所火灾种类

机场旅客航站楼灭火器配置场所的火灾种类，见表13-28。

灭火器配置场所的火灾种类表　　　　　　　表13-28

序号	火灾种类	灭火器配置场所
1	A类火灾（固体物质火灾）	机场旅客航站楼内绝大多数场所，如候机厅、安检厅、检票厅、行李厅、旅客服务用房、办公用房等
2	E类火灾（物体带电燃烧火灾）	机场旅客航站楼内附设电气房间，如高低压配电间、弱电机房等

13.7.2 灭火器配置场所危险等级

机场旅客航站楼灭火器配置场所的危险等级分为严重危险级、中危险级和轻危险级3级，危险等级举例，见表13-29。

机场旅客航站楼灭火器配置场所的危险等级举例 表13-29

危险等级	举例
严重危险级	民用机场的候机厅、安检厅及空管中心、雷达机房
中危险级	民用机场的检票厅、行李厅
	设有集中空调、电子计算机、复印机等设备的办公室
	民用燃油、燃气锅炉房
	民用的油浸变压器室和高、低压配电室
轻危险级	未设集中空调、电子计算机、复印机等设备的普通办公室

注：机场旅客航站楼室内强电间、弱电间；屋顶排烟机房内每个房间均应设置2具手提式磷酸铵盐干粉灭火器。

13.7.3 灭火器选择

机场旅客航站楼灭火器配置场所的火灾种类通常涉及A类、E类火灾，通常配置灭火器时选择磷酸铵盐干粉灭火器。

消防控制室、计算机房、配电室等部位配置灭火器宜采用气体灭火器，通常采用二氧化碳灭火器。

13.7.4 灭火器设置

机场旅客航站楼中设置的手提式灭火器，通常和室内消火栓同位置设置，放置于室内消火栓箱体下部。独立设置的手提式或推车式灭火器通常放置于所保护区域的公共走道、门口或房间内靠近公共通道出入口处。灭火器设置点应均衡布置。

设置在A类火灾场所的灭火器，其最大保护距离应符合表1-274规定。

灭火器最大保护距离为灭火器与起火点之间最大的行走距离。机场旅客航站楼中的大间套小间区域、房间中间隔着走道区域等场所，常需要增加灭火器配置点。

机场旅客航站楼中E类火灾场所中的高低压配电间、网络机房等场所，灭火器配置宜按B类火灾场所灭火器最大保护距离要求进行。面积较大的机场旅客航站楼变配电室，需要在变配电室内增设灭火器。

13.7.5 灭火器配置

A类火灾场所灭火器的最低配置基准，应符合表1-276的规定。

机场旅客航站楼灭火器A类火灾场所配置基准可按照灭火器最低配置基准，即：严重危险级按照3A；中危险级按照2A；轻危险级按照1A。

E类火灾场所的灭火器最低配置基准不应低于该场所内A类（或B类）火灾的规定。

13.7.6 灭火器配置设计计算

机场旅客航站楼内每个灭火器设置点灭火器数量通常以2～4具为宜。

灭火器计算单元最小需配灭火级别，按公式（1-69）计算。

灭火器计算单元中每个灭火器设置点最小需配灭火级别，按公式（1-70）计算。

13.7.7 灭火器类型及规格

机场旅客航站楼灭火器配置设计中常用的灭火器类型及规格，见表1-279。

13.8 气体灭火系统

13.8.1 气体灭火系统应用场所

机场旅客航站楼中高低压配电间、变配电室、通信机房、电子计算机房、UPS间和重要档案资料库房内应设置自动灭火系统，可采用气体灭火系统。

目前机场旅客航站楼中最常用IG541混合气体灭火系统和七氟丙烷（HFC-227ea）气体灭火系统。

13.8.2 七氟丙烷气体灭火系统设计参数

七氟丙烷灭火剂主要技术性能参数，参见表1-281。

无管网七氟丙烷气体自动灭火装置技术参数、规格等，参见表1-282～表1-284。

机场旅客航站楼中采用七氟丙烷气体灭火保护时，各防护区设计灭火浓度，参见表3-70。

13.8.3 气体灭火设计用量计算

七氟丙烷气体灭火设置场所设计用量，按公式（1-71）计算。

七氟丙烷设计用量，按公式（2-28）计算；七氟丙烷设计容积，按公式（2-29）计算。

每个防护区内无管网七氟丙烷气体灭火装置的布置应做到均匀。

IG541混合气体灭火防护区灭火设计用量或惰化设计用量，按公式（1-74）计算。

IG541灭火剂气体在101kPa大气压和防护区最低环境温度下的质量体积，按公式（1-75）计算。

IG541混合气体灭火系统灭火剂储存量，应为防护区灭火设计用量及系统灭火剂剩余量之和，系统灭火剂剩余量按公式（1-76）计算。

13.8.4 IG541混合气体灭火系统管网计算

IG541混合气体灭火系统管道流量宜采用平均设计流量。

系统主干管、支管的平均设计流量，按公式（1-77）、公式（1-78）计算。

管道内径按公式（1-79）计算。

灭火剂释放时，管网应进行减压。减压装置宜采用减压孔板，宜设在系统的源头或干管入口处。减压孔板前的压力，按公式（1-80）计算；减压孔板后的压力，按公式（1-81）计算；减压孔板孔口面积，按公式（1-82）计算。

系统的阻力损失宜从减压孔板后算起，并按公式（1-83）计算。

IG541混合气体灭火系统的喷头工作压力的计算结果，应符合：一级充压（15.0MPa）系统，$P_c \geqslant 2.0$MPa（绝对压力）；二级充压（20.0MPa）系统，$P_c \geqslant 2.1$MPa（绝对压力）。

喷头等效孔口面积，按公式（1-84）计算。

13.8.5　防护区泄压口

气体灭火系统防护区应设置泄压口。七氟丙烷气体灭火系统防护区泄压口面积按系统设计规定计算，按公式（1-85）计算；IG541混合气体灭火系统防护区泄压口面积按系统设计规定计算，宜按公式（1-86）计算。

七氟丙烷气体灭火系统的泄压口应位于防护区净高的2/3以上。对于设置吊顶场所，泄压口通常设置在吊顶（梁）下，泄压口顶面紧贴吊顶（梁）或吊顶（梁）下100mm。

不同规格无管网七氟丙烷气体灭火装置与泄压口尺寸的对照表，参见表1-288。

防护区设置的泄压口，宜设在外墙上，无外墙时应设置在朝向公共建筑公共区域（走道）的内墙上。每个防护区根据需要可设置1个或多个泄压口。

13.9　高压细水雾灭火系统

机场旅客航站楼中高低压配电间、变配电室、通信机房、电子计算机房、UPS间和重要档案资料库房内应设置自动灭火系统，可采用高压细水雾灭火系统。

机场旅客航站楼中当上述场所较少或场所很分散时，宜采用气体灭火系统；当此类场所较多且较集中时，可采用高压细水雾灭火系统，设计方法参见4.9节。

13.10　自动跟踪定位射流灭火系统

机场旅客航站楼公共区内室内净高大于自动喷水灭火系统最大允许安装高度且有可燃物的部位，宜设置自动跟踪定位射流灭火系统或固定消防炮灭火系统，通常采用自动跟踪定位射流灭火系统。

自动跟踪定位射流灭火系统设计方法参见4.10节。

13.11　中水系统

机场旅客航站楼建设中水设施，应结合建筑所在地区的不同特点，满足当地政府部门的有关规定。建筑面积大于30000m²或回收水量大于100m³/d的机场旅客航站楼，宜建设中水设施。

13.11.1　中水原水

1. 中水原水种类

机场旅客航站楼中水原水可选择的种类及选取顺序，见表13-30。

机场旅客航站楼中水原水可选择的种类及选取顺序表　　　　表 13-30

序号	中水原水种类	备注
1	机场旅客航站楼内公共卫生间的废水排水	最适宜
2	机场旅客航站楼内公共卫生间的盥洗废水排水	
3	机场旅客航站楼空调循环冷却水系统排水	适宜
4	机场旅客航站楼空调水系统冷凝水	
5	机场旅客航站楼附设厨房、食堂、餐厅、快餐店废水排水	不适宜
6	机场旅客航站楼内公共卫生间的冲厕排水	最不适宜

2. 中水原水量

机场旅客航站楼中水原水量按公式（13-6）计算：

$$Q_Y = \sum \beta \cdot Q_{pj} \cdot b \tag{13-6}$$

式中　Q_Y——机场旅客航站楼中水原水量，m^3/d；

β——机场旅客航站楼按给水量计算排水量的折减系数，一般取 0.85～0.95；

Q_{pj}——机场旅客航站楼平均日生活给水量，按《节水标》中的节水用水定额（表 13-4）计算确定，m^3/d；

b——机场旅客航站楼分项给水百分率，应以实测资料为准，当无实测资料时，可按表 13-31 选取。

机场旅客航站楼分项给水百分率表　　　　表 13-31

项目	冲厕	厨房	盥洗	总计
办公给水百分率（%）	60～66	—	40～34	100
职工食堂、餐饮店给水百分率（%）	6.7～5	93.3～95	—	100

机场旅客航站楼用作中水原水的水量宜为中水回用水量的 110%～115%。

3. 中水原水水质

机场旅客航站楼中水原水水质应以类似建筑的实测资料为准；当无实测资料时，机场旅客航站楼排水的污染物浓度可按表 13-32 确定。

机场旅客航站楼排水污染物浓度表　　　　表 13-32

类别	项目	冲厕	厨房	盥洗	综合
办公	BOD_5 浓度（mg/L）	260～340	—	90～110	195～260
	COD_{Cr} 浓度（mg/L）	350～450	—	100～140	260～340
	SS 浓度（mg/L）	260～340	—	90～110	195～260
职工食堂、餐饮店	BOD_5 浓度（mg/L）	260～340	500～600	—	490～590
	COD_{Cr} 浓度（mg/L）	350～450	900～1100	—	890～1075
	SS 浓度（mg/L）	260～340	250～280	—	255～285

注：综合是对包括以上三项生活排水的统称。

13.11.2　中水利用与水质标准

1. 中水利用

机场旅客航站楼中水原水主要用于城市杂用水和景观环境用水等。

机场旅客航站楼中水利用率,可按公式(2-31)计算。

机场旅客航站楼中水利用率应不低于当地政府部门的中水利用率指标要求。

当机场旅客航站楼附近有可利用的市政再生水管道时,可直接接入使用。

2. 中水水质标准

机场旅客航站楼中水水质标准要求,参见表2-104。

13.11.3 中水系统

1. 中水系统形式

机场旅客航站楼中水通常采用中水原水系统与生活污水系统分流、生活给水与中水给水分供的完全分流系统。

2. 中水原水系统

机场旅客航站楼中水原水管道通常按重力流设计;当靠重力流不能直接接入时,可采取局部加压提升接入。

机场旅客航站楼原水系统原水收集率不应低于本建筑回收排水项目给水量的75%,可按公式(2-32)计算。

机场旅客航站楼若需要食堂、餐厅的含油脂污水作为中水原水时,在进入原水收集系统前应经过除油装置处理。

机场旅客航站楼中水原水应进行计量,可采用超声波流量计和沟槽流量计。

3. 中水处理系统

机场旅客航站楼中水处理系统设计处理能力,可按公式(2-33)计算。

4. 中水供水系统

建筑中水供水系统必须独立设置。建筑中水不得用作机场旅客航站楼生活饮用水水源。

机场旅客航站楼中水系统供水量,可按照表13-3中的用水定额及表13-31中规定的百分率计算确定。

机场旅客航站楼中水供水系统的设计秒流量和管道水力计算方法与生活给水系统一致,参见13.1.6节。

机场旅客航站楼中水供水系统的供水方式宜与生活给水系统一致,通常采用变频调速泵组供水方式,水泵的选择参见13.1.7节。

机场旅客航站楼中水供水系统的竖向分区宜与生活给水系统一致。当建筑周边有市政中水管网且管网流量压力均满足时,低区由市政中水管网直接供水;当建筑周边无市政中水管网时,低区由低区中水给水泵组自中水贮水池(箱)吸水后加压供水。

机场旅客航站楼中水供水管道宜采用塑料给水管、钢塑复合管或其他具有可靠防腐性能的给水管材,不得采用非镀锌钢管。

机场旅客航站楼中水贮存池(箱)设计要求,参见表2-105。

机场旅客航站楼中水供水系统应安装计量装置,具体设置要求参见表3-14。

中水供水管道应采取防止误接、误用、误饮的措施。

5. 水量平衡

中水系统设计应进行中水原水量和用水量平衡计算。

机场旅客航站楼中水用水量应根据不同用途用水量累加确定。

机场旅客航站楼最高日冲厕中水用水量按照表13-4中的最高日用水定额及表13-31中规定的百分率计算确定。最高日冲厕中水用水量，可按公式（13-7）计算：

$$Q_C = \sum q_L \cdot F \cdot N / 1000 \tag{13-7}$$

式中 Q_C——机场旅客航站楼最高日冲厕中水用水量，m^3/d；
　　 q_L——机场旅客航站楼给水用水定额，L/(人·d)；
　　 F——冲厕用水占生活用水的比例，%，按表13-31取值；
　　 N——使用人数，人。

机场旅客航站楼相关功能场所冲厕用水量定额及小时变化系数，见表13-33。

机场旅客航站楼冲厕用水量定额及小时变化系数表　　表13-33

类别	建筑种类	冲厕用水量[L/(人·d)]	使用时间（h/d）	小时变化系数	备注
1	机场	1～2	8～16	1.5～1.2	—
2	办公	20～30	8～10	1.5～1.2	—
3	职工食堂、餐饮店	5～10	12	1.5～1.2	工作人员按办公楼设计
4	商店	1～3	12	1.5～1.2	工作人员按办公楼设计

中水系统原水调节池（箱）调节容积，可按公式（2-35）、公式（2-36）计算。

中水贮存池（箱）容积，可按公式（2-37）、公式（2-38）计算。

当中水供水系统采用水泵-水箱联合供水时，水箱调节容积不得小于中水系统最大小时用水量的50%。

中水系统的总调节容积，包括原水调节池（箱）、中水处理工艺构筑物、中水贮存池（箱）及高位水箱等调节容积之和，不宜小于中水日处理量的100%。

13.11.4　中水处理工艺与处理设施

1. 中水处理工艺

机场旅客航站楼通常采用的中水处理工艺，参见表2-107。

2. 中水处理设施

机场旅客航站楼中水处理设施及设计要求，参见表2-108。

13.11.5　中水处理站

机场旅客航站楼内的中水处理站设计要求，参见2.11.5节。

13.12　管道直饮水系统

13.12.1　水量、水压和水质

机场旅客航站楼管道直饮水最高日直饮水定额（q_d），可按0.2～0.4L/(人·d)采用，亦可根据用户要求确定。

直饮水专用水嘴额定流量宜为0.04～0.06L/s。

机场旅客航站楼直饮水专用水嘴最低工作压力不宜小于0.03MPa。

机场旅客航站楼管道直饮水系统用户端的水质应符合现行行业标准《饮用净水水质标准》CJ/T 94的规定。

13.12.2 水处理

机场旅客航站楼管道直饮水系统应对原水进行深度净化处理。

水处理工艺流程的选择应依据原水水质，经技术经济比较确定。处理后的出水应符合现行行业标准《饮用净水水质标准》CJ/T 94的规定。

深度净化处理应根据处理后的水质标准和原水水质进行选择，宜采用膜处理技术，参见表1-333。

不同的膜处理应相应配套预处理、后处理、膜的清洗和水处理消毒灭菌设施，参见表1-334。

深度净化处理系统排出的浓水宜回收利用。

13.12.3 系统设计

机场旅客航站楼管道直饮水系统必须独立设置，不得与市政或建筑供水系统直接相连。

机场旅客航站楼管道直饮水系统宜采取集中供水系统，一座建筑中宜设置一个供水系统。

机场旅客航站楼常见的管道直饮水系统供水方式，参见表1-335。

多层机场旅客航站楼管道直饮水供水竖向不分区；高层机场旅客航站楼管道直饮水供水应竖向分区，分区原则参见表1-336。

机场旅客航站楼管道直饮水系统类型，参见表1-337。

机场旅客航站楼管道直饮水系统设计应设循环管道，供、回水管网应设计为同程式。

机场旅客航站楼管道直饮水系统通常采用全日循环，亦可采用定时循环，供、配水系统中的直饮水停留时间不应超过12h。

机场旅客航站楼管道直饮水系统回水宜回流至净水箱或原水水箱。回流到净水箱时，应在消毒设施前接入。

直饮水系统不循环的支管长度不宜大于6m。

机场旅客航站楼管道直饮水系统管道敷设要求，参见表1-338。

机场旅客航站楼管道直饮水系统管材及附件设置要求，参见表1-339。

13.12.4 系统计算与设备选择

1. 系统计算

机场旅客航站楼管道直饮水系统最高日直饮水量，应按公式（13-8）计算：

$$Q_d = N \cdot q_d \tag{13-8}$$

式中 Q_d——机场旅客航站楼管道直饮水系统最高日饮水量，L/d；

N——机场旅客航站楼管道直饮水系统所服务的人数，人；

q_d——机场旅客航站楼最高日直饮水定额，L/(人·d)，取0.2~0.4L/(人·d)。

机场旅客航站楼的瞬时高峰用水量的计算应符合现行国家标准《建筑给水排水设计标准》GB 50015 的规定。机场旅客航站楼瞬时高峰用水量，应按公式（1-94）计算。

机场旅客航站楼瞬时高峰用水时水嘴使用数量，应按公式（1-95）计算。

瞬时高峰用水时水嘴使用数量 m 的确定，应按表 1-340（当水嘴数量 $n \leqslant 12$ 个时）、表 1-341（当水嘴数量 $n > 12$ 个时）选取。当 $np \geqslant 5$ 并且满足 $n(1-p) \geqslant 5$ 时，可按公式（1-96）简化计算。

水嘴使用概率应按公式（13-9）计算：

$$p = \alpha \cdot Q_d/(1800 \cdot n \cdot q_0) = 0.27 \cdot Q_d/(1800 \cdot n \cdot q_0) \tag{13-9}$$

式中　α——经验系数，机场旅客航站楼取 0.27。

定时循环时，循环流量可按公式（1-98）计算。

管道直饮水供、回水管道内水流速度宜符合表 1-342 的规定。

2. 设备选择

净水设备产水量可按公式（1-100）计算。

变频调速供水系统水泵设计流量应按公式（1-101）计算；水泵设计扬程应按公式（1-102）计算。

净水箱（槽）有效容积可按公式（1-103）计算；原水调节水箱（槽）容积可按公式（1-104）计算。

原水水箱（槽）的进水管管径宜按净水设备产水量设计，并应根据反洗要求确定水量。当进水管的供水能力满足预处理的流量和压力要求时，原水水箱（槽）可不设置。

13.12.5　净水机房

净水机房设计要求，参见表 1-343。

13.12.6　管道敷设与设备安装

管道直饮水管道敷设与设备安装设计要求，参见表 1-344。

13.13　给水排水抗震设计

机场旅客航站楼给水排水管道抗震设计，参见 4-13 节。

13.14　给水排水专业绿色建筑设计

机场旅客航站楼绿色设计，应根据机场旅客航站楼所在地相关规定要求执行。新建机场旅客航站楼应按照一星级或以上星级标准设计；政府投资或者以政府投资为主的机场旅客航站楼、建筑面积大于 20000m² 的大型机场旅客航站楼宜按照绿色建筑二星级或以上星级标准设计。机场旅客航站楼二星级、三星级绿色建筑设计专篇，参见表 1-347。